Cocos2d-x 3.x 案例开发大全

吴亚峰　苏亚光・编著（第2版）

人民邮电出版社
北京

图书在版编目（CIP）数据

Cocos2d-x 3.x 案例开发大全 / 吴亚峰，苏亚光编著. -- 2版. -- 北京 : 人民邮电出版社，2018.8
ISBN 978-7-115-47551-0

Ⅰ. ①C… Ⅱ. ①吴… ②苏… Ⅲ. ①移动电话机－游戏程序－程序设计②便携式计算机－游戏程序－程序设计
Ⅳ. ①TP317.6

中国版本图书馆CIP数据核字(2017)第318674号

内 容 提 要

本书结合作者多年从事游戏应用开发的经验，详细介绍了几款 Cocos2d-x 游戏案例的开发。在介绍案例开发的过程中也介绍了一些常用技术的使用、开发技巧以及思路等。

书中主要内容包括：第 1 章“初识 Cocos2d-x”介绍使用 Cocos2d-x 游戏引擎开发 3D 游戏的一些基础知识、环境的配置以及案例的导入和运行；第 2 章中的“忍者飞镖”是一款非常简单的休闲小游戏，通过此案例读者可以学到很多 Cocos2d-x 游戏开发的基础知识；第 3 章中的“切冰块”是一款休闲类小游戏，通过此案例介绍 Box2D 物理引擎，为下面讲解 Bullet 引擎打下基础；第 4 章探寻当前市面上的火爆游戏“鳄鱼吃饼干”的开发过程，并讲解如何实现该游戏的开发；第 5 章介绍“方块历险记”游戏的开发，通过此案例读者可以了解 3D 游戏的开发；第 6 章介绍“峡谷卡丁车”游戏的开发，使得读者对竞速类 3D 游戏的开发有一个整体的认识；第 7 章介绍“森林跑酷”游戏的开发，本游戏是当下十分流行的体育游戏；第 8 章介绍“雷鸣战机”游戏开的开发，通过此案例读者能够学习到 2D 与 3D 结合的游戏的开发过程；第 9 章介绍“天下棋弈”游戏的开发，通过此案例读者能够学习网络对战游戏的开发；第 10 章介绍“极速飞行”游戏的开发，通过此案例读者能够学习到当下火爆的 VR 游戏是如何开发的，进一步学习 VR 游戏的开发流程。

本书适合有一定基础、有志于游戏开发的读者学习，也可以作为相关培训学校和大专院校相关专业的教学用书。

◆ 编　　著　吴亚峰　苏亚光
责任编辑　张　涛
责任印制　焦志炜

◆ 人民邮电出版社出版发行　　北京市丰台区成寿寺路 11 号
邮编　100164　　电子邮件　315@ptpress.com.cn
网址　http://www.ptpress.com.cn
固安县铭成印刷有限公司印刷

◆ 开本：787×1092　1/16
印张：29.5　　　　2018 年 8 月第 2 版
字数：780 千字　　　　2024 年 7 月河北第 2 次印刷

定价：89.00 元

读者服务热线：(010)81055410　印装质量热线：(010)81055316
反盗版热线：(010)81055315
广告经营许可证：京东市监广登字20170147号

前言

目前的手机游戏大部分为 2D 与 3D 的结合，在这个方面 Cocos2d-x 引擎表现很出色。它基于 OpenGL ES，采用 GPU 进行渲染，提高了游戏运行的流畅度。它不仅能开发出酷炫的画面，还能够满足配置稍低的手机流畅运行的需要。Cocos2d-x 引擎的出现，大大降低了游戏开发的门槛与成本。

随着 Cocos2d-x 的不断发展、优化与改进，它在游戏引擎领域已经成长为一棵参天大树。当前的最新版本中增加了许多新的特性，如支持 3D 模型的加载，支持骨骼动画的加载，引入了全新的音乐引擎等。本书中的案例也随着该游戏引擎的升级加入了许多新的内容，希望对不同层次的读者都有所帮助。

本书通过对 Cocos2d-x 集成开发环境的搭建，以及 9 个真实游戏案例的实战介绍，让读者由浅入深、循序渐进地学习，相信每一位读者通过本书都会有意想不到的收获。

经过一年多见缝插针式的奋战，本书终于交稿了。回顾写书的这一年时间，不仅为自己能最终完成这个耗时费力的“大制作”而感到欣慰，同时也为自己能将从事游戏开发十余年来积累的宝贵经验以及编程感悟分享给正在开发阵线上埋头苦干的广大编程人员而感到高兴。

本书特点

1. 技术新颖，贴近实战

本书涵盖了大部分使用 Cocos2d-x 进行游戏开发时所需的技术，如粒子系统、关卡设计、计算几何、2D 及 3D 物理引擎、模型加载、骨骼动画、网络对战、VR 等。

2. 实例丰富，讲解详细

本书既包括单机版的游戏项目，也有网络对战游戏的项目案例，既包括 2D 画面呈现的游戏案例，也包括 3D 呈现的游戏案例，最后还给出了一个当下很流行的 VR 游戏案例。

3. 案例经典，含金量高

本书中的案例均是经过精心挑选的，不同类型的案例有着其独特的开发方式。以真实的项目开发为背景，本书讲解了开发时的思路、真实项目的策划方案，有助于读者全面地掌握 Cocos2d-x 手游的开发。本书具有很高的含金量，非常适合各类读者学习。

4. 实用的随书资源

为了便于读者学习，本书附赠的学习资源包含了书中所有案例的完整源代码，读者可以自行下载，将项目直接导入、运行并仔细体会其效果，这能最大限度地帮助读者快速掌握开发技术。同时考虑到学习 Android 平台与 iOS 平台开发的不同读者的需要，书中的大部分案例都提供了 Android 的项目版本以及 iOS 的项目版本，方便读者根据自己的需要选用。

内容导读

本书共分为 10 章，第 1 章介绍了基本开发环境的搭建以及案例项目的导入与运行，第 2~10 章都给出了一个具体的游戏案例，涵盖了多种不同类型的游戏。9 个案例主要分两大板块：2D 游戏与 3D 游戏。本书具体主题如下。

主 题 名	主 要 内 容
初识 Cocos2d-x	主要介绍了 Cocos2d-x 的基础知识以及 Cocos2d-x 开发环境的搭建，同时还介绍了案例项目在 Android 开发环境中的导入与运行
休闲益智类游戏——忍者飞镖	介绍了忍者飞镖案例。本案例使用了 Cocos2d-x 引擎中酷炫的特效以及帧动画，极大地丰富了游戏的视觉效果，增强了用户体验，规则简单，趣味性强，具有一定挑战性，属于休闲益智类游戏
休闲类游戏——切冰块	介绍了切冰块案例。切冰块是一款休闲类小游戏，使用了 Cocos2d-x 引擎中绚丽的粒子系统、物理引擎与第三方计算几何引擎，使玩家获得更真实的切割冰块、冰块坠落的游戏体验
休闲益智类游戏——鳄鱼吃饼干	介绍了鳄鱼吃饼干案例。鳄鱼吃饼干是一款休闲益智类游戏，本游戏利用了 Cocos2d-x 中的物理引擎技术，切割绳子使鳄鱼吃到饼干，操作简单、趣味性强，使玩家能够在空余时间缓解平时的压力
3D 休闲游戏——方块历险记	介绍了方块历险记案例。方块历险记是一款创意新颖的 3D 休闲游戏，本游戏利用了 Cocos2d-x 中的 3D 粒子系统特效，极大地丰富了视觉效果，增强了用户体验，玩法也很简单
竞速类游戏——峡谷卡丁车	介绍了峡谷卡丁车案例。它灵活运用了流行的开源 3D 物理引擎 Bullet 的交通工具类，配合着色器的使用实现了炫酷效果。通过本章的学习，读者不仅能加深对游戏编程的熟练程度，而且对使用 Cocos2d-x 引擎的 3D 开发流程有更深的体会
休闲体育类游戏——森林跑酷	介绍了森林跑酷案例。森林跑酷是一款休闲体育类小游戏。本游戏玩法简单。游戏利用了 Cocos2d-x 中各种酷炫的特效、换帧动画、3D 模型的加载以及 3D 骨骼动画等，极大地丰富了游戏的视觉效果，增强了用户体验
飞行射击类游戏——雷鸣战机	介绍了雷鸣战机案例。雷鸣战机是一款飞行射击类游戏，与其他游戏不同的是，本游戏设有单机游戏和联网游戏两种模式。本游戏利用了 Cocos2d-x，加入了大量的 3D 元素，极大地丰富了游戏的视觉效果，增强了用户体验。通过本游戏，读者不仅能够学习到 3D 游戏开发方面的知识，还能够学习到联网游戏的基本原理与开发
棋牌类游戏——天下棋奕	介绍了天下棋奕案例。天下棋奕是以古代战争为背景的一款 3D 版象棋对战游戏，所有的场景皆以古代战争为主题，通过对 3D 模型进行一系列的操作，生动形象地再现了古代战争，表现了 3D 视觉效果给我们带来的视觉冲击
VR 休闲游戏——极速飞行	介绍了极速飞行案例。这是一款使用 Cocos2d-x 进行图像渲染的 VR 休闲类小游戏，本游戏利用了 Cocos2d-x 中的 3D 粒子系统特效、雾化效果着色器等。VR 这一技术的使用，可以使读者对 VR 游戏开发步骤有一个深入的了解，并且掌握本游戏的开发技巧

本书案例所使用的知识丰富，囊括了从基本知识到高级特效以及 Cocos2d-x 中强大的 2D 及 3D 物理引擎等内容，适合不同需求、不同水平层次的读者。

- 初学 Cocos2d-x 应用开发的读者

本书案例涉及大量 Cocos2d-x 开发的基础知识，与本书中所有案例的完整代码相配合，非常适合初学者学习，最终让你成为 Cocos2d-x 游戏应用开发的达人。

- 有一定游戏开发基础的读者

本书案例不仅使用了 Cocos2d-x 开发的基础知识，同时还使用了粒子设计器设计出来的酷炫粒子特效和使用 3ds Max 制作出来的 3D 模型，以及 Cocos2d-x 中的物理引擎，这有利于有一定基础的开发人员进一步提高开发水平与能力。

- 跨平台的游戏开发人员

由于 Cocos2d-x 是跨平台的，可以开发基于多个不同平台的游戏应用项目，因此本书非常适合跨平台的游戏开发人员阅读。

本书作者

吴亚峰，本科毕业于北京邮电大学，硕士毕业于澳大利亚卧龙岗大学。1998 年开始从事 Java 应用的开发，有十多年的 Java 开发与培训经验。主要的研究方向为 OpenGL ES、WebGL、Vulkan 及手机游戏。同时他也是手机游戏、移动 3D 应用独立软件开发工程师，并兼任百纳科技 Java 培训中心首席培训师。近十年来为数十家著名企业培养了上千名高级软件开发人员，曾编写过《Cocos2d-X 案例开发大全》《Cocos2d-X 3.0 游戏开发实战详解》《Cocos2d-X 3.x 游戏案例开发大全》《OpenGL ES 3.x 游戏开发（上下卷）》和《H5 和 WebGL 3D 开发实战详解》等多本畅销技术图书。2008 年年初开始关注 Android 平台下的 3D 应用开发，并开发出一系列优秀的 Android 应用程序与 3D 游戏。

苏亚光，哈尔滨理工大学硕士，专注计算机软件领域十余年，在软件开发和计算机教学方面有着丰富的经验，曾编写过《Android 游戏开发大全》《Android 3D 游戏开发技术详解与典型案例》和《Android 应用案例开发大全》等多本畅销技术图书。2008 年开始关注 Android 平台下的应用开发，参与并开发了多款手机 2D/3D 游戏应用。

本书在编写过程中得到了唐山百纳科技有限公司 Java 培训中心的大力支持，同时程祎、陈国卿、王冬、孙策、吴硕、李世尧、王海涛、谭智维以及作者的家人为本书的编写提供了很多帮助，在此表示衷心的感谢！

由于作者的水平和学识有限，且书中涉及的知识较多，难免有错误疏漏之处，敬请广大读者批评指正，并多提宝贵意见。本书责任编辑联系邮箱为：zhangtao@ptpress.com.cn。在 www.ptpress.com.cn 网站上搜索对应书名，在弹出的对应网页中单击“资源下载”链接，即可下载本书的源代码。

目录

第1章　初识 Cocos2d-X

Cocos2d-x 是当下非常流行的一款 2D/3D 游戏开发引擎，由于其跨平台、免费、功能强大等特点，它具有非常高的市场占有率。本章主要向读者介绍 Cocos2d-x 游戏引擎的基础知识，以及 Android 平台上 Cocos2d-x 集成开发环境的搭建，带领读者逐步进入 Cocos2d-x 游戏开发的世界。

1.1 Cocos2d-x 的概述

本节将会向读者介绍 Cocos2d-x 的一些基础知识，包括 Cocos2d-x 的简介、Cocos2d-x 的发展、Cocos2d-x 的市场前景以及 Cocos2d-x 的特点。通过对本节的学习，读者将对 Cocos2d-x 这款游戏引擎有一个基本的认识和了解，并能够使用它进行简单开发。

1.1.1 Cocos2d-x 的发展史

在具体介绍 Cocos2d-x 引擎之前，有必要先对 Cocos2d-x 引擎的发展史做一个简单的了解。本小节将带领读者走进 Cocos2d-x 引擎的前世今生，具体内容如下所列。

- 2008 年 2 月，Cocos2d 引擎发布了 0.1 版（注意不是 Cocos2d-x），当时基于 Cocos2d 引擎开发的游戏并不多，仅有很少数开发人员知道这个引擎的存在。
- 2008 年 6 月，Cocos2d 引擎宣布与 iPhone 平台进行接轨，并在当月公布了用 Objective-C 编写的 Cocos2d for iPhone 0.1 版。截至 2008 年 12 月，App Store 上已有超过 40 个用 Cocos2d 引擎开发的游戏。此时 Cocos2d 还重新设计了引擎的图标，开始使用现在大家熟悉的 Cocos2d 家族引擎的图标（原来最早的图标是“奔跑的椰子”），如图 1-1 所示。

▲图 1-1　Cocos 家族引擎的图标

- 2009 年，团队设计了 Cocos2d 的世界编辑器，这款所见即所得的编辑器使用起来十分方便，大大提高了开发效率。此时，Cocos2d 的各种平台、各种编程语言的移植版也开始涌现，如 Cocos2d-Android、CocosNet 等。
- 2010 年，具有历史意义的 Cocos2d-x 诞生了。“x”代表着 Cross，即交叉（跨平台）。Cocos2d-x 在短短的 5 年内更新了很多版本，如今的最新版是 Cocos2d-x-3.15。Cocos2d-x 为开发者提供了跨平台的支持，通过 C++语言把游戏逻辑一次编写，随后即可编译到 iOS、Android 系统上，并可以在更多的手机或 PC 平台上运行。
- 2016 年，是虚拟现实技术（VR）的元年，Cocos2d-x 随后更新的引擎版本开始支持各大平台的 VR SDK，这其中包括 gear vr、oclus vr 等，开发者可以在程序中使用这些平台 SDK 来实现 VR 应用的开发。

- ❑ 仅 2017 年上半年，Cocos2d-x 就连续推出 Cocos2d-x-3.14 与 Cocos2d-x-3.15 版本，除了对原有框架进行了许多优化，Cocos2d-x-3.15 版本开始全面支持 Android Studio，可以使用 Android Studio 进行编辑、编译和调试 C++代码。
- ❑ 当下各种不同平台的应用商店里，都有大量基于 Cocos2d-x 的应用，主要涉及游戏、娱乐应用等应用类型。根据官方数据保守估计，目前流行的 2D 游戏中有超过 70%是采用 Cocos2d-x 引擎开发的。

1.1.2　Cocos2d-x 的市场前景

近几年，随着 iOS 和 Android 平台的迅猛发展，智能手机几乎人手一部，因此，手机用户市场最终超过传统 PC 用户是没有悬念的。而智能手机的普及，催生了智能手机软件和游戏的开发。手机软件是满足办公、生活便利的需要；而手机游戏，则是满足休闲、娱乐的需要。

Cocos2d-x 基于 OpenGL ES，采用 GPU 进行渲染，大大地提高了游戏运行的流畅度。使用该引擎不仅能开发出酷炫的画面，还能够满足配置稍低的手机流畅运行的需要。下面简单介绍一下 Cocos2d-x 引擎的优势，内容如下所列。

❑ 跨平台

此引擎支持 Android、iOS、Windows Phone、Linux、Windows、Mac OSX 3 等众多平台，开发者可以做到一处开发多处编译。它降低了不同平台间移植的成本，提高了其在众多平台间的生存能力。

❑ 易于使用

此引擎将学习成本较高的 OpenGL ES 做了很好的封装，提供了大量的规范，使得游戏开发者可以把关注焦点放在游戏内容本身，而不必消耗大量时间学习晦涩难懂的 OpenGL ES。

❑ 高效

此引擎基于 OpenGL ES 进行图形渲染，摆脱了传统 2D 游戏大多采用 CPU 进行渲染而导致效能低下的魔咒。一方面提高了游戏的流畅度，另一方面也充分利用了手机的 GPU 硬件资源。

❑ 灵活实用

此引擎由于架构设计合理，使得集成第三方库变得非常方便。开发人员在开发中除了可以使用引擎已经集成的第三方库，如 Box2D、chupmunk、freetype2 等，还可以根据自己项目的需要进一步集成其他第三方库。

❑ 开源免费

此引擎的所有源代码完全开放并且免费，用户可以放心使用，不用担心各种繁琐的商业授权问题。此引擎降低了开发成本。

❑ 社区支持

关心 Cocos2d-x 的开发者自发地建立了多个社区组织，比较有名的 GitHub 社区便有大量的 Cocos2d-x 的讨论区和帖子，开发者可以方便地查阅各种资料。

❑ 与时俱进

Cocos2d-x 一直跟随着时代的脚步，不断地容纳新的技术来壮大自己。比如成熟 3D 物理引擎 bullet 的引入，使得其可以更好地渲染复杂的 3D 画面，支持 3D 游戏的开发。2016 年的虚拟现实技术到来时也快速地更新引擎版本，支持 Gear vr 和 Cardboard 等平台的 SDK，让 VR 开发可以在其引擎下开发。

正是由于以上多个优点，该引擎已经被全球大多数 2D 和 3D 游戏开发人员所采用。基于其开发的游戏总下载量数以亿计，随着智能手机移动平台的进一步发展，Cocos2d-x 的明天会更好。

1.2 Cocos2d-x 开发环境的搭建

Cocos2d-x 引擎目前主要用于智能手机游戏的开发，本书中的大部分案例都是基于 Android 平台进行介绍的。因此，对于初学者而言，要做的第一步是搭建 Android 应用程序的开发环境。本节将向读者介绍 Cocos2d-x 及其插件的下载及配置。

1.2.1 Android Studio 以及 Android SDK 的下载与配置

首先要介绍的是 Android Studio，这是一款 Android 集成开发工具，它用于开发和调试，而 Android SDK 是开发 Android 应用程序的基础开发环境，其本身免费且绑定在 Android Studio 中下载。下面介绍这两者的下载和配置。

（1）首先在浏览器中输入 https://developer.android.com/studio/index.html，打开 Android Studio 的官方下载网站，如图 1-2 所示。然后单击图中椭圆圈中按钮进行下载，将浏览器弹出的协议勾选同意后开始下载，如图 1-3 所示。此时浏览器会弹出下载对话框，提示下载并保存（这一点不同的浏览器会有所不同）。

说明　进行 Android Studio 的下载配置之前需要在机器上安装、配置好 JDK。JDK 是指 Java Development Kit，是用于开发 Java 程序的工具包。JDK 的配置包括在系统的 Path 环境变量中加入 JDK 的 bin 路径，在环境变量中新增 JAVA_HOME 项，以及设置 JDK 的安装路径等。关于 JDK 的具体安装以及配置已经有非常多的资料，因此，本书不再赘述，需要的读者请参考其他图书或资料完成。

▲图 1-2　Android Studio 官方下载首页

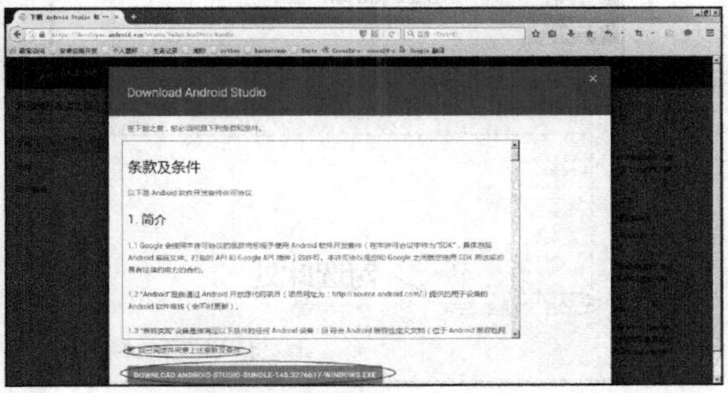

▲图 1-3　Android Studio 官网下载处

（2）Android Studio 下载成功以后，会得到一个名称为“android-studio-bundle- 145.3276617-windows.exe”的可执行文件（随选择下载版本的不同，此名称可能不同）。双击打开，单击界面中“Next”按钮到下一步，如图 1-4 处所示，根据图 1-5 所示内容进行勾选，再单击“Next”按钮进入下一步。

（3）接着进入阅读协议界面，单击图 1-6 圈中的“I Agree”按钮后，进入下一个界面。

（4）到了选择安装路径界面（如图 1-20 所示）后，这里需要选择 Android Studio 和 Android SDK 的安装路径，笔者选择的路径是“D:\Android\android-studio”和“D:\Android\sdk”，这里建议读者采用的安装路径与笔者的安装路径保持一致。路径选择完成之后，单击“Next”按钮进入下一个界面，按照图 1-8 所示进行勾选，单击“Install”按钮进入下一个界面。

（5）接着就进入了如图 1-9 所示的界面，在其中单击“Next”按钮即可进入安装结束界面，如图 1-10 所示。在图 1-10 所示的界面中选中“Start Android Studio” 选项，然后单击“Finish”按钮。

▲图 1-4 Android Studio 安装界面 1

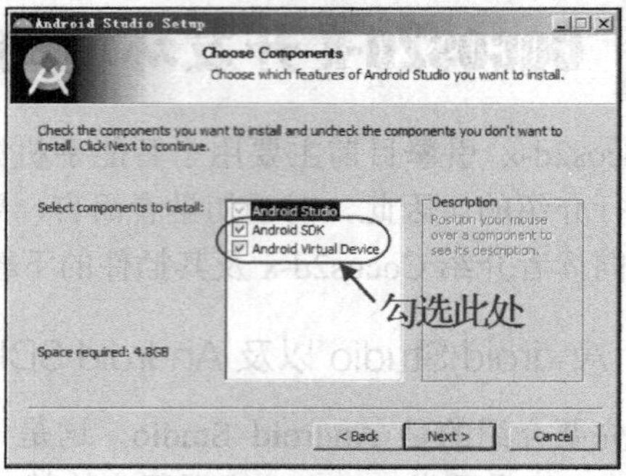

▲图 1-5 Android Studio 安装界面 2

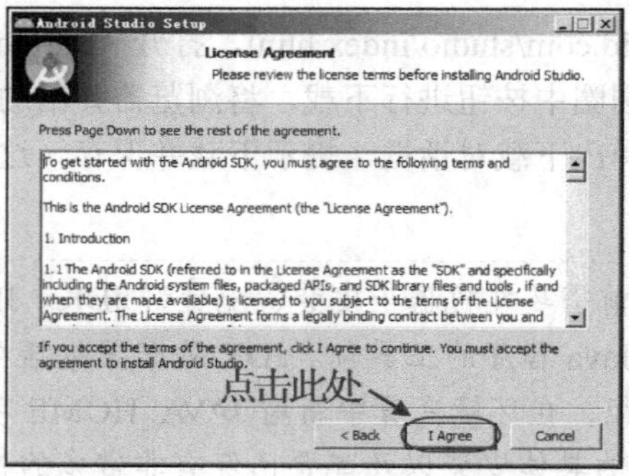

▲图 1-6 Android Studio 安装界面 3

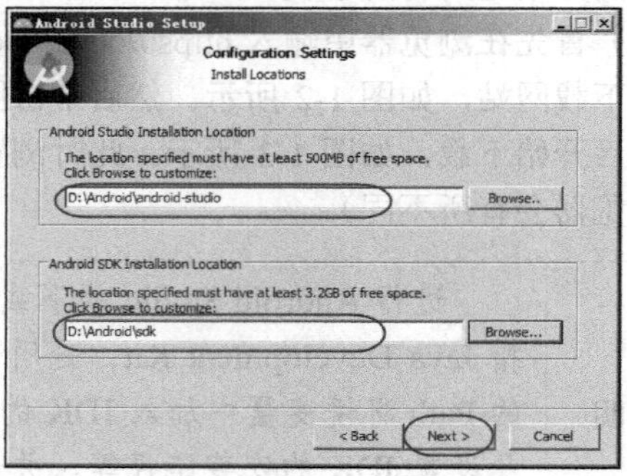

▲图 1-7 Android Studio 安装界面 4

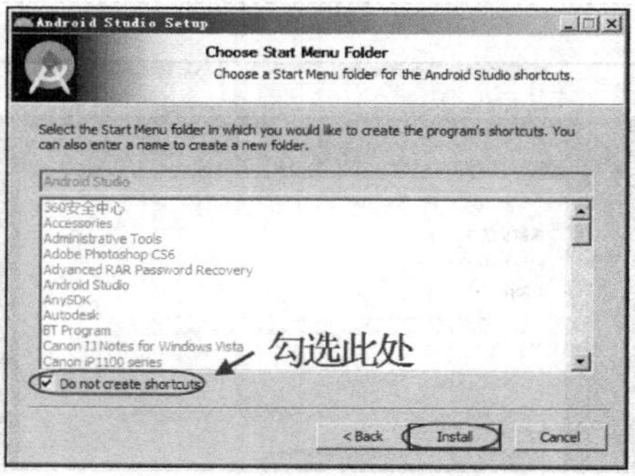

▲图 1-8 Android Studio 安装界面 5

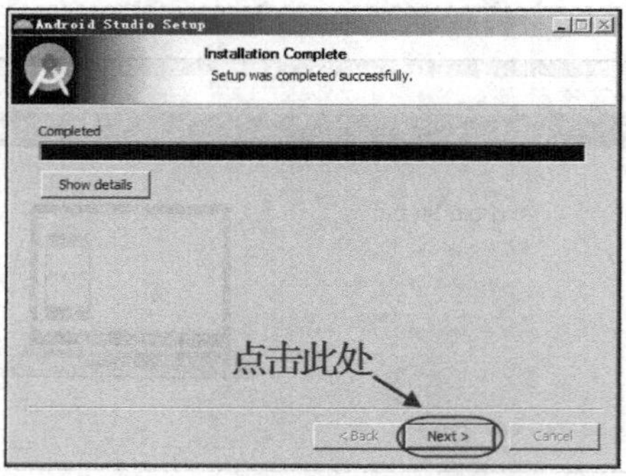

▲图 1-9 Android Studio 安装界面 6

（6）稍微等一会儿，系统就会弹出“Android Studio”的界面，如图 1-11 所示。

▲图 1-10 Android Studio 安装界面 7

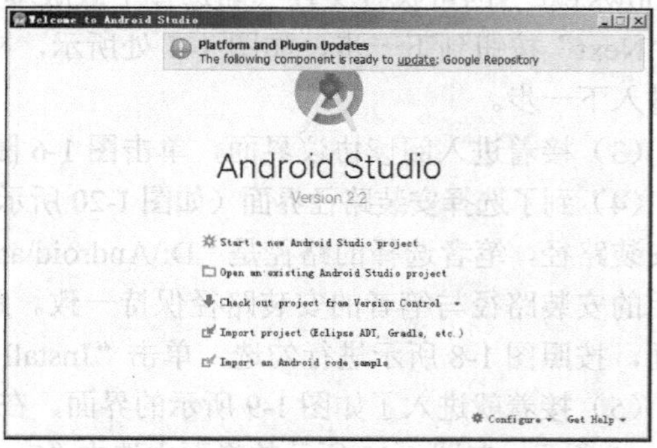

▲图 1-11 Android Studio 安装界面 8

（7）正常运行 Android Studio 之前需要将 SDK 未完成的部分下载完成。在图 1-7 中已经选择的 SDK 路径下面找到“SDK Manager.exe”，如图 1-12 所示，双击打开。稍微等待一会，系统会弹出“Android SDK Manager”的界面，如图 1-13 所示。

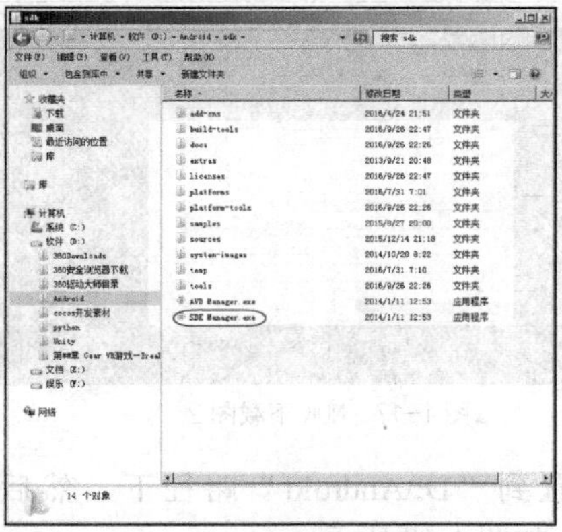

▲图 1-12　SDK Manager 路径

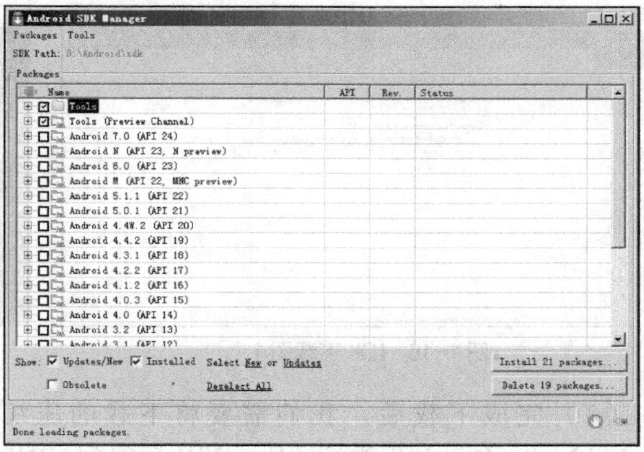

▲图 1-13　SDK Manager 下载界面

（8）在其中选中“Tools”以及“Android 4.4.2”“Android 5.0.1”等选项，如图 1-14 所示。然后单击界面右下侧的“Install ×× packages…”（××代表一个整数，随选中选项的数量不同而不同）按钮即可开始下载 SDK 所需要的文件，下载过程如图 1-15 所示。

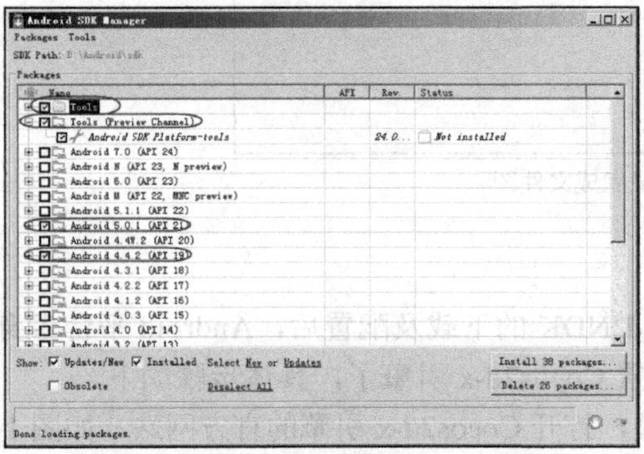

▲图 1-14　SDK Manager 下载选择界面

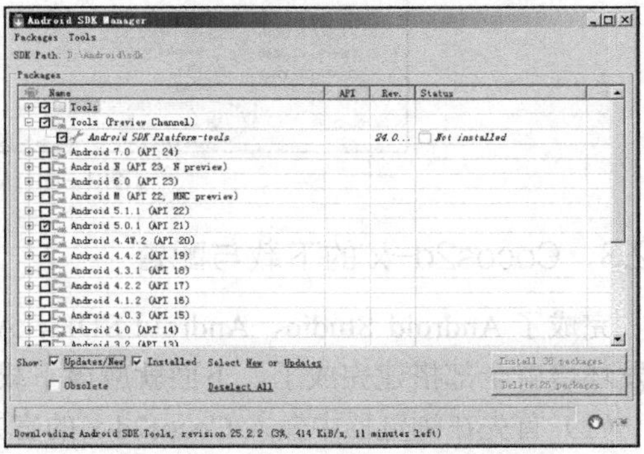

▲图 1-15　SDK Manager 下载过程界面

提示　这里笔者之所以勾选“Android 4.4.2 和 Android 5.0.1”是由于其目前市场占有率较高。读者可以根据需要勾选其他需要的 Android 平台版本选项。另外，随网络情况的不同下载的时间也是不同的，有时需要较长时间，请读者耐心等待。

1.2.2　Android NDK 的下载与配置

完成了 Android SDK 的下载及配置以后，下一步要进行的就是 Android NDK 的下载及配置了。Android NDK 是开发 Android 平台下 C++应用程序必不可少的重要工具包，是能够帮助开发者快速开发 C++的动态库，具体下载配置步骤如下。

（1）由于 NDK 官网网站提供的是最新的 NDK 版本下载，历史版本的 NDK 只能由固定链接下载。本书案例用到的是 r10e 的版本，所以这里给出可用 NDK 的 r10e 的下载路径“/ndk/downloads/older_releases.html#ndk-10c-downloads”，如图 1-16 所示。

（2）然后读者根据自己的设备选择 32 位或者 64 位的 NDK（android-ndk-r10e-windows-x86.zip 或者 android-ndk-r10e-windows-x86_64.zip）进行下载，单击下载后弹出用户条款，如图 1-17 所示，按照提示勾选后单击下载按钮，此时将开始下载 NDK。

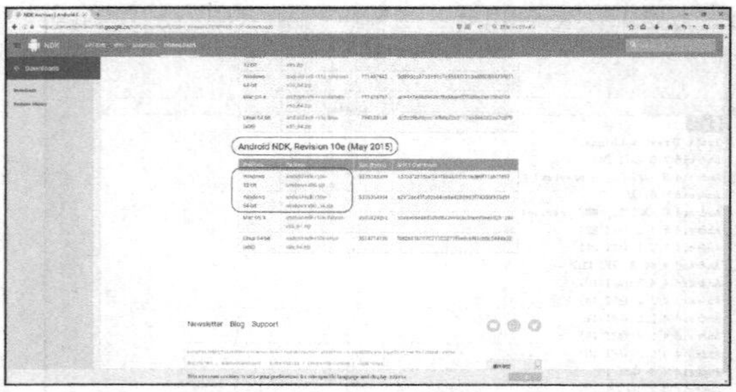
▲图 1-16　NDK 下载图 1

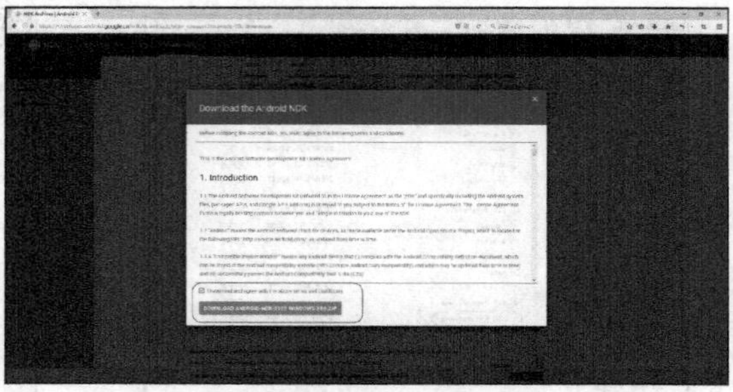
▲图 1-17　NDK 下载图 2

（3）完成下载后，我们需要将下载的压缩包放置到“D:\Android”路径下，然后将“android-ndk-r10e.zip”进行解压，解压后得到 NDK 文件，如图 1-18 所示。

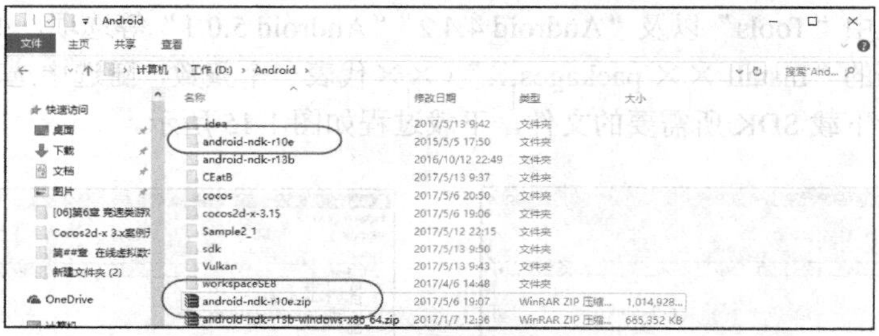
▲图 1-18　NDK 下载完成文件图

1.2.3　Cocos2d-x 的下载与配置

完成了 Android Studio、Android SDK、Android NDK 的下载及配置后，Android 平台本身的开发环境就全部搭建完成了。下面就应该下载并配置 Cocos2d-x 引擎了，具体步骤如下。

（1）首先在浏览器中输入 Cocos2d-x 的官方网址，打开 Cocos2d-x 引擎的官方网站，如图 1-19 所示。接着单击网页中顶部靠右的“Download”超链接进行下载，如图 1-20 所示。

▲图 1-19　Cocos2d-x 官方网站

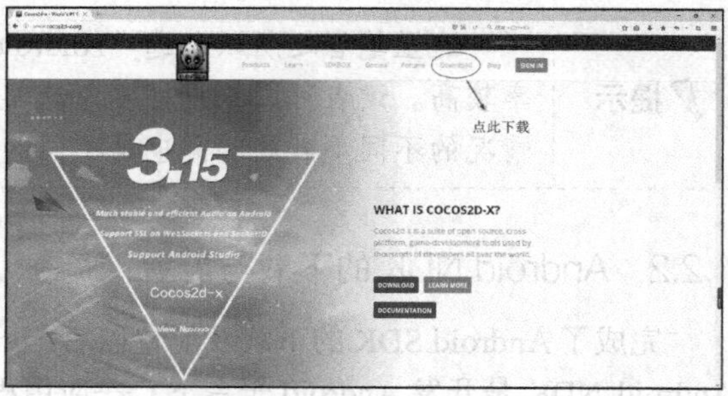

▲图 1-20　Cocos2d-x 下载处 1

（2）单击“DOWNLOAD”超链接后页面将跳转到下载界面，如图 1-21 所示。在下载界面中单击“DOWNLOAD V3.15”按钮，此时浏览器将弹出下载对话框（这一点不同的浏览器会有所不同），单击保存进行下载，跳转到图 1-22 所示界面。

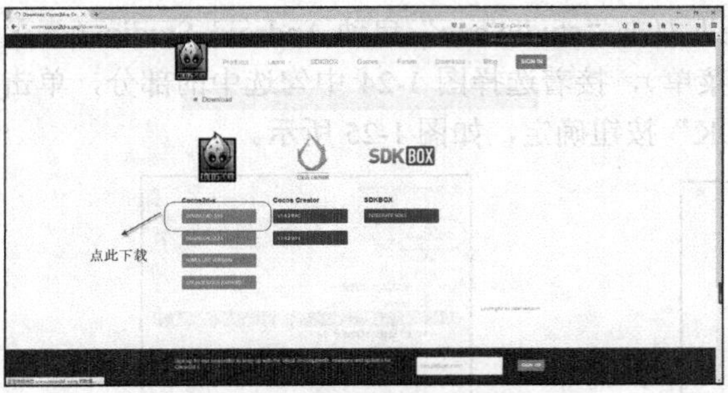

▲图 1-21　Cocos2d-x 下载处 2

▲图 1-22　Cocos2d-x 下载处 3

（3）Cocos2d-x 引擎下载完成之后，将得到一个名为“cocos2d-x-3.15.zip”的压缩包。接着将此压缩包进行解压可得到同名文件夹，如图 1-23 所示。

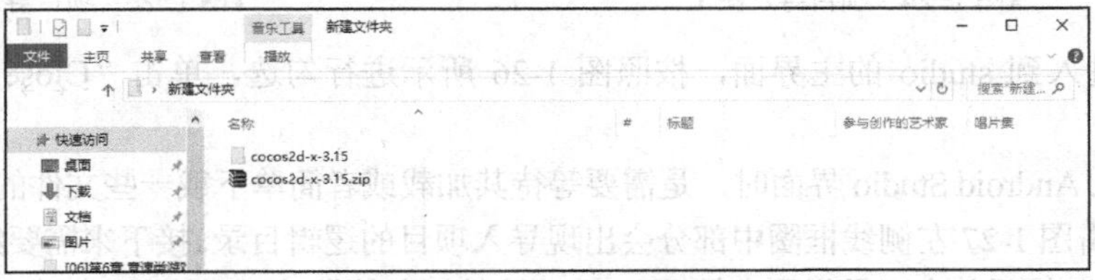

▲图 1-23　Cocos2d-x 文件下载完成

（4）最后将解压后的“cocos2d-x-3.15”文件夹复制到 D 盘的 Android 文件夹下，即完成了 Cocos2d-x 引擎的下载。在打开的 Android Studio 中，Cocos2d-x 项目需要在指定文件中配置 cocos2d-x-3.15 项目路径，这些内容在后面 Android 项目的导入与运行中会有介绍。

> **说明**　这里强烈建议读者采用笔者建议的文件路径，否则本书中的 Android 案例项目将不能直接导入运行。若读者确实需要采用不同的路径，本书后面也会介绍如何对导入的项目进行配置，以支持不同的文件路径，到时读者注意一下即可。

1.3　初识 Cocos2d-x 应用程序

1.2 节介绍了 Android 平台下 Cocos2d-x 项目开发环境的搭建，下面就可以进行项目的导入和创建了。本节将向读者介绍如何导入本书中的一个简单的案例，同时还会向读者介绍如何基于此案例项目创建自己的项目。

1.3.1　本书案例的导入与运行

本节将介绍如何将案例项目 CubeTurn 导入 Android Studio 中，并且由 PC 端运行此案例项目至手机端显示。通过这部分知识的学习，读者就真正进入了 Cocos2d-x 游戏开发的世界，具体步骤如下。

（1）首先将书中所给源代码目录下的第 4 章中所给出的“CEatB”项目复制到开发所用计算机的“D:\Android”路径下。

> **说明**　“D:\Android”路径是前面配置 Android Studio 时设置的工作区目录，本书中所有项目都默认设置为此工作区，建议读者也与本书中项目的工作区保持一致，以确保书中案例正确运行。

（2）在“D:\Android\android-studio\bin”路径下双击“studio.exe”启动 Android Studio（为了使用方便，随后可新建快捷方式到桌面或者开始菜单），接着选择图 1-24 中勾选中的部分，单击打开。并在指定路径下找到“CEatB”并单击“OK”按钮确定，如图 1-25 所示。

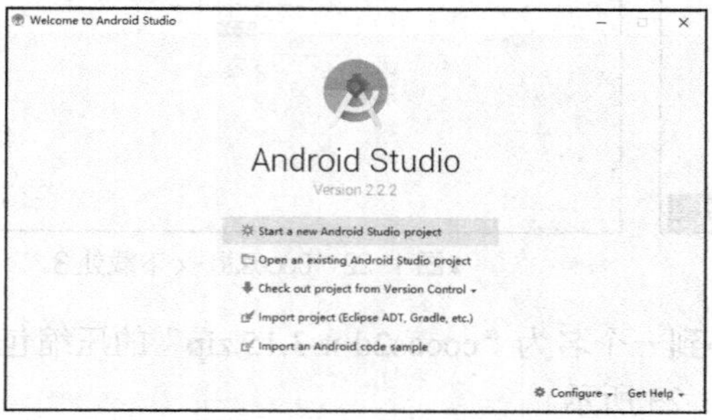

▲图 1-24　项目导入图 1

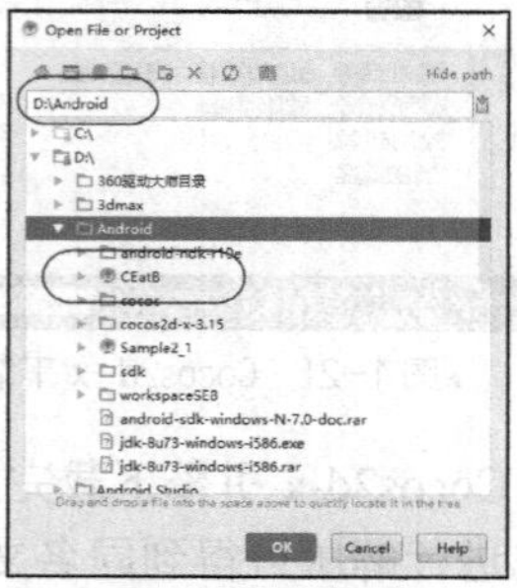

▲图 1-25　项目导入图 2

（3）此时进入到 studio 的主界面，按照图 1-26 所示进行勾选，单击“Close”按钮结束欢迎的介绍内容。

（4）刚进入 Android Studio 界面时，是需要等待其加载或者简单下载一些文件的，在最下方的进度条完成后，单击图 1-27 左侧线框圈中部分会出现导入项目的逻辑目录。接下来需要给 Android Studio 连接一台安卓设备然后单击工具栏圈中的“app”右边的绿色按钮就可以编译、运行项目了。

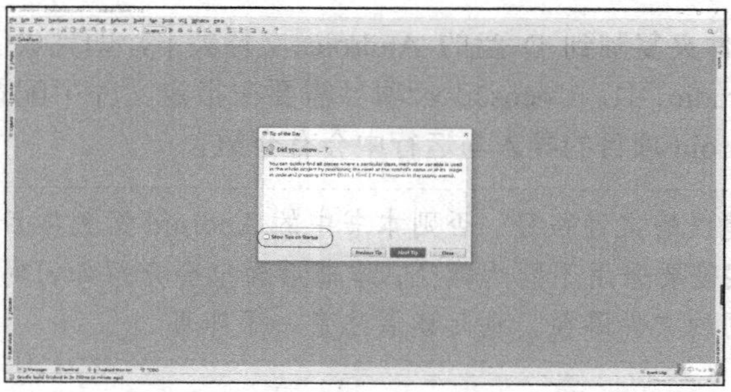

▲图 1-26　Android Studio 欢迎界面

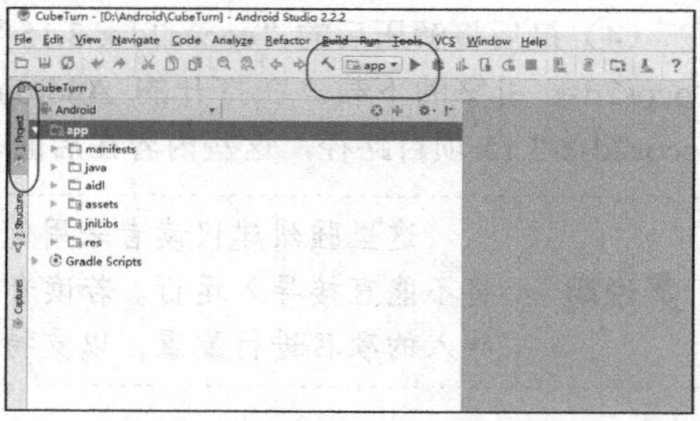

▲图 1-27　项目导入图 3

（5）编译项目的过程需要一定的时间，时间长短由机器的性能决定，请不要着急。此时也可以单击图 1-28 中左下角的“Gradle Console”来查看项目的打印信息。项目运行成功后效果图如图 1-29 所示。

注意　Android Studio 必须连接设备或者开启虚拟机才可以编译运行项目。

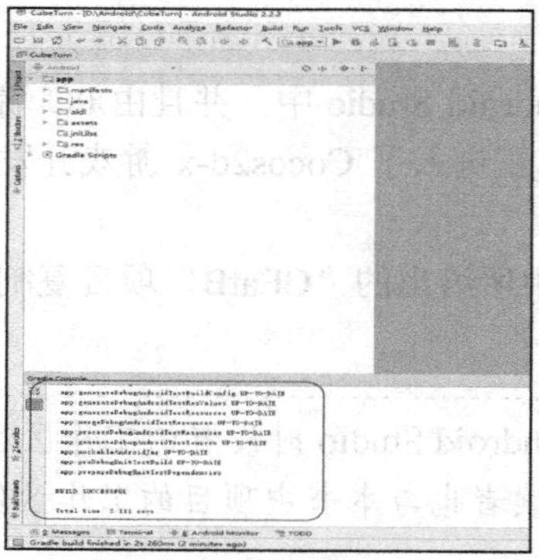

▲图 1-28　项目导入图 4

▲图 1-29　案例运行效果图

说明　能按照上述步骤成功运行还有一个关键点，那就是读者采用的各个目录路径与笔者使用的必须严格一致，如果不同，案例应该不能正确运行。不过不用担心，下面的小节就会介绍若配置目录不同该如何处理。

1.3.2 Cocos2d-x 案例导入后的相关修改

上一小节介绍了 Android 简单案例的导入和运行，但也可能会遇到一个问题，若读者的各个工具配置路径与读者建议的不严格一致，项目将不能正常编译运行。本小节将介绍在路径不一致的情况下如何修改项目的配置，具体步骤如下。

（1）首先按照图 1-30 中椭圆圈中的“文件路径”所示，从项目已经导入的项目“CEatB ”单击开始，选择路径到 Android.mk 文件，此时 Android Studio 会自动打开该文件，将图中即椭圆圈中的项目路径“D:/Android/cocos2d-x-3.15”改为自己放置 cocos2d-x-3.15 解压目录的路径。

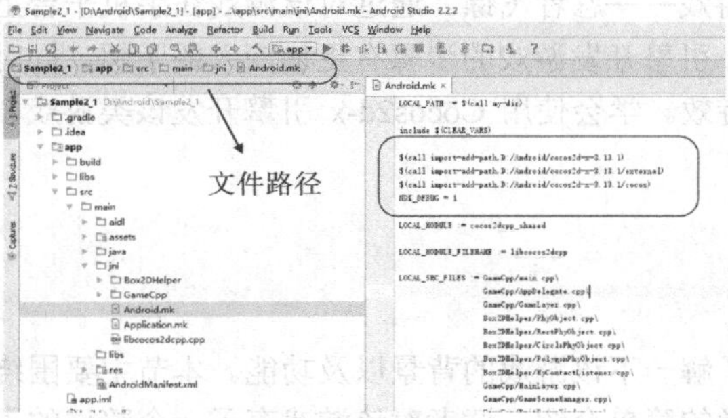

▲图 1-30　引擎路径修改

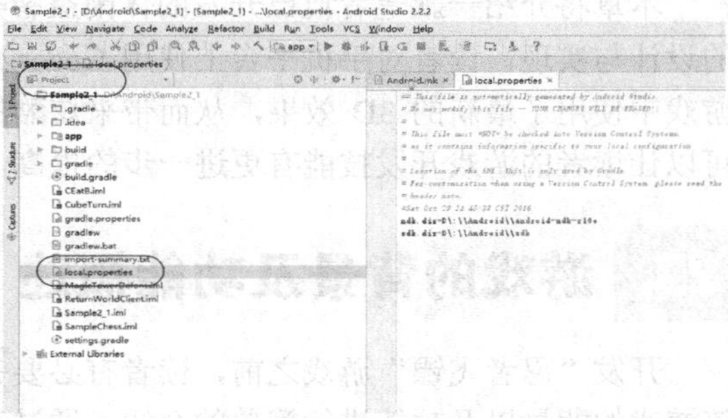
▲图 1-31　NDK、SDK 路径修改

（2）接下来重新配置 NDK 路径为自己路径。按照图 1-31 所示，打开项目 Gradle Scripts 下的 Local.properties（SDK Location）文件，将自己的 NDK 和 SDK 路径写在最后两行即可，需要注意的是路径格式必须与原有格式相同，否则会报错而不能运行项目。

说明　请读者注意，对于已经成功运行的项目，如果改变了本小节介绍的这些路径配置，需要删除项目中自动生成的“libs”“obj”目录方可重新编译运行，删除“libs”文件时，其中的 jar 包文件不可以删除，否则会报错。

1.4 本章小结

本章向读者介绍了 Cocos2d-x 引擎的背景知识，同时还详细介绍了 Android 这个主流移动平台下开发环境的搭建及项目的创建、运行与简单开发。掌握了本章的知识，将为后面 Cocos2d-x 引擎各方面技术的学习打下良好的基础。

提示　读者可能发现本章仅介绍了 Android 平台下开发环境的搭建和简单项目的开发，Cocos2d-x 还可以用于其他平台，但由于 Android 平台占领了很大市场，因此，本书不再赘述其他平台的具体情况。不过读者不用担心，iOS 平台与 Android 平台下的代码知识和开发步骤基本相同，本书中所介绍的知识基本上都可以用于 iOS 平台的开发。另外，考虑到不同读者的需要，最后两章的案例都是既提供了安卓平台的项目也提供了 iOS 平台的项目。

第2章　休闲益智类游戏——忍者飞镖

随着生活节奏的不断加快，人们为了缓解工作压力，在空闲时间都会玩一些手机休闲益智类游戏，于是手机休闲益智类游戏开始风靡。休闲益智类游戏是指一些上手很快，无须长时间进行，可以随时停止的游戏，具有较高的娱乐性。

本章将介绍一款笔者自己开发的休闲益智类游戏——忍者飞镖。通过对该游戏在手机平台上的设计与实现，读者对手机平台上使用 Cocos2d-x 引擎开发游戏的步骤有更加深入的了解。同时游戏中使用了最新的 3D 效果，从而带来炫酷的特效。学会使用 Cocos2d-x 引擎开发该类游戏，可以让读者的游戏开发技能有更进一步的提高。

2.1 游戏的背景及功能概述

开发“忍者飞镖”游戏之前，读者有必要先了解一下该游戏的背景以及功能。本节主要围绕该游戏的背景以及功能进行简单的介绍。通过笔者的简单介绍，读者对该游戏有了一个整体的了解，进而为之后游戏的开发做好准备。

2.1.1 背景描述

下面首先向读者介绍两款市面上比较流行的休闲益智类游戏，如愤怒的小鸟、切水果，如图 2-1、图 2-2 所示。这些游戏因为其画面精美、操作简单、富有创意，因而在各年龄段的用户中受到热捧。

▲图 2-1　愤怒的小鸟界面

▲图 2-2　切水果游戏界面

所以笔者也打算做一款休闲类的游戏。经过分析与考虑，笔者将使用 Cocos2d-x 游戏引擎在手机平台上开发一款休闲类游戏——忍者飞镖。本游戏玩法简单，还利用了 Cocos2d-x 中的各种酷炫的特效以及换帧动画，极大地丰富了游戏的视觉效果。在玩的过程中，玩家还要考虑飞镖发射的角度，使游戏更具挑战性。

2.1.2 功能介绍

“忍者飞镖”游戏主要包括欢迎界面、关卡选择界面、游戏界面、帮助界面、记录成绩界面和关于界面。接下来对该游戏的部分界面以及运行效果进行简单介绍。

（1）运行该游戏，进入欢迎界面。该界面中包括 6 个菜单按钮，分别为“开始游戏”“游戏帮助”“历史成绩”“关于我们”“音乐”和“音效”按钮，还包括游戏主题名称“忍者飞镖”，如图 2-3 所示。

（2）单击“开始游戏”按钮进入选关界面，玩家可以在该界面选择已经解锁的关卡。在选关界面中单击“返回“按钮即可返回到欢迎界面，如图 2-4 所示。

▲图 2-3　欢迎界面

▲图 2-4　选关界面

（3）单击“游戏帮助”按钮会进入帮助界面，该界面主要介绍游戏玩法，读者可单击两边的按钮切换图片进行查看，在了解具体玩法之后可单击界面右下角“返回”按钮返回欢迎界面。如图 2-5 和图 2-6 所示。

▲图 2-5　欢迎界面

▲图 2-6　选关界面

（4）单击“历史成绩”按钮会进入成绩记录界面，该界面主要显示玩家每一关获得的最好成绩，包括获得的星数、得分。图 2-7 所示。

（5）单击“关于我们”按钮会进入版权声明界面，该界面主要显示作者对本游戏的版权声明，单击右下角的“返回”按钮返回欢迎界面。如图 2-8 所示。

▲图 2-7　成绩界面

▲图 2-8　关于界面

（6）单击欢迎界面中左下角控制背景音乐和音效的按钮会控制游戏中背景音乐和音效的开/关。打开音效开关后，在游戏中当飞镖碰撞物体时会有相应的撞击声和游戏结束时的相应音效等。如图 2-9 和图 2-10 所示。

（7）当玩家进入游戏场景时，会有一个提醒面板，该面板显示玩家本关卡获得的最好成绩，如图 2-11 所示。在游戏中，玩家可以单击游戏界面右下角的圆形按钮暂停游戏。暂停界面玩家可以选择继续游戏、重玩、返回选择关卡场景，如图 2-12 所示。

▲图 2-9　暂停音乐界面

▲图 2-10　暂停声音界面

▲图 2-11　暂停界面

▲图 2-12　提醒界面

（8）玩家在 3 枚飞镖用完之前击中牢笼即可顺利过关，此时会弹出过关界面，如图 2-13 所示。当过关失败时，弹出游戏过关失败界面，如图 2-14 所示。

▲图 2-13　过关成功界面

▲图 2-14　过关失败界面

2.2 游戏的策划及准备工作

上一节向读者介绍了本游戏的背景及其基本功能。在对本游戏有一定了解之后，本节将向读者着重介绍游戏开发的前期准备工作。主要包括游戏的策划和游戏开发中所需资源的准备。合理地使用图片与声音资源将会使游戏更加有趣。

2.2.1 游戏的策划

下面对游戏的策划进行简单介绍，在游戏开发过程中其涉及的方面会很多，本游戏的策划主要包含：游戏类型定位、运行目标平台、呈现技术、操作方式以及游戏中的音效设计。下面将一一向读者介绍。

- 游戏类型定位

该游戏的操作为触屏，通过手指触摸屏幕发射飞镖。在游戏过程中玩家应使用有限的飞镖击碎牢笼。杀死敌人，来完成关卡目标。游戏设计关卡分为 6 关，每一关玩家需要认真考虑飞镖的发射方向，通过飞镖与墙体的反弹效果间接地杀死敌人并拯救同伴。该游戏规则简单，趣味性强，具有一定挑战性，属于休闲益智类游戏。

- 运行的目标平台

游戏目标平台为 Android 2.2 及以上平台。

□ 采用的呈现技术

游戏采用Cocos2d-x引擎进行游戏场景的搭建和游戏特效的处理，同时利用Box2D物理引擎，在游戏场景中添加刚体、设置重力来模仿真实世界，游戏中还使用Cocos2d-x 3D功能添加了3D精灵。游戏所用到的特效是Cocos2d-x所独有的，用起来简单方便。其变化多样、简单方便的操作，极大地增强了玩家的游戏体验。

□ 操作方式

本游戏所有关于游戏的操作为触屏，操作简单，容易上手。玩家把手指移动到目标点，准星会瞄准目标，移开手指发射飞镖，利用飞镖与墙体的碰撞反弹击碎牢笼拯救同伴，完成关卡目标即可顺利过关。

□ 音效设计

为了增加玩家的体验，本游戏根据界面的效果添加了适当的音效。例如，旋律优美的背景音乐、单击菜单按钮时的切换音效、飞镖碰撞墙体时的音效、敌人死亡时的惨叫音效、游戏失败的音效和游戏顺利过关的音效等。

2.2.2 手机平台下游戏的准备工作

上一小节向读者介绍了游戏的策划，本小节将向读者介绍在开发之前应该做的一些准备工作，其中主要包括搜集并制作图片、声音等资料。同时游戏的核心资源——关卡数据文件也将会在本节进行介绍。

（1）首先介绍该游戏的关卡数据资源。关卡数据资源是游戏核心资源，该资源中记录了游戏中刚体位置、大小、是否翻转等信息，是本游戏的核心资源。笔者将其放在项目目录中的NinjaDart/app/src/main/assets/ guanData文件夹中，如表2-1所示。

表2-1 关卡数据清单

文件名	大小（KB）	格式	用途
level000.plist	0.875	plist	第一关数据
level001.plist	2.32	plist	第二关数据
level002.plist	2.79	plist	第三关数据
level003.plist	3.12	plist	第四关数据
level004.plist	4.09	plist	第五关数据
level005.plist	4.59	plist	第六关数据

（2）接下来为读者介绍的是本游戏中用到的图片资源，系统将所有图片资源都放在项目文件下的NinjaDart/app/src/main/assets目录下的guanData、music、particle等文件夹下，如表2-2所示。

表2-2 图片清单

图片名	大小（KB）	像素（w×h）	用途	图片名	大小（KB）	像素（w×h）	用途
1st-6st.png	7.4	128×43	1关-6关	level0-level5.png	92.4	256×144	关卡按钮1～6
title.png	51.1	612×153	游戏标题	Levelgreen.png	8.42	128×64	关卡标题
Yesa.png	8.25	270×81	退出按钮1	levelred.png	4.79	64×32	关卡标题
Yesb.png	9.96	270×81	退出按钮2	highestscore.png	3.77	64×21	最高分标题
About.png	25.8	408×102	关于标题	AboutUs.png	90.2	920×460	版权背景
bg0.png	151	480×320	游戏背景	music_off.png	7.18	72×72	音乐开关1

续表

图片名	大小（KB）	像素（w×h）	用　途	图片名	大小（KB）	像素（w×h）	用　途
bg1.png	47.3	800×500	欢迎背景	music_on.png	5.72	72×72	音乐开关 2
bg2.png	6.44	920×600	成绩背景	sound_off.png	9.54	72×71	音效开关 1
Abouc1.png	21.5	256×64	关于按钮	boom_weapon.png	3.21	44×44	飞镖图片
help3.png	705	780×460	帮助图片 4	game_collage.png	2700	1024×2048	人物集合
Noa.png	8.13	270×81	按钮	bigdimian1.png	80.8	588×51	地面图片
Nob.png	9.84	270×81	按钮	num_red.png	19.2	260×39	数字图片 2
loding.png	13.5	512×128	加载背景	pause_bar.png	3.93	74×266	暂停弹窗
Exita.png	28.1	600×200	退出背景	Rankc1.png	23.3	256×64	成绩按钮
Help.png	34.6	408×102	帮助标题	HelpBar.png	7.27	860×540	图片边框
help0.png	826	780×460	帮助图片 1	sound_on.png	8.64	72×71	音效开关 2
help1.png	822	780×460	帮助图片 2	Scoreblack.png	3.21	32×16	得分标题
help2.png	834	780×460	帮助图片 3	SelectLevel.png	28.4	408×102	选关标题
Score.png	6.89	128×64	得分标题	starlevel.png	11.6	128×64	星级标题
Helpc1.png	23.6	256×64	帮助按钮	Startc1.png	23.7	256×64	开始按钮
Num.png	8.56	200×32	数字图片 1	success.png	12.6	128×64	过关标题
return2.png	13.6	144×72	返回按钮 2	blockRed.png	0.142	16×16	射线图片
return.png	13.2	144×72	返回按钮 1	colage_images.png	1700	1024×2048	墙壁集合
Level.png	5.4	128×64	关卡标题	HistoryScore.png	31.3	408×102	历史标题
lose.png	13.9	128×64	失败标题	highScore.png	8.32	192×64	最高分标题

说明　本项目中同样需要将所有的图片资源都存储项目的 assets 文件夹下的 picture 目录下，并且对于不同的文件资源应该进行分类，储存在不同文件目录中，这能提高程序开发效率，是程序员需要养成的一个良好习惯。

（3）接下来介绍本游戏需要用到的声音资源，笔者将声音资源复制在项目 assets/music 文件夹下，其详细具体音效资源文件信息如表 2-3 所示。

表 2-3　　声音清单

声音文件名	大小	格式	用　途	声音文件名	大小	格式	用　途
tielongjisui.wav	97.3	wav	牢笼击碎	feibiaofantan1.wav	48.7	wav	飞镖反弹
bg_home.mp3	778	mp3	背景音乐	direncanjiao1.mp3	7.37	mp3	敌人惨叫
bg_lose.mp3	85.2	mp3	游戏失败	Anniujihuo2. wav	42.1	wav	单击按钮
bg_win1.mp3	75.4	mp3	游戏过关	yanwubaozha1.wav	118	wav	烟雾爆炸
xingjitishi.wav	57.3	wav	获得星星	zhayaobaozha.mp3	53	mp3	炸药爆炸

（4）了解了本游戏需要的关卡数据资源后，最后来介绍游戏中用到的其他资源。飞镖与其他刚体碰撞时产生的火花效果，以及飞镖移动时的拖尾效果都是通过以下资源实现的。笔者将其放在项目目录中的 assets/particle 文件夹下，如表 2-4 所示。

表 2-4 其他类清单

文 件 名	大小（KB）	格 式	用 途
pe_star.plist	3.09	plist	火花动画
streak.png	3.75	png	拖尾图片

2.3 游戏的架构

上一小节实现了游戏的策划和前期准备工作，本节将对“忍者飞镖”游戏的架构进行简单介绍，主要包括各个布景类的功能介绍、菜单项的功能使用等。通过本节的学习，读者可以对该游戏的设计思路以及整体架构有一定的了解。

2.3.1 各个类的简要介绍

为了让读者能够更好地理解各个类的作用，以及对游戏的整体框架有一个大概的认识，由于对话框类也是通过继承布景类进行开发的，所以下面将游戏内容分成 3 部分进行介绍，而各个类的详细代码将在后面的章节中相继介绍。

1. 布景相关类

❑ 总场景管理类 GameSceneManager

该类为游戏呈现场景中最主要的类，主要负责游戏中场景的创建和场景的切换，即游戏中不同板块之间的变换。游戏将众多的场景集中到一个类中，这样做不但程序结构清晰而且维护简单，读者在学习过程中应仔细体会。

❑ 自定义游戏欢迎布景类 MainLayer

该类为玩家进入游戏场景时首先看到的布景呈现类。该场景中包括了几种场景的入口菜单项，其中包括“开始游戏”“游戏帮助”“历史成绩”和“关于我们”4 个场景入口，单击相应菜单项即可进入与菜单项对应的场景中。

❑ 自定义游戏帮助布景类 HelpLayer

该类为游戏帮助场景的实现类，通过在布景中添加一个显示帮助图片的精灵对象来向玩家介绍该游戏的具体玩法。同时在屏幕的右下角添加了一个“返回”的菜单项，单击后程序会切换到游戏欢迎场景。

❑ 自定义游戏记录成绩布景类 RankLayer

该类为游戏中记录成绩的实现类。该场景中玩家可以查看每一关获得的最好成绩，单击屏幕右下角的“返回”菜单项切换到欢迎场景。

❑ 自定义游戏选关布景类 SelectLayer

该类为游戏选关场景的实现类，主要显示游戏中的关卡。单击任意已经解锁的关卡，即可进入游戏。另外只有上一关已经通过时，下一关才可以解锁。还可单击屏幕右上角“返回”菜单项切换到欢迎场景。

❑ 自定义游戏关于布景类 AboutLayer

该类为游戏关于版权声明场景的实现类。该场景主要显示作者对该游戏的版权声明。还可单击屏幕右下角“返回”菜单项切换到选择系列场景。

❑ 自定义游戏布景类 GameLayer

该类为游戏场景的实现类，玩家在场景中可以通过手指移动来瞄准目标点，手指离开屏幕会发射飞镖，击碎牢笼拯救同伴即可顺利过关。在某些游戏关卡玩家不能直接击碎牢笼，这时需要利用飞镖与墙体的反弹效果间接地击碎牢笼，达到顺利过关的目的。玩家可以单击屏幕右下角暂停按钮来选择其他关卡、重玩或继续。

- 自定义游戏背景布景类 BackGroundPopupWindow

该类为游戏背景的实现类，该类主要是对游戏中用到的带动态浮云以及旋转日光背景效果的封装。该类可以添加到多个场景中，即精简了代码又使得结构清晰。

- 自定义游戏弹窗布景类 PausePopupWindow

该类为游戏中暂停弹窗的实现类。在游戏场景中当玩家单击“暂停”按钮想要暂停游戏时，屏幕右边会弹出一个窗体，该窗体中有“继续游戏”“重新开始”“选择关卡”菜单按钮，单击后进入相应场景，方便玩家进行不同的选择。

> **说明**　以上就是游戏中关于布景类的总体介绍。由于篇幅有限，一些功能类似内容未涉及。各对话框类都是通过继承布景类实现基本功能，所以游戏中其他对话框类不再逐一介绍，有需要的读者可以查看第 2 章中相关代码。

2. 物理引擎相关工具类

- 基本物体类 PhyObject

该类为所有物体类的基类，该类的构造函数中包含了刚体所用到的一些基本属性。同时该类还定义了一个公共方法 refresh，该方法能更新与刚体绑定的精灵的姿态，从而实现游戏中物体对现实世界中物体的模仿。

- 自定义圆形物体类 CirclePhyObject

该类实现了对圆形物体创建、绘制的封装。对这些物体进行封装，读者在开发游戏中可方便地使用，开发的游戏也更加具有真实性。

- 自定义矩形物体类 RectPhyObject

该类实现了对矩形物体创建、绘制的封装。对这些物体进行封装，读者在开发游戏中可方便地使用，开发的游戏也更加具有真实性。

- 自定义多边形物体类 PolygonPhyObject

该类实现了对矩形物体创建、绘制的封装。对这些物体进行封装，读者在开发游戏中可方便的使用，开发的游戏也更加具有真实性。

- 自定义刚体碰撞检测类 MyContactListener

该类继承自 Box2D 物理引擎中的 b2ContactListener 类。通过对物理世界对象设置碰撞监听，可以对碰撞的刚体进行处理。这里可以做一些操作，比如重新设置刚体的速度，设置刚体是否消失等。该类是一个比较重要的工具类。

3. 引擎引用入口类 AppDelegate

引擎引用入口类 AppDelegate 中封装了一系列与引擎引用生命周期有关的函数，其中包括应用开启的入口函数、应用进入待机状态时调用的函数、应用从待机恢复调用的函数等。这些函数都是与引擎中应用程序运行状态相关的，读者在开发中应仔细体会。

2.3.2　游戏框架简介

上一小节已经对该游戏中所用到的类进行了简单介绍，可能读者还没有理解游戏的架构以及游戏的运行过程。本小节将从游戏的整体架构上进行介绍，使读者对本游戏有更进一步的了解。首先给出的是游戏框架图，如图 2-15 所示。

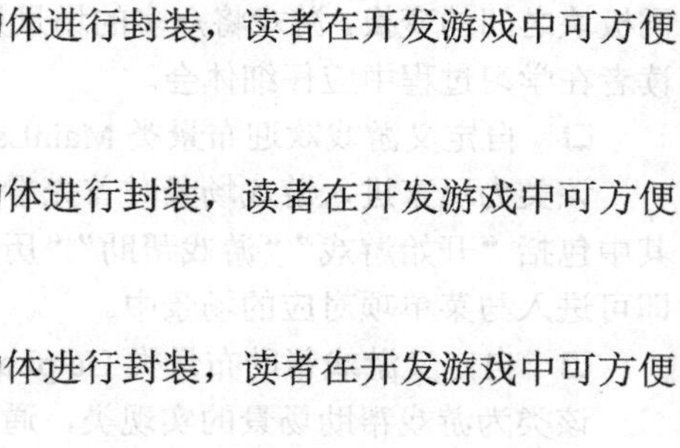

▲图 2-15　游戏框架图

> **说明** 图 2-15 中列出了“忍者飞镖”游戏的框架图，该图首先说明游戏的运行是从 AppDelegate 类开始，然后依次给出了游戏场景相关类、物理引擎相关工具类等，其各自功能后续将向读者详细介绍，这里不必深究。

接下来按照程序运行的顺序逐步介绍各个类的作用以及整体的运行框架，使读者更好地掌握本游戏的开发步骤。读者也可以在手机上运行该游戏，在进行试玩的同时对照下面的介绍步骤，从而对游戏框架有更深刻的理解，其详细步骤如下。

（1）启动游戏，首先会在 AppDelegate 的开启入口函数中创建一个欢迎场景，欢迎场景由加载界面和加载完成界面共同组成，同时在欢迎场景加载完成界面中初始化该场景的布景，使游戏进入第一个场景欢迎布景 MainLayer。

（2）在欢迎场景中，玩家会看到“开始游戏”“游戏帮助”“历史成绩”和“关于我们”4 个菜单，以及控制背景音乐和即时音效开关的按钮。单击不同菜单项程序会切换到菜单项对应的场景中。主要是通过指向场景管理器的指针来调用其内部的方法来实现不同场景间的切换的。

（3）当玩家单击“游戏帮助”菜单项时，将切换到“游戏帮助”场景，并初始化其中的 HelpLayer 布景类，然后将其显示出来。在该布景中将创建一个精灵，用于向玩家展示游戏的玩法，帮助图片可以左右切换。因此单击指向左方向的箭头帮助图片可以翻到下一张图片，单击指向右方向的箭头帮助图片可以翻到上一张图片。

（4）当玩家单击“历史成绩”菜单项时，将切换到“历史成绩”场景，并初始化其中的 RankLayer 布景类，然后将其显示出来。在该布景中显示玩家每一关的游戏成绩包括玩家获得星数和分数，从而激发玩家追求完美的精神。

（5）当玩家单击“关于我们”菜单项时，将切换到“关于我们”场景，并初始化其中的 AboutLayer 布景类，然后将其显示出来。该布景中主要显示游戏制作者对本游戏版权的声明，以及场景的一些美化和设置。

（6）在打开本游戏时，玩家如果想要设置游戏中声音的开关，可单击欢迎场景中带音乐图标和带喇叭图标的按钮，音乐会有相应地开关。

（7）当玩家单击“开始游戏”菜单项时，将切换到“选择关卡”场景，并初始化其中的 SelectLayer 布景类，然后将其显示出来，在该布景中主要包括 6 个关卡菜单项，单击相应的菜单项会进入该关卡场景，同时初始化此场景显示的内容。当某一个关卡尚未解锁时，该关卡上会显示有一把锁的图标，表示玩家还不能玩。

（8）在选择关卡场景中，当玩家单击不同关卡图标时，将切换到对应关卡游戏场景，并在 GameLayer 布景类的初始化方法中初始化对应精灵，然后将其显示出来。该布景中主要初始化游戏中的敌人、石头等位置。

（9）进入游戏场景后，玩家用手指在屏幕上移动，从而使飞镖瞄准目标点，移开手指发射飞镖，当飞镖击碎牢笼救出同伴则过关。过关后会弹出显示“过关”的弹窗，该弹窗记录玩家过关所得分数、获得的星数。还有“选关”“重玩”和“下一关”3 个菜单项，单击相应的菜单项就会执行相关操作。如果玩家在 3 枚飞镖用尽后依然未击碎牢笼，此时则过关失败，弹出显示“失败”的弹窗。

2.4 布景相关类

从此节开始正式进入游戏的开发过程。本节将为读者介绍本游戏的布景相关类，首先介绍游戏场景的管理者，然后介绍游戏的各个场景是如何开发的，从而让读者可以逐步完成游戏场景的开发。下面就对这些类的开发进行详细介绍。

2.4.1　场景管理类 GameSceneManager

首先介绍的是游戏的场景管理者 GameSceneManager 类，该类的主要作用是管理游戏中的各个场景。该类创建了欢迎场景，并声明了从当前场景跳转到其他场景的方法。该类使得游戏的架构简洁清晰，其具体的开发步骤如下。

（1）首先需要开发的是 GameSceneManager 类的框架，该框架中声明了本类所需要的方法和各个场景的指针，其具体代码如下。

代码位置：见随书源代码/第 2 章/NinjaDart/app/src/main/jni/GameCpp 目录下的 GameSceneManager.h。

```
#ifndef _GameSceneManager_H
#define _GameSceneManager_H
#include "cocos2d.h"                              //引用 cocos2d.h 头文件
using namespace cocos2d;                          //使用 cocos2d 命名空间
class GameSceneManager{
public:                                           //声明所有的方法为公有
  GameSceneManager();                             //声明场景管理构造函数
  ~GameSceneManager();                            //声明场景管理析构函数
  void createScene();                             //声明创建场景的方法
  void goSelectLayer();                           //跳转到选关场景的方法
  void goMainLayer();                             //跳转到欢迎场景的方法
  void goGameLayer();                             //跳转到游戏场景的方法
  void goRankLayer();                             //跳转到成绩场景的方法
  void goAboutLayer();                            //跳转到关于场景的方法
  void goHelpLayer();                             //跳转到帮助场景的方法
public:
  Scene *mainScene;                               //声明一个欢迎场景对象
  Scene *selectScene;                             //声明一个选关场景对象
  Scene *gameScene;                               //声明一个游戏场景对象
  Scene *rankScene;                               //声明一个记录成绩场景
  Scene *aboutScene;                              //声明一个关于游戏场景
  Scene *helpScene; };                            //声明一个游戏帮助场景
#endif
```

说明　上述代码为 GameSceneManager 类的头文件，在该头文件中声明了游戏中所有场景的指针，并声明了创建游戏第一个场景的 createScene 方法以及切换到欢迎界面、帮助界面、选项设置界面和其他关卡游戏界面等场景的功能方法。

（2）开发完类框架声明后还要真正地实现 GameSceneManager 类中的方法。该类实现了创建第一个场景的方法和切换到其他场景的方法，其具体代码如下。

代码位置：见随书源代码/第 2 章/NinjaDart/app/src/main/jni/GameCpp 目录下的 GameScene Manager.cpp。

```
1  //此处省略了对一些头文件的引用和定义头文件的相关代码，读者可参考源代码
2  using namespace cocos2d;                        //使用 cocos2d 空间
3  void GameSceneManager::createScene(){           //创建欢迎场景对象
4    auto layer=MainLayer::create();               //创建一个欢迎布景
5    layer->gsm=this;                              //设置管理者对象
6    mainScene=Scene::create();                    //创建一个欢迎场景
7    mainScene->addChild(layer);}                  //将布景添加到场景
8  void GameSceneManager::goSelectLayer() {        //跳转到选关场景
9    auto layer=SelectLayer::create();             //创建一个选关布景
10   layer->gsm=this;                              //设置管理者对象
11   selectScene=Scene::create();                  //创建一个选关场景
12   selectScene->addChild(layer);                 //将布景添加到场景
13   TransitionScene *ts=TransitionFade::create(1.0f,selectScene); //创建切换特效对象
14   Director::getInstance()->replaceScene(ts);   }              //执行切换场景
15 .....//此处省略切换到其他场景的方法的代码，需要的读者可以自行参考源代码
```

- 第 3～8 行为创建第一个场景的方法，在该方法中首先要将第一个场景对象创建出来，然后创建该场景的布景对象，并设置该场景的管理者，最后将布景添加到场景中。

- 第 9～16 行为切换到欢迎场景的方法，首先通过获取程序的导演对象从而开启深度检测，然后创建欢迎场景的场景指针和布景，再将布景添加到场景中，最后加上切换场景的特效并切换场景。

2.4.2 欢迎布景类 MainLayer

上面讲解了游戏的场景管理类 GameSceneManager 的开发过程，当场景管理类开发完成后，就进入了游戏的欢迎场景。下面将介绍游戏的欢迎场景，该场景为首次进入游戏的第一个场景，主要实现了欢迎场景的布景，其具体的开发步骤如下。

（1）首先需要开发的是 MainLayer 类的框架，该框架中声明了一系列将要使用的成员变量和成员方法，其具体代码如下。

代码位置：见随书源代码/第 2 章/NinjaDart/app/src/main/jni/GameCpp 目录下的 MainLayer.h。

```
1  #ifndef _MainLayer_H
2  #define _MainLayer_H
3  #include "GameSceneManager.h"                          //GameSceneManager
4  #include "cocos2d.h"                                   //引用 cocos2d.h 的头文件
5  #include "SimpleAudioEngine.h"                         //引用 SimpleAudioEngine
6  #include "ExitPopupWindow.h"                           //引用 ExitPopupWindow
7  #include <string>                                      //引用 string 的头文件
8  using namespace std;                                   //使用 std 的命名空间
9  using namespace cocos2d;                               //使用 cocos2d 命名空间
10 class MainLayer : public Layer{
11   public: virtual bool init();                         //初始化场景内容的方法
12   void loadingImageAsync();                            //异步加载图片资源的方法
13   void loadingCallback(Texture2D *texture);            //加载完图片资源后调用
14   void loadMusic();                                    //用来加载音乐文件的方法
15   void startGame(Object *pSender);                     //开始游戏按钮调用的方法
16   void lookRank(Object *pSender);                      //排行榜菜单项调用的方法
17   void lookAbout(Object *pSender);                     //关于菜单项要调用的方法
18   void lookHelp(Object *pSender);                      //帮助菜单项要调用的方法
19   void controlMusic(Object *pSender);                  //声明控制音乐开关的方法
20   void controlSound(Object *pSender);                  //声明控制音效开关的方法
21   void onMyKeyPressed(EventKeyboard::KeyCode keyCode,Event *event);
22   void addMenuClickSound();                            //单击按钮时产生音效方法
23   GameSceneManager *gsm;                               //声明一个场景管理器对象
24   Menu *musicOnMenu;                                   //声明一个开声音菜单对象
25   Menu *musicOffMenu;                                  //声明一个关声音菜单对象
26   MenuItemImage *musicOnItem;                          //声明关音乐的菜单项对象
27   MenuItemImage *musicOffItem;                         //声明开音乐的菜单项对象
28   MenuItemImage *soundOnItem;                          //声明关音效的菜单项对象
29   MenuItemImage *soundOffItem;                         //声明开音效的菜单项对象
30   static bool IsMusicOn;                               //声明打开音乐播放标志位
31   static bool IsSoundOn;                               //声明打开音效播放标志位
32   int jd=0;                                            //声明图片资源加载累加器
33   int loadCount=0;                                     //记录加载图片的整型变量
34   CREATE_FUNC(MainLayer);}; #endif
```

- 第 3～9 行功能为引用场景管理者、cocos2d、声音播放引擎、退出对话框、字符串的头文件以及使用相应的命名空间。
- 第 11～16 行功能为声明初始化场景、异步加载图片资源、加载完图片资源回调、加载声音资源、开始游戏、查看成绩的方法。
- 第 17～22 行功能为声明查看关于、查看帮助、控制声音开关、控制及时音效开关、手机键盘触摸回调、添加菜单单击音效的方法。
- 第 23～27 行功能为声明场景管理者的对象、音乐打开菜单对象、音乐关闭菜单对象、音乐打开和音乐关闭菜单项对象。
- 第 28～34 行功能为声明音效打开菜单项对象、音效关闭菜单项对象、音效打开和音效关闭布尔对象、记录加载图片数量的整型变量。

（2）开发完类框架声明后还要真正实现 MainLayer 类中的方法，其中首先要实现的是初始化布景的 init 方法，该方法主要是在进入欢迎场景对应的布景时，初始化布景中的所有精灵，初始化音效，加载图片资源，其具体开发代码如下。

代码位置：见随书源代码/第 2 章/NinjaDart/app/src/main/jni/GameCpp 目录下的 MainLayer.cpp。

```
1  bool MainLayer::init(){                                                      //初始化场景内容方法
2    if(!Layer::init())return false;                                            //调用父类初始化方法
3    auto listener=EventListenerKeyboard::create();                             //创建键盘触摸监听器
4    listener->onKeyPressed=CC_CALLBACK_2(MainLayer::onMyKeyPressed,this);
5    _eventDispatcher->addEventListenerWithSceneGraphPriority(listener,this);
6    auto size=Director::sharedDirector()->getVisibleSize();                   //获得可见区域的大小
7    Sprite *loadSprite = Sprite::create("picture/loding.png");                //创建一个加载精灵
8    loadSprite->setPosition(ccp(size.width / 2, size.height/2));//设置精灵对象的位置
9    loadSprite->setTag(1);                                                     //设置精灵对象的标签
10   this->addChild(loadSprite);                                                //将精灵添加到布景中
11   Sprite*boomSprite=Sprite::create("picture/boom_weapon.png"); //创建一个飞镖精灵
12   boomSprite->setPosition(ccp(size.width/2-290,size.height/2)); //设置飞镖精灵的位置
13   boomSprite->setScale(2.0f);                                                //将精灵对象扩大一倍
14   boomSprite->runAction(RepeatForever::create(RotateBy::create(0.5,360)));
15   boomSprite->setTag(2);                                    //设置精灵对象的标签
16   this->addChild(boomSprite);                               //将精灵添加到布景中
17   loadMusic();                                              //加载音乐文件的方法
18   loadingImageAsync();                                      //异步加载图片的方法
19   return true; }                                            //返回为真则初始化成功
```

- 第 1～6 行功能为调用父类的初始化方法，添加键盘事件监听，当单击手机返回键时触发相关事件，获得可见区域的大小。
- 第 7～13 行功能为创建背景精灵对象并设置位置，设置精灵的标签并将其添加到布景中；创建飞镖精灵并设置位置，改变精灵大小。
- 第 14～19 行功能为让飞镖精灵执行一个旋转动作，设置精灵标签并将精灵添加到布景中，加载音乐文件，异步加载图片资源。

（3）完成了初始化布景的方法后，接下来开发的就是 MainLayer 类中加载图片资源以及音乐资源的方法。具体代码如下。

代码位置：见随书源代码/第 2 章/NinjaDart/app/src/main/jni/GameCpp 目录下的 MainLayer.cpp。

```
1  void MainLayer::loadMusic(){                                         //加载音乐文件的方法
2    std::string mc[9] = { "music/anniujihuo2.wav",
3          "music/bg_lose.mp3", "music/bg_win1.mp3",                    //及时音效的文件路径
4          "music/feibiaofantan1.wav" "music/yanwudanbaozha1.wav",
5          "music/direncanjiao1.mp3", "music/xingjitishi.wav",          //即时音效的文件路径
6          "music/tielongjisui.wav","music/zhayaotongbaozha.mp3"};//即时音效的文件路径
7    for (int i = 0; i < 9; i++) {                                      //通过循环来加载音乐
8          CocosDenshion::SimpleAudioEngine::getInstance()->
9          preloadEffect(mc[i].c_str());}                               //加载即时音效的文件
10   CocosDenshion::SimpleAudioEngine::getInstance()->preloadBackgroundMusic(
11         "music/bg_home.mp3");}                                       //加载背景音乐的文件
12   void MainLayer::loadingImageAsync(){                               //加载图片资源的方法
13   std::string sa[23] {"picture/game collage.png", "picture/ui_collage_images.png",
14         //由于加载的音乐文件较多，没有逐一列出
15         "picture/SelectLevel.png", "picture/HelpBar.png" };          //图片资源的文件路径
16   for (int i = 0; i < 23; i++) {                                     //通过循环来加载图片
17         Director::getInstance()->getTextureCache()->
18         addImageAsync(sa[i],                                         //图片资源文件的路径
19         CC_CALLBACK_1(MainLayer::loadingCallback, this) );}}         //图片加载完回调方法
```

- 第 1～6 功能为加载音乐文件，其中包括了按钮单击声音音效、过关成功音效、过关失败音效、飞镖反弹音效、牢笼破碎音效等。
- 第 7～11 行功能为通过循环并利用声音引擎对象来加载即时音效文件，最后通过声音引擎对象来加载背景音乐文件。
- 第 12～19 行功能为异步加载图片文件，创建一个字符串数组存放图片文件路径，通过循

环调用异步加载图片的方法来加载文件。

（4）完成了加载资源文件的方法后，接下来开发的就是 MainLayer 类中图片资源加载完成后的回调方法。具体代码如下。

代码位置：见随书源代码/第 2 章/NinjaDart/app/src/main/jni/GameCpp 目录下的 MainLayer.cpp。

```
1  void MainLayer::loadingCallback(Texture2D *texture) {                  //异步加载的回调方法
2    auto size=Director::sharedDirector()->getVisibleSize();              //获得可见区域的大小
3    jd++;                                                                //图片累加计数器自加
4    if(jd==23){ this->removeChildByTag(1,true);                          //根据标签来删除精灵
5      this->removeChildByTag(2,true);                                    //根据标签来删除精灵
6      BackGroundPopupWindow *background=BackGroundPopupWindow::create();
7      background ->setPosition(ccp(0,0));                                //设置精灵对象的位置
8      this->addChild(background);                                        //将精灵添加到布景中
9      Sprite *titleSp = Sprite::create("picture/title.png");             //创建一个标题精灵
10     titleSp->setPosition(ccp(size.width / 2,size.height-100));         //设置标题精灵的位置
11     this->addChild(titleSp,3);                                         //将精灵添加到布景中
12     MenuItemImage *startItem = MenuItemImage::create(                  //创建开始游戏菜单项
13       "picture/Startc1.png",                                           //菜单项未选中时外观
14       "picture/Startc1.png",                                           //菜单项被选中时外观
15       CC_CALLBACK_1(MainLayer::startGame, this));                      //菜单项选中回调方法
16     //由于创建方法类似，此处省略其他菜单项创建代码，读者可参考源代码
17     Menu *menu=Menu::create(startItem,helpItem,rankItem,aboutItem,NULL);
18     menu->alignItemsVerticallyWithPadding(30);                         //设置菜单项竖直排列
19     menu->setPosition(ccp(size.width / 2,size.height /2-100));         //设置菜单对象的位置
20     this->addChild(menu,2);                                            //将菜单添加到布景中
21     //由于创建方法类似，此处省略其他菜单项创建代码，读者可参考源代码
22     if(IsMusicOn){ musicOnItem->setVisible(true);                      //设置关音乐菜单可见
23       musicOffItem->setVisible(false);                                 //设置开音乐菜单不见
24       if (!CocosDenshion::SimpleAudioEngine::
25           getInstance()->isBackgroundMusicPlaying()){                  //判断是否可播放音乐
26           CocosDenshion::SimpleAudioEngine::                           //创建声音引擎的对象
27           getInstance()->playBackgroundMusic("music/bg_home.mp3", true);
28     }}else{musicOnItem->setVisible(false);                             //设置关音乐菜单不见
29       musicOffItem->setVisible(true); }                                //设置关音乐菜单可见
30     if (IsSoundOn) {soundOnItem->setVisible(true);                     //设置开音效菜单可见
31       soundOffItem->setVisible(false);                                 //设置开音效菜单不见
32     } else {soundOnItem->setVisible(false);                            //设置关音效菜单不见
33       soundOffItem->setVisible(true);    }}}                           //设置关音效菜单可见
```

- 第 1～8 行功能为获得可见区域大小，记录图片加载数目的变量自加，创建一个背景精灵和一个标题精灵，然后将精灵添加到布景中。
- 第 9～15 行功能为创建一个精灵对象，设置精灵的位置并将精灵添加到布景中。创建一个菜单项对象，并为其设置相关的参数。
- 第 17～22 行功能为创建一个菜单对象，设置子菜单项竖直排列，设置菜单的位置并将菜单添加到布景中。判断音乐开关是否打开。
- 第 23～27 行功能为设置音乐开菜单可见，音乐关菜单不可见，判断背景音乐是否可以播放，可以则播放背景音乐，反之不播放。
- 第 28～33 行功能为设置音乐开菜单项不可见，音乐关菜单项可见。判断音效是否可播放，如果可以，设置音效开菜单项可见，音效关菜单项不可见，反之则设置音效开菜单项不可见，音效关菜单项可见。

（5）完成了图片资源加载完毕后初始化的方法后，接下来开发的就是 MainLayer 类中菜单项回调方法的方法。具体代码如下。

代码位置：见随书源代码/第 2 章/NinjaDart/app/src/main/jni/GameCpp 目录下的 MainLayer.cpp。

```
void MainLayer::startGame(Object *pSender){              //开始游戏菜单调用该方法
  addMenuClickSound();                                   //调用单击菜单音效的方法
  gsm->goSelectLayer();}                                 //从当前跳转到选关的场景
//由于创建方法与上述类似，此处省略其他菜单回调方法，读者可参考源代码
void MainLayer::controlMusic(Object *pSender){           //调用控制音乐播放的方法
```

```
6    addMenuClickSound();                                   //调用菜单单击音效的方法
7    IsMusicOn=!IsMusicOn;                                  //音乐播放标志位进行取反
8    if(IsMusicOn){ musicOnItem->setVisible(true);          //设置开音乐菜单项为可见
9    musicOffItem->setVisible(false);                       //设置关音乐菜单为不可见
10   CocosDenshion::SimpleAudioEngine::getInstance()->resumeBackgroundMusic();
11   }else{ musicOnItem->setVisible(false);                 //设置关音乐菜单为不可见
12      musicOffItem->setVisible(true);                     //设置开音乐菜单项为可见
13      CocosDenshion::SimpleAudioEngine::getInstance()->pauseBackgroundMusic();}}
14 void MainLayer::controlSound(Object *pSender){
15   addMenuClickSound();                                   //调用单击菜单音效的方法
16   IsSoundOn=!IsSoundOn;                                  //设置音效标志位进行取反
17   if (IsSoundOn) { soundOnItem->setVisible(true);        //设置关音效菜单项为可见
18      soundOffItem->setVisible(false);                    //设置开音效菜单项为不可见
19   } else { soundOnItem->setVisible(false);               //设置关音效菜单为不可见
20      soundOffItem->setVisible(true);  }}                 //设置开音效菜单项为可见
21 void MainLayer::onMyKeyPressed(EventKeyboard::KeyCode keyCode,Event *event){
22   Node *node=this->getChildByTag(100);                   //通过标签获得节点的对象
23   if (node != NULL) { this->removeChild(node);           //将子节点从父节点中删除
24   }else{ ExitPopupWindow* popWindow = ExitPopupWindow::create();
25      popWindow->setTag(100);                             //设置退出窗体节点的标签
26      this->addChild(popWindow,2); }}                     //将节点对象添加到布景中
27 void MainLayer::addMenuClickSound(){                     //单击菜单项播放音效方法
28   if (MainLayer::IsSoundOn) { CocosDenshion::SimpleAudioEngine::getInstance()->
29            playEffect("music/anniujihuo2.wav");   }}//播放单击按钮时的即时音效
```

- 第 1～4 行功能为单击开始游戏菜单项时的回调方法。首先该方法调用菜单单击音效方法，然后跳转到选关场景。
- 第 5～13 行功能为控制背景音乐开关的方法。当单击音乐开关时会调用该方法，每次调用该方法都会将音乐播放标志位取反，通过音乐播放标志位判断是否播放背景音乐。同时设置音乐菜单项是否可见。
- 第 14～20 行功能为控制背景音效开关的方法。当单击音效开关时会调用该方法，每次调用该方法都会将音效播放标志位取反，通过音效播放标志位判断是否可以使用即时音效。同时设置音效菜单项是否可见。
- 第 21～26 行功能为向布景中添加一个退出提示对话框。通过单击对话框上的按钮，选择是否退出。对话框的设计这里暂不讲述，在后面会详细介绍。
- 第 27～29 行功能为播放单击按钮时的即时音效效果。当即时音效打开时，单击任何一个菜单按钮会有相应的音效效果。

2.4.3　游戏帮助布景类 HelpLayer

介绍完欢迎场景后，为了游戏的完整性，还需要介绍游戏帮助场景——HelpLayer。接下来向玩家介绍该游戏的玩法。与其他场景相比，该场景开发起来比较简单，下面将分步骤为读者详细介绍开发过程。

（1）首先需要开发的是 HelpLayer 类的框架，该框架中声明了一系列将要使用的成员变量和成员方法，其具体代码如下。

代码位置：见随书源代码/第 2 章/NinjaDart/app/src/main/jni/GameCpp 目录下的 HelpLayer.h。

```
#ifndef _HelpLayer_H
#define _HelpLayer_H
#include "cocos2d.h"                                          //引用 cocos2d 头文件
#include <string>                                             //引用 string 的头文件
#include "GameSceneManager.h"
using namespace cocos2d;                                      //引用 cocos2d 命名空间
using namespace std;                                          //引用 std 的命名空间
class HelpLayer : public Layer{
public:virtual bool init();                                   //初始化场景内容方法
 void menuCallback(Object *pSender);                          //返回菜单项回调方法
 void exitCallback(EventKeyboard::KeyCode keyCode,Event *event);
```

```
void addMenuClickSound();                                    //菜单单击音效的方法
void lmenuSelectCallback(Object *pSender);                   //左边菜单的回调方法
void rmenuSelectCallback(Object *pSender);                   //右边菜单的回调方法
void deleteActionSp();                                       //删除精灵对象的方法
GameSceneManager *gsm;                                       //声明场景管理者对象
ClippingNode *clipper;                                       //声明节点剪裁的对象
SpriteFrameCache *uiFrameCache;                              //声明精灵帧缓冲的对象
Menu *leftMenu,*rightMenu;                                   //声明两个菜单的对象
Sprite *helpSP1,*helpSP2;                                    //声明两个帮助精灵
int index=0;                                                 //表示刚体 id 的索引
string picPathArray[4]={"picture/help0.png","picture/help1.png", //帮助图片的路径
         "picture/help2.png","picture/help3.png"};                  //保存帮助图片数组
bool isRemoveSp=false;                                       //是否删除精灵标志位
bool IsSelect=true;                                          //选择帮助图片标志位
CREATE_FUNC(HelpLayer); }; #endif
```

说明 上述代码为 HelpLayer 类的头文件，在该头文件中声明了场景所属的管理者指针、节点剪裁、精灵帧缓冲对象、菜单对象、精灵对象以及字符串数组，并声明了 HelpLayer 类中对键盘单击事件的处理、初始化布景和返回菜单回调等方法。

（2）开发完类框架声明后还要真正实现 HelpLayer 类中的方法，首先是要实现初始化布景 init 方法，以完成布景中各个对象的创建以及初始化工作，具体代码如下。

代码位置：见随书源代码/第 2 章/NinjaDart/app/src/main/jni/GameCpp 目录下的 HelpLayer.cpp。

```
1  bool HelpLayer::init(){
2   if(!Layer::init())return false;
3   auto listener=EventListenerKeyboard::create();                  //手机键盘事件监听器
4   listener->onKeyPressed=CC_CALLBACK_2(HelpLayer::exitCallback,this);
5   _eventDispatcher->addEventListenerWithSceneGraphPriority(listener, this);
6   auto size=Director::sharedDirector()->getVisibleSize();         //获得可见区域的大小
7   auto origin=Director::getInstance()->getVisibleOrigin();        //获得可见区域的原点
8   uiFrameCache=SpriteFrameCache::getInstance();                   //创建精灵帧缓冲对象
9   uiFrameCache->addSpriteFramesWithFile("picture/ui_collage_images.plist",
10      Director::getInstance()->getTextureCache()->addImage(       //向帧缓冲中添加图片
11      "picture/ui_collage_images.png"));                          //创建精灵帧缓冲对象
12  ......//此处省略了创建背景精灵的相关代码，需要的读者可参考源代码
13  auto stencil=Sprite::createWithTexture(Director::getInstance()->//获得帧缓冲中的精灵帧
14  getTextureCache()->addImage("picture/help0.png"));          //创建剪裁用到的模板
15  clipper=ClippingNode::create();                             //创建裁剪节点的对象
16  clipper->setStencil(stencil);                               //设置节点裁剪的模板
17  clipper->setInverted(false);                                //裁剪模板之外区域
18  clipper->setAlphaThreshold(0.05f);                          //设置 Alpha 的阈值
19  this->addChild(clipper);                                    //裁剪节点添到布景中
20  clipper->setPosition(ccp(size.width/2,size.height/2-40));   //设置裁剪节点的位置
21  helpSP1 = Sprite::createWithTexture(Director::getInstance()->
22  getTextureCache()->addImage("picture/help0.png"));          //创建一个帮助精灵
23  clipper->addChild(helpSP1);                                 //设置要裁剪的内容
24  Sprite *leftSprite1 = Sprite::createWithSpriteFrame(
25  uiFrameCache->getSpriteFrameByName("ljiantou1.png"));       //创建左指向箭头精灵
26  Sprite *leftSprite2 = Sprite::createWithSpriteFrame(
27  uiFrameCache->getSpriteFrameByName("ljiantou2.png"));       //创建左指向箭头精灵
28  MenuItemSprite *leftItem = MenuItemSprite::create(leftSprite1, leftSprite2,
29  CC_CALLBACK_1(HelpLayer::lmenuSelectCallback, this));       //设置菜单的回调方法
30  leftItem->setScale(2.0f);                                   //改变菜单项的大小
31  leftItem->setPosition(ccp(140, size.height / 2-40));        //设置菜单项的位置
32  leftMenu = Menu::create(leftItem, NULL);                    //创建左指向菜单对象
33  leftMenu->setPosition(CCPointZero);                         //设置菜单对象的位置
34  this->addChild(leftMenu,3);                                 //将菜单添加到布景中
35  ......//此处省略了创建菜单的相关代码，需要的读者可参考源代码
36  return true;}
```

- 第 1～5 行功能为调用父类的初始化方法，创建一个键盘触摸监听，并为其设置键盘触摸事件的回调方法，最后将其添加到监听器之中。
- 第 6～12 行功能为获得可见区域大小和原点，然后创建一个精灵帧缓冲对象。通过 plist

和纹理图的方式向精灵帧缓冲对象中添加精灵帧。

- ❑ 第 13～19 行功能为创建一个精灵对象，将其作为裁剪的模板，然后创建一个剪裁节点对象，并设置剪裁模板和裁剪方式，将剪裁节点放到布景中。
- ❑ 第 20～25 行功能为设置裁剪节点位置，创建一个精灵对象作为要裁剪的内容添加到裁剪节点中，通过精灵帧缓冲创建一个精灵对象。
- ❑ 第 26-31 行功能为创建一个精灵对象，创建一个菜单项对象为其添加参数，改变菜单项大小，设置菜单项的位置。
- ❑ 第 32-36 行功能为创建一个菜单对象，设置菜单对象的位置，将菜单对象添加到布景中，返回一个真布尔值表示初始化成功。

（3）完成了初始化布景的方法后，接下来开发的就是单击左边或者右边的菜单项查看帮助图片以及在精灵执行完动作后的回调方法。对于单击返回按钮回到欢迎布景、单击菜单项播放音效以及添加背景的代码前面已经介绍，在此不再赘述。其具体代码如下。

代码位置：见随书源代码/第 2 章/NinjaDart/app/src/main/jni/GameCpp 目录下的 HelpLayer.cpp。

```
1  void HelpLayer::rmenuSelectCallback(Object *pSender){
2    addMenuClickSound();                                //菜单单击音效的方法
3    if (!IsSelect) return;                              //false 表示单击无效
4    IsSelect = false;                                   //选择标志位进行赋值
5    index--;                                            //索引值进行自减运算
6    if(index==-1)index=3;                               //索引小于 0 重新赋值
7    index = index % 4;                                  //对索引进行求余运算
8    if (helpSP1!=NULL) {     isRemoveSp=false;          //删除精灵标志位赋值
9           helpSP1->runAction(                          //让帮助精灵执行动作
10          Sequence::create(MoveBy::create(0.5f, Point(780, 0)),   //创建一个移动动作
11          CallFuncN::create(CC_CALLBACK_0(             //动作执行后回调方法
12          HelpLayer::deleteActionSp, this)), NULL));   //动作执行后回调方法
13          helpSP2 = Sprite::createWithTexture(Director::getInstance()->
14          getTextureCache()->addImage(picPathArray[index]));   //创建一个帮助精灵
15          helpSP2->setPosition(ccp(-780,0));                   //设置精灵对象的位置
16          clipper->addChild(helpSP2);                          //将精灵添加到布景中
17          helpSP2->runAction(MoveBy::create(0.5f, Point(780,0)));//让精灵执行移动动作
18   } else { isRemoveSp=true;                                   //删除精灵标志位赋值
19          helpSP2->runAction(                                  //让精灵执行一个动作
20          Sequence::create(MoveBy::create(0.5f, Point(780, 0)),   //创建移动动作对象
21          CallFuncN::create(CC_CALLBACK_0
22          (HelpLayer::deleteActionSp, this)), NULL));          //动作执行后回调方法
23          helpSP1 = Sprite::createWithTexture(Director::getInstance()->
24          getTextureCache()->addImage(picPathArray[index]));   //创建一个帮助精灵
25          helpSP1->setPosition(ccp(-780, 0));                  //设置精灵对象的位置
26          clipper->addChild(helpSP1);                          //将精灵添加到布景中
27          helpSP1->runAction(MoveBy::create(0.5f,Point(780,0)));}}//让精灵执行移动动作
28 void HelpLayer::deleteActionSp(){                             //删除动作精灵的方法
29   if(isRemoveSp){                                             //判断是否删除精灵 2
30      helpSP2->removeFromParentAndCleanup(true)                //将精灵及其动作删除
31      helpSP2=NULL;                                            //给精灵 2 对象赋空值
32   }else{
33      helpSP1->removeFromParentAndCleanup(true);               //将精灵及其动作删除
34      helpSP1=NULL;}                                           //给精灵 1 对象赋空值
35   IsSelect = true;}                                           //对 IsSelect 重新赋值
```

- ❑ 第 1～7 行功能为调用菜单单击音效的方法，判断单击右边菜单按钮是否有效，为选择标志为赋值。判断索引值是否小于零，以及对索引值求余。
- ❑ 第 8～17 行功能为判断精灵 1 是否为 null，当精灵非空时让精灵执行一个移动动作，然后新建一个精灵 2，也执行一个移动动作，实现两个精灵切换的效果。
- ❑ 第 18～27 行功能为判断精灵 2 是否为 null，当精灵非空时让精灵执行一个移动动作，然后新建一个精灵 1，也执行一个移动动作，实现两个精灵切换的效果。
- ❑ 第 28～31 行功能为通过删除精灵标志位，判断是否应该删除精灵 2 对象。如果是的话则

将精灵 2 从布景中删除，并为精灵 2 对象赋空值。

- 第 32～35 行功能为当删除精灵标志位为假时删除精灵 1 对象，以及删除精灵上的动作，并为精灵 1 对象赋空值。

2.4.4 游戏记录成绩布景类 RankLayer

介绍完游戏的帮助场景后，接下来向读者介绍游戏成绩记录场景——RankLayer。该场景主要是显示玩家每一关获得的成绩情况，当玩家在游戏中获得更好的成绩时，该场景中的记录自动更新。下面将分步骤向读者详细介绍该类的开发过程。

（1）首先需要开发的是 RankLayer 类的框架，该框架中声明了一系列将要使用的成员变量和成员方法，其具体代码如下。

代码位置：见随书源代码/第 2 章/NinjaDart/app/src/main/jni/GameCpp 目录下的 RankLayer.cpp。

```
#ifndef _RankLayer_H
#define _RankLayer_H
#include "cocos2d.h"                                     //引用 cocos2d 头文件
#include "GameSceneManager.h"                            //引用场景管理头文件
using namespace cocos2d;                                 //引用 cocos2d 命名空间
class RankLayer : public Layer{                          //继承 cocos2d 布景类
public: virtual bool init();                             //初始化场景内容方法
  void menuCallback(Object *pSender);                    //返回菜单项回调方法
  void exitCallback(EventKeyboard::KeyCode keyCode,Event *event);
  void addMenuClickSound();                              //菜单单击音效的方法
  GameSceneManager *gsm;                                 //声明场景管理指针
  SpriteFrameCache *uiFrameCache;                        //声明精灵帧缓冲指针
  CREATE_FUNC(RankLayer);
};#endif
```

说明：上述代码为 RankLayer 类的头文件，在该头文件中声明了场景所属的管理者指针、精灵帧缓冲指针，并声明了 RankLayer 类中需要的一些方法。

（2）开发完类框架声明后还要真正实现 RankLayer 类中的方法，首先需要开发的是初始化布景 init 的方法。对于单击返回按钮回到欢迎布景、单击菜单项播放音效的代码前面已经介绍，在此不再赘述。具体的代码如下。

代码位置：见随书源代码/第 2 章/NinjaDart/app/src/main/jni/GameCpp 目录下的 RankLayer.cpp。

```
bool RankLayer::init(){
  if(!Layer::init()) return false;                          //调用父类初始化方法
  ......//此处省略了添加键盘监听事件相关代码，需要的读者可参考源代码
  auto size = Director::sharedDirector()->getVisibleSize();  //获得可见区域的大小
  uiFrameCache = SpriteFrameCache::getInstance();            //创建精灵帧缓冲对象
  uiFrameCache->addSpriteFramesWithFile("picture/ui_collage_images.plist",
  Director::getInstance()->getTextureCache()->addImage(      //向纹理缓冲添加图片
  "picture/ui_collage_images.png"));                         //向帧缓冲添加精灵帧
  ......//此处省略了添加背景精灵的相关代码，需要的读者可参考源代码
  std::string sa1[3] = {"picture/Levelgreen.png",            //关卡图片路径数组
            "picture/starlevel.png",                         //设置图片资源的路径
            "picture/highScore.png"};                        //设置图片资源的路径
  for (int i = 0; i < 3; i++) { Sprite *titleSp = Sprite::create(sa1[i]);//创建一个标题精灵
       titleSp->setPosition(ccp(300+i*320, 540));            //设置精灵对象的位置
       this->addChild(titleSp);};                            //将精灵添加到布景中
  std::string sa2[6]={ "picture/1st.png","picture/2st.png",  //关卡图片路径数组
            "picture/3st.png","picture/4st.png",             //表示纹理图片的路径
            "picture/5st.png","picture/6st.png"};            //表示纹理图片的路径
  for(int i=0;i<6;i++){ Sprite *levelSp = Sprite::create(sa2[i]); //创建一个关卡精灵
       levelSp->setPosition(ccp(300, 450-i*70));             //设置精灵对象的位置
       this->addChild(levelSp);                              //将精灵添加到布景中
       std::string levelKey=StringUtils::format("%d",i);     //将整数转换为字符串
       int startNum = UserDefault::getInstance()->           //获得存储类的对象
       getIntegerForKey(levelKey.c_str());                   //通过键获得存储星数
```

```
25        std::string scoreKey="Score"+levelKey;                //连接字符串，获得键
26        int hightScore = UserDefault::getInstance()->         //获得存储类的对象
27        getIntegerForKey(scoreKey.c_str());                   //通过键获得存储得分
28        std::string scoreStr=StringUtils::format("%d", hightScore); //将整数转换为字符串
29        for(int j=0;j<startNum;j++){
30              Sprite *starSprite = Sprite::createWithSpriteFrame( //创建“星星”精灵
31              uiFrameCache->getSpriteFrameByName("star1.png"));//创建一个精灵对象
32              starSprite->setPosition(ccp(590 + j * 29,450 - i * 70));//设置星星精灵位置
33              starSprite->setScale(2.0f);                     //将精灵增大一倍
34              this->addChild(starSprite);  }                  //将精灵增大一倍
35        LabelAtlas *scoreLabel = LabelAtlas::create(scoreStr  //创建标签显示得分
36        "picture/number_time_red.png", 36, 39, '0');          //数字图片的路径
37        scoreLabel->setPosition(ccp(930, 450 - i * 70));      //设置标签对象的位置
38        scoreLabel->setAnchorPoint(ccp(0.5, 0.5));            //设置标签对象的锚点
39        this->addChild(scoreLabel); }                         //将标签添加到布景中
40  ......//此处省略了创建菜单的相关代码，需要的读者可参考源代码
41  return true;}
```

- 第 1～8 行功能为调用父类的初始化方法，获得可见区域的大小，创建一个精灵帧缓冲对象，然后通过 plist 文件和纹理图的方式向帧缓冲中添加精灵帧。
- 第 10～15 行功能为创建一个字符串数组，数组中记录的是图片的路径，然后通过 for 循环创建 3 个精灵，设置精灵位置并将精灵添加到布景中。
- 第 16～21 行功能为创建一个字符串数组，数组中记录的是图片的路径，然后通过 for 循环创建 6 个精灵，设置精灵位置并将精灵添加到布景中。
- 第 22～28 行功能为将整数转换为字符串，通过字符串表示的键获取存储的值。通过字符串连接获得新的键，通过键获得值，最后将获得的值转为字符串。
- 第 29～34 行功能为利用 for 循环创建精灵对象，设置精灵的位置，改变精灵的大小，最后将精灵添加到布景中。
- 第 35～41 行功能为创建一个文本标签对象，设置标签的位置，设置标签的锚点，将标签添加到布景中，返回一个为真的布尔值表示初始化成功。

2.4.5　游戏关于布景类 AboutLayer

介绍完游戏的帮助场景后，接下来向读者介绍游戏的关于场景——AboutLayer。该场景主要是显示作者对游戏的版权声明，包括背景的设置、前景的设置、返回菜单项的添加等，下面将分步骤向读者详细介绍该类的开发过程。

（1）首先需要开发的是 AboutLayer 类的框架，该框架中声明了一系列将要使用的成员变量和成员方法，其具体代码如下。

代码位置：见随书源代码/第 2 章/NinjaDart/app/src/main/jni/GameCpp 目录下的 AboutLayer.cpp。

```
#ifndef _AboutLayer_H
#define _AboutLayer_H
#include "GameSceneManager.h"                       //引用场景管理头文件
#include "cocos2d.h"                                //引用 cocos2d 头文件
using namespace cocos2d;                            //引用 cocos2d 命名空间
class AboutLayer : public Layer{                    //继承 cocos2d 布景类
public: virtual bool init();                        //初始化场景内容方法
 void menuCallback(Object *pSender);                //返回菜单的回调方法
 void exitCallback(EventKeyboard::KeyCode keyCode,Event *event);
 void addMenuClickSound();                          //菜单项单击音效方法
 GameSceneManager *gsm;                             //声明场景管理的指针
 CREATE_FUNC(AboutLayer);
};#endif
```

说明　上述代码为 AboutLayer 类的头文件，在该头文件中声明了场景所属的管理者指针、场景初始化方法、返回菜单回调方法、键盘触摸事件回调方法等。

（2）开发完类框架声明后还要真正实现 AboutLayer 类中的方法，首先需要开发的是初始化布景 init 的方法。具体的代码如下。

代码位置：见随书源代码/第 2 章/NinjaDart/app/src/main/jni/GameCpp 目录下的 AboutLayer.cpp。

```
1  bool AboutLayer::init(){
2   if(!Layer::init())return false;                              //调用父类初始化方法
3   auto listener=EventListenerKeyboard::create();               //获得键盘事件监听器
4   listener->onKeyPressed=CC_CALLBACK_2(AboutLayer::exitCallback,this);
5   _eventDispatcher->addEventListenerWithSceneGraphPriority(listener,this);
6   auto size=Director::sharedDirector()->getVisibleSize();      //获得可见区域的大小
7   BackGroundPopupWindow *bg=BackGroundPopupWindow::create();
8   bg->setPosition(ccp(0,0));                                   //设置布景对象的位置
9   this->addChild(bg);                                          //将背景添加到布景中
10  Sprite*titleSprite=Sprite::createWithTexture(Director::getInstance()//创建一个精灵当标题
11  ->getTextureCache()->addImage("picture/About.png"));         //创建一个精灵的对象
12  titleSprite->setPosition(ccp(size.width / 2, size.height-60));//设置精灵对象的位置
13  this->addChild(titleSprite);                                 //将精灵添加到布景中
14  Sprite *aboutSp = Sprite::createWithTexture(Director::getInstance()->
15      getTextureCache()->addImage("picture/AboutUs.png"));          //创建一个关于精灵
16  aboutSp->setPosition(ccp(size.width / 2, size.height/2-30));    //设置关于精灵的位置
17  this->addChild(aboutSp);                                     //将精灵添加到布景中
18  MenuItemImage *backItem=MenuItemImage::create(               //创建一个返回菜单项
19      "picture/return.png",                                    //菜单项未选中时外观
20      "picture/return2.png",                                   //菜单项被选中时外观
21    CC_CALLBACK_1(AboutLayer::menuCallback,this));             //单击菜单的回调方法
22  Menu *menu=Menu::create(backItem,NULL);                      //创建一个返回菜单
23  menu->setPosition(ccp(size.width-100,100));                  //设置菜单对象的位置
24  this->addChild(menu);                                        //将菜单添加到布景中
25  return true;}                                                //返回一个布尔值对象
```

- 第 1～6 行功能为调用父类的初始化方法，创建手机键盘监听器，设置键盘触摸的回调方法，然后注册监听器，最后获得手机可见区域的大小。
- 第 7～13 行功能为创建一个背景布景，设置布景的位置，将背景布景添加到场景中。通过纹理缓冲创建标题精灵，设置精灵位置并将其添加到布景。
- 第 14～21 行功能为创建一个关于精灵，设置精灵位置并将精灵添加到布景中。创建菜单项，设置菜单项选中和未选中时的外观以及菜单回调方法。
- 第 22～25 行功能为创建一个菜单对象，并将菜单项对象作为其参数，设置菜单位置并将菜单对象添加到布景中。

（3）介绍完场景的初始化方法后，下面介绍场景中单击菜单项和手机返回键后的回调方法，以及单击菜单添加音效的方法。具体的代码如下。

代码位置：见随书源代码/第 2 章/NinjaDart/app/src/main/jni/GameCpp 目录下的 AboutLayer.cpp。

```
1  void AboutLayer::menuCallback(Object *pSender){
2    addMenuClickSound();                                  //调用单击菜单音效的方法
3    gsm->goMainLayer();}                                  //调用返回到主界面的方法
4  void AboutLayer::exitCallback(EventKeyboard::KeyCode keyCode,Event *event){
5    Node *node = this->getChildByTag(100);               //通过标签获得退出窗体
6    if (node != NULL) { this->removeChild(node);          //将弹出窗体从布景中删除
7    } else {                                              //当子节点对象不为 NULL 时
8        ExitPopupWindow* popWindow = ExitPopupWindow::create();
9        popWindow->setTag(100);                           //为弹出窗体对象设置标签
10       this->addChild(popWindow);}}                      //将节点对象添加到布景中
11 void AboutLayer::addMenuClickSound(){                   //该方法添加菜单单击音效
12   if (MainLayer::IsSoundOn) {                           //判断音效开关是否已打开
13       CocosDenshion::SimpleAudioEngine::getInstance()->//创建一个声音引擎的对象
14       playEffect("music/anniujihuo2.wav");}}            //播放菜单项单击的音效
```

- 第 1～3 行功能为单击返回按钮的回调方法，在该方法中首先调用菜单单击音效的方法，然后调用场景管理类中跳转到欢迎场景的方法。
- 第 4～10 行功能为键盘单击事件回调方法。通过节点的标签获得节点对象，当节点对象

不为空时删除节点，当节点对象为空时创建一个退出布景对象，设置布景的标签值，将其添加到当前布景之中。

- 第 11～14 行功能为菜单项单击后回调方法，当单击游戏中任一菜单项并且在音效打开的情况下将会播放单击菜单按钮的声音音效。

2.4.6　游戏选择系列布景类 SelectLayer

介绍完游戏的关于场景后，接下来向读者介绍游戏选择关卡场景——SelectLayer。该场景主要是供玩家选择要玩游戏的关卡，主要由背景、关卡菜单、返回菜单等组成。下面将分步骤向读者详细介绍该类的开发过程。

（1）首先需要开发的是 SelectLayer 类的框架，该框架中声明了一系列将要使用的成员变量和成员方法，其具体代码如下。

代码位置：见随书源代码/第 2 章/NinjaDart/app/src/main/jni/GameCpp 目录下的 SelectLayer.h。

```
#ifndef _SelectLayer_H
#define _SelectLayer_H
#include "GameSceneManager.h"                              //引用场景管理头文件
#include "cocos2d.h"                                       //引用 cocos2d 头文件
using namespace cocos2d;                                   //引用 cocos2d 命名空间
#define LEVELNUMBER 6                                      //定义一个宏表示每页关卡数
class SelectLayer : public Layer{                          //继承 cocos2d 布景类
public:    virtual bool init();                            //初始化选关场景方法
 void menuCallback(Object *pSender);                       //返回菜单项回调方法
 void initLevel();                                         //创建每一关菜单选项
 void menuSelectCallback(Object *pSender);                 //选关菜单的回调方法
 void exitCallback(EventKeyboard::KeyCode keyCode,Event *event);
 void addMenuClickSound();                                 //菜单单击音效的方法
 GameSceneManager *gsm;                                    //声明场景管理指针
 Sprite *parentSprite;                                     //创建一个父节点精灵
 SpriteFrameCache *spriteFrameCache;                       //声明精灵帧缓冲指针
 int preLevelStar=1;                                       //记录上一关获得星数
 int currentPage=1;                                        //记录当前关卡的页数
 static int CURRENT_LEVEL;                                 //创建一个静态的变量
 CREATE_FUNC(SelectLayer); }; #endif
```

> **说明**　上述代码为 SelectLayer 类的头文件，在该头文件中声明了场景所属的管理者指针、精灵指针、精灵帧缓冲指针、整型变量、静态变量、初始化场景方法、返回菜单回调方法、键盘触摸事件回调方法以及初始化选关菜单项方法等。

（2）开发完类框架声明后还要真正实现 SelectLayer 类中的方法，首先需要开发的是初始化布景的 init 方法，以完成布景中各个对象的创建，具体的代码如下。

代码位置：见随书源代码/第 2 章/NinjaDart/app/src/main/jni/GameCpp 目录下的 SelectLayer.cpp。

```
bool SelectLayer::init(){
 if(!Layer::init())return false;                            //调用父类初始化方法
 auto listener=EventListenerKeyboard::create();             //获得键盘事件监听器
 listener->onKeyPressed = CC_CALLBACK_2(SelectLayer::exitCallback, this);
 _eventDispatcher->addEventListenerWithSceneGraphPriority(listener,this);
 auto size=Director::sharedDirector()->getVisibleSize();    //获得可见区域的大小
 spriteFrameCache=SpriteFrameCache::getInstance();          //创建精灵帧缓冲对象
 spriteFrameCache->addSpriteFramesWithFile("picture/ui_collage_images.plist",
 Director::getInstance()->getTextureCache()->               //获得纹理缓冲的对象
 listener->onTouchEnded=CC_CALLBACK_2(                      //为触摸结束绑定方法
 GameLayer::touchEnded,this);                               //触摸结束时回调方法
 listener->onTouchCancelled=CC_CALLBACK_2(                  //为触摸取消绑定方法
 GameLayer::touchCancelled,this);                           //触摸取消时回调方法
 _eventDispatcher->addEventListenerWithSceneGraphPriority(listener,this);
 auto listener2 = EventListenerKeyboard::create();          //创建键盘触摸监听器
 listener2->onKeyPressed = CC_CALLBACK_2(                   //为触摸事件绑定方法
 GameLayer::onMyKeyPressed, this);                         //触摸键盘时回调方法
```

```
18 _eventDispatcher->addEventListenerWithSceneGraphPriority(listener2, this);
19 float gravityY = -9.8f / 6.0f;                              //定义浮点数表示重力
20 b2Vec2 gravity(0, gravityY);                                //创建结构体表示重力
21 world = new b2World(gravity);                               //创建物理世界的对象
22 world->SetAllowSleeping(true);                              //允许静止的刚体休眠
23 world->SetContactListener(new MyContactListener(this));     //为物理世界添加监听
24 initSpriteFrameCache();                                     //创建精灵帧缓冲对象
25 initBody();                                                 //初始化游戏刚体对象
26 initLevelData();                                            //初始化游戏关卡数据
27 init3DBoomerang();                                          //初始化飞镖精灵对象
28 initStartPopupWindow();                                     //游戏开始对话框方法
29 schedule(schedule_selector(GameLayer::update),0.001f);      //更新游戏中物体状态
30 schedule(schedule_selector(GameLayer::updateStreakPosition),0.001f);
31 schedule(schedule_selector(GameLayer::gameOver),2.0f);      //检测游戏是否已结束
32 return true;}
```

- 第 1～7 行功能为调用父类的初始化方法，初始化游戏结束标志位，创建单点触摸事件监听器，设置触摸下传，为触摸开始事件绑定方法。
- 第 8～18 行功能为触摸移动、结束、异常结束事件绑定回调方法，注册触摸监听器，创建手机键盘触摸监听器，为触摸事件绑定方法，注册监听器。
- 第 19～23 行功能为创建一个浮点数表示重力大小，创建一个结构体对象表示重力向量，创建一个物理世界对象，设置允许物理世界中的静止刚体休眠，为物理世界注册刚体碰撞的监听器。
- 第 24～28 行功能为调用初始化精灵帧缓冲、初始化刚体、初始化关卡数据、初始化 3D 飞镖精灵、初始化弹出对话框的方法。
- 第 29～32 行功能为设置更新游戏内刚体状态，更新游戏中飞镖拖尾位置，更新游戏是否结束的回调方法，其中第二个参数表示更新时间。

（3）实现初始化布景后还要实现初始化精灵帧缓冲对象的 initSpriteFrameCache 方法，初始化 3D 飞镖精灵的 init3Dboomerang 方法，初始化开始游戏弹出对话框的 initStartPopupWindow 方法。其具体代码如下。

代码位置：见随书源代码/第 2 章/NinjaDart/app/src/main/jni/GameCpp 目录下的 GameLayer.cpp。

```
void GameLayer::initSpriteFrameCache(){
  gameSpriteCache=SpriteFrameCache::getInstance();            //创建精灵帧缓冲对象
  gameSpriteCache->addSpriteFramesWithFile("picture/game_collage.plist",
  Director::getInstance()->getTextureCache()->addImage(
                    "picture/game_collage.png"));             //向帧缓冲加纹理图
  uiSpriteCache=SpriteFrameCache::getInstance();              //创建精灵帧缓冲对象
  uiSpriteCache->addSpriteFramesWithFile("picture/ui_collage_images.plist",
  Director::getInstance()->getTextureCache()->addImage(
                    "picture/ui_collage_images.png"));}       //向帧缓冲加纹理图
void GameLayer::init3DBoomerang(){
  auto size = Director::getInstance()->getVisibleSize();      //获得可见区域大小
  Camera *camera = Camera::createOrthographic(                //创建一个正交相机
       size.width,                                            //表示相机视野宽度
       size.height,                                           //表示相机视野高度
       1,                                                     //相机视野的最近点
       1000);                                                 //相机视野的最远点
  camera->setCameraFlag(CameraFlag::USER1);                   //设置正交相机编号
  camera->setPosition3D(Vec3(0, 0, 300));                     //设置正交相机位置
  camera->lookAt(Vec3(0, 0, 0), Vec3(0, 1, 0));               //设置正交相机朝向
  camera->setDepth(1);                                        //设置相机渲染顺序
  this->addChild(camera);                                     //将相机添加到布景
  for (int i = 0; i < 3; i++) {                               //添加 3 个飞镖精灵
       Sprite3D *boomerangSp = Sprite3D::create("obj/test1.obj",
            "obj/boom.png");                                  //创建 3D 飞镖精灵
       boomerangSp->setPosition3D(Vec3(150 + i * 50, 50, 0)); //设置飞镖精灵位置
       boomerangSp->setTag(2 - i);                            //设置精灵对象标签
       boomerangSp->setScale(5.0f);                           //增加精灵对象大小
       boomerangSp->setCameraMask((unsigned short) CameraFlag::USER1);
       this->addChild(boomerangSp);                           //将精灵添加到布景
```

```
30      boomerangSp->runAction(RepeatForever::create(          //创建重复执行动作
31      RotateBy::create(2.0f, Vec3(0, 360, 0))));}}         //绕 y 轴的旋转动作
32  void GameLayer::initStartPopupWindow(){                     //初始化弹出对话框
33    GameStartPopupWindow *startPopWindow=GameStartPopupWindow::create();
34    this->addChild(startPopWindow);}                          //将布景加到主布景
```

- 第 2～9 行功能为创建精灵帧缓冲对象，并通过 plist 文件和纹理图的方式向帧缓冲中添加精灵帧。
- 第 10～21 行功能为获得可见区域的大小，创建一个正交相机对象并设置其视野宽度和高度等，设置相机的编号标志，设置相机的位置，设置相机的视野方向和朝向，设置相机的渲染顺序，最后将相机添加到布景中。
- 第 22～31 行功能为创建 3 个 3D 飞镖精灵，设置精灵的位置，设置精灵的标签，改变精灵的大小，设置精灵渲染用的照相机，将精灵添加到布景中，让精灵执行一个绕 y 轴重复旋转的动作。
- 第 32～34 行功能为创建一个对话框布景类，并将其添加到主布景中。

（4）开发完初始化飞镖精灵和精灵帧缓冲对象的方法后，接下来开发游戏中初始化基本刚体对象的 initBody 方法了，具体代码如下。

代码位置：见随书源代码/第 2 章/NinjaDart/app/src/main/jni/GameCpp 目录下的 GameLayer.cpp。

```
void GameLayer::initBody(){
  auto size=Director::sharedDirector()->getVisibleSize();     //获取可见区域的大小
  auto origin=Director::getInstance()->getVisibleOrigin();    //获得可见区域的原点
  SpriteFrame *topWallFrame=gameSpriteCache->
  getSpriteFrameByName("wall_top.png");                       //创建顶部墙体精灵帧
  Sprite *sprite = Sprite::createWithSpriteFrame(topWallFrame);  //创建顶部墙体精灵
  sprite->setGlobalZOrder(-4);                                //设置精灵的渲染顺序
  index++;                                                    //整型变量进行自加运算
  data=new float[4] { size.width/ 2,size.height-3,size.width/2,20 };//存储大小、位置数组
  ids = new std::string(StringUtils::format("%d", index));       //字符串表示刚体 id
  po = new RectPhyObject(ids,true,this,world,sprite,data,0,0.8, 0.2f);
  pom[*ids] = po;                                             //刚体添加到 map 容器
  sprite = Sprite::createWithTexture(Director::getInstance()->    //创建一个地面精灵
  getTextureCache()->addImage("picture/bigdimian1.png"));
  sprite->setGlobalZOrder(-3);                                //设置精灵的渲染顺序
  index++;                                                    //整型变量进行自加运算
  data = new float[4] { size.width / 2, sprite->getContentSize().height,
        size.width / 2, sprite->getContentSize().height };  //存储大小、位置数组
  ids = new std::string(StringUtils::format("%d", index));      //字符串表示刚体 id
  po = new RectPhyObject(ids,true,this,world,sprite, data,0,0.8,0.2f);
  pom[*ids] = po;                                             //刚体添加到 map 容器中
  SpriteFrame *lWall = gameSpriteCache->getSpriteFrameByName("wall_left.png");
  sprite = Sprite::createWithSpriteFrame(lWall);              //创建左面墙体精灵
  sprite->setGlobalZOrder(-2);                                //设置精灵的渲染顺序
  index++;                                                    //整型变量进行自加运算
  data = new float[4] {30, 360,90, 328 };                     //存储大小、位置数组
  ids = new std::string(StringUtils::format("%d", index));    //字符串表示刚体 id
  po = new RectPhyObject(ids, true, this, world, sprite, data, 0, 0.8, 0.2f);
  pom[*ids] = po;                                             //刚体添加到 map 容器中
  SpriteFrame*rWall=gameSpriteCache->getSpriteFrameByName("wall_right.png");
  sprite = Sprite::createWithSpriteFrame(rWall);              //创建右面墙体精灵
  sprite->setGlobalZOrder(-1);                                //设置精灵的渲染顺序
  index++;                                                    //整型变量进行自加运算
  data = new float[4] { size.width - 38, 360,sprite->getContentSize().width, 328 };
  ids = new std::string(StringUtils::format("%d", index));    //字符串表示刚体 id
  po = new RectPhyObject(ids, true, this, world, sprite, data, 0, 0.8, 0.2f);
  pom[*ids] = po;                                             //刚体添加到 map 容器中
  ....//此处省略了创建精灵的相关代码，需要的读者可参考源代码
  Sprite *spriteItem1 = Sprite::createWithSpriteFrame(        //创建一个暂停精灵
  gameSpriteCache->getSpriteFrameByName("game_pause1.png"));
  Sprite *spriteItem2 = Sprite::createWithSpriteFrame(        //创建一个暂停精灵
  gameSpriteCache->getSpriteFrameByName("game_pause2.png"));
  MenuItemSprite *pauseItem = MenuItemSprite::create(         //创建一个暂停菜单项
  spriteItem1, spriteItem2,                                   //设置菜单未选中外观
```

```
45  CC_CALLBACK_1(GameLayer::pauseMenuCallback, this));     //单击菜单后回调方法
46  pauseItem->setPosition(ccp(size.width-190,50));          //设置菜单项对象位置
47  pauseItem->setScale(2.0f);                               //改变菜单项的大小
48  Menu *menu=Menu::create(pauseItem,NULL);                 //创建一个暂停菜单
49  menu->setPosition(CCPointZero);                          //将菜单设置在布景位置
50  this->addChild(menu);                                    //菜单对象添加到布景中
51  ..../此处省略了创建精灵的相关代码，需要的读者可参考源代码}
```

- 第 2～12 行功能为获得可见区域大小，可见区域原点，创建精灵帧对象，创建精灵对象，设置精灵的渲染顺序，创建一个浮点型数组，创建一个字符串对象，创建一个矩形物体对象，并将该对象添加到 map 容器中。
- 第 13～21 行功能为创建一个精灵对象，设置精灵在布景中的渲染顺序，创建一个浮点型数组，4 个参数分别表示精灵 x、y 坐标和半宽、半高，创建一个字符串对象，创建一个矩形物体对象，并将该对象添加到 map 容器中。
- 第 22～37 行功能为创建精灵帧对象，通过精灵帧创建精灵对象，设置精灵在布景中的渲染顺序，创建一个浮点型数组，创建一个字符串对象，创建一个矩形物体对象，并将该对象添加到 map 容器中。
- 第 39～45 行功能为创建两个精灵对象，创建一个菜单项，创建方法中的 3 个参数分别表示菜单项未选中时外观、选中外观和单击回调方法。
- 第 46～50 行功能为设置菜单项的位置，改变菜单项大小，创建一个菜单对象，设置菜单位置，将菜单添加到布景中。

（5）开发完初始化基本刚体对象的方法后，接下来就应该开发该类中初始化关卡数据 initLevelData 方法了。由于该方法代码比较多，为使读者更详细了解代码结构，所以分为两部分来介绍，具体代码如下。

代码位置：见随书源代码/第 2 章/NinjaDart/app/src/main/jni/GameCpp 目录下的 GameLayer.cpp。

```
void GameLayer::initLevelData(){                                  //该方法解析 plist 文件数据
  string levelStr=StringUtils::format("%d",SelectLayer::CURRENT_LEVEL);
  string plistPath;                                               //表示关卡数据文件的路径
  if(SelectLayer::CURRENT_LEVEL<10){                              //当选择的关卡数小于 10 时
    plistPath="guanData/level00"+levelStr+".plist";               //拼接字符串，获得图片路径
  }else{plistPath="guanData/level0"+levelStr+".plist";}           //拼接字符串，获得图片路径
  ValueMap homeMap=FileUtils::getInstance()                       //创建一个文件读取对象
  ->getValueMapFromFile(plistPath);                               //获取 plist 文件的根节点
  ValueVector homeVector=homeMap.at("element").asValueVector();
  for(int i=0;i<homeVector.size();i++){                           //遍历 array 节点下的节点
    ValueMap map=homeVector.at(i).asValueMap();                   //获取第 i 个节点为字典对象
    string picName=map.at("picpath").asString();                  //字典中键 picpath 对应的值
    string id=map.at("id").asString();                            //字典中键 id 对应的值
    string src=map.at("src").asString();                          //字典中键 src 对应的值
    int x=map.at("px").asInt();                                   //字典中键 px 对应的值
    int y=map.at("py").asInt();                                   //字典中键 py 对应的值
    string vertex=map.at("vertex").asString();                    //字典中键 vertex 对应的值
    string flip=map.at("flip").asString();                        //字典中键 flip 对应的值
    SpriteFrame *frame=NULL;                                      //创建一个精灵帧对象
    if(src==string("ui")){                                        //精灵帧是否来自 ui 纹理图
        frame=uiSpriteCache->getSpriteFrameByName(picName);
    }else if(src==string("game")){                                //是否来自 game 纹理图
        frame=gameSpriteCache->getSpriteFrameByName(picName);}
    Sprite *sprite=Sprite::createWithSpriteFrame(frame);     //刚体绑定的精灵对象
    if(flip==string("true"))   sprite->setFlippedX(true);//设置精灵绕 X 轴翻转
    const char *str=id.c_str();                                   //获得精灵的 id
    char preFix=*str;                                             //获取 id 的第一个字符
    if (preFix == 'M') {                                          //若首字符为 M 创建动态刚体
       data = new float[4] { x, y, sprite->getContentSize().width,
              sprite->getContentSize().height / 7 * 6 };//数组记录刚体位置、大小
       ids = new std::string(str);                                //获得动态刚体对象的 id
       po = new RectPhyObject(ids, false, this, world,
       sprite, data, 0.05f,0.75f, 0.65f);                         //创建一个矩形刚体对象
```

```
34        } else if (preFix == 'E') {                          //若首字符为 E 创建静态刚体
35            totalScole = totalScole + 3;                     //每一个敌人的分值为 3
36            data = new float[4] { x, y, sprite->getContentSize().width,
37            sprite->getContentSize().height / 7 * 6 };        //数组记录刚体位置、大小
38            ids = new std::string(str);                       //获得静态刚体对象的 id
39            po = new RectPhyObject(ids, false, this, world,
40            sprite, data, 0.05f,0.75f, 0.65f);                //创建一个矩形刚体对象
41        } else if (preFix == 'T') {                          //若首字符为 T 创建静态刚体
42            data = new float[4] { x, y, sprite->getContentSize().width,
43            sprite->getContentSize().height };                //数组记录刚体位置、大小
44            ids = new std::string(str);                       //获得静态刚体 id
45            po = new RectPhyObject(ids, true, this, world,
46            sprite, data, 0,0.2f, 0.8f);                      //创建一个矩形刚体
47        ....//由于篇幅限制此处省略了本方法中其他代码，下面会继续给出}}}
```

- 第 2～9 行功能为将关卡数转换为字符串，创建一个记录关卡数据文件路径的字符串，获得关卡文件路径，获得字典对象并获得 Array 集合。
- 第 10～18 行功能为获得 Array 集合中每一个元素子节点中的数据，包括图片名称、刚体 ID、图片来源、刚体坐标、顶点坐标、精灵是否翻转等。
- 第 19～25 行功能为将字符串转换为整型变量，根据图片来源使用不同精灵帧缓冲创建精灵对象，根据精灵翻转标志位设置精灵是否翻转。
- 第 26～33 行功能为将刚体 ID 转换为 char*类型，获得字符串首字符，通过首字符判断是否添加木头刚体，如果是则创建一个物体。
- 第 34～47 行功能为判断是否添加敌人物体，如果是则将总分加成，创建浮点型数组，创建字符串对象，创建一个物体。判断是否添加炸药桶物体，如果是则创建一个浮点型数组，创建一个字符串，创建一个物体对象。

（6）介绍完 initLevelData 方法中的一部分代码后，接下来将继续介绍该方法中另一部分代码的开发，具体代码如下。

代码位置：见随书源代码/第 2 章/NinjaDart/app/src/main/jni/GameCpp 目录下的 GameLayer.cpp。

```
void GameLayer::initLevelData(){                                //解析 plist 文件中数据
if (preFix == 'C') { totalScole = totalScole + 2;               //更新记录总分变量值
      cageNumber++;                                             //记录牢笼的变量自加
      data=new float[4] {x,y,sprite->getContentSize().width,
      sprite->getContentSize().height };                        //存储刚体位置、大小
      ids = new std::string(str);                               //获得刚体对象 id
      po = new RectPhyObject(ids, true, this,
      world, sprite, data, 0,0.2f, 0.8f);                       //创建矩形刚体对象
   } else if (preFix == 'P') { sprite->setScale(2.0f);         //设置精灵为原来的 2 倍
      int j = 0;                                                //创建一个整型变量
      data = new float[11];                                     //刚体位置、大小、顶点数
      data[0] = x;                                              //刚体对象的 x 坐标
      data[1] = y;                                              //刚体对象的 y 坐标
      data[2] = 4;                                              //刚体对象的顶点数量
      string vertexStr = vertex->getCString();                 //转换为 string 类型
      char s[28];                                               //声明一个字符数组
      strcpy(s, vertexStr.c_str());                             //将字符串复制到 s 中
      const char *d = ",";                                      //分割字符串的字符
      char *p;                                                  //声明一个字符指针
      p = strtok(s, d);                                         //把 s 按字符串 d 分割
      while (p) {                                               //p 不为空时执行循环
            String *numberStr = String::createWithFormat("%s", p);
            float vertexPoint = numberStr->floatValue();//将字符串转为浮点数
            data[3 + j] = vertexPoint;                          //将浮点数存入数组
            j++;                                                //计数变量自加
            p = strtok(NULL, d);}                               //以后调用需用 NULL
      ids = new std::string(str);                               //获得精灵对象的 id
      po = new PolygonPhyObject(ids, true, this,
      world, sprite, data, 0,0.8f, 0.2f);                       //创建一个矩形刚体
   } else if (preFix == 'N') { XPOSITION=x;                    //获得精灵的横坐标
      YPOSITION=y;                                              //获得精灵的纵坐标
```

```
32            lastXPosition=XPOSITION+100;                    //记录上次触摸点坐标
33            shootBoomerangSprite=sprite;                    //将精灵赋给忍者精灵
34            shootBoomerangSprite->setPosition(ccp(XPOSITION,YPOSITION));
35            shootBoomerangSprite->setScale(2.0f);           //改变精灵对象的大小
36            this->addChild(shootBoomerangSprite);           //将飞镖精灵加到布景
37        }else { index++;                                    //获得静态刚体的编号
38             data = new float[4] { x, y, sprite->getContentSize().width,
39             sprite->getContentSize().height };             //存储刚体位置、大小
40             ids = new std::string(StringUtils::format("%d", index));//获得静态刚体对象Id
41             po = new RectPhyObject(ids, true, this,
42             world, sprite, data, 0,0.8f, 0.2f);}           //创建矩形刚体对象
43             pom[*ids]=po; }}                               //将刚体添加到map中
```

- 第 1～8 行功能为创建一个刚体对象，让记录游戏总分的变量自加，创建一个浮点型数组用来记录刚体的位置和大小，创建一个字符串对象作为刚体 ID 等。
- 第 9～20 行功能为判断是否要添加多边形，将精灵大小增大一倍，创建一个整型变量和浮点型数组并为数组添加数据，创建一个字符串，并将字符串复制到一个 char 数组中，创建一个分隔符字符，分割字符串。
- 第 20～29 行功能为通过循环将获得的字符串进行分割并将分割结果添加到数组中，创建一个字符串对象，最后创建一个多边形刚体。
- 第 30～36 行功能为创建一个英雄精灵对象，首先为精灵的坐标变量赋值，为记录触摸点横坐标的变量赋值，为精灵对象赋值，最后设置精灵位置，改变精灵的大小，将精灵对象添加到游戏布景中。
- 第 37～43 行功能为创建一个浮点型数组，创建一个字符串，创建普通物体对象，最后将刚体添加到 map 容器中。

（7）介绍完初始化关卡数据的方法后，接下来将介绍游戏中多个定时回调方法的开发。定时回调方法比较简单，具体代码如下。

代码位置：见随书源代码/第 2 章/NinjaDart/app/src/main/jni/GameCpp 目录下的 GameLayer.cpp。

```
1  void GameLayer::update(float time){
2    step();                                                //调用物理世界步进方法
3    updateDelete();                                        //删除被飞镖击中的刚体
4    std::map<std::string,PhyObject*>::iterator iter;       //创建一个迭代器的对象
5    for(iter=pom.begin();iter!=pom.end();iter++){
6         PhyObject *po2=iter->second;                      //获得自定义物体的对象
7         po2->refresh();}}                                 //更新刚体绑定精灵状态
8  void GameLayer::updateStreakPosition(float time){
9   if (streakMoveFlag){                                    //判断是否更新拖尾位置
10       PhyObject *po2 = pom.at("Weapon");                 //获得游戏飞镖刚体对象
11       float xPoint = po2->sp->getPosition().x;           //获得飞镖刚体的 x 位置
12       float yPoint = po2->sp->getPosition().y;           //获得飞镖刚体的 y 位置
13       streak->setPosition(ccp(xPoint, yPoint));}}        //设置“拖尾”的位置
14 void GameLayer::gameOver(float time){
15   if(GameLayer::WINFLAG)    return;                      //判断游戏是否已过关
16   if(gameOverFlag){                                      //判断游戏是否已结束
17      this->pause();                                      //暂停所有的回调方法
18      GameOverPopupWindow *gameOverPop=GameOverPopupWindow::create();
19      this->addChild(gameOverPop,9);}}                    //将窗体添加到布景中
```

- 第 1～7 行功能为调用物理世界的步进方法和删除无效刚体的方法，遍历 map 容器中的物体对象，调用物体对象的刷新方法，更新精灵的状态。
- 第 8～13 行功能为更新游戏中飞镖的拖尾位置，首先通过拖尾移动标志位判断飞镖是否在移动，当飞镖在移动时获取飞镖的位置，更新拖尾的位置。
- 第 14～19 行功能为判断游戏是否已经结束，首先通过游戏过关标志位判断游戏是否结束，然后通过游戏结束标志位判断游戏是否结束，当游戏结束时暂停所有的回调方法，创建一个弹出对话框添加到布景中。

（8）介绍完定时回调方法的开发后，接下来将介绍 update 定时回调方法中调用的 step 方法和 updateDelete 方法的开发，具体代码如下。

代码位置：见随书源代码/第 2 章/NinjaDart/app/src/main/jni/GameCpp 目录下的 GameLayer.cpp。

```
1  void GameLayer::step(){
2    float32 timeStep=2.0f/60.0f;                           //创建一个浮点型变量
3    int32 volicityInterations=10;                          //创建一个浮点型变量
4    int32 positionIterations=8;                            //创建一个浮点型变量
5    world->Step(timeStep,volicityInterations,positionIterations);}//调用 world 迭代方法
6  void GameLayer::updateDelete() {                         //删除无效刚体的方法
7    float xPosition, yPosition;                            //声明两个浮点型变量
8    std::vector<std::string>::iterator il;                 //创建一个向量迭代器
9    for (il = listForDel.begin(); il != listForDel.end(); il++){
10          PhyObject *po2 = pom[*il];                      //从 map 容器获取物体
11          world->DestroyBody(po2->body);                  //从物理世界删除物体
12          pom.erase(*il);                                 //从 map 容器删除键值
13          xPosition = po2->sp->getPosition().x;           //获得精灵对象 x 坐标
14          yPosition = po2->sp->getPosition().y;           //获得精灵对象 y 坐标
15          this->removeChild(po2->sp);                     //从布景中删除精灵对象
16          delete po2;                                     //删除自定义物体对象
17          if (*il == "Weapon") {                          //判断是不是飞镖物体
18                 if (weaponCount == 0) { gameOverFlag = true;//为游戏结束标志赋值
19                 streakMoveFlag = false;                  //为拖尾移动标志赋值
20                 shootFlag=true;                          //为飞镖发射标志赋值
21                 deleteStreak();}                         //删除拖尾、粒子系统
22          char preFix=(*il).at(0);                        //获得字符串的首字符
23          if (preFix== 'C'){                              //若要删除的刚体是牢笼
24                 cageNumber--;                            //设置牢笼的数量减 1
25                 if(cageNumber==0){ gameOverFlag=true;    //为游戏结束标志赋值
26                        GameLayer::WINFLAG=true;          //为游戏过关标志赋值
27                        for(int i=0;i<weaponCount;i++){   //循环遍历剩余飞镖数
28                               addScore(1,170+i*130, 60);}}//调用游戏加分的方法
29                 addScore(2,xPosition, yPosition);        //调用游戏加分的方法
30                 initCageOpenAnimate(xPosition, yPosition);}//执行牢笼破碎帧动画
31          if (preFix== 'T') {                             //若要删除的刚体是炸药
32                 initExplodeAnimate(xPosition, yPosition); //执行炸药爆炸帧动画
33                 tntExplode(xPosition,yPosition);}        //调用炸药爆炸的方法
34          if (preFix == 'E') {                            //若要删除的刚体是敌人
35                 addScore(3,xPosition, yPosition);}}      //调用游戏加分的方法
36    listForDel.clear();                                   //清空删除容器中的内容
37    listForDel=listForExplodeDel;                         //为删除容器对象赋值
38    listForExplodeDel.clear();}                           //清空删除容器中的内容
```

- 第 1～5 行功能为调用物理世界的步进方法，创建 3 个浮点型变量分别表示迭代频率、速度迭代次数和位置迭代次数，最后调用物理世界对象的迭代方法。
- 第 6～16 行功能为删除游戏中无效刚体的方法，创建两个浮点型变量以表示刚体的坐标，声明一个迭代器对象，通过循环遍历删除容器中的键值，通过键值获得 map 容器中的物体对象，从物理世界删除无效刚体，从 map 容器删除物体对象，获得精灵的坐标，删除精灵和物体对象。
- 第 17～22 行功能为判断删除的刚体是否是飞镖刚体，判断飞镖剩余数量是否等于 0，如果等于 0 则游戏结束，设置拖尾移动标志位为 false，设置发射飞镖标志位为 true。其中发射飞镖标志位为 true，表示可以发射飞镖，最后调用删除飞镖的方法。
- 第 23～30 行功能为获取刚体 ID 的首字符，根据首字符判断要删除的刚体是否为牢笼，设置记录牢笼数量的变量减 1，判断游戏中剩余牢笼数是否为 0，设置游戏结束标志位和游戏过关标志位为 true，遍历剩余飞镖数，调用加分方法。调用牢笼破碎加分方法，调用初始化牢笼破碎动画的方法。
- 第 31～38 行功能为判断要删除的刚体是否为炸药桶，如果是的话调用初始化炸药爆炸动画的方法，以及炸药爆炸对周围物体影响的方法。当要删除的刚体为敌人时，调用加分

方法。最后清空删除容器内容，将受到爆炸影响的物体 ID 赋值给删除容器，以及将爆炸删除容器内容清空。

（9）介绍完物理世界的步进方法和删除刚体的方法开发后，接下来将介绍删除刚体方法中调用过的 deleteStreak 方法和 addScore 方法，具体代码如下。

代码位置：见随书源代码/第 2 章/NinjaDart/app/src/main/jni/GameCpp 目录下的 GameLayer.cpp。

```
1  void GameLayer::deleteStreak(){                                   //删除拖尾对象方法
2    if (streak != NULL) { this->removeChild(streak);               //删除游戏拖尾对象
3          streak = NULL; }}                                         //为拖尾对象赋空值
4  void GameLayer::addScore(int score,float xPosition,float yPosition){//游戏中加分的方法
5    Sprite *scoreSprite=Sprite::create();                           //创建一个得分精灵
6    Sprite *sprite = Sprite::createWithSpriteFrame(
7        uiSpriteCache->getSpriteFrameByName("digit4_add.png")); //创建一个数字精灵
8    sprite->setPosition(ccp(0, 0));                                 //设置精灵对象位置
9    sprite->setScale(2.0f);                                         //改变数字精灵大小
10   scoreSprite->addChild(sprite);                                  //将精灵添加到父节点
11   std::string numStr=StringUtils::format("%d",score);             //将得分转为字符串
12   numStr="digit4_"+numStr+".png";                                 //获得数字图片名称
13   sprite = Sprite::createWithSpriteFrame(
14         uiSpriteCache->getSpriteFrameByName(numStr));             //创建一个数字精灵
15   sprite->setPosition(ccp(35, 0));                                //设置数字精灵位置
16   sprite->setScale(2.0f);                                         //改变精灵对象大小
17   scoreSprite->addChild(sprite);                                  //精灵添加到父节点
18   for(int i=0;i<3;i++){ sprite = Sprite::createWithSpriteFrame(
19         uiSpriteCache->getSpriteFrameByName("digit4_0.png"));//创建一个数字精灵
20         sprite->setPosition(ccp((i+2)*35, 0));                    //设置数字精灵位置
21         sprite->setScale(2.0f);                                   //改变数字精灵大小
22         scoreSprite->addChild(sprite);}                           //精灵添加到父节点
23   scoreSprite->setPosition(ccp(xPosition, yPosition));            //设置精灵对象位置
24   this->addChild(scoreSprite);                                    //将精灵对象加到布景
25   listForScoreSpriteDel.push_front(scoreSprite);                  //在链表头部添元素
26   MoveBy *moveAction=MoveBy::create(1,Point(0,50));               //创建一个移动动作
27   ScaleTo *scaleAction=ScaleTo::create(1,0.1f);                   //创建一个拉伸动作
28   Sequence *sequence = Sequence::create(                          //创建一个顺序动作
29         moveAction, scaleAction,                                  //移动和拉伸动作
30         CallFuncN::create(CC_CALLBACK_0(                          //执行完后回调方法
31         GameLayer::delScoreSp, this)),NULL);                      //执行完后回调方法
32   scoreSprite->runAction(sequence);                               //得分精灵执行动作
33   Score=Score+score*1000;                                         //累加击中目标得分
34   numStr=StringUtils::format("%d",Score);                         //整型转换为字符串
35   scoreLabel->setString(numStr);     }                            //更新得分标签内容
```

- 第 1～3 行功能为调用删除拖尾的方法，首选判断拖尾对象是否为空，当拖尾不为空时删除拖尾，然后将拖尾对象置空。
- 第 4～10 行功能为创建一个精灵对象充当父节点，创建一个精灵对象，设置精灵位置，改变其大小并将其添加到父节点中。
- 第 11～17 功能为将得分转换为字符串，拼接字符串获得图片的路径，然后创建一个精灵对象并添加到父节点中。
- 第 18～25 行功能为通过循环创建 3 个精灵对象，设置精灵对象的位置并改变精灵大小，最后将精灵添加到布景中。设置得分精灵位置，将精灵对象添加到布景中，将得分精灵添加到待删除列表之中。
- 第 26～35 行功能为创建一个移动动作对象和一个拉伸动作对象，创建一个顺序动作对象，让精灵执行顺序动作，更新得分，更新标签的内容。

（10）介绍完删除刚体方法中调用的一部分方法后，接下来将继续介绍在该方法中被调用过的初始化牢笼破碎动画的方法以及相关方法，具体代码如下。

代码位置：见随书源代码/第 2 章/NinjaDart/app/src/main/jni/GameCpp 目录下的 GameLayer.cpp。

```
void GameLayer::initCageOpenAnimate(float x,float y){
  std::string cageArray[48]={                          //创建一个字符串数组
```

```
3         "cage_open0000.png", "cage_open0001.png",
4         ......//此处省略了添加其他图片路径代码，需要的读者可参考源代码};
5     std::string cageArray2[28]={                               //存储烟雾图片路径
6         "smoke0000.png", "smoke0001.png",
7         ......//此处省略了添加其他图片路径代码，需要的读者可参考源代码};
8     Vector<SpriteFrame*> frameVector;                          //存储动画帧的容器
9     SpriteFrame *frame;                                        //声明精灵帧缓冲指针
10    for(int i=0;i<48;i++){                                     //创建一个精灵帧对象
11        frame=gameSpriteCache->getSpriteFrameByName(cageArray[i]);
12        frameVector.pushBack(frame); }                         //将精灵帧存放到容器中
13    Animation *animation=Animation::createWithSpriteFrames(frameVector,0.06f);
14    Animate *animate1=Animate::create(animation);              //创建一个烟雾动画
15    frameVector.clear();                                       //清空 Vector 中的元素
16    for(int i = 0; i < 28; i++) {                              //创建一个精灵帧对象
17        frame = gameSpriteCache->getSpriteFrameByName(cageArray2[i]);
18        frameVector.pushBack(frame); }                         //将精灵帧存放到容器中
19    animation=Animation::createWithSpriteFrames(frameVector,0.06f);
20    Animate *animate2=Animate::create(animation);              //创建牢笼破碎动画
21    Sprite *cageOpenSprite=Sprite::create();                   //创建一个牢笼精灵
22    cageOpenSprite->setPosition(ccp(x,y));                     //设置牢笼精灵的位置
23    this->addChild(cageOpenSprite);                            //将精灵添加到布景中
24    listForCageOpenSpriteDel.push_front(cageOpenSprite);       //将精灵加到链表头部
25    cageOpenSprite->setScale(2.0f);                            //改变精灵对象的大小
26    cageOpenSprite->runAction(                                 //精灵执行一系列动作
27      Sequence::create(animate1,                               //创建顺序执行动作
28      Spawn::create(animate2, CallFuncN::create(               //创建同步执行动作
29      CC_CALLBACK_0(GameLayer::addYanWuSound,this)), NULL),
30      CallFuncN::create(CC_CALLBACK_0(GameLayer::deleteCageOpenSprite,
31      this)), NULL)); }                                        //动作执行后回调方法
32  void GameLayer::addYanWuSound(){                             //播放烟雾弹音效方法
33    if(MainLayer::IsSoundOn){                                  //是否打开音效的开关
34        CocosDenshion::SimpleAudioEngine::getInstance()->
35        playEffect("music/yanwudanbaozha1.wav");}}             //播放烟雾弹爆炸音效
36  void GameLayer::deleteCageOpenSprite(){
37    Sprite *sprite=listForCageOpenSpriteDel.back();            //返回链表最后元素
38    listForCageOpenSpriteDel.pop_back();                       //删除链表最后元素
39    this->removeChild(sprite);                                 //将精灵从布景中删除
40    if(GameLayer::WINFLAG){ evaluationStar();                  //调用评价星级的方法
41    this->pause();                                             //暂停所有选择器回调
42    GameOverPopupWindow *gameOverPop=GameOverPopupWindow::create();
43      this->addChild(gameOverPop,10); }}                       //将窗体添加到布景中
```

- 第 1～7 行功能为创建一个字符串数组，添加牢笼破碎动画帧图片路径，创建一个字符串数组，添加烟雾弹爆炸动画帧图片路径。
- 第 8～20 行功能为创建一个容器对象和一个精灵帧对象，通过 for 循环为精灵帧赋值，并将精灵帧添加到容器中，利用存储精灵帧的 Vector 对象创建一个动画对象，再利用动画对象创建一个动画动作对象等。
- 第 21～31 行功能为创建一个精灵对象，设置精灵的位置，将精灵添加到布景中，将精灵添加到删除列表中，改变精灵大小，让精灵执行一个顺序动作。
- 第 32～35 行功能为播放烟雾弹爆炸音效的方法，通过音效开关标志位判断是否打开音效，如果打开则播放相关音效。
- 第 36～43 行功能为删除执行牢笼破碎动画的精灵对象。从删除列表中获得精灵对象，将精灵从列表中删除，将精灵从布景中删除，判断游戏是否过关，如果过关调用评星方法，暂停游戏场景，添加一个过关对话框。

（11）介绍完删除刚体方法中调用的一部分方法后，接下来将继续介绍在该方法中被调用过的 initExplodeAnimate 方法和 tntExplode 方法等，具体代码如下。

代码位置：见随书源代码/第 2 章/NinjaDart/app/src/main/jni/GameCpp 目录下的 GameLayer.cpp。

```
void GameLayer::initExplodeAnimate(float x,float y){           //初始化炸药爆炸动画
  std::string tntArray[34] ={                                  //存储爆炸图片的路径
    "barrey_ray0000.png","barrey_ray0001.png",
```

```
4  ......//此处省略了添加其他图片路径相关代码，需要的读者可参考源代码};
5    Vector<SpriteFrame*> frameVector;                      //存储动画帧的容器
6    SpriteFrame *frame;                                    //炸药爆炸的精灵帧
7    for (int i = 0; i < 34; i++) {                         //通过循环添加动画帧
8         frame = gameSpriteCache->getSpriteFrameByName(tntArray[i]);
9         frameVector.pushBack(frame);}                     //精灵帧加到向量容器中
10   Animation *animation = Animation::createWithSpriteFrames(frameVector, 0.03f);
11   Animate *animate = Animate::create(animation);         //创建炸药爆炸动画
12   Sprite *tntSprite=Sprite::create();                    //创建一个炸药桶精灵
13   tntSprite->setPosition(ccp(x,y));                      //设置精灵对象的位置
14   this->addChild(tntSprite);                             //将精灵添加到布景中
15   listForTntSpriteDel.push_front(tntSprite);             //将精灵加到链表头部中
16   tntSprite->setScale(2.0f);                             //改变精灵对象的大小
17   tntSprite->runAction(Sequence::create(animate,         //让精灵执行顺序动作
18   CallFuncN::create(CC_CALLBACK_0(                       //执行完动画回调方法
19   GameLayer::deleteTntSprite,this)),NULL)); }            //执行完动画回调方法
20 void GameLayer::deleteTntSprite(){                       //删除精灵对象的方法
21   Sprite *sprite=listForTntSpriteDel.back();             //返回链表最后的元素
22   listForTntSpriteDel.pop_back();                        //删除链表最后的元素
23   this->removeChild(sprite);}                            //从布景中将精灵删除
24 void GameLayer::tntExplode(float xlocation, float ylocation) { //炸药爆炸效果的方法
25   float explodeRadir = 200 / pixToMeter;                 //设置炸药桶爆炸范围
26   for (int i = 0; i < 25; i++) {                         //炸药爆炸的方向分割
27        float angle = (i / (float) 25.0) * 6.2832;        //获得爆炸的方向角
28        b2Vec2 rayDir(sinf(angle), cosf(angle));          //获得爆炸方向的向量
29        b2Vec2 rayStart(xlocation/pixToMeter,ylocation/pixToMeter);//爆炸中心点结构体
30        b2Vec2 rayEnd = rayStart + explodeRadir * rayDir;//获得爆炸方向的终点
31        MyRayCastCallback rayCallback;                    //声明光线投射类对象
32        world->RayCast(&rayCallback, rayStart, rayEnd);   //查找被射线射中刚体
33        if (rayCallback.body){ rayDir.Normalize();        //爆炸方向向量单位化
34             b2Vec2 intersectionPoint = rayCallback.point;      //获得光线与刚体交点
35             b2Vec2 normalVector = rayCallback.normalVector;    //光线反射面的法向量
36             rayCallback.body->ApplyLinearImpulse(              //给刚体施加一个冲量
37             b2Vec2(rayDir.x * 25, rayDir.y * 25),              //设置冲量的大小方向
38             intersectionPoint, true);                          //施加冲量的点的位置
39             std::string *aid = (std::string*) rayCallback.body->GetUserData();
40             char preFixA = aid->at(0);                         //获得字符串的首字母
41             if (preFixA == 'E' || preFixA == 'C' || preFixA == 'T') {//判断刚体是否可删除
42                  vector<string>::iterator result = find(listForExplodeDel.begin(),
43                       listForExplodeDel.end(),*aid);           //ID是否加到删除容器
44                  if(result == listForExplodeDel.end()) {       //判断是否查询到末尾
45                       listForExplodeDel.push_back(*aid);}}}}}//将刚体信息存到容器
```

- 第2～9行功能为创建一个字符串数组，添加炸药桶爆炸动画帧图片路径，创建一个Vector对象保存动画帧对象，创建一个动画帧对象，通过for循环为精灵帧赋值，将精灵帧添加到容器中，利用存储精灵帧的Vector对象创建一个动画对象，再利用动画对象创建一个动画动作对象。
- 第10～19行功能为创建一个精灵对象，设置精灵的位置，将精灵添加到布景中，将精灵添加到删除列表中，改变精灵大小，让精灵执行一个顺序动作。
- 第20～23行功能为删除执行炸药桶爆炸动画的精灵对象。从删除列表中获得精灵对象，将精灵从列表中删除，将精灵从布景中删除。
- 第24～32行功能为创建一个浮点型变量表示爆炸的半径，获得爆炸的方向角，通过角度获得爆炸的方向，通过炸药桶位置获得爆炸中心点，获得爆炸方向终点，声明一个光线投射类对象，最后查找被射线射中的刚体。
- 第33～45行功能为判断被射线射中的刚体是否存在，将射线方向向量单位化，获得射线与刚体交点，获得交点处的法向量，给刚体施加一个冲量，获取刚体对象的id，获得id的首字母，通过首字母判断刚体是否可删除，当刚体为可删除刚体时，查询该刚体是否已经添加到删除容器中，如果未添加则添加到容器。

（12）介绍完删除刚体方法调用的全部方法后，接下来将介绍已经列出的方法之中调用过的

evaluationStar 方法，具体代码如下。

代码位置：见随书源代码/第 2 章/NinjaDart/app/src/main/jni/GameCpp 目录下的 GameLayer.cpp。

```
1  void GameLayer::evaluationStar(){                          //评价游戏星级的方法
2  int StarNumber=0;                                          //声明表示星级的变量
3  int myScore=Score/1000;
4  rate=(float)myScore/(float)totalScole;                     //求得分与总分的比值
5  float oneStar=1.0/3.0;                                     //声明一个浮点型变量
6  if(rate<oneStar){ StarNumber=1;                            //为表示星级变量赋值
7  }else if(rate==1.0f){ StarNumber=3;                        //为表示星级变量赋值
8  }else{ StarNumber=2; }                                     //为表示星级变量赋值
9  UserDefault *userDefault=UserDefault::getInstance();      //创建存储类的对象
10 std::string levelStr=StringUtils::format("%d",SelectLayer::CURRENT_LEVEL);
11 int preStarNum=userDefault->getIntegerForKey(levelStr.c_str());//通过关卡得到星数
12 StarNumber=(StarNumber>preStarNum)?StarNumber:preStarNum;
13 userDefault->setIntegerForKey(levelStr.c_str(),StarNumber);   //更新本关卡获得星数
14 std::string scoreStr=StringUtils::format("%d",SelectLayer::CURRENT_LEVEL);
15 scoreStr="Score"+scoreStr;                                 //拼接字符串获得键值
16 int preScore=userDefault->getIntegerForKey(scoreStr.c_str());  //通过键得到本关分数
17 int higestScore=Score>preScore?Score:preScore;                 //得到本关卡最好分数
18 userDefault->setIntegerForKey(scoreStr.c_str(),higestScore);}  //更新本关卡的最高分
```

- 第 1～8 行功能为创建一个整型变量，记录获得的星数，获取得分与总分的比值，通过比值的大小判断获得的星数。
- 第 9～13 行功能为获取存储类对象，将关卡数转换为字符串，通过键获得星数，最后将星数保存起来，从而达到更新星数的目的。
- 第 14～18 行功能为将关卡数转换为字符串，通过连接字符串构成的键获得分数，最后将当前分数与记录中的分数比较，更新记录。

（13）介绍完评价星级的方法后，下面将依次介绍触摸事件中用到的回调方法，首先介绍触摸开始方法的开发，具体代码如下。

代码位置：见随书源代码/第 2 章/NinjaDart/app/src/main/jni/GameCpp 目录下的 GameLayer.cpp。

```
bool GameLayer::touchBegan(Touch *touch,Event *event){
 if(!touchEndFlag)return false;                              //判断触摸是否有效
 touchEndFlag=false;                                         //为屏幕触摸标志赋值
 auto location=touch->getLocation();                         //获得触摸点的坐标
 eyeLineSprite = Sprite::createWithSpriteFrame(              //创建一个视线精灵
 gameSpriteCache->getSpriteFrameByName("eyeline.png"));      //视线精灵图片路径
 eyeLineSprite->setAnchorPoint(ccp(0,0.5f));                 //设置精灵对象锚点
 eyeLineSprite->setPosition(ccp(XPOSITION,YPOSITION));       //设置精灵对象位置
 eyeLineSprite->setScale(2);                                 //改变精灵对象大小
 this->addChild(eyeLineSprite);                              //将精灵添加到布景
 crossHairSprite = Sprite::createWithSpriteFrame(
 gameSpriteCache->getSpriteFrameByName("target.png"));       //创建一个准星精灵
 crossHairSprite->setPosition(ccp(location.x,location.y));   //设置准星精灵位置
 crossHairSprite->setScale(2.5f);                            //改变准星精灵大小
 this->addChild(crossHairSprite);                            //将精灵添加到布景
 if ((lastXPosition < XPOSITION && location.x < XPOSITION)
          || (lastXPosition > XPOSITION && location.x > XPOSITION)) {
               //当前触摸的位置与上一次触摸的位置在一个象限时精灵不进行翻转
 }else{shootBoomerangSprite->setFlippedX(flippedFlag);       //精灵进行水平翻转
     flippedFlag=!flippedFlag; }                             //将翻转标志位取反
 lastXPosition=location.x;                                   //记录触摸位置坐标
 float lg = sqrt((location.x - XPOSITION) * (location.x - XPOSITION)
        + (location.y - YPOSITION) * (location.y - YPOSITION)); //触摸点到起点距离
 float angle;                                                //声明浮点型变量
 if (location.x > XPOSITION) {                               //触摸点在起点右侧
        angle = asin((location.y - YPOSITION) / lg);         //飞镖射击方向反正弦
 } else if(location.x < XPOSITION){
        angle = PI-asin((location.y - YPOSITION) / lg); }    //飞镖射击方向反余弦
 angle=-angle*180/PI;                                        //将弧度转化为角度
 eyeLineSprite->setRotation(angle);                          //设置精灵旋转的角度
 velocityDirection=b2Vec2(location.x-XPOSITION,location.y-YPOSITION);
 return true; }                                              //返回为真初始化成功
```

- 第 2～10 行功能为判断触摸是否有效，设置触摸标志位为 false 表示触摸无效，获得触摸点位置，创建一个精灵对象，设置精灵的锚点，设置精灵的位置，改变精灵的大小，将精灵添加到布景中等。
- 第 11～15 行功能为创建一个准星精灵对象，设置精灵的锚点，设置精灵的位置，改变精灵的大小，将精灵添加到布景中等。
- 第 16～24 行功能为通过上一次触摸点和当前触摸点位置与英雄精灵位置的比较，判断英雄精灵是否翻转，如果翻转同时将翻转标志位取反，获得英雄精灵到触摸点的距离，声明一个浮点型变量，记录旋转角度。
- 第 17～32 行功能为根据触摸点位置求出飞镖发射方向的反正余弦，并将弧度转换为角度，设置视线精灵的旋转角，获得飞镖发射的方向向量。

（14）介绍完触摸事件开始回调方法后，接下来将继续介绍触摸移动和触摸结束回调方法的开发，具体代码如下。

代码位置：见随书源代码/第 2 章/NinjaDart/app/src/main/jni/GameCpp 目录下的 GameLayer.cpp。

```
1  void GameLayer::touchMoved(Touch *touch, Event *event) {          //触摸移动调用方法
2    auto location=touch->getLocation();                              //获得触摸点的位置
3    if((lastXPosition<XPOSITION&&location.x<XPOSITION)||
4         (lastXPosition>XPOSITION&&location.x>XPOSITION)){
5              //当前触摸的位置与上一次触摸的位置在一个象限时精灵不进行水平翻转
6    }else{ shootBoomerangSprite->setFlippedX(flippedFlag);           //精灵进行水平翻转
7       flippedFlag=!flippedFlag; }                                   //将翻转标志位取反
8    lastXPosition=location.x;                                        //记录触摸位置坐标
9    float lg=sqrt((location.x-XPOSITION)*(location.x-XPOSITION)+
10       (location.y-YPOSITION)*(location.y-YPOSITION));              //触摸点到起点距离
11   float angle=0;                                                   //声明浮点型对象
12   if (location.x > XPOSITION) {
13       angle = asin((location.y - YPOSITION) / lg);                 //求射击方向反正弦角
14   } else if (location.x < XPOSITION) {
15       angle = PI - asin((location.y - YPOSITION) / lg); }          //求射击方向反正弦角
16   angle=-angle*180/PI;                                             //将弧度转换为角度
17   eyeLineSprite->setRotation(angle);                               //设置精灵旋转角度
18   velocityDirection=b2Vec2(location.x-XPOSITION,location.y-YPOSITION);
19   crossHairSprite->setPosition(ccp(location.x,location.y)); }      //设置准星精灵位置
20 void GameLayer::touchEnded(Touch *touch, Event *event) {           //触摸结束调用方法
21   this->removeChild(eyeLineSprite);                                //删除视线精灵对象
22   this->removeChild(crossHairSprite);                              //删除准星精灵对象
23   if(!gameOverFlag&&shootFlag){ ninjaShootBoomerangAnimate();      //调用发射飞镖方法
24       createBoomerang();}}                                         //调用创建飞镖方法
25   touchEndFlag=true; }                                             //触摸结束标志位赋值
```

- 第 2～10 行功能为获得触摸点的位置，通过上一次触摸点和当前触摸点位置与英雄精灵位置的比较，判断英雄精灵是否翻转，如果翻转将翻转标志位取反，获得英雄精灵到触摸点的距离。
- 第 11～15 功能为根据触摸点位置求出飞镖发射方向的反正余弦，并将弧度转换为角度，设置视线精灵的旋转角，获得飞镖发射的方向向量。
- 第 16～19 行功能为将获得的弧度值转换为角度值，设置视线精灵按照获得的角度进行旋转，获得飞镖的发射方向向量，设置准星精灵的位置。
- 第 20～25 行功能为删除视线精灵，删除准星精灵，判断游戏是否结束，如果未结束，调用发射飞镖的动画的方法，创建一个飞镖的方法。最后为触摸结束标志位赋值，为 true 表示触摸屏幕无效。

（15）介绍完触摸事件回调方法后，接下来将介绍触摸结束回调方法中调用过的 ninjaShootBoomerangAnimate 和 createBoomerang 方法，具体代码如下。

代码位置：见随书源代码/第 2 章/NinjaDart/app/src/main/jni/GameCpp 目录下的 GameLayer.cpp。

```
1  void GameLayer::ninjaShootBoomerangAnimate(){
2    std::string shootArray[11]={                                   //存储动画帧数组
3        "ninja_body00000.png","ninja_body00001.png",};             //发射飞镖图片路径
4        ......//此处省略了添加其他图片路径代码，需要的读者可参考源代码
5    Vector<SpriteFrame*> frameVector;                              //存储动画帧的容器
6    for(int i=0;i<11;i++){                                         //通过循环添加精灵帧
7       frameVector.pushBack(
8       gameSpriteCache->getSpriteFrameByName(shootArray[i])); }   //将精灵帧添加到容器
9    Animation *animation=Animation::createWithSpriteFrames(frameVector,0.05f);
10   Animate *animate=Animate::create(animation);                   //创建发射飞镖的动画
11   shootBoomerangSprite->runAction(animate); }                    //让精灵对象执行动画
12 void GameLayer::createBoomerang(){                               //创建飞镖对象的方法
13   Sprite *sprite = Sprite::create("picture/boom_weapon.png");    //创建一个飞镖精灵
14   sprite->setScale(0.75f);                                       //改变精灵对象的大小
15   data=new float[11]{XPOSITION,YPOSITION,4,0,10,-10,0,0,-10,10,0};
16   ids = new std::string(StringUtils::format("Weapon"));          //获得刚体对象 ID
17   po=new PolygonPhyObject(ids,false,this,world,sprite,data,10.0f,0,1.0f);
18   po->body->m_coustomGravity = b2Vec2(-1,-1);                    //设置刚体的重力属性
19   velocityDirection.Normalize();                                 //将方向向量单位化
20   velocityDirection=b2Vec2(velocityDirection.x*SPEED,velocityDirection.y*SPEED);
21   po->body->SetLinearVelocity(velocityDirection);                //设置刚体对象线速度
22   po->body->SetFixedRotation(true);                              //设置刚体不进行旋转
23   pom[*ids] = po;                                                //将刚体加到 map 中
24   streak = CCMotionStreak::create(0.6f, 12.0f, 18.0f,            //创建一个拖尾的对象
25   Color3B(150, 147, 106), "particle/streak.png");                //设置拖尾颜色和纹理
26   this->addChild(streak,9);                                      //将拖尾添加到布景中
27   streak->setPosition(ccp(XPOSITION,YPOSITION));                 //设置拖尾节点的位置
28   streakMoveFlag=true;                                           //为拖尾位移标志位赋值
29   weaponCount--;                                                 //设置飞镖的数目减 1
30   shootFlag=false;                                               //为飞镖发射标志赋值
31   weaponSpriteRunAction();}                                      //精灵执行动作的方法
```

- 第 2～11 行功能为创建一个字符串数组，保存英雄执行动画的精灵帧的图片名称，创建一个 Vector 对象，存储精灵帧对象，通过循环将精灵帧添加到容器中，创建一个动画对象，创建一个动画动作对象，执行动画。
- 第 12～16 行功能为创建一个精灵对象，改变精灵的大小，创建一个浮点型数组，元素分别表示刚体位置和大小，然后创建一个字符串对象。
- 第 17～23 行功能为创建一个多边形对象，设置刚体的重力属性（该属性的设置将在最后介绍），设置刚体的速度，设置刚体不进行旋转。
- 第 24～31 行功能为创建一个拖尾对象，并设置拖尾消失时间、拖尾长度、宽度等属性，将拖尾添加到布景中，设置拖尾位置，为拖尾移动标志位赋值，将剩余飞镖数减 1，为飞镖发射标志位赋值，调用剩余飞镖执行动作的方法。

（16）介绍完创建发射飞镖动画的方法和创建飞镖对象的方法后，下面将介绍剩余飞镖执行动作以及删除飞镖的方法，具体代码如下。

代码位置：见随书源代码/第 2 章/NinjaDart/app/src/main/jni/GameCpp 目录下的 GameLayer.cpp。

```
void GameLayer::weaponSpriteRunAction(){
  Sprite3D *sprite=(Sprite3D*)this->getChildByTag(weaponCount); //根据标签获取子节点
  sprite->runAction(Sequence::create(Spawn::create(              //创建一个顺序执行动作
  ScaleTo::create(0.3f, 0.1f), MoveBy::create(0.3f, Point(-50, 0)),//创建一个同步执行动作
  NULL), CallFuncN::create(CC_CALLBACK_0(                        //设置动作完后的回调方法
  GameLayer::deleteWeapon, this)),NULL));                        //设置动作完后的回调方法
  listForWeaponSpriteDel.push_front(sprite);                     //将精灵放入链表的头部
  for(int i=0;i<weaponCount;i++){
        Sprite *sprite2=(Sprite*)this->getChildByTag(i); //根据标签来获取子节点
        sprite2->runAction(MoveBy::create(0.3f,Point(-50,0))); }} //精灵执行一个移动动作
void GameLayer::deleteWeapon(){
  Sprite3D *sprite = listForWeaponSpriteDel.back();              //返回链表最后一个元素
  listForWeaponSpriteDel.pop_back();                             //删除链表最后一个元素
  sprite->removeFromParentAndCleanup(true); }                    //删除精灵对象及其动作
```

- ❑ 第 2～10 行功能为通过标签获得精灵对象，让精灵对象执行一个顺序动作，包括拉伸、位移并设置动作执行完毕后的回调方法，将精灵添加到删除列表，通过一个 for 循环获得精灵对象并执行动作。
- ❑ 第 11～14 行功能为从删除列表中获得精灵对象，将精灵对象从链表中删除，将精灵对象以及该对象上的动作从布景中删除。

（17）介绍完飞镖执行动作及删除飞镖的方法后，下面介绍游戏界面单击暂停按钮的回调方法，添加单击音效的方法以及单击手机返回键的回调方法的开发，具体代码如下。

代码位置：见随书源代码/第 2 章/NinjaDart/app/src/main/jni/GameCpp 目录下的 GameLayer.cpp。

```
1  void GameLayer::pauseMenuCallback(Object *pSender){
2    addMenuClickSound();                                        //菜单单击音效的方法
3    this->pause();                                              //暂停所有事件的调度
4    std::list<Sprite*>::iterator iter;                          //声明一个列表迭代器
5    for( iter=listForScoreSpriteDel.begin();iter!=
6                      listForScoreSpriteDel.end();iter++){//遍历列表中得分精灵
7        (*iter)->pauseSchedulerAndActions();}                  //暂停得分精灵的动作
8    for (iter = listForCageOpenSpriteDel.begin();iter !=
9                listForCageOpenSpriteDel.end(); iter++) {     //遍历列表中牢笼精灵
10       (*iter)->pauseSchedulerAndActions();}                  //暂停精灵对象的动作
11   for (iter = listForTntSpriteDel.begin(); iter !=
12                      listForTntSpriteDel.end();iter++) {    //遍历列表中炸药桶精灵
13       (*iter)->pauseSchedulerAndActions();}                  //暂停精灵对象的动作
14   PausePopupWindow *pauseWin=PausePopupWindow::create();     //创建一个弹出窗体
15   this->addChild(pauseWin,10); }                             //将弹出窗体加到布景
16 void GameLayer::addMenuClickSound(){                         //菜单项单击音效方法
17   if (MainLayer::IsSoundOn) {                                //判断音效是否已打开
18       CocosDenshion::SimpleAudioEngine::getInstance()->playEffect(
19       "music/anniujihuo2.wav");}}                            //播放菜单单击的音效
20 void GameLayer::onMyKeyPressed(EventKeyboard::KeyCode keyCode,Event* event){
21   Node *node = this->getChildByTag(100);                     //通过节标签获得节点
22   if (node != NULL) { this->removeChild(node);               //当节点不为 NULL 时
23   } else {
24       ExitPopupWindow* popWin= ExitPopupWindow::create();    //创建弹出窗体对象
25       popWin ->setTag(100);                                  //为节点对象设置标签
26       this->addChild(popWin,10); }}                          //将节点添加到布景中
```

- ❑ 第 2～7 行功能为调用菜单单击音效的方法，暂停所有的定时回调方法，创建一个列表迭代器，遍历得分精灵，删除列表中的精灵，暂停精灵的动作。
- ❑ 第 8～15 行功能为遍历牢笼精灵和炸药桶精灵，删除列表，暂停精灵的动作，最后创建一个暂停对话框，并添加到布景中。
- ❑ 第 16～19 行功能为判断音效开关是否打开，如果打开则获得声音引擎对象，调用播放菜单单击音效的方法。
- ❑ 第 20～26 行功能为通过标签获得节点，判断节点是否为空，如果不为空删除节点，如果为空创建一个弹出窗体，为窗体设置标签，添加到布景中。

2.4.7 游戏背景类 BackGroundPopupWindow

上一节已经将游戏的主场景介绍完了，下面介绍程序中经常用到的背景类。背景类同样是继承自布景类，在背景类中添加白云精灵并通过定时回调方法改变精灵位置，从而使背景呈现动态的效果，其具体的开发步骤如下。

（1）首先需要开发的是 BackGroundPopupWindow 类的框架，该框架中声明了一系列将要使用的成员方法和变量，首先介绍成员变量，其具体代码如下。

代码位置：见随书源代码/第 2 章/NinjaDart/app/src/main/jni/GameCpp 目录下的 BackGroundPopupWindow.h。

```
#ifndef _BackGroundPopupWindow_H
#define _BackGroundPopupWindow_H
```

```
#include "cocos2d.h"                                          //引用 cocos2d 头文件
using namespace cocos2d;                                      //使用 cocos2d 命名空间
class BackGroundPopupWindow : public Layer{                   //继承 cocos2d 布景类
public:    virtual bool init();                               //初始化场景内容方法
  void update(float time);                                    //声明定时回调的方法
  float getRandomSpeed();                                     //产生随机速度的方法
  float getRandomYPosition();                                 //产生随机纵坐标方法
  SpriteFrameCache *uiFrameCache;                             //声明精灵帧缓冲对象
  Sprite *lightSprite;                                        //声明一个光线精灵
  Sprite* spArray[4];                                         //存储白云精灵的数组
  int randomNum=0;                                            //数组索引随机数
  float angle=0;                                              //光线精灵旋转弧度
  float unitAngle=0.2;                                        //精灵旋转单位弧度
  float speedArray[4]={2,3,4,3.5f};                           //可选择的速度数组
  float yArray[4]={221.56f,320.8f,628,433.6f};                //可选择的纵坐标数组
  float mySpeedArray[4];                                      //白云精灵速度数组
  float myYArray[4];                                          //白云精灵纵坐标数组
  CREATE_FUNC(BackGroundPopupWindow); }; #endif
```

说明　上述代码为 BackGroundPopupWindow 类的头文件，在该头文件中声明了精灵帧缓冲指针，精灵的指针，浮点型数组，浮点型变量以及整型变量等，并声明了 BackGroundPopupWindow 类中需要的一些方法。

（2）开发完类框架声明后还要真正实现 BackGroundPopupWindow 类中的方法，首先需要开发的是初始化布景的 init 方法，以完成布景中各个对象的创建以及初始化工作，在查看代码之前可以通过手机体验其效果，具体的代码如下。

代码位置：见随书源代码/第 2 章/NinjaDart/app/src/main/jni/GameCpp 目录下的 BackGroundPopupWindow.cpp。

```
bool BackGroundPopupWindow::init(){
  if(!Layer::init())return false;                             //实现父类初始化方法
  auto size=Director::sharedDirector()->getVisibleSize();     //获得可见区域的大小
  float scalex;                                               //声明一个浮点型变量
  uiFrameCache=SpriteFrameCache::getInstance();               //创建精灵帧缓冲对象
  uiFrameCache->addSpriteFramesWithFile("picture/ui_collage_images.plist",
      Director::getInstance()->getTextureCache()->
      addImage("picture/ui_collage_images.png"));             //向帧缓冲添加精灵帧
  Sprite *bgSprite1 = Sprite::createWithTexture(Director::getInstance()->
      getTextureCache()->addImage("picture/bg1.png"));        //创建一个背景精灵 1
  scalex = size.width / bgSprite1->getContentSize().width;    //获得精灵拉伸的倍数
  bgSprite1->setScale(scalex);                                //设置精灵拉伸的倍数
  bgSprite1->setPosition(ccp(size.width / 2, size.height / 2));//设置精灵对象的位置
  this->addChild(bgSprite1);                                  //将精灵对象加到布景
  Sprite *bgSprite2 = Sprite::createWithSpriteFrame(
  uiFrameCache->getSpriteFrameByName("ksbg1.png"));           //创建一个背景精灵 2
  scalex = size.width / bgSprite2->getContentSize().width;    //获得精灵拉伸的倍数
  bgSprite2->setScale(scalex);                                //设置精灵拉伸的倍数
  bgSprite2->setPosition(ccp(size.width / 2,
          bgSprite2->getContentSize().height * scalex / 2)); //设置精灵对象的位置
  this->addChild(bgSprite2, 2);                               //将精灵添加到布景中
  for (int i = 0; i < 4; i++) {
      std::string numStr = StringUtils::format("%d", (i + 1)); //创建一个字符串对象
      std::string picStr = "cloud" + numStr + ".png";         //拼接字符串获得路径
      Sprite *cloudSp= Sprite::createWithSpriteFrame(
            uiFrameCache->getSpriteFrameByName(picStr));      //创建一个白云精灵
      cloudSp->setAnchorPoint(ccp(0.5f, 0.5f));               //设置精灵对象的锚点
      if(i == 2||i == 1){cloudSp->setPosition(ccp(-200,yArray[i]));//设置精灵对象的位置
      } else { cloudSp->setPosition(ccp(1400, yArray[i])); } //设置精灵对象的位置
      cloudSp->setScale(2.0f);                                //改变精灵对象的大小
      spArray[i] = cloudSp;                                   //将精灵添加到数组中
      this->addChild(cloudSp, 1); }                           //将精灵添加到布景中
  lightSprite = Sprite::createWithSpriteFrame(
      uiFrameCache->getSpriteFrameByName("guang.png"));       //创建一个光线精灵
  lightSprite->setScale(2.0f);                                //设置精灵拉伸的倍数
  lightSprite->setAnchorPoint(ccp(0.5f, 1.0f));               //设置精灵对象的锚点
```

```
37 lightSprite->setPosition(ccp(size.width / 2, size.height));  //设置精灵对象的位置
38 this->addChild(lightSprite);                                  //将精灵添加到布景中
39 schedule(schedule_selector(BackGroundPopupWindow::update),0.05);
40 return true;}
```

- 第 1～8 行功能为判断是否实现父类的初始化方法，获得可见区域大小，创建一个精灵帧缓冲对象，并为帧缓冲添加精灵帧。
- 第 9～21 行功能为创建两个背景精灵对象，获得精灵的拉伸倍数，设置精灵对象的大小、位置，将精灵对象添加到布景中。
- 第 22～27 行功能为利用循环创建 4 个精灵对象，首先将整数转换为字符串，通过拼接字符串获得路径，通过精灵帧创建一个精灵对象，最后设置精灵的锚点。
- 第 28～32 行功能为设置精灵的位置，改变精灵的大小，将精灵对象保存在一个精灵数组中，最后将精灵添加到布景中。
- 第 33～40 行功能为通过精灵帧创建一个精灵对象，改变精灵的大小，设置精灵锚点，设置精灵的位置，将精灵添加到布景中，设置定时回调方法。

（3）介绍完初始化场景的方法后，下面介绍定时回调方法、获得随机速度方法以及获得随机位置方法的开发，具体的代码如下。

代码位置：见随书源代码/第 2 章/NinjaDart/app/src/main/jni/GameCpp 目录下的 BackGroundPopupWindow.cpp。

```
1  void BackGroundPopupWindow::update(float time){
2    auto size=Director::sharedDirector()->getVisibleSize(); //获得可见区域的大小
3    angle=angle+unitAngle;                                  //为旋转角增加单位角度
4    lightSprite->setRotation(angle);                        //设置精灵的旋转角度
5    if(angle>=60||angle<=0) unitAngle=-unitAngle;           //角度超过范围时变换单位
6    for(int i=0;i<4;i++){                                   //循环更新精灵的位置
7         float xPosition=spArray[i]->getPosition().x;       //获得精灵对象横坐标
8         if(xPosition>=1400){                               //当精灵移出屏幕之外
9              mySpeedArray[i]=-(getRandomSpeed());          //获得一个随机的速度
10             myYArray[i]=getRandomYPosition();             //获得一个随机纵坐标
11             spArray[i]->setPosition(ccp(1390,myYArray[i])); //设置精灵对象的位置
12        }else if(xPosition<=(-200)){                         //当精灵移出屏幕之外
13             mySpeedArray[i]=getRandomSpeed();               //获得一个随机的速度
14             myYArray[i]=getRandomYPosition();               //获得一个随机纵坐标
15             spArray[i]->setPosition(ccp(-190,myYArray[i])); //设置白云精灵的位置
16        }else{ xPosition=xPosition+mySpeedArray[i];          //更新白云精灵的位置
17             spArray[i]->setPosition(ccp(xPosition,myYArray[i]));}}}//设置白云精灵的位置
18 float BackGroundPopupWindow::getRandomSpeed(){              //产生速度随机数方法
19      randomNum++;                                           //让整型变量进行自加
20      randomNum=randomNum%4;                                 //获得整型变量的余数
21      return speedArray[randomNum]; }                        //返回一个随机速度
22 float BackGroundPopupWindow::getRandomYPosition(){          //产生坐标随机数方法
23      randomNum++;                                           //让整型变量进行自加
24      randomNum=randomNum%4;                                 //获得整型变量的余数
25      return yArray[randomNum]; }                            //返回一个随机纵坐标
```

- 第 1～5 行功能为获得可见区域大小，改变旋转角的值，设置视线精灵的旋转角度，当旋转角超出范围时改变单位角度的值。
- 第 6～11 功能为通过循环更新 4 个精灵的状态，获得精灵的横坐标，然后判断精灵是否移到屏幕右边，获得新速度与纵坐标，更新精灵的位置。
- 第 12～17 行功能为判断精灵是否移到屏幕左边，获得新速度与纵坐标，更新精灵的位置。当精灵在屏幕内时，改变精灵横坐标，更新精灵位置。
- 第 18～25 行功能为获得速度和纵坐标的方法，首先让全局整型变量自加，对整型变量求余，返回速度数组中一个元素，纵坐标数组中一个元素。

2.4.8　游戏暂停对话框类 PausePopupWindow

上一节介绍了游戏背景类的开发，下面将介绍游戏场景中单击暂停按钮弹出的暂停对话框类的开发，该对话框弹出后游戏内场景暂停。该对话框中有 3 个菜单选项，分别为重玩菜单、选关菜单和继续游戏菜单，其具体的开发步骤如下。

（1）首先需要开发的是 PausePopupWindow 类的框架，该框架中声明了一系列将要使用的成员方法和变量，首先介绍成员变量，其具体代码如下。

代码位置：见随书源代码/第 2 章/NinjaDart/app/src/main/jni/GameCpp 目录下的 PausePopupWindow.h。

```
#ifndef _PausePopupWindow_H
#define _PausePopupWindow_H
#include "cocos2d.h"                                          //引用 cocos2d.h 头文件
using namespace cocos2d;                                      //引用 cocos2d 命名空间
class PausePopupWindow : public LayerColor{
  public: Sprite *background;                                 //声明指向精灵的指针
  Menu *m_pMenu;                                              //声明指向菜单的指针
  SpriteFrameCache *uiSpiteCache;
  PausePopupWindow();                                         //暂停对话框类构造方法
  ~PausePopupWindow();                                        //暂停对话框类析构方法
  virtual bool init();                                        //初始化暂停场景的方法
  void onEnter();                                             //进入场景首先调用方法
  void onExit();                                              //退出场景最后调用方法
  bool onMyTouchBegan(Touch *touch,Event *event);             //屏幕触摸开始回调方法
  void onMyTouchEnded(Touch *touch, Event *event);            //屏幕触摸结束回调方法
  void onMyTouchMoved(Touch *touch, Event *event);            //屏幕触摸移动回调方法
  void onMyTouchCancelled(Touch *touch, Event *event);        //屏幕触摸取消回调方法
  void resumeCloseCallback(CCObject *pSender);                //单击恢复菜单项时方法
  void resetCloseCallback(CCObject *pSender);                 //单击重玩菜单项时方法
  void selectCloseCallback(CCObject *pSender);                //单击选关菜单项时方法
  void removePopupWindow();                                   //将弹出窗体删除的方法
  void addMenuClickSound();                                   //添加菜单单击音效方法
  CREATE_FUNC(PausePopupWindow);};#endif
```

说明　上述代码为 PausePopupWindow 类的头文件，在该头文件中声明了精灵指针，菜单指针，并声明了构造函数和析构函数，初始化场景方法，屏幕触摸回调方法，菜单项回调，单击菜单项添加音效等方法。

（2）开发完类框架声明后还要真正实现 PausePopupWindow 类中的方法，首先需要开发的是初始化布景的 init 方法，以完成布景中各个对象的创建以及初始化工作。

代码位置：见随书源代码/第 2 章/NinjaDart/app/src/main/jni/GameCpp 目录下的 PausePopupWindow.cpp。

```
bool PausePopupWindow::init(){
  if(!LayerColor::initWithColor(Color4B(0,0,0,125)))return false;//实现父类初始化方法
  //游戏触摸方法功能简单，此处省略相关代码，读者可以查看相关代码
  auto size=Director::sharedDirector()->getVisibleSize();    //获得可见区域的大小
  uiSpiteCache=SpriteFrameCache::getInstance();              //创建精灵帧缓冲对象
  uiSpiteCache->addSpriteFramesWithFile("picture/ui_collage_images.plist",
  Director::getInstance()->getTextureCache()->addImage(
                "picture/ui_collage_images.png"));           //为帧缓冲添加纹理图
  background = Sprite::createWithTexture(Director::getInstance()->
  getTextureCache()->addImage("picture/pause_bar.png"));     //创建背景精灵对象
  background->setScale(2.0f);                                //改变精灵对象的大小
  background->setAnchorPoint(ccp(0,0.5f));
  background->setPosition(ccp(size.width,size.height/2));    //设置精灵对象的位置
  this->addChild(background);                                //将精灵添加到布景中
  Sprite *spriteNormal = Sprite::createWithSpriteFrame(
  uiSpiteCache->getSpriteFrameByName("pause_resume.png"));  //创建一个未选中精灵
  Sprite *spriteSelected = Sprite::createWithSpriteFrame(
  uiSpiteCache->getSpriteFrameByName("pause_resume2.png");  //创建一个选中精灵
```

```
19 MenuItemSprite *resumeItem = MenuItemSprite::create(          //创建一个重玩菜单项
20 spriteNormal, spriteSelected,                                  //菜单项未选中的外观
21 CC_CALLBACK_1(PausePopupWindow::resumeCloseCallback, this));
22 //创建菜单项的代码类似，故此处省略其他菜单项代码，读者可查看相关代码
23 m_pMenu=Menu::create(resumeItem,resetItem,selectItem,NULL);//创建一个菜单对象
24 m_pMenu->setAnchorPoint(ccp(0.5f,0.5f));                      //设置菜单对象的锚点
25 m_pMenu->alignItemsVertically();                               //设置菜单项竖直排列
26 m_pMenu->setPosition(
27 ccp(background->getContentSize().width / 2 + 3,                //设置菜单对象的位置
28     background->getContentSize().height / 2));
29 background->addChild(m_pMenu);                                 //将菜单添加到父节点
30 background->runAction(MoveBy::create(0.3f,Point(-150,0)));   //弹出的窗体执行动作
31 return true;}
```

- 第 1~8 行功能为判断是否实现父类的初始化方法，获得可见区域大小，创建一个精灵帧缓冲对象，向帧缓冲中添加精灵帧.
- 第 9~14 创建一个背景精灵对象，改变精灵的大小，设置精灵的锚点，设置精灵的位置，将背景精灵添加到布景之中。
- 第 15~21 行功能为通过精灵帧创建两个精灵对象作为菜单项的参数，创建一个菜单项对象，并设置单击菜单项时的回调方法。
- 第 23~31 行功能为设置菜单锚点，设置菜单中菜单项呈竖直排列，设置菜单的位置，将菜单添加到背景精灵节点中，让背景精灵执行动作。

（3）介绍完初始化场景的方法后，下面介绍菜单项回调方法的开发，具体的代码如下。由于触摸事件回调方法和构造方法功能简单在此不再介绍。

代码位置：见随书源代码/第 2 章/NinjaDart/app/src/main/jni/GameCpp 目录下的 PausePopupWindow.cpp。

```
1 void PausePopupWindow::resumeCloseCallback(CCObject *pSender){
2   addMenuClickSound();                                 //调用菜单单击音效的方法
3   background->runAction(Sequence::create(             //创建顺序执行动作对象
4     MoveBy::create(0.3f, Point(150, 0)),               //创建一个移动动作的对象
5     CallFuncN::create(CC_CALLBACK_0(                   //动作执行完毕后回调方法
6     PausePopupWindow::removePopupWindow,this)), NULL));}
7 void PausePopupWindow::resetCloseCallback(CCObject *pSender){
8   addMenuClickSound();                                 //调用菜单单击音效的方法
9   GameSceneManager *gsm=new GameSceneManager();        //创建一个场景管理器对象
10  gsm->goGameLayer();}                                 //调用切换到游戏场景方法
11 void PausePopupWindow::selectCloseCallback(CCObject *pSender){
12  addMenuClickSound();                                 //调用菜单单击音效的方法
13  GameSceneManager *gsm=new GameSceneManager();        //创建一个场景管理器对象
14  gsm->goSelectLayer();}                               //调用切换到选关场景方法
15 void PausePopupWindow::removePopupWindow() {          //删除弹出的对话框的方法
16  GameLayer*gameLayer=(GameLayer*)(this->getParent()); //获取游戏布景类的对象
17  gameLayer->resume();                                 //恢复游戏场景中所有内容
18  std::list<Sprite*>::iterator iter;                   //声明一个精灵迭代器对象
19  for (iter = gameLayer->listForScoreSpriteDel.begin();
20          iter != gameLayer->listForScoreSpriteDel.end(); iter++) {
21      (*iter)->resumeSchedulerAndActions();}           //恢复精灵的动作以及回调
22  for (iter = gameLayer->listForCageOpenSpriteDel.begin();
23          iter != gameLayer->listForCageOpenSpriteDel.end(); iter++) {
24      (*iter)->resumeSchedulerAndActions();}           //恢复精灵的动作以及回调
25  for (iter = gameLayer->listForTntSpriteDel.begin();
26          iter != gameLayer->listForTntSpriteDel.end(); iter++) {
27      (*iter)->resumeSchedulerAndActions();}           //恢复精灵的动作以及回调
28  this->removeFromParentAndCleanup(true); }            //将子节点从父节点中删除
```

- 第 1~6 行功能为返回到游戏中，首先调用菜单单击音效的方法，然后让背景精灵执行一个移动动作，动作执行完调用删除暂停对话框的方法。
- 第 7~10 行功能为重新开始游戏和返回到选关场景，第一个方法中首先调用菜单单击音效的方法，然后创建一个场景管理对象，调用开始游戏的方法。

- ☐ 第 11～14 行功能为第二个方法中首先调用菜单单击音效的方法，然后创建一个场景管理对象，调用跳转到选关场景的方法。
- ☐ 第 15～28 行功能为删除暂停对话框，首先获得父节点对象，恢复游戏中的场景，声明一个迭代器对象，通过三个 for 循环依次恢复游戏中得分精灵、牢笼精灵和炸药精灵的动作及回调，最后将当前节点从父节点中删除。

2.4.9 开始游戏对话框类 GameStartPopupWindow

上一节介绍了游戏暂停对话框类的开发，下面将介绍游戏场景中开始游戏提醒对话框类的开发。当选择关卡并进入游戏后，会弹出一个提醒对话框，对话框中显示当前关卡获得的星数、分数以及关卡数，其具体的开发步骤如下。

（1）首先需要开发的是 GameStartPopupWindow 类的框架，该框架中声明了一系列将要使用的成员方法和变量，首先介绍成员变量，其具体代码如下。

代码位置：见随书源代码/第 2 章/NinjaDart/app/src/main/jni/GameCpp 目录下的 GameStartPopupWindow.h。

```
#ifndef _GameStartPopupWindow_H
#define _GameStartPopupWindow_H
#include "cocos2d.h"                                          //引用 cocos2d 头文件
using namespace cocos2d;                                      //引用 cocos2d 命名空间
class GameStartPopupWindow : public LayerColor{
  public: Sprite *background;                                 //创建一个背景精灵
  SpriteFrameCache *uiSpiteCache;                             //指向精灵帧缓冲的指针
  SpriteFrameCache *gameSpriteCache;                          //指向精灵帧缓冲的指针
  virtual bool init();                                        //初始化场景内容的方法
  void deletePop ();                                          //删除开始对话框的方法
  void onEnter();                                             //进入场景时调用的方法
  void onExit();                                              //退出场景时调用的方法
  bool onMyTouchBegan(Touch *touch,Event *event);             //触摸屏幕开始回调方法
  void onMyTouchEnded(Touch *touch, Event *event);            //触摸屏幕结束回调方法
  void onMyTouchMoved(Touch *touch, Event *event);            //触摸屏幕移动回调方法
  void onMyTouchCancelled(Touch *touch, Event *event);        //触摸异常取消回调方法
  CREATE_FUNC(GameStartPopupWindow);};#endif
```

说明 上述代码为 GameStartPopupWindow 类的头文件，在该头文件中声明了精灵指针，精灵帧缓冲指针，初始化场景的方法和屏幕触摸回调方法等。

（2）开发完类框架声明后还要真正实现 GameStartPopupWindow 类中的方法，首先开发的是初始化布景的 init 方法，完成布景中各个对象的创建工作。

代码位置：见随书源代码/第 2 章/NinjaDart/app/src/main/jni/GameCpp 目录下的 GameStartPopupWindow.cpp。

```
bool GameStartPopupWindow::init(){
 if(!LayerColor::initWithColor(Color4B(0,0,0,125)))return false;//调用父类初始化方法
 //游戏触摸方法功能简单，此处省略相关代码，读者可以查看相关代码
 //此处省略了创建精灵帧缓冲和精灵对象的代码，读者可以查看相关代码
 std::string levelStr=StringUtils::format("%d",(SelectLayer::CURRENT_LEVEL+1));
 LabelAtlas *levelLabel=LabelAtlas::create(levelStr,          //创建显示关卡数标签
 "picture/number_time_red.png",36,39,'0');                    //设置标签对象的参数
 levelLabel->setPosition(ccp(220,140));                       //设置标签对象的位置
 levelLabel->setScale(0.5);                                   //改变标签对象的大小
 background->addChild(levelLabel);                            //将标签添加到布景中
 levelStr=StringUtils::format("%d",SelectLayer::CURRENT_LEVEL); //整数转为字符串
 UserDefault *userDef=UserDefault::getInstance();             //创建一个存储的对象
 int starNum=userDef->getIntegerForKey(levelStr.c_str());     //获得本关已获得星数
 for(int i=0;i<starNum;i++){                                  //循环创建星星精灵
        Sprite *starSprite=Sprite::createWithSpriteFrame(     //创建一个星星精灵
        uiSpiteCache->getSpriteFrameByName("finish_star.png")); //获得精灵帧的对象
```

```
17      starSprite->setPosition(ccp(124+i*54,110));           //设置精灵对象的位置
18      background->addChild(starSprite);}                    //将精灵添加到布景中
19  Sprite *hightestScoreSP=Sprite::create("picture/highestscore.png");//创建最高分精灵
20  hightestScoreSP->setPosition(ccp(180,70));                //设置最高分精灵位置
21  background->addChild(hightestScoreSP);                    //将精灵添加到父节点
22  std::string scoreStr=StringUtils::format("%d",SelectLayer::CURRENT_LEVEL);
23  scoreStr="Score"+scoreStr;                                //拼接字符串获得键值
24  int levelScore=userDef->getIntegerForKey(scoreStr.c_str()); //通过键获得相应的值
25  scoreStr=StringUtils::format("%d",levelScore);            //将整数转换为字符串
26  LabelAtlas*scoreLabel=LabelAtlas::create(                 //创建显示得分的标签
27  scoreStr,"picture/number_time_red.png",36,39,'0');        //设置标签对象的参数
28  scoreLabel->setPosition(ccp(180,43));                     //设置标签对象的位置
29  scoreLabel->setScale(0.5);                                //改变标签对象的大小
30  scoreLabel->setAnchorPoint(ccp(0.5,0.5));                 //设置标签对象的锚点
31  background->addChild(scoreLabel);                         //将标签添加到布景中
32  background->runAction(Sequence::create(                   //创建顺序执行动作
33    MoveTo::create(0.6f,Point(size.width/2,size.height/2)), //精灵移动到 Point
34    MoveBy::create(1.5f,Point(0,0)),                        //精灵不进行移动
35    MoveTo::create(0.6f,Point(-300,size.height/2)),         //精灵移动到 Point
36    CallFuncN::create(CC_CALLBACK_0(
37    GameStartPopupWindow::deletePop,this)),NULL));          //动作执行完回调方法
38  if (MainLayer::IsSoundOn)                                 //判断音效开关是否开
39     CocosDenshion::SimpleAudioEngine::getInstance()->
40     playEffect("music/level_start_qinsheng.mp3");          //播放古典琴声的音效
41  return true; }                                            //返回为真初始化成功
```

- 第 1～10 行功能为调用父类的初始化方法，将整数转换为字符串，创建一个标签对象，设置标签的位置、大小，将标签添加到背景节点中。
- 第 11～18 行功能为将关卡数转换为字符串，创建一个存储类对象，通过键获得本关的星数，根据获得星数通过循环创建相应“星星”精灵等。
- 第 19～24 行功能为创建一个“最高分”精灵，设置精灵位置，将精灵添加到背景节点，将整数转换为字符串，拼接字符串，通过键获得本关得分。
- 第 25～31 行功能为将当前关卡得分转换为字符串，创建一个标签对象来显示得分，并设置标签位置、大小等，将标签添加到背景节点。
- 第 32～41 行功能为让背景精灵执行一个顺序动作，并设置动作执行完毕的回调方法。通过音效开关标志位判断音效是否打开，如果打开播放琴声音效。

2.4.10 游戏结束对话框类 GameOverPopupWindow

上一节介绍了开始游戏提醒对话框类的开发，下面将介绍游戏场景中游戏结束对话框类的开发。当游戏结束时会弹出一个得分结果的对话框，用来显示获得的星数、得分，同时还包括选关、重玩和下一关菜单项，其具体的开发步骤如下。

（1）首先需要开发的是 GameOverPopupWindow 类的框架，该框架中声明了一系列将要使用的成员方法和变量，首先介绍成员变量，其具体代码如下。

代码位置：见随书源代码/第 2 章/NinjaDart/app/src/main/jni/GameCpp 目录下的 GameOverPopupWindow.h。

```
#ifndef _GameOverPopupWindow_H
#define _GameOverPopupWindow_H
#include "cocos2d.h"                                  //引用 cocos2d.h 头文件
using namespace cocos2d;                              //引用 cocos2d 命名空间
class GameOverPopupWindow : public LayerColor{
 public:Sprite *background;                           //声明指向精灵的指针
 Menu *m_pMenu;                                       //声明指向菜单的指针
 SpriteFrameCache *uiSpiteCache;                      //声明精灵帧缓冲的指针
 SpriteFrameCache *gameSpriteCache;                   //声明精灵帧缓冲的指针
 LabelAtlas *scoreLabel;                              //声明指向标签的指针
 int count=0;                                         //创建一个整型变量
 int score=0;                                         //创建一个整型变量
```

```
int starNumber=0;                                          //整型变量记录获得星数
int starCount=-1;                                          //整型变量记录已添星数
bool addScoreFlag=false;                                   //创建一个布尔对象
GameOverPopupWindow();                                     //游戏中该类的构造函数
~GameOverPopupWindow();                                    //游戏中该类的析构函数
virtual bool init();                                       //初始化游戏场景的方法
Animate* getWinAnimate();                                  //获得过关的动画的方法
Animate* getLoseAnimate();                                 //获得失败的动画的方法
void addScore(float time);                                 //游戏结束添加分数方法
void beginAddStar();                                       //过关后添加星星的方法
bool nextIsAccessible();                                   //判断下关是否可玩方法
void addStar();                                            //添加"星星"精灵方法
void addStarSound();                                       //添加星星添加音效方法
void calculateStarNum();                                   //用来计算获得星数方法
void onEnter();                                            //场景首次进入调用方法
void onExit();                                             //场景退出最后调用方法
bool onMyTouchBegan(Touch *touch,Event *event);            //屏幕触摸开始回调方法
void onMyTouchEnded(Touch *touch, Event *event);           //屏幕触摸结束回调方法
void onMyTouchMoved(Touch *touch, Event *event);           //屏幕触摸移动回调方法
void onMyTouchCancelled(Touch *touch, Event *event);       //屏幕触摸取消回调方法
void nextCloseCallback(CCObject *pSender);                 //下一关菜单项回调方法
void resetCloseCallback(CCObject *pSender);                //重新开始菜单回调方法
void selectCloseCallback(CCObject *pSender);               //选关菜单项回调的方法
void addMenuClickSound();                                  //菜单项单击音效的方法
CREATE_FUNC(GameOverPopupWindow);};#endif
```

说明　上述代码为 GameOverPopupWindow 类的头文件，在该头文件中声明了精灵指针，指向菜单的指针，精灵帧缓冲指针，标签对象，整型变量，布尔值以及初始化场景的方法，初始化游戏过关和失败动画的方法，屏幕触摸回调方法等。

（2）开发完类框架声明后还要真正实现 GameOverPopupWindow 类中的方法，首先需要开发的是初始化布景的 init 方法，以完成布景中各个对象的创建以及初始化工作。

代码位置：见随书源代码/第 2 章/NinjaDart/app/src/main/jni/GameCpp 目录下的 GameOverPopupWindow.cpp。

```
bool GameOverPopupWindow::init(){
  if(!LayerColor::initWithColor(Color4B(0,0,0,125)))return false;//调用父类初始化方法
  //游戏触摸方法功能简单，此处省略相关代码，读者可以查看相关代码
  //此处省略了创建精灵帧缓冲和精灵对象的代码，读者可以查看相关代码
  if(GameLayer::WINFLAG){                                        //判断是否已成功过关
       Sprite *winTitleSP = Sprite::create("picture/success.png");
       winTitleSP->setPosition(ccp(120, 240));                   //设置精灵对象的位置
       background->addChild(winTitleSP);                         //将精灵添加到布景中
       ninjaSprite->runAction(RepeatForever::create(getWinAnimate()));
       if (MainLayer::IsSoundOn)                                 //音效开关是否已打开
            CocosDenshion::SimpleAudioEngine::getInstance()->
            playEffect("music/bg_win1.mp3");                     //播放过关的背景音效
  }else{Sprite *loseTitleSP = Sprite::create("picture/lose.png"); //过关失败标题精灵
       loseTitleSP->setPosition(ccp(120, 240));                  //设置精灵对象的位置
       background->addChild(loseTitleSP);                        //将精灵添加到布景中
       ninjaSprite->runAction(RepeatForever::create(getLoseAnimate()));
       if (MainLayer::IsSoundOn)                                 //音效开关是否已打开
            CocosDenshion::SimpleAudioEngine::getInstance()->
            playEffect("music/bg_lose.mp3")};                    //播放过关失败的音效
  Sprite *scoreSP=Sprite::create("picture/Scoreblack.png");      //创建"得分"精灵
  scoreSP->setPosition(ccp(125,120));                            //设置精灵对象的位置
  background->addChild(scoreSP);                                 //将精灵添加到布景中
  scoreLabel=LabelAtlas::create("","picture/number_time_red.png",36,39,'0');
  scoreLabel->setPosition(ccp(size.width/2,size.height/2-40)); //设置得分标签位置
  scoreLabel->setAnchorPoint(ccp(0.5f,0.5f));                    //设置标签对象的锚点
  this->addChild(scoreLabel);                                    //将标签添加到布景中
  Sprite *spriteNormal=Sprite::createWithSpriteFrame(
  uiSpiteCache->getSpriteFrameByName("pause_menu.png"));         //创建一个未选中精灵
  Sprite *spriteSelected=Sprite::createWithSpriteFrame(
  uiSpiteCache->getSpriteFrameByName("pause_menu2.png"));        //创建一个选中精灵
```

```
31 MenuItemSprite *selectItem = MenuItemSprite::create(    //创建一个选关菜单项
32     spriteNormal, spriteSelected, CC_CALLBACK_1(          //菜单项未选中时外观
33     GameOverPopupWindow::selectCloseCallback, this));
34 //创建菜单项的代码类似，故此处省略其他菜单项代码，读者可查看相关代码
35 if (nextIsAccessible()) {                                  //判断下一关是否解锁
36        m_pMenu= Menu::create(selectItem,resetItem,nextItem,NULL);  //创建一个菜单
37 } else { m_pMenu= Menu::create(selectItem,resetItem,NULL);} //创建一个菜单的对象
38 m_pMenu->alignItemsHorizontally();                         //设置菜单项横向排列
39 m_pMenu->setPosition(ccp(background->getContentSize().width/2,50));
40 background->addChild(m_pMenu);                             //将菜单添加到布景中
41 background->runAction(                                     //让精灵执行顺序动作
42 Sequence::create(ScaleTo::create(0.3f,2.2f),               //创建一个拉伸的动作
43     ScaleTo::create(0.2f,1.8f),   ScaleTo::create(0.2f,2.2f),//创建一个拉伸的动作
44     CallFuncN::create(CC_CALLBACK_0(                       //动作执行完回调方法
45     GameOverPopupWindow:: beginAddStar,this))NULL));       //动作执行完回调方法
46 schedule(schedule_selector(GameOverPopupWindow::addScore),0.05f);
47 return true; }                                             //返回位置初始化成功
```

- 第 1～12 行功能为调用父类的初始化方法，当过关成功时创建一个过关成功的精灵，设置精灵的位置，将精灵添加到背景精灵节点，让精灵执行一个重复的胜利的动画，当音效开关打开时播放过关音效。
- 第 13～19 行功能为当过关失败时创建一个过关失败精灵，让精灵执行一个重复的失败的动画，当音效开关打开时播放未过关音效。
- 第 20～26 行功能为创建一个“得分”精灵，设置精灵位置，将精灵添加到背景节点。创建文本标签，设置标签位置，将标签加到背景节点。
- 第 27～33 行功能为创建两个精灵对象，作为菜单项的参数，表示菜单项被选中和未被选中时的外观，然后创建一个选关菜单项。
- 第 35～40 行功能为判断下一关是否可玩，如果可玩设置菜单中有 3 个菜单项，否则只有选关和重玩两个菜单项，设置菜单项在菜单中横向排列，设置菜单对象的位置，最后将菜单添加到背景节点中。
- 第 41～47 行功能为让背景精灵执行一个顺序动作，包括 3 种拉伸变换，并设置动作执行完后的回调方法，最后设置定时回调方法。

（3）介绍完初始化场景的方法后，接着介绍布景中初始化动画的方法，初始化动画分为两种，由两个方法来完成，具体代码如下。

代码位置：见随书源代码/第 2 章/NinjaDart/app/src/main/jni/GameCpp 目录下的 GameOverPopupWindow.cpp。

```
Animate* GameOverPopupWindow::getWinAnimate(){
 std::string sa[13]={                                       //存储图片路径数组
          "ninja_win0000.png","ninja_win0001.png"};         //动画精灵帧图片路径
    //此处省略了其他图片路径的代码，读者可以查看代码
 Vector<SpriteFrame*> animationVector;                      //存储精灵帧的容器
 std::string picPath;                                       //字符串表示图片路径
 for(int i=0;i<13;i++){
      std::string numStr=StringUtils::format("%d",i);       //整型变量转为字符串
      if(i<10){ picPath="ninja_win000"+numStr+".png";       //拼接字符串获得键值
      }else{picPath="ninja_win00"+numStr+".png";}           //拼接字符串获得键值
      animationVector.pushBack(
      gameSpriteCache->getSpriteFrameByName(picPath));}     //将精灵帧加到容器中
 Animation *animation=Animation::createWithSpriteFrames(
         animationVector,0.1f);                             //创建英雄庆祝动画
 Animate *animate=Animate::create(animation);               //创建动画动作对象
 return animate; }                                          //返回动画动作对象
 Animate* GameOverPopupWindow::getLoseAnimate(){            //获得动画对象的方法
 std::string sa[12]={                                       //存储图片路径数组
          "ninja_lose0000.png","ninja_lose0001.png",};      //动画精灵帧图片路径
 //此处省略了其他图片路径的代码，读者可以查看代码
 Vector<SpriteFrame*> animationVector;                      //创建 Vector 的容器
```

```
22 std::string picPath;                                              //字符串表示图片路径
23 for(int i=0;i<12;i++){
24       std::string numStr=StringUtils::format("%d",i);            //整型变量转为字符串
25       if(i<10){picPath="ninja_lose000"+numStr+".png";             //拼接字符串获得键值
26       }else{picPath="ninja_lose00"+numStr+".png";}                //拼接字符串获得键值
27       animationVector.pushBack(
28       gameSpriteCache->getSpriteFrameByName(picPath));}          //将精灵帧加到容器中
29 Animation *animation=Animation::createWithSpriteFrames(
30      animationVector,0.1f);                                      //创建英雄失落动画
31 Animate *animate=Animate::create(animation);                     //创建动画动作对象
32 return animate;     }                                            //返回动画动作对象
```

- 第 1～6 行功为能创建过关成功的动画，创建一个字符串数组保存创建精灵帧时的图片路径，创建 Vector 对象保存精灵帧并声明字符串对象。
- 第 7～16 行功能为将整数转换为字符串，通过索引值判断图片路径，创建精灵帧并添加到容器中，利用精灵帧对象来创建一个动画对象，利用动画对象创建一个动画动作对象，最后返回一个动画动作对象。
- 第 17～22 行功能为创建过关失败的动画，创建一个字符串数组保存创建精灵帧时的图片路径，创建 Vector 对象保存精灵帧并声明字符串对象。
- 第 23～32 行功能为将整数转换为字符串，通过索引值判断图片路径，创建精灵帧并添加到容器中，利用精灵帧对象来创建一个动画对象，利用动画对象创建一个动画动作对象，最后返回一个动画动作对象。

（4）介绍完初始化动画方法的开发，下面介绍游戏过关时为其添加“星星”的方法的开发，具体代码如下。

代码位置：见随书源代码/第 2 章/NinjaDart/app/src/main/jni/GameCpp 目录下的 GameOverPopupWindow.cpp。

```
1  void GameOverPopupWindow::beginAddStar(){
2    GameLayer *gameLayer = (GameLayer*) (this->getParent());   //获得游戏布景的对象
3    count = (gameLayer->Score) / 100;                          //对游戏的得分取整数
4    addScoreFlag=true;                                          //将得分标志位置为true
5    if(GameLayer::WINFLAG){calculateStarNum();                  //调用计算得星数方法
6      addStar();    }}                                          //调用添加星星的方法
7  void GameOverPopupWindow::calculateStarNum(){                 //计算获得的星数方法
8    GameLayer *gameLayer = (GameLayer*) (this->getParent());   //获得游戏布景的对象
9    float oneStar = 1.0 / 3.0f;                                 //得分与总分的比率
10   if (gameLayer->rate < oneStar) { starNumber = 1;            //为记录星数变量赋值
11   } else if (gameLayer->rate == 1.0f) { starNumber = 3;       //为记录星数变量赋值
12   } else {starNumber = 2; }}                                  //为记录星数变量赋值
13 void GameOverPopupWindow::addStar(){                          //为游戏添加星星方法
14   starCount++;                                                //记录星数的变量自加
15   if(starCount==starNumber)return;                            //添加完星星直接退出
16   Sprite *starSprite = Sprite::createWithSpriteFrame(
17   uiSpiteCache->getSpriteFrameByName("finish_star.png"));     //创建一个星星精灵
18   starSprite->setPosition(ccp(520 + starCount * 120, 330));   //设置精灵对象的位置
19   starSprite->setScale(0.1f);                                 //改变精灵对象的大小
20   this->addChild(starSprite);                                 //将精灵添加到布景中
21   starSprite->runAction(Sequence::create(Spawn::create(       //创建同步动作对象
22     ScaleTo::create(0.3f, 2.2f),                              //创建拉伸动作对象
23     MoveTo::create(0.3f, Point(520 + starCount * 120, 480)))   //创建移动动作对象
24     ,NULL), CallFuncN::create(CC_CALLBACK_0(                   //最后参数必须为 NULL
25     GameOverPopupWindow::addStarSound, this)),                 //动作完后的回调方法
26     CallFuncN::create(CC_CALLBACK_0(
27     GameOverPopupWindow::addStar, this)),NULL)); }            //动作完后的回调方法
```

- 第 1～6 行功能为获得游戏布景类对象，然后获取游戏得分并求它与 100 的比值，将加分标志位置为 true，表示允许进行加分，最后判断游戏是否过关，如果过关则调用计算获得星数的方法和添加星星的方法。
- 第 7～12 行功能为计算获得星数的方法，首先获得游戏布景类对象，创建一个浮点型变

量，通过得分的比率将获得星数赋值给一个变量。

- 第 13～19 行功能为添加星星的方法，首先让记录星数的变量自加，通过判断已添加星数是否等于获得星数，如果是则退出该方法，否则创建一个“星星”精灵，设置精灵的位置，改变精灵对象的大小。
- 第 20～27 行功能为将精灵添加到布景中，让精灵执行一个顺序动作，包括拉伸、移动，并设置动作执行完后的回调方法。

（5）介绍完添加星星精灵的方法的开发后，下面介绍动态添加得分方法，添加星星精灵时动态音效方法，判断下一关是否可玩的方法的开发，对于重玩、返回到选关场景等菜单项回调方法前面已经介绍这里不再赘述，具体代码如下。

代码位置：见随书源代码/第 2 章/NinjaDart/app/src/main/jni/GameCpp 目录下的 GameOverPopupWindow.cpp。

```
1  void GameOverPopupWindow::addStarSound(){                //添加星星时的音效方法
2   if (MainLayer::IsSoundOn) {
3         CocosDenshion::SimpleAudioEngine::getInstance()->
4         playEffect("music/xingjitishi.wav");}}            //播放添加星星精灵音效
5  void GameOverPopupWindow::addScore(float time){          //动态的添加得分的方法
6   if(addScoreFlag){                                       //判断是否可以计算得分
7        if(score>count){    addScoreFlag=false;            //计算得分标志位为 false
8              return; }                                    //直接退出加分的方法
9        std::string numStr=StringUtils::format("%d",score*100);//将整形变量转为字符串
10       scoreLabel->setString(numStr);                     //设置标签要显示的文本
11       score++;}}                                         //记录加分次数变量自加
12 bool GameOverPopupWindow::nextIsAccessible(){            //判断下关是否可玩的方法
13  if(SelectLayer::CURRENT_LEVEL==5) return false;         //返回一个 false 值
14  UserDefault *userDefault=UserDefault::getInstance();    //获得一个存储类的对象
15  std::string levelStr=StringUtils::format("%d",SelectLayer::CURRENT_LEVEL);
16  int starNum=userDefault->getIntegerForKey(levelStr.c_str());//通过键获得相应的值
17  if(starNum==0){return false;                            //返回假表示下关不可玩
18  }else{return true; }}                                   //返回真表示下关可玩
```

- 第 1～4 行功能为添加星星提示音效的方法，首先通过音效开关标志判断音效是否打开，如果打开则播放星级提示音效。
- 第 5～11 行功能为添加得分的方法，首先通过添加得分标志位判断是否可以添加得分，当允许添加得分时判断已经添加的得分是否达到最高分，如果达到则将添加得分标志位置为 false，并退出加分的方法，否则更新得分，设置文本标签对象的内容，让记录加分次数的变量进行自加。
- 第 12～18 行功能为判断下一关是否可玩的方法，首先判断游戏是否为最后一关，如果是则返回一个 false 布尔值，表示不可玩，否则创建一个存储类对象，将当前关卡数转换为字符串，通过键获得本关星数，当本关星数为零返回一个 false 布尔值表示下一关不可玩，否则下一关可玩。

2.4.11 退出游戏对话框类 ExitPopupWindow

上一节介绍了开始游戏提醒对话框类的开发，下面将介绍游戏场景中游戏结束对话框类的开发。其具体的开发步骤如下。

（1）首先需要开发的是 ExitPopupWindow 类的框架，该框架中声明了一系列将要使用的成员方法和变量，首先介绍成员变量，其具体代码如下。

代码位置：见随书源代码/第 2 章/NinjaDart/app/src/main/jni/GameCpp 目录下的 ExitPopupWindow.h。

```
#ifndef _PopupWindow_H
#define _PopupWindow_H
```

```
#include "cocos2d.h"                                       //引用 cocos2d.h 头文件
using namespace cocos2d;                                   //引用 cocos2d 命名空间
class ExitPopupWindow : public LayerColor{
  public: Sprite *background;                              //声明一个背景精灵
  Menu *m_pMenu;                                           //声明一个退出菜单
  ExitPopupWindow();                                       //退出布景类的构造函数
  ~ExitPopupWindow();                                      //退出布景类的析构函数
  virtual bool init();                                     //初始化场景内容的方法
  void onEnter();                                          //进入场景时调用的方法
  void onExit();                                           //退出场景时调用的方法
  bool onMyTouchBegan(Touch *touch,Event *event);          //屏幕触摸开始回调方法
  void onMyTouchEnded(Touch *touch, Event *event);         //屏幕触摸结束回调方法
  void onMyTouchMoved(Touch *touch, Event *event);         //屏幕触摸移动回调方法
  void onMyTouchCancelled(Touch *touch, Event *event);     //屏幕触摸取消回调方法
  void okCloseCallback(CCObject *pSender);                 //单击是菜单项回调方法
  void cancellCloseCallback(CCObject *pSender);            //单击否菜单项回调方法
  void addMenuClickSound();                                //添加菜单项单击的音效
  CREATE_FUNC(ExitPopupWindow);};#endif
```

说明　上述代码为 ExitPopupWindow 类的头文件，在该头文件中声明了精灵指针，指向菜单的指针，初始化场景的方法以及屏幕触摸回调方法等。

（2）开发完类框架声明后还要真正实现 ExitPopupWindow 类中的方法，首先需要开发的是初始化布景的 init 方法，以完成布景中各个对象的创建以及初始化工作。

代码位置：见随书源代码/第 2 章/NinjaDart/app/src/main/jni/GameCpp 目录下的 ExitPopupWindow.cpp。

```
1  bool ExitPopupWindow::init(){
2   if(!LayerColor::initWithColor(Color4B(0,0,0,125)))return false;//调用父类初始化方法
3   auto listener=EventListenerTouchOneByOne::create();           //创建屏幕触摸监听器
4      listener->setSwallowTouches(true);                          //设置屏幕触摸下传
5      listener->onTouchBegan=CC_CALLBACK_2(                       //为触摸开始绑定方法
6            ExitPopupWindow::onMyTouchBegan,this);                //触摸开始回调方法
7      listener->onTouchMoved=CC_CALLBACK_2(                       //为触摸移动绑定方法
8            ExitPopupWindow::onMyTouchMoved,this);                //触摸移动回调方法
9      listener->onTouchEnded=CC_CALLBACK_2(                       //为触摸结束绑定方法
10            ExitPopupWindow::onMyTouchEnded,this);               //触摸结束回调方法
11     listener->onTouchCancelled=CC_CALLBACK_2(                   //为触摸取消绑定方法
12            ExitPopupWindow::onMyTouchCancelled,this);           //触摸取消回调方法
13     _eventDispatcher->
14     addEventListenerWithSceneGraphPriority(listener,this); //注册屏幕触摸监听器
15  auto size=Director::sharedDirector()->getVisibleSize();       //获得可见区域的大小
16  background = Sprite::createWithTexture(Director::getInstance()->
17     getTextureCache()->addImage("picture/Exita.png"));          //创建背景精灵对象
18  background->setPosition(ccp(size.width/2,size.height/2));      //设置精灵对象的位置
19  this->addChild(background);                                    //将精灵对象加到布景中
20  MenuItemImage *yesItem = MenuItemImage::create(                //创建"是"菜单项
21  "picture/Yesa.png","picture/Yesb.png", CC_CALLBACK_1(          //菜单项未选中时外观
23  ExitPopupWindow::okCloseCallback, this));                      //单击菜单项回调方法
24  MenuItemImage *noItem = MenuItemImage::create(                 //创建"否"菜单项
25  "picture/Noa.png","picture/Nob.png",CC_CALLBACK_1(             //菜单项未选中时外观
26  ExitPopupWindow::cancellCloseCallback, this));                 //菜单项回调方法
27  m_pMenu= Menu::create(yesItem,noItem,NULL);                    //创建是否退出菜单
28  m_pMenu->alignItemsHorizontallyWithPadding(20.0f);             //设置菜单项横向排列
29  m_pMenu->setPosition(ccp(size.width/2,size.height/2-50));      //设置菜单对象的位置
30  this->addChild(m_pMenu, 10);                                   //将菜单添加到布景中
31  return true;}
```

- 第 1～8 行功能为调用父类的初始化方法，创建触摸监听器，设置触摸下传，为触摸开始、触摸移动事件绑定回调方法。
- 第 9～19 行功为给触摸结束、取消事件绑定回调方法，注册监听器。获得可见区域大小，创建背景精灵，设置精灵位置并将精灵添到布景。
- 第 20～26 行功能为首先创建一个"是"菜单项，设置菜单项的参数包括菜单项未选中时

外观、选中时外观和菜单项回调方法。

- 第 27～31 行功能为创建一个菜单对象，设置菜单中菜单项的排列方式，设置菜单的位置，将菜单添加到布景中，返回一个布尔值。

（3）开发完退出对话框类中的初始化方法后，下面将介绍单击菜单项的回调方法以及触摸开始回调方法的开发，具体代码如下。

代码位置：见随书源代码/第 2 章/NinjaDart/app/src/main/jni/GameCpp 目录下的 ExitPopupWindow.cpp。

```
1  bool ExitPopupWindow::onMyTouchBegan(Touch *touch, Event *event) {
2    Point point=background->
3                 convertTouchToNodeSpace(touch);              //触摸点坐标转为节点坐标
4    float widths=background->getContentSize().width;          //获得背景精灵对象的宽度
5    float heights=background->getContentSize().height;        //获得背景精灵对象的高度
6    if(point.x>0&&point.x<widths&&point.y>0&&point.y<heights){ //触摸点是否在精灵范围内
7        return true;
8    }else{this->removeFromParentAndCleanup(true);}           //从父节点删除弹出对话框
9    return true;}
10 void ExitPopupWindow::okCloseCallback(CCObject *pSender){     //单击菜单项的回调方法
11    addMenuClickSound();                                     //调用单击菜单音效方法
12    Director::getInstance()->end();}                         //退出游戏
13 void ExitPopupWindow::cancellCloseCallback(CCObject *pSender){
14    addMenuClickSound();                                     //调用单击菜单音效方法
15    this->removeFromParentAndCleanup(true); }                //从父节点删除弹出对话框
```

- 第 1～9 行功能为触摸开始回调方法，首先将触摸点坐标转换为背景精灵节点坐标，获得精灵的宽度、高度，判断触摸点是否在精灵范围之内，如果在范围内则触摸有效，否则将对话框删除。
- 第 10～12 行功能为选择退出游戏的菜单项的回调方法，首先调用菜单单击音效的方法，然后获得导演类对象调用游戏结束方法，直接退出游戏。
- 第 13～15 行功能为当选择不退出游戏菜单项时的回调方法时，首先调用菜单单击音效的方法，然后将退出对话框从布景中删除。

> **提示**　至此，布景类已经开发完毕，这也标志着本游戏中的所有场景对应的布景开发完毕，其代码量较大，涉及的方法多，读者应该细心品味其中代码的具体含义，这样才能真正地学到其精髓所在。读者在学习知识的同时也应该培养良好的编程习惯，一个良好的习惯也是开发人员必须具备的能力。

2.5 物理引擎相关类

上一节已经介绍了游戏的所有场景的开发过程，接下来讲解的是游戏的物理引擎相关类。这些物理引擎相关类实现了对不同形状的刚体对象的封装，以及对刚体碰撞的处理，大大提高了游戏的开发效率，下面就对这些类的开发进行详细的介绍。

2.5.1 基本物体类

本节主要介绍该游戏的基本物体类，主要包括 PhyObject 类、RectPhyObject 类、CirclePhyObject 类和 PolygonPhyObject 类。其中 PhyObject 作为另外几个类的父类，定义了基本的方法和变量，下面就对这些类的开发进行详细介绍。

（1）首先向读者介绍的是 PhyObject.h 头文件，上述 4 个类的开发都是在这一个文件中实现的，同时矩形类、圆形类、多边形类都继承自物体类，其具体代码如下。

代码位置：见随书源代码/第 2 章/NinjaDart/app/src/main/jni/Box2DHelper 目录下的 PhyObject.h。

```
#ifndef _PhyObject_H
#define _PhyObject_H
#include "cocos2d.h"                                    //引用 cocos2d.h 头文件
#include <Box2D/Box2D.h>                                //引用 Box2D.h 头文件
using namespace cocos2d;                                //引用 cocos2d 命名空间
#define pixToMeter 5                                    //定义一个宏来表示比率
class PhyObject{                                        //创建基本物体类
public: std::string* id;                                //声明指向字符串的指针
 Sprite *sp;                                            //声明指向精灵的指针
 b2Body *body;                                          //声明指向刚体的指针
      PhyObject(std::string *id,                        //字符串表示刚体的编号
        bool isStatic,                                  //布尔值是否为静态刚体
        Layer *layer,                                   //刚体所在的布景类
        b2World *world,                                 //一个指向物理世界指针
        Sprite *sprite,                                 //与刚体绑定的精灵
        float *data,                                    //存储刚体大小、位置
        float density,                                  //用浮点型变量表示密度
        float friction,                                 //用浮点数表示摩擦系数
        float restitution);                             //用浮点数表示恢复系数
 ~PhyObject();                                          //基本物体类的析构函数
 virtual void refresh();};                              //刷新方法更新精灵状态
class RectPhyObject : public PhyObject{                 //创建矩形物体类
public:  RectPhyObject(std::string *id,                 //字符串表示刚体的编号
           bool isStatic,                               //布尔值是否为静态刚体
           Layer *layer,                                //刚体所在的布景类
           b2World *world,                              //一个指向物理世界指针
           Sprite *sprite,                              //与刚体绑定的精灵
           float *data,                                 //存储刚体大小、位置
           float density,                               //用浮点型变量表示密度
           float friction,                              //用浮点数表示摩擦系数
           float restitution);};                        //用浮点数表示恢复系数
class CirclePhyObject : public PhyObject{               //创建圆形物体类
public:  CirclePhyObject(std::string *id,               //字符串表示刚体的编号
             bool isStatic,                             //布尔值是否为静态刚体
             Layer *layer,                              //刚体所在的布景类
             b2World *world,                            //一个指向物理世界指针
             Sprite *sprite,                            //与刚体绑定的精灵
             float *data,                               //存储刚体大小、位置
             float density,                             //用浮点型变量表示密度
             float friction,                            //用浮点数表示摩擦系数
             float restitution);};                      //用浮点数表示恢复系数
class PolygonPhyObject : public PhyObject{              //创建多边形物体类
public: PolygonPhyObject(std::string *id,               //字符串表示刚体的编号
          bool isStatic, Layer *layer, b2World *world,  //构造函数参数列表
          Sprite *sprite, float *data, float density,   //构造函数参数列表
          float friction, float restitution); };#endif  //构造函数参数列表
```

说明　上述代码的功能为创建基本物体类，包括矩形、圆形、多边形类，其中 PhyObject 作为基类被其他几个类继承。在 PhyObject 类中定义了构造函数、析构函数、刷新函数，其中构造函数中包含了创建刚体所需的 ID、密度、摩擦系数、恢复系数等基本条件，子类中的构造函数基本与父类一致，下面会逐一介绍各子类。

（2）前面已经介绍了各个物体类的创建，那么下面首先介绍基本物体类 PhyObject 中方法的实现，其具体代码如下。

代码位置：见随书源代码/第 2 章/NinjaDart/app/src/main/jni/Box2DHelper 目录下的 PhyObject.cpp。

```
PhyObject::PhyObject(
          std::string *id,                  //字符串表示刚体的编号
          bool isStatic,                    //布尔值是否为静态刚体
          Layer *layer,                     //刚体所在的布景类
          b2World *world,                   //一个指向物理世界指针
          Sprite *sprite,                   //与刚体绑定的精灵
          float *data,                      //存储刚体大小、位置
          float density,                    //浮点型变量来表示密度
```

```
9           float friction,                                  //浮点数来表示摩擦系数
10          float restitution){                              //浮点数来表示恢复系数
11    this->id=id; }                                         //给字符串对象赋值
12 PhyObject::~PhyObject(){delete id;}                      //删除刚体对象的 ID
13 void PhyObject::refresh(){                               //刷新方法更新精灵状态
14    Size visibleSize=Director::sharedDirector()->getVisibleSize();//获得可见区域的大小
15    b2Vec2 position=body->GetPosition();                   //获得刚体对象的位置
16    float angle=body->GetAngle();                          //获得刚体对象的角度
17    sp->setPosition(ccp(position.x*pixToMeter,position.y*pixToMeter)); //设置精灵位置
18    sp->setRotation(-angle*180/3.141592); }                //设置精灵对象的角度
```

- 第 1～12 行功能为实现基本物体类中的构造方法和析构方法，在构造方法中为公共属性 ID 赋值，完成字符串初始化，在析构函数中删除 ID。
- 第 13～18 行功能为刷新游戏中与刚体绑定的精灵的状态，首先获得可见区域的大小，获得刚体的位置、旋转角，然后设置精灵的位置、旋转角。

（3）介绍完基本物体类中方法的开发，那么下面介绍矩形物体类 RectPhyObject 中构造方法的实现，其具体代码如下。

代码位置：见随书源代码/第 2 章/NinjaDart/app/src/main/jni/Box2DHelper 目录下的 RectPhyObject.cpp。

```
1  RectPhyObject::RectPhyObject(
2          std::string *id, bool isStatic, Layer *layer,        //构造函数参数列表
3          b2World *world, Sprite *sprite, float *data,         //构造函数参数列表
4          float density, float friction, float restitution     //构造函数参数列表
5    ) : PhyObject(id,isStatic,layer,world,sprite,data,density,friction,restitution){
6    b2BodyDef bodyDef;                                         //创建刚体物理描述
7    if(!isStatic)bodyDef.type=b2_dynamicBody;                  //判断刚体是否为动态
8    bodyDef.position.Set(data[0]/pixToMeter,data[1]/pixToMeter);  //设置刚体对象的位置
9    body=world->CreateBody(&bodyDef);                       //创建一个刚体的对象
10   body->SetUserData(id);                                  //为刚体对象设置数据
11   b2PolygonShape dynamicBox;                              //声明多边形状对象
12   dynamicBox.SetAsBox(data[2]/pixToMeter,data[3]/pixToMeter);   //设置物体为矩形形状
13   if(!isStatic){                                          //判断刚体是否为动态
14          b2FixtureDef fixtureDef;                         //创建刚体的物理描述
15          fixtureDef.shape=&dynamicBox;                    //设置刚体对象的形状
16          fixtureDef.density=density;                      //设置刚体对象的密度
17          fixtureDef.friction=friction;                    //设置刚体的摩擦系数
18          fixtureDef.restitution=restitution;              //设置刚体的恢复系数
19          body->CreateFixture(&fixtureDef);                //物理描述和刚体结合
20   }else{body->CreateFixture(&dynamicBox,0.0f); }          //设置刚体为静态刚体
21   sp=sprite;                                              //创建一个精灵的对象
22   layer->addChild(sp);                                    //将精灵对象添加到布景中
23   Size size=sp->getContentSize();                         //获得精灵对象的大小
24   float pw=size.width;                                    //获得精灵对象的宽度
25   float ph=size.height;                                   //获得精灵对象的高度
26   float scalex=data[2]*2/pw;                              //获得精灵横向缩放比
27   float scaley=data[3]*2/ph;                              //获得精灵纵向缩放比
28   sp->setScaleX(scalex);                                  //设置精灵横向缩放比
29   sp->setScaleY(scaley); }                                //设置精灵纵向缩放比
```

- 第 1～7 行功能为实现矩形物体类中的构造方法。首先创建一个刚体物理描述结构体，然后通过刚体状体标志位判断刚体是动态还是静态的。
- 第 8～12 行功能为设置刚体的位置，通过刚体物理描述创建一个刚体对象，设置刚体 ID，创建一个矩形形状结构体，然后设置刚体为矩形刚体。
- 第 13～20 行功能为判断刚体是否为静态，如果为非静态设置刚体的形状、密度、摩擦系数等，如果为静态则设置刚体形状。
- 第 21～29 行功能为创建一个精灵对象，将精灵添加到布景中，获得精灵的大小，获得精灵拉伸系数，改变精灵大小。

（4）介绍完矩形物体类中方法的开发，那么下面介绍圆形物体类 CirclePhyObject 中构造方法的实现，其具体代码如下。

代码位置：见随书源代码/第 2 章/NinjaDart/app/src/main/jni/Box2DHelper 目录下的 CirclePhyObject.cpp。

```
1  CirclePhyObject::CirclePhyObject(
2           std::string *id, bool isStatic, Layer *layer,          //构造函数参数列表
3           b2World *world, Sprite *sprite, float *data,           //构造函数参数列表
4           float density, float friction, float restitution       //构造函数参数列表
5      ) :PhyObject(id, isStatic, layer, world, sprite, data, density, friction,restitution){
6   b2BodyDef bodyDef;                                             //创建刚体物理描述
7   if(!isStatic)bodyDef.type=b2_dynamicBody;                      //判断刚体是否为动态
8   bodyDef.position.Set(data[0]/pixToMeter,data[1]/pixToMeter);   //设置刚体对象的位置
9   body=world->CreateBody(&bodyDef);                              //创建一个刚体的对象
10  body->SetUserData(id);                                         //为刚体对象设置数据
11  b2CircleShape circleShape;                                     //创建圆形结构体对象
12  circleShape.m_radius=data[2]/pixToMeter;                       //设置圆形物体半径
13  if(!isStatic){b2FixtureDef fixtureDef;                         //创建刚体的物理描述
14        fixtureDef.shape=&circleShape;                           //设置刚体对象的形状
15        fixtureDef.density=density;                              //设置刚体对象的密度
16        fixtureDef.friction=friction;                            //设置刚体的摩擦系数
17        fixtureDef.restitution=restitution;                      //设置刚体的恢复系数
18        body->CreateFixture(&fixtureDef);                        //物理描述和刚体结合
19  }else{body->CreateFixture(&circleShape,0.0f); }                //设置刚体为静态刚体
20  sp=sprite;                                                     //创建一个精灵的对象
21  layer->addChild(sp);                                           //将精灵对象添加到布景中
22  Size size=sp->getContentSize();                                //获得精灵对象的大小
23  float w=size.width;                                            //获得精灵对象的宽度
24  float h=size.height;                                           //获得精灵对象的高度
25  float scaleW=data[2]*2/w;                                      //获得精灵横向缩放比
26  float scaleH=data[2]*2/h;                                      //获得精灵纵向缩放比
27  sp->setScaleX(scaleW);                                         //设置精灵横向缩放比
28  sp->setScaleY(scaleH); }                                       //设置精灵纵向缩放比
```

- 第 1～7 行功能为实现圆形物体类中的构造方法。首先创建一个刚体物理描述结构体，然后通过刚体状体标志位判断刚体是动态还是静态的。
- 第 8～12 行功能为设置刚体的位置，通过刚体物理描述创建一个刚体对象，设置刚体 ID，创建一个圆形状结构体，然后设置刚体为矩形刚体。
- 第 13～20 行功能为判断刚体是否为静态，如果为非静态设置刚体的形状、密度、摩擦系数等，如果为静态则设置刚体形状。
- 第 21～29 行功能为创建一个精灵对象，将精灵添加到布景中，获得精灵的大小，获得精灵拉伸系数，改变精灵大小。

（5）介绍完圆形物体类中方法的开发，那么下面介绍多边形物体类 PolygonPhyObject 中构造方法的实现，其具体代码如下。

代码位置：见随书源代码/第 2 章/NinjaDart/app/src/main/jni/Box2DHelper 目录下的 PolygonPhyObject.cpp。

```
PolygonPhyObject::PolygonPhyObject(
      std::string *id,                                            //字符串表示刚体编号
      bool isStatic,                                              //布尔表示是否为静态
      Layer *layer,                                               //刚体所在的布景类
      b2World *world,                                             //指向物理世界指针
      Sprite *sprite,                                             //与刚体绑定的精灵
      float *data,                                                //存储刚体大小、位置
      float density,                                              //浮点型变量表示密度
      float friction,                                             //浮点数表示摩擦系数
      float restitution                                           //浮点数表示恢复系数
  ): PhyObject(id,isStatic,layer,world,sprite,data,density,friction,restitution){
      b2BodyDef bodyDef;                                          //创建刚体物理描述
      if(!isStatic){bodyDef.type=b2_dynamicBody;                  //设置刚体为动态刚体
      bodyDef.position.Set(data[0]/pixToMeter,data[1]/pixToMeter); //设置刚体的位置
      body=world->CreateBody(&bodyDef);                           //创建一个刚体的对象
      body->SetUserData(id);                                      //设置刚体对象的数据
      int vcount=(int)data[2];                                    //获得多边形的顶点数
```

```
18      b2Vec2 verteics[vcount];                                    //存储顶点坐标的数组
19      for(int i=0;i<vcount;i++){                                  //设置数组中各个元素
20            verteics[i].Set(data[i*2+3]/pixToMeter,data[i*2+4]/pixToMeter);}
21      int32 count=vcount;                                         //获得刚体顶点数
22      b2PolygonShape dynamicPolygon;                              //创建一个多边形形状
23      dynamicPolygon.Set(verteics,count);                         //设置多边形顶点数目
24      if(!isStatic){ b2FixtureDef fixtureDef;                     //创建刚体物理描述
25             fixtureDef.shape=&dynamicPolygon;                    //设置刚体对象的形状
26             fixtureDef.density=density;                          //设置刚体对象的密度
27             fixtureDef.friction=friction;                        //设置刚体的摩擦系数
28             fixtureDef.restitution=restitution;                  //设置刚体的恢复系数
29             body->CreateFixture(&fixtureDef);                    //刚体和物理描述结合
30       }else{body->CreateFixture(&dynamicPolygon,0.0f); }         //刚体和物理描述结合
31       sp=sprite;                                                 //创建一个精灵的对象
32       layer->addChild(sp);}}                                     //将精灵添加到布景中
```

- 第 1～11 行功能为实现多边形物体类中的构造方法，参数分别表示刚体 ID、刚体是否为静态、布景对象、物理世界对象等。
- 第 12～16 行功能为首先创建一个刚体物理描述结构体对象，然后通过刚体状体标志位来判断刚体是动态的还是静态的，设置刚体的位置，通过刚体物理描述创建一个刚体对象，设置刚体 ID。
- 第 18～23 行功能为获得多边形的顶点数，创建一个向量结构体数组，通过循环为数组中各个元素添加数据。将顶点数赋给一个整型变量，创建一个多边形形状，设置多边形各个顶点的坐标和顶点数。
- 第 24～32 行功能为判断刚体是否为静态，如果为非静态设置刚体的形状、密度、摩擦系数、恢复系数，如果为静态则设置刚体形状，不需要设置其密度，然后创建一个精灵对象，将精灵添加到布景中。

2.5.2 碰撞检测类

在游戏中飞镖碰撞到敌人则敌人死亡并消失，碰撞到牢笼则牢笼破碎，碰撞到墙壁则飞镖反弹，这些功能的实现都与刚体的碰撞检测有关。其实 Box2D 早就想到了这一点，并开发了相关类进行实现，作者通过继承这些类很好地实现了上述功能。

（1）碰撞检测类，它继承自 b2ContactListener 类，当刚体之间发生碰撞时会调用该类中的相关方法，所以想要对碰撞后物体的状态进行控制的话可以在类中的方法进行处理，下面是 MyContactListener.h 头文件的开发，具体代码如下。

代码位置：见随书源代码/第 2 章/NinjaDart/app/src/main/jni/Box2DHelper 目录下的 MyContactListener.h。

```
#ifndef _MyContactListener_H
#define _MyContactListener_H
#include "cocos2d.h"                                   //引用 cocos2d 头文件
#include <Box2D/Box2D.h>                               //引用 Box2D 的头文件
#include "../GameCpp/GameLayer.h"                      //引用 GameLayer 文件
#include "../Box2DHelper/PhyObject.h"                  //引用 PhyObject 头文件
#include <string>                                      //引用 string 的头文件
using namespace cocos2d;                               //使用 cocos2d 命名空间
using namespace std;                                   //使用 std 的命名空间
#define pixToMeter 5                                   //定义一个宏表示比率值
#define CONTACTCOUNT 8                                 //定义一个宏表示碰撞数
class MyContactListener : public b2ContactListener{
public:     MyContactListener(GameLayer *bl);          //碰撞检测类的构造函数
  ~MyContactListener();                                //碰撞检测类的析构函数
  void BeginContact(b2Contact *contact);               //刚体碰撞开始回调方法
  void EndContact(b2Contact *contact);                 //刚体碰撞结束回调方法
  void PreSolve(b2Contact *contact,b2Manifold *oldManifold);//碰撞发生作用前调用方法
  void PostSolve(b2Contact*contact,b2ContactImpulse*impulse);//碰撞发生作用后调用方法
  void deleteBody(string id);                          //删除刚体对象的方法
  GameLayer *bdl; };#endif                             //声明指向游戏布景的指针
```

> **说明**　上述代码的功能为创建声明带参数的构造方法，声明析构函数，实现父类中的相关方法，声明删除刚体对象的方法，定义一个游戏布景类对象。

（2）开发完类框架声明后还要真正实现 MyContactListener 类中的方法，首先介绍的是碰撞开始回调方法 BeginContact 和删除刚体方法 deleteBody，具体代码如下。

代码位置：见随书源代码/第 2 章/NinjaDart/app/src/main/jni/GameCpp 目录下的 MyContactListener.cpp。

```
1  void MyContactListener::BeginContact(b2Contact *contact){
2   b2Body *bodyA = contact->GetFixtureA()->GetBody();          //获得参与碰撞的刚体 A
3   b2Body *bodyB = contact->GetFixtureB()->GetBody();          //获得参与碰撞的刚体 B
4   std::string *aid = (std::string *) bodyA->GetUserData();  //获得刚体对象 A 的数据
5   std::string *bid = (std::string *) bodyB->GetUserData();  //获取刚体对象 B 的数据
6   char preFixA = aid->at(0);                                  //获得字符串第一个字符
7   char preFixB = bid->at(0);                                  //获得字符串第一个字符
8   if (preFixA == 'W' || preFixB == 'W'){                     //判断碰撞刚体有无飞镖
9       if (preFixA == 'E' || preFixB == 'E') {                //判断碰撞刚体有无敌人
10          if(MainLayer::IsSoundOn){                           //判断音效开关是否打开
11          CocosDenshion::SimpleAudioEngine::getInstance()->
12          playEffect("music/direncanjiao1.mp3");}             //播放击中敌人惨叫音效
13          contact->SetEnabled(false);                         //设置敌人飞镖碰撞无效
14          if (preFixA == 'E') {deleteBody(*aid);              //删除敌人刚体对象
15          } else {deleteBody(*bid); }}}}                      //删除敌人刚体对象
16 void MyContactListener::deleteBody(string id){              //标记刚体已失效的方法
17   vector<string>::iterator result = find(
18   bdl->listForDel.begin(),bdl->listForDel.end(), id);       //查找是否已经标记刚体
19   if (result == bdl->listForDel.end()) {
20       bdl->listForDel.push_back(id);}}                       //刚体 ID 添加到列表容器
```

- 第 1～7 行功能为删除被击中敌人，首先获得刚体对象 1 和刚体对象 2，然后获得刚体的 ID，然后获得刚体 1 与刚体 2 的 ID 的首字母。
- 第 8～15 行功能为通过 ID 首字母判断碰撞刚体是否有飞镖，如果有，判断是否为飞镖与敌人碰撞，如果是则判断音效开关是否打开，如果打开则播放敌人被击中音效，同时标记敌人为无效刚体，等待删除。
- 第 16～20 行功能为标记待删除刚体，首先从列表中查询刚体是否已经被标记，如果未标记，则标记刚体为待删除。

（3）介绍完碰撞开始回调方法和删除刚体的方法后，下面介绍碰撞结束时调用的 EndContact 方法的开发，具体代码如下。

代码位置：见随书源代码/第 2 章/NinjaDart/app/src/main/jni/GameCpp 目录下的 MyContactListener.cpp。

```
void MyContactListener::EndContact(b2Contact *contact) {
 //由于篇幅有限，此处省略了获得刚体对象的代码，读者可以查看相关代码
 if(preFixA == 'W' || preFixB == 'W'){                        //创建一个粒子系统对象
     ParticleSystem *psq = ParticleSystemQuad::create("particle/pe star.plist");
     psq->retain();                                            //保持对粒子对象的引用
     psq->setBlendAdditive(true);                              //设置开启粒子系统混合
     psq->setAutoRemoveOnFinish(true);                         //粒子自动从父节点删除
     if (preFixA == 'W') {                                     //判断 A 刚体是否为飞镖
         psq->setPosition(ccp(bodyA->GetPosition().x * pixToMeter,
         bodyA->GetPosition().y * pixToMeter));                //设置粒子系统对象位置
         bdl->addChild(psq, 10);                               //将粒子添加到游戏布景
     } else {                                                  //判断 B 刚体是否为飞镖
         psq->setPosition(ccp(bodyB->GetPosition().x * pixToMeter,
         bodyB->GetPosition().y * pixToMeter));                //设置粒子系统对象位置
         bdl->addChild(psq, 10);}                              //将粒子添加到游戏布景
     if (preFixA == 'W') {                                     //判断 A 刚体是否为飞镖
         b2Vec2 velocityV =bodyA->GetLinearVelocity();//获得飞镖刚体对象速度
         velocityV.Normalize();                                //将飞镖刚体速度单位化
         velocityV = b2Vec2(velocityV.x * SPEED, velocityV.y * SPEED);
```

```
20              bodyA->SetLinearVelocity(velocityV);                    //重新设置飞镖刚体速度
21          } else if (preFixB == 'W') {                                //判断 B 刚体是否为飞镖
22              b2Vec2 velocityV =bodyB->GetLinearVelocity();           //获得飞镖刚体对象速度
23              velocityV.Normalize();                                  //将飞镖刚体速度单位化
24              velocityV = b2Vec2(velocityV.x * SPEED, velocityV.y * SPEED);
25              bodyB->SetLinearVelocity(velocityV); }                  //将飞镖刚体速度单位化
26          if (preFixA == 'C' || preFixB == 'C'){
27          //由于篇幅有限，此处省略了判断其他刚体代码，读者可以查看代码
28             deleteBody(*aid);                                         //调用删除刚体对象方法
29             deleteBody(*bid);                                         //调用删除刚体对象方法
30             bdl->contactCount=0;                                      //更新飞镖刚体碰撞次数
31             return; }                                                 //直接退出碰撞处理方法
32          //由于篇幅有限，此处省略了删除其他刚体的代码，读者可以查看相关代码
33          bdl->contactCount++;                                         //更新飞镖刚体碰撞次数
34          if(bdl->contactCount>=CONTACTCOUNT){                         //碰撞达到 8 次删除飞镖
35              if (preFixA == 'W') { deleteBody(*aid);                  //调用删除刚体对象方法
36              } else {deleteBody(*bid);}                               //调用删除刚体对象方法
37              bdl->contactCount=0;                                     //更新飞镖刚体碰撞次数
38              return;}}
39      if (preFixA == 'M' || preFixB == 'M'){                           //判断碰撞刚体有无飞镖
40          if (preFixA == 'E' || preFixB == 'E') {                      //判断碰撞刚体有无敌人
41              if(preFixA == 'E'){ deleteBody(*aid);                    //调用删除刚体对象方法
42              }else{deleteBody(*bid);}                                 //调用删除刚体对象方法
43              return;}
44          //由于篇幅有限，此处省略了判断其他刚体代码，读者可以查看代码}}}
```

- 第 1～7 行功能为判断是否有飞镖刚体参与碰撞，如果有则通过 plist 文件的方式创建一个粒子系统对象，保持对粒子对象的引用，开启粒子混合，设置粒子系统生命完结后自动从布景之中删除。
- 第 8～15 行功能为找出飞镖刚体，然后获得飞镖刚体的位置，最后设置粒子系统的位置，并将粒子系统添加到布景。
- 第 16～25 行功能为找出飞镖刚体，获得飞镖刚体的速度，将速度向量单位化，改变速度向量的大小，设置刚体的速度。
- 第 26～32 行功能为判断碰撞的刚体是否有牢笼刚体，如果有则删除飞镖和牢笼刚体，重新初始化飞镖碰撞次数。
- 第 33～38 行功能为设置飞镖碰撞次数加 1，判断飞镖碰撞次数是否达到最大，如果达到最大删除飞镖，重新初始化飞镖碰撞次数。
- 第 39～44 行功能为判断是否有木头刚体参与碰撞时，判断另一个参与碰撞的刚体是否包括敌人，如果包括则删除敌人。

2.5.3 射线投射类

游戏中不仅有物体之间的直接碰撞，同时也有间接碰撞发生，比如炸药桶爆炸，在其范围内的物体都会受到爆炸影响。物体间直接碰撞的处理上一节已经介绍，间接碰撞会用到射线投射类的知识，本节将会详细介绍。

射线投射类继承自 b2RayCastCallback 类，该类主要用于模拟物体的爆炸效果，通过发射一条射线，判断射线是否检测到物体，当有物体在设定的范围内就可以对刚体进行处理了。下面将介绍该类的开发，具体代码如下。

代码位置：见随书源代码/第 2 章/NinjaDart/app/src/main/jni/Box2DHelper 目录下的 MyRayCastCallback.h。

```
#ifndef _MyRayCstCallback_H
#define _MyRayCstCallback_H
#include "cocos2d.h"                                    //引用 cocos2d 头文件
#include <Box2D/Box2D.h>                                //引用 Box2D 头文件
using namespace cocos2d;                                //使用 cocos2d 命名空间
class MyRayCastCallback : public b2RayCastCallback{
```

```
7  public:   b2Body *body;                                              //声明指向刚体的指针
8  b2Vec2 point;                                                        //声明一个结构体对象
9  b2Vec2 normalVector;                                                 //声明一个结构体对象
10 MyRayCastCallback(){body=NULL; }                                     //初始化一个刚体对象
11 float32 ReportFixture(b2Fixture *fixture,
12 const b2Vec2 &pointTemp,const b2Vec2 &normal,float32 fraction){
13      body = fixture->GetBody();                                      //获得一个刚体对象
14      point = pointTemp;                                              //为射线刚体交点赋值
15      normalVector = normal;                                          //为交点处法向量赋值
16      std::string *aid = (std::string*) body->GetUserData();          //获得刚体对象中数据
17      char preFixA = aid->at(0);                                      //获得字符串的首字母
18      if (preFixA == 'E' || preFixA == 'C' || preFixA == 'T'||preFixA == 'M') {
19           return 0; }                                                //返回 0 终止射线投射
20      return -1; }};#endif                                            //-1 忽略刚体继续投射
```

- 第 1～10 行功能为引用 cocos2d 和 box2d 的头文件，以及使用 cocos2d 命名空间，声明刚体对象以及两个向量对象，声明构造方法。
- 第 11～14 行功能为实现父类中的方法，该方法在射线检测刚体时会被调用。首先获得检测到的刚体对象，获得射线与刚体交点、交点处法向量。
- 第 15～20 行功能为获得刚体的 ID，获得刚体 ID 的首字母，判断射线检测到的刚体是否为敌人或者牢笼等，如果是则停止投射，否则继续投射。

> **提示**　游戏中运动的飞镖刚体有动态刚体的属性，同时飞镖还不受重力的约束，要达到这种效果，那么游戏中设置就会比较复杂，作者通过修改 cocos2d-x-3.9\external\Box2D\Dynamics 目录下的 b2Body.h 文件和 b2Island.cpp 文件来实现上述功能。在 b2Body.h 文件中添加一行代码如图 2-16 所示。在 b2Island.cpp 文件中将原来设置重力的一行代码，替换成一个 if 判断语句，如图 2-17 所示。

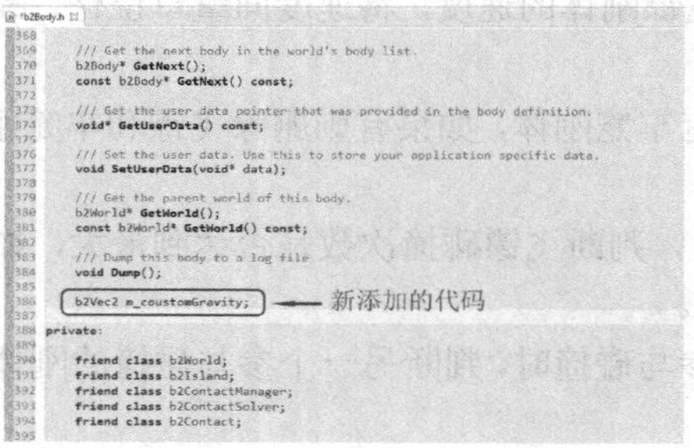

▲图 2-16　引擎文件修改示意图

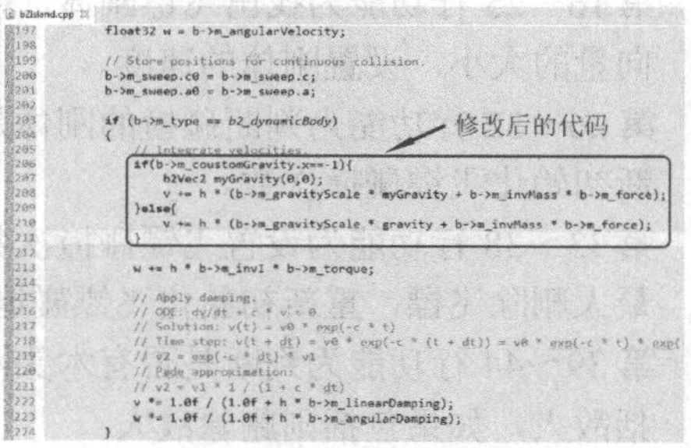

▲图 2-17　引擎文件修改示意图

2.6　引擎引用入口类——AppDelegate

游戏中第一个界面是在什么地方创建的呢？初学 Cocos2d-x 的读者都会有这样的疑问，AppDelegate 类就对这个问题进行了解答。该类作为游戏场景的入口，会创建第一个场景，下面就给出 AppDelegate 类的开发代码。

（1）首先需要开发的是 AppDelegate 类的框架，该框架中声明了一系列将要使用的成员方法，其具体代码如下。

代码位置：见随书源代码/第 2 章/NinjaDart/app/src/main/jni/GameCpp 目录下的 AppDelegate.h。

```
#ifndef  _AppDelegate_H_                                    //如果尚未定义头文件
#define  _AppDelegate_H_                                    //则要定义这个头文件
#include "cocos2d.h"                                        //导入 cocos2d 头文件
class AppDelegate : private cocos2d::Application{           //通过继承来自定义类
public:                                                     //将方法声明为公有的
     AppDelegate();                                         //声明一个类构造函数
```

```
    virtual ~AppDelegate();                              //声明一个类析构函数
    virtual bool applicationDidFinishLaunching();        //声明类的初始化方法
    virtual void applicationDidEnterBackground();        //进入后台调用此方法
    virtual void applicationWillEnterForeground();       //程序进入前台时调用
};#endif
```

说明 从代码中可以看出 AppDelegate 类继承自 cocos2d:: Application 类，因此在该类中声明了自己独有的构造方法和析构方法，同时还重写了其父类的相关方法，读者查看代码注释即可了解每个方法的具体作用。

（2）完成了头文件的开发后，下面给出头文件中方法的具体实现，在代码的实现中读者就可以了解界面的创建过程，其具体代码如下。

代码位置：见随书源代码/第 2 章/NinjaDart/app/src/main/jni/GameCpp 目录下的 AppDelegate.cpp。

```
1   //此处省略了对部分头文件的引用，需要的读者请查看源代码
2   USING_NS_CC;                                             //引用 cocos2d 名称空间
3   AppDelegate::AppDelegate(){}                             //实现入口类的构造函数
4   AppDelegate::~AppDelegate(){}                            //实现入口类的析构函数
5   bool AppDelegate::applicationDidFinishLaunching(){       //入口类的初始化的方法
6       auto director = Director::getInstance();             //获取一个导演的对象
7       auto glview = director->getOpenGLView();             //获取绘制用的 GLView
8       if(!glview)                                          //判断是否已存在 glview
9       glview = GLView::create("My Game");                  //如果不存在则创建一个
10      director->setOpenGLView(glview);                     //设置绘制用的 GLView
11      //设置分辨率，其他分辨率的屏幕将自动上下或左右留白进行多分辨率自适应
12      glview->setDesignResolutionSize(1280,720,ResolutionPolicy::SHOW_ALL);
13      director->setDisplayStats(false);                    //关闭 FPS 等显示信息
14      director->setAnimationInterval(1.0 / 60);            //设置系统模拟时间间隔
15      GameSceneManager*gsm =new GameSceneManager();        //创建场景管理者的对象
16      gsm->createScene();                                  //转换到欢迎场景的显示
17      director->runWithScene(gsm->mainScene());            //告诉导演使用哪个场景
18      return true;}
19  void AppDelegate::applicationDidEnterBackground(){       //程序进入后台调用方法
20      Director::getInstance()->stopAnimation();            //停止场景中的执行动画
21  }
22  void AppDelegate::applicationWillEnterForeground(){      //程序进入前台调用方法
23      Director::getInstance()->startAnimation();           //开始场景中的执行动画
24  }
```

- 第 3～4 行功能为实现 AppDelegate 类的构造函数以及析构函数，但是在构造函数与析构函数中并未添加任何代码。
- 第 5～10 行功能为入口类初始化方法，其中首先获取导演实例，并获取绘制用的 GLView，若不存在则重新创建。然后设置绘制用的 GLView。
- 第 11～18 行功能为并设置目标屏幕分辨率，使该程序多分辩率自适应。创建场景管理器对象，最后调用 createScene 方法创建欢迎场景，切换到欢迎场景。
- 第 19～21 行功能为当程序进入后台时调用的方法。其功能为通过获取导演实例来停止场景中正在执行的动画动作。
- 第 22～24 行功能为当程序进入前台时调用的方法。其功能为通过获取导演实例来开始动画，该方法也是程序开始运行时首先执行的方法。

2.7 本章小结

本章以开发“忍者飞镖”游戏为主题，向读者介绍了使用 Cocos2d-x 引擎开发休闲类游戏的全过程。学习完本章并结合本章“忍者飞镖”的游戏项目之后，读者应该对该类游戏的开发有了深刻的了解，并为以后的开发工作打下坚实的基础。

第3章　休闲类游戏——切冰块

随着生活节奏的不断加快，人们的生活压力也不断增大。人们为了缓解压力，在空闲时间都会玩一些手机休闲类游戏，于是手机休闲类游戏开始风靡起来。

本章将介绍一个笔者自己开发的休闲类游戏——切冰块。通过对该游戏在手机平台下的设计与实现，读者对手机平台下使用 Cocos2d-x 引擎开发游戏的步骤有更加深入的了解，并学会使用 Cocos2d-x 引擎开发该类游戏，从而在以后的游戏开发中有更进一步的提高。

3.1　游戏的背景及功能概述

开发“切冰块”游戏之前，读者有必要首先了解一下该游戏的背景以及功能。本节将主要围绕该游戏的背景以及功能进行简单的介绍。通过笔者的简单介绍，读者对该游戏有了一个整体的了解，进而为之后游戏的开发做好准备。

3.1.1　背景描述

首先向读者介绍一些市面上比较流行的休闲类游戏，比如冰雪奇缘、割绳子和鳄鱼小顽皮爱洗澡等，图 3-1、图 3-2 和图 3-3 为游戏中的截图。这几款游戏的玩法以及游戏内容虽然均不相同，但它们都是非常容易上手的休闲类游戏，可玩性极强。

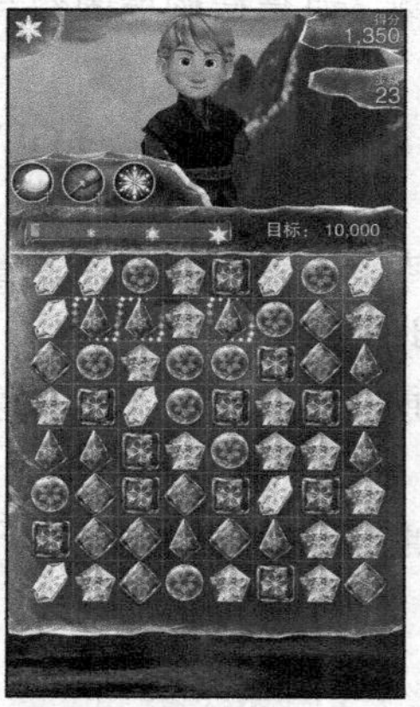

▲图 3-1　冰雪奇缘游戏截图

▲图 3-2　割绳子游戏截图

▲图 3-3　鳄鱼小顽皮爱洗澡游戏截图

在本章中，笔者将使用 Cocos2d-x 游戏引擎开发手机平台上的一款休闲类趣味小游戏。本游戏玩法简单，同时游戏中还利用了 Cocos2d-x 中的各种酷炫的特效、换帧动画以及 3D 模型的加载和骨骼动画的使用，极大地丰富了游戏的视觉效果，增强了用户体验。

3.1.2 功能介绍

“切冰块”游戏主要包括欢迎界面、选择系列界面、选择系列关卡界面、游戏界面、胜利界面以及失败界面。接下来对该游戏的主要界面以及运行效果进行简单介绍。

（1）运行该游戏，进入欢迎界面。该界面中包括 4 个菜单按钮，分别为“开始”按钮、“关于”按钮、“设置”按钮以及“退出”按钮，还包括游戏主题名称“切冰块”和一个双臂挥舞的 3D 卡通企鹅，如图 3-4 所示。

（2）单击“关于”按钮将弹出本游戏的开发信息，如图 3-5 所示。单击“设置”按钮将弹出设置背景音乐和声音特效的开关，如图 3-6 所示。

▲图 3-4 欢迎界面

▲图 3-5 单击“关于”按钮后的界面

▲图 3-6 单击“设置”按钮后的界面

（3）单击“开始”按钮将进入到选择系列界面，该界面有“初试锋芒”和“终极切割”两个系列供玩家选择，在选择系列的两个菜单中分别有一只运动的 3D 企鹅，如图 3-7 所示。

（4）单击“初试锋芒”按钮后将进入该系列的选择关卡界面，在该界面中，玩家可选择自己想要进入的关卡。但是首次进入时除了第一关之外，其他关卡还未解锁，如图 3-8 所示。玩家三星过关之后即可解锁下一关卡，图 3-9 为后续关卡被解锁后的界面。

▲图 3-7 选择系列界面

▲图 3-8 系列 1 选择关卡界面 1

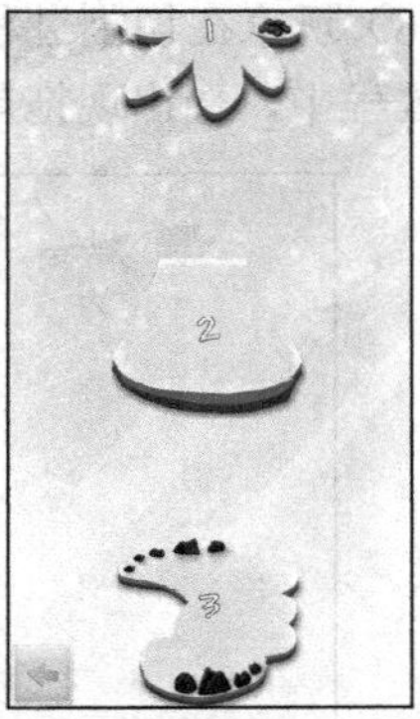

▲图 3-9 系列 1 选择关卡界面 2

（5）单击“终极切割”按钮后将进入该系列的选择关卡界面。该界面也给出了几种关卡供玩家选择。当系列 1 关卡未全部三星通关之前，此系列关卡第一关还未解锁，如图 3-10 所示。当玩家将系列 1 关卡全部三星通关之后，此系列关卡第一关才会被解锁，如图 3-11 所示。

（6）单击系列 1 选择关卡界面中的“第一关”按钮进入游戏第一关，该界面左上角有一个不停旋转的 3D 金币还有显示金币数量的标签，界面右上角有三把不停旋转的 3D 刀。游戏界面还有一个提示动画来提示玩家如何玩，界面左下角是“重新开始”按钮，界面右下角是暂停按钮，如图 3-12 所示。

▲图 3-10　系列 2 选择关卡界面 1

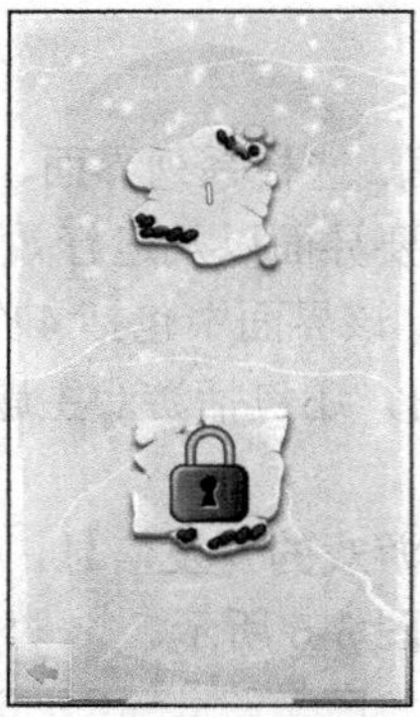

▲图 3-11　系列 2 选择关卡界面 2

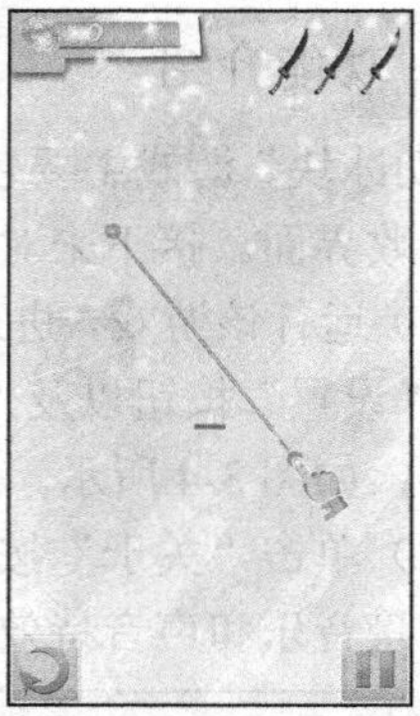

▲图 3-12　系列 1 关卡 1 游戏界面

（7）在游戏第一关界面中，当玩家单击屏幕时，提示玩法的动画就会消失，如图 3-13 所示。当玩家在冰块上，切割一刀时，界面右上角旋转的刀也会减少一把，如图 3-14 所示。当玩家将所有冰块切落之后，会有一个金币加成的过程，如图 3-15 所示。

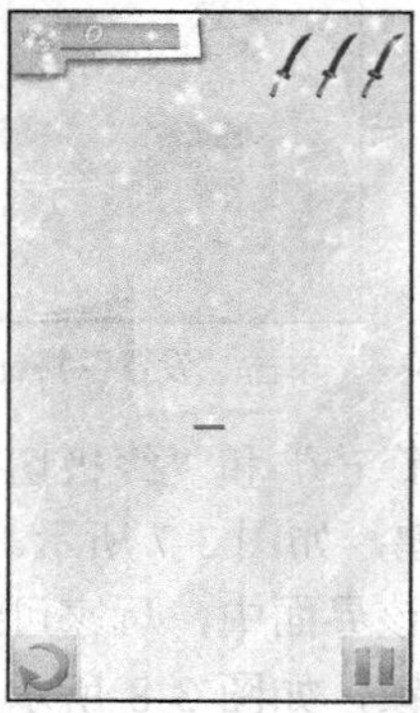

▲图 3-13　某关卡游戏界面 1

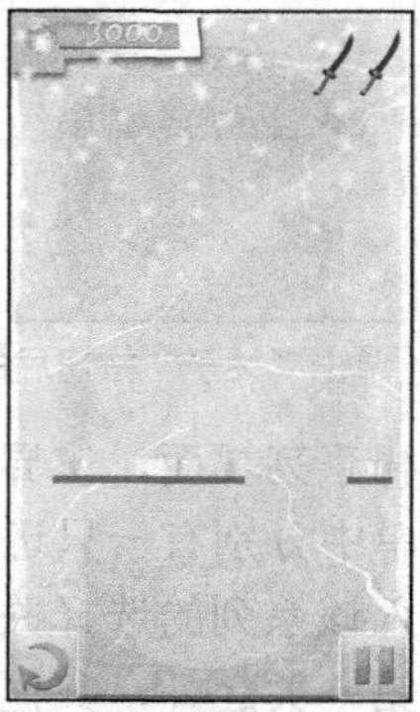

▲图 3-14　某关卡游戏界面 2

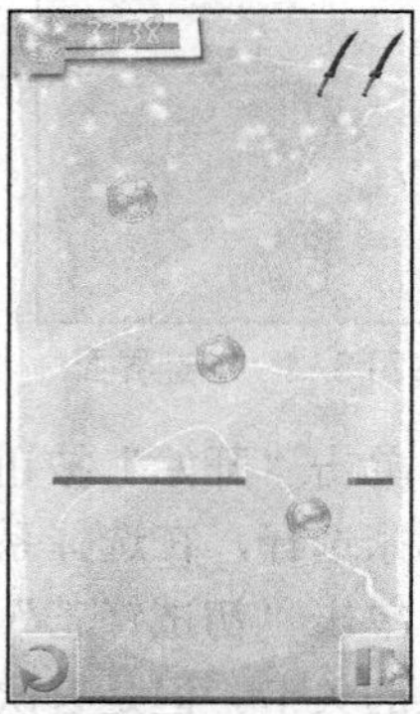

▲图 3-15　某关卡游戏界面 3

（8）玩家在切割过程中会出现一条切割线，便于玩家准确切割冰块，如图 3-16 所示。在手指移动过程中，会出现拖尾效果，如图 3-17 和图 3-18 所示。

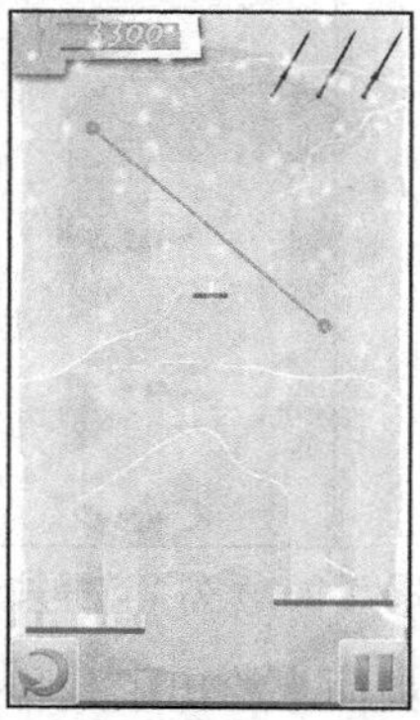

▲图 3-16　某关卡游戏界面 4

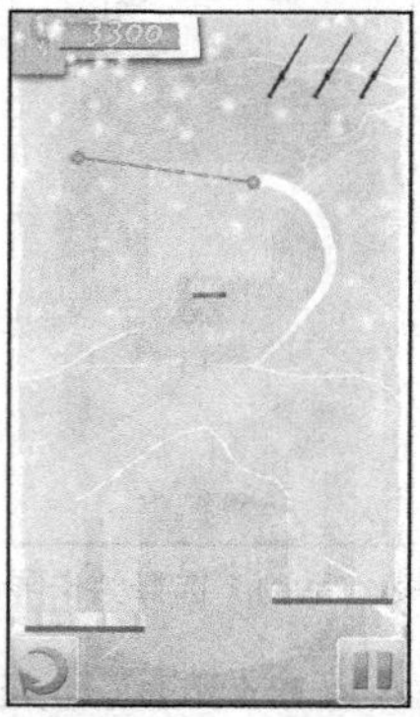

▲图 3-17　某关卡游戏界面 5

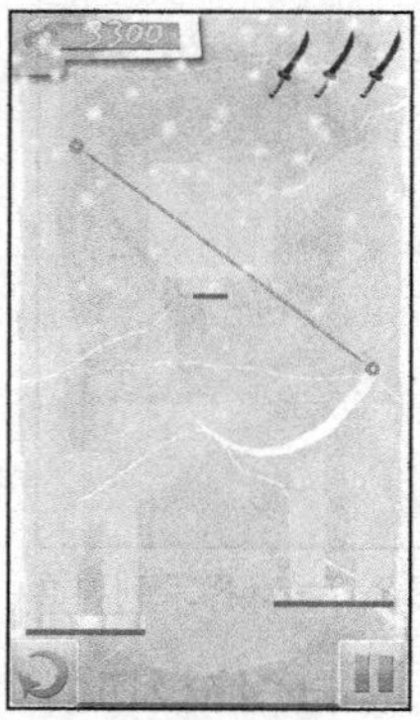

▲图 3-18　某关卡游戏界面 6

提示　图 3-16 为玩家在切割冰块过程中用手指滑出的一条切割线。图 3-17 与图 3-18 中白色的尾带为玩家在切割过程中出现的拖尾效果，由于出现切割线和拖尾效果需要用手指在屏幕上滑动，建议读者用真机运行此案例进行观察，效果更好。

（9）玩家还可单击游戏界面右下角的"暂停"按钮进入游戏暂停界面。在暂停界面中玩家可以设置背景音乐和声音特效的开关、返回该系列选择关卡界面和继续游戏，如图 3-19 所示。当玩家将冰块全部切落时则会自动跳到胜利界面，如图 3-20 所示。如果在三刀之内未全部切落所有冰块，则会自动跳到失败界面，如图 3-21 所示。

▲图 3-19 某关卡暂停游戏界面

▲图 3-20 某关卡游戏胜利界面

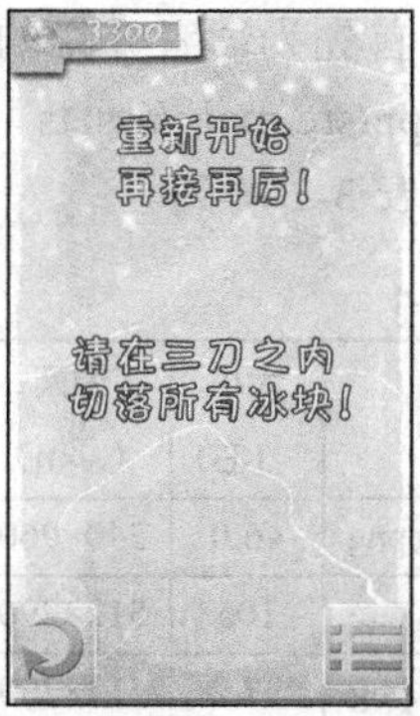

▲图 3-21 某关卡游戏失败界面

3.2 游戏的策划及准备工作

上一节向读者介绍了本游戏的背景及其基本功能。对其有一定了解之后，本节将向读者着重介绍游戏开发的前期准备工作，主要包括游戏的策划和游戏开发中所需资源的准备。

3.2.1 游戏的策划

下面对游戏的策划进行简单介绍。在游戏开发过程中其涉及的东西很多，本游戏的策划主要包含：游戏类型定位、运行目标平台、呈现技术、操作方式、以及游戏中的音效设计的确定工作。下面将一一向读者介绍。

❑ 游戏类型定位

该游戏的操作为触屏，通过手指滑动来切割冰块。在游戏过程中会给玩家 3 次切割机会，玩家需要在 3 刀之内切落所有冰块才能顺利过关，否则失败。游戏设计关卡分为两个系列，每个系列有 6 关，这增加了游戏的可玩性。本游戏主要考验玩家的耐心和判断能力，属于休闲类游戏。

❑ 运行的目标平台

游戏目标平台为 Android 2.2 及以上平台与 iOS 平台。

❑ 采用的呈现技术

游戏完全采用 Cocos2d-x 引擎进行游戏场景的搭建和游戏特效的处理，其中还使用了 3D 模型加载技术，在游戏欢迎界面和游戏选择系列关卡界面中都用到了企鹅骨骼动画，将 2D 和 3D 结合，不仅能使画面非常优美，而且更能体现游戏的立体感。游戏中所用到的特效是 Cocos2d-x 中所独有的，使用简单方便，但其效果绚丽、变化多样，极大地增强了玩家的游戏体验。

❑ 操作方式

本游戏中所有的操作均为触屏，操作简单，容易上手。玩家通过手指滑动来切割冰块并且要在规定的刀数之内把所有冰块切落即可顺利过关，否则失败。

❑ 音效设计

为了增加玩家的体验，本游戏根据界面的效果添加了适当的音效，例如，旋律优美的背景音乐、单击菜单按钮时的切换音效、手指在屏幕上滑动时的滑动音效、切割冰块时的切割音效、金币加成时的金币撞击音效和游戏顺利过关之后庆祝胜利的音效等。

3.2.2　手机平台下游戏的准备工作

上一小节向读者介绍了游戏的策划，本小节将向读者介绍在开发之前应该做的一些准备工作，主要包括搜集和制作图片、声音等，其具体步骤如下。

（1）首先为读者介绍的是本游戏用到的图片资源。系统将所有图片资源都放在项目文件下的 CutBox/app/src/main/assets 目录下的 pics、setPics、succPics、welcomePics 和 obj 文件夹中，如表 3-1 和表 3-2 所列。

表 3-1　　图片清单 1

图片名	大小（KB）	像素（w×h）	用　途	图片名	大小（KB）	像素（w×h）	用　途
welcomeBg.png	46.0	540×960	欢迎界面背景	snow.png	1.21	32×32	下雪粒子图片 1
sprite.png	105	512×290	游戏名标题图片	star.png	1.05	32×32	下雪粒子图片 2
aboutSprite.png	97.2	512×290	关于标题图片	setBg.png	46	540×960	系列 1 背景图片
aboutBN.png	142	512×300	关于信息图片	set1Bg.png	95.9	540×960	系列 2 背景图片
setSprite.png	98.6	512×290	设置标题图片	set1.png	57	512×300	系列 1 按钮底板图片
setBan.png	159	520×320	设置底板图片	set2.png	24.2	512×300	系列 2 按钮底板图片
musicOn.png	18.5	120×120	背景音乐开图片 1	set1title.png	14	350×100	系列 1 主题图片
music.png	16.8	110×110	背景音乐开图片 2	set2title.png	14.5	350×100	系列 2 主题图片
musicOff.png	18.4	120×120	背景音乐关图片 1	menuLight.png	93.3	1024×1024	按钮闪光图片
music1.png	17	110×110	背景音乐关图片 2	menuLight1.png	10.9	216×216	按钮闪光图片 1
soundOn.png	14.3	120×120	声音特效开图片 1	menuLight2.png	14.1	216×216	按钮闪光图片 2
sound.png	13.4	110×110	声音特效开图片 2	menuLight3.png	15.3	216×216	按钮闪光图片 3
soundOff.png	15.2	120×120	声音特效关图片 1	menuLight4.png	10.4	216×216	按钮闪光图片 4
sound1.png	14.4	110×110	声音特效关图片 2	menuLight5.png	6.62	216×216	按钮闪光图片 5
about_a.png	11.5	105×105	关于按钮 1	menuLight6.png	8.65	216×216	按钮闪光图片 6
about_b.png	11.2	97×97	关于按钮 2	menuLight7.png	6.62	216×216	按钮闪光图片 7
start_a.png	26.3	224×224	开始按钮 1	menuLight8.png	5.61	216×216	按钮闪光图片 8
start_b.png	26.1	216×216	开始按钮 2	gq1_bg.png	461	512×802	系列 1 游戏背景图片
set_a.png	13.2	105×105	设置按钮 1	menubg.png	205	476×980	暂停之后的覆盖图片
set_b.png	12.9	97×97	设置按钮 2	menubg1.png	185	454×430	暂停底板图片
back_a.png	9.4	88×88	返回按钮 1	goLevel.png	9.41	120×120	返回选择关卡按钮 1
back_b.png	9.73	82×82	返回按钮 2	goLevel1.png	8.03	110×110	返回选择关卡按钮 2
continue1.png	8.88	110×110	继续按钮 1	continue.png	10.3	120×120	继续按钮 1
pausePic.png	6.39	98×96	暂停按钮	Clip.png	78.1	540×960	剪裁的冰块图片
reset.png	9.87	96×96	重玩按钮	coinBg.png	8.24	272×101	金币底板图片

表 3-2　　图片清单 2

图片名	大小（KB）	像素（w×h）	用　途	图片名	大小（KB）	像素（w×h）	用　途
knife.png	323	512×512	3D 刀模型贴图	set1_1.png	81	290×260	系列 1 关卡 1 图标 1
Qie.png	4.75	512×512	3D 企鹅模型贴图 1	set1_1Suo.png	81	290×260	系列 1 关卡 1 图标 2

续表

图片名	大小（KB）	像素（w×h）	用途	图片名	大小（KB）	像素（w×h）	用途
Qiee.png	4.77	512×512	3D 企鹅模型贴图 2	set1_2.png	35	290×260	系列 1 关卡 2 解锁后图标
complete.png	15.5	385×120	恭喜过关文字图片	set1_2Suo.png	53.9	290×260	系列 1 关卡 2 被锁时图标
greate.png	12.8	385×120	太棒了文字图片	set1_3.png	90.6	290×260	系列 1 关卡 3 解锁后图标
welldone.png	13.6	385×120	做得好文字图片	set1_3Suo.png	100	290×270	系列 1 关卡 3 被锁时图标
perfect.png	15.4	385×120	难以置信文字图片	set1_4.png	45.9	280×280	系列 1 关卡 4 解锁后图标
fail1.png	15.3	278×145	失败提示文字 1	set1_4Suo.png	65.2	280×280	系列 1 关卡 4 被锁时图标
fail2.png	22.5	392×128	失败提示文字 2	set1_5.png	68.1	290×290	系列 1 关卡 5 解锁后图标
giftStar.png	33.1	200×200	奖励星星图片	set1_5Suo.png	81.7	290×290	系列 1 关卡 5 被锁时图标
continue3.png	13.2	145×145	继续按钮 3	set1_6.png	44	280×280	系列 1 关卡 6 解锁后图标
continue4.png	11.6	133×133	继续按钮 4	set1_6Suo.png	61.9	280×280	系列 1 关卡 6 被锁时图标
reset1.png	13.5	120×120	重玩按钮 1	set2_1.png	78	290×260	系列 2 关卡 1 解锁后图标
reset2.png	12.8	110×110	重玩按钮 2	set2_1Suo.png	86.7	290×260	系列 2 关卡 1 被锁时图标
jb.png	66.8	200×200	金币图片	set2_2.png	52.3	290×260	系列 2 关卡 2 解锁后图标
staticBody3.png	18.1	512×604	静态墙壁图片 3	set2_2Suo.png	70.7	290×260	系列 2 关卡 2 被锁时图标
staticBody2.png	13.4	512×205	静态墙壁图片 2	set2_3.png	44.6	290×280	系列 2 关卡 3 解锁后图标
staticBody1.png	7.74	512×32	静态墙壁图片 1	set2_3Suo.png	63.1	290×280	系列 2 关卡 3 被锁时图标
streak.png	3	16×50	拖尾图片	set2_4.png	31.9	290×260	系列 2 关卡 4 解锁后图标
number.png	55.5	270×50	数字图片	set2_4Suo.png	51	290×260	系列 2 关卡 4 被锁时图标
POINT.png	2.23	26×26	点图片	set2_5.png	30	290×260	系列 2 关卡 5 解锁后图标
line.png	1.09	6×25	切割线图片	set2_5Suo.png	47.4	290×260	系列 2 关卡 5 被锁时图标
helpFinger.png	8.87	200×240	帮助手指图片	set2_6.png	31.4	290×260	系列 2 关卡 6 解锁后图标
fire1.png	0.71	32×32	爆炸粒子图片	set2_6Suo.png	46.4	290×260	系列 2 关卡 6 被锁时图标

说明 本项目中同样需要将所有的图片资源都存储在项目的 CutBox/app/src/main/assets 文件夹下，并且对于不同的文件资源应该进行分类，储存在不同文件目录中，这是程序员需要养成的一个良好习惯。

（2）接下来介绍本游戏中需要用到的声音资源，笔者将声音资源复制在项目 CutBox/app/src/main/assets/sounds 目录中的相关文件夹下，其具体音效资源文件信息如表 3-3 所列。

表 3-3　声音清单

声音文件名	大小（KB）	格式	用途	声音文件名	大小（KB）	格式	用途
MenuBG.mp3	548	mp3	欢迎场景背景音乐	Slice.mp3	38.8	mp3	手指滑动音效
GameBG1.mp3	659	mp3	游戏场景背景音乐	LevelCompleted.mp3	65	mp3	胜利过关音效
getCoin.mp3	5.61	mp3	金币加成音效	ButtonClick.mp3	5.88	mp3	单击菜单音效
IceCut.mp3	15.1	mp3	切割冰块时的音效				

（3）了解了本游戏中需要的声音资源后，最后来介绍游戏中用到的其他资源，有切到金属边缘后出现的火花动画用到的数据文件和字体库资源，笔者分别放在项目目录中的 CutBox/app/src/main/assets/welcomePics 文件夹和 CutBox/app/src/main/assets/fonts 文件夹下，如表 3-4 所列。

表 3-4　　其他类清单

文　件　名	大小（KB）	格　　式	用　　途
menuLight.plist	3.57	plist	按钮闪光动画
FZKATJW.ttf	2785.3	ttf	字体库

3.3 游戏的架构

上一小节实现了游戏的策划和前期准备工作，本节将对“切冰块”游戏的架构进行简单介绍，通过本节的学习，读者可以对该游戏的设计思路以及整体架构有一定的了解。

3.3.1　各个类的简要介绍

为了让读者能够更好地理解各个类的作用，下面将其分成 4 部分进行介绍，而各个类的详细代码将在后面的章节中介绍。

1. 相关布景类

- 总场景管理类 GameSceneManager

该类为游戏中呈现场景最主要的类，主要负责游戏中场景的创建和场景的切换。游戏将众多的场景集中到一个类中，这样不但程序结构清晰而且维护简单，读者在学习过程中应仔细体会。

- 自定义游戏欢迎布景类 WelcomeLayer

该类为玩家进入游戏场景时首先看到的布景呈现类。该类的场景中包括“开始”“关于”“设置”和“返回”4 个菜单项按钮，单击相应按钮即可进入与菜单项对应的场景中。整个画面效果清晰简单。

- 自定义游戏选择系列布景类 SetLayer

该类为游戏选择系列场景的实现类，主要向玩家直观地显示游戏的两个不同系列，由于本游戏包含两个系列，所以有两个系列菜单。玩家可以选择任意一个系列来进入相应的选择系列关卡场景，还可单击界面左下角“返回”菜单项切换到欢迎场景。

- 自定义选择系列 1 关卡布景类 set1ChoiceLayer

该类为选择系列 1 关卡场景的实现类，该类的场景包括本系列关卡的图标，玩家可通过单击任意已被解锁关卡图标进入到相应关卡游戏场景。本系列可供选择的关卡共有 6 个，玩家可上下滑动屏幕来查看所有关卡。界面左下角为“返回”按钮，单击可返回选择系列场景。

- 自定义选择 2 关卡布景类 set2ChoiceLayer

该类与 set1ChoiceLayer 类十分相似，其为选择系列 2 关卡场景的实现类。该类的场景包括本系列关卡的图标，玩家可通过单击任意已被解锁关卡图标进入到相应关卡游戏场景。本系列可供选择的关卡共 6 个，玩家可上下滑动屏幕来查看所有关卡。界面左下角为“返回”按钮，单击可返回选择系列场景。

- 自定义游戏布景类 GameLayer

该类为游戏场景的实现类，玩家在该场景中可以通过滑动手指来切割冰块，当冰块全部被切落时即可顺利过关。玩家可以单击界面左下角“重玩”按钮来重新开始本关卡游戏，还可以单击界面右下角“暂停”按钮使游戏暂停。单击“暂停”按钮后会弹出一个暂停界面，界面上有对背景音乐和声音特效开关设置的按钮、返回选择关卡界面按钮和继续游戏按钮。

- 自定义游戏胜利与失败布景类 SuccLayer

该类为游戏胜利或失败场景的实现类，该类中的场景是在游戏胜利或失败时呈现在玩家面前的。在胜利场景中左上角仍是有一个不停旋转的 3D 金币和显示金币总数量的标签，中间是根据玩家的表现给出的评价和获得的相应星星。左下角为重玩菜单按钮，右下角为返回选择关卡场景。如果玩家三星过关，场景最下面的中间则会出现进入下一关菜单按钮。

失败场景左上角仍是有一个不停旋转的 3D 金币和显示金币总数量的标签，中间是“重新开始，再接再厉”和“请在三刀之内切落所有冰块”的鼓励说明文字。左下角为重玩菜单按钮，右下角为返回选择关卡场景菜单按钮。

2. 辅助相关工具类

- 自定义常量类 AppConstant

该类封装这游戏中用到的大部分常量，包括图片、声音等资源的路径和每个关卡的索引值等。通过封装这些常量，可方便对其管理与维护。

- 记录关卡数据辅助类 CBDate

该类负责记录每一关的关卡数据，包括各个关卡中的游戏背景、静态墙壁与需要切割的冰块位置的所有数据等。通过将每一关关卡数据剥离出来的方法可方便地对代码进行管理和维护。

- 与精灵相关辅助类 SpriteManager

该类负责对精灵进行封装，并且对其进行一系列的功能封装，主要包括对各种精灵的创建、移除等方法。由于本游戏需要众多的精灵，使用与此辅助类可大大加强游戏的开发效率，并且在一定程度上避免了代码的重复性。

- 与菜单相关辅助类 MenuItemManager

该类负责创建游戏暂停菜单按钮和游戏重玩菜单按钮并给出了各自的回调方法。这种方式可以使代码更加清晰，使用起来非常方便。

- 与暂停相关辅助类 PauseCode

该类负责对单击“暂停”按钮之后的功能的封装，主要包括单击“暂停”按钮后停止所有运动、弹出暂停需要设置的各项菜单以及对各菜单的回调方法。对该类进行封装后，用户在开发过程中可方便的使用，代码可读性会增强，从而可以大大降低游戏的开发成本。

3. 物理引擎相关工具类

- 自身的光线投射回调类 RayCastClosestCallback

该类封装了含有光线投射到的刚体物理信息的 ReportFixture 方法和判断 vector 中是否存在某元素的 existInVector 方法。

- 矩形物体类 RectPhyObject

该类将静态物体的创建、绘制和剪裁等方法进行封装。对这些物体进行封装后，整个开发过程中可方便地使用此类对静态物体进行创建、绘制和剪裁等，避免了代码的重复。

- 多边形物体类 PolygonPhyObject

该类将动态物体的创建、绘制和剪裁等方法进行封装。对这些物体进行封装后，用户在游戏的开发过程中可以方便地使用，从而使开发的游戏更加具有真实性。

4. 引擎引用入口类 AppDelegate

该类中封装了一系列与引擎引用生命周期有关的函数，包括应用开启的入口函数、应用进入待机状态时调用的函数和应用从待机恢复调用的函数等。这些函数都是与引擎中应用程序运行状态相关的，读者在开发中应慢慢体会。

3.3.2 游戏框架简介

上一小节已经对该游戏中所用到的类进行了简单介绍，可能读者还没有理解游戏的架构以及游戏的运行过程。接下来本小节将从游戏的整体架构开始介绍，使读者对本游戏有更进一步的了解。首先给出的是游戏框架图，如图 3-22 所示。

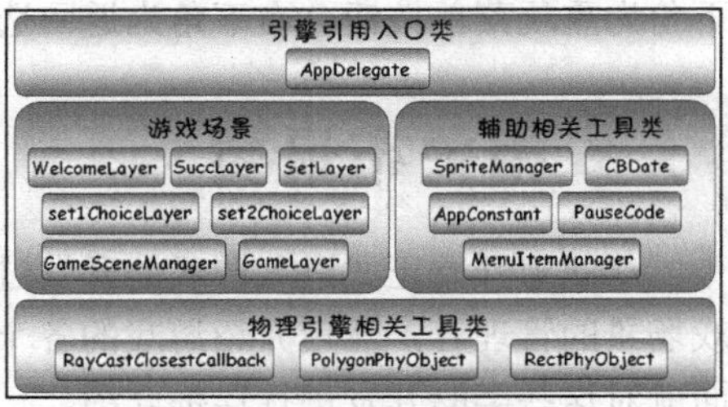

▲图 3-22 游戏框架图

说明 图 3-22 中列出了“切冰块”游戏框架图，通过该图可以看出游戏的运行从 AppDelegate 类开始，然后依次给出了游戏场景相关类、辅助相关工具类和物理引擎相关工具类等，其各自功能后续将向读者详细介绍，这里不必深究。

接下来按照程序运行的顺序逐步介绍各个类的作用以及整体的运行框架，使读者更好地掌握本游戏的开发步骤，其详细步骤如下。

（1）启动游戏，在 AppDelegate 的开启入口函数中创建一个欢迎场景，并切换到欢迎场景中。同时在欢迎场景中初始化该场景的布景，使游戏进入第一个场景欢迎布景 WelcomeLayer。

（2）在欢迎场景中，玩家会看到“开始”“关于”“设置”和“返回”4 个菜单按钮。单击“开始”按钮则会切换到选择系列场景，单击“关于”按钮会显示关于本游戏的相关信息，单击“设置”按钮会弹出设置背景音乐和声音特效的开关。其中切换场景主要是通过指向场景管理器的指针调用其内部的方法来实现不同场景间的切换的。

（3）当玩家单击“开始”菜单项时，将切换到“选择系列”场景，并初始化其中的 SetLayer 布景类，然后将其显示出来。该布景主要包括两个系列菜单项，单击相应的菜单项将进入该系列选择系列关卡场景，同时初始化此场景显示的内容。

（4）在系列 1 和系列 2 选择关卡场景中，玩家可以通过上下滑动屏幕来查看本系列所有关卡。还可以单击不同的被解锁关卡图标切换到该关卡游戏场景，并在 GameLayer 布景类的初始化方法中初始化对应精灵，然后将其显示出来。玩家在第一次进入这两个场景时，只有系列 1 的第一关是被解锁的。

（5）进入系列 1 关卡 1 游戏场景后，会看到一个提示玩家如何玩的提示动画。正如提示动画可知，本游戏玩法十分简单，玩家只需用手指在屏幕上滑动即可完成冰块切割。当玩家单击屏幕时，提示动画将会消失。玩家在切割过程中会出现一条切割线便于准确切割。

（6）在游戏场景中，玩家如果想重新开始本关卡游戏可单击该场景左下角“重玩”按钮实现。如果想暂停当前游戏可单击该场景左下角“暂停”按钮实现。单击“暂停”按钮后会停止该场景所有运动并进入游戏暂停界面。在暂停界面中玩家可以设置背景音乐和声音特效、返回该系列选择关卡界面和继续游戏。

（7）在游戏场景中，玩家用手指切割冰块并保证在刀数允许的范围下将所有冰块切落至地面即可顺利过关。过关后会有一个增加金币的动态过程，增加完金币之后会自动切换到胜利界面。如果切割机会用尽还没有将所有冰块切落，则为失败，此时将会切换到失败界面。

（8）在游戏的胜利场景中，会看到左上角有一个不停旋转的 3D 金币和显示金币总数量的标签，中间是根据玩家的表现给出的评价和获得相应的星星。左下角为重玩菜单按钮，右下角为返回选择关卡界面。如果玩家三星过关，场景的最下面中间位置则会出现进入下一关菜单按钮。

（9）在游戏的失败场景中，会看到左上角仍是有一个不停旋转的 3D 金币和显示金币总数量的标签，中间是“重新开始，再接再厉”和“请在三刀之内切落所有冰块”的鼓励说明文字。左下角为重玩菜单按钮，右下角为返回选择关卡场景菜单按钮。

3.4 相关布景类

从此节开始正式进入游戏的开发过程，本节将为读者介绍本游戏的布景相关类，首先介绍游戏场景的管理者，然后介绍游戏的各个场景是如何开发的，从而逐步完成对游戏场景的开发。下面就对这些类的开发进行详细介绍。

3.4.1 场景管理类 GameSceneManager

首先介绍的是游戏的场景管理者 GameSceneManager 类，该类的主要作用是管理各个场景，然后创建第一个场景，并实现从当前场景跳转到其他场景的方法，其具体的开发步骤如下。

（1）首先需要开发的是 GameSceneManager 类的框架，该框架中声明了本类中所需要的方法和各个场景的指针，其具体代码如下。

代码位置：见随书源代码/第 3 章/CutBox/app/src/main/jni/gameCPP 目录下的 GameSceneManager.h。

```
#ifndef __GameSceneManager_H__
#define __GameSceneManager_H__
#include "cocos2d.h"                                        //引用 cocos2d 头文件
using namespace cocos2d;
class GameSceneManager{                                     //用于创建场景的类
public:
     Scene* welcomeScene;                                   //指向欢迎场景指针
     Scene* gameScene;                                      //指向游戏场景指针
     Scene* setScene;                                       //指向系列场景指针
     Scene* set1ChoiceScene;                                //指向系列 1 选择关卡场景指针
     Scene* set2ChoiceScene;                                //指向系列 2 选择关卡场景指针
     Scene* succScene;                                      //指向胜利场景指针
     Scene* ss;                                             //指向选择系列场景指针
     Scene* s1;                                             //指向系列 1 选择关卡场景指针
     Scene* s2;                                             //指向系列 2 选择关卡场景指针
     void createScene();                                    //创建场景对象的方法
     void gogameScene(int index);                           //去游戏场景的方法
     void goWelcomeScene();                                 //回欢迎场景的方法
     void goSetScene(bool forward);                         //去系列场景的方法
     void goSet1ChoiceScene(bool forward);                  //去系列 1 选择关卡场景的方法
     void goSet2ChoiceScene(bool forward);                  //去系列 2 选择关卡场景的方法
};#endif
```

说明 上述代码为 GameSceneManager 类的头文件，在该头文件中声明了游戏中所有场景的指针，并声明了创建游戏第一个场景的 createScene 方法以及切换到欢迎场景、系列 1 选择关卡场景、系列 2 选择关卡场景和各个关卡游戏场景等的功能方法。

（2）开发完类框架声明后还要真正实现 GameSceneManager 类中的方法，在该类中实现了创建第一个场景的方法和切换到其他场景的方法，具体代码如下。

代码位置：见随书源代码/第 3 章/CutBox/app/src/main/jni/gameCPP 目录下的 GameSceneManager.cpp。

```
1    ......//此处省略了对一些头文件的引用以及定义头文件的相关代码，需要的读者可参考源代码
2    using namespace cocos2d;                                     //声明使用 cocos2d 命名空间
3    void GameSceneManager::createScene(){                        //创建第一个场景的方法
4         welcomeScene = Scene::create();                         //创建一个场景对象
5         WelcomeLayer *wlayer = WelcomeLayer::create();          //创建一个欢迎布景对象
6         welcomeScene->addChild(wlayer);                         //向场景中添加布景
7         wlayer->gsm=this;                                       //设置管理者
8    }
9    void GameSceneManager::goWelcomeScene(){                     //切换到欢迎场景
10        welcomeScene = Scene::create();                         //创建欢迎场景对象
11        WelcomeLayer *wlayer = WelcomeLayer::create();          //创建欢迎布景对象
12        wlayer->gsm=this;                                       //设置管理者
13        welcomeScene->addChild(wlayer);                         //向场景添加布景
14        auto ss = TransitionMoveInL::create(0.1f, welcomeScene);   //创建场景切换特效
15        Director::getInstance()->replaceScene(ss);                 //执行切换场景
16    }
17    .....//此处省略切换到其他场景的方法的代码，需要的读者可以自行参考源代码
```

- 第 3～8 行为创建第一个场景的方法，在该方法中首先要将第一个场景对象创建出来，然后创建该场景的布景对象，并设置该场景的管理者，最后将布景添加到场景中。

- 第 9～16 行为切换到欢迎场景的方法，首先创建欢迎场景的场景指针和布景，再将布景添加到场景中，最后加上切换场景的特效并切换场景。

3.4.2　欢迎布景类 WelcomeLayer

上面讲解了游戏的场景管理类 GameSceneManager 的开发过程，当场景管理类开发完成以后，随即就进入了游戏的欢迎场景。下面将介绍游戏的欢迎场景，该场景为首次进入游戏的第一个场景，主要实现了欢迎场景的布景，其具体的开发步骤如下。

（1）首先需要开发的是 WelcomeLayer 类的框架，该框架中声明了一系列将要使用的成员变量和成员方法，其具体代码如下。

代码位置：见随书源代码/第 3 章/CutBox/app/src/main/jni/gameCPP 目录下的 WelcomeLayer.h。

```
#ifndef __WelcomeLayer_H__
#define __WelcomeLayer_H__
......//此处省略了对一些头文件的引用以及定义头文件的相关代码，需要的读者可参考源代码
using namespace cocos2d;                    //使用 cocos2d 命名空间
using namespace ui;                         //使用 ui 命名空间
class WelcomeLayer : public cocos2d::Layer{
public:
    GameSceneManager* gsm;                  //指向场景管理者的指针
    Size visibleSize;                       //获取可见区域尺寸
    Point origin;                           //获取可见区域原点坐标
    Sprite* bgSp;                           //指向背景精灵的指针
    Sprite* Sp;                             //指向游戏标题名称精灵的指针
    Sprite* AboutSp;                        //指向关于标题精灵的指针
    Sprite* SetSp;                          //指向设置标题精灵的指针
    Menu* menuStart;                        //指向开始菜单的指针
    Menu* menuAbout;                        //指向关于菜单的指针
    Menu* menuSet;                          //指向设置菜单的指针
    Menu* menuBack;                         //指向返回菜单的指针
    Sprite* setBan;                         //指向设置底板精灵的指针
    bool isSet=false;                       //设置菜单是否被按下，true 为被按下，false 为未被按下
    bool isAbout=false;                     //关于菜单是否被按下，true 为被按下，false 为未被按下
    Animate* anmiAc;                        //指向动画动作的指针
    Sprite* menuLightSp;                    //指向按钮闪光精灵对象的指针
    Sprite* aboutSp;                        //指向关于底板精灵对象的指针
    Sprite3D* spC3b;                        //指向执行骨骼动画模型的指针
    Animate3D* animate;                     //指向骨骼动画的指针
    float degree=0;                         //模型旋转角度
    int sign=1;                             //模型转动方向的标志，1 为逆时针，-1 为顺时针
    static bool isMusic;                    //背景音乐开关标志位，true 表示开
    static bool isSound;                    //声音特效开关标志位，true 表示开
    CheckBox* checkMusic;                   //指向背景音乐开关复选框的指针
    CheckBox* checkSound;                   //指向声音特效开关复选框的指针
    virtual bool init();                    //初始化的方法
    void addParticle();                     //添加下雪粒子系统的方法
    void menuStartCallback(Ref* pSender);                    //按下开始按钮的回调方法
    void menuAboutCallback(Ref* pSender);                    //按下关于按钮的回调方法
    void menuSetCallback(Ref* pSender);                      //按下设置按钮的回调方法
    void menuBackCallback(Ref* pSender);                     //按下返回按钮的回调方法
    void musicSet(Ref* pSender,CheckBox::EventType type);    //背景音乐复选框回调方法
    void soundSet(Ref* pSender,CheckBox::EventType type);    //声音特效复选框回调方法
    void initAnmi();                        //初始化动画的方法
    void preloadSounds();                   //加载各种声音的方法
    void playWcBgMusic();                   //播放欢迎背景音乐的方法
    void pauseBgMusic();                    //暂停欢迎背景音乐的方法
    void resumeBgMusic();                   //继续播放欢迎背景音乐的方法
    void playSet1BgMusic();                 //播放游戏背景音乐的方法
    void playClickSound();                  //播放单击的音效的方法
    void playIceCut();                      //播放切割冰块音效的方法
    void playSlice();                       //播放切割音效的方法（未切到冰块）
    void playSucc();                        //播放胜利过关音效的方法
    void addCoinSound();                    //播放金币加成音效的方法
    void pauseSound();                      //暂停播放音效的方法
    void resumeSound();                     //继续播放音效的方法
```

```
    void update(float delta);          //更新数据的方法
     ~WelcomeLayer();
    CREATE_FUNC(WelcomeLayer);
};#endif
```

说明 上述代码对欢迎场景对应的布景中成员变量和公有的成员方法进行了声明，读者查看注释即可了解其具体的作用，这里不再进行具体的介绍了。

（2）开发完类框架声明后还要真正实现 WelcomeLayer 类中的方法，其中首先要实现的是初始化布景的 init 方法，该方法主要是在进入欢迎场景对应的布景时初始化布景中的所有精灵，初始化音效，加载图片资源等，其具体开发代码如下。

代码位置：见随书源代码/第 3 章/CutBox/app/src/main/jni/gameCPP 目录下的 WelcomeLayer.cpp。

```
1   bool WelcomeLayer::init(){
2        if ( !Layer::init() )  return false;          //调用父类的初始化
3       coinNums = 0;                                  //初始化金币数
4       UserDefault::getInstance()->setIntegerForKey("coinNums",coinNums);//存储总的金币数
5       UserDefault::getInstance()->flush();           //事实写入
6       visibleSize = Director::getInstance()->getVisibleSize(); //获取可见区域尺寸
7       origin = Director::getInstance()->getVisibleOrigin();    //获取可见区域原点坐标
8       bgSp = Sprite::create(welcomePics_PATH+"welcomeBg.png"); //创建一个精灵对象
9       bgSp->setPosition(Point(visibleSize.width/2 + origin.x,  //设置精灵对象的位置
10                          visibleSize.height/2 + origin.y));
11       this->addChild(bgSp, 0);                      //将背景精灵添加到布景中
12       Sp= Sprite::create(welcomePics_PATH+"sprite.png"); //创建游戏标题精灵对象
13       Sp->setPosition(Point(                          //设置精灵对象的位置
14                       visibleSize.width/2 + origin.x, 700 + origin.y));
15       this->addChild(Sp, 0);                          //将精灵添加到布景中
16    ......//此处省略了开始、关于、设置和返回菜单项的创建代码，需要的读者可参考源代码
17       menuLightSp=Sprite::create();                  //创建换帧动画精灵
18       menuLightSp->setPosition(Point(                 //设置精灵位置
19            origin.x + startItem->getContentSize().width/2+168,    //x 坐标
20            origin.y + startItem->getContentSize().height/2+312)); //y 坐标
21       menuLightSp->setRotation(-3.0f);                //设置精灵偏转角度
22       this->addChild(menuLightSp,2);                  //将精灵添加到布景中
23       initAnmi();                                      //初始化动画的方法
24       menuLightSp->runAction(RepeatForever::create(Sequence::create(   //执行动作
25            anmiAc,                                     //播放动画
26            DelayTime::create(0.8f),                    //创建延迟动作
27            nullptr)));
28       addParticle();                                   //添加下雪粒子系统
29       preloadSounds();                                 //加载各种声音资源
30       isMusic=UserDefault::getInstance()->getBoolForKey("boolMusic",true);
31       isSound=UserDefault::getInstance()->getBoolForKey("boolSound",true);
32       if(isMusic) playWcBgMusic();                     //播放背景音乐
33       spC3b = Sprite3D::create(obj_PATH+"QIEDH.c3b");  //加载 c3b 骨骼动画模型
34       spC3b->setRotation3D(Vec3(0.f, 0.f, 0.f));      //设置其偏转角度
35       spC3b->setPosition( Vec2( 337, 780) );          //设置模型位置
36       spC3b->setScale(1.0f);                          //设置模型缩放比
37       spC3b->setGlobalZOrder(1.0f);
38       this->addChild(spC3b,1);                        //将模型添加到布景中
39       auto animation = Animation3D:: create(obj_PATH+"QIEDH.c3b"); //获取骨骼动画
40       if (animation){
41           animate = Animate3D::create(animation);        //创建骨骼动画
42           animate->setSpeed(animate->getSpeed()*0.9f);    //设置骨骼动画速度
43           spC3b->runAction(RepeatForever::create(animate)); //使模型执行骨骼动画
44       }
45       schedule(schedule_selector(WelcomeLayer::update), 0.01f);//定时回调更新 c3b 模型位置
46       return true;
47   }
```

- 第 3～5 行功能为初始化金币数并将其储存。
- 第 8～11 行功能为创建背景精灵对象并设置其位置，最后将其添加到布景中。
- 第 12～15 行功能为创建游戏标题精灵对象并设置其位置，最后将其添加到布景中。

- 第 17～22 行功能为创建换帧动画精灵对象并设置其位置和偏转角，最后将其添加到布景中。
- 第 23～27 行功能为初始化动画并使换帧动画精灵对象执行换帧动画和延迟动作。
- 第 28～32 行功能为在布景中添加下雪粒子系统、加载各种声音资源、获取背景音乐和声音特效开关的标志位，根据背景音乐标志位的开关来决定是否播放背景音乐。
- 第 33～38 行功能为加载 c3b 骨骼动画模型并设置其偏转角度、位置和缩放比，最后将其添加到布景中。
- 第 39～45 行功能为创建骨骼动画、设置骨骼动画速度并使模型执行骨骼动画，最后定时回调更新 c3b 模型位置的方法。

（3）完成了初始化布景的方法后，接下来开发的就是初始化动画的 initAnmi 方法和添加下雪粒子系统的 addParticle 方法了。调用 initAnmi 方法可以实现加载按钮闪光图片及 plist 文件等功能，调用 addParticle 方法可以实现给背景添加下雪效果的功能，具体代码如下。

代码位置：见随书源代码/第 3 章/CutBox/app/src/main/jni/gameCPP 目录下的 WelcomeLayer.cpp。

```
void WelcomeLayer::initAnmi(){
    SpriteFrameCache* sfc=SpriteFrameCache::getInstance(); //获取缓冲精灵帧的实例
    sfc->addSpriteFramesWithFile(      //加载按钮闪光图片及 plist 文件
            welcomePics_PATH+"menuLight.plist",welcomePics_PATH+"menuLight.png");
    std::string sa[8]={                                     //动画中 8 幅图片的名称
        "menuLight1.png","menuLight2.png","menuLight3.png","menuLight4.png",
        "menuLight5.png","menuLight6.png","menuLight7.png","menuLight8.png"
    };
    Vector<SpriteFrame*> animFrames; //创建存放动画帧的列表对象
    for(int i=0;i<8;i++){
        animFrames.pushBack(sfc->getSpriteFrameByName(sa[i]));//将动画中的帧存放到向量中
    }
    Animation *anmi=Animation::createWithSpriteFrames(animFrames, 0.15f);//创建动画对象
    anmiAc=Animate::create(anmi);                        //创建动画动作对象
    anmiAc->retain();                                    //保持引用
}
void WelcomeLayer::addParticle(){
    ParticleSystemQuad* psq = ParticleSnow::createWithTotalParticles(55);
                                                         //创建下雪粒子系统
    psq->setStartSize(25);                               //设置粒子显示尺寸
    psq->retain();                                       //保持引用
    psq->setTexture(                                     //为粒子系统设置图片
        Director::getInstance()->getTextureCache()->addImage(welcomePics_PATH+"snow.png"));
    psq->setPosition( Point(270, 960) );                 //设置粒子系统的坐标
    psq->setLife(5);                                     //设置粒子系统的生命值
    psq->setLifeVar(1);                                  //设置粒子系统的生命变化值
    psq->setGravity(Point(0,-10));                       //设置粒子系统的重力向量
    psq->setSpeed(130);                                  //设置粒子系统的速度值
    psq->setSpeedVar(30);                                //设置粒子系统的速度变化值
    psq->setStartColor((Color4F){255,255,255,255}); //设置粒子系统的开始颜色值
    psq->setStartColorVar((Color4F){0,0,0,0});   //设置粒子系统的开始颜色变化值
    psq->setEndSpin(360);                                //设置结束时自旋转角度
    psq->setEndSpinVar(360);                             //设置结束时自旋转变化率
    psq->setEmissionRate(psq->getTotalParticles()/psq->getLife());
                                                         //设置粒子系统的发射速率
    this->addChild(psq, 1);                              //将粒子系统添加到精灵中
    ParticleSystemQuad* psq1 =                           //创建下雪粒子系统效果
                         ParticleSnow::createWithTotalParticles(55);
    psq1->setStartSize(25);                              //设置粒子显示尺寸
    psq1->retain();                                      //保持引用
    psq1->setTexture(                                    //为粒子系统设置图片
        Director::getInstance()->getTextureCache()->addImage(welcomePics_PATH+"star.png"));
    psq1->setPosition( Point(270, 960) );                //设置粒子系统的坐标
    psq1->setLife(5);                                    //设置粒子系统的生命值
    psq1->setLifeVar(1);                                 //设置粒子系统的生命变化值
    psq1->setGravity(Point(0,-10));                      //设置粒子系统的重力向量
    psq1->setSpeed(130);                                 //设置粒子系统的速度值
    psq1->setSpeedVar(30);                               //设置粒子系统的速度变化值
    psq1->setStartColor((Color4F){255,255,255,255});//设置粒子系统的开始颜色值
```

```
48        psq1->setStartColorVar((Color4F){0,0,0,0});       //设置粒子系统的开始颜色变化值
49        psq1->setEndSpin(360);                             //设置结束时自旋转角度
50        psq1->setEndSpinVar(360);                          //设置结束时自旋转变化率
51        psq1->setEmissionRate(psq1->getTotalParticles()/psq1->getLife());
                                                             //设置粒子系统的发射速率
52        this->addChild(psq1, 1);                           //将粒子系统添加到精灵中
53 }
```

- 第 2～4 行功能为获取缓冲精灵帧的实例并将精灵帧文件以及对应的图片添加到内存中。
- 第 5～12 行功能为创建动画图片名称的数组和存放动画帧的列表对象，把这一段动画中的每一个动画帧添加、存放在向量列表中。
- 第 13～15 行功能为创建从帧向量每隔 0.15s 产生动画的动画对象和动画动作对象，并保持动画动作对象引用，防止其被自动释放。
- 第 17～53 行功能为创建并添加下雪粒子系统的方法，该方法还设置了粒子系统所采用的图片及其粒子系统的位置。另外，它还根据需要设置了粒子系统的生命值、生命变化值、重力向量、开始颜色等参数。调节这些参数十分简单，对于下雪的粒子系统参数的调节，在这里就不再赘述。需要的读者可以根据需要进行修改以得到期望的目标效果。

（4）完成上述方法的开发之后，接下来开发的就是 WelcomeLayer 类中的与声音有关的方法了，如背景音乐和单击菜单音效和切割冰块音效等声音特效的加载、播放与暂停等，具体代码如下。

代码位置：见随书源代码/第 3 章/CutBox/app/src/main/jni//gameCPP 目录下的 WelcomeLayer.cpp。

```
void WelcomeLayer::preloadSounds(){
    CocosDenshion::SimpleAudioEngine::getInstance()->preloadBackgroundMusic(
            (sounds_PATH+"MenuBG.mp3").c_str());           //加载欢迎背景音乐
    CocosDenshion::SimpleAudioEngine::getInstance()->preloadBackgroundMusic(
            (sounds_PATH+"GameBG1.mp3").c_str());          //加载系列 1 游戏背景音乐
    CocosDenshion::SimpleAudioEngine::getInstance()->preloadEffect( //加载单击菜单音效
            (sounds_PATH+"ButtonClick.mp3").c_str());
    CocosDenshion::SimpleAudioEngine::getInstance()->preloadEffect(  //加载切割冰块音效
            (sounds_PATH+"IceCut.mp3").c_str());
    CocosDenshion::SimpleAudioEngine::getInstance()->preloadEffect(//加载切割音效
            (sounds_PATH+"Slice.mp3").c_str());
    CocosDenshion::SimpleAudioEngine::getInstance()->preloadEffect( //加载关卡胜利音效
            (sounds_PATH+"LevelCompleted.mp3").c_str());
    CocosDenshion::SimpleAudioEngine::getInstance()->preloadEffect( //加载金币加成音效
            (sounds_PATH+"getCoin.mp3").c_str());
}
void WelcomeLayer::playWcBgMusic(){
    CocosDenshion::SimpleAudioEngine::getInstance()->playBackgroundMusic(
            (sounds_PATH+"MenuBG.mp3").c_str(),true);              //播放背景音乐
}
void WelcomeLayer::pauseBgMusic(){
    CocosDenshion::SimpleAudioEngine::getInstance()->pauseBackgroundMusic(); //暂停播放
}
void WelcomeLayer::resumeBgMusic(){
    CocosDenshion::SimpleAudioEngine::getInstance()->resumeBackgroundMusic();//继续播放
}
void WelcomeLayer::playSet1BgMusic(){
    CocosDenshion::SimpleAudioEngine::getInstance()->playBackgroundMusic(
            (sounds_PATH+"GameBG1.mp3").c_str(),true);              //播放背景音乐
}
void WelcomeLayer::playClickSound(){
    CocosDenshion::SimpleAudioEngine::getInstance()->playEffect(//播放单击音效
            (sounds_PATH+"ButtonClick.mp3").c_str());
}
void WelcomeLayer::playIceCut(){
    CocosDenshion::SimpleAudioEngine::getInstance()->playEffect( //播放切割冰块音效
            (sounds_PATH+"IceCut.mp3").c_str());
}
void WelcomeLayer::playSlice(){                                   //播放切割音效
    CocosDenshion::SimpleAudioEngine::getInstance()->playEffect((sounds_PATH+"
    Slice.mp3").c_str());
```

```
41  }
42  void WelcomeLayer::addCoinSound(){
43      CocosDenshion::SimpleAudioEngine::getInstance()->playEffect(//播放添加金币音效
44              (sounds_PATH+"getCoin.mp3").c_str());
45  }
46  void WelcomeLayer::playSucc(){
47      CocosDenshion::SimpleAudioEngine::getInstance()->playEffect(//播放胜利过关音效
48   (sounds_PATH+"LevelCompleted.mp3").c_str());
49  }
50  void WelcomeLayer::pauseSound(){
51      CocosDenshion::SimpleAudioEngine::getInstance()->pauseAllEffects();
                                                                     //暂停播放音效
52  }
53  void WelcomeLayer::resumeSound(){
54      CocosDenshion::SimpleAudioEngine::getInstance()->resumeAllEffects();
                                                                     //继续播放音效
55  }
```

- 第 1～16 行为加载各种声音资源的方法。其中包括对背景音乐的加载和对单击菜单音效、切割冰块音效、切割音效、关卡胜利音效和金币加成音效等的加载。
- 第 17～20 行为播放欢迎场景背景音乐的方法。
- 第 21～23 行为暂停播放背景音乐的方法，第 24～26 行为继续播放背景音乐的方法。
- 第 27～30 行为播放游戏场景背景音乐的方法。
- 第 31～38 行功能为播放单击音效和播放切割冰块音效。
- 第 39～49 行功能为播放切割音效、播放添加金币音效和播放胜利过关音效。
- 第 50～52 行为暂停播放所有音效的方法。
- 第 53～55 行为继续播放所有音效的方法。

（5）完成上述关于声音的加载与播放等方法的开发之后，接下来还要对更新 c3b 模型数据的 update 方法进行开发。该方法主要是通过更新模型数据使模型绕 y 轴左右摇摆，具体代码如下。

代码位置：见随书源代码/第 3 章/CutBox/app/src/main/jni/gameCPP 目录下的 WelcomeLayer.cpp。

```
1   void WelcomeLayer::update(float delta){
2       if(sign==1){                                   //当模型沿 Y 轴逆时针转动时
3           degree++;                                  //偏转角自加
4       }else{
5           degree--;                                  //偏转角自减
6       }
7       if(degree>33){                                 //当偏转角度大于 33 时
8           sign=-1;                                   //模型顺时针转动
9       }
10      if(degree<-33){                                //当偏转角度小于-33 时
11          sign=1;                                    //模型逆时针转动
12      }
13      spC3b->setRotation3D(Vec3(0, degree, 0));      //设置模型偏转角
14  }
```

说明　第 1～14 行为更新 c3b 模型数据的方法，该方法非常简单，通过定时回调该方法可以实现执行骨骼动画的 c3b 模型沿 y 轴左右摇摆的功能。

（6）接下来介绍的是本类中所用到的菜单回调方法，如单击“开始”菜单按钮之后会切换到选择系列场景，单击“关于”菜单按钮会出现本游戏的相关信息，单击“设置”菜单按钮会出现背景音乐和声音特效开关设置的复选框。具体代码如下。

代码位置：见随书源代码/第 3 章/CutBox/app/src/main/jni/gameCPP 目录下的 WelcomeLayer.cpp。

```
void WelcomeLayer::menuStartCallback(Ref* pSender){
    if(isSound)   playClickSound();                 //如果音效开，则播放单击音效
    gsm->goSetScene(false);                         //切换到选择系列场景
}
void WelcomeLayer::menuAboutCallback(Ref* pSender){
```

```
6       if(isSound)    playClickSound();                        //如果音效开，则播放单击音效
7   ......//此处省略了标题精灵的创建代码，需要的读者可参考源代码
8       isAbout=true;                                           //关于菜单被按下
9   ......//此处省略了对部分精灵不可见和部分菜单不可见且禁用的代码，需要的读者可参考源代码
10      aboutSp=Sprite::create(welcomePics_PATH+"aboutBN.png");//创建关于精灵对象
11      aboutSp->setPosition(Point(visibleSize.width/2 + origin.x, visibleSize.
        height/2 + origin.y-100));
12      aboutSp->setScale(0.2);                                 //设置关于精灵缩放比
13      aboutSp->runAction(Sequence::create(                    //使精灵执行一个连续动作
14              ScaleTo::create(0.2f, 1.05f),                   //创建一个缩放动作
15              ScaleTo::create(0.2f,1.0f),
16              nullptr));
17      this->addChild(aboutSp,1);                              //将精灵添加到布景中
18  }
19  void WelcomeLayer::menuSetCallback(Ref* pSender){
20      if(isSound)    playClickSound();                        //如果音效开，则播放单击音效
21  ......//此处省略了设置标题精灵的创建代码，需要的读者可参考源代码
22      isSet=true;                                             //设置按钮被按下
23  ......//此处省略了对部分精灵不可见和部分菜单不可见且禁用的代码，需要的读者可参考源代码
24      setBan = Sprite::create(welcomePics_PATH+"setBan.png");//创建设置底板精灵对象
25      setBan->setPosition(Point(visibleSize.width/2 + origin.x, visibleSize.
        height/2 + origin.y-100));
26      setBan->setScale(0.2f);                                 //设置底板精灵缩放比
27      setBan->runAction(Sequence::create(                     //使精灵执行一个连续动作
28              ScaleTo::create(0.2f, 1.05f),                   //创建一个缩放动作
29              ScaleTo::create(0.2f,1.0f),
30              nullptr));
31      this->addChild(setBan,1);                               //将设置底板精灵添加到布景中
32  ......//此处省略了对背景音乐和音效复选框的创建代码，需要的读者可参考源代码
33  }
34  void WelcomeLayer::menuBackCallback(Ref* pSender){
35      if(isSound)    playClickSound();                        //如果音效开，则播放单击音效
36      if(isSet)    SetSp->setVisible(false);                  //将设置标题精灵设为不可见
37      if(isAbout)    AboutSp->setVisible(false);              //将关于标题精灵设为不可见
38      if(isSet||isAbout){                                     //设置或者关于菜单被按下
39          Sp->setVisible(true);                               //游戏标题精灵设为可见
40          menuStart->setEnabled(true);                        //开始菜单设置为可用
41          menuStart->setVisible(true);                        //开始菜单设置为可见
42          menuAbout->setEnabled(true);                        //关于菜单设置为可用
43          menuAbout->setVisible(true);                        //关于菜单设置为可见
44          menuSet->setEnabled(true);                          //设置菜单设置为可用
45          menuSet->setVisible(true);                          //设置菜单设置为可见
46          menuLightSp->setVisible(true);                      //菜单闪光精灵设置为可见
47          if(isSet){                                          //设置菜单被按下
48              this->removeChild(setBan);                      //将设置底板移除
49              isSet=false;                                    //将 isSet 标志位设为 false
50          }else{
51              this->removeChild(aboutSp);                     //将关于底板移除
52              isAbout=false;}                                 //将isAbout 标志位设为 false
53      }else{
54          Director::getInstance()->end();                     //退出游戏
55          #if (CC_TARGET_PLATFORM == CC_PLATFORM_IOS)    exit(0);
56          #endif
57      }
58  }
```

- 第 1～4 行为单击“开始”菜单之后的回调方法，调用该方法可以根据音效的开关来决定是否播放切换音效并且将场景切换到选择系列场景。
- 第 5～18 行为单击“关于”菜单之后的回调方法，调用该方法可以根据音效的开关来决定是否播放切换音效，然后创建设置标题，设置底板精灵、背景音乐和声音特效复选框，最后将精灵添加到布景中，将复选框添加到底板精灵中。
- 第 19～33 行为单击“设置”菜单之后的回调方法。其中第 24～31 行功能为创建设置底板精灵对象、设置其位置和缩放比，然后使精灵执行一个连续动作，最后将其添加到布景中。

- 第 34～58 行为单击“返回”菜单之后的回调方法。
- 第 35～37 行功能为根据音效的开关来决定是否播放切换音效，然后根据“设置”和“关于”菜单是否按下来决定设置精灵和关于精灵是否可见。
- 第 38～52 行功能为当“设置”或“关于”菜单被按下时游戏标题精灵和按钮闪光精灵设为可见，“开始”“关于”和“设置”菜单设置为可见并可以使用。如果按下的是“设置”按钮则将设置底板精灵删除并将 isSet 标志位设为 false，如果按下的是“关于”按钮则将关于底板精灵删除并将 isAbout 标志位设为 false。
- 第 53～57 行功能为如果当前“设置”和“关于”按钮都没有被按下时则退出游戏。

（7）最后介绍的是本类中单击背景音乐和声音特效两个复选框后的两个回调方法，当这两个方法被调用时会对背景音乐和声音特效的开关进行设置，具体代码如下。

代码位置：见随书源代码/第 3 章/CutBox/app/src/main/jni/gameCPP 目录下的 WelcomeLayer.cpp。

```
1  void WelcomeLayer::musicSet(Ref* pSender,CheckBox::EventType type){
2      if(isSound)    playClickSound();                   //如果音效开，则播放单击音效
3      if(isMusic){
4          pauseBgMusic();                                 //暂停播放背景音乐
5          isMusic=false;                                  //将是否播放音乐标志位设为 false
6          UserDefault::getInstance()->setBoolForKey("boolMusic",false);
                                                           //存储是否开启背景音乐
7        UserDefault::getInstance()->flush();              //事实写入
8      }else{
9          playWcBgMusic();                                //播放背景音乐
10         isMusic=true;                                   //将是否播放音乐标志位设为 true
11         UserDefault::getInstance()->setBoolForKey("boolMusic",true);
                                                           //存储是否开启背景音乐
12         UserDefault::getInstance()->flush();            //事实写入
13     }
14 }
15 void WelcomeLayer::soundSet(Ref* pSender,CheckBox::EventType type){
16     if(isSound){
17         playClickSound();                               //播放单击音效
18         isSound=false;                                  //将是否播放音效标志位设为 false
19         pauseSound();                                   //暂停播放音效
20         UserDefault::getInstance()->setBoolForKey("boolSound",false);
                                                           //存储是否开启音效
21         UserDefault::getInstance()->flush();            //事实写入
22     }else{
23         resumeSound();                                  //继续播放音效
24         isSound=true;                                   //将是否播放音效标志位设为 true
25         UserDefault::getInstance()->setBoolForKey("boolSound",true);
                                                           //存储是否开启音效
26         UserDefault::getInstance()->flush();            //事实写入
27     }
28 }
```

- 第 1～14 行为背景音乐复选框的回调方法。其中第 2～7 行功能为当背景音乐正在播放时，暂停播放背景音乐，然后将是否播放音乐标志位设为 false，最后将是否开启背景音乐标志位的值存储起来。其中第 8～13 行功能为当背景音乐暂停时，则播放背景音乐，然后将是否播放音乐标志位设为 true，最后将是否开启背景音乐标志位的值存储起来。
- 第 15～28 行为声音特效复选框的回调方法。其中第 16～21 行功能为当音效开时，则播放单击音效，然后将是否播放音效的标志位设为 false、暂停播放音效，最后将是否开启音效标志位的值存储起来。其中第 22～26 行功能为当音效关时，继续播放音效，然后将是否播放音效的标志位设为 true，最后将是否开启音效标志位的值存储起来。

3.4.3　游戏选择系列布景类 SetLayer

介绍完欢迎场景后，接下来开发的是单击“开始”按钮之后进入的场景——游戏选择系列场

景。该场景开发起来比较简单，下面将分步骤为读者详细介绍该类的开发过程。

（1）首先需要开发的是 SetLayer 类的框架，该框架中声明了一系列将要使用的成员变量和成员方法，其具体代码如下。

代码位置：见随书源代码/第 3 章/CutBox/app/src/main/jni/gameCPP 目录下的 SetLayer.h。

```
#ifndef __SetLayer_H__
#define __SetLayer_H__
#include "cocos2d.h"                                //引用 cocos2d 头文件
#include "GameSceneManager.h"                       //引用 GameSceneManager 头文件
#include "WelcomeLayer.h"                           //引用 WelcomeLayer 头文件
using namespace cocos2d;
class SetLayer : public cocos2d::Layer{
public:
     GameSceneManager* gsm;                         //指向场景管理者的指针
     WelcomeLayer* wl;                              //指向欢迎场景的指针
     Size visibleSize;                              //获取可见区域尺寸
     Point origin;                                  //获取可见区域原点坐标
     Sprite* bgSp;                                  //指向背景精灵指针
     Menu* menuBack;                                //指向返回菜单指针
     Sprite* set1Sp;                                //指向系列 1 精灵指针
     Sprite* set2Sp;                                //指向系列 2 精灵指针
     Sprite* set1TitleSp;                           //指向系列 1 名字精灵指针
     Sprite* set2TitleSp;                           //指向系列 2 名字精灵指针
     Sprite3D* spC3b1;                              //指向执行骨骼动画 1 模型的指针
     Animate3D* animate1;                           //指向骨骼动画 1 的指针
     Sprite3D* spC3b2;                              //指向执行骨骼动画 2 模型的指针
     Animate3D* animate2;                           //指向骨骼动画 2 的指针
     float degree=0;                                //模型旋转角度
     int sign=1;                                    //模型转动方向的标志，1 为逆时针
     virtual bool init();                           //初始化的方法
     bool touchSet(Touch *touch, Event *event);     //触控事件的处理方法
     void backToWl(Ref* pSender);                   //回欢迎场景的回调方法
     void addParticle();                            //添加粒子系统的方法
     void setSpAction();                            //系列精灵执行动作的方法
       ~SetLayer();                                 //析构函数
     void update(float delta);                      //更新数据的方法
     CREATE_FUNC(SetLayer);
};#endif
```

> **说明**　上述代码为 SetLayer 类的头文件，在该头文件中声明了场景所属的管理者指针、欢迎场景指针和场景所需要的精灵等，并声明了 SetLayer 类中关于触控事件处理方法、回欢迎场景方法、系列精灵执行动作的方法和初始化布景方法等。

（2）开发完类框架声明后还要真正实现 SetLayer 类中的方法，首先是要实现初始化布景 init 方法，以完成布景中各个对象的创建以及初始化工作，具体代码如下。

代码位置：见随书源代码/第 3 章/CutBox/app/src/main/jni/gameCPP 目录下的 SetLayer.cpp。

```
bool SetLayer::init(){
     if ( !Layer::init() )     return false;                  //调用父类的初始化
     visibleSize = Director::getInstance()->getVisibleSize(); //获取可见区域尺寸
     origin = Director::getInstance()->getVisibleOrigin(); //获取可见区域原点坐标
     bgSp = Sprite::create(setPics_PATH+"setBg.png");   //创建背景精灵对象
     bgSp->setPosition(Point(visibleSize.width/2 + origin.x,    //设置背景精灵位置
                             visibleSize.height/2 + origin.y));
     this->addChild(bgSp, 0);                           //将背景精灵添加到布景中
     set1Sp=Sprite::create(setPics_PATH+"set1.png");    //创建系列 1 精灵对象
     set1Sp->setPosition(Point(visibleSize.width/2 + origin.x,680));
                                                        //设置系列 1 精灵位置
     bgSp->addChild(set1Sp,0);        //将系列 1 精灵添加到背景精灵中
     set1TitleSp=Sprite::create(setPics_PATH+"set1title.png");
                                      //创建系列 1 文字精灵对象
     set1TitleSp->setScale(0.85f);    //设置系列 1 文字精灵缩放比
     set1TitleSp->setPosition(Point(visibleSize.width/2+72 + origin.x,685));
                                      //设置精灵位置
```

```
15      this->addChild(set1TitleSp,2);                          //将精灵添加到布景中
16      set2Sp=Sprite::create(setPics_PATH+"set2.png");   //创建系列 2 精灵对象
17      set2Sp->setPosition(Point(visibleSize.width/2 + origin.x,330));
                                                                //设置系列 2 精灵位置
18      bgSp->addChild(set2Sp,0);                               //将系列 2 精灵添加到背景精灵中
19      set2TitleSp=Sprite::create(setPics_PATH+"set2title.png");//创建系列 2 文字精灵对象
20      set2TitleSp->setScale(0.85f);                           //设置系列 2 文字精灵缩放比
21      set2TitleSp->setPosition(Point(visibleSize.width/2 + origin.x-72,330));
                                                                //设置精灵位置
22      this->addChild(set2TitleSp,2);                          //将系列 2 文字精灵添加到布景中
23  ......//此处省略了对返回菜单项的创建代码，需要的读者可参考源代码
24      addParticle();                                          //加载粒子系统的方法
25      setSpAction();                                          //系列精灵执行动作的方法
26      if(!WelcomeLayer::isMusic)      wl->pauseBgMusic();     //暂停播放背景音乐
27      EventListenerTouchOneByOne* listenerDoor =              //创建单点触摸监听
28                  EventListenerTouchOneByOne::create();
29      listenerDoor->setSwallowTouches(true);                  //设置下传触摸
30      listenerDoor->onTouchBegan =                            //开始触摸时回调 touchSet 方法
31                  CC_CALLBACK_2(SetLayer::touchSet, this);
32      _eventDispatcher->                                      //添加到监听器
33             addEventListenerWithSceneGraphPriority(listenerDoor, set1Sp);
34      _eventDispatcher->                                      //添加到监听器
35             addEventListenerWithSceneGraphPriority(listenerDoor->clone(), set2Sp);
36      spC3b1 = Sprite3D::create(obj_PATH+"set1.c3b");         //加载 c3b 骨骼动画 1 模型
37      spC3b1->setRotation3D(Vec3(0.f, 0.f, 0.f));             //设置模型偏转角
38      spC3b1->setPosition( Vec2( 150, 680) );                 //设置模型位置
39      spC3b1->setScale(1.53f);                                //设置模型缩放比
40      spC3b1->setGlobalZOrder(1.0f);
41      this->addChild(spC3b1,2);                               //将模型添加到布景中
42      spC3b2 = Sprite3D::create(obj_PATH+"set2.c3b");         //加载 c3b 骨骼动画 1 模型
43      spC3b2->setRotation3D(Vec3(0.f, 0.f, 0.f));             //设置模型偏转角
44      spC3b2->setPosition( Vec2( 390, 335) );                 //设置模型位置
45      spC3b2->setScale(1.53f);                                //设置模型缩放比
46      spC3b2->setGlobalZOrder(1.0f);
47      this->addChild(spC3b2,2);                               //将模型添加到布景中
48      auto animation1 = Animation3D:: create (obj_PATH+"set1.c3b");//获取骨骼动画 1
49      if (animation1){
50          animate1 = Animate3D::create(animation1);           //创建骨骼动画
51          animate1->setSpeed(animate1->getSpeed()*0.9f);      //设置骨骼动画速度
52          spC3b1->runAction(RepeatForever::create(animate1));//使模型执行骨骼动画
53      }
54      auto animation2 = Animation3D:: create (obj_PATH+"set2.c3b");//获取骨骼动画 1
55      if (animation2){
56          animate2 = Animate3D::create(animation2);           //创建骨骼动画
57          animate2->setSpeed(animate2->getSpeed()*0.9f);      //设置骨骼动画速度
58          spC3b2->runAction(RepeatForever::create(animate2));//使模型执行骨骼动画
59      }
60      schedule(schedule_selector(SetLayer::update), 0.01f);//定时回调更新 c3b 模型位置
61      return true;
62  }
```

- 第 5~8 行功能为创建背景精灵对象并设置其位置，最后将其添加到布景中。
- 第 9~22 行功能为创建系列 1、系列 2、系列 1 文字、系列 2 文字精灵对象，并分别设置各自的位置，最后将这些精灵全部添加到布景中。
- 第 24~25 行功能为布景添加下雪粒子系统并使系列 1 和系列 2 执行特定的动作。
- 第 27~35 行功能为创建单点触摸监听、设置下传触摸并注册开始触摸时回调 touchSet 方法，最后将系列 1 和系列 2 精灵添加到监听器中。
- 第 36~47 行功能为加载 c3b 骨骼动画 1 模型和 c3b 骨骼动画 2 模型并分别设置其偏转角度、位置和缩放比，最后分别将其添加到布景中。
- 第 48~60 行功能为创建骨骼动画、设置骨骼动画速度并使两个模型执行各自的骨骼动画，最后定时回调更新 c3b 模型位置的方法。

（3）完成了初始化布景的方法后，接下来开发的就是回欢迎场景的 backToWl 回调方法和系

列 1 与系列 2 精灵执行动作的 setSpAction 方法了。调用 backToWl 方法可以将当前场景切换到欢迎场景，调用 setSpAction 方法可以使系列 1 与系列 2 精灵执行特定的动作。具体代码如下。

代码位置：见随书源代码/第 3 章/CutBox/app/src/main/jni/gameCPP 目录下的 SetLayer.cpp。

```
1    void SetLayer::backToWl(Ref* pSender){
2        if(WelcomeLayer::isSound)      wl->playClickSound(); //播放单击音效
3        gsm->goWelcomeScene();                                //回欢迎场景
4    }
5    void SetLayer::setSpAction(){
6        set1Sp->runAction(RepeatForever::create(Sequence::create(//重复执行一个连续动作
7                ScaleTo::create(1.2f,0.88f,1.1f),             //创建一个 1.1s 的缩放动作
8                ScaleTo::create(1.2f,1.0f,1.0f),              //创建一个 1s 的缩放动作
9                nullptr)));
10       set2Sp->runAction(RepeatForever::create(Sequence::create(//重复执行一个连续动作
11               ScaleTo::create(1.2f,0.88f,1.1f),             //创建一个 1.1s 的缩放动作
12               ScaleTo::create(1.2f,1.0f,1.0f),              //创建一个 1s 的缩放动作
13               nullptr)));
14   }
```

- 第 1～4 行为回欢迎场景的 backToWl 回调方法，调用该方法可以根据音效标志位的开关决定是否播放单击音效并且返回欢迎场景。
- 第 5～14 行为系列 1 和系列 2 精灵执行动作的 setSpAction 方法，调用该方法可以使系列 1 与系列 2 精灵重复执行特定的动作。

（4）开发完上述回欢迎场景的 backToWl 方法和系列精灵执行动作的 setSpAction 方法后，最后开发的是开始触摸时的事件回调方法 touchSet 了。该方法功能非常简单，玩家可以通过单击系列 1 精灵或系列 2 精灵来进入到相应的选择关卡场景。具体代码如下。

代码位置：见随书源代码/第 3 章/CutBox/app/src/main/jni/gameCPP 目录下的 SetLayer.cpp。

```
1    bool SetLayer::touchSet(Touch *touch, Event *event){
2        auto target =                       //获取当前触摸的对象，并转化为精灵类型
3                static_cast<Sprite*>(event->getCurrentTarget());
4        auto location =                     //获取当前坐标
5                target->convertToNodeSpace(touch->getLocation());
6        auto size = target->getContentSize();   //获取精灵的尺寸
7        auto rect =                         //创建一个矩形对象，其大小与精灵相同
8                Rect(0, 0, size.width, size.height);
9        if(rect.containsPoint(location)&&target==set1Sp){   //如果触摸到的是系列 1 精灵
10           if(WelcomeLayer::isSound)     wl->playClickSound();//播放单击音效
11           gsm->goSet1ChoiceScene(false);                     //去系列 1 选择关卡场景
12           return true;
13       }else if(rect.containsPoint(location)&&target==set2Sp){//如果触摸到的是系列 2 精灵
14           if(WelcomeLayer::isSound)     wl->playClickSound(); //播放单击音效
15           gsm->goSet2ChoiceScene(false);                      //去系列 2 选择关卡场景
16           return true;
17       }else{
18           return false;
19       }
20       return true;
21   }
```

- 第 2～8 行功能为获取当前触摸对象并将其转化为精灵类型，然后获取其当前坐标、获取精灵尺寸并创建一个与精灵尺寸相同的矩形对象。
- 第 9～12 行功能为如果当前触摸的位置与系列 1 精灵位置相同，则去系列 1 的选择关卡场景。
- 第 13～16 行功能为如果当前触摸的位置与系列 2 精灵位置相同，则去系列 2 的选择关卡场景。

3.4.4 选择系列 1 关卡布景类 set1ChoiceLayer

上一小节介绍了选择系列布景类的开发，玩家通过单击系列 1 或系列 2 精灵即可进入到相应

的选择系列关卡场景。由于选择系列关卡类的开发非常相似，这里只介绍其中一个类的开发。下面将分步骤为读者详细介绍该类的开发过程。

（1）首先需要开发的是 set1ChoiceLayer 类的框架，该框架中声明了一系列将要使用的成员变量和成员方法，其具体代码如下。

代码位置：见随书源代码/第 3 章/CutBox/app/src/main/jni/gameCPP 目录下的 set1ChoiceLayer.h。

```
#ifndef __set1ChoiceLayer_H__
#define __set1ChoiceLayer_H__
#include "cocos2d.h"
#include "GameSceneManager.h"
#include "WelcomeLayer.h"
using namespace cocos2d;
class set1ChoiceLayer : public cocos2d::Layer{
public:
    GameSceneManager* gsm;                              //指向场景管理者的指针
    WelcomeLayer* wl;                                   //指向欢迎场景的指针
    Size visibleSize;                                   //获取可见区域尺寸
    Point origin;                                       //获取可见区域原点坐标
    Sprite* set1BgSp;                                   //指向背景精灵的指针
    Menu* backSet;                                      //指向返回菜单的指针
    int step=0;                                         //计算已经滑动的距离
    int speed=10;                                       //手指滑动屏幕的速度
    int offset;                                         //根据加速度需要滑动的距离向量
    long timestart;                                     //开始触控的时间
    Sprite *sprite[6];                                  //关卡图标精灵对象数组
    Point startPoint;                                   //开始触控的位置
    Point sPoint[6];                                    //精灵位置的数组
    bool spriteIsTouch;                                 //精灵是否可触控，true 为可触控
    virtual bool init();                                //初始化的方法
    void updatePosition(float f);                       //更新位置的方法
    bool onMyTouchBegan(Touch *touch, Event *event);    //开始触控事件的处理方法
    void onMyTouchMoved(Touch *touch, Event *event);    //触控移动事件的处理方法
    void onMyTouchEnded(Touch *touch, Event *event);    //触控结束事件的处理方法
    void addParticle();                                 //添加粒子系统的方法
    void backToSet(Ref* pSender);                       //回系列场景的方法
    void spRunAction();                                 //精灵执行动作的方法
    static int guaQiaIndex;                             //设置系列 1 关卡索引
    CREATE_FUNC(set1ChoiceLayer);
};#endif
```

说明　上述代码为 set1ChoiceLayer 类的头文件，在该头文件中声明了场景所属的管理者指针、欢迎场景指针和场景所需要的精灵等，并声明了 set1ChoiceLayer 类中关于触控事件处理方法、初始化布景方法和回系列场景方法等。

（2）开发完类框架声明后还要真正实现 set1ChoiceLayer 类中的方法，首先要实现的是初始化布景的 init 方法，以完成布景中各个对象的创建以及初始化工作。其具体代码如下。

代码位置：见随书源代码/第 3 章/CutBox/app/src/main/jni/gameCPP 目录下的 set1ChoiceLayer.cpp。

```
bool set1ChoiceLayer::init(){
    if ( !Layer::init() )  return false;                      //调用父类的初始化
    visibleSize = Director::getInstance()->getVisibleSize();   //获取可见区域尺寸
    origin = Director::getInstance()->getVisibleOrigin();     //获取可见区域原点坐标
    set1BgSp=Sprite::create(setPics_PATH+"set1Bg.png");       //创建背景精灵对象
    set1BgSp->setPosition(Point(visibleSize.width/2 + origin.x,visibleSize.height/2+origin.y));
    this->addChild(set1BgSp,0);                    //将背景精灵添加到布景中
    coinNums = UserDefault::getInstance()->getIntegerForKey("coinNums",0);
                                                   //读取此时的金币数
    for(int i=0;i<6;i++){
        if(coinNums<300*i){
            sprite[i]=Sprite::create(      //创建被锁关卡图标精灵对象
                setPics_PATH+StringUtils::format("set1_%dSuo.png",i+1).c_str());
```

```
13            }else{
14                  sprite[i]=Sprite::create(  //创建解锁关卡图标精灵对象
15                    setPics_PATH+StringUtils::format("set1_%d.png",i+1).c_str());
16            }
17            sprite[i]->setPosition(Point(270,300+400*(1-i)));//设置关卡图标精灵位置
18            sPoint[i]=sprite[i]->getPosition();                //获取关卡图标精灵位置
19            this->addChild(sprite[i],1);                 //将关卡图标精灵添加到布景中
20     }
21  ......//此处省略了返回菜单项的创建代码，需要的读者可参考源代码
22        addParticle();                                    //加载粒子系统的方法
23        spRunAction();                                    //使精灵执行指定动作
24        if(!WelcomeLayer::isMusic)     wl->pauseBgMusic();    //暂停播放背景音乐
25        EventListenerTouchOneByOne* listenerTouches =           //创建一个单点触摸监听
26                                    EventListenerTouchOneByOne::create();
27        listenerTouches->setSwallowTouches(true);         //设置下传触摸
28        listenerTouches->onTouchBegan =                  //开始触摸时回调 onTouchBegan 方法
29                          CC_CALLBACK_2(set1ChoiceLayer::onMyTouchBegan,this);
30        listenerTouches->onTouchMoved =                  //开始触摸时回调 onTouchMoved 方法
31                          CC_CALLBACK_2(set1ChoiceLayer::onMyTouchMoved,this);
32        listenerTouches->onTouchEnded =                  //触摸结束时回调 onTouchEnded 方法
33                          CC_CALLBACK_2(set1ChoiceLayer::onMyTouchEnded,this);
34        for(int i=0;i<6;i++){
35              _eventDispatcher->                          //将关卡图标添加到监听器中
36            addEventListenerWithSceneGraphPriority(listenerTouches->clone(), sprite[i]);
37        }
38        _eventDispatcher->                                //将背景精灵添加到监听器中
39                  addEventListenerWithSceneGraphPriority(listenerTouches, set1BgSp);
40        return true;
41  }
```

- 第 5~8 行功能为创建背景精灵对象，设置其位置并将其添加到布景中，最后读取此时的金币数。
- 第 9~20 行功能为创建 6 个关卡图标精灵对象，设置其位置，最后将其添加到布景中。
- 第 22~23 行功能为加载下雪粒子系统并使精灵执行指定动作。
- 第 25~27 行功能为创建一个单点触摸监听并设置下传触摸。
- 第 28~33 行功能是为触摸监听添加开始触控事件的回调方法、触摸移动事件的回调方法以及触控结束事件的回调方法。
- 第 34~37 行功能为将关卡图标精灵对象添加到监听器中。
- 第 38~39 行功能为将背景精灵对象添加到监听器中。

（3）开发完初始化选择系列 1 关卡布景的 init 方法后，接下来开发的就是开始单击屏幕时调用的触控开始事件处理方法 onMyTouchBegan 和手指在屏幕上移动时调用的触控移动事件处理方法 onMyTouchMoved 了。具体代码如下。

代码位置：见随书源代码/第 3 章/CutBox/app/src/main/jni/gameCPP 目录下的 set1ChoiceLayer.cpp。

```
bool set1ChoiceLayer::onMyTouchBegan(Touch *touch, Event *event){
      auto target =                            //获取当前触摸对象，并转化为精灵类型
                static_cast<Sprite*>(event->getCurrentTarget());
      Point location =                         //获取当前坐标
                target->convertToNodeSpace(touch->getLocation());
      auto size = target->getContentSize();    //获取精灵的尺寸
      auto rect = Rect(0, 0, size.width, size.height);//创建一个矩形对象,其尺寸与精灵相同
      startPoint=touch->getLocation();           //获取当前触摸位置
      for(int i=0;i<6;i++) sPoint[i]=sprite[i]->getPosition();//获取关卡图标精灵位置坐标
      struct timeval tv;
      gettimeofday(&tv,NULL);
      timestart= tv.tv_sec * 1000 + tv.tv_usec / 1000;     //获取系统时间
      if( rect.containsPoint(location)){            //判断触摸点是否在目标范围内
          for(int i=0;i<6;i++){
              if(target==sprite[i])  return true;//如果触摸到关卡精灵则返回 true
          }
```

```
17        }else      return false;
18        return true;
19 }
20 void set1ChoiceLayer::onMyTouchMoved(Touch *touch, Event *event){
21        for(int i=0;i<6;i++){                              //遍历所有关卡图标精灵
22              sprite[i]->setPosition(Point(                //设置关卡图标精灵位置
23                    270,                                   //x 坐标
24                    sPoint[i].y+(touch->getLocation().y-startPoint.y)));   //y 坐标
25        }
26 }
```

- 第 1～19 行为触控开始事件的 onMyTouchBegan 方法，当玩家刚开始单击屏幕时会调用此方法。

其中，第 2～5 行功能为获取当前触摸对象，并转化为精灵类型，最后获取当前坐标。

其中，第 6～9 行功能为获取精灵的尺寸并创建一个矩形对象，其尺寸与精灵尺寸相同，获取当前触摸到的位置和各个关卡图标精灵位置坐标。

其中，第 13～17 行功能为如果触摸点在目标范围内，并且触摸到关卡精灵则返回 true，否则返回 false。

- 第 20～26 行功能为触控移动事件的 onMyTouchMoved 方法，玩家手指在屏幕上移动时会调用此方法。
- 第 21～25 行功能为遍历所有关卡图标精灵并设置各个关卡图标精灵对象的位置。

（4）开发完上述触控开始事件的 onMyTouchBegan 方法和触控移动事件的 onMyTouchMoved 方法后，接下来开发触控事件结束时的事件处理方法 onMyTouchEnded 了，当玩家的手指刚刚离开屏幕时会调用此方法。其具体代码如下。

代码位置：见随书源代码/第 3 章/CutBox/app/src/main/jni/gameCPP 目录下的 set1ChoiceLayer.cpp。

```
void set1ChoiceLayer::onMyTouchEnded(Touch *touch, Event *event){
      auto target =                                   //获取当前触摸对象，并转化为精灵类型
            static_cast<Sprite*>(event->getCurrentTarget());
      Point location = target->convertToNodeSpace(touch->getLocation());//获取当前坐标
      auto size = target->getContentSize();                    //获取精灵的大小
      auto rect = Rect(0, 0, size.width, size.height);//创建一个矩形对象，其大小与精灵相同
      int distance = touch->getLocation().y-startPoint.y;//沿 y 轴滑动的距离向量
      struct timeval tv;
      gettimeofday(&tv,NULL);
      long time= tv.tv_sec * 1000 + tv.tv_usec / 1000-timestart; //经过的时间
      float a;                                                  //定义加速度
      if(fabs(distance)>0){
            if(distance>0){                                     //如果为向上滑
                  a=2*abs(distance)/time*time;                  //加速度为正
            }else{
                  a=-2*abs(distance)/time*time;                 //否则，加速度为负
            }
            speed=abs(a)/time*10;                               //设置关卡图标精灵速度
            if(distance<0&&sprite[0]->getPosition().y<700){ //如果向下滑到最下面时
                  for(int i=0;i<6;i++)
                        sprite[i]->runAction(             //关卡图标精灵执行移动动作
                              MoveTo::create(0.2,Point(270,300+400*(1-i))));
            }else if(distance>0&&sprite[5]->getPosition().y>200){//如果向上滑到最上面时
                  for(int i=0;i<6;i++)
                        sprite[i]->runAction(             //关卡图标精灵执行移动动作
                              MoveTo::create(0.2,Point(270,400*(6-i)-200)));
            }else{
                  if(a!=0&&abs(distance)>0){              //如果加速滑动时
                              offset=2*a;
                              schedule(                   //定时回调 updatePosition 方法
                                    schedule_selector(set1ChoiceLayer::updatePosition), 0.005f);
                  }}
      }else{
                  if(rect.containsPoint(location)&&target==sprite[0]){
                        if(WelcomeLayer::isSound)          wl->playClickSound();
                                                          //播放单击音效
```

```
36                  guaQiaIndex=1;                         //设置关卡索引为 1
37                  gsm->gogameScene(indexLevelTag1); //去系列 1 关卡 1 场景
38              }else if(rect.containsPoint(location)&&target==sprite[1]&&coinNums>=300){
39                  if(WelcomeLayer::isSound) wl->playClickSound(); //播放单击音效
40                  guaQiaIndex=2;                         //设置关卡索引为 2
41                  gsm->gogameScene(indexLevelTag2);  //去系列 1 关卡 2 场景
42              }else if(rect.containsPoint(location)&&target==sprite[2]&&coinNums>=300*2){
43                  if(WelcomeLayer::isSound) wl->playClickSound();//播放单击音效
44                  guaQiaIndex=3;                         //设置关卡索引为 3
45                  gsm->gogameScene(indexLevelTag3);  //去系列 1 关卡 3 场景
46              }else if(rect.containsPoint(location)&&target==sprite[3]&&coinNums>=300*3){
47                  if(WelcomeLayer::isSound) wl->playClickSound();
                                                           //播放单击音效
48                  guaQiaIndex=4;                         //设置关卡索引为 4
49                  gsm->gogameScene(indexLevelTag4);  //去系列 1 关卡 4 场景
50              }else if(rect.containsPoint(location)&&target==sprite[4]&&coinNums>=300*4){
51                  if(WelcomeLayer::isSound) wl->playClickSound(); //播放单击音效
52                  guaQiaIndex=5;                         //设置关卡索引为 5
53                  gsm->gogameScene(indexLevelTag5);  //去系列 1 关卡 5 场景
54              }else if(rect.containsPoint(location)&&target==sprite[5]&&coinNums>=300*5){
55                  if(WelcomeLayer::isSound) wl->playClickSound();//播放单击音效
56                  guaQiaIndex=6;                         //设置关卡索引为 6
57                  gsm->gogameScene(indexLevelTag6);  //去系列 1 关卡 6 场景
58  }}
59  }
```

- 第 2～7 行功能为获取当前触摸对象并转化为精灵类型、获取当前坐标、获取精灵的尺寸，然后创建一个矩形对象，其尺寸与精灵尺寸相同，最后声明沿 y 轴滑动的距离向量。
- 第 13～18 行功能为如果向上滑动屏幕则加速度为正，否则，加速度为负。最后设置关卡图标精灵的速度。
- 第 19～32 行功能为在向上滑动屏幕和向下滑动屏幕时使关卡精灵执行跟着手指移动的动作。如果手指加速滑动时，则定时回调 updatePosition 方法。
- 第 34～37 行功能为如果此时单击到的是关卡 1 图标精灵，则根据音效标志位的开关选择是否播放单击音效，并将关卡索引设为 1，最后切换场景至系列 1 关卡 1。
- 第 38～41 行功能为如果此时单击到的是关卡 2 图标精灵，则根据音效标志位的开关选择是否播放单击音效，并将关卡索引设为 2，最后切换场景至系列 1 关卡 2。
- 第 42～45 行功能为如果此时单击到的是关卡 3 图标精灵，则根据音效标志位的开关选择是否播放单击音效，并将关卡索引设为 3，最后切换场景至系列 1 关卡 3。
- 第 46～49 行功能为如果此时单击到的是关卡 4 图标精灵，则根据音效标志位的开关选择是否播放单击音效，并将关卡索引设为 4，最后切换场景至系列 1 关卡 4。
- 第 50～53 行功能为如果此时单击到的是关卡 5 图标精灵，则根据音效标志位的开关选择是否播放单击音效，并将关卡索引设为 5，最后切换场景至系列 1 关卡 5。
- 第 54～58 行功能为如果此时单击到的是关卡 6 图标精灵，则根据音效标志位的开关选择是否播放单击音效，并将关卡索引设为 6，最后切换场景至系列 1 关卡 6。

（5）开发完触控事件结束时的事件处理方法后，接下来开发的就是更新各个关卡图标精灵对象的 updatePosition 方法了。调用该方法可以根据手指在屏幕上的上下滑动的速度来实时的设置各个关卡图标精灵对象的位置。其具体代码如下。

代码位置：见随书源代码/第 3 章/CutBox/app/src/main/jni/gameCPP 目录下的 set1ChoiceLayer.cpp。

```
void set1ChoiceLayer::updatePosition(float f){
    if(offset>0){                                        //加速滑动距离向量为正
        for(int i=0;i<6;i++){
            sPoint[i]=sprite[i]->getPosition();      //获取关卡图标精灵位置
            sprite[i]->setPosition(Point(270,sPoint[i].y+speed));
                                                     //设置关卡图标精灵位置
            sPoint[i]=sprite[i]->getPosition();      //获取关卡图标精灵位置
```

```
7        }
8     }else{
9        for(int i=0;i<6;i++){
10           sPoint[i]=sprite[i]->getPosition();              //获取关卡图标精灵位置
11           sprite[i]->setPosition(Point(270,sPoint[i].y-speed));
                                                              //设置关卡图标精灵位置
12           sPoint[i]=sprite[i]->getPosition();              //获取关卡图标精灵位置
13    }}
14    step=step+speed;                                        //已经滑动的距离
15    if(step<abs(offset)/3*2){
16        speed++;                                            //速度自加
17    }else if(step>abs(offset)/3*2){
18        speed=speed-2;                                      //速度减少
19        if(speed==0||speed==-1)     speed=1;                //速度设为 1
20    }
21    if(step>=abs(offset)||(offset<0&&sprite[0]->getPosition().y<700)
22                   ||(offset>0&&sprite[5]->getPosition().y>200)){
23        this->unschedule(SEL_SCHEDULE(&set1ChoiceLayer::updatePosition));
                                                              //停止回调
24        step=0;
25    }
26  }
```

- 第 1～7 行功能为当加速滑动距离向量为正时，通过遍历所有关卡图标精灵来获取关卡图标精灵对象的位置，然后重新设置关卡图标精灵位置，最后再次获取关卡图标精灵对象的位置。
- 第 8～13 行功能为当加速滑动距离向量为负时，通过遍历所有关卡图标精灵来获取关卡图标精灵对象的位置，然后重新设置关卡图标精灵位置，最后再次获取关卡图标精灵对象的位置。
- 第 14～20 行功能为重新设置已经滑动的距离，如果已经滑动的距离大于三分之二根据加速度滑动的距离则速度自加，否则速度减少。
- 第 21～24 行功能为如果已经滑动的距离大于根据加速度滑动的距离、关卡 1 图标精灵移动到最顶端并且根据加速度滑动距离向量为负或者关卡 6 图标精灵移动到最底端并且根据加速度滑动距离向量为正时，停止回调 updatePosition 方法。

（6）开发完更新各个关卡图标精灵对象的 updatePosition 方法后，最后还要开发的是返回选择系列场景的 backToSet 方法和各个关卡图标精灵对象执行动作的 spRunAction 方法。具体代码如下。

代码位置：见随书源代码/第 3 章/CutBox/app/src/main/jni/gameCPP 目录下的 set1ChoiceLayer.cpp。

```
1  void set1ChoiceLayer::backToSet(Ref* pSender){
2      if(WelcomeLayer::isSound)    wl->playClickSound();     //播放单击音效
3      gsm->goSetScene(true);                                  //返回选择系列场景
4  }
5  void set1ChoiceLayer::spRunAction(){
6      for(int i=0;i<6;i++){                                   //遍历所有关卡图标精灵
7       if(i%2==0)                                             //关卡数为偶数时
8          sprite[i]->runAction(RepeatForever::create(Sequence::create(
                                                               //永远执行一个连续动作
9                               ScaleTo::create(1.2f,0.88f),   //创建一个缩放动作
10                              ScaleTo::create(1.2f,1.0f),
11                              nullptr)));
12       }else{                                                //关卡数为奇数时
13          sprite[i]->runAction(RepeatForever::create(Sequence::create(
                                                               //永远执行一个连续动作
14                              ScaleTo::create(1.2f,1.0f),    //创建一个缩放动作
15                              ScaleTo::create(1.2f,0.88f),
16                              nullptr)));
17       }}
18 }
```

- 第 1～4 行为返回选择系列场景的回调方法。其中第 2～3 行功能为根据音效标志位的开

关来决定是否播放单击音效并且返回选择系列场景。

- 第 5~18 行为各个关卡图标精灵对象执行动作的方法。其中第 6~17 行为遍历所有关卡图标精灵对象，当关卡数为偶数时，偶数关卡图标永久执行一个先缩小后恢复原来的大小的连续动作。当关卡数为奇数时，奇数关卡图标永久执行一个与偶数关卡图标相反的连续动作。

3.4.5 游戏布景类 GameLayer

前面介绍了进入游戏场景之前的场景，下面介绍程序中最主要的场景——游戏场景。其具体的开发步骤如下。

（1）首先需要开发的是 GameLayer 类的框架，该框架中声明了一系列将要使用的成员方法和成员变量，首先介绍的是成员变量，其具体代码如下。

代码位置：见随书源代码/第 3 章/CutBox/app/src/main/jni/gameCPP 目录下的 GameLayer.h。

```
#ifndef __GameLayer_H__
#define __GameLayer_H__
....../此处省略了引用需要的头文件以及声明需要的命名空间的相关代码，需要的读者可参考源代码
#define pixToMeter 5                                          //声明 5 个像素等于 1 米
class GameLayer : public Layer{
public:
    CBDate* cbd;                                        //指向数据类指针
    GameSceneManager* gsm;                              //指向场景管理类指针
    WelcomeLayer* wl;                                   //指向欢迎场景指针
    PauseCode* pc;                                      //指向暂停类指针
    SpriteManager* sm;                                  //指向精灵管理类指针
    MenuItemManager* mim;                               //指向菜单管理类指针
    Sprite* bg;                                         //指向背景精灵的指针
    std::string* ids;                                   //string 类型的 ids
    b2World* world;                                     //指向物理世界的指针
    float* data;                                        //刚体数据
    PhyObject* po;                                      //指向物体类指针
    bool isWin;                                         //是否胜利标志位，true 为胜利
    Sprite* line;                                       //指向线精灵指针
    Sprite* initialPoint;                               //指向线的起始点精灵
    Sprite* currentPoint;                               //指向线的终止点精灵
    b2Vec2 bv1;                                         //线段的起始点
    b2Vec2 bv2;                                         //线段的终止点
    Sprite* spClippingNode;                             //指向被切精灵的指针
    std::vector<b2Body*> cutBodyByLine;                 //存放被线切割的刚体的 vector
    std::vector<b2Body*>::iterator iter_cutBodyByLine;//存放被线切割的刚体的迭代器
    std::vector<b2Vec2> intersectionPoint;  //存放正向线与刚体之间的交点的 vector
    std::vector<b2Vec2>::iterator iter_intersectionPoint;
                                            //存放线与刚体之间的交点的迭代器
    std::map<std::string,PhyObject*> pom;   //存放物体类 PhyObject 的 map
    std::map<std::string,PhyObject*>::iterator iter_pom;//存放物体类 PhyObject 的迭代器
    int indexPhyObject=-1;
    int countKnife = 0;                     //切的刀数
    int numsKnife = 3;                      //切的刀数总数
    int increment = 0;                      //初始化增量金币值
    MotionStreak *myStreak;                 //指向拖尾对象的指针
    int touchID=-1;                         //当前触摸 ID
    Point touchE;                           //触控移动点坐标
    float lys;                              //触摸起点 y 坐标
    bool isPlaySlice;                       //是否播放滑动音效标志位，true 为播放
    bool isOnce=true;                       //去胜利界面的标志位 1
    bool isOnce1=true;                      //去胜利界面的标志位 2
    bool isOnce2=true;                      //去胜利界面的标志位 3
    bool isOnce3=true;                      //去胜利界面的标志位 4
    bool aa=true;                           //撒金币方法是否要执行，true 为要执行
    int n;                                  //需要加成的金币数
    float t;                                //执行移动动作所需要的时间
    bool isTouch = false;                   //触摸标志位，false 表示没有触摸
    bool isTouchEnded = false;              //触摸结束标志位，false 表示没有结束
```

```
        EventListenerTouchOneByOne* listener;  //指向触摸监听的指针
        float degree=0;                        //刀模型旋转角度参数
        bool staticBody = false;               //刚体静态标志位
        int creatCoinNum = 0;                  //创建金币的数目
        Sprite* helpFinger;                    //指向帮助手指精灵
        Sprite* helpPoint;                     //指向帮助点精灵
        Sprite* helpLine;                      //指向帮助直线精灵
    ......//此处省略了成员方法的相关代码，此部分代码将在下面给出
        CREATE_FUNC(GameLayer);
    };#endif
```

> **说明** 上述代码对游戏场景对应布景中的成员变量进行了声明，读者查看注释即可了解其具体的作用，这里不再进行具体的介绍了。

（2）介绍完该框架的成员变量之后，接下来介绍该框架中的成员方法，如画切割线的方法、切割刚体的方法、判断游戏是否胜利的方法、与触控事件相关的方法、金币加成的方法、添加帮助切割线的方法以及玩法提示的方法等。具体代码如下。

代码位置：见随书源代码/第 3 章/CutBox/app/src/main/jni/gameCPP 目录下的 GameLayer.h。

```
        void step();                                        //物理世界模拟
        void update(float delta);                           //更新数据
        virtual bool init();                                //初始化的方法
        void addLine(Point ps, Point pe,Sprite* edgeS);     //画切割线方法
        void cutBody();                                     //切割刚体的方法
        b2Vec2 vectorIndexOf(std::vector<b2Vec2> vectorIn, int indexIn);
                                                            //根据索引获取 vector 中的值
        void segmentation(b2Vec2 bv1, b2Vec2 bv2, b2Body* bodyIn);  //分割刚体的方法
        void createBody(std::vector<b2Vec2> vectorIn, PhyObject* poIn);//创建刚体的方法
        void addParticle();
        bool judgeWin();                                    //判断是否赢的方法
        void goSuccLayer(float dt);                         //跳转胜利或失败的场景界面
        void addCoinLabel(float delta);                     //标签显示获得金币数
        bool myOnTouchBegan(Touch *touch, Event *event);    //开始触控事件的处理方法
        void myOnTouchMoved(Touch *touch, Event *event);    //触控移动事件的处理方法
        void myOnTouchEnded(Touch *touch, Event *event);    //触控结束事件的处理方法
        void myOnTouchCancelled(Touch *touch, Event *event);  //触控终止事件的处理方法
        void addCoin();                                       //金币加成的方法
        void addHelpLine();                                   //添加帮助切割线的方法
        void addTip();                                        //玩法提示的方法
```

> **说明** 上述代码给出了 GameLayer 类中用的一些成员方法，读者在此只需简单了解一下这些方法的功能即可，这些成员方法的具体实现将在下面的步骤中作具体介绍，请不用担心。

（3）开发完类框架声明后还要真正实现 GameLayer 类中的方法，首先要实现初始化布景 init 方法，以完成布景中各个对象的创建以及初始化工作。其具体代码如下。

代码位置：见随书源代码/第 3 章/CutBox/app/src/main/jni/gameCPP 目录下的 GameLayer.cpp。

```
bool GameLayer::init(){
  if ( !Layer::init() )      return false;      //调用父类的初始化
    listener = EventListenerTouchOneByOne::create();  //创建一个触摸监听
    listener->setSwallowTouches(true);                //设置下传触摸
    listener->onTouchBegan =                          //开始触摸时回调 onTouchBegan 方法
                    CC_CALLBACK_2(GameLayer::myOnTouchBegan, this);
    listener->onTouchMoved =                          //触摸移动时回调 onTouchMoved 方法
                    CC_CALLBACK_2(GameLayer::myOnTouchMoved, this);
    listener->onTouchEnded =                          //抬起时回调 onTouchEnded 方法
                     CC_CALLBACK_2(GameLayer::myOnTouchEnded, this);
    listener->onTouchCancelled =   //终止触摸时回调 onTouchCancelled 方法
                     CC_CALLBACK_2(GameLayer::myOnTouchCancelled, this);
    _eventDispatcher->                                //添加到监听器
                 addEventListenerWithSceneGraphPriority(listener, this);
```

```
15      mim = new MenuItemManager(this);                    //创建菜单管理类对象
16      mim->createPauseMenu();                             //调用创建菜单按钮方法
17      mim->createResetMenu();                             //调用创建重置按钮方法
18      sm = new SpriteManager(this);                       //创建精灵管理类对象
19      pc = new PauseCode(this);                           //创建暂停类对象
20      b2Vec2 gravity(0.0f, -10.0f);                       //创建重力加速度向量
21      world = new b2World(gravity);                       //创建物理世界
22      world->SetAllowSleeping(true);                      //允许静止物体休眠
23      ids=new std::string("line");                        //切割线精灵 ID
24      line =                                              //创建切割线精灵对象
25       SpriteManager::createStaticSprite(ids, pics_PATH+"line.png", 0.5f, 0.5f, 0.0f,
         0.0f, 5.0f, 1.0f);
26      this->addChild(line,5);                             //将切割线精灵添加到布景中
27      line->setVisible(false);                            //将切割线设置为不可见
28      ids=new std::string("initialPoint");                //切割线上起点 ID
29      initialPoint =                                      //创建切割线上起点精灵对象
30       SpriteManager::createStaticSprite(ids, pics_PATH+"POINT.png", 0.5f, 0.5f,
         0.0f, 0.0f, 23.0f, 23.0f);
31      this->addChild(initialPoint,5);                     //将起点精灵添加到布景中
32      initialPoint->setVisible(false);                    //将起点精灵设为不可见
33      ids=new std::string("currentPoint");                //切割线当前点 ID
34      currentPoint =                                      //创建切割线上当前点的精灵
35       SpriteManager::createStaticSprite(ids, pics_PATH+"POINT.png", 0.5f, 0.5f, 0.
         0f, 0.0f, 23.0f, 23.0f);
36      this->addChild(currentPoint,5);                     //将切割线上当前点精灵添加到布景中
37      currentPoint->setVisible(false);                    //切割线上当前点设为不可见
38      addParticle();                                      //添加下雪特效
39      cbd = new CBDate(this);                             //创建关卡数据
40      sm->createKnife(numsKnife);                         //创建刀精灵对象
41      sm->addCoinBG();                                    //添加金币背景的方法
42      coinNums = UserDefault::getInstance()->getIntegerForKey("coinNums",0);//读取总的金币数
43      UserDefault::getInstance()->setIntegerForKey("coinNums",coinNums);//存储总的金币数
44      UserDefault::getInstance()->flush();                //事实写入
45      sm->addCoinLabel(coinNums);                         //添加金币精灵的方法
46      sm->createCoin();                                   //创建金币精灵的方法
47      increment = 0;                                      //初始化金币值的增量
48      isWin = false;                                      //还没有胜利
49      schedule(schedule_selector(GameLayer::addCoinLabel), 0.01f);
50      update(0.01f);
51      schedule(schedule_selector(GameLayer::update),0.01f); //定时回调
52      if(WelcomeLayer::isMusic)   wl->playSet1BgMusic();    //播放单击音效
53      addTip();                                             //玩法提示的方法
54      return true;
55  }
```

- 第 3～14 行功能为创建单点触摸监听并设置为下传触摸，然后为其添加开始触摸事件的回调方法、触摸移动时回调方法和触摸结束时的回调方法，最后添加监听器中。
- 第 15～19 行功能为创建菜单管理类对象、创建精灵管理类对象、调用创建重置按钮方法、创建精灵管理类对象并创建暂停类对象。
- 第 20～22 行功能为创建重力加速度向量并创建物理世界，最后允许静止物体休眠。
- 第 23～37 行功能为创建切割线精灵对象、切割线上起点精灵对象和切割线上当前点精灵对象，然后将这些精灵添加到布景中，最后将其全部设置为不可见。
- 第 39～41 行功能为创建关卡数据，然后创建刀精灵对象，最后调用添加金币背景的方法。
- 第 42～44 行功能为读取总的金币数后存储总的金币数。
- 第 45～47 行功能为调用添加金币精灵的方法和创建金币精灵的方法，然后初始化金币值的增量。
- 第 49～53 行功能为定时回调 addCoinLabel 方法和 update 方法，并且根据音效标志位的开关来决定是否播放单击音效，最后调用玩法提示的方法。

（4）开发完初始化布景的 init 方法后，接下来开发的是游戏玩法提示的方法，该方法在系列 1 关卡 1 中才会被调用，在其他关卡不会调用此方法。该方法功能十分简单，调用该方法会出现

玩法提示用来提示不会玩此游戏的玩家怎么玩。具体代码如下。

代码位置：见随书源代码/第 3 章/CutBox/app/src/main/jni/gameCPP 目录下的 GameLayer.cpp。

```
1   void GameLayer::addTip(){
2       if(set1ChoiceLayer::guaQiaIndex==1){                //如果当前是系列 1 关卡 1
3           helpFinger=Sprite::create(pics_PATH+"helpFinger.png");
                                                            //创建帮助信息中的手指精灵
4           helpFinger->setPosition(Point(177,605));//设置手指精灵对象位置
5           this->addChild(helpFinger,2);                  //将手指精灵添加到布景中
6           helpFinger->runAction(RepeatForever::create(         //使手指精灵执行重复动作
7                   Sequence::create(                            //创建连续动作对象
8                       MoveTo::create(2.0f,Point(401,320)),//创建 2s 完成的移动动作对象
9                       MoveTo::create(0.01f,Point(177,605)),//创建 0.01s 完成的移动动作
10                      nullptr)));
11          helpPoint=Sprite::create(pics_PATH+"POINT.png");//创建帮助信息中的点精灵
12          helpPoint->setPosition(Point(139,655));            //设置点精灵位置
13          this->addChild(helpPoint,2);                       //将点精灵添加到布景中
14          helpLine=Sprite::create(pics_PATH+"line.png");//创建帮助信息中的切割线精灵
15          this->addChild(helpLine,2);                   //将切割线精灵添加到布景中
16          if(helpLine){                                 //如果切割线精灵指针不为空
17              helpLine->runAction(RepeatForever::create(//使切割线精灵执行重复动作
18                      Sequence::create(                      //创建连续动作对象
19                          CallFunc::create(                  //创建定时回调方法
20                              CC_CALLBACK_0(GameLayer::addHelpLine,this)),
21                      nullptr)));
22          }}
23  }
```

- 第 3～10 行功能为创建帮助信息中的手指精灵，设置其位置，然后将其添加到布景中，最后使其重复执行一个连续性的动作。
- 第 11～15 行功能为创建帮助信息中的点精灵对象和切割线精灵对象，设置点精灵对象位置，最后将其全部添加到布景中。
- 第 16～22 行功能为当切割线精灵指针不为空时，使切割线精灵重复执行一个连续性动作。该连续性动作主要是定时回调添加帮助切割线的 addHelpLine 方法。

（5）开发完上述的提示玩法的 addTip 方法后，接下来开发的就是物理世界模拟的 step 方法和更新数据的 update 方法了，这两个方法在本案例中十分重要。其中 update 方法可以更新金币和刀的位置等，通过定时回调该方法可以使金币旋转。具体代码如下。

代码位置：见随书源代码/第 3 章/CutBox/app/src/main/jni/gameCPP 目录下的 GameLayer.cpp。

```
void GameLayer::step(){
    float32 timeStep = 2.0f / 60.0f;                             //时间步进
    int32 velocityIterations = 6;                                //速度迭代次数
    int32 positionIterations = 2;                                //位置迭代次数
    world->Step(timeStep,velocityIterations,positionIterations); //执行物理模拟
}
void GameLayer::update(float delta){
    degree+=1;                                                   //旋转角度增加
    for(int i=0;i<numsKnife-countKnife;i++){
        if(sm->allSp[i])
            sm->allSp[i]->setRotation3D(Vec3 (0, degree, 30));//设置刀的偏转角
    }
    sm->spCoin->setRotation3D(Vec3 (0, degree, 0));         //设置金币的偏转角
    step();                                                 //进行物理模拟
    std::map<std::string,PhyObject*>::iterator iter;        //声明迭代器
    for(iter=pom.begin();iter!=pom.end();iter++){           //遍历所有刚体
        PhyObject* po=iter->second;
        po->refresh();                                      //更新刚体状态
    }
    if(judgeWin() == false){                                //如果游戏胜利
        isWin = true;                                       //设置标志位为胜利
        return;
    }else{                                                  //否则
        isWin = false;                                      //设置标志位为未胜利
```

```
25      }
26      if(countKnife == numsKnife){                       //当前切的刀数达到上限
27            staticBody = false;                          //刚体静止标志位设为 false
28            if(judgeWin() == false)  return;             //游戏胜利则返回
29            else   isWin = false;                        //否则将胜利标志位设为 false
30            if(staticBody == true){
31                  isWin = false;                         //将胜利标志位设为 false
32                  scheduleOnce(                          //定时回调一次 goSuccLayer 方法
33                        schedule_selector(GameLayer::goSuccLayer), 2.0f);
34              return;
35            }}
36      if(isTouchEnded == true){                          //如果触摸结束
37            cutBody();                                   //调用切割刚体的方法
38            isTouchEnded = false;                        //触摸未结束
39      }
40  }
```

- 第 1～6 行为实现模拟物体世界的 step 方法，通过设置时间步进、速度迭代次数和位置迭代次数来进行物理模拟。
- 第 8～13 行功能为使旋转角度增加，然后设置刀和金币的偏转角。
- 第 15～19 行功能为声明迭代器，并通过遍历所有刚体来更新刚体状态。
- 第 20～25 行功能为如果游戏胜利，则设置游戏是否胜利标志位为 true，否则将标志位设为 false。
- 第 26～35 行功能为当切的刀数达到上限时，设置刚体静止标志位为 false。如果游戏胜利则返回，否则将胜利标志位设为 false。如果刚体静止标志位为 true，则将胜利标志位设为 false，然后调用一次 goSuccLayer 方法。
- 第 36～39 行功能为如果触摸结束，则调用切割刚体的方法，最后将触摸是否结束标志位设为 false。

（6）开发完上述两个方法后，接下来开发的是手指在屏幕上滑动时出现切割线的 addLine 方法和根据索引获取 vector 中特定值的 vectorIndexOf 方法。具体代码如下。

代码位置：见随书源代码/第 3 章/CutBox/app/src/main/jni/gameCPP 目录下的 GameLayer.cpp。

```
1   void GameLayer::addLine(Point ps, Point pe,Sprite* edgeS){
2        Point p3=ps-pe;                                        //起点到终点的向量
3        Size size=edgeS->getContentSize();                     //获取精灵的尺寸
4        float scaleY=p3.getLength()/size.height;               //计算出精灵 Y 方向缩放比
5        edgeS->setScaleY(scaleY);                              //设置精灵 Y 方向缩放比
6        edgeS->setPosition(                                    //设置精灵的位置
7                 Point((pe.x+ps.x)/2,(pe.y+ps.y)/2));
8        edgeS->                                                //设置精灵偏转角
9             setRotation(-(std::atan2((ps.x-pe.x),(pe.y-ps.y)))*180/3.1415926);
10  }
11  b2Vec2 GameLayer::vectorIndexOf(std::vector<b2Vec2> vectorIn, int indexIn){
12      int indexInTemp = 0;                                    //当前索引
13      b2Vec2 answer;                                          //所求元素
14      std::vector<b2Vec2>::iterator iter_vectorIn = vectorIn.begin();  //声明迭代器
15      for(; iter_vectorIn != vectorIn.end(); iter_vectorIn++){//遍历 vector
16            if(indexInTemp == indexIn){                       //当前索引为所给索引
17                  answer = (*iter_vectorIn);                  //设置所求元素
18            }
19            indexInTemp++;                                    //当前索引加一
20      }
21      return answer;                                          //返回所求元素
22  }
```

- 第 2～4 行功能为声明起点到终点的向量，并且获取精灵尺寸，最后计算出精灵 Y 方向缩放比。
- 第 5～9 行功能为设置精灵 Y 方向缩放比，然后设置精灵的位置，最后设置精灵的偏转角。
- 第 12～13 行功能为声明当前索引和所求元素。

- ❑ 第 14～21 行功能为声明迭代器并遍历向量列表，如果当前索引为所给索引，则设置所求元素，并且将当前索引加一，最后返回所求元素。

（7）开发完上述两个重要方法后，接下来开发的就是切割刚体的 cutBody 方法和创建刚体的 createBody 方法了，这两个方法在本游戏中非常重要。具体代码如下。

代码位置：见随书源代码/第 3 章/CutBox/app/src/main/jni/gameCPP 目录下的 GameLayer.cpp。

```
void GameLayer::cutBody(){
    RayCastClosestCallback* callback =                  //创建光线回调类对象
                        new RayCastClosestCallback(this);
    world->RayCast(callback, bv1, bv2);                  //起点到终点进行光线投射
    world->RayCast(callback, bv2, bv1);                  //终点到起点进行光线投射
    int nums_intersectionPoint = intersectionPoint.size();    //获取投射点总数
    if(nums_intersectionPoint ==0||nums_intersectionPoint % 2!=0){//交点数为 0 或奇数时
        cutBodyByLine.clear();                           //清空存投射刚体的向量
        intersectionPoint.clear();                       //清空存投射点的向量
        return;
    }
    if(countKnife < numsKnife){                          //未超过切割刀数
        if(WelcomeLayer::isSound)     wl->playIceCut();      //播放切割冰块音效
    }
    countKnife++;                                             //切的刀数计数器自加
    if(countKnife >= numsKnife+1){                            //切的刀数超过总刀数
        countKnife--;                                         //切的刀数自减
        cutBodyByLine.clear();                                //清空存投射刚体的向量
        intersectionPoint.clear();                            //清空存投射点的向量
        return;
    }
    sm->removeKnife(countKnife);                              //调用删除刀精灵的方法
    int i = 0;
    for(iter_cutBodyByLine = cutBodyByLine.begin();          //遍历投射刚体
            iter_cutBodyByLine != cutBodyByLine.end();iter_cutBodyByLine++){
        b2Vec2 bv1 = vectorIndexOf(intersectionPoint, i);//获取刚体上的第一个投射点
        b2Vec2 bv2 = vectorIndexOf(       //获取此刚体上的第二个投射点
                        intersectionPoint, nums_intersectionPoint/2+i);
        segmentation(bv1, bv2, (*iter_cutBodyByLine)); //分割刚体的方法
        i++;
    }
    cutBodyByLine.clear();                                    //清空存投射刚体的向量
    intersectionPoint.clear();                                //清空存投射点的向量
    return;
}
void GameLayer::createBody(std::vector<b2Vec2> vectorIn, PhyObject* poIn){
    int nums_data1 = vectorIn.size()*2 + 3;    //新多边形数据的数组长度
    float* data1 = new float[nums_data1];      //新建多边形刚体数据的数组
    int i_data = 0;                            //当前数组索引
    b2Vec2 prePosition(poIn->body->GetPosition().x,poIn->body->GetPosition().y);
                                                       //获取中心点
    data1[i_data] = prePosition.x * pixToMeter;               //设置中心点的 x 坐标
    i_data++;                                                 //索引加一
    data1[i_data] = prePosition.y * pixToMeter;               //设置中心点的 y 坐标
    i_data++;                                                 //索引加一
    data1[i_data] = vectorIn.size();                          //设置点的数目
    i_data++;                                                 //索引加一
    std::vector<b2Vec2>::iterator iter_vectorIn = vectorIn.begin();//声明迭代器
    for(;iter_vectorIn != vectorIn.end();iter_vectorIn++){ //遍历所有的点
        b2Vec2 bv = (*iter_vectorIn) - prePosition;       //获取点相对于中心点的向量
        data1[i_data] = bv.x * pixToMeter;                //设置点的 x 坐标
        i_data++;                                         //索引加一
        data1[i_data] = bv.y * pixToMeter;                //设置点的 y 坐标
        i_data++;                                         //索引加一
    }
    std::string* ids_po =                                     //设置多边形物体的 ID
                    new std::string("D"+StringUtils::format("%d", ++indexPhyObject));
    PhyObject* po1 = new PolygonPhyObject(                    //创建新的刚体
            ids_po,false,this,world,((PolygonPhyObject*)(poIn))->pic,
            ((PolygonPhyObject*)(poIn))->clipper->getRotation()+poIn->dSp-
            >getRotation(),
```

```
60                  data1,2.0f,0.01f,0.0f);
61       float32 angularVelocity_poIn = poIn->body->GetAngularVelocity();
                                                          //获取原来被切刚体角速度
62       po1->body->SetAngularVelocity(angularVelocity_poIn);  //设置新建刚体角速度
63       b2Vec2 linearVelocity = poIn->body->GetLinearVelocity();//获取原来被切刚体线速度
64       po1->body->SetLinearVelocity(linearVelocity);         //设置新建刚体线速度
65       po1->refresh();                                       //更新新建精灵的姿态
66       pom[*ids_po]=po1;                                     //将刚体添加到 map 中
67   }
```

- 第 2～6 行功能为创建光线回调类对象，并对起点到终点进行光线投射和对终点到起点进行光线投射，最后获取投射点总数。
- 第 7～11 行功能为当交点数为 0 或奇数时，清空存投射刚体和存投射点的向量。
- 第 12～15 行功能为在未超过切割刀数的条件下，根据音效开关的标志位决定是否播放切割冰块音效，然后将切的刀数增加。
- 第 16～21 行功能为当切的刀数超过总刀数时，切割刀数减少，并且清空存投射刚体和存投射点的向量。
- 第 22 行为调用删除刀精灵的方法。
- 第 24～33 行功能为遍历投射刚体，获取每个刚体上的第一个投射点和第二个投射点，然后调用分割刚体的方法，最后清空存投射刚体和存投射点的向量。
- 第 37～39 行功能为声明新建多边形数据的数组长度、新建多边形刚体数据的数组和当前数组索引。
- 第 40～46 行功能为获取中心点，并设置中心点的 x 坐标、y 坐标和点的数目，并将索引值加一。
- 第 47～54 行功能为声明迭代器并遍历所有的点，然后获取点相对于中心点的向量，并设置点的 x 坐标和 y 坐标，最后将索引值加一。
- 第 55～60 行功能为设置多边形物体的 ID 并创建新的刚体。
- 第 61～66 行功能为获取原来被切刚体角速度并设置新建刚体角速度，获取原来被切刚体线速度并设置新建刚体线速度，最后更新新建精灵的姿态，将刚体添加到 map 中。

（8）开发完切割刚体的 cutBody 方法和创建刚体的 createBody 方法后，接下来还要开发一个非常重要的方法，即实现刚体分割的 segmentation 方法。其具体代码如下。

代码位置：见随书源代码/第 3 章/CutBox/app/src/main/jni/gameCPP 目录下的 GameLayer.cpp。

```
void GameLayer::segmentation(b2Vec2 bv1,b2Vec2 bv2,b2Body* bodyIn){
    b2Vec2 rayCenter((bv1.x+bv2.x)/2,(bv1.y+bv2.y)/2);     //中心点
    float rayAngle=std::atan2(bv2.y-bv1.y,bv2.x-bv1.x);    //线的角度(弧度制)
    b2Fixture* fixtrue_bodyIn=bodyIn->GetFixtureList();     //获取刚体物理描述
    b2PolygonShape* ps_bodyIn=                              //获取刚体的多边形
                (b2PolygonShape*)(fixtrue_bodyIn->GetShape());
    std::vector<b2Vec2> newPolyVertices1;        //存分割出来第一个多边形数据的向量
    std::vector<b2Vec2> newPolyVertices2;        //存分割出来第二个多边形数据的向量
    int currentPoly=0;                           //声明当前多边形索引
    bool cutPlaced1=false;//是否将用于切割的两点添加到第一个多边形数据向量的标志位，true 为添加
    bool cutPlaced2=false;//是否将用于切割的两点添加到第二个多边形数据向量的标志位，true 为添加
    for(int i=0;i<ps_bodyIn->GetVertexCount();i++){         //遍历刚体多边形数据
        b2Vec2 worldPoint(                                  //将点转化为世界坐标系下的点
                bodyIn->GetWorldPoint(ps_bodyIn->m_vertices[i]));
        float cutAngle=                                     //点与中心点之间的角度
            std::atan2(worldPoint.y-rayCenter.y,worldPoint.x-rayCenter.x)-rayAngle;
        if(cutAngle<-1*b2_pi)                    //两点之间的角度小于负π
            cutAngle+=2 * b2_pi;                 //转化成 0 到 2 倍的π的角度
        if(cutAngle>0&&cutAngle<=b2_pi){         //若在 0°～180° 范围内
            if(currentPoly==2){                  //若当前多边形为第二个多边形
                cutPlaced1=true;                 //更改标志位为 true
                newPolyVertices1.push_back(bv1);
                                                 //将第一个投射点添加到第一个多边形数据向量中
```

```
23                     newPolyVertices1.push_back(bv2);
                                        //将第二个投射点添加到第一个多边形数据向量中
24                 }
25             newPolyVertices1.push_back(worldPoint);
                                        //将当前点添加到存第一个多边形数据的向量中
26             currentPoly=1;           //设置当前多边形
27         }else{                       //若在 180° ~360° 范围内
28             if(currentPoly==1){      //若当前多边形为第一个多边形
29                 cutPlaced2 = true;   //更改标志位为 true
30                 newPolyVertices2.push_back(bv2);
                                        //将第二个投射点添加到第二个多边形数据向量中
31                 newPolyVertices2.push_back(bv1);
                                        //将第一个投射点添加到第二个多边形数据向量中
32             }
33         newPolyVertices2.push_back(worldPoint);//将当前点添加到存第二个多边形数据的向量中
34         currentPoly=2;               //设置当前多边形
35         }
36     }
37     if (!cutPlaced1){       //若没有将两个切割点添加到两个多边形数据向量中
38                 newPolyVertices1.push_back(bv1);
                                        //将第一个投射点添加到第一个多边形数据向量中
39                 newPolyVertices1.push_back(bv2);
                                        //将第二个投射点添加到第一个多边形数据向量中
40     }
41     if (!cutPlaced2){
42                 newPolyVertices2.push_back(bv2);
                                        //将第二个投射点添加到第二个多边形数据向量中
43                 newPolyVertices2.push_back(bv1);
                                        //将第一个投射点添加到第二个多边形数据向量中
44     }
45     std::string* ids_body=(std::string*)(bodyIn->GetUserData());//获取刚体 ID
46     createBody(newPolyVertices1,pom[*ids_body]); //根据第一个多边形数据创建新的刚体
47     createBody(newPolyVertices2,pom[*ids_body]); //根据第二个多边形数据创建新的刚体
48     world->DestroyBody(bodyIn);                  //删除原来的刚体
49     this->removeChild(((PolygonPhyObject*)(pom[*ids_body]))->clipper);
                                                    //移除绘制原来刚体的剪裁节点
50     pom.erase(*ids_body);                        //释放原来刚体的 ID
51     newPolyVertices1.clear();                    //清空存第一个多边形数据的向量
52     newPolyVertices2.clear();                    //清空存第二个多边形数据的向量
53 }
```

- 第 2～6 行功能为声明中心点和线的角度，然后获取刚体物理描述，最后获取刚体的多边形。
- 第 7～11 行功能为声明存分割出来第一个多边形和第二个多边形数据的向量，然后声明当前多边形索引，最后声明是否将用于切割的两点添加到第一个和第二个多边形数据向量的标志位中。
- 第 13～16 行功能为将点转化为世界坐标系下的点，然后获取点与中心点之间的角度。
- 第 17～18 行功能为若两点之间的角度小于负π，则将角度转化成 0 到 2 倍的π。
- 第 19～25 行功能为若点与中心点之间的角度在 0°～180° 内，且当前多边形为第二个多边形，则将用于切割的两点添加到第一个多边形数据向量的标志位设为 true、将第一个投射点添加到第一个多边形数据向量中、将第二个投射点添加到第一个多边形数据向量中，然后将当前点添加到存第一个多边形数据的向量中。
- 第 27～33 行功能为若点与中心点之间的角度在 180°～360° 内，且当前多边形为第一个多边形。将第二个投射点和第一个投射点都添加到第二个多边形数据向量中，然后将当前点添加到第二个多边形数据向量中。
- 第 45～52 行功能为根据第一个和第二个多边形数据创建新的刚体，删除原来的刚体，移除绘制原来刚体的剪裁节点并且释放原来刚体的 ID，最后清空存第一个和第二个多边形数据的向量。

（9）完成开发分割刚体的 segmentation 方法后，接下来开发的就是判断游戏是否胜利的 judgeWin 方法和跳转胜利或失败场景的 goSuccLayer 方法了。具体代码如下。

代码位置：见随书源代码/第 3 章/CutBox/app/src/main/jni/gameCPP 目录下的 GameLayer.cpp。

```
1   bool GameLayer::judgeWin(){
2       std::map<std::string,PhyObject*>::iterator iter;    //声明迭代器
3       bool inScreen = false;                              //刚体是否超出屏幕标志位
4       for(iter=pom.begin();iter!=pom.end();iter++){       //遍历刚体
5           PhyObject* po=iter->second;
6           if(po->poId->at(0)=='D'){                       //如果刚体能够切割
7               b2Vec2 pBody = po->body->GetPosition();     //获取当前刚体的位置
8               b2Vec2 linearV = po->body->GetLinearVelocity();  //获取线速度
9               float32 length = linearV.Length();          //获取线速度的大小
10              if(length == 0.0f){                         //线速度为 0
11                  staticBody = true;    //将刚体静态标志位设为 true
12              }
13              if(pBody.y >= -HEIGHT/2/pixToMeter - 50){  //刚体位置在屏幕下面
14                  inScreen = true;      //将标志位设为 true
15              }
16      }}
17      return inScreen;                                    //返回标志位的值
18  }
19  void GameLayer::goSuccLayer(float dt){
20      if(isWin){
21          Scene* succScene = Scene::create();                      //创建场景对象
22          SuccLayer *slayer = SuccLayer::create();                 //创建一个布景对象
23          slayer->gsm=this->gsm;                                   //设置管理者
24          slayer->indexLayer = this->getTag();                     //获取当前关卡索引值
25          slayer->giftStarAction(numsKnife - countKnife + 1); //调用创建星星数的方法
26          slayer->initSucc();          //初始化胜利场景的方法
27          succScene->addChild(slayer); //向场景添加布景
28          auto s = TransitionSlideInT::create(0.15f, succScene);//创建切换特效
29          Director::getInstance()->replaceScene(s);            //执行切换场景
30      }else{
31          Scene* succScene = Scene::create();                      //创建场景对象
32          SuccLayer *slayer = SuccLayer::create();      //创建一个布景对象
33          slayer->gsm=this->gsm;                        //设置管理者
34          slayer->indexLayer = this->getTag();          //获取当前关卡索引值
35          slayer->initFail();                           //初始化失败场景的方法
36          succScene->addChild(slayer);                  //向场景中添加布景
37          auto s = TransitionSlideInT::create(0.15f, succScene); //创建切换特效
38          Director::getInstance()->replaceScene(s);          //指向切换场景
39      }
40  }
```

- 第 1～18 行为判断游戏是否胜利的方法，调用该方法会返回一个 bool 类型的值，当游戏胜利时返回 false，当游戏失败时返回 true。
- 第 2～3 行功能为声明迭代器和刚体是否超出屏幕标志位。
- 第 4～17 行功能为遍历所有刚体，如果刚体能够切割，则首先获取当前刚体位置和线速度大小，然后判断线速度大小是否为零，如果为零则设置刚体静态标志位设为 true，最后判断刚体位置是否在屏幕下面，如果在则将刚体是否超出屏幕标志位设为 true 并返回。
- 第 19～40 行为游戏进入胜利或者失败场景的方法，调用该方法会根据游戏是否胜利来进入相应的游戏胜利或者失败场景。第 21～29 行功能为如果游戏胜利，则首先创建场景对象和布景对象，然后设置管理者、获取当前关卡索引值、调用创建星星数的方法和初始化胜利场景的方法，再将布景添加到场景中，最后加上切换场景的特效并切换场景。第 31～38 行功能为如果游戏失败，则首先创建场景对象和布景对象，然后设置管理者、获取当前关卡索引值、调用初始化失败场景的方法，再将布景添加到场景中，最后加上切换场景的特效并切换场景。

（10）如果在没有获得本关卡金币的情况下，在游戏胜利但是未进入游戏胜利场景之前，会有

一个金币加成的过程。接下来开发的就是金币加成的方法，通过调用该方法可以出现金币不断从右下角向左上角移动并消失的金币加成效果。其具体代码如下。

代码位置：见随书源代码/第 3 章/CutBox/app/src/main/jni/gameCPP 目录下的 GameLayer.cpp。

```
1   void GameLayer::addCoin(){
2        if(WelcomeLayer::isSound)    wl->addCoinSound();     //播放加金币的音效
3        creatCoinNum++;                                       //金币数目加一
4        if(creatCoinNum == n){                                //当金币数达到所需金币值时
5              creatCoinNum = 0;                               //金币数设为 0
6              return;
7        }
8        if(creatCoinNum<=2*n/3){                              //当金币数少于所需金币的 2/3
9              t=0.5-float((creatCoinNum)/100);                //设置金币移动总时间
10       }else{
11             t=0.5+float((creatCoinNum)/100);                //设置金币移动总时间
12       }
13       Sprite* tempCoin = Sprite::create(obj_PATH+"jb.png");//创建金币增加时的金币精灵对象
14       tempCoin->setPosition(Point(590,-89));               //设置金币精灵位置
15       tempCoin->setScale(0.2);                             //设置金币精灵缩放比
16       this->addChild(tempCoin,4);                          //将金币精灵添加到布景中
17       tempCoin->runAction(                                  //使金币精灵执行特定动作
18             Sequence::create(                               //创建一个连续动作
19                   Spawn::create(                            //创建一个同步执行动作
20                         MoveTo::create(t,Point(WIDTH/6-50, HEIGHT-30)),
21                         Sequence::create(                   //创建连续动作
22                               ScaleTo::create(0.1,0.25),//创建一个缩放动作
23                               CallFunc::create( //创建定时回调 addCoin 方法
24                                     CC_CALLBACK_0(GameLayer::addCoin,this)),
25                               Spawn::create(                //创建同步执行动作
26                                     ScaleTo::create(0.1,0.35),//创建缩放动作
27                                     FadeOut::create(1.2), //创建淡出动作
28                                     nullptr), nullptr), nullptr),
29             RemoveSelf::create(true),                       //创建移除自身动作
30             nullptr));
31  }
```

- 第 2～3 行功能为根据音效标志位的开关来决定是否播放加金币的音效，然后将金币数目增加。
- 第 4～7 行功能为当此时金币数达到所需加成的金币值时，将金币数设为 0。
- 第 8～12 行功能为根据金币的数目来设置金币移动动作的总时间。
- 第 13～16 行功能为创建加成金币精灵对象，并设置其位置和缩放比，最后将其添加到布景中。
- 第 17～30 行功能为使加成金币精灵执行一个连续动作。
- 第 18～30 行功能为创建一个连续动作，连续动作中包含一个同步执行动作，该同步执行动作中还包含一个移动动作、连续动作和同步执行动作。由于金币精灵执行的动作较为复杂，建议读者仔细查看源代码，并运行案例观察，这样效果更佳。

（11）开发完上述金币加成的方法后，接下来开发的是改变显示金币数标签的 addCoinLabel 方法了，通过定时回调该方法可实现在游戏胜利后，显示金币数标签不断改变的功能。具体代码如下。

代码位置：见随书源代码/第 3 章/CutBox/app/src/main/jni/gameCPP 目录下的 GameLayer.cpp。

```
void GameLayer::addCoinLabel(float delta){
     if(isWin == false || countKnife == 0)      return;            //如果失败则返回
     else{
          increment++;                                              //金币增量值自加
          int minCoins;                                             //金币总增量
          int coinsTemp1 = coinNums - (this->getTag()-1) * 300;    //当前金币数量
          if(coinsTemp1 == 0){                                      //没有玩过本关
               minCoins = (numsKnife - countKnife + 1)*100;        //设置金币总增量
          }else if(coinsTemp1 == 100){                              //最高得分 100
               if(numsKnife - countKnife + 1 == 1){                 //获得一颗星
                    if(isOnce1){
                         goSuccLayer(0.0f);                         //去胜利场景
                         if(WelcomeLayer::isSound)  wl->playSucc();//播放胜利音效
```

```
14                  isOnce1=false;                  //标志位设置为 false
15              }return;
16          }
17          minCoins = (numsKnife - countKnife + 1)*100 - 100; //设置金币总增量
18      }else if(coinsTemp1 == 200){  //最高得分 200
19       if(numsKnife - countKnife + 1 == 1 || numsKnife - countKnife + 1 == 2){
                                                    //没有获得三颗星
20              if(isOnce2){
21                  goSuccLayer(0.0f);              //去胜利场景
22                  if(WelcomeLayer::isSound)  wl->playSucc();//播放胜利音效
23                  isOnce2=false;
24              }
25              return;
26          }
27          minCoins = 100;                         //设置金币总增量为 100
28      }else if(coinsTemp1 == 300){                //最高得分 300
29          if(isOnce3){
30              goSuccLayer(0.0f);                  //去胜利场景
31              if(WelcomeLayer::isSound)   wl->playSucc();   //播放胜利音效
32              isOnce3=false;
33          }
34          return;}
35      if(increment >= (minCoins)+1){              //如果金币增量超过总增量
36          if(increment <= (minCoins)+100) return; //金币增量不超过总增量加 100，则返回
37          if(isOnce){
38              goSuccLayer(0.0f);                  //去胜利场景
39              if(WelcomeLayer::isSound)  wl->playSucc();   //播放胜利音效
40              isOnce=false;
41          }
42          return;
43      }else{
44          if(increment<(numsKnife - countKnife + 1)*100-50){
45              if(aa){                             //执行金币加成标志位
46                  if(minCoins==100){              //金币总增量为 100
47                      n=15;                       //实际金币精灵数为 15
48                  }else if(minCoins==200){        //金币总增量为 200
49                      n=30;                       //实际金币精灵数为 30
50                  }else if(minCoins==300){        //金币总增量为 300
51                      n=45;}                      //实际金币精灵数为 45
52                  addCoin();                      //金币加成的方法
53                  aa=false;
54              }}
55          if(sm->coinNumLabel)                    //精灵不为空
56              sm->coinBgSp->removeChild(sm->coinNumLabel, true);//删除原先的金币数
57          sm->coinNumLabel =  //创建新的 Label
58                  Label::createWithCharMap(pics_PATH+"number.png",27,50, '0');
59          sm->coinNumLabel->setAnchorPoint(Point(0,0));  //设置 Label 的锚点
60          sm->coinNumLabel->setPosition(Point( 100,  52)); //设置文本标签的位置
61          std::string sNum =                      //金币数目
62                  StringUtils::format("%d", increment+coinNums);
63          sm->coinNumLabel->setString(sNum);                //设置文本标签的值
64          sm->coinBgSp->addChild(sm->coinNumLabel,0);//将文本标签添加到金币背景中
65      }}
66  }
```

- 第 4～6 行功能为金币增量值自加，声明金币总增量和当前金币数量。
- 第 7～8 行功能为如果没有玩过本关卡，则设置金币总增量。
- 第 9～33 行功能为如果之前玩过本关卡，根据之前的不同得分来设置金币总增量。
- 第 9～17 行功能为如果之前最高得分为 100 并且获得一颗星，则切换到胜利场景并播放胜利音效。
- 第 18～27 行功能为如果之前最高得分为 200 并且没有获得三颗星，则切换到胜利场景并且播放游戏胜利音效，最后设置金币总增量为 100。
- 第 28～33 行功能为如果之前最高得分为 300，则切换到胜利场景并播放游戏胜利音效。
- 第 35～42 行功能为在金币增量超过总增量的条件下，如果金币增量不超过总增量加 100

则返回，否则切换到胜利场景并且播放游戏胜利音效。

- 第 43～65 行功能为在金币增量没有超过总增量的条件下，如果执行金币加成标志位为 true，则根据金币总增量设置实际金币精灵的数目并且调用金币加成的方法。如果显示金币数标签指针不为空，则删除自身，并且创建新的文本标签并设置其显示值，最后将其添加到金币背景中。

（12）开发完上述改变显示金币数标签的 addCoinLabel 方法后，接下来开发的是开始触控事件的处理方法，该方法是在手指刚开始单击屏幕时被调用的。其具体代码如下。

代码位置：见随书源代码/第 3 章/CutBox/app/src/main/jni/gameCPP 目录下的 GameLayer.cpp。

```
1  bool GameLayer::myOnTouchBegan(Touch *touch, Event *event){
2      lys=touch->getLocation().y;                    //获取触控点的 y 坐标
3      if(WelcomeLayer::isSound){                     //音效开关标志位为开
4          isPlaySlice=true;                          //设置播放滑动音效标志位为 true
5      }else{
6          isPlaySlice=false;                         //设置播放滑动音效标志位为 false
7      }
8      if(touchID!=-1&&touchID!=touch->getID()){      //当前已经有触摸点
9          return false;                              //返回 false
10     }
11     if(pc->statePause == true){                    //当前状态处于暂停状态
12         return false;                              //返回 false
13     }
14     myStreak =                                     //创建拖尾对象
15         MotionStreak::create(0.5, 1, 17, Color3B(255,255,255), pics_PATH+"streak.png");
16     myStreak->setBlendFunc(BlendFunc::ADDITIVE);   //设置混合
17     addChild(myStreak,3);                          //将拖尾对象添加到布景中
18     isTouch = true;                                //将标志位设为已被触摸
19     addLine(touch->getStartLocation(), touch->getLocation(), line);//调用画线的方法
20     line->setVisible(true);                        //设置线为可见
21     initialPoint->setPosition(                     //设置线上起点精灵的位置
22                 touch->getStartLocation().x,touch->getStartLocation().y);
23     initialPoint->setVisible(true);                //设置起点精灵可见
24     touchID=touch->getID();                        //获取当前触摸 ID
25     if(helpFinger){
26         this->removeChild(helpFinger,true);        //移除帮助手指精灵对象
27     }
28     if(helpLine){
29         this->removeChild(helpLine,true);          //移除帮助直线精灵对象
30     }
31     if(helpPoint){
32         this->removeChild(helpPoint,true);         //移除帮助点精灵对象
33     }
34     return true;
35 }
```

- 第 2～7 行功能为获取触控点 y 坐标，并且根据当前音效标志位来设置是否播放滑动音效标志位。
- 第 8～13 行功能为如果当前已有触控点或者当前处于暂停状态，则返回 false。
- 第 14～17 行功能为创建拖尾对象并设置混合，然后将其添加到布景中。
- 第 18～24 行功能为设置标志位为已被触摸并调用画线的方法，然后设置线上起点精灵的位置和设置起点精灵可见，最后获取当前触摸 ID。
- 第 25～33 行功能为如果帮助手指精灵对象、帮助直线精灵对象或帮助点精灵对象存在，则将存在的这些对象分别移除。

（13）开发完开始触控事件的处理方法后，最后开发的是触控移动事件的处理方法和触控结束事件的处理方法。这两个方法分别是在手指在屏幕上移动时和手指刚刚离开屏幕时被调用。具体代码如下。

代码位置：见随书源代码/第 3 章/CutBox/app/src/main/jni/gameCPP 目录下的 GameLayer.cpp。

```
1  void GameLayer::myOnTouchMoved(Touch *touch, Event *event){
2      if(touchID!=touch->getID())       return;
3      touchE=touch->getLocation();                          //获取触控点的位置
4      myStreak->setPosition(touchE);                        //设置拖尾对象的位置
5      addLine(touch->getStartLocation(), touch->getLocation(), line); //调用画线的方法
6      if(isPlaySlice && fabs(touchE.y-lys)>Line_Size){
7          wl->playSlice();                                  //播放切割音效
8          isPlaySlice=false;                                //标志位设为 false
9      }
10     currentPoint->setPosition(    //设置线的当前点精灵的位置
11                 touch->getLocation().x,touch->getLocation().y);
12     currentPoint->setVisible(true);                       //设置当前点精灵可见
13 }
14 void GameLayer::myOnTouchEnded(Touch *touch, Event *event){
15     if(touchID!=touch->getID())       return;
16     touchID=-1;
17     bv1 = b2Vec2((touch->getStartLocation().x - WIDTH/2)/pixToMeter ,
                                                      //记录起点物理世界下坐标
18                   (touch->getStartLocation().y - HEIGHT/2)/pixToMeter);
19     bv2 = b2Vec2((touch->getLocation().x - WIDTH/2)/pixToMeter ,
                                                      //记录终点物理世界下坐标
20                  (touch->getLocation().y - HEIGHT/2)/pixToMeter);
21     isTouchEnded = true;                                  //将触摸结束标志位设为 false
22     line->setVisible(false);                              //设置线不可见
23     initialPoint->setVisible(false);                      //设置起始点精灵不可见
24     currentPoint->setVisible(false);                      //设置当前点精灵不可见
25     isTouch = false;                                      //将触摸标志位设为 false
26     if(myStreak)    this->removeChild(myStreak,true);//如果拖尾对象存在则将其移除
27 }
```

- 第 1～13 行为触摸移动事件的 myOnTouchMoved 方法。其中第 2～3 行功能为当触摸未结束时再次触摸则返回，即触摸无效。第 4～5 行功能为获取触控点的位置并设置拖尾对象的位置。
- 第 6～12 行功能为当播放切割音效标志位为 true 且手指在屏幕滑动距离大于切割线原始尺寸时，播放切割音效，然后设置线上的当前点精灵的位置，最后设置当前点精灵为可见。
- 第 14～27 行为触摸结束事件的 myOnTouchEnded 方法。其中第 17～20 行功能为记录起点和终点的物理世界下的坐标。
- 第 21～26 行功能为将触摸结束标志位和触摸标志位设为 false，并且设置线精灵、起点精灵和当前点精灵为不可见，最后在拖尾对象存在的情况下，将其自身从布景中移除。

3.4.6 游戏胜利或失败布景类 SuccLayer

上一小节向读者介绍了游戏布景类，接下来介绍游戏胜利或者失败之后进入到的胜利或失败布景类。该布景功能比较简单，当游戏胜利或者失败后会自动跳转到该布景。其具体开发步骤如下。

（1）首先需要开发的是 SuccLayer 类的框架，该框架中声明了一系列将要使用的成员变量和成员方法，其具体代码如下。

代码位置：见随书源代码/第 3 章/CutBox/app/src/main/jni/gameCPP 目录下的 SuccLayer.h。

```
#ifndef __SuccLayer_H__
#define __SuccLayer_H__
......//此处省略了引用需要的头文件以及声明需要的命名空间的相关代码，需要的读者可参考源代码
class SuccLayer : public cocos2d::Layer{
public:
    GameSceneManager* gsm;                              //指向场景管理者的指针
    WelcomeLayer* wl;                                   //指向欢迎场景的指针
    SpriteManager* sm;                                  //创建精灵管理类对象
    int numKnife;                                       //记录星星数
    int indexLayer;                                     //记录当前关卡的索引值
    Size visibleSize;                                   //获取可见区域尺寸
```

```
    Point origin;                                   //获取可见区域原点坐标
    Sprite* bgSp;                                   //指向背景精灵指针
    Menu* menuReset;                                //指向重新开始菜单指针
    Menu* menuNext;                                 //指向下一关菜单指针
    Menu* menuGoLevel;                              //指向选关菜单指针
    Sprite* (star)[3];                              //指向星星精灵指针数组
    Sprite* completeSp;                             //恭喜过关文字精灵指针
    Sprite* praiseSp;                               //表扬文字精灵指针
     float degree=0;                                //刀模型旋转角度
    virtual bool init();                            //初始化的方法
    void reSet(Ref* pSender);                       //重新开始本关卡回调方法
    void nextLevel(Ref* pSender);                   //去下一关回调方法
    void goLevel(Ref* pSender);                     //回选关界面回调方法
    void initFail();                                //初始化失败场景方法
    void initSucc();                                //初始化胜利场景方法
    void addParticle();                             //添加粒子系统的方法
    void giftStarAction(int starNum);               //创建奖励星星的方法
    void addBombPartical(float delta);              //添加礼花粒子系统
    int randomX();                                  //生成随机数方法
    int randomY();                                  //生成随机数方法
     ~SuccLayer();                                  //析构函数
     void update(float delta);                      //更新数据的方法
    CREATE_FUNC(SuccLayer);
};#endif
```

> **说明** 该类的结构比较简单，主要是对用到的一些相关方法及变量进行了声明。另外还调用 Cocos2d-x 中提供的 CREATE_FUNC 宏完成了 create 方法代码的生成，此 create 方法中包含了创建和适当初始化 SuccLayer 类对象的代码。

（2）开发完类框架声明后还要真正实现 SuccLayer 类中的方法，首先需要开发的是初始化布景 init 的方法，以完成布景中各个对象的创建以及初始化工作，其具体的代码如下。

代码位置：见随书源代码/第 3 章/CutBox/app/src/main/jni/gameCPP 目录下的 SuccLayer.cpp。

```
bool SuccLayer::init(){
  ......//此处省略了调用父类初始化相关代码，需要的读者可参考源代码
    visibleSize = Director::getInstance()->getVisibleSize(); //获取可见区域尺寸
    origin = Director::getInstance()->getVisibleOrigin();  //获取可见区域原点坐标
    bgSp = Sprite::create(setPics_PATH+"setBg.png");         //创建背景精灵对象
    bgSp->setPosition(                                        //设置背景精灵位置
              Point(visibleSize.width/2 + origin.x, visibleSize.height/2 + origin.y));
    this->addChild(bgSp, 0);     //将背景精灵添加到布景中
    auto resetItem = MenuItemImage::create(   //创建重玩菜单项
               succPics_PATH+"reset1.png",                    //平时的图片
               succPics_PATH+"reset2.png",                    //选中时的图片
               CC_CALLBACK_1(SuccLayer::reSet, this));        //单击时执行的回调方法
    resetItem->setPosition(                                   //设置重玩菜单项位置
        Point(
               origin.x + resetItem->getContentSize().width/2,      //x 坐标
               origin.y + resetItem->getContentSize().height/2+20)); //y 坐标
    menuReset = Menu::create(resetItem, (char*)NULL); //创建重玩菜单对象
    menuReset->setPosition(Point::ZERO);              //设置重玩菜单位置
    this->addChild(menuReset, 1);                     //将重玩菜单添加到布景中
    auto goLevelItem = MenuItemImage::create(         //创建回选关场景菜单项
             pics_PATH+"goLevel.png",                 //平时的图片
             pics_PATH+"goLevel1.png",                //选中时的图片
             CC_CALLBACK_1(SuccLayer::goLevel, this));//单击时执行的回调方法
    goLevelItem->setPosition(                         //设置菜单项的位置
        Point(
             origin.x - goLevelItem->getContentSize().width/2+540,    //x 坐标
             origin.y + goLevelItem->getContentSize().height/2+20));   //y 坐标
    menuGoLevel = Menu::create(goLevelItem, (char*)NULL); //创建回选关场景菜单对象
    menuGoLevel->setPosition(Point::ZERO);            //设置菜单位置
    this->addChild(menuGoLevel, 1);                   //将菜单添加到布景中
    addParticle();                                    //加载粒子系统的方法
    sm = new SpriteManager(this);                     //创建精灵管理类对象
```

```
33        sm->addCoinBG();                                  //添加金币背景的方法
34        sm->createCoin();                                 //创建金币精灵的方法
35        schedule(                                         //定时回调 update 方法
36            schedule_selector(SuccLayer::update), 0.01f);
37        if(!WelcomeLayer::isMusic)       wl->pauseBgMusic();//暂停播放背景音乐
38        return true;
39  }
```

- 第 3～8 行功能为获取可见区域尺寸和原点坐标，然后创建背景精灵对象并设置其位置，最后将背景精灵对象添加到布景中。
- 第 9～19 行功能为创建重玩菜单项并设置菜单项位置，然后创建重玩菜单对象并设置其位置，最后将重玩菜单对象添加到布景中。
- 第 20～30 行功能为创建回选关场景菜单项并设置菜单项位置，然后创建回选关场景菜单对象并设置其位置，最后将其添加到布景中。
- 第 32～36 行功能为创建精灵管理类对象并调用精灵管理类中的添加金币背景的方法和创建金币精灵的方法，然后定时回调更新数据的 update 方法。
- 第 37 行功能为如果背景音乐标志位开关为 false 时，则暂停播放背景音乐。

（3）开发完初始化布景的 init 方法后，接下来开发的是初始化胜利场景 initSucc 方法了，调用该方法会使本场景呈现游戏胜利的场景。其具体代码如下。

代码位置：见随书源代码/第 3 章/CutBox/app/src/main/jni/gameCPP 目录下的 SuccLayer.cpp。

```
1   void SuccLayer::initSucc(){
2       coinNums =                                              //读取总的金币数
3               UserDefault::getInstance()->getIntegerForKey("coinNums",0);
4       if(coinNums >= indexLayer*300){
5           auto nextLevelItem = MenuItemImage::create(  //创建去下一关菜单项
6               succPics_PATH+"continue3.png",                  //平时的图片
7               succPics_PATH+"continue4.png",                  //选中时的图片
8               CC_CALLBACK_1(SuccLayer::nextLevel, this)); //单击时执行的回调方法
9           nextLevelItem->setPosition(                          //设置菜单项的位置
10              Point(
11                  origin.x+270,                                //x 坐标
12                  origin.y + nextLevelItem->getContentSize().height/2+20));
                                                                 //y 坐标
13          menuNext = Menu::create(nextLevelItem, (char*)NULL);  //创建菜单对象
14          menuNext->setPosition(Point::ZERO);                  //设置菜单位置
15          this->addChild(menuNext, 1);                         //将菜单添加到布景中
16      }
17      if(indexLayer==12){
18          completeSp=                                          //创建恭喜过关文字精灵
19                  Sprite::create(succPics_PATH+"complete.png");
20          completeSp->setPosition(                             //设置文字精灵位置
21                          Point(visibleSize.width/2 + origin.x, 750));
22          bgSp->addChild(completeSp,0);                        //将文字精灵添加到背景中
23          schedule(
24              schedule_selector(SuccLayer::addBombPartical),1.3f);
25      }else{
26          completeSp=Sprite::create(succPics_PATH+"complete.png");//创建恭喜过关文字精灵
27          completeSp->setPosition(Point(visibleSize.width/2 + origin.x, 750));
                                                                 //设置精灵位置
28          bgSp->addChild(completeSp,0);                        //将文字精灵添加到背景中
29      }
30  }
```

- 第 4～16 行功能为如果前面的关卡均三颗星过关，则创建去下一关菜单项并设置菜单项位置，然后创建去下一关菜单对象并设置其位置，最后将其添加到布景中。
- 第 17～24 行功能为创建恭喜过关文字精灵对象并设置其位置，然后将其添加到背景中，最后定时回调添加爆炸礼花粒子系统的 addBombPartical 方法。
- 第 25～29 行功能为创建恭喜过关文字精灵对象，然后设置该精灵的位置，最后将恭喜过

关文字精灵添加到背景中。

（4）开发完上述初始化胜利场景的方法后，接下来还要开发初始化失败场景的 initFail 方法，调用该方法会使本场景呈现游戏失败的场景。其具体代码如下。

代码位置：见随书源代码/第 3 章/CutBox/app/src/main/jni/gameCPP 目录下的 SuccLayer.cpp。

```
1   void SuccLayer::initFail(){
2       completeSp=                                              //创建失败 1 文字精灵对象
3                   Sprite::create(succPics_PATH+"fail1.png");
4       completeSp->setPosition(                                 //设置文字精灵位置
5                   Point(visibleSize.width/2 + origin.x, 750));
6       bgSp->addChild(completeSp,0);                            //将文字精灵添加到背景中
7       completeSp=                                              //创建失败 2 文字精灵对象
8                   Sprite::create(succPics_PATH+"fail2.png");
9       completeSp->setPosition(                                 //设置文字精灵位置
10                  Point(visibleSize.width/2 + origin.x,450));
11      bgSp->addChild(completeSp,0);                            //将文字精灵添加到背景中
12      sm->addCoinBG();                                         //添加金币背景的方法
13      coinNums =                                               //读取总的金币数
14                  UserDefault::getInstance()->getIntegerForKey("coinNums",0);
15      sm->addCoinLabel(coinNums);                              //添加金币标签
16  }
```

- 第 2～6 行功能为创建失败 1 文字精灵对象并设置其位置，最后将其添加到背景中。
- 第 7～11 行功能为创建失败 2 文字精灵对象并设置其位置，最后将其添加到背景中。
- 第 12～15 行功能为调用精灵管理类中添加金币背景的方法并且读取当时获得的总金币数，然后根据读取的总金币数来更改显示金币数的标签。

（5）完成初始化失败场景的方法后，接下来开发的是创建奖励星星的 giftStarAction 方法，调用该方法可以根据玩家表现生成相应数目的奖励星星以及得到对应的评价。其具体代码如下。

代码位置：见随书源代码/第 3 章/CutBox/app/src/main/jni/gameCPP 目录下的 SuccLayer.cpp。

```
void SuccLayer::giftStarAction(int starNum){
    for(int i=0;i<starNum;i++){
        star[i]=Sprite::create(succPics_PATH+"giftStar.png"); //创建星星精灵对象
        star[i]->setScale(0.8f);                          //设置精灵缩放比
        star[i]->setPosition(130+158*i,600);              //设置星星精灵位置
        star[i]->runAction(RepeatForever::create(         //精灵执行重复动作
                Sequence::create(                         //创建连续动作
                        ScaleTo::create(0.5f,0.75f),//创建一个为原来 0.75 的动作
                        ScaleTo::create(0.52f,0.85f),//创建一个为原来 0.85 的动作
                        nullptr)));
        bgSp->addChild(star[i],0);                        //将星星精灵添加到背景中
    }
    if(starNum==1){                                       //如果星星数目为 1
        praiseSp=Sprite::create(succPics_PATH+"welldone.png");
                                                          //创建"做得好"文字精灵对象
        praiseSp->setPosition(visibleSize.width/2 + origin.x,450);//设置精灵位置
        bgSp->addChild(praiseSp,0);    //将精灵添加到背景中
    }else if(starNum==2){              //如果星星数目为 2
        praiseSp=Sprite::create(succPics_PATH+"greate.png");//创建"太棒了"文字精灵对象
        praiseSp->setPosition(visibleSize.width/2 + origin.x,450); //设置精灵位置
        bgSp->addChild(praiseSp,0);    //将精灵添加到背景中
    }else if(starNum==3){              //如果星星数目为 3
        praiseSp=Sprite::create(succPics_PATH+"perfect.png");//创建"难以置信"精灵对象
        praiseSp->setPosition(visibleSize.width/2 + origin.x,450);//设置精灵位置
        bgSp->addChild(praiseSp,0);    //将精灵添加到背景中
    }
    if(coinNums<starNum*100+(indexLayer-1)*300){
        coinNums += (starNum - (coinNums/100)%3)*100;    //更改金币数
    }
    UserDefault::getInstance()->setIntegerForKey("coinNums",coinNums);//存储总的金币数
    UserDefault::getInstance()->flush();              //事实写入
    sm->addCoinLabel(coinNums);                       //添加金币标签
}
```

- 第 2～12 行功能为根据当前获得的星星数来创建星星精灵对象并设置其缩放比和位置，然后使精灵对象执行一定的动作，最后将星星精灵对象添加到背景精灵中。
- 第 13～16 行功能为如果当前获得的星星数目为一时，则创建“做得好”文字精灵对象并设置其位置，最后将其添加到背景精灵中。
- 第 17～20 行功能为如果当前获得的星星数目为二时，则创建“太棒了”文字精灵对象并设置其位置，最后将其添加到背景精灵中。
- 第 21～25 行功能为如果当前获得的星星数目为三时，则创建“难以置信”文字精灵对象并设置其位置，最后将其添加到背景精灵中。
- 第 26～28 行功能为如果应该改变总的金币数则更改金币的数目。
- 第 29～31 行功能为存储总的金币数，然后调用精灵管理类中的添加显示金币数目标签的方法。

（6）开发完上述奖励星星的方法后，接下来开发的是添加爆炸礼花效果的 addBombPartical 方法、更新数据的 update 方法和生成随机数的 randomX 和 randomY 方法。具体代码如下。

代码位置：见随书源代码/第 3 章/CutBox/app/src/main/jni/gameCPP 目录下的 SuccLayer.cpp。

```
1  void SuccLayer::addBombPartical(float delta){
2      ParticleSystemQuad*  psq =              //创建爆炸粒子系统效果
3                               ParticleExplosion::create();
4      psq->retain();                          //保持引用
5      psq->setSpeed(300);                     //设置粒子系统的速度值
6      bgSp->addChild(psq, 10);                //将粒子系统添加到精灵中
7      psq->setTexture(                        //为粒子系统设置纹理
8          Director::getInstance()->getTextureCache()->addImage(pics_PATH+"fire1.png") );
9      int x = randomX()+100;                  //x 坐标
10     int y = randomY()+350;                  //y 坐标
11     psq->setPosition( Point(x, y) );        //设置粒子系统的位置
12 }
13 void SuccLayer::update(float delta){
14     degree+=1;                              //偏转角度增加
15     sm->spCoin->setRotation3D(Vec3(0, degree, 0));           //设置金币偏转角
16 }
17 int SuccLayer::randomX(){                                    //生成随机数方法
18     srand((unsigned)time(NULL));                             //用系统时间作为随机种子
19     int num = rand()%370;                                    //随机产生 0～370 的数
20     return num;                                              //将生成的随机数返回
21 }
22 int SuccLayer::randomY(){                                    //生成随机数方法
23     srand((unsigned)time(NULL));            //用系统时间作为随机种子
24     int num = rand()%500;                   //随机产生 0～500 的数
25     return num;                             //将生成的随机数返回
26 }
```

- 第 1～12 行为添加爆炸礼花效果的 addBombPartical 方法，其中第 2～6 行功能为创建爆炸粒子系统效果，并设置粒子系统的速度值，最后将粒子系统添加到背景精灵中。第 7～11 行功能为给粒子系统设置纹理并获取随机数来设置其位置。
- 第 13～16 行为更新数据的 update 方法，定时调用该方法可以实现 3D 金币不断旋转的效果。
- 第 17～21 行为随机生成 0～370 之间数的方法。第 22～26 行为随机生成 0～500 数的方法。

（7）完成上述几个方法的开发后，最后还要对重玩本关卡的 reSet 方法、去下一关的 nextLevel 方法和回选关场景的 goLevel 方法进行开发。具体代码如下。

代码位置：见随书源代码/第 3 章/CutBox/app/src/main/jni/gameCPP 目录下的 SuccLayer.cpp。

```
1  void SuccLayer::reSet(Ref* pSender){
2      if(WelcomeLayer::isSound)               //如果音效标志位为开
3          wl->playClickSound();               //播放单击音效
```

```
4       gsm->gogameScene(indexLayer);                    //根据索引去游戏场景
5   }
6   void SuccLayer::nextLevel(Ref* pSender){
7       if(WelcomeLayer::isSound)                        //如果音效标志位为开
8           wl->playClickSound();                                    //播放单击音效
9       if(indexLayer==indexLevelTag1 || indexLayer==indexLevelTag2 || //系列 1 或 2 索引
10              indexLayer==indexLevelTag3 || indexLayer==indexLevelTag4 ||
                                                                //系列 3 或 4 索引
11              indexLayer==indexLevelTag5 || indexLayer==indexLevelTag7 ||
                                                                //系列 5 或 7 索引
12              indexLayer==indexLevelTag8 || indexLayer==indexLevelTag9 ||
                                                                //系列 8 或 9 索引
13              indexLayer==indexLevelTag10 || indexLayer==indexLevelTag11){
                                                                //系列 10 或 11 索引
14            set1ChoiceLayer::guaQiaIndex=2;                   //关卡索引不为 1
15            gsm->gogameScene(indexLayer+1);                   //去下一关游戏场景
16      }
17      else if(indexLayer==indexLevelTag6 || indexLayer==indexLevelTag12){
                                                                //系列 6 或系列 12
18          gsm->goSetScene(false);                             //去选择系列场景
19      }
20  }
21  void SuccLayer::goLevel(Ref* pSender){
22      if(WelcomeLayer::isSound)                               //如果音效标志位为开
23          wl->playClickSound();                               //播放单击音效
24      if(indexLayer==indexLevelTag1 || indexLayer==indexLevelTag2 || //系列 1 或 2 索引
25              indexLayer==indexLevelTag3 ||indexLayer==indexLevelTag4 ||
                                                            //系列 3 或 4 索引
26              indexLayer==indexLevelTag5 || indexLayer==indexLevelTag6){
                                                            //系列 5 或 6 索引
27            gsm->goSet1ChoiceScene(false);                //去系列 1 选关场景
28      }else if(indexLayer==indexLevelTag7 || indexLayer==indexLevelTag8 ||
                                                            //系列 7 或 8 索引
29            indexLayer==indexLevelTag9 ||indexLayer==indexLevelTag10 ||
                                                            //系列 9 或 10 索引
30            indexLayer==indexLevelTag11 || indexLayer==indexLevelTag12){
                                                            //系列 11 或 12 索引
31          gsm->goSet2ChoiceScene(false);                  //去系列 2 选关场景
32      }
33  }
```

- 第 1～5 行为重玩本关卡的 reSet 回调方法。调用该方法会重新开始本关卡。
- 第 6～20 行为去下一关的 nextLevel 回调方法。其中第 7～8 行功能为当音效标志位开时，播放单击音效。第 9～16 行功能为如果当前关卡索引不是系列 6 或系列 12，则去下一关游戏场景。第 17～19 行功能为如果当前关卡索引为系列 6 或系列 12，则去选择系列场景。
- 第 21～33 行为回选关场景的 goLevel 回调方法。其中 22～23 行功能为当音效标志位开时，播放单击音效。第 24～27 行功能为如果当前索引为系列 1～6，则去系列 1 选关场景。第 28～32 行功能为如果当前索引为系列 7～12，则去系列 2 选关场景。

> **提示** 至此，布景类就已经开发完毕，这也标志着本游戏中的所有场景对应的布景开发完毕，其代码量较大，涉及的方法多，读者应该细心品味其中代码的具体含义，这样才能真正地学到其精髓所在。读者在学习知识的同时也应该学习其编程习惯，良好的编程习惯也是开发人员必备的一种能力。

3.5 相关工具类和辅助类

上一节已经介绍了游戏所有场景的开发过程，接下来讲解的是游戏的辅助相关工具类。这些辅助相关工具类不但提供了记录关卡数据和常量的类，还提供了游戏开发中的一些重要的辅助方法，下面就对这些类的开发进行详细介绍。

3.5.1 工具类

本节主要介绍该游戏的工具类——AppConstant 类。该类的主要作用是在游戏启动时初始化游戏中的常量信息，这样其他的类就可以引入该常量头文件来访问游戏中的常量，其具体代码如下。

代码位置：见随书源代码/第 3 章/CutBox/app/src/main/jni/gameCPP 目录下的 AppConstant.h。

```
#ifndef __AppConstant_H__
#define __AppConstant_H__
#include "cocos2d.h"
#define fonts_PATH string("fonts/")                    //定义字体路径
#define sounds_PATH string("sounds/")                  //定义声音路径
#define pics_PATH string("pics/")                      //定义图片路径
#define welcomePics_PATH string("welcomePics/")        //定义与欢迎场景有关的图片路径
#define setPics_PATH string("setPics/")                //定义与选择系列场景有关的图片路径
#define succPics_PATH string("succPics/")              //定义与胜利界面场景有关的图片路径
#define obj_PATH string("obj/")                        //定义 obj 文件路径
#define Line_Size 25                                   //切割线的原始尺寸
static float HEIGHT = 960.0f;                          //定义屏幕高度
static float WIDTH = 540.0f;                           //定义屏幕宽度
static int coinNums = 0;                               //当前金币总数
static int pauseItemZOrder = 2;                        //暂停按钮所在的层数
static int backgroundZOrder = 1;                       //背景所在的层数
static int pauseSceneBG = 3;                           //暂停背景所在层数
const int indexLevelTag1 = 1;                          //系列 1 关卡 1 的索引值
const int indexLevelTag2 = 2;                          //系列 1 关卡 2 的索引值
const int indexLevelTag3 = 3;                          //系列 1 关卡 3 的索引值
const int indexLevelTag4 = 4;                          //系列 1 关卡 4 的索引值
const int indexLevelTag5 = 5;                          //系列 1 关卡 5 的索引值
const int indexLevelTag6 = 6;                          //系列 1 关卡 6 的索引值
const int indexLevelTag7 = 7;                          //系列 2 关卡 1 的索引值
const int indexLevelTag8 = 8;                          //系列 2 关卡 2 的索引值
const int indexLevelTag9 = 9;                          //系列 2 关卡 3 的索引值
const int indexLevelTag10 = 10;                        //系列 2 关卡 4 的索引值
const int indexLevelTag11 = 11;                        //系列 2 关卡 5 的索引值
const int indexLevelTag12 = 12;                        //系列 2 关卡 6 的索引值
static int LevelOneLayerIndex = 1;                     //关卡 1 布景索引
#endif
```

说明 上述代码的功能为声明程序中一些简单的变量，其中包括定义当前金币总数、各个关卡的索引值、暂停按钮和背景所在的层数。除此之外还定义与声音、图片和字体相关路径等的相关代码，读者可以查看注释了解其具体的含义，这里就不再赘述了。

3.5.2 辅助类

1. 记录关卡数据工具类 CBDate

关卡多的游戏会需要许多数据。如果不将关卡数据封装为一个类而直接用，开发成本会增加，开发效率大大降低。因此，笔者将游戏中用到的一些数据封装到了 CBDate 类中。接下来将介绍此类的开发，具体步骤如下。

（1）首先需要开发的是 CBDate 类的框架，该框架中声明了一系列将要使用的成员变量和成员方法，其具体代码如下。

代码位置：见随书源代码/第 3 章/CutBox/app/src/main/jni/gameCPP 目录下的 CBDate.h。

```
#ifndef __CBDate_H__
#define __CBDate_H__
#include "cocos2d.h"                                   //引用 cocos2d 头文件
#include "../bnBox2DHelp/PhyObject.h"                  //引用 PhyObject 头文件
using namespace cocos2d;                               //使用 cocos2d 命名空间
```

```
    using namespace std;                                    //使用 std 命名空间
    class CBDate{
    public :
        CBDate(Layer* layerIn);                             //构造函数
        ~CBDate();                                          //析构函数
        void initDate1_1();                                 //初始化系列 1 关卡 1 数据
        void initDate1_2();                                 //初始化系列 1 关卡 2 数据
        void initDate1_3();                                 //初始化系列 1 关卡 3 数据
        void initDate1_4();                                 //初始化系列 1 关卡 4 数据
        void initDate1_5();                                 //初始化系列 1 关卡 5 数据
        void initDate1_6();                                 //初始化系列 1 关卡 6 数据
        void initDate2_1();                                 //初始化系列 2 关卡 1 数据
        void initDate2_2();                                 //初始化系列 2 关卡 2 数据
        void initDate2_3();                                 //初始化系列 2 关卡 3 数据
        void initDate2_4();                                 //初始化系列 2 关卡 4 数据
        void initDate2_5();                                 //初始化系列 2 关卡 5 数据
        void initDate2_6();                                 //初始化系列 2 关卡 6 数据
    public :
        Layer* layer;                                       //指向布景对象的指针
    private:
        std::string* ids;                                   //string 类型的 ID
        float* data;                                        //刚体数据
        PhyObject* po;                                      //指向物体类指针
    };#endif
```

说明　上述代码为 CBDate 类的头文件，在该头文件中引用了需要的头文件和声明使用的命名空间，并且声明了指向布景对象的指针、指向物体类指针、刚体数据、刚体的 ID。还声明了 CBDate 类的构造函数、初始化各个关卡数据的方法等。

（2）开发完类框架声明后还要开发实现 CBDate 类中的方法，该类中提供了初始化 12 个关卡的数据的方法，这里只介绍其中两个关卡数据初始化的方法。具体代码如下。

代码位置：见随书源代码/第 3 章/CutBox/app/src/main/jni/gameCPP 目录下的 CBDate.cpp。

```
void CBDate::initDate1_1(){
    GameLayer* lolayer = (GameLayer*)layer;                 //游戏场景的指针
    lolayer->numsKnife = 3;                                 //初始化刀数
    lolayer->bg = SpriteManager::createStaticSprite(        //创建背景精灵对象
            ids, pics_PATH+"gq1_bg.png", 0.0f, 0.0f, 0.0f, 0.0f, WIDTH, HEIGHT);
    lolayer->addChild(lolayer->bg,backgroundZOrder);        //添加背景精灵到布景中
    data=new float[4]{(291 + 248)/2 - WIDTH/2,              //静态刚体的数据
                HEIGHT/2 - (579 + 557)/2, (291-248)/2, (579-557)/2};
    ids=new std::string("1");                               //设置静态刚体 ID
    po=new RectPhyObject(                                   //创建静态刚体对象
        ids,true,lolayer,lolayer->world,pics_PATH+"staticBody1.png",data,0,1.0f,0);
    lolayer->pom[*ids]=po;
    data=new float[11]{168 - WIDTH/2,                       //动态刚体的数据
                HEIGHT/2 - 557, 4, 0, 0, 0, 200, 200, 200, 200,0};
    ids=new std::string(                                    //设置动态刚体 ID
            "D"+StringUtils::format("%d",++(lolayer->indexPhyObject)));
    po=new PolygonPhyObject(                                //创建动态刚体对象
        ids,false,lolayer,lolayer->world,pics_PATH+"Clip.png",data,2.0f,1.0f,0);
    lolayer->pom[*ids]=po;
}
void CBDate::initDate1_2(){
    GameLayer* lolayer = (GameLayer*)layer;                 //游戏场景指针
    lolayer->numsKnife = 3;                                 //初始化刀数
    lolayer->bg = SpriteManager::createStaticSprite(        //创建背景精灵对象
            ids, pics_PATH+"gq1_bg.png", 0.0f, 0.0f, 0.0f, 0.0f, WIDTH, HEIGHT);
    lolayer->addChild(lolayer->bg,backgroundZOrder);        //添加背景精灵到布景中
    data=new float[4]{(210 + 166)/2 - WIDTH/2,              //静态刚体 1 的数据
            HEIGHT/2 - (573 + 550)/2, (210 - 166)/2, (573 - 550)/2};
    ids=new std::string("1");                               //设置静态刚体 1 的 ID
    po=new RectPhyObject(                                   //创建静态刚体 1 对象
```

```
31            ids,true,lolayer,lolayer->world,pics_PATH+"staticBody1.png",data,0,1.0f,0);
32        lolayer->pom[*ids]=po;
33        data=new float[4]{(374 + 330)/2 - WIDTH/2,    //静态刚体 2 的数据
34            HEIGHT/2 - (573 + 550)/2, (374 - 330)/2, (573 - 550)/2};
35        ids=new std::string("2");                     //设置静态刚体 2 的 ID
36        po=new RectPhyObject(                         //创建静态刚体 2 对象
37            ids,true,lolayer,lolayer->world,pics_PATH+"staticBody1.png",data,0,1.0f,0);
38        lolayer->pom[*ids]=po;
39        data=new float[11]{152 - WIDTH/2,             //动态刚体 1 数据
40            HEIGHT/2 - 549, 4, 0, 0, 0, 279, 70, 279, 70, 0};
41        ids=new std::string(                          //设置动态刚体 1 的 ID
42            "D"+StringUtils::format("%d", ++(lolayer->indexPhyObject)));
43        po=new PolygonPhyObject(                      //创建动态刚体 1 对象
44            ids,false,lolayer,lolayer->world,pics_PATH+"Clip.png",data,2.0f,1.0f,0);
45        lolayer->pom[*ids]=po;
46        data=new float[11]{315 - WIDTH/2,             //动态刚体 2 数据
47        HEIGHT/2 - 549, 4, 0, 0, 0, 279, 71, 279, 71, 0};
48        ids=new std::string(                          //设置动态刚体 2 的 ID
49            "D"+StringUtils::format("%d", ++(lolayer->indexPhyObject)));
50        po=new PolygonPhyObject(                      //创建动态刚体 2 对象
51            ids,false,lolayer,lolayer->world,pics_PATH+"Clip.png",data,2.0f,1.0f,0);
52        lolayer->pom[*ids]=po;
53    }
```

- 第 1～20 行为初始化系列 1 关卡 1 数据的方法。其中第 2～6 行功能为声明游戏场景指针、初始化刀数，然后创建背景精灵对象并将其添加到布景中。第 7～12 行功能为获取静态刚体数据并设置其 ID，然后根据数据和 ID 创建静态刚体对象。第 13～19 行功能为获取动态刚体数据并设置其 ID，然后根据数据和 ID 创建动态刚体对象。
- 第 21～53 行为初始化系列 1 关卡 2 数据的方法。其中第 22～26 行功能为声明游戏场景指针、初始化刀数，然后创建背景精灵对象并将其添加布景中。第 27～38 行功能为获取静态刚体 1 和静态刚体 2 的数据并分别设置两个静态刚体的 ID，然后根据两个静态刚体的数据和 ID 创建静态刚体对象。第 39～52 行功能为获取动态刚体 1 和动态刚体 2 的数据并分别设置两个动态刚体的 ID，然后根据两个动态刚体的数据和 ID 创建动态刚体对象。

提示 由于各个关卡数据的初始化方法的开发步骤非常相似，这里只介绍系列 1 关卡 1 和系列 1 关卡 2 两个关卡数据的初始化方法，其他关卡的数据初始化方法的开发就不再赘述，需要的读者可自行参考源代码。

2. 与精灵相关辅助类 SpriteManager

接下来开发的是与精灵相关的辅助类 SpriteManager 类。该类负责对精灵进行封装，并且对其进行一系列的功能封装。接下来向读者介绍此类的开发，具体步骤如下。

（1）首先需要开发的是 SpriteManager 类的框架，该框架声明了一系列将要使用的成员变量和成员方法。其具体代码如下。

代码位置：见随书源代码/第 3 章/CutBox/app/src/main/jni/frameHelp 目录下的 SpriteManager.h。

```
#ifndef _SpriteManager_H_
#define _SpriteManager_H_
#include "cocos2d.h"                   //引用 cocos2d 头文件
using namespace cocos2d;               //使用 cocos2d 命名空间
class SpriteManager{
public:
    Layer* layer;                      //指向布景类指针
    Sprite3D* allSp[5];                //3D 刀精灵数组
    Sprite3D* spCoin;                  //指向金币精灵指针
    int numsKnife;                     //刀的总数
    Sprite* coinBgSp;                  //指向分数背景精灵指针
    Label* coinNumLabel;               //指向显示金币数标签的指针
public:
```

```
    SpriteManager(Layer* layerIn);                //构造函数
    static Sprite* createStaticSprite(             //创建精灵方法
        std::string* id, std::string pic, float anchorX, float anchorY,
        float locationX, float locationY, float width, float height);
    void createKnife(int numsKnifeIn);             //创建刀精灵方法
    void removeKnife(int countKnife);              //删除刀精灵的方法
    void addCoinLabel(long num);                   //增添金币方法
    void addCoinBG();                              //添加金币背景的方法
    void createCoin();                             //创建金币精灵方法
};#endif
```

> **说明**　上述代码为 SpriteManager 类的头文件，在该头文件中声明了指向布景类的指针、刀精灵数组和指向金币精灵指针等，还声明了创建精灵的方法和增添金币的方法等。

（2）开发完类框架声明后，还要开发实现 SpriteManager 类中的方法，首先实现的是该类的构造函数、创建精灵的 createStaticSprite 方法和创建刀精灵的 createKnife 方法。具体代码如下。

代码位置：见随书源代码/第 3 章/CutBox/app/src/main/jni/frameHelp 目录下的 SpriteManager.cpp。

```
1   SpriteManager::SpriteManager(Layer* layerIn){
2       this->layer = layerIn;                              //设置成员变量布景
3   }
4   Sprite* SpriteManager::createStaticSprite(
5           std::string* id, std::string pic, float anchorX, float anchorY,
6       float locationX, float locationY, float width, float height){
7       Sprite* sp = Sprite::create(pic);                   //创建精灵对象
8       Size size=sp->getContentSize();                     //获取精灵的尺寸
9       float scaleX=width/size.width;                      //计算出精灵 X 方向缩放比
10      float scaleY=height/size.height;                    //计算出精灵 Y 方向缩放比
11      sp->setScaleX(scaleX);                              //设置精灵 X 方向缩放比
12      sp->setScaleY(scaleY);                              //设置精灵 Y 方向缩放比
13      sp->setAnchorPoint(Point(anchorX,anchorY));         //设置精灵锚点
14      sp->setPosition(Point(locationX,locationY));        //设置精灵的位置
15      sp->setUserData(id);                                //设置精灵的用户数据
16      return sp;                                          //返回精灵对象
17  }
18  void SpriteManager::createKnife(int numsKnifeIn){
19      this->numsKnife = numsKnifeIn;                      //设置刀的总数
20      for(int i= 0; i<numsKnifeIn; i++){                  //遍历
21          allSp[i] = Sprite3D::create(                    //创建刀精灵对象
22                      obj_PATH+"knife.obj",obj_PATH+"knife.png");
23          allSp[i]->setScale(1.2f);                       //设置刀精灵的缩放比
24          allSp[i]->setRotation3D(Vec3(0, 0, 30));        //设置刀精灵的偏转角
25          allSp[i]->setPosition(Point(WIDTH - i * 62 - 42, HEIGHT - 75));
                                                            //设置刀的位置
26          allSp[i]->setGlobalZOrder(1.0f);
27          layer->addChild(allSp[i],0);                    //将刀精灵添加到布景中
28      }
29  }
```

- 第 1～3 行为 SpriteManager 类的构造函数，其功能为设置成员变量布景。
- 第 4～17 行为创建精灵的方法，调用该方法会创建精灵对象并将其返回。其中第 7～12 行功能为创建精灵对象并获取精灵尺寸，然后分别计算出精灵 X 和 Y 方向缩放比并对精灵缩放比进行设置。第 13～16 行功能为设置精灵锚点和位置，然后设置精灵的 ID，最后将精灵对象返回。
- 第 18～29 行为创建刀精灵的方法。其中第 19～27 行功能为获取切割的总刀数，然后通过遍历创建刀精灵对象并设置刀精灵的缩放比和偏转角，最后设置刀的位置并将其添加到布景中。

（3）完成上述方法的开发之后，最后还要实现创建金币的方法、移除刀精灵的 removeKnife 方法、添加显示金币数的标签的 addCoinLabel 方法和添加金币背景的 addCoinBG 方法。具体代码如下。

代码位置：见随书源代码/第 3 章/CutBox/app/src/main/jni/frameHelp 目录下的 SpriteManager.cpp。

```
1  void SpriteManager::createCoin(){
2      spCoin= Sprite3D::create(                          //创建金币精灵对象
3                  obj_PATH+"MyGoldCoin.obj",obj_PATH+"jb.png");
4      spCoin->setScale(1.0f);                              //设置金币精灵缩放比
5      spCoin->setRotation3D(Vec3(0, 0, 0));                //设置金币精灵偏转角
6      spCoin->setPosition(                                 //设置金币的位置
7              Point(WIDTH/6-50, HEIGHT-33));
8      spCoin->setGlobalZOrder(1.0f);
9      layer->addChild(spCoin, 0);                          //将金币精灵添加到布景中
10 }
11 void SpriteManager::removeKnife(int countKnife){
12     allSp[numsKnife - countKnife]->runAction(Sequence::create( //使刀精灵执行动作
13             Spawn::create(
14                 ScaleBy::create(0.5,0.55),               //创建缩放动作
15                 RotateBy::create(0.5,720),               //创建旋转动作
16                 nullptr),
17                 RemoveSelf::create(true),                //创建移除自身动作
18             nullptr));
19 }
20 void SpriteManager::addCoinLabel(long num){
21     coinNumLabel =                                       //创建标签对象
22             Label::createWithCharMap(pics_PATH+"number.png",27,50, '0');
23     coinNumLabel->setAnchorPoint(Point(0,0));            //设置标签锚点
24     coinNumLabel->setPosition(Point( 100,  52));         //设置标签的位置
25     std::string sNum = StringUtils::format("%ld", num);
26     coinNumLabel->setString(sNum);                       //设置标签的值
27     coinBgSp->addChild(coinNumLabel,0);                  //将标签添加到金币背景中
28 }
29 void SpriteManager::addCoinBG(){
30     coinBgSp = SpriteManager::createStaticSprite(        //创建金币背景精灵
31         NULL, pics_PATH+"coinBg.png", 0.5f, 0.5f, 270/2, HEIGHT - 50, 270, 100);
32     layer->addChild(coinBgSp,pauseItemZOrder);           //将金币背景添加到布景中
33 }
```

- 第 1～10 行为创建金币精灵对象的 createCoin 方法。调用该方法会创建金币精灵对象，然后设置其缩放比、偏转角和位置，最后将金币精灵对象添加到布景中。
- 第 11～19 行为移除刀精灵的 removeKnife 方法。调用该方法会使刀精灵执行一个缩放并旋转的同步执行动作，然后执行移除自身动作。
- 第 20～28 行为添加显示金币数的标签的 addCoinLabel 方法。调用该方法会创建标签对象并设置其锚点、位置和显示的文字，最后将标签添加到金币背景中。
- 第 29～33 行为添加金币背景的 addCoinBG 方法。调用该方法可以创建金币背景精灵对象并将该精灵对象添加到布景中。

3. 与菜单相关辅助类 MenuItemManager

接下来开发的是与菜单相关辅助类 MenuItemManager。该类负责创建游戏暂停菜单按钮和游戏重玩菜单按钮并分别给出各自的回调方法。接下来向读者介绍此类的开发，具体步骤如下。

（1）首先需要开发的是 MenuItemManager 类的框架，该框架中声明了一系列将要使用的成员变量和成员方法，其具体代码如下。

代码位置：见随书源代码/第 3 章/CutBox/app/src/main/jni/frameHelp 目录下的 MenuItemManager.h。

```
#ifndef _MenuItemManager_H_
#define _MenuItemManager_H_
#include "cocos2d.h"
#include "../gameCPP/WelcomeLayer.h"
using namespace cocos2d;
class MenuItemManager{
public:
    Layer* layer;                                   //指向记录当前布景类指针
    Menu* menu[2];                                  //菜单对象数组
    WelcomeLayer* wl;                               //指向欢迎布景类指针
```

```
public:
    MenuItemManager(Layer* layerIn);                        //构造函数
    void createPauseMenu();                                 //创建暂停菜单按钮的方法
    void pauseMenuCallback();                               //暂停菜单按钮的回调方法
    void createResetMenu();                                 //创建重置菜单按钮方法
    void resetMenuCallback();                               //重置菜单按钮的回调方法
};#endif
```

> **说明**　上述代码为 MenuItemManager 类的头文件，在该头文件中声明了指向当前布景类指针、指向欢迎布景类指针和菜单对象数组，并声明了 MenuItemManager 类中的构造函数、创建暂停菜单按钮的方法、创建重置菜单按钮的方法、暂停菜单按钮的回调方法和重置菜单按钮的回调方法等。

（2）开发完类框架声明后还要真正实现 MenuItemManager 类中的方法，接下来就是要实现 MenuItemManager 类中的创建暂停菜单按钮和创建重玩菜单按钮等方法了。具体代码如下。

代码位置：见随书源代码/第 3 章/CutBox/app/src/main/jni/frameHelp 目录下的 MenuItemManager.cpp。

```
1   MenuItemManager::MenuItemManager(Layer* layerIn){
2       this->layer = layerIn;                                      //设置成员变量布景
3   }
4   void MenuItemManager::createPauseMenu(){
5       auto pauseItem = MenuItemImage::create(                     //创建暂停菜单项
6           pics_PATH+"pausePic.png",                               //平时的图片
7           pics_PATH+"pausePic.png",                               //选中时的图片
8           CC_CALLBACK_0(MenuItemManager::pauseMenuCallback, this));//单击时执行的回调方法
9       pauseItem->setPosition(Point(                               //设置暂停菜单项的位置
10                  WIDTH - pauseItem->getContentSize().width/2 ,   //x 坐标
11                  pauseItem->getContentSize().height/2));         //y 坐标
12      menu[0] = Menu::create(pauseItem, (char*)NULL);             //创建暂停菜单对象
13      menu[0]->setPosition(Point::ZERO);                          //设置暂停菜单位置
14      layer->addChild(menu[0], pauseItemZOrder);                  //将暂停菜单添加到布景中
15  }
16  void MenuItemManager::createResetMenu(){
17      auto resetItem = MenuItemImage::create(                     //创建重玩菜单项
18          pics_PATH+"reset.png",                                  //平时的图片
19          pics_PATH+"reset.png",                                  //选中时的图片
20          CC_CALLBACK_0(MenuItemManager::resetMenuCallback, this));//单击时执行的回调方法
21      resetItem->setPosition(Point(                               //设置重玩菜单项的位置
22              resetItem->getContentSize().width/2 ,               //x 坐标
23              resetItem->getContentSize().height/2));             //y 坐标
24      menu[1] = Menu::create(resetItem, (char*)NULL);             //创建重玩菜单对象
25      menu[1]->setPosition(Point::ZERO);                          //设置重玩菜单位置
26      layer->addChild(menu[1], pauseItemZOrder);                  //将重玩菜单添加到布景中
27  }
28  void MenuItemManager::pauseMenuCallback(){
29      if(WelcomeLayer::isSound)      wl->playClickSound();        //播放单击音效
30      menu[0]->setEnabled(false);                                 //设置暂停菜单不可用
31      menu[1]->setEnabled(false);                                 //设置重玩菜单不可用
32      ((GameLayer*)(layer))->pc->PauseStart();                    //调用暂停开始方法
33  }
34  void MenuItemManager::resetMenuCallback(){
35      if(WelcomeLayer::isSound)      wl->playClickSound();        //播放单击音效
36      int indexLayer = ((GameLayer*)(layer))->getTag();           //获取布景标签值
37      ((GameLayer*)(layer))->gsm->gogameScene(indexLayer);        //回到本关卡游戏场景
38  }
```

- 第 1～3 行为 MenuItemManager 类的构造函数，其功能为设置成员变量布景。
- 第 4～15 行为创建暂停菜单按钮的 createPauseMenu 方法。调用该方法可以创建暂停菜单项并设置其位置，创建暂停菜单对象并设置其位置，将暂停菜单添加到布景中。
- 第 16～27 行为创建重玩菜单按钮的 createResetMenu 方法。调用该方法可以创建重玩菜单项并设置其位置，创建重玩菜单对象并设置其位置，将重玩菜单添加到布景中。
- 第 28～33 行为单击暂停菜单按钮之后的回调方法，调用该方法可以根据音效标志位的开关来决定是否播放单击音效，然后设置暂停和重玩菜单为不可用，最后调用暂停开始的方法。

- 第 34～38 行为单击重玩菜单按钮之后的回调方法，调用该方法可以根据音效标志位的开关来决定是否播放单击音效，然后获取布景的标签值，最后返回本关卡游戏场景。

4. 与暂停相关辅助类 PauseCode

开发完与菜单相关的辅助类之后，接下来开发的是与暂停相关的辅助类 PauseCode。该类负责对按下暂停按钮之后的功能进行封装，主要包括按下暂停按钮后停止所有运动、弹出暂停需要设置的各项菜单对象还有对各菜单的回调方法。下面进一步介绍此类的开发，具体开发步骤如下。

（1）首先需要开发的是 PauseCode 类的框架，该框架声明了一系列将要使用的成员变量和成员方法，其具体代码如下。

代码位置：见随书源代码/第 3 章/CutBox/app/src/main/jni/frameHelp 目录下的 PauseCode.h。

```
#ifndef _PauseCode_H_
#define _PauseCode_H_
......//此处省略了引用需要的头文件以及声明需要的命名空间的相关代码，需要的读者可参考源代码
class PauseCode{
public:
    GameSceneManager* gsm;                          //指向场景管理类指针
    WelcomeLayer* wl;                               //指向欢迎布景类指针
    Layer* layer;                                   //指向布景类指针
    bool statePause = false;                        //暂停状态标志位
    Sprite* bg[2];                                  //指向背景精灵指针的数组
    Menu* menu[6];                                  //指向菜单指针的数组
    MenuItemImage* soundItem;                       //指向音效菜单项指针
    MenuItemImage* musicItem;                       //指向音乐菜单项指针
public:
    PauseCode(Layer* layerIn);                      //构造函数
    void PauseStart();                              //暂停开始方法
    void continueItemCallback();                    //继续菜单回调方法
    void goLevelItemCallback();                     //去选关场景菜单回调方法
    void soundItemCallback();                       //音效菜单 1 回调方法
    void musicItemCallback();                       //音乐菜单 1 回调方法
    void soundItemCallback1();                      //音效菜单 2 回调方法
    void musicItemCallback1();                      //音乐菜单 2 回调方法
};#endif
```

说明 上述代码对与暂停相关的辅助类 PauseCode 类中的成员变量和相关方法进行了声明，读者查看注释即可了解其具体作用，这里不再进行具体介绍了。

（2）开发完类框架声明后还要真正实现 PauseCode 类中的方法，首先开发的是暂停开始的 PauseStart 方法，调用该方法可以暂停各种运动并弹出与暂停相关的菜单按钮等。具体代码如下。

代码位置：见随书源代码/第 3 章/CutBox/app/src/main/jni/frameHelp 目录下的 PauseCode.cpp。

```
1  void PauseCode::PauseStart(){
2      statePause = true;                                         //设置暂停状态
3      Director *director = Director::getInstance();              //获取导演
4      director->pause();                                         //暂停各种运动
5      bg[0] = SpriteManager::createStaticSprite(                 //创建背景精灵对象
6                  NULL,pics_PATH+"menubg.png",0.0f,0.0f,0.0f,0.0f,WIDTH, HEIGHT);
7      layer->addChild(bg[0],pauseSceneBG+1);                     //添加背景至布景中
8      bg[1] = SpriteManager::createStaticSprite(                 //创建按钮背景精灵对象
9              NULL, pics_PATH+"menubg1.png", 0.5f, 0.5f, WIDTH/2, HEIGHT/2, 500.0f,550.0f);
10     layer->addChild(bg[1],pauseSceneBG + 1);                   //添加按钮背景至布景中
11  ......//此处省略了对背景音乐和声音特效菜单项的创建代码，需要的读者可参考源代码
12  ......//此处省略了对选关场景和继续菜单项的创建代码，需要的读者可参考源代码
13 }
```

- 第 2～4 功能为设置当前标志位为暂停状态，然后获取导演来暂停各种运动。
- 第 5～10 功能为创建背景精灵和按钮背景精灵对象并分别将精灵对象添加到布景中。

（3）完成上述方法的开发之后，接下来开发的是单击继续菜单按钮之后的 continueItemCallback 回调方法和单击去选择关卡场景菜单按钮之后的 goLevelItemCallback 回调方法。具体代码如下。

代码位置：见随书源代码/第 3 章/CutBox/app/src/main/jni/frameHelp 目录下的 PauseCode.cpp。

```
1    void PauseCode::continueItemCallback(){
2        if(WelcomeLayer::isSound)      wl->playClickSound();          //播放单击音效
3        ((GameLayer*)(layer))->mim->menu[0]->setEnabled(true);        //设置暂停菜单可用
4        ((GameLayer*)(layer))->mim->menu[1]->setEnabled(true);        //设置重玩菜单可用
5        layer->removeChild(bg[0],true);                               //移除暂停背景精灵
6        layer->removeChild(bg[1],true);                               //移除按钮背景精灵
7        layer->removeChild(menu[0],true);                             //移除音乐菜单 1 对象
8        layer->removeChild(menu[1],true);                             //移除音效菜单 1 对象
9        layer->removeChild(menu[2],true);                             //移除选关菜单对象
10       layer->removeChild(menu[3],true);                             //移除继续菜单对象
11       layer->removeChild(menu[4],true);                             //移除音乐菜单 2 对象
12       layer->removeChild(menu[5],true);                             //移除音效菜单 2 对象
13       Director *director = Director::getInstance();                 //获取导演
14       director->resume();                                           //继续各项运动
15       statePause = false;                                           //设置标志位为 false
16   }
17   void PauseCode::goLevelItemCallback(){
18       if(WelcomeLayer::isSound)      wl->playClickSound();   //播放单击音效
19       Director *director = Director::getInstance();           //获取导演
20       director->resume();                                     //继续各项运动
21       statePause = false;                                     //设置标志位为 false
22       if(layer->getTag() == indexLevelTag1 || layer->getTag() == indexLevelTag2 ||
23               layer->getTag() == indexLevelTag3 ||ayer->getTag() == indexLevelTag4 ||
24               layer->getTag() == indexLevelTag5 || layer->getTag() == indexLevelTag6){
25           ((GameLayer*)(layer))->                             //回系列 1 选关场景
26                   gsm->goSet1ChoiceScene(true);
27       }else if(layer->getTag() == indexLevelTag7 || layer->getTag() == indexLevelTag8 ||
28               layer->getTag() == indexLevelTag9 ||layer->getTag() == indexLevelTag10 ||
29               layer->getTag() == indexLevelTag11 || layer->getTag() == indexLevelTag12){
30           ((GameLayer*)(layer))->                   //回系列 2 选关场景
31                   gsm->goSet2ChoiceScene(true);
32       }
33   }
```

- 第 1～16 行为单击继续菜单按钮之后的回调方法。调用该方法可以将与暂停相关的背景精灵和菜单对象移除，并且设置暂停和重玩菜单为可用，最后获取导演，继续各项运动。
- 第 17～34 行为单击选择关卡菜单按钮之后的回调方法。其中第 18 行功能为根据音效标志位的开关来决定是否播放单击音效。第 19～20 行功能为获取当前导演并使场景中的各项运动恢复。第 22～26 行功能为如果当前游戏场景为系列 1 游戏场景，则返回系列 1 选择关卡场景。第 27～32 行功能为如果当前游戏场景为系列 2 游戏场景，则返回系列 2 选择关卡场景。

（4）由于音效菜单和音乐菜单的回调方法的开发步骤十分相似，这里只讲解其中的一种。接下来开发的是音效菜单 1 和音乐菜单 1 的回调方法。具体代码如下。

代码位置：见随书源代码/第 3 章/CutBox/app/src/main/jni/frameHelp 目录下的 PauseCode.cpp。

```
1    void PauseCode::soundItemCallback(){
2        layer->removeChild(menu[1],true);                             //移除音效菜单 1 对象
3        wl->playClickSound();                                         //播放单击音效
4        WelcomeLayer::isSound=false;                                  //设置音效状态为 false
5        wl->pauseSound();                                             //暂停播放音效
6        UserDefault::getInstance()->setBoolForKey("boolSound",false);//存储是否开启声音特效
7        UserDefault::getInstance()->flush();                          //事实写入
8    ......//此处省略了对声音特效菜单项的创建代码，需要的读者可参考源代码
9    }
10   void PauseCode::musicItemCallback(){
11       layer->removeChild(menu[0],true);                             //移除音乐菜单 1 对象
12       WelcomeLayer::isMusic=false;                                  //设置音乐状态为 false
13       wl->pauseBgMusic();                                           //暂停播放背景音乐
14       UserDefault::getInstance()->setBoolForKey("boolMusic",false); //存储是否开启背景音乐
15       UserDefault::getInstance()->flush();                          //事实写入
16   ......//此处省略了对背景音乐菜单项的创建代码，需要的读者可参考源代码
17   }
```

- 第 1～9 行为单击音效菜单 1 的回调方法。其中第 2～4 行功能为移除音效菜单 1 对象并

播放单击音效，最后设置音效状态标志位为 false。第 5～7 行功能为暂停播放音效并且存储是否开启声音特效的标志位。

- 第 10～17 行为单击音乐菜单 1 的回调方法。其中第 11～13 行功能为移除音乐菜单 1 对象并将音乐状态标志位设为 false，最后暂停播放背景音乐。第 14～15 行功能为存储背景音乐标志位的开关。

3.6 相关物理引擎工具类

上一节介绍了游戏的辅助工具类的开发过程，接下来讲解物理引擎相关工具类。这些相关工具类提供了将矩形物体与绘制进行封装的类和将多边形物体与绘制进行封装的类等，下面就对这些类的开发进行详细介绍。

3.6.1 自身的光线投射回调类 RayCastClosestCallback

由于此案例需要判断切割时是否切到动态刚体即冰块，以及准确获取需要完成切割刚体的集合，所以首先需要开发物理引擎中的光线投射回调类。这里介绍的是继承自 b2RayCastCallback 类的 RayCastClosestCallback 类，具体代码如下。

代码位置：见随书源代码/第 3 章/CutBox/app/src/main/jni/bnBox2DHelp 目录下的 RayCastClosestCallback.h。

```
1   #ifndef __RayCastClosestCallback_H__
2   #define __RayCastClosestCallback_H__
3   ....../此处省略了一些对头文件的引用，需要的读者请自行查看源代码
4   class RayCastClosestCallback : public b2RayCastCallback{
5   public:
6       b2Body* body;                              //声明指向刚体对象的指针
7       b2Vec2 point;                              //声明初始交点
8       Layer* layer;                              //指向布景类指针
9       RayCastClosestCallback(Layer* layerIn) { body = NULL; this->layer = layerIn;}
                                                   //构造函数 1
10      RayCastClosestCallback() { body = NULL; }  //构造函数 2
11      float32 ReportFixture(                     //计算物理刚体信息的方法
12          b2Fixture* fixture, const b2Vec2& pointTemp, const b2Vec2& normal,
            float32 fraction){
13        point = pointTemp;                       //设置投射点
14        body = fixture->GetBody();               //获取投射刚体
15        std::string* id = (std::string*)(body->GetUserData()); //获取刚体 ID
16        char firstCharacter = id->at(0);                      //获取 ID 首字母
17        if(firstCharacter != 'D'){                //判断刚体是否为可切割刚体
18          return -1;}                             //若为不可切割刚体，则返回-1
19       if(!existInVector(((GameLayer*)(layer))->cutBodyByLine,body)){
                                                    //刚体不在存放切割刚体的向量中
20         ((GameLayer*)(layer))->cutBodyByLine.push_back(body);  //将刚体存放在向量中
21         ((GameLayer*)(layer))->intersectionPoint.push_back(point);//将投射点存放在向量中
22       }else{
23         ((GameLayer*)(layer))->intersectionPoint.push_back(point);}//将投射点存放在向量中
24        return 1;
25       }
26      bool existInVector(std::vector<b2Body*> vectorIn, b2Body* bodyIn){
27       bool isExist = false;           //向量中是否存在某元素，false 为不存在
28       std::vector<b2Body*>::iterator iter_vectorIn = vectorIn.begin();//声明迭代器
29       for(; iter_vectorIn != vectorIn.end(); iter_vectorIn++){   //遍历向量
30           if((*iter_vectorIn) == bodyIn){    //判断是否存在元素 bodyIn
31             isExist = true;          //标志位设为 true，表示存在元素 bodyIn
32             break;
33         }}
34       return isExist;}                         //返回标志位的值
35  };#endif
```

- 第 6～8 行功能为声明指向刚体对象的指针、初始交点和指向布景类的指针。

- 第 9～10 行为 RayCastClosestCallback 的两个构造函数，其中第一个构造函数将刚体指针赋值为 NULL。第二个构造函数初始化刚体并且设置成员变量 layer。
- 第 11～25 行为计算物理刚体信息的方法。该方法功能为通过获取的刚体 ID 首字母来判断该刚体是否为可切割刚体，然后判断刚体是否在切割刚体的向量中。如果在，则将刚体和投射点存放在向量中，如果不在，则只将投射点存放在向量中。
- 第 26～35 行为判断向量中是否存在某元素的方法。该方法遍历向量列表的每一个元素，如果向量中存在某元素 bodyIn，则设置标志位为 true，否则设为 false。最后返回标志位。

3.6.2　矩形物体类 RectPhyObject

完成上述光线投射回调类之后，接下来开发的是矩形物体类 RectPhyObject，该类为物体类 PhyObject 的子类——矩形物体类，其主要功能是将矩形物体与绘制进行封装。其类框架声明了本身的构造函数。本小节将介绍 RectPhyObject 类的实现，其具体代码如下。

代码位置：见随书源代码/第 3 章/CutBox/app/src/main/jni/bnBox2DHelp 目录下的 RectPhyObject.cpp。

```
1    #include "PhyObject.h"                                     //引入 PhyObject.h 文件
2    #include <string.h>                                        //引入 string.h 文件
3    RectPhyObject:: RectPhyObject(std::string* id,bool isStaticIn,Layer* layer,b2World* world,
4        std::string pic,float* data,float density,float friction,float restitution):PhyObject(
5        id,isStaticIn,layer,world,pic,data,density,friction,restitution){
6        b2BodyDef bodyDef;                                     //创建刚体描述
7        if(!isStaticIn)  bodyDef.type = b2_dynamicBody;        //设置为可运动刚体
8        bodyDef.position.Set(data[0]/pixToMeter,data[1]/pixToMeter); //设置刚体位置
9        body = world->CreateBody(&bodyDef);                    //创建刚体
10       body->SetUserData(id);                                 //在刚体中记录对应的包装对象指针
11       b2PolygonShape dynamicBox;                             //创建刚体的形状
12       dynamicBox.SetAsBox(data[2]/pixToMeter, data[3]/pixToMeter);
13       if(!isStaticIn){
14           b2FixtureDef fixtureDef;                           //创建刚体物理描述
15           fixtureDef.shape = &dynamicBox;                    //设置形状
16           fixtureDef.density = density;                      //设置密度
17           fixtureDef.friction = friction;                    //设置摩擦系数
18           fixtureDef.restitution=restitution;                //设置恢复系数
19           body->CreateFixture(&fixtureDef);                  //将物理描述与刚体结合
20       }else    body->CreateFixture(&dynamicBox, 0.0f);//将形状与刚体结合
21       dSp = Sprite::create(pic);
22       layer->addChild(dSp, 3);                               //将精灵添加到布景中
23       Size size=dSp->getContentSize();                       //获取精灵的尺寸
24       float pw=data[2]*2;                                    //计算出绘制时需要的精灵宽度
25       float ph=data[3]*2;                                    //计算出绘制时需要的精灵高度
26       float scaleX=pw/size.width;                            //计算出精灵 X 方向缩放比
27       float scaleY=ph/size.height;                           //计算出精灵 Y 方向缩放比
28       dSp->setScaleX(scaleX);                                //设置精灵 X 方向缩放比
29       dSp->setScaleY(scaleY);                                //设置精灵 Y 方向缩放比
30   }
```

- 第 8～12 行功能为创建刚体对象，设置其位置、对应的包装对象指针，创建多边形类对象，将多边形设置为矩形并设置矩形的半宽和半高。
- 第 13～19 行功能为若此刚体是动态的，则设置刚体的形状、密度、摩擦系数及恢复系数并将描述与刚体结合；若刚体为静态，只需将形状与刚体结合即可。
- 第 20～29 行功能为创建精灵对象，将其添加到布景里并设置其缩放比。

> **说明**　第 8、12、24 和 25 行提到的 data 数组，数组的第 1 个数表示矩形物体位置的 x 坐标，第 2 个数表示矩形物体位置的 y 坐标，第 3 个数表示矩形的半宽，第 4 个数表示矩形的半高。

3.6.3 多边形物体类 PolygonPhyObject

该类为物体类 PhyObject 的子类——多边形物体类，其主要功能是将多边形物体与绘制进行封装。其类框架声明了本身的构造函数，与上述 RectPhyObject 类的构造函数内容大致相同，这里不再赘述。本小节将介绍 PolygonObject 类的实现，具体开发步骤如下。

（1）PolygonObject 类中提供了两个构造函数，由于该类中的两个构造函数的开发十分相似，所以这里只介绍其中的一个构造函数，其具体代码如下。

代码位置：见随书源代码/第 3 章/CutBox/app/src/main/jni/bnBox2DHelp 目录下的 PolygonPhyObject.cpp。

```
1  PolygonPhyObject:: PolygonPhyObject(std::string* id,bool isStaticIn,Layer* layer,
b2World* world,
2  std::string pic,float* data,float density,float friction,float restitution
3  ):PhyObject(id,isStaticIn,layer,world,pic,data,density,friction,restitution){
4      b2BodyDef bodyDef;                                          //创建刚体描述
5      if(!isStaticIn)     bodyDef.type = b2_dynamicBody;          //设置为可运动刚体
6      bodyDef.position.Set(data[0]/pixToMeter,data[1]/pixToMeter);   //设置刚体位置
7      body = world->CreateBody(&bodyDef);                      //创建刚体
8      body->SetUserData(id);                                   //在刚体中记录对应的包装对象指针
9      int vcount=((int)data[2]);                               //获取多边形的点数
10     b2Vec2* verteics=new b2Vec2[vcount];                     //创建点数组
11     for(int i=0;i<vcount;i++){
12         verteics[i].Set(data[i*2+3]/pixToMeter,data[i*2+4]/pixToMeter);}
                                                                //设置点的坐标
13     int32 count=vcount;
14     b2PolygonShape dynamicBox;                               //创建多边形对象
15     dynamicBox.Set(verteics, count);                         //设置多边形数据
16     if(!isStaticIn){
17             b2FixtureDef fixtureDef;                         //创建刚体物理描述
18             fixtureDef.shape = &dynamicBox;                  //设置形状
19             fixtureDef.density = density;                    //设置密度
20             fixtureDef.friction = friction;                  //设置摩擦系数
21             fixtureDef.restitution=restitution;              //设置恢复系数
22             body->CreateFixture(&fixtureDef);                //将物理描述与刚体结合
23     }else    body->CreateFixture(&dynamicBox, 0.0f);         //将形状与刚体结合
24     this->pic = pic;                                         //设置图片路径
25     dSp = Sprite::create(pic);                               //创建精灵对象
26     dSp->setAnchorPoint(Point(0, 0));                        //设置精灵锚点
27     DrawNode* shape = DrawNode::create();                    //创建剪裁用 DrawNode
28     Point* pArray = new Point[vcount];                       //创建剪裁的点数组
29     for(int i = 0; i<vcount; i++){
30           pArray[i].x = data[i*2+3];                                  //剪裁点的 x 坐标
31           pArray[i].y = data[i*2+4];}                                 //剪裁点的 y 坐标
32     Color4F green(0, 1, 0, 1);                                        //表示绿颜色对象
33     Color4F red(1, 0, 0, 1);                                          //多边形填充颜色
34     shape->drawPolygon(pArray,vcount, green, 2, red);                 //多边形边框颜色
35     clipper=ClippingNode::create();                                   //创建剪裁节点
36     clipper->setStencil(shape);                                       //设置剪裁模板
37     clipper->addChild(dSp,0);                                         //设置被剪裁节点
38     layer->addChild(clipper, 1);                                      //将被剪裁节点放到布景中
39     clipper->retain();                                                //保持引用
40 }
```

- 第 6~15 行功能为创建刚体对象，设置刚体位置，记录对应的包装对象指针，创建多边形类对象，设置多边形顶点数据。
- 第 16~23 行功能为若此刚体是动态的，则设置刚体的形状、密度、摩擦系数及恢复系数并将描述与刚体结合，若刚体为静态，只需将形状与刚体结合即可。
- 第 24~38 行功能为创建显示精灵对象并设置其锚点，然后创建剪裁节点对象并设置剪裁模板，然后将显示精灵添加到剪裁节点中并设置剪裁节点的位置，最后将剪裁节点放到布景中。

（2）开发完上述类构造函数之后，最后开发的是更新精灵位置、姿态信息的 refresh 方法。该方法功能十分简单，通过获取剪裁节点对应的刚体姿态角来设置剪裁节点姿态。具体代码如下。

代码位置：见随书源代码/第 3 章/CutBox/app/src/main/jni/bnBox2DHelp 目录下的 PolygonPhyObject.cpp。

```
void PolygonPhyObject::refresh(){
    Size visibleSize =                                   //获取可见区域尺寸
             Director::getInstance()->getVisibleSize();
    Point origin =                                       //获取可见区域原点坐标
Director::getInstance()->getVisibleOrigin();
    b2Vec2 position=body->GetPosition();                 //获取剪裁节点对应的刚体位置
    float angle=body->GetAngle();                        //获取剪裁节点对应的刚体姿态角
    clipper->setPosition(Point(                          //设置剪裁节点的位置
            origin.x+visibleSize.width/2+position.x*pixToMeter,      //x 坐标
            origin.y+visibleSize.height/2+position.y*pixToMeter      //y 坐标
        ));
    clipper->setRotation(-angle*180.0/3.1415926);   //设置剪裁节点的偏转角
}
```

说明　上述代码功能为获取可见区域尺寸和原点坐标，然后获取剪裁节点对应的刚体位置和姿态角并设置剪裁节点的位置，最后设置剪裁节点的偏转角。

3.7 引擎引用入口类——AppDelegate

游戏中的第一个界面是在什么地方创建的呢？初学 Cocos2d-x 的读者都会有这样的疑问，AppDelegate 类就对这个问题进行了解答。下面给出 AppDelegate 类的开发步骤。

（1）首先需要开发的是 AppDelegate 类的框架，该框架声明了一系列将要使用的成员方法，其具体代码如下。

代码位置：见随书源代码/第 3 章/CutBox/app/src/main/jni/ gameCPP 目录下的 AppDelegate.h。

```
#ifndef _AppDelegate_H_                          //如果没有定义此头文件，定义头文件
#define _AppDelegate_H_                          //定义此头文件
#include "cocos2d.h"                             //引入 cocos2d 头文件
class AppDelegate : private cocos2d::Application{  //自定义类
public:                                          //声明为公有的方法
    AppDelegate();                               //构造函数
    virtual ~AppDelegate();                      //析构函数
    virtual bool applicationDidFinishLaunching();  //初始化方法
    virtual void applicationDidEnterBackground();  //当程序进入后台时调用此方法
    virtual void applicationWillEnterForeground();  //当程序进入前台时调用
};#endif
```

说明　从代码中可以看出 AppDelegate 类继承自 cocos2d::Application 类，因此在该类布景声明了自己独有的方法，还重写了其父类的方法，读者查看代码注释即可了解每个方法的具体作用。

（2）完成了头文件的开发后，下面给出头文件中方法的具体实现，在代码的实现中读者就可以了解界面的创建过程。其具体代码如下。

代码位置：见随书源代码/第 3 章/CutBox/app/src/main/jni/gameCPP 目录下的 AppDelegate.cpp。

```
……//此处省略了对部分头文件的引用，需要的读者请查看源代码
USING_NS_CC;                                     //引用 cocos2d 命名空间
AppDelegate::AppDelegate(){}                     //构造函数
AppDelegate::~AppDelegate() {}                   //析构函数
bool AppDelegate::applicationDidFinishLaunching(){ //初始化方法
    auto director = Director::getInstance();     //获取导演
    auto glview = director->getOpenGLView();     //获取绘制用 GLView
    if(!glview)    glview = GLView::create("Test Cpp");//若不存在GLView则重新创建
    director->setOpenGLView(glview);                   //设置绘制用 GLView
    glview->setDesignResolutionSize(540,960,ResolutionPolicy::SHOW_ALL);
    director->setDisplayStats(false);                  //关闭 FPS 等信息
    director->setAnimationInterval(1.0 / 60);          //系统模拟时间间隔
```

```
13      GameSceneManager* gsm = new GameSceneManager();        //创建场景管理者
14      gsm->createScene();                                    //切换到欢迎场景显示
15      director->runWithScene(gsm->welcomeScene);             //告诉导演使用哪个场景
16      return true;
17  }
18  void AppDelegate::applicationDidEnterBackground(){          //当程序进入后台时调用此方法
19      Director::getInstance()->stopAnimation();              //停止动画
20  }
21  void AppDelegate::applicationWillEnterForeground(){         //当程序进入前台时调用
22      Director::getInstance()->startAnimation();             //开始动画
23  }
```

- 第 3～4 行功能为实现 AppDelegate 类的构造函数及析构函数，但是其中没有任何代码。
- 第 5～17 行为初始化方法，其中首先获取导演实例，并获取绘制用 GLView，若不存在则重新创建。然后设置绘制用 GLView，并设置目标屏幕分辨率，使该程序多分辨率自适应。接着创建一个场景管理器对象，最后调用其 createScene 方法创建欢迎场景，并切换到欢迎场景。
- 第 18～20 行为当程序进入后台时调用的方法，其功能为通过获取导演实例来停止动画。
- 第 21～23 行为当程序进入前台时调用的方法，其功能为通过获取导演实例来开始动画，该方法也是程序开始运行时执行的第一个方法。

3.8 游戏的优化及改进

到此为止，休闲类游戏——切冰块，已经基本开发完成，并实现了最初设计的功能。但是通过多次试玩测试发现，游戏中仍然存在一些需要优化和改进的地方，下面列举了笔者想到的需要改善的一些方面。

- 优化游戏界面

本游戏界面读者可以根据自己的想法自行改进，使其更加完美。如游戏场景的搭建和游戏切换场景效果等都可以进一步完善。

- 修复游戏 bug

现在众多的手机游戏在公测之后也有很多的 bug，需要玩家不断地发现以此来改进游戏。笔者已经将目前发现的所有 bug 已经修复，但是还有很多 bug 是需要玩家发现的，这对于游戏的可玩性具有极其重要的帮助。

- 完善游戏玩法

此游戏的玩法还是比较单一，仅仅停留在单调的操作过关，读者可以自行完善，例如设置一些游戏道具等，增加更多的玩法使其更具吸引力。在此基础上读者也可以进行创新来给玩家焕然一新的感觉，充分发掘这款游戏的潜力。

- 增强游戏体验

为了满足更好的用户体验，读者可以自行调整游戏的金币加成速度和移动拖尾效果的细节等一系列参数，合适的参数会极大地增加游戏的可玩性。读者还可在切换场景时增加更加炫丽的效果，使玩家对本款游戏的印象更加深刻，使游戏更具有可玩性。

3.9 本章小结

本章借开发“切冰块”游戏为主题，向读者介绍了使用 Cocos2d-x 引擎开发休闲类游戏的全过程。学习完本章并结合本章“切冰块”的游戏项目之后，读者应该对该类游戏的开发有了深刻的了解，为以后的开发工作打下坚实的基础。

第 4 章　休闲益智类游戏——鳄鱼吃饼干

本章将向读者介绍在 Android 平台上如何开发休闲益智类游戏“鳄鱼吃饼干”游戏，通过本章的学习读者不仅能增加对游戏编程的熟练程度，而且对 Cocos2d-x 引擎的跨平台的特点会更加有体会，此外还能学会该类游戏的开发，掌握休闲益智类游戏的开发技巧。

4.1 游戏的背景及功能概述

鳄鱼吃饼干是一款休闲益智游戏，玩家通过割断悬挂饼干的绳子，使饼干顺利地落入蹲在舞台上的小鳄鱼嘴中。在每一个关卡中都有 3 个星星，玩家需要在饼干通过绳子摇摆时，使饼干接触到更多星星，从而获取星星，只有在当前故事情节中获取了一定数目的星星才有可能解锁下一个故事情节。

本节将分两小节来向读者介绍鳄鱼吃饼干游戏的背景以及功能，使读者对该游戏有个整体了解，为之后游戏的开发做好准备。

4.1.1 背景概述

鳄鱼吃饼干是以鳄鱼能否吃掉垂涎已久的饼干为主题的游戏。在游戏中，饼干被悬挂在绳子上，玩家需要做的就是割断绳子，让饼干落入鳄鱼口中，完成鳄鱼的美好愿望，同时在游戏中争取获得较多的星星，获得一个很好的成绩。这样更有利于展开更多故事情节。

下面首先向读者介绍市场上已经发布的几款休闲益智类型的游戏，如图 4-1、图 4-2 和图 4-3 所示。这几款游戏的共同点是抓住了玩家的碎片化时间，赢得玩家喜爱。

▲图 4-1　火车危机

▲图 4-2　泡泡龙

▲图 4-3　星星消除

通过对图 4-1、图 4-2、图 4-3 的了解，相信读者已经对该类游戏有了一个大致判别。本章使用 Cocos2d-x 游戏开发引擎开发一款手机平台休闲益智类游戏，本游戏使用了引擎中的大量特效，极大地丰富了游戏的视觉效果，增强了用户体验，并且其玩法不算复杂。

4.1.2 功能介绍

笔者开发的休闲类游戏——鳄鱼吃饼干主要包括游戏加载场景、开始场景、选关场景、游戏场景和设置场景。接下来对该游戏的部分场景及运行效果进行简单介绍。

（1）单击游戏图标运行本游戏，首先进入游戏的加载场景，如图 4-4 所示。该场景由一个背景精灵和加载进度条组成，待游戏所需的相关图片资源加载完成后，就直接进入到本游戏的开始游戏场景，如图 4-5 所示。

（2）开始场景主要由突出鲜明的游戏标题、琳琅满目的食物、空中摇摆的小饼干和站在舞台上的小鳄鱼组成。该场景包含的菜单项主要有开始游戏、设置和退出菜单项，单击设置菜单项在该场景中添加设置布景，如图 4-6 所示。

▲图 4-4　游戏加载场景

▲图 4-5　游戏开始场景

▲图 4-6　游戏设置场景

（3）在设置布景中，主要供玩家操作的是开启或关闭背景音乐和音乐音效以及重置游戏相关数据的操作。在这些菜单项下方，还有关于菜单项，单击即可进行切换以查看“信息”，如图 4-7 所示。最后单击屏幕左下方的返回菜单项回到开始游戏布景中。

（4）在开始布景中单击开始游戏菜单项，即可进入选关场景中，在选关场景中包含了两个布景，其一为关卡主题布景，其二为主题对应具体关卡选择布景，如图 4-8 所示，其分别负责主题的切换以及对应主题关卡的切换。玩家可先单击主题人物，然后左右滑动来切换主题，也可单击主题下方的星星来进行切换，还可单击左右菜单项来进行切换。

（5）在选关场景中，玩家首先应该选择已经被解锁的主题，然后再单击选择该主题中被解锁的关卡，方可进入游戏，否则系统会提示单击的关卡未被开启，如图 4-9 所示。

（6）选关场景向玩家展示了一共获得的星星数以及本主题中获得的星星数，它们分别位于屏幕左上角和主题的下方。另外在屏幕的左下方有一个返回菜单项，供玩家返回到开始游戏场景。

（7）在选关场景中单击已经被解锁的关卡就可直接进入到对应关卡的游戏中。游戏场景对应的布景背景为一个舞台幕布。当帘幕被拉开时，游戏就开始了。游戏的关卡在屏幕的右上方，玩家需要割断绳子，将饼干送入小鳄鱼的口中，同时应该尽可能多地获得星星。若获得星星，则将会在屏幕的左上角显示。

（8）首先玩家可进入的是第一主题的第一个关卡，其关卡内容如图 4-10 所示。该关卡非常简单，只需根据游戏的提示，将手指触摸屏幕，然后滑动一段距离以割断绳子，使小饼干掉进嗷嗷待哺的小鳄鱼口中，并且在这个过程中获得三颗星星。

（9）通过第一关后，即可开启第二关，第二关内容如图 4-11 所示。从关卡对比中可以看出，绳子数量增加，其游戏难度也在增加。在游戏的第三关出现本游戏的第一个道具，如图 4-12 所示，该道具为“气泡”，气泡可帮助饼干向上运动，若玩家戳爆气泡，饼干又为自由落体状态。

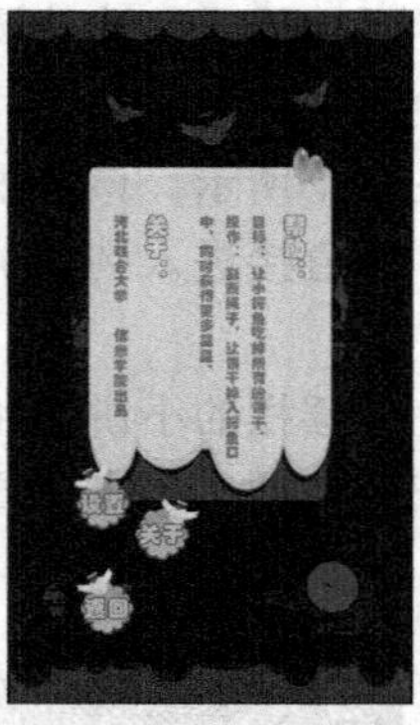
▲图 4-7　关于信息的查看

▲图 4-8　选关场景 1

▲图 4-9　选关场景 2

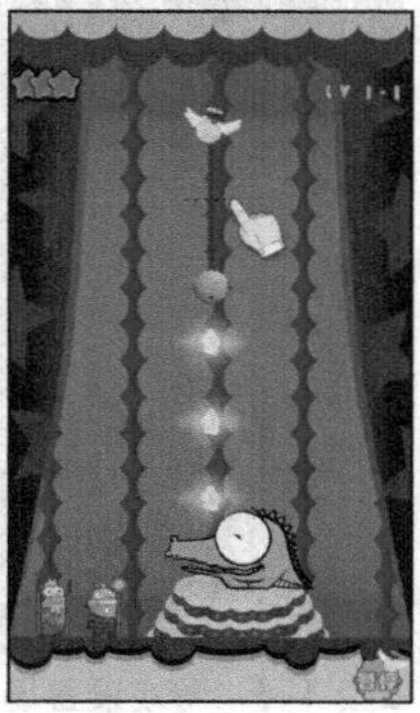
▲图 4-10　游戏第一关

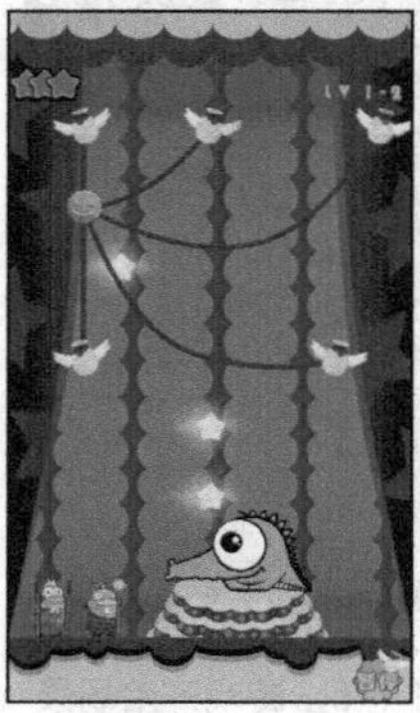
▲图 4-11　游戏第二关

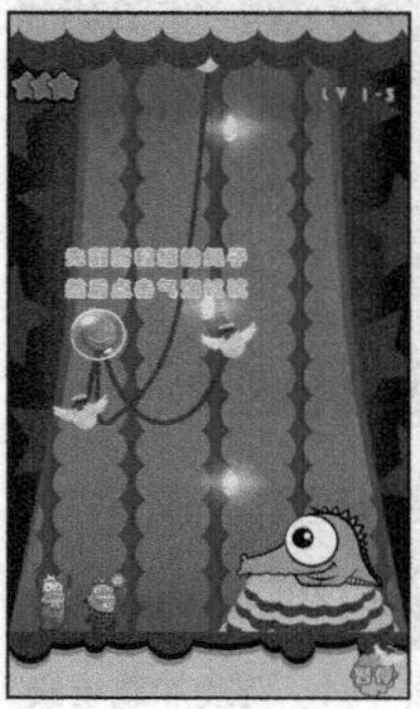
▲图 4-12　游戏第三关

（10）如图 4-13 所示，该场景为第一主题第 5 关，在该关卡中出现的新道具为“尖刺”。该道具的作用是：若饼干碰到尖刺，则立即会被戳碎，游戏失败。因此玩家需要在获得更多星星的同时，避免饼干和尖刺接触。

（11）如图 4-14 所示，该场景为第一主题第 6 关。每一个主题都有 6 个关卡，从容易到困难，从简单到复杂，第 6 关也就是在本主题下最难、最复杂的一关，该关不仅出现了新的道具，而且还整合了本主题在前面关卡中用到的道具，游戏内容更丰富、有趣，更加富有挑战性。

（12）当玩家完全通过该主题的 6 个关卡，获得开启下一主题需要的星星数后，即可开启下一个主题。另外当玩家顺利通过关卡时，游戏会自动进入到游戏胜利界面，如图 4-15 所示。系统会根据游戏中获得星星的数量来判断胜利的等级，最好成绩为获得 3 颗星星。在游戏胜利界面，玩家还可以单击“再玩一局”“下一局”和“主菜单”选项进入对应的场景。

（13）若第一主题 6 个关卡都通过，并且获得一定数目的星星，则第二主题会自动解锁，解锁后玩家即可继续玩耍。若想查看解锁需要的星星数，直接切换到需要查看的主题即可，在主题背景的下方将会显示解锁需要的星星数目。本游戏选关界面如图 4-16 所示。

（14）在游戏的右下方也为玩家设定了“暂停”菜单项，单击该菜单项即可出现暂停界面，如图 4-17 所示。若玩家有事或者玩累了，则可以按下该菜单项。同时在该界面中有 3 个菜单项，从左到右依次为：重玩游戏、菜单、继续游戏。单击中间的“菜单”菜单项，即可弹出子菜单项，如图 4-18 所示。在子菜单中玩家可选择“选择等级”“主菜单”或“跳过等级”3 个选项，根据需要进行选择即可。

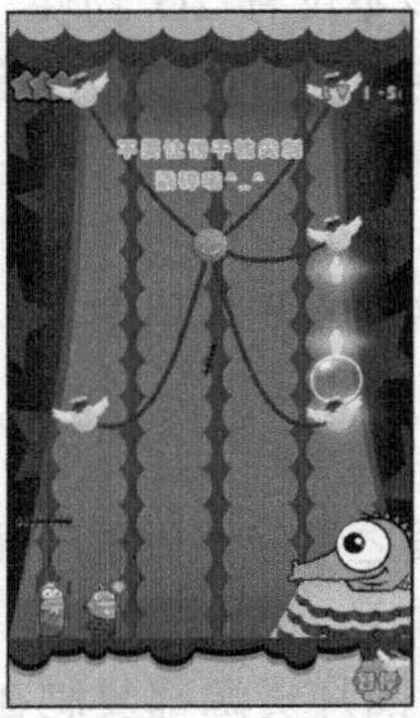

▲图 4-13　游戏第 5 关

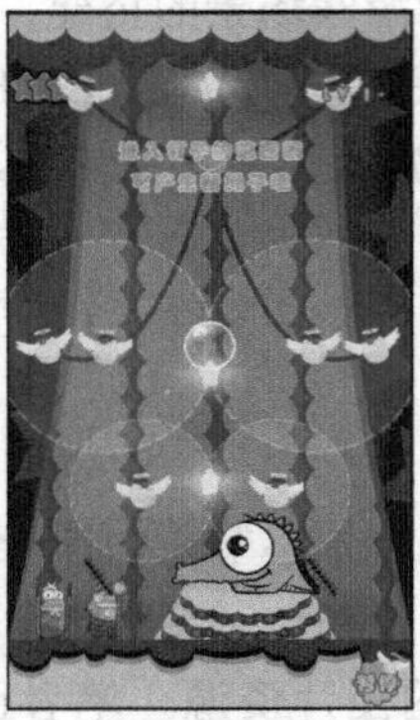

▲图 4-14　游戏第 6 关

▲图 4-15　游戏胜利界面

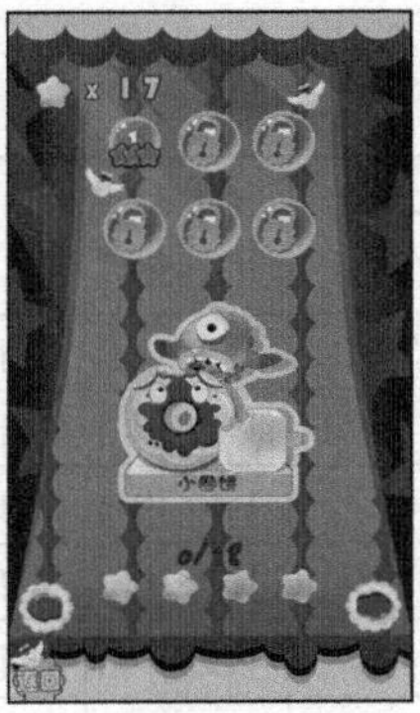

▲图 4-16　游戏选关界面

▲图 4-17　游戏暂停界面

▲图 4-18　游戏暂停扩展选项

至此，鳄鱼吃饼干游戏的功能就介绍完了。根据上面的介绍，读者应该对这款游戏有了一个简单的了解。接下来的章节将继续为读者介绍本游戏的策划与准备。学习了这些内容，读者对本游戏的开发过程甚至其他游戏的开发非常有帮助。

4.2 游戏的策划及准备工作

上一节向读者介绍了本游戏的背景及其基本功能。对其有一定了解以后，本节将从游戏开发的前期准备工作开始介绍，主要包含游戏的策划和游戏开发中所需资源的准备，这些工作对游戏的开发起很大的作用。

4.2.1 游戏的策划

下面对游戏的策划进行简单的介绍，在游戏开发过程中其涉及的方面会很多，而本游戏的策划主要包含：游戏类型定位、运行目标平台、呈现技术以及操作方式的确定工作。下面将一一向读者介绍。

- 游戏类型定位

本游戏属于休闲益智类游戏，与市面上的“保卫萝卜”等游戏有异曲同工之妙。抓住玩家的碎片化时间，等公交、坐地铁、等人时候玩耍，每一局时间短，考验玩家的手速。

- 运行目标平台

游戏目标平台为 Android2.2 及以上平台。

❑ 采用的呈现技术

游戏完全采用 Cocos2d-x 引擎进行游戏场景的搭建，但是本游戏不仅有 2D 物件，还导入了部分 3D 模型，画面感更强烈。由于该引擎基于 OpenGL ES 进行图形渲染，所以若读者希望将此升级，可考虑导入更多的 3D 模型，使游戏画面更加炫酷，更有空间感。

❑ 操作方式

该游戏的操作方式为触摸，玩家划屏来切断绳子，使饼干顺利地落入鳄鱼口中。

4.2.2 手机平台下游戏的准备工作

上一小节向读者介绍了游戏的策划，本小节将向读者介绍在开发之前应该做的一条列准备工作，其中主要包括搜集和制作图片、声音和粒子系统等，具体内容如下。

这里主要介绍游戏开发需要用到的图片资源，笔者已经将所有图片资源都复制在该项目的 assets 目录中的相关文件夹下。下面向读者介绍 CEatB/app/src/main/assets 目录中的 pic 目录中的图片资源，其具体信息如表 4-1 所列。

表 4-1　图片资源清单 1

图片名	大小（KB）	像素（w×h）	用　途	图片名	大小（KB）	像素（w×h）	用　途
loadbg.png	68.7	540×960	加载布景背景	loading (1).png	20.4	540×119	显示加载进度
candy_0.png	15.3	100×103	饼干正常表情	candy_0hap.png	17.0	100×103	饼干开心表情
candy_0sad.png	17.8	100×103	饼干伤心表情	candy_1.png	17.3	100×101	饼干正常表情
candy_1hap.png	19.9	100×102	饼干开心表情	candy_1sad.png	19.6	100×102	饼干伤心表情
candy_2.png	18.0	100×102	饼干正常表情	candy_2hap.png	19.3	100×102	饼干开心表情
candy_2sad.png	19.6	100×102	饼干伤心表情	candy_3.png	14.8	100×99	饼干正常表情
candy_3hap.png	15.5	100×100	饼干开心表情	candy_3sad.png	15.0	100×95	饼干伤心表情
spike_3.png	4.36	29×20	尖刺道具	spike_5.png	5.35	46×20	尖刺道具
spike_7.png	6.34	63×20	尖刺道具	spike_9.png	7.25	79×20	尖刺道具
aboutbg.png	31	629×347	关于信息背景	backmenu.png	10.6	79×93	返回菜单项
backmenup.png	10.9	79×93	返回菜单项	beeman.png	6.91	42×56	移动钉子背景
bolckYellow.png	15.1	20×478	绳子背景	bouncer.png	7.91	87×55	弹簧背景
bubble.png	10.5	70×70	气泡	canclebt.png	5.03	37×37	取消菜单项
canclebtp.png	4.82	37×37	取消菜单项	chbg.png	92.1	540×960	游戏背景
curtains0.png	31,7	300×960	左帘子	curtains1.png	31.6	300×960	右帘子
dibian.png	18.1	540×93	底边	dragrod.png	7.74	63×63	拖拉棒
dragrodp.png	7.70	63×63	拖拉棒	egg0.png	8.66	78×52	鸡蛋天使
egg1.png	6.28	53×42	鸡蛋天使	electric.png	8.81	256×40	电击背景
electric_null.png	2.81	200×40	单击钢体绘制	exitbt.png	10.5	87×88	退出
exitbtp.png	10.1	87×88	退出	ey_0.png	15.5	200×114	鳄鱼表情
ey_1.png	15.5	200×114	鳄鱼表情	ey_2.png	16.5	200×114	鳄鱼表情
ey_3.png	16.2	200×118	鳄鱼表情	ey_4.png	23.7	180×167	鳄鱼表情

在游戏中，无论是控件、周围的背景，还是道具，都是由一幅幅图片构成的，因此在开发游戏代码前，首先应该找到合适的资源，表 4-1 中包含了游戏，如表 4-2 所列的部分资源，如不同主题下的各种饼干和不同饼干的表情资源等，下面继续介绍该项目中的资源，如表 4-2 所列。

表 4-2　　图片资源清单 2

图片名	大小（KB）	像素（w×h）	用　途	图片名	大小（KB）	像素（w×h）	用　途
finger.png	11.0	80×91	手指	gravitymenu.png	16.4	100×100	重力倒置
gravitymenup.png	17.0	100×100	重力倒置	guangzhao.png	119	540×960	光照
hatgreen.png	11.0	94×85	绿色帽子	hatred.png	10.3	88×85	红色帽子
henggang.png	2.82	12×9	横杠	holder0.png	19.5	276×156	舞台
holder1.png	16.8	276×156	舞台灯光	house_0.png	81.8	286×288	主题 1
house_0p.png	81.8	286×288	主题 1	house_1.png	81.8	286×288	主题 2
house_1p.png	81.8	286×288	主题 2	house_2.png	81.8	286×288	主题 3
house_2p.png	81.8	286×288	主题 3	house_3.png	81.8	286×288	主题 4
house_3p.png	81.8	286×288	主题 4	jsts.png	8.52	401×36	提示
labelatlas.png	6.40	231×32	数字	level_0.png	8.22	66×66	关卡 1
level_1.png	8.22	66×66	关卡 2	level_2.png	8.22	66×66	关卡 3
level_3.png	8.22	66×66	关卡 4	level_4.png	8.22	66×66	关卡 5
level_5.png	8.22	66×66	关卡 6	lianzi.png	40.5	540×960	帘子
line.png	3.03	80×11	线	lock.png	9.32	66×65	关卡锁
lockhouse.png	31.5	168×236	主题锁	lv.png	3.42	38×24	关卡
lv_0.png	7.58	163×47	关卡等级	lv_1.png	7.58	163×46	关卡等级
lv_2.png	7.58	163×47	关卡等级	lv_3.png	7.58	181×55	关卡等级
menu.png	7.02	81×79	菜单	menubg.png	3.99	451×91	菜单背景
menup.png	7.03	81×79	菜单	music_OFF.png	9.34	79×85	声音关闭
music_ON.png	10.3	79×85	声音开启	nail.png	7.23	43×43	钉子
nextbt.png	9.21	77×75	下一个菜单	nextbtp.png	9.21	77×75	下一个菜单
number.png	15.0	365×45	数字	number_0.png	4.05	34×45	数字 0
number_1.png	4.08	23×45	数字 1	number_2.png	4.15	32×45	数字 2
number_3.png	3.93	26×45	数字 3	number_4.png	3.57	33×45	数字 4
number_5png	4.05	27×45	数字 5	number_6.png	4.33	31×45	数字 6
number_7.png	3.75	29×45	数字 7	number_8.png	4.41	30×45	数字 8
number_9.png	4.36	31×45	数字 9	number_18.png	4.68	53×39	数字 18
Numbertwo.png	4.73	109×38	数字 1～6	opabout.png	6.09	81×79	关于
opbjyy.png	13.7	168×95	背景音乐	opbjyyp.png	12.8	168×95	背景音乐
opczyx.png	14.2	168×58	重置游戏	opczyxp.png	13.1	168×58	重置游戏
opgy.png	10.9	88×88	关于	opgyp.png	10.5	88×88	关于
opyyyx.png	8.89	168×58	音乐音效	opyyyxp.png	13.3	168×59	音乐音效
pause.png	10.5	79×81	暂停	pausebg.png	21.5	540×960	暂停背景
pausep.png	10.5	79×81	暂停	range.png	8.69	200×200	范围圈
rank_0.png	6.85	64×32	获得星星等级	rank_1.png	6.85	64×32	获得星星等级
rank_2.png	6.85	64×32	获得星星等级	rank_3.png	6.85	64×32	获得星星等级
reGame.png	7.28	81×79	重新开始游戏	reGamep.png	7.28	81×79	重新开始游戏
resetbg.png	46.1	540×300	重置游戏提示	resetf.png	6.64	81×79	取消

表 4-2 中的图片资源的用途主要包括以下几个地方：游戏中的提示的图片资源、选关场景中的主题和关卡的图片资源、游戏中的所有需要的数字的图片资源和游戏中部分菜单项单击或被单击的图片资源，这些资源主要用在选关场景和游戏场景中。下面继续介绍该项目的其他图片资源，如表 4-3 所列。

表 4-3 图片资源清单 3

图片名	大小（KB）	像素（w×h）	用 途	图片名	大小（KB）	像素（w×h）	用 途
resett.png	6.43	81×79	确定	rod.png	2.76	24×32	拖拉棒杆
rodl.png	3.09	18×31	拖拉棒左侧	rodr.png	3.09	18×31	拖拉棒右侧
rotateG.png	7.32	49×48	绿色旋转	rotateGP.png	7.32	49×48	绿色旋转
rotateR.png	7.08	49×48	红色旋转	rotateRP.png	7.08	49×48	红色旋转
sawtooth.png	16.3	207×37	钢条	setbg.png	33.7	540×960	设置背景
setbt.png	11.5	74×95	设置菜单	setbtp.png	10.9	74×95	设置菜单
smallpeople0.png	10.5	49×83	小人	smallpeople1.png	11.3	61×82	小人
spider.png	3.57	30×30	蜘蛛	star.png	3.89	40×37	星星
staridle.png	7.61	78×70	星星模糊灯	startbg.png	108	540×960	游戏背景
startbt.png	28.4	245×102	开始游戏背景	startbtp.png	28.4	245×102	开始游戏背景
stend.png	44.6	540×300	退出游戏提示	streak.png	3.08	8×25	拖尾
surebt.png	4.97	35×35	确定	surebtp.png	4.97	35×35	确定
tgdj.png	10.7	118×42	跳过等级	tgdjp.png	10.7	118×42	跳过等级
tishi_0.png	12.2	255×78	提示信息	tishi_1.png	10.2	255×79	提示信息
tishi_2.png	11.0	260×81	提示信息	tishi_3.png	10.4	256×79	提示信息
tishi_4.png	15.4	257×112	提示信息	tishi_5.png	11.4	184×85	提示信息
tishi_6.png	12.6	348×85	提示信息	tishi_7.png	14.2	351×81	提示信息
tishi_8.png	11.9	316×80	提示信息	tishi_9.png	17.0	354×128	提示信息
title0.png	67.2	375×273	标题部分	title1.png	42.0	375×273	标题部分
title2.png	72.5	375×273	标题部分	title3.png	72.5	375×273	标题部分
topcur.png	15.6	540×76	抬头帘子	victorybg.png	47.0	540×510	胜利背景
xiegang.png	3.76	21×43	斜杠	xingxinge.png	9.2	104×101	灰色星星
xingxingf.png	9.39	104×101	黄色星星	xyg.png	9.81	137×49	下一关
xygp.png	9.81	137×49	下一关	xzdj.png	10.7	117×42	选择等级
xzdjp.png	10.7	117×42	选择等级	zcd.png	11.0	138×48	主菜单
zcdp.png	11.0	138×48	主菜单	zongstar.png	7.05	92×52	总星星数
zwyc.png	10.5	137×49	再玩一次	zwycp.png	10.5	137×49	再玩一次
zztishi.png	13.1	328×32	提示信息				

提示 以上游戏相关图片为游戏场景搭建资源及相关菜单项图片资源，而在本游戏中还有相当一部分属于换帧动画图片资源、声音资源、粒子系统资源和字体资源，由于其数量较多，笔者在此就不一一进行介绍。请读者查看相关资源文件夹。

至此，该游戏的策划以及准备工作就已经完成了，细心的读者很容易看出，游戏的策划是对游戏有一个基本的定位，确定开发的方向及游戏内容，游戏的准备工作是收集游戏中需要使用到的所有资源，并将其放到指定的文件目录中。

4.3 游戏的架构

上一节实现了游戏的策划和前期准备工作，本节将对该游戏的架构进行简单的介绍，包括场景管理类、场景相关类和工具类。学习这些类后，读者将对本游戏的架构有初始了解，对游戏的开发有更深层次的认识。

4.3.1 各个类的简要介绍

为了让读者能够更好地理解各个类的作用，下面将其分成 3 部分进行介绍，其中包括场景相关类、游戏辅助类以及引擎入口类，并且各个类的详细代码将在后面的章节中相继开发。

1. 场景相关类

- 总场景管理类——Box2DSceneManager

该类为游戏中呈现场景最主要的类，主要负责游戏中场景的创建和场景的切换。游戏将众多的场景集中到一个类中，这样不但程序结构清晰而且维护简单，读者应细细体会。

- 自定义游戏加载布景类——LoadLayer

该类为游戏进入时首先呈现在玩家面前的布景类。在此布景中，主要为玩家呈现当然图片资源加载进度。图片加载资源使用了鳄鱼吃饼干的形式，当鳄鱼吃掉一整条饼干后，代表游戏中的图片资源加载完成，这样做玩家一目了然。当资源加载完成后，游戏将自动进入开始场景。

- 自定义游戏开始布景类——StartLayer

该类有游戏的开始布景类。在此布景中，玩家可看到本游戏的标题名称，在标题周围有琳琅满目的食物，在下方的舞台上有一个垂涎三尺的小鳄鱼，它们构成了游戏的中心主题。在小鳄鱼旁边还有两个为鳄鱼喝彩的小人物，整个画面栩栩如生。

- 自定义游戏设置布景类——OptionLayer

该类为游戏的设置布景类。在此布景中，玩家可开启或关闭游戏的背景音效和音乐音效，可重置本游戏的所有数据。另外在此布景中，还存在关于信息的切换菜单项，单击“关于”菜单项即可查看关于信息，关于信息主要向玩家说明本游戏的制作方、游戏的目的和游戏的操作方式。

- 自定义游戏选主题布景类——ChooseHouseLayer

该类为游戏的主题选择布景类。此布景主要向玩家提供主题的选择与切换。通过此布景可以搭建主题的场景，另外，该布景还与选关布景类结合，这两个布景存在于同一个场景中。当主题被切换后，其相对应的关卡就会被更新。

- 自定义游戏布景类——Box2DLayer

该类为游戏布景类，是本游戏中最重要的类之一，通过它玩家能够真正体验到游戏的乐趣。在此布景中，玩家通过手指划动屏幕来切割绳子，当绳子被切断后，饼干和绳子失去连接，饼干可能会落入小鳄鱼的口中。当饼干落入鳄鱼口中时，该场景还会添加游戏胜利场景。另外，当饼干荡漾到屏幕边缘以外的一定距离时，饼干会自动破碎，破碎后游戏将自动重新开始。

- 自定义游戏暂停布景类——PauseLayer

该类为游戏暂停布景类，在游戏暂停时显示。暂停是每个游戏不可或缺的一个部分，而笔者在本游戏中暂停后，提供了一些可供选择的菜单项，分别是重玩游戏、菜单和继续游戏，而单击菜单即可出现更多的菜单项，读者可根据其功能来选择。

2. 游戏辅助类

☐ 物理世界刚体类——PhyObject、RectPhyObject、CirclePhyObject 和 PolygonPhyObject

这些类为刚体的相关类，PhyObject 类为笔者封装后得到的一个类，是所有刚体的基类，其主要功能通过其成员方法 refresh 实现，此方法用于更新绘制者和刚体的位置和角度。RectPhyObject、CirclePhyObject 和 PolygonPhyObject 为继承于 PhyObject 类的矩形刚体类、圆形刚体类和多边形刚体类。该类只是将刚体及其相关属性进行封装，读者可查看源代码进行学习。

☐ 鼠标关节类——MouseJoint

该类为笔者封装后的鼠标关节类，包含了众多与关节相关的属性，需要重点指出的是 maxForce 参数，该参数表示可以施加给移动候选体的最大力。该类的主要功能为便于拖拉游戏中的一些刚体，使游戏可玩性更强，更加易于操作。关节也是 Box2D 中相当重要的内容，读者应该认真学习。

☐ 焊接关节——WeldJoint

该类为笔者封装后的焊接关节类。构建焊接关节需要设置焊接的锚点、两个物体之间的角度差和柔韧度。柔韧度越小，动的幅度越大，越容易弯曲，柔韧度越大，动的幅度越小，越不容易弯曲。

☐ 换帧精灵管理类——AnimFrameManager

该类为笔者封装的换帧精灵管理类，其功能为创建游戏所需的换帧精灵动画。该类还提供了播放换帧动画的方法，使程序更加有条理、更加有逻辑性。

☐ 游戏音乐管理类——MusicManager

该类为游戏音乐管理类。将音乐作为一个类来封装，代码更加简单、统一。可通过直接创建该管理类的对象来调用某个特定的方法，从而实现音乐的播放。

☐ 道具相关类

道具相关类主要包括：气泡类——AirBubble、气球类——AirBullon、弹簧类——Bouncer、拖拉棒类——DragRod、电流类——Electric、重力倒置类——GravityMenu、帽子类——Hat、移动钉子类——HoneyBee、钉子类——Nail、锯齿类——Sawtooth、蜘蛛类——Spider 和刺条类——Spike。游戏中的每一个道具都是通过对应的类来进行创建，因此每个道具都拥有单独的特性。

☐ 绳子类——vrope

该类为创建绳子的相关类，在游戏中绳子是连接饼干和钉子之类道具的桥梁。每条绳子是由非常多段小棍组成，这些小棍子有序的连接就组成了绳子。在本游戏中，笔者采用了一个开源的工具类 Vrope，若读者有兴趣请查看源代码。

3. 引擎引用入口类——AppDelegate

AppDelegate 类继承于 cocos2d::Application 类，是引擎引用入口类。它需要实现父类中的 3 个接口函数，其中包括当程序进入前台时调用的 applicationWillEnterForeground 函数，进入前台后调用的 applicationDidFinishLaunching 方法和当程序进入后台时调用的 applicationDidEnterBackground 函数。

该类中的 applicationDidFinishLaunching 方法是进入游戏场景的入口方法。在该方法中，首先创建一个场景管理器对象，然后通过场景管理器调用其内部成员方法，创建进入游戏后手机屏幕上显示的第一个场景，并切换到该场景中。

4.3.2 游戏的框架简介

上一小节已经对该游戏中所用到的类进行了简单介绍，但读者还没有理解游戏的架构以及游戏的运行过程。接下来本节将从游戏的整体架构上进行介绍，使读者对本游戏的开发有更好的理解，其框架如图 4-19 和图 4-20 所示。

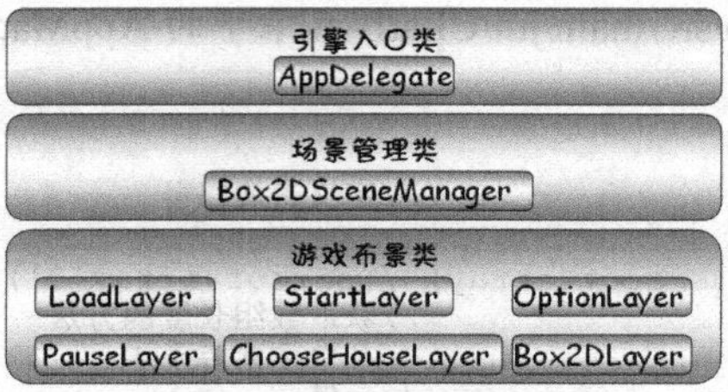

▲图 4-19 游戏框架图 1

▲图 4-20 游戏框架图 2

- 图 4-19 列出了游戏框架图，通过该图可以看出游戏的运行是从 AppDelegate 类开始，然后在 Box2DSceneManager 类中创建相关场景，最下层的则是组成这些场景对应的布景类，有了这些布景类，玩家才能在移动设备屏幕上看见对应的游戏场景。其各自功能后续将详细介绍，读者这里不必深究。
- 图 4-20 是本游戏开发用到的辅助类及常量头文件等，这些类用于分别常量的声明、游戏中刚体、关节和一系列道具的封装类。将这些物件封装成独立的类，不仅方便对其对象的管理，更使程序更便于管理和修改。

接下来按照程序运行的顺序逐步介绍各个类的作用以及整体的运行框架，使读者更好地掌握本游戏的开发步骤，其详细步骤如下。

（1）首先单击游戏图标进入该游戏，游戏开始有一段资源预加载时间。加载成功后，直接进入到游戏开始场景。在该场景中，玩家可直观地看到本游戏的主题——鳄鱼吃饼干。另外在屏幕的下方有“设置”“开始”和“退出”菜单项，下面单击“开始”菜单项进入到选关场景。

（2）在选关场景中，玩家可通过手指来滑动屏幕以进行主题的切换，也可单击主题下的星星来进行切换，还可单击屏幕左右两侧的方向菜单项来进行切换。若玩家第一次安装本游戏，则只能玩耍主题一的第一关，其余关卡或主题需要一定星星数才能解锁。

（3）在选关场景中选择主题一的第一关，单击即可进入到游戏中。第一关非常简单，根据提示直接切断绳子，让饼干落入鳄鱼口中，获得三颗星星，顺利完成第一关。完成后系统将自动弹出游戏胜利界面，系统会根据游戏过程中获得的星星数来判定本关的成绩。在游戏过程中，若玩家让饼干顺利落入鳄鱼口中则算游戏胜利，但若饼干进入屏幕边界的一定范围内，则会自动碎裂，也就是游戏失败，系统会自动重新开始游戏。

（4）本游戏会根据关卡的等级进行难度调整。最初的关卡是为了让玩家了解本游戏的基本玩法，后面的关卡会增加很多道具，以增加游戏的可玩性。

（5）在游戏过程中，单击屏幕右下角的“暂停”菜单项即可对游戏进行暂停操作，单击后出现暂停布景。在该布景中，可供玩家选择的有 3 个菜单项，从左到右依次为“重玩”“菜单”和“继续”菜单项。玩家若单击“菜单”菜单项，则会弹出更多菜单项供玩家选择，此时玩家可选择进入主菜单、选择关卡场景或跳过关卡。

（6）游戏中每个主题共有 6 个关卡，其难度也是从易到难，从简单到复杂。玩家若想玩下一主题关卡，则必须在当前主题获得足够多的星星数，才能进行解锁。

4.4 游戏常量头文件 AppMacros

从本节开始正式进入游戏的开发过程，本节主要介绍该游戏的常量类，常量类中存储了一系列游戏的基本信息，包括各个节点的层次、部分精灵的标签及文件路径等相关信息。下面就详细地为读者讲解常量头文件中的具体的信息。

代码位置：见本书随书源代码/第 4 章/CEatB/app/src/main/jni/CEatB 目录下的 AppMacros.h。

```
#ifndef __AppMacros_H__
#define __AppMacros_H__
#include "cocos2d.h"
#define pic_PATH std::string("pic/")                                 //定义资源路径
//……此处省略了定义资源路径宏的相关代码
#define GET_ARRAY_LEN(array,len){len = (sizeof(array) / sizeof(array[0]));}
                                                                     //获取数组长度的方法
#define _PIXTOMETER 5                                                //几个像素等于 1m
static float  PI = 3.1415926535898;                                  //π值
#define PIC_TOTAL 148                                                //资源总数
 const static float SCREENHEIGHT = 960.0f;                           //屏幕长度
 const static float SCREENWIDTH = 540.0f;                            //屏幕宽度
 //……此处省略了定义层级宏的相关代码
 #define NAILOFFSETX 4                                               //X 方向偏移量
 #define NAILOFFSETY 7                                               //Y 方向偏移量
 //……此处省略了定义精灵标签宏的相关代码
 #define BEEMANSPEED 60                                              //钉子移动速度
 #define SPIDERSPEED 60                                              //蜘蛛爬行速度
 #endif
```

说明　在该头文件中，主要是定义了游戏精灵对象对应的标签，因为在游戏中不是所有变量都需要在头文件中进行声明，部分对象只是临时使用，因此给其指定一个标签，这样如果需要使用该对象，则直接通过此标签查找对象，使精灵对象更加易于管理。在此头文件中定义，便于游戏中层级的管理，使其不凌乱，不会出现错误遮挡的效果。

4.5 游戏辅助类

前面的章节介绍了游戏的常量类，本节将为读者介绍游戏的辅助类，辅助类主要包括物理刚体类、相关关节类和游戏中所需的道具类。这些类作为游戏的辅助类，主要对游戏提供一些次要辅助，没有这些类也是万万不行的。下面将为读者详细介绍该辅助类的开发过程。

4.5.1 焊接关节类——WeldJoint

焊接关节的功能是实现两个物体能够焊接在一起，典型的例子是可以通过诸多物体相邻焊接，以实现跷跷板的物理效果。通过这一关节，我们成功构建了本游戏道具中的拖拉棒。下面将为读者详细介绍该辅助类的开发过程。

（1）首先介绍的是 WeldJoint 类的头文件，头文件中声明了该类的一系列方法以及成员变量。将方法的声明单独放在头文件中，类的声明简洁明了，其详细代码如下。

代码位置：见本书随书源代码/第 4 章/CEatB/app/src/main/jni/bnBox2DHelp 目录下的 WeldJoint.h。

```
#ifndef _WeldJoint_H_
#define _WeldJoint_H_
......//此处省略了一些对头文件的引用和声明使用的命名空间，需要的读者请看源代码
class WeldJoint{
  public:
    b2WeldJoint* mJoint;                         //声明焊接关节对象的指针
    b2World* mWorld;                             //声明物理世界类对象的指针
    WeldJoint(
        std::string* id,                         //关节 ID
        b2World* world,                          //物理世界对象指针
        bool collideConnected,                   //是否允许两个刚体碰撞
        PhyObject* poA,                          //指向物体类对象 A 的指针
        PhyObject* poB,                          //指向物体类对象 B 的指针
        b2Vec2 anchor,                           //焊接关节的锚点
        float32 referenceAngle,                  //两个刚体之间的角度差
```

```
        float32 frequencyHz,                    //关节频率
        float32 dampingRatio                    //阻尼系数
    );
    ~WeldJoint();
};
#endif
```

说明 该类框架声明了焊接关节对象的指针 mJoint、物理世界类对象的指针 mWorld 和 WeldJoint 类的构造函数和析构函数。构造函数的参数列表中主要提供了焊接关节所需的关节 ID、物理世界对象指针、物体类对象指针、锚点坐标、角度差、关节频率和阻尼系数等。

（2）开发完上述类框架声明后，还要真正实现 WeldJoint 类中的相关方法。本类中仅存在两个方法，分别是构造函数和析构函数，具体代码如下。

代码位置：见本书随书源代码/第 4 章/CEatB/app/src/main/jni/bnBox2DHelp 目录下的 WeldJoint.cpp。

```
#include "WeldJoint.h"
WeldJoint::WeldJoint(std::string* idIn,b2World* world,bool collideConnected,PhyObject* poA,
PhyObject* poB,b2Vec2 anchor,float32 referenceAngle,float32 frequencyHz,float32 dampingRatio){
    this->mWorld=world;                          //给物理世界类对象的指针赋值
    b2WeldJointDef wjd;                          //创建焊接关节描述
    wjd.collideConnected=collideConnected;       //给是否允许碰撞标志赋值
    wjd.userData=idIn;                           //给关节描述的用户数据赋予关节 ID
    anchor.x=anchor.x / pixToMeter;              //将锚点的 x 坐标改为物理世界下的 x 坐标
    anchor.y=anchor.y / pixToMeter;              //将锚点的 y 坐标改为物理世界下的 y 坐标
    wjd.Initialize(poA->body, poB->body, anchor);   //调用焊接关节的初始化函数
    wjd.referenceAngle = referenceAngle;            //设置刚体 B 与刚体 A 的角度差
    wjd.frequencyHz = frequencyHz;                  //给关节频率赋值
    wjd.dampingRatio = dampingRatio;                //给阻尼系数赋值
    mJoint=(b2WeldJoint*)world->CreateJoint(&wjd);  //在物理世界里增添这个关节
}
WeldJoint::~WeldJoint(){
    if(mJoint!=NULL){                               //判断焊接关节是否为空
        mWorld->DestroyJoint(mJoint);               //从物理世界里删除焊接关节
        mJoint=NULL;                                //将焊接关节赋值为 NULL
}
}
```

说明 该类主要有两个方法，分别是构造函数和析构函数。在构造函数中，首先记录了物理世界以便该类对象进行调用，然后将相关的参数赋值给对应的成员变量或某些对象对应的成员变量，其中主要设置焊接关节的角度差、关节频率和阻尼系数，最后通过这些信息创建该关节。而析构函数只负责删除该关节，简单明了。

4.5.2 鼠标关节类——MouseJoint

鼠标关节是指给刚体设置一个世界目标点，刚体上的锚点自动与提供的世界目标点的坐标保持一致，使用该关节就可以实现拖动刚体的功能。在本游戏中，当开发好拖拉棒道具后，接下来就应该开发能拖动拖拉棒的相关鼠标关节。

（1）首先开发其类框架声明，主要包括了声明指向鼠标关节对象的指针、指向物理世界类对象的指针以及其构造函数和析构函数，具体代码如下。

代码位置：见本书随书源代码/第 4 章/CEatB/app/src/main/jni/bnBox2DHelp 目录下的 MouseJoint.h。

```
#ifndef _MouseJoint_H_
#define _MouseJoint_H_
......//此处省略了一些对头文件的引用和声明使用的命名空间，需要的读者请看源代码
class MouseJoint{
```

```
    public:
      b2MouseJoint* mJoint;                     //声明鼠标关节对象的指针
      b2World* mWorld;                          //声明物理世界类对象的指针
      MouseJoint(
          std::string* id,                      //关节 ID
          b2World* world,                       //物理世界对象指针
          bool collideConnected,                //是否允许两个刚体碰撞
          PhyObject* poA,                       //指向物体类对象 A 的指针
          PhyObject* poB,                       //指向物体类对象 B 的指针
          b2Vec2 target,                        //刚体的世界目标点
          float32 maxForce,                     //约束可以施加给移动候选体的最大力
          float32 frequencyHz,                  //刚体的响应速度
          float32 dampingRatio                  //阻尼系数
      );
      ~MouseJoint();
  };
  #endif
```

> **说明** 该类框架声明了鼠标关节对象的指针 mJoint、物理世界类对象的指针 mWorld 和 MouseJoint 类的构造函数和析构函数。构造函数的参数列表主要提供了距离关节所需的关节 ID、物理世界对象指针、物体类对象指针、世界目标点、最大力、响应速度和阻尼系数等。

（2）开发完上述类框架声明后，还要真正实现 MouseJoint 类中的相关方法，而在本类中仅存在两个方法，分别是构造函数和析构函数，具体代码如下。

代码位置：见本书随书源代码/第 4 章/CEatB/app/src/main/jni/bnBox2DHelp 目录下的 MouseJoint.cpp。

```
1   #include "MouseJoint.h"
2   MouseJoint::MouseJoint(std::string* id,b2World* world,bool collideConnected,PhyObject* poA,
3       PhyObject* poB,b2Vec2 target,float32 maxForce,float32 frequencyHz,float32 dampingRatio){
4       this->mWorld=world;                              //给物理世界类对象的指针赋值
5       b2MouseJointDef mjd;                             //创建鼠标关节描述
6       mjd.userData=id;                                 //设置用户数据
7       mjd.collideConnected=collideConnected;           //给是否允许碰撞标志赋值
8       mjd.bodyA=poA->body;                             //设置关节关联的刚体 bodyA
9       mjd.bodyB=poB->body;                             //设置关节关联的刚体 bodyB
10      mjd.target=target;                               //设置刚体世界目标点
11      mjd.maxForce=maxForce;                           //设置拖动刚体时允许的最大力
12      mjd.frequencyHz=frequencyHz;                     //设置刚体的响应速度
13      mjd.dampingRatio=dampingRatio;                   //设置阻尼系数
14      mJoint=(b2MouseJoint*)world->CreateJoint(&mjd);  //物理世界里增添这个关节
15  }
16  MouseJoint::~MouseJoint(){
17      if(mJoint!=NULL){                                //判断鼠标关节是否为空
18          mWorld->DestroyJoint(mJoint);                //从物理世界里删除距离关节
19          mJoint=NULL;                                 //将鼠标关节赋值为 NULL
20  }}
```

- 第 2～15 行为 MouseJoint 类的构造函数，其创建了鼠标关节描述，对鼠标关节描述的各项参数进行了赋值，并在物理世界中创建鼠标关节。其中第 5～13 行具体功能为创建鼠标关节描述，并设置其用户数据、碰撞标志、关联的两个刚体、世界目标点、最大力、响应速度和阻尼系数。
- 第 16～20 行为 MouseJoint 类的析构函数。若鼠标关节不为 NULL，则在物理世界里删除此鼠标关节，并将其赋值为 NULL。

4.5.3　气泡道具类——AirBubble

在本款游戏中，比较特殊、比较能吸引玩家的应该是关卡和道具。道具的开发尤为重要，道具的多样性、功能性、美观性都应该是开发人员所考虑的。本小节首先向读者介绍了气泡道具类，下面为读者详细介绍该辅助类的开发过程。

（1）首先需要开发的是 AirBubble 类的框架，该框架中声明了一系列将要使用的成员变量和成员方法，这些成员方法充当着极其重要的角色。其详细代码如下。

代码位置：见本书随书源代码/第 4 章/CEatB/app/src/main/jni/object 目录下的 AirBubble.h。

```
#ifndef _AirBubble_H_
#define _AirBubble_H_
#include "cocos2d.h"
using namespace cocos2d;
class AirBubble{
public:
    AirBubble(Layer* layerIn);                        //构造函数
    AirBubble(Layer* layer,Point position);           //构造函数
    ~AirBubble();                                     //析构函数
    void bubbleFollowCandyUpdate(float delta);        //更新气泡与饼干的相对位置
    void update(float delta);                         //判断饼干是否接触到气泡
public:
    Sprite* abSp;                                     //气泡精灵对象
    Layer* layer;                                     //布景层
    Sprite* airBubbleFrameSp;                         //气泡换帧精灵对象
    std::vector<AirBubble*> exAirBubble;              //存在的气泡
    std::vector<AirBubble*> delAirBubble;             //将要被删除的气泡
};
#endif
```

说明

在该类的头文件中，首先声明了一系列方法，其中包括两个构造函数、析构函数、更新气泡与饼干的相对位置的方法、判断饼干是否接触到气泡的方法。其次声明了指向气泡精灵的指针，指向布景层的指针和指向换帧精灵的指针。最后声明两个向量，分别用于存储游戏中的所有气泡和将被删除的气泡，这样写便于开发人员管理。

（2）开发完类框架声明后还要真正实现 AirBubble 类中的方法，在该类中需要实现的方法比较少，主要是该类的构造函数和析构函数，其具体的代码如下。

代码位置：见本书随书源代码/第 4 章/CEatB/app/src/main/jni/object 目录下的 AirBubble.cpp。

```
  //……此处省略了对部分头文件的引用，需要的读者请查看源代码
using namespace cocos2d;
AirBubble::AirBubble(Layer* layerIn){
    this->layer = layerIn;                                  //记录布景层
}
AirBubble::AirBubble(Layer* layer,Point position){
    TextureCache* textureCache = Director::getInstance()->getTextureCache();
                                                            //获取纹理缓冲
    abSp = Sprite::createWithTexture(                       //创建气泡精灵对象
                    textureCache->addImage(pic_PATH+"bubble.png"));
    abSp->setPosition(position);                            //设置精灵位置
    ((Box2DLayer*)layer)->addChild(abSp,TOUCHLAYER);        //添加到布景中
}
AirBubble::~AirBubble(){
    abSp->runAction(RemoveSelf::create(true));              //删除精灵对象
}
```

说明

首先实现的是该类中的构造函数和析构函数。第一个构造函数和第二个构造函数的区别在于其参数，第一个构造函数的功能只是记录传入的布景层，而第二个构造函数的功能为创建气泡精灵对象，并添加到传入的布景层中。接着实现了该类的析构函数，析构函数是当对象被删除时被回调的方法，而该方法在这里的功能为删除气泡精灵对象，以便释放一定内存。

（3）开发完该类的构造函数和析构函数后，接下来就应该开发更新气泡与饼干的相对位置的方法和判断饼干是否接触到气泡的方法了，其具体的代码如下。

代码位置：见本书随书源代码/第 4 章/CEatB/app/src/main/jni/object 目录下的 AirBubble.cpp。

```
1   void AirBubble::bubbleFollowCandyUpdate(float delta){
2       if(((CirclePhyObject*)(((Box2DLayer*)layer)->candyPhy))//判断饼干是否存在气泡
3               ->exAirBubbleFlag == true){
4           Point candyPosition = ((CirclePhyObject*)              //获取饼干位置
5               (((Box2DLayer*)layer)->candyPhy))->dSp->getPosition();
6           airBubbleFrameSp->setPosition(candyPosition);          //设置气泡位置
7       }}
8   void AirBubble::update(float delta){
9       Point candyPosition = ((Box2DLayer*)layer)
10          ->candyPhy->dSp->getPosition();                        //获取饼干位置
11      float candyRadio =                                         //获取饼干的半径
12          ((CirclePhyObject*)(((Box2DLayer*)layer)->candyPhy))->radio;
13      std::vector<AirBubble*>::iterator airiterator;             //声明迭代器
14      for(airiterator = exAirBubble.begin();airiterator != exAirBubble.end();){
                                                                   //遍历所有向量
15          Point candyPosition = ((Box2DLayer*)layer)             //获取饼干位置
16              ->candyPhy->dSp->getPosition();
17          Point bubblePosition = (*airiterator)->abSp->getPosition();
                                                                   //获取气泡精灵位置
18          Size bubbleSize = (*airiterator)->abSp->getContentSize();
                                                                   //获取气泡精灵尺寸
19          bool b = CollisionTest::isCollision(                   //判断是否碰撞
20            candyPosition.x,candyPosition.y,2*candyRadio,2*candyRadio,
21            bubblePosition.x,bubblePosition.y,bubbleSize.width,bubbleSize.height
22          );
23          if(b == true){                                         //如果碰撞
24              ((Box2DLayer*)layer)->mm->playMusicEffect(1);//播放碰撞到气泡的音效
25              delAirBubble.push_back(*airiterator);      //加入到待删除气泡的向量
26              airiterator = exAirBubble.erase(airiterator);//移除本向量中存储的气泡
27              continue;
28          }
29          airiterator++;
30      }
31      std::vector<AirBubble*>::iterator delairiterator;   //声明迭代器
32      for(delairiterator = delAirBubble.begin();delairiterator != delAirBubble.
        end();){                                                   //遍历所有向量
33          ((Box2DLayer*)layer)->mm->playMusicEffect(2); //播放气泡破裂音效
34          delete (*delairiterator);                              //删除气泡
35          delairiterator=delAirBubble.erase(delairiterator);//移除本向量中存储的气泡
36          if(((CirclePhyObject*)(((Box2DLayer*)layer)->candyPhy))
37                  ->exAirBubbleFlag == false){          //判断饼干上是否已有气泡精灵对象
38            airBubbleFrameSp = Sprite::create(); //创建播放气泡换帧精灵的精灵对象
39            airBubbleFrameSp->setPosition(candyPosition);//设置换帧精灵对象的位置
40            ((Box2DLayer*)layer)->addChild(airBubbleFrameSp,GAMELAYERHEIGHT+1);
41            ((Box2DLayer*)layer)->afh->palyAnimationWithSprite(//播放气泡动画
42                airBubbleFrameSp,((Box2DLayer*)layer)->afh->anmiAc[2],-1);
43            b2Vec2 gravity(0.0f, 5.0f);                          //设置重力加速度值
44            ((Box2DLayer*)layer)->world->SetGravity(gravity);//设置物理世界的重力加速度
45            ((CirclePhyObject*)(((Box2DLayer*)layer)->candyPhy))
46                                ->exAirBubbleFlag = true;
                                                       //设置饼干上已有气泡的标志位
47  }}}
```

- 第 1～7 行为定时回调更新气泡换帧精灵位置的 bubbleFollowCandyUpdate 方法。在该方法中，首先判断饼干是否存在气泡的标志位，若为 true，则表示存在，那么获取饼干的位置，并且用饼干的位置设置气泡的位置，使气泡紧紧包裹在饼干上。
- 第 8～30 行功能为判断饼干是否和气泡碰撞。首先获取饼干的位置、饼干的半径，然后遍历所有气泡，在 for 循环中通过调用 CollisionTest 类中的静态方法 isCollision 来进行判断，若返回值为 true 则表示碰撞成功。那么首先播放碰撞音效，然后将此气泡加入到待删除气泡的向量中，并且移除本向量中存储的气泡。
- 第 31～47 行功能为遍历删除被碰撞的气泡，并且给饼干添加气泡精灵对象。具体为首先声明迭代器，然后遍历存储即将被删除精灵的向量，在 for 循环中首先将即将被删除的

气泡移出本向量，然后判断饼干上是否已有气泡精灵对象，若没有则创建精灵对象，并设置其位置，然后让其播放换帧动画，最后设置物理世界的重力加速度、设置表示饼干已有气泡的标志位。

4.5.4 气球道具类——AirBullon

上一小节向读者介绍了本游戏的气泡类，本小节将向读者介绍气球类的开发。该类为笔者自己封装的一个类，主要用于创建游戏中所需的气球对象，气球道具的功能为将饼干吹向某一个特定的方向。该类中定义了气球对象的一系列信息，下面将为读者详细介绍该辅助类的开发过程。

（1）首先需要开发的是 AirBullon 类的框架，该框架中声明了一系列将要使用的成员变量和成员方法，这些成员方法充当着极其重要的角色。其详细代码如下。

代码位置：见本书随书源代码/第 4 章/CEatB/app/src/main/jni/object 目录下的 AirBullon.h。

```
#ifndef _AirBullon_H_
#define _AirBullon_H_
#include "cocos2d.h"
using namespace cocos2d;
class AirBullon{
public:
    AirBullon(Layer* layerIn);                          //构造函数
    AirBullon(Layer* layer,Point position,float angle); //构造函数
    ~AirBullon();                                       //析构函数
    void touchSprite(Sprite* targetSp);                 //判断是否单击到气球的方法
    void touchDealWith(Point candyPosition,Sprite* touchSprite);
                                                        //单击到气球后处理的方法
    void initBullon(float* data);                       //初始化气球的方法
public:
    Sprite* abSp;                                       //指向气球对应的精灵对象的指针
    Layer* layer;                                       //指向布景层对象的指针
    std::vector<AirBullon*> exAirBullonVT;              //储存气球精灵的向量
};
#endif
```

说明 在该类的头文件中主要声明了其构造函数、析构函数、判断是否单击到气球的方法、单击到气球后处理的方法，以及初始化气球的方法、指向气球对应的精灵对象的指针、指向布景层对象的指针、存储气球精灵的向量。将储存精灵的向量放在对象中是为了更好地进行管理。

（2）开发完类框架声明后还要真正实现 AirBullon 类中的方法。在该类中需要实现的方法比较少，主要是该类的构造函数、析构函数，其具体的代码如下。

代码位置：见本书随书源代码/第 4 章/CEatB/app/src/main/jni/object 目录下的 AirBullon.cpp。

```
//……此处省略了部分头文件的引用，需要的读者请查看源代码
using namespace cocos2d;
AirBullon::AirBullon(Layer* layerIn){
    this->layer = layerIn;                          //记录布景层对象
}
AirBullon::AirBullon(Layer* layer,Point position,float angle){
    TextureCache* textureCache = Director::getInstance()->getTextureCache();
                                                    //获取缓冲
    abSp = Sprite::createWithTexture(               //创建气泡精灵对象
        textureCache->addImage(hzjl_bullon_PATH+"bullon (1).png"));
    abSp->setPosition(position);                    //设置位置
    abSp->setRotation(angle);                       //设置缩放比
    layer->addChild(abSp,TOUCHLAYER);               //添加到布景中
}
AirBullon::~AirBullon(){
     abSp->runAction(RemoveSelf::create(true));     //删除精灵对象
}
```

> **说明**　首先实现的是该类中的构造函数和析构函数。第一个构造函数和第二个构造函数的区别在于其参数，第一个构造函数的功能只是记录传入的布景层，而第二个构造函数的功能为创建气球精灵对象，并添加到传入的布景层中。接着是该类的析构函数，析构函数是当对象被删除时被回调的方法。该方法在这里的功能为删除气球精灵对象，以便释放一定内存。

（3）开发完该类的构造函数和析构函数后，接下来就应该开发初始化布景中的气球的 initBullon 方法、判断是否单击到气球的 touchSprite 方法和单击到气球后处理的 touchDealWith 方法。前一个方法是初始化布景需要调用的方法，后两个是在游戏过程中对气泡操作的方法，其具体的代码如下。

代码位置：见本书随书源代码/第 4 章/CEatB/app/src/main/jni/object 目录下的 AirBullon.cpp。

```
1   void AirBullon::touchSprite(Sprite* targetSp){
2       std::vector<AirBullon*>::iterator iter_AirBullon; //声明气球 vector 的迭代器
3       for(iter_AirBullon = exAirBullonVT.begin();           //遍历气球向量
4           iter_AirBullon != exAirBullonVT.end();iter_AirBullon++){
5           if((*iter_AirBullon)->abSp == targetSp){  //若单击的精灵对象为气球精灵对象
6               ((Box2DLayer*)layer)->getSpriteNum = 2;            //设置其标志
7               ((Box2DLayer*)layer)->touchSprite = targetSp;  //记录触摸的精灵
8               break;
9           }}}
10  void AirBullon::touchDealWith(Point candyPosition,Sprite* touchSprite){
11      Box2DLayer* b2layer = ((Box2DLayer*)layer);
12      b2layer->afh->palyAnimationWithSprite(                      //播放吹气动画
13          touchSprite,b2layer->afh->anmiAc[0],1);
14      int angle = (int)(touchSprite->getRotation());            //获取气球的朝向
15      Point adPosition = touchSprite->getPosition();            //获取精灵位置
16      b2Vec2 bv = ((CirclePhyObject*)(b2layer->candyPhy))
17          ->body->GetLinearVelocity();                          //获取刚体线速度
18      //……此处省略了根据气球的旋转角度来设置饼干某个方向的速度
19  }
20  void AirBullon::initBullon(float* data){
21      AirBullon* abullonTemp =
22              new AirBullon(((Box2DLayer*)layer),Point(data[0],data[1]),data[2]);
23      ((Box2DLayer*)layer)->addSpriteListener(abullonTemp->abSp); //添加监听
24      exAirBullonVT.push_back(abullonTemp);              //添加到储存气球的向量中
25  }
```

- 第 1～9 行为判断是否单击到气球的 touchSprite 方法。在此方法中，传入一个指向被单击精灵对象的指针，然后遍历所有气球，看是否有气球单击到；若被单击到则设置其标志，并记录触摸的精灵对象。
- 第 10～19 行为单击到气球后处理的 touchDealWith 方法。在此方法中首先让单击的气球精灵对象播放吹起的换帧动画，然后获取气球的朝向、位置和饼干的线速度，再根据气球的旋转角度来设置饼干某个方向的速度，使饼干产生被吹动的效果。
- 第 20～25 行为初始化气球的 initBullon 方法。在此方法中，首先创建气球对象，并给气球对应的精灵对象添加监听器，最后把该气球对象添加到对应向量中。

4.5.5　弹簧道具类——Bouncer

上一小节向读者介绍了本游戏的气球类，本小节将向读者介绍弹簧类的开发。该类为笔者自己封装的一个类，主要用于创建游戏中所需的弹簧道具，弹簧道具的功能为将碰到弹簧的饼干反方向弹回。该类中定义了弹簧对象的一系列信息，这些信息对每个弹簧对象来说都是非常重要的。下面将为读者详细介绍该辅助类的开发过程。

（1）首先需要开发的是 Bouncer 类的框架，该框架中声明了一系列将要使用的成员变量和成员方法，这些成员方法充当着极其重要的角色。其详细代码如下。

代码位置：见本书随书源代码/第 4 章/CEatB/app/src/main/jni/object 目录下的 Bouncer.h。

```
#ifndef _Bouncer_H_
#define _Bouncer_H_
//……此处省略了对部分头文件的引用，需要的读者请查看源代码
using namespace cocos2d;
class Bouncer{
public:
     Bouncer(Layer* layerIn,b2World* world);                        //构造函数
     Bouncer(std::string* ids,Layer* layer,b2World* world           //构造函数
          ,float positionX,float positionY,float width2,float height2,float angle);
     ~Bouncer();                                                     //析构函数
     void initBouncer(float* data,int index);                        //初始化弹簧的方法
public:
     PhyObject* bPhy;                                   //指向弹簧对应物理对象的指针
     Layer* layer;                                      //指向布景层对象的指针
     b2World* mWorld;                                   //指向物理世界对象的指针
     std::map<std::string,Bouncer*> exBouncerMap;       //储存弹簧对象的列表
};
#endif
```

说明 在该类的头文件中主要声明了其构造函数、析构函数、判断是否单击到气球的方法、单击到气球后处理的方法、初始化弹簧的方法、指向弹簧对应的物理对象的指针、指向布景层对象的指针、指向物理世界的指针和存储弹簧对象的向量，将储存精灵的向量放在对象中是为了更好地管理。

（2）开发完类框架声明后还要真正实现 Bouncer 类中的方法。该类中需要实现的方法比较少，主要是该类的构造函数和析构函数，其具体的代码如下。

代码位置：见本书随书源代码/第 4 章/CEatB/app/src/main/jni/object 目录下的 Bouncer.cpp。

```
1    //……此处省略了对部分头文件的引用，需要的读者请查看源代码
2    using namespace cocos2d;
3    Bouncer::Bouncer(Layer* layerIn,b2World* world){
4        this->layer = layerIn;          //记录指向布景层的指针
5        this->mWorld = world;           //记录指向物理世界的指针
6    }
7    Bouncer::Bouncer(std::string* ids,Layer* layer,b2World* world
8        ,float positionX,float positionY,float width2,float height2,float angle){
9        std::string picpath = "bouncer.png";                        //弹簧资源路径
10       float* data = new float[5]{positionX,positionY,width2,height2,angle};
                                         //弹簧相关数据
11       bPhy = new RectPhyObject(ids,true,layer,world,              //创建弹簧物理对象
12                      pic_PATH+picpath,data,0,0,0);
13   }
14   Bouncer::~Bouncer(){}
15   void Bouncer::initBouncer(float* data,int index){
16        float positionX = data[0] - SCREENWIDTH/2;                 //获取位置横坐标
17        float positionY = data[1] - SCREENHEIGHT/2;                //获取位置纵坐标
18        float angle = data[2];        //获取角度
19        std::string idData = StringUtils::format("bouncer%d",index); //设置弹簧 ID
20        std::string* ids = new std::string(idData.c_str());
21        Bouncer* bouncerTemp = new Bouncer(ids                     //创建弹簧对象
22            ,(Box2DLayer*)layer,mWorld,positionX,positionY,52,27,angle);
23        exBouncerMap[(*ids)] = bouncerTemp;                          //存储到 map 中
24   }
```

- 第 1～14 行为该类的构造函数和析构函数的实现。第一个构造函数的功能为记录指向布景层的指针和指向物理世界的指针，第二个构造函数的功能为根据弹簧的相关数据来创建弹簧物理对象。该类的析构函数采用空实现，即在该类对象被删除时，什么都不做。
- 第 15～24 行为初始化布景中弹簧的 initBouncer 方法。该方法首先从其参数获取位置的

横纵坐标和角度，并为弹簧设置独有的 ID，然后根据这些信息创建弹簧对象，最后将其存储在 map 列表中，以便统一管理。

4.5.6　拖拉棒道具类——DragRod

上一小节向读者介绍了本游戏的弹簧类，本小节将向读者介绍拖拉棒类的开发。该类为笔者自己封装的一个类，主要用于创建游戏中所需的拖拉棒道具，拖拉棒道具可改变饼干的位置。如果连接饼干的绳子一端在拖拉棒上，则拖拉棒移动将牵连饼干运动。该类中定义了拖拉棒对象的一系列信息，这些信息对每个拖拉棒对象来说都是十分重要的。下面将为读者详细介绍该辅助类的开发过程。

（1）首先需要开发的是 DragRod 类的框架，该框架声明了一系列将要使用的成员变量和成员方法，这些成员方法充当着极其重要的角色。其详细代码如下。

代码位置：见本书随书源代码/第 4 章/CEatB/app/src/main/jni/object 目录下的 DragRod.h。

```
1     #ifndef _DragRod_H_
2     #define _DragRod_H_
3     //……此处省略了对部分头文件的引用，需要的读者请查看源代码
4     using namespace cocos2d;
5     class DragRod{
6     public:
7         DragRod(Layer* layerIn,b2World* world);           //构造函数
8         DragRod();                                         //构造函数
9         ~DragRod();                                        //析构函数
10        void createRectPhy(Layer* layer,b2World* world     //创建矩形物理对象的方法
11            ,float px,float py,float width2,float height2,float radian);
12        WeldJoint* createWeldJoint(PhyObject* pf,PhyObject* pb); //创建焊接关节对象的方法
13        void dragRodUpdate(float delta);                   //定时更新拖拉棒的方法
14        void touchDragRod(Sprite* targetSp,Point touchPoint);
                                                             //判断拖拉棒是否被触摸的方法
15        void initDragRod(float* data,int index);           //初始化拖拉棒的方法
16        void createDragRod(Layer* layer,                   //创建拖拉棒的方法
17                std::string* id,                           //刚体 ID
18                b2World* world,                            //物理层中的物理世界
19                bool collideConnected,                     //是否碰撞连接的标志位
20                PhyObject* poA,                            //物理对象
21                float px,float py,                         //位置坐标
22                b2Vec2 anchor,                             //锚点
23                b2Vec2 localAxisA,                         //方向
24                float32 referenceAngle,                    //约束角度
25                bool enableLimit,                          //是否开启限制
26                float32 lowerTranslation,                  //最小变换
27                float32 upperTranslation,                  //最大变换
28                bool enableMotor,                          //是否开启马达
29                float32 motorSpeed,                        //马达速度
30                float32 maxMotorForce,         //马达力，注意这个力是始终作用的
31              float range);                    //拖拉棒的连接饼干的范围
32    public:
33        b2PrismaticJoint* mJoint;              //指向距离关节的指针
34        b2World* mWorld;                       //指向物理世界的指针
35        int range;                             //创建绳子范围
36        Sprite* rangeSp;                       //指向范围精灵对象的指针
37        bool isCreated;                        //绳子是否被创建的标志位
38        PhyObject* poDynamic;                  //刚体
39        PhyObject* poRect;                     //矩形刚体
40        Sprite* rodSp;                         //拖拉棒精灵对象
41        WeldJoint* weldJoint;                  //焊接关节
42        Layer* layer;                          //指向布景层的指针
43        std::vector<DragRod*> exDragRodVT;     //储存拖拉棒对象的向量
44    };
45    #endif
```

- 第 1～31 行功能为声明该类中的一系列成员方法，其中包括其构造函数和析构函数、创建矩形物理对象的方法、创建焊接关节对象的方法、定时更新拖拉棒的方法、判断拖拉

棒是否被触摸的方法、初始化拖拉棒的方法以及初始化布景层中拖拉棒的方法。

- 第 32～45 行功能为声明该类中的一系列成员变量，其中包括指向距离关节的指针、指向物理世界的指针、创建绳子范围、指向范围精灵对象的指针、绳子是否被创建的标志位以及相关刚体等，最后声明储存拖拉棒对象的向量便于统一管理此类对象。

（2）开发完类框架声明后还要真正实现 DragRod 类中的方法。在该类中需要实现的方法比较多，首先应该实现的是该类的构造函数和析构函数，其具体的代码如下。

代码位置：见本书随书源代码/第 4 章/CEatB/app/src/main/jni/object 目录下的 DragRod.cpp。

```
1   //……此处省略了对部分头文件的引用，需要的读者请查看源代码
2   using namespace cocos2d;
3   DragRod::DragRod(Layer* layerIn,b2World* world){
4     this->mWorld=world;                          //记录物理世界
5     this->layer = layerIn;                       //记录布景层
6   }
7   DragRod::DragRod(){}                           //构造函数
8   DragRod::~DragRod(){                           //析构函数
9       if(mJoint!=NULL){                          //判断是否存在关节
10          mWorld->DestroyJoint(mJoint);          //摧毁关节
11          mJoint=NULL;                           //设置 mJoint 指针为空
12          delete poDynamic;                      //删除物理对象
13          poDynamic = NULL;                      //物理对象指向空
14          rodSp->runAction(RemoveSelf::create(true));    //删除范围圈精灵对象
15      }}
16  void DragRod::createRectPhy(Layer* layer,b2World* world
11                 ,float px,float py,float width2,float height2,float radian){
17      px = px - SCREENWIDTH/2;                   //横坐标
18      py = py - SCREENHEIGHT/2;                  //纵坐标
19      float* data=new float[5]{px,py,width2,height2,radian}; //创建矩形
20      std::string* ids=new std::string("rodRectPhy");        //创建 ID
21      poRect=new RectPhyObject(ids,true,((Box2DLayer*)layer),world,
22          pic_PATH+"blockRed.png",data,0,0,0);               //创建矩形刚体对象
23  }
24  WeldJoint* DragRod::createWeldJoint(PhyObject* pf,PhyObject* pb){
25      std::string* ids=new std::string("weldJoint");
26      WeldJoint* weldJoint = new WeldJoint(ids,mWorld,false,pf,pb,b2Vec2(0,0),0,20,0);
27      return weldJoint;
28  }
```

- 第 1～15 行为该类的构造函数和析构函数。该类中存在两个构造函数，第一个构造函数的功能为记录指向物理世界和布景层的指针，第二个构造函数什么都不做。在该类的析构函数中主要判断关节是否被删除，若未被删除，则将其删除。
- 第 16～28 行功能为创建矩形物理对象和创建焊接关节物理对象。首先在创建矩形物理对象的方法中设置横纵坐标、半高半宽和 ID，然后创建对应的矩形物理对象。在创建焊接关节的方法中，首先创建对应的 ID，然后创建焊接关节对象。

（3）开发完该类的构造函数、析构函数、创建矩形物理对象和创建焊接关机对象的方法后，接下来就应该开发判断是否触摸到拖拉棒的 touchDragRod 方法和初始化布景中的拖拉棒的 initDragRod 方法了，其具体的代码如下。

代码位置：见本书随书源代码/第 4 章/CEatB/app/src/main/jni/object 目录下的 DragRod.cpp。

```
void DragRod::touchDragRod(Sprite* targetSp,Point touchPoint){
    Box2DLayer* b2layer = ((Box2DLayer*)layer);
    std::vector<DragRod*>::iterator iter_DragRod;     //声明拖拉棒的 vector 的迭代器
    for(iter_DragRod = exDragRodVT.begin()            //遍历储存拖拉棒对象的向量
            ;iter_DragRod != exDragRodVT.end();iter_DragRod++){
        if((*iter_DragRod)->poDynamic->dSp == targetSp){
            b2layer->getSpriteNum = 1;                //设置标志
            b2layer->touchSprite = targetSp;          //记录被单击精灵
            b2layer->touchDragRod = (*iter_DragRod);//记录拖拉棒
            b2layer->touchDragRod->poDynamic->body->SetAwake(true);//设置被唤醒
            b2Vec2 locationWorld = b2Vec2(            //将像素坐标转换为物理世界坐标
```

```
12                  (touchPoint.x-SCREENWIDTH/2)/pixToMeter
13                      ,(touchPoint.y-SCREENHEIGHT/2)/pixToMeter);
14              //判断是否存在鼠标关节及单击判断是否在触摸范围
15              if(b2layer->mj==NULL&&b2layer->touchDragRod->poDynamic
16                  ->body->GetFixtureList()->TestPoint(locationWorld)){
17                  std::string* ids = new std::string("MouseJoint");
18                  b2layer->mj=new MouseJoint(ids,mWorld  //创建鼠标关节
19                          ,true,((Box2DLayer*)layer)->staticphy
20                          ,b2layer->touchDragRod->poDynamic,locationWorld,
21                          1000.0f*b2layer->touchDragRod->poDynamic->body->GetMass()
22                          ,30.0f,0.7f);
23              }
24              break;
25  }}}
26  void DragRod::initDragRod(float* data,int index){
27      float px = data[0];                                    //拖拉棒的横坐标
28      float py = data[1];                                    //拖拉棒的纵坐标
29      std::string* ids=new std::string(                      //创建移动关节 ID
30          StringUtils::format("dragRodJoint_%d",index));
31      float vecx = data[2];                                  //向量
32      float vecy = data[3];
33      float disL = data[4];                                  //左右距离
34      float disR = data[5];
35      float range = data[6];                                 //获取拖拉棒创建绳子的范围
36      DragRod* dr = new DragRod();                           //创建移动关节
37      dr->createDragRod((Box2DLayer*)layer,ids,mWorld,true      //创建拖拉棒物理对象
38          ,((Box2DLayer*)layer)->staticphy,px,py,b2Vec2(0,0),b2Vec2(vecx,vecy)
39          ,0,true,disL,disR,true,10,20,range);
40      ((Box2DLayer*)layer)->pom[*ids] = dr->poDynamic;      //储存物理对象
41      ((Box2DLayer*)layer)->addSpriteListener(dr->poDynamic->dSp);
                                                               //给精灵对象添加监听
42      exDragRodVT.push_back(dr);                             //将拖拉棒添加到向量中
43  }
```

- 第 1～13 行功能为首先声明迭代器，然后用 for 循环遍历整个储存拖拉棒对象的向量，判断当前被单击的精灵对象是否为某个拖拉棒对应的精灵对象。若是，则首先设置标志，并且记录被单击精灵、记录拖拉棒对象，然后设置拖拉棒对应刚体为唤醒状态。
- 第 14～25 行功能为判断是否存在鼠标关节及单击判断是否在触摸范围，若不存在关节并且在触摸范围内，则创建关节对应的 ID，并给出相关参数来创建鼠标关节。
- 第 26～43 行为初始化布景中拖拉棒的 initDragRod 方法。在该方法中首先从传入的参数中获取横纵坐标、向量和左右距离，并创建移动关节的 ID，然后创建拖拉棒对象，并调用其 createDragRod 方法来创建实际的拖拉棒，最后为精灵对象添加监听，以便玩家能触摸。

（4）开发完判断是否触摸到拖拉棒的 touchDragRod 方法和初始化布景中的拖拉棒的 initDragRod 方法后，接下来就应该开发创建拖拉棒的 createDragRod 方法了，其具体代码如下。

代码位置：见本书随书源代码/第 4 章/CEatB/app/src/main/jni/object 目录下的 DragRod.cpp。

```
void DragRod::createDragRod(
                        Layer*layerIn,std::string*id,b2World*world,bool collideConnected,
                        PhyObject*poA,float px,float py,b2Vec2 anchor,b2Vec2 localAxisA,
                        float32 referenceAngle,bool enableLimit,float32 lowerTranslation,
                        float32 upperTranslation,bool enableMotor,float32 motorSpeed,
                        float32 maxMotorForce,float range
    ){
    this->layer = layerIn;                                  //记录布景层对象
    this->mWorld = world;                                   //记录物理世界对象
    std::string picpath = "dragrod.png";                    //拖拉棒图片路径
    std::string* ids=new std::string("dragRod");            //拖拉棒对应圆形刚体 ID
    float* data = new float[3]{px,py,35};                   //创建刚体的数据
    poDynamic = new CirclePhyObject(ids,false               //创建圆形拖拉棒刚体
        ,((Box2DLayer*)layer),world,pic_PATH+picpath,data,0,0,0);
    poDynamic->body->SetAwake(false);                       //设置起状态为不被唤醒
    b2PrismaticJointDef pjd;                                //声明移动关节描述
    pjd.collideConnected=collideConnected;                  //设置碰撞连接
```

```
18      pjd.userData=id;                                    //设置用户数据
19      anchor.x=anchor.x / pixToMeter;                     //转换锚点数据
20      anchor.y=anchor.y / pixToMeter;
21      localAxisA.Normalize();                             //轴向量单位化
22      pjd.Initialize(poA->body, poDynamic->body, anchor, localAxisA);//初始化移动关节
23      pjd.localAxisA=localAxisA;
24      pjd.referenceAngle=referenceAngle;
25      pjd.enableLimit = enableLimit;                      //是否开启限制
26      pjd.lowerTranslation = lowerTranslation / pixToMeter; //最小变换
27      pjd.upperTranslation = upperTranslation / pixToMeter; //最大变换
28      pjd.enableMotor = enableMotor;                      //是否开启电动机
29      pjd.motorSpeed = motorSpeed;                        //电动机速度
30      pjd.maxMotorForce = maxMotorForce;                  //施加力
31      mJoint=(b2PrismaticJoint*)world->CreateJoint(&pjd); //在物理世界里增添这个关节
32      TextureCache* textureCache =                        //获取纹理缓冲
33          Director::getInstance()->getTextureCache();
34      rodSp = Sprite::createWithTexture(                  //轴精灵创建
35          textureCache->addImage(pic_PATH+"rod.png"));
36      float tanK = localAxisA.y / localAxisA.x;           //斜率
37      float radian = atan(tanK);                          //弧度
38      float angle = radian / PI * 180;                    //弧度转角度
39      rodSp->setRotation(-angle);                         //设置精灵角度
40      float zdx ;float zdy ;
41      if(tanK > 0){
42          zdx =  cos(radian) * upperTranslation;          //计算右侧的dx
43          zdy =  sin(radian) * upperTranslation;          //计算右侧的dy
44      }else{
45          zdx =  sin(radian) * lowerTranslation;          //计算右侧的dx
46          zdy =  cos(radian) * lowerTranslation;          //计算右侧的dy
47      }
48      b2Vec2 bodyVec = poDynamic->body->GetPosition();    //计算右侧顶点坐标
49      bodyVec.x = bodyVec.x*pixToMeter;
50      bodyVec.y = bodyVec.y*pixToMeter;
51      b2Vec2 upperVec;
52      upperVec.x = bodyVec.x + zdx + SCREENWIDTH/2;       //最大变换横坐标
53      upperVec.y = bodyVec.y + zdy + SCREENHEIGHT/2;      //最大变换纵坐标
54      float fdx ;float fdy ;
55      if(tanK > 0){
56          fdx =  cos(radian) * lowerTranslation;          //计算左侧的dx
57          fdy =  sin(radian) * lowerTranslation;          //计算左侧的dy
58      }else{
59          fdx =  sin(radian) * upperTranslation;          //计算左侧的dx
60          fdy =  cos(radian) * upperTranslation;          //计算左侧的dy
61      }
62      b2Vec2 lowerVec;                                    //计算左侧顶点坐标
63      lowerVec.x = bodyVec.x + fdx + SCREENWIDTH/2;
64      lowerVec.y = bodyVec.y + fdy + SCREENHEIGHT/2;
65      float positionX = lowerVec.x+(upperVec.x - lowerVec.x)/2;//中间点坐标
66      float positionY = lowerVec.y+(upperVec.y - lowerVec.y)/2;
67      rodSp->setPosition(Point(positionX,positionY));     //设置精灵位置
68      Size size = rodSp->getContentSize();                //获取精灵尺寸
69      float scaleX = (-lowerTranslation+upperTranslation)/size.width;//计算缩放比例
70      rodSp->setScaleX(scaleX);                           //设置缩放比
71      ((Box2DLayer*)layer)->addChild(rodSp,GAMELAYERLOW); //添加到布景中
72      //……此处省略了拖拉棒两头精灵对象的相关代码
73      //……此处省略了创建矩形物理对象的相关代码
74      isCreated = false;//是否创建过绳子的标志位
75      this->range = range;
76      weldJoint = createWeldJoint(poRect,poDynamic);
77  }
```

- 第 1～15 行功能为首先记录传入指向布景层对象的指针和指向物理世界对象的指针，然后创建拖拉棒对应的圆形物理刚体对象，并设置其状态为不被唤醒。
- 第 16～31 行功能为首先声明移动关节描述，并设置碰撞连接、用户数据等相关参数，然后转换锚点数据，并将轴向量单位化，最后初始化移动关节。初始化该关节后设置其是否开启限制，设置其最大最小变换、是否开启电动机、电动机速度和所施加的力，并在物理

世界里增添这个关节。

- 第 32～40 行功能为首先获得纹理缓存，并从缓存中获取指定资源，创建拖拉的轴精灵对象，然后根据移动关节的方向向量计算斜率、弧度，并将弧度转换为角度，然后设置轴精灵对象的旋转角度。
- 第 41～64 行功能为首先判断该轴的斜率是否大于 0，若大于零，则表示其右侧为最大变换，因此若想计算出右侧定点坐标，则首先应该计算其 dx 和 dy 的长度，然后获取刚体的位置，最后将刚体的位置和其与右侧定点的差值以及屏幕的半宽半高对应相加，计算右侧定点的坐标，计算左侧顶点坐标的方法同理。
- 第 65～77 行功能为首先通过最右侧的点和最左侧的点运算，得到中间点的坐标，并将其设置为精灵的位置，然后通过获得精灵的尺寸来计算缩放比例，并设置缩放比例，将其添加到布景中，最后将是否创建过绳子的标志位设置为 false，表示没有创建过，并创建焊接关节。

（5）开发完创建拖拉棒的 createDragRod 方法后，接下来就应该开发定时回调以判断是否应该在拖拉棒和饼干之间创建一条绳子的 dragRodUpdate 方法，其具体代码如下。

代码位置：见本书随书源代码/第 4 章/CEatB/app/src/main/jni/object 目录下的 DragRod.cpp。

```
void DragRod::dragRodUpdate(float delta){
    Box2DLayer* b2layer = ((Box2DLayer*)layer);
    std::vector<DragRod*>::iterator iter_DragRod;   //声明迭代器
    for(iter_DragRod = exDragRodVT.begin();      //遍历拖拉棒对象
            iter_DragRod != exDragRodVT.end();iter_DragRod++){
        if((*iter_DragRod)->isCreated == false){              //判断绳子是否被创建
            Point candyPosition = b2layer->candyPhy->dSp->getPosition();
                                                //获取饼干位置
            Point rodPosition = (*iter_DragRod)->poDynamic
                        ->dSp->getPosition();         //获取拖拉棒的位置
            float dis = candyPosition.getDistance(rodPosition);//计算距离
            if(dis <= (*iter_DragRod)->range){  //判断是否在此范围内
                    (*iter_DragRod)->isCreated=true; //设置绳子已经被创建
              b2layer->vrope->createRopeWithBody(b2layer->vrope->sbn//创建绳子
                  ,(*iter_DragRod)->poDynamic->body,b2layer->candyPhy->body
                  , (*iter_DragRod)->poDynamic->body->GetLocalCenter()
                  ,b2layer->candyPhy->body->GetLocalCenter(),1.2,true);
              (*iter_DragRod)->rangeSp->runAction(RemoveSelf::create(true));
                                                        //删除范围圈
            }}}}
```

说明　在该方法中，首先声明迭代器，然后用 for 循环遍历整个向量，在循环中首先获取饼干的位置和拖拉棒的位置，然后进行距离判断。若在此拖拉棒接受绳子的范围内，则设置绳子已经被创建的标志位为 true，然后创建绳子，最后删除范围圈精灵对象。

4.5.7　电击道具类——Electric

上一小节向读者介绍了本游戏的拖拉棒道具类，本小节将向读者介绍电击道具类的开发。该类主要创建游戏中所需的电击道具。若饼干碰到电击道具，饼干将被击碎，游戏失败。该类中定义了电击对象的一系列信息，这些信息对每个拖拉棒对象来说都是极其重要的。

（1）首先需要开发的是 Electric 类的框架，该框架中声明了一系列将要使用的成员变量和成员方法，这些成员方法充当着极其重要的角色。其详细代码如下。

代码位置：见本书随书源代码/第 4 章/CEatB/app/src/main/jni/object 目录下的 Electric.h。

```
#ifndef _Electric_H_
#define _Electric_H_
#include "cocos2d.h"
```

```
#include "../bnBox2DHelp/PhyObject.h"
using namespace cocos2d;                                    //引入命名空间
class Electric{
public:
    Electric(Layer* layerIn,b2World* world);               //构造函数
    Electric(Layer* layer,Point position,float angle);//构造函数
    ~Electric();                                            //析构函数
    void electricPlayFrameUpdate(float delta);             //定时播放电击换帧动画的方法
    void initElectric(float* data);                        //初始化电击的方法
    void deletePhy(Electric* electric);                    //删除物理对象的方法
public:
    Sprite* eSp;                                //声明指向电击精灵对象的指针
    int coolTime;                               //播放电击换帧动画的冷却时间
    PhyObject* ePhy = NULL;                     //指向电击播放时对应的物理对象的指针
    Layer* layer;                               //指向布景层对象的指针
    b2World* mWorld;                            //指向物理世界对象的指针
    std::vector<Electric*> exElectricVT;        //储存电击对象的向量
};
#endif
```

说明 在该类的头文件中，对类中所需的成员方法和成员变量进行了声明。其方法主要有自身的构造函数和析构函数、定时播放电击换帧动画的方法、初始化电击的方法和删除物理对象的方法。其成员变量主要有指向电击精灵对象的指针、播放电击换帧动画的冷却时间和储存电击对象的向量等。

（2）开发完类框架声明后还要真正实现 Electric 类中的方法，在该类中需要实现的方法比较多，首先应该实现的是该类的构造函数、析构函数和删除物理对象的 deletePhy 方法，其具体代码如下。

代码位置：见本书随书源代码/第 4 章/CEatB/app/src/main/jni/object 目录下的 Electric.cpp。

```
1   //……此处省略了对部分头文件的引用，需要的读者请查看源代码
2   Electric::Electric(Layer* layerIn,b2World* world){
3       this->layer = layerIn;                              //记录布景层对象
4       this->mWorld = world;                               //记录物理世界对象
5   }
6   Electric::Electric(Layer* layer,Point position,float angle){
7       eSp = Sprite::create(pic_PATH+"electric.png");     //创建电击精灵对象
8       eSp->setPosition(position);                         //设置其位置
9       eSp->setRotation(angle);                            //设置其旋转角度
10       layer->addChild(eSp,TOUCHLAYER);                   //将其添加到布景中
11      coolTime = 2;                                       //设置其首次冷却时间为 2s
12  }
13  Electric::~Electric(){
14      eSp->runAction(RemoveSelf::create(true));          //删除电击精灵对象
15  }
16  void Electric::deletePhy(Electric* electric){
17      delete electric->ePhy;                              //删除物理对象
18      electric->ePhy = NULL;                              //设置物理对象指向空
19  }
```

- 第 1～12 行为该类的构造函数，在该类中一共包含两个构造函数。第一个构造函数的功能为记录布景层对象和物理世界对象，第二个构造函数的功能为创建电击精灵对象，并设置其位置和旋转角度，然后将其添加到布景中，最后设置起首次冷却时间为 2s。
- 第 13～19 行为该类析构函数和删除物理对象方法的实现代码。该类的析构函数主要是删除电击精灵对象。deletePhy 方法的功能为删除物理对象，并设置物理对象指向空。

（3）开发完该类的构造函数、析构函数以及删除物理对象的 deletePhy 方法后，接下来就应该开发在布景中调用的初始化电击道具的 initElectric 方法和定时回调判断是否应该播放电击换帧动画的 electricPlayFrameUpdate 方法了，其具体代码如下。

代码位置：见本书随书源代码/第 4 章/CEatB/app/src/main/jni/object 目录下的 Electric.cpp。

```
void Electric::initElectric(float* data){
    float positionX = data[0];                              //获取横坐标
```

```
3        float positionY = data[1];                          //获取纵坐标
4        float angle = data[2];                              //获取旋转角度
5        Electric* electricTemp = new Electric(              //创建电击对象
6                   (Box2DLayer*)layer,Point(positionX,positionY),angle);
7        exElectricVT.push_back(electricTemp);               //将其添加到向量中
8    }
9    void Electric::electricPlayFrameUpdate(float delta){
10       int electricNum = 0;
11       std::vector<Electric*>::iterator iterator ;         //声明迭代器
12       for(iterator = exElectricVT.begin();                //遍历电击道具向量
13           iterator!=exElectricVT.end();iterator++){
14           int coolTime = (*iterator)->coolTime;           //获取冷却时间
15           if(coolTime == 0){                              //如果冷却结束
16               float positionX = (*iterator)->eSp->getPosition().x - SCREENWIDTH/2;
                                                             //获取横坐标
17               float positionY = (*iterator)->eSp->getPosition().y - SCREENHEIGHT/2;
                                                             //获取横坐标
18               float angle = (*iterator)->eSp->getRotation() / 180 * PI;
                                                             //获取角度
19               std::string picpath = "electric_null.png";  //电击资源的路径
20               std::string idData = StringUtils::format(   //电击 ID
21                                    "electric_null_%d.png",electricNum);
22               std::string*ids=new std::string(idData.c_str());//创建电击 ID 字符串
23               float* data = new float[5]{positionX,positionY,100,20,angle};
                                                             //创建刚体的数据
24               (*iterator)->ePhy = new RectPhyObject(ids,true,((Box2DLayer*)layer)
                                                             //创建刚体
25                   ,mWorld,pic_PATH+picpath,data,0,0,0);
26               ((Box2DLayer*)layer)->mm->playMusicEffect(8);//播放电击声音
27               (*iterator)->eSp->runAction(                //播放电击动画
28                   Sequence::create(
29                       ((Box2DLayer*)layer)->afh->anmiAc[8]->clone(),
30                       CallFunc::create(CC_CALLBACK_0(
31                               Electric::deletePhy,this,(*iterator))),
32                       (char*)NULL
33                   ));
34               (*iterator)->coolTime = 7;                  //重置冷却时间
35           }else{
36               (*iterator)->coolTime = (*iterator)->coolTime - 1;//减少冷却时间
37           }
38           electricNum++;
39   }}
```

- 第 1～8 行为初始化电击对象的 initElectric 方法。在该方法中，首先获取横坐标、纵坐标和旋转角度，然后传入相关参数创建电击对象，并将其添加到储存电击对象的向量中，将统一对象放入统一向量中，方便统一管理。
- 第 9～25 行功能为首先声明迭代器，然后遍历储存电击道具对象的向量。在 for 循环中首先获得电击的冷却时间，若冷却时间结束，则获取电击对象中对应电击精灵对象的位置和旋转角度，并在电击精灵对象位置处创建物理刚体对象。该刚体的绘制精灵为透明，因此玩家看不见此物理对象。
- 第 26～39 行功能为首先播放电击声音，播放电击换帧动画，当电击换帧动画播放完毕后，调用 deletePhy 方法删除刚刚创建的物理刚体，然后重置该电击对象的冷却时间，若冷却时间结束，则冷却时间减 1s。

4.5.8　帽子道具类——Hat

上一小节向读者介绍了本游戏的电击道具类，本小节将向读者介绍帽子道具类的开发。该类主要用来创建游戏中所需的帽子道具。在游戏中，帽子道具成对出现，其功能为使饼干从一端进，另一端出。该类中定义了帽子对象的一系列信息，这些信息对每个帽子对象来说都是密不可分的。

（1）首先需要开发的是 Hat 类的框架，该框架中声明了一系列将要使用的成员变量和成员方法，这些成员方法充当着极其重要的角色。其详细代码如下。

代码位置：见本书随书源代码/第 4 章/CEatB/app/src/main/jni/object 目录下的 Hat.h。

```
#ifndef _Hat_H_
#define _Hat_H_
#include "cocos2d.h"
#include "../bnBox2DHelp/PhyObject.h"
using namespace cocos2d;                              //引入命名空间
class Hat{
public:
    Hat(Layer* layerIn);                              //构造函数
    Hat(Layer* layer,float hatColor,Point p0,float angle0,Point p1,float angle1);
    ~Hat();                                           //析构函数
    void hatCollisionUpdate(float delta);             //判断是否碰撞到帽子的方法
    void dealWithInOutHat(PhyObject* cpo,Sprite* hatSp);  //进入帽子的处理方法
    void resetHatFlag();                              //重置帽子进出的标志位
    void initHat(float* data);                        //初始化布景中帽子的方法
public:
    Sprite* hgSp ;                                    //声明指向绿色帽子精灵对象的指针
    Sprite* hrSp ;                                    //声明指向红色帽子精灵对象的指针
    Layer* layer;                                     //声明指向布景层对象的指针
    std::vector<Hat*> exHatVT;                        //声明储存帽子对象的向量
};
#endif
```

说明 在该类的头文件中，对类中所需的成员方法和成员变量进行了声明。其方法主要有自身的构造函数和析构函数、判断是否碰撞到帽子的方法、进入帽子的处理方法和初始化布景中帽子的方法。其成员变量主要有指向绿、红色帽子精灵对象的指针、指向布景层对象的指针和储存帽子对象的向量。

（2）开发完类框架声明后还要真正实现 Hat 类中的方法，在该类中需要实现的方法比较多，首先应该实现的是该类的构造函数、析构函数，其具体代码如下。

代码位置：见本书随书源代码/第 4 章/CEatB/app/src/main/jni/object 目录下的 Hat.cpp。

```
1   //……此处省略了对部分头文件的引用，需要的读者请查看源代码
2   Hat::Hat(Layer* layerIn){
3       this->layer = layerIn;                        //记录布景层
4   }
5   Hat::Hat(Layer* layer,float hatColor,Point p0,float angle0,Point p1,float angle1){
6       TextureCache* textureCache = Director::getInstance()->getTextureCache();
7       std::string path ;
8       if(hatColor == 0){                            //判断颜色编号
9           path = "hatred.png";                      //0 号为红色帽子，则资源路径为红色帽子
10      }else if(hatColor == 1){
11          path = "hatgreen.png";                    //1 号为绿色帽子，则资源路径为绿色帽子
12      }
13      hgSp = Sprite::createWithTexture(             //创建绿色帽子精灵对象
11                textureCache->addImage(pic_PATH+path));
14      hgSp->setPosition(p0);                        //设置其位置
15      hgSp->setRotation(angle0);                    //设置其旋转角度
16      layer->addChild(hgSp,TOUCHLAYER);             //将其添加到布景中
17      hrSp = Sprite::createWithTexture(             //创建红色帽子精灵对象
11                textureCache->addImage(pic_PATH+path));
18      hrSp->setPosition(p1);                        //设置其位置
19      hrSp->setRotation(angle1);                    //设置其旋转角度
20      layer->addChild(hrSp,TOUCHLAYER);             //将其添加到布景中
21  }
22  Hat::~Hat(){
23      hgSp->runAction(RemoveSelf::create(true));    //删除绿色帽子精灵对象
24      hrSp->runAction(RemoveSelf::create(true));    //删除红色帽子精灵对象
25  }
```

- 第 1～21 行实现了该类的构造函数。该类中存在两个构造函数，第一个构造函数的功能为仅记录布景层对象，第二个构造函数则首先根据传入的参数判断创建帽子精灵对象的

颜色，然后创建精灵对象，并设置其位置和旋转角度，最后将其添加到布景中。

- 第 22～25 行为该类的析构函数。析构函数主要是供该类对象被删除时调用，因此当该类对象被删除时，应该删除精灵对象，释放一定内存，使游戏保持流畅运行。

（3）开发完该类的构造函数、析构函数后，接下来就应该开发在布景中调用的初始化帽子道具的 initHat 方法和处理饼干进出帽子的 dealWithInOutHat 方法了，其具体代码如下。

代码位置：见本书随书源代码/第 4 章/CEatB/app/src/main/jni/object 目录下的 Hat.cpp。

```
1  //……此处省略了定时回调检查饼干是否和帽子碰撞的相关代码
2  void Hat::dealWithInOutHat(PhyObject* cpo,Sprite* hatSp){
3      ((Box2DLayer*)layer)->deleteAllRope();                          //删除所有绳子
4      b2Vec2 candyVelicity = cpo->body->GetLinearVelocity();//获取饼干线速度
5      float module = sqrt(candyVelicity.x*candyVelicity.x
6          +candyVelicity.y*candyVelicity.y);                          //计算速度的模
7      cpo->body->SetLinearVelocity(b2Vec2(0,0));                      //设置饼干速度为零
8      Point hPosition = hatSp->getPosition();                         //获取另外一个帽子的位置
9      Size hSize = hatSp->getContentSize();
10     float bodyPX = hPosition.x - SCREENWIDTH/2;                     //计算刚体应该重置的位置
11     float bodyPY = hPosition.y - SCREENHEIGHT/2;
12     cpo->body->SetTransform(b2Vec2(bodyPX/_PIXTOMETER
13         ,bodyPY/_PIXTOMETER),0.0f);                                 //设置刚体位置
14     int angle = (int)(hatSp->getRotation());                        //帽子的朝向角度
15     Point factPosition =                                            //获取帽子中心坐标
16         CollisionTest::callHatCollisionCenterPoint(hSize.width/2.5,hPosition,angle);
17     ((Box2DLayer*)layer)->afh->palyAnimationWithPoint(              //播放进出帽子的动画
18         ((Box2DLayer*)layer),factPosition,1,angle,((Box2DLayer*)layer)->afh->anmiAc[5],1);
19     float hd = (float)angle/180.0f*PI;                              //转化为弧度
20     float sinV = sin(hd);                                           //计算两个方向的比列
21     float cosV = cos(hd);
22     cpo->body->SetLinearVelocity(                                   //设置饼干线速度
23         b2Vec2(module*sinV,module*cosV));
24 //……此处省略了创建精灵对象的相关代码
25 }
26 //此处省略了重置帽子进出的标志位的相关代码
27 void Hat::initHat(float* data){
28     float hatColor = data[0];                                       //获取帽子颜色
29     Point p0 = Point( data[1], data[2]);                            //获取帽子的坐标
30     float angle0 =  data[3];                                        //获取帽子的旋转角度
31     Point p1 = Point( data[4], data[5]);                            //获取另一个帽子的坐标
32     float angle1 =  data[6];                                        //获取另一个帽子的旋转角度
33     Hat* hatTemp = new Hat((Box2DLayer*)layer,hatColor,p0,angle0,p1,angle1);
                                                                       //创建帽子对象
34     exHatVT.push_back(hatTemp);                                     //将其添加到储存帽子对象的向量中
35 }
```

- 第 1～25 行为饼干和帽子碰撞后的处理方法。在该方法中，首先获取饼干当前的线速度，并计算速度的模，设置饼干速度为 0，然后获取另外一个帽子的位置，并计算刚体应该重置的位置，设置刚体位置，最后播放相关进出帽子的换帧动画。
- 第 26～35 行为初始化帽子的 initHat 方法。在该方法中首先获取两个帽子的颜色、坐标旋转角度，然后根据这一系列信息创建帽子对象，最后将创建的帽子对象添加到一个向量中，进行统一管理。

4.5.9　蜘蛛道具类——Spider

上一小节向读者介绍了本游戏的帽子道具类，本小节将向读者介绍蜘蛛道具类的开发。该类主要用来创建游戏中所需的蜘蛛道具。在游戏中，蜘蛛道具最开始附着于某个钉子上，然后从起点出发，朝着饼干的方向行走，当蜘蛛吃到饼干，任务失败。下面将分步骤开发该类。

（1）首先需要开发的是 Spider 类的框架，该框架中声明了一系列将要使用的成员变量和成员方法，这些成员方法充当着极其重要的角色。其详细代码如下。

代码位置：见本书随书源代码/第 4 章/CEatB/app/src/main/jni/object 目录下的 Spider.h。

```
#ifndef _Spider_H_
#define _Spider_H_
#include "cocos2d.h"
using namespace cocos2d;                                    //引入命名空间
class Spider{
public:
    Spider(Layer* layerIn);                                 //构造函数
    Spider(Node* node,Point position);                      //构造函数
    ~Spider();                                              //析构函数
    void spiderFindCandyUpdate(float delta);                //蜘蛛发现饼干的定时回调方法
    void spiderMoveUpdate(float delta);                     //蜘蛛移动的定时回调方法
    void goGameEnd(bool b);                                 //游戏结束的方法
public:
    Sprite* ssp = NULL;                                     //声明指向蜘蛛精灵对象的指针
    int step = 0;                                           //记录蜘蛛行走步数的变量
    bool isActivity = false;                                //记录蜘蛛当前是否正在行走的标志位
    Layer* layer;                                           //声明指向布景层对象的指针
};
#endif
```

说明 在该类的头文件中，对类中所需的成员方法和成员变量进行了声明。其方法主要有自身的构造函数和析构函数、蜘蛛发现饼干的定时回调方法、蜘蛛移动的定时回调方法和游戏结束的方法。其成员变量主要有指向蜘蛛精灵对象的指针、记录蜘蛛行走步数的变量、记录蜘蛛当前是否正在行走的标志位以及指向布景层对象的指针。

（2）开发完类框架声明后还要真正实现 Spider 类中的方法，在该类中需要实现的方法比较多。首先应该实现的是该类的构造函数、析构函数和判断饼干连接的绳子是否存在蜘蛛的 spiderFindCandyUpdate 方法，其具体代码如下。

代码位置：见本书随书源代码/第 4 章/CEatB/app/src/main/jni/object 目录下的 Spider.cpp。

```
1   //……此处省略了对部分头文件的引用，需要的读者请查看源代码
2   Spider::Spider(Layer* layerIn){
3       this->layer =layerIn;                                   //记录布景层对象
4   }
5   Spider::Spider(Node* node,Point position){
6       TextureCache* textureCache =                            //获取纹理缓存
7           Director::getInstance()->getTextureCache();
8       ssp = Sprite::createWithTexture(                        //创建蜘蛛精灵对象
9           textureCache->addImage(pic_PATH+"spider.png"));
10      ssp->setPosition(position);                             //设置其位置
11      node->addChild(ssp,GAMELAYERHEIGHT);                    //将其添加到布景中
12  }
13  Spider::~Spider(){
14      ssp->runAction(RemoveSelf::create(true));               //删除蜘蛛精灵对象
15      ssp = NULL;
16  }
17  void Spider::spiderFindCandyUpdate(float delta){
18      Box2DLayer* b2layer = ((Box2DLayer*)layer);             //将布景对象强制转换类型
19      std::map<std::string,VRope*>::iterator iter_ropes;      //声明迭代器
20      for (iter_ropes =b2layer->vrope->ropes.begin()          //遍历储存绳索的列表
21          ; iter_ropes != b2layer->vrope->ropes.end();iter_ropes++){
22          VRope* newRope=iter_ropes->second;                  //获取绳索指针
23          if(newRope->nail != NULL                            //判断绳子是否存在钉子
11                      && newRope->nail->haveSpider == true){//判断钉子上是否有蜘蛛
24              newRope->nail->haveSpider = false;              //设置没有蜘蛛
25              newRope->nail->spider->isActivity = true; //设置蜘蛛开始活动
26      //此处省略了播放蜘蛛换帧动画及音效的相关代码
27          }}}
```

- 第 1～16 行实现了该类中的构造函数和析构函数。该类存在两个构造函数，第一个构造函数的功能为仅记录布景层对象。第二个构造函数的功能为首先获取纹理缓存，然后创建蜘蛛精灵对象，并设置其位置，最后将其添加到布景中。而在此类的析构函数中，则

是将该类中的精灵对象进行删除。

- 第 17～27 行为判断饼干连接的绳子是否存在蜘蛛的 spiderFindCandyUpdate 方法。在此方法中首先声明迭代器，并遍历储存绳子的列表，判断连接饼干的绳子的一端是否有钉子，钉子上是否有蜘蛛。若有，则设置钉子上没有蜘蛛，并设置蜘蛛开始运动的标志位为 true。

（3）开发完该类的构造函数、析构函数和判断饼干连接的绳子是否存在蜘蛛的 spiderFindCandyUpdate 方法后，接下来就应该开发定时回调让蜘蛛移动的 spiderMoveUpdate 方法了，其具体代码如下。

代码位置：见本书随书源代码/第 4 章/CEatB/app/src/main/jni/object 目录下的 Spider.cpp。

```
1   void Spider::spiderMoveUpdate(float delta){
2       Box2DLayer* b2layer = ((Box2DLayer*)layer);
3       std::map<std::string,VRope*>::iterator iter_ropes;          //声明迭代器
4       for (iter_ropes = b2layer->vrope->ropes.begin();           //遍历储存绳子的列表
5           iter_ropes != b2layer->vrope->ropes.end();iter_ropes++){
6           VRope* newrope=iter_ropes->second;                      //获取绳索指针
7           if(newrope->nail != NULL&&newrope->nail->spider!=NULL
8               && newrope->nail->spider->isActivity == true){
                                                        //判断是否符合指定条件
9               float stepTemp = newrope->nail->spider->step;//获取蜘蛛当前步数
10              std::vector<VStick*> vSticks = newrope->vSticks;
                                                   //获取绳索中的 vSticks 的 vector
11              std::vector<VStick*>::iterator iter_vSticks //声明并初始化迭代器
1                   = vSticks.begin();
12              iter_vSticks = iter_vSticks + stepTemp;        //步数累加
13              if(iter_vSticks == vSticks.begin()  //判断是否为第一个 sticks
14                  && newrope->nail->spider->step == 0){   //判断步数是否为 0
15                  newrope->nail->spider->step ++;             //步数加 1
16                  b2layer->afh->palyAnimationWithSprite(      //播放蜘蛛行走动作
17                      newrope->nail->spider->ssp,b2layer->afh->anmiAc[10],-1);
18              }
19              if(iter_vSticks == vSticks.end()){
20                  b2layer->gm->gameoverFlag = true;
21                  if(newrope->nail != NULL&& newrope->nail->spider != NULL ){
23                      b2layer->mm->playMusicEffect(12);      //播放音效
24                      newrope->nail->spider->ssp->stopAllActions();
                                                            //停止蜘蛛一切动作
25                      b2layer->candyPhy->dSp->setVisible(false);//设置饼干不可见
34                      //此处省略了重新创建饼干精灵对象和蜘蛛指向动作的相关代码
35                      b2layer->deleteAllRope();   //删除储存蜘蛛的绳子
36                  }
37                  break;
38              }
39              Point currPosition = newrope->nail->spider->ssp->getPosition();
                                                            //获取蜘蛛位置
40              VPoint* vpt0 = (*iter_vSticks)->getPointA(); //获取 vstick 中的第一个点
41              VPoint* vpt1 = (*iter_vSticks)->getPointB(); //获取 vstick 中的第二个点
                //……此处省略了让蜘蛛移动到指定位置的相关代码
44              if(fabs(currPosition.x - (vpt0->x+SCREENWIDTH/2)) <= 1
45                 &&fabs(currPosition.y - (vpt0->y+SCREENHEIGHT/2)) <= 1){
46                 newrope->nail->spider->step ++;          //若到达目标点，步数加 1
47      }}}}
48  void Spider::goGameEnd(bool b){
49      ((Box2DLayer*)layer)->gm->gameEnd(false);               //游戏结束
50  }
```

- 第 1～18 行功能为首先声明迭代器，并遍历储存绳子的列表。在 for 循环中首先获取绳子的指针，然后判断是否符合指定条件，若符合则获取蜘蛛当前步数以及绳子的 vSticks 向量。最后判断当前行走的是否为绳子的第一小节，若是，则步数加 1，并播放蜘蛛行走动画。
- 第 19～38 行功能为首先判断当前行走的位置是否为绳子底端，若是，则设置游戏结束标志位为 true，然后判断是否符合指定条件，若符合则播放音效，并停止蜘蛛一切动作，最后删除所有绳子对象。

- 第 39～50 行功能为首先获取蜘蛛位置，然后获取蜘蛛下一个将要移动的目标位置，让蜘蛛执行动作并进行移动，最后判断是否移动到目标点，若移动到则步数加 1。若蜘蛛行走到饼干位置，并获得到饼干，则游戏失败，此时调用 goGameEnd 方法。

4.5.10 钉子道具类——Nail

上一小节向读者介绍了本游戏的蜘蛛道具类，本小节将向读者介绍钉子道具类的开发。该类主要用来创建游戏中所需的钉子道具。在游戏中，钉子道具的功能为悬挂饼干，使其不会掉落。下面将分步骤开发该类。

（1）首先开发的是 Nail 类的框架，该框架中声明了一系列将要使用的成员变量和成员方法，这些成员方法充当着极其重要的角色。其详细代码如下。

代码位置：见本书随书源代码/第 4 章/CEatB/app/src/main/jni/object 目录下的 Nail.h。

```
#ifndef _Nail_H_
#define _Nail_H_
//……此处省略了对部分头文件的引用，需要的读者请查看源代码
using namespace cocos2d;                              //引用命名空间
class Nail{
public:
    Nail(Layer* layerIN,b2World* world);              //构造函数
    Nail(Node* layer,Point position,int rangeFlag,float range       //构造函数
        ,float hSpider,b2World* world,std::string* ids);
    ~Nail();                                          //析构函数
    PhyObject* getPhyObject();                        //获取物理对象的方法
    float getRange();                                 //获取连接绳子范围圈的方法
    void candyConnectNailUpdate(float delta);         //饼干连接钉子的定时回调方法
public:
    bool isActivity = false;                          //判断钉子是否活动标志位
    Sprite* nailRangeSp = NULL;                       //范围圈
    Sprite* eggSp = NULL;                             //声明指向精灵对象的指针
    Spider* spider = NULL;                            //声明指向蜘蛛精灵对象的指针
    bool haveRope = false;                            //表示是否有绳子的标志位
    bool haveSpider = false;                          //表示是否有蜘蛛的标志位
    Layer* layer;                                     //指向布景层对象的指针
    b2World* mWorld;                                  //指向物理世界的指针
    std::vector<Nail*> exNailVT;                      //储存钉子对象的向量
private:
    PhyObject* nailPhy;                               //指向物理对象的指针
    float range;                                      //钉子连接饼干的范围
};
#endif
```

说明 在该类的头文件中，对类中所需的成员方法和成员变量进行了声明。其方法主要有自身的构造函数和析构函数、获取物理对象的方法、获取连接绳子范围圈的方法和饼干连接钉子的定时回调方法。其成员变量主要有声明指向精灵对象的指针、判断钉子是否活动标志位等。

（2）开发完类框架声明后还要真正实现 Nail 类中的方法。在该类中需要实现的方法比较多，首先应该实现的是该类的构造函数、析构函数，其具体代码如下。

代码位置：见本书随书源代码/第 4 章/CEatB/app/src/main/jni/object 目录下的 Nail.cpp。

```
//……此处省略了对部分头文件的引用，需要的读者请查看源代码
Nail::Nail(Layer* layerIN,b2World* world){
    this->layer = layerIN;                            //记录布景层对象
    this->mWorld = world;                             //记录物理世界对象
}
Nail::Nail(Node* layer,Point position,int rangeFlag
    ,float range,float hSpider,b2World* world,std::string* ids){
    float* data=new float[3]{position.x-SCREENWIDTH/2//设置创建圆形物理对象的数据
        ,position.y-SCREENHEIGHT/2,15.0f};
```

```
10      nailPhy = new CirclePhyObject(ids,true,layer          //创建圆形物理对象
11            ,world,pic_PATH+"nail.png",data,100,0,0);
12      TextureCache* textureCache =                          //获取纹理缓冲
13            Director::getInstance()->getTextureCache();
14      if(rangeFlag == 1){                                   //判断是否能够产生新的绳子
15            isActivity = true;                              //设置标志位 true
16            //……此处省略了创建范围圈精灵对象并设置其属性的相关代码
17      }
18   //……此处省略了创建鸡蛋精灵对象并设置其相关属性的代码
19      if(hSpider == 1){                                     //判断绳子上是否有蜘蛛
20           spider = new Spider(layer,position);             //创建蜘蛛对象
21           this->haveSpider = true;                         //设置其标志位为 true
22      }}
23   Nail::~Nail(){
24     nailRangeSp->runAction(RemoveSelf::create(true));      //删除精灵对象
25   }
```

- 第 1～5 行为该类的第一个有两个参数的构造函数，该构造函数的功能为记录指向布景层对象的指针和指向物理世界对象的指针。
- 第 6～25 行为该类的第二个构造函数和析构函数，在此构造函数中首先创建圆形物理对象，然后判断该钉子是否能产生新的绳子来连接饼干。若能，则设置其活动标志位为 true，并创建范围圈精灵对象，最后判断有无蜘蛛参数是否为 1。若为 1，表示该钉子有蜘蛛，则创建蜘蛛对象，并设置其标志位为 true。

（3）开发完该类的构造函数、析构函数后，接下来就应该开发获取物理对象的 getPhyObject 方法和获取范围圈大小的 getRange 方法了。但这两个方法非常简单，读者可查看随书源代码自行学习。下面笔者将介绍开发饼干连接钉子的 candyConnectNailUpdate 方法，其具体代码如下。

代码位置：见本书随书源代码/第 4 章/CEatB/app/src/main/jni/object 目录下的 Nail.cpp。

```
void Nail::candyConnectNailUpdate(float delta){
  PhyObject* candyPhy = ((Box2DLayer*)layer)->candyPhy;      //获取饼干物理对象
  std::vector<Nail*>::iterator nailIterator ;                //声明迭代器
  for(nailIterator = exNailVT.begin();nailIterator!=exNailVT.end();nailIterator++){
       if((*nailIterator)->isActivity == true){      ///判断钉子是否能产生新绳子
            Point candyPosition = ((Box2DLayer*)layer)       //获取饼干物体位置
                 ->candyPhy->dSp->getPosition();
            Point nailPosition = (*nailIterator)             //获取钉子位置
                       ->getPhyObject()->dSp->getPosition();
            float dis = candyPosition.getDistance(nailPosition);
                                                  //计算饼干和钉子的位置
            if(dis <= (*nailIterator)->getRange()){ //若距离在产生新绳子的范围内
                 ((Box2DLayer*)layer)->mm->playMusicEffect(10); //播放音效
                 (*nailIterator)->isActivity = false;        //设置不可创建绳子
                 VRope* rope = ((Box2DLayer*)layer)->vrope //创建绳子
                      ->createRopeWithBody(((Box2DLayer*)layer)->vrope->sbn
                        , (*nailIterator)->getPhyObject()->body,candyPhy->body
                      ,(*nailIterator)->getPhyObject()->body->GetLocalCenter()
                      ,candyPhy->body->GetLocalCenter(),1.2,true);
                 rope->nail = (*nailIterator);     //记录绳子所连接的钉子
                rope->nail->haveRope = true;       //记录钉子有连接绳子
                (*nailIterator)->nailRangeSp       ////删除范围圈精灵对象
                      ->runAction(RemoveSelf::create(true));
  }}}}
```

说明　该方法首先获取饼干物理对象，然后声明迭代器并遍历储存钉子的向量。在 for 循环中首先判断钉子是否可产生新的绳子，若能，则计算饼干和钉子的距离，若距离足够近，则设置该钉子不可产生绳子，并创建一条钉子连接饼干的新绳子。最后设置绳子相关成员属性，并删除范围圈精灵对象。

4.5.11　尖刺道具类——Spike

上一小节向读者介绍了本游戏的钉子道具类，本小节将向读者介绍尖刺道具类的开发。该类

主要用以创建游戏中所需的尖刺道具。在游戏中，尖刺道具的功能和电击道具类似，当饼干碰到尖刺道具时，饼干被粉碎，游戏任务失败。下面将分步骤开发该类。

（1）首先需要开发的是 Spike 类的框架，该框架中声明了一系列将要使用的成员变量和成员方法，这些成员方法充当着极其重要的角色。其详细代码如下。

代码位置：见本书随书源代码/第 4 章/CEatB/app/src/main/jni/object 目录下的 Spike.h。

```
#ifndef _Spike_H_
#define _Spike_H_
#include "cocos2d.h"
#include "../bnBox2DHelp/PhyObject.h"
using namespace cocos2d;
class Spike{
public:
     Spike(Layer* layerIn,b2World* world);                   //构造函数
     Spike(std::string* ids,                                  //构造函数
               Layer* layer,b2World* world,float positionX, float positionY,float width2,
               float height2, float angle,int index,float isMove,Point aimPoint
     );
     ~Spike();                                                //析构函数
     void spikePoseUpdate(float delta);                       //定时回调更新尖刺的姿态的方法
     void initSpike(float* data,int index);                   //初始尖刺的方法
public:
      PhyObject* sPhy;                                        //指向尖刺对应的物理对象的指针
      Layer* layer ;                                          //指向布景层的指针
      b2World* mWorld ;                                       //指向物理世界的指针
      std::vector<Spike*> exSpikeVT;                          //储存尖刺对象的向量
};
#endif
```

说明：在该类的头文件中，对类中所需的成员方法和成员变量进行了声明。其方法主要有自身的构造函数和析构函数、定时回调更新尖刺的姿态的方法和初始尖刺的方法。其成员变量主要有指向尖刺对应的物理对象的指针、指向布景层的指针和储存尖刺对象的向量等。

（2）开发完类框架声明后还要真正实现 Spike 类中的方法。在该类中需要实现的方法比较多，首先应该实现的是该类的构造函数和析构函数，其具体的代码如下。

代码位置：见本书随书源代码/第 4 章/CEatB/app/src/main/jni/object 目录下的 Spike.cpp。

```
//……此处省略对部分头文件的引用，需要的读者请查看源代码
Spike::Spike(Layer* layerIn,b2World* world){
     this->layer = layerIn;
     this->mWorld = world;
}
Spike::Spike(std::string* ids,Layer* layer,b2World* world,
     float positionX,float positionY,float width2,
     float height2,float angle,int index,float isMove,Point aimPoint
){
     std::string picpath = StringUtils::format("spike_%d.png",index);//尖刺路径
     float* data = new float[5]{positionX,positionY,width2,height2,angle};
     sPhy = new RectPhyObject(ids,true,layer
     ,world,pic_spike_PATH+picpath,data,0,0,0);
//……此处省略了判断尖刺精灵对象自身旋转还是平行移动以及执行相关动作的代码
}
Spike::~Spike(){}
```

说明：该类存在两个构造函数，第一个构造函数的功能为记录布景层对象和物理世界对象，第二个构造函数为创建尖刺对应的刚体。而该析构函数中无任何代码，则说明该类的对象被删除时，析构函数被回调但不执行任何事情。

（3）开发完该类的构造函数、析构函数后，接下来就应该开发初始化尖刺对象的 initSpike 方

法和实时更新尖刺姿态的 spikePoseUpdate 方法了，其具体代码如下。

代码位置：见本书随书源代码/第 4 章/CEatB/app/src/main/jni/Object 目录下的 Spike.cpp。

```
1  void Spike::initSpike(float* data,int index){
2       TextureCache* textureCache =                          //获取纹理缓存
3            Director::getInstance()->getTextureCache();
4       int spikeLength = data[2];                             //获取尖刺长度
5       float positionX = data[0];                             //获取尖刺位置
6       float positionY = data[1];
7       std::string picpath = StringUtils::format(             //设置资源路径
8                                   "spike_%d.png",spikeLength);
9       Size size = textureCache->addImage(                    //获取资源尺寸
10                       pic_spike_PATH+picpath)->getContentSize();
11      float width2 =size.width/2;                            //尖刺尺寸
12      float heigh2 = size.height/2;
13      float angle = data[3];                                 //获取旋转角度
14      float isMove = data[4];                                //获取是否移动或旋转的标志位
15      float aimX = data[5];                                  //获取移动目标点
16      float aimY = data[6];
17      std::string idData = StringUtils::format("spike%d",index);   //尖刺 ID
18      std::string* ids = new std::string(idData.c_str());          //创建 ID 字符串
19      Spike* spikeTemp =new Spike(ids,                             //创建尖刺对象
20           (Box2DLayer*)layer,mWorld,positionX,positionY,
21           width2,heigh2,angle,spikeLength,isMove,Point(aimX,aimY));
22      exSpikeVT.push_back(spikeTemp);                              //添加到向量中
23 }
24 void Spike::spikePoseUpdate(float delta){
25      std::vector<Spike*>::iterator spikeIterator ;                //声明迭代器
26      for(spikeIterator = exSpikeVT.begin()                        //遍历储存尖刺对象的向量
27           ;spikeIterator!=exSpikeVT.end();spikeIterator++){
28           Point spikePosition = (*spikeIterator)->sPhy->dSp->getPosition();
                                                                     //获取精灵位置
29           float px = spikePosition.x - SCREENWIDTH/2 ;
                                                                     //计算刚体位置
30           float py = spikePosition.y - SCREENHEIGHT/2 ;
31           float angle = (*spikeIterator)->sPhy->dSp->getRotation();//获取精灵旋转角度
32           float rd =  (((float)(((int)angle)%360)) / 180 * PI);  //角度转弧度
33           (*spikeIterator)->sPhy->body->SetAwake(true);  //设置刚体为唤醒状态
34           (*spikeIterator)->sPhy->body->SetTransform(//设置刚体位置和旋转角度(以弧度记)
35                b2Vec2(px/_PIXTOMETER,py/_PIXTOMETER),-rd);
36      }}
```

- 第 1～12 行为定时回调，用于更新尖刺姿态的 spikePoseUpdate 方法。在该方法中，首先声明迭代器，并遍历储存尖刺对象的向量。在 for 循环中，首先获取精灵的位置，然后计算对应刚体的位置，并获取旋转角度，最后设置刚体的位置和旋转角度。
- 第 1～23 行为初始化尖刺的 initSpike 方法。在该方法中，首先获取纹理缓存，然后通过传入的 data 参数获取即将被创建的尖刺的长度、位置、旋转角度等，并将其记录在临时变量中，最后创建尖刺对象，并将其添加到储存尖刺对象的向量中。

4.5.12 碰撞监听器类——MyContactListener

上一小节向读者介绍了尖刺道具类的开发，那么读者可能会有疑问，精灵碰撞检测很容易实现，但是电击道具、尖刺道具、弹簧之类的刚体道具如何判断饼干是否碰到了呢？本小节将为读者解答，其实这些碰撞检测都是基于碰撞监听实现的。下面将分步进行该类的开发。

（1）首先需要开发的是 MyContactListener 类的框架，该框架中声明了一系列将要使用的成员变量和成员方法，这些成员方法充当着极其重要的角色。其详细代码如下。

代码位置：见本书随书源代码/第 4 章/CEatB/app/src/main/jni/ bnBox2DHelp 目录下的 MyContactListener.h。

```
#ifndef _MyContactListener_H_
#define _MyContactListener_H_
```

```
//……此处省略了对部分头文件的引用，需要的读者请查看源代码
using namespace cocos2d;
class MyContactListener : public b2ContactListener{
public:
    MyContactListener(Box2DLayer* b2dLayer,GameOverManager* gmIn); //构造函数
    ~MyContactListener();                                          //析构函数
    void BeginContact(b2Contact* contact);                         //开始碰撞被回调的方法
    void EndContact(b2Contact* contact);                           //碰撞结束被回调的方法
    void PreSolve(b2Contact* contact, const b2Manifold* oldManifold);
    void PostSolve(b2Contact* contact, const b2ContactImpulse* impulse);
public:
    Box2DLayer* b2dLayer;                                    //指向布景层对象的指针
    GameOverManager* gm;                                     //指向游戏结束管理者的指针
};
#endif
```

说明 该类继承于 b2ContactListener 类，因此需要重写其对应的 4 个方法。然而实现碰撞监听仅需要实现 BeginContact 、EndContact 两个方法即可，因此其他两个方法可以空实现。

（2）开发完类框架声明后还要真正实现 MyContactListener 类中的方法，首先应该实现的是该类的构造函数，而构造函数的功能相当简单，因此不作解释。下面将向读者介绍重写的 BeginContact 、EndContact 两个方法，其具体的代码如下。

代码位置：见本书随书源代码/第 4 章/CEatB/app/src/main/jni/ bnBox2DHelp 目录下的 MyContactListener.cpp。

```
void MyContactListener::BeginContact(b2Contact* contact){
    if(gm->gameoverFlag == true){                               //判断游戏是否结束
        return ;                                                //若结束，则返回
    }
    b2Body* bodyA = contact->GetFixtureA()->GetBody();          //获取被碰撞的刚体 A
    b2Body* bodyB = contact->GetFixtureB()->GetBody();          //获取被碰撞的刚体 B
    std::string* aId=(std::string*)bodyA->GetUserData();        //获取 ID
    std::string* bId=(std::string*)bodyB->GetUserData();        //获取 ID
    std::string candystr = "candy";                             //饼干字符串
    std::string spikestr = "spike";                             //尖刺字符串
    std::string electricstr = "electric";                       //电击字符串
    std::string sawtoothstr = "sawtooth";                       //旋转的钢条字符串
    if(strcmp((*aId).substr(0,5).c_str(),candystr.c_str()) == 0
                                                                //判断碰撞物体是否为饼干
            ||strcmp((*bId).substr(0,5).c_str(),candystr.c_str()) == 0){
      if(strcmp((*aId).substr(0,5).c_str(),spikestr.c_str()) == 0
                                                                //判断碰撞物体是否为尖刺
            ||strcmp((*bId).substr(0,5).c_str(),spikestr.c_str()) == 0){
          gm->gameEnd(false);                                   //游戏结束
      }else if(strcmp((*aId).substr(0,8).c_str(),electricstr.c_str()) == 0
                                                                //判断碰撞物体是否为电击
            ||strcmp((*bId).substr(0,8).c_str(),electricstr.c_str()) == 0){
          gm->gameEnd(false);                                   //游戏结束
      }else if(strcmp((*aId).substr(0,8).c_str(),sawtoothstr.c_str()) == 0
                                                                //判断碰撞物体是否为钢条
            ||strcmp((*bId).substr(0,8).c_str(),sawtoothstr.c_str()) == 0){
          gm->gameEnd(false);                                   //游戏结束
      }}}
void MyContactListener::EndContact(b2Contact* contact){
    if(gm->gameoverFlag == true){                               //判断游戏是否结束
        return ;                                                //若结束，则返回
    }
    b2Body* bodyA = contact->GetFixtureA()->GetBody();          //获取被碰撞的刚体 A
    b2Body* bodyB = contact->GetFixtureB()->GetBody();          //获取被碰撞的刚体 B
    std::string* aId=(std::string*)bodyA->GetUserData();        //获取 ID
    std::string* bId=(std::string*)bodyB->GetUserData();        //获取 ID
    std::string candystr = "candy";                             //饼干字符串
    std::string bouncerstr = "bouncer";                         //弹簧字符串
    if(strcmp((*aId).substr(0,7).c_str(),bouncerstr.substr(0,7).c_str()) == 0
                                                                //判断碰撞物体是否为弹簧
```

```
37                    ||strcmp((*bId).substr(0,7).c_str(),bouncerstr.substr(0,7).c_str()) == 0){
38                if(strcmp((*aId).substr(0,7).c_str(),bouncerstr.substr(0,7).c_str()) == 0){
39                    Bouncer* bcer = b2dLayer->bouncer                        //获取弹簧对象
40                        ->exBouncerMap.find((*aId).c_str())->second;
41                    b2dLayer->afh->palyAnimationWithSprite(                  //播放弹簧动画
42                          bcer->bPhy->dSp,b2dLayer->afh->anmiAc[6],1);
43                    b2Vec2 b2v = bodyB->GetLinearVelocity();                 //获取饼干速度
44                    bodyB->SetLinearVelocity(b2Vec2(b2v.x*2,b2v.y*2));//设置饼干反弹速度
45                }else if(strcmp((*bId).substr(0,7).c_str(),bouncerstr.substr(0,7).c_str()) == 0){
46                    Bouncer* bcer = b2dLayer->bouncer                        //获取弹簧对象
47                      ->exBouncerMap.find((*bId).c_str())->second;
48                    b2dLayer->afh->palyAnimationWithSprite(                  //播放弹簧动画
49                              bcer->bPhy->dSp,b2dLayer->afh->anmiAc[6],1);
50                    b2Vec2 b2v = bodyA->GetLinearVelocity();                 //获取饼干速度
51                    bodyA->SetLinearVelocity(b2Vec2(b2v.x*2,b2v.y*2));//设置饼干反弹速度
52    }}}
```

- 第 1～25 行为两刚体碰撞开始被回调的 BeginContact 方法。在该方法中，首先判断游戏是否结束，若已结束则直接返回，否则获取两个碰撞的刚体的 ID，比较碰撞的物体中是否有饼干，若有，则判断碰撞的另外一方是否为尖刺、电击和钢条，若是则游戏结束。
- 第 26～52 行为两刚体碰撞结束被回调的 EndContact 方法。在该方法中，首先判断游戏是否结束，若已结束则直接返回，否则获取两个碰撞的刚体的 ID，然后判断两个碰撞的刚体是否为饼干和弹簧，若是，则让饼干以相反方向同一大小的速度反弹。

由于篇幅限制，本款游戏中的其他道具还未介绍完全，如可移动的钉子道具、重力加速度倒置道具和可旋转钢条道具。这些道具的开发思路和以上道具的开发思路基本一致，只是对具体事务的处理不一样。另外由于饼干本身是一个刚体，因此需要实现碰撞过滤，以避免错误的碰撞。实现碰撞过滤非常简单，很容易理解，读者可通过源代码进行解读。

> **提示**　以上主要介绍了道具相关类，而其他辅助类如换帧动画管理类、暂停管理类、声音管理类和用户数据管理类的实现都非常简单，读者完全可以通过自主学习掌握。

4.6 相关场景类

前面的章节介绍了游戏的辅助类，本节将为读者介绍本游戏相关场景类，其中界面管理类为笔者自己开发的类。场景管理类中保留了各个场景的指针，可以方便地控制场景的切换，其他类则实现了游戏的所有界面。下面将为读者详细介绍界面类的开发过程。

4.6.1 游戏场景管理类——Box2DSceneManager

本小节将向读者介绍场景管理类的开发，该类主要管理项目中的相关场景，其中包含了第一次进入本游戏时场景创建的方法以及各个场景的创建及切换方法。该类作为场景管理类，更多的还是在于场景的创建与切换。下面将分步骤为读者详细介绍该类的开发过程。

（1）首先介绍 Box2DSceneManager 类的头文件。该头文件中声明了该类中的一系列的方法，将方法的声明单独放在头文件中可以让类的声明简洁明了，其详细代码如下。

代码位置：见本书随书源代码/第 4 章/CEatB/app/src/main/jni/CEatB 目录下的 Box2DSceneManager.h。

```
#ifndef __Box2DSceneManager_H__
#define __Box2DSceneManager_H__
#include "cocos2d.h"                           //引入头文件
using namespace cocos2d;                       //引入 cocos2d 命名空间
class Box2DSceneManager{
public:
```

```
7        Scene* loadScene ;                          //指向加载场景的指针
8        Scene* gameScene ;                          //指向游戏场景的指针
9        Scene* startScene ;                         //指向开始场景的指针
10       Layer* b2layer;                             //指向布景的指针
11       Layer* startlayer;                          //指向开始场景的指针
12   public:
13       void createScene();                         //创建场景对象的方法
14       void goStartLayer();                        //进入开始场景的方法
15       void goGameLayer();                         //进入游戏场景的方法
16       void goChooseHouseLayer();                  //进入选关场景的方法
17       void goOptionLayer();                       //进入设置场景的方法
18       void addPauseLayer();                       //添加暂停布景的方法
19       void addOptionLayer();                      //添加设置布景的方法
20   };
21   #endif
```

- 第 1～11 行功能为首先声明该类的头文件，防止头文件重复导入，然后声明一系列指向场景对象的指针，用于储存指定的场景对象的地址。
- 第 12～21 行功能为声明一系列场景切换的方法，这样就可以在其他的布景类中直接调用此方法而切换到对应的场景。读者在后面的代码介绍中就可以体会到将场景集中管理的好处，这里不再进行详细介绍。

（2）下面介绍 WarshipsFightSceneManager 类的场景创建的方法。主要包括创建开始场景的方法和切换到开始、选关、商店和帮助等场景的方法。由于创建场景的方法比较简单，这里会依次给出所有场景创建的方法，具体代码如下所示。

代码位置：见本书随书源代码/第 4 章/CEatB/app/src/main/jni/CEatB 目录下的 Box2DsceneManager.cpp。

```
1   //……此处省略了对部分头文件的引用，需要的读者请查看源代码
2   void Box2DSceneManager::createScene(){
3       loadScene = Scene::create();                          //创建一个场景对象
4       LoadLayer* layer = LoadLayer::create();               //创建一个加载布景对象
5       loadScene->addChild(layer);                           //将加载布景添加到场景中
6       layer->b2dsm = this;                                  //记录场景管理者对象
7   }
8   void Box2DSceneManager::goGameLayer(){
9       Director::getInstance()->setDepthTest(true);          //设置深度检测
10      gameScene = Scene::create();                          //创建一个场景对象
11      b2layer = Box2DLayer::create();                       //创建一个游戏布景对象
12      ((Box2DLayer*)b2layer)->b2dsm = this;                 //记录场景管理者对象
13      gameScene->addChild((Box2DLayer*)b2layer);            //将游戏布景添加到场景中
14      Director::getInstance()->replaceScene(gameScene);    //切换场景
15  }
```

- 第 1～7 行为创建加载场景的 createScene 方法。在该方法中首先创建加载场景对象，然后创建加载布景对象，并将其添加到场景中，最后记录该场景管理者对象，以方便在加载布景中进行游戏场景的切换。
- 第 8～15 行为切换到游戏场布景的 goGameLayer 方法。在该方法中首先设置开启深度检测，然后创建游戏场景对象和对应布景对象，并将布景添加到游戏场景中，记录场景管理者对象，最后切换到该场景中。

> **提示** 在该类中的其他相关场景切换的相关方法与开始场景的切换方法基本一致，均是一套思路，只是每次创建的布景不同而已。需要的读者请查看源代码。

4.6.2 加载布景类——LoadLayer

上面讲解了游戏的场景管理类 Box2DSceneManager 的开发过程，场景管理类主要负责游戏中各个场景的切换。当场景管理类开发完成后，随即就进入到了游戏加载布景类——LoadLayer 的

开发，下面将详细介绍 LoadLayer 类的开发过程。

（1）首先需要开发的是 LoadLayer 类的框架，该框架中声明了一系列将要使用的成员变量和成员方法。这些变量和方法在该布景中均有很重要的作用，其详细代码如下。

代码位置：见本书随书源代码/第 4 章/CEatB/app/src/main/jni/CEatB 目录下的 LoadLayer.h。

```
1   #ifndef _LoadLayer_H_
2   #define _LoadLayer_H_
3   //……此处省略了对部分头文件的引用，需要的读者请查看源代码
4   using namespace cocos2d;                               //引用命名空间
5   class LoadLayer :public Layer{
6   public:
7       virtual bool init();                               //初始化布景的方法
8       void loadingPic();                                 //加载图片资源的方法
9       void loadingCallBack(Ref* r);                      //加载完成后的回调方法
10  public:
11      Box2DSceneManager* b2dsm;                          //指向场景管理者对象的指针
12      MusicManager* mm;                                  //指向音乐管理者的指针
13      UserDataManager* udm;                              //指向用户数据管理者的指针
14      AnimFrameManager* afm;                             //指向换帧动画管理者的指针
15      int progressIndex = 0;                             //加载的进度
17      Sprite* loadingSp ;                                //显示加载进度的精灵对象
18      int currPicIndex = 0;                              //当前加载的资源数
19      CREATE_FUNC(LoadLayer);
20  };
21  #endif
```

- 第 1～9 行功能为首先声明该类的头文件，防止头文件重复导入，然后引用 cocos2d 命名空间，最后声明了初始化布景的方法、加载图片资源的方法和每一幅资源。
- 第 10～19 行功能为声明指向场景管理者对象的指针，用于场景之间的切换；声明指向音乐管理者的指针，用于播放布景中的音乐；声明指向用户数据管理者的指针，用于对用户数据进行管理；声明指向换帧动画管理者的指针，用于播放换帧动画，最后声明一些显示加载进度的参数和精灵对象。

提示　第 19 行还调用 Cocos2d-x 中提供的 CREATE_FUNC 宏完成了 create 方法代码的生成，此 create 方法中包含了创建及适当初始化 LoadLayer 类对象的代码。

（2）开发完类框架声明后还要真正实现 LoadLayer 类中的方法，需要开发的是初始化布景 init 的方法和加载图片资源的 loadingPic 方法以及每一幅图片加载完成被回调的 loadingCallBack 方法。init 方法的意义重大，作为进入场景对应布景后首先被调用的方法，以完成布景中各个控件的创建以及初始化工作。

代码位置：见本书随书源代码/第 4 章/CEatB/app/src/main/jni/CEatB 目录下的 LoadLayer.cpp。

```
//……此处省略了对部分头文件的引用，需要的读者请查看源代码
using namespace cocos2d;
bool LoadLayer::init(){
    if (!Layer::init()){                                            //调用父类的初始化
        return false;
    }
    Sprite* bgsp = Sprite::create(load_PATH+"loadbg.png");  //创建背景精灵对象
    bgsp->setPosition(Point(270,480));                      //设置其位置
    this->addChild(bgsp,0);                                 //将其添加到布景中
    mm = new MusicManager();                                //创建音乐管理者对象
    udm = new UserDataManager();                            //创建用户数据管理者对象
    loadingSp = Sprite::create(                             //创建显示加载进度的精灵
            load_loadingbar_PATH+"loading (1).png");
    loadingSp->setPosition(Point(270,250));                 //设置其位置
    loadingSp->setScale(0.8);                               //设置其缩放比
    this->addChild(loadingSp,GAMELAYERMidlle);              //将其添加到布景中
    loadingPic();                                           //加载图片资源的方法
    return true;
```

```
19 }
20 void LoadLayer::loadingPic(){                          //加载图片资源的方法
21       auto txtureCache =                                //获取纹理缓冲
22                    Director::getInstance()->getTextureCache();
23       txtureCache->addImageAsync(pic_PATH               //异步加载 bgr_01.png 图片资源
24            + "bgr_01.png", CC_CALLBACK_1(LoadLayer::loadingCallBack, this));
25       //……此处省略了异步加载图片资源的相关代码
26 }
27 void LoadLayer::loadingCallBack(Ref* r){                //每一幅图片加载完成被回调的方法
28       ++progressIndex;                                  //图片资源数加 1
29       int percent=(int)(((float)progressIndex / PIC_TOTAL) * 100);//换算加载的百分比
30       int picIndex = (((int)(percent*0.18))%18);        //计算应该显示的资源编号
31       if(currPicIndex < picIndex){                      //判断当前编号是否小于计算编号
32             std::string loadpicpath = StringUtils::format("loading (%d).png",picIndex+1);
33             loadingSp->setTexture(load_loadingbar_PATH+loadpicpath);//加载精灵设置纹理
34             currPicIndex = picIndex;                    //记录当前显示编号
35       }
36       if(percent == 100){                               //当加载完所有资源时
37             int isFirstFlag = udm->getUserData(Constant::isFirstEnter);
                                                           //获取是否进入过游戏的标志
38             if(isFirstFlag == 0){                       //判断是否进入过本游戏
39                    udm->resetUserData();                //重置游戏数据
40             }
41             b2dsm->goStartLayer();                      //切换到开始游戏场景
42       }}
```

- 第 1～19 行为初始化布景的 init 方法。在此方法中，创建了背景精灵对象和显示加载进度的精灵对象，并设置其位置，将其添加到布景中，还创建了音乐管理者对象和创建用户数据管理者对象，它们分别用于控制该布景中音乐的播放和用户数据的修改。
- 第 20～26 行为异步加载图片资源的 loadingPic 方法。在该方法内部，首先获取纹理缓冲，然后调用 addImageAsync 方法。该方法给出了需要异步加载的资源路径和当资源加载完成后被回调的方法。
- 第 27～42 行为每一幅图片加载完成被回调的 loadingCallBack 方法。在该方法中首先将已加载的资源数加 1，并将其换算成加载的百分比，然后根据加载进度设置显示加载进度的精灵的纹理，最后判断加载进度是否为 100。若是，则判断本次进入游戏是否为第一次进入，若是第一次则需要重置游戏记录，并切换到游戏开始场景中。

4.6.3 开始布景类——StartLayer

上一小节中介绍了加载布景类的开发。在加载布景类中，玩家可以直观地看到加载进度，并且通过为精灵对象设置不同的纹理来显示加载进度，使游戏加载更活泼、灵动。本小节主要向读者介绍当资源图片加载完成后切换到的游戏开始布景类，下面将分步介绍 StartLayer 类的开发过程。

（1）首先需要开发的是 StartLayer 类的框架，该框架中声明了一系列将要使用的成员变量和成员方法，这些变量和方法在该布景中均有很重要的作用，其详细代码如下。

代码位置：见本书随书源代码/第 4 章/CEatB/app/src/main/jni/CEatB 目录下的 StartLayer.h。

```
//……此处省略了对部分头文件的引用，需要的读者请查看源代码
class StartLayer : public cocos2d::Layer{
public:
      virtual bool init();                                //初始化的方法
      void initMenu();                                    //初始化菜单项的方法
      void initRope();                                    //初始化绳子的方法
      void initWorld();                                   //初始化物理世界的方法
      void initTitleBg();                                 //初始化标题背景的方法
      void initTile();                                    //初始化标题的方法
      void initbeforCrocodile();                          //初始化标题部分背景的方法
      void initCrocodile();                               //初始化标题部分背景的方法
      void initEY();
      VRope* createRopeWithBody(SpriteBatchNode* ropeSpriteSheet
                ,b2Body *bodyA,b2Body *bodyB,b2Vec2 anchorA,
```

```
15                  b2Vec2 anchorB,float sag,bool addMapFlag);    //创建绳子的方法
16      void step();                                     //物理世界模拟
17      void update(float delta);                        //更新数据
18      void startMenuCallback(int index);               //开始菜单项单击被回调的方法
19      void changEyEnmationUpdate(float delta);         //鳄鱼表情更新的方法
20      void goOtherScene(int index);                    //切换到其他场景的方法
21      void popConfirmExit();                           //弹出确认退出的方法
22      void confirmCallback(int index);                 //确定菜单项被回调的方法
23      void setEYActionState(bool currstate);           //设置鳄鱼动作状态的方法
24      CREATE_FUNC(StartLayer);
25  public:
26      Box2DSceneManager* b2dsm;                        //指向场景管理者对象的指针
27      TextureCache* textureCache;                      //指向纹理缓冲的指针
28      MusicManager* mm;                                //指向音乐管理者的指针
29      AnimFrameManager* afm;                           //指向动画管理者的指针
30      GameRelevant* gr;                                //指向游戏相关类对象的指针
31      std::map<std::string,VRope*> ropes;              //存放绳索类 VRope 的 map
32      int indexVRope = 0;                              //绳子的索引
33      std::map<std::string,PhyObject*> pom;            //存放物体对象的 map
34      b2World* world;                                  //指向物理世界的指针
35      Sprite* eySp;                                    //指向鳄鱼精灵对象的指针
36      bool eyOM = false;                               //鳄鱼是否张嘴的标志位
37      PhyObject* candyPhy_0;                           //指向饼干物理对象的指针
38      MenuItemImage* menuItem[3];                      //指向菜单项的指针
39      Sprite* spriteFrame[2];                          //屏幕下方的小人
42      std::vector<MenuItemImage*> menuPVT;             //菜单项列表
43      bool notFinish = false;                          //鳄鱼是否完成当前动作标志位
44  };
45  #endif
```

- 第 1～12 行功能为声明该布景类中的一系列初始化相关的方法，其中最重要的是 init 方法，该方法是创建布景时被调用的初始化布景的方法，而其余初始化方法则将在 init 方法中被调用，用于初始化布景中具体的单位，如菜单项、标题等。
- 第 13～24 行功能为声明创建布景中菜单项单击时被回调的方法、创建绳子以及定时回调用来进行物理模拟的方法、切换场景的方法等。第 24 行还调用 Cocos2d-x 中提供的 CREATE_FUNC 宏完成了 create 方法代码的生成，此 create 方法中包含了创建以及适当初始化 StartLayer 类对象的代码。
- 第 25～43 行功能为声明一系列该类的成员变量。声明指向部分管理者对象的指针，用于简化操作，使切换场景、播放换帧动画、播放声音音效更为便捷、灵活。声明向量列表便于统一管理一系列指向同一类型对象的指针，也是为了更便捷。其余成员变量的作用在注释中已经很详细，笔者不再赘述，读者自主学习即可。

（2）开发完类框架声明后还要真正实现 StartLayer 类中的方法，需要开发的是初始化布景 init 的方法和相关的具体对象初始化方法。该方法作为进入场景对应布景后首先被调用的方法，意义重大，用于完成布景中各个控件的创建以及初始化工作。详细代码如下。

代码位置：见本书随书源代码/第 4 章/CEatB/app/src/main/jni/CEatB 目录下的 StartLayer.cpp。

```
//……此处省略了对部分头文件的引用，需要的读者请查看源代码
bool StartLayer::init(){
    if(!Layer::init()){
        return false;
    }
    //……此处省略了相关精灵对象的创建，需要的读者请查看源代码
    initMenu();                                      //调用初始化菜单项的方法
    initWorld();                                     //调用初始化物理世界的方法
    initRope();                                      //调用初始化绳子的方法
    initEY();                                        //调用初始化鳄鱼的方法
    mm = new MusicManager();                         //创建音乐管理者对象
    mm->playBackgroundMusic(1,true);                 //播放背景音乐
    afm = new AnimFrameManager("start");             //创建换帧动画管理者对象
    //……此处省略了换帧精灵对象的创建，需要的读者请查看源代码
    schedule(schedule_selector(StartLayer::update), 0.001f);//开启刚体模拟回调
```

```
16    schedule(schedule_selector(StartLayer::changEyEnmationUpdate), 0.01f);
                                                     //开启鳄鱼表情更新
17    gr = new GameRelevant(this,1);                 //创建游戏相关类对象
18    gr->enterSceneAnimat();                        //拉开帷幕
19    return true;
20 }
21 void StartLayer::initWorld(){                     //初始化物理世界方法
22    b2Vec2 gravity(0.0f, -20.0f);                  //创建重力加速度向量
23    world = new b2World(gravity);                  //创建物理世界
24    world->SetAllowSleeping(true);                 //允许静止物体休眠
25 }
26 void StartLayer::initRope(){                      //初始化绳子的方法
27    SpriteBatchNode* ropeSpriteSheet               //创建海量精灵对象
28       = SpriteBatchNode::create(pic_PATH+"shengzi.png",3);
29    ropeSpriteSheet->setAnchorPoint(Point(0, 0));//设置其锚点
30    ropeSpriteSheet->setPosition(Point(SCREENWIDTH/2,SCREENHEIGHT/2));
31    this->addChild(ropeSpriteSheet,GAMELAYERMidlle);     //将其添加到布景中
32    float* data=new float[3]{-270,0,25};                 //饼干数据
33    std::string* ids=new std::string("candy_0");         //创建饼干 ID
34    candyPhy_0 =new CirclePhyObject(ids,false,this       //创建圆形物理对象
35       ,world,pic_candy_PATH+"candy_3.png",data,3,0.4,0.6);
36    pom[*ids]=candyPhy_0;                                //将其添加到向量中统一管理
37    Nail* nailTemp = new Nail(this,Point(270,800),0,0,0,world,ids);//创建钉子对象
38    PhyObject* phy = nailTemp->getPhyObject();           //获取钉子的物理对象
39    VRope* rope = createRopeWithBody(ropeSpriteSheet,phy->body
                                                           //创建连接钉子和饼干的绳子
40             ,candyPhy_0->body,phy->body->GetLocalCenter(),
41             candyPhy_0->body->GetLocalCenter(),1.1,true);
42 }
```

- ❑ 第 1～20 行为进入布景前被调用的初始化布景的 init 方法。在该方法中首先调用其父类的 init 方法，防止重初始化，然后调用一系列布景中具体对象的初始化方法，接着创建音乐管理者对象，并播放背景音乐，创建环境动画管理者对象，最后开启物理世界模拟回调方法和鳄鱼表情更新方法，并创建游戏相关类对象，调用 enterSceneAnimat 方法，拉开帷幕。
- ❑ 第 21～25 行为初始化物理世界的 initWorld 方法。初始化物理世界相当重要，这样能保证物理对象在物理世界中正常运动。在此方法中，首先创建重力加速度向量，该加速度表示重力加速度为 20，方向向下，然后根据加速度创建物理世界，并设置允许静止物体休眠，以减少过多的物理计算。
- ❑ 第 26～42 行为初始化绳子的 initRope 方法。根据创建绳子的 createRopeWithBody 方法（将在后面进行介绍，读者在此了解即可）中需要的参数，首先应该创建海量精灵对象，并将其添加到布景中，然后创建饼干刚体和钉子对象，最后调用创建绳子的方法进行创建。

提示 在本布景中，具体对象的初始化有很多，但笔者只选择其中一部分比较重要的进行介绍，其余方法内部代码比较基础，读者完全可以通过查看源代码自学。

（3）开发完初始化布景相关的 init 方法后，接下来就应该开发创建绳子的 createRopeWithBody 方法和定时回调用于进行物理世界模拟的 update 方法以及相关方法了。其详细代码如下。

代码位置：见本书随书源代码/第 4 章/CEatB/app/src/main/jni/CEatB 目录下的 StartLayer.cpp。

```
VRope* StartLayer::createRopeWithBody(                    //创建绳子的方法
      SpriteBatchNode* ropeSpriteSheet,b2Body *bodyA,b2Body *bodyB,
      b2Vec2 anchorA,b2Vec2 anchorB,float sag,bool addMapFlag){
   b2RopeJointDef jd;                                     //声明绳子关节的描述
   jd.bodyA = bodyA;                                      //绳子的一端刚体
   jd.bodyB = bodyB;                                      //绳子的另一端刚体
   jd.localAnchorA.Set(anchorA.x,anchorA.y);              //设置锚点
   jd.localAnchorB.Set(anchorB.x,anchorB.y);              //设置锚点
   jd.collideConnected=true;                              //设置连接状态
   float32 ropeLength = (bodyA->GetWorldPoint(
      anchorA)-bodyB->GetWorldPoint(anchorB)).Length() * sag;//设置绳子的总长
```

```
12    jd.maxLength = ropeLength;                          //设置绳子的总长
13    b2RopeJoint *ropeJoint = (b2RopeJoint*)world->CreateJoint(&jd);//创建绳子关节
14    VRope*newRope=new VRope(ropeJoint,ropeSpriteSheet,bodyA,bodyB);//创建绳子对象
15    indexVRope++;                                       //绳子索引加 1
16    std::string* ids=new std::string(                   //创建 string 类型 ID
17          StringUtils::format("vrope_%d",indexVRope));
18    ropes[*ids] = newRope;                              //加入到绳子向量中
19    return newRope;
20 }
21 void StartLayer::step(){                                //进行物理模拟
22     float32 timeStep = 2.0f / 60.0f;                    //时间步进
23     int32 velocityIterations = 6;                       //速度迭代次数
24     int32 positionIterations = 2;                       //位置迭代次数
25     world->Step(timeStep,velocityIterations,positionIterations);//执行物理模拟
26 }
27 void StartLayer::update(float delta){                   //进行物理模拟的方法
28     step();                                             //进行物理模拟
29     std::map<std::string,PhyObject*>::iterator iter;    //声明迭代器
30     for(iter=pom.begin();iter!=pom.end();iter++){       //遍历物理对象向量
31           PhyObject* po=iter->second;                   //获取物理对象
32           po->refresh();                                //更新物理绘制的姿态
33     }
34     std::map<std::string,VRope*>::iterator pos;         //声明迭代器
35     for (pos=ropes.begin();pos!=ropes.end();pos++){     //遍历绳子向量
36           VRope* newRope=pos->second;                   //获取绳子对象
37           newRope->update(delta);                       //更新绳子
38           newRope->updateSprites();                     //更新绳子精灵对象姿态
39     }
40 }
```

- 第 1～20 行为创建绳子的 createRopeWithBody 方法。在该方法中首先声明绳子关节的描述，然后设置其相关属性信息，在设置其长度时，请读者注意，sag 参数为一个长度的系数，表示绳子的松紧度，其取值范围为大于等于 1，然后创建绳子关节对象和绳子对象，最后将绳子对象添加到向量中，方便统一管理。
- 第 21～26 行为进行刚体物理模型时被调用的 step 方法。在该方法中，首先计算进行物理模型的时间步进，设置速度迭代次数和位置迭代次数，最后通过物理世界对象调用 step 方法，进行真正的物理模拟。
- 第 27～40 行为定时回调进行物理模拟的方法。在其方法内部首先调用 step 方法，进行刚体物理模拟，然后遍历储存物理对象的列表，获取物理对象本身，并调用 refresh 方法更新物理绘制者的姿态，使其与刚体相符。最后遍历储存绳子对象的列表，获取绳子对象，进行绳子物理和绘制者的更新。

提示　由于本书篇幅有限，该布景中的其余方法如根据饼干和鳄鱼之间的距离切换鳄鱼表情的 changEyEnmationUpdate 方法、单击相关菜单项被回调的方法等，笔者就不一一进行介绍了，这些方法的本质非常简单、基础，感兴趣的读者请查看源代码进行学习。

4.6.4　设置布景类——OptionLayer

上一小节介绍了开始游戏布景类的开发。在开始游戏布景类中，玩家可以直观地看到本游戏的标题、在屏幕中央悬挂的饼干和屏幕下方的鳄鱼，游戏的主题更加突出。本小节主要向读者介绍当读者单击设置菜单项时，进入的设置布景类，下面将分步介绍 OptionLayer 类的开发过程。

（1）首先需要开发的是 OptionLayer 类的框架，该框架中声明了一系列将要使用的成员变量和成员方法，这些变量和方法在该布景中均有很重要的作用，其详细代码如下。

代码位置：见本书随书源代码/第 4 章/CEatB/app/src/main/jni/CEatB 目录下的 OptionLayer.h。

```
#ifndef  OptionLayer_H
//……此处省略了对头文件的引用，需要的读者请查看源代码
```

```
3   using namespace cocos2d;
4   class OptionLayer :public Layer{
5   public:
6       virtual bool init();                            //初始化布景的方法
7       void initMenu();                                //初始化菜单项的方法
8       void musicSet();                                //声音设置方法
9       void optionCallback(int index);                 //菜单项被单击回调的方法
10      void popConfirmReset();                         //确认重置方法
11      void confirmCallback(int index);                //确定或取消菜单项回调方法
12      void goOtherScene(int index);                   //切换到其他场景的方法
13  public:
14      Box2DSceneManager* b2dsm;                       //声明指向场景管理者对象的指针
15      StartLayer* startlayer;                         //声明指向开始布景对象的指针
16      UserDataManager* udm;                           //声明指向用户数据管理者的指针
17      TextureCache* textureCache;                     //声明指向纹理缓冲的指针
18      MenuItemImage* optionItem[3];                   //声明指向菜单项的指针
19      Sprite* optionItemSp[4] ;                       //声明指向设置精灵对象的指针
20      Sprite* optionBgSp;                             //声明指向背景精灵对象的指针
21      Sprite* aboutSp;                                //声明指向关于精灵对象的指针
22      MusicManager* mm;                               //声明指向音乐管理者的指针
23      GameRelevant* gr;                               //声明指向游戏相关类对象的指针
24      bool popAboutInterfaceFlag = false;             //声明是否弹出关于信息的标志位
25      std::vector<MenuItemImage*> menuPVT;            //储存菜单项的向量
26      CREATE_FUNC(OptionLayer);
27  };
28  #endif
```

- 第 1~12 行功能为声明该布景中的一系列成员方法，其中主要包括初始化布景的 init 方法，该方法尤其重要，是创建布景时被调用的方法。还有音乐设置的 musicSet 方法、单击设置布景中相关菜单项时被回调的方法和负责场景切换的 goOtherScene 方法。
- 第 13~25 行功能为声明该布景类中的一系列成员变量，这些成员变量包括指向相关管理者对象的指针、指向精灵对象的指针、指向菜单项的指针、是否弹出关于信息的标志位以及储存菜单项的向量。储存菜单项的向量用于储存菜单项，方便统一设置可用或不可用。

> **提示** 第 26 行还调用 Cocos2d-x 中提供的 CREATE_FUNC 宏完成了 create 方法代码的生成，此 create 方法中包含了创建并适当初始化 OptionLayer 类对象的代码。

（2）开发完类框架声明后还要真正实现 OptionLayer 类中的方法，需要开发的是初始化布景 init 的方法和单击菜单项时被回调的方法。init 方法作为进入场景对应布景后首先被调用的方法，意义重大，用来完成布景中各个控件的创建以及初始化工作。详细代码如下。

代码位置：见本书随书源代码/第 4 章/CEatB/app/src/main/jni/CEatB 目录下的 OptionLayer.cpp。

```
//……此处省略了对分别头文件的引用，需要的读者请查看源代码
bool OptionLayer::init(){
    if(!Layer::init()){                                  //调用父类的初始化方法
        return false;
    }
    TextureCache* textureCache =                         //获取纹理缓冲
            Director::getInstance()->getTextureCache();
    optionBgSp = Sprite::createWithTexture(              //创建背景精灵对象
                textureCache->addImage(pic_PATH+"setbg.png"));
    optionBgSp->setPosition(Point(270,480));             //设置其位置
    this->addChild(optionBgSp,GAMELAYERLOW);             //将其添加到布景中
    mm = new MusicManager();                             //创建音乐管理者对象
    initMenu();                                          //初始化菜单项
    udm = new UserDataManager();                         //创建用户数据对象
    return true;
}
void OptionLayer::optionCallback(int index){             //单击菜单项被回调的方法
    mm->playMusicEffect(6);                              //播放声音
    if(index == 0){                                      //若单击背景声音设置菜单项
        std::string key = Constant::BGSY;                //获取背景声音的字符串
        int flag = udm->getUserData(key);                //获取背景声音的标志位
```

```
22            if(flag == 1){                             //若为 1，表示允许播放
23                udm->setUserData(key,-1);              //设置为禁止播放标志
24            }else{
25                udm->setUserData(key,1);               //否则设置为允许播放标志
26            }
27            musicSet();                                //调用 musicSet 方法进行声音设置
28        }else if(index == 1){                          //若单击音效声音菜单项
29            std::string key = Constant::YSSY;          //获取音效声音的字符串
30            int flag = udm->getUserData(key);          //获取音效声音的标志位
31            if(flag == 1){                             //若当前允许播放音效
32                udm->setUserData(key,-1);              //设置禁止播放音效标志
33            }else{
34                udm->setUserData(key,1);               //否则设置允许播放标志
35            }
36            musicSet();                                //调用 musicSet 方法进行声音设置
37        }else if(index == 2){                          //若单击游戏重置菜单项
38            popConfirmReset();                         //弹出重置相关信息
39        }else if(index == 3){                          //若单击关于菜单项
40            for(int i=0;i<3;i++){
41                optionItem[i]->setVisible(false);      //设置相关菜单项不可见
42                optionItem[i]->setScale(0.1);          //设置菜单项比例
43            }
44            aboutSp->setVisible(true);                 //设置关于精灵对象可见
45            aboutSp->runAction(EaseElasticOut::create(ScaleTo::create(0.2,1)));
                                                         //执行动作
46        }else if(index == 4){                          //若单击返回菜单项
47            for(int i =0;i<3;i++){
48                startlayer->menuItem[i]->setVisible(true);    //设置菜单项可见
49            }
50            this->runAction(RemoveSelf::create(true));//删除设置布景对象
51        }else if(index == 5){                          //单击设置菜单项
52            for(int i=0;i<3;i++){
53                optionItem[i]->setVisible(true);       //设置菜单项可见
54                optionItem[i]->runAction(EaseElasticOut::create(ScaleTo::create(0.2,1)));
                                                         //执行动作
55            }
56            aboutSp->setVisible(false);                //设置关于精灵不可见
57            aboutSp->setScale(0.1);                    //设置其比例
58    }}
59    void OptionLayer::musicSet(){                      //设置声音的方法
60        Director* directer = Director::getInstance();  //获取导演实例
61        std::string key = Constant::BGSY;              //获取背景音乐的字符串
62        int flag = udm->getUserData(key);              //获取背景音乐的标志位
63        if(flag == 1){                                 //若为 1，表示允许播放
64            optionItemSp[0]->setTexture(pic_PATH+"music_ON.png");  //设置精灵纹理
65            mm->resumeBackgroundMusic();               //恢复背景音乐播放
66        }else{
67            optionItemSp[0]->setTexture(pic_PATH+"music_OFF.png"); //设置精灵纹理
68            mm->pauseBackgroundMusic();                //暂停背景音乐播放
69        }
70        key = Constant::YSSY;                          //获取音效声音的标志的字符串
71        flag = udm->getUserData(key);                  //获取音效声音的标志
72        if(flag == 1){                                 //设置其纹理
73             optionItemSp[1]->setTexture(pic_PATH+"music_ON.png"); //设置菜单项纹理
74        }else{
75            optionItemSp[1]->setTexture(pic_PATH+"music_OFF.png"); //设置菜单项纹理
76        }
77    }
```

- 第 2～16 行为该布景的初始化方法。在该方法中，首先调用其父类的初始化方法，以防止重复初始化，然后获取纹理缓冲，并创建背景精灵对象，将其添加到布景中，最后创建音乐管理者对象和用户数据管理者对象，并调用 initMenu 方法，初始化该布景中的菜单项。
- 第 17～36 行功能为首先通过音乐管理者调用 playMusicEffect 方法播放编号为 6 的声音，然后判断是否单击背景声音设置菜单项，若是则获取背景声音标志位，若该标志位为 1，表示当前允许播放背景音乐，若为 0 表示当前禁止播放，最终将其置反。若单击音效声音设置菜单项，其原理相同。

- 第 37～58 行功能为首先判断是否单击游戏重置菜单项，若单击则调用 popConfirmReset 方法，弹出判断是否重置相关信息。然后判断是否单击关于菜单项，若是，则设置相关菜单项不可见，并显示关于信息。若单击返回菜单项，则删除该布景。最后判断是否单击设置菜单项，若是，则设置相关菜单项可见，并弹出设置的相关菜单项。
- 第 59～77 行为根据声音的标志位设置声音开关及对应精灵纹理的 musicSet 方法。在该方法中首先获取背景音乐的标志位，若其值为 1，则表示当前允许播放背景音乐，则设置菜单对应的精灵对象的纹理，并设置恢复背景音乐播放，若为 0，则表示禁止播放背景音乐，同样设置其对应纹理，暂停背景音乐播放。最后获取音效声音播放的标志位，根据其允许或禁止播放的标志设置其精灵对象对应的纹理。

> **提示** 由于本书篇幅有限，该布景中的其余方法如单击重置游戏菜单项弹出的确定重置信息的 popConfirmReset 方法、单击确定或取消菜单项被回调的方法 confirmCallback 和切换到其他场景的 goOtherScene 方法等，由于其本质非常简单基础，笔者就不一一进行介绍了，感兴趣的读者请查看源代码进行学习。

4.6.5 选主题布景类——ChooseHouseLayer

上一小节中介绍了游戏中的设置布景类的开发，在设置布景类中，玩家可以通过单击菜单项来设置开启或关闭背景声音或音效等。本小节主要向读者介绍当读者单击开始布景中的开始菜单项时，进入的选关场景中的主题选择布景类，下面将分步介绍 ChooseHouseLayer 类的开发过程。

（1）首先需要开发的是 ChooseHouseLayer 类的框架，该框架中声明了一系列将要使用的成员变量和成员方法，这些变量和方法在该布景中均有很重要的作用，其详细代码如下。

代码位置：见本书随书源代码/第 4 章/CEatB/app/src/main/jni/CEatB 目录下的 ChooseHouseLayer.h。

```
#ifndef _ChooseHouseLayer_H_
#define _ChooseHouseLayer_H_
#define HOUSELEN 4                                       //定义主题数量宏
#define HINTERVAL 500                                    //定义主题精灵之间距离的宏
//……此处省略了对头文件的引用，需要的读者请查看源代码
using namespace cocos2d;                                 //引入命名空间
class ChooseHouseLayer : public Layer{
public:
    virtual bool init();                                 //初始化布景的方法
    void initHouse();                                    //初始化主题的方法
    void initMenu();                                     //初始化菜单项的方法
    void backItemCallback(int index);                    //单击返回菜单项被回调的方法
    void goOtherScene(int index);                        //切换到其他场景的方法
    void initGotStar();                                  //初始化获得星星数的方法
    void addSpriteListener(Sprite* sp);                  //为精灵添加监听的方法
    void setBWPosition();                                //设置当前查看主题位置的方法
    bool myOnTouchBegan(Touch *touch, Event *event);//当屏幕被单击开始时回调的方法
    void myOnTouchMoved(Touch *touch, Event *event);//当屏幕被单击移动时回调的方法
    void myOnTouchEnded(Touch *touch, Event *event);//当屏幕被单击抬起时回调的方法
    void myOnTouchCancelled(Touch *touch, Event *event);
                                                         //当屏幕被单击终止时回调的方法
    void unlockNextHouse();                              //解锁下一主题的方法
    void initCurtains();                                 //初始化帷幕的方法
public:
    Box2DSceneManager* b2dsm;                            //声明指向场景管理器指针
    MusicManager* mm;                                    //声明指向音乐管理者对象的指针
    UserDataManager* udm;                                //声明指向用户数据管理者对象的指针
    GameRelevant* gr;                                    //声明指向游戏相关类对象的指针
    TextureCache* textureCache;                          //声明指向纹理缓冲对象的指针
    House* house[HOUSELEN];                              //声明指向主题数组的指针
    Point touchPoint;                                    //记录触摸开始的点
    Point HLPosition[HOUSELEN];                          //记录所有主题精灵的位置
```

```
32        Sprite* bwSp[HOUSELEN];                          //声明指向下标点精灵对象的指针
33        int houseIndex;                                  //当前选中的主题索引
34        int touchIndex;                                  //判断单击的精灵的索引
35        int lastHouseIndex = 0;                          //上次的主题号
36        std::vector<MenuItemImage*> menuPVT;             //菜单项列表
37        ChooseLevelLayer* cllayer;                       //声明指向选关布景对象的指针
38        int allstarcount = 0;                            //储存已经获得的星星数
39        CREATE_FUNC(ChooseHouseLayer);
40    };
41    #endif
```

- 第 1～22 行功能为定义该布景类中的一系列成员方法，其中主要包括初始化布景的 init 方法及其他初始化具体对象的方法、触摸屏幕不同状态时被回调的方法、设置当前查看主题位置的方法和单击菜单项被回调的方法等。
- 第 23～40 行功能为声明该布景类中的一系列成员变量，这些成员变量主要有指向相关管理者类对象的指针、指向纹理缓冲对象的指针、指向主题数组的指针等。其中切换游戏主题主要是靠记录手机滑动的方向和各主题的当前位置，来确定下一个主题。

> **提示**　第 39 行还调用 Cocos2d-x 中提供的 CREATE_FUNC 宏完成了 create 方法代码的生成，此 create 方法中包含了创建并适当初始化 ChooseHouseLayer 类对象的代码。

（2）开发完类框架声明后还要真正实现 ChooseHouseLayer 类中的方法，需要开发的是初始化布景 init 的方法和单击菜单项时被回调的方法。init 方法作为进入场景对应布景后首先被调用的方法，意义重大，用来完成布景中各个控件的创建以及初始化工作。详细代码如下。

代码位置：见本书随书源代码/第 4 章/CEatB/app/src/main/jni/CEatB 目录下的 ChooseHouseLayer.cpp。

```
//……此处省略了对头文件的引用，需要的读者请查看源代码
bool ChooseHouseLayer::init(){
    if(!Layer::init()){
        return false;
    }
    //……此处省略了部分精灵对象的创建，需要的读者请查看源代码
    initGotStar();                                  //初始化获得的星星数
    initHouse();                                    //初始化主题对象
    initMenu();                                     //初始化菜单项
    mm = new MusicManager();                        //创建音乐管理者对象
    udm = new UserDataManager();                    //创建用户管理者对象
    return true;
}
void ChooseHouseLayer::unlockNextHouse(){
    int index = 0;                                  //用于记录主题下标
    index = Constant::house_INDEX;                  //获取主题下标
    bool isLocked = house[index]->isLocked;         //当前所在主题是否解锁标志位
    std::string key = Constant::STAR_COUNT;
    int starCount = udm->getUserData(key);          //获取当前获得总星星数
    int needStar = (index)*12;                      //解锁需要的星星
    if(isLocked == true&&starCount>=needStar        //判断是否符合解锁要求
            &&house[index]->lockSp!= NULL){
        mm->playMusicEffect(14);                    //播放解锁声音
        house[Constant::house_INDEX]->isLocked = false;    //设置为已经被解锁
        udm->setUserData(Constant::house_PASS[index],0);   //设置主题解锁成功
        udm->setUserData(Constant::level_PASS[index][0],0);   //设置关卡解锁成功
        //……此处省略了主题精灵执行动作的相关代码
        house[index]->houseSp->removeChildByTag(_HOUSEPROTAG); //删除锁精灵对象
        int sum =0;                                        //记录总数
        int starCount = 18;                                //主题星星总数
        std::string starstr = StringUtils::format("0/%d",starCount);
        Label* starlabel = Label::createWithTTF(            //创建标签对象
                starstr,font_PATH+"FZKATJW.ttf",40);
        starlabel->setTextColor(Color4B(96,31,19,255));    //设置文本颜色
        starlabel->enableOutline(Color4B(96,31,19,255),2); //设置包边颜色
```

```
35        starlabel->setPosition(Point(143,-70));                    //设置位置
36        house[index]->houseSp->addChild(starlabel,GAMELAYERHEIGHT);
                                                                     //添加到主题精灵中
37    }}
```

- 第 1～13 行为初始化该布景类的 init 方法，在该方法中主要调用初始化获得星星的 initGotStar 方法、初始化主题的 initHouse 方法和初始化菜单项的 initMenu 方法，另外还创建了音乐管理者对象和用户管理者对象，方便对音乐和用户数据进行管理。
- 第 14～20 行功能为首先获得当前所在主题是否解锁标志位，然后获取当前获得星星的总数，并计算解锁当前主题需要的星星数，最后判断是否符合解锁条件，若符合条件，则首先播放解锁声音，并设置用户相关数据，然后在该主题下面显示当前的星星获得数。

（3）开发完初始化布景的 init 方法和解锁的 unlockNextHouse 方法后，接下来就应该开发触摸屏幕开始、移动、抬起和终止时被回调的相关方法了。其代码如下。

代码位置：见本书随书源代码/第 4 章/CEatB/app/src/main/jni/CEatB 目录下的 ChooseHouseLayer.cpp。

```
bool ChooseHouseLayer::myOnTouchBegan(Touch *touch, Event *event){
     Sprite* targetSp = static_cast<Sprite*>(
                event->getCurrentTarget());//获取当前触摸对象，并转化为精灵类型
     Point locationSp = targetSp->convertToNodeSpace(    //获取当前坐标
                touch->getLocation());
     touchPoint = touch->getLocation();                  //获取当前单击的位置
     Size sizeSp = targetSp->getContentSize();           //获取被单击精灵的大小
     Rect rectSp = Rect(0,0,sizeSp.width
     , sizeSp.height);                      //创建一个矩形对象，其大小与精灵相同
     if(rectSp.containsPoint(locationSp)){  //判断精灵是否被单击到
          for(int i=0;i<HOUSELEN;i++){
               if(house[i]->houseSp == targetSp){    //判断主题精灵是否被单击到
                    houseIndex = i;                  //记录单击主题编号
                    touchIndex = 0;         //设置单击的标志位为 0，表示单击到主题
                    std::string path = StringUtils::format("house_%dp.png",i);
                    house[i]->houseSp->setTexture(pic_PATH+path);//设置主题精灵纹理
                    return true;
               }}
          for(int i=0;i<HOUSELEN;i++){
               if(bwSp[i] == targetSp){             //判断是否单击到大小星星
                    touchIndex = 1;                 //设置单击标志位 1，表示单击到大小星星
                    Constant::house_INDEX = i;  //记录单击主题编号
                    return true;
          }}}
      return false;
 }
void ChooseHouseLayer::myOnTouchMoved(Touch *touch, Event *event){
     for(int i=0;i<HOUSELEN;i++){
          house[i]->houseSp->setPosition(   //设置主题精灵的位置
                HLPosition[i].x+(touch->getLocation().x-touchPoint.x),
                HLPosition[i].y
          );
     }}
void ChooseHouseLayer::myOnTouchEnded(Touch *touch, Event *event){
     if(touchIndex == 0){
          if(touch->getLocation().getDistance(touchPoint)<5){//判断抬起和开始的距离
               std::string key = Constant::house_PASS[Constant::house_INDEX];
               int flag = udm->getUserData(key);          //获取当前主题解锁的标志
               if(flag == -1){                            //若主题为锁定状态
                    //此处省略了锁精灵对象执行动作表示为解锁的相关代码
               }else{
                    mm->playMusicEffect(6);                            //播放声音
                    Constant::house_INDEX = houseIndex;            //记录主题号
               }}
          int currHouseNum = 0;                            //当前选中主题
          int minDis = 30000;                              //初始化最短距离
          for(int i=0;i<HOUSELEN;i++){                     //遍历所有主题，确定最终位置
               float px = house[i]->houseSp->getPosition().x;  //获取主题坐标
               float py = house[i]->houseSp->getPosition().y;
               if(fabs(px - 270) < minDis){               //判断哪个主题离屏幕中央最近
```

```
51                     minDis = fabs(px - 270);                    //储存最近的距离
52                     currHouseNum = i;                           //记录当前主题编号
53                 }}
54         houseIndex = currHouseNum;                              //位于屏幕中间的主题号
55         //……此处省略了记录所有主题位置的相关代码
56         Constant::house_INDEX = currHouseNum;
57     }else if(touchIndex == 1){                                  //若触摸到下标
58         int span = Constant::house_INDEX - lastHouseIndex;      //主题切换的间隔数
59         float dx = span * HINTERVAL;                            //需要移动的横向距离
60         //……此处省略了记录所有主题位置的相关代码
61     if(lastHouseIndex != Constant::house_INDEX){
62         for(int i=0;i<6;i++){
63             cllayer->clbgSp[i]->runAction(RemoveSelf::create(true));
                                                                   //删除精灵对象
64         }
65         cllayer->initLevel();                                   //初始化主题对应的关卡
66     }
67     setBWPosition();                                            //设置大小星星位置
68     unlockNextHouse();                                          //解锁关卡
69     lastHouseIndex = Constant::house_INDEX;                     //记录上次触摸的关卡
70     for(int i=0;i<HOUSELEN;i++){
71         std::string path = StringUtils::format("house_%d.png",i);
72         house[i]->houseSp->setTexture(pic_PATH+path);           //设置关卡的纹理
73     }}
74 void ChooseHouseLayer::myOnTouchCancelled(Touch *touch, Event *event){
75     myOnTouchEnded(touch,event);                                //调用触摸抬起的方法
76 }
```

- 第 1～26 行为开始触摸屏幕时被回调的 myOnTouchBegan 方法，在该方法中，首先获得被单击的精灵对象，然后将精灵对象的坐标转换为节点空间坐标，并记录首次触摸的点和触摸精灵的尺寸，最后遍历所有主题精灵对象和大小星星精灵对象。若有被单击，则记录单击的主题编号，并设置单击标志位。
- 第 27～33 行为手指在屏幕上移动时被回调的 myOnTouchMoved 方法，此方法的主要功能为记录所有主题精灵的坐标位置，以便在切换主题时更加便捷。
- 第 34～56 行功能为首先判断触摸开始时单击标志位是否为 0，即是否单击到主题精灵本身，若是，则判断触摸开始和抬起坐标之间的距离，若小于 5，则视为进入该主题，进入前需要判断单击的主题是否已经解锁，若解锁则直接进入，若未解锁，则不能进入。最后根据手指抬起时的主题精灵对象的位置，设置精灵的最终位置。
- 第 57～73 行功能为首先判断单击标志位是否为 1，即是否单击到大小星星。若单击到，则切换到目标主题，然后重新设置大小星星的位置，让玩家可以直观地看到当前的主题排行，并记录触摸的关卡，最后设置关卡纹理。

提示　在触摸终止时被回调的 myOnTouchCancelled 方法中调用了触摸抬起时才被回调的 myOnTouchEnded 方法，表示无论正常抬起或者终止都将执行 myOnTouchEnded 方法中的代码。

4.6.6　选关布景类——ChooseLevelLayer

上一小节介绍了游戏中的选主题布景类的开发，在选主题布景类中，玩家可以通过滑动主题、单击左右侧菜单项或单击大小星星来切换当前主题。本小节主要向读者介绍选择关卡布景类的开发，下面将分步介绍 ChooseLevelLayer 类的开发过程。

（1）首先需要开发的是 ChooseLevelLayer 类的框架，该框架中声明了一系列将要使用的成员变量和成员方法，这些变量和方法在该布景中均有很重要的作用，其详细代码如下。

代码位置：见本书随书源代码/第 4 章/CEatB/app/src/main/jni/CEatB 目录下的 ChooseLevelLayer.h。

```
1  #ifndef _ChooseLevelLayer_H_
2  #define _ChooseLevelLayer_H_
3  #define LEVELCOUNT 6
4  //……此处省略了对头文件的引用，需要的读者请查看源代码
5  using namespace cocos2d;
6  class ChooseLevelLayer : public Layer{
7  public:
8      virtual bool init();                                              //初始化布景的方法
9      void initLevel();                                                 //初始化关卡的方法
10     void addSpriteListener(Sprite* sp);                               //添加精灵监听的方法
11     bool myOnTouchBegan(Touch *touch, Event *event);                  //触摸开始回调的方法
12     void myOnTouchMoved(Touch *touch, Event *event);                  //触摸移动回调的方法
13     void myOnTouchEnded(Touch *touch, Event *event);                  //触摸结束回调的方法
14     void myOnTouchCancelled(Touch *touch, Event *event);//触摸终止回调的方法
15 public:
16     TextureCache* textureCache;                                       //指向纹理缓冲对象的指针
17     MusicManager* mm;                                                 //指向音乐管理者对象的指针
18     UserDataManager* udm;                                             //指向用户管理者对象的指针
19     Box2DSceneManager* b2dsm;                                         //指向场景管理器对象的指针
20     Sprite* clbgSp[6];                                                //指向关卡精灵对象的指针
21     int touchStartNum = -1;                                           //记录触摸开始的索引
22     GameRelevant* gr;                                                 //指向游戏相关类对象的指针
23     CREATE_FUNC(ChooseLevelLayer);
24 };
25 #endif
```

- 第 1～14 行功能为首先声明该类的头文件，防止头文件重复导入，然后声明一系列该类的成员方法，如布景的相关方法、为精灵添加监听的 addSpriteListener 方法以及触摸开始、移动、结束和终止的相关方法。
- 第 15～25 行功能为声明该类的系列成员变量，这些变量主要为指向纹理缓冲对象的指针、指向音乐管理者对象、用户管理者对象、场景管理器对象的指针、指向关卡精灵对象的指针、指向游戏相关类对象的指针和记录触摸开始的索引。

（2）开发完类框架声明后还要真正实现 ChooseLevelLayer 类中的方法，需要开发的是初始化布景 init 的方法和初始化关卡的 initLevel 方法。init 方法作为进入场景对应布景后首先被调用的方法，意义重大，用来完成布景中各个控件的创建以及初始化工作，详细代码如下

代码位置：见本书随书源代码/第 4 章/CEatB/app/src/main/jni/CEatB 目录下的 ChooseLevelLayer.cpp。

```
//……此处省略了对头文件的引用，需要的读者请查看源代码
using namespace cocos2d;
bool ChooseLevelLayer::init(){
    if(!Layer::init()){
        return false;
    }
    textureCache = Director::getInstance()->getTextureCache();    //获取纹理缓冲
    initLevel();                                               //初始化关卡
    mm = new MusicManager();                                   //创建音乐管理者对象
    udm = new UserDataManager();                               //创建用户数据管理者对象
    gr = new GameRelevant(this,2);                             //创建游戏相关类管理者对象
    gr->enterSceneAnimat();                                    //拉开帷幕
    return true;
}
void ChooseLevelLayer::initLevel(){
    for(int i =0;i<LEVELCOUNT;i++){
        std::string pathStr = StringUtils::format("level_%d.png",i);
                                                               //指定精灵路径
        clbgSp[i] = Sprite::createWithTexture(                 //创建关卡精灵对象
            textureCache->addImage(pic_PATH+pathStr));
        if(i/3 <= 0){
            clbgSp[i]->setPosition(Point(170 + i*100,780));         //设置位置
        }else{
            clbgSp[i]->setPosition(Point(170 + (i-3)*100,660)); //设置位置
```

```
24          }
25          clbgSp[i]->setScale(0.1);
26          this->addChild(clbgSp[i],GAMELAYERLOW);              //添加到布景中
27          clbgSp[i]->runAction(EaseElasticOut::create(ScaleTo::create(1,1.1)));
28          Size clbgSpSize = clbgSp[i]->getContentSize();       //创建精灵尺寸
29          int myValue =udm->getUserData(                   //获取当前关卡获得的星星数
30                Constant::level_PASS[Constant::house_INDEX][i]);
31          if(myValue == -1){                               //若为-1，表示为解锁
32                Sprite*starSp=Sprite::create(pic_PATH+"lock.png");//创建锁精灵对象
33                starSp->setPosition(Point(clbgSpSize.width/2,clbgSpSize.height/2));
34                starSp->setScale(1.2);                     //设置比例大小
35                clbgSp[i]->addChild(starSp,2);             //添加到关卡精灵对象上
36          }else{
37                std::string starPath = StringUtils::format("rank_%d.png",myValue);
                                                             //星星路径
38                Sprite* starSp = Sprite::create(pic_PATH+starPath); //创建星星对象
39                starSp->setPosition(Point(clbgSpSize.width/2,clbgSpSize.height/4));
                                                             //设置位置
40                clbgSp[i]->addChild(starSp,1);             //添加到关卡景对象上
41          }
42          addSpriteListener(clbgSp[i]);                    //为关卡精灵添加监听
43    }}
```

- 第 1～14 行为初始化布景的 init 方法。在该方法中，首先调用其父类的 init 初始化方法，以防止重复初始化布景，然后获取纹理缓冲，方便该布景中创建精灵对象使用，接着创建音乐管理者对象和用户数据管理者对象，最后创建游戏相关类管理者对象，并调用 enterSceneAnimat 方法拉开帷幕。
- 第 15～27 行功能为首先使用 for 循环来创建关卡精灵对象。在 for 循环中，首先指定精灵对象的路径，并创建精灵对象，然后根据创建精灵对象的个数来设置其位置，并设置其比例大小，最后将其添加到布景中，并让其执行放大动作。
- 第 28～43 行功能为首先获取关卡精灵的尺寸和获取关卡获得的星星数，若星星数为-1，则表示该关卡未解锁，此时创建锁精灵对象，并设置其位置，将其添加到关卡精灵对象上，若已解锁，则设置星星精灵资源位置，并创建星星，将其添加到关卡精灵对象上，最后为该精灵对象添加监听，使其可以被单击。

（3）开发完初始化布景的 init 方法和初始化布景中关卡精灵对象的 initLevel 方法后，接下来就应该开发触摸屏幕开始、移动、抬起和终止时被回调的相关方法了。其详细代码如下。

代码位置：见本书随书源代码/第 4 章/CEatB/app/src/main/jni/CEatB 目录下的 ChooseLevelLayer.cpp。

```
bool ChooseLevelLayer::myOnTouchBegan(Touch *touch, Event *event){
      Sprite* targetSp = static_cast<Sprite*>(     //获取当前触摸对象，并转化为精灵类型
                                      event->getCurrentTarget());
      Point locationSp = targetSp
            ->convertToNodeSpace(touch->getLocation());//获取当前坐标
      Size sizeSp = targetSp->getContentSize();          //获取精灵的大小
      Rect rectSp = Rect(0,0,sizeSp.width, sizeSp.height);//创建一个矩形对象，其大小与精灵相同
      if(rectSp.containsPoint(locationSp)){              //判断点是否在矩形范围内
            for(int i=0;i<LEVELCOUNT;i++){
                  if(clbgSp[i] == targetSp){             //判断是否单击到关卡精灵对象
                        if(udm->getUserData(             //判断关卡是否解锁
                              Constant::level_PASS[Constant::house_INDEX][i])!=-1){
                              touchStartNum = i;         //记录被单击关卡号
                              Constant::level_INDEX = i;   //记录被单击关卡号
                              clbgSp[i]->runAction(ScaleTo::create(0.2,1.5));
                                                         //精灵对象执行动作
                              return true;
                        }else{
                              mm->playMusicEffect(7);  //播放声音
                              //……此处省略了精灵对象执行动作的相关代码
                              return false;
                        }}}}
```

```
27          return false;
28    }
29    void ChooseLevelLayer::myOnTouchMoved(Touch *touch, Event *event){}
                                                    //触摸移动时被回调的方法
30    void ChooseLevelLayer::myOnTouchEnded(Touch *touch, Event *event){
31          Sprite* targetSp = static_cast<Sprite*>(      //获取当前触摸对象，并转化为精灵类型
32                                       event->getCurrentTarget());
33          Point locationSp = targetSp
34               ->convertToNodeSpace(touch->getLocation());//获取当前坐标
35          Size sizeSp = targetSp->getContentSize();      //获取精灵的大小
36          Rect rectSp = Rect(0,0,sizeSp.width, sizeSp.height);
                                                    //创建一个矩形对象，其大小与精灵相同
37          if(rectSp.containsPoint(locationSp)){         //判断触摸点是否在矩形内
38               for(int i=0;i<LEVELCOUNT;i++){
39                    if(clbgSp[i] == targetSp){          //判断是否单击到关卡精灵对象
40                         if(touchStartNum == i){        //判断单击到的精灵对象是否和开始一样
41                              std::string key = Constant::level_PASS[
42                                   Constant::house_INDEX][touchStartNum];
43                              int flag = udm->getUserData(key);//获取关卡获得星星数
44                              if(flag != -1){                 //若关卡已被解锁
45                                   mm->playMusicEffect(6);    //播放声音
46                                 gr->closeCurtains(1);        //关闭帷幕
47                              }}}}}
48          clbgSp[touchStartNum]->runAction(ScaleTo::create(0.2,1));//执行动作
49          touchStartNum = -1;                           //重置开始单击的关卡编号
50    }
51    void ChooseLevelLayer::myOnTouchCancelled(Touch *touch, Event *event){
52          myOnTouchEnded(touch, event);                 //调用触摸结束的方法
53    }
```

- 第 1～28 行为触摸开始时被回调的 myOnTouchBegan 方法。在该方法中，首先获得当前触摸的对象，并转化为精灵类型，然后获取触摸点和精灵尺寸，接着判断触摸点是否在精灵范围内，若在则继续判断具体触摸的关卡精灵对象，记录被单击的关卡号。
- 第 29～52 行为触摸移动、结束和终止时被回调的方法。在该布景中，触摸移动的方法并不需要实现，重点在于触摸结束时被回调的方法，在该方法中主要判断触摸抬起时的精灵对象和触摸开始时是否一致，若一致则继续判断是否被解锁，若被解锁，则可进入到游戏场景，若未解锁，则关卡精灵执行相关动作，提示玩家未解锁。

4.6.7 游戏布景类——Box2DLayer

上一小节介绍了游戏中的选关布景类的开发，在选关布景类中，玩家可以通过单击关卡，进入对应游戏关卡中。在本小节中，主要向读者介绍选择单击关卡后进入到的游戏布景类的开发，下面将分步介绍 Box2DLayer 类的开发过程。

（1）首先需要开发的是 Box2DLayer 类的框架。该框架中声明了一系列将要使用的成员变量和成员方法，这些变量和方法在该布景中均有很重要的作用，其详细代码如下。

代码位置：见本书随书源代码/第 4 章/CEatB/app/src/main/jni/CEatB 目录下的 Box2DLayer.h。

```
#ifndef __Box2DLayer_H__
#define __Box2DLayer_H__
//……此处省略了对分别头文件的引用，需要的读者请查看源代码
using namespace cocos2d;
class Box2DLayer : public Layer{
public:
     b2World* world;                              //声明指向物理世界的指针
     PhyObject* candyPhy;                         //声明指向饼干物理对象的指针
     std::map<std::string,PhyObject*> pom;        //存放物体类 PhyObject 的 map
     TextureCache* textureCache;                  //声明指向纹理缓冲对象的指针
     Sprite* holderSp[2] ;                        //声明舞台精灵对象
     Sprite* playerEYSp;                          //声明鳄鱼精灵对象
     Sprite* spriteFrame[2];                      //声明换帧精灵对象
     bool eyOM = false;                           //声明鳄鱼张嘴闭嘴的标志位
```

```
15        VRope* vrope;                                        //声明指向绳子对象的指针
16        MotionStreak* myStreak;                              //声明指向拖尾对象的指针
17        Box2DSceneManager* b2dsm;                            //声明指向场景管理者对象的指针
18        UserDataManager* udm;                                //声明指向用户数据管理者对象的指针
19        MusicManager* mm;                                    //声明指向声音管理器对象的指针
20        PauseManager* pm;                                    //声明指向暂停管理者的指针
21        GameOverManager* gm;                                 //声明指向游戏介绍管理者的指针
22        AnimFrameManager* afh;                               //声明指向换帧精灵管理者的指针
23        GameRelevant* gr;                                    //声明指向游戏相关类对象的指针
24        //……此处省略了声明一系列指向道具对象的指针，需要的读者请查看源代码
25        int getSpriteNum = 0;                                //声明是否触摸到精灵的标志位
26        Sprite* touchSprite;                                 //声明触摸的精灵对象
27        MouseJoint* mj;                                      //声明指向鼠标关节的指针
28        int touchID;                                         //声明记录触摸 ID
29        Sprite* stars3D[3];                                  //声明星星精灵对象
30        bool delStarFlag;                                    //声明删除星星的标志位
31        std::vector<Point> starPVT;                          //声明储存星星位置向量
32        std::vector<int> delstarPVT;                         //声明储存待删除星星编号的向量
33        std::vector<int> exstarPVT;                          //声明储存星星编号的向量
34        float LEVEL_DATA[200];                               //声明储存关卡数据的数组
35        MenuItemImage* pausemenuItem;                        //声明指向暂停菜单项的指针
36        std::vector<MenuItemImage*> menuPVT;                 //声明储存菜单项向量
37        float lastDis = 0;                                   //声明记录饼干和鳄鱼记录的距离
38    public:
39        virtual bool init();                                 //初始化布景的方法
40        int callIndex(int row);                              //获取道具数据行列号的方法
41        void initLevel();                                    //初始化关卡的方法
42    //……此处省略了初始化物理世界和道具的相关代码
43        void goOtherScene(int index);                        //切换到其他场景的方法
44        void RecoveryEY();                                   //鳄鱼恢复到原始姿态的方法
45    //……此处省略了该布景中的所有定时回调的方法，需要的读者请查看源代码
46        void addSpriteListener(Sprite* sp);                  //为精灵对象添加监听
47        void step();                                         //物理世界模拟
48        void regameCallback();                               //重玩回调方法
49        void menuCallback();                                 //单击菜单项的回调的方法
50        bool myOnTouchBegan(Touch *touch, Event *event);     //触控开始事件的处理方法
51        void myOnTouchMoved(Touch *touch, Event *event);     //触控移动事件的处理方法
52        void myOnTouchEnded(Touch *touch, Event *event);     //触控结束事件的处理方法
53        void myOnTouchCancelled(Touch *touch, Event *event); //触控终止事件的处理方法
54        void deleteAllRope();                                //删除所有绳子
55        void sawtoothBodyFollowSpUpdate(float delta); //工具刚体跟随精灵变换姿态的方法
56        void sawtoothCallback(bool isGreenFlag,bool canbeRotate);
                                                   //单击锯齿，使锯齿转动的方法
57        void playEyAnimation();                              //播放鳄鱼表情的方法
58        void goGameEnd(bool gameflag);                       //游戏结束的方法
59        CREATE_FUNC(Box2DLayer);
60        float ropeLength = 1.0;                              //绳子长短系数
61    };
62    #endif
```

- 第 1～23 行功能为首先声明该类的头文件，防止头文件重复导入，然后声明该布景中的成员方法。其中主要声明有指向各类管理者对象的指针、相关指向精灵对象的指针以及指向物理世界相关对象的指针。
- 第 24～37 行功能为声明该布景类中的一系列成员变量，其中包括声明是否触摸到精灵的标志位、声明指向精灵对象的指针、声明储存星星位置向量等。其中声明指向鼠标关节的指针是为了配合拖拉棒道具使用，声明记录触摸 ID 是为了防止多点触摸。
- 第 38～49 行功能为声明该布景类中的一系列成员方法，其中初始化布景的 init 方法为重写父类的方法，该方法意义重大，主要用于完成布景中各个控件的创建以及初始化工作。其成员方法还包括物理世界模拟时被调用的 step 方法和相关菜单项单击被回调的方法等。
- 第 50～62 行功能为声明该布景类中的一系列成员方法。首先声明的是触控开始事件的处理方法、触控移动事件的处理方法、触控结束事件的处理方法和触控终止事件的处理方法，然后声明删除所有绳子的方法和锯齿刚体跟随精灵变换姿态的相关方法，最后声明

播放鳄鱼表情的方法和游戏结束的方法。

（2）开发完类框架声明后还要真正实现 Box2DLayer 类中的方法，需要开发的是初始化布景 init 的方法和初始化布景中道具的相关方法。init 方法作为进入场景对应布景后首先被调用的方法，意义重大，用来完成布景中各个控件的创建以及初始化工作，其详细代码如下。

代码位置：见本书随书源代码/第 4 章/CEatB/app/src/main/jni/CEatB 目录下的 Box2DLayer.cpp。

```
1   //……此处省略了对头文件的引用，需要的读者请查看源代码
2   //实现 Box2DLayer 类中的 init 方法，初始化布景
3   bool Box2DLayer::init(){
4       if (!Layer::init()){                          //调用父类的初始化
5           return false;
6       }
7       textureCache =                                 //获取纹理缓冲
8         Director::getInstance()->getTextureCache();
9       //……此处省略了创建相关精灵对象的代码，需要的读者请查看源代码
10      //……此处省略了创建相关管理者对象的相关代码
11      //……此处省略了初始化布景中相关变量的相关代码
12      //……此处省略了初始化布景类中具体的对象的相关代码
13      //……此处省略了添加屏幕监听的相关代码
14      //……此处省略了开启该布景类中的定时回调方法的相关代码
15      return true;
16  }
17  int Box2DLayer::callIndex(int row){
18       int resultIndex = 0;                                  //声明储存结果的变量
19       int array[14] = {2,2,5,3,2,2,7,7,3,3,2,7,4,5};       //每行每组的个数
20       for(int i = 1;i<row;i++){
21           resultIndex = resultIndex                         //计算道具数据开始的下标
1                + LEVEL_DATA[resultIndex]*array[i-1]+1;
22       }
23       return resultIndex;                                   //返回下标
24  }
25  void Box2DLayer::initBullon(){
26       airBullon = new AirBullon(this);                      //创建气球对象
27       int index = callIndex(4);                             //获取数组对应下标
28       const int abullonSum = LEVEL_DATA[index];             //记录道具个数
29       for(int i =0 ;i<abullonSum;i++){
30       float* data = new float[3]{LEVEL_DATA[i*3+index+1]        //生成道具数据数组
31         ,LEVEL_DATA[i*3+index+2],LEVEL_DATA[i*3+index+3]};
32       airBullon->initBullon(data);                              //初始化具体道具
33       }}
```

- 第 1～16 行为该类的初始化布景的 init 方法。首先调用父类的 init 方法，以防止布景重复初始化，然后获取纹理缓冲，方便布景中精灵的创建，最后创建布景中相关精灵对象、管理者类对象和初始化相关变量等。由于其代码非常简单，请读者自己查阅代码进行学习。
- 第 17～33 行中包括了获取道具第一个数据在数组中下标的 callIndex 方法和初始化气球的 initBullon 方法。在 callIndex 方法中，通过指定的道具编号来获取道具数据的下标，并将其返回。在 initBullon 方法中，则将数据整理为一个新的数组，并调用其初始化方法。

> **提示** 在该布景类中还包含了很多道具的初始化方法，其套路大致一致。从关卡数组中获取道具的相关数据，然后将这些数据整合到一个数组中，最后将该数据传入其自身的初始化方法中，这样就完成了道具的初始化工作。

（3）开发完初始化布景的 init 方法和道具的初始化后，接下来就应该开发触摸屏幕开始、移动、抬起和终止时被回调相关方法，而其触摸屏幕开始和被回调的方法的代码非常简单，因此请读者自主学习。下面直接介绍触摸移动时被回调的方法，即判断是否有绳子被割断，其代码如下。

代码位置：见本书随书源代码/第 4 章/CEatB/app/src/main/jni/CEatB 目录下的 Box2DLayer.cpp。

```
void Box2DLayer::myOnTouchMoved(Touch *touch, Event *event){//触控移动事件的处理方法
    Point location = touch->getLocation();                  //获取触控点的位置
```

```
3         if(getSpriteNum == 0){
4             Point pt0 = touch->getPreviousLocation();      //获取触控点的位置
5             myStreak->setPosition(location);               //设置拖尾对象的位置
6             pt0.x = pt0.x - SCREENWIDTH / 2;               //物理世界对应横坐标
7             pt0.y = pt0.y - SCREENHEIGHT / 2;              //物理世界对应纵坐标
8             location.x = location.x - SCREENWIDTH/2;       //物理世界对应横坐标
9             location.y = location.y - SCREENHEIGHT / 2;    //物理世界对应纵坐标
10            //遍历绳子的每一个 stick，判断是否触摸到，然后删除整条绳子
11            std::map<std::string,VRope*>::iterator iter_ropes;           //声明迭代器
12            for (iter_ropes = vrope->ropes.begin();                       //遍历绳索
13                 iter_ropes != vrope->ropes.end();iter_ropes++){
14               VRope* newRope=iter_ropes->second;        //获取绳索指针
15               std::vector<VStick*> vSticks = newRope->vSticks;
                                            //获取储存绳索中的 vSticks 的向量
16               std::vector<VStick*>::iterator iter_vSticks;       //声明迭代器
17               for(iter_vSticks = vSticks.begin(); //遍历储存 vSticks 的 vector
18                   iter_vSticks != vSticks.end(); iter_vSticks++){
19                   VPoint* vpt0 = (*iter_vSticks)->getPointA();
                                            //获取 vstick 中的第一个点
20                   VPoint* vpt1 = (*iter_vSticks)->getPointB();
                                            //获取 vstick 中的第二个点
21                   if(vrope->checkLineIntersection(vpt0->x, vpt0->y, vpt1->x
22                   , vpt1->y, pt0.x, pt0.y, location.x, location.y)){
                                            //判断是否有相交
23                   mm->playMusicEffect(0);
                                            //播放切绳子声音
24                   Point candyPosition = candyPhy->dSp->getPosition();
                                            //获取饼干位置
25                   float px = candyPosition.x - SCREENWIDTH/2;
                                            //物理世界对应横坐标
26                   float py = candyPosition.y - SCREENHEIGHT/2;//物理世界对应纵坐标
27                   float vpx = vpt0->x+fabs(vpt1->x-vpt0->x)/2;//计算横坐标中间点
28                   float vpy = vpt0->y+fabs(vpt1->y-vpt0->y)/2;//计算纵坐标中间点
29                   vrope->createRopeWithAfterCut(          //绳子断两节的方法
30                       newRope->bodyA,Point(vpx,vpy),Point(px,py));
31                   if(newRope->nail != NULL              //判断绳子上是否有蜘蛛
32                    && newRope->nail->spider != NULL ){
33                       newRope->nail->spider->ssp->stopAllActions();
                                                          //停止蜘蛛动作
34                       //……此处省略了蜘蛛执行动作的相关代码
35                       newRope->nail->haveRope = false;   //钉子无绳子
36                       newRope->nail = NULL;              //设置绳子未连接钉子
37                   }
38                   vrope->delropes.push_back(newRope);      //添加到待删除列表
39                   vrope->ropes.erase(iter_ropes);          //移除绳子
40                   return;
41               }}}
42        }else if(getSpriteNum == 1){            //如果触摸到拖拉棒
43            b2Vec2 locationWorld = b2Vec2( //将像素坐标转换为物理世界坐标
44                (location.x-SCREENWIDTH/2)/pixToMeter
45                ,(location.y-SCREENHEIGHT/2)/pixToMeter);
46            if(mj != NULL){                                   //判断是否存在鼠标关节
47                mj->mJoint->SetTarget(locationWorld);         //设置鼠标关节拖拉的目标地
48            }}}
```

- 第 1～9 行功能为首先获取触摸的点，然后判断触摸状态，若为 0，则首先获取触控点的位置，然后设置拖尾对象的位置，接着将获取的位置转换为物理世界对应的位置。
- 第 10～20 行功能为遍历储存绳子的列表。由于绳子是有很多个 vSticks 对象组成，因此在 for 循环中，首先获取绳子对象，并获取绳子对象对应的储存绳索中的 vSticks 的向量，然后遍历该向量，获取每个 vSticks 对象两头的位置。
- 第 21～41 行功能为通过绳子对象调用 checkLineIntersection 方法，判断触摸移动和绳子是否有相交点，若有相交点，则调用 createRopeWithAfterCut 方法产生两条新的绳子，使玩家有绳子被切断的感觉。
- 第 42～48 行功能为判断是否触摸到拖拉棒，若触摸到，则首先将触摸点的像素坐标转换

为物理世界坐标，然后判断当前是否存在鼠标关节，以便拖拉拖拉棒，若有则设置鼠标关节将拖拉棒拖拉到的位置。

（4）开发完触摸屏幕开始、移动、抬起和终止时被回调的相关方法后，接下来就应该开发检测是否碰撞到星星的 collisionTestUpdate 方法了，其具体代码如下。

代码位置：见本书随书源代码/第 4 章/CEatB/app/src/main/jni/CEatB 目录下的 Box2DLayer.cpp。

```
1   void Box2DLayer::collisionTestUpdate(float delta){
2       Point candyPosition = candyPhy->dSp->getPosition();          //获取饼干位置
3       float candyRadio = ((CirclePhyObject*)candyPhy)->radio;
4       std::vector<Point>::iterator iterator;
5       std::vector<int>::iterator intIterator = exstarPVT.begin();//声明迭代器并初始化
6       for(iterator =starPVT.begin();iterator!=starPVT.end();){//遍历储存星星位置的向量
7           bool b = CollisionTest::isCollision(                  //判断是否碰撞
8               candyPosition.x,candyPosition.y,2*candyRadio,2*candyRadio,
9               (*iterator).x,(*iterator).y,50,50
10          );
11          if(b == true){                                         //判断是否碰撞成功
12              delstarPVT.push_back((*intIterator));
13              intIterator = exstarPVT.erase(intIterator);
14              iterator = starPVT.erase(iterator);
15              continue;
16          }
17          iterator ++;                                           //迭代器加 1
18          intIterator ++;                                        //迭代器加 1
19      }
20      std::vector<int>::iterator delIterator;                    //声明迭代器
21      for(delIterator =delstarPVT.begin();delIterator!=delstarPVT.end();){//遍历
22          mm->playMusicEffect(6-gm->currStars);             //播放切绳子声音
23          Point starPosition = stars3D[(*delIterator)]->getPosition();//获取星星位置
24          Point position = Point(0,960);
25          float dx = starPosition.x - position.x;           //获取星星横坐标
26          float dy = starPosition.y - position.y;           //获取星星纵坐标
27          float dis = sqrt(dx*dx + dy*dy);                  //计算两点距离
28          float scale = dis / 476.0f;                       //计算缩放比例
29          float direction=(float)atan2(dy,dx);              //求出发射角度的弧度值
30          float angle = (-direction/PI*180)+180;            //计算角度
31          Point p = Point(position.x + fabs(dx)/2           //计算目标点
32          ,position.y - fabs(dy)/2);
33          afh->palyAnimationWithPoint(                      //播放换帧动画
34              this,p,scale,angle,afh->anmiAc[4],1);
35          delStarFlag = true;                               //删除星星标志位
36          this->removeChild(stars3D[(*delIterator)],true);      //删除星星精灵对象
37          delIterator = delstarPVT.erase(delIterator);          //移除
38          gm->currStars = gm->currStars -1;                 //当前剩下的星星数减 1
39          gm->gotStarCount++;                                   //更新获得的星星数
40          std::string path = StringUtils::format("rank_%d.png",gm->gotStarCount);
41          ((Sprite*)(this->getChildByTag(                   //设置精灵对象纹理
42                  _GOTSTARSPTAG)))->setTexture(pic_PATH+path);
43      }
44      delStarFlag = false;                                  //设置删除精灵对象
45      abubble->update(delta);                               //气泡碰撞检测
46  }
```

- 第 1～19 行功能为首先获取饼干位置和半径，然后遍历储存星星位置的向量。在 for 循环中，首先调用 CollisionTest 类的静态方法——isCollision 方法，判断饼干是否和星星碰撞，通过其返回值判断是否碰撞，若返回 true，则表示有碰撞，将碰到的星星加入到储存待删除星星的向量中，再将其移除本向量。
- 第 20～34 行功能为首先声明储存待删除星星编号的向量的迭代器，然后遍历该向量，计算星星位置，计算将要飞向的目标位置，通过这两个位置计算与横坐标的夹角，最后用指向换帧动作管理者的指针调用 palyAnimationWithPoint 方法，播放相关动画。
- 第 35～45 行功能为首先设置删除星星精灵对象的标志位为 true，并将星星精灵对象从布景中删除，接着将星星精灵对象从向量中移除，然后将当前剩下的星星数减 1，并设置

显示获得星星数量的精灵对象纹理，最后通过指向气泡精灵对象的指针调用其 update 方法，判断饼干是否与气泡相碰撞。

> **提示**　以上为该类中比较重要的方法。由于篇幅原因，还有部分方法未向读者介绍，这些方法非常简单，大多是定时回调，在方法中调用其道具对象本身的更新方法，来使道具正常运行。因此请读者查看源代码，进行自主学习即可。

4.7　引擎引用入口类——AppDelegate

游戏中第一个界面是在什么地方创建的呢？初学 Cocos2d-x 的读者都会有这样的疑问，AppDelegate 类就对这个问题进行了解答，下面就给出 AppDelegate 类的开发代码。

（1）首先需要开发的是 AppDelegate 类的框架，该框架中声明了一系列将要被实现的成员方法，这些方法均为程序运行时首先被调用的方法，其详细代码如下。

代码位置：见本书随书源代码/第 4 章/CEatB/app/src/main/jni/CEatB 目录下的 AppDelegate.h。

```
#ifndef _AppDelegate_H_                                   //如果没有定义此头文件，定义头文件
#define _AppDelegate_H_                                   //定义此头文件
#include "cocos2d.h"                                      //导入 cocos2d 头文件
class  AppDelegate : private cocos2d::Application {
public:                                                   //声明为公有的方法
      AppDelegate();                                      //构造函数
      virtual ~AppDelegate();                             //析构函数
      virtual bool applicationDidFinishLaunching();       //初始化方法
      virtual void applicationDidEnterBackground();       //当程序进入后台时调用此方法
      virtual void applicationWillEnterForeground();      //当程序进入前台时调用此方法
};
#endif                                                    //头文件定义结束
```

> **说明**　从代码中可以看出 AppDelegate 类继承自 cocos2d:: Application 类，因此在该类布景声明了自己独有的方法，还重写了其父类的方法，读者查看代码注释即可了解每个方法的具体作用。

（2）完成了头文件的开发后，下面给出头文件中方法的具体实现，在代码的实现中读者可以了解界面的创建过程，其详细代码如下。

代码位置：见本书随书源代码/第 4 章/CEatB/app/src/main/jni/CEatB 目录下的 AppDelegate.cpp。

```
……//此处省略了对部分头文件的引用，需要的读者请查看源代码
USING_NS_CC;                                              //引用 cocos2d 命名空间
AppDelegate::AppDelegate(){}                              //构造函数
AppDelegate::~AppDelegate() {}                            //虚构函数
bool AppDelegate::applicationDidFinishLaunching(){        //初始化方法
    auto director = Director::getInstance();              //获取导演
    auto glview = director->getOpenGLView();              //获取绘制用 GLView
    if(!glview){                                          //若不存在 GLView 则重新创建
          glview = GLView::create("Test Cpp");
    }
    director->setOpenGLView(glview);                      //设置绘制用 GLView
    //设置目标分辨率，其他分辨率的屏幕将自动上下或左右留白进行多分辨率自适应
    glview->setDesignResolutionSize(960,540, ResolutionPolicy::SHOW_ALL);
    Box2DSceneManager* b2dsm =                            //创建管理器对象
                         new Box2DSceneManager();
    b2dsm ->createScene();                                //调用 createScene 方法创建主场景
    director->runWithScene(b2dsm -> loadScene);           //切换到主场景
    return true;
}
void AppDelegate::applicationDidEnterBackground(){        //当程序进入后台时调用的方法
    Director::getInstance()->stopAnimation();             //停止动画
```

```
22 }
23 void AppDelegate::applicationWillEnterForeground(){      //当程序进入前台时调用的方法
24      Director::getInstance()->startAnimation();          //开始动画
25 }
```

- ❑ 第 3～4 行功能为实现 AppDelegate 类的构造函数及虚构函数，但是其中没有任何代码。
- ❑ 第 5～19 行为初始化方法，其中首先获取导演实例，并获取绘制用 GLView，若不存在则重新创建。然后设置绘制用 GLView，并设置目标屏幕分辨率，使该程序多分辨率自适应。接着创建一个场景管理器对象，最后调用其 createScene 方法创建主场景，并切换到主场景。
- ❑ 第 20～22 行为当程序进入后台时调用的方法。其功能为通过获取导演实例来停止动画。
- ❑ 第 23～25 行功能为当程序进入前台时调用的方法。其功能为通过获取导演实例来开始动画，该方法也是程序开始运行时执行的第一个方法。

4.8 游戏的优化及改进

到此为止，休闲益智类游戏——鳄鱼吃饼干，已经基本开发完成，也实现了最初设计的功能。但是通过开发后的试玩测试发现，游戏中仍然存在一些需要优化和改进的地方，下面列举笔者想到的一些方面。

❑ 优化游戏界面

没有哪一款游戏的界面不可以更加完美和绚丽，所以对本游戏的界面，读者可以根据自己的想法自行进行改进，使其更加完美。如在游戏排行榜布景中可以添加一些点缀，使画面更加精美。

❑ 修复游戏 bug

现在很多的手机游戏在公测之后也有很多的 bug，需要玩家不断发现从而改进游戏。笔者已经将目前发现的所有 bug 已经修复完全，但是还有很多 bug 需要玩家发现，这对于游戏的可玩性有极其重要的帮助。

❑ 完善游戏玩法

本游戏从玩法上来看，相当不错。但是与目前市面上的休闲益智类游戏进行比较，本游戏主要缺点在于关卡数量较少，关卡设计不够严密。关卡中的道具摆放也相当重要，关卡的设计，布局的设计都可以让本款游戏升级。

❑ 增强游戏体验

为了使用户体验更好，饼干碰到尖刺、粉碎特效的细节等一系列参数读者可以自行调整，合适的参数会极大地增加游戏的可玩性。读者还可在切换场景时添加更加炫丽的效果，使玩家对本款游戏印象更加深刻，更加有想玩的欲望。

4.9 本章小结

学习了本章的知识后，相信读者不仅学会了该游戏的开发，还可以学会编写程序的一些技巧。随着代码量的累积，读者应该对编写相关类型的游戏有了大概的心得体会，在具体写代码时也比以前更为熟练，使写代码成为生活、工作中的乐趣，这也就是笔者想要达到的效果。

第5章　3D 休闲游戏——方块历险记

随着移动互联网的飞速发展，软件越来越丰富，休闲类游戏也日渐流行。休闲类游戏是指玩家在休息和闲暇时间玩耍的游戏。该类游戏要求具有较高的娱乐性，简单的操作，让用户可以利用碎片化的时间进行游戏。

本章将通过讲解“方块历险记”游戏在 Android 平台上的设计与实现，让读者对 Coscos2d-x 休闲类游戏的开发步骤有一个深入的了解，掌握本游戏的开发技巧，从而对游戏开发有进一步的理解和体会。

5.1 游戏背景及功能概述

开发“方块历险记”游戏之前，首先需要了解该游戏的背景和功能，下面主要围绕该游戏的背景以及功能进行简单的介绍。通过简单的介绍，相信读者会对游戏有一个整体的了解，从而为游戏开发做好准备。

5.1.1 游戏开发背景概述

近些年来随着生活节奏的加快，越来越多的人倾向于玩一些手机上的休闲游戏来打发无聊的时间，比如目前比较热门的休闲类游戏如“开心消消乐”，因为其画面精美，游戏操作简单，适合各个年龄段的用户玩耍，如图 5-1、图 5-2 和图 5-3 所示。

▲图 5-1　开心消消乐游戏截图 1

▲图 5-2　开心消消乐游戏截图 2

▲图 5-3　开心消消乐游戏截图 3

本章介绍了一款使用 Cocos2d-x 进行图像渲染的 Android 平台的休闲类小游戏，与“开心消消乐”不同的是，本游戏利用了 Cocos2d-x 中的 3D 粒子系统特效，极大地丰富了视觉效果，增强了用户体验，玩法很简单，但很具有可玩性。

5.1.2 游戏功能简介

“方块历险记”游戏主要包括闪屏场景、主菜单场景和游戏场景。为了让读者对本游戏有一个初步的了解，也为下面的具体介绍做好铺垫，接下来就对该游戏的部分场景及运行效果进行简单介绍。

（1）在手机上单击该游戏的图标，运行游戏，首先进入的是游戏的闪屏场景，效果如图 5-4 所示。闪屏场景之后进入了主菜单场景，该场景中分别显示了“关于”按钮、“音乐开关”按钮、“退出”按钮和“单击开始”按钮。其中主菜单场景和单击关于按钮，如图 5-5、图 5-6 所示。

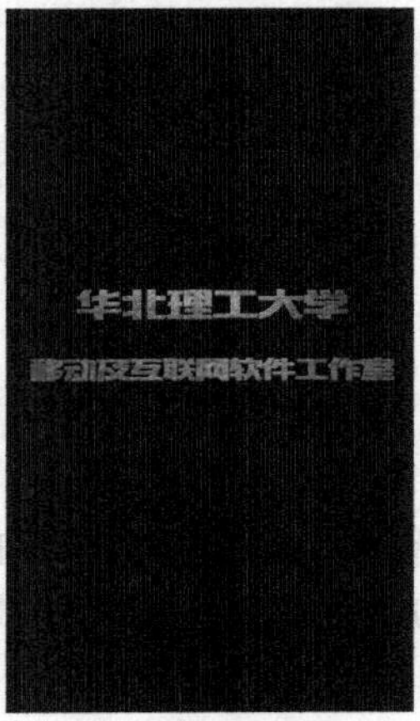

▲图 5-4　闪屏场景

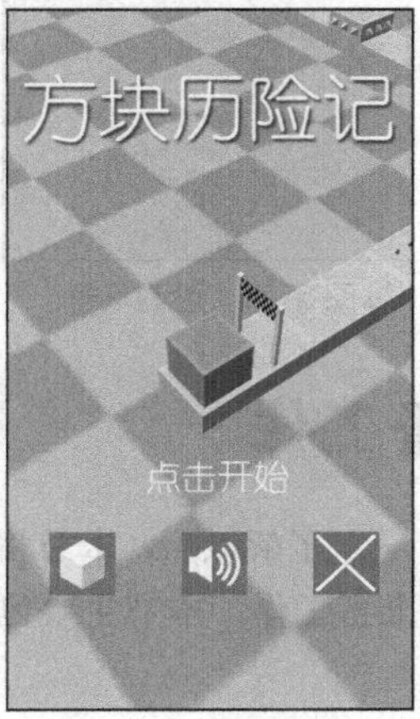

▲图 5-5　主菜单场景

▲图 5-6　单击关于按钮

（2）在主菜单界面单击“音乐开关”按钮，可打开或关闭背景音乐和音效，如图 5-7 所示。单击“单击开始”按钮之后，主菜单消失，正式进入游戏，通过手指单击屏幕来翻转方块躲避障碍物，到达终点，取得胜利，单击开始后如图 5-8 所示，游戏场景如图 5-9 所示。

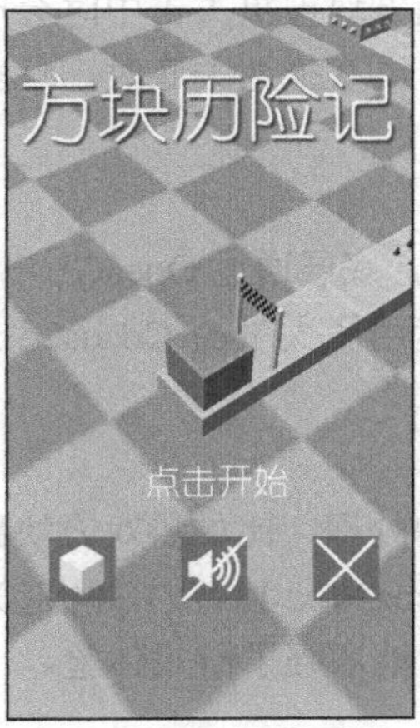

▲图 5-7　游戏关闭音效

▲图 5-8　单击开始按钮后

▲图 5-9　游戏开始场景

（3）当玩家到达第一关的传送门时，即可通过第一关，如图 5-10 所示。到达第二关后，当玩家移动到最后一个方块，即可取得游戏的胜利，如图 5-11 所示。在游戏的运行过程中如果玩家被机关击中，会弹出“重新游戏”按钮，单击可从当前关重新开始游戏，如图 5-12 所示。

▲图 5-10 过关场景

▲图 5-11 胜利场景

▲图 5-12 游戏死亡场景

5.2 游戏的策划及准备工作

在对本游戏的背景和基本功能有了一定了解以后，本节将着重讲解游戏开发的前期准备工作。一个好的游戏需要有合理的策划和充分的准备工作，本节主要包含游戏的策划和游戏中资源的准备。

5.2.1 游戏的策划

本游戏的策划主要包含：游戏类型定位、呈现技术以及目标平台的确定等工作。这里主要介绍了游戏类型、运行的目标平台、采用的呈现技术、操作方式、音效设计等，下面将依次介绍这些内容。

❑ 游戏类型

该游戏的操作为触屏，通过单击屏幕来移动方块、躲避机关，当方块被机关击中时会产生不同的失败效果，当移动到关底时可以经过一段切关动画进入下一关，再次抵达关底时，玩家获得胜利。本游戏操作简单，考验玩家的反应能力，属于休闲类游戏。

❑ 运行的目标平台

游戏目标平台为 Android 2.2 及以上版本，由于本游戏是 3D 游戏，底层通过 OpenGL ES 进行渲染，所以手机必须支持 OpenGL ES2.0 及以上版本。而且游戏中运用了大量的 Cocos2d-x 中的 3D 特效，所以性能不好的手机可能会出现卡顿的现象。

❑ 采用的呈现技术

游戏完全采用 Cocos2d-x 引擎进行游戏场景的搭建和游戏特效的处理，比如游戏方块翻转产生的模拟烟雾、开始和抵达终点的 3D 粒子效果等。这些特效是 Cocos2d-x 独有的，用起来简单方便，但呈现的效果十分强大，有游戏绚丽的画面且方便操作，极大地增强了游戏体验。

❑ 操作方式

本游戏的操作方式均为触屏操作，包括开启/关闭音效、打开/关闭关于信息、重新游戏，以及最重要的进行游戏。玩家通过手指单击屏幕，使方块向前翻动，躲避机关，达到终点，获取胜利。

❑ 音效设计

为了增加游戏的吸引力以及提升玩家的游戏体验，本游戏中加入了背景音乐和方块翻动的单击音乐。单击音乐为敲击瓷器的声音，这两种声音区分度很大，能给予用户绝妙的游戏体验。

5.2.2 游戏的开发准备工作

了解了游戏的策划之后，本节将介绍一些开发前的准备工作，其中包括搜集和制作图片、声音、字体、3D 粒子系统的 pu 文件，纹理图，material 文件等，其详细的开发步骤将在下面进行详细讲解。

（1）首先为读者介绍的是本游戏中用到的图片资源，系统将所有图片资源文件都放在了项目文件下的 assets 下的 pic 和 obj 文件下，尽量将一种类型的文件放在一个统一的文件夹下便于管理，项目中的图片资源文件如表 5-1 所列。

表 5-1　　文件夹 assets/pic 中的图片资源

图　片　名	大小（KB）	像素（w×h）	用　　途
about.png	9	88×88	关于按钮图片
cft.png	2	64×64	地面长方体纹理图
cftshadow.png	2	64×64	长方体阴影纹理图
dianjistart.png	5	200×100	单击开始按钮图片
dici.png	3	128×128	地刺机关纹理图
exitbtn.png	1	88×88	退出按钮图片
floor.png	3	384×384	蓝白地面纹理图
guanyu.png	149	498×230	关于菜单图片
jiazi.png	2	64×64	夹子机关纹理图
musicbtn.png	10	88×88	打开音乐按钮图片
musicclosebtn.png	10	88×88	关闭音乐按钮图片
qieping.png	75	540×960	切屏图片
resume.png	6	259×175	重新开始图片
sl.png	5	454×340	取得胜利图片
steps.png	32	700×300	Logo 图片
tanshe.png	1	64×64	弹射机关纹理图
zft.png	2	64×64	方块纹理图

（2）接下来是游戏中用到的 obj 模型资源，其中包括了主角方块的模型、各种机关的模型、地板模型和地面方块的模型。这些模型的位置都是放置在坐标原点的，这样方便程序对其位置进行调整，项目中的模型资源文件如表 5-2 所列。

表 5-2　　文件夹 assets/obj 中的模型资源

模 型 名 称	大小（KB）	格　式	用　　途
cft.obj	1	obj	地面方块模型
diaoluo.obj	11	obj	掉落块机关模型
dici.obj	3	obj	地刺机关模型
floor.obj	2	obj	地面模型
jiazijia.obj	1	obj	夹子主要机关模型
jiazike.obj	1	obj	夹子装饰模型
qizi.obj	2	obj	旗子模型
tanshe.obj	1	obj	弹射机关模型
zft.obj	1	obj	主角正方体模型

（3）最后是游戏中用到的声音资源和其他类型的资源，声音资源包括游戏的背景音乐和单击音效，其他类型的资源包括 3D 粒子系统文件。音乐文件放在项目目录中的 assets/music 文件夹下，粒子系统文件放在 assets/Particle3D 文件夹下，如表 5-3 所列。

表 5-3　其他类资源

图 片 名	大小（KB）	格　式	用　途
bgm.mp3	517	mp3	背景音乐
dingdong.mp3	14	mp3	单击音效
end.pu	1	pu	终点粒子系统 pu 文件
tppu.pu	2	pu	起点粒子系统 pu 文件
end.material	1	material	终点粒子系统 material 文件
f06.material	1	material	起点粒子系统 material 文件
pump_star_05.png	107	png	粒子系统纹理图

5.3 游戏的架构

上一小节实现了游戏的策划和前期的准备工作，本节将对该游戏的架构进行简单介绍，包括布景类相关类、机关与方块相关类、常量及其他类。通过这节的学习，读者能对本游戏的开发有更深层次的认识。

5.3.1 各个类的简要介绍

为了让读者更好地理解游戏中的每个类的功能，从而能够对游戏的架构有一个整体的认识，下面将分别对各个类的作用进行简要介绍，每个类的具体代码将会在后面的章节中相继进行讲解。

1. 布景相关类

- 总场景管理类——ObjSceneManager

ObjSceneManager 类是游戏中主要的场景类。该类首先创建了游戏的场景，获取了可视区域的大小，将摄像机添加到场景中，创建了 3D 和 2D 的布景层，3D 布景层是游戏进行的世界，2D 布景层主要显示菜单界面。

- 3D 布景类——My3DLayer

My3DLayer 类是游戏的 3D 布景类，该类创建了游戏的 3D 世界。首先在该类中初始化关卡数据，创建了地板模型、机关模型、方块模型。其次是更新方法，在更新方法中定时更新机关的位置和判断是否碰到的标志位信息。最后是触控回调方法，游戏通过该方法控制方块的翻转移动，玩家需要控制主角方块不断地翻转移动来躲避机关，从而取得最后的胜利。

- 菜单布景类——My2DLayer

My2DLayer 类是游戏的菜单布景类，该类控制并显示游戏的菜单界面。该类先获取了屏幕的长宽，然后创建了游戏主菜单按钮的菜单项和游戏进行过程中会弹出显示的菜单项，将菜单项目加到菜单里，创建它们的回调方法。根据标志位判断当前 2D 界面要显示的界面。

游戏进行的过程中，当出现主角方块死亡、过关、胜利后，都会回调并显示 My2DLayer 类中的某一个菜单项，其中包括了重新游戏菜单、单击开始菜单和胜利菜单。

- 摄像机管理类——CameraChange

CameraChange 类是游戏中摄像机管理类，该类管理游戏中所有摄像机的使用。首先初始化摄像机的参数，在主角方块移动时，摄像机跟随其移动，在主角方块触发弹射机关或者接近掉落方块时，会产生摄像机振动的效果。

2. **机关与方块相关类**

- 方块管理类——ZFTManager

ZFTManager 类是游戏中的主角——方块的管理类。该类创建了方块的模型，初始化了方块的动作列表，加入了动作方法包括：向前走动作、向右走动作、向左走动作、弹射动作、过关动作和多种死亡动作。

- 掉落块机关管理类——DiaoLuoManager

DiaoLuoManager 类是游戏中掉落方块机关的管理类。该类创建了掉落块机关的模型，模拟阴影的长方体模型，初始化了该机关的更新动作，动作包括阴影随着机关的上升下降而缩小增大，根据标志位判断方块是否触碰机关。

- 地刺机关管理类——DiCiBox

DiCiBox 类是游戏中地刺机关的管理类。该类创建了地刺机关的模型，初始化了该机关的更新动作和动作方法，该方法通过判断标志位的状态，控制地刺模型的上升和下降。当地刺处于上升状态时，方块碰撞到地刺，游戏结束。

- 夹子机关管理类——JiaZiBox

JiaZiBox 类是游戏中夹子机关的管理类。该类创建了夹子机关的模型，初始化了机关的更新动作。这里要特别说明，由于夹子的方向和其所处的地面方向有直接关系，所以需要先判断每个夹子机关所处在地面的方向，再根据不同的方向，旋转夹子机关，改变其运动方向。

- 弹射机关管理类——TanShe

TanShe 类是游戏中弹射机关的管理类。该类创建了弹射机关的模型，当方块到达弹射机关位置时，方块进行一个旋转加移动的动作，并且振动屏幕，移动 5 格的距离。该类主要是给地面的方块加一个特殊纹理的薄长方体块。

- 移动机关管理类——YiDongBox

YiDongBox 类是游戏中移动机关的管理类。该类得到地面方块的位置，将地面的长方体块按 y 轴压缩，压缩成一个薄板，按照标志位左右移动，方块必须在其停到中间时方可通过，方块可以在上面停留。

- 烟雾管理类——YanWu

YanWu 类是游戏中方块移动产生的类似烟雾效果的管理类。该类在每次方块移动时被调用，从方块位置的 4 个角落向外发射出 8 个大小在一定范围内的随机小方块。该类首先创建 8 个要发射的小方块，初始化它们的动作，得到要发射的地面方块的位置，在指定时间发射。

3. **常量及其他相关类**

- 常量类——Constant

Constant 类是游戏中的常量管理类，该类管理了游戏中所有的常量，这些常量控制着整个游戏的进行。其中包括：控制机关移动方向的标志位，控制游戏过关、结束、重新游戏的标志位，还包括关闭或打开音乐、过关动画、切关动画等。

- 引擎应用入口类——AppDelegate

该类中封装了一系列与引擎引用生命周期有关的函数，其中包括应用开启的入口函数、应用进入待机状态时调用的函数、应用从待机恢复调用的函数等。这些函数都是与引擎应用程序运行状态相关的，读者可以在开发中慢慢体会。

5.3.2 游戏框架简介

上一小节已经对该游戏中所用到的类进行了简单介绍，可能读者还没有理解游戏的架构以及游戏的运行过程。接下来将从游戏的整体架构进行介绍，使读者对本游戏有更好的理解，首先给出的是其框架图，如图 5-13 所示。

说明 图 5-13 中列出了“方块历险记”游戏框架图，通过该框架图可以看出游戏的运行从 AppDelegate 类开始，然后依次给出了游戏机关类、常量类和布景相关类，其各自功能后续将向读者详细介绍，这里不必深究。

接下来按照程序运行顺序逐步介绍各个类的作用以及整体的运行框架，使读者更好地掌握本游戏的开发步骤，其详细步骤如下。

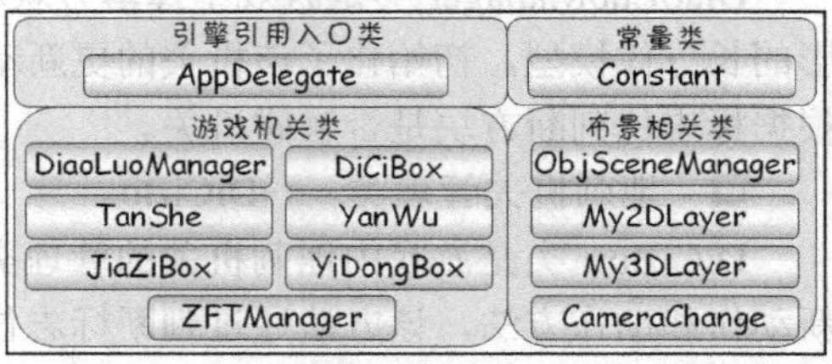

▲图 5-13 游戏框架图

（1）启动游戏，在 AppDelegate 的开启的入口函数中获取导演类，然后调用 ObjSceneManager 类创建一个主场景，用获取的导演类运行该场景。在 ObjSceneManager 类中首先获取屏幕的大小，之后在主场景中创建了两个布景类。

（2）玩家首先看到的是游戏的菜单布景层，该层有 4 个按钮，分别是“打开/关闭音效”按钮、“关于”按钮、“退出”按钮和“开始”按钮。当玩家单击“关闭音效”按钮后，再单击“开始”按钮，游戏的过程是没有音效的。

（3）当玩家单击“关于”按钮时，菜单布景层会出现游戏开发相关信息的介绍图片，再次单击“关于”按钮可让图片不可见。当玩家单击退出按钮时游戏将退出至系统桌面。当玩家单击“开始”按钮时游戏正式开始。

（4）游戏正式开始后，菜单布景层会不可见，玩家通过单击屏幕控制方块翻转移动，躲避游戏内的机关，到达终点抵达第二关。第二关的基本操作和第一关一样，不过新增了两种机关，玩家再次抵达终点后，游戏结束，玩家获得胜利。

（5）当玩家触碰机关时，玩家控制的方块会根据触碰机关的不同播放失败的动作，同时菜单布景层出现重新开始游戏样式的按钮图片，单击可从本关卡重新开始。当玩家通过第一关时，会播放方块过关的动画，当玩家通过第二关取得最终胜利时，会显示 “胜利”样式图片。

5.4 布景相关类

从此节开始正式进入游戏的开发过程，本节将为读者介绍本游戏的布景相关类。首先介绍游戏的总场景管理类，然后介绍两个布景类是如何开发的，从而逐步完成对游戏场景的开发。下面将对这些类的开发进行详细介绍。

5.4.1 总场景管理类——ObjSceneManager

首先介绍的是游戏的场景管理者 ObjSceneManager 类，该类的主要作用是管理主场景，然后创建游戏布景和主菜单布景这两个布景，并将其加入主场景中，最后将游戏的摄像机加入这两个布景中。

（1）首先需要开发的是声明 ObjSceneManager 类的头文件，该头文件中声明了本类对 Cocos2d-x 头文件的引用和创建场景对象的方法，其代码十分简单，故省略，请读者自行查阅随书附带源代码 ObjSceneManager.h。

（2）下面开发的是 ObjSceneManager 类的实现代码，头文件声明的创建场景对象的方法，需要在该类中完成，具体代码如下所示。

代码位置：见随书源代码/ 第 5 章/SquareGo/app/src/jni/sampleCpp/目录下的 ObjSceneManager.cpp。

```
......//此处省略了对一些头文件的引用以及相关代码，需要的读者可以参考源代码
using namespace cocos2d;
Scene* ObjSceneManager::createScene(){
    auto scene = Scene::create();                            //创建一个场景对象
    Size visibleSize = Director::getInstance()->getVisibleSize();//获取可见区域尺寸
    auto camera = CameraChange::initCamera();
    scene->addChild(camera);                                 //将摄像机添加到场景中
    My3DLayer* layer3D = My3DLayer::create();                //创建一个 3D 布景对象
    layer3D->mlayer=layer3D;
    layer3D->camera=camera;
    scene->addChild(layer3D);                                //将 3D 布景添加到场景中
    My2DLayer* layer2D = My2DLayer::create();                //创建一个菜单布景对象
    layer2D->camera = camera;
    layer3D->menulayer = layer2D;
    scene->addChild(layer2D);                                //将菜单布景添加到场景中
    layer3D-> scene=scene;
    return scene;                                            //返回场景
}
```

> **说明** 上述代码实现了创建场景对象的方法，首先创建一个主场景，然后创建 3D 布景和菜单布景，调用并初始化摄像机，给主场景和布景加入摄像机，将布景加入主场景中，最后返回场景。

5.4.2 3D 布景类——My3DLayer

下面介绍的是游戏中十分重要的一个类——My3DLayer，游戏中的所有模型都是在这个类中加载出来的。方块的运动、触发机关的判断、死亡的判断、机关的更新、粒子系统的加载显示和触控方法的实现，都是在该类实现的。

（1）首先需要开发的是声明 My3DLayer 类的头文件，该头文件中声明了需要用到的精灵对象的指针、机关类的指针和存储数据的变量。存储数据的变量包括地面方块的位置和机关的位置。该头文件还定义了该类中需要用到的宏。

代码位置：见随书源代码/ 第 5 章/SquareGo/app/src/jni/sampleCpp/目录下的 My3DLayer.h。

```
......//此处省略了对一些头文件的引用以及相关代码，需要的读者可以参考源代码
class My3DLayer : public cocos2d::Layer{
public:
      Camera* camera;                                        //摄像机
      Sprite3D* sp3Floor;                                    //地面 obj
      Sprite3D* sp3box;                                      //主角 obj
      Sprite3D* sp3qizibox;                                  //旗子 obj
      Sprite3D* sp3Tree[TREE_NUMBER];                        //底板长方体集合
      .....//此处省略与上文类似的变量声明代码，需要的读者请参考本书源码
      PUParticleSystem3D* rootps;                            //3D 粒子系统
      PUParticleSystem3D* endrootps;                         //3D 粒子系统
      DiaoLuoManager* sp3DiaoLuo[DIAOLUO_NUMBER];            //掉落块集合
      .....//此处省略与上文类似的变量声明代码，需要的读者请参考本书源码
      My3DLayer* mlayer;
      My2DLayer* menulayer;
      Scene* scene;
      ZFTManager* zftm;                                      //正方体管理类
      float degree=0;                                        //摄像机转场角度
      int dicipos[DICI_NUMBER] = {4, 13,19,20,21,30,39}; //地刺位置数组
      int jiazipos[JIAZI_NUMBER] = {7,8,11,25,48};           //夹子位置数组
      int tanshepos[TANSHE_NUMBER] = {-1};                   //弹射位置数组
      int diaoluopos[DIAOLUO_NUMBER] = {15,27,36,40};        //掉落块位置数组
      int yidongpos[YIDONG_NUMBER] = {-1, -1,-1};
      int  flag[TREE_NUMBER] = {1,1,1,1,1,1,1,1,1,1,
                              ......,
                              0,0,0,0,0,0,0,0,0,0};     //地板布局方式
      .....//此处省略与上文类似的变量声明代码，需要的读者请参考本书源码
```

```
28      Vector<ActionInterval*> myAction;                          //动作集合
29      int index = 1;
30      AmbientLight* ambientLight;                                //环境光
31      DirectionLight* directionLight;                            //定向光
32      virtual bool init();
33      void update(float time);                                   //每帧调用
34      void JiaZiupdate(float time);                              //调用夹子合并
35      void DiCiupdate(float time);                               //调用地刺移动
36      void DiaoLuoupdate(float time);                            //调用掉落块移动
37      void YiDongupdate(float time);                             //调用移动块移动
38      void initNextGuan();                                       //初始化第二关
39      void closeUpdata();                                        //停用 Updata
40      bool onMyTouchBegan(Touch *touch, Event *event);           //触控开始事件的回调方法
41      .....//此处省略与上文类似的变量声明代码，需要的读者请参考本书源码
42      CREATE_FUNC(My3DLayer);
43  };
44  #endif
```

- 第 2～13 行声明了场景中所有的模型的精灵指针对象，包括地面模型、主角方块模型和旗子模型等。还为场景中需要重复出现的精灵对象创建了精灵指针数组，方便管理。
- 第 14～29 行先声明了两个布景对象的指针和场景对象的指针，方便对菜单显示的控制。接下来创建了地面模型和机关模型的数组，该数组中的数据表示，该机关出现在第几个地面方块的位置。可以通过改变宏的值调整机关的个数。
- 第 30～45 行先声明了定向光和环境光的光照引用，之后是更新机关的方法，这些方法都有一个 time 的参数，可以通过控制这个参数来使不同机关的更新频率不同，增加游戏可玩性。

（2）完成了 My3DLayer 头文件的开发后，接下来将着重讲解 My3DLayer 类的具体实现，该类对于整个游戏十分重要，但是由于其较为复杂，所以需将其中的方法进行分步讲解，下面将首先讲解 My3DLayer 类的结构。

代码位置：见随书源代码/第 5 章/SquareGo/app/src/jni/sampleCpp/目录下的 My3DLayer.cpp。

```
......//此处省略了对一些头文件的引用以及相关代码，需要的读者可以参考源代码
bool My3DLayer::init(){
    if ( !Layer::init()){                                          //调用父类的初始化
        return false;}
    Constant::updataCamera = true;
    if(Constant::nextGuan==1){                                     //更新关卡数据
        initNextGuan();}
    ambientLight=AmbientLight::create(Color3B(110, 110, 110));     //环境光
    this->addChild(ambientLight);
    directionLight= DirectionLight::create(                        //创建定向光
        Vec3(-0.5f, -1.0f, 0.5f), Color3B(160,160,160));
    this->addChild(directionLight);
    sp3Floor = Sprite3D::create("obj/floor.obj", "pic/floor.png");     //绘制地板
    sp3Floor->setPosition3D(Vec3(1000,0,1000));
    sp3Floor->setScale(9.0f);
    this->addChild(sp3Floor);
    ......//此处省略了与上文类似的初始化模型的代码，需要的读者请参考本书源码
    rootps = PUParticleSystem3D::create(                           //添加 3D 粒子系统
    "Particle3D/scripts/tppu.pu","Particle3D/materials/Flare_05.material");
    rootps->setCameraMask((unsigned short)CameraFlag::USER1);      //设置摄像机
    rootps->setScale(20.0f);                                       //设置缩放比
    rootps->setPosition3D(Vec3(0,0,0));                            //设置位置坐标
    rootps->startParticleSystem();
    ......//此处省略了与上文类似的初始化粒子系统的代码，需要的读者请参考本书源码
    this->addChild(rootps);                                        //将粒子系统添加到场景中
    dicibox = new DiCiBox();                                       //初始化地刺
    for(int i = 0; i < DICI_NUMBER; i++){
        sp3Dici[i] = dicibox->initDCsp3(sp3Tree[dicipos[i]]->getPosition3D());
        this->addChild(sp3Dici[i]);
    }
    this->setCameraMask((unsigned short)CameraFlag::USER1);        //设置摄像机
    auto listenerTouch = EventListenerTouchOneByOne::create();     //触控监听
    listenerTouch->setSwallowTouches(true);
```

```
34     scheduleUpdate();                                              //更新方法
35     schedule(schedule_selector(My3DLayer::JiaZiupdate),0.05f);     //更新夹子方法
36     ......//此处省略了与上文类似的更新方法的代码，需要的读者请参考本书源码
37     return true;
38  }
39  void My3DLayer::update(float time){/*此处省略更新方法代码，将在后续步骤中给出*/}
40  void My3DLayer::initNextGuan(){/*此处省略了过关方法代码，请参考本书源码*/}
41  void My3DLayer::JiaZiupdate(float time) {
42     /*此处省略了夹子更新方法代码，将在后续步骤中给出*/}
43  bool My3DLayer::onMyTouchBegan(Touch *touch, Event *event) {
44        /*此处省略了触控开始回调方法，请参考本书源码*/}
45  void My3DLayer::onMyTouchEnded(Touch *touch, Event *event) {
46     /*此处省略了触控结束回调方法，请参考本书源码*/}
```

- 第 2～17 行先调用父类的初始化方法，然后根据标志位判断当前处于第几关，根据关卡的不同，机关的数量、种类和位置都会有所不同，然后初始化了场景中的模型，首先初始化地面模型，然后根据机关数组中的位置初始化机关的位置。
- 第 18～30 行先创建了粒子系统，为粒子系统添加摄像机，设置粒子系统的缩放比和坐标位置，最后将其加入场景中。然后加载机关，根据宏的值创建相应个数的机关并将其放到指定的位置。
- 第 31～38 行先设置了摄像机掩码，要保证所有绘制的东西都在同一个摄像机下。然后初始化了触控回调方法，本项目主要用到了单击触控回调方法和单击结束触控回调方法。最后初始化了该类更新方法和机关更新方法。

（3）现在完成了对 My3DLayer 类的结构和初始化方法的讲解，下面开始着重讲解上文省略的方法，首先是该类的 updata()方法，该方法在布景层被创建时调用，根据系统的刷新频率不断刷新，根据这一特点，该类将判断方块是否触碰到机关，摄像机跟随的方法如下。

代码位置：见随书源代码/ 第 5 章/SquareGo/app/src/jni/sampleCpp/目录下的 My3DLayer.cpp。

```
void My3DLayer::update(float time){                                  //更新方法
if(Constant::qieping < 60){
     Constant::qieping++;                                         //切屏标志位自加
}
else{
   menulayer->qiepingItem->setVisible(false);                     //切屏菜单不可见
   menulayer->qiepingItem->setEnabled(false);
}
if(Constant::notUpdata){
     closeUpdata();                                               //停止更新方法
     Constant::notUpdata = false;                                 //标志位为否
}
for(int i = 0; i < DICI_NUMBER; i++){                                //地刺触碰判断
   if((sp3box->getPositionZ()==sp3Dici[i]->getPositionZ()) //判断主角是否和机关重合
   &&(Constant::diciUp==true)&&(sp3box->getPositionX()==sp3Dici[i]->getPositionX())){
          Constant::enableTouch = false;                          //死亡后无法触控
          Constant::isLife = false;                               //死亡标志位为真
          if(Constant::isLife == false){
     zftm->ZFTDiCiDie();                                          //死亡动画
                 sp3box->setPositionZ(sp3box->getPositionZ()+1);
     }}}
       ......//此处省略了与上文类似的判断被其他机关触碰的代码，请参考本书源码
       if(Constant::updataCamera)                                    //更新摄像机
       camera = CameraChange::updataCamera(sp3box, camera);
       if(Constant::shakeCamera)
       CameraChange::shakeCamera(camera);                            //摄像机振动
       if(!Constant::isLife){                                        //死亡种类判断
          Constant::enableTouch = false;
          if(Constant::nextGuan==1 && Constant::qieguan){
             zftm->ZFTNextGuan();                                    //主角切关动画
             if(Constant::nextAction){
                Constant::initConstant();                            //初始化常量
                Layer::init();                                       //重置场景
                Scene* scene1 = ObjSceneManager::createScene();
```

```
35                    Director::getInstance()->replaceScene(scene1);
36                    Constant::nextAction = false;       //过关动画标志位置假
37                    Constant::updataCamera = true;      //更新摄像机
38                    Constant::qieguan = false;
39                }}
40            else if(Constant::nextGuan==2 && Constant::qieguan){
41            ......//此处省略了与上文类似的判断被其他机关触碰的代码，请参考本书源码
42            }else{
43                menulayer->resumeItem->setVisible(true);      //重新游戏菜单项显示
44                menulayer->resumeItem->setEnabled(true);      //重新游戏菜单项可控
45            }}}
```

- 第 2～25 行首先通过标志位控制其标志位的时间，在标志位取反时，隐藏标志位菜单项。接下来判断是否停止更新，如果游戏重新开始，在此之前需要停止所有更新方法的调用。最后判断主角方块是否触碰到了机关，触碰到则死亡。
- 第 23～26 行是在更新方法里不断更新摄像机的位置，从而保证摄像机跟随主角方块移动。然后是判断是否触发摄像机的振动，当弹射结束或是距离掉落块较近时，触发一次摄像机的振动。
- 第 27～45 行是判断存活标志位为假，也就是游戏需要停止时的各种情况，其中包括：第一关结束切换关卡、第二关结束进入胜利界面、在这两关中被机关触碰到则死亡且弹出重新游戏界面。

（4）介绍完了 My3DLayer 类的 updata 方法后，下面将介绍机关更新方法 JiaZiupdate。该方法通过控制调用的时间间隔，从而使机关的运动保持在可以控制的速率内，这里主要涉及了机关的移动。

代码位置：见随书源代码/第 5 章/SquareGo/app/src/jni/sampleCpp/目录下的 My3DLayer.cpp。

```
void My3DLayer::JiaZiupdate(float time){
    for(int i= 0; i < JIAZI_NUMBER; i++){
        jiazibox->jiaziLeftClose(sp3JiaziLeft[i], flag[jiazipos[i]]);
                                                        //左侧夹子闭合
    }
    for(int i= 0; i < JIAZI_NUMBER; i++){
        jiazibox->jiaziRightClose(sp3JiaziRight[i], flag[jiazipos[i]]);
                                                        //右侧夹子闭合
    }
    Constant::jiaziUpdate++;                            //夹子更新标志位更新
    if(Constant::jiaziUpdate>40){                       //如果标志位大于 40
        Constant::jiaziUpdate = 0;                      //重置标志位
    }}
```

说明　该方法主要通过每次调用标志位的自加来控制夹子的移动方向，通过控制调用的间隔时间来控制移动速率。值得一提的是，为了方便控制，夹子左右侧的模型是分开运行的，这里左右分别运行了一次。

（5）下面将介绍 My3DLayer 类的 onMyTouchBegan 方法，该方法实现了用户单击屏幕的回调方法，主要是解决主角方块每次运动会出现的情况，包括产生烟雾效果、如果触碰到弹射器位置发生弹射和判断是否到达了终点等。

代码位置：见随书源代码/第 5 章/SquareGo/app/src/jni/sampleCpp/目录下的 My3DLayer.cpp。

```
bool My3DLayer::onMyTouchBegan(Touch *touch, Event *event){
  if(Constant::music)
      unsigned int id = CocosDenshion::                 //播放单击音乐
      SimpleAudioEngine::sharedEngine()->playEffect("music/dingdong.mp3");
      if(Constant::istanshe == true){                   //弹射值后更改方块位置
          index = index+4;
          Constant::istanshe = false;                   //弹射标志位置反
      }
      if(Constant::enableTouch){
```

```
10          YanWu* yw = new YanWu(this);                          //创建烟雾对象
11          yw->initYWsp3(sp3Tree[index]);                        //初始化烟雾位置
12          yw->initYWAction();                                   //初始化烟雾动作
13          switch(flag[index]){
14          case 0:                                               //向左移动
15               zftm->ZFTGoLeft(yw);
16               break;
17          case 1:                                               //向前移动
18               zftm->ZFTGoFront(yw);
19               break;
20          case 2:                                               //向右移动
21               zftm->ZFTGoRight(yw);
22               break;
23          }
24          index++;                                              //方块位置自加
25     }
26     if(index == TREE_NUMBER){                                  //到达最后一个结束游戏
27       Constant::nextGuan ++;                                   //增加关卡
28       Constant::qieguan = true;                                //打开切换关卡动画
29       Constant::enableTouch = false;                           //无法触控
30       Constant::isLife = false;
31     }
32     return true;}                                              //返回值为真
```

- 第 1～8 行首先判断单击成功时设置音效是否打开，打开则播放单击音效。接下来判断弹射机关是否被触发，如果被触发则应该给当前位置加 4。
- 第 9～25 行是控制正方体运动的方法，先判断是否允许单击，然后在要移动的位置创建烟雾对象，根据当前的位置判断下一个地面长方体处在主角方块的哪个方位，最后调用正方体类的向不同方向移动的方法。
- 第 26～32 行是判断主角方块是否到达了最后一个地面长方体，如果到达了终点，关卡数加一，切关动画确认播放，在播放动画时触控屏幕无效。

（6）下面将介绍 My3DLayer 类的 onMyTouchEnded 方法，该方法是结束触控回调的方法。在功能上将移动板和主角方块的互动放到这里进行判断，功能上主要分 3 个部分，下面将详细地介绍这三部分。

代码位置：见随书源代码/ 第 5 章/SquareGo/app/src/jni/sampleCpp/目录下的 My3DLayer.cpp。

```
void My3DLayer::onMyTouchEnded(Touch *touch, Event *event){
  if(yidongpos[0] != -1){
     for(int i = 0; i < YIDONG_NUMBER; i++){                //移动块死亡判断
       if(index==(yidongpos[i]+1) && Constant::isYiDong){   //判断是否到达该位置
          Constant::enableTouch = false;
          Constant::isLife = false;
          Constant::allMove = -1;                           //不能一起移动
          if(Constant::isLife == false){
               zftm->ZFTYiDongDie();                        //死亡动画
               sp3box->setPositionZ(sp3box->getPositionZ()+1);
          }}
       if(index==(yidongpos[i]+2) && Constant::isYiDong){   //移动块下一个
          Constant::enableTouch = false;                    //标志位置假
          Constant::isLife = false;
          Constant::allMove = -1;                           //不能一起移动
          if(Constant::isLife == false){
               zftm->ZFTYiDongDie();                        //死亡动画
               sp3box->setPositionZ(sp3box->getPositionZ()+1);
          }}
          if(index==(yidongpos[i]+1) && Constant::isYiDong==false){ //板子位置一起移动
               Constant::allMove = i;
          }
          if(index==(yidongpos[i]+2) && Constant::isYiDong==false){ //板子位置死亡
               Constant::allMove = -1;
          }}}}
```

说明 该方法主要分三个部分。首先是判断本关卡是否有移动块，然后判断在移动版位置主角方块是否登上了移动版，登上了则与之一起移动，否则死亡，最后是判断主角方块是否到达移动板的后一节地面方块上。

5.4.3 菜单布景类——My2DLayer

接下来将要介绍的是游戏的菜单布景类 My2DLayer，该布景类主要创建了游戏的菜单界面，包括游戏的主菜单界面、重新游戏界面以及胜利界面。该类还包括了菜单和菜单项的初始化，以及各个菜单项的单击按钮回调事件。

（1）首先介绍的是 My2DLayer 类的头文件，该头文件中声明了整个游戏需要用到的菜单项和菜单界面，以及精灵图片和每一个菜单项的回调方法，在回调方法中主要是通过改变标志位而改变游戏世界。

代码位置：见随书源代码/ 第 5 章/SquareGo/app/src/jni/sampleCpp/目录下的 My3DLayer.h。

```
......//此处省略了对一些头文件的引用以及相关代码，需要的读者可以参考源代码
class My2DLayer : public cocos2d::Layer
{
public:
      MenuItemImage* logoItem;                                    //Logo
      MenuItemImage* closeItem;                                   //单击开始
      MenuItemImage* resumeItem;                                  //继续游戏
      MenuItemImage* slItem;                                      //胜利
      MenuItemImage* musicItem;                                   //音乐
      MenuItemImage* aboutItem;                                   //关于
      MenuItemImage* aboutContent;                                //关于内容
      MenuItemImage* tuichuItem;                                  //退出
      MenuItemImage* qiepingItem;                                 //切屏
      SpriteFrame* musicon;                                       //音乐打开
      SpriteFrame* musicoff;                                      //音乐禁止
      Menu* menu;                                                 //主菜单
      Menu* remenu;                                               //重新开始菜单
      Menu* slmenu;                                               //胜利菜单
      Camera* camera;                                             //摄像机
      Sprite3D* sp3box;                                           //主角对象精灵
      virtual bool init();                                        //初始化的方法
      void startGameCallback();                                   //关闭菜单回调方法
      void resumeGameCallback();                                  //重新加载回调方法
      void slGameCallback();                                      //取得胜利回调方法
      void musicCallback();                                       //单击声音回调方法
      void tuichuCallback();                                      //单击退出回调方法
      void aboutCallback();                                       //单击打开关于
      void logoCallback();                                        //单击打开 Logo
      CREATE_FUNC(My2DLayer);
};
#endif
```

说明 在 My2DLayer 的头文件中，首先声明了在主菜单、重新游戏菜单和胜利菜单中需要用到的菜单项，然后声明了需要切换的精灵图片，最后声明了所有单击菜单项的不同的回调方法。

（2）介绍完了 My2DLayer 的头文件后，下面将着重介绍 My2DLayer 类的具体实现，该类通过创建菜单项和菜单项的回调方法，来实现用户对游戏参数的选择，包括打开/关闭声音、开始游戏和重新游戏等，具体代码如下所示。

代码位置：见随书源代码/ 第 5 章/SquareGo/app/src/jni/sampleCpp/目录下的 My2DLayer.cpp。

```
......//此处省略了对一些头文件的引用以及相关代码，需要的读者可以参考源代码
bool My2DLayer::init(){
```

```
3      if (!Layer::init()){                                    //调用父类的初始化
4          return false;
5      }
6      Size visibleSize = Director::getInstance()->getVisibleSize();//获取可见区域尺寸
7      Point origin = Director::getInstance()->getVisibleOrigin();//获取可见区域原点坐标
8      qiepingItem = MenuItemImage::create(                    //创建关于内容菜单项
9              "pic/qieping.png",                              //平时的图片
10             "pic/qieping.png",                              //选中时的图片
11             CC_CALLBACK_0(My2DLayer::logoCallback, this)    //单击时执行的回调方法
12     );
13     qiepingItem->setPosition(                               //设置关于内容菜单项的位置
14         Point(
15             origin.x + visibleSize.width/2 ,                //x坐标
16             origin.y + visibleSize.height/2                 //y坐标
17         ));
18     ......//此处省略了与上文类似的设置菜单项方法的代码，请参考本书源码
19     menu = Menu::create(qiepingItem,aboutContent,logoItem,  //创建菜单对象
20         aboutItem,tuichuItem,musicItem,closeItem,(char*)NULL);
21     menu->setPosition(Point::ZERO);                         //设置菜单位置
22     ......//此处省略了与上文类似的设置菜单项位置的代码，请参考本书源码
23     this->addChild(menu, 1);                                //将主菜单添加到布景中
24     this->addChild(remenu, 1);                              //添加重新开始菜单
25     this->addChild(slmenu, 1);                              //添加胜利菜单
26     return true;
27 }
28 void My2DLayer::startGameCallback(){/*此处省略单击回调方法，将在后面的步骤中给出*/}
29 void My2DLayer::resumeGameCallback(){/*此处省略重开方法，将在后面的步骤中给出*/}
30 void My2DLayer::slGameCallback(){/*此处省略胜利回调方法代码，请参考本书源码*/}
31 void My2DLayer::musicCallback(){/*此处省略音乐回调方法，请参考本书源码*/}
32 void My2DLayer::tuichuCallback(){/*此处省略退出回调方法，请参考本书源码*/}
33 void My2DLayer::aboutCallback(){/*此处省略关于回调方法，请参考本书源码*/}
34 void My2DLayer::logoCallback(){/*此处省略 Logo 回调方法，请参考本书源码*/}
```

- 第 2～7 行首先调用父类初始化方法，如果没能完成初始化函数则直接返回假，然后获取可见区域尺寸和可见区域原点坐标，下面需要根据可见区域原点坐标来确定菜单项的位置。
- 第 8～17 行根据原点坐标来给所有的菜单项确定位置。值得一提的是，这里是根据菜单项的百分比大小来确定菜单项的位置，没有给一个固定的值，这样在屏幕尺寸发生改变时，菜单项的位置不会错位。
- 第 18～27 行主要功能是将各个菜单项加入菜单中，包括主菜单、胜利菜单和重新游戏菜单，并将菜单加入布景层中。

（3）通过对其整体结构的介绍，读者已经对 My2DLayer 类有了一个整体的认识。下面将详细介绍上文省略的方法，首先介绍的是 startGameCallback（）回调方法，该方法是单击“开始游戏”按钮的回调方法，具体代码如下所示。

代码位置：见随书源代码/ 第 5 章/SquareGo/app/src/jni/sampleCpp/目录下的 My2DLayer.cpp。

```
void My2DLayer::startGameCallback(){
    Constant::enableTouch = true;                              //允许触控方法
    if(Constant::music)
    CocosDenshion::SimpleAudioEngine::                         //开启背景音乐
        sharedEngine()->playBackgroundMusic("music/bgm.mp3", true);
    menu->setVisible(false);                                   //设置主菜单不可见
    menu->setEnabled(false);                                   //设置主菜单不可单击
    CameraChange::startCamera(camera);                         //设置摄像机位置
}
```

说明　该方法是单击开始游戏的方法，单击“开始游戏”按钮后首先允许玩家单击屏幕让方块移动，然后打开背景音乐，隐藏主菜单，并且使主菜单不可单击，以防游戏过程中被玩家单击，最后设置摄像机的位置。

（4）介绍完了单击开始游戏的方法，下面将要对玩家死亡后，需要单击“重新开始”按钮的

回调方法进行讲解，由于该类其他按钮的单击回调方法与前两个类似，需要的读者可以参考源代码。单击“重新开始”按钮回调方法的具体代码如下所示。

代码位置：见随书源代码/ 第 5 章/SquareGo/app/src/jni/sampleCpp/目录下的 My2DLayer.cpp。

```
void My2DLayer::resumeGameCallback(){
 CocosDenshion::SimpleAudioEngine::getInstance()->pauseBackgroundMusic();//背景音乐
 if(Constant::nextGuan==2 && Constant::qieguan){
        s1GameCallback();                                         //胜利菜单回调方法
    }
    else{
        Constant::initConstant();                                 //初始化机关标志位方法
        Constant::enableTouch = false;                            //禁止触控方法
        Constant::notUpdata = true;                               //禁止更新
        resumeItem->setEnabled(false);                            //菜单不可触控
        resumeItem->setVisible(false);                            //菜单不可见
        Scene* scene1 = ObjSceneManager::createScene();           //重新创建场景
        Director::getInstance()->replaceScene(scene1);            //替代场景
    }}
```

> **说明** 该方法首先打开了背景音乐，因为在游戏死亡时会关闭背景音乐方便用户下次选择。然后判断如果在第二关获得胜利就回调胜利界面，否则初始化机关标志位数据，禁止触控，停止更新机关，重置场景，隐藏该菜单。

5.4.4　摄像机管理类——CameraChange

下面将要介绍摄像机管理类。在游戏场景中摄像机是必不可少的，为了方便对摄像机的管理，本游戏专门创建了摄像机管理类，方便管理摄像机。该类包括了初始化摄像机对象、摄像机初始化方法、摄像机振动方法和摄像机移动方法。

（1）首先需要开发的是 CameraChange 的头文件，该头文件中声明了本类中对 Cocos2d-x 头文件的引用、初始化摄像机的方法、更新摄像机位置的方法和振动摄像机的方法，其具体代码如下所示。

代码位置：见随书源代码/第 5 章/SquareGo/app/src/jni/sampleCpp/目录下的 CameraChange.h。

```
#ifndef  _CameraChange_H_
#define  _CameraChange_H_
#include "cocos2d.h"                                               //声明 cocos2d 头文件
#include"My3Dlayer.h"                                              //声明 My3Dlayer 头文件
using namespace cocos2d;                                           //命名空间
class CameraChange{
public:
      static Camera* camera;                                       //摄像机
      static Camera* initCamera();                                 //初始化摄像机
      static Camera* updataCamera(Sprite3D* sp3box, Camera* camera);//更新摄像机
      static void startCamera( Camera* camera);                    //摄像机上升
      static void shakeCamera(Camera* camera);                     //振动摄像机
};
#endif
```

> **说明** 在该头文件中首先声明了需要使用的类的头文件，包括 cocos2d 和 My3DLayer 类，然后声明了摄像机对象、初始化摄像机的方法、更新摄像机的方法、摄像机上升的方法和振动摄像机的方法。需要特别说明的是，该类是一个静态工具类，不能创建其对象，在布景中的摄像机执行动作时使用。

（2）下面开发的是 CameraChange 类的具体实现代码，该类实现了头文件中声明的摄像机初始化方法、摄像机振动方法、摄像机跟随方法和摄像机升起方法，下面将详细地介绍这 4 种方法，具体代码如下所示。

代码位置：见随书源代码/第 5 章/SquareGo/app/src/jni/sampleCpp/目录下的 CameraChange.cpp。

```
1   ......//此处省略了对一些头文件的引用以及相关代码，需要的读者可以参考源代码
2   Camera* CameraChange::initCamera(){                          //初始化摄像机方法
3       Size visibleSize = Director::getInstance()->getVisibleSize(); //获取可见区域尺寸
4       Camera* camera = Camera::createPerspective(              //创建摄像机
5           55,                                                  //摄像机视角
6           visibleSize.width/visibleSize.height,                //视口长宽比
7           200,                                                 //near
8           2000                                                 //far
9       );
10      camera->setCameraFlag(CameraFlag::USER1);                //设置摄像机编号标志
11      camera->setPosition3D(Vec3(-550,590,-450));              //设置摄像机位置
12      camera->lookAt(Vec3(-100,-110,-100), Vec3(0,1,0));  //设置摄像机目标点以及 up 向量
13       return camera;
14  }
15  Camera* CameraChange::updataCamera(Sprite3D* sp3box, Camera* camera){
16     camera->setPosition3D(Vec3(sp3box->getPosition3D().x-450,    //设置摄像机位置
17        sp3box->getPosition3D().y+700,sp3box->getPosition3D().z-350));
18     camera->lookAt(Vec3(sp3box->getPosition3D().x,         //设置摄像机目标点以及 up 向量
19        sp3box->getPosition3D().y,sp3box->getPosition3D().z));
20     return camera;
21  }
22  void CameraChange::startCamera( Camera* camera){             //摄像机升起动画
23       ActionInterval* upstart = MoveTo::create(0.5f,Vec3(-450,790,-350));
24       Vector<ActionInterval*> cmAction;                       //动态数组储存动作
25       cmAction.pushBack(upstart);                             //动作数组加入动作
26       camera->runAction(Sequence::create(                     //顺序执行
27                Spawn::create(
28                cmAction.at(0),NULL),
29                CallFunc::create([=](){Constant::updataCamera = true;}),NULL));
30  }
31  void CameraChange::shakeCamera(Camera* camera){              //振动摄像机
32    ActionInterval* uplCamera = MoveTo::create(0.05f,Vec3(camera->getPositionX()+1.2,
33    camera->getPositionY()+1.2,camera->getPositionZ()+1.2));       //左上动作
34    ActionInterval* downlCamera = MoveTo::create(0.05f,Vec3(camera->getPositionX()-1.2,
35    camera->getPositionY()-1.2,camera->getPositionZ()-1.2));       //左下动作
36    ActionInterval* uprCamera = MoveTo::create(0.05f,              //右上动作
37            Vec3(camera->getPositionX()-1.2));
38    ActionInterval*downrCamera = MoveTo::create(0.05f,Vec3(camera->getPositionX()+1.2,
39    camera->getPositionY()-1.2,camera->getPositionZ()+1.2));       //右下动作
40    camera->runAction(Sequence::create(
41      uplCamera,downlCamera,uprCamera,downrCamera,            //4 个动作
42      CallFunc::create([=](){Constant::shakeCamera = false;        //标志位取反
43      Constant::updataCamera = true;}),NULL));                     //更新标志位为真
44  }
```

- 第 2～14 行功能是摄像机的初始化方法。该方法设置了摄像机的视角范围、视口长宽比、近平面距离、远平面距离、摄像机位置以及 up 向量。最重要的是要设置摄像机掩码，不然无法显示出物体的位置。
- 第 15～21 行是摄像机跟随物体的方法。在本游戏中，摄像机一直是跟随主角正方体一起移动的，所以在更新方法里调用了该方法，使它的位置和视点一直跟随着主角方块移动。
- 第 22～44 行是两个动作方法，第一个动作方法是摄像机升起的方法，该方法在游戏一开始时被调用。第二个动作方法是摄像机振动方法，当遇到弹射机关和掉落块机关时，被调用来振动摄像机。

5.5 机关与方块相关类

为了方便管理游戏中的机关和主角方块，为其单独创建了类。这些类包括了方块管理类、地刺机关管理类、掉落块机关管理类、夹子机关管理类、移动机关管理类和烟雾管理类，此节将详细地介绍上述管理类。

5.5.1　方块管理类——ZFTManager

首先介绍的是游戏的主角——方块管理类。该类包括了方块向前、向后、向左、向右的移动动作方法，还包括了方块的多种死亡动作：被地刺碰死动作、被夹子夹死动作、掉落死亡动作还有弹飞的动作和过关动画。

（1）先开发的是 ZFTManager 的头文件，在该头文件中声明了主角方块对象、三种不同动作的集合、场景的指针、移动方法、死亡动作方法、弹射方法和过关动画方法，具体代码如下所示。

代码位置：见随书源代码/第 5 章/SquareGo/app/src/jni/sampleCpp/目录下的 ZFTManager.h。

```
......//此处省略了对一些头文件的引用以及相关代码，需要的读者可以参考源代码
class ZFTManager{
public:
    Sprite3D* sp3box;                                        //主角 obj
    Vector<ActionInterval*> zftAction;                       //管理方块移动的集合
    Vector<ActionInterval*> tsAction;                        //弹射动作集合
    Vector<ActionInterval*> nextAction;                      //过关动作集合
    Layer*    layer;                                         //场景
    ZFTManager(Layer* ml);                                   //构造函数
    Sprite3D* initZFTsp3();                                  //初始化正方体
    void initActionVector();                                 //初始化正方体动作集合
    void ZFTGoLeft(YanWu* yw);                               //正方体向左转
    void ZFTGoFront(YanWu* yw);                              //正方体直走
    void ZFTGoRight(YanWu* yw);                              //正方体向右转
    void ZFTDiCiDie();                                       //正方体地刺死亡动画
    void ZFTJiaZiDie(int dir);                               //正方体夹子死亡动画
    void ZFTYiDongDie();                                     //正方体移动块死亡动画
    void ZFTTanShe(Vec3 nowp, Vec3 nextp);                   //正方体弹射
    void ZFTNextGuan();                                      //正方体过关动画
};
#endif
```

说明　该头文件中声明了场景的指针。在初始化方法中得到 My3DLayer 指针，那么就可以在该类中直接修改 My3DLayer 精灵的位置，这样做十分方便。对于弹射动画，通过传递起始弹射位置和终止位置来确定弹射范围。

（2）介绍完了 ZFTManager 类的头文件，下面开发的是 ZFTManager 类的具体实现代码。该类实现了头文件中声明的构造函数、向 3 个方向移动的动作方法和 3 种死亡动作方法，下面将详细介绍该类的具体实现，具体代码如下所示。

代码位置：见随书源代码/第 5 章/SquareGo/app/src/jni/sampleCpp/目录下的 ZFTManager.cpp。

```
......//此处省略了对一些头文件的引用以及相关代码，需要的读者可以参考源代码
ZFTManager::ZFTManager(Layer* ml){                           //构造函数
    this->layer = ml;
}
 Sprite3D* ZFTManager::initZFTsp3(){                         //初始化主角方块
    sp3box = Sprite3D::create("obj/zft.obj","pic/zft.png");//创建主角精灵
    sp3box->setPosition3D(Vec3(0,90,0));                     //设置精灵位置
    ZFTManager::initActionVector();                          //初始化动作方法
    return sp3box;                                           //返回主角对象
}
 void ZFTManager::initActionVector(){                        //初始化动作方法
    ActionInterval* moveByLeft = MoveBy::create(0.1f,Vec3(-100,0,0));//左侧动作
    ActionInterval* RotateByLeft = RotateBy::create(0.1f,Vec3(0,0,-90));
    ActionInterval* RotateByLefth = RotateBy::create(0.0001f,Vec3(0,0,90));
    zftAction.pushBack(moveByLeft);                          //给动作集合添加
    zftAction.pushBack(RotateByLeft);
    zftAction.pushBack(RotateByLefth);
    ......//此处省略了与上文类似的初始化动作与加入集合，请参考本书源码
}
 void ZFTManager::ZFTGoLeft(YanWu* yw){                      //向左走动作
    Constant::enableTouch = false;                           //不可触控
```

```
22    sp3box->runAction(Sequence::create(                    //顺序执行
23        Spawn::create(
24            zftAction.at(0),zftAction.at(1),NULL),
25            zftAction.at(2),
26            CallFunc::create([=](){yw->actionStart();
27            Constant::enableTouch = true;}),NULL));
28  }
29  void ZFTManager::ZFTGoFront(YanWu* yw){/*此处省略直走方法，请参考本书源码*/}
30  void ZFTManager::ZFTGoRight(YanWu* yw){/*此处省略向右走方法，请参考本书源码*/}
31  void ZFTManager::ZFTDiCiDie(){/*此处省略地刺死亡动作，请参考本书源码*/}
32  void ZFTManager::ZFTYiDongDie(){/*此处省略移动块掉落死亡动作，请参考本书源码*/}
33  void ZFTManager::ZFTJiaZiDie(int dir){/*此处省略夹子死亡动作，请参考本书源码*/}
34  void ZFTManager::ZFTTanShe(Vec3 nowp, Vec3 nextp){
35      /*此处省略方块弹射动作，将在下文进行讲解*/}
36  void ZFTManager::ZFTNextGuan(){/*此处省略进入下一关动作，将在下文进行讲解*/}
```

- 第 2～10 行先将场景对象初始化，随后是创建主角方块对象的方法。该方法确定了主角方块的位置，由于在这两关主角都是从原点开始游戏的，所以将其初始化到原点，然后调用初始化动作方法。
- 第 11～19 行是初始化动作的方法。在该方法中，每次向一个方向翻转的动作由 3 个动作组成，首先移动一个方块的距离，然后按既定的轴旋转 90 度，最后迅速翻转回来。这是因为每次使用动作会使物体的坐标轴同时旋转，所以需要修正回原来的状态。
- 第 20～28 行是主角方块向左翻转的方法。先在运动时禁止触控，同时执行翻转和移动的指令，最后迅速将方块翻回翻转前的状态。最后执行烟雾对象的运动方法，让烟雾对象的小方块从 4 个角弹出。

（3）通过上文介绍 ZFTManager 类的相关方法，读者对主角方块的移动和一些动作的运行原理有了深入的认识，下面将继续讲解 ZFTManager 类剩下的方法：方块弹射方法和切关动画，具体代码如下所示。

代码位置：见随书源代码/第 5 章/SquareGo/app/src/jni/sampleCpp/目录下的 ZFTManager.cpp。

```
void ZFTManager::ZFTTanShe(Vec3 nowp, Vec3 nextp){                    //方块弹射动作
    int aveX = (nowp.x+nextp.x)/2;                                     //弹射平均 x 值
    int aveZ = (nowp.z+nextp.z)/2;                                     //弹射平均 z 值
    ActionInterval* upsky = MoveTo::create(0.2f,Vec3(aveX,200,aveZ)); //弹射动作
    ActionInterval* upRotation = RotateBy::create(0.2f,Vec3(0,180,0));
    ActionInterval* downsky = MoveTo::create(0.2f,Vec3(nextp.x,90,nextp.z));
    ActionInterval* downRotation = RotateBy::create(0.2f,Vec3(0,180,0));
    tsAction.pushBack(upsky);                                          //添加上升动作
    tsAction.pushBack(upRotation);                                     //添加旋转动作
    tsAction.pushBack(downsky);                                        //添加下降动作
    tsAction.pushBack(downRotation);                                   //添加旋转动作
    sp3box->runAction(Sequence::create(                                //顺序执行动作
        Spawn::create(                                                 //并列执行
                tsAction.at(0),tsAction.at(1),NULL),
        Spawn::create(                                                 //并列执行
                tsAction.at(2),tsAction.at(3),NULL),
        CallFunc::create([=](){Constant::enableTouch = true;   //标志位为真
          Constant::updataCamera = false;Constant::shakeCamera = true;}),NULL));
}
void ZFTManager::ZFTNextGuan(){                                        //切关动画
    Constant::enableTouch = false;                                     //触控置假
    ActionInterval* nextup = MoveBy::create(0.5f,Vec3(0,200,0));
    ActionInterval* nextRotation = RotateBy::create(0.5f,Vec3(0,180,0));
    nextAction.pushBack(nextup);                                       //将动作加入集合
    nextAction.pushBack(nextRotation);
    sp3box->runAction(Sequence::create(                                //执行切关动画
            Spawn::create(
                    nextAction.at(0),nextAction.at(1),NULL),
            CallFunc::create([=](){Constant::enableTouch = true;//触控方法为真
                    Constant::nextAction = true;}),NULL));     //切关动画为真
}
```

- 第 1～19 行是主角方块弹射的方法，该方法接收了弹射起始位置和终点位置，根据这两个参数计算出中间位置，使得方块先旋转上升到中间位置，再下降旋转到终点位置，最后停止更新标志位并打开振动标志位。
- 第 20～31 行是过关动画方法，播放过关动画时为了防止单击出现错误，首先置反触控标志位，根据当前位置初始化上升和旋转的动作，并同时执行这两个动作，最后允许触控方法。

5.5.2 地刺机关管理类——DiCiBox

地刺机关是游戏中最基础的一种机关，该机关通过上下移动阻碍主角方块通过。当地刺机关处于上升状态时，若主角方块同时处在机关上，则主角方块死亡。通过该类的讲解希望读者对机关运行的流程有一个基本的了解。

（1）首先开发的是 DiCiBox 类的头文件，该头文件与 ZFTManager 的头文件类似，初始化了地刺模型的精灵指针对象，声明了地刺机关的初始化方法和移动方法，其具体代码如下所示。

代码位置：见随书源代码/第 5 章/SquareGo/app/src/jni/sampleCpp/目录下的 DiCiBox.h。

```
#ifndef _DiCiBox_H_
#define _DiCiBox_H_
#include"DiCiBox.h"                                          //声明引用头文件
#include "cocos2d.h"                                         //引用 cocos2d
using namespace cocos2d;                                     //命名空间
class  DiCiBox{
public:
        Sprite3D* sp3dcbox;                                  //地刺模型
        Sprite3D* initDCsp3(Vec3 pos);                       //初始化方法
        void diciUpAndDown(Sprite3D* sp3dcbox);              //地刺上升
};
#endif
```

说明 该头文件主要声明了地刺机关的精灵指针对象以及地刺机关的初始化方法，然后声明了地刺上升以及下降的方法，通过一个类管理所有和地刺有关的部分，十分符合面向对象的思想。

（2）介绍完了 DiCiBox 类的头文件，下面将介绍 DiCiBox 类的具体实现代码。该类实现了头文件中声明的初始化方法和移动方法，其移动方法是在 My3DLayer 中根据标志位的增减来确定位置的，其具体代码如下所示。

代码位置：见随书源代码/第 5 章/SquareGo/app/src/jni/sampleCpp/目录下的 DiCiBox.cpp。

```
......//此处省略了对一些头文件的引用以及相关代码，需要的读者可以参考源代码
Sprite3D* DiCiBox::initDCsp3(Vec3 pos){                              //初始化方法
    sp3dcbox = Sprite3D::create("obj/dici.obj","pic/zft.png"); //创建精灵对象
    sp3dcbox->setPosition3D(Vec3(pos.x, pos.y+5.0f, pos.z));   //设置位置
    return sp3dcbox;
}
void DiCiBox::diciUpAndDown(Sprite3D* sp3dcbox){                     //地刺移动方法
    if(Constant::diciUpdate >10 && Constant::diciUpdate <60){
        Constant::diciUp = true;                                     //地刺上升标志位
    }
    else{
        Constant::diciUp = false;        //地刺下降标志位
    }
    if(Constant::diciUpdate <20){
        sp3dcbox->setPositionY(sp3dcbox->getPositionY()+1.5); //地刺上升移动
    }
    else if(Constant::diciUpdate >=20 && Constant::diciUpdate < 50){ //地刺停止
    }
    else if(Constant::diciUpdate >=50 && Constant::diciUpdate < 70){
         sp3dcbox->setPositionY(sp3dcbox->getPositionY()-1.5); //地刺下降移动
    }
```

```
    else if(Constant::diciUpdate >70){                          //地刺停止
}}
```

说明 该类中的初始化方法创建了精灵对象，并为其设置了位置。接下来是地刺移动的方法，该方法根据 diciUp 标志位的真假确定是否能够触碰到主角方块，根据 diciUpdate 的值确定如何移动。由于移动机关管理类——TanShe 类与之类似，故不再进行详细讲解，需要的读者可以参考源代码。

5.5.3 掉落块机关管理类——DiaoLuoManager

接下来介绍游戏的掉落机关方块的管理类，该类包括了初始化模型的方法和掉落块掉落的方法。该模型比较特殊，是由一个长方体块和一个正方体板组成的，正方体板构成了假影子，下面将对该类进行详细讲解。

（1）首先开发的是 DiaoLuoManager 的头文件，该头文件与上文中的头文件类似，初始化掉落块长方体和正方形板的精灵指针对象，声明了该机关的初始化方法和掉落方法，其具体代码如下所示。

代码位置：见随书源代码/第 5 章/SquareGo/app/src/jni/sampleCpp/目录下的 DiaoLuoManager.h。

```
#ifndef __DiaoLuoManager_H__
#define __DiaoLuoManager_H__
#include "DiaoLuoManager.h"                              //声明引用头文件
#include "cocos2d.h"                                     //引用 cocos2d
using namespace cocos2d;                                 //命名空间
class DiaoLuoManager{
public:
    DiaoLuoManager(Layer* ml);
    Sprite3D* sp3dlbox;                                  //掉落 obj
    Sprite3D* sp3banzi;                                  //板子
    Layer* layer;                                        //布景
    void initDLsp3(Vec3 pos);                            //初始化模型
    void DLAction(int pos, int index);                   //掉落总动画
};
#endif
```

说明 在该头文件中先声明了命名空间和需要在类中使用的头文件，然后声明了构造函数和初始化机关对象的方法，声明了假影子对象和掉落块对象的精灵指针对象，还声明了布景对象，方便将精灵对象添加到布景中。

（2）下面详细介绍的是 DiaoLuoManager 类，该类实现了模型的初始化方法，初始化了两个模型，确定了模型的位置，以及掉落块的动作方法。该动作方法包括掉落块的上下移动和假影子的大小变换，具体代码如下所示。

代码位置：见随书源代码/第 5 章/SquareGo/app/src/jni/sampleCpp/目录下的 DiaoLuoManager.cpp。

```
......//此处省略了对一些头文件的引用以及相关代码，需要的读者可以参考源代码
DiaoLuoManager::DiaoLuoManager(Layer* ml){                          //构造函数
  this->layer = ml;              //初始化布景精灵
}
void DiaoLuoManager::initDLsp3(Vec3 pos){                           //初始化方法
    layer->setCameraMask((unsigned short)CameraFlag::USER1); //设置摄像机掩码
    sp3dlbox = Sprite3D::create("obj/diaoluo.obj");                 //初始化掉落块
    sp3dlbox->setPosition3D(Vec3(pos.x,pos.y+40,pos.z));            //设置位置
    sp3banzi = Sprite3D::create("obj/cft.obj","pic/cftshadow.png"); //初始化假影子
    sp3banzi->setScaleY(0.01);                                      //y 轴压缩
    sp3banzi->setPosition3D(Vec3(pos.x,pos.y+21,pos.z));            //设置位置
    layer->addChild(sp3dlbox);                                      //加入场景
    layer->addChild(sp3banzi);
}
```

```
15  void DiaoLuoManager::DLAction(int pos, int index){
16      if(Constant::diaoluoUpdate < 10 ||                    //物块是否掉落，不能通过
17              Constant::diaoluoUpdate > 50){
18          Constant::diaoluoClose = true;                    //掉落块下降将，则标志位设为真
19      }
20      else
21      {   Constant::diaoluoClose = false;}                  //掉落块上升，则标志位为假
22      if(Constant::diaoluoUpdate < 20){                     //判断是否死亡
23          sp3dlbox->setPositionY(sp3dlbox->getPositionY()+7);    //掉落块上升
24          sp3banzi->setScaleX(sp3banzi->getScaleX()-0.03);       //假影子缩小
25          sp3banzi->setScaleZ(sp3banzi->getScaleZ()-0.03);
26          Constant::diaoluoDown = false;                          //标志位为假
27      }
28      else if(Constant::diaoluoUpdate >= 20 && Constant::diaoluoUpdate < 40){}
                                                          //可以通过
29      else if(Constant::diaoluoUpdate >= 40 && Constant::diaoluoUpdate < 60){
30          sp3dlbox->setPositionY(sp3dlbox->getPositionY()-7);  //掉落块下降
31          sp3banzi->setScaleX(sp3banzi->getScaleX()+0.03);     //假影子增大
32          sp3banzi->setScaleZ(sp3banzi->getScaleZ()+0.03);
33          Constant::diaoluoDown = true;                        //标志位为真
34      }
35      else if(Constant::diaoluoUpdate >= 60 && Constant::diaoluoUpdate < 80){
36           if((pos-index)<=2 && (pos-index)>=-2){              //距离在 2 格以内
37                  Constant::updataCamera = false;              //停止更新摄像机
38                  Constant::shakeCamera = true;                //振动摄像机
39  }}}
```

- 第 2～14 行首先是构造函数和初始化布景精灵，以方便将机关对象添加到布景层中。然后是初始化机关精灵对象的方法，该方法初始化了掉落块对象和假影子对象，然后将它们放到了指定的位置。
- 第 16～27 行中首先根据时间标志位来判断当前掉落块机关是否处在地面，如果在地面，则允许通过的标志位设为假，使得玩家无法移动主角方块，当方块上升时，将允许通过标志位设为真。
- 第 28～40 行设置了掉落块在不同时间所处的两种状态：当掉落块下降时，假影子增大且掉落标志位为真；当掉落块上升时，主角方块可以通过，同时假影子缩小。另外，当主角方块与掉落块相距两格以内时，会触发摄像机振动效果。

5.5.4　夹子机关管理类——JiaZiBox

接下来介绍的是游戏的夹子机关的管理类，该类包括了初始化夹子模型的方法和夹子闭合的方法。该模型根据路径的朝向来确定夹子的方向，为了方便管理，该类将夹子分为左右两边，下面将对该类进行详细讲解。

（1）首先开发的是 JiaZiBox 的头文件，该头文件与前面机关的头文件类似，声明了左右夹子模型的精灵指针对象，声明了该机关的初始化方法和夹子移动方法，具体代码如下所示。

代码位置：见随书源代码/第 5 章/SquareGo/app/src/jni/sampleCpp/目录下的 JiaZiBox.h。

```
#ifndef _JiaZiBox_H_
#define _JiaZiBox_H_
#include"JiaZiBox.h"                                              //声明引用头文件
#include "cocos2d.h"                                              //引用 cocos2d
using namespace cocos2d;                                          //命名空间
class  JiaZiBox{
public:
    Sprite3D* sp3jzjia;                                           //齿轮模型
    Sprite3D* sp3jzbox;                                           //夹子模型
    Sprite3D* initJZsp3(Vec3 pos,bool isLeft, int dir);          //初始化夹子
    void jiaziLeftClose(Sprite3D* sp3jzbox, int dir);            //左侧夹子运动
    void jiaziRightClose(Sprite3D* sp3jzbox, int dir);           //右侧夹子运动
};
#endif
```

说明 该头文件声明了夹子精灵指针对象和其子对象——齿轮精灵指针对象，声明了初始化夹子的方法和左右两侧夹子运动的方法。

（2）下面将介绍 JiaZiBox 类的具体实现代码，该类实现了模型的初始化方法、初始化左右夹子模型的方法。该类确定了模型的位置和夹子移动的动作方法，包括左侧夹子向右移动，右侧夹子向左移动，具体代码如下所示。

代码位置：见随书源代码/第 5 章/SquareGo/app/src/jni/sampleCpp/目录下的 JiaZiBox.cpp。

```
1    ......//此处省略了对一些头文件的引用以及相关代码，需要的读者可以参考源代码
2    Sprite3D* JiaZiBox::initJZsp3(Vec3 pos, bool isLeft, int dir){      //初始化夹子
3            sp3jzjia = Sprite3D::create("obj/jiazijia.obj");            //创建精灵对象
4            sp3jzjia->setScale(0.4f);                                   //设置缩放比例
5            sp3jzjia->setRotation3D(Vec3(0,0,90));                      //设置旋转角度
6            sp3jzjia->setPositionY(70);
7            sp3jzbox = Sprite3D::create("obj/jiazike.obj");             //创建精灵对象
8            sp3jzbox->addChild(sp3jzjia,1,1);                           //添加子节点
9            switch(dir){                                                //判断夹子方向
10           case 0:case 2:                                              //左右方向
11               if(isLeft){
12                   sp3jzbox->setPosition3D(Vec3(pos.x,pos.y, pos.z-50));
                                                                         //设置夹子位置
13                   sp3jzbox->setRotation3D(Vec3(0,-90,0));             //设置旋转方向
14               }
15               else{
16                 sp3jzbox->setPosition3D(Vec3(pos.x,pos.y, pos.z+50)); //设置夹子位置
17                 sp3jzbox->setRotation3D(Vec3(0,90,0));                //设置旋转方向
18              }
19               break;
20           case 1:                                                     //前进方向
21               if(isLeft){                                             //左侧夹子
22                  sp3jzbox->setPosition3D(Vec3(pos.x+50,pos.y, pos.z));//设置夹子位置
23                  sp3jzbox->setRotation3D(Vec3(0,180,0));               //设置旋转方向
24              }
25              else{                                                    //右侧夹子
26              sp3jzbox->setPosition3D(Vec3(pos.x-50,pos.y, pos.z));}   //设置夹子位置
27              break;
28          }
29          return sp3jzbox;                                             //返回夹子对象
30   }
31     void JiaZiBox::jiaziLeftClose(Sprite3D* sp3jzbox, int dir){
32       /*此处省略左侧夹子移动方法，将在后面的步骤中给出*/}
33     void JiaZiBox::jiaziRightClose(Sprite3D* sp3jzbox, int dir){
34       /*此处省略右侧夹子移动方法，需要的读者可自行查看源代码*/}
```

- 第 2～8 行首先分别创建了夹子的长方体对象和用来装饰的旋转齿轮对象，然后设置其缩放比和旋转角度，最后将齿轮对象作为长方体对象的节点加入长方体对象中。这样在移动长方体对象时，齿轮对象会与其一起移动。
- 第 9～30 行根据传入的参数，确定夹子所在的地面长方体处于前、左、右哪个方向，从而确定夹子对象的旋转位置，然后根据传来的参数判断是左侧还是右侧的夹子，最后将其摆放到一个正确的方向上。

（3）上文介绍了 JiaZiBox 类的部分方法，下面将着重介绍该类的另一个重要的方法，在 jiaziLeftClose 方法中根据标志位来控制夹子开合动作，并判断主角方块是否死亡和能否单击通过该机关，具体代码如下所示。

代码位置：见随书源代码/第 5 章/SquareGo/app/src/jni/sampleCpp/目录下的 JiaZiBox.cpp。

```
  void JiaZiBox::jiaziLeftClose(Sprite3D* sp3jzbox, int dir){   //夹子移动方法
    Node* temp=sp3jzbox->getChildByTag(1);                      //得到子节点对象
    if(Constant::jiaziUpdate>5 && Constant::jiaziUpdate<26){   //不能动的情况
    Constant::jiaziClose = true;                                //标志位为真
```

```
5      }
6      else{
7        Constant::jiaziClose = false;                                 //标志位为假
8      }
9      switch(dir){                                                     //判断方向
10      case 0:case 2:                                                  //处在左右方向上
11        if(Constant::jiaziUpdate <=12){
12           temp->setRotation3D(Vec3(temp->getRotation3D().x,          //设置旋转角
13           temp->getRotation3D().y+7.5,temp->getRotation3D().z));
14           sp3jzbox->setPositionZ(sp3jzbox->getPositionZ()+2.6);      //移动位置
15           Constant::jiaziUp = true;                                  //夹子合上标志位
16        }
17        else if(Constant::jiaziUpdate >12 && Constant::jiaziUpdate < 20){}//夹子不动
18        else if(Constant::jiaziUpdate >=20 && Constant::jiaziUpdate <= 32){
19          temp->setRotation3D(Vec3(temp->getRotation3D().x,           //设置旋转角
20          temp->getRotation3D().y-7.5,temp->getRotation3D().z));
21          sp3jzbox->setPositionZ(sp3jzbox->getPositionZ()-2.6);       //移动位置
22          Constant::jiaziUp = false;          //夹子打开标志位
23        }
24        else if(Constant::jiaziUpdate >32){}  //夹子不动
25        break;
26      case 1:                                 //夹子在前方
27        if(Constant::jiaziUpdate <=12){       //合上动作
28          temp->setRotation3D(Vec3(temp->getRotation3D().x,           //设置旋转角
29          temp->getRotation3D().y+7.5,temp->getRotation3D().z));
30          sp3jzbox->setPositionX(sp3jzbox->getPositionX()-2.6);       //移动位置
31          Constant::jiaziUp = true;
32        }
33        else if(Constant::jiaziUpdate >12 && Constant::jiaziUpdate < 20){}//夹子不动
34        else if(Constant::jiaziUpdate >=20 && Constant::jiaziUpdate <= 32){
35          temp->setRotation3D(Vec3(temp->getRotation3D().x,           //设置旋转角
36          temp->getRotation3D().y-7.5,temp->getRotation3D().z));
37          sp3jzbox->setPositionX(sp3jzbox->getPositionX()+2.6);       //移动位置
38          Constant::jiaziUp = false;
39        }
40        else if(Constant::jiaziUpdate >32){}                          //夹子不动
41        break;                                                        //结束
42    }}
```

- 第 1～8 行首先根据标识码得到子节点，即附着在夹子上的齿轮对象，然后设置在夹子运行的一段时间内用户无法通过单击使方块移动，因为当夹子闭合程度比较高或是刚打开时，方块运动到该处会出现物体错误叠加。
- 第 9～27 行根据传入的方向参数，确定该夹子是位于前、左、右哪一方向。由于夹子是对称的，左右方向可以放在一起考虑，根据方向设置每次移动的相应距离和齿轮旋转的角度。
- 第 28～42 行与前面的部分基本类似，先确定如果该机关处于左右侧时应移动和旋转的参数，接着确定了机关处于前时方应旋转和移动的参数。值得一提的是每个夹子机关都是由左右两侧夹子构成，为了方便管理，该类对其单独进行创建。

5.5.5　移动机关管理类——YiDongBox

接下来介绍的是游戏的移动机关的管理类，该机关将所处位置的地面长方体沿着 y 轴压缩成一块薄板，板子会随着标志位移动，主角方块可以停留在上面，如果主角方块移动到地面长方体上则掉落死亡，下面将详细介绍 YiDongBox 类。

（1）在介绍 YiDongBox 类的具体开发之前，先介绍 YiDongBox 类的头文件。该头文件包括了初始化移动块精灵指针对象的方法、移动块的构造函数、移动块的左右移动及停止的方法，具体代码如下所示。

代码位置：见随书源代码/第 5 章/SquareGo/app/src/jni/sampleCpp/目录下的 YiDongBox.h。

```
#ifndef _YiDongBox_H_
#define _YiDongBox_H_
```

```
#include "cocos2d.h"                                    //引用 cocos2d
#include "YiDongBox.h"                                  //声明引用头文件
using namespace cocos2d;                                //命名空间
class YiDongBox{
public:
      Sprite3D* sp3ydbox;                               //移动块对象
      YiDongBox(Sprite3D* box);                         //构造函数
      void initYiDongBox();                             //初始化移动块
      void YiDongBoxAction();                           //移动块动作
};
 #endif
```

说明 该类的头文件中包含了移动块精灵指针对象的声明、构造函数的声明、初始化移动块和移动块动作方法的声明。需要注意的是，该类中仅包括了移动块移动的方法，方块与其一起移动的方法在 ZFTManager 类中介绍。

（2）下面介绍的是 YiDongBox 类的具体实现代码，该类实现了头文件中声明的模型的初始化方法、构造函数和移动块的动作方法。该动作方法包括移动块向右移动、移动块停止、移动块向左移动，具体代码如下所示。

代码位置：见随书源代码/第 5 章/SquareGo/app/src/jni/sampleCpp/目录下的 YiDongBox.cpp。

```
1    ...... //此处省略了对一些头文件的引用以及相关代码，需要的读者可以参考源代码
2    YiDongBox::YiDongBox(Sprite3D* box){                        //构造函数
3        this->sp3ydbox = box;                                   //初始化移动板对象
4        this->initYiDongBox();                                  //调用初始化方法
5    }
6    void YiDongBox::initYiDongBox(){                            //初始化方法
7         sp3ydbox->setScaleY(0.01);                             //压缩精灵对象
8         sp3ydbox->setPositionY(sp3ydbox->getPositionY()+20); //设置位置
9    }
10   void YiDongBox::YiDongBoxAction(){                          //移动块动作方法
11        if((Constant::YiDongUpdate >= 0 && Constant::YiDongUpdate <= 40) ||
12           (Constant::YiDongUpdate >= 60 && Constant::YiDongUpdate <= 100)){
13             Constant::isYiDong = true;                        //移动标志位置真
14        }
15        else{
16             Constant::isYiDong = false;                       //移动标志位置假
17        }
18        if(Constant::YiDongUpdate < 20){
19             sp3ydbox->setPositionX(sp3ydbox->getPositionX()+5);   //向 x 正方向移动
20        }
21        else if(Constant::YiDongUpdate >= 20 && Constant::YiDongUpdate < 40){
22             sp3ydbox->setPositionX(sp3ydbox->getPositionX()-5);   //向 x 负方向移动
23        }
24        else if(Constant::YiDongUpdate>=40&&Constant::YiDongUpdate<60){}//静止等待
25        else if(Constant::YiDongUpdate>=60&&Constant::YiDongUpdate<80){
26           sp3ydbox->setPositionX(sp3ydbox->getPositionX()-5);     //向 x 负方向移动
27        }
28        else if(Constant::YiDongUpdate >= 80 && Constant::YiDongUpdate < 100){
29           sp3ydbox->setPositionX(sp3ydbox->getPositionX()+5);     //向 x 正方向移动
30        }
31        if(Constant::YiDongUpdate > 100){}}                        //静止等待
```

- 第 1～9 行先介绍了移动块的构造函数，该构造函数的参数传递的是地面长方体的指针，该类中初始化移动块的方法与其他的不一样，这里是将已经创建的地面长方体沿着 y 轴压缩成薄片再上移。
- 第 10～33 行首先根据 YiDongUpdate 标志位确定在一定时间内，如果踩到移动块则将 isYiDong 置为真，在 My3Dlayer 的 update 中当主角方块移动到移动块上且 isYiDong 标志位为真，则会掉落并被判断死亡。完成死亡判断后则是移动块左右移动以及停止的循环运动方法。

5.5.6　烟雾管理类——YanWu

接下来介绍的是游戏的烟雾管理类，该类在主角方块移动、翻转到地面长方体上时创建对象。对象创建时初始化 8 个小方块的指定位置和随机大小（在一定范围内）。8 个小方块向指定方向移动，并在到达指定位置后消失，以此模拟烟雾效果，下面将详细介绍 YanWu 类。

（1）在介绍 YanWu 类的具体开发之前，需要先介绍该类的头文件。头文件中包含了初始化烟雾对象的方法、烟雾的构造函数，以及开始烟雾动作的方法。由于烟雾在移动完成之后会消失，所以还声明了析构函数，具体代码如下所示。

代码位置：见随书源代码/第 5 章/SquareGo/app/src/jni/sampleCpp/目录下的 YanWu.h。

```
#ifndef _YanWu_H_
#define _YanWu_H_
#include "cocos2d.h"                                     //引用 cocos2d
#include"Constant.h"
#include"YanWu.h"                                        //声明引用头文件
#define YANWU_NUMBER 8                                   //烟雾个数
using namespace cocos2d;                                 //命名空间
class YanWu{
public:
     YanWu(Layer* ml);                                   //构造函数
     ~YanWu();                                           //析构函数
     Sprite3D* sp3zftYW[YANWU_NUMBER];                   //烟雾正方体数组
     Layer* layer;                                       //布景
     Vector<ActionInterval*> ywAction;                   //烟雾动作集合
     void initYWsp3(Sprite3D* cft);                      //初始化烟雾正方体
     void initYWAction();                                //初始化烟雾动作
     void actionStart();                                 //开始烟雾动作
};
#endif
```

说明　该类的头文件中包含了定义烟雾小方块个数的宏，布景层指针对象的声明，烟雾动作集合的声明，构造函数的声明，析构函数的声明，初始化烟雾对象方法的声明和开始烟雾动作的声明。

（2）下面将介绍 YanWu 类的具体实现，该类实现了头文件中声明的烟雾的初始化方法，构造函数和烟雾的动作方法。功能上包括创建烟雾的小方块模型，将其加载进布景层中和进行动作，具体代码如下所示。

代码位置：见随书源代码/第 5 章/SquareGo/app/src/jni/sampleCpp/目录下的 YanWu.cpp。

```
......//此处省略了对一些头文件的引用以及相关代码，需要的读者可以参考源代码
YanWu::YanWu(Layer* ml){                                            //构造函数
   this->layer = ml;                                                //初始化布景
   layer->setCameraMask((unsigned short)CameraFlag::USER1);   //设置摄像机掩码
}
void YanWu::initYWsp3(Sprite3D* cft){                               //初始化方法
     for(int i = 0; i < YANWU_NUMBER; i++){
            sp3zftYW[i] = Sprite3D::create("obj/zft.obj","pic/zft.png");//创建小方块
            if(i%2==0){                                             //偶数个方块
               float f =(0.1f+random(5)/20.0f);                     //产生随机数
               sp3zftYW[i]->setScale(f);                            //缩放方块
            }
            else{
               float ff =(0.05f+random(5)/25.0f);                   //产生随机数
               sp3zftYW[i]->setScale(ff);                           //缩放方块
            }}
     layer->setCameraMask((unsigned short)CameraFlag::USER1);   //设置摄像机掩码
     sp3zftYW[0]->setPosition3D(Vec3(cft->getPosition3D().x,     //第 1 个方块位置
               cft->getPosition3D().y+30,cft->getPosition3D().z));
     sp3zftYW[1]->setPosition3D(Vec3(cft->getPosition3D().x,     //第 2 个方块位置
               cft->getPosition3D().y+30,cft->getPosition3D().z));
```

```
22         sp3zftYW[2]->setPosition3D(Vec3(cft->getPosition3D().x,          //第 3 个方块位置
23                 cft->getPosition3D().y+30,cft->getPosition3D().z));
24         sp3zftYW[3]->setPosition3D(Vec3(cft->getPosition3D().x,          //第 4 个方块位置
25                 cft->getPosition3D().y+30,cft->getPosition3D().z));
26         sp3zftYW[4]->setPosition3D(Vec3(cft->getPosition3D().x,          //第 5 个方块位置
27                 cft->getPosition3D().y+30,cft->getPosition3D().z));
28         sp3zftYW[5]->setPosition3D(Vec3(cft->getPosition3D().x,          //第 6 个方块位置
29                 cft->getPosition3D().y+30,cft->getPosition3D().z));
30         sp3zftYW[6]->setPosition3D(Vec3(cft->getPosition3D().x,          //第 7 个方块位置
31                 cft->getPosition3D().y+30,cft->getPosition3D().z));
32         sp3zftYW[7]->setPosition3D(Vec3(cft->getPosition3D().x,          //第 8 个方块位置
33                 cft->getPosition3D().y+30,cft->getPosition3D().z));
34         for(int i = 0; i < YANWU_NUMBER; i++){
35             layer->addChild(sp3zftYW[i]);                                 //加入布景层
36     }}
37     void YanWu::initYWAction(){/*此处省略了初始化烟雾动作的方法，将在后面的步骤中给出*/ }
38     void YanWu::actionStart(){/*此处省略了该类烟雾移动的方法，将在后面的步骤中给出*/}
39     YanWu::~YanWu(){/*此处省略了该类析构函数，需要的读者可以参考源代码*/}
```

- 第 2～5 行先介绍了烟雾类的构造函数，该构造函数中有指向 My3DLayer 的指针对象。当需要给 3D 布景层添加精灵时可以直接使用该对象，而不用从 My3DLayer 中调用，十分符合面向对象的思想。
- 第 6～16 行是初始化烟雾的方法。在该方法中，首先根据宏的大小确定烟雾中小方块的数量，然后对每个方块进行初始化，根据奇偶数确定它的随机范围，每次生成一个一定范围内的随机数，将小方块缩放该随机数的大小，然后将其加入到布景中。
- 第 17～36 行接着介绍初始化烟雾的方法。首先是设置摄像机的掩码，本游戏由于所有机关、场景、主角、粒子系统的精灵都在同一个摄像机下，所以它们都使用的是 USER1 的掩码，然后初始化烟雾中 8 个小方块的位置。

（3）下面接着介绍 YanWu 类中省略的方法。initYWAction 方法包含了初始化构成烟雾的 8 个小方块的动作并将其加入数组中，actionStart 方法让小方块开始运动，并在结束后消失，其具体代码如下所示。

代码位置：见随书源代码/第 5 章/SquareGo/app/src/jni/sampleCpp/目录下的 YanWu.cpp。

```
void YanWu::initYWAction(){                                              //初始化动作
    ActionInterval* rightdown = MoveBy::create(0.3f,Vec3(50,0,-50)); //近距离小方块
    ActionInterval* rightdownslow = EaseExponentialOut::create(rightdown);//延时动作
    ActionInterval* frightdown = MoveBy::create(0.4f,Vec3(70,0,-70));//远距离小方块
    ActionInterval* frightdownslow = EaseExponentialOut::create(frightdown);//延时动作
    ywAction.pushBack(rightdownslow);                                   //添加动作
    ywAction.pushBack(frightdownslow);
    ......//上文省略了其他类似动作的初始化和添加的代码，读者可以参考源代码
}
void YanWu::actionStart(){                                              //执行动作
    layer->setCameraMask((unsigned short)CameraFlag::USER1); //设置掩码
    sp3zftYW[0]->runAction(Sequence::create(                            //顺序执行
                                ywAction.at(3),
                                RemoveSelf::create(true),               //移除该方块
                                NULL));
    sp3zftYW[1]->runAction(Sequence::create(                            //顺序执行
                                ywAction.at(7),
                                RemoveSelf::create(true),               //移除该方块
                                NULL));
    ......//上文省略了其他类似动作的运行方法，读者可以参考源代码
}
```

> **说明**
>
> initYWAction 方法初始化了烟雾中的小方块的动作，这里与前面不同的是加入了延时动作，延时动作执行时的速度不是一成不变的，开始时会快一些，然后会逐渐减速直到结束。actionStart 方法是让烟雾小方块一一对应地执行前面初始化的动作，执行完成后移除小方块对象。

5.6 常量及其他相关类

常量类贯穿了游戏的整个运行过程，从开始的主菜单显示与消失，音效的打开与关闭，到方块的翻动，机关的移动，主角方块死亡的判断都与常量类分不开。引擎应用入口类封装了一系列与引擎引用生命周期有关的函数。

5.6.1 常量类——Constant

接下来将着重介绍游戏中的常量类。该类包括了所有标志位的声明与初始化，这些标志位时刻影响着游戏的进行，在游戏中通过判断标志位来实现类与类之间的合作，下面将详细讲解每个标志位的作用。

（1）首先介绍 Constant 类的头文件。在头文件中主要介绍了所有在游戏中出现的标志位，其中包括了关于主角方块的标志位，关于机关的标志位和关于场景的标志位，具体代码如下所示。

代码位置：见随书源代码/第 5 章/SquareGo/app/src/jni/sampleCpp/目录下的 Constant.h。

```
#ifndef _Constant_H_
#define _Constant_H_
#include "cocos2d.h"
using namespace cocos2d;
using namespace std;
class  Constant{
public:
    static bool enableTouch;                    //允许触控
    static bool isLife;                         //活着
    static bool updataCamera;                   //刷新摄像机
    static bool diciUp;                         //地刺升起
    static bool jiaziClose;                     //夹子合住
    static bool istanshe;                       //是否弹射
    static bool shakeCamera;                    //摄像机振动
    static int jiaziUpdate;                     //夹子更新
    static int diciUpdate;                      //地刺更新
    static bool jiaziUp;                        //夹子合住
    static int diaoluoUpdate;                   //掉落块更新
    static bool diaoluoDown;                    //是否掉落
    static bool diaoluoClose;                   //掉落块合住
    static int YiDongUpdate;                    //移动块更新
    static bool isYiDong;                       //是否移动
    static bool notUpdata;                      //停止更新
    static int allMove;                         //一起移动
    static int nextGuan;                        //过关标志位
    static bool qieguan;                        //切关动画
    static bool nextAction;                     //过关动画
    static bool music;                          //是否有音乐
    static bool about;                          //关于图片
    static int qieping;                         //切屏图片
    static void initConstant();                 //初始化常量类
};
#endif
```

> **说明**　Constant 类的头文件中声明了这几类的标志位，首先是关于主角方块能否移动、死亡、弹射、动画的标志位，其次是关于场景中是否弹出图片、打开音乐、切换屏幕、更新摄像机的标志位，最后是关于机关的标志位，是否更新机关位置和机关闭合无法移动等，下面将详细讲解 Constant 类。

（2）对 Constant 类有了一个大概的了解之后，下面将着重讲解该类的每一个标志位的具体功能。读者深入理解了这些标志位的功能后，会大大提升对整个游戏程序的认识，其具体代码如下所示。

代码位置：见随书源代码/第 5 章/SquareGo/app/src/jni/sampleCpp/目录下的 Constant.cpp。

```
1   ......//此处省略了对一些头文件的引用以及相关代码，需要的读者可以参考源代码
2   bool Constant::enableTouch = false;                        //允许触控
3   bool Constant::isLife = true;                              //是否存活
4   bool Constant::updataCamera = false;                       //刷新摄像机
5   bool Constant::diciUp = false;                             //地刺升起
6   bool Constant::jiaziUp = false;                            //夹子升起
7   bool Constant::jiaziClose = true;                          //夹子合住
8   bool Constant::diaoluoClose = true;                        //掉落块合住
9   bool Constant::diaoluoDown = false;                        //是否掉落
10  bool Constant::istanshe = false;                           //触发弹射
11  bool Constant::isYiDong = false;                           //是否移动
12  int     Constant::allMove = -1;                            //一起移动
13  bool Constant::notUpdata = false;                          //停止更新
14  bool Constant::shakeCamera = false;                        //摄像机振动
15  int  Constant::jiaziUpdate = 0;                            //夹子更新标志
16  int  Constant::diciUpdate = 0;                             //地刺更新标志
17  int  Constant::diaoluoUpdate = 0;                          //掉落块更新
18  int  Constant::YiDongUpdate = 0;                           //移动块更新
19  int  Constant::nextGuan = 0;                               //关数
20  bool Constant::nextAction = false;                         //过关动画
21  bool Constant::qieguan = false;                            //切关动画
22  bool Constant::music = true;                               //音乐开关
23  bool Constant::about = true;                               //关于开关
24  int  Constant::qieping =0;                                 //切屏计时
25  void Constant::initConstant(){                             //初始化方法
26      isLife = true;                                         //活着
27      enableTouch = true;                                    //可触控的
28      updataCamera = true;                                   //刷新摄像机
29      diciUp = false;                                        //地刺升起
30      jiaziUp = false;                                       //夹子移动
31      jiaziClose = true;                                     //夹子合住
32      diaoluoClose = true;                                   //掉落块合住
33      diaoluoDown = false;                                   //是否掉落
34      istanshe = false;                                      //触发弹射
35      allMove = -1;                                          //与板一起移动
36      shakeCamera = false;                                   //摄像机振动
37      jiaziUpdate = 0;                                       //夹子更新标志
38      diciUpdate = 0;                                        //地刺更新标志
39      diaoluoUpdate = 0;                                     //掉落块更新
40      YiDongUpdate = 0;                                      //移动块更新
41  }
```

- 第 2~4 行介绍了允许触控、是否存活和更新摄像机的标志位。当允许触控时，玩家可以通过单击屏幕移动主角方块。当是否存活的标志位为假时弹出菜单界面并重新游戏。当刷新摄像机的标志位为真时摄像机跟随主角方块移动。
- 第 5~9 行介绍了地刺机关和掉落块机关的升起和掉落以及是否允许主角方块通过。当允许通过的标志位为假时单击无效，主角方块无法移动。当地刺升起或掉落块落下的标志位为真且主角方块处在机关位置时，主角方块死亡。
- 第 10~12 行介绍了是否弹射、移动板移动和一起移动的标志位,。当弹射标志位为真时，主角方块被弹射出 5 格距离。当移动板移动时，主角方块移动至该机关则会掉落死亡。当一起移动为真时。主角方块会与移动板一起移动。
- 第 13~18 行介绍了停止更新摄像机、振动摄像机和机关位置更新的标志位。当停止更新摄像机为真时，摄像机不再随着主角方块移动，此时如果振动摄像机为真，则摄像机会发生振动。当机关的更新方法不断变换时，机关的位置也会随之变换。
- 第 19~21 行介绍了关数、过关动画和切关动画的标志位。当关数增加时，更新方法会切换到下一关。当切关动画或过关动画的标志位为真时，主角方块进行切关动作或过关动作。
- 第 22~24 行介绍了音乐开关、关于开关和切屏计时的标志位。当音乐开关标志位处于打开时游戏播放音效，当关于开关为真时菜单显示关于界面，切屏计时代表了切屏动画所

持续的时间。

- 第 25～41 行为初始化常量的方法。当游戏过关或死亡重新开始时，需要将场景中所有的机关位置重置，并将标志位归为起始状态。该方法就是将所有机关更新标志位置零，其他标志位恢复到起始状态。

5.6.2　引擎应用入口类——AppDelegate

游戏中第一个布景是如何创建的？初学 Cocos2d-x 的读者都会有这样的疑问，AppDelegate 类就对这个问题进行了解答。下面就将详细介绍 AppDelegate 的头文件及其类的代码。

（1）首先需要开发的是 AppDelegate 类的头文件，在该头文件中声明了一系列将要使用的成员方法、定义头文件和该类的构造函数和析构函数以及初始化方法。其详细代码如下所示。

代码位置：见随书源代码/第 5 章/SquareGo/app/src/jni/sampleCpp/ 目录下的 AppDelegate.h。

```
#ifndef _AppDelegate_H_                                        //如果没有定义则定义头文件
#define _AppDelegate_H_                                        //定义头文件
#include "cocos2d.h"                                           //导入 cocos2d 头文件
class  AppDelegate  :  private  cocos2d::Application{          //自定义类
public:
      AppDelegate();                                           //构造函数
      virtual ~AppDelegate();                                  //析构函数
      virtual bool applicationDidFinishLaunching();            //初始化方法
      virtual void applicationDidEnterBackground();            //当程序进入后台时调用
      virtual void applicationWillEnterForeground();           //当程序进入前台时调用
};
#endif
```

说明　从代码中可以看出 AppDelegate 类继承自 cocos2d::Application 类，因此，在该类布景中声明了自己的独有方法，还重写了其父类的方法。读者查看代码注释即可了解每个方法的具体作用。

（2）完成了头文件的开发后，下面将介绍该类的具体实现方法。该类中实现了头文件中声明的初始化方法、当程序进入后台时调用的方法和当程序进入前台时调用的方法，其具体代码如下所示。

代码位置：见随书源代码/第 5 章/SquareGo/app/src/jni/sampleCpp/ 目录下的 AppDelegate.cpp。

```
......//此处省略了对一些头文件的引用以及相关代码，需要的读者可以参考源代码
AppDelegate::AppDelegate(){}
AppDelegate::~AppDelegate() {}
bool AppDelegate::applicationDidFinishLaunching(){       //初始化方法
      auto director = Director::getInstance();           //获取导演
      auto glview = director->getOpenGLView();
      if(!glview){                                       //若不存在 GLView 则重新创建
          glview = GLViewImpl::create("My Game");
      }
      director->setOpenGLView(glview);                   //设置绘制用 GLView
      director->setDepthTest(true);                      //设置开启深度检测
      glview->setDesignResolutionSize(540,960,           //设置目标分辨率
            ResolutionPolicy::SHOW_ALL);
      director->setDisplayStats(false);                  //设置为不显示 FPS 等信息
      director->setAnimationInterval(1.0 / 60);          //系统模拟时间间隔
      auto scene = ObjSceneManager::createScene();       //创建场景
      director->runWithScene(scene);                     //切换到场景显示
      return true;
}
void AppDelegate::applicationDidEnterBackground(){      //当程序进入后台时调用此方法
      Director::getInstance()->stopAnimation();          //停止动画
}
void AppDelegate::applicationWillEnterForeground(){     //当程序进入前台时调用
      Director::getInstance()->startAnimation();         //开始动画
}
```

- 第 2～9 行首先是对父类构造函数和析构函数的空实现，然后是该类的初始化方法。在初始化方法中首先拿到了导演对象，然后由于本游戏底层是基于 OpenGLES 渲染，所以创建 OpenGLView。
- 第 10～19 行先设置启用 GLView 绘制，然后开启深度检测。当深度检测开启后，前面的物体无论何时绘制都不会被后面的物体遮挡。接着设置目标分辨率和系统间隔时间，最后创建一个场景并让导演类运行该场景。
- 第 20～25 行是程序进入后台时调用的方法和当程序进入前台时调用的方法。当程序进入后台时停止游戏的动画，可以节省资源，当程序返回前台时开始动画，使其继续播放。

5.7 游戏的优化及改进

至此，3D 休闲游戏——方块历险记已经基本开发完成，我们也实现了最初设计的功能。但是，通过开发后的试玩测试发现，游戏中仍然存在着一些需要优化和改进的地方，下面列举作者想到的一些方面。

- 优化游戏界面

游戏的界面读者可以根据自己的想法进行改进，使其更加完美。游戏场景的搭建、游戏主菜单的界面显示、游戏胜利以及结束时的效果等都可以一步一步地完善。

- 修复游戏 Bug

现在很多手机游戏在公测后也有 Bug，需要玩家不断地发现并改进游戏。作者已经将目前发现的所有 Bug 进行了修复，但是还有很多的 Bug 是需要玩家在游戏的过程中发现的，这对于游戏的可玩性有着极大的帮助。

- 增加机关种类

本游戏目前在机关的设置方面有 5 种机关，包括地刺、夹子、掉落块、移动块和弹射块。读者可发挥自身的想象力设计出更具有可玩性的机关，例如传送门、激光塔之类的机关，机关种类的增加也将大大提高游戏的可玩性。

- 增强游戏体验

为了更好地增强用户的体验，方块的翻转速度、机关移动速度等一系列参数，读者可以自行调整，合适的参数会极大地提高游戏的可玩性。读者还可以调整粒子系统的特效使过关和开始时有更加绚丽的效果。

5.8 本章小结

本章以开发“方块历险记”游戏为主题，向读者介绍了使用 Cocos2d-x 引擎开发 3D 游戏的全过程，读者通过学习该游戏可以对 3D 游戏的开发过程有一个清楚的理解。此外值得一提的是虽然本游戏是基于 Android 平台开发的，但是将本游戏移植到 iOS 平台也是十分方便的，其代码基本相同。

第 6 章　竞速类游戏——峡谷卡丁车

本章将向读者介绍竞速类游戏——峡谷卡丁车，该游戏灵活运用了流行的开源 3D 物理引擎 Bullet 的交通工具类，并配合着色器的使用实现了炫酷效果。通过本章的学习，读者不仅会增长对游戏编程的熟练程度，而且对使用 Cocos2d-x 引擎的开发流程有更深的体会。

6.1 游戏的背景及功能概述

正式开发游戏之前，读者首先需要了解该游戏的背景及功能概述。下面主要围绕该游戏的背景及功能进行详细介绍。通过此小节的详解，读者会对该游戏有一个宏观的了解，进而为之后正式开发该游戏做好准备。下面先介绍游戏的开发背景。

> **说明**　因为 Cocos2d-x 引擎对 Bullet 封装的方法并未囊括本游戏所需要的全部代码，因此需要修改部分引擎代码。读者此时可以安装项目中的 APK 试玩游戏。如果想正确运行此项目，请移步 6.8 节，按照此小节的引导进行正确的引擎修改。

6.1.1 游戏开发的背景概述

随着近年来社会生活节奏的不断加快，用户没有过多的时间在 PC 端来玩一款大型的游戏，相反越来越多的人更加倾向于一些移动端游戏，比如目前比较热门的赛车类游戏“跑跑卡丁车”。该游戏因为其画面丰富精美，游戏简单易操作，受到各个年龄段的用户的热捧，该游戏如图 6-1 和图 6-2 所示。

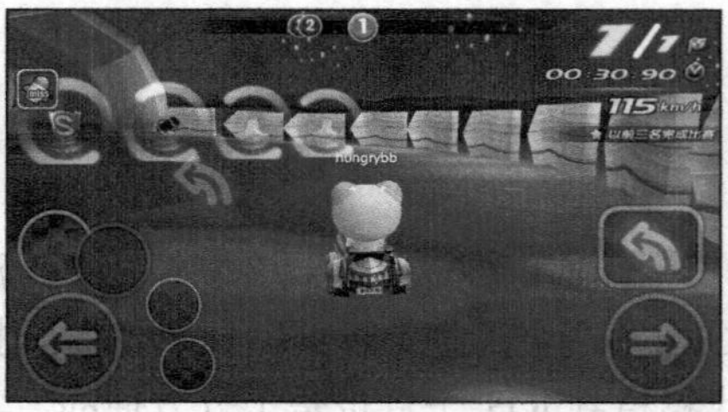

▲图 6-1　跑跑卡丁车 1

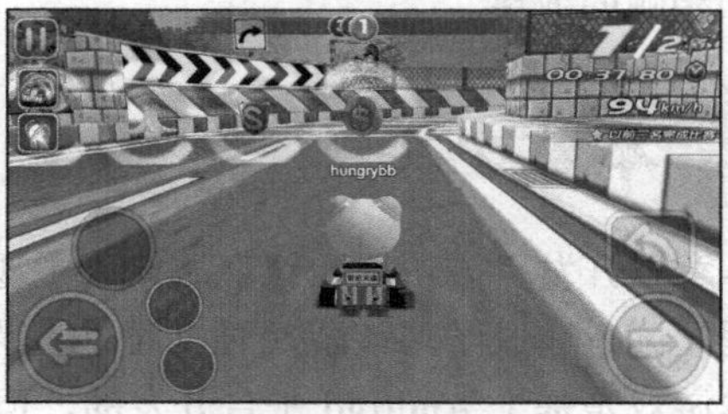

▲图 6-2　跑跑卡丁车 2

本章所要开发的游戏就是一款赛车类游戏，不过与上述游戏不同的是，本款赛车游戏的地段是峡谷。本游戏利用了 Cocos2d-x 中的大量特效，极大地丰富了游戏的视觉效果，增强了用户体验，但操作相对比较简单。

6.1.2 游戏的功能介绍

“峡谷卡丁车”游戏主要包括主界面场景、设置音乐音效场景、选择关卡场景以及游戏场景。

通过对这些场景的灵活运用，读者可以实现此游戏的主体功能，并让其符合商业游戏的基本模式。接下来就对该游戏的运行效果进行简单介绍。

（1）单击手机桌面上该游戏的图标，运行游戏。经过短暂的加载界面后，进入游戏的主界面场景，这种显示加载界面的模式在大多数的商业游戏中得到广泛运用，相当成熟，效果如图 6-3 和图 6-4 所示。

▲图 6-3　加载界面

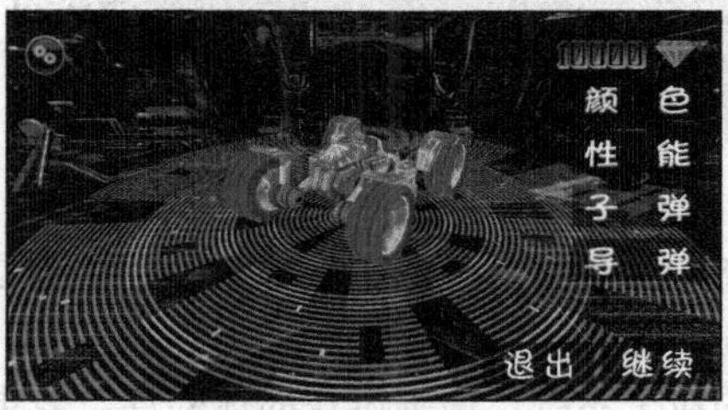

▲图 6-4　主界面

（2）进入主界面场景后可以看到，该场景中共有 4 个按钮另加左上角一个设置按钮。通过单击设置按钮可以进入设置音乐音效界面，玩家可以通过此界面的两个按钮控制游戏音乐和音效的开和关。读者可以试着单击不同的按钮，其效果如图 6-5 所示。

（3）主界面中还有“颜色”“性能”“子弹”“导弹”等按钮，单击“颜色”按钮可以更换卡丁车的颜色。此处截图是随机的一种颜色，其效果如图 6-6 所示。

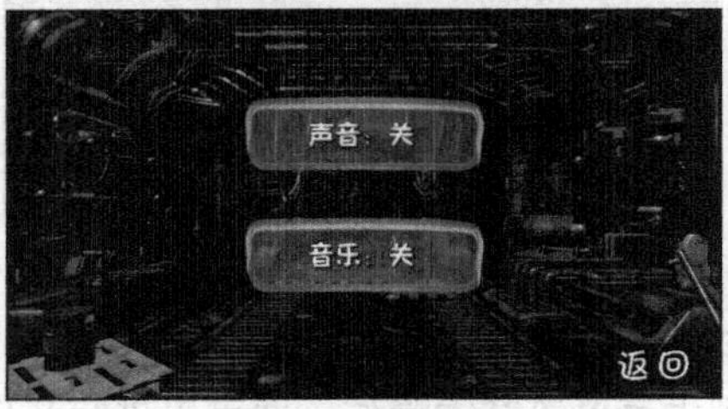

▲图 6-5　设置界面

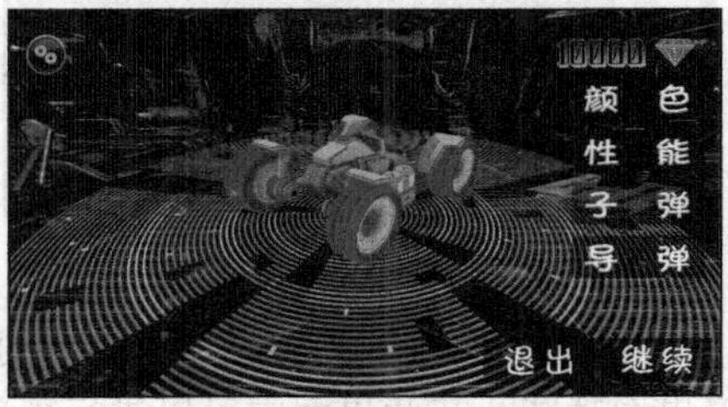

▲图 6-6　颜色按钮

（4）单击主界面的“性能”按钮，可以对卡丁车的速度和加速度进行设置。当然，这里是有前提的，需要在游戏比赛中尽可能多地获得金币以升级赛车，其效果如图 6-7 所示。

（5）单击主界面的“子弹”按钮，可以加强子弹的杀伤力。同样需要的是逐渐递增的金币要求。其效果如图 6-8 所示。

▲图 6-7　性能按钮

▲图 6-8　子弹按钮

（6）单击“继续”按钮，可以看到右侧有 4 个关卡以供选择。本游戏并没有逐级解锁的设计，读者以后可以完善该游戏，例如达到一定的金币才让开启下一关卡。此界面还有一个类似梯形的 4 张图片组成的物块，左右滑动屏幕可以使其转动，以达到选择关卡的目的，其效果如图 6-9 所示。

（7）随便选择一个关卡进入游戏，此处选择的是关卡一。经过 3 秒倒计时的准备工作，游戏正式开始。此游戏设计的是并不需要人为按动按钮以进行动力驱动，只需要单击屏幕的左右两部分控制卡丁车的转向即可，其效果如图 6-10 所示。

▲图 6-9　选择关卡界面

▲图 6-10　游戏界面

（8）游戏中会碰到箱子和金币，箱子是可以“吃”的，并且箱子会随机释放一种特效现实并出现在左侧中间的圆环。例如加速、子弹、导弹等。以加速为例，在使用加速特效时会播放一定时间的粒子系统，增强游戏的体验性，效果如图 6-11 所示。

（9）看到了加速的特效，下面介绍一下子弹以及导弹特效。这两种会判断是否超出一定距离，如果超出了一定的距离，引擎就会回收。这样保证了游戏使用内存保持在合理范围内，并且实现了显示效果只有一段距离的目的，如图 6-12 及图 6-13 所示。

▲图 6-11　加速特效

▲图 6-12　子弹特效

（10）游戏界面左上侧的时速表右侧的 R 标志的含义显而易见。下面介绍一下“暂停”按钮的暂停界面功能。在此界面中可以进行重新开始和回到主菜单等基本操作，并可以进行音乐和音效的控制，具体效果图如图 6-14 所示。

▲图 6-13　导弹特效

▲图 6-14　暂停界面

提示　本章主要向读者介绍 Android 平台下游戏的开发，由于 Cocos2d-x 引擎支持跨平台开发，若需要将项目从 Android 平台移植到 iOS 平台上也相当简单，因此笔者在随书提供了 iOS 版本的案例，有需要的读者请参考随书项目。

6.2 游戏的策划及准备工作

上一小节对游戏的背景和功能进行了详细介绍，读者对本游戏实现的功能有了一个大概了解。

本节着重介绍游戏的策划和准备工作，其中包括游戏类型的确定以及呈现技术等方面的详细设定，下面详细介绍一下游戏的策划过程。

6.2.1 游戏的策划

本游戏的策划主要包括游戏类型定位、呈现技术以及目标平台的确定等工作。

❑ 游戏类型

该游戏的操作为触屏，通过单击屏幕左侧部分实现卡丁车的左转，单击屏幕右侧部分实现卡丁车的右转。当获得特效时，单击屏幕中特定的位置可以使用特效。用获得的金币改装卡丁车，它属于赛车类游戏。

❑ 运行的目标平台

该游戏的目标平台为 Android 2.3 及以上版本。由于该游戏中使用了大量的 Cocos2d-x 特效以及着色器逻辑，如果 CPU 或者 GPU 的运行速度较慢可能造成游戏运行效果较差。

❑ 采用的呈现技术

游戏采用 Cocos2d-x 引擎进行游戏场景的搭建以及游戏特效的处理，比如游戏中的导弹的爆炸效果以及进入主界面时卡丁车的动作和场景之间的切换特效等。这些都是 Cocos2d-x 引擎封装好的，用起来极其方便，但所实现的效果却异常强大。

❑ 操作方式

本游戏所有关于游戏的操作均为触屏方式，例如场景之间的切换以及滑动屏幕进行选关操作，玩家通过触摸屏幕进行车辆的左右转向控制，通过单击固定位置的特效菜单项实现发射子弹以及导弹等，操作方式比较简单。

❑ 音效设计

为了增加游戏的吸引力以及玩家的游戏体验，本款游戏根据场景的效果添加了适当的音效，包括背景音乐、发射炮弹时的音效以及不同关卡的背景音效。这种方式可以极大地增大游戏的可玩性以及吸引性。

6.2.2 游戏的准备工作

上面介绍了游戏的策划工作，通过以上介绍，想必读者已经了解了本游戏的类型。下面将做一些开发前的准备工作，包括搜集和制作图片、声音、字体、粒子系统等，这些资源是这款游戏创作成功的基石，其详细开发步骤如下。

（1）首先为读者介绍本游戏的图片资源，系统将所有图片资源都放置在 GorgeKart/app/src/main/assets 目录下。为了将各种资源区分开，特地将其放置在 pic 文件夹下。其中包括地形用到的图片以及其中的跳转场景的菜单项图片等，如表 6-1 所列。

表 6-1　图片清单

图　片　名	大小（KB）	像素（w×h）	用　　途
factory_BK.jpg	236	1024×1024	工厂后面纹理（天空盒）
factory_DN.jpg	368	1024×1024	工厂前面纹理（天空盒）
factory_FR.jpg	205	1024×1024	工厂右侧纹理（天空盒）
factory_LF.jpg	238	1024×1024	工厂左侧纹理（天空盒）
factory_RT.jpg	191	1024×1024	工厂上侧纹理（天空盒）
factory_UP.jpg	227	1024×1024	工厂下侧纹理（天空盒）
gun_body.png	67	320×128	武器主体纹理

续表

图 片 名	大小（KB）	像素（w×h）	用 途
gun_pipe.png	54	256×128	武器管子纹理
gun_tablets.png	5	64×64	武器头部纹理
kcar0.png～ kcar7.png	514	512×512	卡丁车纹理图
leftStop.png	35	120×60	刹车按钮
loading1.png	1987	1920×1080	加载图一
Loading2.png	1987	1920×1080	加载图二
M1.png～M4.png	12	170×70	名次序列
Missile.png	38	128×128	导弹纹理
Missile1.png	38	128×128	导弹纹理
model.png	29	200×200	特效背景
next.png	21	150×60	继续按钮
pause.png	18	100×100	暂停按钮
pauseBG1.png	6	512×256	暂停界面背景
progress.png	18	200×49	进度条
property.png	22	100×40	性能按钮
quit.png	21	100×40	退出按钮
restart1.png	21	100×40	复位
rightStop.png	25	100×49	右面暂停
scoreStar.png	30	190×204	星星
setMusic1.png	13	128×128	设置音乐按钮
skill.png	27	100×100	技能按钮
skillBoostNormal.png	14	100×100	加速特效按钮
skillBulletSelect.png	13	100×100	子弹特效按钮
skillRocketNormal.png	14	100×100	导弹特效按钮

（2）前面介绍了部分布景中需要的图片，由于篇幅所限，特地将所需的图片资源分为两个表，接下来将详细介绍此游戏所需图片资源的其余部分，其中主要包括 2D 界面中用到的三种特效图片以及菜单项所需的图片等，如表 6-2 所列。

表 6-2 图片清单

图 片 名	大小（KB）	像素（w×h）	用 途
acceleration.png	21	150×20	加速度图片
back.png	21	150×60	返回按钮图片
box.jpg	21	256×256	奖励箱子图片
bullet.png	20	64×64	子弹图片
bulletB.png	21	100×40	设置子弹图片
button-bg-left.png	9	256×90	重玩按钮
button-bg-right.png	10	256×90	返回按钮
car1.png	140	454×312	卡丁车第一皮肤
car2.png	147	457×263	卡丁车第二皮肤

续表

图　片　名	大小（KB）	像素（w×h）	用　　途
color.png	22	100×40	设置颜色按钮
countDown.png	25	800×200	倒计时按钮
custom1.png～custom4.png	311	512×516	关卡的显示
dangban.png	3	64×64	结束挡板
dashBoard1.png	23	140×140	特效按钮
diamond.png	23	100×100	金币纹理
errorDirection.png	30	400×150	方向错误
speedBoard1.png	50	200×200	时速表纹理
speedPoint.png	4	200×200	指针纹理
start.png	21	150×60	开始按钮
turnLeft.png	72	200×200	左转按钮
turnRight.png	72	200×200	右转按钮
universal_button_long.png	20	512×512	暂停界面背景
update.png	20	150×60	升级按钮
updateDamage.png	21	150×20	升级伤害值
updateProgress.png	22	150×20	更新纹理图

（3）接下来介绍游戏中用到的声音资源，它们位于 GorgeKart/app/src/main/assets 文件夹下的 audio 文件夹中，包括音乐和音效所需的全部资源，其详细情况如表 6-3 所列。

表 6-3　　　　　　　　　　　　　　　声音资源

声音文件名	大小（KB）	用　　途
bgmusic1.ogg～bgmusic4.ogg	216	背景音乐
boom_m.ogg	15	爆炸音效
button.ogg	8	按钮音效
cannon.ogg	17	导弹音效
chiZuanShi.ogg	14	吃钻石音效
db_shotgun.ogg	42	子弹音效
selectmusic.ogg	254	选择音乐音效

（4）介绍完了音乐和音效，下面介绍一下游戏中使用到的 obj 模型，具体包括导弹、子弹、金币等。其中的天空穹所用的格式是 Cocos2d-x 引擎自己提供的格式，读者可以参考官网教程进行转换，其详细情况如表 6-4 所列。

表 6-4　　　　　　　　　　　　　　　obj 模型

模型文件名	大小（KB）	用　　途
box.obj	1	奖励箱子
cubeCustom.obj	2.41	天空盒
diamond.obj	3	金币
gun_body_L.obj	83	左炮管
gun_body_R.obj	83	右炮管

续表

模型文件名	大小（KB）	用 途
gun_pipe.obj	102	炮筒
Missile.obj	3	导弹
NewKart.obj	150	卡车
sphere.c3b	24	天空穹

（5）介绍完了 obj 模型后，最后总体介绍一下剩余的资源，其中包括粒子系统脚本以及着色器等。剩余的一些图片是粒子系统中所需要的，这些纹理图的名称需要与脚本文件中的纹理图名称一致，其详细情况如表 6-5 所列。

表 6-5 其余资源

文 件 名	大小（KB）	用 途
floorTexture.vert	1	底盘所用顶点着色器
floorTexture.frag	7	底盘所用片元着色器
explosion.pu	7	导弹爆炸的粒子脚本
pu_fire_01_64x64.png	3	粒子系统所用纹理图
pu_nucleus.png	4	粒子系统所用纹理图
pu_smoke_02_128x128.png	11	粒子系统所用纹理图
pu_example.material	14	粒子系统所用材质

6.3 游戏的架构

上一小节详述了游戏的策划和前期准备工作，由此可以了解到本游戏的类型及游戏框架等。本节开始将对该游戏的架构进行简单介绍，包括布景相关类及工具类实现的功能，使读者对本游戏的开发有更深层次的认识。

6.3.1 游戏中各类的简要介绍

为了使读者能够更好地理解各个类的作用，下面将分成两个部分对其进行介绍。首先介绍的是布景相关类的详细功能，紧随其后介绍的是辅助类的详细功能，而各个类的详细开发流程将在后面的小节中相继介绍。

1. 布景相关类

❑ 总场景管理类 SceneManager

该类为游戏中呈现场景最主要的类，主要负责游戏中场景的显示和切换。游戏将众多的场景集中到一个类中，这样做不但程序结构清晰而且维护简单，很多商业游戏也采用这种模式，学完本章读者会深有体会。

❑ 游戏主界面布景类 SelectLayer

该布景主要负责显示主界面，并负责跳转到其他布景。它主要实现的功能是改装卡丁车的相关属性，例如速度以及加速度的提升，导弹和子弹杀伤力的提升，并且选择哪一个关卡开启角逐赛也是在此布景中进行。

❑ 游戏设置音乐音效布景类 SettingLayer

该布景主要负责进行音乐和音效的设置。经过主界面跳转到此界面后，读者可以看到两个按钮，单击相应的按钮可以进行相应的设置，包括背景音乐的开和关，音效的开和关。单击此布景左上角的“返回”按钮，可以返回到主界面场景。

- ❑ 游戏 2D 布景类 Game2DLayer

此界面主要显示的是游戏布景中的 2D 界面，包括时速表和“暂停”按钮、当前获得的技能以及“复位”按钮等。并且页面中提供了一个“暂停”按钮，单击暂停按钮弹出暂停界面，此界面会出现重新开始游戏以及继续游戏的选项。

- ❑ 游戏 3D 布景类 Game3DLayer

此布景是该游戏的关键布景，在此布景中实现了卡丁车的角逐以及游戏的主要逻辑。该布景包括玩家卡丁车与系统卡丁车位置的正确摆布。该布景中还实现了摄像机永远位于玩家卡丁车的后部。读者对该布景应该提高重视，重点学习该布景。

- ❑ 游戏加载布景类 LoadingLayer

此布景主要实现了资源的预加载。由于部分资源比较大，例如 obj 模型和背景音乐等，因此使用预加载的方式可以增强游戏的体验性，以防在加载过程出现卡顿。很多商业游戏也是通过这种方式进行游戏资源的管理。

2. 辅助类

- ❑ 奖励箱子类 AwardBox

此类主要实现箱子 obj 模型的创建。箱子中包含 3 种技能，当卡丁车碰到箱子时，触发器就会检测到，然后就会获得该箱子的技能。箱子中的技能是随机的。通过单击 2D 界面中的奖励菜单项，玩家可以实现使用技能。

- ❑ 子弹类 Bullet

该类主要实现子弹的创建。主要实现的功能是创建一个碰撞体模型，并按照一定的距离向前移动，如果超过规定的距离，就自动执行销毁方法。

- ❑ 导弹类 Rocket

此类主要实现了 3 种技能中的导弹技能。主要实现的功能是创建一个碰撞体模型，并按照其中的寻找目标的方法寻找目的地，如果超出规定距离就自动执行销毁方法。

- ❑ 卡丁车类 Kart

该类主要实现卡丁车模型的创建。主要实现的功能比较复杂，包括碰撞体模型的创建、卡丁车的前进后退和左右转向、更新牵引力、计算方向是否错误和更新技能等。最为重要的卡丁车自动前进的方法也是通过此类实现的。

- ❑ 底盘类 Disc

该类主要实现底盘中着色器的绑定。主要实现的功能包括绑定着色器、重写 draw 命令并设置混合方式以实现底盘的着色器绘制状态。

- ❑ 物理世界类 GamePhysics

该类主要用于创建物理世界场景。进行相关参数的设定后，创建软体世界，将现实物理世界的对象添加进物理世界场景中，然后将其他场景均添加进此场景中。这样可以真实地模拟现实物理世界，例如实现卡丁车的碰撞等。

- ❑ 音效管理类 AudioManager

此类主要实现音效的管理，比如预加载游戏中所需的音乐和音效资源，在需要的位置进行音乐或者音效的播放，根据玩家的设定更改播放状态等。

6.3.2 游戏的框架简介

上一小节对游戏中各类实现的功能进行了详细介绍，可能读者还没有理解游戏的架构以及游戏的运行过程。接下来本小节将介绍游戏的整体架构，让读者对本游戏有更好的理解，首先给出的是游戏架构图，如图 6-15 所示。

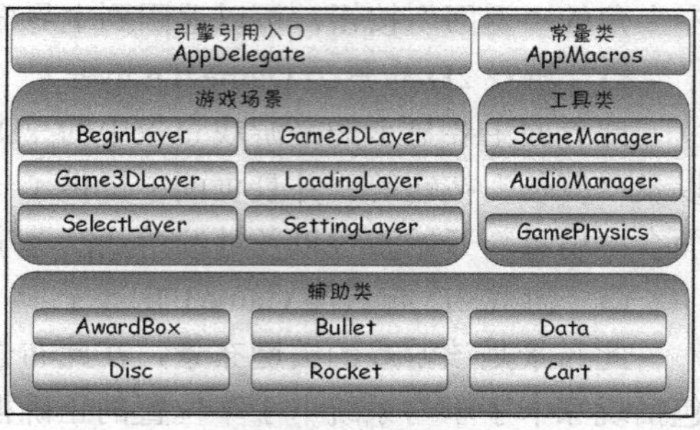

▲图 6-15　架构图

接下来按照程序运行的顺序逐步介绍各个类的作用以及整体的运行框架，使读者能更好地掌握本游戏的开发步骤，其详细步骤如下。

（1）启动游戏。引擎会在 AppDelegate 类开启的入口函数中创建一个主场景，并切换到主场景中。同时在主场景中初始化该场景中的布景，读者可以看到引擎随后会渲染出第一个布景——主界面布景，它会呈现在屏幕上。

（2）主界面布景完成后，呈现在玩家眼前的是一辆卡丁车和几个按钮。左上角有一个“设置”按钮，右侧部分有一系列卡丁车改装的菜单项，例如速度和加速度的提升，单击“设置”按钮后跳转到设置布景，可以进行相应的音乐音效设置。

（3）单击“返回”按钮，跳回到主界面布景。此布景还可以进行卡丁车的改装和关卡的选择，单击右侧的“子弹”“导弹”以及“性能”等按钮，就可以进行相应参数的升级。

（4）单击“继续”按钮，进入选择关卡页面。映入眼帘的是由 4 个图组成的梯形，左右滑动屏幕或者单击右侧的关卡序列可以进行关卡的选择。此游戏共提供了 4 个关卡地图，读者可以依次进行试玩。

（5）单击“继续”按钮，可以进入游戏布景。此布景中主要由 2D 布景和 3D 布景组成。2D 布景中主要是游戏界面按钮的显示，包括获得的技能显示、速度仪表板的显示和暂停按钮等。3D 布景主要是卡丁车的角逐。

（6）单击“暂停”按钮，进入暂停界面。此界面中可以进行音乐音效的设置、返回主页面以及重新开始此关卡的选择等操作。在此界面可以进行音乐和音效的控制，读者可以单击相应的按钮进行相应的操作。

（7）当完成游戏后，就会跳出完成游戏界面。在此界面中，可以进行再玩一局的选择以及返回主页面的选择，单击相当的按钮实现对应的功能。

6.4 游戏常量头文件——APPMacros

从本节开始正式进入游戏的开发过程，本节主要介绍该游戏的常量头文件。该头文件中存储了游戏中一系列的基本信息，包括各个资源的路径、物理世界物体的编号以及牵引力、速度、子弹的最大最小值和导弹的伤害值等。具体代码如下所示。

代码位置：见本书随书源代码/第 6 章 GorgeKart/app/src/main/jni/other 目录下的 APPMacros.h。

```
……//此处省略了部分头文件的声明，有需要的读者请参考随书源代码
6define OBJ_PATH string("obj/")                          //obj 模型的路径
6define PIC_PATH string("pic/")                          //所需图片的路径
6define SCR_PATH string("particle3d/scripts/")           //粒子系统的脚本路径
6define MAT_PATH string("particle3d/materials/")         //材质系统的路径
6define FONT_PATH string("fonts/")                       //字体路径
6define SHADER_PATH string("shader/")                    //着色器路径
6define AUDIO_PATH string("audio/")                      //音效路径
6define MASK_CAR_MINE 0                                  //物理世界物体编号
6define MASK_CAR_1 1                                     //卡车一的编号
6define MASK_CAR_2 2                                     //卡车二的编号
6define MASK_CAR_3 3                                     //卡车三的编号
6define MASK_CAR_4 4                                     //卡车四的编号
6define MASK_CAR_5 5                                     //卡车五的编号
6define MASK_CAR_6 6                                     //卡车六的编号
6define MASK_CAR_7 7                                     //卡车七的编号
```

```
17   6define MASK_CAR_8 8                          //卡车八的编号
18   6define MASK_CAR_9 9                          //卡车九的编号
19   6define MASK_TERRAIN 10                       //地形的编号
20   6define MASK_AWARD 11                         //奖励的编号
21   6define MASK_BULLET 12                        //子弹的编号
22   6define MASK_ROCKET 13                        //导弹的编号
23   6define MAX_FACTOR 900                        //牵引力的最大值
24   6define MIN_FACTOR 400                        //牵引力的最小值
25   6define MAX_SPEED 22                          //速度的最大值
26   6define MIN_SPEED 15                          //速度的最小值
27   6define MAX_BULLET_DAMAGE 30                  //子弹伤害的最大值
28   6define MIN_BULLET_DAMAGE 10                  //子弹伤害的最小值
29   6define MAX_MISSILE_DAMAGE 50                 //导弹伤害的最大值
30   6define MIN_MISSILE_DAMAGE 20                 //导弹伤害的最小值
```

- 第 1～8 行为所需资源的路径。这种方式的封装可以非常方便地简化程序，并降低路径输入的出错率。
- 第 9～18 行为物理世界的物体编号。此游戏共提供了 9 个卡丁车的编号，通过此种方式，开发者可以非常方便地进行卡丁车的物理碰撞检测。
- 第 19～30 行为地形、奖励、子弹和导弹的编号以及牵引力、速度等的设置。

6.5 场景相关类

前面的小节介绍了游戏的常量头文件中的内容，本节将为读者介绍本游戏场景相关类。其中的场景管理类为作者自己开发的类，场景管理类中保留了各个场景的指针，可以非常方便地进行场景的切换，其余类则实现了游戏的布景类。下面为读者详细介绍场景相关类的开发过程。

6.5.1 游戏场景管理类——SceneManager

本小节将向读者介绍场景管理类的开发，该类主要管理项目中的相关场景。它包含所有场景之间切换的方法，方便程序中各个场景之间的切换，下面将分步骤为读者详细介绍该类的开发过程。

（1）首先向读者介绍该类的头文件，该头文件中声明了跳转到对应场景的一系列方法。将方法的声明单独放在头文件中使类的声明简单明了，并且在项目的任何位置均可以非常方便地进行场景的切换，其详细代码如下。

代码位置：见本书随书源代码/第 6 章 GorgeKart/app/src/main/jni/layer 目录下的 SceneManager.h

```
……//此处省略了部分头文件的声明，有需要的读者请参考随书源代码
class SceneManager{                                   //类的声明
public:
    static void gotoSelectLayer();                    //切换到选择场景
    static void gotoGameLayer();                      //切换到游戏界面
    static void gotoBeginLayer();                     //开始加载界面
    static void gotoAudioSetLayer();                  //切换到设置音效的场景
    static void gotoLoadingLayer();                   //切换到场景加载界面
    static void readData();                           //获取保存的数据
    static SelectLayer *selectL;                      //当前选择的布景
};
```

说明 此类的头文件主要声明了一些跳转到固定场景的方法，并将这些方法声明为静态，当需要调用的时候使用类名即可方便地调用。

（2）下面开始介绍此场景管理类的开发。这一场景管理的模式可以用在 Cocos2d-x 引擎开发的任何游戏中，使用方便。此类主要实现了各个场景之间的跳转，由于将方法声明为静态方法，因此可以方便、快捷地更换场景，具体代码如下所示。

代码位置：见本书随书源代码/第 6 章/GorgeKart/app/src/main/layer 目录下的 SceneManager.cpp。

```
1   void SceneManager::gotoBeginLayer(){                       //游戏第一个场景
2       auto scene=Scene::create();                              //创建场景
3       BeginLayer *loadingLayer = BeginLayer::create();         //创建布景
4       scene->addChild(loadingLayer);                           //将布景加入场景
5       Director::getInstance()->runWithScene(scene);            //调用导演类执行该场景
6   }
7   void SceneManager::gotoGameLayer(){                          //跳转到游戏场景
8       GamePhysicsScene *gameScene = GamePhysicsScene::createWithPhysics();
                                                                 //创建一个场景对象
9       auto director = Director::getInstance();                 //获取导演
10      director->replaceScene(gameScene);                       //切换到欢迎场景显示
11      Size visibleSize = Director::getInstance()->getVisibleSize();//获取可见区域尺寸
12      Camera* camera = Camera::createPerspective(              //创建摄像机
13          40.0f,                                           //摄像机视角，40～60 之间是合理值
14          visibleSize.width/visibleSize.height,            //视口长宽比
15          1.0f,                                            //near
16          1000.0f                                          //far
17      );
18      camera->setCameraFlag(CameraFlag::USER1);            //设置摄像机编号标志
19      camera->setPosition3D(Vec3(0.0f,300.0f,100.0f));                 //设置摄像机位置
20      camera->lookAt(Vec3(0.0f,0.0f,0.0f), Vec3(0.0f,1.0f,0.0f));
                                                             //设置摄像机目标点以及 up 向量
21      gameScene->addChild(camera);                         //将摄像机添加到场景中
22      Game3DLayer* layer3D = Game3DLayer::create();        //创建一个 3D 布景对象
23      layer3D -> camera = camera;                          //给 3D 布景设置摄像机
24      layer3D -> scene = gameScene;                        //给 3D 布景场景指针设置场景
25      layer3D -> scene -> initWithPhysics();               //初始化物理世界
26      layer3D->initPhysics3D();                            //初始化物理世界物体
27      gameScene->addChild(layer3D);                        //将 3D 布景添加到场景中
28      Game2DLayer* layer2D = Game2DLayer::create();        //创建一个 2D 布景对象
29      layer2D->layer3D= layer3D;                           //2D 布景中的 3D 布景赋值
30      gameScene->addChild(layer2D);                        //将 2D 布景添加到场景中
31  }
32  ……//此处省略了跳转到游戏界面的代码，下面将详细讲解
33  void SceneManager::gotoAudioSetLayer(){                  //切换到设置音效的场景
34      Scene *settingScene = Scene::create();               //创建场景
35      SettingLayer* layer = SettingLayer::create();        //创建设置布景
36      settingScene->addChild(layer);                       //将布景添加到场景中
37      auto ss = TransitionFade::create(0.5f, settingScene);      //向右
38      Director::getInstance()->pushScene(ss);              //替换场景
39  }
40  void SceneManager::gotoLoadingLayer(){                   //跳转到加载场景
41      auto scene = Scene::create();                        //创建场景
42      auto layer = LoadingLayer::create();                 //创建加载布景
43      scene -> addChild(layer);                            //把布景加入场景中
44      auto ss = TransitionFade::create(0.5f, scene);       //向右
45      Director::getInstance()->pushScene(ss);              //执行该场景
46  }
```

- 第 1～6 行为跳转到开始布景。此布景为预加载游戏所需的资源，例如背景音乐和 3D 精灵所用的 obj 模型。
- 第 8 行为创建物理世界场景类。由于该游戏使用的是 Bullet 引擎，需要将所有物体放置在物理世界中，才能触发碰撞检测。
- 第 12～20 行为创建编号为一的摄像机。此摄像机主要是"跟"在玩家卡丁车后面，以供渲染游戏界面的 3D 布景时使用。
- 第 22～30 行为创建 2D 布景和 3D 布景，并进行相关变量的赋值，最后将两个布景添加到物理世界场景中。
- 第 33～39 行为跳转到设置音效的场景。在此场景中，可以进行音乐和音效的设置。此场景中还提供了"返回"按钮，单击此按钮即可返回主界面场景。
- 第 40～45 行为跳转到加载场景。此场景中加载了 3D 场景中需要用到的地形、obj 模型等，通过此方法可以增强游戏的体验性。

6.5.2 加载布景类——BeginLayer

本小节向读者详细介绍加载布景类。此布景中预加载了游戏中所需的图片和 3D 精灵所需的 obj 模型等。这种方式可以预防由于加载资源过多等问题而可能出现的画面卡顿现象，具体开发步骤如下所示。

（1）首先介绍 BeginLayer 头文件的开发。此头文件中主要声明了几个数组，数组中存储着图片以及其他 obj 资源的路径。当跳转到加载界面时，可以通过这种方式非常方便地进行 obj 以及图片资源的加载，具体代码如下所示。

代码位置：见本书随书源代码/第 6 章 GorgeKart/app/src/main/jni/layer 目录下的 BeginLayer.h。

```
……//此处省略了部分头文件的声明，有需要的读者请参考随书源代码
class BeginLayer:public cocos2d::Layer{                          //类名的创建
public:
     ……//此处省略了路径的声明，有需要的读者请参考随书源代码
     LoadingBar* loadingbar = nullptr;                           //进度条
     int currentNum=0;                                           //已经加载的个数
     int totalNum=109;                                           //需要加载的总个数
     virtual bool init();                                        //初始化方法
     Sprite *car1 = nullptr;                                     //进度条中的卡丁车
     void printf(Sprite3D* sprite, void* index);                 //打印加载的 obj 个数
     void loadingResource();                                     //加载资源
     void loadingCallback();                                     //更新资源加载中
     void gotoNextScene();                                       //跳转到下一个场景
     CREATE_FUNC(BeginLayer);                                    //创建方法
};
```

说明 此头文件中主要包括资源的路径，并声明了加载资源的回调方法，接下来介绍布景类的开发，读者可以看到它的用法。

（2）下面详细介绍此布景的开发。此类主要实现了图片以及 obj 模型的预加载，并创建一个进度条以显示进度。这一做法在正式游戏中得到了广泛应用。在以后的开发中，有需要的读者可以参考此类的模式，具体代码如下所示。

代码位置：见本书随书源代码/第 6 章 GorgeKart/app/src/main/jni/layer 目录下的 BeginLayer.cpp

```
……//此处省略了部分头文件的声明，有需要的读者请参考随书源代码
bool BeginLayer::init(){                                         //初始化方法
     if ( !Layer::init()){return false; }                        //如果父类没初始化完成
     Sprite *loadingBG=Sprite::create("pic/loading1.png");       //初始化进度条背景
     loadingBG->setPosition(Point(480,270));                     //设置进度条背景的位置
     this->addChild(loadingBG);                                  //添加到场景中
     Sprite *mLoading=Sprite::create("pic/ProgressBarBG.png");   //初始化进度条背景
     mLoading->setPosition(Point(480,100));                      //设置进度条背景的位置
     mLoading->setScale(1.5);                                    //设置缩放比
     mLoading->setScaleY(2.0);                                   //设置缩放比
     this->addChild(mLoading);                                   //添加到布景
     loadingbar=LoadingBar::create();                            //创建进度条
     loadingbar->loadTexture(PIC_PATH+std::string("ProgressBar.png"));//设置进度条的纹理
     loadingbar->setPercent(0);                                  //设置进度条的百分比
     loadingbar->setScale(1.5);                                  //设置缩放比
     loadingbar->setScaleY(2.0);                                 //设置缩放比
     loadingbar->setPosition(Point(480,100));                    //设置进度条的位置
     this->addChild(loadingbar);                                 //把进度条添加到场景中
     car1=Sprite::create("pic/car1.png");                        //初始化进度条背景
     this->addChild(car1);                                       //把卡丁车添加进去
     car1->setScale(0.2f);                                       //设置缩放比
     loadingResource();                                          //加载资源
     return true;                                                //返回 true
}
void BeginLayer::loadingResource(){                              //加载资源的方法
     auto TexureCache=Director::getInstance()->getTextureCache();//获取纹理缓冲
```

```
27        for(const auto& strTemp:picPath){                           //遍历游戏中的图片
28            TexureCache->addImageAsync(PIC_PATH+strTemp,            //把图片添加进内存中
29                    CC_CALLBACK_0(BeginLayer::loadingCallback,this));
30        }
31        for(const auto& strTemp:terrainPath){                       //遍历游戏中的地图
32            TexureCache->addImageAsync("TerrainTest/"+strTemp,//把图片添加进内存中
33                    CC_CALLBACK_0(BeginLayer::loadingCallback,this));
34        }
35        int i = 0;                                                  //定义一个临时变量
36        for(const auto& strTemp:objPath){                           //遍历加载模型
37            Sprite3D::createAsync(OBJ_PATH+strTemp,                 //加载模型并调用方法
38                    CC_CALLBACK_2(BeginLayer::printf,this),(void*)i++);
39        }}
40    void BeginLayer::loadingCallback(){                             //加载完成回调
41        ++currentNum;                                               //已加载数量自加
42        int percent=(int)(((float)currentNum / totalNum) * 100); //计算已经加载的百分比
43        if(percent<100){                                            //如果已经加载的少于 100
44            loadingbar->setPercent(percent + 3);                    //设置加载的百分比
45            float car1Pos = 460.f/totalNum * currentNum;  //计算百分比
46            car1->setPosition(Point(260 + car1Pos,120)); //设置位置
47        }
48        if(currentNum>=totalNum){                                   //当加载完资源后
49            gotoNextScene();}                                       //进入下一个界面
50    }
51    void BeginLayer::printf(Sprite3D* sprite, void* index){ //默认回调方法
52        this->loadingCallback();                                    //真实回调方法
53    }
```

- 第 4～11 行为初始化进度条背景。为了形成良好的可视化效果，这里为进度条设置了背景图，在进度条下添加了一个精灵。
- 第 12～18 行为进度条的创建。此进度条添加的位置需与上述所说的背景图位置一样，这里并设置了初始百分位为 10%。
- 第 19～24 行首先初始化了进度条背景，然后向布景中添加了卡丁车，接着设置了卡丁车的缩放比，最后调用了加载资源的 loadingResource 方法。
- 第 26～39 行为纹理图的预加载和 obj 模型的预加载。此处需要重点学习的是，回调函数参数的设定和调用回调函数的方式。
- 第 40～46 行为加载的回调。该方法计算了加载的百分比。加载完成后，调用相应的方法进入下一个场景。
- 第 51～53 行为系统默认参数的 3D 精灵回调函数。此处需要注意的是参数需与系统默认的回调方法参数一致。

6.5.3　主界面布景类——SelectLayer

此小节将为读者详细介绍主界面的开发。此布景中主要实现卡丁车的改装代码，以及各个场景的中转站。在此布景中，还可以进行关卡的选择，并且底盘采用着色器写，实现的效果相当炫酷。具体开发步骤如下所示。

（1）介绍完了此布景要实现的主要功能，下面就可以正式进行开发了。首先详细介绍一下布景的框架声明。这里主要声明了一些菜单项，例如子弹功能的增强面板、卡丁车的加速度及速度增强菜单，具体代码如下所示。

代码位置：见本书随书源代码/第 6 章 GorgeKart/app/src/main/jni/layer 目录下的 Selectlayer.h。

```
    ……//此处省略了部分头文件的声明，有需要的读者请参考随书源代码
    class SelectLayer : public cocos2d::Layer{
    public:
        const int price[7]={200,500,1000,2000,5000,10000,0};          //升级的花费
        Camera *camera;            //摄像机
        int selectState=2;         //选择的状态 0-没有选择(主菜单界面)，1-选择关卡中，2-选择车中
        float degree=0;            //摄像机转场角度
```

```
8       float cameraHeight=692;                    //摄像机高度
9       int carColorIndex=0;                       //车的颜色
10      int customSelected=1;                      //当前关卡
11      int customSelectedPre=1;                   //前一选择
12      bool moveFlag;                             //是否可以移动摇杆
13      float lxs;                                 //起点的 x
14      float lxm;                                 //移动时的 x
15      bool isSelectedCustom=false;               //是否正在进行选关的移动
16      Sprite3D *customSpr[4];                    //选关的 4 个精灵
17      Sprite3D *diamond;                         //右上角的钻石
18      MenuItemImage *nextMenu;                   //下一步按钮
19      MenuItemImage *backMenu;                   //返回
20      Sprite *propertyBackground;                //性能升级菜单背景
21      Sprite *bulletBackground;                  //子弹升级菜单背景
22      Sprite *missileBackground;                 //导弹升级菜单背景
23      Menu *propertyMenu;                        //性能升级菜单
24      Menu *bulletMenu;                          //子弹升级菜单
25      Menu *missileMenu;                         //导弹升级菜单
26      Car *kart ;                                //选择
27      Label *diamondCountL;                      //宝石个数
28      Label *speedLabel;                         //提升速度的花费
29      Label *accelerationLabel;                  //提升加速度的花费
30      Label *bulletDamageLabel;                  //提升子弹威力的花费
31      Label *missileDamageLabel;                 //提升导弹威力的花费
32      ……//此处省略了类似代码的声明，有需要的读者请参考随书源代码
33      virtual bool init();                       //初始化的方法
34      void goBack();                             //返回上一步
35      void goNext();                             //进入下一步
36      void changeSelect(int index);              //选择的时候
37      void initPU();                             //初始化粒子系统
38      void initMenu();                           //初始化菜单
39      void initObject();                         //初始化物体
40      void initListener();                       //初始化监听器
41      void initUpdate();                         //初始化升级界面
42      void initDiamond();                        //初始化宝石
43      void cameraAnim(Camera *camera);           //相机动画
44      void changeCarColor();                     //改变车的颜色
45      void changeSelectState();                  //更改选择关卡状态
46      void changeProperty(int index=-1);         //切换相关性能
47      void changePrice();                        //更改价格显示
48      void updateProperty(int index=-1);         //升级相关性能
49      void goSelectCustom(int select);           //选择关卡
50      bool onMyTouchBegan(Touch *touch, Event *event); //触控开始事件的回调方法
51      void onMyTouchMoved(Touch *touch, Event *event); //触控移动事件的回调方法
52      void onMyTouchEnded(Touch *touch, Event *event); //触控结束事件的回调方法
53      void onMyTouchCancelled(Touch *touch, Event *event); //触控终止事件的回调方法
54  };
```

- 第 4 行为改装卡丁车所需的花费。此游戏设计的是逐级递增的模式，如果想升级为更高的级数，则需要在游戏中尽可能多地吃到钻石。
- 第 6 行为当前游戏的状态。具体如下：0 代表没有选择(主菜单界面)状态，1 代表选择关卡中状态，2 代表选择车中状态。
- 第 9 行为卡丁车的颜色索引。此款游戏一共提供了 7 款颜色，如果单击“颜色”按钮，此索引自动加一，以获得其他颜色。
- 第 16 行为选关的 4 个精灵。这 4 个精灵按照既定的排列方式进行排列。当玩家滑动屏幕时，可以进行关卡的选择。
- 第 18～31 行为此界面 2D 布景的显示，主要包括性能按钮、加速度、速度等。这些按钮显示在场景中供玩家进行的各种属性的提升与设置。

（2）介绍完了此布景的类框架声明，下面详细介绍此布景的具体开发。这里主要实现了卡丁车的改装，例如速度及加速度的升级，子弹及导弹的杀伤力升级，还实现了跳转到设置界面，并进行关卡的选择，具体代码如下所示。

代码位置：见本书随书源代码/第 6 章 GorgeKart/app/src/main/jni/layer 目录下的 Selectlayer.cpp。

```
1   void SelectLayer::initPU(){
2       auto temp = PUParticleSystem3D::create(                    //第一个烟雾
3           SCR_PATH+"smoke1.pu",MAT_PATH+"pu_mediapack_01.material");
4       temp->setScale(50);                                         //设置缩放比
5       this->addChild(temp);                                       //添加进布景
6       temp->setPosition3D(Vec3(-600,480,-2500));                  //设置位置
7       temp->setBlendFunc(BlendFunc::ADDITIVE);                    //设置混合方式
8       temp->setCameraMask((unsigned short) CameraFlag::USER2);    //设置摄像机编号
9       temp->startParticleSystem();                                //开始播放粒子系统
10      auto temp3 = PUParticleSystem3D::create(                    //第二个烟雾
11          SCR_PATH+"smoke3.pu",MAT_PATH+"pu_mediapack_01.material");
12      temp3->setScale(170);                                       //设置缩放比
13      this->addChild(temp3);                                      //添加到场景
14      temp3->setPosition3D(Vec3(-2555,1012,1520));                //设置位置
15      temp3->setBlendFunc(BlendFunc::ADDITIVE);                   //设置混合方式
16      temp3->setCameraMask((unsigned short) CameraFlag::USER2);   //设置摄像机编号
17      temp3->startParticleSystem();                               //开始播放粒子系统
18      auto tempStar = PUParticleSystem3D::create(                 //星星
19          SCR_PATH+"star.pu",MAT_PATH+"pu_example.material");
20      this->addChild(tempStar);                                   //添加进布景
21      tempStar->setPosition3D(Vec3(0,200,-1000));                 //设置位置
22      tempStar->setCameraMask((unsigned short) CameraFlag::USER2); //设置摄像机编号
23      tempStar->startParticleSystem();                            //开始播放粒子系统
24  }
25  void SelectLayer::goSelectCustom(int select){                   //跳转到选择的关卡
26      AudioManager::mPlayButtonEffect();                          //播放按钮音效
27      if(!isSelectedCustom){                                      //没有选择关卡移动
28          isSelectedCustom=true;                                  //正在移动中
29          int num=0;                                              //临时变量
30          num=select-customSelected;                              //最终关卡
31          customSelected=customSelectedPre=select;                //设置变量
32          selectedSpr->runAction(Place::create(Point(940,440-(select-1)*70)));
                                                                    //选择的底设置位置
33          for(int i=0;i<4;i++){                                   //for 循环保证所有精灵执行
34              customSpr[i]->runAction(                            //执行此动作
35                  Sequence::create(                               //序列动作
36          EaseBackInOut::create(RotateTo::create(0.5,Vec3(0,(90*(select-1+i)+8)%360,0))),
37            CallFunc::create(CC_CALLBACK_0(SelectLayer::changeSelectState,this)),
38                  nullptr));                                      //动作队列
39  }}}
```

- 第 2～3 行为创建粒子系统。主界面中炫酷效果的实现离不开粒子系统，此方法中共创建了三款粒子系统，各自有各自的不同。
- 第 18～19 行为创建的星星粒子系统。此处的创建过程和上述粒子系统类似，除了创建之外，还必须将其放置在合理的位置。
- 第 26 行为播放选择按钮的音效。此款游戏将游戏中所有的音效都封装成静态方法，使用时方便快捷。
- 第 27～39 行为 4 个精灵的动作执行。4 个精灵组成梯形状态，如果选择结束的话，则此 4 个精灵按照既定的方向执行 EasebackInOut 动作。

（3）上面介绍了此类中一些方法的具体实现，由于篇幅所限，并未完整介绍。此处再介绍一些其他的比较重要的方法。主要是初始化选关界面时 4 个关卡图组成的旋转梯形，具体代码如下所示。

代码位置：见本书随书源代码/第 6 章 GorgeKart/app/src/main/jni/layer 目录下的 Selectlayer.cpp。

```
void SelectLayer::initObject(){                  //初始化 3D 物体
    auto _textureCube=TextureCube::create(PIC_PATH+"factory_LF.jpg",PIC_PATH+
    "factory_RT.jpg",
        PIC_PATH+"factory_UP.jpg",PIC_PATH+"factory_DN.jpg",       //创建天空盒
        PIC_PATH+"factory_FR.jpg",PIC_PATH+"factory_BK.jpg");      //设置 6 个面路径
    auto skyBox=Skybox::create();                                  //天空盒
    skyBox->setTexture(_textureCube);                              //设置纹理
    skyBox->setScale(5120);                                        //缩放
    skyBox->setGlobalZOrder(-1);                                   //设置全局 z-order
```

```
9        skyBox->setCameraMask((unsigned short) CameraFlag::USER2); //设置摄像机编号
10       this->addChild(skyBox);                                    //添加进布景
11       Disc *floor1 = Disc::create(OBJ_PATH+"sphereFloor.obj");   //底面圆盘 1
12       floor1->setPosition3D(Vec3(-10,200,-850));                 //设置位置
13       floor1->setScale(3.5f);                                    //设置缩放
14       floor1->setRotation3D(Vec3(0,90,0));                       //设置旋转角度
15       floor1->setCameraMask((unsigned short) CameraFlag::USER2); //设置摄像机编号
16       floor1->setGlobalZOrder(-1);                          //设置全局 z-order
17       this->addChild(floor1);                               //添加进布景
18       kart= Car::create();                                  //卡丁车
19       kart->setPosition3D(Vec3(-10,310+1500,-920));         //设置位置
20       kart->setScale(1.5);                                  //设置缩放
21       kart->setCameraMask((unsigned short) CameraFlag::USER2); //设置摄像机编号
22       kart->runAction(EaseBounceOut::create(MoveBy::create(0.5,Vec3(0,-1500,0))));
23       kart->runAction(RepeatForever::create(RotateBy::create(3,Vec3(0,-90,0))));
24       this->addChild(kart);                                 //添加进布景
25       for(int i=0;i<4;i++){                                 //关卡地图
26           customSpr[i]=Sprite3D::create(OBJ_PATH+"cubeCustom.obj",//3D 精灵的创建
27                   PIC_PATH+StringUtils::format("custom%d.png",i+1).c_str());
28           customSpr[i]->setRotation3D(Vec3(0,i*90+8,0));    //设置旋转角度
29           int temp=(i+1>=4)?i-3:(i+1);                      //设置临时编号
30           int x=(temp%2==0)?(temp==0?1500:-1500):0;         //计算位置
31           int z=(temp%2==1)?(temp==3?1500:-1500):0;         //计算位置
32           customSpr[i]->setPosition3D(Vec3(-10+x,410,-880+z)); //设置位置
33           customSpr[i]->setScale(0.85);                     //设置缩放比
34           customSpr[i]->setCullFaceEnabled(false);          //关闭背面剪裁
35           customSpr[i]->setVisible(false);                  //设置不可见
36           customSpr[i]->setCameraMask((unsigned short) CameraFlag::USER2);
37           this->addChild(customSpr[i]);                     //添加进布景
38   }}
```

- 第 2～10 行为设置天空盒。首先需要设置 TextureCube 对象，此对象传入了天空盒 6 个面需要的纹理图路径，然后再调用相关方法使用此对象。
- 第 11～17 行为创建底盘对象，并放置到合理的位置。此对象是继承的 3D 精灵类，通过实现着色器绑定以实现如前面介绍的炫酷效果。
- 第 18～24 行为卡丁车的创建。此卡丁车也是继承的 3D 精灵类，里面实现了自定义加子弹以及 4 个轮子的方法。
- 第 25～37 行为创建了 4 个面的选择关卡界面。此 4 个面是由 4 个精灵组成的，可以执行一定的动作并显示在屏幕上。如果滑动屏幕，可以进行关卡的选择。

6.5.4 音效布景类——SettingLayer

上一小节介绍了主界面布景类，从此布景类可以跳转到音效设置布景类。此小节开始详细介绍此布景类的开发流程，该布景中实现了音乐和音效的控制，并且将状态存入数据库中，在下次启动时可以保持原状态，具体开发步骤如下所示。

（1）介绍完了此布景的主要实现的功能后，下面就可以正式进行开发了。首先详细介绍一下布景的框架声明，包括初始化一些按钮，以及声明两个更新音乐和音效状态的方法。使用此种方式，方便快捷，具体代码如下所示。

代码位置：见本书随书源代码/第 6 章 GorgeKart/app/src/main/jni/layer 目录下的 SettingLayer.h。

```
……//此处省略了部分头文件的声明，有需要的读者请参考随书源代码
class SettingLayer : public Layer{                    //类的声明
public:                                               //关键字
     Menu* mainMenu;                                  //返回按钮
     Label* backLabel;                                //按钮文字
     Label* effectLabel;                              //按钮文字
     virtual bool init();                             //初始化方法
     void initBack();                                 //初始化背景方法
     void initGoBackButton();                         //初始化左下角返回按钮方法
     void initBackMusicButton();                      //初始化音乐按钮方法
```

```
    void initMusicEffectButton();              //初始化按钮方法
    void changeMusicEffect();          //单击音效按钮后将musicEffectEnabled置反方法
    void changeBackMusic();            //单击音效按钮后将backMusicEnabled置反方法
    void initLabel();                          //初始化文字标签
    void backGameLayer();                      //返回主界面
};
```

说明 此布景框架主要声明了控制音乐和音效开关的方法，还声明了返回主界面场景的方法。开发人员可以非常方便地进行音乐的设置。

（2）介绍完了此类的框架声明后，接下来就要开始具体实现了。此类主要实现了音乐和音效的控制逻辑，并将相应的音乐或音效的开关状态存入数据库中，开发人员可以非常方便地在项目的其余地方控制逻辑，具体代码如下所示。

代码位置：见本书随书源代码/第 6 章 GorgeKart/app/src/main/jni/layer 目录下的 SettingLayer.cpp。

```
1    ……//此处省略了部分头文件的声明以及非关键代码，有需要的读者请参考随书源代码
2  void SettingLayer::changeMusicEffect(){
3      SimpleAudioEngine::getInstance()->playEffect("audio/button.ogg"); //播放音效
4      GameData::audioEffectFlag=!  GameData::audioEffectFlag;//单击音效按钮后取反
5      effectLabel->setString(str1);         //根据 musicEffectEnabled 设置文字
6      UserDefault::getInstance()->setBoolForKey("musicEffectEnabled",GameData::
       audioEffectFlag);
7                                                    //更改数据库中的数据
8  }
9  void SettingLayer::changeBackMusic(){             //更改背景音乐
10     AudioManager::mPlayButtonEffect();            //播放按钮音效
11     GameData::audioBGFlag = !GameData::audioBGFlag;      //单击音效按钮后将状态取反
12     backLabel->setString(str);  //根据 backMusicEnabled 设置文字
13     UserDefault::getInstance()->setBoolForKey("backMusicEnabled",GameData::
       audioBGFlag);
14     if(GameData::audioBGFlag){                    //更改数据库中的数据
15         CocosDenshion::SimpleAudioEngine::getInstance()->resumeBackgroundMusic();
16                                                   //先恢复背景音乐的播放
17         if(!CocosDenshion::SimpleAudioEngine::getInstance()->
           isBackgroundMusicPlaying()){
18             AudioManager::playSelectMusic();  //如果没有播放背景音乐，开始播放
19         }}else{
20                         //如果 backMusicEnabled 为 false，暂停背景音乐的播放
21         CocosDenshion::SimpleAudioEngine::getInstance()->pauseBackgroundMusic();
22     }}
```

- 第 2～6 行为音效控制方法。如果当前音效状态为开，则播放按钮音效，并将数据库中的音效状态取反，以便更改下次音效更改。
- 第 10～21 行为背景音乐的控制方法。首先播放按钮音效，然后将数据库中的音乐状态取反，并根据状态进行背景音乐的恢复或者暂停。

6.5.5 2D 布景类——Game2DLayer

上一小节介绍了音效控制布景类，此类可以非常方便地进行音效管控。从此小节开始，将介绍游戏界面的主要两个布景之一的 Game2DLayer。此布景主要负责显示游戏界面的 2D 界面，包括时速表以及特效等，具体开发步骤如下所示。

（1）介绍完了此布景主要实现的功能后，下面就可以正式进行开发了。首先详细介绍一下布景的框架声明，此声明主要包括使用技能以及速度仪表板的设定，并且在此类中负责是否到达终点的判定，具体代码如下所示。

代码位置：见本书随书源代码/第 6 章 GorgeKart/app/src/main/jni/layer 目录下的 Game2DLayer.h。

```
  ……//此处省略了部分头文件的导入，有需要的读者请参考随书源代码
class Game2DLayer : public cocos2d::Layer{          //类声明
public:                                             //关键字
```

```
4       int index=0;                           //索引
5       float _time;                           //当前时间
6       Menu *mainMenu;                        //主菜单
7       MenuItemImage *leftStopButton;         //左刹车
8       MenuItemImage *rightStopButton;        //右刹车
9       MenuItemImage *pauseButton;            //暂停按钮
10      MenuItemImage* useSkillButton;         //技能按钮
11      MenuItemImage *reStartButton;          //重置车辆按钮
12      Game3DLayer *layer3D;                  //3D 布景指针
13      Label *timeLabel;                      //显示时间
14      Label *scoreLabel;                     //得分
15      Sprite *clippingSpr;                   //得分精灵
16      Sprite *countDownSpr;                  //倒计时
17      Sprite *speedPoint;                    //仪表板
18      Sprite *derictionSpr;                  //方向错误精灵
19      LoadingBar *loadingHealth;             //玩家血量
20      Menu *menu;                            //菜单
21      Layer *pauseLayer;                     //暂停界面
22      MenuItemSprite *backButton;            //返回主菜单
23      MenuItemSprite *restartButton;         //重新开始游戏
24      MenuItemSprite *remuseButton;          //恢复游戏
25      MenuItemSprite *musicButton;           //音乐开关
26      MenuItemSprite *effectButton;          //音效开关
27      virtual bool init();                   //初始化的方法
28      void startAction(float f);             //倒计时
29      void updateState(float f);             //更新仪表状态
30      void changeSkill(int index,int skillType); //更换技能
31      void useSkill();                       //使用技能
32      void pauseGame();                      //暂停游戏
33      void initPauseLayer();                 //初始化暂停界面
34      void recoverGame();                    //恢复游戏
35      void setStartButton();                 //设置复位按钮
36      void endLayer();                       //显示结束画面方法
37      void addStart();                       //添加星星
38      void rePlay();                         //重玩按钮方法
39      void reInit();                         //重新初始化方法
40      void goSelectLayer();                  //回到选择界面
41      Sprite* getButton(bool isPress);       //获取按钮精灵
42  };
```

- 第 4 行的 index 为当前倒计时的索引。此倒计时是游戏刚刚开始时的 3 秒倒计时，当 index 小于 4 的时候，只是更新倒计时标牌。如果等于 4，则正式开始游戏。
- 第 7～11 行为菜单项的声明。这些菜单项是 2D 布景类的显示部分。各个菜单项对应各自的回调方法，在方法中实现各种功能。
- 第 12 行为 3D 布景类的指针。由于此布景主要负责显示，而卡丁车吃的特效也由此布景负责显示。因此需要使用 3D 布景得到卡丁车吃的特效以供显示。
- 第 27～41 行为菜单项的回调方法、按钮的回调方法和暂停游戏或者恢复游戏的方法，调用对应的方法实现对应的操作。

（2）介绍完了类框架的声明，下面就可以正式进行开发了。此部分主要介绍了游戏界面场景的 2D 界面显示，包括速度仪表板的显示，当前比赛花费的时间显示、当前所得特效的显示以及刹闸按钮的摆布等。具体代码如下所示。

代码位置：见本书随书源代码/第 6 章 GorgeKart/app/src/main/jni/layer 目录下的 Game2DLayer.cpp。

```
......//此处省略了部分头文件的声明以及非关键代码，有需要的读者请参考随书源代码
void Game2DLayer::startAction(float f){          //在初始化方法中定时回调
    countDownSpr->setVisible(true);              //设置倒计时标牌显示
    GameData::gameState=0;                       //状态设置为倒计时
    if(index==4){                                //如果 index 为 4
        unschedule(schedule_selector(Game2DLayer::startAction));//取消定时回调该方法
        schedule(schedule_selector(Game2DLayer::updateState),0.01);//定时回调该方法
        GameData::gameState=1;                   //状态更改为正在游戏
        countDownSpr->setVisible(false);         //倒计时隐藏
        pauseButton->setVisible(true);           //暂停按钮显示
```

```
11             reStartButton->setVisible(true);                      //复位按钮显示
12             this->getScene()->getPhysics3DWorld()->setEnable(true);//设置物理世界开启
13         }else{                                                    //如果不等于 4
14             countDownSpr->setTextureRect(Rect(200*index,0,200,200));
                                                                     //设置倒计时标牌纹理图
15             this->getScene()->getPhysics3DWorld()->setEnable(false);//设置物理世界不开启
16         }
17         index++;                                                  //index 自加一
18     }
19     void Game2DLayer::updateState(float f){                       //更新游戏的状态
20         if(leftStopButton->isSelected() || rightStopButton->isSelected()){
                                                                     //如果左右转弯菜单项被选择
21             GameData::isSpeedUp = false;                          //直行标志位置 false
22         }else{
23             GameData::isSpeedUp = true;                           //否则置为 true
24         }
25         float sppendNum = GameData::kartSpeed * 8;                //根据速度设置旋转角度
26         if(sppendNum > 240){                                      //设置最大旋转角度
27             sppendNum = 240;                                      //设置最大值
28         }
29         speedPoint->setRotation(sppendNum);                       //旋转指针
30         if(GameData::gameState == 1){                             //如果当前为正在游戏
31             _time+=f*1000;                                        //时间自增 1000ms
32             char str_time[16]={0};                                //创建 16 个 char 型的数组
33             int timeM=(int)_time/1000/60;                         //计算出分数
34             int timeS=(int)_time/1000%60;                         //计算出秒数
35             int time=(int)_time%1000/10;                          //求出毫秒数
36             sprintf(str_time,"%02d:%02d:%02d",timeM,timeS,time);//将数字转换成字符串
37             timeLabel->setString(str_time);                       //设置时间标签的值
38         }
39         char str_score[10]={0};                                   //得分
40         sprintf(str_score,"X%03d",GameData::diamondCount);        //转换成字符串
41         scoreLabel->setString(str_score);                         //设置得到的钻石数
42         loadingHealth->setPercent(GameData::kartHealth);          //设置血条的百分比
43         clippingSpr->setTexture(PIC_PATH+StringUtils::format("m%d.png",GameData::
           rankingKart).c_str());
44         if(GameData::gameState != 1){                             //如果不是正在游戏
45             pauseButton->setVisible(false);                       //暂停按钮不显示
46         }
47         if(GameData::isErrorDirection){      //根据方向是否错误设置反向精灵
48             derictionSpr->setVisible(true);                       //方向错误显示
49         }else{
50             derictionSpr->setVisible(false);                      //方向错误不显示
51     }}
```

- 第 6 行为取消倒计时方法的回调。由于倒计时标牌在显示结束以后就无须再显示，因此显示结束后，就得取消回调该方法。
- 第 7 行为开始回调更新状态方法。此方法实现了时间的自增以记录完成游戏的时间，然后进行排名。
- 第 14～15 行的功能为显示倒计时的标牌，并设置了物体世界的不开启。其中的参数的含义为传入时需要截取纹理图的左下角以及宽度和高度。
- 第 20～51 行为时间的自增，然后进行计算，并将其显示在屏幕上。另外，还可根据卡丁车当前的血量进行显示，并进行一些方向错误与否的提示。

（3）前面介绍了布景中的一些方法，下面介绍一下其余部分中的一些比较重要的方法，即实现了复位按钮的回调方法。此方法实现了当卡丁车处于卡死状态时单击复位后在临近点重新启动卡丁车的功能，具体代码如下所示。

代码位置：见本书随书源代码/第 6 章 GorgeKart/app/src/main/jni/layer 目录下的 Game2DLayer.cpp。

```
void Game2DLayer::recoverGame(){                                     //复位方法的实现
    reStartButton->setVisible(false);                                //复位按钮不显示
    Vec3 carPos = layer3D->kart->getPosition3D();                    //车辆停留位置
    Vec3 targetPos = Vec3(GameData::mapVec3[layer3D->kart->targetPosNum *2], 0,
                                                                     //车辆目标点
```

```
5                                 GameData::mapVec3[layer3D->kart->targetPosNum*2+1]);
6        Vec3 carToTarget;                                        //车辆位置指向目标点
7        if(layer3D->kart->targetPosNum > 0 && layer3D->kart->targetPosNum != GameData::nearPos){
8            Vec3 lastPos = Vec3(GameData::mapVec3[GameData::nearPos*2],0,   //最近点
9                              GameData::mapVec3[GameData::nearPos*2 + 1]);  //上一个点
10           carToTarget = (lastPos - targetPos);                  //车辆位置指向目标点
11       }else if(layer3D->kart->targetPosNum==GameData::nearPos && //目标点即为最近点
12                    layer3D->kart->targetPosNum<GameData::markCount-1){
13           Vec3 nextPos = Vec3(GameData::mapVec3[(layer3D->kart->targetPosNum+1)*2], 0,
                                                                        //上一个点
14                                GameData::mapVec3[(layer3D->kart->targetPosNum+1)*2+1]);
15           carToTarget = (targetPos-nextPos);                    //车辆位置指向目标点
16       }
17       carToTarget.normalize();                                  //向量归一化
18       Vec3 tempV = carToTarget;                                 //赋值给临时变量
19       float angleForwardToCar = Vec2::angle(Vec2(carToTarget.x,carToTarget.z),Vec2(0,1));
20       float angleDegrees = CC_RADIANS_TO_DEGREES(angleForwardToCar);
21       carToTarget.cross(Vec3(0, 0, 1));                         //叉积结果(忽略 y 值)
22       if(carToTarget.y > 0){                                    //如果 y 值大于 0
23           angleDegrees = -angleDegrees;                         //则将角度置反
24       }
25       float heightT = layer3D->terrain->getHeight(targetPos.x, targetPos.z);
                                                                   //获得地形此点的 y 值
26       auto k = layer3D->kart;                                   //得到玩家卡丁车
27       k->setRotation3D(Vec3(0.0f, angleDegrees, 0.0f));         //设置旋转角度
28       k->setPosition3D(Vec3(GameData::mapVec3[GameData::nearPos * 2], heightT+1,
29                                      GameData::mapVec3[GameData::nearPos*2+1]));
30       k->carRigidBody->setLinearVelocity(Vec3(0.0f, 0.0f, 0.0f)); //设置速度为 0
31       k->carRigidBody->getRigidBody()->clearForces();          //清除车身上所有的力
32       k->carComponent->syncNodeToPhysics();                     //同步状态
33       reStartButton->runAction(Sequence::create(DelayTime::create(2.0f),//执行动作
34           CallFunc::create(CC_CALLBACK_0(Game2DLayer::setStartButton,this)), nullptr));
35   }
```

- 第 4 行为车辆的目标点。车辆的目标点是动态赋值给全局变量的，因此拿到此点后，即可方便地获得车辆的目标点坐标。
- 第 7～10 行为判断目标点是否等于最近点，如果不相等，则将进行车辆当前位置指向目标点的向量，以供后面使用。
- 第 13～15 行为判断目标点是否等于最近点，如果相等，则使用最近点减去下一个点的坐标，求出向量，以供后面使用。
- 第 19 行为计算上述求出的向量与 z 轴的角度，然后供下面计算旋转时使用。
- 第 21～24 行为判断上述求出的向量与 z 轴的叉积，如果求出的叉积的 y 值大于 0，证明该向量在 z 轴的右侧，所以需要将角度置反，然后进行旋转。
- 第 25～32 行为设置卡丁车位置以及旋转角度等基本参数并清除卡丁车刚体上的速度与力，调用相应函数将此刚体的姿态同步到精灵上。

6.5.6 3D 布景类——Game3DLayer

上一小节介绍了游戏界面中负责显示界面的 2D 布景类，此小节开始详细介绍 3D 布景类的开发流程。它主要实现了卡丁车的创建、添加和调用相关方法实现向前进，以及判断是否到达了最终目标点。具体开发步骤如下所示。

（1）介绍完了此布景的主要实现的功能后，下面就可以正式进行开发了。首先详细介绍一下布景的框架声明，其中包括玩家卡丁车精灵的声明以及到达终点的精灵和到达终点后显示的布景方法的声明，具体代码如下所示。

代码位置：见本书随书源代码/第 6 章 GorgeKart/app/src/main/jni/layer 目录下的 Game3DLayer.h。

```
……//此处省略了部分头文件的导入，有需要的读者请参考随书源代码
class Game3DLayer : public Layer{
```

```
3    public:
4        Terrain* terrain;                                   //地形的指针
5        Kart* kart ;                                        //当前卡丁车的声明
6        Scene* scene;                                       //场景指针
7        PhysicsSprite3D* carBody;                           //车身精灵
8        Vec3 carRot;                                        //车身的旋转角度
9        Vec3 carPos;                                        //车辆位置
10       btRaycastVehicle* m_vehicle;                        //交通工具
11       Camera* camera;                                     //摄像机
12       virtual bool init();                                //初始化的方法
13       void initPhysics3D();                               //初始化物理组件
14       virtual void update(float dt);                      //定时回调方法
15       Sprite3D *tPoint;                                   //终点挡板
16       void createAward(int id,float awardX,float awardZ); //创建奖励物体
17       Sprite* leftTurnSprite;                             //左转弯精灵
18       Sprite* rightTurnSprite;                            //右转弯精灵
19       void showEndLayer();                                //显示
20       float calculateRotation(Vec3 targetVec3);           //工具方法计算旋转角度
21       int terrainHeight = 0;                              //地形高度
22       OBB obbTemp;                                        //终点板包围盒
23       float endAngle;                                     //冲线板角度
24   };
```

- 第 4 行是指向当前关卡的地形指针。拿到该指针后，才能计算已知当前地形 x 值和 z 值的情况下的 y 值，然后放置卡丁车的位置。
- 第 10 行为当前卡丁车的 4 个轮子。拿到该交通工具以后，才能进行轮子的计算，包括旋转和前进等。
- 第 16 行为创建游戏场景中的奖励箱子和钻石。此款游戏默认是间隔放置奖励箱子和钻石，即放置箱子、放置钻石，再放置箱子。
- 第 20 行为声明根据向量计算旋转角度的方法。
- 第 22 行为终点版的包围盒，当玩家车辆进入包围盒时，即表示完成此关卡。

（2）介绍了此布景类框架的声明后，现在可以开始详细介绍此布景的具体实现了。此布景中实现了摄像机位置的计算，即实现了摄像机一直跟在卡丁车的后面，并实现了创建奖励箱子和钻石等，具体代码如下所示。

代码位置：见本书随书源代码/第 6 章 GorgeKart/app/src/main/jni/layer 目录下的 Game3DLayer.cpp。

```
void Game3DLayer::update(float delta){                       //更新摄像机位置的回调方法
    carPos = kart->getPosition3D();                          //获得卡丁车的位置
    Vec3 forward(0.0f, 0.0f, 0.0f);                          //获得车辆朝向
    kart->carRigidBody->getWorldTransform().getBackVector(&forward);
                                                             //调用卡丁车矩阵获得
    forward.y = 0;                                           //将 y 置于 0，因为不需要
    forward.normalize();                                     //初始化
    forward.y += 0.3f;                                       //自加 0.3
    Vec3 carLinear = kart->carRigidBody->getLinearVelocity();   //获得速度向量
    float linearVel = carLinear.length ();                       //车身速度大小
    float camearCoefficient = pow(linearVel * 0.2f, 2);//摄像机前后移动系数
    float limitNum = 2;                                      //摄像机前后移动阀值
    camearCoefficient = (camearCoefficient > limitNum) ? limitNum : camearCoefficient;
    Vec3 cameraPos = carPos + forward * (5 + camearCoefficient);//摄像机位置
    camera->setPosition3D(cameraPos);                        //设置摄像机位置
    camera->lookAt(Vec3(carPos.x, carPos.y, carPos.z), Vec3(0, 1, 0));
                                                             //设置摄像机目标点和 up 向量
    if( obbTemp.containPoint(carPos) && GameData::gameState!=-1){
                                                             //如果卡丁车达到标志板以内
    kart->isUpdateTarge = false;                             //不更新名次的标志位
    GameData::gameState = -1;                                //游戏状态值为-1
    this->runAction(Sequence::create(                        //执行此动作
                DelayTime::create(0.02f),                    //延缓 0.02s
                CallFunc::create(CC_CALLBACK_0(Game3DLayer::showEndLayer,this)),
                nullptr)); }}
void Game3DLayer::createAward(int id, float awardX, float awardZ){//创建钻石和箱子
    if(id == 1){                                             //钻石
```

```
25      for (int i = 0; i < 10; i++){                          //创建10个钻石
26          int tempX1 = awardX - 4 + rand()%8;                //x值
27          int tempZ1 = awardZ - 4 + rand()%8;                //z值
28          float heightT1 = terrain->getHeight(tempX1, tempZ1);//获得y值
29          AwardBox *awardBox1 = AwardBox::create(0,1,Vec3(tempX1,
            heightT1+1, tempZ1));
30          this->addChild(awardBox1);                          //添加进布景
31      }}else{                                                 //箱子
32      for (int i = 0; i < 4; i++) {                           //创建4个箱子
33          float tempX = awardX + 3 * (i == 0 ? 0 : (2 - i >= 0 ? 1 : -1));
                                                                //x值
34          float tempZ = awardZ + 3 * (i == 0 ? 0 : (i % 2 == 0 ? 1 : -1));
                                                                //z值
35          float heightT = terrain->getHeight(tempX, tempZ);//获得当前地图y值
36          AwardBox *awardBox=AwardBox::create(rand()% 3+1,0,Vec3(tempX,
            heightT+1, tempZ));
37          this->addChild(awardBox);                           //添加进布景
38          awardBox->setCameraMask((unsigned short)CameraFlag::USER1);
39      }}}
```

- 第 3~4 行为获得车辆的前向量。调用卡丁车的变换世界基本矩阵和相应方法获得卡丁车的前向量。
- 第 8 行为获得玩家卡丁车的当前速度。根据此速度可以计算摄像机前进的距离，此摄像机一直跟在玩家卡丁车的后面。
- 第 10 行为计算摄像机前进移动的距离，摄像机前进移动的距离和卡丁车的速度不是正比关系，经过多次测试使用此行的函数即可。
- 第 24~38 行为创建钻石和箱子的方法。如果 ID 为 1 的话，即为创建钻石。钻石的创建策略是根据目标点的位置，左右随机浮动一定的值。如果 ID 不等于 1，即为创建箱子。创建箱子的策略是相邻创建，并随机设定一个特效编号。

（3）上面介绍了 3D 布景类中的一些方法，但还有一些也相当重要的方法并未介绍。下面介绍一下其余的方法，包括初始化此场景中的卡丁车和调用对应方法计算旋转角进行正确地摆放等，具体代码如下所示。

代码位置：见本书随书源代码/第 6 章 GorgeKart/app/src/main/jni/layer 目录下的 Game3DLayer.cpp。

```
    ……//此处省略了部分头文件的导入，有需要的读者请参考随书源代码
void Game3DLayer::initPhysics3D(){                                  //初始化物理世界
    Sprite3D* skyBall = Sprite3D::create(OBJ_PATH+"skyBox.obj"); //创建天空球
    skyBall->setTexture(PIC_PATH+"skyBox.png");                   //设置纹理
    skyBall->setScale(34);                                        //设置缩放比
    skyBall->setCameraMask((unsigned short)CameraFlag::USER1);    //设置摄像机
    this->addChild(skyBall);                                  //添加进布景
    terrain = GameData::terrain;                              //地形指针赋值
    this->addChild(terrain);                                  //添加到场景中
    int fx = GameData::mapVec3[0];                            //获取前两个点坐标
    int fy = GameData::mapVec3[1];                            //获取第一个点的z值
    int sx = GameData::mapVec3[2];                            //获取第二个点的x值
    int sy = GameData::mapVec3[3];                            //获取第二个点的z值
    Vec2 dl(sx-fx, sy-fy);                                    //获取差值
    dl.normalize();                                           //向量归一化
    Vec2 dlm(fx-sx, fy-sy);                                   //求出方向
    auto angle = calculateRotation(Vec3(dlm.x, 0, dlm.y));    //计算旋转角度
    kart =  Kart::create(0, true, scene);                     //创建玩家卡丁车
    float heightT = terrain->getHeight(fx, fy);               //获取当前点高度
    kart->setPosition3D(Vec3(fx, heightT + 1, fy));           //设置卡丁车位置
    kart->setRotation3D(Vec3(0.0f, angle, 0.0f));             //设置卡丁车的旋转角度
    this->addChild(kart, 2);                                  //添加进布景
    m_vehicle = kart->m_vehicle;                              //交通工具
    carBody = kart;                                           //卡车赋值
    kart->carComponent->syncNodeToPhysics();                  //同步卡丁车状态
    kart->updateMove(0.01);                                   //开始运动
    ……//此处省略了其余卡丁车的创建，有需要的读者请参考随书源代码
}
```

```
29 float Game3DLayer::calculateRotation(Vec3 targetVec3){   //根据一个向量设置精灵旋转
30     targetVec3.normalize();                                //将目标向量单位化
31     float angleForwardToCar = Vec2::angle (Vec2(targetVec3.x, targetVec3.z), Vec2(0, 1));
32     float angleDegrees = CC_RADIANS_TO_DEGREES(angleForwardToCar);
33     targetVec3.cross(Vec3(0, 0, 1));                       //叉积结果(忽略 y 值)
34     if(targetVec3.y > 0){                                  //如果 y 值大于 0
35         angleDegrees = -angleDegrees; }                    //角度取反
36     return angleDegrees;                                   //返回角度
37 }
```

- 第 3～7 行为创建 3D 布景的天空穹。由于摄像机并未一直观察卡丁车和地形，所以一旦看到地形的外侧，则天空穹的功能就表现出来了。
- 第 10～17 行为拿到地图前两个点的 x 值和 z 值，然后计算指向第二个点的向量，拿到该向量后，计算旋转角度。
- 第 18～26 行为创建玩家的卡丁车代码段。此段代码实现了卡丁车的创建、设置位置和旋转角度以及刚体的赋值，然后调用 updateMove 方法让车开动起来。
- 第 30～36 行为计算精灵的旋转角。拿到向量后，计算其与 z 轴的角度，然后计算其与 z 轴的叉积，根据叉积后的 y 值判断是否将角度置反。

6.5.7 物理世界类——GamePhysicsWorld

上一小节介绍了 3D 布景类，细心的读者肯定发现，3D 布景是添加到物理世界场景中的。物理世界场景，顾名思义，即在此场景中，可以真实模拟现实物理世界，在这里可以进行碰撞检测等。下面向读者详细介绍此场景的开发。

（1）首先向读者介绍此类的框架声明，其中包括物理世界的类框架声明，以及物理世界场景类的框架声明。两个方法互相配合，实现了物理世界以及软件世界的初始化，并提供了获得物理世界对象的方法，具体代码如下所示。

代码位置：见本书随书源代码/第 6 章 GorgeKart/app/src/main/other 目录下的 GamePhysics.h。

```
1   ……//此处省略了部分头文件的导入，有需要的读者请参考随书源代码
2   class GamePhysicsScene : public cocos2d::Scene{                  //物理世界场景
3   public:
4       void initWithSoftPhysics();                                  //初始化软件世界
5       bool initWithPhysics();                                      //初始化物理世界
6       static GamePhysicsScene* createWithPhysics();                //创建物理世界场景
7   };
8   class GamePhysicsWorld : public Physics3DWorld{                  //物理世界
9   public :
10      btDynamicsWorld* getPhysicsWorld() const { return _btPhyiscsWorld; }
                                                                     //获取物理世界
11      void initSoftPhysics();                                      //初始化软件世界
12      btSoftBodyWorldInfo m_softBodyWorldInfo;                     //软件世界信息
13      static GamePhysicsWorld* create(Physics3DWorldDes* info);    //创建物理世界
14  };
```

- 第 2～6 行为物理世界场景类的声明。在此类中，声明了初始化软件世界的方法，并声明了初始化物理世界的方法，以及创建物理世界场景的方法。
- 第 8～13 行为创建物理世界的类声明，此类主要是为上面介绍的物理世界场景服务的。此类中声明了获得物理世界对象的方法。

（2）介绍了这两个类的框架声明后，下面就可以正式进行开发了。此两个类需要配合使用，才可以实现了初始化软件世界、创建物理世界等方法。下面首先介绍场景类的实现，其中有些方法需要使用到物理世界类的方法，具体代码如下所示。

代码位置：见本书随书源代码/第 6 章 GorgeKart/app/src/main/jni/other 目录下的 GamePhysics.cpp。

```
……//此处省略了部分头文件的导入，有需要的读者请参考随书源代码
GamePhysicsScene* GamePhysicsScene::createWithPhysics(){       //创建物理世界场景
```

```
3    GamePhysicsScene *ret = new (std::nothrow) GamePhysicsScene();
4    if (ret && ret->initWithPhysics()){                              //创建成功
5         ret->autorelease();                                         //自动释放
6         return ret;                                                 //返回此对象
7    }else{
8         CC_SAFE_DELETE(ret);                                        //安全删除
9         return nullptr;                                             //返回空
10   }}
11 bool GamePhysicsScene::initWithPhysics(){                          //初始化物理世界
12    bool ret = false;                                               //暂时标为 false
13    do{                                                             //单次循环
14        Director * director                                         //导演
15        CC_BREAK_IF( ! (director = Director::getInstance()) );      //获得导演实例
16        this->setContentSize(director->getWinSize());               //获得屏幕大小
17        Physics3DWorldDes info;                                     //物理世界秒数
18        CC_BREAK_IF(! (_physics3DWorld = GamePhysicsWorld::create(&info)));
19        _physics3DWorld->retain();                                  //保持此对象
20        ret = true;                                                 // 创建成功
21    } while (0);                                                    //只执行一次
22    return ret;                                                     //返回此对象
23 }
```

- 对 4～6 行为初始化物理场景中的物理世界，并且自动释放此对象。
- 第 14～17 行为获得导演类的实例，以供后面获得调用屏幕尺寸的方法使用。
- 第 18～21 行为创建物理世界对象，并赋值给此类的变量，以供其他类调用。

（3）介绍了物理场景类的实现后，就该介绍与之搭配的物理世界类了，其中实现了软件世界、物体世界的初始化，在方法中进行了碰撞检测算法的配置，以及重力加速度和空气阻尼系数等现实物理世界真实参数的设定，具体代码如下所示。

代码位置：见本书随书源代码/第 6 章 GorgeKart/app/src/main//other 目录下的 GamePhysics.cpp。

```
1   ……//此处省略了部分头文件的导入，有需要的读者请参考随书源代码
2   void GamePhysicsWorld::initSoftPhysics(){                         //初始化软件世界
3       auto collisionConfiguration = new
4            btSoftBodyRigidBodyCollisionConfiguration(); //创建碰撞检测配置信息表
5       //创建碰撞检测算法分配者对象，其功能为扫描所有的碰撞检测对，并确定适用的检测策略对应的算法
6       _dispatcher = new btCollisionDispatcher(collisionConfiguration);
7       m_softBodyWorldInfo.m_dispatcher = _dispatcher;           //分配者对象赋值
8       btVector3 worldAabbMin = btVector3(-10000, -10000, -10000);
                                                                  //设置整个物理世界的边界信息
9       btVector3 worldAabbMax = btVector3(10000, 10000, 10000);      //设置边界
10      int maxProxies = 1024;                                    //设置最大值
11      auto overlappingPairCache =new btAxisSweep3(worldAabbMin,
12               worldAabbMax, maxProxies);//创建碰撞检测粗测阶段的加速算法对象
13      m_softBodyWorldInfo.m_broadphase = overlappingPairCache;
14                                                                //创建推动约束解决者对象
15      btSequentialImpulseConstraintSolver *solver = new btSequentialImpulseConstraintSolver();
16      btSoftBodySolver* softBodySolver = new btDefaultSoftBodySolver();
17      m_softBodyWorldInfo.m_gravity.setValue(0,-9.8,0); //设置重力
18      m_softBodyWorldInfo.m_sparsesdf.Initialize();             //初始化
19      m_softBodyWorldInfo.air_density = (btScalar)1.2;  //空气的阻尼系数
20      _btPhyiscsWorld = new btSoftRigidDynamicsWorld(_dispatcher, overlappingPairCache,
21           solver,collisionConfiguration,softBodySolver);//创建物理世界对象
22      btVector3 gvec = btVector3(0, -10, 0);                    //设置重力加速度
23      _btPhyiscsWorld->setGravity(gvec);                        //设置重力
24  }
25  GamePhysicsWorld* GamePhysicsWorld::create(Physics3DWorldDes* info){//创建物理世界
26     auto world = new (std::nothrow) GamePhysicsWorld(); //创建对象
27     world->init(info);                                         //初始化
28     world->autorelease();                                      //自动释放
29     return world;                                              //返回物理世界对象
30  }
```

- 第 3～4 行为创建碰撞检测配置信息表，拿到此对象后，下面就可以进行相关参数的设定了。
- 第 6～7 行为创建碰撞检测算法分配者对象，其功能为扫描所有的碰撞检测对，并确定适用的检测策略对应的算法。

- 第 8～13 行为设置物理世界的物理边界，其中包括最大值和最小值，还创建了碰撞检测粗测阶段的加速算法对象。
- 第 16～23 行为初始化软件物理世界。其中配置了空气阻尼系数、重力加速度等参数，并为此物理世界设定了重力加速度。

6.6 辅助类

上一节介绍了游戏的全部布景，游戏的总体架构想必读者已经明白了。但是千里之行，始于足下，没有辅助类的帮助，其中的一些特效或者精灵就无法实现。因此从本节开始，作者将为读者详细介绍此游戏的辅助类，具体介绍如下所示。

6.6.1 奖励特效类——AwardBox

游戏中卡丁车的 3 种特效均是从此箱子获得，箱子中随机带有一种特效。当卡丁车与箱子发生碰撞后，即可触发碰撞检测方法，在方法中可以检测是哪辆车发生碰撞，然后进行特效处理，下面详细介绍此类的开发流程，具体流程如下所示。

（1）介绍完了此布景主要实现的功能后，下面就可以正式进行开发了。首先详细介绍一下布景的框架声明，其中声明了奖励特效对象的创建方法以及此对象可能用到的两种 obj 模型及其纹理的路径声明，具体代码如下所示。

代码位置：见本书随书源代码/第 6 章 GorgeKart/app/src/main/jni/other 目录下的 AwardBox.h。

```
……//此处省略了部分头文件的导入，有需要的读者请参考随书源代码
class AwardBox: public Sprite3D{                              //奖励特效类的声明
public:
    static AwardBox* create(int skillType,int awardType,const Vec3 &pos);//创建方法
protected:
    void initPhysics();                                       //初始化物理刚体
    void reSet();                                             //重置
    static std::string awardObj[2];                           //两种 obj 模型
    static std::string awardPic[2];                           //纹理图
    int skillType;                                            //技能种类
    int awardType;                                            //0：奖励，1：宝石
};
```

说明 此类中既能创建箱子，即 3 种奖励技能中的一种，又能创建金币。根据传入的奖励种类即能区分开是箱子还是金币。

（2）介绍完了类框架的声明，下面就可以正式进行开发了。此类主要实现了根据参数的不同判定对象的外在模型及其纹理，主要有两种表现形式，即钻石和奖励特效用的箱子。该类还实现了重置对象的方法，具体代码如下所示。

代码位置：见本书随书源代码/第 6 章 GorgeKart/app/src/main/jni/other 目录下的 AwardBox.cpp。

```
……//此处省略了部分头文件的导入，有需要的读者请参考随书源代码
std::string AwardBox::awardObj[2]={"box.obj","diamond.obj"};      //obj 模型路径
std::string AwardBox::awardPic[2]={"box.jpg","diamond.png"};      //纹理图路径
AwardBox* AwardBox::create(int skillType,int awardType, const Vec3& pos) {
    AwardBox *awardBox = new AwardBox();                          //创建对象
    if (awardBox && awardBox->initWithFile(OBJ_PATH +awardObj[awardType] )) {
        awardBox->skillType = rand() % 3 + 1;                     //属性赋值
        awardBox->awardType = awardType;                          //奖励类型
        awardBox->setPosition3D(pos);                             //设置位置
        awardBox->initPhysics();                                  //初始化物理物体
        awardBox->autorelease();                                  //自动释放
        if(awardType==1)                                          //旋转钻石
            awardBox->runAction(RepeatForever::create(RotateBy::create(3.0,
            Vec3(0,360,0))));
```

```
14          return awardBox;                              //返回对象
15      }
16      CC_SAFE_DELETE(awardBox);                         //删除此对象
17      return nullptr;
18  }
19  void AwardBox::initPhysics(){                         //初始化物理刚体
20      int r = 1;                                        //设置纹理和缩放
21      this->setTexture(PIC_PATH + awardPic[awardType]);//设置纹理
22      this->setScale(r);                                //设置缩放
23      Physics3DColliderDes colliderDes;                 //创建碰撞体信息
24      colliderDes.shape = Physics3DShape::createBox(Vec3(r, r, r));//创建物理 3D 刚体
25      colliderDes.isTrigger = true;                     //开启触发器
26      auto collider = Physics3DCollider::create(&colliderDes); //创建碰撞体
27      collider -> setMask(MASK_AWARD);                         //设置编号
28      auto component = Physics3DComponent::create(collider);   //创建物理刚体
29      this->addComponent(component);                    //添加组件，设置换算模式
30      this->setCameraMask((unsigned short)CameraFlag::USER1);  //设置摄像机编号
31      component -> syncNodeToPhysics();                        //同步此组件
32      component -> setSyncFlag(Physics3DComponent::PhysicsSyncFlag::NONE);
33      collider->onTriggerEnter = [=](Physics3DObject *otherObject){ //设置触发碰撞的回调方法
34      int mask = otherObject->getMask();                  //获得碰撞体的编号
35          if (this->isVisible() && mask < MASK_TERRAIN){  //如果箱子显示且碰撞者为车
36            AudioManager::playChizuanshiMusic(mask);      //播放碰撞音效
37              this->setVisible(false);                    //隐藏此箱子
38                  this->runAction(Sequence::create(DelayTime::create(4.0f),
                                                            //延时之后重新出现
39                      CallFunc::create(CC_CALLBACK_0(AwardBox::reSet,this)),nullptr));
40                  if(awardType == 0){                     //判断是否为技能
41                      dynamic_cast<Game2DLayer*>(this->getScene()->getChildByTag(1))
42                          ->changeSkill(otherObject->getMask(),skillType);
43                  }else{
44                      if(otherObject->getMask() == MASK_CAR_MINE){//如果编号为玩家车辆
45                          GameData::diamondCount += 2;   //金币加 2
46                          GameData::score += 10; }       //得分加 10
47          }}};}
48  void AwardBox::reSet() {                                //重新设置奖励信息
49      this->setVisible(true);                             //重新显示此箱子
50      this->skillType = rand() % 3 + 1;                   //技能随机
51  }
```

- 第 5～11 行为奖励对象的创建。这个对象可能是钻石，也可能是箱子。需要根据传进来的 awardType 判断是什么物体。该段代码还实现了奖励技能的随机绑定。
- 第 12～13 行为判断该物体是否是钻石。如果是钻石，则调用引擎提供的动作类进行 360°的重复旋转。
- 第 23～29 行为物理刚体的创建。Cocos2d-x 引擎封装好了 Bullet 的刚体创建方法，因此可以非常方便地创建刚体。
- 第 30～31 行为设置此 3D 精灵的编号，并调用同步方法将 3D 精灵的变换同步到物理刚体上，以此保证刚体的姿态与精灵的姿态保持同步。
- 第 33～47 行为触发了碰撞检测方法。此方法中实现了判断是否为钻石，如果是钻石，则将钻石隐藏，并将总钻石数加二，如果是箱子，则更新 2D 界面的技能栏。

6.6.2 子弹类——Bullet

上一小节介绍了奖励特效类的实现，其中包括子弹技能。当卡丁车与子弹发生碰撞后，即可触发碰撞检测方法，在方法中可以检测是哪辆车碰撞，然后进行减去血量或者死亡处理，下面详细介绍此类的开发流程，具体流程如下所示。

（1）介绍完了此类的功能，下面将开始正式进行此类的开发。首先开发的是此 3D 精灵的子类的框架声明，其中包括子弹精灵创建方法的声明以及初始化用于碰撞检测的物理刚体的声明，其具体代码如下所示。

代码位置：见本书随书源代码/第 6 章 GorgeKart/app/src/main/jni/other 目录下的 Bullet.h。

```
……//此处省略了部分头文件的导入，有需要的读者请参考随书源代码
class Bullet: public Sprite3D{                              //类的声明
public:
    static Bullet* create(int index,const Vec3 &pos,const Vec3 &dir);//创建对象方法
protected:
    static Rect range;                                      //子弹显示区域
    void initPhysics(const Vec3& dir);                      //初始化物理刚体
    void checkOut();                                        //检测方法
    int damage=10;                                          //伤害值
    int index=0;                                            //索引
};
```

说明 子弹类主要实现了三种技能之一的子弹。子弹具有碰撞检测功能，如果击中卡丁车，则卡丁车会根据子弹的杀伤力而掉血。

（2）介绍完了此类的框架，下面详细介绍类的具体开发。此类实现了物体刚体的绑定，并具有碰撞检测功能。在碰撞检测方法中，首先获得与子弹碰撞的卡丁车的编号，拿到此编号后获得与其碰撞的卡丁车对象，进行减血量或者死亡处理，具体代码如下所示。

代码位置：见本书随书源代码/第 6 章 GorgeKart/app/src/main/jni/other 目录下的 Bullet.cpp。

```
……//此处省略了部分头文件的导入，有需要的读者请参考随书源代码
Rect Bullet::range = Rect(-256,-256,512,512);                  //子弹的范围
Bullet* Bullet::create(int index, const Vec3 &pos, const Vec3& dir) {//创建方法
    Bullet *bullet = new Bullet();                             //创建对象
    if(bullet && bullet->initWithFile(OBJ_PATH + "sphere.c3b")) { //如果创建模型成功
        bullet->index = index;                                 //属性赋值
        bullet->setTexture(PIC_PATH + "bullet.png");           //设置纹理
        bullet->setPosition3D(pos);                            //设置位置
        bullet->initPhysics(dir);                              //初始化物理物体
        bullet->autorelease();                                 //自动释放
        AudioManager::playGunMusic(index);                     //播放子弹音效
        return bullet;                                         //返回子弹对象
    }
    CC_SAFE_DELETE(bullet);                                    //安全删除
    return nullptr;
}
void Bullet::checkOut(){                                       //检测是否出了区域
    if(!range.containsPoint(Vec2(this->getPosition3D().x,this->getPosition3D().z)))
        this->removeFromParent();                              //如果出了，移除
}
void Bullet::initPhysics(const Vec3& dir){                     //初始化物理刚体
    this->damage = GameData::bulletDamage;                     //设置导弹伤害
    Physics3DColliderDes colliderDes;                          //创建碰撞体信息
    colliderDes.shape = Physics3DShape::createSphere(0.04f);     //创建球形刚体
    colliderDes.isTrigger = true;                                //开启触发器
    colliderDes.ccdSweptSphereRadius = 0.5f;                     //半径设置
    colliderDes.ccdMotionThreshold = 0.4f;                       //运动阈值设定
    auto collider = Physics3DCollider::create(&colliderDes);     //创建碰撞体
    auto component = Physics3DComponent::create(collider);       //创建组件
    this->addComponent(component);                   //添加组件，设置换算模式
    component -> syncNodeToPhysics();                //将精灵的变换同步到刚体
    component -> setSyncFlag(Physics3DComponent::PhysicsSyncFlag::NODE_TO_PHYSICS);
    this->setCameraMask((unsigned short)CameraFlag::USER1);//设置摄像机观察矩阵
    this->setScale(0.02f);                                     //缩放
    Vec3 direction( dir.x*10, dir.y-0.1, dir.z*10);            //方向
    this->runAction(RepeatForever::create(Sequence::create(MoveBy::create(0.1f,direction)
    ,CallFunc::create(CC_CALLBACK_0(Bullet::checkOut,this)),nullptr)));
    collider->setMask(MASK_BULLET);                            //设置碰撞体编码
    collider->onTriggerEnter = [=](Physics3DObject *otherObject){ //碰撞检测方法
     auto mask = otherObject->getMask();             //得到碰撞体的精灵编号
     if(mask <= MASK_TERRAIN && mask != index){//如果编号为车且不是自己发射的子弹
         if(mask == MASK_CAR_MINE){                  //如果被击中为自己
             auto my3DLayer = dynamic_cast<Game3DLayer*>(this->getParent());
                 my3DLayer->kart->hurt(damage);      //伤害值
         }else if(mask < MASK_TERRAIN){              //如果小于地形编号
```

```
46              for(auto kart:GameData::obbOtherKart){  //遍历敌方车辆
47                  if(kart->index == mask){            //如果当前卡丁车的编号
48                      kart->hurt(damage);             //卡丁车伤害
49          }}}
50          this->runAction(Sequence::create(DelayTime::create(0.2f),//延时删除
51              RemoveSelf::create(),nullptr));         //移除
52  } };}
```

- 第 4～12 行为子弹精灵的创建以及物理刚体的初始化。该段代码还播放子弹的碰撞音效，并进行位置和方向的设定。
- 第 17～20 行为检测子弹是否出了范围，如果出了此范围，那么从父节点中移除此子弹精灵。该段代码还进行了子弹杀伤力的赋值。
- 第 23～32 行为物理刚体的创建。Cocos2d-x 引擎封装好了 Bullet 的刚体创建方法，因此可以非常方便地创建刚体。
- 第 35～37 行为子弹按照既定的方向进行移动，即实现了子弹的射击效果。该段代码还调用了回调方法，检测子弹是否已经出范围。
- 第 39～49 行为获得和子弹碰撞的刚体的编号，如果该编号为玩家卡丁车，则调用对应的伤害方法减去一定的血量，如果为其他卡丁车，则遍历存放卡丁车的向量，获得编号为此编号的卡丁车，然后调用对应方法减去血量。

6.6.3 导弹类——Rocket

之前介绍了奖励特效类的实现，其中包括导弹技能。此游戏中的导弹具有自动导航作用，会自动朝着第一名的方向飞去，如果检测出此导弹出了规定的范围，就会移除此对象。此小节将详细介绍导弹技能的具体实现，具体开发步骤如下所示。

（1）介绍完了此类的功能，下面将开始正式进行此类的开发。首先开发的是此 3D 精灵的子类的框架声明，其中包括导弹精灵创建方法的声明以及初始化用于碰撞检测的物理刚体的声明，其具体代码如下所示。

代码位置：见本书随书源代码/第 6 章 GorgeKart/app/src/main/jni/other 目录下的 Rocket.h。

```
……//此处省略了部分头文件的导入，有需要的读者请参考随书源代码
class Rocket : public Sprite3D{                         //导弹类的声明
public:
    static Rocket* create(int index, Kart *goal,const Vec3 &pos,const Vec3 &dir);
                                                        //创建对象
protected:
    void reset(PUParticleSystem3D *boom);               //去除爆炸效果
    void searchTarget();                                //寻找对象
    void initPhysics(const Vec3 &dir);                  //初始化物体对象
    Kart *goal;                                         //目标卡丁车
    Physics3DRigidBody *rigidBody;                      //导弹刚体
    int mark = 0;                                       //导弹的目标
    bool attack=false;                                  //没有攻击点
    int targetNumber=0;                                 //目标点
    int damage=50;                                      //杀伤力
};
```

说明　导弹类主要实现了 3 种技能之一的导弹，此导弹具有碰撞检测的功能，如果击中卡丁车，则卡丁车会根据此导弹的杀伤力而掉血。

（2）介绍完了此类的框架，下面详细介绍类的具体开发。此类实现了物体刚体的绑定，并具有碰撞检测功能。在碰撞检测方法中，首先获得与导弹碰撞的卡丁车的编号，拿到此编号后获得与其碰撞的卡丁车对象，进行减血量或者死亡处理，具体代码如下所示。

代码位置：见本书随书源代码/第 6 章 GorgeKart/app/src/main/jni/other 目录下的 Rocket.cpp。

```
1    ……//此处省略了头文件以及与上述代码类似的部分，有需要的读者请参考随书源代码
2    void Rocket::searchTarget(){                                    //寻找目标点的方法
3        if(!goal->isVisible()){                                     //如果目标卡丁车不显示
4            this->removeFromParent();}                              //即移除此导弹
5        int mapNum     = sizeof(GameData::mapVec3) / sizeof(float);  //当前地图点个数
6        if(mark*2 + 4 >= mapNum){                                   //如果目标点在地图之中
7            attack = true; }                                        //有攻击点
8        Vec3 force;                                                 //临时变量，存储方向
9        if(false == attack){                                        //如果没有攻击点
10           Vec2 rocketPos(this->getPosition3D().x,this->getPosition3D().z);
                                                                     //获取导弹和目标点
11           Vec2 pointPos(GameData::mapVec3[mark*2 + 2],GameData::mapVec3[mark*2 + 3]);
12           float dis = rocketPos.distance(pointPos);               //计算距离
13           auto layer3D=dynamic_cast<Game3DLayer*>(goal->getParent());//计算力度
14           float pointHeight = layer3D ->getHeight(pointPos.x,pointPos.y)+2;
                                                                     //求出 y 值
15           force=Vec3(pointPos.x-rocketPos.x,pointHeight-this->getPosition3D().y);
16           if(dis<3){                                              //如果距离小于该值
17               mark = (mark + 1 >= GameData::markCount) ? 0 : (mark + 1); }
18           if(mark >= goal->targetPosNum){   //如果目标点大于车辆目标点
19               attack = true;                //有攻击点
20           }}else{
21           force = goal->getPosition3D() - this->getPosition3D();//两向量相减，存储方向
22       }
23       Vec3 forcePos;                                              //计算受力位置
24       rigidBody->getWorldTransform().getForwardVector(&forcePos);//拿到矩阵，得到前向量
25       forcePos.normalize();                                       //归一化
26       force.normalize();                                          //计算力度
27       force = force * 400;                                        //乘以 400
28       Vec3 speed = rigidBody->getLinearVelocity();                //获得线速度
29       force = force - speed * 10;                                 //进行计算
30       rigidBody->applyForce(force, forcePos);                     //设置力度
31   }
```

- 第 3～4 行为判断目标点是否可见，如果目标点不可见，则证明此卡丁车已经死亡，则此导弹直接从父节点中移除。
- 第 5～7 行为判断该导弹的目标点是否还在地图中，如果不是为最后两个点，则可以断定导弹在地图中。
- 第 9～21 行为如果当前地图没有目标点的代码段，则首先拿到导弹的位置，在拿到目标点的位置进行相减，以求出导弹的方向。
- 第 24 行为拿到导弹的基本变换矩阵，然后求出此刚体的前向量，此处的前向量即沿着此物体坐标系的正 z 轴方向，代表着导弹的方向。
- 第 25～30 行为计算导弹的力度。由于游戏模拟真实物理世界需要进行一定的转换，因此此段代码是求出转换系数，即导弹的力度。

6.6.4　底盘类——Disc

上面的小节详细介绍了此款游戏提供的 3 种卡丁车技能，聪明的读者可能已经发现，在游戏的主界面中，卡丁车底盘的特效也相当炫酷。不必着急，本小节将详细介绍此底盘的具体实现，包括书写着色器等，具体开发步骤如下。

（1）介绍完了此类的功能，下面将开始正式进行此类的开发。首先开发的是此 3D 精灵的子类的框架声明，其中声明了自定义绘制方法以及重写的父类的 draw 方法，并且包括自定义绘制对象的声明，其具体代码如下所示。

代码位置：见本书随书源代码/第 6 章 GorgeKart/app/src/main/jni/other 目录下的 Disc.h。

```
……//此处省略了部分头文件的导入，有需要的读者请参考随书源代码
class Disc : public Sprite3D{                                  //类的声明
```

```
3   public:
4       static Disc* create(const std::string &modelPath);      //创建对象
5       void myDraw(const Mat4 &transform);                     //自定义绘制方法
6       virtual void draw(cocos2d::Renderer *renderer,          //绑定绘制方法
7       const cocos2d::Mat4 &transform, uint32_t flags) override; //重写的绘制方法
8       void updateAngle(float f);                                //更新角度
9   protected:
10      ~Disc();                                                  //析构函数
11      void initShader();                                        //初始化着色器
12      float rotateAngle=0.0;                                    //旋转角度
13      float rotateAngle2=0.0;                                   //旋转角度
14      CustomCommand command;                                    //获取渲染函数
15  };
```

- 第 5 行为自定义的绘制方法。待将渲染命令传入渲染队列时，Cocos2d-x 引擎将使用绑定的绘制方法绘制，即此自定义绘制方法。
- 第 6～7 行为重写的父类的 draw 方法。待引擎渲染队列执行到此节点时，将自动调用其中的 draw 方法。

（2）介绍了此类的框架声明后，下面就可以正式进行此类的开发了。此类主要实现了绑定底盘着色器，并进行重写绘制方法，其中的自定义绘制方法中灵活运用了 Cocos2d-x 引擎和 OpenGL ES 的绘制命令，具体代码如下所示。

代码位置：见本书随书源代码/第 6 章 GorgeKart/app/src/main/jni/other 目录下的 Disc.cpp。

```
……//此处省略了部分头文件的导入，有需要的读者请参考随书源代码
void Disc::initShader(){                                        //初始化着色器
    auto glprogram =                                            //创建着色器
            GLProgram::createWithFilenames(SHADER_PATH+"floorTexture.vert",
                SHADER_PATH+"floorTexture.frag");               //片元着色器路径
    auto glProgramState = GLProgramState::create(glprogram);    //获取着色器实例
    this->setGLProgramState(glProgramState);                    //给圆盘设置着色器
    long offset = 0;                                            //数据偏移
    auto attributeCount =this->getMesh()->getMeshVertexAttribCount();//获取顶点数据信息
    for (auto k = 0; k < attributeCount; k++){                  各部件绑定着色器
        auto meshattribute = this->getMesh()->getMeshVertexAttribute(k);//获取顶点
        glProgramState->setVertexAttribPointer(                 //各个顶点绑定
                s_attributeNames[meshattribute.vertexAttrib], //顶点实例
                meshattribute.size,                             //顶点大小
                meshattribute.type,                             //顶点类型
                GL_FALSE,                                       //是否标准化
                this->getMesh()->getVertexSizeInBytes(),        //获取步长
                (GLvoid*)offset    );                           //位置指针
        offset += meshattribute.attribSizeBytes; }              //偏移量自加
    schedule(schedule_selector(Disc::updateAngle),0.01f);       //开始更新角度
}
void Disc::draw(cocos2d::Renderer *renderer, const cocos2d::Mat4 &transform, uint32_t flags){
    command.init(0);    //初始化并传入全局 z-order
    command.func = CC_CALLBACK_0(Disc::myDraw, this, transform);//绑定绘制方法
    renderer->addCommand(&command);                             //放入渲染队列
}
void Disc::myDraw(const Mat4 &transform){
    if(this->getMesh()){                                        //获取底盘的网格
        bool isDepthEnabled = glIsEnabled(GL_DEPTH_TEST);//获取当前是否深度检测
        if(!isDepthEnabled){                                    //如果没有深度检测
            glEnable(GL_DEPTH_TEST); }                          //设置深度检测
        GL::blendFunc(GL_SRC_ALPHA, GL_ONE_MINUS_SRC_ALPHA);    //混合
        GLProgramState *glProgramState=this->getGLProgramState();//获取着色器实例
        glProgramState->setUniformFloat("u_angleN",rotateAngle); //传入着色器
        glProgramState->setUniformFloat("u_angleN2",rotateAngle2);//传入着色器
        int count=this->getMeshCount();                         //获取网格数量
        for(int i=0;i<count;i++){                               //遍历网格
            auto mesh = this->getMeshByIndex(i);                //获取网格实例
            glBindBuffer(GL_ARRAY_BUFFER, mesh->getVertexBuffer());//绑定网格缓冲
            glProgramState->apply(transform);                   //应用着色器
            glBindBuffer(GL_ELEMENT_ARRAY_BUFFER, mesh->getIndexBuffer());
            glDrawElements(mesh->getPrimitiveType(), (GLsizei)mesh->getIndexCount(),
```

```
43                          mesh->getIndexFormat(), 0);               //绘制图元;
44                  glBindBuffer(GL_ELEMENT_ARRAY_BUFFER, 0);         //绑定缓冲
45                  glBindBuffer(GL_ARRAY_BUFFER, 0);                 //绑定序列缓冲
46          }
47          if(!isDepthEnabled){                          //如果未开启深度检测
48                  glDisable(GL_DEPTH_TEST);             //开启深度检测
49          }}}
```

- 第 3～7 行为创建着色器实例，并将此底盘精灵绑定在此着色器上。需要注意的是创建着色对象时需要将顶点着色器和片元着色器的路径传入正确。
- 第 8～21 行为此底盘精灵的顶点依次绑定此着色器。这个是固定模式，有需要的读者请参考前面案例的详解。
- 第 22～26 行为重写的父类的 draw 方法。此方法的作用是绑定绘制方法，然后将渲染命令传入渲染队列中。当引擎按照一定的规则执行到此精灵时，则调用此精灵的自定义绘制方法，即下面的 myDraw 方法。
- 第 30～31 行为检测是否开启了深度检测，如果未开启，则开启深度检测。由于 Cocos2d-x 引擎底层是用 OpenGL 进行绘制，因此可以直接支持其中的命令。
- 第 32 行为设置混合模式，OpenGL ES 引擎提供了多种混合模式，读者可以进行参数的互换以进行深入理解。
- 第 38～46 行为依次获得此 3D 精灵的网格对象，然后绑定顶点缓冲、序列缓冲，并执行绘制命令，最后再清空顶点缓冲以及序列缓冲，保证下一次遍历中绘制命令的正确执行。

（3）介绍完了此类的开发，下面详细介绍一下此类的着色器部分。顶点着色器比较简单，只是将顶点的位置传入片元着色器，具体代码如下所示。

代码位置：见本书随书源代码/第 6 章 GorgeKart/app/src/main/assets/shader 目录下的 floorTexture.vert。

```
attribute vec4 a_position;                          //顶点的位置
varying vec4 v_position;                            //传递给片元着色器
void main(void)    {                                //主函数
    v_position=a_position;                          //传递
    gl_Position = CC_MVPMatrix * a_position;        //求得此顶点的最终位置
}
```

说明　此顶点着色器相当简单，只是将顶点在自身坐标系中的位置传递给片元着色器，供片元着色器使用。

（4）下面具体介绍一下片元着色器。从游戏的功能介绍的截图中可以发现，效果相当炫酷，这主要是由片元着色器实现。其实现逻辑是根据宿主源代码中传入的两个角度进行特效旋转，具体代码如下所示。

代码位置：见本书随书源代码/第 6 章 GorgeKart/app/src/main/assets/shader 目录下的 floorTexture.frag。

```
precision mediump float;                            //精度设定
varying vec4 v_position;                            //顶点的位置
uniform float u_angleN;                             //旋转角一
uniform float u_angleN2;                            //旋转角二
void main(){                                        //主函数
    float r=1.0;                                    //红色通道
    float g=1.0;                                    //绿色通道
    float b=1.0;                                    //蓝色通道
    float a=0.0;                                    //透明度
    float x=v_position.x;                           //顶点的 x 坐标
    float z=v_position.z;                           //顶点的 z 坐标
    float distance=sqrt(x*x+z*z);                   //求得距离原点的距离
    float radian=(atan(abs(z)/abs(x)));             //求得角度
    float angle=degrees(radian);                    //转换成角度
    if(x>0.0){                                      //如果 x 轴大于 0
        angle=(z>0.0)?angle:(360.0-angle);          //求得旋转角度
    }else{
```

```
18          angle=(z>0.0)?(180.0-angle):(180.0+angle);      //求得旋转角度
19      }
20      float remainder=mod((distance-4.0),4.0);              //求模
21      float gb=1.00;                                        //临时变量
22      angle=mod(angle,72.0);                                //求角度与 72 的模
23      float angleMin10=mod((u_angleN),72.0);                //求第一个旋转角与 72 的模
24      float angleMax10=mod((u_angleN+60.0),72.0);           //加 60° 后与 72 的模
25      float angleMin15=mod((u_angleN2),72.0);               //求第一个旋转角与 72 的模
26      float angleMax15=mod((u_angleN2+60.0),72.0);          //加 60° 后与 72 的模
27      float angleMin20=mod((-u_angleN),72.0);               //求负后求模
28      float angleMax20=mod((-u_angleN+60.0),72.0);          //求负后求模
29      float angleMin25=mod((-u_angleN2),72.0);              //求负后求模
30      float angleMax25=mod((-u_angleN2+60.0),72.0);         //求负后求模
31      if((angle>=angleMin25&&angle<=angleMax25)             //进行角度判断
32          ||((angleMax25<60.0)&&(angle<angleMax25||angle>angleMin25))){
33          if(distance>4.0&&distance<=68.0){                 //距离合理
34              if(remainder>=0.4&&remainder<=2.6){           //如果模合理
35                  g=b=gb;                                   //gb 通道赋值
36                  r=0.1;                                    //红色通道赋值
37                  a=0.5;                                    //透明度赋值
38                  if(remainder<=1.0){                       //如果模小于等于 1
39                      a=(remainder-0.4)*0.83;               //重新计算透明度
40                  }else if(remainder>=2.0){
41                      a=(2.6-remainder)*0.5;                //重新计算透明度
42      }}}}
43      ……//此处省略了类似代码片段，有需要的读者请参考随书源代码
44      gl_FragColor = vec4(r,g,b,a);
45  }
```

- 第 1 行为浮点数精度的设定。OpenGL ES 提供了 3 种浮点数精度，一般情况下设定为中度即可满足使用。
- 第 3～4 行为程序中传入着色器的两个变量，用来进行底盘颜色的旋转判断。具体传入的实例可以参考随书项目源代码中的具体类。
- 第 12～30 行为求得 x 轴和 z 轴的旋转角并求得一些基本中间变量，用来控制片元的颜色以及透明度，以此保证效果的正确显示。
- 第 31～32 行为基本条件判断。如果角度在这一范围内，则进行颜色和透明的设定，由于程序中设定了开启混合，因此当重叠时，颜色会加深。
- 第 44 行为为此片元进行最终颜色的设定。所需的 3 个颜色通道和透明度的值是由上面的代码根据一定的条件求得的。

6.6.5 卡丁车类——Kart

上一小节介绍了底盘炫酷效果的实现，此小节将详细介绍卡丁车类的具体实现。主要包括卡丁车的自动驱动方法，其中 Bullet 引擎交通工具类的运用在此类中得到了淋漓尽致的体现。下面首先向读者详细介绍此类的基础知识。

1. 基础知识

正式进行此类之前，有必要介绍一下 Bullet 引擎的交通工具类。顾名思义，交通工具类就是模拟现实物理世界中的交通工具，它有自己的车身刚体，有 4 个车轮，支持前轮驱动及后轮驱动，支持车轮转向等。首先介绍操作车轮的一些常用方法，具体如表 6-6 所列。

表 6-6　　btRaycastVehicle 类的构造函数和操纵车轮的常用方法

构造函数或方法签名	含　义	类　型
btRaycastVehicle (const btVehicleTuning &tuning, btRigidBody *chassis, btVehicleRaycaster *raycaster)	交通工具的构造函数，参数 tuning 表示交通工具协调器，参数 chassis 表示指向交通工具底盘刚体的指针，参数 raycaster 表示指向交通工具回调类指针	构造函数
void updateVehicle (btScalar step)	更新交通工具，参数 step 表示更新的步长	方法

续表

构造函数或方法签名	含　义	类　型
btScalar getSteeringValue (int wheel)	获取操纵车轮的系数，参数 wheel 表示车轮索引值	方法
void setSteeringValue (btScalar steering, int wheel)	设置操纵车轮系数的值，参数 steering 表示要设置的值，参数 wheel 表示要操纵的车轮	方法
void applyEngineForce (btScalar force, int wheel)	向车轮上应用力，参数 force 表示力的大小，参数 wheel 表示要应用的车轮	方法
void updateWheelTransform (int wheelIndex)	更新车轮的变换对象，参数 wheelIndex 表示车轮索引值	方法
btWheelInfo & addWheel (const btVector3 &connectionPointCS0, const btVector3 &wheelDirectionCS0, const btVector3 &wheelAxleCS, btScalar suspensionRestLength, btScalar wheelRadius, const btVehicleTuning &tuning, bool isFrontWheel)	给交通工具添加车轮，参数 connectionPointCS0 表示车轮的连接点，参数 wheelDirectionCS0 表示车轮方向，参数 wheelAxleCS 表示车轮的轴向量，参数 suspensionRestLength 表示车轮悬挂系统在松弛态下的长度，参数 wheelRadius 表示车轮半径，参数 tuning 表示协调器，参数 isFrontWheel 表示是否添加驱动力，为 true 表示添加，否则表示不添加	方法
int getNumWheels ()	获取交通工具上的车轮总数，返回值为获取的总数	方法
void setBrake (btScalar brake, int wheelIndex)	设置刹车系数，参数 brake 表示要设置的刹车系数，参数 wheelIndex 表示车轮索引	方法

上表主要是操作车轮的一些方法，btRaycastVehicle 类中其余的方法也相当重要，包括更新交通工具设置坐标系统等方法，这里有必要进行详细说明，具体如表 6-7 所列。

表 6-7　　btRaycastVehicle 类中的其余方法

void updateAction (btCollisionWorld *collisionWorld, btScalar step)	更新交通工具，参数 collisionWorld 表示指向物理世界的指针，参数 step 表示步长	方法
btTransform & getChassisWorldTransform ()	获取交通工具的变换对象，返回值为获取的交通工具变换对象	方法
void resetSuspension ()	重置悬挂系统的参数	方法
btWheelInfo & getWheelInfo (int index)	获取交通工具上的车轮，参数 index 表示车轮索引，返回值为获取的车轮对象	方法
void updateSuspension (btScalar deltaTime)	更新悬挂系统，参数 deltaTime 表示更新步长	方法
void updateFriction (btScalar timeStep)	更新摩擦，参数 timeStep 表示更新步长	方法
btRigidBody * getRigidBody ()	获取交通工具刚体，返回值为指向获取的刚体指针	方法
btVector3 getForwardVector ()	获取交通工具的前进向量，返回值为获取的向量	方法
btScalar getCurrentSpeedKmHour ()	获取交通工具的当前速度，返回值为获取的速度值	方法
void setCoordinateSystem (int rightIndex, int upIndex, int forwardIndex)	设置坐标系统，参数 rightIndex 表示左方向上的索引，参数 upIndex 表示上方向上的索引，参数 forwardIndex 表示前进方向上的索引	方法
int getUserConstraintType ()	获取关节类型，返回值为获取的关节类型	方法
void setUserConstraintType (int user ConstraintType)	设置关节类型，参数 userConstraintType 表示要设置的关节类型	方法
void setUserConstraintId (int uid)	设置关节 ID，参数 uid 表示要设置的关节 ID	方法
int getUserConstraintId ()	获取关节 ID，返回值为获取的关节 ID	方法

说明　读者不必担心这些方法使用起来复杂，在正式介绍此类的开发时，就会有这些方法的实际运用，到时候就可以进行详细了解了。

了解了交通工具类的方法详解后，读者可能对交通工具类没有感性的认知。下面给出两幅图，分别为交通工具的俯视图及侧视图，以便读者更加直观地理解交通工具的一些参数。首先给出的是俯视图，如图 6-16 所示。

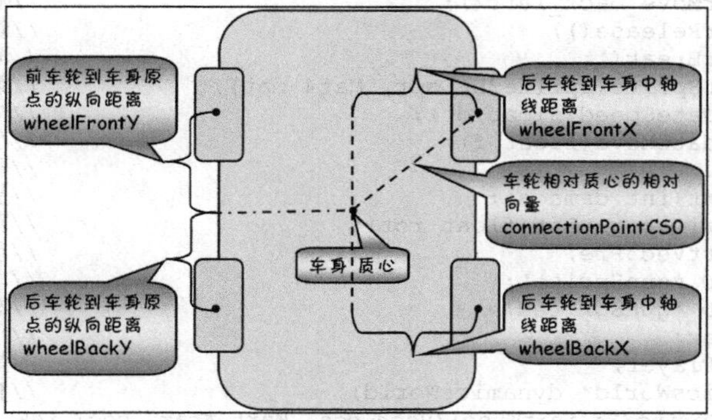

▲图 6-16 俯视图

接下来给出的是小车的侧视图，从侧视图中可以直观地观察出小车车身的中轴线、车轮的几何中心、车轮半径以及车轮垂直方向的偏移量，其中车轮垂直方向偏移量是指车轮几何中心到车身中轴线的垂直距离。侧视图如图 6-17 所示。

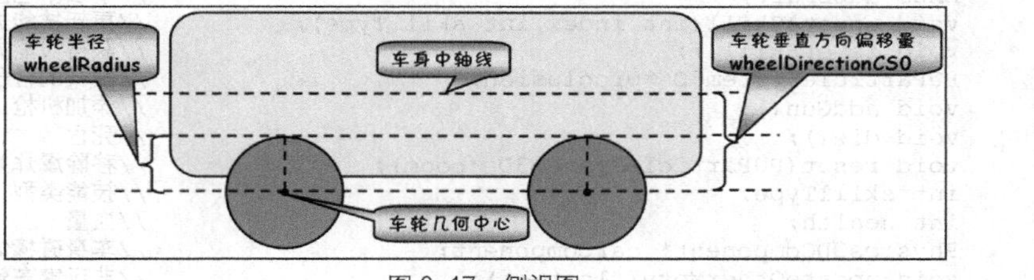

▲图 6-17 侧视图

2. 类的开发

经过前面基础知识的学习，想必读者已经对交通工具类有了一个宏观的了解了。此项目中的卡丁车是使用上述知识所构建，实现了卡丁车的前进、后退、左转和右转等功能，下面详细介绍此类的开发步骤。

（1）介绍完了此类的功能，下面将开始正式进行此类的开发。首先开发的是此 3D 精灵的子类的框架声明，其中包括卡丁车前进后退以及左右转向和后退的方法声明，以及在构造器中实现了卡丁车轮胎的正确摆布等，其具体代码如下所示。

代码位置：见本书随书源代码/第 6 章/GorgeKart/app/src/main/jni/other 目录下的 Kart.h。

```
    ……//此处省略了部分头文件的导入，有需要的读者请参考随书源代码
    class Kart : public PhysicsSprite3D{
    public:
        virtual void visit(Renderer *renderer, const Mat4& parentTransform,
        uint32_t parentFlags);
        Physics3DRigidBody* carRigidBody;                    //物理刚体
        int mTempScale;                                      //临时缩放
        int ceshi;                                           //测试值，可删
        OBB obbKart;                                         //卡丁车的包围盒
        float cameraAngleY;                                  //摄像机旋转角度
        static Kart *create(int index, bool isPlayer, Scene* scene);//小车的构造函数
        void wheelUpdate(int which);                         //更新车轮方法
        btRaycastVehicle* m_vehicle;                         //交通工具
        std::vector<Sprite3D*> wheelSprVec;                  //车轮精灵向量
        Sprite3D *kcar;                                      //车身 3D 效果精灵
        int isUseSkill;                                      //是否使用加速技能
        void carMove_go();                                   //前进方法
```

```
17        void carMove_go_right(float right = 0.5);           //前进右转
18        void carMove_go_left(float left = 0.5);             //前进左转
19        void carMove_back();                                 //后退
20        void carMove_back_right();                           //后退右转
21        void carMove_back_left();                            //后退左转
22        void carRelease();                                   //恢复初始化交通工具方法
23        void carBreak();                                     //刹车方法
24        void setSprite(Sprite3D* spr, Mat4 mat);             //设置精灵方法
25        void updateSpeed(float dt);                          //小车前进方法
26        void updateMove(float f);                            //小车移动方法
27        Kart();                                              //私有构造函数
28        void hurt(int damage);                               //受到伤害
29        static float getRot(float rot);                      //获得旋转角
30        Vec3 KartVec3Pre;                                    //玩家上一秒数据
31        Sprite3D *gunSpriteL;                                //车左面的机枪
32        Sprite3D *gunSpriteR;                                //车右面的机枪
33        int index;                                           //小车编号
34        bool isPlayer;                                       //是否为玩家标志位
35        btDynamicsWorld* dynamicsWorld;                      //物理世界指针
36        static Sprite3D* initWheel(Vec3 pos, Kart *car, bool isR, int index);//初始化车轮
37        float currMatrix[16];                                //信息数组
38        static std::string carTextureName[9];                //纹理路径数据数组
39        float kartEngineForce;                               //车轮牵引力
40        BillBoard *kartState;                                //血条标志板
41        LoadingBar *loadingBar;                              //血条进度条
42        void updateIsError(float f);                         //玩家的车方向是否错误
43        void updateRanking();                                //更新玩家名次方法
44        AABB aabbKart;                                       //卡丁车包围盒
45        void updateSkill(int index,int skillType);           //更新技能方法
46        void isGetSkill();                                   //获得技能方法
47        PUParticleSystem3D *proplusion;                      //喷气的粒子系统
48        void addGun();                                       //添加机枪
49        void die();                                          //死亡
50        void reset(PUParticleSystem3D *boom);                //移除爆炸效果
51        int skillType;                                       //技能类型
52        int health;                                          //血量
53        Physics3DComponent* carComponent;                    //车身碰撞体
54        void updateOtherMove(float dt);                      //非玩家车辆自动驾驶
55        int targetPosNum;                                    //目标点
56        int mCircleNum;                                      //已经环绕的圈数
57        bool isRandom;                                       //是否生成随机点标志位
58        Vec3 randomPos;                                      //随机车辆目标点
59        bool isStop;                                         //非玩家车辆停止
60        float kartVelocity;                                  //车辆速度
61        bool isUpdateTarge;                                  //是否更新名次标志位
62        void updateTraction(float dt);                       //计算牵引力方法
63    private:
64        ~Kart(){};                                           //析构函数
65        float stopTime;                                      //车辆待在原地时间长度
66        float useSkillTime;                                  //加速技能计时
67        float reverseTime;                                   //反向时间
68        void stopKart();                                     //停车方法
69    };
```

- 第 4 行为重写的父类的 visit 方法，此方法的主要功能是遍历其子节点的 visit 方法，然后调用自己的 draw 方法。
- 第 16～23 行为卡丁车的前进、后退、左右转、刹车等方法。使用封装好的这种方式，可以非常方便地控制卡丁车的移动。
- 第 26 行为调用卡丁车的前进方法的回调方法，在 3D 布景中创建卡丁车的同时调用此方法即可实现卡丁车的前进。
- 第 28 行为卡丁车受到伤害的方法。例如子弹或者导弹击中卡丁车后，会调用此方法进行卡丁车的血量减去。
- 第 36 行为卡丁车的 4 个轮子。由于现实世界中车辆也是由车身和四个轮子组成的，因此 Bullet 真实地模拟现实世界，以此方便控制。

- ❑ 第 42 行为判断车辆的方向是否错误。如果方向错误，则每隔一段时间在屏幕上侧显示一个 Label 进行方向错误提醒。

（2）上面介绍了此类的框架声明，接下来可以正式进行开发了。首先详细介绍几个关键方法，其中包括卡丁车的创建方法，此创建方法中实现了卡丁车 4 个轮胎的正确摆布，并进行一系列相关参数的设定，具体代码如下所示。

代码位置：见本书随书源代码/第 6 章/GorgeKart/app/src/main/jni/other 目录下的 Kart.cpp。

```
Kart *Kart::create(int index, bool isPlayer, Scene* scene){   //卡丁车的创建方法
     Kart *car = new Kart();                                  //创建对象
     if (car&&car->initWithFile(OBJ_PATH+"NewKart.obj")){     //卡丁车创建成功
          car->index = index;                                 //设置编号
          car->aabbKart = car->getAABB();                     //创建 AABB
          float tempScale = TEMP_SCALE;                       //临时缩放比
          Physics3DRigidBodyDes rbDes;                        //刚体描述结构体
          rbDes.mass = 350.0f;                                //质量
          rbDes.disableSleep = true;                          //设置车身刚体为动态
          rbDes.shape = Physics3DShape::createBox(Vec3(CAR_WIDTH - 0.2 ,
                      CAR_HEIGHT -0.3 ,CAR_LONG - 0.1));//设置车身形状
          GamePhysicsWorld* m3DWorld = (GamePhysicsWorld*)(scene->getPhysics3DWorld());
          auto m_dynamicsWorld = m3DWorld->getPhysicsWorld();//获得 bullet
          car->dynamicsWorld = m_dynamicsWorld;              //卡丁车的动态世界
          car->carRigidBody = Physics3DRigidBody::create(&rbDes);//创建车身刚体
          car->carRigidBody->setMask(index);                 //设置碰撞编号
          car->carComponent = Physics3DComponent::create(car->carRigidBody);
                                                   //创建车身碰撞体
          car->addComponent(car->carComponent);   //添加碰撞体
          car->carComponent->syncNodeToPhysics(); //将精灵的状态同步到刚体
          car->carComponent->setSyncFlag          //设置同步状态
               (Physics3DComponent::PhysicsSyncFlag::PHYSICS_TO_NODE);
          car->setScale(tempScale);               //设置缩放比
          car->setCameraMask((unsigned short)CameraFlag::USER1);
          btRigidBody* btCarComponent = car->carRigidBody->getRigidBody();
                                                   //获得车身刚体
          btRaycastVehicle::btVehicleTuning    m_tuning;     //交通工具协调器
          btVehicleRaycaster* m_vehicleRayCaster = new//创建默认的交通工具回调类对象
                    btDefaultVehicleRaycaster(m_dynamicsWorld);
          btRaycastVehicle* m_vehicle = new btRaycastVehicle(m_tuning,
                    btCarComponent, m_vehicleRayCaster);//创建小车对象
          car->m_vehicle = m_vehicle;             //将卡丁车的交通工具对象赋值
          btCarComponent->setActivationState(DISABLE_DEACTIVATION);
                                                   //设置车身刚体为动态的
          m_dynamicsWorld->addVehicle(m_vehicle); //将小车对象添加到物理世界中
          m_vehicle->setCoordinateSystem(0,1,2);  //设置小车坐标系统
          btVector3 wheelDirectionCS0(0,-1,0);    //车轮垂直方向偏移量
          btVector3 wheelAxleCS(-1,0,0)           //车轮轴向量
          btScalar suspensionRestLength(0.3);     //悬浮高度
          float suspensionStiffness = 20.f;       //坚硬系数
          float suspensionDamping = 2.3f;         //阻尼系数
          float suspensionCompression = 4.4f;     //压缩系数
          float rollInfluence = -0.1f;            //压力系数
          float wheelFriction = 1000;             //车轮摩擦
          Vec3 leftFrontWheelPos(110.0f, 11.0f, -145.0f); //4 个车轮相对于车身位置
          leftFrontWheelPos *= tempScale;         //设置缩放
          ……//此处省略了部分类似代码，有需要的读者请参考随书源代码
          float connectionHeight = 0.3f;          //连接高度
          Vec3 carPos = car->getPosition3D();     //获得卡丁车位置
          Vec3 qlPos = Vec3(110.0f, -17.0f, -125.0f);      //坐标
          Sprite3D* qlWheelBody = initWheel(qlPos, car, false,0); //车辆前左轮
          ……//此处省略了部分类似代码，有需要的读者请参考随书源代码
          bool isFrontWheel = true;                     //表示是否为前轮
          btVector3 connectionPointCS0 = convertVec3TobtVector3(leftFrontWheelPos);
                                                         //前左轮位置向量
          m_vehicle->addWheel(connectionPointCS0,wheelDirectionCS0,wheelAxleCS,
               suspensionRestLength,WHEEL_RADIUS,m_tuning,isFrontWheel);
                                                         //给小车添加前左轮
          ……//此处省略了部分类似代码，有需要的读者请参考随书源代码
```

```
55          for (int i=0;i<m_vehicle->getNumWheels();i++){ //遍历所有的车轮
56              btWheelInfo& wheel = m_vehicle->getWheelInfo(i);  //获取车轮信息
57              wheel.m_suspensionStiffness = suspensionStiffness;//设置车轮的坚硬系数
58              wheel.m_wheelsDampingRelaxation = suspensionDamping;//设置阻尼系数
59              wheel.m_wheelsDampingCompression = suspensionCompression;//设置压缩系数
60              wheel.m_frictionSlip = wheelFriction;  //设置车轮的摩擦系数
61              wheel.m_rollInfluence = rollInfluence; //设置车轮的压力系数
62          }
63      ……//此处省略了部分简单代码，有需要的读者请参考随书源代码
64          return car;}
65      CC_SAFE_DELETE(car);                              //安全删除卡丁车对象指针
66      return nullptr;
67  }
```

- 第 2～3 行为创建卡丁车对象，并调用初始化模型方法进行模型初始化以及参数的设定，返回此对象。
- 第 7～11 行为创建刚体描述结构体。该结构体中共有 5 个参数，如质量、惯性、形状、基本变换矩阵等。此处的卡丁车形状为长方体。
- 第 12～13 行为获取该场景添加进的物理世界的对象。由于一些基本回调方法需要传入此对象，因此需要获得此对象。
- 第 25 行为创建交通工具协调器的对象声明，此声明用于后面创建交通工具类对象时使用。
- 第 26～41 行为进行车轮的位置调整以及一些坚硬系数和压力系数等参数的声明，这些车轮需添加进车身中，才能进行合理的碰撞检测。
- 第 55～61 行为进行车轮基本参数的设定，例如车轮的阻尼系数、压缩系数、摩擦系数等，并且需要逐车轮设定。

（3）介绍完了卡丁车类的创建函数后，下面介绍一下更新牵引力的方法以及卡丁车被子弹和导弹击中后的减血量的方法，具体代码如下所示。

代码位置：见本书随书源代码/第 6 章/GorgeKart/app/src/main/jni/other 目录下的 Kart.cpp。

```
void Kart::updateTraction(float dt){                    //更新牵引力的方法
    Vec3 carLinear = carRigidBody->getLinearVelocity(); //获得线速度
    float linearVel = carLinear.length ();              //车身速度大小
    if(isPlayer == true){                               //如果此对象为玩家
        if(linearVel < GameData::maxSpeed){             //当前如果小于最大速度
    kartEngineForce=GameData::maxFactor-                //计算
        linearVel*GameData::maxFactor/GameData::maxSpeed;
    }else{kartEngineForce = 0;} }                       //否则将牵引力置为 0
    switch(this->index){                                //判断当前索引
        case 1:                                         //如果编号为 1
            if(linearVel < 16.f){  //给编号 1 的车指定加速度和速度等级
                kartEngineForce =  500.f - linearVel * 500.f / 16;
            }else{kartEngineForce = 0;} break;          //否则将牵引力置为 0
        case 2:
            if(linearVel < 17.f){    //给编号 2 的车指定加速度和速度等级
                 kartEngineForce =  400.f - linearVel * 400.f / 17;
            }else{kartEngineForce = 0;} break;          //牵引力置 0
        case 3:
            if(linearVel < 18.f){    //给编号 3 的车指定加速度和速度等级
                kartEngineForce =  600.f - linearVel * 600.f / 18.f;
            }else{kartEngineForce = 0.f;} break;        //牵引力置为 0
    }
    if (isUseSkill & Constant::SKILL_BOOST){            //如果执行加速
        kartEngineForce = -kartEngineForce - 200;}      //则牵引力加 200
    else{ kartEngineForce = -kartEngineForce;}}         //直接置反即可
void Kart::hurt(int damage){                            //伤害方法
    if(!this->isVisible()){     return;}                //则直接返回
    health-=damage;                                     //减去伤害值
    if (health <= 0){die();     }                       //执行死亡方法
    if(!isPlayer){                                      //如果为非玩家
        loadingBar->setPercent(health);                 //设置非玩家血条
    }else{GameData::kartHealth = health;}               //玩家血量
    }
```

- 第 2～3 行为获得当前卡丁车对象的当前线速度。
- 第 5～8 行为计算卡丁车的牵引力，计算公式为：$F_{cur} = F_{max} - v * F_{max}/v_{max}$。
- 第 9～22 行为根据当前卡丁车的索引计算此卡丁车的牵引力，计算方法与上述方法类似，先判断速度是否到达最大值，如果是，则直接置为 0。
- 第 27 行为卡丁车受到伤害的代码，如果当前卡丁车的状态为隐藏，则证明此卡丁车为死亡状态，直接返回。
- 第 28～32 行为进行卡丁车血量的减少。如果当前血量已经小于等于 0，则调用卡丁车的 die 方法。

（4）介绍完了卡丁车的更新牵引力的方法后，接下来介绍与之对应的前进左右转等方法，该方法中主要使用交通工具类的相关方法来实现卡丁车的前进、后退，以及左右转向时轮胎的旋转效果等，具体代码如下所示。

代码位置：见本书随书源代码/第 6 章/GorgeKart/app/src/main/jni/other 目录下的 Kart.cpp。

```
1  void Kart::carMove_go(){                                    //前进方法
2      this->carRelease();                                     //转向和刹车初始化
3      float gEngineForce = kartEngineForce;                   //制动力
4      int wheelIndex = 2;                                     //后左轮索引值
5      m_vehicle->applyEngineForce(gEngineForce,wheelIndex);//设置后左轮驱动力
6      wheelIndex = 3;                                         //后右轮索引值
7      m_vehicle->applyEngineForce(gEngineForce,wheelIndex);//设置后右轮驱动力
8  }
9  void Kart::carMove_go_right(float right){                   //车辆右转方法
10     carMove_go();                                           //调用车轮前进方法
11     m_vehicle->setSteeringValue(-right,0);                  //设置前右轮转向
12     m_vehicle->setSteeringValue(-right,1);                  //设置前左轮转向
13 }
14 void Kart::carMove_go_left(float left){                     //车辆左转方法
15     carMove_go();                                           //车辆前进方法
16     m_vehicle->setSteeringValue(left,0);                    //设置前左轮左转
17     m_vehicle->setSteeringValue(left,1);                    //设置前右轮左转
18 }
19 void Kart::carMove_back(){                                  //向后移动
20     this->carRelease();                                     //设置刹车系数
21     float gEngineForce = kartEngineForce;                   //获得牵引力
22     int wheelIndex = 2;                                     //车轮编号
23     m_vehicle->applyEngineForce(gEngineForce, wheelIndex);    //后左轮刹车
24     wheelIndex = 3;                                         //车轮编号
25     m_vehicle->applyEngineForce(gEngineForce, wheelIndex);    //后右轮刹车
26 }
27 void Kart::carRelease(){                                    //设置刹车系数
28     for(int wheelIndex = 0; wheelIndex < m_vehicle->getNumWheels(); wheelIndex++){
29         m_vehicle->setBrake(0.0f, wheelIndex);                  //设置刹车系数为 0
30         m_vehicle->setSteeringValue(0.0f, wheelIndex);          //设置车轮转动系数
31     }}
33 void Kart::carBreak(){                                      //刹车
34     this->carRelease();                                     //设置刹车系数
35     for(int wheelIndex = 0; wheelIndex < m_vehicle->getNumWheels(); wheelIndex++){
36         m_vehicle->setBrake(-100.0f, wheelIndex);           //设置刹车系数
37     }}
39 void Kart::carMove_back_right(){                            //后右转
40     carMove_back();                                         //执行后退方法
41     m_vehicle->setSteeringValue(-0.3f, 0);                  //设置前左轮右转
42     m_vehicle->setSteeringValue(-0.3f, 1);                  //设置前右轮右转
43 }
44 void Kart::carMove_back_left(){                             //后左转
45     carMove_back();                                         //卡丁车向后
46     m_vehicle->setSteeringValue(0.3f, 0);                   //设置前左轮左转
47     m_vehicle->setSteeringValue(0.3f, 1);                   //设置前右轮左转
48 }
```

- 第 1～8 行为卡丁车向前直行的方法。首先调用了刹车和转向初始化方法，然后使用交通工具类对象调用其应用力的方法，实现向前直行。

- 第 9～13 行为卡丁车右转的方法。由于右转也附带着执行，所以首先调用了卡丁车的直行方法，然后使用交通工具类调用转向的方法实现车轮右转并向前右方向前进。
- 第 19～26 行为卡丁车的后退方法。首先调用了刹车和转向初始化方法，然后使用交通工具类对象调用其应用力的方法，实现向后直行。
- 第 27～47 行为刹车系数和转向系数的初始化，即全部置为 0，以及车辆的后右转和后左转。实现此方法步骤和上述方法类似，参数置反即可。

（5）此款游戏还提供了更新名次的方法，其中实现了判断玩家卡丁车当前的名次，实现策略是将卡丁车的位置和其余卡丁车的位置进行对比，然后根据玩家卡丁车距离终点的距离进行实时判断，最后更新 2D 界面中名次标牌，具体代码如下所示。

代码位置：见本书随书源代码/第 6 章/GorgeKart/app/src/main/jni/other 目录下的 Kart.cpp。

```
1  void Kart::updateRanking(){
2      Vec3 kartPos=this->getPosition3D()                              //获得玩家当前位置
3      Vec2 kartVec2=Vec2(kartPos.x, kartPos.z);                       //记录当前目标点
4      int nearIndex = 0;                                              //玩家距离哪个点最近
5      float nearDis = 10000;                                          //最短距离
6      for(int i = GameData::targetKart-2; i <= GameData::targetKart+2; ++i){//循环判断
7          if(i<0 || i>=GameData::markCount)                           //出范围
8              continue;                                               //跳过此次
9          Vec2 currentTarget(GameData::mapVec3[2*i], GameData::mapVec3[2*i + 1]);
                                                                       //当前目标点
10         float currentNearDis = kartVec2.distance(currentTarget);//距离目标点距离
11         if(currentNearDis < nearDis){                               //如果有更近的点
12             nearDis = currentNearDis;                               //更新最近点距离
13             nearIndex = i; }}                                       //更新距离卡丁车最近点的编号
14     GameData::nearPos = nearIndex;                                  //赋值给全局变量
15     int arrayNum = GameData::markCount * 2;                         //当前地图几个坐标
16     Vec2 nextTarget;                                                //临时变量
17     if(nearIndex == arrayNum / 2 - 1){                              //下一点
18     nextTarget = Vec2(GameData::mapVec3[(nearIndex) * 2],GameData::mapVec3[
   (nearIndex) * 2 + 1]);
19         targetPosNum = arrayNum / 2 - 1;                            //记录下一点的编号
20     } else{
21     nextTarget = Vec2(:mapVec3[(nearIndex + 1) * 2],:mapVec3[(nearIndex + 1) * 2 + 1]); }
22     Vec2 frontTarget;                                               //前一点
23     frontTarget = Vec2(mapVec3[(nearIndex - 1) * 2], mapVec3[(nearIndex - 1) * 2 + 1]);
24     float nextDis = kartVec2.distance(nextTarget);                  //求距离
25     float frontDis = kartVec2.distance(frontTarget);                //求距离
26     if(!(nearIndex == 0 || nearIndex == arrayNum / 2 - 1)){        //如果不满足条件
27         if(nextDis < frontDis){                                     //判断距离哪个点近
28             nearIndex += 1;                                         //近点自加1
29             nearDis = nextDis; }                                    //最近目标点
30         targetPosNum = nearIndex; }                                 //确定目标点
31     int ranking=1;                                                  //名次
32     std::vector<Kart*>::iterator obbIte;                            //迭代器
33     for (obbIte = GameData::obbOtherKart.begin();obbIte != GameData::obbOtherKart.end();){
34         if ((*obbIte)->targetPosNum > this->targetPosNum){          //如果有更近的
35             ranking++;                                              //名次加1
36         }
37         else if((*obbIte)->targetPosNum == this->targetPosNum){
38             Vec3 otherPos = (*obbIte)->getPosition3D();//非玩家车辆距离目标点距离
39             Vec2 otherVec2 = Vec2(otherPos.x, otherPos.z);          //非玩家的位置
40             float otherDis = otherVec2.distance(targetPos);         //计算距离
41             if(nearIndex == 0){                                     //最近点为第一个点
42                 nearDis = nextDis; }                                //赋值
43             if(nearDis > otherDis){                           //如果距离大于其他卡丁车
44                 ++ranking;                                    //名次加1
45             }}
46         ++obbIte;}                                            //迭代器加一
47     ……//此处省略了部分类似代码，有需要的读者请参考随书源代码
48         GameData::firstCar = tempMax->index;
49 }}
```

- 第 6～13 行为计算距离玩家最近的点。首先记录下玩家卡丁车的位置，循环地求得距离

玩家最近的地图上的点。

- 第 17～23 行为计算距离玩家最近的点的下一个点。计算策略如下：如果最近的点为中点，则下一点也为中点，否则为当前点的下一个点。
- 第 24～30 行为计算距离玩家最近点的上一个点。首先拿得上一个点，其次根据距离的条件更新目标点。
- 第 33～46 行为求得卡丁车的名次。实现策略如下：如果有其余卡丁车有更近的距离，则名次自加一。

（6）介绍完了更新名次的方法，下面详细介绍一下计算玩家车辆是否方向错误的方法。其实现策略是通过卡丁车当前的位置和下一目标的位置相减得到的向量和 z 轴负半轴求夹角，判断此夹角是否大于 90° 即可判定方向是否错误，具体代码如下所示。

代码位置：见本书随书源代码/第 6 章/GorgeKart/app/src/main/jni/other 目录下的 Kart.cpp。

```
1   void Kart::updateIsError(float f){                          //玩家的车方向是否错误
2     Vec3 forward;                                             //获得车辆朝向
3     carRigidBody->getWorldTransform().getForwardVector(&forward);//获得朝向
4     if(!this->isVisible() || GameData::targetKart == 0)              //如果卡丁车不显示
5         return;                                               //返回
6     Vec3 targetPos = Vec3(GameData::mapVec3[targetPosNum  * 2], 0,
7         GameData::mapVec3[targetPosNum  * 2 + 1]);           //车辆目标点
8     Vec3 carToTarget;                                         //车辆位置指向目标点
9     if(targetPosNum > 0 && getPosNum !=  GameData::nearPos){
10            Vec3 lastPos = Vec3(GameData::mapVec3[GameData::nearPos * 2], 0,
11            GameData::mapVec3[GameData::nearPos * 2 + 1]);   //上一个点
12            carToTarget = (lastPos - targetPos);             //车辆位置指向目标点
13    }else if(targetPosNum == GameData::nearPos && targetPosNum < GameData::markCount - 1){
14        Vec3 nextPos = Vec3(GameData::mapVec3[(targetPosNum + 1) * 2], 0,
15            GameData::mapVec3[(targetPosNum + 1) * 2 + 1]);      //上一个点
16            carToTarget = (targetPos - nextPos);             //车辆位置指向目标点
17    }
18    carToTarget.normalize();                                  //归一化
19    forward.normalize();                                      //归一化
20    float angleForwardToCarLinear = Vec2::angle (Vec2(carToTarget.x, carToTarget.z),
21                Vec2(-forward.x,  -forward.z));//速度方向与车辆目标点向量 夹角
22    float angleFTC = CC_RADIANS_TO_DEGREES(angleForwardToCarLinear);
23    if(angleFTC > 140.0f + 5.0f){                             //如果大于一定值
24            reverseTime += f;                                 //时间自加 f
25    } else{
27            reverseTime = 0;                                  //反向时间赋值给 0
28            GameData::isErrorDirection = false; }             //方向未反
29    if(reverseTime > 2){                                      //如果反向时间大于 2
30            GameData::isErrorDirection = true;                //确认为反向
31    }}
```

- 第 3 行为获得卡丁车的朝向向量。此向量供后面计算角度用。
- 第 6～7 行为获取车辆的目标点。如果此卡丁车并未有目标点，则直接返回。
- 第 8～17 行为求得车辆的下一个点。使用此点的位置和卡丁车当前的位置可以求出一个向量，此向量即为卡丁车指向目标点的向量。
- 第 18～22 行为求得卡丁车指向目标点的向量与当前卡丁车速度的向量夹角，并将其转换为角度，供下面计算使用。
- 第 23 行为计算此卡丁车已经反向的时间，如果反向时间达到 2s 之后，则置全局变量反向变量为 true，否则为 false。

（7）上面介绍了判断卡丁车方向是否错误的方法，下面详细介绍更新技能的方法，即 2D 界面单击使用技能的按钮后调用的方法，其实现策略是判断得到的技能的编号，然后判断此编号所对应的技能，并使用对应特效，具体代码如下所示。

代码位置：见本书随书源代码/第 6 章/GorgeKart/app/src/main/jni/other 目录下的 Kart.cpp。

```
1  void Kart::updateSkill(int index,int skillType){          //更新技能的方法
2      if(!isVisible())   return;                             //如果此卡丁车已经死亡
3      if(skillType == Constant::SKILL_BOOST){               //更新加速器
4          if(index == 200 ){                                 //如果 index 为 200
5              this->proplusion->startParticleSystem();}      //开始播放粒子系统
6          index -= 2;                                        //index 减 2
7      } else{
8          index -= 4; }                                      //index 减 4
9      this->isUseSkill |= 1 << (skillType - 1)              //更新正在使用的技能
10     if (index <= 0){                                       //判断技能是否用完
11         if(skillType == Constant::SKILL_BOOST){            //如果为加速特效
12             this->proplusion->stopParticleSystem();}       //停止播放粒子系统
13         this->isUseSkill &= 7 - (1 << (skillType - 1));    //更新技能
14         return; }                                          //并且返回
15     if (index % 8 == 4 && skillType == Constant::SKILL_BULLET){   //子弹
16         for(int i=0;i<=2;i+=2){                            //发射子弹
17             auto pos = this->getPosition3D();              //获取车的位置
18             Vec3 dir;                                      //子弹方向
19             Vec3 line;                                     //两行子弹的差值
20             carRigidBody->getWorldTransform().getForwardVector(&dir);
                                                              //获得卡丁车向前方向
21             carRigidBody->getWorldTransform().getLeftVector(&line);//获得左向量
22             dir.normalize();                               //方向向量归一化
23             line.normalize();                              //差值向量归一化
24             auto bullet = Bullet::create(this->index, pos+dir*2+line*(i-1)*0.4, dir);
25             this->getParent()->addChild(bullet);           //添加进布景
26         }}
27     ……//此处省略了导弹的技能使用，有需要的读者请参考随书源代码
28     this->runAction(                                       //卡丁车执行动作
29             Sequence::create(DelayTime::create(0.02f),        //创建推迟方法
30             CallFunc::create(CC_CALLBACK_0(Kart::updateSkill,this,index,skillType)),
31             nullptr));                                     //动作序列结尾
32 }
```

- 第 3～7 行为判断是否为加速特效，如果为加速特效，则开始播放粒子系统，并将 index 自减 2，否则自减 4。
- 第 9 行的使用技巧如下：int 的后三位 000，分别表示 rocket、bullet、boost 3 个技能的使用情况。即如果子弹和导弹同时使用，则为 110。
- 第 10～12 行为技能使用完毕的判断。如果为加速特效，则将粒子系统关闭，其余的技能则进行与运算，进行技能清零。
- 第 13 行的技能使用如下所示：7 为 111，skillType 为 2 时，1 左移 1 位为 010，相减为 101，与操作可以置零。
- 第 15～25 行为子弹技能的使用。使用策略为首先获得卡丁车的前向量，此向量为子弹的前进方向。并获得卡丁车的左向量，根据此向量计算出两排子弹的间隔。

（8）卡丁车类介绍到这里，已经接近尾声了。下面介绍卡丁车的死亡方法以及重置方法，重置的实现策略是将当前卡丁车不显示 3s，并将卡丁车刚体的力和速度全部置为 0，死亡时播放死亡动画并设置为不显示，具体代码如下所示。

代码位置：见本书随书源代码/第 6 章/GorgeKart/app/src/main/jni/other 目录下的 Kart.cpp。

```
void Kart::die(){                                          //死亡方法
    AudioManager::playBoomMusic(this->index);              //播放爆炸音乐
    this->setVisible(false);                               //卡丁车设置为不显示
    this->health = 100;                                    //血量重新置为 100
    this->kartEngineForce = 0;                             //牵引力置为 0
    auto boom = PUParticleSystem3D::create(                //播放粒子系统
        SCR_PATH + "explosion.pu",                         //脚本路径
        MAT_PATH+"pu_example.material"                     //材质系统路径
    );
    boom->setPosition3D(this->getPosition3D());            //设置为卡丁车的位置
    boom->setScale(0.5f);                                  //缩放
```

```
12      boom->setCameraMask((unsigned short)CameraFlag::USER1);//设置摄像机编号
13      this->getParent()->addChild(boom);                 //添加进布景
14      boom->startParticleSystem();                       //开始播放
15      this->runAction(                                   //执行动作
16          Sequence::create(                              //序列执行
17              CallFunc::create(CC_CALLBACK_0(btDynamicsWorld::removeRigidBody,
18                      dynamicsWorld,carRigidBody->getRigidBody())),
19              DelayTime::create(3),                      //延长动作
20              CallFunc::create(CC_CALLBACK_0(Kart::reset,this,boom)),
21              nullptr)                                   //动作序列结束
22      );}
24  void Kart::reset(PUParticleSystem3D *boom){            //去除爆炸效果
25      this->setVisible(true);                            //设置为显示
26      dynamicsWorld->addRigidBody(carRigidBody->getRigidBody());//设置速度为 0
27      carRigidBody->setLinearVelocity(Vec3(0.0f, 0.0f, 0.0f));   //设置线速度
28      carRigidBody->getRigidBody()->clearForces();       //清除车身上所有的力
29      boom->stopParticleSystem();                        //停止播放粒子系统
30      this->removeChild(boom);                           //移除此粒子系统
31  }
```

- 第 6～13 行为创建卡丁车死亡时的粒子系统，并设置相应的位置和缩放比例。这里需注意粒子系统的脚本路径须传入正确。
- 第 15～22 行为执行一个序列动作。首先移除此卡丁车刚体，并延迟 3s 后，再次调用重置方法重新使卡丁车“复活”。
- 第 24～30 行为重置卡丁车方法，主要是将卡丁车线速度以及驱动力等参数重置，这样此卡丁车相当于复活，从速度为 0 时开始运行。

（9）介绍完了卡丁车的几乎所有实现方法后，剩下的就是重写的父类的 visit 方法，以及在其中实现的车轮滚动方法。visit 方法无须开发者调用，引擎自会调用。车轮滚动涉及矩阵的应用，这里主要是去除缩放，使用旋转。具体代码如下所示。

代码位置：见本书随书源代码/第 6 章/GorgeKart/app/src/main/jni/other 目录下的 Kart.cpp。

```
……//此处省略了部分头文件的导入，有需要的读者请参考随书源代码
void Kart::visit(cocos2d::Renderer *renderer,    //重写的父类 visit 方法
        const cocos2d::Mat4 &parentTransform, uint32_t parentFlags){
    for(auto wheel:wheelSprVec){                         //遍历卡丁车车轮
        this->wheelUpdate(wheel->getTag()); //依次执行车轮更新
    }
    PhysicsSprite3D::visit(renderer,parentTransform,parentFlags); //调用父类的 visit 方法
}
void Kart::wheelUpdate(int which){                       //车轮更新方法
    m_vehicle->updateWheelTransform(which,true);                  //更新车轮
    auto mat4 = convertbtTransformToMat4(m_vehicle->getWheelInfo(which).m_worldTransform);
    Mat4 parentMat;                                               //获取父节点矩阵
    if (wheelSprVec[which]->getParent())    //获得父节点为 true
        parentMat = wheelSprVec[which]->getParent()->getNodeToWorldTransform();
    auto mat = parentMat.getInversed() * mat4;                    //父节点逆矩阵
    float oneOverLen = 1.f / sqrtf(mat.m[0] * mat.m[0] + mat.m[1] * mat.m[1] +
    mat.m[2] * mat.m[2]);
    mat.m[0] *= oneOverLen;                      //移除 x 轴 x 分量缩放信息
    mat.m[1] *= oneOverLen;                      //移除 x 轴 y 分量缩放信息
    mat.m[2] *= oneOverLen;                      //移除 x 轴 z 分量缩放信息
    oneOverLen = 1.f / sqrtf(mat.m[4] * mat.m[4] + mat.m[5] * mat.m[5] + mat.m[
    6] * mat.m[6]);
    mat.m[4] *= oneOverLen;                      //移除 y 轴 x 分量缩放信息
    mat.m[5] *= oneOverLen;                      //移除 y 轴 y 分量缩放信息
    mat.m[6] *= oneOverLen;                      //移除 y 轴 z 分量缩放信息
    oneOverLen = 1.f / sqrtf(mat.m[8] * mat.m[8] + mat.m[9] * mat.m[9] + mat.m[
    10] * mat.m[10]);
    mat.m[8] *= oneOverLen;                      //移除 z 轴 x 分量缩放信息
    mat.m[9] *= oneOverLen;                      //移除 z 轴 y 分量缩放信息
    mat.m[10] *= oneOverLen;                     //移除 z 轴 z 分量缩放信息
    static Vec3 scale, translation;              //分解总矩阵
    static Quaternion quat;                      //分解后的旋转
    mat.decompose(&scale, &quat, &translation); //执行分解方法
```

```
31      wheelSprVec[which]->setPosition3D(translation);        //设置位置
32      quat.normalize();                                      //旋转归一化
33      wheelSprVec[which]->setRotationQuat(quat);             //设置旋转角
34      if((isUseSkill & Constant::SKILL_BULLET) > 0 || skillType == Constant::SKILL_BULLET){
35      gunSpriteL->setVisible(true);                          //显示左子弹筒
36      gunSpriteR->setVisible(true);                          //显示右子弹筒
37      }else{
38              gunSpriteL->setVisible(false);                 //左炮筒不显示
39              gunSpriteR->setVisible(false);                 //右炮筒不显示
40      }}
```

- 第 2～8 行为重写的父类的 visit 方法。由于这个方法是每帧都会调用，因此在这里用来更新车轮的状态最合适不过了。
- 第 10 行为调用交通工具类封装好的方法以更新车轮的状态。由于此方法是每个车轮调用一次，因此车轮的姿态可以非常真实地模拟现实世界。
- 第 11～27 行为获得父类的基本变换矩阵的逆矩阵，使用此矩阵变换卡丁车的矩阵，然后去掉缩放效果。
- 第 28～30 行为调用 decompose 方法分解总矩阵，分别分解为：缩放、旋转、平移。

6.7 引擎引用入口类——AppDelegate

通过前面案例的学习，读者可能会有这样一个疑问，Cocos2d-x 引擎是怎样进入第一个可以显示在屏幕上的场景的呢？此节的讲解，可以解答读者的疑惑。下面给出 AppDelegate 类的开发流程。

（1）首先需要开发的是 AppDelegate 类的框架，该框架声明了一系列将要使用的成员方法，这些方法都是重写的父类的，不允许开发人员自己管理，具体代码如下。

代码位置：见本书随书源代码/第 6 章/GorgeKart/app/src/main/jni/other 目录下的 AppDelegate.h。

```
#ifndef  _AppDelegate_H_                                  //防止二次导入
#define  _AppDelegate_H_
#include "cocos2d.h"                                      //导入头文件
class  AppDelegate : private cocos2d::Application{        //类的声明
public:
      AppDelegate();                                      //构造函数
      virtual ~AppDelegate();                             //析构函数
      virtual bool applicationDidFinishLaunching();       //初始化方法
      virtual void applicationDidEnterBackground();       //当程序进入后台时调用此方法
      virtual void applicationWillEnterForeground();      //当程序进入前台时调用此方法
};
#endif
```

说明 此类中 3 个函数都是继承的父类的虚函数，函数名不能更改，读者可以查看父类 ApplicationProtocol 头文件中的 3 个函数的注释，以查看其对应的用处。

（2）完成了头文件的开发后，下面给出头文件中方法的具体实现，它在代码中实现了各场景的创建以及使用导演实例调用场景，具体代码如下所示。

代码位置：见本书随书源代码/第 6 章/GorgeKart/app/src/main/jni/other 目录下的 AppDelegate.cpp。

```
 ……//此处省略了部分头文件的导入，有需要的读者请参考随书源代码
AppDelegate::AppDelegate(){}                                //构造函数，此处未使用
AppDelegate::~AppDelegate() {}                              //析构函数，此处未使用
bool AppDelegate::applicationDidFinishLaunching(){          //初始化方法
    auto director = Director::getInstance();                //获取导演
    auto glview = director->getOpenGLView();                //获得绘制对象
    if(!glview){ glview = GLViewImpl::create("My Game");}//若不存在 GLView 则重新创建
    director->setOpenGLView(glview);                        //设置绘制用 GLView
    director->setDepthTest(true);                           //设置开启深度检测
    glview->setDesignResolutionSize(960,540,ResolutionPolicy::SHOW_ALL);
                                                            //设置目标分辨率
```

```
11      director->setAnimationInterval(1.0 / 60);         //系统模拟时间间隔
12      director->setDisplayStats(false);                 //设置为显示 FPS 等信息
13      AudioManager::initAudio();                        //初始化音乐引擎
14      SceneManager::gotoBeginLayer();                   //创建欢迎场景
15      return true;
16  }
17  void AppDelegate::applicationDidEnterBackground(){    //当程序进入后台时调用此方法
18      Director::getInstance()->stopAnimation();         //停止动画
19      AudioManager::mPauseBackgroundMusic();   //如果有声音的话要调用下面一句暂停声音播放
20  }
21  void AppDelegate::applicationWillEnterForeground(){ //当程序进入前台时调用
22      Director::getInstance()->startAnimation();      //开始动画
23      AudioManager::mResumeBackgroundMusic(); //如果有声音的话要调用下面一句开始声音播放
24  }
```

- 第 2～3 行为构造函数与析构函数的实现，由于此处并未使用，所以并未包含任何代码。
- 第 4～7 行为初始化方法。当游戏开始执行时，引擎会首先调用此方法。此方法中实现了获得绘制对象并设置绘制对象，然后设置一些基础参数并调用场景管理类的方法以执行第一个场景。
- 第 9 行为开启深度检测。为了节省绘制时间，可以适当地开启深度检测，需要的时候可以关掉。
- 第 10 行为设置目标分辨率。Cocos2d-x 引擎提供了 5 种屏幕自适应策略，读者可以参考枚举类 ResolutionPolicy 中的注释进行详细了解。
- 第 13 行为初始化音效。由于加载音乐比较消耗资源，所以游戏中的策略是预加载，然后需要使用的时候直接使用即可。
- 第 14 行为调用场景管理类的相关方法以执行第一个场景。该方法获得了导演类的实例，使用该实例执行第一个场景。
- 第 17～23 行为程序进入后台时执行的方法和程序进入前台时调用的方法，其中可以放置导演类中的暂停场景方法和背景音乐的暂停与恢复等。

6.8 引擎的修改

上述小节详细介绍了此款游戏的开发流程，好奇的读者可能已经迫不及待地复制出了项目，却发现不能正确运行。那是因为 Cocos2d-x 引擎对 Bullet 封装的方法中，并未囊括本游戏所需要的全部内容，因此需要修改部分代码，具体修改部分如下所示。

（1）Cocos2d-x 引擎中添加了部分代码，用于控制物理世界暂停问题以及车身抖动问题，其具体修改如表 6-8 所示。

表 6-8　　　　修改引擎部分

具 体 位 置	修 改 部 分	修 改 原 因
CCDirector.cpp	287 行的物理模拟挪到 313 行	解决车身抖动问题
CCPhysics3DWorld.h	161 行添加 bool _enable = true;	为解决物理世界暂停做准备
CCPhysics3DWorld.h	157 行添加 bool isEnable(){return _enable;};	为解决物理世界暂停做准备
CCPhysics3DWorld.h	158 行添加 void setEnable(bool enable){_enable=enable;};	为解决物理世界暂停做准备
CCPhysics3DWorld.cpp	230 行添加 if (_btPhyiscsWorld && _enable)	解决物理世界暂停问题

说明　此项目是基于 cocos2d-x-3.13.1 版本修改的引擎，如果读者想用其他版本运行此项目，其中修改部分的行数可能会上下浮动若干行。

（2）其中还修改了 cocos2d-x-3.13.1 中 external 文件夹下的 bullet 中的部分类引入的头文件路径，即在 cocos2d-x-3.13.1/external/bullet/Android.mk 下添加部分类，具体添加的类如表 6-9 所示。

表 6-9　修改 bullet 部分

需要添加的类名	所 在 路 径
btSoftBody.cpp	cocos2d-x-3.13.1/external/bullet/ BulletSoftBody
btDefaultSoftBodySolver.cpp	cocos2d-x-3.13.1/external/bullet/ BulletSoftBody
btSoftBodyConcaveCollisionAlgorithm.cpp	cocos2d-x-3.13.1/external/bullet/ BulletSoftBody
btSoftBodyHelpers.cpp	cocos2d-x-3.13.1/external/bullet/ BulletSoftBody
btSoftBodyRigidBodyCollisionConfiguration.cpp	cocos2d-x-3.13.1/external/bullet/ BulletSoftBody
btSoftRigidCollisionAlgorithm.cpp	cocos2d-x-3.13.1/external/bullet/ BulletSoftBody
btSoftSoftCollisionAlgorithm.cpp	cocos2d-x-3.13.1/external/bullet/ BulletSoftBody
btSoftRigidDynamicsWorld.cpp	cocos2d-x-3.13.1/external/bullet/ BulletSoftBody

说明　需要注意的是，添加需要编译的类名时的路径问题。这里添加的不是绝对路径，而是相对路径。假设添加的类名为 btSoftBody.cpp，那么最终添加进 Android.mk 的是 BulletSoftBody/ btSoftBody.cpp。

6.9　游戏的优化及改进

到此为止，竞速类游戏峡谷卡丁车游戏已经基本开发完成，也实现了最初设计的功能。但是通过开发后的测试发现，游戏中仍然存在一些需要优化和改进的地方，下面列举一些作者想到的方面。

❑ 优化游戏场景

读者可以根据自己的想法自行改进，使游戏更加完美。如游戏场景的搭建、卡丁车的种类和爆炸使用的粒子系统的设计等，进行进一步的完善。

❑ 修复游戏 bug

现在众多的手机游戏在公测之后也有很多 bug，需要玩家不断发现以改进游戏。比如本游戏中地面草皮的铺垫，如果使用大屏手机时，可能会出现画面拉伸。虽然已经改进了可以发现的 bug，但是还有一些需要读者来发现并改进。

❑ 完善游戏玩法

此游戏只提供了 4 个关卡而且只有 3 个道具，读者可以发挥自己的奇思妙想，设计难度递增的关卡和丰富多彩的道具。如果有实力的话，读者可以参考前面章节介绍的商用游戏中的道具赛中的道具，实现其中一二，以完善游戏的玩法。

❑ 增强用户体验

为了提升用户体验，卡丁车的速度、加速度、子弹的杀伤力以及导弹的杀伤力等一系列参数读者可以自行调整，甚至粒子系统所使用的脚本中的值都可以自行修改，合理的参数会极大地增加游戏的可玩性以及视觉性。

6.10　本章小结

本章以开发山地卡丁车游戏为主题，介绍了使用 Cocos2d-x 引擎开发游戏的全过程，以及该引擎的执行流程。通过本章的学习，读者对使用 Cocos2d-x 引擎的开发流程有了更深的体会并形成了比较规范的开发意识。这对读者以后的开发生涯中会很有帮助。

第 7 章　休闲体育类游戏——森林跑酷

随着生活节奏的不断加快，人们的生活压力也不断增大。为了缓解压力，人们在空闲时间都会玩一些手机休闲体育类游戏，于是手机休闲体育类游戏开始风靡起来。

本章将介绍一个作者自己开发的休闲体育类游戏——森林跑酷。本章通过讲解该游戏在手机平台下的设计与实现，使读者对手机平台下使用 Cocos2d-x 引擎开发游戏的步骤有更加深入的了解。并学会使用 Cocos2d-x 引擎开发该类游戏，从而在以后的游戏开发中有更进一步的提高。

7.1 游戏的背景及功能概述

开发“森林跑酷”游戏之前，读者有必要首先了解一下该游戏的背景以及功能。本节将主要围绕该游戏的背景以及功能进行简单的介绍，通过作者的简单介绍，读者对该游戏有了一个整体的了解，进而为之后游戏的开发做好准备。

7.1.1　背景描述

下面首先向读者介绍一些市面上比较流行的休闲体育类游戏，比如“天天酷跑”和“激流快艇 2”等，图 7-1 和图 7-2 为游戏中的截图。这几款游戏的玩法以及游戏内容虽然均不相同，但它们都是非常容易上手的休闲体育类游戏，可玩性极强。

▲图 7-1　“天天酷跑”游戏截图

▲图 7-2　“激流快艇 2”游戏截图

在本章中，笔者将使用 Cocos2d-x 游戏引擎开发手机平台上的一款休闲体育类小游戏。本游戏玩法简单，同时游戏中还利用了 Cocos2d-x 中的各种酷炫的特效、换帧动画、3D 模型的加载以及 3D 骨骼动画等功能，极大地丰富了游戏的视觉效果，增强了用户体验。

7.1.2　功能介绍

“森林跑酷”游戏主要包括游戏资源加载界面、游戏主界面、选择角色界面、游戏界面以及游戏得分界面。接下来对该游戏的部分界面以及运行效果进行简单介绍。

（1）运行该游戏，首先进入的是游戏资源加载界面。该界面包括一个游戏背景图片和一个加载进度条，当游戏所有资源加载完毕后进入游戏主界面。图 7-3 为游戏加载过程中的截图，图 7-4 为游戏即将加载完毕时的截图。

（2）资源加载完毕后，则自动进入游戏主界面，该界面包括 5 个菜单按钮，分别为“排名”按钮、“设置”按钮、“关于”按钮、“形象”按钮以及“退出游戏”按钮。还包括一个打招呼的 3D 卡通人物和一个不停抖动的“单击开始游戏”文字，如图 7-5 所示。

▲图 7-3　游戏加载界面 1

▲图 7-4　游戏加载界面 2

▲图 7-5　游戏主界面

（3）单击主菜单界面右下角“关于”按钮将弹出本游戏的开发信息，如图 7-6 所示。此时单击弹出菜单右上角的“关闭”按钮即可回到主菜单界面。单击主菜单界面右上角“设置”按钮将弹出对设置背景音乐和声音特效的开关界面，如图 7-7 所示，此时单击弹出菜单右上角“关闭”按钮即可回到主菜单界面。

（4）单击主菜单界面左上角“排名”按钮将弹出本游戏的得分排名，如图 7-8 所示。此时单击弹出菜单左下角“返回”按钮即可返回主菜单界面。

▲图 7-6　单击“关于”按钮后的界面

▲图 7-7　单击“设置”按钮后的界面

▲图 7-8　单击“排名”按钮后的界面

（5）单击主菜单界面左下角“关闭”按钮将弹出“你真的想退出游戏吗”的提示信息，如图 7-9 所示。此时如果单击弹出菜单的“关闭”按钮则返回主菜单界面，如果单击“确定”按钮则退出本游戏。

（6）单击主菜单界面下面中央位置的“形象”按钮后将进入选择游戏角色界面。在该界面中，玩家可以选择自己喜欢的跑酷角色来进行游戏，比如单击选择角色左上角的头像可以选择“安琪儿”角色，如图 7-10 所示。单击选择角色右上角头像可以选择“杰克”角色，如图 7-11 所示。

（7）单击选择游戏角色界面下方的“返回菜单”按钮，即可返回游戏主界面。此时单击不断抖动的“单击开始游戏”文字，即可进入游戏界面，该界面左上角为吃到金币的个数和奔跑距离的标签，右上角为“暂停”按钮，游戏界面里有一个不断向前奔跑的跑酷者和一头追人的狮子，如图 7-12 所示。

▲图 7–9　单击“关闭”按钮后的界面

▲图 7–10　选择“安琪儿”角色时的界面

▲图 7–11　选择“杰克”角色时的界面

（8）进入游戏界面时，玩家可以上下滑动屏幕来控制英雄完成跳跃和下蹲动作以避免碰到障碍物，如图 7-13 和图 7-14 所示。

▲图 7–12　游戏界面

▲图 7–13　英雄跳跃时界面

▲图 7–14　英雄下蹲时界面

（9）在游戏界面中，玩家还可以通过左右滑动屏幕来控制英雄左右移动，图 7-15 为玩家向左滑动到跑道最左侧时的界面，图 7-16 为玩家向右滑动到跑道最右侧时的界面。

（10）玩家在游戏界面中，如果想暂停游戏，则可单击界面右上角的“暂停”按钮来暂停该游戏。在游戏暂停界面中，有“继续游戏”按钮、“游戏设置”按钮和“回到菜单”按钮，如图 7-17 所示。此时如果单击“继续游戏”按钮，则会出现开始倒计时，如图 7-18、图 7-19 和图 7-20 所示。倒计时结束后即可继续玩本游戏。

▲图 7–15　英雄向左移动时界面

▲图 7–16　英雄向右移动时界面

▲图 7–17　暂停游戏界面

▲图 7-18　游戏开始倒计时 1

▲图 7-19　游戏开始倒计时 2

▲图 7-20　游戏开始倒计时 3

（11）在游戏暂停界面中，单击“游戏设置”按钮，则可对游戏的背景音乐和声音特效进行设置，单击设置面板右上角“关闭”按钮即可完成设置继续玩本游戏，如图 7-21 所示。单击暂停界面中的“回到菜单”按钮后即可回到游戏主界面。

（12）玩家在控制英雄奔跑时，如果英雄没有及时躲开障碍物则会弹出一个面板，该面板中间有“点我开始，继续游戏”文字，此时如果单击该文字则可继续游戏。该面板左上角还有一个圆圈，该圆圈面积会不断减少，如图 7-22 和图 7-23 所示。

▲图 7-21　单击“游戏设置”按钮后界面

▲图 7-22　是否复活界面 1

▲图 7-23　是否复活界面 2

（13）当圆圈面积减少到 0 时则会进入游戏得分界面，该界面上方为本游戏最终总得分标签和吃到金币数量标签。界面最下面有“主页”和“重新开始”两个按钮，玩家单击“主页”按钮可以回到游戏主菜单界面，单击“重新开始”按钮可重新开始本游戏，如图 7-24 所示。界面中间偏左为玩家本次选择的跑酷者，玩家还可以选择其他跑酷者，图 7-25 和图 7-26 为玩家选择不同角色时的游戏得分界面。

▲图 7-24　游戏得分界面 1

▲图 7-25　游戏得分界面 2

▲图 7-26　游戏得分界面 3

7.2 游戏的策划及准备工作

上一节向读者介绍了本游戏的背景及其基本功能，对其有一定了解之后，本节将向读者着重介绍游戏开发的前期准备工作，主要包括游戏的策划和游戏开发中所需资源的准备。

7.2.1 游戏的策划

下面对游戏的策划进行简单的介绍，在游戏开发过程中其涉及的方面会很多，而本游戏的策划主要包含：游戏类型定位、运行目标平台、呈现技术、操作方式以及游戏中的音效设计等工作。下面将一一向读者介绍。

- 游戏类型定位

该游戏的操作方式为触屏，玩家可通过手指滑动来控制英雄完成某些动作，当玩家用手指向左或向右滑动时，英雄也会相应地向左或向右移动；当玩家用手指向上或向下滑动时，英雄会进行跳跃和下蹲以避免撞到障碍物从而可以继续奔跑。本游戏提供了 4 个角色以供玩家选择，增加游戏的可玩性。本游戏主要考验玩家的耐心和判断能力，属于休闲体育类游戏。

- 运行的目标平台

游戏目标平台为 Android 2.2 及以上平台与 iOS 平台。

- 采用的呈现技术

游戏完全采用 Cocos2d-x 引擎进行游戏场景的搭建和游戏特效的处理，其中还使用了 3D 模型加载技术和 3D 骨骼动画等。本游戏以 3D 为主体，并且 3D 和 2D 结合，不仅画面非常优美，而且游戏的立体感非常好。游戏中所用到的特效是 Cocos2d-x 中所独有的，用起来简单方便。游戏效果绚丽、内容变化多样，操作简单方便，极大地增强了玩家的游戏体验。

- 操作方式

本游戏中所有关于游戏的操作均为触屏，操作简单，容易上手。玩家通过手指滑动屏幕来操控英雄躲避障碍物并且吃掉金币，挑战自己的奔跑极限。

- 音效设计

为了增加玩家的体验，本游戏根据界面的效果添加了适当的音效。例如，旋律优美的背景音乐、单击菜单按钮时的切换音效、吃到金币音效、吃到道具音效和英雄跌倒时的音效等。

7.2.2 手机平台下游戏的准备工作

上一小节向读者介绍了游戏的策划，本小节将向读者介绍开发之前应该做的一些准备工作，主要包括搜集和制作图片、3D 模型和声音等，其具体步骤如下。

（1）首先为读者介绍的是本游戏用到的图片资源，系统将所有图片资源都放在项目文件下的 Parkour/app/src/main/assets 目录下的 c3b、cj、obj、particle3d 和 pics 文件夹或其子文件夹下，具体内容如表 7-1 和表 7-2 所示。

表 7-1　　　　图片清单 1

图片名	大小（KB）	像素（w×h）	用　途	图片名	大小（KB）	像素（w×h）	用　途
hero1.png	345	512×512	英雄 1 纹理贴图	continueGame_normal.png	18.4	210×70	继续游戏按钮 1
hero2.png	377	512×512	英雄 2 纹理贴图	continueGame_pressed.png	18.7	210×70	继续游戏按钮 2
hero3.png	362	512×512	英雄 3 纹理贴图	mainMenu_normal.png	16.3	210×70	回到菜单按钮 1

续表

图片名	大小（KB）	像素（w×h）	用　途	图片名	大小（KB）	像素（w×h）	用　途
hero4.png	314	512×512	英雄 4 纹理贴图	mainMenu_pressed.png	16.5	210×70	回到菜单按钮 2
lion.jpg	81.3	256×256	狮子纹理贴图	moHu.png	6.03	540×960	模糊背景图片
rdyl_dixin_001.jpg	610	1024×1024	场景纹理贴图 1	pauseBG.png	76.7	540×560	暂停底板图片
rdyl_dixin_005.jpg	544	1024×1024	场景纹理贴图 2	setGame_normal.png	17.2	210×70	游戏设置按钮 1
rdyl_dixin_007.jpg	856	1024×1024	场景纹理贴图 3	setGame_pressed.png	17.3	210×70	游戏设置按钮 2
rdyl_dixin_008.jpg	876	1024×1024	场景纹理贴图 4	FlightIcon.png	19.7	128×128	无敌道具图标
rdyl_dixin_009.jpg	747	1024×1024	场景纹理贴图 5	MagnetIcon.png	17.3	128×128	磁铁道具图标
EquipmentTex.png	350	512×512	吃到道具的纹理	ShoesIcon.png	23.3	128×128	跳跃鞋子道具图标
jb.png	66.8	200×200	金币纹理贴图	TimeTwoIcon.png	22.9	128×128	双倍金币道具图标
shadow.png	2.91	14×14	英雄影子纹理	progress.png	21.6	1024×1024	进度条图片
skyBox.png	173	1000×1000	天空盒纹理贴图	progress0.png	3.98	400×107	进度条 0 图片
pu_rain.png	3.61	64×64	下雨粒子图片 1	progress1.png	3.98	400×107	进度条 1 图片
pu_rain_01.png	10.8	32×1050	下雨粒子图片 2	progress2.png	3.97	400×107	进度条 2 图片
daoJiShi.png	32	512×512	倒计时图片	progress3.png	3.98	400×107	进度条 3 图片
resume1.png	19.7	256×256	倒计时图片 1	progress4.png	3.97	400×107	进度条 4 图片
resume2.png	21.2	256×256	倒计时图片 2	progress5.png	3.97	400×107	进度条 5 图片
resume3.png	21.9	256×256	倒计时图片 3	progress6.png	3.97	400×107	进度条 6 图片
GoldTex.png	171	1024×1024	金币闪烁图片	progress7.png	3.97	400×107	进度条 7 图片
GoldTex0.png	31.3	128×128	金币闪烁图片 0	progress8.png	3.98	400×107	进度条 8 图片
GoldTex1.png	30.9	128×128	金币闪烁图片 1	progress9.png	3.98	400×107	进度条 9 图片
GoldTex2.png	30.3	128×128	金币闪烁图片 2	progress10.png	3.97	400×107	进度条 10 图片
GoldTex3.png	28.8	128×128	金币闪烁图片 3	progress11.png	3.97	400×107	进度条 11 图片
GoldTex4.png	28	128×128	金币闪烁图片 4	progress12.png	3.96	400×107	进度条 12 图片
GoldTex5.png	28.5	128×128	金币闪烁图片 5	progress13.png	3.97	400×107	进度条 13 图片
GoldTex6.png	28.1	128×128	金币闪烁图片 6	progress14.png	3.97	400×107	进度条 14 图片
GoldTex7.png	27.6	128×128	金币闪烁图片 7	progress15.png	3.97	400×107	进度条 15 图片
GoldTex8.png	27.7	128×128	金币闪烁图片 8	progress16.png	3.96	400×107	进度条 16 图片
GoldTex9.png	27.4	128×128	金币闪烁图片 9	about.png	71.4	400×300	关于底板图片
GoldTex10.png	28.5	128×128	金币闪烁图片 10	about1.png	80	400×320	关于 1 底板图片
GoldTex11.png	29.2	128×128	金币闪烁图片 11	back.png	9.61	80×80	退出游戏按钮图片

表 7-2　　图片清单 2

图片名	大小（KB）	像素（w×h）	用　途	图片名	大小（KB）	像素（w×h）	用　途
backMenu.png	16.9	220×75	返回菜单按钮 1	roleS.png	11.6	110×70	形象按钮 1
backMenu1.png	16.8	220×75	返回菜单按钮 2	roleS1.png	11.7	110×70	形象按钮 2
backTo.png	9.32	80×80	返回上级菜单按钮	selectedKuang.png	30.3	205×205	选中框图片
choiceBase.png	3.82	300×300	选择角色底板 1 图片	set.png	9.97	80×80	设置按钮 1
choiceBase1.png	3.58	300×300	选择角色底板 2 图片	set1.png	9.99	80×80	设置按钮 2

续表

图片名	大小（KB）	像素（w×h）	用途	图片名	大小（KB）	像素（w×h）	用途
fuhuoSp.png	28.3	320×200	复活文字图片	setBase.png	40.7	400×320	设置底板图片
hero0Name.png	8.57	200×80	英雄 1 名字文字图片	setExit.png	6.37	50×50	退出按钮图片
hero1Name.png	7.81	200×80	英雄 2 名字文字图片	sound.png	9.83	80×80	声音特效开图片 1
hero2Name.png	8.42	200×80	英雄 3 名字文字图片	soundOn.png	9.82	80×80	声音特效开图片 2
hero3Name.png	8.8	200×80	英雄 4 名字文字图片	sound1.png	10.8	80×80	声音特效关图片 1
home.png	11.5	120×75	主页菜单按钮 1	soundOff.png	10.5	80×80	声音特效关图片 2
home1.png	11.4	120×75	主页菜单按钮 2	startSp.png	10.7	240×50	“单击开始游戏”图片
info.png	9.05	80×80	关于菜单按钮 1	totalScore.png	11.4	210×80	“总得分”图片
info1.png	9.05	80×80	关于菜单按钮 2	warning.png	45.9	450×220	是否退出游戏提醒图片
loadText.png	5.02	512×64	加载中文字图片	yes.png	9.41	70×70	确认按钮 1
loadText1.png	7.17	500×55	加载中文字 1 图片	yes1.png	9.34	70×70	确认按钮 2
loadText2.png	7.34	500×55	加载中文字 2 图片	duang.png	25.7	300×300	吃到金币发光图片
loadText3.png	7.5	500×55	加载中文字 3 图片	EquiLight.png	51.7	512×512	道具外面闪光图片
loadText4.png	7.55	500×55	加载中文字 4 图片	hero0Head.png	56.8	200×200	英雄 1 头像图片
music.png	9.34	80×80	背景音乐开图片 1	hero1Head.png	49.6	200×200	英雄 2 头像图片
musicOn.png	9.31	80×80	背景音乐开图片 2	hero2Head.png	54.6	200×200	英雄 3 头像图片
music1.png	10.4	80×80	背景音乐关图片 1	hero3Head.png	51.8	200×200	英雄 3 头像图片
musicOff.png	10.2	80×80	背景音乐关图片 2	pause.png	9.14	80×80	暂停按钮 1
no.png	9.35	70×70	取消按钮 1	pause1.png	9.15	80×80	暂停按钮 2
no1.png	9.3	70×70	取消按钮 2	saveDiBan.png	30.8	455×330	救救我底板图片
number.png	36.6	600×120	数字图片	saveR.png	4.82	100×100	倒计时圆形图片
rank.png	9.52	80×80	排名按钮 1	sliderProgress.png	9.16	500×55	进度条图片
rank1.png	9.48	80×80	排名按钮 2	sliderTrack.png	8.22	500×55	进度条底盘图片
rankSp.png	92.2	540×560	排名底板图片	start_a.png	2.83	80×80	开始按钮 1
rePlay.png	16.3	210×70	重新开始按钮 1	start_b.png	2.83	80×80	开始按钮 2
rePlay1.png	16.4	210×70	重新开始按钮 2	welcomeBg.png	615	540×960	主菜单界面背景图片
RoleBg.png	285	540×960	背景模糊图片	welcomeBg1.png	669	540×960	加载界面背景图片
RoleFace.png	192	516×814	选择角色背景图片				

（2）接下来介绍本游戏中需要用到的 3D 模型资源，笔者将这些资源复制在项目 Parkour/app/src/main/assets 目录下的 c3b、cj 和 obj 文件夹或其子文件下，如表 7-3 所示。

表 7-3 3D 模型清单

3D 模型文件名	大小（KB）	格式	用途	3D 模型文件名	大小（KB）	格式	用途
dieDao1.c3b	195	c3b	英雄 1 向前跌倒骨骼动画	player2.c3b	256	c3b	英雄 2 招牌动作骨骼动画
dieDao2.c3b	216	c3b	英雄 2 向前跌倒骨骼动画	player3.c3b	361	c3b	英雄 3 招牌动作骨骼动画
dieDao3.c3b	211	c3b	英雄 3 向前跌倒骨骼动画	player4.c3b	249	c3b	英雄 4 招牌动作骨骼动画
dieDao4.c3b	209	c3b	英雄 4 向前跌倒骨骼动画	lion.c3b	102	c3b	狮子骨骼动画

续表

3D 模型文件名	大小（KB）	格式	用 途	3D 模型文件名	大小（KB）	格式	用 途
Hero1.c3b	155	c3b	英雄 1 骨骼动画	hengMu.obj	2.08	obj	横木模型
Hero2.c3b	175	c3b	英雄 2 骨骼动画	roadStraight.c3b	750	c3b	跑道 1 模型
Hero3.c3b	171	c3b	英雄 3 骨骼动画	treeCj1.c3b	445	c3b	跑道 2 模型
Hero4.c3b	168	c3b	英雄 4 骨骼动画	zL.obj	21.9	obj	栅栏模型
Hi1.c3b	237	c3b	英雄 1 打招呼骨骼动画	DoubleCoin.obj	14.3	obj	双倍得分道具模型
Hi2.c3b	256	c3b	英雄 2 打招呼骨骼动画	flyProp.obj	41.2	obj	加速道具模型
Hi3.c3b	253	c3b	英雄 3 打招呼骨骼动画	Magnet.obj	6.37	obj	磁铁道具模型
Hi4.c3b	250	c3b	英雄 4 打招呼骨骼动画	shoes.obj	15.2	obj	跳跃鞋子道具模型
houDao1.c3b	198	c3b	英雄 1 向后跌倒骨骼动画	MyGoldCoin.obj	5.87	obj	金币模型
houDao2.c3b	215	c3b	英雄 2 向后跌倒骨骼动画	shadow.obj	9.11	obj	影子模型
houDao3.c3b	212	c3b	英雄 3 向后跌倒骨骼动画	skyBox.obj	14.1	obj	天空盒模型
houDao4.c3b	209	c3b	英雄 4 向后跌倒骨骼动画	player1.c3b	342	c3b	英雄 1 招牌动作骨骼动画

说明 本项目中同样需要将所有的图片资源和 3D 模型资源都存储在项目的 Parkour/app/src/main/assets 文件夹下，并且对于不同的文件资源应该进行分类，储存在不同文件目录中，这是程序员需要养成的一个良好习惯。

（3）介绍完上述 3D 模型资源后，接下来介绍本游戏中需要用到的声音资源，笔者将声音资源复制在项目 Parkour/app/src/main/assets/sounds 目录中的相关文件夹下，其具体音效资源文件信息如表 7-4 所示。

表 7-4　　声音清单

声音文件名	大小（KB）	格式	用 途	声音文件名	大小（KB）	格式	用 途
bgMusic.mp3	655	mp3	背景音乐	getCoin.mp3	3.21	mp3	吃到金币音效
ButtonClick.mp3	6.12	mp3	单击菜单音效	lionBark.mp3	26.5	mp3	狮子吼叫音效
death.mp3	5.35	mp3	英雄死亡音效	SoundEquip.mp3	14.7	mp3	吃到道具音效

（4）了解了本游戏中需要的声音资源后，最后介绍游戏中用到的其他资源，有倒计时、金币闪烁等动画用到的数据文件和字体库资源，笔者分别将其放在 Parkour/app/src/main/assets/pics/daoJiShi、Parkour/app/src/main/assets/pics/GoldTexs、Parkour/app/src/main/assets/pics/Progress、Parkour/app/src/main/assets/pics/UI 和 Parkour/app/src/main/assets/fonts 文件夹下，如表 7-5 所示。

表 7-5　　其他类清单

文 件 名	大小（KB）	格 式	用 途
daoJiShi.plist	1.54	plist	倒计时动画
GoldTex.plist	5.17	plist	金币闪烁动画
progress.plist	7.21	plist	进度条减少动画
loadText.plist	1.94	plist	加载中文字动画
FZKATJW.ttf	2785.3	ttf	字体库

7.3 游戏的架构

上一小节介绍了游戏的策划和前期准备工作，本节将对“森林跑酷”游戏的架构进行简单介绍。通过本节的学习，读者可以对该游戏的设计思路以及整体架构有一定的了解。

7.3.1 各个类的简要介绍

为了让读者能够更好地理解各个类的作用，下面将其分成 3 部分进行介绍，而各个类的详细代码将在后面的章节中相继给出。

1. 布景相关类

- 总场景管理类 GameSceneManager

该类为游戏中呈现场景最主要的类，主要负责游戏中场景的创建和场景的切换。游戏中将众多的场景集中到一个类中，这样做不但程序结构清晰而且维护简单，读者在学习过程中应仔细体会。

- 自定义游戏加载布景类 LoadingLayer

该类为玩家进入该游戏时首先看到的布景呈现类。该类中的场景包括游戏的背景图片和一个显示当前加载进度的进度条。当资源加载完毕后，游戏将自动进入游戏主菜单场景。整个加载画面清晰简单。

- 自定义游戏主菜单布景类 MainMenuLayer

该类为游戏主菜单场景的实现类。该类场景包括“排名”“设置”“关于”“形象”和“退出”5 个菜单按钮以及一个“单击开始游戏”的精灵，单击相应按钮即可进入菜单项对应的场景中，单击“单击开始游戏”精灵进入游戏场景。

- 自定义选择游戏角色布景类 SelectRoleLayer

该类为选择游戏角色场景的实现类，该类的场景包括不同游戏角色的头像。本游戏可供选择的游戏角色共有 4 个，玩家单击任意游戏角色的头像即可选择相应的角色。场景下方有一个“返回菜单”按钮，单击此按钮即可返回主菜单场景。

- 自定义 2D 游戏布景类 My2DLayer

该类为 2D 游戏场景的实现类，该类中包含不断闪烁的金币、显示金币数目的标签、显示奔跑路程的标签和“暂停”按钮。单击“暂停”按钮，进入游戏暂停场景，该场景包含“继续游戏”“游戏设置”和“回到菜单”3 个按钮，单击“继续游戏”按钮可继续游戏，单击“游戏设置”按钮会进入游戏设置场景，游戏设置场景包含设置背景音乐和声音特效的复选框，单击“回到菜单”按钮会返回游戏主菜单场景。

- 自定义 3D 游戏布景类 My3DLayer

该类为 3D 游戏场景的实现类，该场景包含所有的 3D 物品，比如天空盒、奔跑的英雄、尾随的狮子、旋转的金币和道具等。玩家在该场景中可以通过手指滑动来控制英雄完成跳跃、下蹲等动作来躲避障碍物，当英雄撞到障碍物并且未在规定时间内复活则游戏结束。

- 自定义游戏得分布景类 ScoreLayer

该类为游戏得分的场景实现类，该类中的场景是在游戏结束时呈现在玩家面前的。在游戏得分场景中有一个背景图片，中间偏左为本次奔跑使用的英雄，英雄上方为显示本次游戏总得分和吃到金币数量的标签。场景的左下方为“主页”按钮，单击即可返回游戏主菜单场景，右下方为“重新开始”按钮，单击即可重新开始本游戏，挑战自己的记录。

说明　自定义 2D 游戏布景类 My2DLayer 和自定义 3D 游戏布景类 My3DLayer 是同时添加入游戏场景的。笔者建议把 2D 和 3D 分开写以更好地管理，这是程序员需要养成的一个良好习惯。

2. 辅助相关工具类

- 自定义常量类 AppConstant

该类封装了游戏中用到的大部分常量，其中包括图片、3D 模型、声音等资源的路径和一些游戏中经常用到的常量值。通过封装这些常量，可方便地对其管理与维护。

- 自定义游戏数据更新常量类 Constant

该类负责封装游戏中需要储存的一些游戏数据常量，其中包括英雄奔跑距离、吃到的金币数、最终得分以及前三名的分数。通过封装这些游戏数据常量，可方便地对游戏数据进行维护。

- 自定义初始化英雄对象类 HeroSelect

该类负责对英雄对象精灵进行封装，并且对其进行一系列的功能封装，主要包括对 4 个英雄精灵和相应影子对象的创建等方法。将英雄对象类单独剥离出来，可以使代码更加清晰，使用起来非常方便。

- 自定义地形数据类 MapData

该类负责记录游戏场景中地形的数据，并且对返回地形数据的功能方法进行封装，使用此辅助类可大大提高游戏的开发效率。

- 自定义 3D 物体类 MyObject

该类负责创建游戏场景中的金币对象、道具对象和地形对象等，并对随机位置产生 3D 物体等功能方法进行封装。通过对该类的封装，开发者在开发过程中可方便地使用，代码可读性增强，大大降低了游戏的开发成本。

- 自定义声音管理类 SoundManager

该类负责对游戏中的背景音乐以及各种声音特效的加载、播放、暂停以及恢复等功能进行封装。由于本游戏中多处用到了声音，使用此辅助类可大大提高游戏的开发效率，并且在一定程度上避免了代码的重复性，从而缩短游戏开发周期。

- 自定义障碍物类 ZhangAi

该类负责对游戏场景中的障碍物等进行封装，对该类的封装后，代码更加清晰，并且可以在开发过程中方便地使用它，提高游戏的开发效率。

3. 引擎引用入口类 AppDelegate

该类中封装了一系列与引擎引用生命周期相关的函数，其中包括应用开启的入口函数、应用进入待机状态时调用的函数、应用从待机恢复时调用的函数等。这些函数都是与引擎中应用程序运行状态相关的，读者在开发中应慢慢体会。

7.3.2 游戏框架简介

上一小节已经对该游戏中所用到的类进行了简单介绍，可能读者还没有理解游戏的架构以及游戏的运行过程。接下来本小节将从游戏的整体架构上进行介绍，使读者对本游戏有更进一步的了解，首先给出的是游戏框架图，如图 7-27 所示。

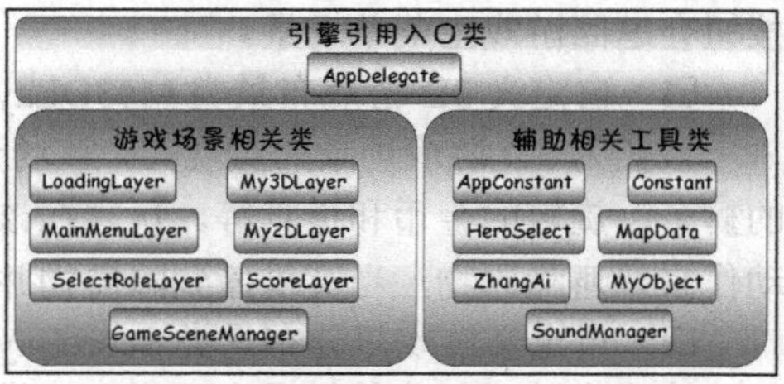

▲图 7-27 游戏框架图

> **说明** 图 7-27 中列出了“森林跑酷”游戏框架图，通过该图可以看出游戏的运行从 AppDelegate 类开始，然后依次给出了游戏场景相关类和辅助相关工具类等，其各自功能后续将向读者进行详细介绍，这里不必深究。

接下来按照程序运行的顺序逐步介绍各个类的作用以及整体的运行框架，使读者更好地掌握本游戏的开发步骤，其详细步骤如下。

（1）启动游戏，在 AppDelegate 的开启入口函数中创建一个加载资源场景，并切换到加载资源场景中。同时在加载场景中初始化该场景中的布景，使游戏进入第一个场景加载资源布景 LoadingLayer。

（2）在加载资源场景中，玩家会看到游戏的背景图片和一个显示当前加载进度的进度条。当资源加载完毕后，游戏将自动切换到游戏主菜单场景。其中切换场景主要是通过指向场景管理器的指针调用其内部的方法来实现不同场景间的切换的。

（3）在游戏主菜单场景中，玩家可以看到“排名”“设置”“关于”“形象”和“退出”5 个菜单按钮、一个不停跳动的“单击开始游戏”的文字精灵和一个不断打招呼的英雄。

（4）单击“排名”按钮会显示本游戏的玩家成绩排名。单击“设置”按钮会弹出设置背景音乐和声音特效的开关。单击“关于”按钮会显示本游戏的相关信息。单击“关闭”按钮会弹出是否退出的提示框，此时单击“关闭”按钮则回到主菜单界面，单击“确定”按钮会退出本游戏。单击“形象”按钮会切换到选择角色场景中。单击“单击开始游戏”文字精灵会切换到游戏场景中。

（5）在选择角色场景中，玩家可通过单击屏幕上 4 个英雄的头像来选择进行跑酷的英雄，并在 MainMenuLayer 布景类的初始化方法中初始化对应的英雄精灵，然后将其显示出来。玩家选择角色完毕后可单击“返回菜单”按钮来返回主菜单场景。

（6）玩家在游戏场景中，单击“暂停”按钮后会停止该场景所有运动并进入游戏暂停界面。在暂停界面中玩家可以通过单击“继续游戏”按钮来继续本游戏，单击“游戏设置”按钮来设置背景音乐和声音特效的开关，单击“回到菜单”按钮来返回游戏主菜单场景。

（7）在游戏场景中，玩家用手指向上、向下、向左或向右滑动屏幕来控制英雄跳跃、下蹲、左右变道等来躲避障碍物并吃掉金币和道具。英雄不慎碰到障碍物会死亡，则会弹出“点我复活，继续游戏”文字的提示框，此时单击文字则英雄复活继续游戏，如果时间结束而并未单击则切换到游戏得分场景。

（8）在游戏得分场景中，会显示此次游戏的总得分和吃到的金币数目，还会显示在不断地做自己的招牌动作的奔跑的英雄。场景最下方左边是“主页”按钮，单击即返回主菜单场景，场景最下方右边为“重新开始”按钮，单击此按钮则重新开始本游戏。

7.4 相关布景类

从此节开始正式进入游戏的开发过程，本节将为读者介绍本游戏的布景相关类。首先介绍游戏场景的管理者，然后介绍游戏的各个场景是如何开发的，从而逐步完成对游戏场景的开发，下面就对这些类的开发进行详细介绍。

7.4.1 场景管理类 GameSceneManager

首先介绍的是游戏的场景管理者 GameSceneManager 类，该类的主要作用是管理各个场景，然后创建第一个场景，并实现从当前场景跳转到其他场景的方法，其具体的开发步骤如下。

（1）首先需要开发的是 GameSceneManager 类的框架，该框架中声明了本类中所需要的方法和各个场景的指针，其具体代码如下。

代码位置：见随书源代码/第 7 章/Parkour/app/src/main/jni/gameCPP 目录下的 GameSceneManager.h。

```
#ifndef __GameSceneManager_H__
#define __GameSceneManager_H__
#include "cocos2d.h"                                    //引用 cocos2d 头文件
using namespace cocos2d;
class GameSceneManager{                                 //用于创建场景的类
public:
```

```
    Scene* loadScene;                         //指向加载场景的指针
    Scene* mainScene;                         //指向主菜单场景的指针
    Scene* roleScene;                         //指向角色选择场景指针
    Scene* gameScene;                         //指向游戏场景指针
    Scene* scoreScene;                        //指向游戏得分场景的指针
    void createScene();                       //创建第一个场景
    void goMainScene();                       //去主菜单场景的方法
    void goRoleScene();                       //去角色选择场景的方法
    void gogameScene();                       //去游戏场景的方法
    void goSoreScene();                       //去游戏得分场景的方法
};
#endif
```

说明　上述代码为 GameSceneManager 类的头文件，在该头文件中声明了游戏中所有场景的指针，并声明了创建游戏第一个场景的 createScene 方法以及切换到加载场景、主菜单场景、游戏角色选择场景、游戏得分场景和游戏场景等的几个功能方法。

（2）开发完类框架声明后还要真正实现 GameSceneManager 类中的方法，在该类中实现了创建第一个场景的方法和切换到其他场景的方法，其具体代码如下。

代码位置：见随书源代码/第 7 章/Parkour/app/src/main/jni/gameCPP 目录下的 GameSceneManager.cpp。

```
1   ......//此处省略了对一些头文件的引用以及定义头文件的相关代码，需要的读者可参考源代码
2   using namespace cocos2d;                          //声明使用 cocos2d 命名空间
3   void GameSceneManager::createScene(){
4       loadScene = Scene::create();                  //创建加载场景对象
5       LoadingLayer *llayer = LoadingLayer::create(); //创建加载布景对象
6       loadScene->addChild(llayer);                  //将加载布景添加到加载场景中
7       llayer->gsm=this;                             //设置管理者
8   }
9   void GameSceneManager::gogameScene(){             //切换到游戏场景的方法
10      gameScene = Scene::create();                  //创建游戏场景对象
11      Size visibleSize =                            //获取可见区域尺寸
12                  Director::getInstance()->getVisibleSize();
13      Camera* camera = Camera::createPerspective(   //创建摄像机
14          55,                                       //摄像机视角
15          visibleSize.width/visibleSize.height,     //视口长宽比
16          1,                                        //near
17          1000);                                    //far
18      camera->setCameraFlag(CameraFlag::USER1);     //设置摄像机编号标志
19      camera->setPosition3D(Vec3(22,152,990));      //设置摄像机位置
20      camera->lookAt(Vec3(0,0,0), Vec3(0,1,0));     //设置摄像机目标点以及 up 向量
21      gameScene->addChild(camera);                  //将摄像机添加到场景中
22      My3DLayer* layer3D = My3DLayer::create();     //创建 3D 布景对象
23      layer3D->camera=camera;                       //设置 3D 布景使用该摄像机
24      gameScene->addChild(layer3D,1,1);             //将 3D 布景添加到游戏场景中
25      My2DLayer* layer2D = My2DLayer::create();     //创建 2D 布景对象
26      gameScene->addChild(layer2D,2,0);             //将 2D 布景添加到场景中
27      layer3D->m2l=layer2D;
28      layer3D->m2l->gsm=this;                       //设置管理者
29      auto ss = TransitionFade::create(0.3f, gameScene); //创建切换场景特效
30      Director::getInstance()->replaceScene(ss);     //执行切换场景
31  }
32  ......//此处省略切换到其他场景的方法的代码，需要的读者可以自行参考源代码
```

- 第 3～8 行为创建第一个场景的方法，在该方法中首先将第一个场景对象创建出来，然后创建该场景的布景对象，并设置上该场景的管理者，最后将布景添加到场景中。
- 第 9～31 行为切换到游戏场景的方法。其中第 10～12 行功能为创建游戏场景对象和获取可见区域尺寸。第 13～21 行功能为创建摄像机对象并设置其编号、位置、目标点以及 up 向量，最后将摄像机添加到场景中。第 22～30 行功能为创建 2D 布景和 3D 布景并将其分别加入到场景中，然后设置场景管理者，最后加上切换场景的特效并切换场景。

7.4.2 游戏加载布景类 LoadingLayer

上面讲解了游戏的场景管理类 GameSceneManager 的开发过程。当场景管理类开发完成以后，随即就进入到了游戏的加载场景。下面将介绍游戏的加载场景，该场景为首次进入游戏的第一场景，主要实现了加载场景的布景，其具体的开发步骤如下。

（1）首先需要开发的是 LoadingLayer 类的框架，该框架中声明了一系列将要使用的成员变量和成员方法，其具体代码如下。

代码位置：见随书源代码/第 7 章/Parkour/app/src/main/jni/gameCPP 目录下的 LoadingLayer.h。

```
#ifndef _LoadingLayer_H_
#define _LoadingLayer_H_
......//此处省略了对一些头文件的引用以及定义头文件的相关代码，需要的读者可参考源代码
using namespace ui;                                      //使用 ui 命名空间
using namespace cocos2d;                                 //使用 cocos2d 命名空间
using namespace std;                                     //使用 std 命名空间
class LoadingLayer:public cocos2d::Layer{
public:
    std::string picC3bPath[5]={                          //初始化 c3b 纹理图片资源数组
                hero_PATH +"hero1.png",hero_PATH +"hero2.png",
                hero_PATH +"hero3.png",hero_PATH +"hero4.png",
                lion_PATH+"lion.jpg"};
    std::string picCjPath[5]={                           //初始化场景纹理图片资源数组
                cj_PATH+"rdyl_dixin_001.jpg",cj_PATH+"rdyl_dixin_005.jpg",
                cj_PATH+"rdyl_dixin_008.jpg",cj_PATH+"rdyl_dixin_009.jpg",
                cj_PATH+"rdyl_dixin_007.jpg"};
    std::string picObjPath[4]={                          //初始化 obj 纹理图片资源数组
            goldCoin_PATH+"jb.png",shadow_PATH+"shadow.png",
            sky_PATH+"skyBox.png",daoJu_PATH+"EquipmentTex.png"};
......//此处省略了一些图片以及 c3b 资源数组声明的相关代码，需要的读者可参考源代码
    std::string cj_Path[4]={                             //初始化场景模型资源数组
                cj_PATH+"hengMu.obj",cj_PATH+"roadStraight.c3b",
                cj_PATH+"treeCj1.c3b",cj_PATH+"zL.obj"};
    std::string obj_Path[7]={                            //初始化 obj 资源数组
                goldCoin_PATH+"MyGoldCoin.obj",shadow_PATH+"shadow.obj",
                sky_PATH+"skyBox.obj",daoJu_PATH+"DoubleCoin.obj",
                daoJu_PATH+"Magnet.obj",daoJu_PATH+"flyProp.obj",
                daoJu_PATH+"shoes.obj"};
    GameSceneManager *gsm;                               //指向场景管理者的指针
    Sprite* spBg;                                        //指向背景精灵对象的指针
    Sprite* loadTextSp;                                  //指向进度条文字精灵对象的指针
    Animate* anmiAc;                                     //执行显示进度条文字动画动作指针
    LoadingBar* loadingbar;                              //指向进度条对象指针
    int rIndex=0;                                        //当前加载的资源索引
    int totalNum=163;                                    //加载资源的总数目
    int picNum=131;                                      //需要加载的图片资源总数目
    virtual bool init();                                 //初始化布景的方法
    void LoadingResource();                              //加载资源的方法
    void LoadingPic();                                   //加载图片资源的方法
    void Loading3D();                                    //加载 3D 模型资源的方法
    void LoadingCallback();                              //加载图片资源回调方法
    void asyncLoad_Callback(Sprite3D* sprite, void* param);//异步加载 3D 模型的回调方法
    void initAnmi();                                     //初始化进度条文字动画的方法
    CREATE_FUNC(LoadingLayer);
};
#endif
```

说明 上述代码对加载场景对应的布景中成员变量和公有的成员方法进行了声明，读者查看注释即可了解其具体的作用，这里就不再进行具体的介绍了。

（2）开发完类框架声明后还要真正实现 LoadingLayer 类中的方法，其中首先要实现的是初始化布景的 init 方法，该方法主要是在进入游戏加载场景对应的布景时初始化布景中的所有精灵，加载游戏中用到的图片资源和声音资源等，其具体开发代码如下。

代码位置：见随书源代码/第 7 章/Parkour/app/src/main/jni/gameCPP 目录下的 LoadingLayer.cpp。

```
1  bool LoadingLayer::init(){
2       if ( !Layer::init() )  return false;               //调用父类的初始化
3       Size visibleSize =                                  //获取可见区域尺寸
4               Director::getInstance()->getVisibleSize();
5       Point origin =                                      //获取可见区域原点坐标
6               Director::getInstance()->getVisibleOrigin();
7       spBg = Sprite::create(                              //创建背景精灵对象
8             pics_PATH+std::string("welcomeBg1.png"));
9       spBg->setPosition(                                  //设置背景精灵位置
10              Point(
11                    visibleSize.width/2,                  //x 坐标
12                    visibleSize.height/2));               //y 坐标
13      this->addChild(spBg,0);                             //将背景精灵添加到布景中
14      loadTextSp = Sprite::create();                      //创建进度条文字精灵对象
15      loadTextSp->setPosition(Point(270,240));            //设置进度条文字对象位置
16      this->addChild(loadTextSp,2);                       //将文字对象添加到布景中
17      initAnmi();                                         //初始化换帧动画
18      loadTextSp->runAction(RepeatForever::create(anmiAc));   //播放换帧动画
19      Sprite *loadingBG=                                  //创建进度条背景精灵
20                 Sprite::create(pics_PATH+std::string("sliderTrack.png"));
21      loadingBG->setPosition(Point(270,240));             //设置进度条背景精灵位置
22      this->addChild(loadingBG,0);                        //将背景精灵添加到布景中
23      loadingbar=LoadingBar::create();                    //创建进度条对象
24      loadingbar->loadTexture(                            //设置进度条的纹理图
25                 pics_PATH+std::string("sliderProgress.png"));
26      loadingbar->setPercent(0);                          //设置进度条百分比
27      loadingbar->setPosition(Point(270,240));            //设置进度条位置
28      this->addChild(loadingbar,1);                       //把进度条添加到布景中
29      LoadingResource();                                  //加载资源的方法
30      return true;
31 }
```

- 第 3～6 行功能为获取可见区域尺寸以及原点坐标。
- 第 7～13 行功能为创建背景精灵对象并设置其位置，最后将其添加到布景中。
- 第 14～18 行功能为创建进度条文字精灵对象并设置其位置，然后将其添加到布景中，最后初始化进度条文字精灵换帧动画并播放。
- 第 19～22 行功能为创建进度条背景精灵对象并设置其位置，最后将其添加到布景中。
- 第 23～29 行功能为创建进度条对象并设置其纹理图，然后设置其显示百分比和位置，接着将进度条对象添加到布景中，最后调用加载资源的方法。

（3）完成了初始化布景的方法后，接下来开发的是加载资源的方法、加载图片资源的方法以及加载图片资源的回调方法了。通过这些方法可以将游戏中用到的所有图片资源异步加载进游戏中，这样在使用图片资源时会避免因加载而造成的时间浪费，具体代码如下。

代码位置：见随书源代码/第 7 章/Parkour/app/src/main/jni/gameCPP 目录下的 LoadingLayer.cpp。

```
void LoadingLayer::LoadingResource(){
     LoadingPic();                                       //加载图片资源方法
}
void LoadingLayer::LoadingPic(){
     auto TexureCache=Director::getInstance()->getTextureCache(); //获取纹理缓冲
     for(std::string strTemp:picC3bPath){      //从 picC3bPath 数组中读取纹理
          TexureCache->addImageAsync(                    //将纹理加入纹理缓冲
                    strTemp,CC_CALLBACK_0(LoadingLayer::LoadingCallback,this));}
    for(std::string strTemp:picCjPath){                  //从 picCjPath 数组中读取纹理
         TexureCache->addImageAsync(                     //将纹理加入纹理缓冲
                   strTemp,CC_CALLBACK_0(LoadingLayer::LoadingCallback,this));}
    for(std::string strTemp:picObjPath){                 //从 picObjPath 数组中读取纹理
         TexureCache->addImageAsync(                     //将纹理加入纹理缓冲
                   strTemp,CC_CALLBACK_0(LoadingLayer::LoadingCallback,this));}
    for(std::string strTemp:picPicsPath){        //从 picPicsPath 数组中读取纹理
         TexureCache->addImageAsync(             //将纹理加入纹理缓冲
                   strTemp,CC_CALLBACK_0(LoadingLayer::LoadingCallback,this));}
}
```

```
19 void LoadingLayer::LoadingCallback(){
20      if(rIndex<=picNum-2){                            //索引值小于最大图片资源数
21           ++rIndex;                                   //索引值自加
22           int percent=(int)(((float)rIndex / totalNum) * 100);//当前加载进度百分比
23           loadingbar->setPercent(percent);            //设置加载条为当前百分比
24      }else{
25           Loading3D();}                               //加载 3D 资源方法
26 }
```

- ❑ 第 1～3 行为加载资源的方法。
- ❑ 第 4～18 行为加载图片资源的方法。调用该方法可以获取纹理缓冲并从纹理数组中依次读取纹理数据并添加到纹理缓冲中，还可以调用加载图片资源的回调方法。
- ❑ 第 19～26 行为加载图片资源的回调方法。调用该方法可以将图片索引值不断自加至最大图片资源数，然后根据加载的图片资源数占总资源数的百分比来设置当前加载进度，如果图片资源加载完毕，则调用加载 3D 资源的方法。

（4）完成上述方法的开发之后，接下来开发的就是加载 3D 资源的 Loading3D 方法和异步加载 3D 资源的 asyncLoad_Callback 回调方法了，具体代码如下。

代码位置：见随书源代码/第 7 章/Parkour/app/src/main/jni/gameCPP 目录下的 LoadingLayer.cpp。

```
1    void LoadingLayer::Loading3D(){
2         for(std::string strTemp:c3b_Path){                  //从 c3b_Path 数组中读取模型资源
3              Sprite3D::createAsync(strTemp,                 //异步加载 3D 精灵
4                   CC_CALLBACK_2(LoadingLayer::asyncLoad_Callback,this),(void*)rIndex++);}
5         for(std::string strTemp:cj_Path){                   //从 cj  Path 数组中读取模型资源
6              Sprite3D::createAsync(strTemp,                 //异步加载 3D 精灵
7                   CC_CALLBACK_2(LoadingLayer::asyncLoad_Callback, this), (void*)rIndex++);}
8         for(std::string strTemp:obj_Path){                  //从 obj Path 数组中读取模型资源
9              Sprite3D::createAsync(strTemp,                 //异步加载 3D 精灵
10                  CC_CALLBACK_2(LoadingLayer::asyncLoad_Callback, this), (void*)rIndex++);}
11   }
12   void LoadingLayer::asyncLoad_Callback(Sprite3D* sprite, void* param){
13        float index = (long)param;                          //当前 3D 资源数量索引
14        int percent=(int)(((float)(index+2)/totalNum)*100); //计算出当前资源加载百分比
15        loadingbar->setPercent(percent);                    //设置加载条为当前百分比
16        if(index+2>=totalNum){                              //资源加载完毕
17             index=totalNum-2;                              //为当前资源索引赋值
18             this->unscheduleAllCallbacks();                //停止回调所有的选择器
19             gsm->goMainScene();}                           //去主菜单场景
20   }
```

- ❑ 第 1～11 行为加载 3D 资源的方法，调用该方法则会从 3D 模型资源数组中读取模型资源并依次异步加载 3D 精灵。
- ❑ 第 12～20 行为异步加载 3D 资源的回调方法，其中第 13～15 行功能为如果当前资源未加载完毕，则根据当前索引计算出当前资源加载的百分比并将其设置为加载进度条的值，第 16～19 行功能为当资源加载完毕之后，停止回调所有调度器并切换到主菜单场景中。

（5）完成上述关于纹理图片资源加载和 3D 资源的加载及回调等方法的开发之后，最后还要对进度条文字动画的初始化方法进行开发。调用该方法可以初始化进度条文字动画，在资源加载过程中播放文字动画可以使游戏画面更加生动，其具体实现代码如下。

代码位置：见随书源代码/第 7 章/Parkour/app/src/main/jni/gameCPP 目录下的 LoadingLayer.cpp。

```
1    void LoadingLayer::initAnmi(){
2         SpriteFrameCache* sfc=                              //获取缓冲精灵帧的实例
3                   SpriteFrameCache::getInstance();
4         sfc->addSpriteFramesWithFile(                       //将精灵帧文件添加到内存中
5                   pics_UI_PATH+"loadText.plist",pics_UI_PATH+"loadText.png");
6         std::string sa[4]={                                 //动画中 4 幅图片的名称
7              "loadText1.png","loadText2.png",               //加载 1、2 图片名称
8                "loadText3.png","loadText4.png"};            //加载 3、4 图片名称
9         Vector<SpriteFrame*> animFrames;                    //创建存放动画帧的列表对象
10        for(int i=0;i<4;i++){
```

```
11            animFrames.pushBack(                            //将这一段动画中的一个帧存放到向量中
12                sfc->getSpriteFrameByName(sa[i]));}
13        Animation *anmi=                                    //创建动画对象
14                Animation::createWithSpriteFrames(animFrames, 0.5f);
15        anmiAc=Animate::create(anmi);                       //创建动画动作对象
16        anmiAc->retain();                                   //保持引用
17    }
```

- 第 2～5 行功能为获取缓冲精灵帧的实例并将精灵帧文件及其对应的图片添加到内存中。
- 第 6～9 行功能为声明动画帧中的 4 幅图片的数组和存放动画帧的列表对象。
- 第 10～16 行功能为将这一段动画中的一个帧存放到向量中并创建动画对象，然后根据动画对象创建动画动作对象并保持动画动作对象引用，避免它被释放。

7.4.3　游戏主菜单布景类 MainMenuLayer

介绍完游戏加载场景后，接下来开发的是加载场景完毕之后进入的场景——游戏主菜单场景。MainMenuLayer 类主要是对游戏主菜单场景的布景进行介绍，下面将分步骤为读者详细介绍该类的开发过程。

（1）首先需要开发的是 MainMenuLayer 类的框架，该框架中声明了一系列将要使用的成员变量和成员方法，其具体代码如下。

代码位置：见随书源代码/第 7 章/Parkour/app/src/main/jni/gameCPP 目录下的 MainMenuLayer.h。

```
#ifndef __MainMenuLayer_H__
#define __MainMenuLayer_H__
......//此处省略了对一些头文件引用的相关代码，需要的读者可参考源代码
using namespace ui;                                 //使用 ui 命名空间
using namespace cocos2d;                            //使用 cocos2d 命名空间
class MainMenuLayer : public cocos2d::Layer{
public:
    GameSceneManager* gsm;                          //指向场景管理者的指针
    SoundManager* sm;                               //指向声音管理者的指针
    Size visibleSize;                               //获取可见区域尺寸
    Point origin;                                   //获取可见区域原点坐标
    Sprite* bgSp;                                   //指向背景精灵对象的指针
    Sprite* setMoHuSp;                              //指向模糊精灵对象的指针
    Sprite* setBaseSp;                              //指向设置底板精灵对象的指针
    Sprite* aboutSp;                                //指向关于精灵对象的指针
    Sprite* startSp;                                //指向“单击开始游戏”精灵的指针
    Sprite* warnSp;                                 //指向“确认退出”警告精灵的指针
    Sprite* rankSp;                                 //指向排行精灵对象的指针
    Label* label1;                                  //第一名得分标签
    Label* label2;                                  //第二名得分标签
    Label* label3;                                  //第三名得分标签
    Menu* menuRole;                                 //指向角色选择菜单对象的指针
    Menu* menuSet;                                  //指向设置菜单对象的指针
    Menu* menuSetExit;                              //指向退出设置菜单对象的指针
    Menu* menuExit;                                 //指向退出游戏菜单对象的指针
    Menu* menuAbout;                                //指向关于菜单对象的指针
    Menu* menuAboutExit;                            //指向退出关于菜单对象的指针
    Menu* menuYes;                                  //指向确认菜单对象的指针
    Menu* menuNo;                                   //指向不确认菜单对象的指针
    Menu* menuRank;                                 //指向排名菜单对象的指针
    Menu* menuRankExit;                             //指向退出排名菜单对象的指针
    static bool isMusic;                            //背景音乐开关标志位，true 表示开
    static bool isSound;                            //音效开关标志位，true 表示开
    CheckBox* checkMusic;                           //音乐开关复选框
    CheckBox* checkSound;                           //音效开关复选框
    Sprite3D* heroHi[4];                            //指向打招呼的英雄精灵对象的数组
    Sprite3D* hiShadow[4];                          //影子精灵对象的数组
    Animation3D* animationHi[4];                    //指向打招呼动画对象的数组
    Animate3D* animateHi[4];                        //指向打招呼动画动作对象的数组
    virtual bool init();                            //初始化布景的方法
    void createSp();                                //与精灵相关的方法
    void loadHero();                                //加载打招呼英雄并显示
```

```
    void roleSCallback(Ref* pSender);           //选择角色的回调函数
    void setCallback(Ref* pSender);             //单击设置菜单后的回调函数
    void rankCallback(Ref* pSender);            //单击排名菜单后的回调函数
    void backCallback(Ref* pSender);            //返回主菜单的回调函数
    void musicSet(Ref* pSender,CheckBox::EventType type);//设置背景音乐复选框回调函数
    void soundSet(Ref* pSender,CheckBox::EventType type);//设置音效复选框回调函数
    void exitGame(Ref* pSender);                //退出游戏的回调函数
    void aboutInfo(Ref* pSender);               //单击“关于”按钮的回调函数
    void okCallback(Ref* pSender);              //单击“确认退出”按钮的回调函数
    bool clickToStart(Touch *touch, Event *event);// “单击开始游戏”的回调方法
    bool isStart=true;                          // “单击开始游戏”精灵是否可单击
     ~MainMenuLayer();                          //析构函数
    CREATE_FUNC(MainMenuLayer);
};
#endif
```

> **说明** 上述代码为 MainMenuLayer 类的头文件，在该头文件中声明了场景所属的管理者指针、声音管理者指针和场景所需要的精灵等，并声明了 MainMenuLayer 类中初始化布景以及单击“排名”“设置”“关于”等菜单的回调方法等。

（2）开发完类框架声明后还要真正实现 MainMenuLayer 类中的方法，首先是要实现初始化布景 init 方法，以完成布景中各个对象的创建以及初始化工作，具体代码如下。

代码位置：见随书源代码/第 7 章/Parkour/app/src/main/jni/gameCPP 目录下的 MainMenuLayer.cpp。

```
1   bool MainMenuLayer::init(){
2   ......//此处省略了调用父类初始化等相关代码，需要的读者可参考源代码
3       sm->preloadSounds();                          //加载各种声音资源
4       createSp();                                   //与精灵相关的方法
5   ......//此处省略了对选择角色、设置和排名菜单项的创建代码，需要的读者可参考源代码
6       label1 = Label::createWithCharMap(            //创建第一名得分标签对象
7                       pics_UI_PATH+"number.png",60,120, '0');
8       int rank1Count= UserDefault::getInstance()->  //读取第一名分数
9                           getIntegerForKey("Rank1",0);
10      std::string s1Num = StringUtils::format("%d",rank1Count); //当前第一名得分
11      label1->setString(s1Num);                     //将得分值设置给标签显示
12      label1->setAnchorPoint(Vec2(0,0));            //设置标签锚点
13      label1->setScale(0.6f);                       //设置标签缩放比
14      label1->setPosition(                          //设置文本标签的位置
15          Point(
16              origin.x +230,                        //x 坐标
17              origin.y +339));                      //y 坐标
18      rankSp->addChild(label1, 0);                  //将标签添加到排名精灵中
19  ......//此处省略了对第二名和第三名得分标签的创建代码，需要的读者可参考源代码
20  ......//此处省略了对确认、取消和关于等菜单项的创建代码，需要的读者可参考源代码
21      isMusic=UserDefault::getInstance()->          //读取背景音乐标志位开关
22                      getBoolForKey("boolMusic",true);
23      isSound=UserDefault::getInstance()->          //读取音效标志位开关
24                      getBoolForKey("boolSound",true);
25      if(isMusic)                                   //如果背景音乐开
26          sm->playBgMusic();                        //播放背景音乐
27      loadHero();                                   //调用打招呼英雄并显示的方法
28      EventListenerTouchOneByOne* listenerTouches = //创建一个单点触摸监听
29                      EventListenerTouchOneByOne::create();
30      listenerTouches->setSwallowTouches(true);     //设置下传触摸
31      listenerTouches->onTouchBegan =          //开始触摸时回调 onTouchBegan 方法
32              CC_CALLBACK_2(MainMenuLayer::clickToStart, this);
33      _eventDispatcher->                       //添加到监听器
34          addEventListenerWithSceneGraphPriority(listenerTouches, startSp);
35      return true;
36  }
```

- 第 6～18 行功能为创建第一名得分标签对象并获取当前第一名得分，然后将第一名得分设置给标签对象来显示，接着设置标签的锚点、缩放比和位置，最后将第一名得分标签添加到排名底板精灵对象中。

- 第 21～27 行功能为读取背景音乐和声音特效的标志位，如果背景音乐开，则播放背景音乐，最后调用初始化打招呼英雄并显示的方法。
- 第 28～34 行功能为创建单点触摸监听、设置下传触摸，并注册开始触摸时的回调 clickToStart 方法，最后将“单击开始游戏”精灵添加到监听器中。

（3）完成了初始化布景的方法后，接下来开发的就是与精灵相关的 createSp 方法了，调用该方法可以创建背景精灵对象、“单击开始游戏”精灵对象、模糊精灵对象、设置底板精灵对象、关于底板精灵对象和排名底板精灵对象等，其具体代码如下。

代码位置：见随书源代码/第 7 章/Parkour/app/src/main/jni/gameCPP 目录下的 MainMenuLayer.cpp。

```
void MainMenuLayer::createSp(){
    bgSp = Sprite::create(pics_PATH+"welcomeBg.png");        //创建背景精灵对象
    bgSp->setPosition(Point(                                  //设置背景精灵对象位置
                visibleSize.width/2 + origin.x, visibleSize.height/2 + origin.y));
    this->addChild(bgSp, 0);                                  //将背景精灵添加到布景中
    startSp =                                                 //创建开始精灵对象
            Sprite::create(pics_UI_PATH+"startSp.png");
    startSp->setScale(1.3f);                                  //设置精灵缩放比
    startSp->setRotation(8.f);                                //设置精灵偏转角
    startSp->setAnchorPoint(Point(1,0.2));                    //设置精灵的锚点
    startSp->setPosition(Point(                               //设置精灵对象的位置
            visibleSize.width/2 + origin.x+170, visibleSize.height/2 + origin.y-260));
    this->addChild(startSp,0);                                //将精灵添加到布景中
    startSp->runAction(RepeatForever::create(
            Sequence::create(                                 //创建连续动作
                Spawn::create(MoveBy::create(0.1f,Point(5,0)),
                    RotateTo::create(0.1f,1.f),       //创建缩放动作
                    (char*)NULL),
                Spawn::create(MoveBy::create(0.15,Point(-5,0)),
                    RotateTo::create(0.15f,2.f),      //创建缩放动作
                    (char*)NULL),
                Spawn::create(MoveBy::create(0.05,Point(5,0)),
                    RotateTo::create(0.05f,3.f),      //创建缩放动作
                  (char*)NULL),
                Spawn::create(MoveBy::create(0.1,Point(-5,0)),
                    RotateTo::create(0.1f,13.f),      //创建缩放动作
                    (char*)NULL),
                Spawn::create(MoveBy::create(0.15,Point(5,0)),
                    RotateTo::create(0.15f,1.f),      //创建缩放动作
                    (char*)NULL),
                Spawn::create(MoveBy::create(0.1f,Point(-5,0)),
                    RotateTo::create(0.1f,13.f),      //创建缩放动作
                    (char*)NULL),
                RotateTo::create(0.25f,1.f),//创建 0.25s 缩放到原来的 1 倍的动作
                DelayTime::create(0.1f),      //创建延迟 0.1s 的动作
                (char*)NULL)));
    setMoHuSp = Sprite::create(pics_pause_PATH+"moHu.png");   //创建模糊精灵对象
    setMoHuSp->setPosition(Point(                             //设置精灵对象的位置
            visibleSize.width/2 + origin.x, visibleSize.height/2 + origin.y));
    setMoHuSp->setVisible(false);                             //设置为不可见
    this->addChild(setMoHuSp, 1);                             //将精灵添加到布景中
    setBaseSp = Sprite::create(pics_UI_PATH+"setBase.png");   //创建设置底板精灵对象
    setBaseSp->setScale(1.f);                          //设置底板精灵的缩放比
    setBaseSp->setPosition(Point(                      //设置精灵对象的位置
            visibleSize.width/2 + origin.x, visibleSize.height/2 +
            origin.y+100));
    setMoHuSp->addChild(setBaseSp, 1);                 //将底板精灵添加到模糊精灵中
    aboutSp = Sprite::create(pics_UI_PATH+"about1.png");      //创建关于精灵对象
    aboutSp->setScale(1.f);                            //设置关于精灵的缩放比
    aboutSp->setPosition(Point(                        //设置关于精灵对象的位置
        visibleSize.width/2 + origin.x, visibleSize.height/2 + origin.y+100));
    setMoHuSp->addChild(aboutSp, 1);                   //将关于精灵添加到模糊精灵中
    warnSp = Sprite::create(pics_UI_PATH+"warning.png");  //创建确认退出游戏精灵
    warnSp->setScale(1.15f);                           //设置精灵的缩放比
    warnSp->setPosition(Point(                         //设置精灵位置
```

```
55            visibleSize.width/2 + origin.x, visibleSize.height/2 + origin.y+50));
56        setMoHuSp->addChild(warnSp, 1);                       //将精灵添加到模糊精灵中
57        rankSp = Sprite::create(pics_UI_PATH+"rankSp.png");   //创建游戏排名精灵对象
58        rankSp->setScale(0.95f);                              //设置精灵的缩放比
59        rankSp->setPosition(Point(                            //设置精灵对象的位置
60            visibleSize.width/2 + origin.x, visibleSize.height/2 + origin.y+50));
61        setMoHuSp->addChild(rankSp, 1);                       //将精灵添加到模糊精灵中
62    }
```

- 第 2～5 行功能为创建背景精灵对象并设置其位置，最后将其添加到布景中。
- 第 6～13 行功能为创建“单击开始游戏”精灵对象并设置其偏转角、缩放比、锚点和位置，最后将其添加到布景中。
- 第 14～36 行功能为创建一系列动作，然后让“单击开始游戏”精灵对象执行，这一系列动作为一个连续动作，包含 6 个同步执行的动作、一个缩放动作和一个延时动作。由于“单击开始游戏”精灵执行的动作较为复杂，建议读者仔细查看源代码，并运行案例观察，这样效果更佳。
- 第 37～41 行功能为创建模糊精灵对象并设置其位置，然后设置该精灵为不可见，最后将该精灵添加到布景中。
- 第 42～46 行功能为创建底板精灵对象，并设置其缩放比和位置，最后将其添加到模糊精灵对象中。
- 第 47～51 行功能为创建关于精灵对象，并设置其缩放比和位置，最后将其添加到模糊精灵中。
- 第 52～56 行功能为创建确认退出游戏精灵对象，并设置其缩放比和位置，最后将其添加到模糊精灵对象中。
- 第 57～61 行功能为创建排名精灵对象，并设置其缩放比和位置，最后将其添加到模糊精灵中。

（4）开发完上述与精灵相关的 createSp 方法后，接下来开发的就是初始化打招呼英雄并显示的 loadHero 方法了。该方法功能非常简单，根据当前英雄的编号创建打招呼英雄精灵对象和英雄影子对象，并且英雄在不断执行打招呼的动作，其具体代码如下。

代码位置：见随书源代码/第 7 章/Parkour/app/src/main/jni/gameCPP 目录下的 MainMenuLayer.cpp。

```
void MainMenuLayer::loadHero(){
    SelectRoleLayer::heroNum=                               //读取此时选择的英雄编号
                    UserDefault::getInstance()->getIntegerForKey("heroInt",0);
    SelectRoleLayer::currIntroIndex=                        //读取显示索引
                    UserDefault::getInstance()->getIntegerForKey("currIntroInt",0);
    for(int i=0;i<4;i++){
        heroHi[i] = Sprite3D::create(                       //创建英雄精灵对象
                hero_PATH +StringUtils::format("Hi%d.c3b",i+1));
        heroHi[i]->setScale(0.25f);                         //设置英雄缩放比
        heroHi[i]->setPosition3D(Vec3(200,400,0));          //设置英雄精灵位置
        heroHi[i]->setRotation3D(Vec3(0,-90,-90));          //设置英雄精灵旋转角度
        heroHi[i]->setGlobalZOrder(1.0f);                   //设置全局 ZOrder 值
        hiShadow[i]=Sprite3D::create(                       //创建影子精灵对象
                    shadow_PATH+"shadow.obj",shadow_PATH+"shadow.png");
        hiShadow[i]->setGlobalZOrder(2.0f);                 //设置全局 ZOrder 值
        hiShadow[i]->setScale(5.0f);                        //设置影子缩放比
        heroHi[i]->addChild(hiShadow[i]);                   //将影子精灵添加到英雄精灵中
        this->addChild(heroHi[i]);                          //将英雄对象添加到布景中
        animationHi[i] = Animation3D::create(               //创建英雄骨骼动画对象
                        hero_PATH +StringUtils::format("Hi%d.c3b",i+1));
        if(animationHi[i]){
            animateHi[i] =                                  //打招呼动画动作
                Animate3D::create(animationHi[i],1.0,4.87);
            animateHi[i]->                                  //设置骨骼动画动作速度
                setSpeed(animateHi[i]->getSpeed()*1.0f);
```

```
26         heroHi[i]->runAction(                          //英雄不断执行此动作
27                    RepeatForever::create(animateHi[i]));}
28     }
29     for(int i=0;i<4;i++){
30         heroHi[i]->setVisible(false);                  //将所有的英雄精灵设为不可见
31         heroHi[SelectRoleLayer::currIntroIndex]->      //将选中的英雄精灵设为可见
32                                      setVisible(true);}
33 }
```

- ❑ 第 2～5 行功能为读取此时选中英雄的编号和显示索引。
- ❑ 第 7～12 行功能为创建英雄精灵对象并设置其缩放比、位置、旋转角度和全局 ZOrder 值。
- ❑ 第 13～18 行功能为创建英雄影子精灵对象并设置其全局 ZOrder 值和缩放比，然后将影子精灵添加到英雄精灵中，最后把英雄精灵对象添加到布景中。
- ❑ 第 19～20 行功能为创建英雄骨骼动画对象。
- ❑ 第 21～27 行功能为在英雄骨骼动画对象存在的情况下，创建英雄打招呼的骨骼动画动作对象，然后设置此动作的速度，最后让英雄精灵不断执行此骨骼动画动作。
- ❑ 第 30～32 行功能为将当前未选中的英雄精灵设置为不可见，当前选中的英雄精灵设置为可见。

（5）完成上述初始化打招呼英雄并显示的 loadHero 方法后，接下来开发的就是单击“排名”和“关于”按钮时的 rankCallback 和 aboutInfo 回调方法了，具体代码如下。

代码位置：见随书源代码/第 7 章/Parkour/app/src/main/jni/gameCPP 目录下的 MainMenuLayer.cpp。

```
void MainMenuLayer::rankCallback(Ref* pSender){
     if(isSound)                                       //如果声音标志位开
          sm->playClickSound();                        //播放单击菜单音效
     isStart=false;                                    //开始游戏精灵不可单击
     for(int i=0;i<4;i++)
          heroHi[i]->setVisible(false);                //将英雄精灵设为不可见
     setMoHuSp->setVisible(true);                      //将模糊精灵设置为可见
     menuRank->setEnabled(false);                      //排名菜单设为不可用
     menuRole->setEnabled(false);                      //选择角色菜单设为不可用
     menuSet->setEnabled(false);                       //设置菜单设为不可用
     menuExit->setEnabled(false);                      //退出游戏菜单设为不可用
     menuAbout->setEnabled(false);                     //关于菜单设为不可用
     setBaseSp->setVisible(false);                     //设置底板精灵设为不可见
     warnSp->setVisible(false);                        //警告精灵设为不可见
     aboutSp->setVisible(false);                       //关于精灵设为不可见
     rankSp->setVisible(true);                         //排名精灵设为可见
     rankSp->runAction(Sequence::create(               //排名底板精灵执行弹出动作
            ScaleTo::create(0.1f, 0.5f),               //0.1s 缩小到原来的 0.5
            ScaleTo::create(0.15f, 1.05f),             //0.15s 放大到原来的 1.05 倍
            ScaleTo::create(0.1f,1.0f),                //0.1s 放大到原来的 1 倍
            (char*)NULL));
}
void MainMenuLayer::aboutInfo(Ref* pSender){
     if(isSound)                                       //如果声音开
          sm->playClickSound();                        //播放单击菜单音效
     isStart=false;                                    //开始游戏精灵不可单击
     for(int i=0;i<4;i++)
           heroHi[i]->setVisible(false);               //英雄精灵设为不可见
     setMoHuSp->setVisible(true);                      //模糊精灵设置为可见
     menuRank->setEnabled(false);                      //排名菜单设为不可用
     menuRole->setEnabled(false);                      //选择角色菜单设为不可用
     menuSet->setEnabled(false);                       //设置菜单设为不可用
     menuExit->setEnabled(false);                      //退出游戏菜单设为不可用
     menuAbout->setEnabled(false);                     //关于菜单设为不可用
     setBaseSp->setVisible(false);                     //设置底板精灵设为不可见
     warnSp->setVisible(false);                        //警告精灵设为不可见
     rankSp->setVisible(false);                        //排名精灵设为不可见
     aboutSp->setVisible(true);                        //关于精灵设为可见
     aboutSp->runAction(Sequence::create(              //关于底板精灵执行弹出动作
            ScaleTo::create(0.1f, 0.5f),               //0.1s 缩小到原来的 0.5
            ScaleTo::create(0.15f, 1.05f),             //0.15s 放大到原来的 1.05 倍
            ScaleTo::create(0.1f,1.0f),                //0.1s 放大到原来的 1 倍
```

```
43              (char*)NULL));
44  }
```

- 第 1～22 行为单击“排名”菜单之后的回调方法。第 2～6 行功能为如果声音标志位为开，则播放单击按钮音效，然后将英雄精灵设为不可见。第 7～16 行功能为将模糊精灵和排名精灵设为可见，将设置底板精灵、警告精灵和关于精灵设为不可见，并且将排名菜单、选择角色菜单、设置菜单、退出游戏菜单和关于菜单设置为不可用。第 17～21 行功能为创建一个连续动作，让排名底板精灵执行，其中连续动作包括 3 个缩放动作。
- 第 23～44 行为单击“关于”按钮之后的回调方法。
- 第 24～28 行功能为如果声音标志位为开，则播放单击按钮音效，然后将英雄精灵设为不可见。
- 第 29～38 行功能为模糊精灵和关于精灵设为可见，将设置底板精灵、警告精灵和排名精灵设为不可见，并且将排名菜单、选择角色菜单、设置菜单、退出游戏菜单和关于菜单设置为不可用。
- 第 39～43 行功能为创建一个连续动作，让关于底板精灵执行，其中连续动作包括 3 个缩放动作。

（6）开发完上述两个回调方法后，接下来开发的是单击选择游戏角色的“形象”按钮和“设置”按钮之后的 roleSCallback 和 setCallback 回调方法了，具体代码如下。

代码位置：见随书源代码/第 7 章/Parkour/app/src/main/jni/gameCPP 目录下的 MainMenuLayer.cpp。

```
1   void MainMenuLayer::roleSCallback(Ref* pSender){
2       if(isSound)                                     //如果声音开
3           sm->playClickSound();                       //播放单击菜单音效
4       gsm->goRoleScene();                             //去选择游戏角色场景
5   }
6   void MainMenuLayer::setCallback(Ref* pSender){
7       if(isSound)                                     //如果声音开
8           sm->playClickSound();                       //播放单击菜单音效
9       isStart=false;                                  //开始游戏精灵不可单击
10      for(int i=0;i<4;i++)
11          heroHi[i]->setVisible(false);               //将英雄精灵设为不可见
12      setMoHuSp->setVisible(true);                    //模糊精灵设置为可见
13      menuRank->setEnabled(false);                    //排名菜单设为不可用
14      menuRole->setEnabled(false);                    //选择角色菜单设为不可用
15      menuSet->setEnabled(false);                     //设置菜单设为不可用
16      menuExit->setEnabled(false);                    //退出游戏菜单设为不可用
17      menuAbout->setEnabled(false);                   //关于菜单设为不可用
18      aboutSp->setVisible(false);                     //关于精灵设为不可见
19      warnSp->setVisible(false);                      //警告精灵设为不可见
20      rankSp->setVisible(false);                      //排名精灵设为不可见
21      setBaseSp->setVisible(true);                    //设置底板精灵设为可见
22      setBaseSp->runAction(Sequence::create(          //设置底板执行弹出动作
23          ScaleTo::create(0.1f, 0.5f),                //0.1s 缩小到原来的 0.5
24          ScaleTo::create(0.15f, 1.05f),              //0.15s 放大到原来的 1.05 倍
25          ScaleTo::create(0.1f,1.0f),                 //0.1s 放大到原来的 1 倍
26          (char*)NULL));
27    ......//此处省略了对背景音乐和音效复选框的创建代码，需要的读者可参考源代码
28  }
```

- 第 1～5 行为单击选择游戏角色的“形象”按钮之后的回调方法，其中第 2～4 行功能为根据当前音效标志位的开关来决定是否播放单击菜单音效，然后将场景切换到选择游戏角色场景。
- 第 6～28 行为单击“设置”按钮之后的回调方法。第 7～11 行功能为如果声音标志位为开，则播放单击按钮音效，然后将英雄精灵设为不可见。第 12～20 行功能为将模糊精灵和设置精灵设为可见，将关于底板精灵、警告精灵和排名精灵设为不可见，并且将排名菜单、选择角色菜单、设置菜单、退出游戏菜单和关于菜单设置为不可用。第 21～26 行功能为创建一个连续动作，让设置底板精灵执行，其中连续动作包括 3 个缩放动作。

（7）完成上述两个回调方法的开发之后，接下来开发的就是返回主菜单的 backCallback 回调方法和单击“退出游戏”按钮之后的 exitGame 回调方法了，具体代码如下。

代码位置：见随书源代码/第 7 章/Parkour/app/src/main/jni/gameCPP 目录下的 MainMenuLayer.cpp。

```
1   void MainMenuLayer::backCallback(Ref* pSender){
2       if(isSound)                                        //如果声音开
3           sm->playClickSound();                          //播放单击菜单音效
4       isStart=true;                                      //精灵可单击
5       setMoHuSp->setVisible(false);                      //模糊精灵设置为不可见
6       menuRole->setEnabled(true);                        //选择角色菜单设为可用
7       menuSet->setEnabled(true);                         //设置菜单设为可用
8       menuExit->setEnabled(true);                        //退出游戏菜单设为可用
9       menuAbout->setEnabled(true);                       //关于菜单设为可用
10      menuRank->setEnabled(true);                        //排名菜单设为可用
11      for(int i=0;i<4;i++){
12          heroHi[i]->setVisible(false);                  //将英雄精灵设为不可见
13          heroHi[SelectRoleLayer::currIntroIndex]->setVisible(true);}
                                                           //将选中的英雄精灵设为可见
14  }
15  void MainMenuLayer::exitGame(Ref* pSender){
16      if(isSound)                                        //如果声音开
17          sm->playClickSound();                          //播放单击菜单音效
18      isStart=false;                                     //精灵不可单击
19      for(int i=0;i<4;i++)
20          heroHi[i]->setVisible(false);                  //英雄设为不可见
21      setMoHuSp->setVisible(true);                       //模糊精灵设置为可见
22      warnSp->setVisible(true);                          //警告精灵设为可见
23      aboutSp->setVisible(false);                        //关于底板精灵设为不可见
24      setBaseSp->setVisible(false);                      //设置底板精灵设为不可见
25      rankSp->setVisible(false);                         //排名精灵设为不可见
26      menuRank->setEnabled(false);                       //排名菜单设为不可用
27      menuRole->setEnabled(false);                       //选择角色菜单设为不可用
28      menuSet->setEnabled(false);                        //设置菜单设为不可用
29      menuExit->setEnabled(false);                       //退出游戏菜单设为不可用
30      menuAbout->setEnabled(false);                      //关于菜单设为不可用
31      warnSp->runAction(Sequence::create(                //警告精灵执行弹出动作
32              ScaleTo::create(0.1f, 0.5f),               //0.1s 缩小到原来的 0.5
33              ScaleTo::create(0.15f, 1.2f),              //0.15s 放大到原来的 1.2 倍
34              ScaleTo::create(0.1f,1.15f),               //0.1s 放大到原来的 1.15 倍
35              (char*)NULL));
36  }
```

- 第 1～14 行为返回主菜单的 backCallback 回调方法。第 2～4 行功能为如果声音标志位为开，则播放单击按钮音效，然后将开始精灵设为可单击。第 5～10 行功能为将模糊精灵设置为不可见，然后将选择角色菜单、设置菜单、退出游戏菜单、关于菜单和排名菜单设为可用。第 11～13 行功能为将选中的英雄精灵设为可见。
- 第 15～36 行为单击“退出游戏”按钮之后的 exitGame 回调方法。第 16～20 行功能为如果声音标志位为开，则播放单击按钮音效，然后将英雄精灵设为不可见。第 21～30 行功能为模糊精灵和警告精灵设为可见，将关于底板精灵、设置精灵和排名精灵设为不可见，并且将排名菜单、选择角色菜单、设置菜单、退出游戏菜单和关于菜单设置为不可用。第 31～35 行功能为创建一个连续动作，让警告底板精灵执行，其中连续动作包括 3 个缩放动作。

（8）开发完上述两个回调方法之后，接下来开发的就是单击背景音乐和声音特效开关复选框之后的 musicSet 和 soundSet 回调方法了，具体代码如下。

代码位置：见随书源代码/第 7 章/Parkour/app/src/main/jni/gameCPP 目录下的 MainMenuLayer.cpp。

```
void MainMenuLayer::musicSet(Ref* pSender,CheckBox::EventType type){
    if(isSound)  sm->playClickSound();                     //如果音效开，则播放单击音效
    if(isMusic){                                           //如果背景音乐开
        sm->pauseBgMusic();                                //暂停播放背景音乐
        isMusic=false;                                     //背景音乐标志位设为 false
        UserDefault::getInstance()->                       //存储是否开启背景音乐
```

```
7                       setBoolForKey("boolMusic",false);
8           UserDefault::getInstance()->flush();          //事实写入
9       }else{
10          sm->playBgMusic();                            //播放背景音乐
11          isMusic=true;                                 //背景音乐标志位设为 true
12          UserDefault::getInstance()->                  //存储是否开启背景音乐
13                      setBoolForKey("boolMusic",true);
14          UserDefault::getInstance()->flush();          //事实写入
15      }
16  }
17  void MainMenuLayer::soundSet(Ref* pSender,CheckBox::EventType type){
18      if(isSound){                                      //如果音效开
19          sm->playClickSound();                         //播放单击菜单音效
20          isSound=false;                                //音效标志位设为 false
21          UserDefault::getInstance()->  //存储是否播放音效标志位的值
22                      setBoolForKey("boolSound",false);
23          UserDefault::getInstance()->flush();          //事实写入
24      }else{
25          sm->resumeSound();                            //恢复播放音效
26          isSound=true;                                 //音效标志位设为 true
27          UserDefault::getInstance()->                  //存储是否播放音效标志位的值
28                      setBoolForKey("boolSound",true);
29          UserDefault::getInstance()->flush();          //事实写入
30      }
31  }
```

- 第1～16行为背景音乐复选框的回调方法。其中第2～8行功能为当背景音乐正在播放时，则暂停播放背景音乐，然后将是否播放音乐标志位设为 false，最后将是否开启背景音乐标志位的值存储起来。其中第9～14行功能为当背景音乐暂停时，则播放背景音乐，然后将是否播放音乐标志位设为 true，最后将是否开启背景音乐标志位的值存储起来。
- 第17～31行为声音特效复选框的回调方法。其中第18～23行功能为当音效开时，则播放单击音效，然后将是否播放音效的标志位设为 false，暂停播放音效，最后将是否开启音效标志位的值存储起来。其中第24～29行功能为当音效关时，则继续播放音效，然后将是否播放音效的标志位设为 true，最后将是否开启音效标志位的值存储起来。

（9）完成上述两个复选框的回调方法后，最后还要实现单击“单击开始游戏”精灵开始游戏的 clickToStart 方法和单击“确定退出”按钮的 okCallback 回调方法，具体代码如下。

代码位置：见随书源代码/第7章/Parkour/app/src/main/jni/gameCPP 目录下的 MainMenuLayer.cpp。

```
1   bool MainMenuLayer::clickToStart(Touch *touch, Event *event){
2       auto target =                               //获取当前触摸对象，并转化为精灵类型
3               static_cast<Sprite*>(event->getCurrentTarget());
4       Point location =                            //获取当前坐标
5               target->convertToNodeSpace(touch->getLocation());
6       auto size = target->getContentSize();       //获取精灵的大小
7       auto rect = Rect(0, 0, size.width, size.height);//创建一个矩形对象，其大小与精灵相同
8       if(rect.containsPoint(location)&&target==startSp&&isStart){
9           if(isSound)  sm->playClickSound();      //如果声音开，则播放单击菜单音效
10          SelectRoleLayer::heroNum=SelectRoleLayer::currIntroIndex+1;//选择英雄的编号
11          UserDefault::getInstance()->            //存储英雄编号
12                  setIntegerForKey("heroInt",SelectRoleLayer::heroNum);
13          UserDefault::getInstance()->flush();    //事实写入
14          gsm->gogameScene();                     //去游戏场景
15      }
16      return true;
17  }
18  void MainMenuLayer::okCallback(Ref* pSender){
19      if(isSound)  sm->playClickSound();          //如果声音开，则播放单击菜单音效
20      Director::getInstance()->end();             //退出游戏
21      #if (CC_TARGET_PLATFORM == CC_PLATFORM_IOS)  exit(0);
22      #endif
23  }
```

- 第1～17行为单击“单击开始游戏”精灵时的回调方法，调用该方法可以进入游戏场景。

其中第 2～7 行功能为获取当前触摸对象并将其转化为精灵类型，然后获取其当前坐标、获取精灵尺寸并创建一个与精灵尺寸相同的矩形对象。第 8～14 行功能为如果当前触摸的位置与“单击开始游戏”精灵位置相同，则根据当前选择英雄的编号，创建相应的游戏角色并切换到游戏场景。

- 第 18～23 行为单击“确定退出”按钮之后的回调方法，调用该方法可以退出游戏。

7.4.4　选择游戏角色布景类 SelectRoleLayer

上一小节向读者介绍了游戏主菜单布景类的开发，玩家通过单击选择游戏角色的“形象”按钮之后便进入到了选择游戏角色的场景，该场景的主要实现类为选择游戏角色布景 SelectRoleLayer 类。下面将分步骤为读者详细介绍该类的开发过程。

（1）首先需要开发的是 SelectRoleLayer 类的框架，该框架中声明了一系列将要使用的成员变量和成员方法，其具体代码如下。

代码位置：见随书源代码/第 7 章/Parkour/app/src/main/jni/gameCPP 目录下的 SelectRoleLayer.h。

```
#ifndef __SelectRoleLayer_H__
#define __SelectRoleLayer_H__
......//此处省略了对一些头文件的引用的相关代码，需要的读者可参考源代码
using namespace cocos2d;                                    //使用 cocos2d 命名空间
class SelectRoleLayer : public cocos2d::Layer{
public:
    GameSceneManager* gsm;                                  //指向场景管理者的指针
    SoundManager* sm;                                       //指向声音管理者的指针
    Size visibleSize;                                       //获取可见区域尺寸
    Point origin;                                           //获取可见区域原点坐标
    Sprite* bgSp;                                           //指向背景精灵的指针
    Sprite* roleSp;                                         //指向选择角色背景精灵的指针
    Sprite* choiceBaseSp1;                                  //指向选择人物底板精灵 1 的指针
    Sprite* choiceBaseSp2;                                  //指向选择人物底板精灵 2 的指针
    Menu* menuBackMain;                                     //指向返回主菜单菜单对象的指针
    static int heroNum;                                     //选择英雄的编号
    Sprite3D* heroHi[4];                                    //打招呼英雄精灵对象的数组
    Sprite3D* hiShadow[4];                                  //影子精灵对象的数组
    Animation3D* animationHi[4];                            //打招呼动画对象的数组
    Animate3D* animateHi[4];                                //打招呼动画动作对象的数组
    Sprite* spPhoto[4];                                     //4 个英雄照片精灵对象的数组
    Sprite* spKuang;                                        //指向选中框精灵对象的指针
    Sprite* nameSp[4];                                      //4 个英雄名字精灵对象的数组
    float PosiData[4][2]={{50,150},{150,150},{50,50},{150,50}};//4 个英雄照片的位置数组
    static int currIntroIndex;                              //当前显示的索引（从零开始）
    Point currPoint;                                        //当前触摸点位置
    bool onMyTouchBegan(Touch *touch, Event *event);        //开始触控事件的处理方法
    void onMyTouchEnded(Touch *touch, Event *event);        //触控结束事件的处理方法
    virtual bool init();                                    //初始化布景的方法
    void BackMain(Ref* pSender);                            //返回主菜单界面的回调方法
     ~SelectRoleLayer();                                    //析构函数
    CREATE_FUNC(SelectRoleLayer);
};
#endif
```

> **说明**　上述代码为 SelectRoleLayer 类的头文件，在该头文件中声明了场景所属的管理者指针、声音管理者的指针和场景所需要的精灵等，并声明了 SelectRoleLayer 类中需要的关于触控事件处理方法、初始化布景方法和返回主菜单界面的回调方法等。

（2）开发完类框架声明后还要真正实现 SelectRoleLayer 类中的方法，首先要实现的是初始化布景的 init 方法，以完成布景中各个对象的创建以及初始化工作。其具体代码如下。

代码位置：见随书源代码/第 7 章/Parkour/app/src/main/jni/gameCPP 目录下的 SelectRoleLayer.cpp。

```
bool SelectRoleLayer::init(){
......//此处省略了调用父类初始化等相关代码，需要的读者可参考源代码
```

```
        heroNum=UserDefault::getInstance()->getIntegerForKey("heroInt",0);
        //读取英雄编号
        currIntroIndex=UserDefault::getInstance()->getIntegerForKey("currIntroInt",0);
        //读取当前索引
        for(int i=0;i<4;i++){
            heroHi[i] = Sprite3D::create(                      //创建英雄精灵对象
                          hero_PATH +StringUtils::format("player%d.c3b",i+1));
            heroHi[i]->setScale(0.25f);                        //设置英雄缩放比
            heroHi[i]->setPosition3D(Vec3(135,400,0));  //设置英雄精灵位置
    ......//此处省略了设置英雄精灵旋转角度等相关代码，需要的读者可参考源代码
            heroHi[i]->setGlobalZOrder(1.0f);                  //设置全局 ZOrder 值
            hiShadow[i]=Sprite3D::create(                      //创建影子精灵对象
                    shadow_PATH+"shadow.obj",shadow_PATH+"shadow.png");
            hiShadow[i]->setGlobalZOrder(2.0f);                //设置全局 ZOrder 值
            hiShadow[i]->setScale(5.0f);                       //设置影子缩放比
            heroHi[i]->addChild(hiShadow[i]);                  //将影子添加到英雄中
            this->addChild(heroHi[i]);                         //将英雄对象添加到布景中
            animationHi[i] = Animation3D::create(              //创建英雄骨骼动画
                         hero_PATH +StringUtils::format("player%d.c3b",i+1));
            if(animationHi[i]){
                animateHi[i] = Animate3D::create(animationHi[i],1.0,4.87);
                                                               //创建打招呼动画动作
                animateHi[i]->setSpeed(animateHi[i]->getSpeed()*1.0f);
                                                               //设置骨骼动画速度
                heroHi[i]->runAction(RepeatForever::create( //英雄执行骨骼动画动作
                                 Sequence::create(
                                     animateHi[i],
                                     animateHi[i]->reverse(),
                                     nullptr)));}}
         sm->preloadSounds();                                  //加载各种声音资源
    ......//此处省略了创建背景精灵、选择人物底板精灵等相关代码，需要的读者可参考源代码
         for(int i=0;i<4;i++){
             spPhoto[i] = Sprite::create(                      //创建英雄头像精灵对象
                       pics_PATH+StringUtils::format("hero%dHead.png",i));
             spPhoto[i]->setScale(0.5f);                       //设置精灵缩放比
             spPhoto[i]->setAnchorPoint(Point(0,0));           //设置精灵锚点
             spPhoto[i]->setPosition(PosiData[i][0],PosiData[i][1]);//设置精灵位置
             choiceBaseSp2->addChild(spPhoto[i],0);}           //将精灵添加到选择人物底板中
         spKuang = Sprite::create(                             //创建选中框精灵
                  pics_UI_PATH+"selectedKuang.png");
         spKuang->setScale(0.5f);                              //设置精灵缩放比
         spKuang->setAnchorPoint(Point(0,0));                  //设置精灵锚点
         spKuang->setPosition(                                 //设置精灵位置
                 PosiData[currIntroIndex][0],PosiData[currIntroIndex][1]);
         choiceBaseSp2->addChild(spKuang,0);                   //将精灵添加到选择人物底板中
         for(int i=0;i<4;i++){
             nameSp[i] =                                       //创建英雄名字精灵
                 Sprite::create(pics_UI_PATH+StringUtils::format("hero%dName.png",i));
             nameSp[i]->setScale(1.f);                         //设置精灵缩放比
             nameSp[i]->setAnchorPoint(Point(0,0));            //设置精灵锚点
             nameSp[i]->setPosition(Point(150,150));           //设置精灵位置
             roleSp->addChild(nameSp[i],0);}                   //将精灵添加到选择人物背景中
    ......//此处省略了创建返回菜单等相关代码，需要的读者可参考源代码
         for(int i=0;i<4;i++){
             heroHi[i]->setVisible(false);                     //将英雄精灵设为不可见
             heroHi[currIntroIndex]->setVisible(true);  //将选中的英雄精灵设为可见
             nameSp[i]->setVisible(false);                     //将英雄名字精灵设为不可见
             nameSp[currIntroIndex]->setVisible(true);}//将选中的英雄名字设为可见
         EventListenerTouchOneByOne* listenerTouch =           //创建一个单点触摸监听
                          EventListenerTouchOneByOne::create();
         listenerTouch->setSwallowTouches(true);               //设置下传触摸
         listenerTouch->onTouchBegan =               //开始触摸时回调 onTouchBegan 方法
                      CC_CALLBACK_2(SelectRoleLayer::onMyTouchBegan, this);
         listenerTouch->onTouchEnded =               //触摸结束时回调 onTouchEnded 方法
                      CC_CALLBACK_2(SelectRoleLayer::onMyTouchEnded, this);
         for(int i=0;i<4;i++){
             _eventDispatcher->                      //将英雄头像精灵添加到监听器中
                 addEventListenerWithSceneGraphPriority(listenerTouch->clone(), spPhoto[i]);}
         return true;
    }
```

- 第 3～17 行功能为首先读取英雄编号和当前索引，然后创建英雄精灵对象和影子精灵对象并设置其缩放比、位置等，接着将影子精灵添加到英雄精灵中，最后将英雄精灵添加到布景中。
- 第 18～27 行功能为创建英雄骨骼动画并根据英雄骨骼动画来创建英雄打招呼骨骼动画动作，然后设置骨骼动画动作速度，最后让英雄精灵重复播放打招呼骨骼动画动作。
- 第 31～36 行功能为依次创建 4 个英雄头像精灵对象并且设置其缩放比、锚点和位置，最后将其添加到选择人物底板精灵中。
- 第 37～43 行功能为创建选中框精灵并设置其缩放比、锚点和位置，最后将其添加到选择人物底板精灵中。
- 第 44～50 行功能为依次创建 4 个英雄名字精灵对象并且设置其缩放比、锚点和位置，最后将其添加到选择人物背景精灵中。
- 第 52～56 行功能为将选中英雄精灵和英雄名字精灵设为可见。
- 第 57～63 行功能为创建一个单点触摸监听并设置下传触摸，然后为触摸监听添加开始触控事件的回调方法以及触控结束事件的回调方法。
- 第 64～66 行功能为将英雄头像精灵对象添加到监听器中。

（3）开发完初始化布景的 init 方法后，最后开发的就是返回主菜单界面的 BackMain 方法、刚开始单击屏幕时调用的触控开始事件处理方法 onMyTouchBegan 和触控事件结束时的事件处理方法 onMyTouchEnded 了，具体代码如下。

代码位置：见随书源代码/第 7 章/Parkour/app/src/main/jni/gameCPP 目录下的 SelectRoleLayer.cpp。

```
void SelectRoleLayer::BackMain(Ref* pSender){
    if(MainMenuLayer::isSound)                      //如果声音开
        sm->playClickSound();                       //播放单击菜单音效
    gsm->goMainScene();                             //切换到主菜单界面
}
bool SelectRoleLayer::onMyTouchBegan(Touch *touch, Event *event){
    auto target =                                   //获取当前触摸对象，并转化为精灵类型
            static_cast<Sprite*>(event->getCurrentTarget());
    currPoint = touch->getLocation();               //当前触摸点位置
    Point location =                                //获取当前坐标
            target->convertToNodeSpace(currPoint);
    auto size = target->getContentSize();           //获取精灵的大小
    auto rect = Rect(0, 0, size.width, size.height); //创建一个矩形对象，其大小与精灵相同
    if( rect.containsPoint(location)){              //判断触摸点是否在目标的范围内
            for(int i=0;i<4;i++){
                if(target==spPhoto[i]){
                        if(MainMenuLayer::isSound)          //如果声音开
                            sm->playClickSound();           //播放单击菜单音效
                        spKuang->setPosition(PosiData[i][0],PosiData[i][1]);
                                                            //设置显示精灵位置
                        currIntroIndex=i;
                        UserDefault::getInstance()->            //存储当前英雄索引
                                setIntegerForKey("currIntroInt",currIntroIndex);
                        UserDefault::getInstance()->flush();    //事实写入
                        return true;}}
            for(int i=0;i<4;i++){
                heroHi[i]->setVisible(false);               //将英雄精灵设为不可见
                heroHi[currIntroIndex]->setVisible(true);//将选中的英雄精灵设为可见
                nameSp[i]->setVisible(false);               //将英雄名字精灵设为不可见
                nameSp[currIntroIndex]->setVisible(true);}//将选中的英雄名字精灵设为可见
    }else{
        return false;}
    return true;
}
void SelectRoleLayer::onMyTouchEnded(Touch *touch, Event *event){
    for(int i=0;i<4;i++){
            heroHi[i]->setVisible(false);                   //将英雄精灵设为不可见
            heroHi[currIntroIndex]->setVisible(true);       //将选中的英雄精灵设为可见
```

```
38          nameSp[i]->setVisible(false);                    //将英雄名字精灵设为不可见
39          nameSp[currIntroIndex]->setVisible(true); }      //将选中的英雄名字精灵设为可见
40      UserDefault::getInstance()->                         //存储当前英雄索引
41              setIntegerForKey("currIntroInt",currIntroIndex);
42      UserDefault::getInstance()->flush();                 //事实写入
43  }
```

- 第 1～5 行为返回主菜单的方法，调用该方法可以根据音效的开关来决定是否播放单击菜单的音效，然后将场景切换到主菜单场景。
- 第 6～33 行为触控开始事件的 onMyTouchBegan 方法，当玩家刚开始单击屏幕时会调用此方法。第 7～11 行功能为获取当前触摸对象，并将其转化为精灵类型，最后获取当前坐标。第 12～29 行功能为首先获取精灵的尺寸并创建一个矩形对象，其尺寸与精灵尺寸相同，然后判断触摸点是否在目标范围内，当选中某个头像精灵时，则将选中的精灵设为该头像精灵，并且将该英雄精灵对象和英雄名字精灵对象设置为可见。
- 第 34～43 行为触控事件结束时的事件处理方法，当玩家结束触控事件时会调用此方法。其中第 35～42 行功能为将选中英雄精灵和英雄名字精灵设为可见，然后存储当前英雄索引。

7.4.5 2D 游戏布景类 My2DLayer

前几小节已经将进入游戏场景之前的场景介绍完了，下面介绍程序中最主要的场景——游戏场景。首先介绍的是游戏场景中有关 2D 游戏布景 My2DLayer 类的开发，具体开发步骤如下。

（1）首先需要开发的是 My2DLayer 类的框架，该框架中声明了一系列将要使用的成员方法和成员变量，其具体代码如下。

代码位置：见随书源代码/第 7 章/Parkour/app/src/main/jni/gameCPP 目录下的 My2DLayer.h。

```
#ifndef __My2DLayer_H__
#define __My2DLayer_H__
......//此处省略了对一些头文件引用和命名空间使用的相关代码，需要的读者可参考源代码
class My2DLayer : public cocos2d::Layer{
public:
    Size visibleSize;                        //获取可见区域尺寸
    Point origin;                            //获取可见区域原点坐标
    My2DLayer* m2DLayer;                     //指向 2D 游戏布景对象的指针
    GameSceneManager* gsm;                   //指向场景管理者对象的指针
    SoundManager* sm;                        //指向声音管理者的指针
    std::string distance;                    //显示奔跑距离的字符串
    std::string sGoldCoin;                   //显示金币数目的字符串
    Sprite* moHuSp;                          //游戏暂停模糊底板精灵
    Label *coinNumLabel;                     //吃到金币个数的标签
    Label *distanceLabel;                    //奔跑距离的标签
    static bool statePause;                  //暂停状态标志位，true 为暂停
    static bool isRestore;                   //是否储存数据标志位，true 为储存
    Menu* menuRestart;                       //指向重新开始菜单对象指针
    Menu* menuZanTing;                       //指向暂停菜单对象指针
    Animate* anmiAc;                         //指向显示金币动画动作指针
    Sprite* goldSp;                          //指向显示金币精灵对象指针
    Animate* anmiResume;                     //指向显示倒计时动画动作指针
    Sprite* daoJiShi;                        //指向倒计时精灵对象的指针
    Animate* anmiProgress;                   //指向显示进度条动画动作指针
    Sprite* progressSp;                      //指向进度条精灵对象的指针
    Sprite* iconSp;                          //指向标记精灵对象的指针
    Sprite* saveDiban;                       //指向复活底板精灵对象指针
    Sprite* saveR;                           //指向做半径模式特效的精灵的指针
    Sprite* fuhuoSp;                         //指向单击复活精灵对象的指针
    virtual bool init();                     //初始化的方法
    void menuZT(Ref* pSender);               //暂停菜单回调方法
    void resumeGame();                       //恢复游戏的回调方法
    void initAnmi();                         //初始化金币闪亮动画的方法
    void initAnmiResume();                   //初始化倒计时动画的方法
    void initAnmiProgress();                 //初始化进度条动画的方法
    void saveView();                         //弹出复活相关精灵的方法
```

```
    void saveVisible();                            //复活精灵显示的回调方法
    void fuHuo(Ref* pSender);                      //复活的回调方法
    void ScoreCallBack();                          //返回得分场景的回调方法
    void playAnmiProgress(int iconIndex);          //播放进度条动画的方法
    void isTwiceEnd();                             //双倍金币时间结束的回调方法
    void isMagnetEnd();                            //磁铁时间结束的回调方法
    void isFlyEnd();                               //加速时间结束的回调方法
    void isJumpHighEnd();                          //鞋子道具时间结束的回调方法
    Sprite* pauseDiBan;                            //指向暂停底板精灵的指针
    Menu* mResume;                                 //指向继续游戏的菜单的指针
    Menu* mReturn;                                 //指向返回主界面菜单的指针
    Menu* mSet;                                    //指向设置菜单的指针
    void mJiXu(Ref* pSender);                      //暂停后继续游戏的回调方法
    void mReturnMain(Ref* pSender);                //暂停后返回主菜单的回调方法
    void mSetSound(Ref* pSender);                  //暂停后设置音效的回调方法
    Sprite* setBaseSp;                             //指向设置底板精灵的指针
    CheckBox* checkMusic;                          //指向音乐开关复选框对象的指针
    CheckBox* checkSound;                          //指向音效开关复选框对象的指针
    void musicSet(Ref* pSender,CheckBox::EventType type);//设置背景音乐复选框回调函数
    void soundSet(Ref* pSender,CheckBox::EventType type);//设置音效复选框回调函数
    Menu* menuSetExit;                             //指向退出设置菜单对象的指针
    void update(float delta);                      //更新金币数目和奔跑距离等
    CREATE_FUNC(My2DLayer);
};
#endif
```

说明 上述代码对 2D 游戏场景对应布景中的成员变量和成员方法进行了声明，读者查看注释即可了解其具体作用，这里不再进行具体介绍了。

（2）开发完类框架声明后还要真正实现 My2DLayer 类中的方法，首先是要实现初始化布景 init 方法，以完成布景中各个对象的创建以及初始化工作。其具体代码如下。

代码位置：见随书源代码/第 7 章/Parkour/app/src/main/jni/gameCPP 目录下的 My2DLayer.cpp。

```
bool My2DLayer::init(){
......//此处省略了调用父类初始化等相关代码，需要的读者可参考源代码
    if(!isRestore){                                //若未单击复活
        Constant::juLi=0;                          //初始化奔跑距离
        Constant::eatCoinNum=0;                    //初始化吃到金币的数目
    }
    moHuSp = Sprite::create(pics_pause_PATH+"moHu.png");    //创建模糊精灵对象
    moHuSp->setPosition(                           //设置精灵对象的位置
            Point(visibleSize.width/2 + origin.x, visibleSize.height/2 + origin.y));
    moHuSp->setVisible(false);                     //设置为不可见
    this->addChild(moHuSp, 1);                     //将精灵添加到布景中
    setBaseSp = Sprite::create(pics_UI_PATH+"setBase.png"); //创建设置底板精灵对象
    setBaseSp->setScale(1.f);                      //设置精灵缩放比
    setBaseSp->setPosition(                        //设置精灵对象的位置
            Point(visibleSize.width/2 + origin.x, visibleSize.height/2 + origin.y+100));
    moHuSp->addChild(setBaseSp, 1);                //将精灵添加到模糊精灵中
    setBaseSp->setVisible(false);                  //设置底板精灵设为不可见
    pauseDiBan= Sprite::create(pics_pause_PATH+"pauseBG.png");
                                                   //创建一个暂停底板精灵对象
    pauseDiBan->setScale(0.95f);                   //设置精灵的缩放比
    pauseDiBan->setPosition(                       //设置精灵对象的位置
            Point(visibleSize.width/2 + origin.x, visibleSize.height/2 + origin.y));
    moHuSp->addChild(pauseDiBan, 0);               //将精灵添加到模糊精灵对象中
......//此处省略了获得金币数目和奔跑距离标签的创建代码，需要的读者可参考源代码
......//此处省略了暂停和退出菜单项的创建代码，需要的读者可参考源代码
    goldSp=Sprite::create();                       //创建显示金币精灵对象
    goldSp->setPosition(                           //设置精灵位置
            Point(50,915));
    goldSp->setScale(0.6f);                        //设置精灵缩放比
    this->addChild(goldSp,0);                      //将精灵添加到布景中
    initAnmi();                                    //初始化换帧动画
    goldSp->runAction(RepeatForever::create(Sequence::create(
            anmiAc,
            DelayTime::create(0.8f),               //创建一个延时 0.8s 的动作
```

```
34             nullptr)));
35     schedule(schedule_selector(My2DLayer::update), 0.01f); //定时回调 update 方法
36     saveDiban=Sprite::create(pics_PATH+"saveDiBan.png");  //创建复活底板精灵对象
37     saveDiban->setScale(0.8f);                    //设置精灵缩放比
38     saveDiban->setPosition(                       //设置精灵位置
39         Point(visibleSize.width/2 + origin.x, visibleSize.height/2 + origin.y+150));
40     this->addChild(saveDiban,1);                  //将精灵添加到布景中
41     saveDiban->setVisible(false);                 //将精灵设为不可见
42     fuhuoSp=Sprite::create(pics_UI_PATH+"fuhuoSp.png");        //创建复活精灵对象
43     fuhuoSp->setScale(0.8f);                      //设置精灵缩放比
44     fuhuoSp->setAnchorPoint(Point(0,0));          //设置精灵锚点
45     fuhuoSp->setPosition(Point(130,55));          //设置精灵位置
46     saveDiban->addChild(fuhuoSp,1);               //将精灵添加到复活底板精灵中
47     fuhuoSp->setVisible(false);                   //设置精灵为不可见
48     return true;
49 }
```

- 第 3～6 行功能为如果当前未单击复活，则初始化获得的金币数以及英雄奔跑距离。
- 第 7～11 行功能为创建模糊精灵对象，然后将其设置为不可见，最后将其添加到布景中。
- 第 12～17 行功能为创建设置底板精灵对象，然后设置其位置和缩放比，并将其设置为不可见，最后将其添加到模糊精灵中。
- 第 18～22 行功能为创建暂停底板精灵对象，并设置其缩放比和位置，最后将其添加到模糊精灵对象中。
- 第 25～35 行功能为创建显示金币精灵对象，并设置其位置和缩放比，然后将其添加到布景中，接着初始化动画并使显示金币精灵执行闪光动画动作，最后定时回调 update 方法。
- 第 36～40 行功能为创建复活底板精灵对象并设置其缩放比和位置，最后将其添加到布景中。
- 第 42～46 行功能为创建复活精灵对象并设置其锚点、缩放比和位置，最后将其添加到复活底板精灵对象中。

（3）开发完初始化布景的 init 方法后，接下来开发的是单击暂停菜单之后的 menuZT 回调方法和恢复游戏的 resumeGame 回调方法，具体代码如下。

代码位置：见随书源代码/第 7 章/Parkour/app/src/main/jni/gameCPP 目录下的 My2DLayer.cpp。

```
void My2DLayer::menuZT(Ref* pSender){
    if(MainMenuLayer::isSound)                   //如果声音开
        sm->playClickSound();                    //播放单击菜单音效
    menuZanTing->setEnabled(false);              //将暂停按钮设为不可用
    pauseDiBan->setVisible(true);                //暂停底板精灵设为可见
    setBaseSp->setVisible(false);                //设置底板精灵设为不可见
    if(!statePause){                             //如果此时为非暂停状态
        My3DLayer *ml=                           //获取 My3DLayer 布景指针
            dynamic_cast<My3DLayer*>(this->getScene()->getChildByTag(1));
        ml->pause();                             //暂停 My3DLayer 布景
        ml->lion->pause();                       //暂停狮子骨骼动画
        ml->hs->spC3bHero->pause();              //暂停英雄骨骼动画
        if(progressSp)
            progressSp->pause();                 //暂停进度条动画
        statePause = true;                       //设置为暂停状态
        moHuSp->setVisible(true);                //将模糊底板精灵设为可见
        if(daoJiShi)                             //如果倒计时精灵存在
            this->removeChild(daoJiShi,true);    //删除倒计时精灵
        pauseDiBan->runAction(Sequence::create(   //暂停底板执行弹出动作
                ScaleTo::create(0.1f, 0.5f),      //将 0.1s 缩小到原来的 0.5
                ScaleTo::create(0.15f, 1.05f),    //将 0.15s 放大到原来的 1.05 倍
                ScaleTo::create(0.1f,1.0f),       //将 0.1s 放大到原来的 1 倍
                (char*)NULL));
 ......//此处省略了创建继续、设置和返回菜单等相关代码，需要的读者可参考源代码
    }else{
       statePause=false;                          //将标志位设为非暂停状态
       moHuSp->setVisible(false);                 //将模糊底板精灵设为不可见
       daoJiShi=Sprite::create();                 //创建倒计时换帧精灵对象
```

```
29          daoJiShi->setPosition(                          //设置倒计时换帧精灵位置
30               Point(
31                    visibleSize.width/2 + origin.x,             //x 坐标
32                    visibleSize.height/2 + origin.y));          //y 坐标
33          this->addChild(daoJiShi,2);                     //将倒计时精灵添加到模糊底板中
34          initAnmiResume();                               //初始化倒计时换帧动画
35          daoJiShi->runAction(                            //倒计时精灵执行动作
36               Sequence::create(                          //创建一个连续动作
37                    Spawn::create(                        //创建一个同步执行动作
38                         DelayTime::create(3.0f),//创建一个延时3.0s的动作
39                         anmiResume,          //倒计时换帧动画
40                         nullptr),
41                         RemoveSelf::create(true),//创建删除自身动作
42                         CallFunc::create(     //恢复游戏的回调方法
43                         CC_CALLBACK_0(My2DLayer::resumeGame,this)),
44                         nullptr));}
45     }
46  void My2DLayer::resumeGame(){                           //恢复游戏的回调方法
47       My3DLayer *ml=                                     //获取 My3DLayer 布景指针
48          dynamic_cast<My3DLayer*>(this->getScene()->getChildByTag(1));
49       ml->resume();                                      //恢复 My3Dlayer 布景
50       ml->lion->resume();                                //恢复狮子动画
51       ml->hs->spC3bHero->resume();                       //恢复英雄动画
52       if(progressSp)
53            progressSp->resume();                         //恢复进度条动画
54  }
```

- 第 1～45 行为单击暂停菜单时的回调方法。第 2～6 行功能为首先根据当前音效标志位的开关来决定是否播放单击菜单音效，然后将暂停菜单设为不可用，最后将暂停底板精灵设为可见，将设置底板精灵设为不可见。第 7-23 行功能为在非暂停状态下，首先获取 My3DLayer 布景指针并暂停 My3DLayer 布景，然后暂停狮子、英雄骨骼动画和进度条动画，接着将模糊精灵设为可见并设置当前状态为暂停状态，如果此时倒计时精灵存在则删除，最后使暂停底板精灵执行弹出动作。第 25～44 行功能为在暂停状态下，首先将暂停标志位设为非暂停状态并且将模糊精灵设为不可见，然后创建倒计时精灵对象、设置其位置并添加到模糊精灵中，最后初始化倒计时换帧动画，并使倒计时精灵执行倒计时动画动作。
- 第 46～54 行为恢复游戏的回调方法。调用该方法首先获取 My3DLayer 布景指针，然后恢复 My3Dlayer 布景，最后恢复狮子、英雄骨骼动画动作和进度条动画。

（4）开发完上述的两个回调方法后，接下来开发的是初始化金币闪亮动画的 initAnmi 方法、初始化倒计时动画的 initAnmiResume 方法和初始化进度条动画的 initAnmiProgress 方法了，由于这 3 个方法的开发套路基本相同，这里只介绍初始化金币闪亮动画的 initAnmi 方法，具体代码如下。

代码位置：见随书源代码/第 7 章/Parkour/app/src/main/jni/gameCPP 目录下的 My2DLayer.cpp。

```
void My2DLayer::initAnmi(){                                  //初始化金币闪亮动画的方法
     SpriteFrameCache* sfc=                                  //获取缓冲精灵帧的实例
                    SpriteFrameCache::getInstance();
     sfc->addSpriteFramesWithFile(                           //将精灵帧文件及图片添加到内存
          pics_GoldTexs_PATH+"GoldTex.plist",pics_GoldTexs_PATH+"GoldTex.png");
     std::string sa[12]={                                    //动画 12 幅图片的名称
          "GoldTex0.png","GoldTex1.png",                     //金币 1、2 图片名称
          "GoldTex2.png","GoldTex3.png",                     //金币 3、4 图片名称
          "GoldTex4.png","GoldTex5.png",                     //金币 5、6 图片名称
          "GoldTex6.png","GoldTex7.png",                     //金币 7、8 图片名称
          "GoldTex8.png","GoldTex9.png",                     //金币 9、10 图片名称
          "GoldTex10.png","GoldTex11.png"};                  //金币 11、12 图片名称
     Vector<SpriteFrame*> animFrames;                        //创建存放动画帧的列表对象
     for(int i=0;i<12;i++){
          animFrames.pushBack(                               //将动画中的每帧存放到向量中
                    sfc->getSpriteFrameByName(sa[i]));}
     Animation *anmi=                                        //创建动画对象
          Animation::createWithSpriteFrames(animFrames, 0.15f);
```

```
19     anmiAc=Animate::create(anmi);                          //创建动画动作对象
20     anmiAc->retain();//保持引用
21 }
```

- 第 2～5 行功能为获取缓冲精灵帧的实例并将精灵帧文件以及对应的图片添加到内存中。
- 第 6～12 行功能为声明动画帧中的 12 幅图片的数组和存放动画帧的列表对象。
- 第 13～20 行功能为将这一段动画中的一个帧存放到向量中并创建动画对象，然后根据动画对象创建动画动作对象并保持动画动作对象引用，避免其被释放。

（5）开发完上述初始化换帧动画方法后，接下来开发的是播放进度条动画动作的 playAnmiProgress 方法、双倍金币时间结束的 isTwiceEnd 回调方法、磁铁时间结束的 isMagnetEnd 回调方法、加速时间结束的 isFlyEnd 回调方法和鞋子道具结束的 isJumpHighEnd 回调方法了，由于 4 种道具时间结束的回调方法的开发套路基本相同，这里只介绍双倍金币道具时间结束的 isTwiceEnd 回调方法，具体代码如下。

代码位置：见随书源代码/第 7 章/Parkour/app/src/main/jni/gameCPP 目录下的 My2DLayer.cpp。

```
void My2DLayer::playAnmiProgress(int iconIndex){
    progressSp=Sprite::create();                          //创建进度条精灵对象
    progressSp->setPosition(Point(160,50));               //设置精灵位置
    progressSp->setScale(0.7f);                           //设置缩放比
    this->addChild(progressSp,0);                         //将精灵添加到布景中
    initAnmiProgress();                                   //调用初始化换帧动画方法
    std::string daojuIconName="";                         //道具标志名称
    switch(iconIndex){
        case 0: daojuIconName="MagnetIcon.png";           //磁铁道具名称
        progressSp->runAction(Sequence::create(           //进度条精灵执行动作
                  anmiProgress,                            //播放换帧动画动作
                  CallFunc::create(CC_CALLBACK_0(My2DLayer::isMagnetEnd,this)),
                  RemoveSelf::create(true),                //创建移除自身动作
                  nullptr));
        break;
        case 1: daojuIconName="TimeTwoIcon.png";          //双倍金币道具名称
        progressSp->runAction(Sequence::create(           //进度条精灵执行动作
                  anmiProgress,                            //播放换帧动画动作
                  CallFunc::create(CC_CALLBACK_0(My2DLayer::isTwiceEnd,this)),
                  RemoveSelf::create(true),                //创建移除自身动作
                  nullptr));
        break;
        case 2: daojuIconName="FlightIcon.png";           //加速道具名称
        progressSp->runAction(Sequence::create(           //进度条精灵执行动作
                  anmiProgress,                            //播放换帧动画动作
                  CallFunc::create(CC_CALLBACK_0(My2DLayer::isFlyEnd,this)),
                  RemoveSelf::create(true),                //创建移除自身动作
                  nullptr));
        break;
        case 3: daojuIconName="ShoesIcon.png";            //鞋子道具名称
        progressSp->runAction(Sequence::create(           //进度条精灵执行动作
                  anmiProgress,                            //播放换帧动画动作
                  CallFunc::create(CC_CALLBACK_0(My2DLayer::isJumpHighEnd,this)),
                  RemoveSelf::create(true),                //创建移除自身动作
                  nullptr));
        break;
    }
    iconSp=Sprite::create(pics_Progress_PATH+daojuIconName); //创建进度条标志精灵
    iconSp->setScale(0.83f);                              //设置标志精灵缩放比
    iconSp->setPosition(Point(53.5,53.7));                //设置精灵位置
    if(progressSp)
       progressSp->addChild(iconSp,0);                    //将精灵添加到进度条精灵中
}
void My2DLayer::isTwiceEnd(){
    My3DLayer *ml=                                        //获取 My3DLayer 布景指针
          dynamic_cast<My3DLayer*>(this->getScene()->getChildByTag(1));
    ml->isEatTwice=false;                                 //双倍金币标志位设为 false
}
```

- ❑ 第 1～43 行为播放进度条动画动作的 playAnmiProgress 方法。第 2～6 行功能为创建进度条精灵对象并设置其位置和缩放比，然后将其添加到布景中，最后调用初始化进度条换帧动画的方法。第 8～37 行功能为根据传入参数的索引来决定播放哪个道具的进度条。其中第 9～15 行功能为当传入参数为 0 时，则播放磁铁道具进度条换帧动画动作。第 16～22 行功能为当传入参数为 1 时，则播放双倍金币道具进度条换帧动画动作。第 23～29 行功能为当传入参数为 2 时，则播放加速道具进度条换帧动画动作。第 30～36 行功能为当传入参数为 3 时，则播放鞋子道具进度条换帧动画动作。
- ❑ 第 44～48 行为双倍金币时间结束的回调方法，调用该方法可以获取 My3DLayer 布景指针并将是否吃到双倍金币道具标志位设为 false。

（6）开发完上述几个重要方法后，接下来开发的就是当英雄死亡时弹出复活信息的 saveView 方法、当前复活信息为可见的 saveVisible 回调方法、英雄死亡后复活的 fuHuo 回调方法和切换到游戏得分场景的 ScoreCallBack 回调方法了，具体代码如下。

代码位置：见随书源代码/第 7 章/Parkour/app/src/main/jni/gameCPP 目录下的 My2DLayer.cpp。

```
1   void My2DLayer::saveView(){
2       moHuSp->setVisible(true);                    //模糊精灵设为可见
3       pauseDiBan->setVisible(false);               //暂停底板精灵设为不可见
4       setBaseSp->setVisible(false);                //设置底板精灵设为不可见
5       saveDiban->setVisible(true);                 //复活底板精灵设为可见
6       fuhuoSp->setVisible(true);                   //复活精灵设为可见
7       fuhuoSp->runAction(RepeatForever::create(Sequence::create(    //重复执行动作
8               FadeOut::create(0.9f),               //创建 0.9s 淡出动作
9               FadeIn::create(0.9f),                //创建 0.9s 淡入动作
10              nullptr)));
11      auto actionTo = ProgressTo::create(5,100);   //创建 0%到 100%百分比动作
12      auto radialPT = ProgressTimer::create(Sprite::create(pics_PATH+"saveR.png"));
13      radialPT->setType(ProgressTimer::Type::RADIAL);   //设置为半径模式
14      saveDiban->addChild(radialPT);                   //将该模式添加到复活底板中
15      radialPT->setMidpoint(Point(0.5f, 0.5f));        //设置百分比效果的参考点
16      radialPT->setPosition(Point(                     //设置位置
17                      67,                              //x 坐标
18                      saveDiban->getContentSize().height-77));    //y 坐标
19      radialPT->setReverseProgress(false);             //反向执行该动作
20      radialPT->runAction(actionTo);                   //执行百分比动作
21      saveDiban->runAction(Sequence::create(           //创建连续动作
22                  DelayTime::create(5.0f),    //创建延时 5s 的动作
23                  RemoveSelf::create(true),   //创建删除自身动作
24                  CallFunc::create(CC_CALLBACK_0(My2DLayer::ScoreCallBack,this)),
25                  nullptr));
26  ......//此处省略了对复活菜单项的创建代码，需要的读者可参考源代码
27  }
28  void My2DLayer::saveVisible(){
29      saveDiban->setVisible(true);                     //将底板设为可见
30  }
31  void My2DLayer::fuHuo(Ref* pSender){
32      isRestore=true;                                  //储存当前游戏数据
33      gsm->gogameScene();                              //去游戏场景
34  }
35  void My2DLayer::ScoreCallBack(){
36      isRestore=false;                                 //不储存当前数据
37      gsm->goSoreScene();                              //去得分场景
38  }
```

- ❑ 第 1～27 行为弹出复活信息的 saveView 方法。第 2～5 行功能为将模糊精灵和复活底板精灵设为可见，将暂停底板和设置底板精灵设为不可见。第 6～10 行功能为将复活精灵设为可见，然后让其重复执行淡入和淡出的连续动作。第 11～14 行功能为创建 0%到 100%百分比动作，然后创建一个包装着精灵的 ProgressTimer 对象并设置其为半径模式，最后将其添加到复活底板中。第 15～25 行功能为设置百分比效果的参考点和位置，然后

反向执行该百分比动作，最后创建一个连续动作让复活底板精灵执行，该连续动作包含一个延时 5s 动作和一个删除自身动作。

- 第 28～30 行为复活信息可见的 saveVisible 回调方法，调用该方法可以使复活底板精灵可见。
- 第 31～34 行为英雄复活的 fuHuo 回调方法，调用该方法可以储存当前游戏数据并且将场景切换到游戏场景。
- 第 35～38 行为切换到游戏得分场景的 ScoreCallBack 回调方法，调用该方法可以不储存当前数据并且将场景切换到游戏得分场景。

（7）完成上述几个方法的开发之后，接下来开发的就是单击“继续游戏”按钮之后的 mJiXu 回调方法和单击“回到菜单”按钮之后的 mReturnMain 回调方法了，具体代码如下。

代码位置：见随书源代码/第 7 章/Parkour/app/src/main/jni/gameCPP 目录下的 My2DLayer.cpp。

```
1    void My2DLayer::mJiXu(Ref* pSender){
2         if(MainMenuLayer::isSound)                          //如果声音开
3              sm->playClickSound();                          //播放单击菜单音效
4         menuZanTing->setEnabled(true);                      //将暂停按钮设为可用
5         statePause=false;                                   //将标志位设为非暂停状态
6         moHuSp->setVisible(false);                          //将模糊底板精灵设为不可见
7         daoJiShi=Sprite::create();                          //创建倒计时换帧精灵对象
8         daoJiShi->setPosition(                              //设置倒计时换帧精灵位置
9                   Point(
10                       visibleSize.width/2 + origin.x,          //x 坐标
11                       visibleSize.height/2 + origin.y));       //y 坐标
12        this->addChild(daoJiShi,2);                         //将倒计时精灵添加到模糊底板
13        initAnmiResume();                                   //初始化倒计时换帧动画
14        daoJiShi->runAction(Sequence::create(               //创建一个连续动作
15                       Spawn::create(                       //创建一个同步执行动作
16                                 DelayTime::create(3.0f), //创建一个延时 3.0s 的动作
17                                 anmiResume,        //倒计时换帧动画动作
18                                 nullptr),
19                                 RemoveSelf::create(true), //创建删除自身动作
20                                 CallFunc::create(  //恢复游戏的回调方法
21                                      CC_CALLBACK_0(My2DLayer::resumeGame,this)),
22                                 nullptr));
23   }
24   void My2DLayer::mReturnMain(Ref* pSender){
25        if(MainMenuLayer::isSound)                          //如果声音开
26             sm->playClickSound();                          //播放单击菜单音效
27        isRestore=false;                                    //不储存当前数据
28        statePause=false;                                   //将标志位设为非暂停状态
29        gsm->goMainScene();                                 //去主菜单场景
30   }
```

- 第 1～23 行为单击“继续游戏”按钮之后的 mJiXu 回调方法。第 2～6 行功能为首先根据音效标志位的开关来决定是否播放单击菜单的音效，然后将暂停按钮设为可用、标志位设为非暂停状态，最后将模糊底板精灵设为不可见。第 7～22 行功能为创建倒计时换帧精灵对象并设置其位置，然后将其添加到模糊底板精灵中，接着初始化倒计时换帧动画，最后创建一个连续动作让倒计时换帧精灵执行。
- 第 24～30 行为单击“回到菜单”按钮之后的 mReturnMain 回调方法，调用该方法可以将当前场景切换到主菜单场景。

（8）完成上述两个菜单的回调方法后，最后还要开发单击“游戏设置”按钮之后的 mSetSound 回调方法和单击音乐和音效开关的复选框方法，由于 mSetSound 方法与 MainMenuLayer 类中 setCallback 方法的开发十分相似，单击音乐和音效开关的复选框方法与 MainMenuLayer 类中的 musicSet 和 soundSet 方法也十分相似，这里就不再赘述，需要的读者可自行参考源代码。

7.4.6 3D 游戏布景类 My3DLayer

上一小节向读者介绍了游戏场景中的 2D 布景类，接下来介绍的是游戏场景中有关 3D 布景

My3DLayer 类的开发，其具体开发步骤如下。

（1）首先需要开发的是 My3DLayer 类的框架，该框架中声明了一系列将要使用的成员方法和成员变量，首先介绍的是成员变量，其具体代码如下。

代码位置：见随书源代码/第 7 章/Parkour/app/src/main/jni/gameCPP 目录下的 My3DLayer.h。

```
#ifndef __My3DLayer_H__
#define __My3DLayer_H__
......//此处省略了引用需要的头文件等相关代码，需要的读者可参考源代码
using namespace cocos2d;
class My3DLayer : public cocos2d::Layer{
public:
          My3DLayer* m3l;                            //指向 3D 场景布景类的指针
          SoundManager* sm;                          //指向声音管理者的指针
          MyObject* mo;                              //指向物体类对象的指针
          Camera* camera;                            //指向摄像机对象的指针
          Sprite3D* cloudyBox;                       //指向天空盒对象的指针
          Sprite3D* scene;                           //指向场景对象的指针
          Sprite3D* spC3bHero;                       //指向英雄精灵对象的指针
          Sprite3D* heroShadow;                      //指向英雄影子精灵对象的指针
          PUParticleSystem3D* rain;                  //指向下雨粒子系统对象的指针
          OBB heroObb;                               //英雄 OBB 包围盒
          Sprite3D* lion;                            //指向英雄精灵对象的指针
          ZhangAi* zhangAi;                          //指向障碍物对象管理类的指针
          My2DLayer* m2l;                            //指向 2D 布景类指针
          HeroSelect* hs;                            //指向英雄选择类的指针
          AmbientLight* ambientLight;                //指向环境光对象的指针
          DirectionLight* directionLightL;           //指向定向光对象的指针
          Animation3D* animationLion;                //狮子骨骼动画
          Animate3D* animatePao;                     //英雄骨骼动画动作
          Animate3D* animateJump;                    //跳跃骨骼动画动作
          Animate3D* animateDown;                    //下蹲骨骼动画动作
          Animate3D* animateDD;                      //跌倒动画动作
          Animate3D* animateHD;                      //后倒动画动作
          Animate3D* animateLion;                    //狮子骨骼动画动作
          MapData* md;                               //指向地图数据类的指针
          float far=550.0f;                          //跑道最近的 Z
          float far1=890.0f;                         //初始化第 1 段 Z 值
          float far2=890.f;                          //初始化第 2 段 Z 值
          float far3=890.f;                          //初始化第 3 段 Z 值
          float far4=890.f;                          //初始化第 4 段 Z 值
          float far5=890.f;                          //初始化第 5 段 Z 值
          float farData[100000];
          float degree=0;                            //金币及道具旋转角度
          float cloudyDegree=0;                      //云朵旋转角度
          float heroFar;                             //英雄 z 坐标
          float lionFar;                             //狮子的 z 坐标
          float distance;                            //英雄距离原点的距离
          bool isJump=false;            //是否为跳跃状态标志位，true 表示处于跳跃状态
          bool isDown=false;            //是否为下蹲状态标志位，true 表示处于下蹲状态
          float lys;                    //起点的 Y
          float lymPre;                 //移动时的 Y
          float lymCurr;
          float lxs;                    //起点的 X
          float lxmPre;                 //移动时的 X
          float lxmCurr;
          bool isROrL;                  //判断是否向左或向右滑动标志位，true 为向左或向右滑动
          bool isUOrD;                  //判断是否向上或向下滑动标志位，true 为向上或向下滑动
          float heroX=paoDao2;          //英雄位置 x 坐标
          float heroXPre=paoDao2;
          float lionXPre=paoDao2;
          int count=0;                  //英雄碰到障碍的次数
          bool isJumpEnd=false;         //一次跳跃是否结束标志位，false 为一次跳跃结束
          bool isDownEnd=false;         //一次下蹲是否结束标志位，false 为一次下蹲结束
          bool isDD=false;              //英雄是否跌倒标志位，true 为跌倒
          bool isOver=false;            //游戏是否结束标志位，true 为游戏结束
          bool isHD=false;              //英雄是否向后跌倒标志位，true 为向后跌倒
          bool isLREnd=false;           //一次左右滑动是否结束，true 为一次左右滑动结束
```

```
    bool isEatTwice=false;        //是否吃到双倍金币道具，true 为吃到
    bool isEatMagnet=false;       //是否吃到磁铁道具，true 为吃到磁铁道具
    bool isEatFly=false;          //是否吃到加速道具，true 为吃到
    bool isJumpHigh=false;        //是否吃到高道具
    bool isFadeOk=false;          //狮子是否消失的标志位，false 为消失
    float heroPosiZ;              //英雄位置 Z
    float heroSpeed=2.2f*1.3f;    //英雄奔跑速度
    float runAniSpeed=0.8f*1.3f;  //英雄奔跑骨骼动画速度
    float lionAniSpeed=1.1f*1.3f; //狮子奔跑骨骼动画速度
    float rateSpeed=1.0f;         //速率
    bool flag1;                   //跑道 1 是否已添加过金币的标志位
    bool flag2;                   //跑道 2 是否已添加过金币的标志位
    bool flag3;                   //跑道 3 是否已添加过金币的标志位
    bool flag4;                   //跑道 4 是否已添加过金币的标志位
    bool flag5;                   //跑道 5 是否已添加过金币的标志位
    BillBoard* Bill;              //指向英雄标志板对象的指针
    Sprite* billSp;               //指向英雄标志板精灵对象的指针
......//此处省略了成员方法的相关代码，此部分代码将在下面给出
};
 #endif
```

说明 上述代码对游戏场景对应布景中的成员变量进行了声明，读者查看注释即可了解其具体作用，这里不再进行具体介绍了。

（2）介绍完该框架的成员变量之后，还要介绍该框架中的成员方法。如判断英雄是否跌倒的方法、英雄左右转换跑道的方法以及 3D 世界从 a 移动到 b 的方法等。具体代码如下。

代码位置：见随书源代码/第 7 章/Parkour/app/src/main/jni/gameCPP 目录下的 My3DLayer.h。

```
    virtual bool init();                                   //初始化的方法
    bool onMyTouchBegan(Touch *touch, Event *event);       //触控开始事件的回调方法
    void onMyTouchMoved(Touch *touch, Event *event);       //触控移动事件的回调方法
    void onMyTouchEnded(Touch *touch, Event *event);       //触控结束事件的回调方法
    void onMyTouchCancelled(Touch *touch, Event *event);   //触控终止事件的回调方法
    void update(float delta);                      //定时回调方法
    void updateDaoJu(float delta);                 //道具等旋转
    void paoAction();                              //奔跑的回调方法
    void isJumpState();                            //处于跳跃状态的回调方法
    void isDownState();                            //处于下蹲状态的回调方法
    void isCollision();                            //判断英雄与物品碰撞的方法
    void isDieDao();                               //判断英雄是否跌倒的方法
    void changeRoad();                             //英雄转换跑道的方法
    void eatCoinSound();                           //播放吃掉金币声音回调方法
    void eatEquip();                               //播放吃到道具声音回调方法
    Action* aMoveToB(const Vec3& aPosition,const Vec3& bPosition);//3D 世界方法
    void lionFade();                               //狮子消失的回调方法
    void deleteOld();                              //删除超出屏幕外物品的方法
    void forCoinOBB(int start,int end);            //遍历金币包围盒
    void forTwiceOBB(int start,int end);           //遍历双倍金币道具包围盒
    void forMagnetOBB(int start,int end);          //遍历磁铁道具包围盒
    void forFlyOBB(int start,int end);             //遍历加速道具包围盒
    void forShoesOBB(int start,int end);           //遍历鞋子道具包围盒
    void forZhaLanOBB(int start,int end);          //遍历栅栏包围盒
    void forHengMuOBB(int start,int end);          //遍历横木包围盒
    void addZhangAi1(int index);                   //添加第 1 段跑道中的障碍物
    void addCoinAndEquip1(int index);              //添加第 1 段跑道中的金币和道具
    void addZhangAi2(int index);                   //添加第 2 段跑道中的障碍物
    void addCoinAndEquip2(int index);              //添加第 2 段跑道中的金币和道具
    void addZhangAi3(int index);                   //添加第 3 段跑道中的障碍物
    void addCoinAndEquip3(int index);              //添加第 3 段跑道中的金币和道具
    void addZhangAi4(int index);                   //添加第 4 段跑道中的障碍物
    void addCoinAndEquip4(int index);              //添加第 4 段跑道中的金币和道具
    void addZhangAi5(int index);                   //添加第 5 段跑道中的障碍物
    void addCoinAndEquip5(int index);              //添加第 5 段跑道中的金币和道具
    void colliCoinOBB1();                          //前 5 段跑道金币包围盒与英雄碰撞
    void colliCoinTwiceAndMagnetOBB1();            //前 5 段跑道双倍金币和磁铁道具包围盒与英雄碰撞
    void colliFlyAndShoesOBB1();                   //前 5 段跑道加速道具和鞋子道具包围盒与英雄碰撞
    void coinNull1(int i);          //将前一段跑道中吃到的金币精灵赋值为空的回调方法
```

```
        void twiceNull1(int i);     //将前一段跑道中吃到的双倍金币道具精灵赋值为空的回调方法
        void magnetNull1(int i);    //将前一段跑道中吃到的磁铁道具精灵赋值为空的回调方法
        void flyNull1(int i);       //将前一段跑道中吃到的加速道具精灵赋值为空的回调方法
        void shoesNull1(int i);     //将前一段跑道中吃到的鞋子道具精灵赋值为空的回调方法
        void coinNull(int ii);      //将后面跑道中吃到的金币精灵赋值为空的回调方法
        void twiceNull(int ii);     //将后面跑道中吃到的双倍金币道具精灵赋值为空的回调方法
        void magnetNull(int ii);    //将后面跑道中吃到的磁铁道具精灵赋值为空的回调方法
        void flyNull(int ii);       //将后面跑道中吃到的加速道具精灵赋值为空的回调方法
        void shoesNull(int ii);     //将后面跑道中吃到的鞋子道具精灵赋值为空的回调方法
```

说明　上述代码给出了 My3DLayer 类中用的一些成员方法，读者在此只需简单了解一下这些方法的功能即可，这些成员方法的具体实现将在下面的步骤中作具体介绍，请不用担心。

（3）开发完类框架声明后还要真正实现 My3DLayer 类中的方法，首先是要实现初始化布景 init 方法，以完成布景中各个对象的创建以及初始化工作。其具体代码如下。

代码位置：见随书源代码/第 7 章/Parkour/app/src/main/jni/gameCPP 目录下的 My3DLayer.cpp。

```
bool My3DLayer::init(){
......//此处省略了调用父类初始化等相关代码，需要的读者可参考源代码
    cloudyBox=Sprite3D::create(                               //创建天空盒精灵对象
              sky_PATH+"skyBox.obj",sky_PATH+"skyBox.png");
    cloudyBox->setScale(4.9f);                                //设置天空盒缩放比
    cloudyBox->setPosition3D(Vec3(30,-100,220));              //设置天空盒的位置
    this->addChild(cloudyBox);                                //将天空盒添加到布景中
    rain=PUParticleSystem3D::create(particle3d_PATH+"rainSystem_1.pu");
                                                              //创建下雨粒子系统
    rain->setScale(10.f);                                     //设置下雨粒子系统缩放比
    rain->startParticleSystem();
    this->addChild(rain);                                     //将下雨粒子系统添加到布景中
    mo=new MyObject(this);                                    //创建物体类对象
    mo->createRuningWay();                                    //创建跑道对象
    mo->createObj(0);                                         //创建金币精灵对象
    mo->createObj(1);                                         //创建双倍金币道具精灵对象
    mo->createObj(2);                                         //创建磁铁道具精灵对象
    mo->createObj(3);                                         //创建加速道具精灵对象
    mo->createObj(4);                                         //创建鞋子道具精灵对象
    lion = Sprite3D::create(lion_PATH+"lion.c3b");              //创建狮子精灵对象
    lion->setPosition3D(Vec3(heroX,117,935));                   //设置狮子对象位置
    lion->setRotation3D(Vec3(90,180,0));                        //设置狮子的旋转角度
    lion->setScale(0.09f);                                      //设置狮子的缩放比
    this->addChild(lion);                                       //将狮子精灵对象添加到布景中
    animationLion = Animation3D::create(lion_PATH+"lion.c3b");//创建狮子奔跑骨骼动画
    if(animationLion){
        animateLion = Animate3D::create(animationLion,0.6f,0.6f);//狮子奔跑动画
        animateLion->setSpeed(animateLion->getSpeed()*lionAniSpeed*rateSpeed);
                                                                //设置速度
        lion->runAction(RepeatForever::create(animateLion));
                                                                //执行狮子奔跑骨骼动画动作
    }
    zhangAi = new ZhangAi(this);                                //创建障碍物管理类对象
    zhangAi->createZhangAi();                                   //创建障碍物并将其添加到布景中
    hs = new HeroSelect(this);                                  //创建选择英雄类对象
    hs->initHero(SelectRoleLayer::heroNum);                     //创建英雄精灵对象
    if(hs->animationHero){
        animatePao = Animate3D::create(hs->animationHero,2.13,0.63);//英雄奔跑动画
        animatePao->setSpeed(animatePao->getSpeed()*runAniSpeed*rateSpeed);
                                                                //设置速度
        hs->spC3bHero->runAction(RepeatForever::create(animatePao));
                                                                //执行英雄奔跑动画动作
        animatePao->retain();                                   //保持引用
        animateJump=Animate3D::create(hs->animationHero,0,0.94); //跳跃动画
        animateJump->setSpeed(animateJump->getSpeed()*1.1f); //设置跳跃动画速度
        animateJump->retain();                                  //保持引用
        animateDown=Animate3D::create(hs->animationHero,0.9,1.13);//下蹲动画
        animateDown->setSpeed(animateDown->getSpeed()*1.3f); //设置下蹲动画速度
```

```
44              animateDown->retain();                      //保持引用
45              animateDD = Animate3D::create(hs->animationDD,2.73,1.84);  //跌倒动画
46              animateDD->setSpeed(animateDD->getSpeed()*1.3f);   //设置骨骼动画速度
47              animateDD->retain();                        //保持引用
48              animateHD = Animate3D::create(hs->animationHD,3.4,1.3);   //后倒动画
49              animateHD->setSpeed(animateHD->getSpeed()*1.3f);   //设置骨骼动画速度
50              animateHD->retain();                        //保持引用
51          }
52      ......//此处省略了创建无敌状态下闪光标志板的相关代码，需要的读者可参考源代码
53          this->setCameraMask((unsigned short)CameraFlag::USER1);//设置此布景层渲染用摄像机
54          ambientLight=AmbientLight::create(Color3B(195, 195, 195)); //创建环境光对象
55          this->addChild(ambientLight);               //将环境光添加到布景中
56          directionLightL = DirectionLight::create(    //创建定向光对象
57                      Vec3(-0.2f, -1.0f, 0.0f), Color3B(200, 200, 200));
58          this->addChild(directionLightL);            //将定向光添加到布景中
59          auto listenerTouch = EventListenerTouchOneByOne::create();//创建一个单点触摸监听
60          listenerTouch->setSwallowTouches(true);     //设置下传触摸
61          listenerTouch->onTouchBegan =           //开始触摸时回调 onTouchBegan 方法
62                  CC_CALLBACK_2(My3DLayer::onMyTouchBegan, this);
63          listenerTouch->onTouchMoved =           //开始触摸时回调 onTouchMoved 方法
64                  CC_CALLBACK_2(My3DLayer::onMyTouchMoved, this);
65          listenerTouch->onTouchEnded =           //触摸结束时回调 onTouchEnded 方法
66                  CC_CALLBACK_2(My3DLayer::onMyTouchEnded, this);
67          listenerTouch->onTouchCancelled =       //触摸停止事件的 onTouchCancelled 方法
68                  CC_CALLBACK_2(My3DLayer::onMyTouchCancelled, this);
69          _eventDispatcher->                      //添加到监听器中
70                  addEventListenerWithSceneGraphPriority(listenerTouch,this);
71      ......//此处省略了定时回调方法和播放背景音乐等相关代码，需要的读者可参考源代码
72          return true;
73      }
```

- 第 3～11 行功能为创建天空盒精灵对象并设置其缩放比和位置，然后将其添加到布景中。接着创建下雨粒子系统对象并设置其缩放比，最后将下雨粒子系统对象添加到布景中。
- 第 12～18 行功能为首先创建物体类对象，然后依次创建跑道对象、金币精灵对象、双倍金币道具精灵对象、磁铁道具精灵对象、加速道具精灵对象以及鞋子道具精灵对象。
- 第 19～29 行功能为首先创建狮子精灵对象，然后设置其位置、缩放比和旋转角度，接着将其添加到布景中，最后创建狮子骨骼动画动作并让狮子精灵对象执行。
- 第 30～33 行功能为首先创建障碍物管理类对象，然后创建障碍物精灵对象并将其添加到布景中，接着创建选择英雄类对象和英雄精灵对象。
- 第 35～38 行功能为创建英雄奔跑骨骼动画动作并设置其速度，然后让英雄精灵执行该动作并保持该动作引用不被释放。
- 第 39～44 行功能为创建英雄跳跃和下蹲骨骼动画动作并分别设置其速度，然后分别保持这两个动作的引用不被释放。
- 第 45～50 行功能为创建英雄跌倒和向后跌倒骨骼动画动作并分别设置其速度，然后分别保持这两个动作的引用不被释放。
- 第 53～58 行功能为设置此布景层渲染用摄像机，然后创建环境光和定向光对象并分别将其添加到布景中。
- 第 59～60 行功能为创建一个单点触摸监听并设置下传触摸。
- 第 61～70 行为为触摸监听添加触控开始事件的回调方法、触摸移动事件的回调方法、触控结束事件以及触控停止事件的回调方法，最后将其添加到监听器中。

（4）开发完初始化布景的 init 方法后，接下来开发的就是触控开始事件执行的 onMyTouchBegan 回调方法、触控结束事件执行的 onMyTouchEnded 回调方法和触控终止事件执行的 onMyTouchCancelled 回调方法了。这三个方法的开发还是相对简单的，具体代码如下。

代码位置：见随书源代码/第 7 章/Parkour/app/src/main/jni/gameCPP 目录下的 My3DLayer.cpp。

```
1   bool My3DLayer::onMyTouchBegan(Touch *touch, Event *event){
2       lys=touch->getLocation().y;              //获取当前触控点的 y 坐标
3       lymPre=lys;                              //将初始触控点的 y 坐标赋值给移动时的 y
4       lxs=touch->getLocation().x;              //获取当前触控点的 x 坐标
5       lxmPre=lxs;                              //将初始触控点的 x 坐标赋值给移动时的 x
6       isROrL=false;                            //设置当前是否左右滑动标志位为 false
7       isUOrD=false;                            //设置当前是否上下滑动标志位为 false
8       return true;
9   }
10  void My3DLayer::onMyTouchEnded(Touch *touch, Event *event){
11      isJumpEnd=false;                         //一次跳跃是否结束标志位设置为 false
12      isDownEnd=false;                         //一次下蹲是否结束标志位设置为 false
13      isLREnd=false;                           //一次左右滑动标志位设为 false
14  }
15  void My3DLayer::onMyTouchCancelled(Touch *touch, Event *event){
16      onMyTouchEnded(touch, event);            //调用 onMyTouchEnded 方法
17  }
```

- 第 1～9 行为触控开始事件的 onMyTouchBegan 方法，当玩家刚开始单击屏幕时会调用此方法。其中第 2～5 行功能为获取当前触控点的 y 坐标和 x 坐标，并将其分别赋给移动时的 y 坐标与 x 坐标。第 6～7 行功能为将当前是否左右滑动和是否上下滑动标志位设置为 false。
- 第 10～14 行为触控结束事件的 onMyTouchEnded 方法，调用该方法可以将一次跳跃和一次下蹲是否结束的标志位设为 false，并且把一次左右滑动标志位设为 false。
- 第 15～17 行为触控终止事件的 onMyTouchCancelled 方法，该方法的功能为调用触控结束事件的 onMyTouchEnded 方法。

（5）完成了上述几个关于触控事件的回调方法之后，接下来开发的是触控事件移动的 onMyTouchMoved 回调方法。该方法完成了对英雄左右移动变换跑道、向上跳跃躲避栅栏障碍物与下蹲躲避横木障碍物等动作操控的开发，其具体代码如下。

代码位置：见随书源代码/第 7 章/Parkour/app/src/main/jni/gameCPP 目录下的 My3DLayer.cpp。

```
void My3DLayer::onMyTouchMoved(Touch *touch, Event *event){
    if((isDD||isHD)||isEatFly)                          //如果已经跌倒或者处于加速状态
        return;
    lymCurr=touch->getLocation().y;                     //获取移动时触摸点的 y 坐标
    lxmCurr=touch->getLocation().x;                     //获取移动时触摸点的 x 坐标
    if(fabs(lxs-lxmCurr)>xOffset)                       //如果左右滑动距离超过阈值
        isROrL=true;                                    //则将标志位置为 true
    if(fabs(lys-lymCurr)>yOffset)                       //如果上下滑动距离超过阈值
        isUOrD=true;                                    //则将标志位置为 true
    if(!isLREnd&&fabs(lxmCurr-lxs)>xOffset&&!isUOrD){
        isLREnd=true;                                   //一次左右滑动结束
        if((lxmCurr-lxs>xOffset)&&heroX==paoDao1&&  //英雄在跑道 1，向右滑至跑道 2
                        My2DLayer::statePause==false){
            heroXPre=paoDao1;       //将跑道 1 的值赋给英雄先前 x 坐标
            lionXPre=paoDao1;       //将跑道 1 的值赋给狮子先前 x 坐标
            heroX=paoDao2;          //将跑道 2 的值赋给英雄目标 x 坐标
        }else if((lxmCurr-lxs>xOffset)&&heroX==paoDao2&& //英雄在跑道 2，向右滑至跑道 3
                        My2DLayer::statePause==false){
            heroXPre=paoDao2;       //将跑道 2 的值赋给英雄先前 x 坐标
            lionXPre=paoDao2;       //将跑道 2 的值赋给狮子先前 x 坐标
             heroX=paoDao3;         //将跑道 3 的值赋给英雄目标 x 坐标
        }else if((lxmCurr-lxs>xOffset)&&heroX==paoDao3&& //英雄在跑道 3，向右滑
                        My2DLayer::statePause==false){
            ++count;                //碰到障碍次数增加
            if(MainMenuLayer::isSound)         //如果声音开
                sm->lionBark();                //播放狮子吼叫音效
            return;
        }else if((lxs-lxmCurr>xOffset)&&heroX==paoDao3&&  //英雄在跑道 3，向左滑至跑道 2
                        My2DLayer::statePause==false){
            heroXPre=paoDao3;       //将跑道 3 的值赋给英雄先前 x 坐标
            lionXPre=paoDao3;       //将跑道 3 的值赋给狮子先前 x 坐标
            heroX=paoDao2;          //将跑道 2 的值赋给英雄目标 x 坐标
```

```
33        }else if((lxs-lxmCurr>xOffset)&&heroX==paoDao2&& //英雄在跑道 2，向左滑至跑道 1
34                               My2DLayer::statePause==false){
35            heroXPre=paoDao2;  //将跑道 2 的值赋给英雄先前 x 坐标
36            lionXPre=paoDao2;  //将跑道 2 的值赋给狮子先前 x 坐标
37            heroX=paoDao1;     //将跑道 1 的值赋给英雄目标 x 坐标
38        }else if((lxs-lxmCurr>xOffset)&&heroX==paoDao1&& //英雄在跑道 1，向左滑
39                               My2DLayer::statePause==false){
40            ++count;           //碰到障碍次数增加
41            if(MainMenuLayer::isSound)          //如果声音开
42                sm->lionBark();                 //播放狮子吼叫音效
43        return;}}
44    if(count!=0&&isFadeOk){                     //碰到跑道边且狮子在消失状态
45        lion->setVisible(true);                 //将狮子设为可见
46        isFadeOk=false;}                        //将狮子设为可见状态
47    if(!isFadeOk){
48        lion->runAction(Sequence::create(       //狮子执行连续动作
49                DelayTime::create(6.0f),        //创建 6s 延迟动作
50                CallFunc::create(CC_CALLBACK_0(My3DLayer::lionFade,this)),
51                nullptr));}
52    if(!isROrL){                                //如果没有向左或向右滑动
53        if(!isJumpEnd&&hs->animationHero&&!isJump&&
54                (lymCurr-lys)>yOffset&&My2DLayer::statePause==false){
55            isJumpEnd=true;                     //一次跳跃未结束
56            isJump=true;                        //将标志位设为跳跃状态
57            hs->spC3bHero->stopAllActions();    //停止英雄所有动作
58            if(isJumpHigh)                      //吃到鞋子道具
59                animateJump->setSpeed(animateJump->getSpeed()*0.95f);
                                                  //设置动画速度
60            hs->spC3bHero->runAction(Sequence::create(//执行动作
61                    Spawn::create(animateJump,isDown=false,nullptr),
                                                  //跳跃动画动作
62                    CallFunc::create(CC_CALLBACK_0( //将标志位设为非跳跃状态
63                            My3DLayer::isJumpState,this)),
64                    CallFunc::create(CC_CALLBACK_0(   //不断奔跑的回调方法
65                            My3DLayer::paoAction,this)),
66                    nullptr));}
67        if(!isDownEnd&&hs->animationHero&&!isDown&&
68                (lys-lymCurr)>yOffset&&My2DLayer::statePause==false){
69            hs->heroShadow->setVisible(true);   //将影子设为可见
70            isDownEnd=true;                     //一次下蹲未结束
71            isDown=true;                        //将标志位设为下蹲状态
72            hs->spC3bHero->stopAllActions();    //停止英雄所有动作
73            hs->spC3bHero->runAction(Sequence::create(  //执行动作
74                    Spawn::create(animateDown->clone(),isJump=false,nullptr),
                                                  //下蹲动画动作
75                    CallFunc::create(CC_CALLBACK_0(   //将标志位设为非下蹲状态
76                        My3DLayer::isDownState,this)),
77                    CallFunc::create(CC_CALLBACK_0(   //不断奔跑的回调方法
78                        My3DLayer::paoAction,this)),
79                    nullptr));}}
80    lymPre=lymCurr;                             //将此时的 y 坐标赋值给先前 y 坐标
81    lxmPre=lxmCurr;                             //将此时的 x 坐标赋值给先前 x 坐标
82 }
```

- 第 2～3 行功能为如果英雄已经跌倒或者处于加速状态则返回。
- 第 4～9 行功能为首先获取移动时触摸点的 y 坐标与 x 坐标，然后当左右滑动距离超过阈值时则将左右滑动的标志位设置为 true，当上下滑动距离超过阈值时则将上下滑动的标志位设为 true。
- 第 12～16 行功能为英雄在跑道 1，向右滑至跑道 2，首先将跑道 1 的值赋给英雄先前 x 坐标和狮子先前 x 坐标，然后将跑道 2 的值赋给英雄目标 x 坐标。
- 第 17～21 行功能为英雄在跑道 2，向右滑至跑道 3，首先将跑道 2 的值赋给英雄先前 x 坐标和狮子先前 x 坐标，然后将跑道 3 的值赋给英雄目标 x 坐标。
- 第 22～27 行功能为英雄在跑道 3，向右滑动碰到跑道边缘，首先将碰到障碍次数增加，然后当此时音效为开时则播放狮子吼叫音效。

- 第 28～32 行功能为英雄在跑道 3，向右滑至跑道 2，首先将跑道 3 的值赋给英雄先前 x 坐标和狮子先前 x 坐标，然后将跑道 2 的值赋给英雄目标 x 坐标。
- 第 33～37 行功能为英雄在跑道 2，向右滑至跑道 1，首先将跑道 2 的值赋给英雄先前 x 坐标和狮子先前 x 坐标，然后将跑道 1 的值赋给英雄目标 x 坐标。
- 第 38～43 行功能为英雄在跑道 1，向左滑动碰到跑道边缘，首先将碰到障碍次数增加，然后当此时音效为开时播放狮子吼叫音效。
- 第 44～46 行功能为当英雄碰到跑道边且狮子在消失状态时，将狮子设为可见并且将其状态设为可见状态。
- 第 47～51 行功能为狮子执行一个连续动作，该连续动作包含一个延迟 6s 动作和一个将狮子状态设为不可见的回调方法。
- 第 53～66 行功能为当满足跳跃条件时，首先将一次跳跃结束标志位设为跳跃未结束并且将此时英雄设为跳跃状态，然后停止英雄所有动作并且判断此时如果吃到鞋子道具，则将跳跃动作速度设为原来的 0.95，最后创建一个连续动作让英雄精灵对象执行。
- 第 67～79 行功能为当满足下蹲条件时，首先将英雄影子设为可见，将一次下蹲结束标志位设为跳跃未结束并且将此时英雄设为下蹲状态，然后停止英雄所有动作，最后创建一个连续动作让英雄精灵对象执行。

（6）开发完上述触控事件移动的 onMyTouchMoved 回调方法后，接下来开发的是定时更新英雄、狮子和天空盒位置的 update 方法了，具体代码如下。

代码位置：见随书源代码/第 7 章/Parkour/app/src/main/jni/gameCPP 目录下的 My3DLayer.cpp。

```
void My3DLayer::update(float delta){
    if(My2DLayer::statePause||isOver)                  //如果是暂停状态或者游戏结束状态
        return;
    Constant::juLi++;                                  //奔跑距离增加
    rateSpeed+=0.00001f;                               //奔跑速率增加
    if(!isDD&&!isHD&&!isEatFly){                       //如果没有跌倒
        far-=heroSpeed*rateSpeed;                      //更新英雄位置的 z 坐标值
    }else if(!isDD&&!isHD&&isEatFly)                   //吃到加速道具时
        far-=heroSpeed*1.7f;                           //更新英雄位置的 z 坐标值
    if(isJump)                                         //如果是跳跃状态
        hs->heroShadow->setVisible(false);             //将影子设为不可见
    changeRoad();                                      //调用转换跑道的方法
    heroFar=far+281;                                   //英雄的 z 坐标
    lionFar=far+363;                                   //狮子的 z 坐标
    if(far>=-550){                                     //英雄处于第一段跑道
        distance=-far;                                 //英雄距离原点的距离
    }else if(far<-550&&far>-1990){                     //英雄处于第二段跑道
        if(!isDD&&!isHD&&!isEatFly){                   //未吃到加速道具
            far1-=heroSpeed*rateSpeed;                 //更新英雄位置的 z 坐标值
        }else if(!isDD&&!isHD&&isEatFly)               //吃到加速道具
            far1-=heroSpeed*1.7;                       //更新英雄位置的 z 坐标值
        distance=-far1;                                //英雄距离原点的距离
    }else if(far<-1990&&far>-6100){                    //英雄处于第 3、4、5 段跑道
        if(!isDD&&!isHD&&!isEatFly){                   //未吃到加速道具
            far2-=heroSpeed*rateSpeed;                 //更新英雄位置的 z 坐标值
        }else if(!isDD&&!isHD&&isEatFly)               //吃到加速道具
            far2-=heroSpeed*1.7;                       //更新英雄位置的 z 坐标值
        distance=-far2;}                               //英雄距离原点的距离
......//此处省略了设置英雄、摄像机和狮子位置等相关代码，需要的读者可参考源代码
    for(int i=0;i<maxFar;i++){
        if(far<-1990-i*6990){
......//此处省略了设置跑道位置、添加障碍物及道具等相关代码，需要的读者可参考源代码
            if(!isDD&&!isHD&&far<-6100-i*6990&&far>-7540-i*6990){
                if(!isEatFly){                                      //未吃到加速道具
                    farData[0+i*3]-=heroSpeed*rateSpeed;//更新英雄位置的 z 坐标值
                }else if(isEatFly){                                 //吃到加速道具
                    farData[0+i*3]-=heroSpeed*1.7f;}   //更新英雄位置的 z 坐标值
......//此处省略了设置英雄、摄像机和狮子位置等相关代码，需要的读者可参考源代码
```

```
39  ......//此处省略了调用遍历障碍物和双倍金币包围盒方法等相关代码，需要的读者可参考源代码
40          }else if(!isDD&&!isHD&&far<-7540-i*6990&&far>-8980-i*6990){
41                  if(!isEatFly){                          //未吃到加速道具
42                      farData[1+i*3]-=heroSpeed*rateSpeed;
                                                            //更新英雄位置的 z 坐标值
43                  }else if(isEatFly)                      //吃到加速道具
44                      farData[1+i*3]-=heroSpeed*1.7f;
                                                            //更新英雄位置的 z 坐标值
45  ......//此处省略了设置英雄、摄像机和狮子位置等相关代码，需要的读者可参考源代码
46  ......//此处省略了调用遍历障碍物和磁铁包围盒方法等相关代码，需要的读者可参考源代码
47          }else if(!isDD&&!isHD&&far<-8980-i*6990&&far>-13090-i*6990){
48                  if(!isEatFly){                          //未吃到加速道具
49                      farData[2+i*3]-=heroSpeed*rateSpeed;
                                                            //更新英雄位置的 z 坐标值
50                  }else if(isEatFly)                      //吃到加速道具
51                      farData[2+i*3]-=heroSpeed*1.7f;//更新英雄位置的 z 坐标值
52  ......//此处省略了设置英雄、摄像机和狮子位置等相关代码，需要的读者可参考源代码
53                  if(!isDD&&!isHD&&far<-8980-i*6990&&far>-10420-i*6990){
54  ......//此处省略了调用遍历障碍物、加速道具包围盒方法等相关代码，需要的读者可参考源代码
55                  }else if(!isDD&&!isHD&&far<-10420-i*6990&&far>-13090-i*699
0)
56                  {
57  ......//此处省略了调用遍历障碍物和鞋子包围盒方法等相关代码，需要的读者可参考源代码
58                  }}}}
59      cloudyBox->setPosition3D(Vec3(30,-100,far-300));    //更新天空盒的位置
60      isCollision();                                      //是否吃到金币或道具等的方法
61      isDieDao();                                 //判断是否跌倒的方法
62      deleteOld();                                //删除超出屏幕外的金币以及道具等的方法
63  ......//此处省略了英雄摔倒之后弹出复活菜单等相关代码，需要的读者可参考源代码
64  }
```

- 第 2～3 行功能为如果当前为暂停状态或者游戏结束状态则返回。
- 第 4～9 行功能为将英雄奔跑距离和奔跑速率自加，分别设置未吃到加速道具和吃到加速道具时英雄位置的 z 坐标。
- 第 10～12 行功能为首先判断英雄当前是否为跳跃状态，如果为跳跃状态，将英雄影子精灵对象设为不可见，然后调用英雄转换跑道的方法。
- 第 13～16 行功能为初始化英雄和狮子位置的 z 坐标，并且当英雄处于第 1 段跑道时，设置英雄距离原点的距离。
- 第 17～22 行功能为当英雄处于第 2 段跑道时，分别设置未吃到加速道具和吃到加速道具时英雄位置的 z 坐标以及英雄距离原点的距离。
- 第 23～28 行功能为当英雄处于第 3、4、5 段跑道时，分别设置未吃到加速道具和吃到加速道具时英雄位置的 z 坐标以及英雄距离原点的距离。
- 第 30～58 行功能为分别设置前 5 段跑到之后的各个跑道上的英雄精灵对象、摄像机、狮子精灵对象、障碍物精灵对象、金币精灵对象以及道具精灵对象的位置，并且遍历各个跑道上障碍物精灵对象、金币精灵对象以及道具精灵对象的包围盒，然后分别设置未吃到加速道具和吃到加速道具时英雄位置的 z 坐标。
- 第 59～62 行功能为更新天空盒位置并且调用是否吃到金币或道具等的方法、判断是否跌倒的方法以及删除超出屏幕外的金币以及道具等的方法

（7）完成上述定时回调 update 方法的开发后，接下来开发的就是定时旋转金币精灵对象、道具精灵对象以及天空盒对象的 updateDaoJu 方法了，具体代码如下。

代码位置：见随书源代码/第 7 章/Parkour/app/src/main/jni/gameCPP 目录下的 My3DLayer.cpp。

```
void My3DLayer::updateDaoJu(float delta){
    degree+=2.f;                                            //旋转角度增加
    vector<Sprite3D*>::iterator coinIter=mo->coinList.begin();//声明金币列表的迭代器
    for(;coinIter!=mo->coinList.end();coinIter++){
        Sprite3D* coinTemp=*coinIter;                       //创建中间精灵对象
```

```
6        if(coinTemp)
7            coinTemp->setRotation3D(Vec3(0, degree, 0));     //金币旋转
8        }
9        vector<Sprite3D*>::iterator twiceCoinIter=mo->twiceList.begin();
                                                   //声明双倍金币列表的迭代器
10       for(;twiceCoinIter!=mo->twiceList.end();twiceCoinIter++){
11           Sprite3D* twiceTemp=*twiceCoinIter;          //创建中间精灵对象
12           if(twiceTemp)
13               twiceTemp->setRotation3D(Vec3(0, degree, 0));  //双倍金币旋转
14       }
15       vector<Sprite3D*>::iterator flyPropIter=mo->flyPropList.begin();
                                                   //声明加速道具列表的迭代器
16       for(;flyPropIter!=mo->flyPropList.end();flyPropIter++){
17           Sprite3D* flyPropTemp=*flyPropIter;          //创建中间精灵对象
18           if(flyPropTemp)
19               flyPropTemp->setRotation3D(Vec3(0, degree, 0)); //加速道具旋转
20       }
21       vector<Sprite3D*>::iterator shoesIter=mo->shoesList.begin();
                                                   //声明鞋子道具列表的迭代器
22       for(;shoesIter!=mo->shoesList.end();shoesIter++){
23           Sprite3D* shoesTemp=*shoesIter;              //创建中间精灵对象
24           if(shoesTemp)
25               shoesTemp->setRotation3D(Vec3(0, degree, 0));  //鞋子道具旋转
26       }
27       vector<Sprite3D*>::iterator magnetIter=mo->magnetList.begin();
                                                   //声明磁铁列表的迭代器
28       for(;magnetIter!=mo->magnetList.end();magnetIter++){
29           Sprite3D* magnetTemp=*magnetIter;            //创建中间精灵对象
30           if(magnetTemp)
31               magnetTemp->setRotation3D(Vec3(0, degree, 0));   //磁铁道具旋转
32       }
33       cloudyDegree+=0.05f;                        //云朵天空盒旋转角度增加
34       cloudyBox->setRotation3D(Vec3(0,cloudyDegree,0)); //旋转云朵天空盒
35   }
```

- 第 2～8 行功能为将旋转角度自加，然后声明金币列表的迭代器，并从金币列表中遍历所有金币对象，最后设置每一个金币的偏转角度。
- 第 9～14 行功能为声明双倍金币道具列表的迭代器，然后从双倍金币道具列表中遍历所有双倍金币道具对象，最后设置每一个双倍金币道具的偏转角度。
- 第 15～20 行功能为声明加速道具列表的迭代器，然后从加速道具列表中遍历所有加速道具对象，最后设置每一个加速道具的偏转角度。
- 第 21～26 行功能为声明鞋子道具列表的迭代器，然后从鞋子道具列表中遍历所有鞋子道具对象，最后设置每一个鞋子道具的偏转角度。
- 第 27～32 行功能为声明磁铁道具列表的迭代器，然后从磁铁道具列表中遍历所有磁铁道具对象，最后设置每一个磁铁道具的偏转角度。
- 第 33～34 行功能为将云朵天空盒旋转角度自加，然后设置云朵天空盒的偏转角度。

（8）开发完上述定时旋转金币精灵对象、道具精灵对象以及天空盒对象的 updateDaoJu 方法后，接下来还要对英雄不断奔跑的 paoAction 回调方法、英雄处于跳跃状态的 isJumpState 回调方法、英雄处于下蹲状态的 isDownState 回调方法和判断英雄与物品碰撞的 isCollision 方法进行开发，具体代码如下。

代码位置：见随书源代码/第 7 章/Parkour/app/src/main/jni/gameCPP 目录下的 My3DLayer.cpp。

```
void My3DLayer::paoAction(){
    animatePao = Animate3D::create(hs->animationHero,2.13,0.64);//创建奔跑骨骼动画动作
    if(!isEatFly){                                  //未吃到加速道具
          animatePao->setSpeed(                     //设置奔跑动作速度
                      animatePao->getSpeed()*runAniSpeed*rateSpeed);
    }else if(isEatFly){                             //吃到加速道具
         animatePao->setSpeed(                      //设置奔跑动作速度
                   animatePao->getSpeed()*runAniSpeed*1.7f);
```

```
9       }
10      hs->spC3bHero->runAction(                       //重复执行奔跑动作
11                RepeatForever::create(animatePao));
12  }
13  void My3DLayer::isJumpState(){
14      isJump=false;                                   //将标志位设为非跳跃状态
15      hs->heroShadow->setVisible(true);               //将英雄影子对象设为可见
16  }
17  void My3DLayer::isDownState(){
18      isDown=false;                                   //将标志位设为非下蹲状态
19      hs->heroShadow->setVisible(true);               //将英雄影子对象设为可见
20  }
21  void My3DLayer::isCollision(){
22      if(isDD||isHD)                                  //如果游戏结束
23          return;                                     //返回
24      OBB obbTemp(hs->aabbTemp);                      //创建英雄 OBB 包围盒
25      Mat4 mat =                                      //获取变换矩阵
26              hs->spC3bHero->getNodeToWorldTransform();
27      obbTemp.transform(mat);                         //对包围盒进行变换
28      if(isJump&&isJumpHigh){                         //如果吃到鞋子道具并跳跃
29          obbTemp._center.y+=55;                      //更新英雄 OBB 中心位置
30      }else if(isJump&&!isJumpHigh){                  //如果跳跃状态
31          obbTemp._center.y+=17;                      //更新英雄 OBB 中心位置
32      }else if(isDown){                               //如果下蹲状态
33          obbTemp._center.y-=26;                      //更新英雄 OBB 中心位置
34      }
35      Vec3 corners[8];                                //计算包围盒的 8 个顶点
36      obbTemp.getCorners(corners);                    //获取包围盒顶点信息
37      heroObb=obbTemp;
38      if(far>-6100){                                  //前 5 段跑道
39          colliCoinOBB1();                            //前 5 段跑道金币包围盒与英雄碰撞
40          colliCoinTwiceAndMagnetOBB1(); //前 5 段跑道双倍金币和磁铁道具包围盒与英雄碰撞
41          colliFlyAndShoesOBB1();        //前 5 段跑道加速和鞋子道具包围盒与英雄碰撞
42      }
43      if(isEatFly){                          //如果吃到加速道具
44          Bill->setVisible(true);            //英雄标志板设为可见
45          hs->spNeck->setVisible(true);      //将英雄后背加速道具设为 true
46      }else if(!isEatFly){                   //如果没有吃到加速道具
47          Bill->setVisible(false);           //英雄标志板设为不可见
48          hs->spNeck->setVisible(false);     //将英雄后背加速道具设为 false
49      }
50      if(isJumpHigh){                        //如果吃到鞋子道具
51          hs->spLFoot->setVisible(true);     //将英雄左脚所穿鞋子道具设为 true
52          hs->spRFoot->setVisible(true);     //将英雄右脚所穿鞋子道具设为 true
53      }else if(!isJumpHigh){                 //如果没有吃到鞋子道具
54          hs->spLFoot->setVisible(false);//将英雄左脚所穿鞋子道具设为 false
55          hs->spRFoot->setVisible(false);//将英雄右脚所穿鞋子道具设为 false
56      }
57  }
```

- 第 1～12 行为英雄不断奔跑的回调方法，调用该方法首先会创建奔跑骨骼动画动作，然后分别设置未吃到加速道具和吃到加速道具时英雄奔跑骨骼动画的速度，最后创建一个奔跑动作让英雄精灵对象重复执行。
- 第 13～16 行为英雄处于跳跃状态的回调方法，调用该方法可将标志位设置为非跳跃状态并且将英雄影子精灵对象设为可见。
- 第 17～20 行为英雄处于下蹲状态的回调方法，调用该方法可将标志位设置为非下蹲状态并且将英雄影子精灵对象设为可见。
- 第 21～57 行为判断英雄与物品碰撞的方法。第 22～23 行功能为如果英雄碰到障碍物之后摔倒，则返回。第 24～27 行功能为创建英雄 OBB 包围盒，然后获取变换矩阵，最后对包围盒进行变换。第 28～34 行功能为当英雄吃到鞋子道具且处于跳跃状态、英雄处于跳跃状态和英雄处于下蹲状态时分别设置英雄 OBB 中心位置。第 35～37 行功能为计算包围盒的 8 个顶点，然后获取包围盒顶点信息，最后将该包围盒赋值给英雄包围盒。第 38～

42 行功能为通过遍历前 5 段跑道，分别调用金币包围盒与英雄碰撞的方法、双倍金币和磁铁道具包围盒与英雄碰撞的方法以及加速和鞋子道具包围盒与英雄碰撞的方法。第 43～49 行功能为如果吃到加速道具，则将英雄标志板和英雄后背加速道具设为可见，如果没有吃到加速道具，则将英雄标志板和英雄后背加速道具设为不可见。第 50～56 行功能为如果吃到鞋子道具，则将英雄左脚和右脚所穿鞋子道具设为可见，如果没有吃到鞋子道具，则将英雄左脚和右脚所穿鞋子道具设为不可见。

（9）完成了上述几个重要的方法之后，接下来开发的就是判断英雄是否摔倒的 isDieDao 方法和英雄转换跑道的 changeRoad 方法了。调用前一个方法可以实现在前 5 段跑道中英雄碰到障碍物摔倒的功能，调用后一个方法可以实现玩家通过手指滑动操控英雄转换跑道的功能，其具体代码如下。

代码位置：见随书源代码/第 7 章/Parkour/app/src/main/jni/gameCPP 目录下的 My3DLayer.cpp。

```
1   void My3DLayer::isDieDao(){
2       if(isDD||isHD) return;                          //如果游戏结束则返回
3       if(far>-6100){                                  //前 5 段跑道
4           for(int i=0;i<15;i++){
5               if(zhangAi->zhaLanSp[i]){
6                   AABB aabbTemp=zhangAi->zhaLanSp[i]->getAABB();
                                                        //获取原始 AABB 包围盒
7                   OBB obbTemp(aabbTemp);              //创建 OBB 包围盒
8                   zhangAi->zhaLanOb[i]=obbTemp;}      //将 OBB 包围盒赋给障碍物包围盒
9               if(heroObb.intersects(zhangAi->zhaLanOb[i])&&zhangAi->zhaLanSp
                [i]&&!isEatFly){
10                  isDD=true;                          //将跌倒标志位设为 true
11          }}
12          for(int i=0;i<10;i++){
13              if(zhangAi->hengMuSp[i]){
14                  AABB aabbTemp=zhangAi->hengMuSp[i]->getAABB();
                                                        //获取原始 AABB 包围盒
15                  OBB obbTemp(aabbTemp);              //创建 OBB 包围盒
16                  zhangAi->hengMuOb[i]=obbTemp;}      //将 OBB 包围盒赋给横木包围盒
17              if(heroObb.intersects(zhangAi->hengMuOb[i])&&zhangAi->hengMuSp
                [i]&&!isEatFly)
18                  isHD=true;                          //将后倒标志位设为 true
19          }}
20  }
21  void My3DLayer::changeRoad(){
22      if(heroX==paoDao2&&heroXPre<paoDao2){           //英雄在跑道 1，要变道至跑道 2
23          heroXPre+=2;                                //将英雄 x 坐标自加
24      }else if(heroX==paoDao3&&heroXPre<paoDao3){     //英雄在跑道 2，要变道至跑道 3
25          heroXPre+=2;                                //将英雄 x 坐标自加
26      }else if(heroX==paoDao2&&heroXPre>paoDao2){     //英雄在跑道 3，要变道至跑道 2
27          heroXPre-=2;                                //将英雄 x 坐标自减
28      }else if(heroX==paoDao1&&heroXPre>paoDao1){     //英雄在跑道 2，要变道至跑道 1
29          heroXPre-=2;                                //将英雄 x 坐标自减
30      }
31      if(heroX==paoDao2&&lionXPre<paoDao2){           //狮子在跑道 1，要变道至跑道 2
32          lionXPre+=1;                                //将狮子 x 坐标自加
33      }else if(heroX==paoDao3&&lionXPre<paoDao3){     //狮子在跑道 2，要变道至跑道 3
34          lionXPre+=1;                                //将狮子 x 坐标自加
35      }else if(heroX==paoDao2&&lionXPre>paoDao2){     //狮子在跑道 3，要变道至跑道 2
36          lionXPre-=1;                                //将狮子 x 坐标自减
37      }else if(heroX==paoDao1&&lionXPre>paoDao1){     //狮子在跑道 2，要变道至跑道 1
38          lionXPre-=1;                                //将狮子 x 坐标自减
39      }
40  }
```

- 第 4～11 行功能为首先获取障碍物原始 AABB 包围盒并创建 OBB 包围盒，然后将 OBB 包围盒赋给障碍物包围盒，最后当英雄包围盒与障碍物包围盒相交时则将跌倒标志位设为 true。
- 第 12～19 行功能为首先获取横木原始 AABB 包围盒并创建 OBB 包围盒，然后将 OBB 包围盒赋给横木包围盒，最后当英雄包围盒与横木包围盒相交时则将向后跌倒标志位设为 true。

- 第 22～25 行功能为当英雄在跑道 1、要变道至跑道 2 并且此时英雄未到跑道 2 或者当英雄在跑道 2、要变道至跑道 3 并且此时英雄未到跑道 3 时，将英雄 x 坐标自加。
- 第 26～30 行功能为当英雄在跑道 3、要变道至跑道 2 并且此时英雄未到跑道 2 或者当英雄在跑道 2，要变道至跑道 1 并且此时英雄未到跑道 1 时，将英雄 x 坐标自减。
- 第 31～34 行功能为当狮子在跑道 1、要变道至跑道 2 并且此时狮子未到跑道 2 或者当狮子在跑道 2、要变道至跑道 3 并且此时狮子未到跑道 3 时，将狮子 x 坐标自加。
- 第 35～39 行功能为当狮子在跑道 3，要变道至跑道 2 并且此时狮子未到跑道 2 或者当狮子在跑道 2，要变道至跑道 1 并且此时狮子未到跑道 1 时，将狮子 x 坐标自减。

（10）开发完上述两个重要方法后，接下来还要对播放吃到金币音效的 eatCoinSound 回调方法、播放吃到道具音效的 eatEquip 回调方法、在 3D 世界移动物体的 aMoveToB 方法和狮子精灵对象消失的 lionFade 方法进行开发，其具体代码如下。

代码位置：见随书源代码/第 7 章/Parkour/app/src/main/jni/gameCPP 目录下的 My3DLayer.cpp。

```
1   void My3DLayer::eatCoinSound(){
2        if(MainMenuLayer::isSound)                          //如果音效开
3             sm->addCoinSound();                            //播放吃到金币音效
4   }
5   void My3DLayer::eatEquip(){
6        if(MainMenuLayer::isSound)                          //如果音效开
7           sm->eatEquipsound();                             //播放吃到道具音效
8   }
9   Action* My3DLayer::aMoveToB(const Vec3& aPosition,const Vec3& bPosition){
10       Vec3 deltaPosition = bPosition-aPosition;           //两个物体之间位置的差值
11       auto action = MoveBy::create(0.2f,deltaPosition);//创建一个 0.2s 的移动动作
12       return action;                                      //将动作返回
13  }
14  void My3DLayer::lionFade(){
15       lion->setVisible(false);                            //狮子设为不可见
16       count=0;                                            //碰到跑道边缘次数设为 0
17       isFadeOk=true;                                      //将狮子消失标志位设为 true
18       return;
19  }
```

- 第 1～4 行为播放吃金币的 eatCoinSound 回调方法，调用该方法可以在音效标志位为开时，播放吃到金币的音效。
- 第 5～8 行为播放吃到道具的 eatEquip 回调方法，调用该方法可以在音效标志位为开时，播放吃到道具的音效。
- 第 9～13 行为移动物体的 aMoveToB 方法，调用该方法可以创建一个 0.2s 的移动动作对象，并将该移动动作对象返回。
- 第 14～19 行功能为狮子精灵对象消失的 lionFade 方法，调用该方法可以将狮子精灵对象设为不可见，然后将英雄碰到跑道边缘次数设为 0，最后将狮子消失标志位设为 true。

（11）开发完上述几个重要的方法后，接下来开发的就是遍历金币包围盒的 forCoinOBB 方法、遍历双倍金币道具包围盒的 forTwiceOBB 方法、遍历磁铁道具包围盒的 forMagnetOBB 方法、遍历加速道具包围盒的 forFlyOBB 方法和遍历鞋子道具包围盒的 forShoesOBB 方法，由于这几个方法的开发步骤十分相似，所以这里只对遍历金币包围盒的 forCoinOBB 方法进行介绍，具体代码如下。

代码位置：见随书源代码/第 7 章/Parkour/app/src/main/jni/gameCPP 目录下的 My3DLayer.cpp。

```
void My3DLayer::forCoinOBB(int start,int end){
     for(int ii=start;ii<end;ii++){
          if(mo->coinSp[ii]){
               AABB aabbTemp=mo->coinSp[ii]->getAABB();//获取金币原始 AABB 包围盒
               OBB obbTemp(aabbTemp);                   //创建 OBB 包围盒
               mo->coinObb[ii]=obbTemp;}                //将包围盒赋值给金币 OBB 包围盒
          if(heroObb.intersects(mo->coinObb[ii])&&mo->coinSp[ii]){
               BillBoard* billboard = BillBoard::create(   //创建闪光标志板对象
```

```
9                    pics_PATH+"duang.png",BillBoard::Mode::VIEW_POINT_ORIENTED);
10       billboard->setScale(0.5f);                    //设置闪光标志板缩放比
11       billboard->setPosition3D(Vec3(0,50,0));       //设置闪光标志板位置
12       billboard->setGlobalZOrder(2.0f);          //设置闪光标志板全局 ZOrder 值
13       hs->spC3bHero->addChild(billboard);        //将闪光标志板添加到英雄精灵中
14       this->setCameraMask((unsigned short)CameraFlag::USER1);
                                                     //设置此渲染用摄像机
15       billboard->runAction(                       //闪光标志板执行动作
16                  Sequence::create(                //创建连续动作
17                         ScaleTo::create(0.02,0.5),
                                                     //创建 0.02s 缩小到原来 0.5 动作
18                         ScaleTo::create(0.02,0.3),
                                                     //创建 0.02s 缩小到原来 0.3 动作
19                         ScaleTo::create(0.02,0.2),
                                                     //创建 0.02s 缩小到原来 0.2 动作
20                         ScaleTo::create(0.02,0.1),
                                                     //创建 0.02s 缩小到原来 0.1 动作
21                         RemoveSelf::create(true),
                                                     //创建移除自身动作
22                         nullptr));
23       mo->coinSp[ii]->runAction(Sequence::create( //金币执行连续动作
24                   CallFunc::create(CC_CALLBACK_0(My3DLayer::coinNull,this,ii)),
25                   CallFunc::create(CC_CALLBACK_0(My3DLayer::eatCoinSound,this)),
26                   ScaleTo::create(0.07,0.1),   //创建 0.07s 缩小到原来 0.1 动作
27                   FadeOut::create(0.1),        //创建 0.1s 消失的动作
28                   RemoveSelf::create(true),    //创建移除自身动作
29                   (char*)NULL));
30       m2l->goldSp->runAction(Sequence::create( //金币标志精灵执行动作
31                      ScaleTo::create(0.1,0.8),//创建0.1s缩小到原来0.8动作
32                      ScaleTo::create(0.1,0.6),//创建0.1s缩小到原来0.6动作
33                      nullptr));
34       if(isEatTwice){                                //吃到双倍金币道具
35            Constant::eatCoinNum+=2;                  //吃到的金币数加倍
36       }else if(!isEatTwice){                         //未吃到双倍金币道具
37            Constant::eatCoinNum++;                   //吃到的金币数加一
38       }
39     }
40     if(mo->coinSp[ii]!=nullptr&&isEatMagnet){
41        Vec3 coinPosi = mo->coinSp[ii]->getPosition3D();     //获取金币位置
42        Vec3 heroPosi = hs->spC3bHero->getPosition3D();      //获取英雄位置
43        Vec3 coinToHero = heroPosi-coinPosi;  //金币到英雄的位置向量
44        if(coinToHero.length()<=(paoDao2-paoDao1)*1.2f)
                                               //当金币与英雄距离小于一定值时
45            mo->coinSp[ii]->runAction(aMoveToB(coinPosi,heroPosi));
                                               //金币执行移动动作
46     }
47     if(isEatMagnet){                        //吃到磁铁道具
48        hs->spC3bLMagnet->setVisible(true);  //将手持磁铁道具设为可见
49     }else if(!isEatMagnet){                 //未吃到磁铁道具
50        hs->spC3bLMagnet->setVisible(false); //将手持磁铁道具设为不可见
51 }}
52 }
```

- 第 4～6 行功能为当金币精灵对象存在时，首先获取金币原始 AABB 包围盒并创建 OBB 包围盒，最后将包围盒赋值给金币 OBB 包围盒。
- 第 8～14 行功能为首先创建闪光标志板对象，然后设置其缩放比、位置和全局 ZOrder 值，最后将闪光标志板添加到英雄精灵中并设置此渲染用摄像机。
- 第 15～22 行功能为创建一个连续动作让闪光标志板执行，该连续动作包括 4 个缩放动作和一个移除自身的动作。
- 第 23～29 行功能为创建一个连续动作让金币精灵对象执行，该连续动作包括两个回调方法动作、一个缩放动作、一个消失动作和一个移除自身动作。
- 第 30～33 行功能为创建一个连续动作让金币标志精灵对象执行，该连续动作包括两个缩放动作。

- 第 34～38 行功能为当英雄吃到双倍金币道具时将吃到的金币数加倍，如果未吃到双倍金币道具时则将吃到的金币数加一。
- 第 40～46 行功能为当英雄吃到磁铁道具时，首先获取英雄和金币的位置，然后计算出金币到英雄的位置向量，最后让金币执行一个移动到英雄的动作。
- 第 47～51 行功能为当英雄吃到磁铁道具时将英雄手持的磁铁设为可见，当英雄未吃到磁铁道具时将英雄手持的磁铁设为不可见。

（12）完成上述几个重要方法的开发之后，接下来还要对遍历障碍物包围盒的 forZhaLanOBB 方法和遍历横木包围盒的 forHengMuOBB 方法进行开发，具体代码如下。

代码位置：见随书源代码/第 7 章/Parkour/app/src/main/jni/gameCPP 目录下的 My3DLayer.cpp。

```
1   void My3DLayer::forZhaLanOBB(int start,int end){
2       for(int ii=start;ii<end;ii++){
3           if(zhangAi->zhaLanSp[ii]){
4               AABB aabbTemp=zhangAi->zhaLanSp[ii]->getAABB();//获取原始 AABB 包围盒
5               OBB obbTemp(aabbTemp);                        //创建 OBB 包围盒
6               zhangAi->zhaLanOb[ii]=obbTemp;                //将包围盒赋给障碍物
7           }
8           if(heroObb.intersects(zhangAi->zhaLanOb[ii])&&zhangAi->zhaLanSp[ii]&&!isEatFly)
9               isDD=true;                        //将跌倒标志位设为 true
10      }
11  }
12  void My3DLayer::forHengMuOBB(int start,int end){
13      for(int ii=start;ii<end;ii++){
14          if(zhangAi->hengMuSp[ii]){
15              AABB aabbTemp=zhangAi->hengMuSp[ii]->getAABB();//获取原始 AABB 包围盒
16              OBB obbTemp(aabbTemp);                        //创建 OBB 包围盒
17              zhangAi->hengMuOb[ii]=obbTemp;                //将包围盒赋给横木
18          }
19          if(heroObb.intersects(zhangAi->hengMuOb[ii])&&zhangAi->hengMuSp[ii]&&
            !isEatFly){
20              isHD=true;                        //将向后跌倒标志位设为 false
21          }}
22  }
```

- 第 1～11 行为遍历障碍物包围盒的 forZhaLanOBB 方法，调用该方法首先获取障碍物的原始 AABB 包围盒并创建 OBB 包围盒，然后将包围盒赋值给障碍物包围盒，最后当英雄 OBB 包围盒和障碍物 OBB 包围盒相交且未吃到加速道具时，将跌倒标志位设为 true。
- 第 12～22 行为遍历横木包围盒的 forHengMuOBB 方法，调用该方法首先获取横木的原始 AABB 包围盒并创建 OBB 包围盒，然后将包围盒赋值给横木包围盒，最后当英雄 OBB 包围盒和横木 OBB 包围盒相交且未吃到加速道具时，将跌倒标志位设为 true。

（13）开发完上述两个重要的方法之后，接下来开发的就是给跑道 1、跑道 2、跑道 3、跑道 4、跑道 5 添加障碍物和横木障碍物的 5 个方法了。由于这几个方法的开发步骤十分相似，所以这里只介绍给跑道 1 添加障碍物 addZhangAi1 的方法，其具体代码如下。

代码位置：见随书源代码/第 7 章/Parkour/app/src/main/jni/gameCPP 目录下的 My3DLayer.cpp。

```
void My3DLayer::addZhangAi1(int index){
    for(int j=10+HengMuTotalNum*index;j<12+HengMuTotalNum*index;j++){
        if(zhangAi->hengMuSp[j]){
            Sprite3D* temp = zhangAi->hengMuSp[j];         //创建精灵中间变量
            bool flagH = false;                            //是否添加过横木标志位
            vector<Sprite3D*>::iterator hengMuIter=        //声明横木列表迭代器
                                      zhangAi->hengMuList.begin();
            for(;hengMuIter!=zhangAi->hengMuList.end();hengMuIter++){
                Sprite3D* hengMuTemp = *hengMuIter; //创建精灵中间变量
                if(hengMuTemp == temp){                    //如果添加过横木精灵
                    flagH=true;                            //将已添加标志位设为 true
                    break;}}
            if(flagH == false){                            //如果没有添加
                this->addChild(zhangAi->hengMuSp[j]); //将跑道 1 横木添加到布景中
```

```
15              zhangAi->                    //将横木精灵添加到横木列表
16              hengMuList.push_back(zhangAi->hengMuSp[j]);}}
17    ......//此处省略了将支架添加到布景中等相关代码，需要的读者可参考源代码
18        for(int j=15+ZhaLanTotalNum*index;j<18+ZhaLanTotalNum*index;j++){
19            if(zhangAi->zhaLanSp[j]){
20                Sprite3D* temp = zhangAi->zhaLanSp[j];      //创建精灵中间变量
21                bool flagZL = false;                        //是否添加过栅栏标志位
22                vector<Sprite3D*>::iterator zhaLanIter =   //声明栅栏列表迭代器
23                                        zhangAi->zhaLanList.begin();
24                for(;zhaLanIter!=zhangAi->zhaLanList.end();zhaLanIter++){
25                    Sprite3D* zhaLanTemp = *zhaLanIter;     //创建精灵中间变量
26                    if(zhaLanTemp == temp){  //如果添加过障碍物精灵
27                        flagZL=true;         //将已添加标志位设为true
28                        break;}}
29                if(flagZL == false){                 //如果没有添加
30                    this->addChild(zhangAi->zhaLanSp[j]); //将跑道 1 栅栏添加到布景中
31                    zhangAi->                        //将障碍物精灵添加到障碍物列表中
32                        zhaLanList.push_back(zhangAi->zhaLanSp[j]);}}}
33    }
```

- 第 3～12 行功能为首先创建精灵中间变量、声明是否添加过横木标志位和横木列表迭代器，然后判断如果添加过横木精灵，则将已添加标志位设为 true。
- 第 13～16 行功能为判断如果未添加过横木精灵对象，则将跑道 1 横木精灵对象添加到布景中并将横木精灵对象添加到横木列表中。
- 第 19～28 行功能为首先创建精灵中间变量，声明是否添加过栅栏障碍物标志位和栅栏列表迭代器，然后判断如果添加过栅栏精灵，则将已添加标志位设为 true。
- 第 29～32 行功能为判断如果未添加栅栏障碍物精灵对象，则将跑道 1 栅栏障碍物精灵对象添加到布景中和栅栏障碍物列表中。

（14）完成上述几个重要方法之后，接下来开发的就是给跑道 1、跑道 2、跑道 3、跑道 4、跑道 5 添加金币及道具的 5 个方法了，由于这几个方法的开发步骤十分相似，所以这里只介绍给跑道 1 添加金币及道具的 addCoinAndEquip1 方法，其具体代码如下。

代码位置：见随书源代码/第 7 章/Parkour/app/src/main/jni/gameCPP 目录下的 My3DLayer.cpp。

```
void My3DLayer::addCoinAndEquip1(int index){
    for(int j=80+coinTotalNum*index;j<100+coinTotalNum*index;j++){
        if(mo->coinSp[j]){
            Sprite3D* temp = mo->coinSp[j];            //创建精灵中间变量
            flag1 = false;                             //是否已添加过金币的标志位
            vector<Sprite3D*>::iterator coinIter=mo->coinList.begin();
                                                       //声明金币列表的迭代器
            for(;coinIter!=mo->coinList.end();coinIter++){
                Sprite3D* coinTemp=*coinIter;          //创建精灵中间变量
                if(coinTemp == temp){                  //如果添加过金币精灵
                    flag1 = true;                      //将已添加标志位设为true
                    break;}}
            if(flag1 == false){                        //如果没有添加
                this->addChild(mo->coinSp[j]);         //将跑道 1 金币添加到布景中
                mo->coinList.push_back(mo->coinSp[j]);//将金币添加到金币列表中
        }}}
    for(int j=2+twiceTotalNum*index;j<4+twiceTotalNum*index;j++){
        if(mo->twiceCoinSp[j]){
            Sprite3D* temp = mo->twiceCoinSp[j];       //创建精灵中间变量
            bool flagTwice = false;                    //是否已添加过道具的标志位
            vector<Sprite3D*>::iterator twiceIter=mo->twiceList.begin();
                                                       //声明道具列表的迭代器
            for(;twiceIter!=mo->twiceList.end();twiceIter++){
                Sprite3D* twiceTemp=*twiceIter;        //创建精灵中间变量
                if(twiceTemp == temp){                 //如果添加过道具
                    flagTwice = true;                  //将已添加标志位设为true
                    break;}}
            if(flagTwice == false){                    //如果没有添加
                this->addChild(mo->twiceCoinSp[j]);    //将跑道 1 道具添加到布景中
                mo->twiceList.push_back(mo->twiceCoinSp[j]);
```

```
                                                    //将其添加到双倍金币列表中
29                  this->addChild(mo->BillTwice[j]);  //将标志板对象添加到布景中
30      }}}
31  }
```

- 第 3～11 行功能为首先创建精灵中间变量、声明是否添加过金币标志位和金币列表迭代器，然后判断如果添加过金币精灵，则将已添加标志位设为 true。
- 第 12～15 行功能为判断如果未添加过金币精灵对象，则将跑道 1 金币精灵对象添加到布景中并将金币精灵对象添加到金币列表中。
- 第 17～25 行功能为首先创建精灵中间变量，声明是否添加过道具标志位和双倍金币道具列表迭代器，然后判断如果添加过双倍金币道具精灵，则将已添加标志位设为 true。
- 第 26～30 行功能为判断如果未添加过双倍金币道具精灵对象，则将跑道 1 双倍金币道具精灵对象添加到布景中并将双倍金币道具精灵对象添加到双倍金币道具列表中，将道具上的发光标志板对象添加到布景中。

（15）开发完上述几个重要方法之后，最后开发的就是前 5 段跑道英雄与金币碰撞的 colliCoinOBB1 方法、英雄与双倍金币道具和磁铁道具碰撞的 colliCoinTwiceAndMagnetOBB1 方法、英雄与加速道具和鞋子道具碰撞的 colliFlyAndShoesOBB1 方法了，由于这几个方法的开发步骤十分相似，所以这里只介绍英雄与金币碰撞的 colliCoinOBB1 方法，其具体代码如下。

代码位置：见随书源代码/第 7 章/Parkour/app/src/main/jni/gameCPP 目录下的 My3DLayer.cpp。

```
void My3DLayer::colliCoinOBB1(){
    for(int i=0;i<80;i++){
        if(mo->coinSp[i]!=nullptr){
            AABB aabbTemp=mo->coinSp[i]->getAABB(); //获取金币原始 AABB 包围盒
            OBB obbTemp(aabbTemp);                  //创建 OBB 包围盒
            mo->coinObb[i]=obbTemp;}                //将包围盒赋值给金币包围盒
        if(heroObb.intersects(mo->coinObb[i])&&mo->coinSp[i]!=nullptr){
            BillBoard* billboard = BillBoard::create(//创建闪光标志板对象
                pics_PATH+"duang.png",BillBoard::Mode::VIEW_POINT_ORIENTED);
            billboard->setScale(0.5f);                  //设置标志板缩放比
            billboard->setPosition3D(Vec3(0,50,0));     //设置标志板位置
            billboard->setGlobalZOrder(2.0f);        //设置全局 ZOrder 值
            hs->spC3bHero->addChild(billboard);      //将标志板添加到英雄精灵中
            this->setCameraMask((unsigned short)CameraFlag::USER1);
                                                     //设置此渲染用摄像机
            billboard->runAction(Sequence::create(  //创建连续动作并让标志板执行
                                    ScaleTo::create(0.02,0.5),
                                                     //创建 0.02s 缩小到原来 0.5 动作
                                    ScaleTo::create(0.02,0.3),
                                                     //创建 0.02s 缩小到原来 0.3 动作
                                    ScaleTo::create(0.02,0.2),
                                                     //创建 0.02s 缩小到原来 0.2 动作
                                    ScaleTo::create(0.02,0.1),
                                                     //创建 0.02s 缩小到原来 0.1 动作
                                    RemoveSelf::create(true), //创建移除自身动作
                                    nullptr));
            mo->coinSp[i]->runAction(Sequence::create(//创建连续动作并让金币对象执行
                    CallFunc::create(CC_CALLBACK_0(My3DLayer::coinNull1,this,i)),
                    CallFunc::create(CC_CALLBACK_0(My3DLayer::eatCoinSound,this)),
                    ScaleTo::create(0.07,0.1), //创建 0.07s 缩小到原来 0.1 动作
                    FadeOut::create(0.1),      //创建 0.1s 消失的动作
                    RemoveSelf::create(true),  //创建移除自身动作
                    (char*)NULL));
            m2l->goldSp->runAction(Sequence::create( //金币标志精灵执行动作
                                 ScaleTo::create(0.1,0.8),//创建 0.1s 缩小到原来 0.8 动作
                                 ScaleTo::create(0.1,0.6),//创建 0.1s 缩小到原来 0.6 动作
                                 nullptr));
            if(isEatTwice){                          //吃到双倍金币道具
                Constant::eatCoinNum+=2;             //吃到的金币数加倍
            }else if(!isEatTwice){                   //未吃到双倍金币道具
                Constant::eatCoinNum++;              //吃到的金币数加一
```

```
37          }}
38      if(mo->coinSp[i]!=nullptr&&isEatMagnet){
39              Vec3 coinPosi = mo->coinSp[i]->getPosition3D();      //获取金币位置
40              Vec3 heroPosi = hs->spC3bHero->getPosition3D();      //获取英雄位置
41              Vec3 coinToHero = heroPosi-coinPosi;         //金币到英雄的位置向量
42              if(coinToHero.length()<=(paoDao2-paoDao1)*1.2f){
                                                  //当金币与英雄距离小于一定值时
43                      mo->coinSp[i]->runAction(aMoveToB(coinPosi,heroPosi));
                                                  //金币执行移动动作
44              }}
45      if(isEatMagnet){                          //吃到磁铁道具
46              hs->spC3bLMagnet->setVisible(true);   //将手持磁铁道具设为可见
47      }else if(!isEatMagnet){                   //未吃到磁铁道具
48              hs->spC3bLMagnet->setVisible(false);  //将手持磁铁道具设为不可见
49      }}
50  }
```

- 第 3～6 行功能为当金币精灵对象存在时，首先获取金币原始的 AABB 包围盒，然后创建 OBB 包围盒并将其赋给金币包围盒。
- 第 7～37 行为英雄包围盒与金币包围盒相交并且金币精灵对象存在时的情况。第 8～14 行功能为创建闪光标志板对象，然后设置其缩放比、位置和全局 ZOrder 值，最后将闪光标志板添加到英雄精灵中并设置此渲染用摄像机。第 15～21 行功能为创建连续动作并让闪光标志板执行，该连续动作包括 4 个缩放动作和一个移除自身动作。第 22～28 行功能为创建连续动作并让金币对象执行，该连续动作包括一个缩放动作、一个消失动作和一个移除自身动作。第 29～32 行功能为创建一个连续动作并让金币标志精灵执行，该连续动作包括两个缩放动作。第 33～37 行功能为如果吃到双倍金币道具，则将吃到的金币数目加倍，如果没有吃到双倍金币道具，则将吃到的金币数目加一。
- 第 38～44 行功能为当英雄吃到磁铁道具时，首先获取英雄和金币的位置，然后计算出金币到英雄的位置向量，最后让金币执行一个移动到英雄的动作。
- 第 45～49 行功能为当英雄吃到磁铁道具时将英雄手持的磁铁设为可见，当英雄未吃到磁铁道具时将英雄手持的磁铁设为不可见。

7.4.7　游戏得分布景类 ScoreLayer

上一小节向读者介绍了游戏场景中的 3D 布景类，接下来介绍的是游戏场景中游戏得分布景 ScoreLayer 类的开发，其具体开发步骤如下。

（1）首先需要开发的是 ScoreLayer 类的框架，该框架中声明了一系列将要使用的成员方法和成员变量。首先介绍的是成员变量，其具体代码如下。

代码位置：见随书源代码/第 7 章/Parkour/app/src/main/jni/gameCPP 目录下的 ScoreLayer.h。

```
#ifndef __ScoreLayer_H__
#define __ScoreLayer_H__
......//此处省略了引用需要的头文件和命名空间使用等相关代码，需要的读者可参考源代码
class ScoreLayer : public cocos2d::Layer{
public:
        GameSceneManager* gsm;                    //指向场景管理者的指针
        SoundManager* sm;                         //指向声音管理者的指针
        Size visibleSize;                         //获取可见区域尺寸
        Point origin;                             //获取可见区域原点坐标
        Sprite* moHuSp;                           //指向模糊背景精灵对象的指针
        Sprite* bgSp;                             //指向背景精灵对象的指针
        Animate* anmiAc;                          //显示金币动画动作指针
        Sprite* goldSp;                           //指向显示金币精灵对象指针
        void initAnmi();                          //初始化金币闪亮动画的方法
        Sprite* scoreSp;                          //指向“总得分”文字精灵对象的指针
        Sprite3D* heroHi[4];                      //指向打招呼的英雄精灵对象的数组
        Sprite3D* hiShadow[4];                    //影子精灵对象的数组
        Animation3D* animationHi[4];              //指向打招呼动画对象的数组
```

```
        Animate3D* animateHi[4];                          //指向打招呼动画动作对象的数组
        Menu* menuBackMain;                               //指向返回主菜单的菜单对象的指针
        Menu* menuRePlay;                                 //指向重新开始菜单对象的指针
        Label* coinNumLabel;                              //指向吃到金币数量标签的指针
        Label* scoreLabel;                                //指向得分标签的指针
        virtual bool init();                              //初始化的方法
        void BackMain(Ref* pSender);                      //返回主菜单界面的回调方法
        void chongWan(Ref* pSender);                      //重新开始游戏的回调方法
        void viewScore(float delta);                      //显示获得分数的方法
        int scoreCount=0;                                 //得分增量
        int coinCount=0;                                  //获得金币增量
         ~ScoreLayer();                                   //析构函数
        CREATE_FUNC(ScoreLayer);
    };
    #endif
```

> **说明** 上述代码对游戏得分场景对应布景中的成员变量和成员方法进行了声明，读者查看注释即可了解其具体的作用，这里不再进行具体的介绍了。

（2）开发完类框架声明后还要真正实现 ScoreLayer 类中的方法，首先是要实现初始化布景 init 方法，以完成布景中各个对象的创建以及初始化工作。其具体代码如下。

代码位置：见随书源代码/第 7 章/Parkour/app/src/main/jni/gameCPP 目录下的 ScoreLayer.cpp。

```
  bool ScoreLayer::init(){
......//此处省略了调用父类初始化和创建背景精灵等相关代码，需要的读者可参考源代码
......//此处省略了对返回主菜单和重玩菜单项的创建代码，需要的读者可参考源代码
    SelectRoleLayer::heroNum=                                   //读取当前英雄编号
                     UserDefault::getInstance()->getIntegerForKey("heroInt",0);
    SelectRoleLayer::currIntroIndex=                            //读取当前选中英雄索引
                     UserDefault::getInstance()->getIntegerForKey("currIntroInt",0);
    for(int i=0;i<4;i++){
       heroHi[i] = Sprite3D::create(                           //创建英雄精灵对象
                     hero_PATH +StringUtils::format("player%d.c3b",i+1));
       heroHi[i]->setScale(0.25f);                             //设置英雄缩放比
       heroHi[i]->setPosition3D(Vec3(135,400,0));  //设置英雄精灵位置
       if(i==0){
          heroHi[i]->setRotation3D(Vec3(90,180,0));   //设置英雄精灵旋转角度
       }else if(i==1){
          heroHi[i]->setRotation3D(Vec3(0,90,90));   //设置英雄精灵旋转角度
       }else if(i==2){
          heroHi[i]->setRotation3D(Vec3(90,90,0));   //设置英雄精灵旋转角度
       }else if(i==3){
          heroHi[i]->setRotation3D(Vec3(0,-90,-90)); //设置英雄精灵旋转角度
       }
       heroHi[i]->setGlobalZOrder(1.0f);                       //设置
  ......//此处省略了对英雄影子精灵对象的创建代码，需要的读者可参考源代码
      this->addChild(heroHi[i]);                               //将英雄对象添加到布景中
      animationHi[i] = Animation3D::create(                    //创建英雄骨骼动画
                        hero_PATH +StringUtils::format("player%d.c3b",i+1));
      if(animationHi[i]){
         animateHi[i] = Animate3D::create(animationHi[i],1.0,4.87);
                                                               //创建打招呼动画动作
         animateHi[i]->setSpeed(animateHi[i]->getSpeed()*1.0f);//设置骨骼动画速度
         heroHi[i]->runAction(RepeatForever::create( //英雄重复执行动作
                         Sequence::create(             //创建连续动作
                            animateHi[i],              //英雄打招呼动作
                            animateHi[i]->reverse(),
                                                       //反向执行打招呼动作
                            nullptr)));
    }}
    for(int i=0;i<4;i++){
      heroHi[i]->setVisible(false);                  //将所有的英雄精灵设为不可见
      heroHi[SelectRoleLayer::currIntroIndex]->setVisible(true);
                                                     //将选中的英雄精灵设为可见
    }
  ......//此处省略了对显示金币精灵对象的创建代码，需要的读者可参考源代码
    initAnmi();                                      //初始化换帧动画
```

```
42   goldSp->runAction(RepeatForever::create(Sequence::create(
43           anmiAc,
44           DelayTime::create(0.8f),                    //创建延时 0.8s 的动作
45           nullptr)));
46  ......//此处省略了对显示总得分和金币数目标签的创建代码，需要的读者可参考源代码
47   schedule(schedule_selector(ScoreLayer::viewScore), 0.01f);
                                                        //定时回调显示得分的方法
48   return true;
49  }
```

- 第 4～7 行功能为读取当前英雄编号和当前选中英雄的索引。
- 第 8～24 行功能为首先创建英雄精灵对象并设置其缩放比、位置、偏转角度以及全局 ZOrder 值，最后将英雄精灵对象添加到布景中。
- 第 25～26 行功能为创建英雄打招呼骨骼动画对象。
- 第 27～35 行功能为创建英雄打招呼骨骼动画动作对象并设置播放骨骼动画动作的速度，然后让英雄重复执行一个连续动作，该连续动作包括打招呼动作和打招呼动作的反动作。
- 第 36～39 行功能为将选中的英雄精灵对象设为可见，将未选中的英雄精灵对象设为不可见。
- 第 41～45 行功能为首先初始化金币闪亮的换帧动画，然后让显示金币精灵对象重复执行一个连续动作，该连续动作包括一个金币闪亮的换帧动画和一个延时 0.8s 的动作。
- 第 47 行功能为定时回调显示得分与吃到金币数目的方法。

（3）开发完初始化布景的 init 方法后，接下来开发的是显示得分与吃到金币数目的 viewScore 方法、返回主菜单界面的 BackMain 回调方法和重新开始游戏的 chongWan 回调方法了，具体代码如下。

代码位置：见随书源代码/第 7 章/Parkour/app/src/main/jni/gameCPP 目录下的 ScoreLayer.cpp。

```
void ScoreLayer::viewScore(float delta){
     int score = Constant::juLi+2*Constant::eatCoinNum; //声明游戏得分
     int coinNum = Constant::eatCoinNum;                //声明游戏中吃到的金币数量
     Constant::FinalScore=score;                        //刷新最终得分
     if(scoreCount<score-30){
          scoreCount+=12;                               //得分自加
          std::string sNum = StringUtils::format("%d",scoreCount);
                                                        //显示得分标签的值
          scoreLabel->setString(sNum);                  //设置总得分标签的值
     }else if(scoreCount>=score-30&&scoreCount<score){  //快加到总得分时
          scoreCount++;                                 //得分加一
          std::string sNum = StringUtils::format("%d",scoreCount);
                                                        //设置显示得分标签的值
          scoreLabel->setString(sNum);}                 //设置总得分标签值
     if(coinCount<coinNum){
          coinCount++;                                  //获得的金币数量自加
          std::string cNum = StringUtils::format("%d", coinCount); //显示金币数标签的值
          coinNumLabel->setString(cNum);}               //设置显示金币数标签值
     if(scoreCount>score&&coinCount>coinNum)
          return;
  ......//此处省略了读取前三名分数的代码，需要的读者可参考源代码
     if(Constant::FinalScore>Constant::Rank1Score){     //超过第一名分数
          int temp1=0;                                  //中间变量 1
          int temp2=0;                                  //中间变量 2
          temp1=Constant::Rank1Score;                   //将第一名得分赋给变量 1
          temp2=Constant::Rank2Score;                   //将第二名得分赋给变量 2
          Constant::Rank1Score=Constant::FinalScore;    //将最终得分赋给第一名得分
          Constant::Rank2Score=temp1;          //将变量 1 的值赋给第二名得分
          Constant::Rank3Score=temp2;          //将变量 2 的值赋给第三名得分
  ......//此处省略了对前三名分数存储的代码，需要的读者可参考源代码
     }else if(Constant::FinalScore<Constant::Rank1Score&& //超过第二但没超过第一
                           Constant::FinalScore>Constant::Rank2Score){
          int temp=0;                                   //声明中间变量
          temp=Constant::Rank2Score;                    //将第二名得分赋给中间变量
          Constant::Rank2Score=Constant::FinalScore;    //将最终得分赋给第二名得分
          Constant::Rank3Score=temp;           //将中间变量值赋给第三名得分
  ......//此处省略了对第二名和第三名分数存储的代码，需要的读者可参考源代码
     }else if(Constant::FinalScore<Constant::Rank2Score&& //超过第三但没超过第二
```

```
37                                   Constant::FinalScore>Constant::Rank3Score){
38        Constant::Rank3Score=Constant::FinalScore;            //将最终得分赋给第三名得分
39  ......//此处省略了对第三名分数存储的代码，需要的读者可参考源代码
40        }}
41  void ScoreLayer::BackMain(Ref* pSender){
42        gsm->goMainScene();                                     //去主菜单场景的方法
43  }
44  void ScoreLayer::chongWan(Ref* pSender){
45        gsm->gogameScene();                                     //去游戏场景的方法
46  }
```

- 第 2～4 行功能为声明游戏得分和游戏中吃到金币的数目，然后刷新最终得分。
- 第 5～12 行功能为当未到达总得分的时候，将得分自加，并且设置总得分标签的值，当快要到达总得分的时候，将得分加一，并且设置总得分标签的值。
- 第 13～16 行功能为当金币数未到达吃到的金币总数量时，将金币数加一，并设置金币标签的值。
- 第 20～28 行功能为当总得分超过第一名分数时，重新设置前三名分数并储存。
- 第 29～35 行功能为当总得分超过第二但没超过第一时，重新设置第二名和第三名分数并储存。
- 第 36～39 行功能为当总得分超过第三但没超过第二时，重新设置第三名分数并储存。
- 第 41～43 行为返回主菜单界面的回调方法，调用该方法可以将场景切换到主菜单场景。
- 第 44～46 行为重新开始游戏的回调方法，调用该方法可以将场景切换到游戏场景。

（4）开发完上述几个重要方法后，最后还要实现初始化金币闪亮动画的 initAnmi 方法。由于该方法与 My2DLayer 类中初始化金币闪亮动画的 initAnmi 方法的开发极其相似，这里就不再赘述，需要的读者可参考源代码。

> **提示** 至此，关于布景的类就已经开发完毕，这也标志着本游戏中的所有场景对应的布景开发完毕，其代码量较大，涉及的方法多，读者应该细心品味其代码的具体含义，这样才能真正地学到其精髓。

7.5 相关工具类和辅助类

上一节已经介绍完了游戏所有场景的开发过程，接下来讲解的是游戏的辅助相关工具类。这些辅助相关工具类提供了资源路径和常量的类，还提供了游戏开发中的一些重要的辅助方法，下面就对这些类的开发进行详细介绍。

7.5.1 工具类

本节主要介绍该游戏的工具类——AppConstant 类。该类的主要作用是在游戏启动时初始化游戏中的常量信息，这样其他的类就可以引入该常量头文件来访问游戏中的常量，其具体代码如下。

代码位置：见随书源代码/第 7 章/Parkour/app/src/main/jni/gameCPP 目录下的 AppConstant.h。

```
#ifndef __AppConstant_H__
#define __AppConstant_H__
#include "cocos2d.h"
#define fonts_PATH string("fonts/")                         //定义字体路径
#define sounds_PATH string("sounds/")                       //定义声音路径
#define pics_PATH string("pics/")                           //定义图片路径
#define pics_GoldTexs_PATH string("pics/GoldTexs/")         //定义标志金币图片路径
#define pics_daoJiShi_PATH string("pics/daoJiShi/")         //定义倒计时图片路径
```

```
#define pics_Progress_PATH string("pics/Progress/")  //定义进度条图片路径
#define pics_pause_PATH string("pics/pause/")        //定义暂停图片路径
#define goldCoin_PATH string("obj/goldCoin/")        //定义与金币相关的资源路径
#define cj_PATH string("cj/")                        //定义与场景相关的资源路径
#define hero_PATH string("c3b/hero/")                //定义与英雄相关的资源路径
#define lion_PATH string("c3b/lion/")                //定义与狮子相关的资源路径
#define shadow_PATH string("obj/shadow/")            //定义与影子相关的资源路径
#define sky_PATH string("obj/skyBox/")               //定义与天空盒相关的资源路径
#define daoJu_PATH string("obj/daoJu/")              //定义与道具相关的资源路径
#define particle3d_PATH string("particle3d/")        //定义图片路径
#define pics_UI_PATH string("pics/UI/")              //定义 UI 图片路径
static float paoDao1=4.0f;                           //跑道 1 的 x 坐标值
static float paoDao2=28.0f;                          //跑道 2 的 x 坐标值
static float paoDao3=52.0f;                          //跑道 3 的 x 坐标值
static float xOffset=80.f;                           //左右滑动偏移量
static float yOffset=100.f;                          //上下滑动偏移量
static int maxFar=100000;                            //最大循环次数
static int coinMaxNum=640;                           //金币数量
static int coinTotalNum=80;                          //场景中金币的总数量
static int twiceTotalNum=2;                          //场景中双倍金币道具的总数量
static int magnetTotalNum=2;                         //场景中磁铁道具总数量
static int FlyTotalNum=2;                            //场景中加速道具总数量
static int shoesTotalNum=2;                          //场景中鞋子道具总数量
static int ZhaLanTotalNum=15;                        //场景中栅栏总数量
static int HengMuTotalNum=10;                        //场景中横木总数量
static int FixNum=3;                                 //地图修正值
static int cameraFixNum=76;                          //摄像机高度修正值
#endif
```

说明　上述代码的功能为声明程序中一些简单的变量，包括定义跑道 1、2、3 的 x 坐标值以及左右、上下滑动的偏移量等。除此之外还定义了声音、图片和字体相关路径等的相关代码，读者可以查看注释了解其具体的含义，这里就不再赘述了。

7.5.2 辅助类

1. 更新数据工具类 Constant

游戏会需要许多数据更新。如果不将这些数据封装为一个类而是直接用，那么开发成本增加，开发效率会大大降低。因此作者将游戏中用到的一些需要更新的数据封装到了 Constant 类中。接下来将介绍此类的开发，具体步骤如下。

（1）首先需要开发的是 Constant 类的框架，该框架中声明了一系列将要使用的成员变量和成员方法，其具体代码如下。

代码位置：见随书源代码/第 7 章/Parkour/app/src/main/jni/toolCPP 目录下的 Constant.h。

```
#ifndef _Constant_H_
#define _Constant_H_
#include "cocos2d.h"
using namespace cocos2d;
class Constant{
public:
    static int juLi;                    //奔跑距离
    static int eatCoinNum;              //吃到金币的个数
    static int FinalScore;              //最终得分
    static int Rank1Score;              //第一名得分
    static int Rank2Score;              //第二名得分
    static int Rank3Score;              //第三名得分
};
#endif
```

说明　上述代码为 Constant 类的头文件，在该头文件中声明了需要更新的奔跑距离、吃到的金币数量、最终得分和前三名得分常量等。

（2）开发完类框架声明后还要初始化 Constant 类中的常量，具体代码如下。

代码位置：见随书源代码/第 7 章/Parkour/app/src/main/jni/toolCPP 目录下的 Constant.cpp。

```
#include "Constant.h"
int Constant::juLi=0;                          //初始化奔跑距离
int Constant::eatCoinNum=0;                    //初始化吃到的金币数量
int Constant::FinalScore=0;                    //初始化最终得分
int Constant::Rank1Score=0;                    //初始化第一名得分
int Constant::Rank2Score=0;                    //初始化第二名得分
int Constant::Rank3Score=0;                    //初始化第三名得分
```

说明 上述代码完成了对 Constant 类中奔跑距离、吃到的金币数量、最终得分、第一名得分、第二名得分和第三名得分等常量的初始化。

2．初始化英雄对象辅助类 HeroSelect

接下来开发的是初始化英雄对象辅助类 HeroSelect 类。该类负责对英雄精灵进行封装。接下来介绍此类的开发，具体步骤如下。

（1）首先需要开发的是 HeroSelect 类的框架，该框架声明了一系列将要使用的成员变量和成员方法。其具体代码如下。

代码位置：见随书源代码/第 7 章/Parkour/app/src/main/jni/toolCPP 目录下的 HeroSelect.h。

```
#ifndef __HeroSelect_H__
#define __HeroSelect_H__
......//此处省略了对一些头文件引用和命名空间使用的相关代码，需要的读者可参考源代码
class HeroSelect : public cocos2d::Layer{
public:
    Sprite3D* spC3bHero;                       //指向英雄精灵对象的指针
    AABB aabbTemp;                             //英雄原始 AABB 包围盒
    Sprite3D* heroShadow;                      //指向英雄影子精灵对象的指针
    Sprite3D* spC3bLMagnet;                    //指向英雄手持磁铁精灵对象的指针
    Sprite3D* spNeck;                          //指向英雄加速道具对象的指针
    Sprite3D* spLFoot;                         //指向英雄左鞋道具对象的指针
    Sprite3D* spRFoot;                         //指向英雄右鞋道具对象的指针
    Layer* layer;                              //指向当前布景类的指针
    std::string heroNum;                       //根据编号创建英雄的英雄编号
    std::string dieDaoNum;                     //根据编号创建英雄跌倒的英雄编号
    std::string houDaoNum;                     //根据编号创建英雄后倒的英雄编号
    Animation3D* animationHero;                //包含英雄跑、跳跃、下蹲骨骼动画
    Animation3D* animationDD;                  //包含英雄跌倒骨骼动画
    Animation3D* animationHD;                  //包含英雄后倒骨骼动画
    AttachNode* anLFinger;                     //指向左手附着骨骼节点
    AttachNode* anNeck;                        //指向后背附着骨骼节点
    AttachNode* anLFoot;                       //指向左脚附着骨骼节点
    AttachNode* anRFoot;                       //指向右脚附着骨骼节点
    void initHero(int num);          //根据英雄的编号加载不同英雄及与英雄相关的动画
    HeroSelect(Layer* layerIn);      //构造函数
};
#endif
```

说明 上述代码为 HeroSelect 类的头文件，在该头文件中声明了指向英雄精灵对象的指针、指向英雄各种道具的指针以及指向布景类的指针等，还声明了根据英雄的编号加载不同英雄及与英雄相关的动画的方法和构造函数等。

（2）开发完类框架声明后，还要真正实现 HeroSelect 类中的方法。接下来开发的是该类的构造函数和根据英雄的编号加载不同英雄及与英雄相关动画的 initHero 方法，具体代码如下。

代码位置：见随书源代码/第 7 章//Parkour/app/src/main/jni/toolCPP 目录下的 HeroSelect.cpp。

```
HeroSelect::HeroSelect(Layer* layerIn){
    this->layer = layerIn;                                 //设置成员变量布景
}
```

```
4   void HeroSelect::initHero(int num){
5       heroNum = hero_PATH + StringUtils::format("Hero%d.c3b", num); //英雄资源路径
6       spC3bHero = Sprite3D::create(heroNum);                       //创建英雄精灵对象
7       aabbTemp=spC3bHero->getAABB();                               //获取英雄原始 AABB 包围盒
8       spC3bHero->setScale(0.03f);                                  //设置英雄缩放比
9       spC3bHero->setPosition3D(Vec3(paoDao2,97,850));              //设置英雄精灵位置
10      spC3bHero->setRotation3D(Vec3(90,180,0));                    //设置英雄旋转角度
11      layer->addChild(spC3bHero);                                  //将英雄对象添加到布景中
12  ....../此处省略了对英雄影子以及磁铁等道具创建的相关代码，需要的读者可参考源代码
13      if(num==4){
14          spC3bLMagnet->setPosition3D(Vec3(3,0,0));                //设置磁铁道具位置
15          anLFinger = spC3bHero->getAttachNode("Bip001 L Finger0"); //左手的骨头
16      }else{
17          spC3bLMagnet->setPosition3D(Vec3(12,0,0));               //设置磁铁道具位置
18          anLFinger = spC3bHero->getAttachNode("Bip01 L Finger0");//左手的骨头
19      }
20      anLFinger->addChild(spC3bLMagnet);                           //将磁铁附着到左手骨骼节点
21      spNeck->setScale(0.2f);                                      //设置加速道具缩放比
22      spNeck->setRotation3D(Vec3(90,90,0));                        //设置加速道具偏转角度
23      if(num==4){
24          anNeck = spC3bHero->getAttachNode("Bip001 Neck");        //后背的骨头
25      }else{
26          anNeck = spC3bHero->getAttachNode("Bip01 Neck");         //后背的骨头
27      }
28      anNeck->addChild(spNeck);                                    //将加速道具附着到后背骨骼节点
29  ....../此处省略了将左右脚鞋子挂接到相应骨骼节点的相关代码，需要的读者可参考源代码
30      animationHero = Animation3D::create(heroNum);                //创建英雄骨骼动画
31      dieDaoNum =                                                  //跌倒动画英雄的编号
32              hero_PATH + StringUtils::format("dieDao%d.c3b", num);
33      houDaoNum =                                                  //后倒动画英雄的编号
34              hero_PATH + StringUtils::format("houDao%d.c3b", num);
35      animationDD = Animation3D::create(dieDaoNum);                //创建英雄跌倒骨骼动画动作
36      animationHD = Animation3D::create(houDaoNum);                //创建英雄向后跌倒骨骼动画动作
37  }
```

- 第 1～3 行为 HeroSelect 类的构造函数，其功能为设置成员变量布景。
- 第 5～11 行功能为创建英雄精灵对象并获取英雄原始 AABB 包围盒，然后设置英雄精灵的缩放比、位置和偏转角度，最后将其添加到布景中。
- 第 13～20 行功能为首先设置磁铁道具位置，然后获取英雄左手骨骼节点，最后将磁铁附着到左手骨骼节点上。
- 第 21～28 行功能为设置加速道具缩放比和偏转角度，然后获取英雄后背骨骼节点，最后将加速道具附着到后背骨骼节点上。
- 第 30～34 行功能为创建英雄骨骼动画对象，然后初始化跌倒和后倒动画英雄的编号。
- 第 35～36 行功能为创建跌倒骨骼动画动作对象和向后跌倒骨骼动画动作。

3. 地形数据辅助类 MapData

接下来开发的是地形数据辅助类 MapData，该类负责返回当前所处位置的高度值。具体步骤如下。

（1）首先需要开发的是 MapData 类的框架，该框架中声明了一系列将要使用的成员变量和成员方法，其具体代码如下。

代码位置：见随书源代码/第 7 章/Parkour/app/src/main/jni/toolCPP 目录下的 MapData.h。

```
#ifndef __MapData_H__
#define __MapData_H__
class MapData{
public:
    float returnMap1HighDistance(float far);   //根据地图位置返回该点高度的方法
};
#endif
```

说明 上述代码为 MapData 类的头文件。该头文件的内容非常简单，其声明了根据当前所处地图的位置返回该点高度的方法。

（2）开发完类框架声明后还要真正实现 MapData 类中的方法，接下来就是要实现 MapData 类中的根据地图位置返回该点高度的方法了。具体代码如下。

代码位置：见随书源代码/第 7 章/Parkour/app/src/main/jni/ toolCPP 目录下的 MapData.cpp。

```
float MapData::returnMap1HighDistance(float far){
    float map1High;
    if(far<=-400.0f){                                        //传入距离小于-400
        map1High=87.0f-10.0f;                                //高度值
    }else if(far>=-400.0f&&far<=-200.0f){                    //传入距离大于-400 且小于-200
        map1High=(-3299.71f-46.6f*far)/199.7f-10.0f;  //高度值
    }else if(far>=-200.0f&&far<=-88.0f){                     //传入距离大于-200 且小于-88
        map1High=(160.0f-16.0f*far)/112.0f-10.0f;            //高度值
    }else if(far>=-88.0f&&far<=-10.0f){                      //传入距离大于-88 且小于-10
        map1High=(740.0f-4.0f*far)/78.0f-10.0f;              //高度值
    }else if(far>=-10.0f&&far<=35.0f){                       //传入距离大于-10 且小于 35
        map1High=10.0f-10.0f;                                //高度值
    }else if(far>=35.0f&&far<=96.0f){                        //传入距离大于 35 且小于 96
        map1High=(18.5f*far-37.5f)/61.0f-10.0f;              //高度值
    }else if(far>=96.0f&&far<=140.8f){                       //传入距离大于 96 且小于 140.8
        map1High=(9.9f*far+326.4f)/44.8f-10.0f;              //高度值
    }else if(far>=140.8f&&far<=171.8f){                      //传入距离大于 140.8 且小于 171.8
        map1High=(3.1f*far+753.92f)/31.0f-10.0f;             //高度值
    }else if(far>=171.8f&&far<=246.3f){                      //传入距离大于 171.8 且小于 246.3
        map1High=(3624.33f-3.1f*far)/74.5f-10.0f;            //高度值
    }else if(far>=246.3f&&far<=304.9f){                      //传入距离大于 246.3 且小于 304.9
        map1High=(8.5f*far+156.69f)/58.6f-10.0f;             //高度值
    }else if(far>=304.9f&&far<=410.4f){                      //传入距离大于 304.9 且小于 410.4
        map1High=(31.6f*far-4686.89f)/105.5f-10.0f;//高度值
    }else if(far>=410.4f)//(far>=410.4f&&far<=550.0f){//传入距离大于 410.4 且小于 550
        map1High=87.0f-10.0f;//88.0f-10.0f;                  //高度值
    }else{                                                   //传入距离大于 550
        map1High=87.0f-10.0f;                                //高度值
    }
    return map1High;                                         //将高度值返回
}
```

说明 上述方法的功能十分简单，该方法接收一个传入参数，然后判断该参数所在范围，根据范围并给出该范围的一个高度值，最后将该高度值返回。

4. 3D 物体辅助类 MyObject 和障碍物类 ZhangAi

开发完上述地形数据辅助类之后，接下来开发的是 3D 物体辅助类 MyObject 和障碍物类 ZhangAi。由于 ZhangAi 类的开发与 MyObject 类的开发十分相似，这里只介绍 3D 物体相关辅助类 MyObject。下面进一步介绍 MyObject 类的开发，具体开发步骤如下。

（1）首先需要开发的是 MyObject 类的框架，该框架中声明了一系列将要使用的成员变量和成员方法，其具体代码如下。

代码位置：见随书源代码/第 7 章/Parkour/app/src/main/jni/toolCPP 目录下的 MyObject.h。

```
#ifndef __MyObject_H__
#define __MyObject_H__
......//此处省略了对一些头文件引用和命名空间使用的相关代码，需要的读者可参考源代码
class MyObject{
public:
    MapData* md;                                        //指向地形数据类的指针
    Layer* layer;                                       //指向当前布景类的指针
    Sprite3D* coinSp[10000];                            //金币精灵的数组
    vector <Sprite3D*> coinList;                        //存放金币精灵的列表
    float CoinPositionData[10000][3]={};                //金币位置数组
    OBB coinObb[10000];                                 //金币 OBB 包围盒数组
    Sprite3D* twiceCoinSp[10000];                       //双倍金币道具精灵数组
    BillBoard* BillTwice[10000];                        //指向道具标志板对象的指针
    Sprite* TwiceBillSp[10000];                         //指向标志板动作精灵的指针
    vector <Sprite3D*> twiceList;                       //存放双倍金币精灵的列表
    float TwicePositionData[10000][3]={};               //双倍金币位置数组
```

```
        OBB twiceCoinOb[10000];                           //双倍金币道具 OBB 包围盒
        Sprite3D* magnetSp[10000];                        //磁铁道具精灵数组
        BillBoard* BillMagnet[10000];                     //指向磁铁标志板对象的指针
        Sprite* MagnetBillSp[10000];                      //指向标志板动作精灵的指针
        vector <Sprite3D*> magnetList;                    //存放磁铁精灵的列表
        float MagnetPositionData[10000][3]={};            //磁铁位置数组
        OBB magnetOb[10000];                              //磁铁道具 OBB 包围盒
        Sprite3D* flyPropSp[10000];                       //加速道具精灵数组
        BillBoard* BillFlyProp[10000];                    //指向加速标志板对象的指针
        Sprite* FlyPropBillSp[10000];                     //指向标志板动作精灵的指针
        vector <Sprite3D*> flyPropList;                   //存放加速道具精灵的列表
        float FlyPropPositionData[10000][3]={};           //加速道具位置数组
        OBB flyPropOb[10000];                             //加速道具 OBB 包围盒
        Sprite3D* shoesSp[10000];                         //鞋子道具精灵数组
        BillBoard* BillShoes[10000];                      //指向鞋子标志板对象的指针
        Sprite* ShoesBillSp[10000];                       //指向标志板动作精灵的指针
        vector <Sprite3D*> shoesList;                     //存放鞋子精灵的列表
        float ShoesPositionData[10000][3]={};             //鞋子道具位置数组
        OBB shoesOb[10000];                               //鞋子道具 OBB 包围盒
        string objPath[5]={                               //5 种编号的 obj 文件路径
                goldCoin_PATH+"MyGoldCoin.obj",daoJu_PATH+"DoubleCoin.obj",
                daoJu_PATH+"Magnet.obj",daoJu_PATH+"flyProp.obj",
                daoJu_PATH+"shoes.obj"};
        string texPath[5]={                               //5 种编号的纹理文件路径
                goldCoin_PATH+"jb.png",daoJu_PATH+"EquipmentTex.png",
                daoJu_PATH+"EquipmentTex.png",daoJu_PATH+"EquipmentTex.png",
                daoJu_PATH+"EquipmentTex.png"};
        Sprite3D* sceneSp[5];                             //指向跑道场景对象的数组
        float ScenePositionData[5][3]={{0,0,0},{0,0,-1440},       //跑道位置数组
                {0,0,-2880},{27,157.6f,-3632},
                {27,157.6f,-4967}};
        float SceneRotationData[5][3]={{-90,0,0},{-90,0,0},       //跑道偏转角度数组
                {-90,0,0},{-90,0,0},
                {-90,0,0}};
        string c3bPath[5]={                                         //c3b 文件路径
               cj_PATH+"treeCj1.c3b",cj_PATH+"treeCj1.c3b",//跑道 1、2 的 c3b 文件路径
               cj_PATH+"treeCj1.c3b",cj_PATH+"roadStraight.c3b",//跑道 3、4 的 c3b 文件路径
               cj_PATH+"roadStraight.c3b"};  //跑道 5 的 c3b 文件路径
        float Scale[5]={                           //跑道缩放比数组
                0.08f,0.08f,0.08f,0.08f,0.12f};
        float ScaleX[5]={                          //跑道 X 缩放比数组
                0.1f,0.1f,0.1f,0.12f,0.12f};
        MyObject(Layer* layerIn);                  //构造方法
        void createObj(int index);                 //根据索引值创建对象
        void createRuningWay();                    //创建跑道对象的方法
        int paoDaoRandom();                        //跑道的 x 坐标随机出现的方法
};
#endif
```

说明　上述代码对与 3D 物体相关的辅助类 MyObject 中的成员变量和相关方法进行了声明，读者查看注释即可了解其具体的作用，这里不再进行具体介绍了。

（2）开发完上述类框架声明后还要真正实现 MyObject 类中的各个方法，首先开发的就是该类的构造方法 MyObject 方法、创建跑道对象的 createRuningWay 方法和游戏中跑道的 3 个 x 坐标值随机产生的 paoDaoRandom 方法了，其具体代码如下。

代码位置：见随书源代码/第 7 章/Parkour/app/src/main/jni/toolCPP 目录下的 MyObject.cpp。

```
MyObject::MyObject(Layer* layerIn){
    this->layer = layerIn;                                    //设置成员变量布景
}
void MyObject::createRuningWay(){
    for(int i=0;i<5;i++){
        sceneSp[i]=Sprite3D::create(c3bPath[i]);              //创建跑道精灵对象
        sceneSp[i]->setPosition3D(Vec3(                       //设置跑道对象位置
                ScenePositionData[i][0],ScenePositionData[i][1],ScenePositi-
                onData[i][2]));
```

```
9           sceneSp[i]->setRotation3D(Vec3(                    //设置跑道对象偏转角度
10            SceneRotationData[i][0],SceneRotationData[i][1],SceneRotationData[i][2]));
11          sceneSp[i]->setScale(Scale[i]);                    //设置跑道对象缩放比
12          sceneSp[i]->setScaleX(ScaleX[i]);                  //设置跑道对象 X 缩放比
13          layer->addChild(sceneSp[i]);}                      //将跑道对象添加到布景中
14  }
15  int MyObject::paoDaoRandom(){
16      int num = rand()%3;                                    //随机产生 0~2 的数
17      if(num==0){                                            //如果随机数为 0
18          return paoDao1;                                    //返回跑道 1
19      }else if(num==1){                                      //如果随机数为 1
20          return paoDao2;                                    //返回跑道 2
21      }else{                                                 //如果随机数为 2
22          return paoDao3;}}                                  //返回跑道 3
23  }
```

- 第 1～3 行为 MyObject 类的构造函数，其功能为设置成员变量布景。
- 第 4～13 行为创建跑道对象的 createRuningWay 方法，调用该方法可创建跑道精灵对象，然后设置其位置、偏转角度、缩放比以及 x 方向缩放比，最后将其添加到布景中。
- 第 15～23 行为跑道的 x 坐标值随机出现的 paoDaoRandom 方法，调用该方法可以根据产生的随机数来返回跑道 1、2、3 的值。

(3)完成上述几个重要方法的开发之后，最后还要实现根据索引值创建对象的 createObj 方法，该方法功能非常简单，就是根据当前传入索引值来创建不同对象，具体代码如下。

代码位置：见随书源代码/第 7 章/Parkour/app/src/main/jni/toolCPP 目录下的 MyObject.cpp。

```
1   void MyObject::createObj(int index){
2   ......//此处省略了初始化金币和双倍金币等道具位置的相关代码，需要的读者可参考源代码
3       if(index==0){                                          //0 为金币编号
4           for(int j=0;j<16;j++){
5               for(int i=0+coinTotalNum*j;i<60+coinTotalNum*j;i++){
6                   coinSp[i]=Sprite3D::create(objPath[0],texPath[0]);
                                                               //创建金币精灵对象
7                   coinSp[i]->setScale(0.35f);                //设置金币对象的缩放比
8                   coinSp[i]->setPosition3D(Vec3(             //设置金币对象位置
9                   CoinPositionData[i][0],24+CoinPositionData[i][1],281+
                    CoinPositionData[i][2]));
10                  if(j==0){
11                      layer->addChild(coinSp[i]);            //将金币添加到布景中
12                      coinList.push_back(coinSp[i]);}//将金币添加到金币列表中
13                  coinSp[i]->retain();}                      //保持金币指针不被释放
14              for(int i=60+coinTotalNum*j;i<80+coinTotalNum*j;i++){
15                  coinSp[i]=Sprite3D::create(objPath[0],texPath[0]);
                                                               //创建金币精灵对象
16                  coinSp[i]->setScale(0.35f);                //设置金币对象缩放比
17                  coinSp[i]->setPosition3D(Vec3(             //设置金币对象位置
18                          CoinPositionData[i][0],CoinPositionData[i][1],
                            CoinPositionData[i][2]));
19                  if(j==0){
20                      layer->addChild(coinSp[i]);            //将金币添加到布景中
21                      coinList.push_back(coinSp[i]);}        //将金币添加到金币列表中
22                  coinSp[i]->retain();                       //保持金币指针不被释放
23          }}
24      }else if(index==1){                                    //1 为双倍金币道具编号
25  ......//此处省略了创建双倍金币道具的相关代码，需要的读者可参考源代码
26      }else if(index==2){                                    //2 为磁铁道具编号
27  ......//此处省略了创建磁铁道具的相关代码，需要的读者可参考源代码
28      }else if(index==3){                                    //3 为加速道具编号
29  ......//此处省略了创建加速道具的相关代码，需要的读者可参考源代码
30      }else if(index==4){                                    //4 为鞋子道具编号
31  ......//此处省略了创建鞋子道具的相关代码，需要的读者可参考源代码
32      }
33  }
```

- 第 5～11 行功能为创建前 60 个金币精灵对象，然后设置其缩放比和位置，最后把金币精

灵对象添加到布景中。

- ❑ 第 12～13 行功能为将前 60 个金币精灵对象添加到金币列表中，保持金币精灵指针不被释放。
- ❑ 第 15～20 行功能为创建后 20 个金币精灵对象，然后设置其缩放比和位置，最后把金币精灵对象添加到布景中。
- ❑ 第 21～33 行功能为将后 20 个金币精灵对象添加到金币列表中，然后保持金币精灵指针不被释放。

> **说明** 由于创建双倍金币道具、创建磁铁道具、创建加速道具和创建鞋子道具的相关代码与创建金币对象的开发极其相似，这里就不再赘述，需要的读者请参考源代码。

5. 声音管理相关辅助类 SoundManager

开发完 3D 物体相关辅助类之后，接下来开发的是声音管理相关辅助类 SoundManager。该类负责对游戏中关于背景音乐和声音特效的加载、播放、暂停和恢复播放等方法进行了封装，下面进一步介绍此类的开发，具体开发步骤如下。

（1）首先需要开发的是 SoundManager 类的框架，该框架中声明了一系列将要使用的成员变量和成员方法，其具体代码如下。

代码位置：见随书源代码/第 7 章/Parkour/app/src/main/jni/toolCPP 目录下的 SoundManager.h。

```
#ifndef __SoundManager_H__
#define __SoundManager_H__
......//此处省略了一些头文件引用和命名空间使用的相关代码，需要的读者可参考源代码
class SoundManager{
public:
    void preloadSounds();                              //加载各种声音
    void playClickSound();                             //播放单击菜单音效
    void addCoinSound();                               //播放吃到金币音效
    void eatEquipsound();                              //播放吃到道具音效
    void deathSound();                                 //播放英雄死亡音效
    void lionBark();                                   //播放狮子吼叫音效
    void pauseSound();                                 //暂停播放音效
    void resumeSound();                                //继续播放音效
    void playBgMusic();                                //播放背景音乐
    void pauseBgMusic();                               //暂停背景音乐
    void resumeBgMusic();                              //恢复播放背景音乐
};
#endif
```

> **说明** 上述代码对 SoundManager 类中的成员方法进行了声明，读者查看注释即可了解其具体的作用，这里不再进行具体介绍了。

（2）开发完类框架声明后还要真正实现 SoundManager 类中的方法。接下来开发的是加载各种声音的方法、播放各种声音的方法、暂停播放音效的方法、继续播放音效的方法、播放背景音乐的方法、暂停背景音乐的方法以及恢复播放背景音乐的方法。其具体代码如下。

代码位置：见随书源代码/第 7 章/Parkour/app/src/main/jni/toolCPP 目录下的 SoundManager.cpp。

```
void SoundManager::preloadSounds(){
    CocosDenshion::SimpleAudioEngine::getInstance()->preloadBackgroundMusic(
                (sounds_PATH+"bgMusic.mp3").c_str());        //加载背景音乐
    CocosDenshion::SimpleAudioEngine::getInstance()->preloadEffect( //加载英雄死亡音效
                (sounds_PATH+"death.mp3").c_str());
    CocosDenshion::SimpleAudioEngine::getInstance()->preloadEffect( //加载吃到金币音效
                (sounds_PATH+"getCoin.mp3").c_str());
    CocosDenshion::SimpleAudioEngine::getInstance()->preloadEffect(//加载狮子吼叫音效
                (sounds_PATH+"lionBark.mp3").c_str());
    CocosDenshion::SimpleAudioEngine::getInstance()->preloadEffect(//加载单击按钮音效
                (sounds_PATH+"ButtonClick.mp3").c_str());
```

```
12        CocosDenshion::SimpleAudioEngine::getInstance()->preloadEffect( //加载吃到道具音效
13                   (sounds_PATH+"SoundEquip.mp3").c_str());
14  }
15  void SoundManager::addCoinSound(){
16        CocosDenshion::SimpleAudioEngine::getInstance()->              //播放吃到金币音效
17                   playEffect((sounds_PATH+"getCoin.mp3").c_str());
18  }
19  void SoundManager::eatEquipsound(){
20        CocosDenshion::SimpleAudioEngine::getInstance()->playEffect(//播放吃到道具音效
21                   (sounds_PATH+"SoundEquip.mp3").c_str());
22  }
23  void SoundManager::deathSound(){                                  //播放死亡音效
24        CocosDenshion::SimpleAudioEngine::getInstance()->playEffect(
25                   (sounds_PATH+"death.mp3").c_str());
26  }
27  void SoundManager::lionBark(){
28        CocosDenshion::SimpleAudioEngine::getInstance()->playEffect(//播放狮子吼叫音效
29                   (sounds_PATH+"lionBark.mp3").c_str());
30  }
31  void SoundManager::playClickSound(){
32        CocosDenshion::SimpleAudioEngine::getInstance()->playEffect(//播放单击菜单音效
33                   (sounds_PATH+"ButtonClick.mp3").c_str());
34  }
35  void SoundManager::pauseSound(){
36        CocosDenshion::SimpleAudioEngine::getInstance()->pauseAllEffects();//暂停播放音效
37  }
38  void SoundManager::resumeSound(){
39        CocosDenshion::SimpleAudioEngine::getInstance()->resumeAllEffects();//继续播放音效
40  }
41  void SoundManager::playBgMusic(){
42        CocosDenshion::SimpleAudioEngine::getInstance()->playBackgroundMusic(
                                                                     //播放背景音乐
43               (sounds_PATH+"bgMusic.mp3").c_str(),true);
44  }
45  void SoundManager::pauseBgMusic(){
46        CocosDenshion::SimpleAudioEngine::getInstance()->  //暂停播放背景音乐
47                                    pauseBackgroundMusic();
48  }
49  void SoundManager::resumeBgMusic(){
50        CocosDenshion::SimpleAudioEngine::getInstance()->  //继续播放背景音乐
51                                   resumeBackgroundMusic();
52  }
```

- 第 1～14 行为加载各种声音的 preloadSounds 方法，其中第 2～13 行功能为加载游戏背景音乐、英雄死亡音效、加载吃到金币音效、加载狮子吼叫音效、加载单击按钮音效和加载吃到道具音效。
- 第 15～18 行为播放吃到金币音效的 addCoinSound 方法，调用该方法可以播放吃到金币的音效。
- 第 19～22 行为播放吃到道具音效的 eatEquipsound 方法，调用该方法可以播放吃到道具的音效。
- 第 23～26 行为播放英雄死亡音效的 deathSound 方法，调用该方法可以播放英雄死亡的音效。
- 第27～30 行为播放狮子吼叫音效的 lionBark 方法，调用该方法可以播放狮子吼叫的音效。
- 第 31～34 行为播放单击菜单音效的 playClickSound 方法，调用该方法可以播放单击菜单的音效。
- 第 35～37 行为暂停播放音效的 pauseSound 方法，调用该方法可以暂停播放所有音效。
- 第 38～40 行为继续播放音效的 resumeSound 方法，调用该方法可以继续播放音效。
- 第 41～44 行为播放背景音乐的 playBgMusic 方法，调用该方法可以播放游戏背景音乐。
- 第 45～48 行为暂停播放背景音乐的 pauseBackgroundMusic 方法，调用该方法可以暂停播放游戏背景音乐。

- 第 49～52 行为继续播放背景音乐的 resumeBgMusic 方法，调用该方法可以继续播放背景音乐。

7.6 引擎引用入口类——AppDelegate

游戏中第一个界面是在什么地方创建的呢？初学 Cocos2d-x 的读者都会有这样的疑问，AppDelegate 类就对这个问题进行了解答，下面给出 AppDelegate 类的开发步骤。

（1）首先需要开发的是 AppDelegate 类的框架，该框架中声明了一系列将要使用的成员方法，其具体代码如下。

代码位置：见随书源代码/第 7 章/Parkour/app/src/main/jni/gameCPP 目录下的 AppDelegate.h。

```
#ifndef  _AppDelegate_H_                                    //如果没有定义此头文件，定义头文件
#define  _AppDelegate_H_                                    //定义此头文件
#include "cocos2d.h"                                        //引入 cocos2d 头文件
class  AppDelegate : private cocos2d::Application{          //自定义类
public:                                                     //声明为公有的方法
    AppDelegate();                                          //构造函数
    virtual ~AppDelegate();                                 //析构函数
    virtual bool applicationDidFinishLaunching();           //初始化方法
    virtual void applicationDidEnterBackground();           //当程序进入后台时调用此方法
    virtual void applicationWillEnterForeground();          //当程序进入前台时调用
};
#endif
```

说明　从代码中可以看出 AppDelegate 类继承自 cocos2d::Application 类，因此在该类布景中声明了自己独有的方法，还重写了其父类的方法，读者查看代码注释即可了解每个方法的具体作用。

（2）完成了头文件的开发后，下面给出头文件中方法的具体实现，在代码的实现中读者就可以了解界面的创建过程。其具体代码如下。

代码位置：见随书源代码/第 7 章/Parkour/app/src/main/jni/gameCPP 目录下的 AppDelegate.cpp。

```
1   ……//此处省略了对部分头文件的引用，需要的读者请查看源代码
2   USING_NS_CC;                                               //引用 cocos2d 命名空间
3   AppDelegate::AppDelegate(){}                               //构造函数
4   AppDelegate::~AppDelegate() {}                             //析构函数
5   bool AppDelegate::applicationDidFinishLaunching(){         //初始化方法
6       auto director = Director::getInstance();               //获取导演
7       auto glview = director->getOpenGLView();               //获取绘制用 GLView
8       if(!glview)  glview = GLViewImpl::create("My Game");//若不存在GLView则重新创建
9       director->setOpenGLView(glview);                       //设置绘制用 GLView
10      director->setDepthTest(true);                          //设置开启深度检测
11      glview->setDesignResolutionSize(540,960,ResolutionPolicy::SHOW_ALL);
12      director->setDisplayStats(false);                      //设置为不显示 FPS 等信息
13      director->setAnimationInterval(1.0 / 60);              //系统模拟时间间隔
14      GameSceneManager* gsm = new GameSceneManager();        //创建场景管理者
15      gsm->createScene();                                    //切换到加载场景显示
16      director->runWithScene(gsm->loadScene);                //告诉导演使用哪个场景
17      return true;
18  }
19  void AppDelegate::applicationDidEnterBackground(){         //当程序进入后台时调用此方法
20      Director::getInstance()->stopAnimation();              //停止动画
21  }
22  void AppDelegate::applicationWillEnterForeground(){        //当程序进入前台时调用
23      Director::getInstance()->startAnimation();             //开始动画
24  }
```

- 第 3～4 行功能为实现 AppDelegate 类的构造函数及析构函数，但是其中没有任何代码。

- 第 5～18 行为初始化方法。首先获取导演实例，并获取绘制用 GLView，若不存在则重新创建。然后设置绘制用 GLView，并设置目标屏幕分辨率，使该程序多分辩率自适应。接着创建一个场景管理器对象，最后调用其 createScene 方法创建加载场景，并切换到加载场景。
- 第 19～21 行为当程序进入后台时调用的方法。其功能为通过获取导演实例来停止动画。
- 第 22～24 行为当程序进入前台时调用的方法。其功能为通过获取导演实例来开始动画，该方法也是程序开始运行时执行的第一个方法。

7.7 游戏的优化及改进

到此为止，休闲体育类游戏——森林跑酷，已经基本开发完成，也实现了最初设计的功能。但是通过多次试玩、测试发现，游戏中仍然存在一些需要优化和改进的地方，下面列举了作者想到的需要改善的一些方面。

- 优化游戏界面

没有哪一款游戏的界面不可以更加完美和绚丽，所以对于本游戏的界面，读者可以根据自己的想法进行改进，使其更加完美。如游戏场景的搭建和游戏切换场景效果等都可以进一步完善。

- 修复游戏 bug

现在众多的手机游戏在公测之后也有很多的 bug，需要玩家不断地发现来改进游戏。作者已经将目前发现的所有 bug 已经修复完全，但是还有很多 bug 是需要玩家发现的，这对于游戏的可玩性极其重要。

- 完善游戏玩法

此游戏的玩法比较单一，仅仅停留在单调的操作上，读者可以自行完善，例如再适当设置一些游戏道具和一些运动的障碍物等，增加更多的玩法使其更具吸引力。在此基础上读者也可以创新来给玩家焕然一新的感觉，充分发掘这款游戏的潜力。

- 增强游戏体验

为了满足更好的用户体验，游戏的英雄奔跑速度等一系列参数读者可以自行调整，合适的参数会极大地增加游戏的可玩性。读者还可在切换场景时增加更加炫丽的效果，使玩家对本款游戏印象更加深刻，同时游戏也更具有可玩性。

7.8 本章小结

本章以开发“森林跑酷”游戏为主题，向读者介绍了使用 Cocos2d-x 引擎开发休闲体育类游戏的全过程。学习完本章并结合本章“森林跑酷”的游戏项目之后，读者应该对该类游戏的开发有了深刻的了解，这为以后的开发工作打下坚实的基础。

第8章 飞行射击类游戏——雷鸣战机

随着手机中的软件越来越丰富，单机游戏再也无法满足游戏玩家的需求，玩家需要更多的交流或者互动。该游戏主要考验玩家的协作能力以及操作技巧，如何准确射中目标、躲避敌机子弹十分必要，而团结协作更是成为通过关卡的重中之重。

本章将向读者介绍手机平台（包括 Android 和 iOS）上的飞行射击类游戏“雷鸣战机”的设计与实现，希望读者能对手机平台下 Cocos2d-x 游戏的开发步骤有深入的了解，并学会该类游戏的开发，掌握网络类游戏开发的技巧，从而在游戏开发中有更进一步的理解和提高。

8.1 游戏的背景及功能概述

开发“雷鸣战机”游戏之前，首先需要了解该游戏的背景以及功能。本节主要围绕该游戏的背景以及功能进行简单的介绍，通过本节对雷鸣战机的简单介绍，读者对该游戏会有一个整体的了解，进而为后续的游戏开发工作做好准备。

8.1.1 背景概述

随着近年来手机的风靡全球，人们的休闲活动更多的是放在了手机上。而原来风靡一时的游戏，也逐渐被移植到手机上。比如热门的飞行射击类游戏“雷霆战机”，因为其画面丰富精美，游戏简单易操作，受到了各年龄段的用户的好评，如图 8-1、图 8-2 和图 8-3 所示。

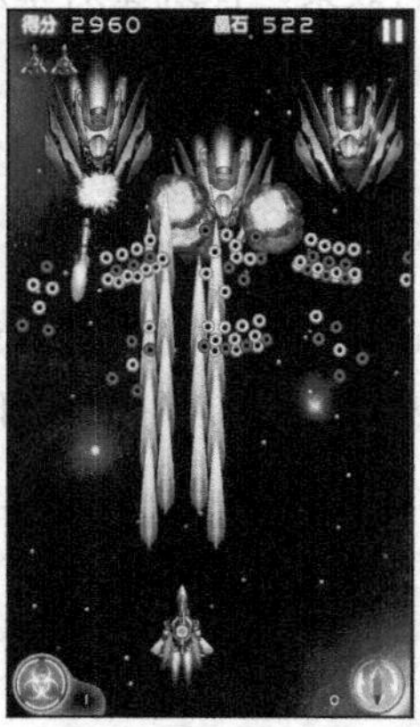

▲图 8-1　雷霆战机 1

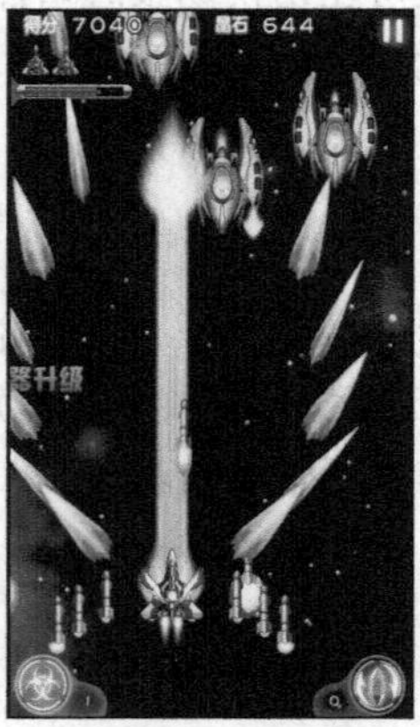

▲图 8-2　雷霆战机 2

▲图 8-3　雷霆战机 3

本章介绍的就是一款使用 Cocos2d-x 进行图像渲染的手机端飞行射击类游戏，与之前游戏不同的是，本游戏设有单机游戏和有服务器的联网游戏。同时本游戏利用了 Cocos2d-x，加入了大量的 3D 元素，极大地丰富了游戏的视觉效果，增强了用户体验，而玩法也非常简单。

8.1.2 功能简介

“雷鸣战机”游戏主要包括欢迎场景、菜单场景、战机强化场景、帮助场景、选关场景、选择战机场景以及游戏场景。菜单场景包含设置布景以及游戏模式布景。其中游戏场景含有 2 个布景、2D 布景绘制游戏中分数、玩家血量以及使用的技能等一切的 2D 绘制。3D 布景用于游戏中所有的 3D 元素，包括战机、导弹以及 Boss 等。接下来对该游戏的场景及运行效果进行简单介绍。

（1）单击手机上该游戏的图标，运行游戏，首先进入的是游戏的欢迎场景。此时有一架战机在自由地左右摇摆，3D 模型可以由 obj、c3t、c3b 格式生成，利用 3Dmax 可以将模型导出为 obj 格式，效果如图 8-4 所示。

（2）单击任意位置进入菜单场景，在该场景中可以看到中间有 3 个菜单按钮，分别为“游戏开始”“战机强化”和“游戏帮助”按钮。下面也有 3 个按钮，分别为“退出”“设置”以及“声音设置”按钮。其效果如图 8-5 所示。

（3）当单击了菜单场景的“战机强化”按钮后，进入游戏的战机强化场景，在该场景中我们可以选择任意一架想要强化的战机。当拥有足够的金钱时，对该战机的攻击力、血量、导弹以及金币进行升级。当没有该战机时，需要先购买此飞机，再进行战机强化。其效果如图 8-6 所示。

▲图 8-4　欢迎场景

▲图 8-5　菜单场景

▲图 8-6　战机强化场景

（4）单击了菜单场景的“游戏帮助”按钮后，进入游戏的帮助场景，在该场景中可以看见一个立方体，可以双击屏幕进行放大，左右滑动切换游戏的帮助信息。其效果如图 8-7 所示。

（5）当单击了菜单场景的“设置”按钮后，会添加游戏的设置布景，在该场景中可以看见一个游戏模式选择框，此时可以切换游戏的模式为触摸模式还是重力模式。如果是重力模式，还可以调整重力模式的灵敏度。其效果如图 8-8 所示。

▲图 8-7　帮助场景

▲图 8-8　设置场景

▲图 8-9　游戏模式场景

（6）单击了菜单场景的“游戏开始”按钮后，会进入游戏的帮助场景，在该场景中可以看见一个选择框，这时可以选择游戏的模式是单机游戏还是联网模式。单机游戏就是一个人进行游戏，联网游戏需要进行联网，两个人一起进行游戏。其效果如图 8-9 所示。

（7）单击了菜单场景的“单机游戏”按钮后，会进入游戏的选关场景。在该场景中可以左右滑动选择关卡，屏幕左面会有关卡信息的介绍，右面是当前关卡的 BOSS 动画以及它的攻击力、生命值、技能等信息。其效果如图 8-10 所示。

（8）单击了选关场景的“战斗”按钮后，会进入游戏的选战机场景。在该场景中可以通过左右按钮进行选择，屏幕中会有关卡信息的介绍，如当前关卡的 BOSS 动画以及它的战斗力、生命值、技能等信息。其效果如图 8-11 所示。

（9）单击了选战机场景的“战斗”按钮后，进入游戏的场景。在该场景中我们可以看到战机的生命值、分数、技能以及游戏中产生的敌机等，玩家可以通过触摸屏幕或者重力感应控制飞机进行游戏，也可以使用技能去攻击敌机和保护自己。其效果如图 8-12 所示。

▲图 8-10　选关场景

▲图 8-11　选战机场景

▲图 8-12　游戏场景

（10）如果在第（6）步骤是选择“联网游戏”按钮，在该场景中我们可以看到玩家进入等待界面，此时正在等待另一位玩家进入房中。其效果如图 8-13 所示。

（11）在进入联网选战机的界面后，我们可以看到该场景比单机的选战机界面多了两个战机选择框，它们会实时更新两位玩家的选择战机的状况，当一方单击“战斗”按钮后就会进入等待界面，当两个玩家都单击“战斗”按钮后，就会一起进入互联网游戏界面。其效果如图 8-14 所示。

（12）联网模式中，当两个玩家进入到游戏后，与单机游戏不同的是，在该场景中我们不仅可以看到自己战机的状况还可以看到另一位玩家的生命值。两位玩家在此场景中共同作战，一起消灭敌人。其效果如图 8-15 所示。

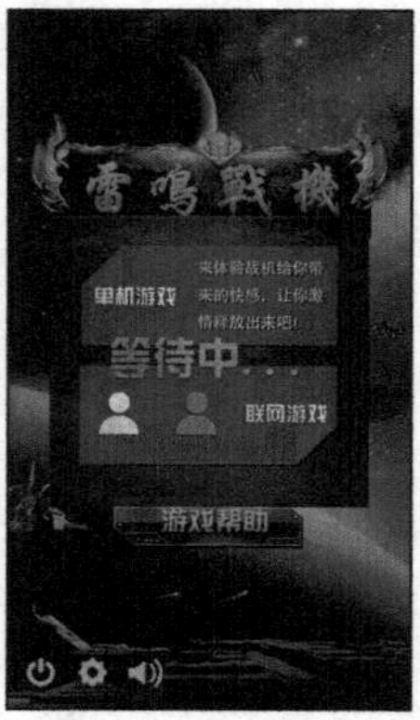

▲图 8-13　联网等待场景

▲图 8-14　联网选战机场景

▲图 8-15　联网游戏场景

8.2 游戏的策划及准备工作

读者对本游戏的背景和基本功能有一定了解以后，本节将着重讲解游戏开发的前期准备工作。策划和前期的准备工作是软件开发必不可少的步骤，它们指明了研发的方向，只有方向明确才能产生优秀的产品，这里主要包含游戏的策划和游戏中资源的准备。

8.2.1 游戏的策划

本游戏的策划主要包含：游戏类型定位、呈现技术以及目标平台的确定等工作。一个好的策划保证了游戏的界面风格、规则玩法、系统功能等游戏内容易于被大众接受，也能在第一时间发觉游戏中所欠缺的、不妥的地方。

❑ 游戏类型

该游戏的操作方式是根据玩家选择触摸屏幕还是重力感应区的游戏模式而决定的，通过单击、滑动屏幕或者重力感应来控制飞机的移动方向。玩家在躲避敌机和子弹的同时还需要去攻击敌机。

当战机的子弹击中敌机时，敌方飞机会爆炸，这时会随机产生奖励。当战机距离奖励一定的距离时，奖励就会飞到战机上，同时玩家也获得相应的游戏奖励。如果是联网模式，两位玩家可以并肩作战，各自操控自己的战机去消灭敌人，体验一起玩游戏的乐趣。此款游戏属于飞行射击类游戏。

❑ 运行的目标平台

游戏目标平台为 Android 2.2 及以上平台与 iOS 平台。

❑ 采用的呈现技术

游戏完全采用 Cocos2d-x 引擎进行游戏场景的搭建和游戏特效的处理，比如游戏中的爆炸效果、子弹的发射、3D 元素的使用、各个场景之间的切换特效。简单方便的操作，极大地增强了玩家的游戏体验，同时降低游戏开发的门槛，提高开发效率。

❑ 操作方式

关于本游戏的操作分为两种，第一种是触屏模式，玩家可以通过单击或者滑动屏幕来控制战机的位置。第二种是重力感应模式，玩家可以通过上下左右摇晃手机来控制战机的移动，还可在设置界面设置重力感应的灵敏度。两种不同的操作方式可以让玩家更好地体验此款游戏。

❑ 音效设计

为了增加游戏的吸引力及玩家的游戏体验，本款游戏根据场景的效果添加了适当的音效，包括背景音乐、爆炸音效以及发射导弹的音效等。一个好的背景音乐和音效更容易使玩家产生游戏代入感，增加趣味性，提升吸引力。

8.2.2 安卓平台下游戏开发的准备工作

了解了游戏策划后，本小节将讲解一些开发前的准备工作，包括搜集和制作图片、声音、字体、模型等。对于相似的、同类型的文件资源应该进行分类，将其存储在同一文件子目录中，以便于对大量、繁杂的文件资源进行查找、使用。其详细开发步骤如下。

（1）首先介绍的是游戏场景中用到的图片资源，系统将所有图片资源都放在项目文件下的 app/src/main/assets 目录下的文件夹中。如表 8-1 所列，此表展示的是有游戏界面中所有物体的图片，图片清单仅用于说明，不必深究。

表 8-1 图片清单

图 片 名	大小（KB）	像素（w×h）	用 途
attack.png	12.8	87×63	攻击技能正常图片
attack_down.png	10.3	87×63	攻击技能按下图片
bnum1.png	3.1	280×36	“分数”图片
bullets.png	19.8	173×127	“子弹”图片
coinAward1.png	3.3	114×46	“子弹+1”图片
coinAward2.png	3.3	114×46	“攻击+1”图片
coinAward3.png	3.35	114×46	“导弹+1”图片
coinAward4.png	3.43	114×46	“技能+1”图片
coinAward5.png	3.39	114×46	“防御+1”图片
coinAward6.png	3.49	114×46	“生命+40”图片
coinAward7.png	3.33	87×45	“金币+10”图片
coinAward8.png	3.47	87×45	“金币+50”图片
coinAward9.png	3.45	87×45	“金币+100”图片
defen.png	7.71	86×40	“得分”图片
game0.png	82.2	359×181	“第一关”图片
game1.png	82.8	359×181	“第二关”图片
game2.png	82.2	359×181	“第三关”图片
gameTitle.png	136	540×960	游戏 LOGO
gameTitle2.png	176	496×209	游戏 LOGO
injureBG.png	58.7	540×960	受伤背景
load.png	23.7	190×190	圆盘进度条
loadingBack.png	3.06	180×180	圆盘进度条底座
numbers.png	4.99	210×40	分数图片
nums.png	3.0	120×14	技能个数
pause.png	3.29	50×50	暂停图片
pause_down.png	3.26	50×50	暂停按下图片
progress.png	5.85	261×20	玩家血量进度条
progress_bk.png	3.41	261×20	血量进度条背景
protect.png	11.9	87×63	防御技能图片
protect_down.png	9.56	87×63	防御技能按下图片
resumeNumber.png	7.2	600×200	倒计时图片
sliderProress.png	6.16	270×16	强化进度条
sliderTrack.png	3.42	270×16	强化进度条背景
streak.png	3.0	16×50	拖尾图片
transparent.png	2.74	20×20	拖拉条按钮
warning0.png	88.5	540×220	警告信息
warning1.png	10.5	104×126	危险图片

（2）上一部分介绍了游戏场景中用到的图片资源，本部分介绍程序中的 3D 模型和创建骨骼

动画所用到的模型。本程序中部分 3D 物体是通过 obj 创建的，带骨骼动画的模型则是由 c3b 创建的，如 BOSS 的骨骼动画就是由 c3b 创建后再由物体执行的，具体内容如表 8-2 所列。

表 8-2　　模型清单

模型名	大小（KB）	用　途	模型名	大小（KB）	用　途
boss1.c3b	20.7	第一个 boss 的模型	boss2.c3b	293	第二个 boss 的模型
boss2.c3b	1390	第三个 boss 的模型	coin.obj	9.58	金币的模型
enemy1.obj	6.66	敌机的模型	enemy2.obj	7.67	敌机 2 的模型
enemy3.obj	6.31	敌机 3 的模型	enemy4.c3b	42.6	敌机 4 的模型
gun.obj	271	武器的模型	life.obj	1.42	生命值模型
Missile4.obj	2.48	导弹的模型	plane01.obj	63.9	玩家战机模型
plane02.obj	356	玩家战机模型	plane03.obj	116	玩家战机模型
update.obj	2.38	生命值模型			

（3）上一部分介绍了创建 3D 模型和骨骼时所用到的模型，然而一个 obj 或者 c3b 只能且必须配一张纹理图，本部分介绍程序中的用于创建 3D 模型和骨骼动画时所用到的图片资源，具体内容如表 8-3 所列。

表 8-3　　图片清单

图　片　名	大小（KB）	像素（w×h）	用　途
boss2.jpg	53.1	512×512	第二个 boss 的贴图
boss3.jpg	213	1024×1024	第三个 boss 的贴图
coin_blue.png	286	369×369	金币蓝色贴图
coin_gold.jpg	157	600×600	金币黄色贴图
coin_gold.png	286	369×369	金币黄色贴图
coin_gray.png	286	369×369	金币灰色贴图
dj12.png	8.62	55×54	子弹奖励贴图
dj31.png	9.22	55×54	攻击强化贴图
dj13.png	9.06	55×54	导弹强化贴图
dj32.png	9.50	55×54	大招贴图
dj22.png	7.69	55×54	血量加强贴图
dj33.png	9.66	55×54	保护贴图
enemy.png	435	512×512	敌机贴图
gun.jpg	160	2048×1024	机关枪贴图
Missile.png	37.0	128×128	导弹贴图
plane01.jpg	82.4	512×512	战机 1 的贴图
plane02.jpg	82.4	512×512	战机 2 的贴图
plane03.jpg	247	512×512	战机 3 的贴图

（4）接下来介绍游戏中用到的声音资源，音效与背景音乐的作用是为了增强玩家的代入感，本游戏对音效的使用略少，有兴趣的读者可自行添加音效。系统将声音资源放在项目目录中的 app/src/main/assets/sound 文件夹下，其详细情况如表 8-4 所列。

表 8-4　　　　　　　　　　声音清单

声音文件名	大小（KB）	格式	用　途	声音文件名	大小（KB）	格式（KB）	用　途
back	13.5	mp3	返回音效	bgm_boss	380	mp3	boss 背景音乐
bgm_menu	560	mp3	菜单背景音乐	boom_m	19.4	mp3	爆炸音效
boom_s	13.2	mp3	爆炸音效	bullet	7.99	mp3	子弹音效
buttomGo	12,4	mp3	开始菜单音效	button	8.60	mp3	按钮音效
getCoin	11.8	mp3	获得奖励音效	plane_go	41.6	mp3	战机起飞音效
select	10.2	mp3	选择音效	sure	8.19	mp3	确认音效
transform	15.3	mp3	切换战机音效	warning	11.0	mp3	警告音效
word	6.76	mp3	关闭设置音效				

说明　本项目同样需要将所有的图片资源都存储在项目的 app/src/main/assets 文件夹下，并且对于不同的文件资源应该进行分类，储存在不同的文件目录中，这是程序员需要养成的一个良好习惯。

8.3 游戏的架构

上一节简单叙述了游戏的策划和前期准备工作，本节将对该游戏的架构进行简单介绍，包括服务器端以及手机端，使读者对本游戏的开发有更深层次的认识。构架是所有程序的灵魂，一个好的游戏构架可以极大地减少 bug 的产生、提高游戏的运行速度。

8.3.1 程序结构的简要介绍

该款游戏分为单机模式和联网模式，其中联网模式的基本框架如图 8-16 所示，核心思想是将并行操作转变为串行操作，保证了数据在任意时刻只做出一种改变。在这个构架中，手机客户端只负责根据数据进行场景的绘制以及精灵的摆放，基本运算在服务器端进行，例如碰撞检测。

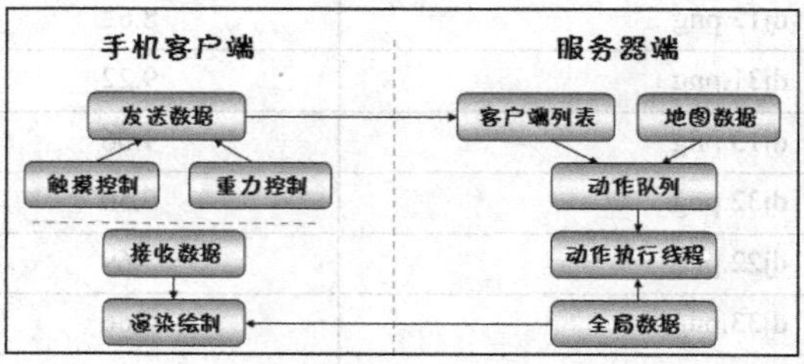

▲图 8-16　网络游戏的基本框架

雷鸣战机的基本流程：玩家通过触摸屏幕或者左右倾斜手机的操作方式，将获得的 x 方向与 y 方向偏移量发送至服务器。服务器将发送的数据和手机客户端列表编号加入动作队列，并且将其他改变数据（如地图偏移、敌机发射子弹、敌机的出现）加入动作队列。最后经过处理发回手机端。

8.3.2 服务器端的简要介绍

本小节将简要介绍服务器端，服务器端负责游戏的一切计算。但本书为介绍手机客户端开发的图书，所以只对服务器端的重点功能进行简要介绍，如读者有需要可自行查阅随书附带源代码，具体内容如下。

❑ 碰撞检测类——Collision

该类为碰撞检测类，包含了检测两个物体是否发生碰撞、敌方子弹与玩家战机是否发生碰撞以及检测物体是否与其他物体中的一个发生碰撞等，碰撞后出现的爆炸以及奖励也在这个类里添加。正是这些算法才使游戏的操作可以按正常逻辑运行。

❑ 数据交换类——ServerAgent

该类为数据交换类，主要负责手机客户端与服务器端的数据交换，包含了发送数据与接收数据方法。发送数据的格式为先发送数据标识字符串，再依次发送具体数据。接收数据时，先判断数据标识，然后判断并进行数据处理。

❑ 动作执行类——ActionThread

该类为动作执行类，所有的动作均为Action类的子类并重写doAction方法，之后由ActionThread执行。发生任何一个动作时，首先创建一个新的动作子类，然后将动作子类加入Queue<Action>，动作执行类每次取出一个Action并执行doAction方法。

8.3.3 手机客户端的简要介绍

本款游戏分为单机模式和联网模式。联网模式中手机客户端主要负责游戏的显示，单机模式中还要负责游戏逻辑的实现。为了让读者能够更好地理解各个类的作用，下面将其分成3部分进行介绍，各个类的详细代码将在后面的章节中进行详细介绍。

1. 布景相关类

游戏中最重要的开发均为场景的开发，游戏的特效、贴图的精细程度是能否吸引玩家的关键。布景类负责绘制场景，一切的游戏特效、物体移动等可视化效果都在布景类中完成。下面将为大家介绍布景类的开发，主要为对菜单按钮的开发和对物体精灵的开发。

❑ 总场景管理类——GameSceneManager

该类为游戏中呈现场景最主要的类，主要负责游戏中场景的创建和场景的切换，相当于一部电影的导演，负责剧情的切换。游戏中将众多的场景集中到一个类中，这样做程序不但结构清晰而且维护简单，并且减少了重复的代码，读者应细细体会。

❑ 自定义游戏欢迎布景类——BeginLayer

该类为玩家进入游戏场景时首先看到的布景呈现类。该类布景十分简单，仅有该游戏的名称、一架左右摇摆的3D战机以及一个下雨的粒子系统，单击屏幕的任意位置，进入游戏主菜单。游戏欢迎布景类完成了精灵的开发以及动画效果的实现，需要读者掌握。

❑ 自定义游戏欢迎加载类——LoadingLayer

该类为游戏的加载类。该类的布景十分简单，仅有该游戏的名称以及一个进度条。随着图片和模型的不断加载，进度条也随之发生改变。当图片和模型都加载完后，进度条也增长到满，此时会自动跳转到游戏的主菜单界面。

❑ 自定义游戏菜单布景类——MainMenuScene

该类为游戏菜单布景类，上方为该游戏的名称，中间有3个按键，分别为开始游戏、战机强化和游戏帮助。下面的一栏有三个按钮，分别为退出游戏、设置游戏和声音开关。单击按钮后字颜色变灰并进入相应界面或者更改游戏的相关属性。

❑ 自定义战机强化布景类——WeaponLayer

该类为游戏战机强化布景类，在布景中添加玩家战机的强化功能。当玩家拥有的金币数已达到升级的要求，玩家就可以选择强化自己的战机，如攻击加强、血量加强、侧翼加强、金币加强，而且还可以买自己喜欢的战机。

❑ 自定义游戏帮助布景类——HelpLayer

该类为游戏帮助布景类，该类的实现比较简单，通过在布景中添加一个3D的六棱柱来提示玩家该游戏的具体玩法。玩家可以双击屏幕实现放大缩小，同时还可以左右滑动来切换帮助图片精灵的位置。屏幕的左下角有一个“返回菜单”按钮，用于返回菜单布景类。

- 自定义游戏关卡选择布景类——SelectGameLayer

该类为游戏关卡选择场景类，玩家可以在左边观察关卡信息，在右边观看 boss 执行的 3D 动画以及 boss 的攻击力、生命值和技能的属性值，同时还可以左右滑动切换关卡。当切换关卡后，关卡信息和 boss 就会发生相应改变。当玩家单击“战斗”按钮时，游戏就会跳入到选战机的场景中。

- 自定义游戏战机选择布景类——SelectPlaneLayer

该类为游戏战机选择布景类，玩家可以从屏幕的上方观看到自己选择的关卡信息，同时在中间也可以看到战机的外型、战机的战斗力、生命值、技能等信息。同时还可以旋转战机以便玩家更好地选择自己喜欢的战机进行游戏。当玩家单击“战斗”按钮时，战机执行一段动画，随后进入游戏布景中。

- 自定义游戏 2D 布景类——My2DLayer

该类为游戏 2D 布景类，在此布景的上方可以看到玩家的得分以及玩家当前的血量。从下方可以看到玩家在游戏中获取大招和防御的个数，以及当玩家单击“暂停”按钮后弹出的游戏暂停界面信息。此布景类中还有玩家使用大招时所播放的爆炸动画特效和倒计时的动画实现，以及 boss 出现时危险警告标志的绘制。

- 自定义游戏 3D 布景类——First3DLayer

该类为游戏 3D 布景类，该游戏中所有的 3D 模型都被添加到该布景中，如玩家的战机、所有的敌机、所有的子弹、玩家的导弹、所有的奖励以及 boss 的绘制。该类中不停地去更新地图，该类和 2D 游戏布景类共同控制了游戏的逻辑功能。

2．工具及常量类

工具类及常量类均为程序必不可缺的内容，常量类是将常量集中起来，便于管理。工具类主要是对一种功能的封装，便于对代码进行阅读、重用以及管理。对于游戏来说，还应该有数据类。能够将代码进行分门别类的整理是成为优秀程序员的必备素质。

- 网络工具类——BNSocketUtil.

该类负责网络的通信，包括网络进程的开启、关闭，以及数据的发送和数据的接收，接收到信息之后设置标志位使程序能够执行。网络工具类需要读者了解对网络线程的开发，至于涉及内存的存储规则，读者了解其掌握方法即可。

- 常量类——AppMacros

该类封装着游戏中用到的大部分常量，包括屏幕的高度、游戏场景里各个物体的编号及层数，通过封装这些常量，可方便地对其管理与维护。

- 数据类——Constant

该类保存了游戏的基本数据，如玩家的得分、生命值、战机强化的情况、选择关卡的信息、选择战机的信息、boss 的属性值、战机的属性值、玩家战机的位置、操作方式、重力感应模式的灵敏度、暂停标志位、是否播放音乐等游戏的基本信息。

- 联网数据类——GameData

该类保存了联网游戏的全部数据，网络工具类通过修改 GameData 中的数据来改变呈现的内容，其中还保存了是否开启声音的信息以及播放声音的方法。在大型网络游戏中，数据都储存在数据库中，这可以提升数据的读取速度，减少维护成本。

3．引擎引用入口类 AppDelegate

该类中封装了一系列与引擎引用生命周期有关的函数，其中包括应用开启的入口函数、应用进入待机状态时调用的函数、应用从待机恢复调用的函数等。这些函数都是与引擎中应用程序运行状态相关的，读者在开发中应慢慢体会。

8.3.4 游戏框架简介

上一小节已经对该游戏所用到的类进行了简单介绍，但读者可能还没有理解游戏的架构以及游戏的运行过程。接下来将介绍游戏的整体架构，使读者对本游戏有更好的理解，首先给出的是其框架图，如图 8-17 所示。

说明 图 8-17 是雷鸣战机游戏框架图，通过该框架图我们可以看出游戏的运行是从 AppDelegate 类开始，然后依次是游戏场景相关类、数据常量类以及工具类，后续将向读者详细介绍其各自的功能，这里不必深究。

接下来按照程序运行的顺序逐步介绍各个类的作用以及整体的运行框架，使读者更好地掌握本游戏的开发步骤，其详细步骤如下。

▲图 8-17 游戏框架图

（1）启动游戏，在 AppDelegate 开启的入口函数中进行程序的初始化操作，例如屏幕的自适应方式等。然后创建一个主场景，并切换到主场景中，同时在主场景中初始化该场景的布景，使游戏进入第一个场景欢迎布景 BeginLayer。

（2）欢迎场景由游戏的名称、一架左右摇摆的 3D 战机以及一个下雨的粒子系统组成，单击屏幕的任意位置，进入游戏的加载场景。

（3）加载场景由游戏的名称以及一个进度条组成。随着图片和模型的不断加载，进度条也随之发生改变。当图片和模型都加载完后，进度条也增长到满，此时会自动跳转到游戏的主菜单界面。

（4）玩家可以在菜单界面的中间看到“开始游戏”“战机强化”和“游戏帮助”3 个按钮，单击相应按钮就会执行对应的操作。在屏幕下方还有“退出游戏”“游戏设置”和“声音开关”3 个按钮，单击相应的按钮就会修改相应的属性。

（5）玩家单击菜单场景中的“声音开关”按钮，程序会自动修改声音的开关。与大部分游戏的声音设置一样，声音设置分为音乐和音效两部分，音乐指背景音乐，音效为相应操作发出的声音。

（6）玩家单击菜单场景中的“游戏帮助”按钮，程序会跳转到帮助场景。在该场景中玩家会看到该游戏的玩法。只有了解了游戏的玩法，玩家才会更加顺利地在游戏中生存。单击屏幕右下角的“返回”按钮，程序会切换到菜单场景。

（7）玩家单击菜单场景中的“战机强化”按钮，程序会跳转到战机强化场景。当玩家拥有的金币数已达到升级的要求，玩家就可以为自己的战机进行攻击加强、血量加强、侧翼加强、金币加强等操作，还可以购买自己喜欢的战机。

（8）玩家单击菜单场景中的“开始游戏”按钮进入选择游戏模式界面，可以选择单机游戏或者和另一位玩家进行联网游戏。当单击单机游戏时，程序会跳到游戏的选择关卡场景。当单击联网模式时，玩家已经打开 WLAN 会进入等待界面等待另一位玩家的登录，如果没有打开则提示打开 WLAN。

（9）玩家进入游戏关卡选择场景后，可以在左边观察关卡信息，在右边观看 boss 执行的 3D 的动画以及 boss 的攻击力、生命值和技能的属性值，同时还可以左右滑动以切换关卡。当切换关卡后，关卡信息和 boss 就会发生相应的改变。当玩家单击“战斗”按钮时，游戏就会跳到选战机的场景中。

（10）玩家进入游戏战机选择布景后，玩家可以从屏幕的上方观看自己选择的关卡信息，在中间也可以看到战机的外形、战机的战斗力、生命值、技能等信息。同时还可以旋转战机以便玩家更好地选择自己喜欢的战机进行游戏。当玩家单击“战斗”按钮时，战机执行一段动画，随后进入游戏布景中。

（11）屏幕上面是玩家的得分、血量以及“暂停”按钮，左下角是玩家“大招”按钮，右下角是“防护罩”按钮，当玩家大招和防护罩的个数不为 0 的话，就可以单击按钮施放技能。玩家可以通过单击和滑动屏幕或者左右摇晃手机来控制飞机移动。

（12）玩家单击右上角的“暂停”按钮进入暂停状态，屏幕中央出现暂停框并显示 3 个按钮。按钮分别为“继续游戏”“游戏设置”“返回菜单”。

（13）如果是单机版，当玩家战机生命值降低为 0 时，则显示游戏失败。如果是联网模式时，双方战机都被消灭，则屏幕显示失败并出现 2 个按钮，分别为“重新开始”和“回主菜单”。如果消灭所有的敌机和 boss，则战机执行一段动画飞出视野，弹出游戏胜利标志，计算游戏分数并出现 2 个按钮，按钮分别为“继续游戏”和“回主菜单”。

8.4 服务器端的开发

从此节开始，我们将正式地介绍游戏的开发过程。对于一个能够联网的游戏来说，最重要的环节是服务器端的开发，一切有关于游戏的计算都需要在服务器端进行，游戏客户端只负责绘制接收到的数据，所以如何接收、发送、处理数据是本节的重点内容。

8.4.1 数据类的开发

首先介绍数据类 GameData 的开发。任何游戏都是由数据构成的。游戏数据一定要放在统一的位置，这样做可以有效避免开发过程中发生混乱，便于储存、管理，这就是数据类的意义所在。数据一般分为两种类型，临时数据和固定数据。

（1）固定数据，这类数据并不随游戏的进行而改变。其中一部分被程序读取并经过计算转化为临时数据，剩余一部分将某些抽象的数据描述出来，以增强程序可读性。例如在本游戏中，将用来标识传输数据类型的数据头赋予了一个可读的常量名，具体代码如下。

代码位置：见随书源代码/第 8 章/PlaneServer/src/com/server 目录下的 GameData.java。

```
1  public class GameData{
2      public static final int BULLET_DAMAGE[]={10,10,20,10,15}; //子弹伤害值
3      public static final int RECEIVE_CONNECT=1;                //接收游戏连接信息
4      public static final int SEND_OK=2;                        //发送链接成功信息
5      public static final int SEND_FULL=3;                      //发送服务器满信息
6      public static final int RECEIVE_LEVEL=4;                  //接收关卡切换信息
7      public static final int SEND_LEVEL=5;                     //发送关卡切换信息
8      public static final int RECEIVE_SELECT=6;                 //接收关卡确定信息
9      public static final int SEND_SELECT=7;       //发送关卡确定信息，并进入下一界面
10     ......//由于服务器端数据过多，在此不一一列举
11 }
```

说明　第 2 行存储了子弹伤害的数值，便于修改。第 3～9 行表示服务器接收或发送的数据类型，用变量名代替数字，以增强程序的可读性。

（2）临时数据。这一部分数据是随着游戏的进行而改变的，例如飞机的位置、飞机的生命值，双方的子弹等。这些数据在支撑起游戏的进程的同时，还负责游戏中的一些特效，同时保证了游戏的平衡，具体代码如下。

代码位置：见随书源代码/第 8 章/PlaneServer/src/com/server 目录下的 GameData.java。

```
public class GameData{
    ......//此处省略的是上文介绍过的固定数据
```

```
        public static int custom=0;                       //关卡编号
        public static int redPlane=0;                     //红色玩家的飞机编号
        public static int greenPlane=0;                   //绿色玩家的飞机编号
        public static int redOK=0;                        //红色玩家的飞机选择确定信息
        public static int greenOK=0;                      //绿色玩家的飞机选择确定信息
        public static float redX=0;                       //红色玩家战机 x 坐标
        public static float redY=0;                       //红色玩家战机 y 坐标
        public static float greenX=0;                     //绿色玩家战机 x 坐标
        public static float greenY=0;                     //绿色玩家战机 y 坐标
        ......//由于服务器端数据过多，在此不一一列举
  }
```

说明 此类包含了各种游戏数据，与游戏有关的一切计算都在此基础上进行。有些数据可能不太容易理解，这些数据都是为解决一些问题生成的，用法各有不同，作者随后将为大家详细讲述。解决问题的方法绝不仅此一种，读者也可自行探索。

8.4.2 服务线程的开发

上一小节介绍了服务器端数据类的开发，下面介绍服务线程的开发。服务主线程接收手机端发来的请求，将请求交给代理线程处理。代理线程按数据内容将数据封装为相应的动作类，并且压入动作队列，等待动作执行线程执行，最后将改变后的数据反馈给手机端。

（1）首先介绍主线程类 ServerThread 的开发，主线程类的代码比较短，但却是服务器端最重要的一部分，是实现服务器功能的基础。每有一个客户端连接到服务器端时，都会产生一个 ServerAgent 用来接收信息，具体代码如下。

代码位置：见随书源代码/第 8 章/PlaneServer/src/com/server 目录下的 ServerThread.java。

```
1    package com.server;
2    public class ServerThread extends Thread{      //创建一个名为 ServerThread 的继承线程的类
3         boolean flag=false;                       //ServerSocket 是否创建成功的标志位
4         ServerSocket ss;                          //定义一个 ServerSocket 对象
5         public void run(){                        //重写 run 方法
6              try{                                 //网络操作需要异常处理
7                   ss=new ServerSocket(9999); //创建一个绑定到端口 9999 的 ServerSocket 对象
8                   System.out.println("Server Listening on 9999...");
9                   flag=true;
10                  ServerAgent.count=0;              //客户端计数器重置为 0
11                  new ActionThread().start();       //开启动作执行线程
12                  new UpdateThread().start();       //开启状态更新线程
13             }catch(Exception e){
14                  e.printStackTrace();              //打印错误信息
15             }
16             while(flag){
17                  try{
18                       Socket sc=ss.accept();//接收客户端的请求，返回连接对应的 Socket 对象
19                       System.out.println(sc.getInetAddress()+" connect...");
20                       ServerAgent.flag=true;
21                       new ServerAgent(sc,this).start();     //创建接收线程
22                  }catch(Exception e){
23                       e.printStackTrace();                  //打印错误信息
24        }}}
25        public static void main(String args[]){
26             new ServerThread().start();                    //开启网络线程
27   }}
```

- 第 7～15 行为创建连接端口的方法，首先创建一个绑定到端口 9999 上的 ServerSocket 对象，然后打印连接成功的提示信息。创建完成后，将客户端计数器置为 0，同时开启用于操纵游戏物体动作的动作执行线程以及更新游戏状态的更新线程。
- 第 16～24 行为开启服务线程的方法，该方法一直循环，等待接受客户端请求，成功后调用并启动代理线程，对接收的请求进行具体处理。

- 第 25～27 行为程序启动的方法，是程序的入口，用于开启网络线程。

（2）现在读者应该了解了服务器端主线程类的开发方式，下面介绍代理线程 ServerAgent 的开发。首先介绍的是数据接收部分，服务器端每接收一组数据，先通过数据头判断传入数据的类型，然后接收数据并保存，最后处理数据，具体代码如下。

代码位置：见随书源代码/第 8 章/PlaneServer/src/com/server 目录下的 ServerAgent.java。

```
1   package com.server;
2   ......//此处省略了导入类的代码，读者可自行查阅随书附带源代码
3   public class ServerAgent extends Thread{
4       ......//此处省略变量定义的代码，请自行查看源代码
5       public ServerAgent(ServerThread st,Socket sc){
6           this.sc=sc;  //获取 Socket 对象，便于关闭、重启服务器
7           ServerAgent.st=st;
8           din=new DataInputStream(sc.getInputStream());     //创建新数据输入流
9           dout=new DataOutputStream(sc.getOutputStream());   //创建新数据输出流
10      }
11      public void run(){
12          while(flag){                                       //数据接收标志位
13              try{
14                  String msg=readStr(din);                   //读取数据标识
15                  if(msg==GameData.RECEIVE_STARTACTION){     //收到准备好的信号
16                      if(serverNumber==0){                   //判断是哪个客户端发送的
17                          GameData.redOKAction=1;
18                      }else if(serverNumber==1){
19                          GameData.greenOKAction=1;
20                      }
21                      if(GameData.redOKAction!=0 && GameData.redOKAction!=0){
22                          this.initStart();   //若均准备好则初始化游戏
23                  }}
24                  ......//其他 msg 的处理与此类似，故省略，读者可自行查阅源代码
25              }catch(Exception e){
26                  closeGame();                               //重置服务器的方法
27                  break;
28  }}}}
```

- 第 5～10 行为 ServerAgent 的构造方法，获取 Socket 对象，创建了数据的输入输出流，以便重启服务器以及传输、接收数据。
- 第 11～24 行为接收数据的方法。首先根据标志位判断是否能够接收数据，然后接收数据头，根据数据头判断接收到的消息类型，再将数据依次从数据输入流中读取，最后根据数据将需要执行的动作加入动作执行队列。
- 第 25～28 行为异常处理的方法。如果客户端和服务器端连接断开，则执行关闭服务器的方法，具体方法在下一部分进行介绍。

（3）下面介绍服务器的重置方法，首先需要向所有客户端发送关闭指令，其次关闭客户端 socket 以及其数据输入、输出流，最后清空客户端列表并重置客户端计数器。服务器的关闭方法并不复杂，主要的目的是使游戏成功或者游戏失败时能重新进行游戏，其具体代码如下。

代码位置：见随书源代码/第 8 章/PlaneServer/src/com/server 目录下的 ServerAgent.java。

```
public void closeGame() {
    flag=false;                              //更改代理线程标志位，使所有客户端线程退出
    GameData.threadFlag=false;               //更改游戏线程标志位，使游戏停止
    for(ServerAgent sa:ulist){               //遍历客户端列表
        try{
            sa.din.close();                  //关闭数据输入流
            sa.dout.close();                 //关闭数据输出流
            sa.sc.close();                   //关闭客户端 socket
        }catch(Exception e){
            e.printStackTrace();
    }}
    ulist.clear();                           //清空客户端列表
    count=0;                                 //重置客户端计数
}
```

> **说明** 首先将代理线程的循环标志位与游戏物品的更新标志位置否，使网络线程和驱动游戏进行的线程自动关闭。然后遍历客户端列表，关闭输入输出流与 socket。最后将客户端列表清空，同时清空客户端计数器。

（4）上一部分介绍了数据的接收，下面则介绍数据的发送。由于本程序有许多线程同时进行数据的更改、传输，为了防止数据不一致，发送每组数据时一定在同步锁中进行，以此保证发送此段数据时不会有其他类型的数据被发送，具体代码如下。

代码位置：见随书源代码/第 8 章/PlaneServer/src/com/server 目录下的 ServerAgent.java。

```
1   public static void broadcastMsg(int... args){         //可变长参数，发送数据
2       for(ServerAgent sa:ulist){
3           try{
4               synchronized(GameData.broadLock){    //发送方法同步锁
5                   for(int iTemp:args){
6                       sendInt(sa.dout, iTemp);   //发送数据
7           }}}catch(Exception e){
8               e.printStackTrace();
9   }}}
10  public static void broadcastData(int type,ArrayList<Float> data) {
                                                        //发送相应类型的数据列表
11      for(ServerAgent sa:ulist){
12          try{
13              synchronized(GameData.broadLock){    //发送方法同步锁
14                  sendInt(sa.dout, type);          //发送数据标识符
15                  sendInt(sa.dout, data.size());   //发送数据大小
16                  for(int i=0;i<data.size();i++){
17                      sendFloat(sa.dout, data.get(i));    //发送数据信息
18          }}}catch(Exception e){
19              e.printStackTrace();
20  }}}
```

- 第 1～9 行为发送零散数据的方法，可变长参数使发送数据的代码更加简洁精炼。只需要将所有待发送的数据作为参数即可。
- 第 10～20 行为发送大量数据的方法，首先发送数据标识，然后计算数据长度，最后依次发送数据。在编程时需要注意，发送数据的次数必须要和接收数据的次数完全一样。

8.4.3 收发数据工具类的开发

服务器端使用的是 Java 语言，而 Cocos2dx 则是基于 C++语言。这两种语言并不能直接进行数据交流，主要原因是因为两种语言对数据高低位的存储方式不同，这一小节主要讲述如何在 Java 与 C++之间进行数据通信。

（1）收发数据工具类 IOUtil，此类提供了收发数据的封装方法。具体数据的转化功能是在工具类 ConvertUtil 中，实现方法将在下一部分详细介绍。基本思路为将数据流按字节保存到所需长度的字符数组中，然后调用 ConverUtil 中的方法进行转换，具体代码如下。

代码位置：见随书源代码/第 8 章/PlaneServer/src/com/util 目录下的 IOUtil.java。

```
package com.bn.gp.util;
......//此处省略了导入类的代码，读者可自行查阅随书附带源代码
public class IOUtil {
    public static void sendInt(DataOutputStream dout,int a) throws Exception{
  //发送 int 数据
        byte[] buf=ConvertUtil.fromIntToBytes(a);      //将 int 转化为 byte 数组
        dout.write(buf);                               //写入数据输出流
        dout.flush();                                  //清空缓冲区数据
    }
    public static void sendStr(DataOutputStream dout,String str) throws Exception{
                                                       //发送字符串
        byte[] buf=ConvertUtil.fromStringToBytes(str);
```

```
11          sendInt(dout,buf.length);                     //发送字符串长度
12          dout.write(buf);                              //写入数据输出流
13          dout.flush();
14     }
15     public static int readInt(DataInputStream din) throws Exception{//接收 int 类型数据
16          byte[] buf=new byte[4];
17          int count=0;                                  //接收到字符的数量
18          while(count<4){                               //循环读取字节
19               int tc=din.read(buf);                    //读取数据
20               count=count+tc;                          //更新接收到字符的数量
21          }
22          return ConvertUtil.fromBytesToInt(buf);      //字符数组转 int 并返回
23     }
24     public static String readStr(DataInputStream din) throws Exception{
                                                          //接受字符串类型数据
25          int len=readInt(din);                         //接收字符串长度
26          byte[] buf=new byte[len];                     //按字符串长度创建数组
27          int count=0;
28          while(count<len){                             //循环读取字节
29               int tc=din.read(buf);
30               count=count+tc;
31          }
32          return ConvertUtil.fromBytesToString(buf); //字符数组转字符串并返回
33  }}
```

- 第 4～8 行为发送 int 类型数据的方法，将 int 转化为 4 位 byte 数组，然后用数据输出流将字符数组发送出去。
- 第 9～14 行为发送 String 类型数据的方法，先发送字符串长度，再发送 String 类型数据转化成的 byte 数组。
- 第 15～23 行为接收 int 类型数据的方法，创建长度为 4 的 byte 数组，循环读取数据输入流中的数据，直到读满 4 个为止。
- 第 24～33 行为接收 String 类型数据的方法，先接收字符串长度，创建长度为所读长度的数组，循环读取数据输入流中的数据，直到读满。

（2）C++写入的字节顺序是从低到高（左低右高），而 Java 中数据输出流读取的数据是从高到低（左高右低），所以在发送数据和接收数据的时候，需要将数据按统一的方式编码。本游戏统一转变为从低到高的顺序，具体代码如下。

代码位置：见随书源代码/第 8 章/PlaneServer/src/com/util 目录下的 ConvertUtil.java。

```
package com.bn.gp.util;
......//此处省略了导入类的代码，读者可自行查阅随书附带源代码
public class ConvertUtil {          //将字符串转换为字符数组，按照 UTF-8 格式
     public static byte[] fromStringToBytes(String s){
          byte[] ba=s.getBytes(Charset.forName("UTF-8")); //按UTF-8格式生成字符数组
          return ba;                                        //返回字符数组
     }
     public static byte[] fromIntToBytes(int k){
          byte[] buff = new byte[4];                  //将整数转化为长度为 4 的字符数组
          buff[0]=(byte)(k&0x000000FF);               //记录第 25~32 位
          buff[1]=(byte)((k&0x0000FF00)>>>8);         //记录第 17~24 位
          buff[2]=(byte)((k&0x00FF0000)>>>16);        //记录第 9~16 位
          buff[3]=(byte)((k&0xFF000000)>>>24);        //记录第 0~8 位
          return buff;
     }
     public static int fromBytesToInt(byte[] buff){ //将字符数组转化为 int 数据
          return (buff[3] << 24) + ((buff[2] << 24) >>> 8)       //解码，与上文相反
               + ((buff[1] << 24) >>> 16) + ((buff[0] << 24) >>> 24);
     }
     public static String fromBytesToString(byte[] bufId){ //将字符数组转化为字符串
          String s=null;
          try {
               s=new String(bufId,"UTF-8");    //以 UTF-8 格式创建字符串
          } catch (UnsupportedEncodingException e) {
```

```
25              e.printStackTrace();                        //打印异常
26          }
27          return s;
28  }}
```

- 第 4～7 行为字符串转为字符数组的方法，使用系统提供的方法，将字符串按 UTF-8 格式反编译成 byte 数组。
- 第 8～15 行为整数转化为四字符数组的方法。例如整数 11111，在内存中应存储为 00000000，00000000，00101011，01100111。32 位二进制数分为 4 组储存，byte 数组最后结果应为 0，0，43，147。浮点型与整数方法相同。
- 第 16～28 行为上述两步的反向转化方法，读者可自行阅读。

8.4.4 辅助工具类的开发

程序的开发过程中，总有一些经常使用的功能，例如碰撞检测、测算物体之间的距离。我们需要将这些功能单独封装起来，便于以后开发过程中的使用。能够合理地将程序拆分为各个短小精悍的功能方法，是一个程序员的素质体现。

（1）碰撞检测的开发，由于本游戏并不需要十分精确的碰撞检测，所以没有使用物理引擎，碰撞仅仅利用点与点之间的距离判断。当两个点的距离小于两物体的半径和时，就认为是两个物体碰撞。子弹与飞机、飞机与飞机之间的检测均由此判断。

代码位置：见随书源代码/第 8 章/PlaneServer/src/com/util 目录下的 Collision.java。

```
package com.util;
public class Collision{
    private static float []localSize={0,50,50,40};    //飞机半径数据
    private static float []goalSize={0,30,40,50,60,100,100,100}; //敌机半径数据
    public static boolean checkCollision(float redX, float redY,
                int redNumber, float greenX, float greenY, int greenNumber){
        float distance1=(redX-greenX)*(redX-greenX)+(redY-greenY)*(redY-greenY);
                                                    //两点距离
        float distance2=(localSize[redNumber]+goalSize[greenNumber])*
                                                    //半径和
            (localSize[redNumber]+goalSize[greenNumber]);
        if(distance1<distance2){                    //判断是否小于半径和
            return true;
        }
        return false;
}}
```

说明 首先声明两组半径值，第一行表示对应飞机编号的半径，第二行表示对应敌机编号的半径，从第 6 个开始为 boss 的半径，0 均表示子弹半径。根据传入的坐标、编号参数，可以计算出两个物体的距离以及是否碰到一起。

（2）坐标类的开发。在本游戏中，每个物体都有其对应的空间坐标，为了方便使用，作者开发了 Vec2 类和 Vec3 类，其中封装了测两点之间角度、距离以及将两个点相加的方法，便于飞机等物体的移动以及确定子弹的方向。

代码位置：见随书源代码/第 8 章/PlaneServer/src/com/util 目录下的 Vec2.java。

```
package com.util;
public class Vec2{
    public Vec2(){                              //构造器，初始化，其值为 0
        this.x=0;this.y=0;
    }
    public Vec2(float x, float y){              //构造器，初始化
        this.x=x;this.y=y;
    }
    public Vec2 add(Vec2 vec){                  //将两个坐标相加
```

```
10         Vec2 result=new Vec2();                         //创建新的对象
11         result.x=this.x+vec.x;
12         result.y=this.y+vec.y;
13         return result;                                  //将相加后的对象返回
14     }
15     public float getDistanceSquare(Vec2 vec){           //获取到另一个点的距离的平方
16         float xTemp=x-vec.x;
17         float yTemp=y-vec.y;
18         return xTemp*xTemp+yTemp*yTemp;                 //根据勾股定理
19     }
20     public static boolean containsPoint(Vec2 vec){      //判断坐标点是否超出屏幕范围
21         if(vec.x>-100 && vec.x<740 && vec.y>-50 && vec.y<1600){
22             return true;                                //在屏幕内返回 true
23         }
24         return false;
25 }}
```

- 第 4～8 行为类的构造器，使用无参构造器会将其成员变量复制为 0。
- 第 9～14 行为将两个坐标相加的方法，将相加后的新对象返回。利用这个方法可以轻松地改变物体的坐标，便于移动物体。
- 第 15～19 行为计算两点之间的距离的平方，一般对开发操作没有特殊需求，这可以节省运算、节约资源并提高运行速度。
- 第 20～25 行计算当前坐标点是否超出预设范围，超出范围的物体应该被销毁。

（3）关卡工具类的开发。游戏中的每一关都有大量的数据需要重置，例如飞机的生命值、位置以及之前关卡遗留的各种数据。因此，作者对所有需要重置数据的操作进行了封装，增强了程序的可维护性及可读性。

代码位置：见随书源代码/第 8 章/PlaneServer/src/com/util 目录下的 LevelUtil.java。

```
package com.util;
public class LevelUtil{
    public static void resetLevel(){
        GameData.awardList=new ArrayList<Award>();                        //清空奖励数据
        GameData.enemyBulletList=new ArrayList<EnemyBullet>();//清空敌机子弹数据
        GameData.enemyList=new ArrayList<EnemyPlane>();                   //清空敌机数据
        GameData.mainBulletList=new ArrayList<MainBullet>(); //清空玩家子弹数据
        ......//由于需要重置的数据过多，此处省略了大量数据，有需要的读者可以查阅随书附带源代码
        GameData.redAttackCount=0;                                        //重置飞机的大招个数
        GameData.greenAttackCount=0;
        GameData.redProtectCount=0;                                       //重置飞机的保护罩个数
        GameData.greenProtectCount=0;
}}
```

说明　关卡工具类涉及很多方面，本游戏只用到了关卡数据的重置，就是对游戏数据类的相关数据重新赋值。

8.4.5　动作执行类的开发

动作的实现利用了 Java 的多态性，多态对程序的扩展具有非常大的作用。游戏里所有的物体均为 Action 类的子类，通过重写 doAction 方法来实现物体的移动或消失。本节介绍父类 Action 的开发、动作执行线程以及其中一种物体全部动作的实现。

1. 动作父类

游戏中所有的动作都需要继承动作父类，例如飞机的移动、子弹的发射。通过使用 Action 类的指针来指向 Action 类的子类对象，使所有动作可以加入动作队列。同时也必须用动作的执行线程来执行，接下来介绍动作父类和动作的执行线程。

（1）父类 Action 的开发，父类 Action 并没有具体的功能，仅仅是包含一个需要子类重写的抽象方法，并使各种不同的动作加入动作队列。具体代码如下。

代码位置：见随书源代码/第 8 章/PlaneServer/src/com/action 目录下的 Action.java。

```
package com.action;
public abstract class Action{
    public abstract void doAction();                                    //动作执行方法
}
```

（2）动作执行线程，用来将动作队列的动作取出并执行，用队列的方法能保证同一时间只有一个动作进行，保障了程序的稳定。动作执行线程任何时刻都在运转，游戏暂停时只需要停止生成动作的代码即可，具体代码如下。

代码位置：见随书源代码/第 8 章/PlaneServer/src/com/action 目录下的 ActionThread.java。

```
1   package com.action;
2   ......//此处省略了导入类的代码，读者可自行查阅随书附带源代码
3   public class ActionThread extends Thread{
4       public void run(){
5           while(true){
6               Action a=null;                              //声明 Action 对象
7               synchronized(GameData.actionLock){          //同步方法拿到 lock 对象
8                   a=ServerAgent.aq.poll();                //读取动作列表里的动作
9               }
10              if(a!=null){                                //判断动作是否为空
11                  try{
12                      a.doAction();                       //执行动作
13                  }catch(Exception e){
14                      e.printStackTrace();
15                      break;                              //发生异常则关闭动作线程
16              }}else{
17                  try{
18                      Thread.sleep(20);                   //线程睡眠 20ms，防止浪费资源
19                  }catch(Exception e){
20                      e.printStackTrace();
21                  break;
22  }}}}}
```

> **说明** 需要读者注意第 7 行 synchoronized 的使用，这是一个同步方法，执行此语句块的时候，同样持有 GameData.lock 对象的语句块无法被执行。同步方法用来保证同一时间数据只能被一个进程修改，保障了数据的完整性。

2. 玩家战机子弹动作

此部分以地图上的玩家战机的子弹为例，详细介绍具体动作子类的实现，其中包括了子弹类、子弹控制类和子弹动作线程。通过这 3 个类的协同工作，实现了飞机子弹的创建、移动以及消失。此部分将对 3 个类分别进行介绍，具体实现如下。

（1）单个子弹类，包含了子弹的基本信息：坐标、方向、威力以及一个子弹动作的方法，玩家战机子弹动作由每一个子弹的动作组合而成。子弹动作的方法十分简单，通过计算使子弹沿一个固定的方向移动固定的距离，具体代码如下。

代码位置：见随书源代码/第 8 章/PlaneServer/src/com/action 目录下的 MainBullet.java。

```
package com.action;
......//此处省略了导入类的代码，读者可自行查阅随书附带源代码
public class MainBullet{
    int ID;                                     //玩家子弹 ID
    Vec2 pos;                                   //玩家子弹位置
    float angle;                                //玩家子弹旋转角度
    int sort;                                   //玩家子弹类型
    int damage;                                 //玩家子弹伤害
    int speed;                                  //玩家子弹速度
    public MainBullet(Vec2 pos, float angle, int sort){      //构造器，依次赋值
        ID=GameData.mainBulletID++;
        this.pos=pos.getVec2();
        this.angle=angle;
        this.sort=sort;
```

```
15          this.speed=30;
16          this.damage=GameData.BULLET_DAMAGE[sort];         //从数据类获取伤害数据
17      }
18      public void go(){                                      //子弹移动方法
19          pos.x=pos.x+(float)(speed*Math.cos(Math.toRadians(450-angle)));
20          pos.y=pos.y+(float)(speed*Math.sin(Math.toRadians(450-angle)));
21  }}
```

- 第 4～9 行为子弹的基本信息，包括坐标、方向、以及威力。
- 第 8～17 行为子弹的构造类，用于创造一个新子弹，并将子弹信息保存进新子弹中。
- 第 18～21 行为子弹的动作，玩家战机子弹动作由每一个子弹动作组合而成。动作为让子弹沿着子弹方向以一定的速度移动一定距离。

（2）子弹控制类，负责定时产生新子弹、控制每个子弹进行移动、销毁应该消失的子弹和检测子弹是否撞击到物体。子弹的消失有很多种情况，比如撞击到物体、飞出屏幕等，需要用不同的判断方法进行判断，具体代码如下。

代码位置：见随书源代码/第 8 章/PlaneServer/src/com/action 目录下的 MainBulletControl.java。

```
package com.action;
......//此处省略了导入类的代码，读者可自行查阅随书附带源代码
public class MainBulletControl extends Action{
    static Object lock=new Object();                 //声明同步锁
    static int bulletCounter=0;                      //声明计数器
    public void doAction(){
        bulletCounter++;                             //更新计数器
        createBullet();                              //创建新子弹
        if(GameData.mainBulletList.size()==0){  //判断是否有子弹需要处理
            ServerAgent.broadcastMsg(GameData.SEND_MAINBULLET,0); //发送空数据
            return;
        }
        ArrayList<MainBullet> alTemp;                //创建临时子弹列表
        ArrayList<MainBullet> alDel=new ArrayList<MainBullet>();//创建待删除子弹列表
        ArrayList<Float> mainbullet=new ArrayList<Float>();  //创建临时子弹数据列表
        ArrayList<EnemyPlane> elTemp;                //创建临时敌机列表
        ArrayList<EnemyPlane> elDel=new ArrayList<EnemyPlane>();//创建待删除敌机列表
        synchronized(lock){                          //获取玩家子弹数据
            alTemp=new ArrayList<MainBullet>(GameData.mainBulletList);
        }
        synchronized(EnemyControl.lock){             //获取敌机数据
            elTemp=new ArrayList<EnemyPlane>(GameData.enemyList);
        }
        for(MainBullet mb:alTemp){                   //遍历子弹数据
            mb.go();                                 //移动子弹
            if(!Vec2.containsPoint(mb.pos)){         //判断是否超出屏幕范围
                alDel.add(mb);                       //将子弹加入待删除列表
                continue;
            }
            for(EnemyPlane ep:elTemp){
                if(Collision.checkCollision(         //将撞击到物体的子弹加入销毁列表
                    mb.pos.x,mb.pos.y,0,ep.position.x, ep.position.y, ep.index+1)){
                    if(ep.hurt(mb.damage)){          //执行飞机受到伤害的方法
                        elDel.add(ep);
                    }
                    alDel.add(mb);
                    break;
            }}
            mainbullet.add((float)mb.ID);            //添加需要发送的数据
            mainbullet.add((float)mb.sort);
            mainbullet.add(mb.pos.x);
            mainbullet.add(mb.pos.y);
            mainbullet.add(mb.angle);
        }
        synchronized(lock){
            for(MainBullet mb:alDel){
                GameData.mainBulletList.remove(mb);          //将待删除子弹销毁
        }}
```

```
49              synchronized(EnemyControl.lock){
50                 for(EnemyPlane ep:elDel){
51                     GameData.enemyList.remove(ep);             //将待删除飞机销毁
52              }}
53              ServerAgent.broadcastData(GameData.SEND_MAINBULLET,mainbullet);
                                                                  //发送子弹数据
54      }}
```

- 第 7～11 行声明了同步锁和计数器，它们用于保证子弹数据读取时的安全以及控制子弹创建的时间。具体创建子弹的方法在之后的部分进行详细介绍。
- 第 13～23 行功能为将需要的数据读取、复制入临时数组，并在复制数据时加入同步方法，防止数据中途被改变从而导致程序错误。
- 第 24～44 行为控制所有子弹动作的方法。遍历所有子弹，先让子弹执行子弹动作，然后遍历敌机列表，计算是否和飞机发生碰撞。若发生碰撞，将子弹加入待删除列表。同时，子弹的爆炸是在客户端根据子弹数据的消失来创建的。
- 第 45～54 行功能为根据待删除列表将子弹列表中的子弹销毁，最后将子弹信息发送。

（3）子弹控制类。下面主要讲述子弹的创建。创建子弹时首先通过计数器判断是否需要创建，然后更改炮筒状态，最后将子弹加入子弹列表。子弹的位置为发射子弹的飞机的位置，角度为飞机炮筒的角度，具体代码如下。

代码位置：见随书源代码/第 8 章/PlaneServer/src/com/action 目录下的 MainBulletControl.java。

```
1    private static void createBullet() {
2         if(bulletCounter%9!=0){                           //用计数器控制子弹创建时间
3              return;
4         }
5         if(GameData.isRedLife){                           //判断是否需要创建红色子弹
6              addBullet(new Vec2(GameData.redX,GameData.redY),     //创建红色子弹
7                   GameData.isRedBulletPower,GameData.redBulletLevel,GameData.redPlane);
8         }
9         if(GameData.isGreenLife)    {                     //判断是否需要创建绿色子弹
10             addBullet(new Vec2(GameData.greenX,GameData.greenY),     //创建绿色子弹
11                  GameData.isGreenBulletPower,GameData.greenBulletLevel,GameData.greenPlane);
12   }}
13   public static void addBullet(Vec2 pos,boolean power,int level,int id){
14        int sort1=0;                                      //设置子弹种类
15        int sort2=2;
16        if(power){                                        //若子弹加强则全为第二种子弹
17             sort1=2;
18        }
19        if(id==0){                                        //判断飞机类型
20             switch(level){                               //判断玩家子弹等级
21                 ......//此处省略了创建子弹的具体方法，有兴趣的可自行查阅随书附带源代码
22   }}}
```

- 第 1～12 行为判断是否需要创建子弹的方法。首先根据计数器判断是否应该创建子弹，然后判断对应飞机是否已死亡，如果未死亡则调用添加子弹的方法。此方法需要传入子弹的坐标，子弹等级以及飞机的类型。
- 第 13～22 行为添加子弹的方法。首先设置基础的子弹种类，若子弹为强化状态则子弹均为大威力子弹，然后根据飞机类型以及子弹的等级创建子弹。

（4）子弹动作线程。负责定时将飞机子弹的控制者加入动作列表，每隔 20ms 加入一次，加入动作列表需要用同步方法，防止发生异常。具体代码如下。

代码位置：见随书源代码/第 8 章/PlaneServer/src/com/action 目录下的 MainBulletThread.java。

```
package com.action;
public class MainBulletThread extends Thread{
     private static int COUNT=0;
     private int count=0;
     public MainBulletThread(){
```

```
            this.setName("MainBullet");                    //设置线程名称
            MainBulletControl.bulletCounter=0;             //计数器置零
        }
        public void run(){
            count=++COUNT;                                 //设置标志位，防止两个线程同时启用
            while(GameData.threadFlag && count==COUNT){     //判断线程是否关闭
                if(GameData.gameState==GameData.GAME_START){//判断是否为游戏中状态
                    Action a=new MainBulletControl();       //创建玩家战机子弹
                    synchronized(GameData.actionLock){
                        ServerAgent.aq.offer(a);           //压入动作线程
                    }
                }else if(GameData.gameState==GameData.GAME_LOST //判断是胜利还是失败
                        ||GameData.gameState==GameData.GAME_WIN){
                    break;                                 //退出线程
                }
                try{
                    Thread.sleep(20);                      //线程休眠 20ms
                }catch(Exception e){
                    e.printStackTrace();
    }}}}
```

> **说明**　子弹移动线程十分简单，如果游戏状态为正在游戏，则每隔 20ms 创建一个新的飞机子弹控制者加入动作列表。需要注意的是，切勿将创建类的语句放入同步方法中，类的创建耗时较长，放入同步方法中会影响游戏速度。使用同步方法的原则是执行代码的时间尽量短。

8.4.6　状态更新类的开发

由于类似游戏状态的数据有可能在程序中的许多地方进行更改，所以作者将游戏状态的数据发送封装为一个类。其基本原理是该类保存着这些数据的备份，一旦数据类中的数据与该类中的数据不相等，则向客户端发送数据并将该类中的数据进行更改。

（1）状态更新类分为两部分，第一部分类负责发送数据的 Updata 类，它继承于 Action，同样需要重写 doAction 方法，并在其中调用发送数据的方法。状态更新类负责发送两种不同类型的数据，需要传入枚举类型来判断将要发送的数据为什么类型。具体代码如下。

代码位置：见随书源代码/第 8 章/PlaneServer/src/com/action 目录下的 UpdateThread.java。

```
1   class Update extends Action{
2       UpdateEnum updateEnum;
3       public Update(UpdateEnum updateEnum){                  //构造函数
4           this.updateEnum=updateEnum;
5       }
6       public void doAction() {                               //执行动作的方法
7           switch(updateEnum){
8           case gameState:                                    //判断游戏状态类型
9               ServerAgent.broadcastMsg(GameData.SEND_STATE,GameData.gameState);
10              break;
11      }}
12      public enum UpdateEnum{
13          gameState
14  }}
```

- 第 1～5 行声明了相关变量，并编写了构造函数，其需要传入一个枚举类型来确定发送什么类型的数据。
- 第 6～11 行为重写 doAction 的方法，根据该类的成员变量 updateEnum 来判断发送什么类型的数据，变量为 gameState 则发送游戏状态数据。
- 第 12～14 行为定义枚举类型的方法，便于增添新的状态类型。

（2）状态更新类的第二部分为 UpdataThread 类，功能为定时检测是否有数据发生变化。如果有变化则将更新相应数据的 Updata 类加入动作列表。具体发送的数据为什么类型，由 Update 构

造器中传入的枚举类型确定，具体代码如下。

代码位置：见随书源代码/第 8 章/PlaneServer/src/com/action 目录下的 UpdateThread.java。

```
public class UpdateThread extends Thread{
    private int gameState;                          //游戏状态
    public UpdateThread(){   //状态更新类构造器
        this.setName("update");
        gameState=GameData.gameState;               //为游戏状态赋值
    }
    public void run(){
        while(true){
            if(GameData.gameState!=gameState){      //如果游戏状态改变
                gameState=GameData.gameState;
                Action a=new Update(Update.UpdateEnum.gameState);
                                                    //创建状态更新动作
                synchronized(GameData.actionLock){
                    ServerAgent.aq.offer(a);        //加入动作队列
            }}
            try{
                Thread.sleep(200);                                  //休眠 200ms
            }catch(Exception e){
                e.printStackTrace();
}}}}
```

> **说明** 由于游戏有暂停、游戏中、胜利及失败多种状态和许多状态的转化，编写时容易疏忽而导致不能发送状态改变的消息，可以利用检查状态并更新的技术来降低程序的错误率。由于状态改变需要的实时程度并不高，所以休眠 200ms。

8.5 布景相关类

游戏场景是游戏的核心，一个炫丽美观、位置合理的场景能大大提高玩家对游戏的喜爱。本节将对游戏中所有的场景进行讲解，首先介绍游戏场景的管理者，然后介绍游戏各个场景的开发过程，从而逐步完成对整个游戏场景的介绍。

8.5.1 菜单布景类 MainMenuScene

介绍完游戏的的欢迎场景之后，接下来介绍游戏的菜单场景。该场景中有 6 个按钮，玩家通过单击屏幕中不同功能的按钮以切换到不同的场景或者关闭游戏。菜单是每个游戏不可或缺的功能，读者一定要掌握，并且能够灵活运用，其具体的开发步骤如下。

（1）首先介绍菜单布景中的框架，该框架中声明了一系列将要使用的成员变量和成员方法，以及场景管理器的指针，其详细代码如下。

代码位置：见本书随书源代码/第 8 章/Cocos2dxPlane/app/src/main/jni/otherLayer 目录下的 MainMenuScene.h。

```
#ifndef __MainMenuScene_H__              //判断是否定义此头文件
#define __MainMenuScene_H__              //则定义头文件_MainMenuScene_宏
#include "cocos2d.h"                     //包括 cocos2d 库
#include "../hellocpp/GameSceneManager.h"          //包含场景管理器
#include "../tool/GameSet.h"                       //包含设置界面的宏
#include "../otherLayer/NetLayer.h"                //包含联网界面的宏
using namespace cocos2d;                           //使用 cocos2d 命名的宏
class MainMenuScene : public cocos2d::Layer{       //继承布景类
public:
    GameSceneManager* gsm;                         //场景管理器
    NetLayer *netLayer;                            //开始游戏布景引用
    GameSet *setGame;                              //游戏设置布景引用
    MenuItemImage* menuItem[3];                    //3 个菜单按钮
```

```
        MenuItemImage* setItem;                              //游戏设置按钮
        MenuItemImage* exitItem;                             //退出按钮
        MenuItemImage* soundItem;                            //声音按钮
        Menu *menu;                                          //菜单容器
        bool isSelectModel=false;                            //是否在选择游戏模式中
        virtual bool init();                                 //初始化方法
        void addMenuItem();                                  //添加按钮
        void menuSelect(int index);                          //选择进入界面
        void createSetBox();                                 //创建设置栏
        void deleteNetLayer();                               //删除联网模式
        bool onMyTouchBegan(Touch* touch, Event* event);   //开始触摸回调方法
        void onMyTouchMoved(Touch* touch, Event* event);   //触摸时回调方法
        void onMyTouchEnded(Touch* touch, Event* event);   //触摸结束时回调方法
        CREATE_FUNC(MainMenuScene);
};
#endif
```

说明 上述代码为 MainMenuScene 类的头文件，在该头文件中定义了场景所属的管理者、联网布景的的引用以及游戏设置界面的引用，还声明了各种精灵的指针、MainMenuScene 类中需要的 init 方法、添加菜单项的回调方法 addMenuItem、创建设置框的回调方法 createSetBox、删除游戏模式栏的回调方法 deleteNetLayer、3 个触摸回调方法以及单击菜单项的回调方法 menuSelect(int index)等。

（2）开发完该类框架声明后还要真正实现 MainMenuScene 类中的方法，要创建背景精灵并添加背景精灵到布景中。通过创建剪裁节点，创建标题移动的亮片，设置亮片的重复执行向右移动再瞬间回到某点的动作，以实现标题的光影效果，其详细代码如下。

代码位置：见本书随书源代码/第 8 章/Cocos2dxPlane/app/src/main/jni/otherLayer 目录下的 MainMenuScene.cpp。

```
......//此处省略了对头文件的引用和命名空间的声明，需要的读者可参考源代码
bool MainMenuScene::init(){
    if ( !Layer::init()){   //调用父类的初始化
        return false;
    }
        Sprite *back1 = Sprite::create(MAP_PATH+std::string("mainLayerBg.jpg"));
        //初始化背景
        back1->setPosition3D(Vec3(270,0,0));           //设置背景位置
        back1->setAnchorPoint(Point(0.5,0));        //设置背景锚点
        back1->setScale(1.2f);                           //设置背景大小
        this->addChild(back1,BACKGROUND_LEVEL);   //添加背景到布景中
        Sprite *title = Sprite::create(GAME_PATH+std::string("gameTitle2.png"));
                                                    //初始化游戏标题
        ClippingNode* cliper = ClippingNode::create();
        //剪裁节点
        Sprite* stencil = title;                       //为自己设置剪裁模板
        Sprite* spark = Sprite::create(SELECTGAME_PATH+std::string("titleBlend.png"));
        //初始化亮片
        spark->setPosition(-title->getContentSize().width,0);
        //设置亮片的位置
        BlendFunc cbl = {GL_DST_COLOR, GL_ONE};       //定义混合类型
        spark->setBlendFunc(cbl);   //设置亮片混合
        cliper->setAlphaThreshold(0.5f);                 //设置剪裁的透明度为 0.5
        cliper->setStencil(stencil);                     //设置剪裁模板
        cliper->addChild(title);                         //添加剪裁的内容
        cliper->addChild(spark);                         //添加亮片
        this->addChild(cliper,MENU_LEVEL);               //添加剪裁到布景中
        cliper->setPosition(Point(270,730));             //设置剪裁的位置
        MoveTo* moveTo = MoveTo::create(1.5f,Point(title->getContentSize().width,0));
                                                         //移动动画
        Place* moveBack = Place::create(Point(-title->getContentSize().width,0));
                                                         //瞬时回到某点
        Sequence* seq = Sequence::create(moveTo,moveBack,DelayTime::create(1.0f),
        nullptr);                                        //顺序动作
```

```
27        RepeatForever* action = RepeatForever::create(seq);  //重复执行的动作
28        spark->runAction(action);                            //亮片执行动作
29        addMenuItem();                                       //添加按钮方法
30        auto listener = EventListenerTouchOneByOne::create(); //创建一个单点触摸监听
31        listener->setSwallowTouches(true);                   //设置下传触摸
32        listener->onTouchBegan =      //开始触摸时回调 onTouchBegan 方法
33              CC_CALLBACK_2(MainMenuScene::onMyTouchBegan, this);
34        listener->onTouchMoved =      //触摸时回调 onTouchMoved 方法
35              CC_CALLBACK_2(MainMenuScene::onMyTouchMoved, this);
36        listener->onTouchEnded =      //触摸结束时回调 onTouchEnd 方法
37              CC_CALLBACK_2(MainMenuScene::onMyTouchEnded, this);
38        _eventDispatcher->addEventListenerWithSceneGraphPriority(listener,this);
                                      //添加到监听器
39        return true;
40   }
```

- 第 1～28 行功能为创建背景精灵，添加背景精灵到布景中。通过创建剪裁节点，创建标题移动的亮片，设置亮片混合，设置标题精灵自身为剪裁模板，设置亮片的重复执行向右移动再瞬间回到某点的动作，以实现标题的光影效果。
- 第 29～39 行为添加按钮的方法和给 layer 添加监听的方法。layer 默认不能被触控，需要我们人为地为 layer 注册触控监听，此帮助界面仅需要单点触控监听。多点触控的注册为 EventListenerTouchAllAtOnce，想要进一步了解的读者请查阅相关资料。

（3）初始化菜单方法，包含了菜单外观的创建，以及回调方法的实现。此类中所有的菜单方法均为跳转场景的方法，游戏中的大部分场景（如关卡选择界面、帮助界面）都在菜单类中进入，是整个游戏的中转站，具体代码如下。

代码位置：见本书随书源代码/第 8 章/Cocos2dxPlane/app/src/main/jni/otherLayer 目录下的 MainMenuScene.cpp。

```
void MainMenuScene::addMenuItem(){
     menuItem[0] = MenuItemImage::create(              //创建开始菜单项
            MENU_PATH+std::string("start.png"),         //平时的图片
            MENU_PATH+std::string("start_btn.png"),     //选中时的图片
            CC_CALLBACK_0(MainMenuScene::menuSelect, this,0)//单击时执行的回调方法
     );
     menuItem[0]->setPosition(Point(-270,500));         //设置开始按钮位置
     ……//此处省略了几个菜单项的创建方法，需要的读者可参考源代码。
     std::string voicePicName="";                    //声音图片正常字符串
     std::string voicePicNameP="";                   //声音图片按下字符串
     if(Constant::soundFlag==true){                  //如果已经开启声音
          voicePicName="soundOpened_btn.png";        //获取正常字符串
          voicePicNameP="soundOpened_btn_down.png";  //获取按下字符串
     }else{                                          //如果没有开启声音
          voicePicName="soundClosed_btn.png";        //获取正常字符串
          voicePicNameP="soundClosed_btn_down.png";  //获取按下字符串
     }
     setItem->setPosition(Point(115,50));            //设置游戏设置按钮的位置
     soundItem = MenuItemImage::create(              //声音按钮
            MENU_PATH+voicePicName,                  //平时的图片
            MENU_PATH+voicePicNameP,                 //选中时的图片
        CC_CALLBACK_0(MainMenuScene::menuSelect, this,5)//单击时执行的回调方法
     );
     soundItem->setPosition(Point(185,50));          //设置声音按钮
     menu = Menu::create(menuItem[0],menuItem[1],menuItem[2], //创建菜单容器
          setItem,exitItem,soundItem,nullptr);
     menu->setPosition(Point::ZERO);                 //设置菜单原点位置
     this->addChild(menu, MENU_LEVEL);               //将菜单添加单布景中
     for(int i=0;i<3;i++){                           //遍历 3 个按钮
          menuItem[i]->runAction(Sequence::create(   //播放按钮的动作
              DelayTime::create(0.2*i),              //等待 0.2s 的倍数
              EaseBounceOut::create(MoveTo::create(0.5,Point(270,500-120*i))),
                                                     //移动到指定位置
              nullptr));
          PlaySound::playSound(kButtonGo);           //播放初始化按钮的声音
}}
```

- 第 1～24 行为设置菜单子项，菜单的创建需要 3 个参数，第一个参数为未选中时的图片，第二个参数为选中时的图片，第三个参数为回调方法。回调方法的格式如上文所示，需要注意的是调用的方法一定要加上命名空间。
- 第 25～28 行为设置菜单项。一般菜单项的原点与屏幕左下角坐标一致，相当于整个菜单覆盖在 Layer 上。需要注意的是第 26 行，可变长参数最后需要用 nullptr 结尾。
- 第 29～34 行为开始游戏、战机强化、游戏帮助界面的开场动画相关代码，主要任务是按照顺序，将每个按钮通过一定时间移动到特定位置以及播放音效。播放音效类 PlaySound 下面将进行详细介绍。

（4）讲完创建菜单项的方法后，接下来讲解单击菜单项调用此方法以实现跳转界面和设置游戏属性。具体代码如下。

代码位置：见本书随书源代码/第 8 章/Cocos2dxPlane/app/src/main/jni/otherLayer 目录下的 MainMenuScene.cpp。

```
1   void MainMenuScene::menuSelect(int index){
2       PlaySound::playSound(kMenuSure);               //播放确认声音
3       SpriteFrame *soundFrame;                       //设置正常声音的图片
4       SpriteFrame *soundFrameP;                      //设置选择声音的图片
5       switch(index){                                 //跳转界面
6           case 0:                                    //进入选择游戏模式场景
7               netLayer = NetLayer::create();                   //创建游戏模式场景
8               this->addChild(netLayer,MENU_LEVEL);             //添加游戏模式场景到菜单界面
9               isSelectModel=true;                              //更改游戏模式的标志位
10              menu->setEnabled(false);                         //其他按钮设置为不可按
11              break;
12          case 1:     gsm->goWeapon();               //跳转到战机强化界面
13              break;
14          case 2:                                    //游戏设置界面
15              createSetBox();                        //创建游戏设置界面
16              menu->setEnabled(false);               //其他按钮设置为不可按
17              break;
18          case 3: gsm->goHelp();                     //跳转到帮助界面
19              break;
20          case 4: Director::getInstance()->end();  //关闭游戏
21              break;
22          case 5:                                              //设置声音
23              if(Constant::soundFlag){                         //如果已经开启声音
24                  soundFrame=SpriteFrame::create(
25                      MENU_PATH+std::string("soundClosed_btn.png"),Rect(0,0,50,50));
26                  soundFrameP=SpriteFrame::create(
27                      MENU_PATH+std::string("soundClosed_btn_down.png"),Rect(0,0,50,50));
28              }else{
29                  soundFrame=SpriteFrame::create(
30                      MENU_PATH+std::string("soundOpened_btn.png"),Rect(0,0,50,50));
31                  soundFrameP=SpriteFrame::create(
32                      MENU_PATH+std::string("soundOpened_btn_down.png"),Rect(0,0,50,50));
33              }
34              soundItem->setNormalSpriteFrame(soundFrame);      //设置平时的图片
35              soundItem->setSelectedSpriteFrame(soundFrameP);  //设置按下的图片
36              Constant::soundFlag=!Constant::soundFlag;         //更改声音标志位
37              if(!Constant::soundFlag){                         //如果没有声音
38                  PlaySound::pauseBackground();           //暂停背景音乐
39              }else{                                      //如果有声音
40                  PlaySound::playBackground();            //播放背景音乐
41              }
42              UserDefault::getInstance()->setIntegerForKey(  //存储声音标志位
43                  "soundFlag",Constant::soundFlag);
44              break;
45  }}
```

- 第 1～4 行为播放单击菜单项按钮时的音效，初始化声音菜单项未选择时显示的图片和选中时显示的图片。

- ❑ 第 5～21 行为当单击开始游戏时，创建游戏模式场景并将其添加到菜单界面中，设置其他菜单项不可用，更改选择游戏模式中的标志位。当单击“战机强化”按钮时，通过场景管理器跳转到战机强化场景。当单击“游戏设置”按钮时，创建设置菜单并添加到该界面中同时设置其他菜单项不可用。当单击“游戏帮助”按钮时，通过游戏场景管理器跳转到帮助场景。当单击“退出游戏”按钮时，调用导演关闭游戏。
- ❑ 第 22～44 行为当单击“设置声音”按钮时，根据当前是否开启声音而设置声音菜单项的未选中图片和选中图片。同时判断是播放背景音乐还是暂停背景音乐。最后存储声音标志位。

8.5.2 游戏模式布景类 NetLayer

本小节介绍游戏模式选择场景的开发，该类中包含单机模式跳转到选择战机界面的方法以及联网模式的实现。在联网模式中，有关于创建联网线程，判断是否连接成功的，连接成功后的等待另一位玩家的加入，这都是我们学习的重点，具体开发过程如下。

（1）首先需要开发的是 NetLayer 类的框架，该框架中声明了一系列将要使用的成员变量和成员方法，以及场景管理器的指针，其详细代码如下。

代码位置：见本书随书源代码/第 8 章/Cocos2dxPlane/app/src/main/jni/otherLayer 目录下的 NetLayer.h。

```
#ifndef __NetLayer_H__      //判断是否定义此头文件
#define __NetLayer_H__      //定义_NetLayer_H_的宏
#include "cocos2d.h"        //包含 cocos2d 的宏
#include "../hellocpp/GameSceneManager.h"    //包含场景管理器的引用
using namespace cocos2d;                     //使用 coocs2d 的命名空间
class NetLayer : public cocos2d::Layer{      //继承布景类
public:
    GameSceneManager* gsm;                   //场景管理器
    int waitIndex;                           //等待的索引值
    Sprite *waitting;                        //等待中精灵
    Sprite *noConnectBoard;                  //没有连接板子
    Sprite *waittingConnect;                 //等待中
    virtual bool init();                     //初始化方法
    void goOneModel();                       //单机模式
    void goNetModel();                       //联网模式
    void goSelectGame();                     //跳转选择战机界面
    void ConnectNet(float f);                //连接服务器
    void selectPlane(float f);               //等待连接中
    void breakConnect(float f);              //断开连接
    MenuItemImage* oneModel;                 //单机模式按钮
    MenuItemImage* netModel;                 //联网模式按钮 1
    MenuItemImage* netModel2;                //联网模式按钮 2
    static bool isConnecting;                //是否已经在连接中
    CREATE_FUNC(NetLayer);
};
#endif
```

> **说明** 上述代码为 NetLayer 类的头文件，其中定义了 NetLayer 类中用到的 init 方法、场景管理器的引用、等待精灵的引用、单机模式方法、联网模式方法、连接服务器方法、断开连接方法、跳转选择战机界面方法、按钮回调方法以及初始化菜单项等方法。

（2）开发完类框架声明后还要真正实现 NetLayer 类中的方法，首先是要实现布景初始化的 init 方法，其中包括标题和菜单的初始化。声音开关的按钮更替原理上为替换图片，单击按钮的作用只是将标志位置反，之后利用刷新方法进行按钮刷新。其详细代码如下。

代码位置：见本书随书源代码/第 8 章/Cocos2dxPlane/app/src/main/jni/otherLayer 目录下的 NetLayer.cpp。

```
......//此处省略了对一些头文件的引用和命名空间的声明，需要的读者可参考源代码
bool NetLayer::init(){
```

```
3       if (!Layer::init() ){          //调用父类的初始化
4           return false;
5       }
6       Sprite *bg=Sprite::create(NET_PATH+std::string("background.png"));//初始化背景精灵
7       this->addChild(bg);           //添加精灵到场景中
8       bg->setPosition(Vec2(270,480));  //设置精灵位置
9       Sprite *board=Sprite::create(NET_PATH+std::string("board.png"));//初始化板精灵
10      this->addChild(board);         //添加板到场景中
11      board->setPosition(Vec2(270,480));    //设置板的位置
12      oneModel=MenuItemImage::create(       //初始化单机按钮
13                          NET_PATH+std::string("onePlayer.png"),//正常时的图片
14                          NET_PATH+std::string("onePlayer.png"),//按下时的图片
15                          CC_CALLBACK_0(NetLayer::goOneModel,this)); //执行的回调的方法
16      oneModel->setPosition(Vec2(0,90));    //设置按钮的位置
17      netModel=MenuItemImage::create(       //初始化联网模式按钮
18                          NET_PATH+std::string("twoPlayer.png"),//正常时的图片
19                          NET_PATH+std::string("twoPlayer.png"),//按下时的图片
20                          CC_CALLBACK_0(NetLayer::goNetModel,this)); //执行的回调方法
21      netModel->setPosition(Vec2(0,-90));              //设置按钮位置
22      netModel2=MenuItemImage::create(                 //创建联网模式按钮 2
23                          NET_PATH+std::string("twoPlayer_unenable.png"),//正常时的图片
24                          NET_PATH+std::string("twoPlayer_unenable.png"));//按下时的图片
25      netModel2->setVisible(false);                    //设置为不可见
26      netModel2->setPosition(Vec2(0,-75));             //设置按钮位置
27      Menu *menu=Menu::create(oneModel,netModel,netModel2,nullptr);//创建菜单容器
28      this->addChild(menu);                            //添加按钮到场景中
29      return true;
30  }
```

- 第 1～11 行为初始化 Layer 的操作，创建背景精灵，设置背景位置，添加背景到场景中。功能还有创建板精灵，设置板位置，添加板到场景中。
- 第 12～29 行为初始化菜单项的操作。菜单子项显示单机模式和联网模式，并实现隐藏联网模式 2 菜单子项的功能。当单击单机模式时执行单机模式的回调方法，当单击联网模式时执行联网模式回调方法。最后创建菜单容器，将菜单加到场景中。

（3）接下来给出的是单机模式按钮的回调方法 goOneModel 和联网模式按钮的回调方法 goNetModel，通过这两个方法可以观察到 NetLayer 类的整体实现概况。还有单击游戏后执行的跳转界面方法，其详细代码如下。

代码位置：见本书随书源代码/第 8 章/Cocos2dxPlane/app/src/main/jni/otherLayer 目录下的 NetLayer.cpp。

```
void NetLayer::goOneModel(){
    oneModel->runAction(Sequence::create(    //按钮顺序执行方法
            ScaleTo::create(0.15,1.2f),       //按钮放大
            ScaleTo::create(0.15,1.0f),       //按钮缩小
            CallFunc::create(CC_CALLBACK_0(NetLayer::goSelectGame,this)),nullptr));
                                              //跳转场景方法
}
void NetLayer::goSelectGame(){                //跳转界面
    gsm->goSelectGame();    //跳转到选择关卡界面
 }
 void NetLayer::goNetModel(){
     new std::thread(&BNSocketUtil::threadConnectTask,"192.168.253.1", 9999);
                                              //创建网络连接线程
     waitting=Sprite::create(NET_PATH+std::string("waiting.png"));
                                              //初始化等待中精灵
     this->addChild(waitting);                //添加精灵到场景中
     waitting->setPosition(270,480);          //设置精灵位置
     waitting->runAction(RepeatForever::create(RotateBy::create(1.0,360)));
                                              //执行自动旋转动作
     isConnecting=true;                       //已经连接中
     schedule(schedule_selector(NetLayer::ConnectNet),0.3f);
                                              //每 0.3s 执行一次是否已经连接的判断方法
```

```
18    scheduleOnce(schedule_selector(NetLayer::breakConnect),5.0f);
                                                  //5s 后执行中断连接方法
19 }
```

- 第 1～9 行为单击“单机模式”按钮后执行的方法。单击后执行顺序动作，该动作是放大按钮和缩小按钮，然后执行跳转到选择关卡界面的方法。
- 第 10～19 行为单击“联网模式”按钮后执行的方法。创建网络连接线程，创建等待中的精灵并且执行自动旋转的动作，设置标志为正在连接中。开启一个每 0.3s 执行一次的方法以判断是否连接成功。在 5s 后开启中断连接方法。下面将详细介绍 ConnectNet 和 breakConnect 方法。

（4）接下来介绍判断是否连接成功的方法，该方法包括一个人连接成功后需要执行的方法，已经有两个人连接成功后需要执行的方法，以及服务器已满时需要执行的方法，其详细代码如下。

代码位置：见本书随书源代码/第 8 章/Cocos2dxPlane/app/src/main/jni/otherLayer 目录下的 NetLayer.cpp。

```
1   void NetLayer::ConnectNet(float f){
2       if(GameData::playerNumber!=-1){                          //联网模式
3           isConnecting=false;  //设置没有连接上
4           if(GameData::playerCount==1){                        //服务器只有一个人连接
5               this->removeChild(waitting,MENU_LEVEL);          //删除等待精灵
6               netModel->setVisible(false);                     //隐藏联网按钮 1
7               netModel2->setVisible(true);                     //显示联网按钮 2
8               waittingConnect=Sprite::create(
9                   NET_PATH+std::string("waittingConnect0.png"));//创建等待中精灵
10              this->addChild(waittingConnect,MENU_LEVEL);  //添加精灵到场景中
11              waittingConnect->setPosition(Vec2(270,480)); //设置等待精灵的位置
12              schedule(schedule_selector
13                  (NetLayer::selectPlane),0.2f); //每 0.2s 执行一次等待中精灵的改变方法
14              this->unschedule(SEL_SCHEDULE(&NetLayer::ConnectNet));//停止继续连接方法
15              oneModel->setEnabled(false);      //设置单机模式按钮不可用
16          }else if(GameData::playerCount==2){  //服务器已经连接了两个人
17              this->unschedule(SEL_SCHEDULE(&NetLayer::ConnectNet)); //停止连接回调方法
18              goSelectGame();   //进入下一个界面
19      }}
20      if(GameData::serviceFull){                        //如果服务器人数已满
21          isConnecting=false;                           //设置没有在连接中
22          this->unschedule(SEL_SCHEDULE(&NetLayer::ConnectNet)); //关闭连接回调方法
23          this->removeChild(waitting,MENU_LEVEL);  //删除等待精灵
24          Sprite *pointBoard=Sprite::create(
25              NET_PATH+std::string("servicerFull.png"));//创建服务器已经连接的提示板
26          pointBoard->setPosition(Point(Vec2(270,480)));//设置板子的位置
27          this->addChild(pointBoard,MENU_LEVEL);        //添加板子到场景中
28          pointBoard->setScale(0.1f);                   //设置板子大小
29          pointBoard->setPosition(Vec2(270,480));       //设置板子位置
30          pointBoard->runAction(Sequence::create(       //板子执行动作
31                  EaseBounceOut::create(ScaleTo::create(0.3f,1.0f)),
                                                      //放大板子
32                  DelayTime::create(0.5f),      //等待 0.5s
33                  RemoveSelf::create(),nullptr));   //删除板子
34  }}
```

- 第 1～19 行为确定是联网模式后，设置当前没有连接成功的标志位，如果服务器连接人数为 1 时，隐藏联网模式的菜单子项，显示联网模式 2 的菜单子项，创建等待中精灵并且开启每 0.2s 执行一次的等待中精灵回调方法，同时停止当前回调方法，设置单机模式菜单子项不可用。如果服务器连接人数为 2 时，停止当前回调方法，跳转到选择关卡界面。
- 第 20～34 行为当接收到服务器已满的信息时，设置当前没有连接上的标志位，停止当前回调方法，创建服务器已满的提示板，设置提示板执行弹出动作后，等待 0.5s 后删除自己。

（5）接下来介绍当连接 5s 后还没有连接上时需要执行的中断连接方法，当在等待时，更换等待中精灵的方法，其详细代码如下。

代码位置：见本书随书源代码/第 8 章/Cocos2dxPlane/app/src/main/jni/otherLayer 目录下的 NetLayer.cpp。

```
1   void NetLayer::breakConnect(float f){
2       isConnecting=false;                          //设置没有在连接中
3       if(GameData::connectFlag==false&&GameData::serviceFull==false){ //如果没有连接上
4           this->removeChild(waitting,MENU_LEVEL);                   //删除等待的精灵
5           this->unschedule(SEL_SCHEDULE(&NetLayer::ConnectNet));//停止连接回调方法
6           noConnectBoard=Sprite::create(
7               NET_PATH+std::string("noConnected.png"));//创建没有连接上的板子精灵
8               this->addChild(noConnectBoard,MENU_LEVEL);  //添加板子到场景中
9               noConnectBoard->setScale(0.1f);             //设置板子的大小
10              noConnectBoard->setPosition(Vec2(270,480)); //设置板子的位置
11              noConnectBoard->runAction(Sequence::create( //板子顺序执行动作
12                      EaseBounceOut::create(ScaleTo::create(0.3f,1.0f)),
                                                     //板子放大
13                      DelayTime::create(0.5f),   //停止 0.5s
14                      RemoveSelf::create(),nullptr));   //删除自己
15  }}
16  void NetLayer::selectPlane(float f){
17      waitIndex++;                             //等待中索引值自加
18      if(waitIndex==4){                        //如果索引值等于 4
19          waitIndex=0;                         //设置索引值为 0
20      }
21      waittingConnect->setTexture(
22          NET_PATH+StringUtils::format("waittingConnect%d.png",waitIndex));
            //设置等待中精灵纹理
23      if(GameData::playerCount==2){        //如果服务器连接人数为 2
24          goSelectGame();    //跳转到选择关卡界面
25  }}
```

- 第 1～15 行为中断连接方法。设置当前没有连接成功的标志位，如果没有连接成功且服务器人数没有满时，删除等待中精灵，停止连接回调方法，创建没有连接上板子的精灵并执行顺序动作，板子放大后停止 0.5s 后删除自己。
- 第 16～25 行为更改等待中精灵的方法。等待索引值自加，如果索引值等于 4 则设置为 0。根据索引值设置等待中的纹理图，如果连接服务器的人数为 2 时，跳转到选择关卡界面。

8.5.3　帮助布景类 HelpLayer

介绍完游戏的游戏模式布景后，接下来介绍帮助场景。该场景实现比较简单，通过旋转六棱柱的 6 个面来了解游戏的玩法。在该类中添加了一个六棱柱模型，每个面贴了一张游戏中场景的图片，通过图片的内容去了解游戏的玩法，其具体的开发步骤如下。

（1）首先需要开发的是 HelpLayer 类的框架，该框架中声明了一系列将要使用的成员变量和成员方法，以及场景管理器的指针，其详细代码如下。

代码位置：见本书随书源代码/第 8 章/Cocos2dxPlane/app/src/main/jni/otherLayer 目录下的 HelpLayer.h。

```
#ifndef __HelpLayer_H__                 //判断是否曾定义此头文件
#define __HelpLayer_H__                 //定义_HelpLayer_H_的宏
#include "cocos2d.h"                    //包含 coco2d 的宏
#include "../hellocpp/GameSceneManager.h" //包含场景管理器的宏
using namespace cocos2d;                    //使用 cocos2d 的命名空间
class HelpLayer : public cocos2d::Layer{  //继承布景类
public:
    GameSceneManager* gsm;                  //场景转换器引用
    Sprite3D *rotateHelp;                   //帮助信息引用
    Sprite *point;                          //提示框引用
    bool touchFlag=true;            //是否在触摸中
    bool isClicked=false;           //是否单击一次了
    bool isLook=false;              //是否为方法帮助信息
    virtual bool init();            //初始化方法
    bool onTouchBegan(Touch* touch, Event* event);   //触控开始事件的处理方法
```

```
        void onTouchMoved(Touch* touch, Event* event);  //触控移动事件的处理方法
        void onTouchEnded(Touch* touch, Event* event);  //现在可以改变的帮助内容
        void initMenu();                                //初始化菜单项
        void judgeCallback(float f);                    //触摸一次事件
        void menuExit();                                //回到主菜单界面
        CREATE_FUNC(HelpLayer);
};
#endif
```

说明 上述代码为 HelpLayer 类的头文件，在该头文件中定义了场景所属的管理者，并声明了各种精灵的指针、HelpLayer 类中需要的 init 方法、初始化菜单项方法、检测是否双击屏幕方法、更改帮助信息方法以及回到主菜单界面方法。

（2）开发完类框架声明后还要真正实现 HelpLayer 类中的方法，其主要是创建背景和六棱柱并将其添加其到布景中，初始化菜单项，其详细代码如下。

代码位置：见本书随书源代码/第 8 章/Cocos2dxPlane/app/src/main/jni/otherLayer 目录下的 HelpLayer.h。

```
1   bool HelpLayer::init(){
2       if (!Layer::init()){                      //调用父类的初始化
3           return false;
4       }
5       Sprite3D *bg = Sprite3D::create(           //创建背景
6           HELP_PATH+string("background.obj"),HELP_PATH+string("loadingBG.jpg"));
7       bg->setPosition3D(Vec3(270,530,-400));                 //设置背景位置
8       bg->setScale(2.3);                           //设置背景大小
9       this->addChild(bg);                          //添加背景到布景中
10      rotateHelp = Sprite3D::create(              //创建六棱柱模型
11          HELP_PATH+string("helpRotate.obj"),HELP_PATH+string("page.jpg"));
12      rotateHelp->setScale(0.6f);                  //设置棱柱大小
13      rotateHelp->setPosition3D(Vec3(273,460,-382));         //设置棱柱位置
14      rotateHelp->setRotation3D(Vec3(0,0,0));                //设置棱柱旋转角度
15      this->addChild(rotateHelp,MENU_LEVEL);                 //添加棱柱到布景中
16      initMenu();                                            //初始化菜单项
17      auto listener = EventListenerTouchOneByOne::create();//创建一个单点触摸监听
18      listener->setSwallowTouches(true);                  //设置下传触摸
19      listener->onTouchBegan = CC_CALLBACK_2(HelpLayer::onTouchBegan, this);//按下
20      listener->onTouchMoved = CC_CALLBACK_2(HelpLayer::onTouchMoved, this);//移动
21      listener->onTouchEnded = CC_CALLBACK_2(HelpLayer::onTouchEnded, this);//抬起
22      _eventDispatcher->addEventListenerWithSceneGraphPriority(listener,this);
                                                                    //添加到监听器
23      return true;
24  }}
```

- 第 1～16 行为创建背景精灵、设置其位置并添加到布景中，创建六棱柱模型，设置六棱柱大小、位置、旋转角度并将其添加到布景中，初始化菜单项方法。
- 第 17～23 行为给 layer 添加监听的方法。layer 默认不能被触控，需要人为地给 layer 注册触控监听，此帮助界面仅需要单点触控监听。多点触控的注册方法为 EventListenerTouch-AllAtOnce，想要进一步了解的读者请查阅相关资料。

（3）下面讲解菜单项的实现方法。它包含布景中低栏的创建，返回按钮的创建以及提示文本框的创建，还有提示文本框需要重复执行的动作，其详细代码如下。

代码位置：见本书随书源代码/第 8 章/Cocos2dxPlane/app/src/main/jni/otherLayer 目录下的 HelpLayer.cpp。

```
void HelpLayer::initMenu(){
    Sprite *buttomBG=Sprite::create(HELP_PATH+std::string("buttomBG.png"));
                                                       //创建低栏
    buttomBG->setPosition(Vec2(270,0));                //设置低栏位置
    buttomBG->setAnchorPoint(Point(0.5,0));            //设置低栏锚点
    buttomBG->setScaleY(0.7f);                         //设置低栏大小
```

```
    this->addChild(buttomBG,MENU_LEVEL);                      //添加低栏到布景中
    MenuItemImage* back =MenuItemImage::create(              //创建菜单子项
          HELP_PATH+std::string("back_btn.png"),  //未选中的图片
          HELP_PATH+std::string("back_btn_down.png"), //选中的图片
          CC_CALLBACK_0(HelpLayer::menuExit,this));       //执行的回调方法
    back->setAnchorPoint(Point(0,0));                         //设置返回锚点
    back->setPosition(Point(20,20));                          //设置返回位置
    Menu *menu=Menu::create(back,nullptr);                    //创建菜单容器
    menu->setPosition(Point::ZERO);                           //设置容器位置
    this->addChild(menu,MENU_LEVEL);                          //添加容器到布景中
    point=Sprite::create(HELP_PATH+std::string("point1.png")); //创建提示文本框
    point->setPosition(Vec2(270,175));                        //设置位置
    point->setAnchorPoint(Point(0.5,1));                      //设置锚点
    point->setScale(1.2);                                     //设置大小
    this->addChild(point,MENU_LEVEL);                         //添加文本框到布景中
    point->runAction(RepeatForever::create(Sequence::create(  //执行重复执行动作
                FadeOut::create(1),                           //淡出
                FadeIn::create(1),                            //淡入
                nullptr)));
}
```

说明　创建低栏、设置其位置、大小并添加到布景中。创建返回按钮，通过单击“返回”按钮可以回到主菜单界面。创建提示文本框并重复执行淡出淡入动画，以提醒玩家通过左右滑动可以切换帮助信息。

（4）下面详细介绍如何让玩家了解帮助信息的方法，玩家通过双击屏幕放大六棱柱，左右滑动屏幕旋转六棱柱来观看帮助信息，当玩家已经放大六棱柱，如果再次双击屏幕会缩小六棱柱，单击“返回”按钮返回到主菜单界面，其详细代码如下。

代码位置：见本书随书源代码/第 8 章/Cocos2dxPlane/app/src/main/jni/otherLayer 目录下的 HelpLayer.cpp。

```
bool HelpLayer::onTouchBegan(Touch* touch, Event* event){
    if(isClicked){                                  //已经单击过一次
        isClicked=false;                            //设置没有单击过
        if(!isLook){                                //如果没有放大中
            rotateHelp->runAction(Spawn::create(            //六棱柱执行动作
                    ScaleTo::create(0.25,0.86f),            //放大六棱柱
                    MoveBy::create(0.25,Vec2(0,60)),  //移动六棱柱
                    nullptr));
            point->setTexture(HELP_PATH+std::string("point2.png"));
                                                        //更改提示信息纹理
            isLook=true;                                //设置为放大中
        }else{                                          //已经在放大中
            rotateHelp->runAction(Spawn::create(  //六棱柱执行动作
                        ScaleTo::create(0.25,0.6f),         //缩小六棱柱
                        MoveBy::create(0.25,Vec2(0,-60)), //移动六棱柱
                        nullptr));
            point->setTexture(HELP_PATH+std::string("point1.png"));
                                                        //更改提示信息纹理
            isLook=false;                               //设置为缩小中
    }}else{                                             //没有单击过
        isClicked=true;                                 //设置已经单击一次
        scheduleOnce(schedule_selector(HelpLayer::judgeCallback),0.3);
                                                        //0.3s 后执行此方法
    }
    return true;
}
void HelpLayer::onTouchMoved(Touch* touch, Event* event){
    if(touchFlag&&Rect(0,120,540,800).containsPoint(touch->getLocation())){
                                                //单击在合理区域
        Point delta=touch->getDelta();          //获取移动的位移量
        float helpY=rotateHelp->getRotation3D().y+delta.x/2; //计算六棱柱 y 轴的偏移角度
        rotateHelp->setRotation3D(Vec3(0,helpY,0));   //设置六棱柱的偏移角度
}}
void HelpLayer::onTouchEnded(Touch* touch, Event* event){
```

```
31    int angle=int(rotateHelp->getRotation3D().y)%60;        //获取六棱柱的角度
32    if(angle!=0){       //如果角度不等 0
33       rotateHelp->runAction(RotateBy::create(0.3f,Vec3(0,-angle,0)));
                                                     //六棱柱执行动作
34 }}
35 void HelpLayer::judgeCallback(float){                 //判断是否已经单击过屏幕
36    if(isClicked){                                      //如果已经单击
37          isClicked=false;                              //设置没有单击过
38 }}
39 void HelpLayer::menuExit(){                           //跳转界面
40    gsm->goMainMenu();                                  //跳转到主菜单界面
41 }
```

- 第 2～21 行为如果已经单击过一次屏幕，如果当前是缩小状态时，则六棱柱执行放大动作同时设置提示信息的纹理图。如果当前是放大状态时，则六棱柱执行缩小动作同时设置提示信息纹理图。如果没有单击过，则设置已经单击过一次标志位，0.3s 后执行 judgeCallback 方法。
- 第 24～34 行为当触摸移动时，触摸在合理区域，获取移动的位移量，计算六棱柱 y 轴的偏移角度同时设置六棱柱的偏移角度。当触摸监听结束时，计算六棱柱当前 y 轴偏移角度是否为 60° 的倍数，如果不是倍数则旋转六棱柱到指定的位置。
- 第 35～41 行为判断是否单击屏幕的方法实现和跳转界面的方法实现。

8.5.4 飞机强化布景类 WeaponLayer

下面介绍的是飞机强化布景类，此场景中涉及对飞机的强化以及其他飞机的购买。可升级的内容包括子弹的威力，血量的增加，侧翼导弹的威力以及分数转化成金币的加成。飞机强化只影响单机游戏里的玩家战机，对联网游戏没有作用。

（1）首先需要开发的是 WeaponLayer 类的框架，该框架中声明了一系列将要使用的成员变量和成员方法，其详细代码如下。

代码位置：见本书随书源代码/第 8 章/Cocos2dxPlane/app/src/main/jni/otherLayer 目录下的 WeaponLayer.h。

```
class WeaponLayer : public cocos2d::Layer{
public:
      virtual bool init();                              //游戏布景初始化的方法
      void initMenu();                                  //初始化菜单项
      void menuSelect(int index);                       //菜单按钮响应方法
      void startAnim();                                 //执行切换飞机的动画
      void callBack();                                  //回调函数
      void refreshGrade();                              //刷新飞机属性的等级
      void initFrame();                                 //初始化边框
      void changePlane(int mode);                       //左右切换玩家战机
      void initPlane();                                 //初始化玩家战机
      void saveData();                                  //保存玩家战机属性数据
      void upGrade();                                   //对飞机属性升级
      void unLock();                                    //对飞机解锁的效果
      void changeButton();                              //更改应该显示的按钮
      void clearPoint();                                //清除提示
      bool onTouchBegan(Touch* touch, Event* event);     //触摸开始
      void onTouchMoved(Touch* touch, Event* event);     //触摸移动
      void onTouchEnded(Touch* touch, Event* event);     //触摸结束
      void refreshLabel();                               //刷新金钱显示
      virtual ~WeaponLayer();                            //析构函数
      CREATE_FUNC(WeaponLayer);                          //创建 layer 的宏
};
```

说明 上述代码为 WeaponLayer 类的头文件，其中定义了 WeaponLayer 类中用到的 init 方法、按钮回调方法、切换动画方法以及初始化菜单项方法等。

（2）介绍完框架后紧接着就是实现 WeaponLayer 类中的方法，由于篇幅所限，只挑选有代表性的方法进行介绍，主要包括切换飞机后按钮的动画如何实现，如何将玩家战机的属性值进行保存，如何进行飞机的切换等。详细代码如下。

代码位置：见本书随书源代码/第 8 章/Cocos2dxPlane/app/src/main/jni/otherLayer 目录下的 WeaponLayer.cpp。

```
1   void WeaponLayer::startAnim(){                              //执行切换飞机的动画
2       ActionInterval *st=ScaleTo::create(0.5,1);              //创建动画效果
3       attack->stopAllActions();                               //停止所有动画
4       blood->stopAllActions();
5       bullets->stopAllActions();
6       gold->stopAllActions();
7       attack->setScale(0);                                    //重置所有按钮大小
8       blood->setScale(0);
9       bullets->setScale(0);
10      gold->setScale(0);
11      attack->runAction(Sequence::create(DelayTime::create(0.1),st->clone(),nullptr));
        //播放动画
12      blood->runAction(Sequence::create(DelayTime::create(0.4),st->clone(),nullptr));
13      bullets->runAction(Sequence::create(DelayTime::create(0.2),st->clone(),nullptr));
14      gold->runAction(Sequence::create(DelayTime::create(0.3),st->clone(),nullptr));
15  }
16  void WeaponLayer::saveData(){
17      int i=Constant::planeId;                                //获取飞机
18      UserDefault::getInstance()->setIntegerForKey(
19          StringUtils::format("attack%d",i).c_str(),Constant::attackGrade[i]);
            //储存解锁的飞机
20  }
21  void WeaponLayer::changePlane(int mode){                    //切换飞机的方法
22      for(int i=0;i<3;i++){
23          plane[i]->stopAllActions();                         //停止所有飞机动画
24          plane[i]->setRotation3D(Vec3(-30,0,0));             //重置所有飞机姿态
25      }
26      int planeId=Constant::planeId;                          //获取当前飞机 ID
27      plane[(planeId+3+mode)%3]->setPositionX(270);           //摆放上一个飞机
28      plane[planeId]->setPositionX(270-540*mode);             //摆放当前飞机
29      plane[(planeId+3-mode)%3]->setPositionX(270-540*mode);  //摆放下一个飞机
30      ActionInterval *mb=MoveBy::create(1,Point(540*mode,0)); //创建移动动画
31      ActionInterval *eeio=EaseElasticOut::create(mb); //将动画包装为变速动画
32      plane[(planeId+3+mode)%3]->runAction(eeio->clone());    //上一个飞机执行动画
33      plane[planeId]->runAction(eeio);                        //当前飞机执行动画
34  }
```

- 第 1～15 行实现了飞机切换时所有按钮的动画。这里需要读者注意的是，精灵执行动画时并不会停止之前的动画，当上一次的动画没有完成便执行下一次动画时，精灵的最终效果与期望效果不一致。所以为了防止连续切换按钮带来的错误，在所有新的动画被执行之前，要将精灵身上所有的旧动画移除。
- 第 16～20 行为保存数据的操作，在 cocos2dx 中存取数据十分简单，只需要调用相应 set、get 方法即可，其存储方式类似于 map。
- 第 21～34 行为切换飞机的操作，mode 传入 1 或者-1，当值为 1 时表示向后切换。编号的循环可以用取余做到，例如本游戏有 3 架飞机，编号为 0、1、2，当编号为 2 时，只要加 1 取余 3，即可得到编号为 0 的飞机。

8.5.5 关卡选择布景类 SelectGameLayer

接下来介绍关卡选择类的布景，玩家可以选择难度不同的关卡来进行游戏，同时只有低等级的关卡通过才能解锁新的关卡。在联网游戏中，需要判断该客户端是非为房主，只有房主才能切换关卡，另一个玩家只能等待房主选择完成。

（1）首先需要开发的是 SelectGameLayer 类的框架，该框架中声明了一系列将要使用的成员变量和成员方法，其详细代码如下。

代码位置：见本书随书源代码/第 8 章/Cocos2dxPlane/app/src/main/jni/otherLayer 目录下的 SelectGameLayer.h。

```
class SelectGameLayer:public cocos2d::Layer{
    virtual bool init();                                        //初始化方法
    void updateMoveBoss(float f);                               //上下移动 boss
    void goMainMenu();                                          //返回主菜单
    void goSelectPlane();                                       //选飞机
    void goSelectPlaneAnim();                                   //选飞机完成动画
    void changeLevel(int index);                                //改变标题
    void changWaitting(float f);                                //等待中
    void lockInterface();                                       //锁定界面
    bool onMyTouchBegan(Touch* touch, Event* event);            //触摸开始
    void onMyTouchMoved(Touch* touch, Event* event);            //触摸移动
    void onMyTouchEnded(Touch* touch, Event* event);            //触摸结束
    CREATE_FUNC(SelectGameLayer);                               //创建 layer 的宏
}
```

说明 上述代码为 SelectGameLayer 类的头文件，其中定义了 SelectGameLayer 类中用到的 init 方法、改变标题方法、等待中方法以及选飞机动画方法等。

（2）介绍完框架后，紧接着的就是实现 SelectGameLayer 类中的方法。下面介绍如何根据飞机属性等级改变星星，如何实现等待中省略号的逐渐出现，如何跳转到下一个游戏界面以及如何切换双方选择的飞机。详细代码如下。

代码位置：见本书随书源代码/第 8 章/Cocos2dxPlane/app/src/main/jni/otherLayer 目录下的 SelectGameLayer.cpp。

```
void SelectGameLayer::lockInterface(){                          //锁住界面
    menu->setEnabled(false);                                    //菜单置为不可用
    isCanSelect=false;                                          //标志位置为不可用
}
void SelectGameLayer::changeLevel(int index){                   //改变关卡等级
    PlaySound::playSound(kMenuSure);                            //播放声音
    Constant::custom=(Constant::custom+index)%3;                //计算改变后的关卡等级
    int custom=Constant::custom;
    if(GameData::playerNumber==1){                              //房主改变关卡
        BNSocketUtil::sendInt(GameData::SEND_LEVEL);            //发送关卡等级标识
        BNSocketUtil::sendInt(Constant::custom);                //发送关卡等级数据
    }
    if(index==1){                                               //如果编号增加
        introduce[(custom+2)%3]->runAction(MoveTo::create(0.3,Point(-135,485)));
        introduce[custom]->setPosition(Point(405,485));
        introduce[custom]->runAction(MoveTo::create(0.3,Point(135,485)));
        introduce[(custom+1)%3]->setPosition(Point(-270,485));
    }else if(index==2){                                         //如果编号减少
        introduce[(custom+1)%3]->runAction(MoveTo::create(0.3,Point(405,485)));
        introduce[custom]->setPosition(Point(-135,485));
        introduce[custom]->runAction(MoveTo::create(0.3,Point(135,485)));
        introduce[(custom+2)%3]->setPosition(Point(405,485));
    }
    if(GameData::playerNumber==-1){                             //如果为单机游戏模式
        if(Constant::custom>Constant::canPlay){
            startGame->setEnabled(false);
        }else{
            startGame->setEnabled(true);
        }
    }else{                                                      //如果为联网游戏模式
        if(Constant::custom>GameData::canPlay){
            startGame->setEnabled(false);
        }else{
            startGame->setEnabled(true);
```

```
35          }
36      }
37      lock->setVisible(false);                         //将锁隐藏
38      for(int i=0;i<3;i++){                            //重置所有 boss
39          boss[i]->setPosition(-200,-200);             //将 boss 移出游戏界面
40          boss[i]->stopAllActions();                   //停止所有 boss 动画
41      }
42      if(Constant::custom==1){                         //重新设置 boss 位置
43          boss[Constant::custom]->setPosition3D(Vec3(390,490,80));
44      }else{
45          boss[Constant::custom]->setPosition3D(Vec3(365,580,80));
46      }
47      bool isCanPlay;     //声明是否为活动状态标志位
48      if(GameData::playerNumber==-1){                  //如果为单机游戏模式
49          if(Constant::custom<=Constant::canPlay){
50              isCanPlay=true;
51          }else{
52              isCanPlay=false;
53      }}else{
54          if(Constant::custom<=GameData::canPlay){   //如果为联网游戏模式
55              isCanPlay=true;
56          }else{
57              isCanPlay=false;
58      }}
59      if(isCanPlay){                                   //如果为激活状态
60          if(Constant::custom==1){
61              Animation3D *animationHero=Animation3D::create(//创建并播放骨骼动画
62                  C3B_PATH+std::string("boss2.c3b"));
63              if (animationHero){
64                  Animate3D *animateK = Animate3D::create(animationHero,0.0f, 5.0f);
                                                         //英雄动画
65                      boss[Constant::custom]->runAction(RepeatForever::create
                        (animateK));                     //执行动作
66      }}}else{
67          lock->setVisible(true);                      //将锁设置为可见
68  }}
```

- 第 1～4 行为锁住界面的方法，为了防止一些按钮被重复响应而设置。例如单击开始时，会执行一些动画，重复单击会使游戏无法进入下一个界面。
- 第 6～23 行为关卡等级的处理。如果为联网模式会首先将改变后的关卡信息发送到服务器上，使两个客户端界面同步。接下来判断关卡编号是前进还是后退，根据不同的情况会对关卡说明公告板使用不同的关卡切换动画。
- 第 24～58 行为通过游戏数据判断关卡是否开启以及相关的重置操作。首先根据关卡编号和已通过最高关卡编号作比较，若大于则表示该关卡不能玩，将开始游戏的按钮屏蔽，将能否进行游戏的标志位设为否。
- 第 59～67 行为是否执行 boss 骨骼动画的操作，如果游戏标志位为是，会从文件中加载该 boss 所需的动画文件并创建动画。创建动画的代码十分简单，请读者自行阅读。

8.5.6 飞机选择布景类 SelectPlaneLayer

接下来介绍飞机选择类的布景，此场景负责让玩家选择喜爱的飞机进行游戏，高级的飞机需要解锁才能使用。单机游戏与联网游戏均使用此布景类，利用了联网游戏特有的客户端编号来进行判断，从而展示出不一样的画面。

（1）首先需要开发的是 SelectPlaneLayer 类的框架，该框架中声明了一系列将要使用的成员变量和成员方法，其详细代码如下。

代码位置：见本书随书源代码/第 8 章/Cocos2dxPlane/app/src/main/jni/otherLayer 目录下的 SelectPlaneLayer.h。

```
class SelectPlane : public cocos2d::Layer{
public:
```

```
        void initMenu();                    //初始化 2D 场景的菜单按钮
        void initPlane3D();                 //初始化 3 种玩家战机
        void menuSelect(int index);         //菜单按钮回调方法
        void setPoint3D(float dt);          //飞机移动定时回调
        void goNextScene();                 //跳转到下一场景
        void changePlane(int index);        //更改选飞机信息
        void changeContent(int index);      //改变飞机位置
        void initPlaneStar();               //初始化飞机信息——星星
        void changePlaneStar();             //更改飞机的信息——星星
        void changeSelectPlane(float f);//改变选择的飞机
        void planeFly();                    //飞机飞翔动画
        void changWaitting(float f);        //等待中
};
```

说明 上述代码为 SelectPlaneLayer 类的头文件，其中定义了 SelectPlaneLayer 类中用到的 init 物体方法、改变飞机位置方法、飞机飞翔动画方法以及定时回调方法等。

（2）介绍完框架后紧接着就是实现 SelectPlaneLayer 类中的方法。下面介绍如何根据飞机属性等级改变星星，如何实现等待中省略号的逐渐出现，如何跳转到下一个游戏界面以及如何切换双方选择的飞机等。详细代码如下。

代码位置：见本书随书源代码/第 8 章/Cocos2dxPlane/app/src/main/jni/otherLayer 目录下的 SelectPlaneLayer.cpp。

```
1   void SelectPlane::changePlaneStar(){                   //改变飞机属性等级
2       for(int i=0;i<3;i++){
3           stars[i]->setTextureRect(                       //设置纹理显示范围
4               Rect(0,0,98.0*Constant::planeSkill[Constant::planeId][i]/100,15));
5   }}
6   void SelectPlane::changWaitting(float f){              //改变等待中的定时回调方法
7       waitIndex++;
8       if(waitIndex==4){                                   //如果图片切换到最后一张
9           waitIndex=0;                                    //切换回第一张
10      }
11      waittingConnect->setTexture(NET_PATH+StringUtils::format("waittingConnect%d
        .png",waitIndex));
12      if(GameData::housePrepare==1&&GameData::playerPrepare==1){ //是否都为准备状态
13          this->unschedule(SEL_SCHEDULE(&SelectPlane::changWaitting));
                                                            //注销改变图片方法
14          this->unschedule(SEL_SCHEDULE(&SelectPlane::changeSelectPlane));
                                                            //注销改变飞机方法
15          gsm->goWeb();                                   //跳转到联网游戏界面
16  }}
17  void SelectPlane::changeSelectPlane(float f){          //改变飞机的定时回调方法
18      if(GameData::oldHousePlaneId!=GameData::housePlaneId){ //如果房主飞机改变
19          housePlane->stopAllActions();                  //停止原来的所有回调
20          housePlane->runAction(MoveTo::create(0.5,Vec2(235,760+GameData::
            housePlaneId*140)));
21          GameData::oldHousePlaneId=GameData::housePlaneId; //改变飞机编号的记录
22      }
23      if(GameData::oldPlayerPlaneId!=GameData::playerPlaneId){ //如果玩家战机改变
24          playerPlane->stopAllActions();                  //停止原来的所有回调
25          playerPlane->runAction(MoveTo::create(0.5,Vec2(305,760+GameData::
            playerPlaneId*140)));
26          GameData::oldPlayerPlaneId=GameData::playerPlaneId; //改变飞机编号的记录
27  }}
```

- 第 1～5 行为改变星星个数的方法，利用矩形的大小改变图片绘制的范围，从而使所需数量的星星显示出来。
- 第 6～16 行为改变联网游戏等待中的方法，由于联网游戏有两个玩家，所以当一个玩家准备好后需要有界面等待另一个玩家。通过此定时回调方法改变等待中的小黑点的数量使界面更加友好，同时循环检测另一个玩家是否准备，准备好则进入下一个界面。
- 第 17～27 行为改变玩家战机选择的方法，如果传回的飞机编号与旧的飞机编号不同，则表示飞机已被玩家切换，则执行飞机切换动画。

8.5.7 游戏 2D 布景类 My2DLayer

介绍完游戏的的帮助布景后，接着介绍游戏场景。该场景包含战机得分的绘制、战机血量进度条的绘制、游戏暂停按钮的绘制、战机技能按钮的绘制、游戏界面背景绘制、游戏场景中滚动云的绘制以及游戏暂停界面的绘制。

（1）首先需要开发的是 My2DLayer 类的框架，该框架中声明了一系列将要使用的成员变量和成员方法，以及场景管理器的指针，其详细代码如下。

代码位置：见本书随书源代码/第 8 章/Cocos2dxPlane/app/src/main/jni/gameLayer 目录下的 My2DLayer.h。

```
#ifndef __My2DLayer_H__                                          //判断是否曾定义此类的宏
#define __My2DLayer_H__            //定义_My2DLayer_H_的宏
#include "../hellocpp/GameSceneManager.h"                        //包含场景管理器
#include "First3DLayer.h"                                        //包含 3D 布景
#include "../tool/GameSet.h"                                     //包含游戏设置
#include "cocos2d.h"                                             //包含 cocos2d 的宏
#include "ui/CocosGUI.h"                                         //包含 CocosGUI 的宏
using namespace cocos2d;                                         //使用 cocos2d 命名空间
class My2DLayer : public cocos2d::Layer{                         //继承布景类
public:
      GameSceneManager* gsm;                                     //场景管理器引用
      LabelAtlas* goldLabel;                                     //得分标签引用
      LabelAtlas *attackLabel;                                   //攻击技能标签引用
      LabelAtlas *protectLabel;                                  //防御技能标签引用
      First3DLayer * layer3D;                                    //3D 界面的引用
      GameSet *gameSet;                                          //游戏设置引用
      MenuItemImage* continueGame;                               //继续游戏菜单子项
      MenuItemImage* gameset;                                    //游戏设置菜单子项
      MenuItemImage* mainMenu;                                   //返回主菜单菜单子项
      virtual bool init();                                       //初始化方法
      void initmenu();                                           //初始化菜单项
      void completeGame(int flag);                               //结束游戏方法
      void pauseGame();                                          //暂停游戏方法
      void sharkInjuredBG();                                     //闪动受伤的背景方法
      void setVisibleBG();                                       //隐藏背景方法
 private:
      Sprite* pauseBG;                                           //暂停界面背景
      Sprite3D *coin;                                            //金币
      Sprite *cloud[4];                                          //云彩
      Sprite *injureBG;                                          //受伤的背景
      Sprite *progress;                                          //子弹威力背景
      LoadingBar *loadingbar;                                    //子弹威力的进度条
      LoadingBar *loadingbar_plane;                              //玩家的血量进度条
      Menu* menu;                                                //菜单容器
      void goPause();                                            //跳转到暂停界面
      void update();                                             //定时回调——金币旋转
      void initPauseCode();                                      //初始化暂停界面
      void continueCallback();                                   //回到游戏回调方法
      void continueAnim();                                       //回到游戏的倒计时
      void voiceChangeCallback();                                //声音改变回调方法
      void goMainMenu();                                         //跳转到主菜单场景
      void createCloud();                                        //创建云群
      void setGame();                                            //游戏设置方法
      void changePro();                                          //改变子弹威力进度条
      void useSkill(int number);                                 //使用技能方法
      CREATE_FUNC(My2DLayer);
};
```

> **说明** 上述代码为 My2DLayer 类的头文件，在该头文件中定义了场景所属的管理者，并声明了各种精灵的指针、My2DLayer 类中需要的 init 方法、弹出暂停界面的方法、回到游戏中方法、跳转到主菜单场景的方法、使用技能方法以及游戏设置方法等。

（2）开发完类框架声明后还要真正实现 My2DLayer 类中的方法，其中主要是初始化菜单方法和创建第几关的板子方法等。还有创建受伤时屏幕四周闪动的精灵并将精灵添加到布景中，同时播放背景音乐。详细代码如下。

代码位置：见本书随书源代码/第 8 章/Cocos2dxPlane/app/src/main/jni/gameLayer 目录下的 My2DLayer.cpp。

```
1   bool My2DLayer::init(){
2       if (!Layer::init()){                                //调用父类的初始化
3           return false;
4       }
5       initMenu();                                         //初始化菜单方法
6       Sprite *gameCustom=Sprite::create(                  //创建第几关板子
7               GAME_PATH+StringUtils::format("game%d.png",Constant::custom).c_str());
8       gameCustom->setPosition(270,1100);                  //设置板子位置
9       this->addChild(gameCustom,MENU_LEVEL);              //添加板子到布景中
10      ActionInterval *open=Sequence::create(              //定义动作
11          EaseBounceOut::create(MoveBy::create(0.5,Vec2(0,-500))),   //向下移动
12          DelayTime::create(1),                           //等待 1s
13          MoveBy::create(0.5,Vec2(0,500)),                //向上移动
14      nullptr);
15      gameCustom->runAction(                              //板子执行动作
16          Sequence::create(open,RemoveSelf::create(),nullptr));
17      if(Constant::custom==1){                            //如果是第二关
18          createCloud();                                  //创建云彩
19      }
20      injureBG=Sprite::create(GAME_PATH+std::string("injuredBG.png"));
                                                            //创建受伤精灵
21      this->addChild(injureBG,MENU_LEVEL+1);              //添加到布景中
22      injureBG->setPosition(Vec2(270,480));               //设置受伤精灵的位置
23      injureBG->setVisible(false);                        //隐藏受伤精灵
24      PlaySound::playBackgroundG();                       //播放背景音乐
25      auto director = Director::getInstance();            //获取导演实例
26      auto sched = director->getScheduler();              //获取调度器
27      sched->scheduleSelector(             //将 update 方法每 0.01s 执行一次，更新游戏属性
28              SEL_SCHEDULE(&My2DLayer::update),this,0.01,false);
29      return true;
30  }
```

- 第 1～16 行为创建背景精灵、设置其位置并将其添加到布景中，初始化菜单方法，根据常量类中玩家选择的关卡数来创建第几关的板子并且让板子执行一个顺序动作。该动作为向下移动一段距离后，等待 1s，再向上移动一段距离。
- 第 17～29 行为如果是第二关，执行创建云彩的方法。创建受伤时屏幕四周闪动的精灵并将精灵添加到布景中，同时播放背景音乐。打开定时回调方法 update，更新游戏的属性，包括游戏中获取的分数、玩家生命值、玩家技能数量等。

（3）下面讲解本本款游戏更新游戏属性方法 update，包含更新游戏中获取的分数、玩家剩余的血量、玩家的技能个数以及子弹加成的进度条。通过该方法可以实时更改游戏中的一些状态，让玩家更好掌控游戏的节奏。其详细代码如下。

代码位置：见本书随书源代码/第 8 章/Cocos2dxPlane/app/src/main/jni/gameLayer 目录下的 My2DLayer.cpp。

```
void My2DLayer::update(){
    if(Constant::custom==1){                        //如果当前为第二关
        for(int i=0;i<4;i++){                       //遍历 4 个云彩
            float cloudY=cloud[i]->getPosition().y-1;//获取云彩的坐标 y 值并且减 1
            cloud[i]->setPositionY(cloudY);                  //重新设置云彩的位置
        }
        if(cloud[3]->getPosition().y<=0){                    //判断云彩出了屏幕
            for(int i=0;i<4;i++){                            //遍历 4 个云彩
                int random=rand()%5;                         //取 0~4 随机数
                cloud[i]->setPosition(Point(100*i,(i+1)*1000));//设置云彩的位置
    }}}
    int aa=Constant::score;                         //获取分数
```

```
13          stringstream ss;                        //获取字符流
14          ss<<aa;                                 //将分数左移
15          string s1 = ss.str();                   //将分数左移并转化为字符串
16          goldLabel->setString(s1);               //设置得分
17          ......//此处省略了大招个数以及生命值进度条的改变方法，需要的读者可以自行参考源代码
18          if(Constant::isBulletPower){            //在子弹威力加强时
19              Constant::bulletPowerTime--;        //减少时间
20              loadingbar->setVisible(true);       //设置进度条可见
21              progress->setVisible(true);         //设置背景可见
22              changePro();                        //进度条的更改
23              if(Constant::bulletPowerTime==0){   //如果时间为 0
24                  Constant::isBulletPower=false;//没有子弹威力
25                  Constant::bulletPower=0;        //子弹威力为 0
26                  loadingbar->setVisible(false);//隐藏进度条
27                  progress->setVisible(false);//隐藏背景
28      }}}
```

- 第 2～17 行为如果为第二关时，遍历 4 个云彩，不停地更新位置。当其位置出了屏幕，随机产生一个 0 到 4 的随机数并设置其云彩的位置。从常量类中获取玩家的分数，通过字符流将分数左移，然后转换为字符串，并设置此字符串为玩家获取的分数。
- 第 18～28 行为当玩家子弹的威力增加时，减少子弹威力增加的时间，同时设置进度条和背景可见以及更改，调用方法更改进度条的进度。如果当前子弹威力时间为 0，设置当前没有增强子弹标志位，设置子弹威力为 0，隐藏进度条和背景。

（4）接下来介绍游戏的暂停界面。当单击“游戏暂停”按钮时，会关闭重力传感器，暂停 3D 游戏界面，创建菜单项，其详细代码如下。

代码位置：见本书随书源代码/第 8 章/Cocos2dxPlane/app/src/main/jni/gameLayer 目录下的 My2DLayer.cpp。

```
void My2DLayer::initPauseCode(){
    Device::setAccelerometerEnabled(false);    //设置重力传感器不可用
    layer3D->pause();                          //暂停游戏 3D 布景
    pauseBG=Sprite::create(PAUSE_PATH+std::string("MenuBg.png"));  //暂停背景
    pauseBG->setPosition(Point(270,480));      //设置背景位置
    this->addChild(pauseBG,MENU_LEVEL);        //把背景添加到布景中
    Sprite *pause=Sprite::create(PAUSE_PATH+std::string("pauseBG.png"));
                                               //创建暂停背景
    pause->setPosition(Point(270,520));        //设置暂停背景位置
    pauseBG->addChild(pause,MENU_LEVEL);       //添加到背景中
    continueGame=MenuItemImage::create(        //菜单子项继续游戏
            PAUSE_PATH+std::string("continueGame_normal.png"),    //未选中图片
            PAUSE_PATH+std::string("continueGame_pressed.png"),   //选中图片
            CC_CALLBACK_0(My2DLayer::continueAnim,this));        //回调方法
    continueGame->setPosition(Point(270,580));                   //设置位置
    gameset=MenuItemImage::create(                               //菜单子项游戏设置
            PAUSE_PATH+std::string("setGame_normal.png"),        //未选中图片
            PAUSE_PATH+std::string("setGame_pressed.png"),       //选中图片
            CC_CALLBACK_0(My2DLayer::setGame,this));             //回调方法
    gameset->setPosition(Point(270,480));                        //设置位置
    mainMenu=MenuItemImage::create(                              //菜单子项回主菜单
            PAUSE_PATH+std::string("mainMenu_normal.png"),       //未选中图片
            PAUSE_PATH+std::string("mainMenu_pressed.png"),      //选中图片
            CC_CALLBACK_0(My2DLayer::goMainMenu,this));          //回调方法
    mainMenu->setPosition(Point(270,380));                       //设置位置
    Menu *menu=Menu::create(continueGame,gameset,mainMenu,nullptr); //创建容器
    menu->setPosition(Point::ZERO);                              //设置菜单的位置
    pauseBG->addChild(menu,MENU_LEVEL);                          //添加到背景中
}
```

> **说明** 设置重力传感器不可用，暂停游戏的 3D 布景，创建背景并添加到布景中同时初始化菜单项，把“继续游戏”“游戏设置”和“返回菜单”添加到背景中。单击“继续游戏”按钮会调用 continueAnim 方法，单击“游戏设置”按钮会调用 setGame 方法，单击“返回菜单”按钮会调用 goMainMenu 方法。

8.5.8 单机游戏 3D 布景类 First3DLayer

单机游戏 3D 布景类是本游戏的核心布景类，也包含了游戏最核心的逻辑。单机游戏 3D 布景类实现了游戏触摸和重力感应两种操作方式，创建了各种物体的管理者，完成了游戏中各部分逻辑的组装，最后还实现了飞机保护罩和全屏攻击功能。

（1）游戏操作模式的实现。为了满足大众的各种需求，游戏中使用了触摸和重力感应两种操作模式，通过游戏开始界面和游戏中的暂停界面可以对操作模式进行切换。在本部分还介绍了拖尾效果的实现。具体代码如下。

代码位置：见本书随书源代码/第 8 章/Cocos2dxPlane/app/src/main/jni/gameLayer 目录下的 First3DLayer.cpp。

```
void First3DLayer::onMyAcceleration(Acceleration* acc, Event* unused_event){
                                              //重力感应方法
  if(Constant::touchFlag){                    //重力感应标志位
      if((acc->x+0.6)>0){                     //加入修正值
          plane->movePlane2(Point(-acc->y*(10+Constant::sensitivity),
                                              //移动飞机
               (acc->x+0.6)*(10+Constant::sensitivity/2)));
      }else{
          plane->movePlane2(Point(-acc->y*(10+Constant::sensitivity),
                                              //移动飞机
               (acc->x+0.6)*(10+Constant::sensitivity)));
}}}
bool First3DLayer::onMyTouchBegan(Touch* touch, Event* event){
    if(plane->action&&(!Constant::touchFlag)){    //触摸点是否在范围内
          plane->action=false;
          auto target = static_cast<Sprite*>(event->getCurrentTarget());
                                              //获取当前触摸对象
          Point location = target->convertToNodeSpace(touch->getLocation());
                                              //获取当前坐标
          float planeX=plane->plane->getPositionX(); //获取玩家战机的位置
          float planeY=plane->plane->getPositionY();
          Size size = Director::getInstance()->getWinSize(); //获取屏幕大小
          Vec3 nearP(location.x, size.height-location.y-100, -1.0f); //获取近平面的点
          Vec3 farP(location.x, size.height-location.y-100, 0.0f);//获取远平面的点
          camera->unproject(size, &nearP, &nearP);          //将点转换到世界坐标系
          camera->unproject(size, &farP, &farP);
          getAnimPoint(nearP,farP);                         //计算飞机位置
          myStreak = MotionStreak::create(0.15, 1, 15,      //创建拖尾效果
              Color3B(255,255,200), GAME_PATH+"streak.png");
          myStreak->setBlendFunc(BlendFunc::ADDITIVE); //设置拖尾混合
          this->addChild(myStreak,20);                      //将拖尾添加到布景中
          myStreak->setCameraMask((unsigned short)CameraFlag::USER1);//设置渲染摄像机
          location=plane->animPoint;                        //获取飞机改变后的位置
          if((location.x-planeX)>1){
              plane->directionLeft=1;                       //飞机向右飞行
          }else{
              plane->directionLeft=-1;                      //飞机向左飞行
          }
          if((location.y-planeY)>0){                        //飞机向前倾斜
              plane->directionFront=-1;
          }else if((planeY-location.y)<450){                //飞机向后倾斜
              plane->directionFront=1;
          }else{
              plane->directionFront=0;                      //飞机后空翻
          }
          if(plane->directionFront==0){                     //判断飞机状态
              plane->oneRotatePlane();                      //飞机旋转
          }else{
              plane->oneMovePlane();                        //飞机移动
    }}
    return true;
}
```

- 第 1～9 行为重力感应的回调方法，根据是否开启了重力感应的标志位判断。如果已经开启了重力感应模式，手机向前倾斜到指定角度时则会调用战机移动的方法，手机向后倾斜到指定角度时也会调用战机移动的方法。注意向前移动时会比向后移动快一些。
- 第 11～28 行为如果战机可以移动且玩家触摸屏幕，获取当前触摸坐标，根据摄像机投影调用方法获取当前触摸位置的世界坐标，获取战机的坐标，创建拖尾添加到布景和摄像机中，同时设置战机的目标点。
- 第 29～46 行为根据目标点坐标和战机坐标确定战机应该向哪个方法飞行，如果战机向下移动的距离超过 450，则战机执行后空翻方法。

（2）物体管理者的创建与逻辑的组装。由于 3D 布景类涉及了所有的游戏逻辑，为了防止 3D 布景类过于庞大，所以将游戏的逻辑封装为玩家战机、敌机、子弹等 5 个工具类。只需要将这些工具类简单地加入到 3D 布景类即可，工具类将在下一章进行详细介绍。详细代码如下。

代码位置：见本书随书源代码/第 8 章/Cocos2dxPlane/app/src/main/jni/gameLayer 目录下的 First3DLayer.cpp。

```
1   void First3DLayer::startGame(){                          //开始游戏的初始化
2       createPlane();                                       //创建飞机
3       controlBullet = ControlBullet::create(plane);        //创建子弹管理者
4       this->addChild(controlBullet);                       //加入布景
5       controlGame = ControlGame::create(plane);            //创建敌机管理者
6       controlGame->controlBullet=controlBullet;            //传递子弹管理者
7       this->addChild(controlGame);
8       exManager = ExManager::create();                     //创建爆炸管理者
9       this->addChild(exManager);
10      coin=Coin::create();                                 //创建奖励系统管理者
11      coin->createVec();
12      this->addChild(coin);
13  }
14  void First3DLayer::update(float dt){                     //定时回调更新各物体数据
15      controlGame->update();                  //更新敌机数据
16      controlBullet->update();                //更新子弹数据
17      coin->update();                         //更新奖励数据
18      int yy=back1->getPosition().y;          //两个背景交替滚动
19      if(yy==-1200){                          //计算位置
20          yy=1200+2400;
21      }
22      back1->setPositionY(yy-3);              //设置位置
23      yy=back2->getPosition().y;
24      if(yy==-1200){
25          yy=1200+2400;                       //计算位置
26      }
27      back2->setPositionY(yy-3);              //设置位置
28      if(attackFlag){                         //检测是否应执行全屏爆炸
29          attackAll();                        //全屏攻击方法
30      }
31      if(protectFlag){                        //检测是否应执行飞机保护罩
32          protectMyself();                    //计算保护罩方法
33  }}
```

- 第 1～13 行为各个工具类的创建，所有的工具类都继承了 Node 类并挂在 3D 布景类里。在工具类中可以利用 getParent 方法得到 3D 布景类的指针，使其可以轻易对布景类进行操作。对各个物体的操作一般都在各个物体的管理者中进行。
- 第 15～27 行为更新各个物体数据的方法以及背景地图滚动的实现。由于物体管理者已经将物体的动作封装，所以只需要调用其 update 即可轻易实现对物体的更新。背景地图的滚动是将两张图首尾相接实现的，当下方的图片超出屏幕时会将其移动到最上边。
- 第 28～33 行是对是否需要执行玩家战机特殊技能的检测。在 2D 布景类中按下按钮，改变相应标志位，检测到标志位后，就可执行相应方法。

（3）下面详细介绍保护战机的方法。在游戏中玩家使用保护战机技能后，战机会有一个保护罩和一个圆盘进度条，当有保护罩时玩家不会受到伤害，进度条会随着保护时间减少而更新，这样玩家可以知道自己受保护的时间，更好地体验此款游戏。具体代码如下。

代码位置：见本书随书源代码/第 8 章/Cocos2dxPlane/app/src/main/jni/gameLayer 目录下的First3DLayer.cpp。

```
1   void First3DLayer::protectMyself(){                    //保护飞机
2       protectFlag=false;                                 //已经保护中
3       protectAnimFlag=true;                              //正在播放动画
4       tempProgress->setVisible(true);                    //设置进度条可见
5       temp->setVisible(true);                            //设置背景可见
6       auto director = Director::getInstance();           //获取导演实例
7       auto sched = director->getScheduler();             //获取调度器
8       sched->scheduleSelector(     //将 updateProgress 方法每 0.01s 调用一次，更新进度条
9           SEL_SCHEDULE(&First3DLayer::updateProgress),this,0.01,false);
10  }
11  void First3DLayer::updateProgress(){                   //更新圆盘进度条
12      progressNum--;                                     //时间减少
13      potentiometer->setValue(progressNum/5);            //设置进度条的值
14      if(progressNum==0){                                //如果时间为 0
15          progressNum=500;                               //设置时间为 500
16          temp->setVisible(false);                       //设置背景不可见
17          tempProgress->setVisible(false);               //设置进度条不可见
18          protectMyselfFinish();                         //执行已经完成的动画
19          this->unschedule(SEL_SCHEDULE(&First3DLayer::updateProgress));
                                                           //停止当前方法的调用
20  }}
```

- 第 1～10 行为战机增加保护罩方法，设置保护罩和圆盘进度条可见，将 updateProgress 方法每 0.01s 执行一次，更新战机圆盘进度条的进度。
- 第 11～20 行为更新战机保护圆盘进度条的方法，把保护罩时间减少并且更新圆盘进度条。如果保护时间为 0，设置保护时间为 500，设置保护罩和进度条不可见。执行已经完成保护的方法并且停止当前方法的调用。

8.5.9　联网游戏 3D 布景类 Web3DLayer

网络的飞速发展给移动端实时联网游戏提供了必要的条件，联网游戏越来越受大众欢迎。与单机游戏 3D 布景类相比，联网游戏 3D 布景类的场景摆布与其基本相同，还多了对网络数据的实时处理，少了游戏相关的逻辑判断。

联网游戏布景类与单机游戏布景类十分类似，只是游戏的基本逻辑搬移到服务器上，客户端只负责接收数据并根据接收到的数据将物体绘制在屏幕上。本节以对玩家子弹的操作为例，向读者讲解如何根据数据添加、更新、删除精灵。详细代码如下。

代码位置：见本书随书源代码/第 8 章/Cocos2dxPlane/app/src/main/jni/gameLayer 目录下的Web3DLayer.cpp。

```
void Web3DLayer::updateMainBullet(float dt){
    if(GameData::mainBulletFlag){
        GameData::mainBulletFlag=false;                         //数据读取标志位
        std::vector<float> dataTemp=GameData::mainBulletVec; //复制数据到临时数据列表
        GameData::mainBulletFlag=true;
        if(dataTemp.size()%5!=0){                               //判断数据数量是否合法
            return;
        }
        std::vector<float> createTemp;                  //声明待创建子弹列表
        std::vector<float>::iterator ite;               //临时数据列表的迭代器
        iter=dataTemp.begin();                          //给迭代器赋值
        for(;iter!=dataTemp.end();){                    //遍历临时数据
            int ID=(int)(*iter);                        //获取子弹 ID
            std::map<int, Bullet*>::iterator iterator=mainBulletMap.find(ID);
                                                        //查找子弹
```

```
15            if(iterator!=mainBulletMap.end()){                //如果子弹存在
16                Bullet *bullet=iterator->second;              //获得子弹的指针
17                iter++;                                       //跳过无用数据
18                bullet->setPositionX(*(++iter));          //设置 x 坐标
19                bullet->setPositionY(*(++iter));          //设置 y 坐标
20                iter+=2;
21                bullet->liveFlag=1;                       //生存标志位设为 1
22                continue;                                 //继续循环
23            }else{                                        //如果子弹不存在
24                for(int i=0;i<5;i++){
25                    createTemp.push_back(*(iter++));//将数据存入待创建子弹列表
26        }}}
27        std::map<int, Bullet*>::iterator deleteTemp=mainBulletMap.begin();
                                                            //声明子弹列表迭代器
28        for(;deleteTemp!=mainBulletMap.end();){           //遍历子弹列表
29            Bullet* bullet=deleteTemp->second;            //获取子弹指针
30            bullet->liveFlag--;                           //减少子弹生存标志位
31            if(bullet->liveFlag<0){                       //如果生存标志位小于 0
32                exManager->createSmall(bullet->getPosition3D());//创建小爆炸
33                bullet->removeFromParent();               //从屏幕中移除子弹
34                deleteTemp=mainBulletMap.erase(deleteTemp);//从子弹列表中移除子弹
35            }else{
36                deleteTemp++;
37        }}
38        std::vector<float>::iterator iter2=createTemp.begin();//待创建数据列表迭代器
39        for(;iter2!=createTemp.end();){                   //遍历待创建数据列表
40            int ID=(int)(*(iter2++));                     //获取相应数据
41            int num=(int)(*(iter2++));
42            float x=*(iter2++);
43            float y=*(iter2++);
44            float angle=*(iter2++);
45            Bullet *bullet=Bullet::webCreate(num,Point(x,y),angle);
                                                            //根据数据创建新子弹
46            this->addChild(bullet);                       //将新子弹加入屏幕
47            mainBulletMap.insert(std::make_pair(ID, bullet));//将新子弹加入子弹列表
48    }}
```

- 第 2～8 行为读取数据的操作，为了防止数据读取过程中发生意外，所以增加数据读取的标志位。每颗子弹会有 5 个数据，如果总数据数不是 5 的倍数，表示数据异常，不予绘制。
- 第 9～26 行为更新子弹的方法。子弹的 5 个数据为 ID、x 坐标、y 坐标、编号和角度，更新子弹只需要通过 ID 找到子弹改变其 x 坐标和 y 坐标即可。如果查找不到子弹，则说明需要创建一个新的子弹。其中 liveFlag 用于标志当前子弹是否在新的数据中被更新。
- 第 27～37 行为判断子弹是否被更新的方法，如果子弹没有被更新，liveFlag 标志位为 0，执行自减操作后会小于 0。所以只需要检测 liveFlag 是否小于 0 即可，没有被更新的子弹说明子弹已经不存在，所以在当前位置添加爆炸，并将子弹删除。
- 第 38～48 行为创建新子弹的方法，将之前保存在待创建数据列表中的数据依次取出，创建新的子弹，然后加入屏幕和子弹列表中。

8.6 辅助工具类

接下来讲解游戏的辅助类。辅助工具是程序必不可少的一部分，本游戏在工具类中，对敌机、奖励、子弹等物体进行了实现。将一类物体进行封装是面向对象的思想，这可以提高程序的安全性。

8.6.1 网络通信工具类 BNSocketUtil

工具类 BNSocketUtil 是联网游戏的灵魂。该类用于创建、断开网络连接，接收、发送网络数据，以及根据网络数据修改各种动作的执行标志位。网络通信是网络程序必不可少的功能，代码较为晦涩，读者掌握其用法即可，其具体的开发步骤如下。

（1）首先需要介绍的是 BNSocketUtil 类的头文件，该头文件中声明了一系列将要使用的成员变量和成员方法，其详细代码如下。

代码位置：见本书随书源代码/第 8 章/Cocos2dxPlane/app/src/main/jni/net 目录下的 BNSocketUtil.h。

```
......//此处省略了对一些头文件的引用以及定义头文件的相关代码，需要的读者可参考源代码
class BNSocketUtil{
  public:
    static int socketHandle;                                    //数据通道编号
    static bool connectFlag;                                    //连接状态标志位
    static void connect(const char* ip, unsigned short port); //连接服务器的方法
    static void sendInt(int si);                                //发送 int 类型数据
    static char* receiveBytes(int len);                         //接收 byte 字节
    static void sendFloat(float sf);                            //发送 float 类型数据
    static void sendStr(const char* str,int len);               //发送 string 类型数据
    static int receiveInt();                                    //接收 int 类型数据
    static float receiveFloat();                                //接收 float 类型数据
    static char* receiveStr();                                  //接收 string 类型数据
    static void* threadConnectTask(const char* ip, unsigned short port);
                                                                //连接任务，供线程执行
    static void* threadReceiveTask();                           //接收任务，供线程执行
    static void closeConnect();                                 //关闭连接
};
#endif
```

> **说明** 在头文件中声明了创建、断开网络连接以及接收、发送网络数据的各种方法。需要注意的是，网络数据的接收为阻塞线程的方法，一定要在单独的线程中进行操作。void*含义是返回一个指向任意类型对象的指针。

（2）开发完类框架声明后还要真正实现 BNSocket 类中的方法。首先介绍的是网络线程的连接、关闭方法，它需要用到 C++的 socket 结构，主要功能为获取主机信息，通过主机信息创建数据通道，最后建立连接，具体代码如下。

代码位置：见本书随书源代码/第 8 章/Cocos2dxPlane/app/src/main/jni/net 目录下的 BNSocketUtil.cpp。

```
1   void* BNSocketUtil::threadConnectTask(const char* ip, unsigned short port){//创建连接
2       struct sockaddr_in sa;
3       struct hostent* hp;
4       hp = gethostbyname(ip);                                      //获取主机信息
5       if(!hp){
6           return 0;
7       }
8       memset(&sa, 0, sizeof(sa));                                  //分配内存
9       memcpy((char*)&sa.sin_addr, hp->h_addr, hp->h_length);       //复制
10      sa.sin_family = hp->h_addrtype;                              //给成员变量赋值
11      sa.sin_port = htons(port);                                   //数据端口
12      socketHandle= socket(sa.sin_family, SOCK_STREAM, 0);         //创建数据通道
13      if(socketHandle < 0){                                        //创建成功判断
14          return 0;
15      }
16      if(::connect(socketHandle, (sockaddr*)&sa, sizeof(sa)) < 0)  //建立连接
17      {
18          ::close(socketHandle);                                   //注销数据通道
19          return 0;
20      }
21      GameData::connectFlag=true;
22      new std::thread(&BNSocketUtil::threadReceiveTask);           //创建信息接收线程
23      sendInt(GameData::SEND_CONNECT);                             //发送请求数据
24  }
25  void BNSocketUtil::closeConnect(){                               //关闭连接
26      if(GameData::connectFlag){
27          ::close(socketHandle);                                   //关闭连接
28          GameData::connectFlag=false;                             //连接标志位置否
29  }}
```

- 第 4~7 行为获取主机信息的方法，返回一个 hostent 的结构体，其中保存了网络主机的

名称信息以及 IP 信息。

- 第 8～11 行为用于 socket 通信的 sa 分配了内存空间，其中保存了 IP 地址、端口号和协议信息。
- 第 12～15 行返回了引用新套接口的描述字，数据均需从此套接口进行交换。
- 第 16～20 行用于建立连接，如果连接成功则销毁上一步产生的套接口。
- 第 21～24 行为连接建立成功后的操作，创建接收服务器端数据的线程，设置连接状态标志位为 true，并且发送表示连接成功的字符串给服务器端。
- 第 25～29 行为关闭连接的方法，首先向服务器端发送断开连接的信号，然后销毁之前用于打开数据通信的套接口，设置连接状态标志位为 false。如果调用这个方法时连接没有成功打开，则直接退回到菜单界面。

（3）上面介绍了连接、断开网络的方法，此部分将讲解如何接收、发送网络数据，包含内存的操作以及数据的存储顺序。其中涉及了内存的开辟，以及通过更改相应字节实现组装 int、float 数据数值的方法，详细代码如下。

代码位置：见本书随书源代码/第 8 章/Cocos2dxPlane/app/src/main/jni/net 目录下的 BNSocketUtil.cpp。

```
1   char* BNSocketUtil::receiveBytes(int len){
2       char* result=new char[len];                           //字符数组
3       int status=0;                                         //接收到的字符数
4       status=recv(socketHandle, result, len, 0);            //阻塞线程接收网络数据
5       if(status==0){                                        //是否接收成功，失败返回 close
6             return "close";
7       }
8       while(status!=len){                                   //如果字符未接收完全则继续接收
9           int index=status;
10          char b[len-status];                               //创建新的字符数组
11          int count=recv(socketHandle, b, len-status, 0); //返回字符接收数量
12          if(count==0){
13              return "close";                               //返回"close"字符串
14          }
15          status=status+count;                              //更新接收到的字符数
16          if(count!=0){
17              for(int i=0;i<count;i++){                     //合并字符数组
18                  result[index+i]=b[i];
19      }}}
20       return result;                                       //返回字符数组
21  }
22  int BNSocketUtil::receiveInt(){
23      char* a=receiveBytes(4);                              //接收字符数组
24      if(strcmp(a,"close")==0){                             //判断是否接收失败
25            return 0;
26      }
27      int ri;                                               //创建新的 int 变量
28      memset(&ri, 0, sizeof(ri));                           //给 ri 变量分配内存空间
29      memcpy((char*)(&ri), a,4);                            //将接收到的字符值写入内存空间
30      delete a;                                             //删除 a 指向的内存空间
31      return ri;                                            //返回 int 值
32  }
```

- 第 2～7 行为接收网络数据的方法，recv 的作用是将接收到的字符写入第 2 个参数中，第 3 个参数为缓冲区长度，第 4 个参数为指定调用方式，一般为 0。
- 第 7～21 行为保证网络数据接收完整的措施，需要检测收到的字符数是否等于预期收到的字符数。如果收到的字符数小于预期收到的字符数，则创建新的字符数组继续接收数据，然后将新的字符数组在旧的字符数组之后循环赋值，合并为一个字符数组，然后将其返回。
- 第 22～32 行为接收 int 类型数据的方法，一个 int 类型数据占 4 个字节，所以需要的字符数组长度为 4。获得字符数组后将字符值写入 int 类型变量所占的内存空间中。

（4）下面介绍接收到数据之后的操作，主要为更改游戏数据以及更改相应动作标志位。动作标志位为 false 表示不可读写，true 表示可以读写，详细代码如下。

代码位置：见本书随书源代码/第 8 章/Cocos2dxPlane/app/src/main/jni/net 目录下的 BNSocketUtil.cpp。

```
1   void* BNSocketUtil::threadReceiveTask(){
2        while(GameData::connectFlag){
3            int data=receiveInt();
4            if(data==0){                                         //数据错误
5                closeConnect();                                  //关闭网络线程
6                break;
7            }
8            if(GameData::gameData[data-1]==nullptr){             //数据标识错误
9               break;
10           }else if(data==GameData::RECEIVE_PLANEMOVE){         //接收飞机数据
11               int count=receiveInt();                          //接收数据数量
12               float a;                                         //创建临时变量
13               std::vector<float> temp;                         //创建临时数据列表
14               for(int i=0;i<count;i++){
15                   a=receiveFloat();                            //循环接收数据
16                   temp.push_back(a);                           //将数据加入数据列表
17               }
18               GameData::planeData=temp;                        //将临时数据赋给全局数据
19               GameData::isChangePlaneMove=true;                //改变飞机的状态
20           }else if(data==GameData::RECEIVE_ENEMYPLANE){        //接收敌机数据
21               int count=receiveInt();                          //接收数据数量
22               std::vector<float> temp;
23               for(int i=0;i<count;i++){
24                 temp.push_back(receiveFloat());                //循环赋值
25               }
26               if(GameData::enemyFlag){                         //如果数据未在修改中
27                   GameData::enemyFlag=false;                   //设置标志位为数据修改中
28                   GameData::enemyVec=temp;                     //给全局数据赋值
29                   GameData::enemyFlag=true;                    //设置标志位为数据修改完成
30  }}}}
```

- 第 2～10 行为获取网络数据标识，用于辨识网络数据的内容，标志数据为 int 类型。为了程序的可读性，我们将对应数据存储为常量。如果数据标识符为 0 或者不在标志数据范围内，会跳出循环，关闭 socket，退出网络连接。
- 第 11～19 行为飞机数据的传输，其中包含了飞机的位置、倾斜角度和翻转状态。在游戏场景中根据这些数据对飞机的姿态、位置进行调整。
- 第 21～29 行为敌机数据的传输，包含了敌机的位置和姿态。由于敌机的数据可能十分庞大，为数据的安全增加了标志位，只允许一个线程对数据进行修改或者读取。

8.6.2 战机类的开发

战机类是游戏不可缺少的一部分，玩家通过控制战机来躲避敌机和子弹的碰撞。开发好战机类可以让玩家更好地体验此款游戏。为了适应更多玩家的个人习惯，此款游戏有两种不同的操作方式，为触摸模式和重力感应模式。下面具体介绍战机类的开发。

（1）首先需要开发的 NewPlane 类的框架，该框架中声明了一系列将要使用的成员变量和成员方法，以及游戏场景的指针，其详细代码如下。

代码位置：见本书随书源代码/第 8 章/Cocos2dxPlane/app/src/main/jni/tool 目录下的 NewPlane.h。

```
#ifndef __NewPlane_H__                            //判断是否曾定义此头文件
#define __NewPlane_H__                            //定义头文件_NewPlane_H_宏
#include "cocos2d.h"                              //包含 cocos2d 库
using namespace cocos2d;                          //使用 cocos2d 命名空间的宏
using namespace std;                              //使用 std 命名空间的宏
class NewPlane :public cocos2d::Sprite3D{         //继承布景类
```

```
7   public:
8       Sprite3D *plane;                        //飞机指针
9       Point animPoint;                        //目标位置
10      Point deltaPoint;                       //移动的偏移量
11      MotionStreak *myStreak;                 //拖尾
12      Layer *layer;                           //场景指针
13      int index;                              //第几个战机
14      int maxRotateX=15;                      //x 轴最大的旋转角度
15      int maxRotateY=50;                      //y 轴最大的旋转角度
16      int directionLeft=0;                    //左右偏向 1: 左 ,-1: 右
17      int directionFront=0;                   //前后偏向 1: 后 ,-1: 前
18      float angleLeft=0;                      //飞机左右旋转的角度
19      float angleFront=0;                     //飞机前后旋转的角度
20      float angleX=90;                        //飞机 x 轴偏转角度
21      float angleY=0;                         //飞机 y 轴偏转角度
22      float rotateSpeed=0.5;                  //飞机的旋转速度
23      bool tail=true;                         //是否能创建拖尾效果
24      bool action=false;                      //飞机可以继续进行监听
25      NewPlane(Layer *layer);                 //构造函数
26      void canMove();                         //设置可以移动
27      void oneMovePlane();                    //单击屏幕的移动
28      void oneRotatePlane();                  //单击屏幕的旋转
29      void movePlane();                       //滑动屏幕的移动
30      void rotatePlane();                     //滑动屏幕的旋转
31      void planeReturn();                     //飞机不停地恢复机身角度
32      void updateRotate();                    //飞机不停地恢复机身角度
33      void updatePlane(float f);              //旋转飞机角度
34      void updateBackflip();                  //飞机后空翻
35      void hurt(int demage);                  //飞机受伤
36      void movePlane2(Point delta);           //重力传感回调方法
37  };
38  #endif
```

- 第 1～5 行用于定义、声明各种头文件，并且应用 cocos2d 命名空间和 std 命名空间。
- 第 8～24 行声明各个成员变量，包括战机的一些属性、战机的目标点、战机的偏移量、拖尾、战机移动的角度、前后移动的最大角度、左右移动的最大角度、拖尾标志位、战机移动标志位、战机引用、游戏场景指针、战机的索引值等。
- 第 25～36 行声明了各个成员方法，包括构造方法、战机移动的方法、自动旋转的方法、后空翻方法、战机受伤方法等。后面将详细介绍战机类实现的方法。

（2）开发完类框架声明后还要真正实现 NewPlane 类中的方法，首先是要实现布景初始化的构造方法，其中包括创建战机精灵以及执行战机的开场动画。其详细代码如下。

代码位置：见本书随书源代码/第 8 章/Cocos2dxPlane/app/src/main/jni/tool 目录下的 NewPlane.cpp。

```
......//此处省略了对头文件的引用和命名空间的声明，需要的读者可参考源代码
NewPlane::NewPlane(Layer *gamelayer){
    this->layer=gamelayer;                          //获取游戏场景指针
    plane=Sprite3D::create(C3B_PATH+StringUtils::format("plane0%d.obj",Constant::planeId+1),
            C3B_PATH+StringUtils::format("plane0%d.jpg",Constant::planeId+1));
                                                    //创建战机精灵
    plane->setScale(0.1);                           //设置战机大小
    plane->setPosition3D(Vec3(270,-100,0));         //设置战机位置
    layer->addChild(plane,PLANE_LEVEL);             //把战机添加到场景中
    plane->runAction(                               //战机执行动作
        Sequence::create(Spawn::create(             //顺序执行
        EaseBounceOut::create(MoveTo::create(1.2f,Point(270,180))),
                                                    //移动到指定位置
        ScaleTo::create(1.2f,1.0f),                 //进行大小缩放
        RotateBy::create(1.2f,Vec3(0,-720,0)),nullptr),       //旋转
        CallFunc::create(CC_CALLBACK_0(NewPlane::planeReturn,this)),
                                                    //执行方法
        nullptr));
     plane->setCameraMask((unsigned short)CameraFlag::USER1);  //战机添加摄像机
     canMove();                                                //战机可以移动
}
```

> **说明** 上述代码为战机类的构造函数，通过构造函数获取游戏场景的指针，创建战机精灵，进行战机位置的摆放并添加到场景和摄像机中。战机执行完开场动画后执行战机自动调整角度的方法，同时执行战机可以移动属性的方法。

（3）下面详细讲解战机的自动调整角度的方法。战机时刻都在调整自身的角度，使玩家更好地操作战机进行游戏，其详细代码如下。

代码位置：见本书随书源代码/第 8 章/Cocos2dxPlane/app/src/main/jni/tool 目录下的 NewPlane.cpp。

```
1  void NewPlane::planeReturn(){                              //战机自动恢复角度方法
2      plane->setRotation3D(Vec3(0,0,0));                     //设置战机的角度
3      auto director = Director::getInstance();               //获取导演实例
4      auto sched = director->getScheduler();                 //获取调度器
5      sched->scheduleSelector( //将 updateRotate 方法每 0.01s 调用一次，更新战机的角度
6          SEL_SCHEDULE(&NewPlane::updateRotate),this,0.01,false);
7  }
8  void NewPlane::updateRotate(){                             //定时更新战机的角度
9      float angleX=plane->getRotation3D().x;                 //获取战机 x 轴旋转角度
10     float angleY=plane->getRotation3D().y;                 //获取战机 y 轴旋转角度
11     if(angleX>=1){                                         //如果 x 轴的角度大于 1
12         angleX=angleX-0.3;                                 //减少 x 轴的角度
13     }else if(angleX<=-1){                                  //如果 x 轴的角度小于-1
14         angleX=angleX+0.3;                                 //增加 x 轴的角度
15     }else{
16         angleX=0;                                          //设置 x 轴的角度为 0
17     }
18     if(angleY>=1){                                         //如果 y 轴的角度大于 1
19         angleY=angleY-0.5;                                 //减少 y 轴的角度
20     }else if(angleY<=-1){                                  //如果 y 轴的角度小于-1
21         angleY=angleY+0.5;                                 //增加 y 轴的角度
22     }else{
23         angleY=0;                                          //设置 y 轴角度为 0
24     }
25     plane->setRotation3D(Vec3(angleX,angleY,0)); //设置战机的旋转角度
26 }
```

- 第 1～7 行是战机自动恢复角度的方法，先设置战机的角度，打开定时回调，每 0.01s 执行一次更新战机角度的方法。
- 第 8～26 行是更新战机角度的方法，首先获取战机的 x 轴和 y 轴的旋转角度，然后判断 x 轴的旋转角度和 y 轴的旋转角度是否大于小于 1，如果满足则进行相应的减少和增加。如果小于 1 大于-1，则设置为 0，最后设置战机的旋转角度。

（4）下面详细讲解战机的移动方法。首先讲解触摸模式的战机移动实现的方法。当玩家单击屏幕时，战机进行一定的移动和偏转。当战机向后移动且移动的距离比较大时，战机会一边移动和一边执行后空翻的动作，使游戏战机的操作更加炫酷。其详细代码如下。

代码位置：见本书随书源代码/第 8 章/Cocos2dxPlane/app/src/main/jni/tool 目录下的 NewPlane.cpp。

```
void NewPlane::oneMovePlane(){
    float planeX=plane->getPositionX();                    //获取战机 x 坐标
    float planeY=plane->getPositionY();                    //获取战机 y 坐标
    float enemyX=animPoint.x;                              //获取战机目标点的 x 坐标
    float enemyY=animPoint.y;                              //获取战机目标点的 y 坐标
    angleLeft=fabs(enemyX-planeX)/10;                      //计算左右的偏移角度
    angleFront=fabs(enemyY-planeY)/20;                     //计算前后的偏移角度
    if(angleLeft>=maxRotateY){                             //如果超出最大值
        angleLeft=maxRotateY;                              //设置为最大值
    }else if(angleFront>=maxRotateX){                      //如果超出最大值
        angleFront=maxRotateX;                             //设置为最大值
    }
    auto director = Director::getInstance();               //获取导演实例
    auto sched = director->getScheduler();                 //获取调度器
    sched->scheduleSelector( //将 updatePlane 方法每 0.01s 执行一次，更新战机旋转角度
        SEL_SCHEDULE(&NewPlane::updatePlane),this,0.01,false);
```

```
17        angleX=plane->getRotation3D().x;                //获取战机 x 轴的偏移角度
18        angleY=plane->getRotation3D().y;                //获取战机 y 轴的偏移角度
19        plane->runAction(Sequence::create(              //战机顺序执行动作
20                 MoveTo::create(0.25,animPoint),        //移动到目标点
21                 CallFunc::create(CC_CALLBACK_0(NewPlane::canMove,this)),//回调方法
22                 nullptr));
23    }
24 void NewPlane::updatePlane(float f){
25        if(angleLeft>4){                                //判断前后偏移角度大于 4
26             angleLeft=angleLeft-4;                     //减少左右偏移角度
27             angleY=angleY+4*directionLeft;             //减少战机 y 轴的偏移角度
28        }
29        if(angleFront>2){                               //判断前后偏移角度大于 2
30             angleFront=angleFront-2;                   //减少前后偏移角度
31             if(directionFront==-1){                    //如果前后方向为-1
32                  angleX=angleX+2*directionFront;       //设置战机 x 轴的角度
33        }}                                              //如果偏移角度满足要求
34        if(angleLeft<=4&&angleFront<=2){
35             this->unschedule(SEL_SCHEDULE(&NewPlane::updatePlane));
                                                          //停止 updatePlane 方法的调用
36             action=true;                               //设置战机可以移动的标志位
37        }
38        plane->setRotation3D(Vec3(angleX,angleY,0));    //设置战机的旋转角度
39 }}
```

- 第 1～23 行为单击屏幕战机移动方法，首先获取战机现在的位置和战机的目标点。根据这几个值计算出战机的 x 轴和 y 轴应该旋转的角度。战机执行移动打目标点的动作，然后开启一个定时回调，每 0.01s 执行一次改变战机角度的方法。
- 第 24～39 行为更新战机角度的方法，如果战机左右旋转角度大于 4，则左右旋转角度减 4 且战机的 y 轴角度根据旋转方向进行相应的运算。如果战机前后旋转角度大于 2，则前后旋转角度减 2 且 x 轴的角度根据战机的旋转方向进行相应的运算。最后设置战机的旋转角度，直到左右旋转角度小于 4 而且前后旋转角度小于 2，停止此回调方法。

（5）下面详细讲解单击屏幕战机执行后空翻的方法。当玩家向后移动的距离比较大时，执行一个后空翻的动作，其详细代码如下。

代码位置：见本书随书源代码/第 8 章/Cocos2dxPlane/app/src/main/jni/tool 目录下的 NewPlane.cpp。

```
1  void NewPlane::oneRotatePlane(){
2       auto director = Director::getInstance();   //获取导演实例
3       auto sched = director->getScheduler();     //获取调度器
4       sched->scheduleSelector(  //将 updateBackflip 方法每 0.01s 执行一次，实现后空翻动作
5            SEL_SCHEDULE(&NewPlane::updateBackflip),this,0.01,false);
6       plane->runAction(Sequence::create(  //战机顺序执行动画
7            MoveTo::create(0.25,animPoint),          //移动到目标点
8            CallFunc::create(CC_CALLBACK_0(NewPlane::canMove,this)), //回调方法
9                 nullptr));
10 }
11 void NewPlane::updateBackflip(){
12      float angleX=plane->getRotation3D().x;        //获取战机 x 轴偏转角度
13      float anlgeY=plane->getRotation3D().y;        //获取战机 y 轴偏转角度
14      angleX=angleX+9;                              //更改 x 轴偏转角度
15      if(angleX>=360){                              //如果 x 轴偏移角度大于 360°
16           plane->setRotation3D(Vec3(0,angleY,0));  //设置战机的偏移角度
17           this->unschedule(
18                SEL_SCHEDULE(&NewPlane::updateBackflip));//停止 updateBackflip 方法的调度
19           action=true;                             //设置战机可以移动的标志位
20      }else{                                        //如果 x 轴偏移角度小于 360°
21           plane->setRotation3D(Vec3(angleX,anlgeY,0)); //设置战机的旋转角度
22 }
```

- 第 1～10 行为开启一个定时回调，每 0.01s 执行一次更新战机角度的方法，以实现后空翻的动作。战机执行动作 0.25s 到达目标点，到达目标点后设置战机可以移动的标志位。
- 第 11～22 行为战机执行后空翻的方法，获取战机 x 和 y 轴的偏转角度，对 x 轴偏转角度

进行加 9。当 x 轴的旋转角度大于 360° 时，证明已经战机已经完成后空翻，于是设置战机 x 轴的旋转角度为 0。同时停止后空翻方法的调用，设置战机可以移动标志位。

（6）前面介绍了后空翻的方法，接下来讲解滑动屏幕战机进行移动的方法。通过移动的方向更改战机偏转角度，其详细代码如下。

代码位置：见本书随书源代码/第 8 章/Cocos2dxPlane/app/src/main/jni/tool 目录下的 NewPlane.cpp。

```
void NewPlane::movePlane(){
    Vec3 angle=plane->getRotation3D();              //获取战机的角度
    float angleX=angle.x;                           //获取战机 x 轴的角度
    float angleY=angle.y;                           //获取战机 y 轴的角度
    angleX=angleX-deltaPoint.y*rotateSpeed/2*(1-fabs(angleX)/maxRotateX);
                                                    //计算前后的偏移角度
    if(angleX>0){                                   //如果角度大于 0
        angleX=0;                                   //设置角度为 0
    }
    angleY=angleY+deltaPoint.x*rotateSpeed*(1-fabs(angleY)/maxRotateY);
                                                    //计算左右的偏移角度
    plane->setRotation3D(Vec3(angleX,angleY,0));        //设置战机的角度
    plane->setPosition(Vec2(animPoint));            //设置战机的位置
    Constant::planePoint=animPoint;                 //更新战机位置数据
    action=true;                                    //设置可以移动标志位
}
```

说明 获取战机的当前偏转角度，根据战机 y 轴的位移偏移量进行 x 轴角度的计算，当 x 轴角度大于 0 时设置 x 轴角度为 0，根据战机 x 轴的位移偏移量进行 y 轴角度的计算，然后设置战机的偏转角度以及战机的位置，最后设置战机可以移动标志位。

（7）前面介绍了战机通过触摸模式的移动方法，下面讲解战机通过重力感应模式进行移动。通过游戏场景中的重力感应监听器，计算出战机的 x 轴和 y 轴的位移量，从而更改战机的位置、战机的角度并更新拖尾位置，其详细代码如下。

代码位置：见本书随书源代码/第 8 章/Cocos2dxPlane/app/src/main/jni/tool 目录下的 NewPlane.cpp。

```
void NewPlane::movePlane2(Point delta){
    float planeX=plane->getPositionX();                 //获取战机的 x 坐标值
    float planeY=plane->getPositionY();                 //获取战机的 y 坐标值
    animPoint=Point(planeX+delta.x,planeY+delta.y);     //获取战机的目标点
    deltaPoint=delta;                                   //赋值给偏移量
    if(animPoint.x>540){                                //如果目标点 x 坐标大于 540
        animPoint.x=540;                                //设置目标点 x 坐标为 540
    }else if(animPoint.x<0){                            //如果目标点 x 坐标小于 0
        animPoint.x=0;                                  //设置目标点 x 坐标等于 0
    }
    if(animPoint.y>1400){                               //如果目标点 y 坐标大于 1400
        animPoint.y=1400;                               //设置目标点 y 坐标为 1400
    }else if(animPoint.y<0){                            //如果目标点 y 坐标小于 0
        animPoint.y=0;                                  //设置目标点 y 坐标为 0
    }
    if((fabs(delta.x)>0||fabs(delta.y)>0)){             //如果有偏移量
        if(tail){                                       //如果没有创建拖尾
            myStreak = MotionStreak::create(0.15, 1, 15, Color3B(255,255,200),
                GAME_PATH+"streak.png");                //创建拖尾效果
            myStreak->setBlendFunc(BlendFunc::ADDITIVE);        //设置混合
            layer->addChild(myStreak,20);               //将拖尾添加到布景中
            myStreak->setCameraMask((unsigned short)CameraFlag::USER1);
                                                        //将拖尾添加进摄像机
            tail=false;                                 //设置已经创建拖尾标志位
        }
        if(myStreak){                                   //如果有拖尾效果
            myStreak->setPosition(Point(animPoint.x,animPoint.y-80));
                                                        //设置拖尾的位置
        }
        if((delta.x)>0){                                //x 轴偏移量大于 0
            directionLeft=1;                            //向右飞
```

```
30          }else{                                        //x 轴偏移量小于 0
31              directionLeft=-1;                         //向左飞
32          }
33          if(delta.y>0){                                //y 轴偏移量大于 0
34              directionFront=-1;                        //向前飞
35          }else if((delta.y)>-50){                      //y 轴偏移量大于-50
36              directionFront=1;                         //向后飞
37          }else{
38              directionFront=0;                         //后空翻
39          }
40          if(directionFront==0){                        //如果是后空翻
41              if(action){                               //可以移动
42                  rotatePlane();                        //旋转战机
43          }}
44          movePlane();                                  //移动战机
45      }
46      if(myStreak&&Constant::touchFlag&&delta.x==0&&delta.y==0){
47          layer->removeChild(myStreak,true);            //移除拖尾
48          tail=true;                                    //设置可以创建拖尾标志位
49  }}
```

- 第 1～15 行为获取战机的 x 坐标和 y 坐标，与通过重力传感器获取的 x 轴和 y 轴的位移偏移量进行相加。通过判断把战机的 x 轴坐标设置在 0 到 540 之间，把 y 轴坐标设置在 0 到 1400 之间，防止战机飞出屏幕让玩家无法操作。
- 第 16～27 行为如果战机有移动时，如果没有拖尾则创建拖尾，把拖尾添加进场景和摄像机中，更改拖尾有无标志位。如果已经有拖尾则设置拖尾的位置为战机位置向下 80。
- 第 28～44 行为通过 x 轴和 y 轴的偏移量判断战机前后左右的偏移角度，如果向后移动超过 50 则执行后空翻动作。
- 第 46～48 行为如果有拖尾、当前为重力感应模式且当前重力感应没有位移，则删除拖尾。设置可以创建拖尾标志位为 true。

（8）前面介绍了战机的移动方法的实现，下面讲解战机碰撞到其他敌机以及被敌机子弹击中时的方法，其详细代码如下。

代码位置：见本书随书源代码/第 8 章/Cocos2dxPlane/app/src/main/jni/tool 目录下的 NewPlane.cpp。

```
void NewPlane::hurt(int damage){
    bool isCanHurt=true;                                //定义战机可以受伤
    isCanHurt=!dynamic_cast<First3DLayer*>(layer)->protectAnimFlag;
                                                        //获取战机是否可以受伤
    if(isCanHurt){                                      //设置战机可以受伤
        int health=Constant::planeHealth;               //获取战机的血量
        int remainHealth=health-damage;                 //计算战机剩余的血量
        My2DLayer *m2l                                  //获取 2D 场景引用
                =dynamic_cast<My2DLayer*>(layer->getScene()->getChildByTag(0));
        if(remainHealth>0){                             //如果战机生命值大于 0
            Constant::planeHealth=remainHealth;         //更新战机的血量
            if(m2l){                                    //已经获取实例
                    m2l->sharkInjuredBG();              //执行受伤方法
        }}else{
            if(m2l){                                    //已经获取实例
                    m2l->pauseGame();                   //执行暂停游戏
                    m2l->completeGame(loseEnum);        //执行游戏完成
}}}}
```

说明　首先判断战机是否处于保护罩状态，如果没有才可以受伤。获取战机当前血量，通过传来的伤害值计算当前战机剩余的血量。如果血量大于 0 则执行游戏场景中屏幕一闪一闪受伤的方法。如果血量小于等于 0 则执行游戏场景中暂停方法以及游戏失败方法。

8.6.3　敌机工具类

第二个工具类为敌机类，实现了敌机的创建、移动、死亡等一系列方法。敌机工具类里包含

了 3 个类：其一为飞机的基类，包含了飞机的基本属性以及一些抽象方法；其二为敌机的派生类，实现了不同敌机的不同行为；其三为敌机的控制类，完成了游戏的逻辑设计。

（1）敌机基类声明了所有敌机需要的各种属性，例如生命值、编号、坐标等，同时还声明了一些敌机共有的抽象方法，例如移动、创建等。一个设计完善的基类能最大化地利用面向对象语言多态性的优点，提升程序的灵活性，便于对程序进行扩展。详细代码如下。

代码位置：见本书随书源代码/第 8 章/Cocos2dxPlane/app/src/main/jni/tool 目录下的 EnemyPlane.cpp。

```
1    ......//此处省略了对一些头文件的引用和命名空间的声明，需要的读者可参考源代码
2    bool EnemyPlane::hurt(int damage,Point point){              //敌机受到伤害
3        hp-=damage;                                              //消耗生命值
4        if(hp<=0){                                               //如果生命值小于 0
5            if(isGoal){
6                missile->canMove=false;                          //如果有导弹的目标是此敌机
7                isGoal=false;                                    //则给导弹移动的标志位置否
8            }
9            die();                                               //执行敌机死亡方法
10           return true;                                         //返回 true 表示死亡
11       }
12       if(point!=Point(0,0)){                                   //如果位置不为原点
13           First3DLayer *f3Layer=dynamic_cast<First3DLayer*>(this->getParent()->getParent());
14           f3Layer->exManager->createSmall(Vec3(point.x,point.y,0)); //创建小爆炸
15       }
16       return false;                                            //返回 false 表示未死亡
17   }
18   void EnemyPlane::die(){                                      //敌机死亡
19       if(GameData::playerNumber!=-1){                          //如果为单机游戏
20           this->removeAllChildren();                           //移除飞机
21           Web3DLayer *layer=dynamic_cast<Web3DLayer*>(this->getParent());
22           layer->exManager->createBig(this->getPosition3D(),0,0);      //创建大爆炸
23           this->removeFromParent();                            //从父节点中移除自己
24           return;
25       }
26       this->removeAllChildren();                               //移除飞机
27       First3DLayer *f3Layer=dynamic_cast<First3DLayer*>(this->getParent()->getParent());
28       f3Layer->exManager->createBig(this->getPosition3D(),index,score);//创建大爆炸
29       this->removeFromParent();
30   }
31   bool EnemyPlane::shoot(){                                    //敌机射击方法
32       if(!isShoot){                                            //如果不能射击
33           return false;                                        //返回 false
34       }else{                                                   //如果可以射击
35           shootCounter=0;                                      //重置射击计数器
36           isShoot=false;                                       //设置为不能射击
37           return true;                                         //返回 true
38       }
39   }
40   bool EnemyPlane::move(){
41       timeCounter++;                                           //更新时间计数器
42       shootCounter++;                                          //更新射击计数器
43       if(shootCounter==50){                                    //如果射击计数器到 50
44           isShoot=true;                                        //设置射击标志位为 true
45       }
46       if(isDie){                                               //如果敌机为死亡状态
47           return false;                                        //返回 false
48       }
49       return true;                                             //否则返回 true
50   }
```

- 第 1～17 行为敌机受到伤害的方法，首先减少敌机的生命值，如果敌机生命值小于 0 表示敌机死亡，将以此敌机为目标的导弹销毁，同时执行敌机死亡的方法。
- 第 18～30 行为敌机死亡的方法，其实现十分简单，均为从父节点中移除自己，并将自己的位置传给爆炸管理器用于创建大爆炸。由于单机游戏和联网游戏均使用一个敌机类，所以需要在敌机类中进行判断。

- ❑ 第 31～39 行为敌机射击的方法。基类中这个方法仅仅实现了对射击的判定，由于不同敌机射击方式不同，所以其具体射击方法的实现由其派生类完成。
- ❑ 第 40～50 行为敌机移动的方法，基类中这个方法完成了计数器的更新，计数器用于判断是否需要发射子弹，以及改变敌机的姿态。具体敌机的移动方法也在其派生类中实现。

（2）敌机派生类具体实现了不同类型飞机的不同方法，例如飞机的移动方式，飞机发射子弹的数量、方向，以及一些类型飞机特有的属性。下面以敌机 boss 为例向大家介绍敌机派生类的具体实现，详细代码如下。

代码位置：见本书随书源代码/第 8 章/Cocos2dxPlane/app/src/main/jni/tool 目录下的 Enemies.cpp。

```
Boss* Boss::create(){
    Boss *boss = new Boss();                              //创建一个导弹对象
    if (boss){                                            //判断对象是否创建成功
        boss->plane = Sprite3D::create(C3B_PATH+ //创建飞机精灵
            StringUtils::format("boss%d.c3b",Constant::custom+1).c_str());
        if(Constant::custom==0){                          //判断关卡
            boss->plane->setRotation3D(Vec3(90,0,0));         //设置 boss1
        }else if(Constant::custom==1){
            boss->plane->setRotation3D(Vec3(0,170,0));        //设置 boss2
        }else{
            boss->plane->setRotation3D(Vec3(30,0,0));         //设置 boss3
        }
        boss->addChild(boss->plane);
        boss->hp=50000;                                   //设置敌机生命值
        boss->score=1000;                                 //设置敌机分数
        boss->setCameraMask((unsigned short)CameraFlag::USER1);//设置摄像机掩码
        boss->plane->setLightMask(0);                     //设置光照掩码
        std::string texture="";                           //声明图片路径字符串
        if(Constant::custom==0){                          //如果为第一关
            texture=C3B_PATH+std::string("enemy.png");
        }else{                                            //如果不是第一关
            texture=C3B_PATH+StringUtils::format("boss%d.jpg",Constant::
            custom+1).c_str();
        }
        PublicApi::init3DTexShader(boss->plane,           //添加着色器
                texture.c_str(),
                (C3B_PATH+std::string("caustics.png")).c_str(),
                (SHADER_PATH+std::string("uv_bone.vsh")).c_str(),
                (SHADER_PATH+std::string("uv_bone.fsh")).c_str());
        boss->step=2;                                     //设置敌机步长
        boss->index=Constant::custom+4;                   //设置敌机编号
        return boss;
    }
    CC_SAFE_DELETE(boss);                                 //若创建失败，安全删除
    return nullptr;
}
bool Boss::move(){                                        //敌机移动的方法
    if(!EnemyPlane::move()){                              //调用父类移动方法
        return false;
    }
    if(Constant::custom==0){                              //对第一关 boss 进行移动
        float pX = this->getPositionX();                  //获取当前 bossX 坐标
        if(pX<100||pX>440){
            step=-step;                                   //改变步长
        }
        pX+=step/2.0f;                                    //更改 bossX 坐标
        this->setPositionX(pX);                           //更新 boss 位置
    }
    this->shoot();                                        //发射子弹
    animLight.x=(timeCounter%100)/100.0;                  //更改着色器参数
    animLight.y=(timeCounter%100)/100.0;
    auto glprogramstate = plane->getGLProgramState();     //获取着色器
    glprogramstate->setUniformVec2("v_animLight",animLight);//更改着色器的纹理位置
    if(timeCounter==2){
        startAnim();                                      //执行动画
    }
```

```
56      return true;
57  }
58  ……//此处省略了 boss 的射击方法，将在下一小节中进行详细讲解
```

- 第 4～12 行为创建敌机 boss 模型，并且根据不同的敌机 boss 设置其不同的姿态，使敌机 boss 能够以正确的姿态出现在场景中。
- 第 13～17 行设置了敌机 boss 的基本属性，包括生命值、得分以及所使用的灯光。灯光利用二进制操作，unsigned int 有 16 位，所以最多能设置 16 盏灯光。例如掩码为 5 的二进制为 101，表示第一和第三盏灯启用，本程序中 boss 不使用灯光，所以掩码为 0。
- 第 18～28 行的功能是为敌机 boss 添加着色器，首先根据不同敌机 boss 的贴图路径获取其纹理，然后根据其纹理以及着色器所在路径进行初始化，具体方法将在下文的 publicApi 工具类中进行介绍。
- 第 36～48 行为控制敌机 boss 移动的方法。boss 的移动方法较为简单，均为左右摇摆，每次根据步长移动一定距离，若超过范围则向反方向移动，同时还会执行射击方法。
- 第 49～56 行为控制敌机 boss 着色器的方法，通过使纹理贴图的坐标发生偏移来产生出发光纹路的特效，使游戏画面更加绚丽。

（3）上文省略的 boss 的射击方法，将在此部分进行详细讲解，包括了如何控制射击时间，以及不同射击方式的实现。

代码位置：见本书随书源代码/第 8 章/Cocos2dxPlane/app/src/main/jni/tool 目录下的 Enemies.cpp。

```
bool Boss::shoot(){                                    //boss 射击方式
    if(!EnemyPlane::shoot()){                          //调用基类方法判断能否射击
        return false;
    }
    bossShootCounter++;                                //boss 射击计数器
    if(bossShootCounter%3==0){                         //boss 射击速度是普通敌机的 1/3
        if(bossShootCounter>=0&&bossShootCounter<12){  //前 3 次射击的模式
            twoLineShoots(0);
        }else if(bossShootCounter>=12&&bossShootCounter<24){  //中 3 次射击的模式
            lineSectorShoots(0);
        }else if(bossShootCounter>=24&&bossShootCounter<48){  //后 6 次射击的模式
            sectorShoots();
        }else if(bossShootCounter>=48){                //最后的射击模式
            twoSectorShoots(0);
    }}
    return true;
}
void Boss::twoLineGoalShoots(int i){                   //两列以玩家战机为目标的子弹
    if(i>6){                                           //判断执行次数（共 7 组）
        return;
    }
    Point point=this->getPosition();                   //获得 boss 位置
    ControlGame *controlTemp=dynamic_cast<ControlGame*>(this->getParent());
    Point goalPoint=controlTemp->plane->plane->getPosition();  //获得目标位置
    float angle1=PublicApi::turnAngle(point-Point(50,30),goalPoint);
                                                       //计算子弹角度
    float angle2=PublicApi::turnAngle(point-Point(-50,30),goalPoint);
    Bullet *b1=Bullet::create(3,point-Point(50,30),500+Constant::custom*100,
    goalPoint,angle1);//创建
    Bullet *b2=Bullet::create(3,point-Point(-50,30),500+Constant::custom*100,
    goalPoint,angle2);
    b1->setRotation(angle1);                           //设置子弹旋转角度
    b2->setRotation(angle2);
    controlTemp->controlBullet->addChild(b1); //添加子弹
    controlTemp->controlBullet->addChild(b2);
    this->runAction(Sequence::create(DelayTime::create(0.2),   //延迟 0.2s
    CallFunc::create(CC_CALLBACK_0(Boss::twoLineGoalShoots,this,i+1)),nullptr));
                                                       //调用方法
}
void Boss::sectorShoots(){                             //一排散射的子弹
    Point point=this->getPosition();                   //获得 boss 位置
```

```
38        ControlGame *controlTemp=dynamic_cast<ControlGame*>(this->getParent());
39        for(int i=0;i<11;i++){
40            Point goalPoint=Point(270+(i-5)*170,-200);          //设置目标点
41            float angle1=PublicApi::turnAngle(point-Point(30,30),goalPoint);//计算角度
42            Bullet *b1=Bullet::create(4,point-Point(0,30),500+Constant::custom*
              100,goalPoint,angle1);
43            b1->setRotation(angle1);                             //设置子弹旋转
44            controlTemp->controlBullet->addChild(b1);            //添加进场景
45    }}
```

- 第 1～17 行为判断是否发射、如何发射的方法，由于 boss 发射的子弹复杂、多样，所以发射速度应该减慢，每执行 3 次射击方法 boss 发射一次。本游戏是按时间的顺序依次发射不同的子弹，读者可以改为自己喜欢的发射方式。
- 第 18～35 行为发射两列以玩家战机为目标的子弹的方法。具体实现为每次向玩家战机方向发射两颗子弹，在方法的结尾继续调用本方法，并给参数加 1，在方法的开头检测参数的大小，大于一个阈值则退出本方法。
- 第 36～45 行为以圆弧状发射一排子弹的方法。首先获取 boss 坐标，然后设置一排 y 值相同、x 值呈等差数列的目标点，然后根据两点计算子弹应该旋转的角度，创建并旋转子弹，最后将子弹加入场景中。

（4）敌机控制类，在此类中实现了对敌机及 boss 出现的控制，以及对游戏成功的判断（boss 被消灭）。还进行了玩家战机和敌机的碰撞检测。同时还有 boss 出现之前的警告图标、boss 死亡之后飞机的动画也在此类中完成。详细代码如下。

代码位置：见本书随书源代码/第 8 章/Cocos2dxPlane/app/src/main/jni/tool 目录下的 ControlGame.cpp。

```
void ControlGame::update(){
    timeCounter++;
    if(timeCounter>=3000+Constant::custom*1000){
        if(!createBoss && childCount==0){                  //判断是否需要创建 boss
            ......//此处省略了警告的实现，比较简单，读者可以自行查阅随书附带源代码
        }else if(createBoss && childCount==0){             //判断 boss 是否被消灭
            if(isWin){                                     //如果标志位为 true
                return;
            }
            isWin = true;                                  //是否胜利标志位
            int direction=1;                               //飞机飞行的方向,默认左面
            float step=abs(1000-Constant::planePoint.y)/600.0;      //步长
            if(Constant::planePoint.x>=270){               //如果在右面
                direction=-1;                              //改变方向
            }
            ActionInterval *planeRotate1=RotateTo::create(0.5*step,Vec3
           (0,direction*60,-90));
            ActionInterval *planeRotate2=RotateTo::create(1.0f,Vec3(0,0,-90));
            ActionInterval *planeMove1=MoveTo::create(0.5*step,Vec2(270,200));
            ActionInterval *planeMove2=MoveTo::create(1.0f,Vec2(270,1600));
            ActionInterval *planeCome=Spawn::create(planeRotate1,planeMove1,nullptr);
            ActionInterval *planeGo=Spawn::create(planeRotate2,planeMove2,nullptr);
            My2DLayer *m2l=dynamic_cast<My2DLayer*>        //拿到 2D 场景的引用
                (plane->plane->getScene()->getChildByTag(0));
            if(m2l){                                       //如果不为空则执行暂停游戏
                m2l->pauseGame();
            }
            plane->plane->runAction(Sequence::create(planeCome,planeGo,
                                                           //执行结束动画
                CallFunc::create(CC_CALLBACK_0(ControlGame::completeGame,this)),
                nullptr));
        }
    }else if(timeCounter%((100-Constant::custom*8)-timeCounter/(100-Constant::custom*8))==0
        && timeCounter<3000+Constant::custom*1000){
        ......//此处省略了飞机的创建方法，比较简单，读者可以自行查阅随书附带源代码
    }
    Vector<Node*> vTemp = this->getChildren();             //获取全部敌机
    Vector<Node*>::iterator iter=vTemp.begin();            //创建敌机列表的迭代器
```

```
36        childCount=vTemp.size();                          //得到敌机列表的大小
37        for(;iter!=vTemp.end();iter++){                   //遍历敌机列表
38              EnemyPlane *temp = dynamic_cast<EnemyPlane*>(*iter); //获得敌机引用
39              if(temp){
40                  temp->move();                           //执行敌机移动方法
41                  Point localVec = temp->getPosition();          //获取敌机位置
42                  Point goalVec=plane->plane->getPosition();     //获取玩家战机位置
43                  if(!temp->isDie && Collision::check(localVec,goalVec,Constant::
                    planeId,temp->index+1)){
44                       if(temp->index>=4){                //如果撞击飞机的为boss
45                            plane->hurt(10000000);        //造成伤害
46                  }else{
47                            plane->hurt(temp->hp/5);      //造成伤害
48                       }
49                       temp->hurt(1000,goalVec);          //敌机受到伤害
50                       temp->isDie=true;                  //敌机死亡标志位设为true
51                  }else if(!Rect(-100,-50,740,1600).containsPoint(localVec)){
52                       temp->hurt(10000000,Point(0,0)); //超过屏幕范围就销毁
53  }}}}
```

- 第 1～6 行中省略了警告面板的实现，原理是在布景中添加一张警告图片，执行一系列动画。最后利用 RemoveSelf 动作删除自己，并执行 CallFunc 回调方法。
- 第 7～28 行中完成了赢得游戏时玩家战机回到屏幕中间并向上飞去的动画，其中包括了玩家战机的旋转以及飞机的移动。由于 update 在场景的定时回调中被执行，所以为了避免结束动画被执行多次，使用了 isWin 标志位。
- 第 30～33 行实现了敌机的创建，首先根据关卡等级的提高延长游戏时间。随着游戏时间的推进，敌机创建速度也逐渐加快，具体的创建方法比较简单。
- 第 34～53 行实现了玩家战机和敌机的碰撞，由于敌机需要实时更新位置，所以在敌机移动后与玩家战机进行碰撞检测，减少遍历列表的次数。如果玩家战机撞到普通敌机，战机损失普通生命值的一半，撞到 boss 直接死亡（损失大量生命值）。

8.6.4 子弹工具类

实现了敌机类之后，接下来需要完成的便是对子弹的开发。子弹是大部分游戏都不可或缺的元素。子弹的编写较为简单，根据一张子弹的图片创建精灵，设置好其移动步长，在定时回调中更新其所在的位置即可。同时还需要与敌机进行碰撞检测。

（1）首先介绍的是子弹工具类的头文件，通过该头文件，可以大概了解子弹工具类的结构，更好地理解下文的介绍，详细代码如下。

代码位置：见本书随书源代码/第 8 章/Cocos2dxPlane/app/src/main/jni/tool 目录下的 Bullet.h。

```
......//此处省略了对一些头文件的引用以及定义头文件的相关代码，需要的读者可参考源代码
class ControlBullet:public Node{                          //子弹控制节点
public :
      static ControlBullet* create(NewPlane *_plane);     //创建子弹控制节点
      void update();                                      //更新所有子弹的方法
      NewPlane *plane;                                    //玩家战机的引用
};
class Bullet:public Sprite{                               //子弹精灵
public:
      static Bullet* create(int num,Point point1,float speed,Point point2,float
      angle);     //单机游戏创建子弹
      static Bullet* webCreate(int num,Point point, float angle); //联网游戏创建子弹
      void updatePoint();                           //定时回调更新位置
      int damage;                                   //定义伤害值
      int num;                                      //定义子弹编号
      int liveFlag=0;                               //是否生存标志位（联网游戏）
private:
      static Rect rTemp[];                          //保存对应编号子弹在纹理图中的位置
      static int iTemp[];                           //保存对应编号子弹的伤害值
```

```
19        Point goalPoint;                          //目标位置
20        Point startPoint;                         //起始位置
21        float bSpeed;                             //子弹的速度
22        float angle;                              //子弹旋转角度
23    };
24    class Collision{                              //碰撞检测类
25    public:
26        static bool check(Vec2 local, Vec2 goal, int localN, int goalN);//碰撞检测方法
27    };
28    #endif
```

- 第 2～7 行为一个子弹控制者，管理着所有子弹的移动，同时子弹与敌机、子弹与玩家战机的碰撞检测也在此进行。
- 第 8～23 行为单独子弹的实现，包括了单机游戏和联网游戏所需要的变量、方法。不同子弹的伤害值和在纹理图中的位置均储存在一个静态数组中，便于使用。
- 第 24～28 行为碰撞检测的实现，根据传入的两个物体的坐标以及编号来进行处理，其具体的处理方法与服务器端方法类似，不再详细讲解。

（2）这一部分详细讲解子弹与敌机的碰撞检测处理，以及子弹的创建方法。遍历子弹列表，执行每一个子弹移动的方法。子弹移动的方法十分简单，通过计算使子弹沿一个固定方向移动固定距离。然后遍历敌机列表进行碰撞检测，详细代码如下。

代码位置：见本书随书源代码/第 8 章/Cocos2dxPlane/app/src/main/jni/tool 目录下的 Bullet.cpp。

```
void ControlBullet::update(){
    Vector<Node*> vTemp = this->getChildren();              //获得子弹列表
    Vector<Node*>::iterator iter=vTemp.begin();             //声明子弹列表迭代器
    ControlGame *controlGame=dynamic_cast<First3DLayer*>(this->getParent())->
    controlGame;
    for(;iter!=vTemp.end();iter++){                         //遍历子弹列表
            Bullet *temp = dynamic_cast<Bullet*>(*iter);    //获取一个子弹
            if(temp){
                    temp->updatePoint();                    //更新子弹位置
                    if(temp->num==1||temp->num==3||temp->num==4){//判断是否为敌机的子弹
                            Point localVec = temp->getPosition();    //获得子弹位置
                            Point goalVec = plane->plane->getPosition();//获得玩家战机位置
                            if(Collision::check(localVec,goalVec,Constant::planeId+1,0)){
                                                                     //碰撞检测
                                    plane->hurt(temp->damage);       //对敌机造成伤害
                                    First3DLayer *f3Layer=dynamic_cast<First3DLayer*>
                                    (this->getParent());
                                    f3Layer->exManager->createPlane(temp->getPosition3D());
                                    CCLOG("bullet->plane");
                                    temp->removeFromParent();        //从节点中移除子弹
                    }}else{
                            Vector<Node*> cTemp = controlGame->getChildren();//获取敌机列表
                            Vector<Node*>::iterator cIter=cTemp.begin();//声明敌机列表迭代器
                            for(;cIter!=cTemp.end();cIter++){
                                    EnemyPlane *eTemp = dynamic_cast<EnemyPlane*>(*cIter);
                                    if(eTemp){
                                        Point localVec = temp->getPosition(); //获得子弹位置
                                        Point goalVec = eTemp->getPosition(); //获得敌机位置
                                        if(!eTemp->isDie && Collision::check( //碰撞检测
                                            localVec,goalVec,0,eTemp->index+1)){
                                            if(eTemp->hurt(temp->damage,localVec)){
                                                                    //对敌机造成伤害
                                                    eTemp->isDie=true;    //返回 true 表示死亡
                                            }
                                            temp->removeFromParent();  //从节点中移除子弹
                    }}}}
                    if(!Rect(-100,-50,740,1600).containsPoint(temp->getPosition())){
                                                                    //检测子弹是否出界
                    temp->removeFromParent();
}}}}
Rect Bullet::rTemp[]={Rect(60,58,20,51),      //玩家 0，敌机 1，玩家 2，boss，boss(圆)
```

```
37        Rect(11,9,22,31),Rect(0,52,40,60),Rect(60,0,24,48),Rect(105,9,36,36)};
38    int Bullet::iTemp[]={100,10,40,10,15};          //玩家 0，敌机 1，玩家 2，boss，boss（圆）
39    Bullet* Bullet::create(int num,Point point1,float speed,Point point2,float angle){
40        Bullet *bullet=new Bullet();                                        //创建子弹对象
41        if(bullet && bullet->initWithFile(GAME_PATH+std::string("bullets.png"),
          rTemp [num])){                                  //初始化精灵
42            if(num==1){                                 //为编号为 1 的子弹添加粒子系统
43                ParticleSystemQuad *psq = ParticleSystemQuad::create(
44                    PLIST_PATH+std::string("bullet.plist")); //从文件中加载粒子系统
45                psq->setPositionType(ParticleSystem::PositionType::RELATIVE);
46                psq->setScale(1.5);
47                bullet->addChild(psq, PLIST_LEVEL);                //给精灵挂载粒子系统
48                psq->setPosition(Point(8,0));
49            }
50            ......//此处省略了子弹相关属性的赋值，有需要的读者请自行查阅随书附带源代码
51            return bullet;                                        //返回子弹精灵
52        }
53        CC_SAFE_DELETE(bullet);                   //如果敌机未成功创建，则安全删除
54        return nullptr;
55    }
```

- 第 9～17 行为敌机子弹和玩家战机的碰撞检测处理。根据子弹编号判断是否为敌机子弹，只有敌机子弹才会跟玩家战机碰撞。
- 第 19～35 行为玩家子弹和敌机的碰撞检测处理。如果编号为玩家战机子弹，就遍历敌机列表，当子弹和敌机的距离小于一定范围则造成伤害。
- 第 36～38 行为子弹的伤害值和其贴图的位置，所有种类子弹的贴图均在一张纹理图上，通过在纹理图中圈定位置来实现不同子弹的外观。
- 第 42～49 行为子弹添加粒子系统。粒子系统挂载在子弹的尾部，为闪闪发光的星，粒子系统丰富了游戏画面，使游戏更加美观。具体效果请读者将程序运行到手机上以查看，或者将随书附带源代码里的 plist 文件在 ParticleEditor 中打开。
- 第 50～55 行为子弹的相关属性赋值。读者可以自行阅读。

8.6.5 爆炸工具类

以上两个小节都涉及了碰撞检测的部分，当两物体碰撞时，应该产生爆炸效果。我们将爆炸分为了大爆炸、小爆炸、玩家战机爆炸 3 种。只需要拿到爆炸控制者，调用其相应的 create 方法，再将爆炸点所在位置传入相应 create 方法即可实现。

（1）首先介绍的是爆炸工具类的头文件，包括了基本爆炸体以及爆炸控制者。通过该头文件可以大概了解爆炸工具类的结构，详细代码如下。

代码位置：见本书随书源代码/第 8 章/Cocos2dxPlane/app/src/main/jni/tool 目录下的 Explosion.h。

```
......//此处省略了对一些头文件的引用以及定义头文件的相关代码，需要的读者可参考源代码
class Explosion : public BillBoard{                         //基本爆炸体
public:
    CREATE_FUNC(Explosion);                                 //实现创建方法的宏
    static Explosion* create(const std::string& filename, const Rect& rect);
                                                            //自己的爆炸创建方法
    void deleteMe();                                        //删除自己
    void startAnim(Animate *animate);                       //执行动画
};
class ExManager : public Node{
public:
    CREATE_FUNC(ExManager);                                 //实现创建方法的宏
    bool init();                                            //爆炸控制者初始化
    void createBig(Vec3 vec,int index,int score);           //创建大爆炸
    void createSmall(Vec3 vec);                             //创建小爆炸
    void createPlane(Vec3 vec);                             //创建玩家战机爆炸
    void createNewCoin(Vec3 vec,int index,int score);   //创建金币
    Animate *animateBig;                                    //大爆炸的动画
```

```
    Animate *animateSmall;                               //小爆炸的动画
    Animate *animatePlane;                               //玩家战机爆炸的动画
};
```

说明　爆炸和子弹的实现模式相近，先创建一个基本体，包含了一些必需的方法。之后再创建其管理者，管理所有基本体的活动以及销毁。与子弹的实现不同的是，爆炸只需要完成一次动画自动销毁即可，所以管理类只涉及了爆炸的创建以及爆炸动画的执行。

（2）这一部分详细讲解爆炸管理者的初始化方法，同时以大爆炸为例讲解了爆炸的创建，以及如何让爆炸自行销毁。爆炸虽然实现起来较为简单，但十分重要，它能够使游戏更加绚丽、真实，是烘托游戏的有力武器。其详细代码如下。

代码位置：见本书随书源代码/第 8 章/Cocos2dxPlane/app/src/main/jni/tool 目录下的 Explosion.cpp。

```
1   bool ExManager::init(){
2       if(!Node::init()){                                   //执行父类 init 方法
3           return false;
4       }
5       Vector<SpriteFrame*> animFrames;                     //创建精灵帧列表
6       Animation *anim;                                     //声明动画
7       for(int i=0;i<9;i++){                                //循环创建精灵帧
8           SpriteFrame *frame=SpriteFrame::create(          //创建精灵帧
9               BOOMB_PATH+StringUtils::format("boomB (%d).png",(i+1)).c_str(),
                Rect(0,0,128,128));
10          animFrames.pushBack(frame);                      //加入精灵帧列表
11      }
12      anim=Animation::createWithSpriteFrames(animFrames,0.03125f);//创建精灵帧动画
13      animateBig=Animate::create(anim);                    //创建动画
14      animateBig->retain();                                //保存动画引用
15      ......//由于以下代码完全类似，所以省略，有需要的读者请自行翻阅随书附带源代码
16  }
17   void ExManager::createBig(Vec3 vec,int index,int score){
18       Explosion* temp=Explosion::create(                  //创建动画帧
19           BOOMB_PATH+std::string("boomB (1).png"),
20           Rect(0,0,128,128)
21       );                                                  //创建用来执行动画的精灵
22       temp->setPosition3D(vec);                           //计算并设置爆炸位置
23       temp->setCameraMask((unsigned short)CameraFlag::USER1);//设置标志板的摄像机
24       this->addChild(temp);                               //加入布景中
25       temp->startAnim(animateBig);                        //执行动画
26       if(GameData::playerNumber==-1){
27           createNewCoin(vec,index,score);                 //创建奖励
28       }
29       PlaySound::playSound(kBoomB);                       //播放大爆炸
30  }
31  void Explosion::startAnim(Animate *animate) {            //执行动画的方法
32      this->runAction(Sequence::create(animate->clone(),//执行顺序动画
33          CallFunc::create(CC_CALLBACK_0(Explosion::deleteMe,this)),nullptr));
                                                             //删除自己的方法
34  }
```

- 第 1～16 行为爆炸管理者的初始化方法，主要完成了大爆炸、小爆炸以及玩家战机爆炸动画的初始化，同时还将其保存起来方便之后使用。
- 第 17～30 行为创建爆炸的方法，首先创建爆炸基本体，然后设置位置与照相机，最后加入布景中播放动画，同时还播放声音。
- 第 31～34 行为执行动画的方法，使用的是之前创建的动画。如果有多个精灵同时使用一个动画的时候，要注意，一定要用 clone 方法复制一个动画，否则会出现错误。最后的用于删除自己的回调方法可以用 RemoveSelf::create()代替。

8.7 游戏的优化及改进

> **提示** 大家会发现前面我们讲的过程中使用的是安卓项目。由于 Cocos2d-X 是个跨平台的引擎，所以该项目也可以在 iOS 平台上运行。我们也在放了一个 iOS 项目，方便大家在 Xcode 中使用，其代码和安卓项目代码是一样的。

到此为止，雷鸣战机的开发已经基本完成，并全部实现了最初设计的功能。当然，程序总会有不完美的地方，通过开发后的试玩测试，发现游戏中仍然存在一些需要优化和改进的地方，下面列举作者想到的一些方面。

- 优化游戏场景

没有哪一款游戏的场景可以称为完美无缺，而且每个人的审美不同，总会有一些不如人意的地方。对于本游戏，读者可以自行根据自己的想法进行改进，使其更加完善、完美。比如子弹的样式、飞机的移动速度和爆炸的特效等都可以进一步的完善。

- 修复游戏 bug

现在众多的手机游戏在公测之后也有很多的 bug，需要玩家不断地发现以此来改进游戏。比如本游戏中在接收网络数据过多时会卡顿，虽然我们已经测试并改进了大部分问题，但是还有很多 bug 是需要玩家发现，这对于游戏的可玩性有极其重要的帮助。

- 完善游戏玩法

此游戏中的敌机种类比较少，读者可以在敌机工具类里自行扩展，丰富游戏的体验。同时还可以为玩家战机增加一些特殊能力，比如生命值低于一定限度触发技能，或者增加子弹的发射方式。希望读者能发散自己的思维，改造出更完美的游戏。

- 增强游戏体验

为了满足更好的用户体验，飞机子弹发射的速度，敌机的数量都可以进行更改。例如增大敌机出现的数量能让玩家体验到游戏的刺激，减少敌机出现的数量可以让玩家更放松。有能力的读者一定要尝试对程序的修改，这不仅可以提高游戏的可玩性，更能够有效地锻炼自己。

第 9 章　棋牌类游戏——天下棋奕

随着手机平台上的软件日渐丰富多样，棋牌类游戏也变得日渐流行。棋牌类游戏指一些操作简单、易于理解且可以随时停止的游戏，同时要求有较高的娱乐性和思考性的游戏。其主要考验玩家的逻辑思考能力，可以有效地提高玩家的思维活跃性。

本章将通过讲解“天下棋奕”游戏在手机平台上的设计与实现，使读者对手机平台下 Cocos2d-x 开发 3D 类游戏的步骤有更加深入的了解，学会该类游戏的开发，并掌握棋牌类游戏开发的技巧，从而在游戏开发中有更进一步的理解和提高。

9.1 游戏的背景及功能概述

天下棋奕是一款棋牌类游戏，以古代战争作为整体的大背景，玩家可以通过选择人机模式与电脑进行人机对战，或者是选择联网模式，通过匹配真人对手进行真人对战。最终的胜负以将帅之死作为判定，哪一方的主帅先阵亡则判定该方游戏失败，对手获胜。

本节将向读者介绍天下棋奕游戏的背景以及功能，使读者对该游戏有个整体了解，为之后游戏的开发做好准备。

9.1.1 背景概述

天下棋奕是以古代战争为背景开发出来的一款 3D 版象棋对战游戏。本游戏分为两个模式，单机模式和联网模式。场景皆以古代战争为主题，通过对 3D 模型进行一系列的操作，生动形象地再现了 3D 视觉效果带给我们的视觉冲击。

首先向读者介绍市场上已经发布的几款益智棋牌类的游戏，如图 9-1、图 9-2 所示。这几款游戏共同点是抓住了玩家碎片化时间，赢得玩家喜爱。

▲图 9-1　3D 国际象棋截图

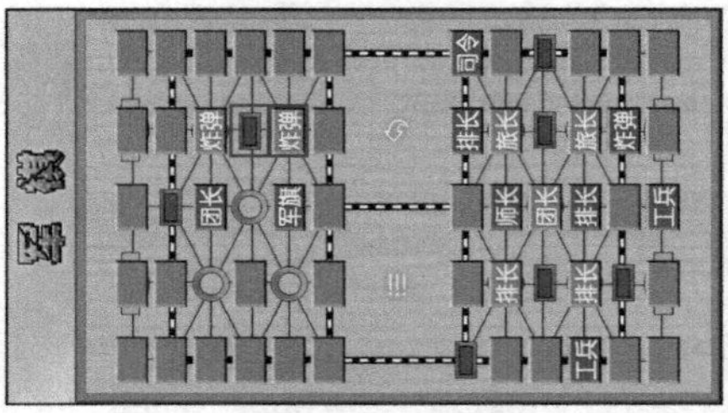

▲图 9-2　军棋截图

通过对图 9-1、图 9-2 的了解，相信读者已经对该类游戏有了一个大致判别。本章使用 Cocos2d-x 游戏开发引擎开发一款手机平台益智棋牌类游戏。本游戏使用了引擎中的大量特效，极大地丰富了游戏的视觉效果，增强了玩家体验，并且玩法比较简单，易于操作。

9.1.2 功能介绍

本章开发的棋牌类游戏“天下棋奕”主要包括游戏加载场景、主菜单场景、帮助场景、游戏场景中的 2D 场景以及 3D 场景。接下来对该游戏的部分场景及运行效果进行简单介绍。

（1）单击该游戏图标进入游戏，首先呈现在玩家面前的是游戏加载资源的布景，其效果如图 9-3 所示。该场景中用几个精灵对象显示游戏相关信息，包括粒子效果以及加载进度条。待游戏所需的相关资源加载完成后，便会进入到本款游戏的主菜单布景，如图 9-4 所示。

▲图 9-3　加载资源布景截图

▲图 9-4　游戏主菜单布景截图

（2）主菜单布景中主要突出的是游戏的名称和模式，该游戏模式分为两种，人机模式和联网模式。在主菜单场景中有另外的 4 个功能按钮，分别是“帮助”菜单按钮、“设置”菜单按钮、“退出”菜单按钮和“音乐开关”菜单按钮。

（3）单击主菜单场景中左侧的“帮助”按钮游戏会切换到帮助布景，其初始效果如图 9-5 所示。在该布景中可以通过触摸来滑动布景中的六棱柱模型以切换不同的帮助提示，并且可以通过双击屏幕来放大帮助提示以便仔细查看，其效果如图 9-6 所示。

▲图 9-5　游戏帮助布景截图 1

▲图 9-6　游戏帮助布景截图 2

（4）在主菜单场景中单击左侧中间的“设置”按钮，会弹出一个设置框，如图 9-7 所示。该界面包括了 3 个功能，一个是设置游戏中音乐音量的大小，玩家可以通过滑动拖拉条来进行设置，一个是对游戏中音效大小的设置，最重要的一个功能是可以通过手动输入的方式，直接设置游戏服务器的 IP 地址，这样可以更加方便地修改游戏中服务器的 IP。左上角的是退出设置框的“返回”菜单按钮。

（5）在主菜单场景中单击左侧最下边的“退出游戏”按钮，这时候游戏会弹出一个提示框，如图 9-8 所示，该提示框中有文字提示以及两个功能按钮，两个按钮分别是取消和确定，这一点也体现了游戏人性化的一面，避免玩家因不小心点错了按钮而使游戏直接退出。

（6）单击主菜单场景中的“人机对战”按钮时，游戏会切换到人机对战的布景中，其效果如图 9-9 所示。此时玩家所看到的是游戏的 3D 布景，此时可以通过左右滑动屏幕来切换观察的视角，从而可以全方位仔细地去观察整个棋盘的细节

（7）单击图 9-9 中屏幕最左上角的“暂停”按钮时，游戏画面中会弹出一个暂停提示框，如

图 9-10 所示。该提示框包括了文字提示和两个功能按钮，两个按钮分别是“继续游戏”按钮和“退出游戏”按钮，这里的“退出”按钮指的是返回到主菜单布景。

▲图 9-7 游戏设置布景截图

▲图 9-8 游戏退出布景截图

▲图 9-9 游戏 3D 布景截图

▲图 9-10 游戏暂停布景截图

（8）单击图 9-9 中屏幕最右上角的“2D/3D”按钮时，游戏会执行 2D 与 3D 布景之间的互换，其效果如图 9-11 所示。当游戏切换到 2D 布景状态时，玩家可以通过两个手指的触摸来对整个游戏的布景进行一定程度的放大与缩小，并且在放大后还可以通过单个点的触摸滑动来调整观察的位置。

（9）单击图 9-11 中屏幕最左下角的“返回主菜单”按钮时，游戏画面中会弹出一个退出提示框，如图 9-12 所示。该提示框中包括了文字提示以及两个功能性菜单按钮，两个按钮的功能分别是取消本次退出操作以及确定本次退出操作，当确定退出时游戏将切换到主菜单布景。

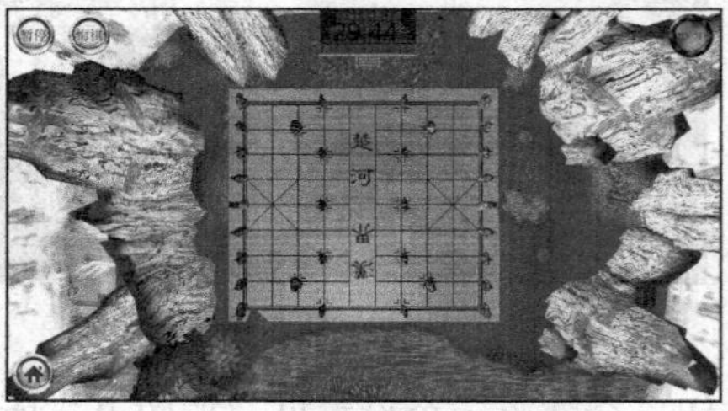

▲图 9-11 游戏 2D 布景截图

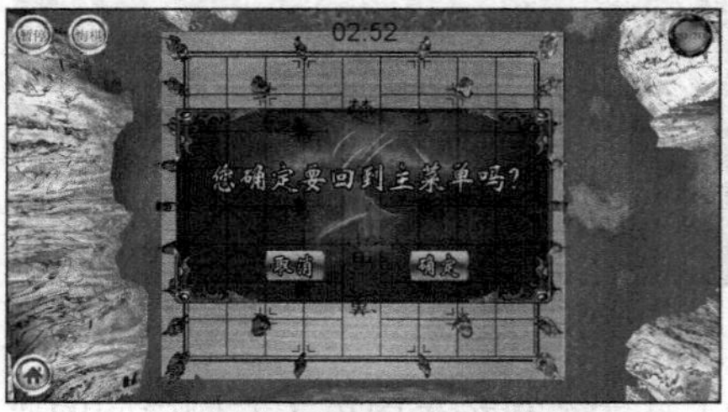

▲图 9-12 返回主菜单布景截图

9.2 游戏的策划及准备工作

在对本游戏的背景和基本功能有一定了解以后，本节将着重讲解游戏开发的前期准备工作。策划和前期的准备工作是软件开发必不可少的步骤，它指明了研发的方向。只有方向明确才能产生优秀的产品，本节主要介绍游戏的策划和游戏中资源的准备。

9.2.1 游戏的策划

本游戏的策划主要包含：游戏类型定位、呈现技术以及目标平台的确定等工作。一个好的策划保证了游戏的界面风格、规则玩法、系统功能等一系列的游戏内容易于被大众接受，且能在第一时间发觉游戏中所欠缺的、不妥的游戏内容。

❑ 游戏类型

该游戏为棋牌类游戏。与其他同类游戏不同的是，本款游戏一改以往棋牌类游戏的开发设计思路，采用 3D 技术进行游戏的开发，本款游戏有单机与联网两种模式可供选择。

❑ 运行的目标平台

游戏目标平台为 Android 2.2 及以上平台与 iOS 平台。

❑ 采用的呈现技术

游戏完全采用 Cocos2d-x 引擎进行游戏场景的搭建和游戏特效的处理，比如游戏中的点中棋子时的粒子效果、棋子移动时的骨骼动画、3D 元素的使用、各个场景之间的切换特效。简单方便的操作，极大地增强了玩家的游戏体验。该方式还可以降低游戏开发的门槛，提高开发效率。

❑ 操作方式

游戏中玩家可以通过 2D/3D 按钮来任意地切换游戏的场景，以便从不同的观察角度去更全面地了解游戏场景中的细节。在 3D 场景中还可以通过单点移动来旋转摄像机，玩家可以通过先单击一枚棋子，再去单击想要走的位置便可以移动该棋子从而完成下棋的动作，然后等待对手的走棋即可。

9.2.2 安卓平台下游戏开发的准备工作

了解了游戏的策划后，接下来将讲解一些开发前做的准备工作，包括搜集和制作图片、声音、字体、模型等。对于相似的、同类型的文件资源应该进行分类，将共储存在同一文件子目录中，以便于对大量、繁杂的文件资源进行查找、使用。其详细开发步骤如下。

（1）首先为读者介绍的是游戏场景中用到的部分图片资源，系统将所有图片资源都放在项目文件下的 SampleChess/app/src/main/assets 目录下的文件夹中。表 9-1 所列的为 pic 文件夹下的图片资源，由于本游戏使用的图片资源很多，所以将其分类存放在不同的子目录下。图片清单仅用于说明，不必深究。

表 9-1　　　　pic 文件夹图片清单

文件名	大小（KB）	像素（w×h）	用　途	文件名	大小（KB）	像素（w×h）	用　途
wave.png	430	560×347	水波纹理	faillogo.png	60.9	540×75	游戏失败提示
mainMeunBack.png	608	960×544	主菜单背景	gameover.png	26.5	260×70	游戏结束 logo
loadlogo.png	764	960×686	加载界面 logo	fire.png	0.722	32×32	粒子系统纹理
logo.png	132	366×207	主菜单 logo	player0.png	7.13	100×58	红方提示
chulogo.png	12.9	95×90	楚字 logo	player1.png	8.47	106×58	黑方提示
hanlogo.png	12.9	100×90	汉字 logo	progress_tack.png	30.4	500×40	拖拉条背景
jiangjun.png	14.0	130×70	将军提示	progress.png	23.1	431×29	拖拉条前景
bunenghq.png	12.7	250×60	不能悔棋提示	snow.png	1.21	32×32	雪粒子纹理
connecting0.png	5.26	230×35	加载资源提示	star.png	1.05	32×32	星星粒子纹理
connecting1.png	5.27	230×35	加载资源提示	succedlogo.png	59.4	540×75	游戏胜利提示
connecting2.png	5.31	230×35	加载资源提示	thinking0.png	4.92	230×35	对手思考提示
connecting3.png	5.28	230×35	加载资源提示	thinking1.png	4.95	230×35	对手思考提示
player1move.png	13.6	206×58	黑方移动提示	thinking2.png	4.97	230×35	对手思考提示
player0move.png	11.3	206×58	红方移动提示	error.png	8.0	127×66	走棋错误提示

（2）上一部分介绍了 pic 文件夹下的图片资源，包括了一些界面的背景纹理，背景 logo 还有部分提示类的图片资源，下面将要介绍的是 pic2D 文件夹中所存储的图片资源，该文件夹中的纹

理资源包括场景中的所有按钮以及部分提示 logo，其具体的文件详情如表 9-2 所列。

表 9-2　　pic2D 文件夹图片清单

文件名	大小（KB）	像素（w×h）	用　途	文件名	大小（KB）	像素（w×h）	用　途
cancel1.png	7.85	110×65	取消按钮 1	change1.png	22.7	133×136	2D/3D 切换 1
cancel2.png	13.2	120×75	取消按钮 2	change2.png	35.4	150×150	2D/3D 切换 2
continue1.png	7.92	110×65	继续游戏 1	exit1.png	7.73	110×65	退出游戏 1
continue2.png	14.2	120×75	继续游戏 2	exit2.png	12.9	120×75	退出游戏 2
exit3.png	12.0	64×62	退出游戏 3	exit4.png	15.3	75×74	退出游戏 4
exitlogo1.png	37.8	420×80	退出提示 logo	help1.png	12.5	64×62	帮助按钮 1
help2.png	15.8	75×74	帮助按钮 2	huiqi1.png	10.1	65×64	悔棋按钮 1
huiqi2.png	15.7	75×74	悔棋按钮 2	menu1.png	9.21	65×64	主菜单按钮 1
menu2.png	14.8	75×74	主菜单按钮 2	menulogo.png	43.8	548×66	返回主菜单提示
music1.png	9.14	65×64	音乐开关 1	music2.png	11.7	65×64	音乐开关 2
music3.png	11.8	65×64	音乐开关 3	pause1.png	12.7	65×64	暂停按钮 1
pause2.png	15.8	75×74	暂停按钮 2	pauselogo1.png	24.5	254×80	暂停提示 logo
pauselogo2.png	51.9	450×100	继续/退出提示	pc1.png	45.1	250×100	人机对战按钮 1
pc2.png	56.1	280×112	人机对战按钮 2	promptbg.png	287	850×450	提示背景板
returndow.png	4.32	56×46	设置返回按钮 2	returnup.png	1.85	56×46	设置返回按钮 1
set1.png	12.4	64×62	设置按钮 1	set2.png	15.6	75×74	设置按钮 2
setFramebg.png	305	900×500	设置背景纹理	sliderProgress.png	3.02	430×15	拖拉条前景
sure1.png	8.04	110×65	确定按钮 1	sliderTrack.png	2.87	430×15	拖拉条背景
sure2.png	13.8	120×75	确定按钮 2	sliderThumb.png	5.31	48×49	拖拉条按钮
web1.png	45.3	250×100	联网对战按钮 1	web2.png	56.5	280×112	联网对战按钮 2

（3）表 9-2 介绍的是 pic2D 文件夹下的图片资源，通过前两个表格的介绍，本款游戏中的大部分主要的图片资源已经向读者做了具体的介绍，下面将对游戏中另外一些图片资源进行综合性的介绍，其具体的内容如表 9-3 所列。

表 9-3　　综合图片文件清单

文件名	大小（KB）	像素（w×h）	用　途	文件名	大小（KB）	像素（w×h）	用　途
gm01.png	70.3	256×256	树木纹理贴图	gmcd1.png	70.3	256×256	灌木纹理贴图
beijing.png	710	544×960	帮助背景纹理	page.png	4280	3240×960	帮助提示纹理
point2.png	16.9	304×43	滑动切换提示	point1.png	17.8	304×43	双击切换提示
connecting0.png	5.10	230×35	正在连接服务器 1	connecting1.png	5.06	230×35	正在连接服务器 2
connecting2.png	5.11	230×35	正在连接服务器 3	connecting3.png	5.07	230×35	正在连接服务器 4
failConnect.png	6.80	395×35	无法连接服务器	fullServer.png	5.75	320×35	服务器已满
noPlayer.png	5.70	330×35	没有匹配到玩家	waitting0.png	4.59	210×35	正在匹配对手 1
waitting1.png	4.58	210×35	正在匹配对手 2	waitting2.png	4.59	210×35	正在匹配对手 3
waitting3.png	4.62	210×35	正在匹配对手 4	Chessboard.jpg	121	559×628	棋盘纹理

（4）表 9-3 介绍了游戏中一些杂项图片资源文件，包括模型的纹理贴图以及联网连接服务器

时的提示 logo，下面将要介绍的是游戏场景中建筑物模型的纹理贴图。该建筑物模型的纹理贴图并不是一张完整的集合式贴图，其中包括了很多张纹理，表 9-4 为玩家一一列出。

表 9-4 游戏场景中建筑模型的纹理贴图

文件名	大小（KB）	像素（w×h）	用途	文件名	大小（KB）	像素（w×h）	用途
6cef530.png	207	256×512	建筑物纹理 1	6cefd90.png	44.7	256×256	建筑物纹理 2
8dc7f50.png	29.4	64×512	建筑物纹理 3	8ea8b50.png	72.0	256×256	建筑物纹理 4
8ecbb30.png	84.5	256×256	建筑物纹理 5	8ecc1d0.png	50.1	256×256	建筑物纹理 6
8ecc890.png	25.8	128×128	建筑物纹理 7	12a1f890.png	15.9	128×128	建筑物纹理 8
708cb90.png	49.5	256×256	建筑物纹理 9	8826b90.png	52.5	256×256	建筑物纹理 10
8879e30.png	55.0	256×256	建筑物纹理 11	affac70.png	78.5	256×256	建筑物纹理 12
b1a3b70.png	19.5	128×128	建筑物纹理 13	b1bf630.png	13.4	256×64	建筑物纹理 14
b1bfcf0.png	13.9	256×64	建筑物纹理 15	b1deb70.png	40.0	256×256	建筑物纹理 16
b1e9b70.png	31.8	128×256	建筑物纹理 17	b11f6d0.png	83.0	256×256	建筑物纹理 18
b12a850.png	87.9	256×256	建筑物纹理 19	b13b630.png	67.3	256×256	建筑物纹理 20
b14c3f0.png	51.5	256×256	建筑物纹理 21	b18db90.png	20.8	128×128	建筑物纹理 22
b043cd0.png	71.0	256×256	建筑物纹理 23	b043e10.png	73.8	256×256	建筑物纹理 24
b177b70.png	52.0	256×256	建筑物纹理 25	b182b90.png	45.8	256×256	建筑物纹理 26
b198b90.png	48.0	256×256	建筑物纹理 27	b1359f0.png	42.4	256×128	建筑物纹理 28
b1467b0.png	37.5	128×256	建筑物纹理 29	b157590.png	57.5	256×256	建筑物纹理 30
b163210.png	17.8	64×256	建筑物纹理 31				

（5）表 9-4 展示了游戏场景中建筑物房子的纹理贴图。从表格中可以看出，只是一个房子的纹理贴图就有 31 个之多，这说明了对于一个模型来说其架构是非常复杂多样的。下面继续介绍游戏的主场景模型所用到的所有纹理贴图，其具体的详细信息如表 9-5 所列。

表 9-5 游戏主场景模型的纹理贴图

文件名	大小（KB）	像素（w×h）	用途	文件名	大小（KB）	像素（w×h）	用途
05-3Bamboo.png	33.2	128×128	主场景模型纹理 1	05-3DM02.png	33.9	128×128	主场景模型纹理 2
05-3DM01.png	38.5	128×128	主场景模型纹理 3	05-3DM03.png	34.4	128×128	主场景模型纹理 4
05-3DM04.png	28.1	128×128	主场景模型纹理 5	05-3DM05.png	34.3	128×128	主场景模型纹理 6
05-3DM06.png	32.0	128×128	主场景模型纹理 7	05-3DM07.png	34.5	128×128	主场景模型纹理 8
05-3DM08.png	36.4	128×128	主场景模型纹理 9	05-3DM09.png	34.7	128×128	主场景模型纹理 10
05-3DM10.png	36.6	128×128	主场景模型纹理 11	05-3DM11.png	35.8	128×128	主场景模型纹理 12
05-3DM12.png	148	256×256	主场景模型纹理 13	05-3DM13.png	144	256×256	主场景模型纹理 14
05-3DM14.png	34.8	128×128	主场景模型纹理 15	05-3DM15.png	36.7	128×128	主场景模型纹理 16
05-3DM16.png	37.3	128×128	主场景模型纹理 17	05-3DM17.png	37.4	128×128	主场景模型纹理 18
05-3DM18.png	37.2	128×128	主场景模型纹理 19	05-3DM19.png	37.2	128×128	主场景模型纹理 20
05-3DM20.png	36.6	128×128	主场景模型纹理 21	05-3DM21.png	36.5	128×128	主场景模型纹理 22
05-3DM22.png	35.8	128×128	主场景模型纹理 23	05-3DM23.png	37.3	128×128	主场景模型纹理 24
05-3DM24.png	37.5	128×128	主场景模型纹理 25	05-3hj.png	80.3	256×256	主场景模型纹理 26
05-3hj02.png	0.724	32×32	主场景模型纹理 27	bude.png	94.9	290×201	主场景模型纹理 28

（6）表 9-5 展示了游戏的主场景模型的全部纹理贴图，下面将要介绍的是游戏中所有棋子模型所用到的纹理贴图，其具体内容如表 9-6 所列。

表 9-6　　　　棋子模型的纹理贴图

文件名	大小（KB）	像素（w×h）	用　途	文件名	大小（KB）	像素（w×h）	用　途
3b406e201.png	73.2	256×256	黑方象的纹理 1	3b406ce01.png	84.5	256×256	黑方象的纹理 2
6463fe01.png	65.0	256×256	黑方车的纹理 1	6463d801.png	341	512×512	黑方车的纹理 2
2b216b401.png	78.0	256×256	黑方马的纹理	…up011.png	108	256×256	黑方士的纹理
wz_storynpc0221.png	91.2	256×256	黑方将的纹理	e27d040.png	88.3	256×256	黑方炮的纹理 1
e27daa0.png	37.1	128×256	黑方炮的纹理 2	39fae8801.png	37.5	128×256	黑方士兵纹理 1
39faee401.png	82.3	256×256	黑方士兵纹理 2	…up021.png	113	256×256	红方士的纹理
wz_storynpc0222.png	95.3	256×256	红方帅的纹理	e27d0401.png	91.0	256×256	红方炮的纹理 1
e27daa01.png	37.2	128×256	红方炮的纹理 2	2b216b40.png	79.6	256×256	红方马的纹理
6463d80.png	350	512×512	红方车的纹理 1	6463fe0.png	66.9	256×256	红方车的纹理
39fae880.png	38.7	128×256	红方士兵纹理 1	39faee40.png	84.1	256×256	红方士兵纹理 2
3b406e20.png	74.6	256×256	红方象的纹理 1	3b406ce0.png	86.1	256×256	红方象的纹理 2

（7）以上即为游戏中用到的所有图片资源。接下来介绍游戏中用到的声音资源。音效与背景音乐的作用是增强玩家的代入感。本游戏对音效的使用略少，有兴趣的读者可自行添加音效。系统将声音资源放在项目目录中的 music 文件夹下，其详细情况如表 9-7 所列。

表 9-7　　　　声音文件清单

文件名	大小（KB）	格式	用　途	文件名	大小（KB）	格式	用　途
bg_game.mp3	187	mp3	帮助界面背景音乐	check.mp3	2.16	mp3	将军提示语
bg_game1.mp3	1650	mp3	游戏场景背景音乐	eat.mp3	26.4	mp3	吃子提示音
bg_main.mp3	5990	mp3	主菜单背景音乐	go.mp3	10.0	mp3	走棋提示音
button_press.mp3	3.67	mp3	单击按钮音效	timeout.mp3	3.58	mp3	超时提示语
tishi.mp3	190	mp3	倒计时提示音	win.mp3	102	mp3	游戏胜利提示音

（8）了解了本游戏的声音资源后，接下来向读者介绍本游戏中使用的与粒子系统相关的资源文件，其中主要包括粒子系统 pu 文件、材质文件和纹理文件。这 3 种文件位于 SampleChess/app/src/main/assets 目录中的不同文件夹中，其详细情况如表 9-8 所列。

表 9-8　　　　粒子系统资源文件清单

文件名	大小（KB）	格式	用　途	文件名	大小（KB）	格式	用　途
raining.plist	3.09	plist	下雪特效	water.frag	0.155	frag	水波文件 1
water.vert	1.62	vert	水波文件 2	example_010.pu	1.22	pu	选中棋子提示

（9）介绍完粒子系统资源文件的详细内容后，接下来要介绍的是程序中的 3D 模型和骨骼动画的创建所用到的模型，本程序中众多 3D 物体是通过 obj 文件生成的，带骨骼动画的模型则是由 c3b 文件生成的，具体内容如表 9-9 所列。

表 9-9　　　　模型资源文件清单

文件名	大小（KB）	用　途	文件名	大小（KB）	用　途
gmcd1.c3b	3.72	灌木模型	shugan.c3b	5.50	树干模型
shuye.c3b	13.2	树叶模型	12.c3b	42.4	房子建筑模型
xqcjx.c3b	348	主场景模型	background.ob	2.11	帮助背景模型
helpRotate.obj	4.61	六棱柱模型	Chessboard.obj	2.12	棋盘模型
wave.obj	533	水波的模型	chess0.c3b	514	黑方车的模型
chess1.c3b	227	黑方马的模型	chess2.c3b	285	黑方象的模型
chess3.c3b	186	黑方士的模型	chess4.c3b	176	黑方将的模型
chess5.c3b	276	黑方炮的模型	chess6.c3b	233	黑方士的模型
chess7.c3b	233	红方士的模型	chess8.c3b	277	红方炮的模型
chess9.c3b	514	红方车的模型	chess10.c3b	227	红方马的模型
chess11.c3b	285	红方象的模型	chess12.c3b	186	红方士的模型
chess13.c3b	176	红方帅的模型			

说明　本项目将所有的图片资源都存储在项目的 assets 文件夹下，并且对于不同的文件资源进行了分类，并将其储存在不同的子文件目录中，这是程序员需要养成的一个良好习惯。

9.3 游戏的架构

在简单叙述了游戏的策划和前期准备工作后，本节将对该游戏的架构进行简单介绍，包括服务器端以及手机端。读完本节，读者对本游戏的开发有更深层次的认识。架构是任何程序的灵魂，一个好的游戏架构可以极大地减少 bug 的产生、提高游戏的运行速度。

9.3.1 网络游戏架构简介

该款游戏有单机游戏和联网两种模式，联网模式的基本框架如图 9-13 所示。核心思想是并行操作转变为串行操作，保证了数据在任意时刻只做一种改变。在这个架构中，手机客户端只负责根据数据进行场景的绘制以及精灵的摆放，基本运算在服务器端进行，例如下棋规则的判断。

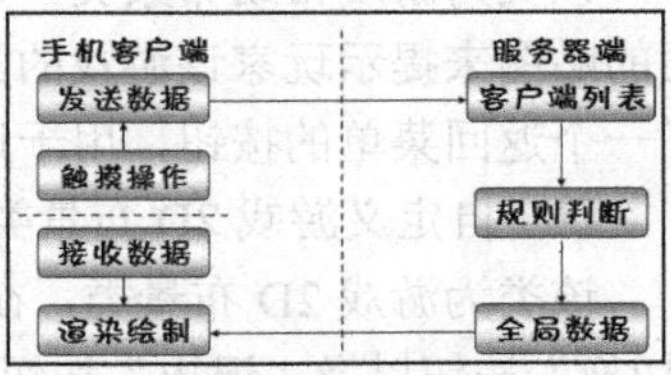

▲图 9-13　网络游戏的基本框架

“天下棋奕”游戏的基本流程：玩家通过触摸屏幕进行操作，将获取的棋子 ID、棋盘格子编号等信息发送至服务器。服务器接收到数据并对其进行判断和处理（如若为走棋，则判断是否符合走棋规则）。最后将处理后的数据发回手机端。

9.3.2 服务器端的简要介绍

本小节将对服务器端进行简要介绍，服务器端负责游戏的一切计算。但本书为介绍手机客户端开发的图书，所以只对服务器端的重点功能进行简要介绍，如有需要的读者可自行查阅随书附带源代码。服务器端主要有 2 类，具体如下。

- 游戏规则类——LoadUtil

该类为游戏规则类，包括棋子走法是否合理、吃子是否合理、是否将军以及是否将死等。游戏中每当有棋子移动时，都先对其走法进行判断，若符合规则，则可以走棋，否则，提示错误。

- 数据交换类——ServerAgent

该类为数据交换类，主要负责手机客户端与服务器端的数据交换，包括发送数据与接收数据方法。发送数据的格式为先发送数据标识字符串，再依次发送具体数据。接收数据时，先判断数据标识，然后判断并进行数据处理。

9.3.3 客户端的简要介绍

本款游戏分为单机模式和联网模式。联网模式中手机客户端主要负责游戏的显示，单机模式中还有游戏逻辑的实现。为了让读者能够更好地理解各个类的作用，下面将其分成 3 部分进行介绍，各个类的详细代码将在后面的章节中详细介绍。

1. 布景相关类

游戏中最重要的开发为场景的开发。游戏的特效、贴图的精细程度均为吸引玩家的关键。布景类负责绘制场景，一切游戏特效、物体移动等可视化效果都在布景类完成。下面将为读者介绍布景类的开发，主要为对菜单按钮的开发和对物体精灵的开发。

- 总场景管理类——GameSceneManager

该类为游戏中呈现场景最主要的类，主要负责游戏中场景的创建和场景的切换，相当于一部电影的导演，负责剧情的切换。游戏将众多的场景集中到一个类中，这样做程序不但结构清晰而且维护简单，还减少了重复的代码，读者应细细体会。

- 自定义游戏加载类——LoadingLayer

该类为游戏的加载类。该类的布景十分简单，仅有该游戏的名称、粒子火焰以及一个进度条。随着图片和模型的不断加载，进度条也随之发生改变。当图片和模型都加载完后，进度条也增长到满，此时会自动跳转到游戏的菜单界面。

- 自定义游戏主菜单布景类——MainMenuScene

该类为游戏主菜单布景类，左角边是该游戏的名称，中间有两个按钮分别为“联网对战”和“人机对战”，左下侧有 3 个按钮分别为“帮助”“设置”和“退出”。右下角按钮是“关闭背景音乐”按钮。单击按钮可进入相应界面或者更改游戏的相关属性。

- 自定义游戏帮助布景类——HelpLayer

该类为游戏帮助布景类。该类的实现比较简单，通过在布景中添加一个 3D 的六棱柱，用上面的贴图来提示玩家该游戏的具体玩法。玩家可以双击屏幕实现放大缩小。在屏幕的左下角添加了一个返回菜单的按钮，用于返回菜单布景类。

- 自定义游戏 2D 布景类——My2DLayer

该类为游戏 2D 布景类，在此布景中玩家可以看到时间计时器、“暂停”按钮、“悔棋”按钮、“切换”按钮以及“退出”按钮。当时间结束会有提示框弹出，单击“暂停”和“退出”按钮也会有提示框弹出，用来提示玩家。

- 自定义游戏 3D 布景类——My3DLayer

该类为游戏 3D 布景类，游戏中所有的 3D 模型都添加到该布景中，如游戏中的房屋、后山、棋盘以及游戏中所有的棋子。该类通过不停地去计算棋子的位置和目标位置来判断走棋或吃子是否符合游戏规则。该类和 2D 游戏布景类共同控制了人机对战的逻辑功能。

- 自定义游戏 3D 联网布景类——WebLayer

该类为游戏 3D 布景类，游戏中所有的 3D 模型都添加到该布景中，如游戏中的房屋、后山、棋盘以及游戏中所有的棋子。该类不停地与服务器联系，获取实时信息，进而不断地更新游戏场景中的棋子。该类和 2D 游戏布景类共同控制了联网对战的逻辑功能。

2. 工具及常量类

工具类及常量类均为程序必不可缺的内容，常量类将常量集中起来，便于对常量的管理。工具类主要是对一种功能的封装，便于对代码的阅读、重用以及管理。对于游戏来说，还应该有数据类。能够将代码分门别类地整理是成为优秀程序员的必备素质。

- 网络工具类——BNSocketUtil.

该类负责网络的通信，包括网络进程的开启、关闭，以及数据的发送和数据的接收，接收到信息之后设置标志位使程序能够执行。网络工具类需要读者了解网络线程的开发和涉及内存的存储规则，读者了解其掌握方法即可。

- 常量类——AppMacros

该类封装着游戏中用到的大部分常量，包括游戏中各个物体的总路径和 layer 层数，通过封装这些常量，可方便对其进行管理与维护。

- 数据类——Constant

该类保存了游戏的基本数据，包括游戏中棋盘的初始坐标值、棋子的旋转角度、摄像机最大高度、标志位、用户参数标志位、棋盘数组、步长走法数组、蹩腿数组、初始棋盘数组、子力位置价值数组以及九宫格等游戏的基本信息。

- 联网数据类——GameData

该类保存了联网游戏的全部数据，网络工具类通过修改 GameData 中的数据来改变呈现的内容，其中还保存了初始化游戏数据的方法。在大型网络游戏中，数据都储存在数据库中，这可以提升数据的读取速度，减少维护成本。

3. 引擎引用入口类——AppDelegate

该类继承于 cocos2d::Application 类，是引擎引用入口类。它需要实现父类中的 3 个接口函数，包括当程序进入前台时调用的 applicationWillEnterForeground 函数，进入前台后调用的 applicationDidFinishLaunching 方法，当程序进入后台时调用的 applicationDidEnterBackground 函数。

该类中的 applicationDidFinishLaunching 方法是进入游戏场景的入口方法。在该方法中，首先创建一个场景管理器对象，然后通过场景管理器调用其内部成员方法，创建进入游戏后手机屏幕上显示的第一个场景，并切换到该场景中。

9.3.4 游戏框架简介

在对该游戏中所用到的类进行了简单介绍后，读者可能还没有理解游戏的架构以及游戏的运行过程。接下来本小节将从游戏的整体架构上进行介绍，使读者对本游戏有更好的理解。首先给出的是其框架图，如图 9-14 所示。

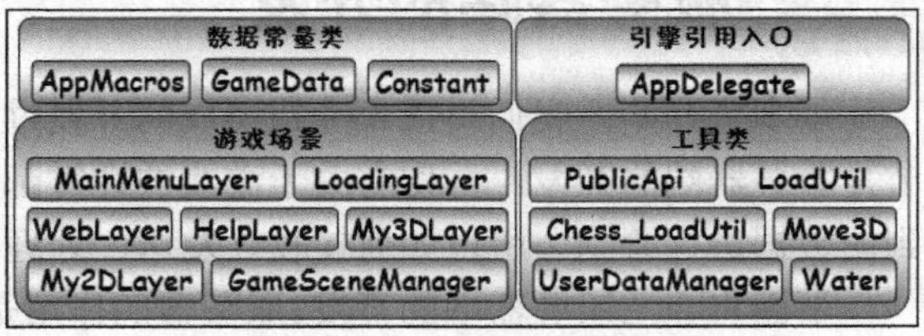

▲图 9-14 游戏框架图

> **说明** 图 9-14 中列出了天下棋弈的游戏框架图，通过该框架图可以看出游戏的运行从 AppDelegate 类开始，然后依次给出了游戏场景相关类、数据常量类以及工具类，其各自的功能后续将向读者详细介绍，这里不必深究。

接下来按照程序运行的顺序逐步介绍各个类的作用以及整体的运行框架，使读者更好地掌握本游戏的开发步骤，其详细步骤如下。

（1）启动游戏，首先在 AppDelegate 的开启入口函数中进行程序的初始化操作，例如屏幕的自适应方式等。之后创建一个主场景，并切换到主场景中，同时在主场景中初始化该场景的布景，使游戏进入第一个场景游戏加载布景 LoadingLayer。

（2）加载场景由游戏的名称、加载条以及带有火焰粒子系统的楚汉两字组成，加载完毕后会自动进入游戏的菜单场景。

（3）主菜单场景由帮助、设置、退出、联网对战、人机对战 5 个按钮、游戏的名称以及一个下雪的粒子系统组成，单击相应按钮触发对应的功能。

（4）玩家单击主菜单场景中的“帮助”按钮，程序会跳转到帮助场景。在该场景中玩家会看到游戏的玩法。只有了解了游戏的玩法玩家才会更加顺利地在游戏中生存，同时单击屏幕左下角的“返回”按钮，程序会切换到主菜单场景。

（5）玩家单击主菜单场景中的“设置”按钮，会弹出修改声音的弹窗。与大部分游戏的声音设置一样，该游戏的声音分为音乐和音效两部分，音乐指背景音乐，音效为相应操作发出的声音。

（6）玩家单击主菜单场景中的“单机对战”按钮，程序会跳转到单机对战游戏场景。在游戏场景中屏幕左上角是“暂停”和“悔棋”按钮，右上方是“切换镜头”按钮，左下方式“退出”按钮，玩家通过单击己方棋子对棋子进行相应的操作。

（7）玩家单击左上角的“暂停”按钮进入暂停状态，屏幕中央会弹出暂停游戏的暂停框并显示 2 个按钮，按钮分别为“继续”和“退出”。

（8）玩家单击左上角的“悔棋”按钮进入游戏的悔棋判断，当已经有棋子移动，此时可以进行悔棋，若所有棋子均处于开局状态，此时不能进行悔棋。

（9）玩家单击右上角的“切换”按钮进入摄像机的切换，此时的视角由 3D 视角变成高空俯视的 2D 视角，并且此时可以进行屏幕的放大或缩小，再次单击会切换到原来状态。

（10）玩家单击左下角的回到主场景按钮，游戏暂停并弹出回到主菜单的提示框并显示 2 个按钮，按钮分别是“确定”和“取消”。

（11）屏幕上方是时间计时器，当时间到达 180s 会提示玩家思考时间快结束，若时间到，则会提示游戏超时，并结束游戏。

（12）当有一方胜利时，会弹出游戏结束框，若敌方胜利则显示游戏失败，相反，若己方胜利则显示游戏胜利，并且游戏会自动切换到游戏的主菜单场景。

9.4 服务器端的开发

从本节开始，我们将正式介绍游戏的开发过程。对于一个能够联网的游戏来说，最重要的环节是服务器端的开发，一切有关于游戏的计算都需要在服务器端进行，游戏客户端只负责将接收到的数据进行绘制。所以如何接收、发送、处理数据，是本节的重点内容。

下面将介绍服务器端的开发。服务器的作用是接收从若干个客户端传来的玩家操控指令信息，经过处理后再将统一的数据发回给客户端，图 9-13 是服务器端与客户端进行通讯交互的示意图。

9.4.1 数据类的开发

首先介绍数据类 GameData 的开发。任何游戏都是由数据构成的，游戏数据一定要放在统一的位置，这样做可以有效地避免开发过程中发生混乱，便于储存、管理，这就是数据类的意义所在。一般数据分为两种类型，临时数据和固定数据。

本服务器仅仅使用了固定数据，这类数据并不随游戏的进行而改变。其中一部分被程序读取并经过计算转化为临时数据，剩余一部分将某些抽象的数据描述出来，增强程序可读性。例如在本游戏中，赋予用来标识传输数据类型的数据头一个可读的常量名，具体代码如下。

代码位置：见随书源代码/第 9 章/ChessServer/src/com/server 目录下的 GameData.java。

```
1   public class GameData{
2       public static Object broadLock=new Object();   //数据发送锁，防止将数据发送混乱
3       public static final int RECEIVE_CONNECT=1;     //接收游戏连接信息
4       public static final int SEND_OK=2;             //发送链接成功信息
5       public static final int SEND_FULL=3;           //发送服务器满信息
6       public static final int SEND_MOVE=4;           //发送可以移动信息
7       public static final int RECEIVE_MOVE=5;        //接收棋子移动信息
8       public static final int SEND_ERROR=6;          //发送棋子移动错误信息
9       public static final int SEND_GO=7;             //发送棋子可以移动信息
10      public static final int SEND_GAME_OVER=8;      //发送游戏结束信息
11      public static final int RECEIVE_TIME_OUT=9;    //接收超时信息
12      public static final int SEND_TIME_OUT=10;      //发送超时信息
13      public static final int SEND_JIANGJUN=11;      //发送将军信息
14      public static final int RECEIVE_PLAY_DOWN=12;  //接收下棋信息
15      public static final int RECEIVE_HUIQI=13;      //接收悔棋信息
16      public static final int SEND_HUIQI=14;         //发送悔棋信息
17      public static final int SEND_PLAY_DOWN=15;     //发送下棋信息
18      public static final int RECEIVE_OVER=16;       //接收无法连接或者没有匹配对手信息
19      public static final int RECEIVE_PAUSE=17;      //接收暂停信息
20      public static final int SEND_PAUSE=18;         //发送暂停信息
21      public static final int RECEIVE_CANCEL_OUT=19; //接收取消离开游戏信息
22      public static final int SEND_CANCEL_OUT=20;    //发送取消离开游戏信息
23      public static final int RECEIVE_EXIT=21;       //接收离开游戏信息
24      public static final int SEND_EXIT=22;          //发送离开游戏信息
25      public static final int RECEIVE_OK_OUT=23;     //接收确认离开游戏信息
26      public static final int SEND_OK_OUT=24;        //发送确认离开游戏信息
27      public static final int RECEIVE_PAUSE_CONTINUE=25;   //接收暂停恢复信息
28      public static final int SEND_PAUSE_CONTINUE=26;   //发送暂停恢复信息
29      public static final int SEND_OVER=27;          //发送无法连接或者没有匹配对手信息
30      public static final int OUT_BUSHU=50;          //超出悔棋步数
31      public static int HUIQIBS=0;                   //悔棋步数
32  }
```

说明 第 2 行用于服务器端的数据发送锁，防止数据发送混乱。第 3～30 行表示服务器接收或发送的数据类型，用变量名代替数字，增强程序的可读性。

9.4.2 服务线程的开发

介绍完服务器端数据类的开发后，下面介绍服务线程的开发。服务主线程接收手机端发来的请求，将请求交给代理线程处理。代理线程按数据内容将数据封装为相应的动作类，并且压入动作队列，等待动作执行线程执行，最后将改变后的数据反馈给手机端。

（1）首先介绍一下主线程类 ServerThread 的开发，主线程类的代码比较短，但却是服务器端最重要的一部分，也是实现服务器功能的基础。每有一个客户端连接到服务器端时，都将会产生一个 ServerAgent 用来接收信息，具体代码如下。

代码位置：见随书源代码/第 9 章/ChessServer/src/com/server 目录下的 ServerThread.java。

```
public class ServerThread extends Thread{  //创建一个名为 ServerThread 的继承线程的类
    boolean flag=false;                    //ServerSocket 是否创建成功的标志位
    ServerSocket ss;                       //定义一个 ServerSocket 对象
    public void run(){                     //重写 run 方法
        try{                               //网络操作需要异常处理
            ss=new ServerSocket(9999);     //创建绑定到端口 9999 的 ServerSocket 对象
            flag=true;
            ServerAgent.count=0;           //客户端计数器重置为 0
        }catch(Exception e){
            e.printStackTrace();           //打印错误信息
        }
        while(flag){
            try{
                Socket sc=ss.accept();     //接收客户端的请求，返回连接的 Socket 对象
                ServerAgent.flag=true;
```

```
16            new ServerAgent(sc,this).start();        //创建接收线程
17        }catch(Exception e){
18            e.printStackTrace();                      //打印错误信息
19    }}}
20    public static void main(String args[]){
21        new ServerThread().start();                   //开启网络线程
22 }}
```

- 第 5～11 行为创建连接端口的方法，首先创建一个绑定到端口 9999 上的 ServerSocket 对象，然后打印连接成功的提示信息。创建完成后，将 ServerSocket 创建是否成功标志位设为 true，并且将客户端计数器置为 0。
- 第 12～19 行为开启服务线程的方法，该方法被一直循环，等待接受客户端请求，成功后调用并启动代理线程，对接收的请求进行具体的处理。
- 第 20～22 行为程序启动的方法，是程序的入口，用来开启网络线程。

（2）现在读者应该了解了服务器端主线程类的开发方式，下面介绍代理线程 ServerAgent 的开发。首先介绍的是数据接收部分，服务器端每接收一组数据，先通过数据头判断传入数据的类型，然后接收数据并保存，最后处理数据，具体代码如下。

代码位置：见随书源代码/第 9 章/ChessServer/src/com/server 目录下的 ServerAgent.java。

```
......//此处省略了导入类的代码，读者可自行查阅随书附带源代码
public class ServerAgent extends Thread      {
    ......//此处省略变量定义的代码，读者可自行查阅随书附带源代码
    public void initArrays(){                                    //更新数组
        for(int i=0;i<256;i++){
            ucpcSquares[i]=LoadUtil.ucpcSquares[i];              //更新数组值
    }}
    public ServerAgent(Socket sc,ServerThread st) throws Exception{
        this.sc=sc;                                       //拿到 Socket 对象重启服务器
        serverThream=st;
        din=new DataInputStream(sc.getInputStream());                //创建新数据输入流
        dout=new DataOutputStream(sc.getOutputStream());             //创建新数据输出流
    }
    public void run(){
        while(flag)      {                                           //数据接收标志位
            try{
                int msg=readInt(din);                                //读取数据标识
                if(msg==GameData.RECEIVE_CONNECT){       //收到准备好的信号
                    if(count==0) {                        //判断连接服务器玩家数量
                        count++;                          //连接数目自加
                        serverNumber=0;                   //分配玩家 ID
                        ulist.add(this);                  //将玩家放入列表
                        sendInt(dout, GameData.SEND_OK);//发送连接标志
                        sendInt(dout, count);             //发送玩家数量
                        sendInt(dout, serverNumber);//发送当前玩家 ID
                    }else if(count==1){                   //判断连接服务器玩家数量
                        count++;                          //连接数目自加
                        serverNumber=1;                   //分配玩家 ID
                        ulist.add(this);                  //将玩家放入列表
                        broadcastMsg(GameData.SEND_OK);//发送连接标志
                        broadcastMsg(count);      //发送玩家数量
                        sendInt(dout, serverNumber);    //发送当前玩家 ID
                        broadcastMsg(0);                //发送谁先下棋，0 为红方
                        LoadUtil.Startup();             //初始化棋盘，游戏开始
                        initGame();                     //初始化游戏数据
                    }else{
                        broadcastMsg(GameData.SEND_FULL);//发送服务器连接已满
                        try{
                            din.close();                //关闭数据输入流
                            dout.close();               //关闭数据输出流
                            sc.close();                 //关闭客户端 socket
                        }catch(Exception e){
                            System.out.println("---------full-----");
                        }
                        break;
```

```
46                      }}
47                  ......//其他 msg 的处理与此类似，故省略，读者可自行查阅源代码
48              }catch(Exception e){
49                  e.printStackTrace();
50                  break;
51          }}
52          try{
53              din.close();                                //关闭数据输入流
54              dout.close();                               //关闭数据输出流
55          }catch (Exception e){
56              e.printStackTrace();
57          }}
```

- ❑ 第 4～7 行为游戏中棋盘数组的初始化方法，通过该方法对棋盘数组的数据进行更新。
- ❑ 第 8～13 行为 ServerAgent 的构造方法，拿到了 Socket 对象，创建了数据的输入输出流，以便重启服务器以及传输、接收数据。
- ❑ 第 17～48 行为接收数据的方法。首先根据标志位判断是否能够接收数据。之后接收数据头，根据数据头判断接收到的消息类型。然后依次从数据输入流读取数据。最后根据数据进行下一步判断和计算。
- ❑ 第 53～58 行为异常处理的方法。如果客户端和服务器端连接断开，则执行进行关闭服务器的方法，具体方法之后介绍。

（3）下面介绍服务器的初始化方法 initGame。当游戏结束后必须将服务器进行初始化，否则再次开始游戏将会出现游戏崩溃等问题。服务器的初始化并不复杂，主要目的是使游戏成功或者游戏失败后能够再次开始游戏，其具体代码如下。

代码位置：见随书源代码/第 9 章/ChessServer/src/com/server 目录下的 ServerAgent.java。

```
private void initGame() {                           //初始化服务器方法
     hqStack.clear();                               //清空悔棋栈
     diedId.clear();                                //清空死亡棋子 ID 栈
     stack.clear();                                 //清空下棋步骤栈
     flag=true;                                     //标志位设为 true
     count=0;                                       //连接服务器设为 0
     GameData.HUIQIBS=0;                            //悔棋步骤设为 0
}
```

说明 服务器的初始化即将游戏中用到的悔棋栈、死亡棋子 ID 栈以及下棋步骤栈清空，服务器中用到的标志位设为初始状态。

（4）介绍了数据的接收后，接下来介绍数据的发送。由于本程序有许多线程同时进行数据的更改、传输，为了防止数据不一致，发送每组数据时一定要在同步锁中进行，保证发送此段数据时不会有其他类型的数据被发送，具体代码如下。

代码位置：见随书源代码/第 9 章/ChessServer/src/com/server 目录下的 ServerAgent.java。

```
1  public static void broadcastMsg(int... args) {      //可变长参数，发送数据
2       for(ServerAgent sa:ulist){
3           try{
4               synchronized(GameData.broadLock){       //发送方法同步锁
5                   for(int iTemp:args){
6                       sendInt(sa.dout,iTemp);         //发送数据
7           }}}catch(Exception e){
8               e.printStackTrace();
9  }}}
```

说明 第 1～9 行为发送零散数据的方法，利用可变长参数，发送数据的代码更加简洁精炼。只需要将所有待发送的数据作为参数即可。

9.4.3　收发数据工具类的开发

服务器端使用的是 Java 语言，而 Cocos2dx 则是基于 C++语言。这两种语言并不能直接进行数据交流，主要原因是因为两种语言对数据高低位的存储方式不同，这一小节主要讲述如何在 Java 与 C++之间进行数据通信。

（1）收发数据工具类 IOUtil，此类中提供了收发数据的封装方法。具体数据的转化功能在工具类 ConvertUtil 中，实现方法将在之后详细介绍。基本思路为将数据流按字节保存到所需长度的字符数组中，然后调用 ConverUtil 中的方法进行转换，具体代码如下。

代码位置：见随书源代码/第 9 章/ChessServer/src/com/util 目录下的 IOUtil.java。

```
1   package com.util;
2   ....../此处省略了导入类的代码，读者可自行查阅随书附带源代码
3   public class IOUtil {
4       public static void sendInt(DataOutputStream dout,int a) throws Exception{
                                                          //发送 int 数据
5           byte[] buf=ConvertUtil.fromIntToBytes(a);     //将 int 转化为 byte 数组
6           dout.write(buf);                              //写入数据输出流
7           dout.flush();                                 //清空缓冲区数据
8       }
9       public static void sendStr(DataOutputStream dout,String str) throws Exception{
        //发送字符串
10          byte[] buf=ConvertUtil.fromStringToBytes(str);
11          sendInt(dout,buf.length);                     //发送字符串长度
12          dout.write(buf);                              //写入数据输出流
13          dout.flush();
14      }
15      public static int readInt(DataInputStream din) throws Exception{
                                                          //接收 int 类型数据
16          byte[] buf=new byte[4];
17          int count=0;                                  //接收到字符的数量
18          while(count<4){                               //循环读取字节
19              int tc=din.read(buf);                     //读取数据
20              count=count+tc;                           //更新接收到字符的数量
21          }
22          return ConvertUtil.fromBytesToInt(buf);       //字符数组转 int 并返回
23      }
24      public static String readStr(DataInputStream din) throws Exception{
                                                          //接受字符串类型数据
25          int len=readInt(din);                         //接收字符串长度
26          byte[] buf=new byte[len];                     //按字符串长度创建数组
27          int count=0;
28          while(count<len){                             //循环读取字节
29              int tc=din.read(buf);
30              count=count+tc;
31          }
32          return ConvertUtil.fromBytesToString(buf);    //字符数组转字符串并返回
33  }}
```

- 第 4～8 行为发送 int 类型数据的方法，将 int 转化为 4 位 byte 数组，然后用数据输出流将字符数组发送出去。
- 第 9～14 行为发送 String 类型数据的方法，先将字符串长度发送，再将 String 类型数据转化成的 byte 数组发送。
- 第 15～23 行为接收 int 类型数据的方法，创建长度为 4 的 byte 数组，循环读取数据输入流中的数据，直到读满 4 个为止。
- 第 24～33 行为接收 String 类型数据的方法，先接收字符串长度，创建长度为所读长度的数组，循环读取数据输入流中的数据，直到读满。

（2）C++写入的字节顺序是从低到高（左低右高），而 Java 中数据输出流读取的数据是从高到低（左高右低），所以在发送数据和接收数据的时候，需要将数据按统一的方式编码。本游戏统

一转变为从低到高的顺序，具体代码如下。

代码位置：见随书源代码/第 9 章/ChessServer/src/com/util 目录下的 ConvertUtil.java。

```
1   package com.bn.gp.util;
2   ......//此处省略了导入类的代码，读者可自行查阅随书附带源代码
3   public class ConvertUtil {                    //将字符串转换为字符数组，按照 UTF-8 格式
4       public static byte[] fromStringToBytes(String s){
5           byte[] ba=s.getBytes(Charset.forName("UTF-8"));  //生成字符数组
6           return ba;                                        //返回字符数组
7       }
8       public static byte[] fromIntToBytes(int k){
9           byte[] buff = new byte[4];                        //将整数转化为字符数组
10          buff[0]=(byte)(k&0x000000FF);                     //记录第 25~32 位
11          buff[1]=(byte)((k&0x0000FF00)>>>8);               //记录第 17~24 位
12          buff[2]=(byte)((k&0x00FF0000)>>>16);              //记录第 9~16 位
13          buff[3]=(byte)((k&0xFF000000)>>>24);              //记录第 0~8 位
14          return buff;
15      }
16      public static int fromBytesToInt(byte[] buff){        //字符数组转化为 int 数据
17          return (buff[3] << 24) + ((buff[2] << 24) >>> 8) //解码，与上文相反
18              +((buff[1] << 24) >>> 16) + ((buff[0] << 24) >>> 24);
19      }
20      public static String fromBytesToString(byte[] bufId){ //字符数组转化为字符串
21          String s=null;
22          try {
23              s=new String(bufId,"UTF-8");                  //创建字符串
24          } catch (UnsupportedEncodingException e) {
25              e.printStackTrace();                          //打印异常
26          }
27          return s;
28  }}
```

- 第 4～7 行为字符串转为字符数组的方法，使用系统提供的方法，将字符串按 UTF-8 格式反编译成 byte 数组。
- 第 8～15 行为整数转化为四字符数组的方法。首先创建一个用来存储字符的字符数组，因为一个十进制的整数在内存中的存储方式是二进制，所以需要为数组中的每一个元素规定其所需要记录的二进制的位数，然后将字符数组返回。
- 第 16～28 行为上述两步的反向转化方法，读者可自行阅读。

9.4.4 走棋判断工具类的开发

程序的开发过程中，总有一些经常使用的功能，例如下棋是否符合规则、吃子是否符合规则等。我们需要这些功能单独地封装起来，便于以后开发过程中的使用。下面将对工具类 LoadUtil 中的各个方法进行详细介绍。

（1）走棋规则方法 LegalMove，每当棋子移动或者吃子时必须通过该方法的检验，如果该方法返回 true 则符合规则，若返回 false 则不符合规则。

代码位置：见随书源代码/第 9 章/ChessServer/src/com/chess 目录下的 LoadUtil.java。

```
public static boolean LegalMove(int mv)  {            //走棋的规则方法
    int sqSrc, sqDst, sqPin;                          //变量的定义
    int pcSelfSide, pcSrc, pcDst, nDelta;             //变量的定义
    sqSrc = SRC(mv);                                  //计算起始格子的编号
    pcSrc = ucpcSquares[sqSrc];                       //获取起始格子的数组编号
    pcSelfSide = SIDE_TAG(LoadUtil.sdPlayer);         //获得红黑标记(红子是 8，黑子是 16)
    if ((pcSrc & pcSelfSide) == 0) {                  //判断起始格是否有自己的棋子
        return false;
    }
    sqDst = DST(mv);                                  //计算目标格子的编号
    pcDst = ucpcSquares[sqDst];                       //获取目标格子的数组编号
    if((pcDst & pcSelfSide) != 0) {                   //判断目标格子是否有自己的棋子
        return false;
```

```
14       }
15       switch (pcSrc - pcSelfSide) {                         //根据棋子的类型检查走法是否合理
16           case PIECE_KING:                                  //帅 将
17               return IN_FORT(sqDst) && KING_SPAN(sqSrc, sqDst);
18           ....../其他 case 的处理与此类似，故省略，读者可自行查阅源代码
19           default:
20               return false;
21       }}
```

- 第 4～9 行为判断起始格子是否有自己的棋子，首先获取起始点格子的编号，再获取起始格子的数组编号，然后获取红黑标记，最后进行判断。其中用到的 SRC 和 DST 等 Chess_LoadUtil 类中的方法将不再细说，读者可自行查阅源码。
- 第 10～14 行为判断目标格子是否有自己的棋子，首先获取目标格子的编号，再获取目标格子的数组编号，然后进行判断。
- 第 15～21 行为根据棋子的类型检查走法是否合理，首先判断是哪类棋子，并通过 IN_FORT 方法对其走法进行判断，最后返回。

（2）介绍完走棋规则方法之后，接下来介绍的是走一步棋子方法 MakeMove。首先根据算法先移动该棋子，通过移动该棋子获取目标点格子上的编号，然后判断是否被将军，若被将军则返回 false，否则调用交换走子方的方法。

代码位置：见随书源代码/第 9 章/ChessServer/src/com/chess 目录下的 LoadUtil.java。

```
bool LoadUtil::MakeMove(int mv, int pcCaptured){      //走一步棋子方法
    pcCaptured = MovePiece(mv);                       //获取目标点格子上的编号
    if(Checked()){                                    //判断是否被将军
        UndoMovePiece(mv,pcCaptured);                 //调用撤销走一步棋的方法
        return false;
    }
    ChangeSide();                                     //调用交换走子方的方法
    nDistance++;                                      //距离根节点的步数加 1
    return true;
}
```

说明　该方法是走一步棋子方法，首先需要调用搬一步棋子方法 MovePiece，从而获取目标点格子上的编号。然后调用判断是否被将军方法 Checked，若被将军则调用撤销走一步棋子方法 UndoMovePiece，否则交换走子方。

（3）介绍完走一步棋子方法 MakeMove 之后，接下来介绍的是判断是否被将军的方法 Checked。该方法首先需要找到棋盘上的帅（将），然后通过获取的红黑标记判断是兵（卒）、马、车以及炮将军，还是帅与将对脸，从而进行下一步的处理。

代码位置：见随书源代码/第 9 章/ChessServer/src/com/chess 目录下的 LoadUtil.java。

```
bool LoadUtil::Checked(){                                          // 判断是否被将军
    int i, j, sqSrc, sqDst;
    int pcSelfSide, pcOppSide, pcDst, nDelta;
    pcSelfSide = Chess_LoadUtil::SIDE_TAG(sdPlayer);               //获得红黑标记
    pcOppSide = Chess_LoadUtil::OPP_SIDE_TAG(sdPlayer);            //获得对方的红黑标记
    for (sqSrc = 0; sqSrc < 256; sqSrc ++){
        if (ucpcSquares[sqSrc] != pcSelfSide + PIECE_KING){ //找到棋盘上的帅(将)
            continue;
        }
        if (ucpcSquares[Chess_LoadUtil::SQUARE_FORWARD(sqSrc, sdPlayer)]
            ==pcOppSide + PIECE_PAWN){                             //判断下一步是否将军
            return true;
        }
        for (nDelta = -1; nDelta <= 1; nDelta += 2){//判断下一步是否会碰到帅（将）
            if(ucpcSquares[sqSrc + nDelta] == pcOppSide + PIECE_PAWN){
                return true;
        }}
        ....../此处省略了马、车、炮以及帅与将对脸的相关代码，读者可自行查阅源代码
```

```
19            return false;
20        }
21        return false;
22    }
```

- 第 4～5 行分别通过 SIDE_TAG 和 OPP_SIDE_TAG 两方法获取己方和对方的红黑标记。
- 第 6～21 行表示通过 for 循环找到帅和将在棋盘上的位置，并将其格子编号记录到 sqSrc，然后通过 sqSrc 分别对卒（兵）、马、车、炮以及帅与将对脸进行将军判断处理，若处于将军状态则返回 false，否则返回 true。

（4）介绍完判断是否被将军的方法 Checked 之后，然后将介绍 MakeMove 方法中的其他 3 个方法，分别调用的是搬一步棋子的方法 MovePiece、撤销搬一步棋子方法 UndoMovePiece 以及交换走子方的方法 ChangeSide。

代码位置：见随书源代码/第 9 章/ChessServer/src/com/chess 目录下的 LoadUtil.java。

```
1   public static int MovePiece(int mv) {                    //搬一步棋子方法
2       int sqSrc, sqDst, pc, pcCaptured;
3       sqSrc = SRC(mv);                                      //计算初始格子编号
4       sqDst = DST(mv);                                      //计算目标格子编号
5       pcCaptured = ucpcSquares[sqDst];                      //得到目的格子的棋子
6       if(pcCaptured != 0){                                  //目的地不为空
7           DelPiece(sqDst, pcCaptured);                      //删掉目标格子棋子
8       }
9       pc = ucpcSquares[sqSrc];                              //得到初始格子上的棋子
10      DelPiece(sqSrc, pc);                                  //删掉初始格子上的棋子
11      AddPiece(sqDst, pc);                                  //在目标格子上放上棋子
12      return pcCaptured;                                    //返回原来目标格子上的棋子
13  }
14  public static void UndoMovePiece(int mv, int pcCaptured) {   //撤销搬一步棋子
15      int sqSrc, sqDst, pc;
16      sqSrc = SRC(mv);                                      //计算初始格子编号
17      sqDst = DST(mv);                                      //计算目标格子编号
18      pc = ucpcSquares[sqDst];                              //得到目标格子上的棋子
19      DelPiece(sqDst, pc);                                  //删掉目标格子上的棋子
20      AddPiece(sqSrc, pc);                                  //在初始格子上放上棋子
21      if (pcCaptured != 0) {                                //目的地不为空
22          AddPiece(sqDst, pcCaptured);                      //标记目标格子所在棋盘数组的值
23  }}
24  public static void ChangeSide(){                          //交换走子方
25      LoadUtil.sdPlayer = 1 - LoadUtil.sdPlayer;
26  }
```

- 第 1～13 行为搬一步棋子移动的方法 MovePiece，计算初始格子和目标格子的编号，将棋子移动到目标格子上，并删掉初始格子上的记录。
- 第 14～23 行为撤销搬一步棋子移动的方法 UndoMovePiece，计算初始和目标格子的编号，将棋子从目标格子撤回，并删掉目标格子上的记录，同时将棋子记录到初始格子编号上。
- 第 24～26 行为交换走子方的方法 ChangeSide，每次移动棋子需要交换走子方，另一方进行移动。

（5）介绍完走棋前的判断方法之后，接下来将介绍上面用到的拿走一枚棋子方法 DelPiece 和在棋盘上放一枚棋子方法 AddPiece。每当有棋子进行变动时，都会调用上述两个方法来进行删除和添加，并记录到棋盘数组当中。

代码位置：见随书源代码/第 9 章/ChessServer/src/com/chess 目录下的 LoadUtil.java。

```
public static void DelPiece(int sq, int pc) {            //从棋盘上拿走一枚棋子
    ucpcSquares[sq] = 0;
    if(pc < 16) {                                         //红方减分，黑方加分
        vlWhite -= cucvlPiecePos[pc-8][sq];
    }else{
        vlBlack -= cucvlPiecePos[pc-16][SQUARE_FLIP(sq)];
}}
public static void AddPiece(int sq, int pc) {            //在棋盘上放一枚棋子
```

```
9        ucpcSquares[sq] = pc;
10       if (pc < 16) {                                    //红方加分，黑方减分
11            vlWhite += cucvlPiecePos[pc - 8][sq];
12       }else{
13            vlBlack += cucvlPiecePos[pc - 16][SQUARE_FLIP(sq)];
14  }}
```

说明　第 1~7 行为从棋盘上拿走一枚棋子方法 DelPiece，首先初始化该棋子的初始位置，然后判断并进行相应的加分或者减分。第 8~14 行为在棋盘上放一枚棋子方法 AddPiece，首先更新该棋子的位置，然后判断并进行相应的加分或者减分。

9.5 辅助工具类

介绍完游戏所有场景的开发过程之后，接下来介绍游戏中用到的辅助工具类。辅助工具类在游戏的开发过程中非常重要，本工具类包括计算辅助类 PublicApi 和用户数据管理类 UserDataManager 等。将一类物体进行封装是面向对象的思想，这可以提高程序的安全性。

9.5.1 网络通信工具类 BNSocketUtil

工具类 BNSocketUtil 是手机端与服务器对接的桥梁。该类用于创建、断开网络连接，接收、发送网络数据，以及根据网络数据修改各种动作的执行标志位。网络通信是网络程序必不可少的功能，代码较为晦涩，读者掌握其用法即可，其具体的开发步骤如下。

（1）首先介绍的是 BNSocketUtil 类的头文件，该头文件中声明了一系列将要使用的成员变量和成员方法，其详细代码如下。

代码位置：见本书随书源代码\第 9 章\SampleChess\app\src\main\jni\net 目录下的 BNSocketUtil.h。

```
......//此处省略了一些对头文件的引用以及定义头文件的相关代码，需要的读者可参考源代码
class BNSocketUtil{
  public:
    static int socketHandle;                                  //数据通道编号
    static bool connectFlag;                                  //连接状态标志位
    static void connect(const char* ip, unsigned short port); //连接服务器的方法
    static void sendInt(int si);                              //发送 int 类型数据
    static char* receiveBytes(int len);                       //接收 byte 字节
    static void sendFloat(float sf);                          //发送 float 类型数据
    static void sendStr(const char* str,int len);             //发送 string 类型数据
    static int receiveInt();                                  //接收 int 类型数据
    static float receiveFloat();                              //接收 float 类型数据
    static char* receiveStr();                                //接收 string 类型数据
    static void* threadConnectTask(const char* ip, unsigned short port);
                                                              //连接任务，供线程执行
    static void* threadReceiveTask();                         //接收任务，供线程执行
    static void closeConnect();                               //关闭连接
};
#endif
```

说明　在头文件中声明了创建、断开网络连接以及接收、发送网络数据的各种方法。需要注意的是，网络数据的接收为阻塞线程的方法，一定要在单独的线程中进行操作。void*的含义是返回一个指向任意类型对象的指针。

（2）开发完类框架声明后还要真正实现 BNSocket 类中的方法。首先介绍的是网络线程的连接、关闭方法，需要用到 C++的 socket 结构，主要功能为获取主机信息，通过主机信息创建数据通道，然后建立连接，具体代码如下。

代码位置：见本书随书源代码\第 9 章\SampleChess\app\src\main\jni\net 目录下的 BNSocketUtil.cpp。

```
1   void* BNSocketUtil::threadConnectTask(const char* ip, unsigned short port){
                                                            //创建连接
2       struct sockaddr_in sa;
3       struct hostent* hp;
4       hp = gethostbyname(ip);                             //获取主机信息
5       if(!hp){
6           return 0;
7       }
8       memset(&sa, 0, sizeof(sa));                         //分配内存
9       memcpy((char*)&sa.sin_addr, hp->h_addr, hp->h_length);     //复制
10      sa.sin_family = hp->h_addrtype;                             //给成员变量赋值
11      sa.sin_port = htons(port);                                  //数据端口
12      socketHandle = socket(sa.sin_family, SOCK_STREAM, 0);       //创建数据通道
13      if(socketHandle < 0){                                       //创建成功判断
14          return 0;
15      }
16      if(::connect(socketHandle, (sockaddr*)&sa, sizeof(sa)) < 0){   //建立连接
17          ::close(socketHandle);                                  //注销数据通道
18          return 0;
19      }
20      GameData::CONNECT_FLAG=true;                                //标记已经连接上
21      new std::thread(&BNSocketUtil::threadReceiveTask);          //创建信息接收线程
22      sendInt(GameData::SEND_CONNECT);                            //发送连接请求
23  }
24  void BNSocketUtil::closeConnect(){                              //关闭连接
25      if(GameData::CONNECT_FLAG){
26          ::close(socketHandle);                                  //关闭连接
27          GameData::CONNECT_FLAG=false;                           //标记已经断开连接
28  }}
```

- 第 4～7 行为获取主机信息的方法。该方法返回一个 hostent 的结构体，其中保存了网络主机的名称信息以及 ip 信息。
- 第 8～11 行给用于 socket 通信的 sa 分配了内存空间，其中保存了 IP 地址、端口号和协议信息。
- 第 12～15 行返回了引用新套接口的描述字，数据均需从此套接口进行交换。
- 第 16～19 行用于建立连接，如果连接成功则销毁上一步产生的套接口。
- 第 20～23 行为连接建立成功后的操作。创建接收服务器端数据的线程，设置连接状态标志位为 true，并且发送表示连接成功的字符串给服务器端。
- 第 24～28 行为关闭连接的方法 closeConnect，首先向服务器端发送断开连接的信号，然后销毁之前用于数据通信的套接口，设置连接状态标志位为 false。如果调用这个方法时连接没有成功打开，则直接退回到主菜单界面。

（3）介绍完连接和断开网络的方法之后，下面将介绍如何接收、发送网络数据。该方法包含内存的操作以及数据的存储顺序。其中涉及内存的开辟，以及通过更改相应字节实现组装 int、float 数据数值的方法，详细代码如下。

代码位置：见本书随书源代码\第 9 章\SampleChess\app\src\main\jni\net 目录下的 BNSocketUtil.cpp。

```
char* BNSocketUtil::receiveBytes(int len){
    char* result=new char[len];                     //字符数组
    int status=0;                                   //接收到的字符数
    status=recv(socketHandle, result, len, 0);      //阻塞线程接收网络数据
    if(status==0){                                  //是否接收成功，失败返回 close
        return "close";
    }
    while(status!=len){                             //如果字符未接收完全则继续接收
        int index=status;
        char b[len-status];                         //创建新的字符数组
        int count=recv(socketHandle, b, len-status, 0);   //返回字符接收数量
        if(count==0){
            return "close";                                 //返回 close
```

```
14        }
15        status=status+count;                        //更新接收到的字符数
16        if(count!=0){
17             for(int i=0;i<count;i++){              //合并字符数组
18                  result[index+i]=b[i];
19        }}}
20        return result;                              //返回字符数组
21   }
22   int BNSocketUtil::receiveInt(){
23        char* a=receiveBytes(4);                    //接收字符数组
24        if(strcmp(a,"close")==0){                   //判断是否接收失败
25             return 0;
26        }
27        int ri;                                     //创建新的 int 变量
28        memset(&ri, 0, sizeof(ri));                 //给 ri 变量分配内存空间
29        memcpy((char*)(&ri), a,4);                  //将接收到的字符值写入内存空间
30        delete a;                                   //删除 a 指向的内存空间
31        return ri;                                  //返回 int 值
32   }
```

- 第 2～7 行为接收网络数据的方法。recv 的作用是将接收到的字符写入第 2 个参数中，第 3 个参数为缓冲区长度，第 4 个变量为指定调用方式，一般为 0。
- 第 8～21 行为保证网络数据接收完整的措施，检测收到的字符数是否等于预期收到的字符数，如果收到的字符数小于预期收到的字符数，则创建新的字符数组继续接收数据，然后将新的字符数组在旧的字符数组之后循环赋值，合并为一个字符数组，然后将其返回。
- 第 22～32 行为接收 int 类型数据的方法。一个 int 类型数据占 4 个字节，所以需要的字符数组长度为 4。获得字符数组后将字符值写入 int 类型变量所占的内存空间中。

（4）下面将介绍接收到数据之后的操作，主要是更改游戏数据、记录相应数据以及设置相应标志位，其中标志位的 true 或 false 需要根据具体情况来判断是否可以读写，其详细代码如下所示。

代码位置：见本书随书源代码\第 9 章\SampleChess\app\src\main\jni\net 目录下的 BNSocketUtil.cpp。

```
void* BNSocketUtil::threadReceiveTask(){
     while(GameData::CONNECT_FLAG){
          int data=receiveInt();
          if(GameData::BREAK_CONNECT) {                     //中断连接
               closeConnect();
               break;
          }
          if(data==GameData::RECEIVE_OK) {                  //连接成功
               GameData::CLOSE_UPDATE=true;                 //设置连接服务器标志位
               GameData::PLAYER_NUM = receiveInt();         //接收玩家数量
               if(GameData::OWN_ID==-1){
                    GameData::OWN_ID = receiveInt();        //接收自己的 ID 编号
               }
               if(GameData::PLAYER_NUM==2){                 //如果玩家数量为 2
                    GameData::PLAYING_ID=receiveInt();      //接收下棋方
               }
               GameData::RIVAL_PLAY_DOWN=true;              //开始走起标志位
          }
          else if(data==GameData::RECEIVE_FULL){            //服务器已满
               GameData::SERVER_FULL=true;
          }
          else if(data==GameData::RECEIVE_MOVE){            //移动棋子标志位
               GameData::MOVE_ID = receiveInt();            //接收棋子 ID 编号
               GameData::CURR_UCP = receiveInt();           //接收棋子当前所在格子编号
               GameData::GOAL_UCP= receiveInt();            //接收棋子目标格子编号
               GameData::PLAYING_ID=receiveInt();           //接收将要移动玩家的 ID
               GameData::WILL_EAT_ID = receiveInt();        //接收吃子的 ID
               if(GameData::WILL_EAT_ID!=32) {
                    GameData::IS_CAN_EAT=true;              //标记可以吃子
               }
               GameData::MOVE_FLAG=true;                    //移动标志位
          }
          ......//其他 else 语句的处理与此类似，故省略，读者可自行查阅源代码
}}
```

- 第 3～7 行为收取网络数据标识，用于辨识网络数据的内容，标志数据为 int 类型。如果中断标志位为 true，则关闭 socket，退出网络连接，并跳出 while 循环。
- 8～18 行为接收连接成功标志位，首先关闭手机端连接服务器的定时回调方法，然后接收玩家数量，并根据玩家数量和玩家自身 ID 进行相应的处理。第 19～21 行表示当连接服务器玩家数量已满时，需要标记服务器已满，并作出相应处理。
- 第 22～32 行表示当接收到可以移动的棋子标志时，手机端需要接收移动棋子 ID、当前棋子所在格子编号、目标格子编号、移动玩家 ID 以及吃子的 ID。若吃子 ID 为 32 则表示没有棋子可吃，否则是有棋子可吃，并标记可以吃子。

9.5.2 计算辅助类 PublicApi

游戏中总会遇到一些计算或者常用方法，将这些方法统一到一个辅助类中，既便于管理，又便于在需要的地方调用。下面介绍的就是游戏中的计算辅助类 PublicApi，该类包括角度计算方法 theAngle、距离计算方法 calDistance 以及计算棋子坐标方法 calRowAndCol 等。

（1）首先需要介绍的是 PublicApi 类的头文件，该头文件中声明了一系列将要使用的成员变量和成员方法，其详细代码如下。

代码位置：见本书随书源代码\第 9 章\SampleChess\app\src\main\jni\net 目录下的 PublicApi.h。

```
......//此处省略了对一些头文件的引用及定义头文件的相关代码，需要的读者可参考源代码
class PublicApi{
public:
     static float theAngle(Vec2 start,Vec2 goal,int num);   //计算角度方法
     static int chessNum(int id);                           //返回棋子类型方法
     static Vec2 calRowAndCol(int id);                      //计算行列号方法
     static int getChessId(int ucp);                        //获取棋子 ID 方法
     static int getChessUcp(int id);                        //获取格子编号方法
     static Vec2 calculateXZ(Vec3 near,Vec3 far,float temp);//计算世界坐标系 xz 的方法
     static int random();                                   //产生随机数方法
     static void newGame();                                 //初始化新游戏方法
     static void playSound(int i);                          //播放音乐或音效方法
     static void loadSound();                               //加载音乐或音效方法
     static Vec3 calDistance(Vec2 start,Vec2 goal);         //计算距离方向方法
     static int carmeaDire(float cx,float cz);              //计算摄像机方向方法
};
#endif
```

说明 在头文件中声明了计算角度、返回棋子类型、计算行列号、获取棋子 ID、获取格子编号、计算世界坐标系 x、z 坐标以及播放音乐或音效等各种方法。

（2）介绍完 PublicApi 类的头文件后，接下来介绍的其具体实现方法。由于该类方法比较简单，在此就不一一介绍，仅介绍经常使用的 3 个方法，分别是计算世界坐标系 xz 坐标方法 calculateXZ、播放音乐或音效方法 playSound 以及计算棋子坐标方法 calRowAndCol，其详细代码如下。

代码位置：见本书随书源代码\第 9 章\SampleChess\app\src\main\jni\net 目录下的 PublicApi.cpp。

```
Vec2 PublicApi::calculateXZ(Vec3 near,Vec3 far,float temp){ //计算 3D 世界坐标系 xz 坐标
     float x1=near.x;                                       //近平面点 x
     float y1=near.y;                                       //近平面点 y
     float z1=near.z;                                       //近平面点 z
     float x2=far.x;                                        //远平面点 x
     float y2=far.y;                                        //远平面点 y
     float z2=far.z;                                        //远平面点 z
     float t=(temp-y1)/(y2-y1);                             //计算 t
     float x=x1+(x2-x1)*t;                                  //计算 x 坐标
     float z=z1+(z2-z1)*t;                                  //计算 z 坐标
     return Vec2(x,z);
}
void PublicApi::playSound(int i){                           //播放音乐或音效
```

```
14      switch(i){
15      case 0:                                                     //播放背景音乐
16           CocosDenshion::SimpleAudioEngine::getInstance()->playBackgroundMusic(
17                "sound/bg_game.mp3",
18                true                                              //设为循环播放
19           );
20           break;
21       ......//其他 case 语句的处理与此类似，故省略，读者可自行查阅源代码
22  }
23  Vec2 PublicApi::calRowAndCol(int id){                           //计算棋子坐标
24      Vec2 result;
25      int row;                                                    //行
26      int col;                                                    //列
27      row = id/16-3;                                              //计算棋子所在行
28      col = id%16-3;                                              //计算棋子所在列
29      result.x = row*60 + Constant::sXtart;                       //计算棋子 x 坐标
30      result.y = -col*60.0 + Constant::sZtart;                    //计算棋子 z 坐标
31      return result;
32  }
```

- 第 1～12 行为计算 3D 世界坐标系 xz 坐标的方法 calculateXZ，首先获取近平面和远平面的 x、y、z 三点，然后通过二阶矩阵计算，得出 3D 坐标系 x、z 坐标。
- 第 13～22 行为播放音乐或音效的方法 playSound，首先获取播放声音的 ID，然后通过 switch 进行判断，从而播放音乐或音效。
- 第 23～32 行为计算棋子坐标的方法 calRowAndCol，首先获取棋子所在格子编号 ID，然后计算出棋子所在行列，最后根据行列计算出 x、z 坐标。

9.5.3 水波类 Water

任何一款游戏都离不开特效的呈现，本游戏中水的波动为整个游戏的视觉体验带来了非常好的效果。水波类用于在游戏中创建流动的河水。下面将介绍水波类 Water 的开发，其具体开发步骤如下。

（1）首先介绍的是 Water 类的头文件，该头文件中声明了一系列将要使用的成员变量和成员方法，其详细代码如下。

代码位置：见本书随书源代码/第 9 章\SampleChess\app\src\main\jni\tool 目录下的 Water.h。

```
......//此处省略了对一些头文件的引用以及定义头文件的相关代码，读者可自行查阅源代码
class Water : public Sprite3D{
public:
     static Water* create(                                      //水的创建方法
          const std::string &modelPath,                         //水模型的路径
          const std::string &texturePath,                       //水贴图的路径
          float *amplitude,                                     //水的振幅
          float *frequency,                                     //水的频率
          const Vec2 position[],                                //水的位置
          float speed,                                          //水的速度
          int count                                             //振动波数目
     );
     void myDraw(const Mat4 &transform);                        //绘制水的方法
     virtual void draw(cocos2d::Renderer *renderer,             //绑定绘制方法
               const cocos2d::Mat4 &transform, uint32_t flags) override;
protected:
     ~Water();
     void initShader(const std::string& texturePath);          //初始化着色器
     float waveSpeed;                                           //水波振动速度
     float angleStart[WaveCount];                               //振动源起始角度
     float waveLength[WaveCount];                               //振动源波长
     float frequency[WaveCount];                                //振动源振动频率
     float amplitude[WaveCount];                                //振动源振幅
     Vec2 position[WaveCount];                                  //振动源位置
     int shakeCount;                                            //几个振动波
     Vec4 isHad;
     CustomCommand command;                                     //获取渲染函数
};
#endif
```

- 第 4～12 行为水的创建方法 create，其中包括创建水需要的参数。
- 第 13～15 行功能为绘制水的方法以及绑定绘制水的方法。
- 第 17～27 行为绘制水前需要设置的参数或调用的方法，比如初始化着色器 initShader、设置水波振动速度、设置振动源起始角度以及获取渲染函数等。

（2）介绍完 Water 类的头文件后，接下来介绍的是其具体实现方法。该类方法简单，主要包括水的创建方法 create、初始化着色器方法 initShader 以及水的绘制方法 myDraw。下面将依次介绍这 3 个方法，首先是水的创建方法 create，详细代码如下所示。

代码位置：见本书随书源代码\第 9 章\SampleChess\app\src\main\jni\tool 目录下的 Water.cpp。

```
1   Water* Water::create(const std::string &modelPath, const std::string &texturePath,
2       float *amplitude,float *frequency,const Vec2 position[],float speed,
        int count){                                              //创建方法
3     auto sprite = new Water();                                 //创建水的类
4     sprite->waveSpeed=speed*Pi;                                //设置水的速度
5     if (sprite && sprite->initWithFile(modelPath)){            //如果初始化成功
6         sprite->shakeCount=count>4?4:count;                    //设置振动源数量
7         for(int i=0;i<4;i++){                                  //遍历振动源
8                 sprite->frequency[i] = frequency[i];           //初始化频率
9                 sprite->waveLength[i] = sprite->waveSpeed / sprite->frequency[i];
                                                                 //初始化波长
10                sprite->amplitude[i] = amplitude[i];           //初始化振幅
11                sprite->position[i] = position[i];             //初始化位置
12        }
13        sprite->isHad=Vec4(0,0,0,0);
14        switch(count){              //跟据振源数量更改精灵位置
15                case 1:sprite->isHad.x=1;break;
16                case 2:sprite->isHad.x=1;sprite->isHad.y=1;break;
17                case 3:sprite->isHad.x=1;sprite->isHad.y=1;sprite->isHad.z=1;break;
18                case 4:sprite->isHad.x=1;sprite->isHad.y=1;sprite->isHad.z=1;
19                                                      sprite->isHad.w=1;break;
20        }
21        sprite->setTexture(texturePath);                       //设置纹理贴图
22        sprite->initShader(texturePath);                       //初始化着色器
23        sprite->autorelease();                                 //设置自动释放
24        return sprite;                                         //返回精灵
25    }
26    CC_SAFE_DELETE(sprite);                                    //删除对象
27    return nullptr;
28  }
```

- 第 1～19 行为创建水波类，设置水波的速度，遍历 4 个振动源，设置振动源的频率、波长、振幅、位置。根据传过来的振动源的个数设置 Vec4 的值，Vec4 用于传到着色器中进行计算。
- 第 21～28 行为设置水波精灵的纹理贴图，给水波精灵初始化着色器，设置水波精灵自动释放并返回水波精灵。如果没有创建成功精灵则删除对象并返回空。

（3）接下来介绍的是初始化着色器方法 initShader，并且给着色器传入相应的正弦函数所需要的参数值以及振动源个数、位置、振幅等。然后遍历水波顶点数据，传入顶点大小、顶点类型、是否标准化、步长、位置指针等，计算数据偏移。具体代码如下。

代码位置：见本书随书源代码/第 9 章/SampleChess/app/src/main/jni/tool 目录下的 Water.cpp。

```
void Water::initShader(const std::string& texturePath){
auto glprogram =                                               //创建着色器
GLProgram::createWithFilenames(SHADER_PATH+"water.vert",SHADER_PATH+"water.frag");
 auto glProgramState = GLProgramState::create(glprogram);      //获取着色器实例
 this->setGLProgramState(glProgramState);                      //给水设置着色器
 auto texture =                                                //获取图片
          Director::getInstance()->getTextureCache()->addImage(texturePath);
   glProgramState->setUniformTexture("u_texture", texture);    //传递图片变量
   for(int i=0;i<WaveCount;i++){                               //遍历 4 个振动源
```

```
10          glProgramState->setUniformFloat(                    //传入起始角度
11              StringUtils::format("u_startAngle%d",(i+1)).c_str(), angleStart[i]);
12          glProgramState->setUniformFloat(                    //传入波长
13              StringUtils::format("u_waveLenth%d",(i+1)).c_str(), waveLength[i]);
14          glProgramState->setUniformFloat(                    //传入振幅
15              StringUtils::format("u_amplitude%d",(i+1)).c_str(), amplitude[i]);
16          glProgramState->setUniformVec2(                     //传入位置
17              StringUtils::format("u_position%d",(i+1)).c_str(), position[i]);
18      }
19      glProgramState->setUniformVec4("u_ishad",isHad);        //设置几个振动源
20      long offset = 0;                                        //数据偏移
21      auto attributeCount =this->getMesh()->getMeshVertexAttribCount();//获取顶点信息
22      for (auto k = 0; k < attributeCount; k++) {                        //遍历顶点
23          auto meshattribute = this->getMesh()->getMeshVertexAttribute(k);//获取顶点
24          glProgramState->setVertexAttribPointer(
25                  s_attributeNames[meshattribute.vertexAttrib],//顶点实例
26                  meshattribute.size,                          //顶点大小
27                  meshattribute.type,                          //顶点类型
28                  GL_FALSE,                                    //是否标准化
29                  this->getMesh()->getVertexSizeInBytes(),     //获取步长
30                  (GLvoid*)offset);                            //位置指针
31          offset += meshattribute.attribSizeBytes;             //计算数据偏移
32  }}
```

- 第 1～19 行为创建着色器，获取着色器的实例，给水波精灵设置着色器，获取水波的纹理贴图。遍历 4 个振动源，向着色器中传入振动源的起始角度、振动源的波长、振动源的振幅、振动源的位置以及一共有几个振动源。
- 第 20～31 行为获取水波的顶点数据信息，遍历水波的顶点进行渲染，传入顶点大小、顶点类型、是否标准化、步长和位置指针等，计算数据偏移。

（4）最后介绍的是水的绘制方法 myDraw，该方法通过实时获取数据从而进行实时绘制。通过获取水的网络进行混合并获取着色器实例，更新起始点角度。通过遍历网格获取网格实例，并进行相关的设置，具体代码如下。

代码位置：见本书随书源代码/第 9 章/SampleChess/app/src/main/jni/tool 目录下的 Water.cpp。

```
void Water::myDraw(const Mat4 &transform){
    if(this->getMesh()){                                           //获取水的网格
        bool isDepthEnabled = glIsEnabled(GL_DEPTH_TEST);          //判断是否有深度检测
        if(!isDepthEnabled){                                       //如果没有深度检测
            glEnable(GL_DEPTH_TEST);                               //设置深度检测
        }
        GL::blendFunc(GL_SRC_ALPHA, GL_ONE_MINUS_SRC_ALPHA); //设置混合
        GLProgramState *glProgramState=this->getGLProgramState();//获取着色器实例
        for(int i=0;i<WaveCount;i++){                              //更新起始点角度
            angleStart[i]+=0.03*Pi*frequency[i];                   //更新角度
            while(angleStart[i]>2*Pi){                        //如果起始角度大于 360
                angleStart[i]-=2*Pi;                          //设置起始角度为-360
            }
            glProgramState->setUniformFloat(                  //传递起始角度
                StringUtils::format("u_startAngle%d",(i+1)).c_str(), angleStart[i]);
        }
        int count=this->getMeshCount();                            //获取网格数量
        for(int i=0;i<count;i++){                                  //遍历网格
            auto mesh = this->getMeshByIndex(i);                   //获取网格实例
            glBindBuffer(GL_ARRAY_BUFFER, mesh->getVertexBuffer());//绑定网格缓冲
            glProgramState->apply(transform);       //绑定属性和全局变量
            glBindBuffer(GL_ELEMENT_ARRAY_BUFFER, mesh->getIndexBuffer());
            glDrawElements(mesh->getPrimitiveType(),                //绘制元素
                    (GLsizei)mesh->getIndexCount(),mesh->getIndexFormat(),0);
            CC_INCREMENT_GL_DRAWN_BATCHES_AND_VERTICES
                                        (1, mesh->getIndexCount());
            glBindBuffer(GL_ELEMENT_ARRAY_BUFFER, 0);              //绑定元素缓冲
            glBindBuffer(GL_ARRAY_BUFFER, 0);                      //绑定数据缓冲
        }
        if(!isDepthEnabled){                               //如果没有开启深度检测
```

```
31              glDisable(GL_DEPTH_TEST);                    //关闭深度检测
32   }}}
```

- 第 1～16 行为判断当前是否为深度检测，如果不是，开启深度检测。设置着色器混合，获取着色器实例，遍历振动源，设置振动源的起始点角度并传入着色器中。
- 第 17～32 行为获取精灵网格数量，遍历每个网格，绑定数据顶点缓存，绑定属性和全局变量到着色器，绑定索引缓冲，绘制元素缓冲，绑定元素缓冲和数组缓存。如果以前没有开启深度检测则设置关闭深度检测。

9.6 布景相关类的开发

游戏场景是游戏的核心，炫丽美观、位置合理的场景能大大提高游戏的可玩性。本节将对游戏中所有的场景进行细致的讲解。首先介绍游戏场景的管理者，然后介绍游戏各个场景的开发过程，从而逐步完成对整个游戏场景的介绍。

9.6.1 游戏场景管理类——GameSceneManager

本小节将向读者介绍场景管理类的开发，该类主要管理项目中的相关场景，其中包含了第一次进入本游戏时场景创建的方法以及各个场景的创建及切换方法。该类作为场景管理类，更多的还是在于场景的创建与切换。下面将分步骤为读者详细介绍该类的开发过程。

（1）首先介绍 GameSceneManager 类的头文件，该头文件中声明了该类中的一系列的方法，将方法的声明单独放在头文件中，使类的声明简洁明了，其具体代码如下。

代码位置：见随书源代码\第 9 章\SampleChess/app/src/main\jni\chesscpp 目录下的 GameSceneManager.h。

```
1   #ifndef __GameSceneManager_H__
2   #define __GameSceneManager_H__
3   #include "cocos2d.h"                                  //头文件的引用
4   using namespace cocos2d;                              // cocos2d 命名空间的引用
5   class GameSceneManager{                               //用于创建场景的类
6   public:
7   void createScene();                                   //创建主菜单场景对象的方法
8   void toLoadScene();                                   //切换到加载界面
9   void toMainMenuScene();                               //切换到主菜单场景的方法
10  void toMy3DScene();                                   //切换到游戏场景的方法
11  void toHelpScene();                                   //切换到帮助界面的方法
12  void toWebScene();                                    //切换到网络界面的方法
13      Scene* loadingScene;                              //主菜单场景对象的声明
14      Scene* my3DScene;                                 //3D 场景对象的声明
15      Scene* mainMenuScene;                             //主菜单场景对象的声明
16      Scene* helpScene;                                 //帮助菜单场景对象的声明
17      Scene* webScene;                                  //网络场景对象的声明
18  };
19  #endif
```

- 第 1～12 行功能为首先声明该类的头文件，防止头文件重复导入，然后声明一系列场景切换的方法，这样就可以在其他的布景类中直接调用此方法从而切换到对应的场景。
- 第 13～19 行功能为声明一系列指向场景或布景对象的指针，该指针用于储存指定的场景或布景对象的地址，并便于在该类中其他方法内部调用。在后面的代码介绍中读者就可以体会到将场景集中管理的好处，这里不再进行详细介绍。

（2）下面介绍 GameSceneManager 类的场景创建的方法。该方法主要包括创建资源加载场景的方法以及切换到主菜单场景、帮助场景、游戏等场景的方法。由于创建场景的方法比较简单，此处将简略介绍该类中比较有代表性的方法，其余方法类似，读者可查看源代码进行学习，其代码如下。

代码位置：见随书源代码\第 9 章\SampleChess\app\src\main/jni/chesscpp 目录下的 GameSceneManager.cpp。

```
1   void GameSceneManager::createScene(){                        //实现 createScene 方法
2       loadingScene = Scene::create();                          //创建一个加载场景对象
3       LoadingLayer* llayer = LoadingLayer::create();           //创建一个加载布景对象
4       loadingScene->addChild(llayer);                          // 将加载布景添加到场景中
5       llayer->man=this;                                        //设置场景管理者
6   }
7   void GameSceneManager::toMainMenuScene(){                    //切换到主菜单场景的方法
8       mainMenuScene = Scene::create();                         //创建主菜单场景对象
9       MainMenuLayer* mmlayer = MainMenuLayer::create();//创建一个布景对象
10      mmlayer->man=this;                                       //设置场景管理者
11      mainMenuScene->addChild(mmlayer);                        //向场景中添加布景
12      Director::getInstance()->replaceScene(mainMenuScene);  //执行切换场景的动作
13  }
14  void GameSceneManager::toHelpScene(){                        //切换到帮助场景的方法
15      helpScene = Scene::create();                             //创建帮助菜单场景对象
16      HelpLayer* hlayer = HelpLayer::create();                 //创建一个布景对象
17      hlayer->man=this;                                        //设置场景管理者
18      helpScene->addChild(hlayer);                             //向场景中添加布景
19      Director::getInstance()->replaceScene(helpScene);//执行切换场景的动作
20  }
```

- 第 1～6 行为创建场景对象的方法。首先是创建一个加载场景对象，然后在场景中添加一个加载布景对象，将布景添加到场景中，设置场景的管理者。
- 第 7～13 行为切换到主菜单场景的方法。首先是创建一个主菜单场景对象，然后在该场景下再创建一个布景对象，设置场景的管理者，将布景添加到场景中，最后是执行切换布景的动作。
- 第 14～20 行为切换到帮助场景的方法，首先是创建一个帮助场景对象，然后在该场景下再创建一个布景对象，设置场景的管理者，向场景中添加布景，最后执行切换的动作。

（3）下面介绍 GameSceneManager 类中关于切换到 3D 游戏场景的方法，因为该方法与前边所介绍的方法有所不同，所以在本节中有必要做出相应的说明。联网端的切换方法与此非常类似，所以就不再对联网端的切换方法进行介绍，需要的读者请自行参考随书源码。

代码位置：见随书源代码\第 9 章\SampleChess\app\src\main/jni/chesscpp 目录下的 GameSceneManager.cpp。

```
void GameSceneManager::toMy3DScene(){                        //切换到人机对战场景的方法
    my3DScene = Scene::create();                             //创建 3D 场景对象
    Size visibleSize = Director::getInstance()->getVisibleSize();//获取可见区域尺寸
    Camera* camera = Camera::createPerspective(              //创建一个摄像机
    55,                                                      //摄像机视角 40～60 是合理值
    visibleSize.width/visibleSize.height,                    //视口长宽比
    1,                                                       //near
    1500                                                     //far
   );
    camera->setCameraFlag(CameraFlag::USER1);                //设置摄像机编号标志
    camera->setPosition3D(Vec3(0,280,490));                  //设置摄像机位置
    camera->lookAt(Vec3(0,0,0), Vec3(0,1,0));                //设置摄像机目标点以及 up 向量
    my3DScene->addChild(camera);                             //向场景中添加摄像机
    My3DLayer* m3layer = My3DLayer::create();                //创建一个 3D 布景对象
    m3layer->camera=camera;                                  //向布景中添加摄像机
    my3DScene->addChild(m3layer,1,1);                        //向场景中添加布景
    My2DLayer* m2layer = My2DLayer::create();                //创建一个 2D 布景对象
    my3DScene->addChild(m2layer,2,0);                        //将 2D 布景添加到场景中
    m3layer->m2l=m2layer;                                    //将 2D 布景添加到 3D 布景上
    m3layer->m2l->man=this;                                  //拿到场景管理者的指针
    Director::getInstance()->replaceScene(my3DScene); //执行切换场景的动作
}
```

- ❑ 第 1～9 行为切换到人机对战场景的方法。首先创建一个 3D 的场景对象，获取可见区域的尺寸，创建一个摄像机，设置摄像机的视角为 55 以及视口长宽比，设置摄像机的 near 值为 1，摄像机的 far 值为 1500.
- ❑ 第 10～13 行功能为设置摄像机编号标志、设置摄像机位置、设置摄像机目标点以及 up 向量，向场景中添加摄像机。
- ❑ 第 14～17 行功能为创建一个 3D 布景对象，向布景中添加摄像机，向场景中添加布景，创建一个 2D 布景对象。
- ❑ 第 18～22 行功能为将创建的 2D 布景添加到场景中，然后将 2D 布景添加到 3D 布景上，再获取场景管理者的指针以执行切换场景的动作。

9.6.2 游戏资源加载布景类——LoadingLayer

上面讲解了游戏的场景管理类 GameSceneManager 的开发过程，场景管理类主要负责游戏中各个场景的切换。当场景管理类开发完成后，随即就进入到了游戏加载布景类——LoadingLayer 的开发，下面将详细介绍 LoadingLayer 类的开发过程。

（1）首先开发的是 LoadingLayer 类的框架，该框架中声明了一系列将要使用的成员变量和成员方法，这些变量和方法在该布景中有很重要的作用，其详细代码如下。

代码位置：见随书源代码\第 9 章\SampleChess\app\src\main\jni\gameLayer 目录下的 LoadingLayer.h。

```
......//此处省略了导入类的代码，读者可自行查阅随书附带源代码
using namespace cocos2d;                              //cocos2d 命名空间的引用
using namespace ui;                                   //ui 命名空间的引用
class LoadingLayer:public cocos2d::Layer{             //加载布景类的声明
public:
  std::string picNames[23]={                          //pic 文件夹下的图片资源
      "chulogo.png","connecting0.png","connecting1.png","connecting2.png",
      ......//此处省略了部分图片资源的名称，读者可自行查阅随书源代码
      "star.png","succedlogo.png","wave.png"
    };
    std::string pic2DNames[39]={                      //pic2D 文件夹下的图片资源
          "cancel1.png","cancel2.png","change1.png",
          ......//此处省略了部分图片资源的名称，读者可自行查阅随书源代码
          "sure1.png","sure2.png","web1.png","web2.png"
    };
    std::string picGameSceneNames[28]={               //gamescene 文件夹下的图片资源
      "05-3Bamboo.png","05-3DM01.png","05-3DM02.png","05-3DM03.png",
      ......//此处省略了部分图片资源的名称，读者可自行查阅随书源代码
      "05-3DM24.png","05-3hj.png","05-3hj02.png","bude.png"
    };
    std::string picChessNames[20]={                   //chess 文件夹下的图片资源
       "1ecbe600.png","1ecbf180.png","2b21c320.png","2b97fec0.png",
       ......//此处省略了部分图片资源的名称，读者可自行查阅随书源代码
       "39faee40.png","750c220.png","e27d040.png","e27daa0.png"
    };
    std::string picNetNames[11]={                     //net 文件夹下的图片资源
          "connecting0.png","connecting1.png","connecting2.png","connecting3.png",
          "failConnect.png","fullServer.png","noPlayer.png","waitting0.png",
          "waitting1.png","waitting2.png","waitting3.png"
    };
    std::string picHelpNames[4]={                     //help 文件夹下的图片资源
       "beijing.png","page.png","point1.png","point2.png"
    };
    LoadingBar* loadingbar;                           //进度条
    Sprite* connectSP;                                //连接精灵声明
    int connectIndex=0;                               //连接指针
    int currentNum=0;                                 //已经加载的个数
    int totalNum=147;                                 //需要加载的总个数
    std::vector<std::string> modelPath;               //模型的集合
    GameSceneManager *man;                            //场景管理器
    virtual bool init();                              //初始化方法
```

```
42          void LoadingResource();                         //加载资源
43          void LoadingCallback();                         //更新资源加载中
44          void printf(Sprite3D* sprite, void* index);     //模型加载方法
45          void LoadingOBJ();                              //加载模型
46          void GotoNextScene();                           //跳转到下一个界面
47          void setFire();
48          void pSD();                                     //产生粒子效果的方法
49          void connectNet(float dt);
50          CREATE_FUNC(LoadingLayer);
51      };
52      #endif
```

- 第 1~3 的功能为 GameSceneManager.h 头文件的引用、CocosGUI.h 头文件的引用、AppMacros.h 头文件的引用，以及 cocos2d 与 ui 命名空间的引用。
- 第 4～10 行功能为 LoadingLayer 类的实现。从代码中可以看出该类是继承自 Layer 类。接下来是加载图片的数组的声明，其中主要包含了 pic 文件夹下的所有图片的名称及类型，该数组的作用便是存储这些图片。
- 第 11～15 行功能为存储 pic2D 文件夹下的所有图片，然后通过该数组对这些图片资源进行加载，其中主要包括了游戏中各个布景界面中的功能按钮的纹理贴图，还有设置界面中的弹出背景纹理贴图以及拖拉条的纹理图。
- 第 16～20 行功能为存储 gamescene 文件夹下的所有图片，然后可以通过该数组对这些图片资源进行加载。该文件夹中的图片资源主要是游戏主场景模型用到的所有纹理图，其中有底面、天空、树木、花草等模型的纹理贴图。
- 第 21～25 行功能为存储 chess 文件夹下的所有图片，然后可以通过该数组对这些图片资源进行加载，其中的纹理图片主要是游戏中所有棋子模型的纹理贴图。
- 第 26～33 行功能为存储 net 文件夹下的所有图片，然后可以通过该数组对这些图片资源进行加载，其中的纹理图片主要是联网游戏中在单击了联网对战的按钮后将出现的一系列的文字提示的图片文件。
- 第 34～40 行功能为声明进度条、声明连接精灵、初始化连接指针、初始化已经加载的个数、初始化需要加载文件的总个数以及初始化模型的集合，声明场景管理器。
- 第 41～49 行功能为初始化方法的引用、加载资源方法的引用、更新资源加载中方法的引用、模型加载方法的引用、跳转下一界面的方法的引用以及产生粒子效果的方法的引用。

> **提示** 第 50 行还调用 Cocos2d-x 中提供的 CREATE_FUNC 宏完成了 create 方法代码的生成，此 create 方法中包含了创建及适当初始化 LoadingLayer 类对象的代码。

（2）开发完类框架声明后还要真正实现 LoadingLayer 类中的方法，需要开发的是初始化布景 init 的方法和资源加载成功后被回调的 GotoNextScene 方法。init 的方法意义重大，作为进入场景对应布景后首先被调用的方法，它完成了布景中各个控件的创建以及初始化工作。

代码位置：见随书源代码\第 9 章\SampleChess\app\src\main\jni\gameLayer 目录下的 LoadingLayer.cpp。

```
......//此处省略了导入类的代码，读者可自行查阅随书附带源代码
using namespace cocos2d;                                  //cocos2d 命名空间的引用
using namespace std;                                      //std 命名空间的引用
bool LoadingLayer::init(){                                //资源加载类初始化方法的实现
if (!Layer::init() ){                                     //调用父类的初始化
      return false;
}
setFire();                                                //初始化添加火焰效果的方法
pSD();                                                    //初始化加载雪、星星特效的方法
Sprite *chulogo=Sprite::create(PIC_PATH+std::string("chulogo.png")); //创建楚字背景 logo
chulogo->setPosition(Vec2(120,240));                      //设置位置
chulogo->setScale(1.1f);                                  //设置尺寸
```

```
13 this->addChild(chulogo,1);                                    //添加到布景中
14 Sprite *hanlogo=Sprite::create(PIC_PATH+std::string("hanlogo.png")); //创建汉字背景 logo
15 hanlogo->setPosition(Vec2(840,240));                          //设置位置
16 hanlogo->setScale(1.1f);                                      //设置尺寸
17 this->addChild(hanlogo,1);                                    //添加到布景中
18 Sprite *back=Sprite::create(PIC_PATH+std::string("mainMeunBack.png"));//创建布景背景精灵
19 back->setPosition(Vec2(480,270));                             //设置背景位置
20 this->addChild(back,0);                                       //添加背景到布景中
21 Sprite *loadlogo=Sprite::create(PIC_PATH+std::string("loadlogo.png"));
                                                                 //创建背景 logo"天下棋奕"
22 loadlogo->setPosition(Vec2(470,350));                         //设置位置
23 loadlogo->setScale(0.55f);                                    //设置尺寸
24 this->addChild(loadlogo,0);                                   //添加到布景中
25 Sprite *loadingBG=Sprite::create(PIC_PATH+std::string("progress_tack.png"));
                                                                 //初始化进度条背景
26 loadingBG->setPosition(Vec2(470,115));                        //设置进度条背景的位置
27 this->addChild(loadingBG,5);                                  //添加到布景中
28 loadingbar=LoadingBar::create();                              //创建进度条
29 loadingbar->loadTexture(PIC_PATH+std::string("progress.png")); //设置进度条的纹理图
30 loadingbar->setPercent(0);                                    //初始化进度条的百分比
31 loadingbar->setPosition(Vec2(462,116));                       //设置进度条的位置
32 this->addChild(loadingbar,6);                                 //把进度条添加到布景中
33 connectSP = Sprite::create(PIC_PATH+"connecting0.png");
34 connectSP->setAnchorPoint(Vec2(0,0));                         //设置锚点
35 connectSP->setPosition(Point(355,35));                        //设置位置
36 this->addChild(connectSP,10);                                 //添加到布景中
37 LoadingResource();                                            //初始化加载图片的方法
38 PublicApi::loadSound();                                       //初始化加载音乐音效的方法
39 schedule(schedule_selector(LoadingLayer::connectNet),0.3f);   //定时回调方法
40 return true;
41 }
```

- 第 1～3 行功能为 LoadingLayer.h 头文件的引用、AppMacros.h 方法的引用、PublicApi.h 方法的引用以及 cocos2d 命名空间的引用和 std 命名空间的引用。
- 第 4～9 行功能为初始化方法的实现。首先是初始化添加火焰效果的方法，然后是初始化加载雪、星星特效的方法。将其放在最前边位置的目的在于可以使粒子效果能更快地展现出其炫酷唯美的效果。
- 第 10～17 行功能为首先是创建楚字背景 logo，然后是对其进行的一系列设置，其中包括位置的设置、尺寸的设置以及将其添加到布景中的操作。同理还有创建汉字背景 logo，以及对其进行相应的操作。
- 第 18～24 行功能为首先是创建布景背景精灵，然后是对其进行的一系列操作，包括位置的设置以及将其添加到布景中的操作，最后是创建背景 logo“天下棋奕”的操作还包含了对该 logo 的一系列设置操作。
- 第 25～32 行功能为初始化进度条背景，然后对其进行一系列设置，包括设置进度条背景的位置，将其添加到布景中的操作，创建进度条，设置进度条的纹理，然后初始化进度条的百分比，再设置其位置并将其添加到布景中。
- 第 33～36 行功能为声明加载游戏资源中图片资源的对象，然后设置图片文件的锚点和位置，最后再将其添加到布景中。
- 第 37～41 行功能为初始化加载图片资源的方法、初始化加载音乐音效的方法以及实现切换图片资源的定时回调方法的引用。

（3）在开发完了 init 方法之后，下面将介绍的是在初始化方法中调用的各功能方法，其中包括切换“正在加载游戏资源”字样套图的定时回调方法、加载图片资源的方法和加载音乐音效的方法，最后是加载粒子系统的方法的实现。具体功能代码如下所示。

代码位置：见随书源代码\第 9 章\SampleChess\app\src\main\jni\gameLayer 目录下的 LoadingLayer.cpp。

```
void LoadingLayer::connectNet(float dt) {                 //切换显示图片的方法
    connectIndex++;                                       //计数器执行自加运算
```

```
        if(connectIndex>3) {                              //判断计数器的值
            connectIndex=0;                               //重置计数器
        }
        connectSP->setTexture(PIC_PATH+StringUtils::      //切换显示图片
              format("connecting%d.png",connectIndex));
}
void LoadingLayer::LoadingResource(){                     //加载图片的方法
        auto TexureCache = Director::getInstance()->getTextureCache(); //获取纹理缓冲
        for(std::string strTemp:picNames) {               //遍历 pic 路径的图片
            TexureCache->addImageAsync(PIC_PATH+strTemp,  //把图片添加进内存中
                  CC_CALLBACK_0(LoadingLayer::LoadingCallback,this));
        }
        for(std::string strTemp:pic2DNames) {             //遍历 pic2D 路径的图片
            TexureCache->addImageAsync(pic2D_PATH+strTemp, //把图片添加进内存中
        CC_CALLBACK_0(LoadingLayer::LoadingCallback,this));
}
for(std::string strTemp:picGameSceneNames) {              //遍历 gamescene 路径的图片
            TexureCache->addImageAsync(SCENE_PATH+strTemp, //把图片添加进内存中
                  CC_CALLBACK_0(LoadingLayer::LoadingCallback,this));
        }
        for(std::string strTemp:picNetNames) {            //遍历 net 路径的图片
            TexureCache->addImageAsync(NET_PATH+strTemp,  //把图片添加进内存中
                  CC_CALLBACK_0(LoadingLayer::LoadingCallback,this));
        }
        for(std::string strTemp:picChessNames) {          //遍历 chess 路径的图片
            TexureCache->addImageAsync(CHESS_PATH+strTemp, //把图片添加进内存中
                  CC_CALLBACK_0(LoadingLayer::LoadingCallback,this));
        }
        for(std::string strTemp:picHelpNames) {           //遍历 help 路径的图片
            TexureCache->addImageAsync(HELP_PATH+strTemp, //把图片添加进内存中
                  CC_CALLBACK_0(LoadingLayer::LoadingCallback,this));
}}
void LoadingLayer::LoadingCallback(){
        ++currentNum;                                     //已加载数量自加
        int percent=(int)(((float)currentNum / totalNum) * 100);//计算已经加载的百分比
        if(percent<100){                                  //如果已经加载的少于 100
            loadingbar->setPercent(percent);              //设置加载的百分比
        }
        if(currentNum==5){                                //当加载 5 张图片时
            LoadingOBJ();                                 //加载模型方法
        }
        if(currentNum>=totalNum){                         //当加载完资源后
            this->unscheduleAllCallbacks();               //停止所有的定时回调
            GotoNextScene();                              //进入下一个界面
}}
void LoadingLayer::LoadingOBJ(){                          //加载模型的方法
        int i=0;                                          //定义加载的索引值
        modelPath.push_back("c3bfile/gmcd1.c3b");         //加载灌木 c3b 模型
        modelPath.push_back("c3bfile/shuye.c3b");         //加载树叶 c3b 模型
        modelPath.push_back("c3bfile/shugan.c3b");        //加载树干 c3b 模型
        modelPath.push_back("c3bhouse/12.c3b");           //加载建筑 c3b 模型
        for(int j=0;j<14;j++) {
            modelPath.push_back(StringUtils::format("chess/chess%d.c3b",j));
                                                          //加载棋子 c3b 模型
        }
        modelPath.push_back("gamescene/xqcjx.c3b");       //加载主场景模型
        modelPath.push_back("help/background.obj");       //加载帮助背景模型
        modelPath.push_back("help/helpRotate.obj");       //加载帮助六棱柱模型
        modelPath.push_back("qipan/Chessboard.c3b");      //加载棋盘模型
        for(const auto& path:modelPath){                  //遍历加载模型
            Sprite3D::createAsync(path,CC_CALLBACK_2
                  (LoadingLayer::printf,this),(void*)i++); //加载模型并调用方法
}}
void LoadingLayer::printf(Sprite3D* sprite, void* index) { //模型加载方法
        LoadingCallback();                                //更新加载提示图片
}
void LoadingLayer::GotoNextScene(){                       //跳转到下一界面的方法
        man->toMainMenuScene();                           //执行切换到界面的动作
}
```

- 第 1～8 行功能为“加载游戏资源中……”切换的方法，其中包括迭代器的自加，还有判断是否跳出叠加器来执行切换的动作。
- 第 9～14 行功能为加载图片的方法。其中首先是获取纹理缓冲，然后是遍历 pic 路径的图片，再把图片添加进内存中，最后调用切换场景的方法。
- 第 15～22 行功能为遍历 pic2D 路径的图片，然后把该目录下的图片添加进内存中，再调用回调方法。其中第 19～22 行的功能是遍历 gamescene 路径下的图片，然后将遍历到的图片文件添加到内存中再去调用回调方法。
- 第 23～30 行功能是遍历 net 路径的图片，并将遍历所得的图片文件添加到内存中，再调用回调方法。其中第 27～30 行的功能是遍历 chess 路径的所有图片，并将遍历所得的图片文件添加到内存中，再调用回调方法。
- 第 31～40 行功能为遍历 help 路径的图片，并将遍历所得的图片文件添加到内存中，再调用回调方法。第 35～40 行功能为已加载数量自加，计算已经加载的百分比，如果已经加载的少于 100 设置加载的百分比。
- 第 41～47 行功能为当加载 5 张图片时调用加载模型的方法开始加载模型，当加载完所有的资源后，停止所有的定时回调，使游戏由加载场景切换到下一个场景。
- 第 48～56 行为加载模型的方法。首先是定义加载的索引值，然后是对游戏场景中的一些模型的加载，其中包括了游戏场景中树木、灌木等的加载，然后是对游戏中棋子模型的加载和建筑物的模型加载。
- 第 57～70 行功能为遍历加载模型。加载模型并调用 printf 方法直至所有的模型都加载结束后就调用切换到下一场景的方法。

（4）介绍完加载游戏资源类中的主要方法后，下面将要介绍的便是为加载界面带来更加炫酷效果的粒子系统相关的代码。该部分方法在后边的场景中也会有所涉猎，其具体的代码如下所示。

代码位置：见随书源代码\第 9 章\SampleChess\app\src\main\jni\gameLayer 目录下的 LoadingLayer.cpp。

```
void LoadingLayer::pSD(){                                   //创建特效的方法
    ParticleSystemQuad* psq = ParticleSnow::createWithTotalParticles(130);     //创建下雪效果
    psq->setStartSize(11.0f);                               //设置尺寸大小
    psq->retain();                                          //保持引用
    psq->setTexture( Director::getInstance()->getTextureCache()->addImage
    ("pic/snow.png"))
    psq->setPosition( Point(480, 540) );                    //设置粒子系统的坐标
    psq->setLife(3.5f);                                     //设置粒子系统的生命值
    psq->setLifeVar(1);                                     //设置粒子系统生命变化
    psq->setGravity(Point(0,-10));                          //设置粒子系统重力向量
    psq->setSpeed(130);                                     //设置粒子系统速度值
    psq->setSpeedVar(30);                                   //设置粒子系统速度变化
    psq->setStartColor((Color4F){0.9,0.9,0.9,1});                //设置粒子系统开始颜色
    psq->setStartColorVar((Color4F){0,0,0.1,1});                 //设置粒子系统颜色变化
    psq->setEmissionRate(psq->getTotalParticles()/psq->getLife());
                                                                 //设置粒子系统发射速率
    psq->setEndSpin(360);                                        //设置结束时候的自旋转
    psq->setEndSpinVar(360);
    this->addChild(psq, 1);                                      //将粒子系统添到精灵中
    ParticleSystemQuad* psq1 = ParticleSnow::createWithTotalParticles(40);
                                                                 //创建下雪效果
    psq1->setStartSize(20.0f);
    psq1->retain();                                              //保持引用
    psq1->setTexture( Director::getInstance()->getTextureCache()->addImage
    ("pic/star.png"));
    psq1->setPosition( Point(480, 540) );                        //设置粒子系统坐标
    psq1->setLife(3.5f);                                         //设置粒子系统生命值
    psq1->setLifeVar(1);                                         //设置粒子系统生命变化
    psq1->setGravity(Point(0,-10));                              //设置粒子系统重力向量
    psq1->setSpeed(130);                                         //设置粒子系统速度值
```

```
27      psq1->setSpeedVar(30);                              //设置粒子系统速度变化
28      psq1->setStartColor((Color4F){0.9,0.9,0.9,1});      //设置粒子系统开始颜色
29      psq1->setStartColorVar((Color4F){0,0,0.1,1});       //设置粒子系统颜色变化
30      psq1->setEmissionRate(psq1->getTotalParticles()/psq1->getLife());
                                                            //设置粒子系统发射速率
                                                            /设置结束时候的自旋转
31      psq1->setEndSpin(360);
32      psq1->setEndSpinVar(360);
33      this->addChild(psq1, 1);                            //将粒子系统添加到精灵中
34  }
35  void LoadingLayer::setFire(){                           //添加火焰效果的方法
36      ParticleSystemQuad* psq = ParticleFire::createWithTotalParticles(250);
37      psq->setTexture( Director::getInstance()->
38                          getTextureCache()->addImage(PIC_PATH+"fire.png"));
39      psq->retain();                                      //保持引用
40      psq->setLife(2.5);
41      psq->setPosition( Point(120, 200) );                //设置粒子系统的坐标
42      this->addChild(psq, 1);                             //将粒子系统添加到精灵中
43      ParticleSystemQuad* psq1 = ParticleFire::createWithTotalParticles(250);
44      psq1->setTexture( Director::getInstance()->
45                          getTextureCache()->addImage(PIC_PATH+"fire.png"));
46      psq1->retain();                                     //保持引用
47      psq1->setLife(2.5);
48      psq1->setPosition( Point(840, 210) );               //设置粒子系统的坐标
49      this->addChild(psq1, 1);                            //将粒子系统添加到精灵中
50  }
```

- 第 1~8 行功能为创建下雪的粒子效果。首先设置尺寸大小，然后保持引用一直存在，接下来设置雪花的纹理，再设置其初始的坐标，设置粒子系统的生命值，设置粒子系统的生命变化。
- 第 9~17 行功能为设置粒子系统的重力向量、设置粒子系统的速度值、设置粒子系统的速度变化、设置粒子系统的开始颜色、设置粒子系统的颜色变化、设置粒子系统的发射速率、设置结束时的自旋转，然后是将粒子系统添加到精灵中。
- 第 18~33 行功能为添加下雪的效果。其内容与其他粒子特效的设置是基本一样的，不同之处在于位置上的不同。
- 第 35~50 行功能为添加火焰效果的方法。首先创建一个火焰效果的粒子对象，然后继续保持引用，并设置粒子系统的坐标，将粒子系统添加到精灵中。第 43~48 行的功能同样为添加一个火焰的粒子特效，只有位置发生了改变。

9.6.3 游戏主菜单布景类——MainMenuLayer

介绍完游戏加载场景的具体内容后，可以知道当加载资源结束后，游戏会自动切换到主菜单界面。经常玩游戏的玩家都有体会，在接触一款新的游戏时，首先印象最深的且最常出现在自己视线中的便是游戏的主菜单界面，下面就详细的介绍 MainMenuLayer 类的开发过程。

（1）首先需要开发的是 MainMenuLayer 类的框架，该框架中声明了一系列将要使用的成员变量和成员方法，这些变量和方法在该布景中有很重要的作用，其详细代码如下。

代码位置：见随书源代码\第 9 章\SampleChess\app\src\main\jni\gameLayer 目录下的 MainMenuLayer.h。

```
......//此处省略了导入类的代码，读者可自行查阅随书附带源代码
using namespace cocos2d::extension;                     // extension 命名空间的引用
using namespace cocos2d;                                // cocos2d 命名空间的引用
using namespace ui;                                     //ui 命名空间的引用
class MainMenuLayer : public cocos2d::Layer,public cocos2d::ui::EditBoxDelegate
{   //声明布景类
public:
    Menu* menu;                                         //菜单按钮对象的声明
    Sprite* musico;
    Sprite* settingsp;                                  //设置背景框的声明
    UserDataManager* udm;                               //用户信息对象的声明
```

```
11      GameSceneManager *man;                    //声明场景管理者的引用
12      Sprite* waitSP;                           //等待精灵声明
13      Sprite* connectSP;                        //连接精灵声明
14      virtual bool init();                      //初始化方法
15      void setupMenu();                         //创建所有菜单按钮的方法
16      void setSnow();                           //创建下雪效果的方法
17      void setFire();                           //添加火焰效果的方法
18      void setMusic();                          //设置游戏中音乐音效的方法
19      void setupSlider();                       //创建拖拉条的方法
20      void goWebGame();                         //联网游戏按钮的单击回调方法
21      void goPCGame();                          //单机游戏按钮的单击回调方法
22      void helpCallback();                      //帮助菜单按钮的单击回调方法
23      void initUserData();                      //初始化用户数据的方法
24      void setCallbackMethod();                 //游戏设置按钮的单击回调方法
25      void pauseMenuCallback();                 //暂停按钮的单击回调方法
26      void menuCloseCallback(Ref* pSender);     //关闭按钮的单击回调方法
27      void backmenuCallback(Ref* pSender);      //设置框中返回菜单按钮的单击回调方法
28      void bgmusicvalueChangedSlider(Ref *sender, Control::EventType controlEvent);
                                                  //回调方法
29      void soundvalueChangedSlider(Ref *sender, Control::EventType controlEvent);
                                                  //回调方法
30      void backmenuCallback1(Ref* pSender);   //退出游戏框中取消菜单按钮的单击回调方法
31      void backmenuCallback2(Ref* pSender);   //退出游戏提示框中确定菜单按钮的回调方法
32      void connectNet(float dt);              //连接网络的方法
33      void closeNet(float dt);                //关闭网络连接的方法
34      void waitConnet(float dt);              //等待连接网络的方法
35      int waitIndex=0;                        //等待计数器
36      int connectIndex=0;                     //连接计数器
37      bool stopConnect=false;                 //停止连接服务器的标志位
38      static string IPAddress;                //存储 IP 的变量
39      EditBox* editName;                      //指向用户名编辑文本框对象的指针
40      string sUserIP;                         //用户名字符串
41      virtual void editBoxEditingDidBegin(EditBox* editBox);     //开始编辑回调方法
42      void editBoxEditingDidEnd(EditBox* editBox);     //编辑框结束时的回调方法
43      void editBoxTextChanged(EditBox* editBox, const std::string& text);
                                                //修改时的回调方法
44      virtual void editBoxReturn(EditBox* editBox);    //编辑返回回调方法
45      CREATE_FUNC(MainMenuLayer);
46  };
47  #endif
```

- 第 1～4 行的功能为头文件的引用，包括 GameSceneManager.h 头文件、cocos-ext.h 头文件、UserDataManager.h 头文件等以及一些命名空间的引用，包括 cocos2d::extension 命名空间、ui 和 cocos2d 命名空间。
- 第 5～13 行功能为首先声明自定义的布景类，然后是对一系列的对象的声明，包括菜单按钮对象的声明、设置背景框的声明、用户信息对象的声明、场景管理者 Manager 对象的声明以及等待精灵声明和连接精灵对象的声明。
- 第 14～21 行功能依次为初始化方法的声明、创建所有菜单按钮方法的声明、创建下雪效果方法的声明、添加火焰效果方法的声明、设置游戏中音乐音效方法的声明、创建拖拉条的方法以及“联网游戏”按钮和“人机游戏”按钮的单击回调方法的声明。
- 第 22～27 行功能依次为“帮助”按钮的单击回调方法的声明、初始化用户数据的方法的声明、游戏“设置”按钮的单击回调方法的声明、“暂停”按钮的单击回调方法的声明、“关闭”按钮的单击回调方法的声明以及设置框中的“返回”按钮的单击回调方法的声明。
- 第 28～33 行功能依次为音乐和音效的回调方法的声明、退出游戏框中的“取消”按钮的单击回调方法、退出游戏提示框中的“确定”按钮的回调方法、连接网络的方法的声明以及关闭网络连接的方法的声明。
- 第 34～37 行功能依次为声明等待连接网络的方法、声明等待计数器对象、声明连接计数器对象、声明停止连接服务器的标志位。

- 第 38～44 行为设置 IP 功能相关变量以及方法的声明，其中包括存储 IP 的变量的声明、用户名字符串的声明、指向用户名编辑文本框对象的指针的声明、开始编辑回调方法的声明、编辑框结束时的回调方法的声明、修改时的回调方法的声明以及编辑返回回调方法的声明。

（2）开发完类框架声明后还要真正实现 MainMenuLayer 类中的方法，首先需要开发的是初始化布景 init 的方法。init 方法的意义重大，作为进入场景对应布景后首先被调用的方法，它完成了布景中各个控件的创建以及初始化工作，其具体代码如下所示。

代码位置：见随书源代码\第 9 章\SampleChess\app\src\main\jni\gameLayer 目录下的 MainMenuLayer.cpp。

```
1   ......//此处省略了导入类的代码，读者可自行查阅随书附带源代码
2   using namespace cocos2d;                              //命名空间的引用
3   bool MainMenuLayer::init(){              //实现 MainMenuLayer 类中的 init 方法，初始化布景
4       if (!Layer::init()){                              //调用父类的初始化
5           return false;
6       }
7       Size visibleSize = Director::getInstance()->getVisibleSize();//获取可见区域尺寸
8       Point origin = Director::getInstance()->getVisibleOrigin(); //获取可见区域原点坐标
9       Sprite *bn = Sprite::create(PIC_PATH+"mainMeunBack.png"); //创建主菜单界面的精灵
10      bn->setPosition(Point(480,270));                  //设置精灵对象的位置
11      this->addChild(bn,0);                             //将精灵添加到布景中
12      Sprite *logo = Sprite::create(PIC_PATH+"logo.png"); //添加一个背景 logo
13      logo->setPosition(Point(170,437));                //设置 logo 的位置
14      logo->setOpacity(210);                            //设置透明度
15      this->addChild(logo,2);                           //将 logo 添加到布景中
16      musico = Sprite::create(pic2D_PATH+"music3.png"); //创建音乐按钮
17      musico ->setPosition(Point(915,40));              //设置精灵对象的位置
18      if(Constant::isMusic){                            //判断音乐标志位的值
19          musico ->setVisible(false);                   //设置其为不可见
20      }else{
21          musico ->setVisible(true);          //设置其为可见
22      }
23      this->addChild(musico, 3);              //将精灵对象添加到布景中
24      setupMenu();                            //初始化创建菜单按钮的方法
25      setMusic();                             //初始化声音设置方法
26      setSnow();                              //初始化下雪的方法
27      setFire();                              //初始化火焰效果的方法
28      return true;
29  }
```

- 第 1～8 行功能为头文件的引用和命名空间的引用。
- 第 9～14 行功能为创建主菜单界面的背景精灵，成功创建后设置其位置并将其添加到布景中，然后再添加一个背景 logo，内容为“天下棋奕”，设置 logo 的位置和透明度，然后将 logo 添加到布景中。
- 第 11～15 行功能是实现 MainMenuLayer 类中的 init 方法。初始化布景。首先是调用父类的初始化，然后是获取可见区域尺寸，最后获取可见区域原点坐标。
- 第 16～29 行功能为创建一个“音乐开关”按钮，然后设置精灵对象的位置，再通过判断音乐标志位的 true 或 false 来切换音乐按钮的不同纹理，然后将精灵对象添加到布景中。最后调用初始化“创建”按钮的方法、初始化声音设置相关内容的方法以及添加下雪与火焰粒子特效的方法。

（3）介绍完游戏主菜单 MainMenuLayer 类中的初始化方法后，下面将介绍的是在初始化方法中调用的实现各个功能的具体方法。首先要介绍的是创建主菜单中所有菜单按钮的方法，在该方法中包括了所有在该场景中所用到的菜单按钮的创建方法，具体代码如下所示。

代码位置：见随书源代码\第 9 章\SampleChess\app\src\main\jni\gameLayer 目录下的 MainMenuLayer.cpp。

```
void MainMenuLayer::setupMenu(){                   //创建主菜单中所有菜单按钮的方法
    auto webItem = MenuItemImage::create(          //创建联网游戏的按钮
```

```
3            pic2D_PATH+"web1.png",                          //平时的图片
4            pic2D_PATH+"web2.png",                          //选中时的图片
5            CC_CALLBACK_0(MainMenuLayer::goWebGame, this)  //单击时执行的回调方法
6       );
7       webItem->setPosition(Point(340,160));
8       auto pcItem = MenuItemImage::create(                //创建单机游戏的按钮
9            pic2D_PATH+"pc1.png",                          //平时的图片
10           pic2D_PATH+"pc2.png",                          //选中时的图片
11          CC_CALLBACK_0(MainMenuLayer::goPCGame,this)   //单击时执行的回调方法
12      );
13      pcItem->setPosition(Point(640,160));
14      auto helpItem = MenuItemImage::create(              //创建帮助游戏按钮
15           pic2D_PATH+"help1.png",                        //平时的图片
16           pic2D_PATH+"help2.png",                        //选中时的图片
17          CC_CALLBACK_0(MainMenuLayer::helpCallback,this)//单击时执行的回调方法
18      );
19      helpItem->setPosition(Point(40,230));
20      auto setItem = MenuItemImage::create(               //创建游戏设置按钮
21           pic2D_PATH+"set1.png",                         //平时的图片
22           pic2D_PATH+"set2.png",                         //选中时的图片
23          CC_CALLBACK_0(MainMenuLayer::setCallbackMethod,this)//单击时执行的回调方法
24      );
25      setItem->setPosition(Point(40,140));
26      auto exitItem = MenuItemImage::create(              //创建退出游戏按钮
27           pic2D_PATH+"exit3.png",                        //平时的图片
28           pic2D_PATH+"exit4.png",                        //选中时的图片
29          CC_CALLBACK_1(MainMenuLayer::menuCloseCallback,this)//单击时执行回调方法
30      );
31      exitItem->setPosition(Point(40,50));
32      auto pauseItem = MenuItemImage::create(             //创建音乐播放/暂停按钮
33           pic2D_PATH+"music1.png",                       //平时的图片
34           pic2D_PATH+"music2.png",                       //选中时的图片
35          CC_CALLBACK_0(MainMenuLayer::pauseMenuCallback,this)//单击时执行回调方法
36      );
37      pauseItem->setPosition(Point(915,40));              //设置位置
38      pauseItem->setScale(0.9f);                          //设置尺寸
39      menu = Menu::create(webItem,pcItem,helpItem,setItem,exitItem,pauseItem,(char*)NULL);
40      menu->setPosition(Point::ZERO);                     //设置位置
41      this->addChild(menu, 2);                            //将菜单按钮添加到布景中
42  }
```

- 第 1～13 行功能为创建主菜单中所有菜单按钮的方法，首先是创建“联网游戏”按钮，然后命名单击回调方法，再设置菜单按钮的位置。第 8～13 行功能为创建“单机游戏”按钮，其中包括了位置的设置以及返回菜单按钮的单击回调方法。
- 第 14～25 行功能为创建“帮助游戏”按钮，然后命名单击回调方法，再设置菜单按钮的位置。第 20～25 行功能为创建“设置”按钮，然后命名单击回调方法，再设置菜单按钮的位置。
- 第 26～42 行功能为创建“退出游戏”按钮，包括两张纹理图片，一张是单击前的原始图片，另一张是单击后的图片，并声明了单击的回调方法，然后设置其位置。第 32～37 行功能为创建音乐播放/暂停按钮并设置其位置和尺寸，最后将所有声明的菜单按钮添加到布景中。

（4）介绍了主菜单布景中所有菜单按钮的创建方法后，接下来要向读者介绍的是“联网游戏”按钮的单击回调方法，该方法中包括了一系列关于联网游戏的操作，具体代码如下所示。

代码位置：见随书源代码\第 9 章\SampleChess\app\src\main\jni\gameLayer 目录下的 MainMenuLayer.cpp。

```
void MainMenuLayer::goWebGame(){                         //联网游戏按钮的单击回调方法
PublicApi::playSound(3);                                 //播放单击按钮音效
connectSP = Sprite::create(NET_PATH+"connecting0.png"); //创建 “正在连接服务器”
connectSP->setAnchorPoint(Vec2(0,0));
connectSP->setPosition(Point(355,250));                  //设置位置
connectSP->setScale(1.3f);                               //设置大小
this->addChild(connectSP,2);                             //添加到布景中
```

```
8    stopConnect=false;
9    new std::thread(&BNSocketUtil::threadConnectTask,"192.168.253.1", 9999);
10   schedule(schedule_selector(MainMenuLayer::connectNet),0.3f);  //联网提示的定时回调
11   scheduleOnce(schedule_selector(MainMenuLayer::closeNet),10.f);//关闭网络连接
12   }
13   void MainMenuLayer::connectNet(float dt) {                    //连接网络的方法
14   if(stopConnect){return;}                                      //如果当前已经停止连接则返回
15   if(GameData::PLAYER_NUM!=-1) {                                //判断玩家的个数
16        if(GameData::PLAYER_NUM==1) {                            //有一位玩家连接游戏
17             waitIndex++;                                        //等待计数器自加
18             if(waitIndex>=4) {waitIndex=0;}                     //判断计数器的值
19             if(stopConnect){return;}                            //如果当前已经停止连接则返回
20             connectSP->setTexture(NET_PATH+StringUtils:://设置纹理
21                                      format("waitting%d.png",waitIndex));
22        } else if(GameData::PLAYER_NUM==2) {                     //有两位玩家连接，可以开始游戏
23             this->removeChild(connectSP,true);                  //删除精灵对象
24             this->unschedule(SEL_SCHEDULE(&MainMenuLayer::connectNet));
25             Constant::CM_OR_WEB=1;                              //联网模式
26             man->toWebScene();                                  //进入联网游戏
27        }
28   }else{
29   if(stopConnect){return;}                                      //如果当前已经停止连接则返回
30   connectIndex++;                                               //计数器自加
31   if(connectIndex>3) {connectIndex=0;}                          //判断计数器的值
32   connectSP->setTexture(NET_PATH+StringUtils::f                 //设置纹理
33                                ormat("connecting%d.png",connectIndex));
34   }}
35   void MainMenuLayer::closeNet(float dt) {                      //关闭连接服务器的方法
36   int i=0;
37   if(!GameData::CLOSE_UPDATE) {                                 //没有连接上服务器
38        i++;
39        connectSP->setTexture(NET_PATH+"failConnect.png");      //设置纹理
40        connectSP->setAnchorPoint(Vec2(0,0));                   //设置锚点
41        connectSP->setPosition(Point(310,250));                 //设置位置
42   } else if(GameData::PLAYER_NUM!=2 && GameData::PLAYER_NUM!=-1) {//没匹配到对手
43        i++;
44        connectSP->setTexture(NET_PATH+"noPlayer.png");         //设置纹理
45        connectSP->setAnchorPoint(Vec2(0,0));                   //设置锚点
46        connectSP->setPosition(Point(310,250));                 //设置位置
47        BNSocketUtil::sendInt(GameData::SEND_OVER);             //发送连接结束信息
48   }  else if(GameData::SERVER_FULL) {                          //服务器已满
49        i++;
50        connectSP->setTexture(NET_PATH+"fullServer.png");       //设置纹理
51        connectSP->setAnchorPoint(Vec2(0,0));                   //设置锚点
52        connectSP->setPosition(Point(310,250));                 //设置位置
53        BNSocketUtil::sendInt(GameData::SEND_OVER);             //发送连接结束信息
54   }
55   if(i>0) {
56        stopConnect=true;                                       //停止连接服务器为 true
57        connectSP->runAction(Sequence::create(                  //板子顺序执行动作
58                       EaseBounceOut::create(ScaleTo::create(0.8f,1.0f)),//板子放大
59                       DelayTime::create(1.8f),                 //停止 0.5s
60                       RemoveSelf::create(),nullptr));          //删除自己
61        unschedule(SEL_SCHEDULE(&MainMenuLayer::connectNet));//停止定时回调
62   }}
```

- 第 1～8 行功能为“联网游戏”按钮的单击回调方法，首先是播放单击按钮音效，然后创建“正在连接服务器”的精灵对象，并设置精灵对象的锚点、位置和大小，然后将其添加到布景中，并将停止连接的标志位设置为 false。
- 第 9～18 行功能为创建一个线程，并开启两个定时回调。然后是连接服务器的方法，如果当前已经停止连接则返回，如果有一位玩家连接游戏，则把等待的玩家数加 1，如果大于 4 则将其重新置 0。
- 第 19～27 行功能为如果当前已经停止连接则返回，然后设置连接精灵的纹理，如果有两位玩家连接到游戏则可以开始游戏，并删除连接精灵、结束线程，将游戏设置为联网模式并进入联网对战游戏。

- 第 28～34 行功能为如果当前已经停止连接则返回，并将计数器自加。如果计数器大于 3 则将其重新置 0，以实现不停地切换连接精灵图片的功能。
- 第 35～47 行功能为关闭连接服务器的方法，然后判断如果没有连接上服务器，则设置连接精灵的纹理，然后再设置其锚点与位置。如果到时间没有匹配到对手同样要关闭连接服务器并设置连接精灵的纹理、锚点以及位置，然后发送一个连接结束的命令。
- 第 48～60 行功能为如果服务器已满，那么再次设置连接精灵的纹理、锚点及位置信息，并发送一个连接结束信息。将停止连接服务器的标志位设置为 true，连接精灵对象顺序执行一个动作后删除自己，停止定时回调。

（5）介绍完游戏中联网游戏按钮的单击回调方法后，下面将介绍的是“人机游戏”按钮的单击回调方法、“帮助”按钮的单击回调方法、“设置”按钮的单击回调方法以及设置框中的“返回”按钮的单击回调方法，这些方法都是主菜单场景中各功能性按钮的单击回调方法，具体代码如下所示。

代码位置：见随书源代码\第 9 章\SampleChess\app\src\main\jni\gameLayer 目录下的 MainMenuLayer.cpp。

```
1   void MainMenuLayer::goPCGame(){                          //人机游戏按钮的单击回调方法
2     PublicApi::playSound(3);                               //播放单击按钮音效
3     CocosDenshion::SimpleAudioEngine::getInstance()->stopBackgroundMusic();//停止音乐
4     Constant::CM_OR_WEB=0;                                 //单机模式
5     man->toMy3DScene();                                    //切换到游戏场景
6   }
7   void MainMenuLayer::helpCallback(){                      //帮助菜单的单击回调方法
8     PublicApi::playSound(3);                               //播放单击按钮音效
9     CocosDenshion::SimpleAudioEngine::getInstance()->stopBackgroundMusic();//停止音乐
10     man->toHelpScene();                                   //执行切换到帮助界面的动作
11  }
12  void MainMenuLayer::setCallbackMethod(){                 //设置按钮的单击回调方法
13    PublicApi::playSound(3);                               //播放单击按钮音效
14    settingsp = Sprite::create(pic2D_PATH+"setFramebg.png");  //创建设置弹出框
15    settingsp->setPosition(Point(480,270));                //设置框的位置
16    settingsp->setScale(0.7);                              //设置框的大小
17    this->addChild(settingsp,10,WINDOWSTAG);               //将设置弹出框添加到布景
18    menu->setEnabled(false);                               //将其他按钮设置为不可按
19    MenuItemImage* closemenuitem = MenuItemImage::create( //创建设置框中的返回按钮
20              pic2D_PATH+"returnup.png",                   //平时的图片
21              pic2D_PATH+"returndow.png",                  //选中时的图片
22              CC_CALLBACK_1(MainMenuLayer::backmenuCallback,this) //单击回调方法
23    );
24   closemenuitem->setPosition(Point(135,295));             //设置返回按钮的位置
25   closemenuitem->setScale(1.1);                           //设置返回按钮的大小
26   Menu* menu = Menu::create(closemenuitem,(char*)NULL);             //创建菜单对象
27   menu->setPosition(Point::ZERO);                         //设置菜单位置
28   settingsp->addChild(menu, 1);                           //将菜单添加到布景中
29   setupSlider();                                          //创建拖拉条的方法
30  }
31  void MainMenuLayer::backmenuCallback(Ref* pSender){  //设置框中的返回按钮单击回调方法
32    PublicApi::playSound(3);                               //播放单击按钮音效
33    this->getChildByTag(WINDOWSTAG)->runAction(
34                Sequence::create(
35                              EaseElasticIn::create(ScaleTo::create(0.5,0.2)),
36                              RemoveSelf::create(true),
37                              (char*)NULL
38                              ));
39    menu->setEnabled(true);                                //将其他按钮设置为可用
40  }
```

- 第 1～6 行功能为“人机游戏”按钮的单击回调方法的实现，首先播放单击按钮的音效，此时会停止主菜单的背景音乐，将游戏设置为人机对战模式，并将游戏的画面切换到人机对战的场景。
- 第 7～11 行功能为“帮助”按钮的单击回调方法的实现，首先是播放单击按钮的音效，

然后停止主菜单的背景音乐，并执行将游戏画面切换到帮助场景的动作，此时游戏便会切换到游戏的帮助界面。

- 第 12～18 行功能为“设置”按钮的单击回调方法的实现，首先是播放单击按钮的音效，然后创建一个设置界面的弹出框，并对其进行位置和尺寸的设置，设置完成后再将其添加到布景中，此时要将其他的菜单按钮设置为不可用。
- 第 19～30 行功能为创建设置框中的“返回”按钮，设置了单击该按钮时所要执行的回调方法，然后设置其位置与尺寸，并将该按钮添加到布景中，再去调用创建拖拉条的方法。
- 第 31～40 行功能为设置框中的“返回”按钮单击回调方法的实现，首先是播放单击按钮的音效，然后顺序执行一个动作，删除设置框，此时需将其他菜单按钮设置为可用。

（6）介绍完单击各功能按钮的回调方法的实现后，下面要介绍的是在单击“设置”按钮时的回调方法中的与游戏中 IP 设置相关的内容，其具体的代码实现如下所示。

代码位置：见随书源代码\第 9 章\SampleChess\app\src\main\jni\gameLayer 目录下的 MainMenuLayer.cpp。

```
1	editName = EditBox::create(                           //创建编辑文本框对象
2	         Size(330,35), Scale9Sprite::create("pic/green_edit1.png"));
3	editName->setPosition(                                //设置编辑文本框位置
4	         Point(350,52));
5	editName->setFont("fonts/arial.ttf",26);              //设置文本字体样式和大小
6	editName->setFontColor(Color3B::WHITE);               //设置显示文本的颜色
7	editName->setPlaceHolder("\u8bf7\u8f93\u5165IP\u5730\u5740\uff1a");//请输入 IP 提示
8	editName->setPlaceholderFontColor(Color3B::WHITE);    //设置显示内容的颜色
9	editName->setMaxLength(28);                           //设置输入文本最大长度
10	editName->setReturnType(EditBox::KeyboardReturnType::DONE); //设置返回类型
11	editName->setDelegate(this);                          //设置委托
12	settingsp->addChild(editName,3);                      //将文本框添加到布景中
13	sUserIP=UserDefault::getInstance()->getStringForKey("stringName");//读取 IP 字符串
14	IPAddress=sUserIP;                                    //给 IP 地址赋值
15	editName->setText(sUserIP.c_str());                   //设置编辑框文本
16	auto cgqItem = MenuItemImage::create(                 //创建确定按钮
17	          pic2D_PATH+"sure11.png",                    //平时的图片
18	          pic2D_PATH+"sure22.png",                    //选中时的图片
19	         CC_CALLBACK_1(MainMenuLayer::cgqMenuCallback,this) //单击时执行的回调方法
20	);
21	cgqItem->setPosition(Point(565,51));                  //设置位置
22	cgqItem->setScale(0.7f);                              //设置尺寸
23	menu = Menu::create(cgqItem,(char*)NULL);             //将菜单按钮添加到菜单按钮管理者中
24	menu->setPosition(Point::ZERO);                       //设置位置
25	settingsp->addChild(menu, 20);                        //将菜单按钮添加到布景中
26	Sprite *logoip = Sprite::create(pic2D_PATH+"ip.png"); //添加一个 "IP" logo
27	logoip->setPosition(Point(140,50));                   //设置 logo 的位置
28	logoip->setOpacity(210);
29	logoip->setScale(0.75f);                              //设置尺寸
30	settingsp->addChild(logoip,20);                       //将 logo 添加到设置框中
```

- 第 1～10 行功能为创建编辑文本框对象、设置编辑文本框位置、设置文本字体样式和大小、设置显示文本的颜色、请输入 IP 提示、设置 IP 输入文本显示的颜色、设置输入文本最大长度以及设置返回类型。
- 第 11～15 行功能为设置委托、将文本框添加到布景中、读取输入的 IP 的字符串、给 IP 地址赋值、设置编辑框文本的显示值。
- 第 16～30 行功能为创建“确定”按钮、声明单击时执行的回调方法，设置按钮的位置、设置按钮的尺寸，将菜单按钮添加到菜单按钮管理者中，将“确定”按钮添加到布景中。第 26～30 行为向设置框中添加一个“IP”logo，并对其进行一系列的操作。

（7）上边介绍的是主菜单布景中各功能按钮的单击回调方法，当单击了游戏的“设置”按钮后，主菜单界面中会弹出一个设置框，在该设置框中也有部分功能按钮以及拖拉条的创建，并且

每个功能按钮都有其各自的单击或是拖拉条回调方法，具体代码如下所示。

代码位置：见随书源代码\第 9 章\SampleChess\app\src\main\jni\gameLayer 目录下的 MainMenuLayer.cpp。

```
void MainMenuLayer::setupSlider(){                              //创建拖拉条的方法
    std::string path0 = pic2D_PATH+"sliderTrack.png";
    std::string path1 = pic2D_PATH+"sliderProgress.png";        //拖拉条被拖拉后的图片
    std::string path2 = pic2D_PATH+"sliderThumb.png";           //拖拉条上的小球图片
    ControlSlider *slider0 = ControlSlider::create(  //音量拖拉条控件相关内容
            path0.c_str(),
            path1.c_str(),
            path2.c_str()
    );
    slider0->setMinimumValue(0.0f);                             //设置拖拉条最小值
    slider0->setMaximumValue(100.0f);                           //设置拖拉条最大值
    slider0->setMaximumAllowedValue(100.0f);                    //允许可以设置的最大值
    slider0->setMinimumAllowedValue(0.0f);                      //允许可以设置的最小值
    int getud = udm->getUserData(Constant::musicvalue[0]); //获取用户数据
    slider0->setValue(getud);                                   //设置拖拉条的当前值
    CocosDenshion::SimpleAudioEngine::getInstance()             //设置音乐的大小
            ->setBackgroundMusicVolume(((float)getud)*0.01);
    slider0->setPosition(Point(400,210));     //设置拖拉条的位置
    settingsp->addChild(slider0);             //将拖拉条添加到布景中
    slider0->addTargetWithActionForControlEvents(
            this,
            cccontrol_selector(MainMenuLayer::bgmusicvalueChangedSlider),//拖动的回调方法
            Control::EventType::VALUE_CHANGED
    );
    ControlSlider *slider1 = ControlSlider::create(      //音效拖拉条控件相关内容
            path0.c_str(),                              //拖拉条未被拖拉时的图片
            path1.c_str(),                              //拖拉条被拖拉后的图片
            path2.c_str()    );                         //拖拉条上的小球图片
    slider1->setMinimumValue(0.0f);                     //设置拖拉条最小值
    slider1->setMaximumValue(100.0f);                   //设置拖拉条最大值
    slider1->setMaximumAllowedValue(100.0f);            //允许可以设置的最大值
    slider1->setMinimumAllowedValue(0.0f);              //允许可以设置的最小值
    getud = udm->getUserData(Constant::musicvalue[1]);//获取用户数据
    CocosDenshion::SimpleAudioEngine::getInstance() //设置音效的大小
                ->setEffectsVolume(((float)getud)*0.01);
    slider1->setValue(getud);                           //拖拉条当前值
    slider1->setPosition(Point(400,125));               //设置音量拖拉条的位置
    settingsp->addChild(slider1);                       //将拖拉条添加到框中
    slider1->addTargetWithActionForControlEvents(
            this,
            cccontrol_selector(MainMenuLayer::soundvalueChangedSlider),//拖动的回调方法
            Control::EventType::VALUE_CHANGED);
}
void MainMenuLayer::bgmusicvalueChangedSlider(Ref *sender, Control::EventType
controlEvent){
    ControlSlider* pSlider = (ControlSlider*)sender;
    CocosDenshion::SimpleAudioEngine::getInstance()     //设置游戏音乐大小
                    ->setBackgroundMusicVolume(pSlider->getValue()*0.01);
    udm->setUserData(Constant::musicvalue[0],pSlider->getValue());//拿到当前的音量值
}
void MainMenuLayer::soundvalueChangedSlider(Ref *sender, Control::EventType controlEvent){
    ControlSlider* pSlider = (ControlSlider*)sender;
    CocosDenshion::SimpleAudioEngine::getInstance()     //设置游戏中的音效
                            ->setEffectsVolume(pSlider->getValue()*0.01);
    udm->setUserData(Constant::musicvalue[1],pSlider->getValue());//拿到当前的音效值
}
void MainMenuLayer::setMusic(){                         //设置游戏中音乐的方法
    udm = new UserDataManager();                        //用户数据对象的创建
    int getud = udm->getUserData(Constant::isFirstIn);//判断是否是第一次进入
    if(getud == 0){initUserData();}                     //调用初始化音乐的方法
    PublicApi::playSound(2);                            //播放单击按钮音效
    int geudmusic = udm->getUserData(Constant::musicvalue[0]);//设置游戏声音的初始值
    CocosDenshion::SimpleAudioEngine::getInstance()
            ->setBackgroundMusicVolume(geudmusic*0.01);
```

```
64        geudmusic = udm->getUserData(Constant::musicvalue[1]); //设置游戏音效的初始值
65        CocosDenshion::SimpleAudioEngine::getInstance()
66                          ->setEffectsVolume(geudmusic*0.01);}
67  void MainMenuLayer::initUserData(){                       //初始化音乐拖拉条的值
68        udm->setUserData(Constant::isFirstIn,1);             //初始化是否第一次进入
69        udm->setUserData(Constant::musicvalue[0],45);        //音乐
70        udm->setUserData(Constant::musicvalue[1],80);        //音效
71  }
```

- 第 1～11 行为创建拖拉条的方法，首先是拿到一个完整拖拉条的所有零部件的纹理贴图，包括背景纹理、前景纹理和拖拉纽扣，然后开始创建一个控制游戏背景音乐的拖拉条，并设置该拖拉条的最大值和最小值。
- 第 12～24 行功能为设置游戏背景音乐拖拉条所允许设置的最大值与最小值，然后获取用户当前设备的实时数据，再根据该数据设置拖拉条的当前值，并设置游戏背景音乐的大小，再设置拖拉条的位置并将其添加到布景中，最后去调用拖拉条拖拉时的回调方法。
- 第 25～43 行功能为创建一个控制音效的拖拉条，首先是拿到该拖拉条的纹理贴图，然后设置拖拉条的最小值与最大值，以及拖拉条允许的最大值与最小值，然后再获取用户数据，根据用户数据设置拖拉条当前的值以及设置当前音效的大小，最后再调用拖拉时的回调方法实现功能。
- 第 44～55 行功能依次为背景音乐拖拉条的拖拉回调方法和游戏音效的拖拉回调方法，其中包括了对游戏中背景音乐以及音效大小的即时设置，使其达到想要的效果。
- 第 56～63 行功能为设置游戏中音乐大小的方法的实现，首先是用户数据对象的创建，然后判断是否是第一次进入游戏，再调用初始化音乐的方法，播放单击按钮的音效，设置游戏声音的初始值。
- 第 64～71 行功能为根据用户数据设置游戏音效的初始值，然后初始化音乐拖拉条的值。首先初始化是否第一次进入，然后初始化背景音乐数据，初始化游戏音效数据。

9.6.4　游戏帮助菜单布景类——HelpLayer

上边介绍的是游戏中很重要的主菜单布景类，然而一款游戏中通常会有很多的布景类，下面将要介绍的便是本款游戏的帮助布景类，有了该类便可以让玩家在最初接触该游戏时可以尽快地上手，这也是为什么每款游戏都会以不同的方式去开发一个游戏的帮助布景类。

（1）首先需要开发的是 HelpLayer 类的基本框架，该框架中声明了一系列将要使用的成员变量和成员方法，这些变量和方法在该布景中均有很重要的作用，其详细代码如下。

代码位置：见随书源代码\第 9 章\SampleChess\app\src\main\jni\ gameLayer 目录下的 HelpLayer.h。

```
  ......//此处省略了导入类的代码，读者可自行查阅随书附带源代码
  using namespace cocos2d;                                   //命名空间的引用
  class HelpLayer : public cocos2d::Layer{                   //游戏帮助类的声明
  public:
        GameSceneManager* man;                               //场景管理者的声明
        Sprite3D *rotateHelp;                                //帮助信息引用
        Sprite *point;                                       //提示框引用
        bool touchFlag=true;                                 //是否在触摸中
        bool isClicked=false;                                //是否单击一次了
        bool isLook=false;                                   //是否看帮助信息
        virtual bool init();                                 //初始化方法
        void initMenu();                                     //初始化菜单项
        void setSnow();                                      //创建下雪效果的方法
        void setFire();
        void menuExit();                                     //回到主菜单界面
        void judgeCallback(float f);                         //触摸一次事件
        bool onTouchBegan(Touch* touch, Event* event);       //开始触控事件的处理方法
        void onTouchMoved(Touch* touch, Event* event);       //触控移动事件的处理方法
        void onTouchEnded(Touch* touch, Event* event);       //触控结束事件的处理方法
```

```
20      CREATE_FUNC(HelpLayer);                       //做好相应的初始化与释放工作
21  };
22  #endif
```

- 第 1～7 行功能依次为头文件的引用、命名空间的引用、帮助布景类的声明。从代码中可以看出该类也是继承自 Layer 类，该类中包括了一些对象的声明，分别是场景管理者的声明、帮助信息引用对象的声明以及提示框引用对象的声明。
- 第 8～14 行功能为是否在触摸中标志位的声明、是否单击了一次标志位的声明以及是否看帮助信息标志位的声明。接下来是初始化方法的声明、初始化菜单项方法的声明、创建下雪效果方法的声明以及创建粒子系统方法的声明。
- 第 15～22 行功能为回到主菜单界面方法的声明、触摸一次事件方法的声明，然后是开始触控事件的处理方法、触控移动事件的处理方法、触控结束事件的处理方法的声明，最后是做好相应的初始化与释放工作。

（2）开发完类框架声明后还要真正实现 HelpLayer 类中的方法，首先需要开发的是初始化布景 init 的方法。init 方法的意义重大，作为进入场景对应布景后首先被调用的方法，init 方法完成了布景中各个控件的创建以及初始化工作。其具体代码如下所示。

代码位置：见随书源代码\第 9 章\SampleChess\app\src\main\jni\gameLayer 目录下的 HelpLayer.cpp。

```
1   ......//此处省略了导入类的代码，读者可自行查阅随书附带源代码
2   using namespace cocos2d;                      //cocos2d 命名空间的引用
3   using namespace std;                          //std 命名空间的引用
4   bool HelpLayer::init(){                       //实现 HelpLayer 类中的 init 方法，初始化布景
5       if(!Layer::init()){                       //调用父类的初始化
6           return false;
7       }
8       Size visibleSize = Director::getInstance()->getVisibleSize();//获取可见区域尺寸
9       Point origin = Director::getInstance()->getVisibleOrigin();//获取可见区域原点坐标
10      Sprite3D *bg = Sprite3D::create(                     //创建帮助界面的背景
11          HELP_PATH+"background.obj",HELP_PATH+"beijing.png");
12      bg->setPosition3D(Vec3(480,270,-200));               //设置背景位置
13      bg->setScale(1.42f);
14      this->addChild(bg);                                  //添加背景到布景中
15      Sprite *chulogo=Sprite::create(PIC_PATH+std::string("chulogo.png"));//初始化楚字 logo
16      chulogo->setPosition(Vec2(60,270));                  //设置位置
17      this->addChild(chulogo,1);                           //添加到布景中
18      Sprite *hanlogo=Sprite::create(PIC_PATH+std::string("hanlogo.png"));//初始化汉字 logo
19      hanlogo->setPosition(Vec2(900,270));                 //设置位置
20      this->addChild(hanlogo,1);                           //添加到场景中
21      rotateHelp = Sprite3D::create(                       //创建六棱柱模型
22          HELP_PATH+"helpRotate.obj",HELP_PATH+"page.png");
23      rotateHelp->setScale(0.5f);                          //设置棱柱大小
24      rotateHelp->setPosition3D(Vec3(480,300,-200));       //设置棱柱位置
25      rotateHelp->setRotation3D(Vec3(30,0,0));             //设置棱柱旋转角度
26      this->addChild(rotateHelp,MENU_LEVEL);               //添加棱柱到布景中
27      auto listener = EventListenerTouchOneByOne::create();   //创建单点触摸监听
28      listener->setSwallowTouches(true);                   //设置下传触摸
29      listener->onTouchBegan = CC_CALLBACK_2(HelpLayer::onTouchBegan, this);    //按下
30      listener->onTouchMoved = CC_CALLBACK_2(HelpLayer::onTouchMoved, this);//移动
31      listener->onTouchEnded = CC_CALLBACK_2(HelpLayer::onTouchEnded, this);//抬起
32      _eventDispatcher->addEventListenerWithSceneGraphPriority(listener,this);
                                                             //添加到监听器
33      PublicApi::playSound(0);                             //播放单击按钮音效
34      initMenu();                                          //初始化菜单项的方法
35      setSnow();                                           //初始化下雪效果方法
36      setFire();                                           //初始化火焰效果方法
37      return true;
38  }
```

- 第 1～9 行功能为头文件的引用、命名空间的引用以及初始化方法的实现。初始化方法中首先是获取可见区域尺寸，然后是获取可见区域原点坐标。
- 第 10～20 行功能为创建游戏帮助界面的背景、设置背景精灵的位置、设置背景精灵的尺

寸，然后将其添加到布景中。初始化楚字 logo 并设置其位置，然后将其添加到布景中。初始化汉字 logo 并设置其位置，然后将其添加到布景中。

- 第 21～26 行功能为创建一个六棱柱模型、在创建成功后首先是设置其位置，然后是设置棱柱的初始旋转角度，最后将棱柱添加到布景中。
- 第 27～38 行功能为创建一个单点触摸监听，设置下传触摸，这个单点触摸包括按下动作，移动动作和抬起动作，然后将其添加到监听器。最后播放单击按钮音效、初始化菜单项的方法、初始化下雪效果的方法以及初始化火焰效果的方法。

（3）介绍完游戏 HelpLayer 类中的初始化方法后，下面将介绍的是在初始化方法中所调用的实现各个功能的具体方法。首先要介绍的是创建主菜单中所有菜单按钮的方法，然后介绍的是单点触摸的开始、移动以及结束的功能代码，具有代码如下所示。

代码位置：见随书源代码\第 9 章\SampleChess\app\src\main\jni\gameLayer 目录下的 HelpLayer.cpp。

```
void HelpLayer::initMenu(){                                  //初始化创建按钮的方法
    MenuItemImage* back =MenuItemImage::create(              //创建返回主菜单按钮
        pic2D_PATH+"menu1.png",                              //未选中的图片
        pic2D_PATH+"menu2.png",                              //选中的图片
        CC_CALLBACK_0(HelpLayer::menuExit,this));            //执行的回调方法
    back->setAnchorPoint(Point(0,0));                        //设置返回锚点
    back->setScale(0.9f);                                    //设置大小
    back->setPosition(Point(10,10));                         //设置返回按钮的位置
    Menu *menu=Menu::create(back,nullptr);                   //创建菜单容器
    menu->setPosition(Point::ZERO);                          //设置容器位置
    this->addChild(menu,MENU_LEVEL);                         //添加容器到布景中
    point=Sprite::create(HELP_PATH+"point1.png");            //创建提示文本框
    point->setPosition(Vec2(480,70));                        //设置位置
    point->setAnchorPoint(Point(0.5,1));                     //设置锚点
    point->setScale(1.2);                                    //设置大小
    this->addChild(point,MENU_LEVEL);                        //添加文本框到布景中
    point->runAction(RepeatForever::create(Sequence::create( //执行重复执行动作
            FadeOut::create(1),                              //淡出
            FadeIn::create(1),                               //淡入
            nullptr)));
}
bool HelpLayer::onTouchBegan(Touch* touch, Event* event){
    if(isClicked){                                           //已经单击过一次
        isClicked=false;                                     //设置没有单击过
        if(!isLook){                                         //如果没有放大
            rotateHelp->runAction(Spawn::create(             //六棱柱执行动作
                    ScaleTo::create(0.25,0.62f), //放大六棱柱
                    MoveBy::create(0.25,Vec2(0,-28)),        //移动六棱柱
                    nullptr));
            point->setTexture(HELP_PATH+"point2.png");       //更改提示信息纹理
            isLook=true;                                     //设置为放大中
        }else{                                               //已经在放大中
            rotateHelp->runAction(Spawn::create(             //六棱柱执行动作
                        ScaleTo::create(0.25,0.5f),          //缩小六棱柱
                        MoveBy::create(0.25,Vec2(0,28)),     //移动六棱柱
                        nullptr));
            point->setTexture(HELP_PATH+"point1.png"); //更改提示信息纹理
            isLook=false;                                    //设置为缩小中
    }}else{                                                  //没有单击过
        isClicked=true;                                      //设置已经单击一次
        scheduleOnce(schedule_selector(HelpLayer::judgeCallback),0.3);
                                                             //0.3s 后执行此方法
    }
    return true;
}
void HelpLayer::onTouchMoved(Touch* touch, Event* event){
    if(touchFlag){                                           //单击在合理区域
        Point delta=touch->getDelta();                       //获取移动的位移量
        float helpX=rotateHelp->getRotation3D().x-delta.y/2;//计算六棱柱 y 轴的角度
        rotateHelp->setRotation3D(Vec3(helpX,0,0));          //设置六棱柱的偏移角度
}}
```

```
51  void HelpLayer::onTouchEnded(Touch* touch, Event* event){
52      int angle=int(rotateHelp->getRotation3D().x+30)%60;     //获取六棱柱的角度
53      if(angle!=0){                                           //如果角度不等于 0
54          PublicApi::playSound(3);                            //播放单击按钮音效
55          rotateHelp->runAction(RotateBy::create(0.3f,Vec3(-angle,0,0)));
                                                                //六棱柱执行动作
56  }}
57  void HelpLayer::judgeCallback(float){                       //触摸一次事件
58      if(isClicked){
59          isClicked=false;
60  }}
```

- 第 1～11 行功能为创建“返回”按钮，在创建成功后首先是设置“返回”按钮的锚点，然后设置按钮的尺寸大小和位置。再创建菜单容器，设置容器的位置，最后将容器添加到布景中。
- 第 12～21 行功能为创建提示文本框，然后是设置其位置，设置其锚点，设置尺寸，在一系列设置结束后将该文本提示添加到布景中，然后执行重复执行的动作，具体的动作内容是淡出与淡入的交替执行，这会产生呼吸的效果。
- 第 22～29 行首先判断是否已经单击过，若是，则进一步判断是否在放大状态下；若不是，在放大状态下，则让六棱柱同时执行缩放和移动动作。
- 第 30～41 行功能为更改提示信息纹理、设置为放大中、已经在放大中、六棱柱执行动作、缩小六棱柱、移动六棱柱、更改提示信息纹理、设置为缩小中。否则为没有单击过，设置已经单击一次并在 0.3 秒后执行此方法。
- 第 45～50 行为单击移动方法，首先判断是否单击在合理区域，然后获取移动的位移量，再计算六棱柱 y 轴的角度，最后设置六棱柱的偏移角度。
- 第 51～60 行为单击抬起的方法和触摸一次时间方法。在单击抬起的方法中，首先是获取六棱柱的角度，如果角度不等 0，播放单击按钮音效，六棱柱执行旋转的动作，然后判断是否单击了合理的区域，如果单击中了则将触摸标志位设置为 false，即单击了一次。

9.6.5 单机游戏 3D 布景类——3DLayer

单机游戏 3D 布景类是本游戏的核心布景类，包含了游戏最核心的逻辑。单机游戏 3D 布景类实现了单点触控和多点触控，既可以单点触摸棋子，也可多点进行放大或缩小，并实现了人机交战、电脑走棋的人工算法和走棋时间计时器等功能。

（1）单点棋子的实现。游戏中单击棋子即可对己方棋子进行标记，再次单击即对走棋是否符合规则进行相应判断和处理。判断分为 3 种，第一种是玩家点中己方棋子或相同棋子；第二种是玩家点敌方棋子；第三种玩家点中非敌方棋子。首先介绍的是第一种和第二种，详细代码如下。

代码位置：见本书随书源代码\第 9 章\SampleChess\app\src\main\jni\mainLayer 目录下的 My3DLayer.cpp。

```
......//此处省略了计算行列号和第二次点中己方或相同棋子的相关代码，读者可自行查阅源代码
}else if(selectChessId==2){                                  //点中了敌方棋子，准备吃子
    goal = Vec2(chessSprite[tempEatId]->getPositionX(),     //获取目的坐标
        chessSprite[tempEatId]->getPositionZ());
    bzrow = (goal.x-Constant::sXtart)/60;                   //计算敌方棋子行号
    bzcol = -(goal.y-Constant::sZtart)/60;                  //计算敌方棋子列号
    int sqDst = Chess_LoadUtil::DST(xzgz+((bzrow+3)*16+bzcol+3)*256);
    int pcCaptured = ucpcSquares[sqDst];                    //得到目的格子的棋子编号
    int mv=xzgz+((bzrow+3)*16+bzcol+3)*256;
    if(LoadUtil::LegalMove(mv)){                            //判断是否符合下棋符合规则
        if(LoadUtil::MakeMove(mv,0)){                       //判断是否被将军
            initArrays();                                   //初始化数组
            isEatChess=true;                                //标记可以吃掉该棋子
            jgVec->push_back(tempEatId);                    //存入已经吃掉的棋子
```

```
15              jgVec->push_back(0);                        //0 表示电脑棋子被吃掉
16              LoadUtil::initNumChange(iTemp,sqDst);   //更新辅助数组
17              playerPointVec->push_back(chessSprite[iTemp]->getPosition3D());
                                                            //坐标入栈
18              float xTemp=fabs(goal.x-chessSprite[iTemp]->getPositionX());
                                                            //计算 x 距离
19              float zTemp=fabs(goal.y-chessSprite[iTemp]->getPositionZ());
                                                            //计算 z 距离
20              float distance = sqrt(xTemp*xTemp+zTemp*zTemp); //计算距离差
21              float time=distance/speed;                      //计算移动时间
22              auto att = MoveTo3D::create(,                   //创建动作
23                      time,Vec3(goal.x,chessSprite[iTemp]->getPositionY(),goal.y));
24              moveChessId=iTemp;                          //获取移动棋子的 ID 编号
25              if(LoadUtil::Checked()){                    //吃完棋子是否处于将军状态
26                  Constant::JJFlag=true;                  //标记已经处于将军状态
27              }else{
28                  Constant::JJFlag=false;                 //标记没有处于将军状态
29              }
30              if(LoadUtil::IsMate()) {                    //是否被杀
31                  LoadUtil::Startup();                    //初始化棋盘
32                  initArrays();                           //初始化数组
33                  Constant::GAME_OVER=Constant::PLAYING_ID;     //声明哪方胜利
34              }
35              moveDegree=PublicApi::theAngle(Vec2(chessSprite[iTemp]->//获取旋转角度
36                  getPositionX(),chessSprite[iTemp]->getPositionZ()),goal,0);
37              chessSprite[iTemp]->runAction(Sequence::create(    //执行动作
38              CallFunc::create(CC_CALLBACK_0(My3DLayer::rotate,this)),
39              DelayTime::create(0.8f),                    //延迟 0.8s
40              att,
41              CallFunc::create(CC_CALLBACK_0(My3DLayer::test,this)),//更新包围盒
42              CallFunc::create(CC_CALLBACK_0(My3DLayer::judgeIsChecked,this)),
43              CallFunc::create(CC_CALLBACK_0(My3DLayer::timerClear,this)),//计时器更新
44              CallFunc::create(CC_CALLBACK_0(My3DLayer::wGoChess,this)),//提示走棋方
45              nullptr));
46              numVec->push_back(Point(xzgz+((bzrow+3)*16+bzcol+3)*256,pcCaptured));
47              }
48          }else {
49              chessSprite[iTemp]->removeChild(leave,true); //删除点中棋子的粒子特效
50              if (aniChess[iTemp]){
51                  chessSprite[iTemp]->stopAllActions();   //停止之前的所有动作
52                  auto animateKan = Animate3D::create(aniChess[iTemp],5.0f,5.1f);
53                  animateKan->setSpeed(animateKan->getSpeed()*0.5);//设置速度
54                  chessSprite[iTemp]->runAction(RepeatForever::create(animateKan));
55      }}}
56      ......//此处省略了第二次点中非棋子的相关代码，读者可自行查阅源代码
57  }
58  ......//此处省略了第一次点中棋子的相关代码，读者可自行查阅源代码
```

- 第 2～9 行为执行判断前的相关计算，主要包括获取目标棋子的坐标，计算相关行列号、得到走棋目标格子编号。
- 第 10～11 行为移动棋子前判断是否符合相关下棋规则，首先通过 LegalMove 方法判断走棋方法是否符合走棋规则，若符合，再通过 MakeMove 方法判断是否处于将军状态。
- 第 12～23 行为移动前的相关步骤，首先初始化数组，然后被吃棋子 ID 入栈，更新辅助数组，目标坐标入栈，计算移动时间，最后创建移动动作。
- 第 24～34 行为移动前进行的相关处理，首先判断移动棋子之后是否将军，然后判断移动棋子之后是否将死敌方，并进行相应处理。
- 第 35～46 行为获取旋转角度和准备移动棋子，通过创建顺序的方法依次执行相关动作，其动作顺序是旋转棋子、延迟 0.8s、移动棋子、更新包围盒、判断是否将军、计时器更新以及提示走棋方，最后是下棋步骤入栈。
- 第 48～55 行为若玩家处于将军状态进行的步骤，首先是删除棋子的粒子特效，然后停止棋子的动作并更新棋子动作。

（2）摄像机旋转到高空的实现。在游戏中单击“旋转”按钮，即可将摄像机旋转到高空，这样可以让玩家从高处观察整个棋局，并且此时可以放大或缩小屏幕，从而更好地观察棋局或者棋子。下面将介绍旋转摄像机的实现方式，详细代码如下所示。

代码位置：见本书随书源代码\第 9 章\SampleChess\app\src\main\jni\mainLayer 目录下的 My3DLayer.cpp。

```
1   void My3DLayer::qhMethod(){                                //切换摄像机视角方法
2       PublicApi::playSound(3);                               //播放单击按钮音效
3       if(!isChange){                                         //判断摄像机是否在动画中
4           if(is3DView){                                      //判断当前是否为 3D 视角
5               degreePre=degree;                              //记录当前摄像机角度
6               moveToVec3=camera->getPosition3D();            //获取摄像机的 3D 坐标
7               cameraPre=camera->getRotation3D().x;           //获取摄像机 x 旋转角度
8               cameraPre=(cameraPre>180)?cameraPre-360:cameraPre;
9               float cameraPreY=camera->getRotation3D().y;  //获取摄像机 y 旋转角度
10              float cameraPreZ=camera->getRotation3D().z;  //获取摄像机 z 旋转角度
11              camera->setRotation3D(Vec3(cameraPre,cameraPreY,cameraPreZ));
12          }
13          upAction();                                        //调用摄像机向上走方法
14          isChange=true;                                     //标志位置反
15  }}
16  void My3DLayer::upAction(){                                //摄像机向上走方法
17      ActionInterval *upAction;                              //声明一个动作对象
18      if(is3DView){                                          //如果当前为 3D 视角
19          Vec3 moveToVec3;
20          if(fabs(degree-180)>90){                           //判断移动角度
21              moveToVec3=Vec3(270,0,0);                      //设置 3D 旋转角度
22          }else{
23              moveToVec3=Vec3(-90,0,0);
24          }
25          Vec3 rotaToVec3=Vec3(0,cameraHeight,0);            //设置最大旋转高度
26          upAction=
27              Sequence::create(                              //创建顺序执行动作
28              Spawn::create(                                 //同时进行动作
29              RotateTo::create(1.0f,moveToVec3),             //旋转
30              MoveTo::create(1.0f,rotaToVec3),nullptr),//移动
31              CallFunc::create(CC_CALLBACK_0(My3DLayer::changeMark,this)),
32              nullptr
33              );
34      }else{
35      upAction=
36          Sequence::create(                                  //创建顺序执行动作
37          Spawn::create(                                     //创建同时进行动作
38          RotateTo::create(1.0f,Vec3((cameraPre>0)?cameraPre-180:cameraPre,degreePre,0)),
39          MoveTo::create(1.0f,moveToVec3),nullptr),
40              CallFunc::create(CC_CALLBACK_0(My3DLayer::changeMark,this)),
41              nullptr
42      );}
43      camera->runAction(upAction);                                  //摄像机执行动作
44  }
```

- 第 3～12 行为单击旋转摄像机按钮的方法 qhMethod。首先是获取当前摄像机的 3D 坐标，然后计算 x 方向的旋转角度，并获取当前摄像机的 y 和 z 方向的旋转角度，最后设置摄像机旋转，调用摄像机向上走方法，并将标志位置反。
- 第 18～44 行为判断当前视角是否为 3D 视角状态。若为 3D 视角状态，首先判断移动的 3D 旋转角度，并设置旋转至最大高度，然后创建一个顺序执行的动作和同时进行的动作。若不是 3D 视角状态，则通过顺序执行动作和同时执行动作，将摄像机旋转到原状态。

（3）多点放大或缩小的实现。游戏中通过放大来进行单点棋子比较方便，通过多点触控方法进行触摸点的判断，若为两点触摸屏幕则放大或者缩小。放大有助于更好地点中棋子，缩小有助于更好地观察整盘棋局。详细代码如下所示。

代码位置：见本书随书源代码/第 9 章/SampleChess/app/src/main/jni/mainLayer 目录下的 My3DLayer.cpp。

```
1   void My3DLayer::onMyTouchesMoved(const std::vector<Touch*>& pTouches, Event *pEvent){
2       Vec2 tl1;                                            //声明 Vector tl1
3       Vec2 tl2;                                            //声明 Vector tl2
4       float yDis;
5       float cy = camera->getPositionY();                   //获取摄像机 y 坐标
6       auto iter = pTouches.begin();                        //获取触控点列表的迭代器
7       if(pTouches.size()==2){                              //触摸点数为两个
8           touchMoveFlag=true;                              //标记可以移动棋盘
9           tn=0;
10          if(Constant::cameraLacationFlag){                //摄像机在高空
11              for(; iter != pTouches.end();iter++){        //通过迭代器遍历触控点列表
12                  pTouch = (Touch*)(*iter);                //获取一个触控点
13                  if( pTouch->getID()==0){                 //第一个点 ID
14                      tl1 = pTouch->getLocation();         //获取触摸点坐标
15                  }else if(pTouch->getID()==1) {           //第二个点 ID
16                      tl2 = pTouch->getLocation();         //获取触摸点坐标
17                      auto delta=tl1-tl2;                  //计算两点的向量
18                      float distance=delta.getLength();         //获取两点之间的距离
19                      yDis=distance-currDistance;               //计算距离差值
20                      currDistance = distance;                  //拿到距离差值
21              }}
22              float tempHeight;
23              if(yDis>0){                                       //进行放大
24                  tempHeight =cy-Constant::cameraMoveSpeed;
25              }else if(yDis<0){                                 //进行缩小
26                  tempHeight =cy+Constant::cameraMoveSpeed;
27              }else{                                            //不放大
28                  return;
29              }
30              if(tempHeight<=Constant::cameraMinHeight||//摄像机高度大于最高或小于最小
31                  tempHeight>=Constant::cameraMaxHeight){
32                  return;
33              }else{
34                  camera->setPositionY(tempHeight);                    //更新摄像机 y 坐标
35  }}}}
```

- 第 11～21 行为通过遍历触控列表获取两个触摸点的坐标，并计算出两点之间的距离，然后计算出当前距离与上一次距离的差值。
- 第 22～29 行为通过计算出的距离差值进行判断，若大于 0 则为放大状态，小于 0 则为缩小状态，若为 0 则不做处理。
- 第 30～35 行为判断摄像机的高度是否大于预设最大高度或者小于预设最小高度，若满足条件则不做处理，否则更新摄像机 y 坐标。

（4）摄像机移动的实现。游戏中有了放大功能之后，放大之后的屏幕很难观察到游戏中的每个棋子，所以屏幕的移动必不可少。当游戏处于放大状态时，此时屏幕可以进行移动，此处只介绍 onMyTouchMoved 方法中的有关移动摄像机的代码，详细代码如下所示。

代码位置：见本书随书源代码/第 9 章/SampleChess/app/src/main/jni/mainLayer 目录下的 My3DLayer.cpp。

```
float cy = camera->getPositionY();                              //获取摄像机 y 坐标
if(cy<cameraHeight&&!touchMoveFlag){                             //判断是否可以移动屏幕
    Vec2 goal = touch->getLocation();                            //获取触摸点坐标
    Vec3 result = PublicApi::calDistance(startPoint,goal);  //获取移动偏差
    int id = (int)result.z;
    result.y=result.y/1.95;                                      //计算移动偏差
    result.x=result.x/1.95;
    if(camera->getPositionX()+result.x>280||camera->             //判断是否到达棋盘边缘
        getPositionX()+result.x<-280||camera->getPositionZ()+
        result.y>280||camera->getPositionZ()+result.y<-280){
        return;                                                  //不移动摄像机并返回
    }
```

```
13      if(id==0){                                              //若为向上移动
14          camera->setPosition3D(Vec3(camera->getPositionX(),//更新摄像机 y 坐标
15              camera->getPositionY(),camera->getPositionZ()+result.y));
16      } else if(id==1){                                       //若为向下移动
17          camera->setPosition3D(Vec3(camera->getPositionX(),//更新摄像机 y 坐标
18              camera->getPositionY(),camera->getPositionZ()+result.y));
19      }
20      ......//此处省略了其他 6 个方向的相关代码，读者可自行查阅源代码
21      startPoint=goal;                                        //记录当前触摸点坐标
22  }
```

- 第 3～7 行为获取触摸点坐标，并计算摄像机移动的 x、z 坐标偏差值。
- 第 8～12 行为判断摄像机是否超出棋盘边缘，若超出，则不移动摄像机并返回。
- 第 13～20 行为根据得到的方向 ID 进行判断，然后将摄像机进行移动。

（5）电脑走棋的实现。游戏采用的是玩家为红方，电脑为黑方，当玩家走完棋之后电脑开始走棋。电脑走棋部分代码与玩家类似，此处不再赘述。下面介绍的是电脑思考走棋方法 SearchMain 的相关算法，通过该方法可以计算出电脑走棋的方法，详细代码如下所示。

代码位置：见本书随书源代码/第 9 章/SampleChess/app/src/main/jni/rul 目录下的 LoadUtil.cpp。

```
void LoadUtil::SearchMain(){                                //电脑思考走棋方法
    int i, vl;
    initHistorytable();                                     //初始化历史棋盘方法
    nDistance = 0;                                          //初始步数
    long start = getSystemTime();                           //获取当前时间，精确到微秒
    for (i = 1; i <= Constant::LIMIT_DEPTH; i++){           //迭代加深过程
        vl = SearchFull(-Constant::MATE_VALUE,              //超出边界的搜索方法
            Constant::MATE_VALUE, i);//-10000,10000,i
        if(gameOver){                                       //游戏意外结束，终止搜索
            return;
        }
        if (vl > Constant::WIN_VALUE || vl < -Constant::WIN_VALUE){
                                                            //搜索到杀棋就终止搜索
            break;
        }
        if((getSystemTime()-start)/1000000>Constant::thinkDeeplyTime){
                                                            //超过时间就终止搜索
            break;
}}}
```

说明 上述代码为电脑思考走棋的方法 SearchMain，首先需要初始化历史棋盘数组和步数，通过迭代的方法搜索走棋方法并记录，若搜索到走棋方法或超过搜索时间则终止搜索，否则不断地进行迭代，直至搜索到走棋方法或者超过搜索时间。

（6）介绍完电脑思考走棋的方法 SearchMain 之后，接下来介绍的是在上述方法中用到的超出边界的搜索方法 SearchFull。首先该方法通过递归的方式计算出最佳走法，然后将最佳走法保存到历史表中并返回到电脑思考走棋方法 SearchMain 中，详细代码如下所示。

代码位置：见本书随书源代码/第 9 章/SampleChess/app/src/main/jni/rul 目录下的 LoadUtil.cpp。

```
int LoadUtil::SearchFull(int vlAlpha, int vlBeta, int nDepth){//超出边界的搜索方法
    int i=0, nGenMoves=0,pcCaptured=0;
    int vl, vlBest, mvBest;
    int mvs[Constant::MAX_GEN_MOVES];
    if (nDepth == 0){                                       //到达水平线，则返回局面评价值
        return Evaluate();
    }
    vlBest =-Constant::MATE_VALUE;                          //是否一个走法都没走过的变量
    mvBest = 0;                                             //用于保存到历史表的变量
    nGenMoves = GenerateMoves(mvs);                         //生成全部走法
    sort(mvs,0,nGenMoves);                                  //A*优先级队列比较器
    for (i = 0; i < nGenMoves; i ++){                       //逐一走这些走法，并进行递归
        if(gameOver){                                       //游戏意外结束，终止搜索
            break;
```

```
15          }
16          pcCaptured=ucpcSquares[Chess_LoadUtil::DST(mvs[i])];
17          if(MakeMove(mvs[i], pcCaptured)){                    //如果可以走一步
18              vl = -SearchFull(-vlBeta, -vlAlpha, nDepth-1);
19              UndoMakeMove(mvs[i], pcCaptured);                //撤销走一步
20              if(vl > vlBest){                                 //找到最佳值
21                      vlBest = vl;                     //"vlBest"就是目前要返回的最佳值
22                      if(vl >= vlBeta){                //找到一个 Beta 走法
23                              mvBest = mvs[i];         //Beta 走法要保存到历史表
24                              break;                   //Beta 截断
25                      }
26                      if(vl > vlAlpha){                //找到一个 PV 走法
27                              mvBest = mvs[i];         //PV 走法要保存到历史表
28                              vlAlpha = vl;            //缩小 Alpha-Beta 边界
29      }}}}
30      if (vlBest == -Constant::MATE_VALUE){            //所有走法都搜索完了
31          return nDistance - Constant::MATE_VALUE;     //返回最佳走法
32      }
33      if (mvBest != 0){
34          nHistoryTable[mvBest] += nDepth * nDepth;//不是 Alpha 走法，将最佳走法保存到历史表
35          if (nDistance == 0){                          //如果距离根节点的距离等于 0
36              mvResult = mvBest;                        //将最佳走法保存
37      }}
38      return vlBest;
39  }
```

- 第 5～7 行为到达水平线，则返回局面评价值。
- 第 8～9 行为初始化最佳值和最佳走法。
- 第 10～11 行为生成全部走法，并根据历史表排序。
- 第 12～29 行为逐一走这些走法，并进行递归。首先判断游戏是否结束，若结束则终止递归，否则进行预走棋，并撤销走一步棋子方法，然后进行 Alpha-Beta 大小判断和截断。若为 Beta 走法，则将其保存到历史表中，若为 PV 走法，则将其保存到历史表中。
- 第 30～32 行为将最佳走法保存到历史表中。
- 第 33～37 行为判断是否为 Alpha 走法，若不是，则将其保存到历史表中，并判断距离节点是否为 0，若为 0，则保存最佳走法。

9.6.6　联网游戏 3D 布景类——WebLayer

网络的高速发展，为移动端的联网游戏提供了非常好的发展条件，联网游戏也随之受到广大手机使用者的欢迎。与单机游戏 3D 布景类相比较，联网游戏 3D 布景类除了场景的摆布与其基本相同之外，还增加了服务器对数据的及时处理，减少了游戏相关的逻辑判断。

（1）联网游戏布景类与单机游戏布景类十分类似，只是游戏的基本逻辑搬移到服务器上，客户端只负责接收数据并根据收到的数据将物体绘制在屏幕上。本部分以悔棋为例，向读者讲解如何根据数据进行判断，从而做出是否创建棋子以及移动棋子的行为。详细代码如下。

代码位置：见本书随书源代码/第 9 章/SampleChess/app/src/main/jni/mainLayer 目录下的 Web3D-Layer.cpp。

```
if(GameData::HUIQI_FLAG) {                                       //悔棋
    GameData::HUIQI_FLAG=false;
    if(GameData::CANNOT_HQ){                                     //true 表示可以悔棋
        if(GameData::HUIQI_NUM==2) {
            int sqDst = Chess_LoadUtil::DST(GameData::FIRST_MV);//计算第一个目标格子
            int pcCaptured = ucpcSquares[sqDst];                //得到目的格子棋子编号
            int sqSrc = Chess_LoadUtil::SRC(GameData::FIRST_MV);//计算初始格子的编号
            Vec2 startPoint = PublicApi::calRowAndCol(sqSrc);   //计算初始坐标
            Vec2 goalPoint = PublicApi::calRowAndCol(sqDst);    //计算目标点坐标
            float xTemp=fabs(goalPoint.x-startPoint.x);         //计算 x 距离差
            float zTemp=fabs(goalPoint.y-startPoint.y);         //计算 z 距离差
            float distance = sqrt(xTemp*xTemp+zTemp*zTemp);     //计算两点之间距离
```

```
13          float time=distance/speed;                         //计算移动时间
14          auto atthq = MoveTo3D::create(time,Vec3(startPoint.x,//悔棋回到的是初始点
15              chessSprite[GameData::FIRST_ID]->getPositionY(),startPoint.y));
16          GameData::MOVE_ID=GameData::FIRST_ID;              //获取移动棋子 ID
17          chessSprite[GameData::MOVE_ID]->runAction(         //执行动作
18              Sequence::create(                              //顺序执行
19                  atthq,
20                  CallFunc::create(CC_CALLBACK_0(WebLayer::test,this)),
21                  CallFunc::create(CC_CALLBACK_0(WebLayer::hqNextAction,this)),
22                  CallFunc::create(CC_CALLBACK_0(WebLayer::hqJudge,this)),
23                  CallFunc::create(CC_CALLBACK_0(WebLayer::thinking,this)),
24                  nullptr)                                   //结束
25          );
26      }}else{                                                //不能悔棋
27          Sprite* sphq = Sprite::create(PIC_PATH+"bunenghq.png");
                                                               //加载不能悔棋提示图片
28          sphq->setPosition(Vec2(480,400));                  //设置图片的位置
29          sphq->setScale(1.0f);                              //设置图片的尺寸
30          this->addChild(sphq,10);                           //将图片添加到布景中
31          sphq->runAction(Sequence::create(                  //板子顺序执行动作
32                  EaseBounceOut::create(ScaleTo::create(0.8f,1.2f)),//板子放大
33                  EaseBounceIn::create(ScaleTo::create(1.0f,0.5f)),//板子放大
34                  RemoveSelf::create(),nullptr));                    //删除悔棋
35      }}
```

- 第 5～25 行为通过相关计算对棋子进行操作，分别是计算棋子的目标格子的编号、获取目标格子的棋子编号、计算初始格子的编号以及获取相应坐标等。通过计算创建棋子顺序执行动作，首先执行移动动作，然后依次进入 test 等方法中，后面会一一讲解。
- 第 26～35 行为若收到不能悔棋标志，则创建不能悔棋精灵，进行相关设置。最后创建使其先放大再缩小然后消失的顺序执行动作。

（2）介绍完悔棋之后，接下来介绍在悔棋里面顺序执行的两个方法，分别是改变包围盒的方法 test 和悔棋下一步动作方法 hqNextAction。其中悔棋下一步动作方法就是计算第二个棋子悔棋的方法，此处不再赘述。详细代码如下所示。

代码位置：见本书随书源代码/第 9 章/SampleChess/app/src/main/jni/mainLayer 目录下的 Web3DLayer.cpp。

```
void WebLayer::test() {                                  //改变包围盒位置的方法
    PublicApi::playSound(4);                             //播放走棋音效
    Vec3 piecePosition=chessSprite[GameData::MOVE_ID]->getPosition3D();
    obbArray[GameData::MOVE_ID]._center =piecePosition;
    if(moveDegree!=0){                                   //旋转棋子后恢复原状态
        chessSprite[GameData::MOVE_ID]->setRotation3D(Vec3(
            Constant::HQ_DEGREEX[PublicApi::chessNum(GameData::MOVE_ID)],
            Constant::HQ_DEGREEY[PublicApi::chessNum(GameData::MOVE_ID)],
            Constant::HQ_DEGREEZ[PublicApi::chessNum(GameData::MOVE_ID)]));
    }
    if (aniChess[GameData::MOVE_ID]){
        chessSprite[GameData::MOVE_ID]->stopAllActions(); //停止之前的所有动作
        auto animateKan=Animate3D::create(               //设置动作为静止
            aniChess[GameData::MOVE_ID],5.0f,5.1f);
        animateKan->setSpeed(animateKan->getSpeed()*0.5); //骨骼动画速度
        chessSprite[GameData::MOVE_ID]->                 //执行动作
            runAction(RepeatForever::create(animateKan));
    }
    if(GameData::IS_CAN_EAT) {                           //判断是否可以吃子
        GameData::IS_CAN_EAT=false;                      //标记已经吃完子了
        PublicApi::playSound(5);                         //播放吃子音效
        this->removeChild(chessSprite[GameData::WILL_EAT_ID],true); //删除棋子
        ignoreId[GameData::WILL_EAT_ID]=1;               //标记此ID棋子已经被删掉
    }
    if(leave){
        chessSprite[GameData::MOVE_ID]->                 //删除点中棋子产生的粒子特效
            removeChild(leave,true);                     //删除粒子特效
}}
```

- ❑ 第 3～4 行为棋子包围盒的改变，当棋子移动之后，其包围盒也需要跟随棋子一起移动。
- ❑ 第 5～10 行为在棋子移动时若发生旋转，则棋子移动完之后需旋转回原状态。
- ❑ 第 11～18 行为骨骼改变。棋子移动到目标点之后，需要由原运动状态转变为静止状态，首先停止之前的所有动作，然后设置棋子为静止状态。
- ❑ 第 19～24 行为判断是否吃子，根据吃子标志位进行判断，若为 true 则表示有棋子可以吃，否则不进行吃子。
- ❑ 第 25～28 行为删除棋子自身的粒子特效。

（3）介绍完上述方法之后，接下来介绍的是悔棋判断方法 hqJudge 以及显示对方正在思考方法 thinking。悔棋判断方法是对悔棋时是否有棋子需要被创建进行判断，若有棋子需要被创建，则判断是要创建一个棋子还是两个棋子，详细代码如下所示。

代码位置：见本书随书源代码/第 9 章/SampleChess/app/src/main/jni/mainLayer 目录下的 Web3DLayer.cpp。

```
1  void WebLayer::hqJudge() {                                  //悔棋判断
2      if(GameData::JUDGE_DIED==1) {                           //有一个棋子被吃
3          int n = GameData::DIED_ID_ARRAY[0];
4          ignoreId[n]=0;                                      //标记此 ID 棋子已经复活
5          int id = PublicApi::getChessUcp(n);
6          Vec2 v = PublicApi::calRowAndCol(id);
7          std::string s = StringUtils::format(                //获取棋子资源路径
8              "chess/chess%d",PublicApi::chessNum(n))+".c3b";
9          chessSprite[n]=Sprite3D::create(s);                 //加载被吃掉的棋子
10         AABB aabbTemp=chessSprite[n]->getAABB();            //获取原始 AABB 包围盒
11         chessSprite[n]->setScale(                           //设置的缩放比
12             Constant::HQ_SCALE[PublicApi::chessNum(n)]);
13         chessSprite[n]->setPosition3D(Vec3(v.x,(            //设置初始的位置
14             Constant::HQ_POINTY[PublicApi::chessNum(n)]),v.y));
15         chessSprite[n]->setGlobalZOrder(1.0f);              //设置 ZOrder
16         chessSprite[n]->setRotation3D(Vec3(                 //设置模型初始旋转角度
17             Constant::HQ_DEGREEX[PublicApi::chessNum(n)],
18             Constant::HQ_DEGREEY[PublicApi::chessNum(n)],
19             Constant::HQ_DEGREEZ[PublicApi::chessNum(n)]));
20         this->addChild(chessSprite[n]);                     //将模型添加到布景中
21         OBB obbTemp(aabbTemp);                              //创建 Obb 包围盒
22         Mat4 mat = chessSprite[n]->getNodeToWorldTransform();   //获取变换矩阵
23         obbTemp.transform(mat);                             //矩阵的变换
24         Vec3 corners[8];                                    //计算包围盒的 8 个顶点
25         obbTemp.getCorners(corners);                        //拿到包围盒的顶点
26         obbArray[n]=obbTemp;                                //将包围盒添加到数组中
27         aniChess[n] = Animation3D::create(s);               //创建并播放骨骼动画
28         if (aniChess[n]){
29             auto animateKan = Animate3D::create(aniChess[n],5.0f,5.1f);
                                                               //截取的骨骼动画帧
30             animateKan->setSpeed(animateKan->getSpeed()*0.5f); //骨骼动画速度
31             chessSprite[n]->runAction(RepeatForever::create(animateKan));
                                                               //执行动作
32         }
33         this->setCameraMask((unsigned short)CameraFlag::USER1);//设置渲染用的摄像机
34     }
35     ......//此处省略了创建两个棋子的相关代码，读者可自行查阅源代码
36     GameData::RIVAL_PLAY_DOWN=true;                         //继续提示该谁走棋
37 }
```

- ❑ 第 3～6 行为获取创建棋子 ID，标记该棋子已复活，获取该棋子的格子编号，并计算棋子的坐标。
- ❑ 第 7～20 行为获取棋子的资源路径，并创建该棋子，通过计算设置该棋子的位置、旋转角度以及缩放比等，然后将其添加到布景中。
- ❑ 第 21～26 行为创建棋子的包围盒，获取变换矩阵，并进行矩阵变换后将包围盒添加到数组中。

- 第 27～33 行为创建骨骼动画，棋子被创建出来后，为棋子创建骨骼动画、截取骨骼动画、设置动画速度，最后设置渲染用的摄像机。

9.7 引擎引用入口类——AppDelegate

游戏中第一个界面是在什么地方创建的呢？初学 Cocos2d-x 的读者都会有这样的疑问，AppDelegate 类就对这个问题进行了解答，下面就给出 AppDelegate 类的开发代码。

（1）首先需要开发的是 AppDelegate 类的框架，该框架中声明了一系列将要被实现的成员方法，这些方法均为程序运行时首先被调用的方法，其详细代码如下。

代码位置：见随书源代码\第 9 章\SampleChess\app\src\main\jni\chesscpp 目录下的 AppDelegate.h。

```
......//此处省略了计算行列号和第 2 次点中己方或相同棋子的相关代码，读者可自行查阅源代码
class  AppDelegate : private cocos2d::Application{
public:
     AppDelegate();
     virtual ~AppDelegate();
     virtual bool applicationDidFinishLaunching();          //初始化方法
     virtual void applicationDidEnterBackground();          //当程序进入后台时调用此方法
     virtual void applicationWillEnterForeground();         //当程序进入前台时调用
};
#endif
```

说明　从代码中可以看出 AppDelegate 类继承自 cocos2d:: Application 类，因此在该类布景声明了自己独有的方法，还重写了其父类的方法，读者查看代码注释即可了解每个方法的具体作用。

（2）完成了头文件的开发后，下面给出头文件中方法的具体实现。在代码的实现中读者就可以了解界面的创建过程，其详细代码如下。

代码位置：见随书源代码\第 9 章\SampleChess\app\src\main\jni\chessccpp 目录下的 AppDelegate.cpp。

```
1  #include "AppDelegate.h"                                  //头文件的引用
2  #include "GameSceneManager.h"                             //头文件的引用
3  using namespace cocos2d;                                  //cocos2d 命名空间的引用
4  AppDelegate::AppDelegate(){}                              //构造函数的实现
5  AppDelegate::~AppDelegate() {}                            //析构函数的实现
6  bool AppDelegate::applicationDidFinishLaunching(){        //初始化方法
7       auto director = Director::getInstance();             //获取导演
8       auto glview = director->getOpenGLView();
9       if(!glview){                                         //若不存在 glview 则重新创建
10      glview = GLViewImpl::create("My Game");
11      }
12      director->setOpenGLView(glview);                     //设置绘制用 GLView
13      director->setDepthTest(true);                        //设置开启深度检测
14      glview->setDesignResolutionSize(960,540,ResolutionPolicy::SHOW_ALL);
                                                             //设置目标分辨率
15      director->setDisplayStats(false);                    //设置为不显示 FPS 等信息
16      director->setAnimationInterval(1.0 / 60);            //系统模拟时间间隔
17      GameSceneManager* man = new GameSceneManager();
18      man->createScene();
19      director->runWithScene(man->loadingScene);           //创建加载场景
20      return true;
21 }
22 void AppDelegate::applicationDidEnterBackground(){        //当程序进入后台时调用此方法
23      Director::getInstance()->stopAnimation();            //停止动画
24 }
25 void AppDelegate::applicationWillEnterForeground(){       //当程序进入前台时调用
26      Director::getInstance()->startAnimation();           //开始动画
27 }
```

- 第 1～11 行功能为头文件的引用以及命名空间的引用，然后是构造函数与析构函数的实

现，再接下来是初始化方法。在初始化方法中首先要获取导演，然后判断若不存在 glview 则重新创建。

- 第 12～16 行功能为设置绘制用 GLView、设置开启深度检测、设置目标分辨率、设置为不显示 FPS 等信息、设置系统模拟时间间隔。
- 第 17～27 行功能为创建一个场景管理者，由场景管理者来指向游戏的第一个场景，本游戏中设置第一个游戏场景为游戏的加载场景。然后是当程序进入后台时调用的方法的实现，在方法中有停止动画的操作，最后是当程序进入前台时调用的方法的实现，其中有开始动画的操作。

9.8 游戏的优化及改进

> **提示** 大家会发现我们讲的项目使用的是安卓项目。由于 Cocos2d-x 是个跨平台的引擎，所以该项目也可以在 iOS 平台上运行。我们也在放了一个 iOS 项目，方便大家在 Xcode 中使用，实际上代码和安卓项目代码是一样的。

到此为止，天下棋弈的开发已经基本完成，同时也实现了最初设计的全部功能。当然，程序总会有不完美的地方，通过开发后的试玩测试，发现游戏中仍然存在一些需要优化和改进的地方，下面列举其中的一些方面。

- 优化游戏场景

没有哪一款游戏的场景可以称为完美无缺，而且每个人的审美不同，总会有一些不如人意的地方。所以对于本游戏，读者可以根据自己的想法自行进行改进，使其更加完善。比如棋子的移动速度和点中棋子的粒子效果等都可以进一步的完善。

- 修复游戏 bug

现在很多手机游戏在公测之后也有 bug，需要玩家不断地发现并告知开发人员以改进游戏。比如本游戏中在接收网络数据过多时会卡顿，虽然我们已经测试并改进了大部分问题，但是还有很多 bug 是需要玩家发现，这对于游戏的可玩性有极其重要的帮助。

- 完善游戏玩法

此游戏中的设计的棋子动画较少，读者可通过 3ds Max 进行自主设计，然后添加到骨骼动画，从而丰富游戏的体验。同时将人工算法封装到了单独类中，玩家可通过自己的想法，对电脑走棋的算法进行更改，从而使游戏更加完美。

- 增强游戏体验

为了满足更好的用户体验，棋子移动的速度、棋子的动作都可以进行更改，例如更改吃子动画，更改棋子或者棋盘等的风格。有能力的读者一定要尝试对程序进行修改，不仅可以提高游戏的可玩性，更能够有效地锻炼自己。

9.9 本章小结

通过学习本章的知识，读者不仅学会了游戏的开发，还学会了编写程序时的一些技巧。随着代码量的累积，读者应该对编写相关类型的游戏有了一些心得体会，在具体写代码时也比以前更为熟练。让写代码成为生活、工作中的乐趣，这是一件双赢的事情，在锻炼了自己能力的同时，也达到了带给用户良好游戏体验的效果。

第 10 章　VR 休闲游戏——极速飞行

随着 VR（虚拟现实）技术的发展，近年来 VR 技术已经能够在移动设备上实现，用户能够更方便地体验 VR 技术。Cocos2d-x 游戏开发引擎更是从 3.12 版本就已经开始支持原生的 VR 渲染，从 3.13 版本开始支持第三方 VR 平台。

本章将通过讲解“极速飞行”游戏在 Android 平台上的设计与实现，让读者对 Coscos2d-x 休闲类 VR 游戏的开发步骤有一个深入的了解，并且掌握游戏的开发技巧，从而对游戏开发有进一步的理解和体会。

10.1 游戏背景及功能概述

开发“极速飞行”游戏之前，首先需要了解该游戏的背景和功能，下面主要围绕该游戏的背景以及功能进行简单的介绍。通过介绍，读者能够对游戏有一个整体的了解，从而为游戏的开发做好准备。

10.1.1　游戏开发背景概述

近些年来随着生活节奏的加快，越来越多的人倾向于玩一些手机上的休闲游戏来打发无聊的时间。结合近几年来火爆的 VR 技术，市面上诞生了很多优秀的 VR 游戏，比如下面的两款游戏，因为其画面精美，操作简单，受到各年龄段的用户的欢迎，如图 10-1 和图 10-2 所示。

▲图 10-1　VR 游戏“特技单车”

▲图 10-2　VR 游戏“史前乐园”

本章介绍的是一款使用 Cocos2d-x 进行图像渲染的基于 Android 平台的 VR 休闲类小游戏。本游戏利用了 Cocos2d-x 中的 3D 粒子系统特效，雾化效果，着色器等。这些功能极大地丰富了视觉效果，增强了用户体验。该游戏的玩法也很简单，但很具有可玩性。

10.1.2　游戏功能简介

“极速飞行”的场景包括主菜单场景、游戏场景和结束菜单场景。为了让读者对本游戏有一个初步的了解，也为下面的具体介绍做好铺垫，接下来就对该游戏的部分场景及运行效果进行简单介绍。

（1）在手机上单击该游戏的图标，运行游戏，首先呈现的是游戏的主菜单场景，效果如图 10-3

所示。在该场景中显示了游戏 Logo，“难度”按钮，“音乐”按钮，“退出”按钮和“开始”按钮。可以通过头部晃动控制屏幕中心的准心以选取按钮，如图 10-3 和图 10-4 所示。

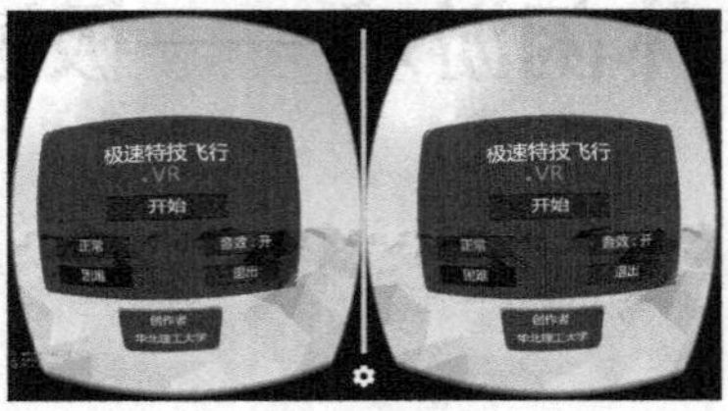

▲图 10-3　主菜单场景 1

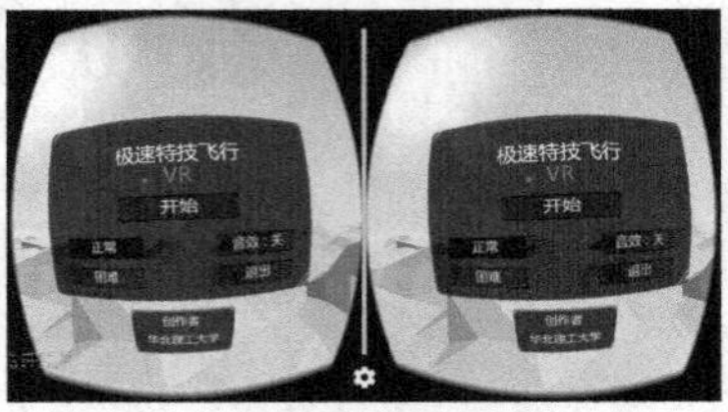

▲图 10-4　主菜单场景 2

（2）在主菜单界面选中“开始”按钮，即可开始游戏。通过头部晃动使飞机转向，躲避障碍物，获得积分。当飞机向左飞直至出现太阳时，镜头会出现光晕，如图 10-5 所示。当飞机向右飞行直至太阳消失时，镜头光晕消失，如图 10-6 所示。

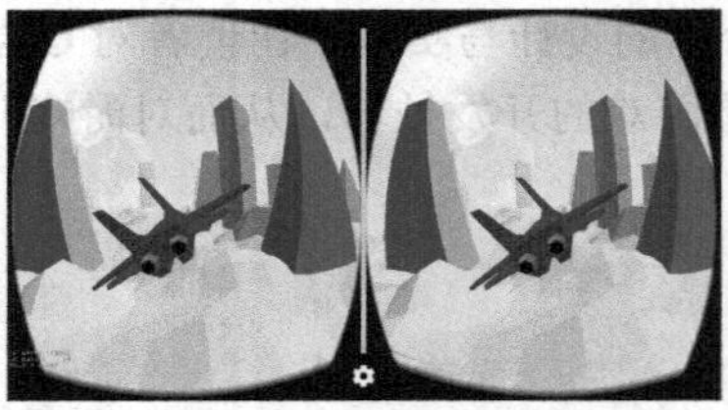

▲图 10-5　飞机向左飞行

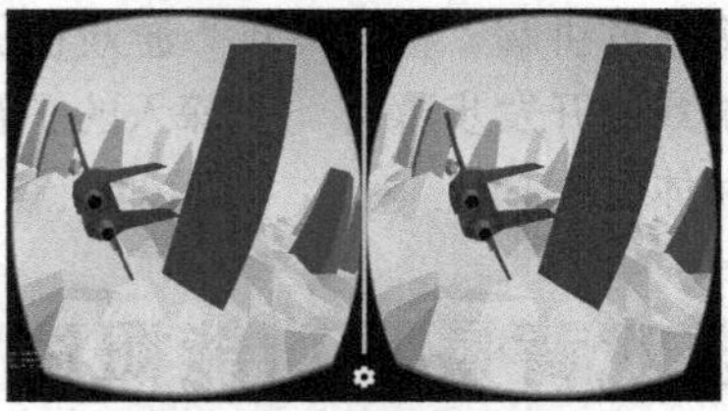

▲图 10-6　飞机向右飞行

（3）当飞机碰到山体时，游戏结束并弹出爆炸的粒子，同时显示结束菜单和本次游戏的分数。玩家可以通过选择“重新游戏”按钮直接重新开始游戏，或者选择“退出”按钮退回主界面，如图 10-7 所示。玩家还可以通过转动头部观察其他方向的场景，如图 10-8 所示。

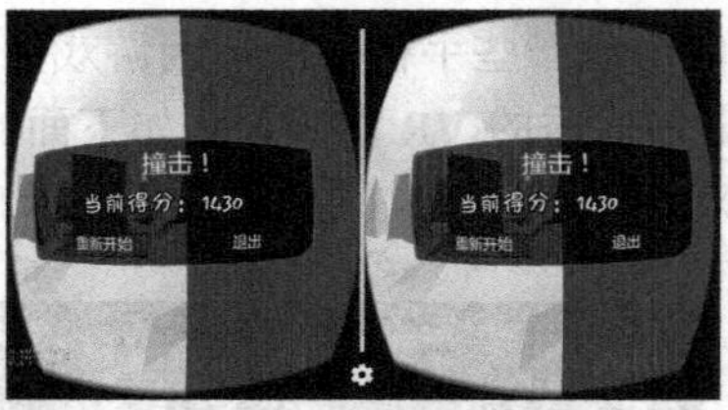

▲图 10-7　游戏结束场景

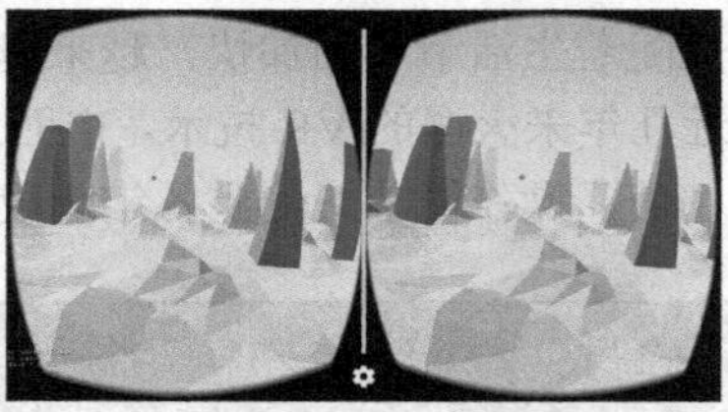

▲图 10-8　结束场景中向右看

（4）在飞机碰到山体爆炸时，会同时释放粒子系统，这些粒子系统被提前加入场景中。当飞机发生爆炸时，将粒子系统的位置设置到飞机爆炸的地点。飞机的爆炸开始效果如图 10-9 所示，飞机的爆炸散开效果如图 10-10 所示。

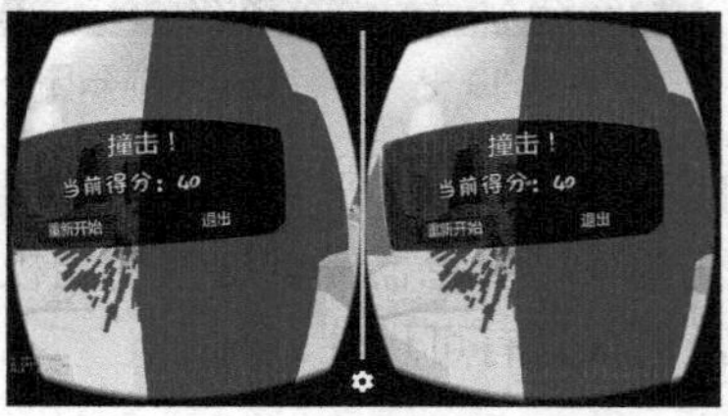

▲图 10-9　爆炸粒子系统 1

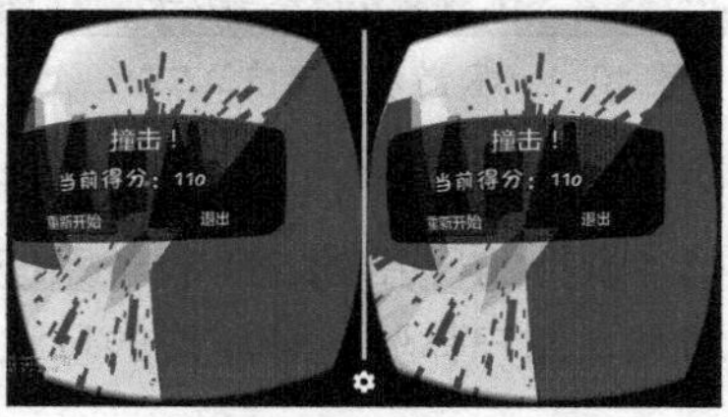

▲图 10-10　爆炸粒子系统 2

10.2 游戏的策划及准备工作

在对本游戏的背景和基本功能有了一定了解以后，本节将着重讲解游戏开发的前期准备工作。一个好的游戏需要有合理的策划和充分的准备工作，本节主要包含游戏的策划和游戏中资源的准备。

10.2.1 游戏的策划

本游戏的策划主要包括：游戏类型定位、呈现技术以及目标平台的确定等工作。下面将依次介绍游戏类型、运行的目标平台、采用的呈现技术、操作方式、音效设计等。

❑ 游戏类型

该游戏的操作为通过晃动头部改变屏幕中的准心来选择按钮并控制飞机的转向。游戏中玩家通过躲避山体障碍物获得分数，当玩家控制的飞机碰到山体障碍物时游戏结束。本游戏操作简单，考验玩家的反应能力，属于休闲类游戏。

❑ 运行的目标平台

游戏目标平台为 Android 2.2 及以上版本。由于本游戏是 VR 游戏，底层使用的是 OpenGL ES 进行渲染的，所以手机必须支持 OpenGL ES2.0 及以上版本，而且游戏中运用了大量的 Cocos2d-x 中的 3D 特效，所以性能不好的手机可能会出现卡顿的现象。

❑ 采用的呈现技术

游戏完全采用 Cocos2d-x 引擎进行游戏场景的搭建和游戏特效的处理，比如游戏中的模拟雾气的效果、游戏光晕的效果和撞击产生的 3D 粒子效果。这些特效用起来简单方便，但呈现的效果十分强大。游戏绚丽的画面和方便操作，都极大地增强了游戏体验。

❑ 操作方式

本游戏的操作方式均为通过晃动头部改变屏幕中的准心来选择，包括开启/关闭音效，选择游戏难度，重新开始游戏，退出游戏以及最重要的开始游戏。玩家通过控制飞机转向以躲避机关，争取存活更长的时间，来获得更高的分数。

❑ 音效设计

为了增加游戏的吸引力并提升玩家的游戏体验，本游戏加入了背景音乐和飞机爆炸音效。背景音乐为激昂的乐曲，爆炸音乐为真实的爆炸声音。这两种声音区分度很大，能给予用户绝妙的游戏体验。

10.2.2 游戏的开发准备工作

了解了游戏的策划后，本节将做一些开发前的准备工作，其中包括搜集和制作图片、模型、声音、3D 粒子系统的 PU 文件、纹理图、material 文件等，其详细的开发步骤将在下面进行详细讲解。

（1）首先为读者介绍的是本游戏场景用到的资源，为了方便开发，本游戏为每一个主要的对象创建了一个文件夹来放置其需要的资源文件。下面介绍的是项目中的模型资源文件，如表 10-1 所列。

表 10-1　　文件中的模型资源

模 型 名 称	大小（KB）	格式	用　途
changjing1.obj	437	obj	场景（带障碍物）模型
cj1.obj	462	obj	场景（不带障碍物）模型
plan.obj	19	obj	菜单模型
point.obj	62	obj	准心模型
tree.obj	10	obj	菜单选项模型
Plane.obj	26.5	obj	飞机模型

（2）接下来是游戏中用到的图片资源文件，其中包括了场景的纹理图、飞机的纹理图和光晕的多幅纹理图等。天空盒图片这些图片资源都存放在 assets 目录下的 changjing、plane、Flare、skybox

文件夹下，如表 10-2 所列。

表 10-2 模型贴图资源

图 片 名	大小（KB）	像素（w×h）	用 途
bg.png	1	43×43	游戏背景图片
Airport.png	50	1024×1024	飞机纹理图
flare1.png	18	32×32	光晕 1 纹理图
flare2.png	18	32×32	光晕 2 纹理图
flare3.png	18	32×32	光晕 3 纹理图
jajdesert1_front.jpg	18	512×512	天空盒前面纹理图
jajdesert1_back. jpg	18	512×512	天空盒后面纹理图
jajdesert1_top. jpg	13	512×512	天空盒上面纹理图
jajdesert1_right. jpg	18	512×512	天空盒右面纹理图
jajdesert1_left. jpg	18	512×512	天空盒左面纹理图
jajdesert1_down. jpg	18	512×512	天空盒下面纹理图

（3）介绍完了部分图片资源文件，下面将继续介绍菜单的图片资源文件。菜单所使用的图片资源文件比较多，其中包括“难度”按钮、“音乐开关”按钮、“退出”按钮、“开始游戏”按钮。logo 图片等这些图片资源都存放在 assets 目录下的 menu 文件夹下，如表 10-3 所列。

表 10-3 菜单贴图资源

图 片 名	大小（KB）	像素（w×h）	用 途
button_kn.png	6	310×80	困难按钮未选中纹理图
button_kn_on.png	6	310×80	困难按钮已选中纹理图
button_off.png	8	310×80	音乐关闭按钮未选中纹理图
button_off_on.png	8	310×80	音乐关闭按钮已选中纹理图
button_on.png	7	310×80	音乐打开按钮未选中纹理图
button_on_on.png	8	310×80	音乐打开按钮已选中纹理图
button_start.png	6	310×80	开始游戏按钮纹理图
button_zc.png	5	310×80	正常按钮未选中纹理图
button_zc_on.png	5	310×80	正常按钮已选中纹理图
cxks.png	8	310×80	重新游戏按钮纹理图
exit.png	6	310×80	退出游戏按钮纹理图
fingermove.png	5	509×509	准心选中按钮纹理图
logo.png	5	310×120	游戏 logo 纹理图
menubg.png	5	300×200	主菜单纹理图
prog.png	6	85×80	准心选中纹理图
zuozhe.png	8	200×104	创作者菜单纹理图

（4）最后是游戏中用到的声音资源和其他类型的资源，如表 10-4 所列。声音资源包括游戏的背景音乐和爆炸音效，其他类型的资源包括 3D 粒子系统文件。音乐文件放在项目目录中的 assets/Music 文件夹下，粒子系统文件放在 assets/Particle3D 文件夹下。

表 10-4 其他类资源

图 片 名	大小（KB）	格式	用 途
bgmusic.mp3	527	mp3	背景音乐
bz.mp3	94	mp3	爆炸音效
bz.pu	1	pu	爆炸粒子系统 PU 文件

10.3 游戏的架构

之前已经介绍了游戏开发的背景及游戏的主要功能，并实现了游戏的策划和前期准备工作。为了能让读者对本项目有一个整体的认识，本节开始将对该游戏的架构进行介绍，其中包括各个类的简要介绍和游戏框架的简介。

10.3.1 各个类的简要介绍

为了让读者更好地理解游戏中的每个类的功能，从而能够对游戏的架构有一个整体的认识，下面将对各个类的作用进行简要介绍，每个类的具体代码将会在后面的章节中继续讲解。

1. 布景相关类

❑ 总场景管理类——ObjSceneManager

总场景管理类为游戏中呈现场景最主要的类，该类主要负责游戏中场景的创建和场景的切换功能，包括获取了可视区域的大小，将摄像机添加到场景中等。游戏将众多场景集中到这一个类中，这样做不但可以使程序机构清晰而且维护简单。

❑ 3D 布景类——My3DLayer

My3DLayer 类是游戏的 3D 布景类，该类创建了游戏的 3D 世界。在该类中首先初始化模型的位置信息数据，然后创建了地形模型、飞机模型和菜单模型。其次是更新方法，在更新方法中更新了摄像机的位置和游戏中标志位的信息。

2. 辅助类

❑ 模型创建类——ModelCreate

模型创建类提供了创建游戏中主要对象模型的静态方法，其中包括了刚进入游戏时的地形模型、开始游戏后加刚体的地形模型和飞机模型。该类是一个静态类，只提供了创建这些模型的方法以及地形的更新模型方法，实际的调运则是在 3D 布景类和地形类中进行。

❑ 光晕类——Flare

光晕类创建了游戏中的单个光晕对象，每个光晕都有距离、大小、纹理、颜色、变化值、绘制的 x 坐标、绘制的 y 坐标以及用到的材质系统等属性。Flare 类为每一个光晕初始化了这些属性，在其他类中可以通过该类的 create 方法初始化一个光晕对象。

❑ 地形类——MyTerrain

地形类是游戏地形对象类，该类根据传入的不同参数创建初始地形或是带障碍物的游戏地形，然后为地形对象加上材质系统，最后实现了该类的静态创建方法。在模型创建类中可以直接通过静态方法来创建地形对象。

❑ 常量类——Constant

Constant 类是游戏中常量管理类，该类管理了游戏中所有的常量。这些常量控制着整个游戏的进行。其中包括飞机的存活标志位、记录分数、游戏结束、重新开始游戏的标志位，还包括关闭或打开音乐、粒子系统播放和飞机速度等。

3. 工具管理类

- 摄像机管理类——CameraControl

该类负责游戏进行过程中摄像机的控制，其中包括了在场景中创建摄像机，设置摄像机的参数，并将摄像机添加进场景中，以及控制摄像机跟随飞机移动的方法。该方法会在 3D 场景类中被不断地调用。

- 光晕管理类——FlareControl

场景中的光晕效果是由多个 Flare 类组合产生的，FlareControl 类创建并管理了多个 Flare 类，其中包括对它们的赋值及设置其位置。该类还创建了一个方法，该方法可以根据摄像机的位置更新每一个 Flare 类位置，从而让光晕看起来更加自然。

- 游戏管理类——GameControl

GameControl 是游戏的管理类，该类的作用是判断用户的头部朝向，从而控制飞机的转向。该方法是根据从屏幕正中发出的射线与飞机到屏幕正中的射线之间的夹角大小判断的，夹角越大，飞机转向的角度越大。

- 地形管理类——TerrainControl

TerrainControl 是游戏地形的管理类，游戏中的场景是由 9 块地形拼接而成的。该类负责根据飞机的位置，用算法调整每一块地形的位置，让每一块地形能够无缝拼接起来，让玩家在游戏过程中感觉有无穷大的地形。

4. 引擎应用入口类——AppDelegate

该类封装了一系列与引擎引用生命周期相关的函数，其中包括应用开启的入口函数、应用进入待机状态时调用的函数、应用从待机回复调用的函数等。这些函数都是与引擎中应用程序运行状态相关的，读者需要慢慢体会。

10.3.2 游戏框架简介

在对该游戏中所用到的类进行了简单介绍后，可能读者还没有理解游戏的架构以及游戏的运行过程。接下来将从游戏的整体架构上进行介绍，使读者对本游戏有更好的理解。首先给出的是其框架图，如图 10-11 所示。

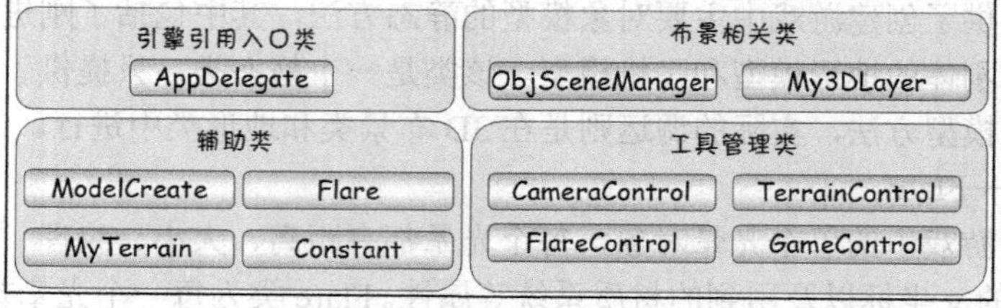

▲图 10-11　游戏框架图

> **说明**　图 10-11 列出了“极速飞行”的游戏框架图，通过该框架图可以看出游戏的运行从 AppDelegate 类开始，然后依次给出了辅助类、工具管理类和布景相关类，其各自功能后续将向读者详细介绍，这里不必深究。

接下来将按照程序的运行顺序逐步介绍各个类的作用、游戏的整体运行框架以及实际游戏的运行流程，接下来的介绍能使读者能够更好地掌握本游戏的开发步骤，体会游戏的内容，其详细步骤如下。

（1）启动游戏，在 AppDelegate 开启的入口函数中获取导演类，然后调用 ObjSceneManager

类创建一个主场景，用获取的导演类运行该场景。在 ObjSceneManager 类中首先获取屏幕的大小，然后在 3D 主场景中创建布景类。

（2）首先玩家看到的是游戏的菜单界面，在菜单界面中总共有 5 个按钮，分别是“打开/关闭音效”按钮、“正常难度”按钮、“困难难度”按钮、“退出”按钮和“单击开始”按钮，在主菜单的下方还有一个创作者的菜单。

（3）当玩家选中“正常难度”按钮并启动游戏后时，飞机会以一个比较慢的速度飞行，得到的分数也会相对较低。当玩家选择困难模式后飞机会以一个较快的速度飞行，得到的分数也会相对高一些。

（4）游戏正式开始后，菜单会不可见，玩家通过晃动头部来控制飞机转向，躲避游戏内的障碍物山体。从玩家来看，游戏的地形是无穷大的，飞机永远不可能飞到尽头，玩家需要通过躲避障碍物，存活更长的时间从而获得更高的分数。

（5）当玩家触碰到障碍物山体时，玩家控制的飞机会产生爆炸的粒子效果，之后出现死亡菜单，菜单上有玩家本次游戏的分数，重新开始和退出的按钮图片。通过准心选择“重新开始”按钮可立刻重新开始游戏，选择“退出”按钮则会返回游戏的主菜单界面。

10.4 布景相关类

从此节开始正式进入游戏的开发过程，本节将为读者介绍本游戏的布景相关类。首先介绍游戏的总场景管理类，然后介绍两个布景类是如何开发的，从而逐步地完成对游戏场景的开发，下面将对这些类的开发进行详细介绍。

10.4.1 总场景管理类——ObjSceneManager

首先介绍的是游戏的场景管理者 ObjSceneManager 类，该类的主要作用是管理主场景，以及创建游戏布景层和主菜单布景层，然后设置每个布景层中的摄像机，最后将它们加入到主场景中。

（1）首先需要开发的是声明 ObjSceneManager 类的头文件，该头文件中声明了本类中对 Cocos2d-x 头文件的引用和创建场景对象的方法。其代码十分简单，故省略，请读者自行查阅随书附带源代码 ObjSceneManager.h。

（2）下面开发的是 ObjSceneManager 类的实现代码，在其中完成了在头文件中声明的创建场景对象的方法。该方法需要在该类中完成，具体代码如下所示。

代码位置：见随书源代码/第 10 章/MaximumRide/app/src/jni/hellocpp/目录下的 ObjSceneManager.cpp。

```
......//此处省略了对一些头文件的引用以及相关代码，需要的读者可以参考源代码
using namespace cocos2d;
cocos2d::Scene* ObjSceneManager::mainScene = nullptr;
Scene* ObjSceneManager::createScene(){
    Constant::initConstant();                                    //更新标志位
    mainScene = Scene::create();
    mainScene->initWithPhysics();                                //初始化物理世界
    mainScene->getPhysics3DWorld()->stepSimulate(0.9f);
    mainScene->getPhysics3DWorld()->setGravity(Vec3(0,0,0));     //设置重力
    Size visibleSize=Director::getInstance()->getVisibleSize();  //获取可见区域尺寸
    Camera* camera = CameraControl::CreateCamera(mainScene);     //创建摄像机
    My3DLayer* layer3D = My3DLayer::create();                    //创建 3D 层对象
    layer3D->camera=camera;                                      //对摄像机赋值
    mainScene->addChild(layer3D);                                //添加到主场景
    ModelCreate::layer = layer3D;
    ModelCreate::createPlane();                                  //创建飞机对象
    ModelCreate::layer->rootps = PUParticleSystem3D::create("Particle3D/scripts/bz.pu");
    ModelCreate::layer->rootps->setScale(2.5f);                  //将粒子系统扩大
    ModelCreate::layer->rootps->setCameraMask((unsigned short)CameraFlag::USER1);
```

```
20      ModelCreate::layer->addChild(ModelCreate::layer->rootps,500);//添加到主场景
21      for(int i = -1; i < 2; i++)
22           for(int j = -1; j < 2; j++){
23              Constant::chushi_map[i+1][j+1] =                    //创建初始地表
24                        ModelCreate::CreateLowTerrain(i*550 ,j*550);
25              Constant::terrain_map[i+1][j+1] =                   //创建地表
26                       ModelCreate::CreateTerrain(i*550 ,j*550);
27           }
28      return mainScene;                                           //返回主场景
29 }
```

- 第 5～14 行先调用了初始化标志位的方法，然后创建了游戏的主场景。由于游戏中需要用到物理引擎，所以接下来初始化了物理世界，包括设置物理世界的重力和摩擦力，最后创建了摄像机和 3DLayer。
- 第 15～20 行首先将 layer3D 赋值给 ModelCreate 类中的指针，这样在 ModelCreate 类中创建模型时，方便将模型添加到场景中。随后初始化粒子系统，将粒子系统添加到场景中。
- 第 21～28 行通过循环调用 ModelCreate 的方法进行初始化，传递 9 块地形的初始位置并创建模型，最后返回主场景指针对象。

10.4.2 3D 布景类——My3DLayer

下面将介绍游戏中一个十分重要的类——My3DLayer 类。游戏中所有的模型都是在该类中加载的。该类还实现了飞机的运动，碰撞的判断，位置的判断，地形位置的更新，粒子系统的加载与显示。

（1）首先需要开发的是声明 My3DLayer 类的头文件，该头文件中声明了需要用到的精灵对象的指针，菜单按钮的指针，存储数据的变量菜单拾取的标志位，光晕对象的指针，还包括了更新游戏数据的方法。

代码位置：见随书源代码/第 10 章/MaximumRide/app/src/jni/hellocpp/目录下的 My3DLayer.h。

```
......//此处省略了对一些头文件的引用以及相关代码，需要的读者可以参考源代码
class My3DLayer : public cocos2d::Layer{
public:
    virtual bool init();                                 //初始化的方法
    virtual void update(float delta) override;           //回调方法
    FlareControl* flare_control;                         //光晕对象
    Vec3 light_point;                                    //光源位置
    Camera* camera;                                      //摄像机
    Vec3 camera_pos;                                     //摄像机位置
    Vec3 light_dir;                                      //方向光方向
    Sprite3D* Plane;                                     //飞机对象
    Physics3DRigidBody* rigidBody;                       //飞机刚体
    Sprite3D* Terrain;                                   //场景对象
    Physics3DComponent* componnent;
    PUParticleSystem3D* rootps;                          //3D 粒子系统
    Material* ter_mat;                                   //关闭深度检测的材质
    cocos2d::GLProgramState * _state;
    AmbientLight* ambientLight;                          //环境光
    DirectionLight* directionLight;                      //定向光
    Material* mat;                                       //关闭深度检测的材质
    Sprite3D* button_nadu_nor;                           //设置正常难度按钮
    Sprite3D* button_nadu_dif;                           //设置困难难度按钮
    Sprite3D* button_music_on;                           //设置音乐打开按钮
    Sprite3D* button_tuichu;                             //设置退出按钮
    Node* root_Menus;                                    //根菜单节点
    Node* zuozhe_Menus;                                  //作者菜单节点
    Node* end_Menus;                                     //结束菜单节点
    Label* finalscore1;                                  //最终得分
    bool isdead = false;
    Sprite3D* center;                                    //准星精灵
    Sprite3D* pgt;                                       //进度条
    bool startgame=false;
```

```
33 bool startButton = false;                    //能够使用按钮
34 bool isrestart = false;                      //是否重新开始
35 int zhunxingmoveud=0;                        //准心移动
36 int zhunxingmovelr=0;
37 int MenuButton[12];                          //菜单拾取标志
38    Sprite3D* sp3_Music;                      //设置菜单中音乐按钮
39    Sprite3D* sp3_Sound;                      //设置菜单中音效按钮
40 int picktime = 500;                          //拾取的时间
41 int pickButton;                              //拾取到的按钮的编号
42 CREATE_FUNC(My3DLayer);                      //做好相应的初始化与释放工作
43 void create_zhunxing();                      //创建准心
44 void CreateMenu();                           //创建菜单
45 void updatePlane(float time);                //更新飞机位置
46 void updateTerrain(float time);              //更新地形
47  void updateCenter(float time);              //更新准心
48 void updateFlare(float time);                //更新光晕
49  void updateScore(float time);               //更新积分
50 void initRigidBodyTerrain();                 //更新地形刚体
51 };
52 #endif
```

- 第 2～15 行首先声明了回调方法和初始化方法，然后声明了跟光晕有关的对象指针，包括光晕管理类对象的指针，摄像机的指针等，最后声明了飞机及其对应的刚体的指针。
- 第 16～27 行声明了菜单需要的能够关闭深度检测的材质，然后声明了菜单和每一个按钮的 3D 精灵对象，最后声明了能够随时给材质的着色器传递参数的 GLProgramState 对象，在场景中通过该对象将数据传递给着色器。
- 第 28～50 行先声明了一些游戏中用到的标志位，然后声明了在场景中用到的更新方法，其中包括了更新飞机位置、准心、光晕、积分和地形刚体的方法。下文将对每个方法进行具体的讲解。

（2）完成了 My3DLayer 类头文件的开发后，下面将着重讲解 My3DLayer 类的具体实现。该类对于整个游戏来说十分重要，但是由于其较为复杂，所以将其中的方法进行分布讲解，首先讲解 My3DLayer 类的结构。

代码位置：见随书源代码/ 第 10 章/MaximumRide/app/src/jni/hellocpp/目录下的 My3DLayer.cpp。

```
......//此处省略了对一些头文件的引用以及相关代码，需要的读者可以参考源代码
bool My3DLayer::init(){
    if(!Layer::init()){                                          //调用父类的初始化
        return false;
    }
    CocosDenshion::SimpleAudioEngine::getInstance()->preloadEffect("Music/bz.wav");
    My3DLayer::CreateMenu();                                     //初始化菜单方法
    My3DLayer::create_zhunxing();                                //创建准心方法
    Size visibleSize = Director::getInstance()->getVisibleSize();//获取可视区域大小
    Vec2 origin = Director::getInstance()->getVisibleOrigin();  //得到原点坐标
    auto skybox = Skybox::create(                                //创建天空盒
     "skybox/jajdesert1_right.jpg", "skybox/jajdesert1_left.jpg",
     "skybox/jajdesert1_top.jpg","skybox/jajdesert1_down.jpg",
     "skybox/jajdesert1_front.jpg","skybox/jajdesert1_back.jpg");
    skybox->setCameraMask((unsigned short)CameraFlag::USER1);   //设置掩码
    skybox->setPosition3D(Vec3(0,-150,0));                      //设置天空盒位置
    skybox->setScale(900.0f);                                   //拉伸 900 倍
    this->addChild(skybox,80);                                  //将其加入场景
    rootps = PUParticleSystem3D                                 //添加 3D 粒子系统
             ::create("Particle3D/scripts/12.pu");
    rootps->setCameraMask((unsigned short)CameraFlag::USER1);//设置粒子系统摄像机
    this->addChild(rootps,500);
    flare_control = new FlareControl();                      //初始化光晕
    for(Flare* ss:flare_control->sFl) {
        ss->flare->setCameraMask((unsigned short)CameraFlag::USER1);//设置掩码
        this->addChild(ss->flare,90);                        //添加进场景
    }
    scheduleUpdate();                                        //更新方法
```

```
29        schedule(schedule_selector(My3DLayer::updatePlane),0.001f);   //更新飞机状态
30        schedule(schedule_selector(My3DLayer::updateTerrain),0.2f);   //更新地形位置
31        schedule(schedule_selector(My3DLayer::updateCenter),0.001f); //更新准心位置
32        schedule(schedule_selector(My3DLayer::updateFlare), 0.001f); //更新光晕
33        schedule(schedule_selector(My3DLayer::updateScore), 0.2f);   //更新分数
34        return true;
35    }
36    void My3DLayer::updateFlare(float time){/*此处省略更新光晕方法，将在后续步骤中给出*/}
37    void My3DLayer::updateScore(float time){/*此处省略更新分数方法，将在后续步骤中给出*/}
38    void My3DLayer::updatePlane(float time){/*此处省略更新飞机方法，将在后续步骤中给出*/}
39    void My3DLayer::updateTerrain(float time){/*此处省略更新地形方法，将在后续步骤中给出*/}
40    void My3DLayer::update(float delta){/*此处省略更新方法，将在后续步骤中给出*/}
41    void My3DLayer::create_zhunxing(){/*此处省略更新准心方法，将在后续步骤中给出*/}
42    void My3DLayer::updateCenter(float dt){/*此处省略更新选择方法，将在后续步骤中给出*/}
43    void My3DLayer::CreateMenu(){/*此处省略创建菜单方法，将在后续步骤中给出*/}
44    void My3DLayer::initRigidBodyTerrain(){/*此处省略转换地形方法，将在后续步骤中给出*/}
```

- 第 2～18 行首先调用父类的初始化方法，随后初始化游戏的背景音乐，调用创建菜单和准心的方法，获取可视区域和原点的位置，最后创建在游戏当中必不可少的天空盒。
- 第 19～27 行先将飞机爆炸时播放的粒子系统添加到场景中，然后初始化光晕管理对象，将光晕管理类中的每个光晕对象添加到游戏的场景中，并设置好摄像机掩码，这样就可以在摄像机中显示出光晕。
- 第 28～34 行调用了所有游戏中需要实时更新的方法，其中包括了更新光晕、飞机状态、地形位置、用于选择的准心、分数的方法。这些方法在程序运行时不断被调用，充满了整个游戏的过程。

（3）完成了对 My3DLayer 类的结构和初始化方法的讲解后，下面开始着重讲解上文省略的方法。首先是该类的 updateFlare 和 updateScore 方法，这两个方法分别是更新场景中光晕的方法和游戏开始后更新分数的方法。

代码位置：见随书源代码/第 10 章/MaximumRide/app/src/jni/hellocpp/目录下的 My3DLayer.cpp。

```
1    void My3DLayer::updateFlare(float time){                          //更新光晕方法
2        light_point = Vec3(camera->getPositionX()+3,                 //摄像机位置
3                 camera->getPositionY()+5, camera->getPositionZ()+5);
4        Vec2 lp;
5        lp = camera->projectGL(light_point);                         //转换坐标
6        lp.x = lp.x/400;                                              //将投影按比例缩小
7        lp.y = lp.y/400;
8        if(lp.x<-0.1 || lp.x>1.2){                                    //太阳出了屏幕
9            Constant::is_draw_flare = false;                          //取消绘制
10       }
11       else{
12           Constant::is_draw_flare = true;                           //进行绘制
13       }
14       flare_control->update(lp.x, lp.y);                            //更新光晕绘制位置
15   }
16   void My3DLayer::updateScore(float time){                          //更新积分方法
17       if(Constant::start_score){                                    //开始积分
18           if(Constant::nadu){
19               Constant::score += 10;                                //飞机普通难度积分
20           }else{
21               Constant::score += 30;                                //飞机困难难度积分
22       }}}
```

- 第 2～15 行是更新光晕位置的方法，该方法首先获取了摄像机的位置，然后将太阳的坐标从 3D 世界系转换到 2D 屏幕坐标系中，按照统一的比例进行缩小。如果太阳出现在摄像机的视野里则绘制光晕，否则不绘制。
- 第 16～22 行是更新分数的更新方法，该方法根据难度对常量类中的分数变量进行赋值。如果是正常难度则每个时间单位增加 10 分，困难难度则是增加 30 分，这样会让游戏的积分系统更加平衡。

（4）完成了对 My3DLayer 类中 updateFlare 和 updateScore 方法的讲解后，下面将继续讲解上文省略的 updatePlane 方法。该方法根据游戏的标志位信息实时判断游戏的进行状态，以及飞机、菜单的显示状态。

代码位置：见随书源代码/ 第 10 章/MaximumRide/app/src/jni/hellocpp/目录下的 My3DLayer.cpp。

```
1   void My3DLayer::updatePlane(float time){                          //更新飞机状态
2       if(Constant::is_life){                                        //存活状态
3           if(Constant::is_show){
4               CameraControl::updateCamera(Plane);                   //更新摄像机
5               GameControl::HeadUpdate(Plane,rigidBody);             //更新飞机转向
6               rigidBody->setActive(true);                           //打开刚体
7               Plane->setVisible(true);                              //显示飞机
8           }else{
9               camera->setPositionZ(camera->getPositionZ()+0.1);     //移动摄像机
10              rigidBody->setActive(false);                          //关闭刚体
11              Plane->setVisible(false);                             //飞机设置不可见
12      }}
13      else{
14          end_Menus->setPosition3D(Vec3(camera->getPositionX(),//设置结束菜单
15                  camera->getPositionY(), camera->getPositionZ()+3));
16          Plane->setVisible(false);                                 //飞机不可见
17          rigidBody->setActive(false);                              //关闭刚体
18          if(Constant::play_li){                                    //判断能否播放
19              rootps->setPosition3D(Vec3(Plane->getPositionX(), //设置粒子系统位置
20                      Plane->getPositionY(), Plane->getPositionZ()));
21              rootps->startParticleSystem();                        //播放粒子系统
22              Constant::play_li = false;                            //标志位置反
23          }
24          Constant::dead_time++;                                    //标志位
25          if(Constant::dead_time >= 600){
26              unschedule(schedule_selector(My3DLayer::updateTerrain));//停止更新
27              unschedule(schedule_selector(My3DLayer::updatePlane));
28              if(Constant::music_set){                              //如果打开音乐播放
29                  CocosDenshion::SimpleAudioEngine::getInstance() //播放音乐
30                                  ->playEffect("Music/bz.wav");
31      }}}
32      if(Constant::re_start){                                       //如果重新开始
33          root_Menus->setVisible(false);                            //结束菜单不可见
34          zuozhe_Menus->setVisible(false);                          //作者菜单不可见
35          center->setVisible(false);                                //准心不可见
36          pgt->setVisible(false);
37          rigidBody->setActive(true);
38          initRigidBodyTerrain();                                   //显示刚体的模型
39          Constant::start_score = true;                             //开始统计分数
40          Constant::play_li = true;                                 //允许播放粒子系统
41  }}
```

- 第 2～7 行是游戏的开始游戏状态，此时飞机显示且存活。在该状态下不断地更新摄像机让其跟随飞机前进，玩家能够通过改变屏幕正对的方向操控飞机转向，从而进行游戏。
- 第 8～12 行是游戏的显示菜单状态，此时飞机存活但不显示。在该状态下摄像机不断前进，菜单也随之前进，飞机不显示，玩家通过控制屏幕中心的准心选取游戏难度、音量，然后开始游戏。
- 第 13～40 行是游戏结束，也就是飞机死亡后所要做的部分。首先根据飞机的死亡地点设置粒子系统的位置，然后设置飞机不可见，关闭刚体，开启粒子系统，几秒之后显示菜单，最后重置标志位，以便开始下次游戏。

（5）下面将介绍 My3DLayer 类更新地形、创建准心以及向材质系统中着色器传值的方法。这些方法对于整个程序来说也是至关重要的，下面将会对这些方法进行详细讲解。

代码位置：见随书源代码/第 10 章/MaximumRide/app/src/jni/hellocpp/目录下的 My3DLayer.cpp。

```
void My3DLayer::updateTerrain(float time){                     //更新地形
    float x = camera->getPositionX();                          //设置摄像机位置
```

```
3      float z = camera->getPositionZ();
4      if(Constant::is_show){                                        //游戏开始后
5          TerrainControl::TerrainUpdate( x, z);                    //更新地形
6      }else{
7          TerrainControl::LowTerrainUpdate(x, z);                  //更新初始地形
8  }}
9  void My3DLayer::update(float delta){                             //更新方法
10     camera_pos =  camera->getPosition3D();                       //摄像机位置
11     if(Constant::is_show){                                        //进行游戏
12         for(int i = -1; i < 2; i++)
13             for(int j = -1; j < 2; j++){
14                 Constant::terrain_map[i+1][j+1]->                //传入着色器
15                     _state->setUniformVec3("uCamera",camera_pos);
16             }}else{
17         for(int i = -1; i < 2; i++)
18             for(int j = -1; j < 2; j++){
19                 Constant::chushi_map[i+1][j+1]->                 //传入着色器
20                     _state->setUniformVec3("uCamera",camera_pos);
21 }}}
22 void My3DLayer::create_zhunxing(){                               //创建准心方法
23     center = Sprite3D::create("menus/point.obj",                 //菜单中心的远点
24                 "menus/fingermove.png");
25     center->setCameraMask((unsigned short) CameraFlag::USER1);   //设置掩码
26     center->setPosition3D(Vec3(0, 33, -57));                     //设置位置
27     center->setRotation3D(Vec3(0,180,0));                        //设置旋转
28     center->setScale(0.015f);                                    //缩放比例
29     this->addChild(center, 800);                                 //添加到场景
30     pgt = Sprite3D::create("menus/plan.obj", "menus/prog.png");//按钮加载条
31     pgt->setCameraMask((unsigned short) CameraFlag::USER1);      //设置掩码
32     pgt->setPosition3D(Vec3(0, 33, -57.5));                      //设置位置
33     pgt->setRotation3D(Vec3(0,180,0));
34     pgt->runAction(RepeatForever::create(RotateBy::create(2,Vec3(0,0,-360))));//设置旋转
35     pgt->setScale(0.1f);
36     this->addChild(pgt, 800);
37     pgt->setVisible(false);                                      //设置不可见
38 }
```

- 第 2~8 行是更新地形的方法，该方法首先获得摄像机的位置，然后通过标志位判断。当游戏处于主菜单时，更新没有障碍物的地形，当游戏处于进行中时，更新有障碍物的地形。
- 第 9~21 行是向材质系统中的着色器传值的方法，该方法通过不断向每块地形所使用的材质系统传递着色器所需的参数，来更新可视范围和雾的效果。这些效果将在着色器部分重点讲解。
- 第 22~37 行是创建准心的方法。该方法首先创建了一个“白点”，以此为准心，当准心选中菜单时，准心变为旋转样式，以提高用户体验。

（6）下面将介绍的是 My3DLayer 类更新准心的方法，当玩家处于菜单界面需要选择不同的按钮时，可以将视野中的准心对准菜单上需要选择的按钮，等待片刻即可选中。下面将对该方法进行详细讲解。

代码位置：见随书源代码/第 10 章/MaximumRide/app/src/jni/hellocpp/目录下的 My3DLayer.cpp。

```
void My3DLayer::updateCenter(float dt) {
    Size size = Director::getInstance()->getWinSize();           //获取屏幕的尺寸
    Vec3 nearP(size.width / 2, size.height / 2, 0.0);            //近距离点
    Vec3 farP(size.width / 2, size.height / 2, 1.0);             //远距离点
    CameraControl::mycamera->unproject(size, &nearP, &nearP);    //转换为屏幕坐标
    CameraControl::mycamera->unproject(size, &farP, &farP);
    Vec3 direction;                                              //方向向量
    Vec3::subtract(farP, nearP, &direction);                     //获取方向向量
    direction.normalize();                                       //归一化
    Ray ray;                                                     //声明射线
    ray._origin = nearP;                                         //射线的起点
    ray._direction = direction;                                  //射线的方向
    Vec3 Menu_Camera = Vec3(0,0,1);
    float MenuAngle = Vec3::angle(Menu_Camera,direction);        //菜单的夹角
```

```
15      MenuAngle = MenuAngle * (180.0 / M_PI);                        //角度
16      center->setPosition3D(camera->getPosition3D() + direction * 1.8f);//设置准星
17      pgt->setPosition3D(camera->getPosition3D() + direction * 1.7f);
18      root_Menus->setPosition3D(Vec3(camera->getPositionX(),
19                camera->getPositionY(), camera->getPositionZ()+2));
20      zuozhe_Menus->setPosition3D(Vec3(camera->getPositionX(),        //菜单位置
21                camera->getPositionY()-1.3, camera->getPositionZ()+2));
22      if(MenuAngle > 30)    center->setVisible(false);                //角度范围
23      else  center->setVisible(true);
24      if(!Constant::is_show || !Constant::is_life) //飞机显示状态
25          center->setVisible(true);
26      else  center->setVisible(false);
27      for (int i = 0; i < 8; i++) {                     //遍历所有的菜单项，拾取到不同选项时
28          Sprite3D* menuchild;
29          if(i<6){
30              menuchild = static_cast<Sprite3D*>(root_Menus->getChildByTag(i));
31          }else if(i>=6&&i<8){
32              menuchild = static_cast<Sprite3D*>(end_Menus->getChildByTag(i));}
33          AABB aabb = menuchild->getAABB();                         //获取菜单选项
34          if (ray.intersects(aabb)){                                //若拾取选中
35              MenuButton[i] = 1;
36              if (i == 1 && !Constant::is_show) {                  //拾取到开始
37                  pgt->setVisible(true);
38                  center->setTexture("menus/white.jpg");           //准心旋转
39                  if(pickButton != 1){
40                      picktime = 500;                              //时间常量
41                      pickButton = 1;}
42                  picktime--;
43                  if(picktime == 0){                               //当时间为零
44                      startButton = true;                          //允许单击按钮
45                      picktime = 500;}
46                  if(startButton){
47                    ......//此处省略了单击后的逻辑代码，请参考本书源码
48      }}}}}
```

- 第 2～12 行为首先获取屏幕尺寸，从屏幕中心发出一条射线，然后将射线的屏幕坐标转换为 3D 空间坐标并将向量规格化，这样就得到了菜单的选择射线，从而方便了对玩家的操作。
- 第 13～26 行首先初始化了菜单的位置和面对摄像机的角度，然后设置准心的图片，设置菜单与摄像机同时移动。然后开始计算，当菜单与用户的准心射线角度超过 30° 时或者游戏进行时，准心消失。
- 第 27～47 行介绍了菜单拾取的方法。首先不断遍历所有菜单的选项和背景板的 AABB 包围盒，如果选择射线通过该包围盒则说明选中该菜单，选中后 picktime 常量自加，当自加到 500 时确认选中该菜单。

（7）最后要介绍的是 My3DLayer 类创建菜单和更换地形种类的方法。当游戏处于初始菜单界面时，游戏场景中显示的地形是没有障碍物的菜单地形，当游戏开始后场景中显示的地形是带有障碍物的游戏地形，其具体代码如下所示。

代码位置：见随书源代码/第 10 章/MaximumRide/app/src/jni/hellocpp/目录下的 My3DLayer.cpp。

```
void My3DLayer::CreateMenu(){                                  //创建菜单
    Material* mat = Material::                                 //菜单材质
            createWithFilename("shader/cutOrc.material");
    root_Menus = Node::create();                               //菜单节点
    root_Menus->setCameraMask((unsigned short) CameraFlag::USER1);
    root_Menus->setPosition3D(Vec3(0, 32, -56));
    root_Menus->setRotation3D(Vec3(0,180,0));
    Sprite3D* rsp3_MenusBg = Sprite3D::create("menus/plan.obj"       //菜单背景板
            ,"menus/menubg.png");
    rsp3_MenusBg->setScale(4.5, 3.0);                                 //缩放比例
    rsp3_MenusBg->setPosition(0, 0.1);                                //设置位置
    rsp3_MenusBg->setCameraMask((unsigned short) CameraFlag::USER1);  //设置掩码
    rsp3_MenusBg->setTag(0);
```

```
14          rsp3_MenusBg->setVisible(true);
15          root_Menus->addChild(rsp3_MenusBg,100);            //将背景板添加到菜单节点中
16          .......//此处省略了与上文类似的创建菜单按钮，请参考本书源码
17     }
18     void My3DLayer::initRigidBodyTerrain(){                  //更新地形类型
19          for(int i = -1; i < 2; i++)
20               for(int j = -1; j <2; j++){
21                    Constant::terrain_map[i+1][j+1]->         //将带柱子的地形设为可见
22                              terrain->setVisible(true);
23                    Constant::chushi_map[i+1][j+1]->          //将初始化的地形设为不可见
24                              terrain->setVisible(false);
25               }}
```

- 第 2～16 行首先创建了菜单面板及其按钮需要用到的材质，该材质在绘制时取消了深度检测，让菜单永远绘制在画面最前方。接下来创建了菜单节点并设置了掩码，将按钮和背景板作为该节点的子类加入其中，这方便了管理。
- 第 18～25 行是更新地形类型的方法。本游戏一共有两套地形，开始游戏时主菜单出现的不带障碍物的一套地形和游戏中带障碍物的一套地形，调用该类可以从菜单地形切换为游戏地形。

10.5 辅助类

介绍完游戏中的布景相关类后，相信读者对游戏场景的运行有了深入的了解。下面将继续讲解游戏的辅助类，包括模型绘制类、光晕类、单个地形类和常量类，下面将会对这些类的开发进行详细介绍。

10.5.1 绘制顺序

本游戏因为物体模型的种类比较多，而且又采用了一些特殊的绘制技术，因此各模型之间的绘制顺序就变得尤为重要。如果绘制顺序不正确则可能出现一系列错误的画面，影响游戏玩家的体验感。

Cocos2d-x 中模型的绘制顺序是由将其添加进场景时设置的 z-order 参数值（参数值越大，绘制顺序越靠后）所决定的，下面给出了本章案例中用于决定各模型绘制顺序的 z-order 参数信息，如表 10-5 所列。

表 10-5　模型绘制顺序

模 型 名 称	模 型 个 数	绘制顺序参数
天空盒	1	80
场景（带障碍物）	1	90
场景（不带障碍物）	1	90
光晕	12	90
飞机	1	100
粒子系统	1	500
菜单	3	590
准心	2	800

- 首先要绘制的是游戏的天空盒模型。天空盒是游戏中距离摄像机最远的模型，该模型充当了游戏的天空和很远处大雾覆盖的景色，所以该模型可以被任何模型遮挡，需要最先进行绘制。

- 接下来要绘制的是游戏的场景，其中包括了带障碍物与不带障碍物的场景。由于场景是建立在天空盒上的且自身没有开启混合，但是它要作为目标色与其他的模型发生混合，所以也需要放在绘制较为靠前的位置上。
- 光晕的绘制顺序与场景的绘制顺序相同。因为在真实的情况下，场景中的障碍物是能够挡住太阳光所产生的光晕效果的，所以应当只把天空盒作为目标色来与光晕作为的原色进行混合。
- 飞机的绘制顺序处在所有模型的中间，当完成了场景与光晕的绘制之后就该进行飞机的绘制了。因为飞机无法阻挡住光晕与天空盒，且当菜单、粒子系统、准心出现时飞机总会消失，所以放在这里是很合适的。
- 粒子系统的绘制晚于飞机，但是应当在菜单之前。因为结束菜单是半透明的，所以当结束菜单出现时玩家可以通过结束菜单看到参与混合之后的粒子系统的飞机爆炸效果。
- 菜单绘制的顺序应该晚于其他的模型，但是需要早于准心。因为菜单是半透明，在菜单出现时需要与在它之前绘制的所有物体模型进行混合，也就是说透过半透明的菜单能够看到其他所有的模型对象除了准心模型。
- 最后要绘制的是菜单的选择准心。该准心是有一半是透明的，其中心是一个白色圆点的图片，透过该图片透明的部分，应当能够看见所有的模型，而且准星模型也是最靠近摄像机的，所以应该最后进行绘制。

说明 在考虑物体模型对象的绘制顺序时要考虑两点，首先是物体距离摄像机镜头的距离，应该最先绘制距离摄像机最远的物体模型，把距离摄像机近的物体模型最后绘制。其次是要考虑混合时哪些模型作为原色，哪些模型作为目标色，还有可以实现哪些效果，这些是一定要考虑的，这样才能够开发出最好的效果。

10.5.2 模型创建类——ModelCreate

在读者对本游戏中模型的绘制顺序有了一定的了解后，接下来将开始讲解模型的创建。首先介绍的是游戏的模型创建类 ModelCreate 类，该类的主要作用是创建游戏中用到的模型，其中包括了飞机模型、起始地形模型和游戏地形模型，这些模型贯穿了整个游戏，下面开始介绍该类的方法。

（1）首先需要开发的是声明 ModelCreate 类的头文件，该头文件中声明了本类中对头文件的引用、创建飞机对象的方法、起始地形模型的方法和游戏地形模型的方法等。下面将对这些方法进行详细讲解。

代码位置：见随书源代码/ 第 10 章/MaximumRide/app/src/jni/hellocpp/目录下的 ModelCreate.h。

```
#ifndef _MODELCREATE_H
#define _MODELCREATE_H
#include "cocos2d.h"                                    //声明cocos2d头文件
#include "My3DLayer.h"
#include "../Tool/MyTerrain.h"
using namespace cocos2d;                                //命名空间
using namespace std;
class ModelCreate{
public:
    static   CustomCommand command;                     //获取渲染函数
    static My3DLayer* layer;                            //主场景的对象指针
    static void createPlane();                          //创建飞机
    static MyTerrain* CreateTerrain(int x, int z);      //创建地形
    static MyTerrain* CreateLowTerrain(int x, int z);   //创建初始地形
};
#endif
```

> **说明**　该类是工具类，可以被其他类调用以创建对象。在该头文件中首先声明了需要使用到的类的头文件，包括 cocos2d 和 My3DLayer 类。然后声明了该类的静态方法，包括创建飞机对象、初始地形对象和游戏地形对象的方法。

（2）接下来开发 ModelCreate 类创建飞机和初始化游戏地形的方法。在游戏中由于飞机对象添加了刚体，所以需要通过碰撞检测来判断飞机是否与山体发生了碰撞。游戏初始化地形的方法比较简单，仅需创建地形的材质和模型即可。

代码位置：见随书源代码/第 10 章/MaximumRide/app/src/jni/hellocpp/目录下的 ModelCreate.cpp。

```
1  void ModelCreate::createPlane(){                                  //创建飞机模型
2      Physics3DRigidBodyDes prbDes;                                  //声明 3D 刚体描述结构体
3      prbDes.mass = 1000.0f;                                         //设置刚体质量
4      prbDes.shape = Physics3DShape::createBox(Vec3(8.0f,1.0f, 6.0f)); //包围盒
5      layer->rigidBody = Physics3DRigidBody::create(&prbDes);          //设置刚体
6      layer->componnent = Physics3DComponent::create(layer->rigidBody);
7      layer->Plane = Sprite3D::create("plane/Plane.obj");                //创建模型
8      layer->Plane->setScale(2.0f);                                       //设置拉伸
9      layer->Plane->setCameraMask((unsigned short) CameraFlag::USER1); //设置掩码
10     layer->Plane->setPosition3D(Vec3(0,30,-80));                        //设置位置
11     layer->Plane->addComponent(layer->componnent);                      //添加刚体
12     layer->componnent->                                              //设置移动类型
13         setSyncFlag(Physics3DComponent::PhysicsSyncFlag::NODE_AND_NODE);
14     layer->rigidBody->setLinearFactor(Vec3::ONE);                    //设置运动方式
15     layer->rigidBody->setLinearVelocity(Vec3(0,0,Constant::plane_go_velocity));//线速度
16     layer->rigidBody->setMask(10);                                   //设置掩码
17     layer->addChild(layer->Plane,100);                               //添加到场景
18 }
19 MyTerrain* ModelCreate::CreateLowTerrain(int x, int z){              //初始化地形
20     MyTerrain* myterrain = MyTerrain::create(true);                  //地形对象
21     auto terrain = myterrain->terrain;
22     terrain->setPosition3D(Vec3(x,0,z));                             //设置位置
23     terrain->setCameraMask((unsigned short)CameraFlag::USER1);//设置掩码
24     layer->addChild(terrain,90);                                     //添加到场景
25     return myterrain;                                                //返回对象
26 }
```

- 第 2～18 行是飞机对象的创建方法。在该方法中创建了飞机的刚体对象。此刚体对象中包含了包围盒的尺寸，刚体的质量和线速度，节点的移动类型等。节点的移动类型设置为 NODE_AND_NODE，表示移动模型时，对应的刚体会随之移动，反之亦然。
- 第 20～26 行是初始地形的创建方法。在创建初始地形时首先初始化地形对象，然后设置了地形对象的位置和掩码，将地形对象添加到场景中，最后返回设置好的地形对象。

（3）接下来开发的是 ModelCreate 类的创建游戏场景的方法。由于该场景需要加入物理碰撞来判断飞机是否与障碍物山体发生了碰撞，所以给该场景加上了刚体，具体代码如下所示。

代码位置：见随书源代码/ 第 10 章/MaximumRide/app/src/jni/hellocpp/目录下的 ModelCreate.cpp。

```
MyTerrain* ModelCreate::CreateTerrain(int x, int z){
    std::vector<Vec3> trianglesList =                               //获取模型的三角坐标
        Bundle3D::getTrianglesList("changjing/cj1.obj");
    Physics3DRigidBodyDes prebDes;                                  //刚体对象
    prebDes.mass = 0.0f;                                            //设置质量
    prebDes.shape = Physics3DShape::createMesh                      //刚体形状
        (&trianglesList[0],(int)trianglesList.size()/3);
    auto rigidBody = Physics3DRigidBody::create(&prebDes);          //创建刚体
    auto componnent = Physics3DComponent::create(rigidBody);
    MyTerrain* myterrain = MyTerrain::create(false);                //创建地形
    auto terrain = myterrain->terrain;                              //地形对象的 Sprite3D
    terrain->setVisible(false);                                     //设置不可见
    terrain->setPosition3D(Vec3(x,0,z));                            //设置位置
    terrain->setCameraMask((unsigned short)CameraFlag::USER1);//设置掩码
    terrain->addComponent(componnent);                              //添加刚体
```

```
16        layer->addChild(terrain,90);                               //添加到场景
17        rigidBody->setMask(100);                                   //设置掩码
18        rigidBody->setCollisionCallback([=](const Physics3DCollisionInfo &ci){ //碰撞检测
19        if(Constant::is_life){                                     //如果活着
20            if(!(ci.collisionPointList.empty())){                  //不为空
21                if((ci.objA->getMask()==10||ci.objA->getMask()==100)){  //掩码匹配
22                    Constant::is_life = false;
23                    layer->Plane->setVisible(false);               //飞机不可见
24                    rigidBody->setActive(false);                   //飞机不可动
25                    std::stringstream endscore;                    //分数对象
26                    endscore << Constant::score;
27                    layer->finalscore1->setString                  //显示得分
28                        ("\u5f53\u524d\u5f97\u5206\uff1a" + endscore.str());
29        }}}});
30        return myterrain;
31    }
```

- 第 2～16 行首先根据 obj 模型的数据创建刚体形状，然后设置地形刚体的质量。接下来创建地形模型对象，并设置其 Sprite3D 的位置，将其设置为不可见，最后给地形的模型加上刚体对象。
- 第 17～30 行首先设置地形刚体的掩码，然后设置碰撞检测，根据飞机的掩码和地形的掩码判断是否发生了碰撞，如果掩码匹配则说明发生了碰撞，发生了碰撞则飞机不可见且不可动，最后显示本次游戏的得分。

10.5.3 镜头光晕原理

读者在体验本案例时应该会发现游戏中有镜头光晕特效，该特效的使用大大提高了游戏的体验。下面将对该特效的开发进行介绍，首先介绍其基本实现原理，然后会介绍其具体实现。

镜头光晕是一种光学特效。当摄像机对向强光时，由于镜头的元件间相互反射而产生镜头光晕。由于镜片是沿镜头中心轴严格对齐的，因而在最终形成的画面上，这些反射光能够成一条直线对齐。

基于上述原因，可以将镜头光晕作为 2D 问题来处理。也就是将镜头的光晕作为 3D 场景上的一系列 2D 叠层来渲染，将每一个光晕元素沿着从太阳位置到屏幕中心位置的直线进行渲染。

在实际开发时，镜头光晕特效采用一个小的纹理集来进行渲染。纹理集中的每一个元素为一种光晕元素类型——圆、圆环、辐射等，如图 10-12 所示。要实现逼真的镜头光晕效果，还需将图 10-12 所示的灰度纹理与实际颜色结合以产生弱着色效果。同时，光晕元素将以不同的大小进行渲染。

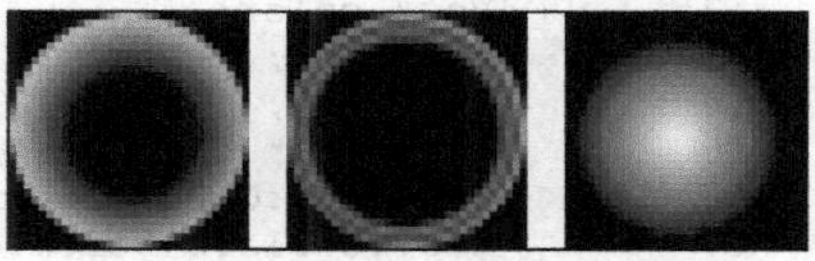

▲图 10-12　光晕元素纹理集

具体实现镜头光晕效果时，还需要对每种光晕元素进行相应的属性设置，用到的具体属性如下。

- 距离，沿太阳到屏幕中心直线的成比例的距离值。
- 尺寸，用于渲染时的绘制大小。
- 颜色，在渲染时用于元素着色的 RGBA 颜色。
- 位置，用于渲染时的位置坐标。

对以上属性要进行合理的设置，否则渲染出来的镜头光晕效果就会很假，其中位置属性和尺寸属性是由太阳位置和屏幕中心位置所决定的。光源离屏幕中心位置越远，尺寸值越小，反之，则越大（屏幕中心越大）。具体开发中可采用如下的公式来计算光晕的位置和尺寸值。

X= – distance*lx

Y= – distance*ly

Size=size*（SCALE_MIN+（SCALE_MAX-SCALE_MIN）*（1-currDis/DIS_MAX）；

说明　公式中的 lx、ly 为太阳的位置坐标，distance 为光晕元素的距离属性值，size 为光晕元素的最初尺寸，SCALE_MIN 和 SCALE_MAX 为光晕缩放尺寸的最小值和最大值，currDis 为太阳到屏幕中心的距离，DIS_MAX 为屏幕左上角到屏幕中心的距离。

知道镜头光晕的基本原理之后，下面就可以简单介绍一下本节案例的开发思路了。本节案例进行了两轮绘制，第一轮设置了一个 3D 透视投影的摄像机以进行对 3D 场景的渲染，再根据该摄像机产生的相关摄像机矩阵求出太阳在屏幕上的位置坐标并更新所有光晕绘制的位置和尺寸。第二轮设置了一个平行投影的摄像机，且该近平面的尺寸与第一轮设置的近平面一致，在该摄像机下对沿着从太阳位置到屏幕中心位置的直线进行镜头光晕的渲染。

10.5.4　光晕类——Flare

通过上文的介绍读者已经对光晕的基本原理有了一定的了解，接下来将要讲解的是镜头光晕的具体实现，在本案例中此任务由 Flare 类来完成。该类创建了一个不同纹理、不同大小、不同位置的单一光晕对象，下面将对 Flare 类进行详细讲解。

（1）首先需要开发的是声明 Flare 类的头文件，在该头文件中声明了本类中对头文件的引用，声明了该类的纹理、距离、尺寸等参数和静态创建 Flare 类对象的方法，以及 Flare 类对象初始化的方法。下面将对这些方法进行详细讲解。

代码位置：见随书源代码 /第 10 章/MaximumRide/app/src/jni/Tool/ 目录下的 Flare.h。

```
#ifndef _FLARE_H
#define _FLARE_H
#include "cocos2d.h"                                    //声明 cocos2d 头文件
using namespace cocos2d;                                //命名空间
class Flare{
public:
    Sprite3D* flare;                                    //模型对象
    int texture;                                        //所用纹理
    float distance;                                     //距离（沿光源到屏幕中心直线的成比例的距离）
    float size;                                         //原始尺寸
    float bSize;                                        //变换后的尺寸
    Vec4 color;                                         //颜色数组
    float px;                                           //绘制位置 x 坐标
    float py;                                           //绘制位置 y 坐标
    Material* flare_mat;                                //地形的材质
    cocos2d::GLProgramState * flare_state;//着色器对象
    static Flare* create(int texture,float size,float distance,Vec4 color);
                                                        //创建方法
    Flare(int texture,float size,float distance,Vec4 color);   //初始化方法
};
#endif
```

说明　该类初始化了创建光晕需要的全部参数，包括了尺寸、位置、材质等以及光晕初始化的方法。该类还提供了创建光晕对象的静态方法，其他类可以通过 create 方法方便地创建一个光晕对象。

（2）下面开发的是 Flare 类变量和初始化的方法，以及它的静态创建方法。游戏中的光晕是由很多个单一的 Flare 对象组成的，它们统一由光晕管理类管理，这里需要先对光晕类的开发进行详细讲解。

代码位置：见随书源代码 /第 10 章/MaximumRide/app/src/jni/Tool/ 目录下的 Flare.cpp。

```
#include "../Tool/Flare.h"
#include "hellocpp/ModelCreate.h"
```

```
3   Flare* Flare::create(int texture,float size,float distance,Vec4 color) {//静态创建方法
4       Flare* fl = new Flare( texture, size, distance, color);    //创建 Flare 对象
5       return fl;
6   }
7   Flare::Flare(int texture,float size,float distance,Vec4 color){    //构造函数
8       if(texture == 1)
9           flare = Sprite3D::create("menus/plan.obj","Flare/flare1.png");  //创建对象 1
10      else if(texture == 2)
11          flare = Sprite3D::create("menus/plan.obj","Flare/flare2.png");  //创建对象 2
12      else if(texture == 3)
13          flare = Sprite3D::create("menus/plan.obj","Flare/flare3.png");//创建对象 3
14      this->distance=distance;                                    //初始化距离
15      this->size=size;                                            //初始化原始尺寸
16      this->bSize=size;                                           //初始化变换后的尺寸
17      this->color=color;                                          //初始化颜色数组
18      this->px=0;                                                 //初始化绘制位置 x 坐标
19      this->py=0;                                                 //初始化绘制位置 y 坐标
20      flare->setRotation3D(Vec3(0,180,0));                        //翻转对象
21      flare_mat = Sprite3DMaterial::createWithFilename("shader/flare.material");//使用材质
22      flare_state= flare_mat->getTechniqueByIndex(0)              //得到着色器对象
23                  ->getPassByIndex(0)->getGLProgramState();
24      flare_state->setUniformVec4("color",color);                 //传递颜色值
25      flare->setMaterial(flare_mat);                              //设置材质
26  }
```

- 第 3～6 行是静态创建光晕对象的方法。首先通过传递参数初始化光晕对象，然后返回一个光晕对象，这样外部的类就可以不用直接操作 Flare 类中的属性，很好地降低了耦合性。
- 第 8～25 行是光晕的构造函数。首先根据纹理的编号初始化不同纹理的模型对象，然后初始化尺寸、距离、变化后的尺寸、颜色数组，并初始化位置的坐标。最后得到材质的着色器对象，将颜色值传递给材质的着色器。

10.5.5 地形类——MyTerrain

接下来介绍的是游戏的地形类——MyTerrain 类，该类主要负责创建场景中的单个地形对象。该地形对象主要使用了着色器来进行渲染，从而体现出场景中的浓雾效果，下面将对该类进行详细讲解。

（1）首先需要开发的是声明 MyTerrain 类的头文件，该头文件中声明了本类对头文件的引用，然后声明了地形的材质对象、Sprite3D 地形对象和静态创建该类对象的方法以及该类的构造方法，下面将对这些方法的代码进行详细讲解。

代码位置：见随书源代码/第 10 章/MaximumRide/app/src/jni/Tool/目录下的 MyTerrain.h。

```
#ifndef _MYTERRAIN_H
#define _MYTERRAIN_H
#include "cocos2d.h"                                    //声明 cocos2d 头文件
using namespace cocos2d;                                //命名空间
class MyTerrain : public Sprite3D{
public:
    static MyTerrain* create(bool is_low);              //创建方法
    MyTerrain(bool is_low);                             //构造函数
    Sprite3D* terrain;                                  //地形对象
    Material* ter_mat;                                  //地形的材质
    cocos2d::GLProgramState * _state;                   //着色器对象
    ~MyTerrain();                                       //析构函数
};
#endif
```

> **说明** 该类初始化了创建地形需要的全部参数，包括了 Sprite3D 对象、材质、着色器对象等以及地形的初始化方法。该类还提供了创建地形对象的静态方法，其他类可以通过 create 方法方便地创建一个地形对象。

（2）下面开发 MyTerrain 类的方法，其中包括了静态创建方法和构造方法。游戏中的地形都是由多个地形对象组成的，它们由地形管理类统一管理，这里需要先对地形类的开发进行详细介绍。

代码位置：见随书源代码/第 10 章/MaximumRide/app/src/jni/ Tool / 目录下的 MyTerrain.cpp。

```
1   #include "MyTerrain.h"
2   #include "../Tool/Constant.h"
3   #include "../hellocpp/ModelCreate.h"
4   MyTerrain* MyTerrain::create(bool is_low){                      //创建方法
5       MyTerrain* my = new MyTerrain(is_low);                      //创建对象
6       return my;
7   }
8   MyTerrain::MyTerrain(bool is_low){                              //构造函数
9       if(is_low){                                                 //创建对象
10          terrain = Sprite3D::create("changjing/changjing1.obj",
            "changjing/bg.png");//地形 1
11      }else{
12          terrain = Sprite3D::create("changjing/cj1.obj","changjing/bg.png");//地形 2
13      }
14      ter_mat = Sprite3DMaterial::createWithFilename("shader/wu.material");//创建材质
15      _state = ter_mat->getTechniqueByIndex(0)->                  //着色器对象
16              getPassByIndex(0)->getGLProgramState();
17      terrain->setMaterial(ter_mat);                              //添加材质
18  }
19  MyTerrain::~MyTerrain(){}                                       //析构函数
```

- 第 4～7 行是静态创建地形对象的方法。首先通过传递参数初始化地形对象，然后返回一个地形对象，这样外部的类可以不用直接操作 MyTerrain 类中的属性，这降低了耦合性，这一点十分重要。
- 第 8～19 行首先根据标志位判断要构造的初始化地形或是游戏地形，创建好地形对象之后创建着色器对象、添加了材质，并将材质添加到了模型当中，最后返回一个 MyTerrain 对象。

10.5.6　常量类——Constant

接下来介绍的是游戏的常量类，该类存储了游戏中的各种标志位以及变量。在游戏的进行过程中这些标志位和变量实时地控制着游戏的进程，由于该常量类会被很多类使用，所以该类是一个静态类，所有的属性、方法也都是静态的。

（1）首先需要开发的是声明 Constant 类的头文件，该头文件中声明了本类中对其他头文件的引用，以及游戏过程中需要使用的变量和方法，其中包括了飞机的速度、地形的存储数组、积分等变量，下面将进行详细讲解。

代码位置：见随书源代码/第 10 章/MaximumRide/app/src/jni/Tool/ 目录下的 Constant.h。

```
#ifndef _CONSTANT_H
#define _CONSTANT_H
#include "cocos2d.h"                                            //声明 cocos2d 头文件
#include "../Tool/MyTerrain.h"
using namespace cocos2d;
class Constant{
public:
    static int rotation;                                        //允许触控
    static int dead_time;                                       //结束菜单出现时间
    static float plane_go_velocity;                             //飞机速度
    static MyTerrain* terrain_map[3][3];                        //游戏地形数组
    static MyTerrain* chushi_map[3][3];                         //初始地形数组
    static bool is_life;                                        //是否存活
    static bool is_show;                                        //是否显示
    static bool play_li;                                        //是否播放粒子系统
    static bool nadu;                                           //难度等级
    static bool music_set;                                      //音乐是否打开
    static int score;                                           //分数
    static bool is_draw_flare;                                  //是否出现光晕
    static bool start_score;                                    //开始积分
```

```
    static bool re_start;                                    //重新开始
    static void initConstant();                              //初始化变量
};
#endif
```

说明 该类是游戏的常量类，它储存了游戏的大部分常量。将常量放置到一个静态类中方便管理和使用，在程序编写过程中，可以直接修改其数值，也方便了程序的调试。下面将详细讲解每一个常量的作用。

（2）下面介绍 Constant 类的标志位以及它的初始化方法。这里将着重讲解该类的每个标志位的具体功能。当读者深入理解了这些标志位的功能后，会极大地提升对整个游戏程序的认识，其具体代码如下所示。

代码位置：见随书源代码/第 10 章/MaximumRide/app/src/jni/Tool/目录下的 Constant.cpp。

```
1  #include "cocos2d.h"
2  #include "Constant.h"
3  using namespace cocos2d;
4  int Constant::rotation = 1;                              //允许触控
5  int Constant::dead_time = 0;                             //触碰死亡之后过一定时间出菜单
6  float Constant::plane_go_velocity = 30;                  //飞机最大速度
7  MyTerrain* Constant::terrain_map[3][3];                  //游戏地形
8  MyTerrain* Constant::chushi_map[3][3];                   //初始地形
9  bool Constant::is_life = true;                           //存活
10 bool Constant::is_show = false;                          //是否出现
11 bool Constant::play_li = false;                          //可以播放粒子系统
12 bool Constant::nadu = true;                              //设置难度
13 bool Constant::music_set = true;                         //设置音乐
14 bool Constant::is_draw_flare = true;                     //允许绘制光晕
15 int Constant::score = 0;                                 //积分
16 bool Constant::start_score = false;                      //开始积分
17 bool Constant::re_start = false;                         //直接重新开始
18 void Constant::initConstant(){
19     is_life = true;                                      //存活
20     is_show = false;                                     //是否出现
21     play_li = false;                                     //可以播放粒子系统
22     nadu = true;                                         //设置难度
23     start_score = false;                                 //开始积分
24     score = 0;                                           //分数归零
25     rotation = 1;                                        //允许触控
26     dead_time = 0;                                       //触碰死亡之后过一定时间出菜单
27     plane_go_velocity = 40;                              //飞机最大速度
28 }
```

- 第 4～6 行分别是允许触控、死亡后更新菜单、飞机最大速度的变量。当飞机触碰障碍物死亡后，需要等待一会儿，让爆炸效果出现，然后再打开菜单。飞机飞行时有一个速度，正常难度和困难难度速度不一样，更变难度只需要改这里的速度即可。
- 第 7～9 行分别是初始的地形数组、游戏进行的地形数组以及是否存活的标志位。在游戏中总共有 2 套地形，将其全部存入数组中，当需要切换时可以很方便地进行切换，存活标志位是判断飞机是否存活的标志位，需要判断是否弹出结束菜单。
- 第 10～12 行分别为是否出现、能否播放粒子系统，设置难度的标志位。当粒子系统允许播放时播放粒子系统，并同时将标志位置反，否则会不断播放。难度由于只有两个所以这里用布尔类型来表示。
- 第 13～15 行首先是音乐的打开与关闭、是否绘制光晕和积分的标志位。当选择开启音效时，游戏的音乐和碰撞音效都会被打开。当用户屏幕中不再出现光晕时，光晕标志位置反，光晕消失。从游戏开始到游戏结束的时间内积分不断增长。
- 第 16～27 行是开始积分、重新开始的标志位和初始化变量的方法。当重新开始标志位为真时，选择“重新开始”按钮，游戏跳过主菜单界面直接重新开始，并且调用初始化常量方法使常量归为初始状态。

10.6 工具管理类

通过前面的介绍读者已经对辅助类有了一定的了解，那么接下来就该介绍游戏的管理类了，介绍摄像机管理类、光晕管理类、地形管理类和游戏管理类。接下来将对这些类的开发进行讲解。

10.6.1 摄像机管理类——CameraControl

首先介绍的是摄像机管理类。在游戏场景中摄像机是必不可少的，为了方便对摄像机的管理，本游戏专门创建了摄像机管理类来控制摄像机。该类包括了初始化摄像机对象、摄像机初始化方法和摄像机跟随方法。

（1）首先需要开发的是 CameraControl 的头文件，该头文件中声明了本类中对 Cocos2d-x 头文件的引用，以及该类的方法的声明。方法声明包括了初始化摄像机的方法、更新摄像机的方法和摄像机跟随的方法，其具体代码如下所示。

代码位置：见随书源代码/第 10 章/MaximumRide/app/src/jni/Tool/目录下的 CameraControl.h。

```
#ifndef _CAMERACONTROL_H
#define _CAMERACONTROL_H
#include "cocos2d.h"                                    //声明 cocos2d 头文件
using namespace cocos2d;
class CameraControl{
public:
    static Camera* CreateCamera(Scene* scene);          //创建摄像机的方法
    static void updateCamera(Sprite3D* plane);          //更新摄像机位置
    static Camera* mycamera;                            //摄像机对象
};
#endif
```

说明 在该头文件中首先声明了需要使用到的类的头文件，然后声明了摄像机对象、初始化摄像机的方法和更新摄像机的方法。需要特别说明的是，该类是一个静态工具类，不能创建对象，作用是在布景中的摄像机执行动作时使用。

（2）下面开发的是 CameraControl 类的具体实现代码，该类实现了头文件中声明的摄像机初始化方法和摄像机跟随方法。这些方法控制了游戏中摄像机所执行的所有动作，下面将详细地介绍这些方法，具体代码如下所示。

代码位置：见随书源代码/第 10 章/MaximumRide/app/src/jni/Tool/目录下的 CameraControl.cpp。

```
#include "CameraControl.h"
Camera* CameraControl::mycamera;                        //摄像机对象
Camera* CameraControl::CreateCamera(Scene* scene){      //创建摄像机方法
    Size visibleSize = Director::getInstance()->getVisibleSize();    //可视范围
    Camera* camera = Camera::createPerspective(
        55,                                             //摄像机视角
        visibleSize.width / visibleSize.height,         //视口长宽比
        1,                                              //near 平面
        1000                                            //far 平面
    );
    camera->setCameraFlag(CameraFlag::USER1);           //设置摄像机编号标志
    camera->setPosition3D(Vec3(0,32,-60));              //设置摄像机位置
    camera->lookAt(Vec3(0,32,-50), Vec3(0, 1, 0));      //设置摄像机目标点和 up 向量
    CameraBackgroundColorBrush* cbc =                   //创建摄像机背景颜色画笔
    CameraBackgroundBrush::createColorBrush(Color4F(104,33,122,1),1.0f);
    camera->setBackgroundBrush(cbc);
    mycamera = camera;
    scene->addChild(mycamera);                          //将摄像机添加到场景中
    return mycamera;
```

```
20 }
21 void CameraControl::updateCamera(Sprite3D* plane){                  //更新摄像机
22     mycamera->setPosition3D(Vec3(plane->getPositionX(),              //设置摄像机位置
23         plane->getPositionY()+2,plane->getPositionZ()-10));
24     mycamera->lookAt(Vec3(plane->getPositionX(),                     //设置摄像机视点
25         plane->getPositionY()+2,plane->getPositionZ()), Vec3(0, 1, 0));
26 }
```

- 第 2～20 行首先声明了摄像机对象，然后设置了摄像机的视野范围、近平面与远平面、摄像机的编号和位置，随后根据游戏飞机的位置设置摄像机的目标点和 up 向量，最后创建摄像机的背景色，方便调试。
- 第 21～26 行是更新摄像机位置的方法。在游戏中摄像机紧紧跟随飞机，且在飞机的后上方与飞机一起移动，所以这里通过得到飞机的位置、增加 y 轴与 z 轴的值确定摄像机的位置。

10.6.2 光晕管理类——FlareControl

接下来介绍光晕管理类，该类创建并管理游戏中每个光晕类。光晕管理类包括了该类的初始化方法，该方法负责创建多个光晕类。其中还有更新光晕的方法，该方法根据光晕的计算公式计算出每一个光晕所在的位置。

（1）首先需要开发的是 FlareControl 的头文件，该头文件中声明了本类中对 Cocos2d-x 头文件的引用，还声明了储存光晕元素的 vector 容器，以及构造函数与单个光晕对象的更新方法，其具体代码如下所示。

代码位置：见随书源代码/第 10 章/MaximumRide/app/src/jni/Tool/目录下的 FlareControl.h。

```
#ifndef _FLARECONTROL_H
#define _FLARECONTROL_H
#include "cocos2d.h"                                  //声明 cocos2d 头文件
#include "../Tool/Flare.h"                            //声明 Flare 类
using namespace cocos2d;                              //命名空间
using namespace std;
class FlareControl {
public :
    std::vector<Flare*> sFl;                          //存放光晕元素的列表
    FlareControl();                                   //构造函数
    void initFlare();                                 //初始化光晕方法
    float DIS_MAX;                                    //距离太阳最远的位置
    void update(float lx,float ly);                   //更新方法
};
#endif
```

说明 该头文件中声明了需要使用到的类的头文件，创建了游戏中储存单一光晕对象的 vector 集合。通过该集合可以方便地控制每一个对象，通过 update 方法可以更新每一个单个光晕对象的位置。

（2）下面开发的是 FlareControl 类的具体实现代码，该类实现了头文件中声明的光晕管理类的初始化方法、创建光晕的方法和光晕更新方法。这些方法实现了游戏中光晕的变换与显示，下面将详细地介绍这些方法，具体代码如下所示。

代码位置：见随书源代码/第 10 章/MaximumRide/app/src/jni/Tool/目录下的 FlareControl.cpp。

```
......//此处省略了对一些头文件的引用以及相关代码，需要的读者可以参考源代码
#define SCALE_MIN 0.02f                                       //缩放最小值
#define SCALE_MAX 0.8f                                        //缩放最大值
FlareControl::FlareControl(){                                 //初始化方法
    Size size = Director::getInstance()->getWinSize();        //获取屏幕的尺寸
    DIS_MAX = sqrt(size.width * size.width/ 4 + size.height * size.height/ 4);
                                                              //最远距离
    initFlare();                                              //初始化光晕元素
}
```

```
9     void FlareControl::initFlare() {//初始化光晕元素对象的方法
10        sFl.push_back(new Flare(2,4.4f,-1.0f, Vec4(1.0f,1.0f,1.0f,1.0f)));   //光晕1
11        sFl.push_back(new Flare(2,0.4f,-0.8f,Vec4(0.7f,0.5f,0.0f,0.02f)));     //光晕2
12        sFl.push_back(new Flare(2,0.04f,-0.7f,Vec4(1.0f, 0.0f, 0.0f, 0.07f))); //光晕3
13        sFl.push_back(new Flare(1,0.4f,-0.5f,Vec4(1.0f, 1.0f, 0.0f, 0.05f)));  //光晕4
14        sFl.push_back(new Flare(1,0.4f,-0.3f,Vec4(1.0f, 0.5f, 0.0f, 1.0f)));   //光晕5
15        sFl.push_back(new Flare(2,0.4f,-0.1f,Vec4(1.0f, 1.0f, 0.5f, 0.05f)));  //光晕6
16        sFl.push_back(new Flare(1,0.4f,0.2f,Vec4(1.0f, 0.0f, 0.0f, 1.0f)));    //光晕7
17        sFl.push_back(new Flare(2,0.8f,0.3f,Vec4(1.0f, 1.0f, 0.6f, 1.0f)));    //光晕8
18        sFl.push_back(new Flare(1,0.6f,0.4f,Vec4(1.0f, 0.7f, 0.0f, 0.03f)));   //光晕9
19        sFl.push_back(new Flare(3,0.6f,0.7f,Vec4(1.0f, 0.5f, 0.0f, 0.02f)));   //光晕10
20        sFl.push_back(new Flare(3,1.28f,1.0f,Vec4(1.0f, 0.7f, 0.0f, 0.02f)));  //光晕11
21        sFl.push_back(new Flare(3,3.20f,1.3f,Vec4(1.0f, 0.0f, 0.0f, 0.05f)));  //光晕12
22    }
23    void FlareControl::update(float lx,float ly) {                 //更新光晕位置的方法
24        float currDis=(float)sqrt(lx*lx+ly*ly)/1.5;                //太阳到原点的距离
25        float currScale=SCALE_MIN+(                    //距离比例值——用于绘制尺寸的计算
26              SCALE_MAX-SCALE_MIN)*(1-currDis/DIS_MAX);
27        for(auto ss:sFl){                                    //循环遍历所有光晕元素对象
28              if(Constant::is_draw_flare) {
29                    ss->flare->setVisible(true);       //光晕可见
30              }else{
31                    ss->flare->setVisible(false);      //光晕不可见
32              }
33              ss->px=-ss->distance*lx;                  //计算该光晕元素的绘制位置 x 坐标
34              ss->py=-ss->distance*ly;                  //计算该光晕元素的绘制位置 y 坐标
35              ss->bSize=ss->size*currScale;             //计算变换后的尺寸
36              ss->flare->setPosition3D(                 //设置每一个光晕对象的位置
37                    Vec3(CameraControl::mycamera->getPositionX()+1.0+ss->px,
38                          CameraControl::mycamera->getPositionY()+1.0+ss->py,
39                          CameraControl::mycamera->getPositionZ()+2+ss->distance/5));
40              ss->flare->setScale(ss->bSize/1.2);   //按比例缩放
41    }}
```

- 第 2～8 行首先定义了最大缩放比例和最小缩放比例的宏，接下来是光晕管理类的初始化方法。初始化方法首先获取了屏幕的尺寸，然后计算出最远距离的参数，随后调用初始化光晕类的方法。
- 第 9～22 行创建了 12 个光晕对象，游戏中的光晕对象正是由这 12 个光晕对象构成的，每一个都有着不同的颜色、尺寸、距离、纹理。在进行更新计算时，不同的距离和大小会产生移动距离的不同。
- 第 23～41 行是光晕的更新方法，首先计算出太阳到原点的距离和距离的比例值，然后根据标志位判断是否绘制光晕，随后设置每一个光晕对象的位置，最后根据每个对象不同的缩放比例值来缩放光晕。

10.6.3　游戏管理类——GameControl

接下来介绍游戏管理类，游戏管理类负责整个游戏的控制。由于游戏的操作方式比较简单，所以游戏管理类中也只有一个方法，该方法可以使玩家通过左右摇晃头部来控制飞机左右飞行，从而移动躲避障碍。

（1）首先需要开发的是 GameControl 的头文件，在该头文件中声明了本类中对 Cocos2d-x 头文件的引用以及控制游戏方法，该类具体代码如下所示。

代码位置：见随书源代码/第 10 章/MaximumRide/app/src/jni/Tool/目录下的 GameControl.h。

```
 #ifndef _GAMECONTROL_H
#define _GAMECONTROL_H
#include "cocos2d.h"                                          //声明 cocos2d 头文件
#include "physics3d/CCPhysics3DWorld.h"
#include "physics3d/CCPhysics3D.h"
using namespace cocos2d;                                      //命名空间
class GameControl{
```

```
public:
    static void HeadUpdate(Sprite3D* plane, Physics3DRigidBody* rigidBody);//头部操纵
};
#endif
```

说明 在该头文件中首先声明了需要使用到的类的头文件。然后声明了头部运动控制的静态方法，该静态方法获取了飞机的模型对象和刚体对象。最后通过了视野的改变从而控制其飞机及其刚体的移动。

（2）下面开发的是 GameControl 类的具体实现代码，该类实现了头文件中声明的头部控制方法。该方法通过计算屏幕中点垂直发射的射线与飞机到屏幕中点的向量的差值从而得出飞机偏转角度。下面将详细介绍这些方法，具体代码如下所示。

代码位置：见随书源代码/第 10 章/MaximumRide/app/src/jni/Tool/目录下的 GameControl.cpp。

```
1  .....//此处省略了对一些头文件的引用以及相关代码，需要的读者可以参考源代码
2  #define PLANE_ROTATION 80                                    //最大旋转角度
3  #define PLANE_VELOCITY 40                                    //旋转的最大速度
4  void GameControl::HeadUpdate(Sprite3D* plane, Physics3DRigidBody* rigidBody){
5      Size size = Director::getInstance()->getWinSize();      //获取屏幕的尺寸
6      Vec3 nearP(size.width / 2, size.height / 2, 0.0);       //近距离点
7      Vec3 farP(size.width / 2, size.height / 2, 1.0);        //远距离点
8      Vec3 camera_nearp = CameraControl::mycamera->unproject(nearP);//转为屏幕坐标
9      Vec3 camera_farp = CameraControl::mycamera->unproject(farP);
10     Vec3 direction;                                          //摄像机方向向量
11     Vec3::subtract(camera_farp, camera_nearp, &direction);//获取方向向量
12     direction.normalize();                                   //单位化
13     Vec3 plane_line;                                         //飞机方向向量
14     Vec3::subtract(plane->getPosition3D(), camera_nearp, &plane_line);
15     Vec3 dir;                                                //最终偏转量
16     Vec3::subtract(plane_line, direction, &dir);             //相减得出偏移量
17     float i = dir.x;
18     if(dir.x>-0.5 && dir.x<0.5){                             //在这个范围内
19         int plane_rotation = (int)(dir.x * PLANE_ROTATION*2);  //旋转值
20         plane->setRotation3D(Vec3(0,0,-plane_rotation));
21         float plane_velocity = (dir.x * PLANE_VELOCITY*2);       //左右移动速度
22     rigidBody->setLinearVelocity(Vec3(-plane_velocity,0,Constant::plane_go_velocity));
23  }}
```

- 第 2～7 行首先定义了飞机最大旋转速度和飞机旋转后向左右飞行最大速度的宏，将其定义为宏方便修改数值。然后获取屏幕的尺寸，得到屏幕的近距离和远距离的一条垂直于屏幕中心的射线。
- 第 8～17 行为先将这两个点转换为屏幕坐标，然后将其单位化，用近距离点向量减去飞机向量得到屏幕中心到飞机的向量，最后再用屏幕的中心射线向量减去飞机向量得到一个值，通过该值判断用户头部的转向的方向。
- 第 18～23 行用于判断用户的转向幅度。如果用户头部的转向幅度的 x 值大于 0.5 或是小于-0.5，则超过了控制的阈值，飞机旋转到最大角度后则不会再发生旋转的动作，最后将 80° 按照头部偏移的百分比分配给飞机。

10.6.4 无穷地形原理

玩家在本游戏中控制飞机移动时，逻辑上地形是无穷大的。其实这种看似无穷大的地形并不是使用了一个特别大的地形模型，而是使用了一个二维数组储存了 9 块相对较小的地形，然后通过算法使飞机永远待在最中心的一块，下面将详细介绍这种算法。

- 图片中飞机的图标代表了飞机当前的位置，存放地形块的二维数组的每一个元素用图中编号 1～9 的 9 块地形来表示，图 10-13 中表示游戏刚开始时的地形编号和飞机的初始位置。

- 当飞机抵达 5 号地形的中间位置时，将 7、8、9 号地形的位置放置到图中 1、2、3 号地形位置的前面，如图 10-14 所示。移动位置完成后为了方便下一次操作，需要修改二维数组的存放方式，具体存放方式如图 10-15 所示。

▲图 10-13　初始地形数组

▲图 10-14　向上交换地形块

- 图 10-15 是移动完成后的数组，由于飞机无法向后飞行，所以当飞机飞过中间地形的一半时就可以将后面的 3 块地形挪动到最前面去，然后将数组中的地形顺次向下移动一个单位，这样就完成了前后无穷地形的情况。
- 当飞机抵达 5 号地形的左边边界时，此时由于雾的原因玩家无法看到最右侧的 3 块地形，所以就应该将最右侧的 3 块地形移动到最左边，具体的触发情况如图 10-16 所示。

▲图 10-15　更新完成后数组 1

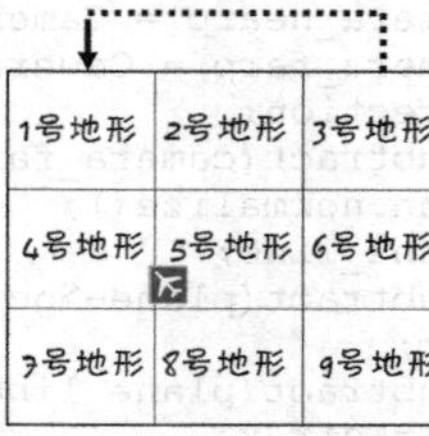

▲图 10-16　向左交换地形块

- 图 10-17 是移动完成后的数组，当飞机到达中间地形的左端时移动最右侧的 3 个地形块到最左边，当完成了位置的移动后更改数组中的储存顺序，这样就完成了向左飞行无穷地形的情况。
- 当飞机抵达 5 号地形的右边边界时，玩家无法看到最左侧的 3 个地形块，所以将最左侧的 3 个地形块移动到最右边，所以就应该将最左侧的 3 块地形移动到最右侧，具体的触发情况如图 10-18 所示。

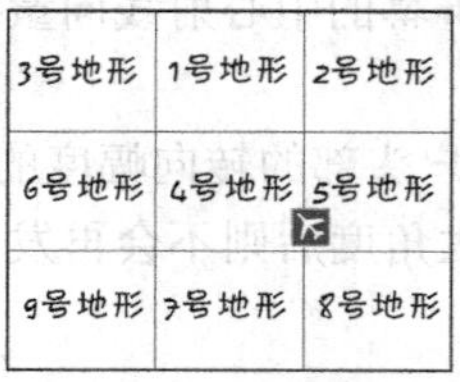

▲图 10-17　更新完成后数组 2

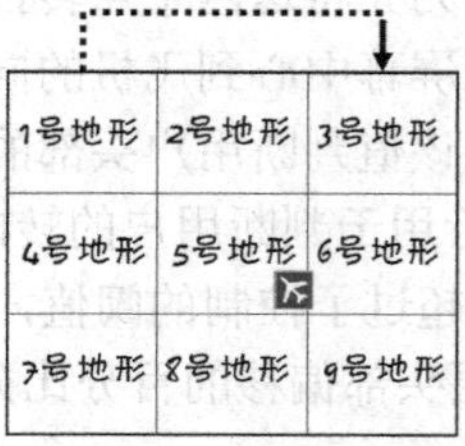

▲图 10-18　向右交换地形

- 图 10-19 是移动完成后的数组，当飞机到达中间地形的右端时移动最左侧的 3 个地形块到最右边，当完成了位置的移动后需要更改数组中的储存顺序，这样就完成了向右飞行无穷地形的情况。
- 最后相信读者能够发现，从数组的角度来说，飞机的飞行范围仅仅只在中心地形内活动，当飞机到达以上 3 个目标点时地形就会发生移动，重新排列数组便完成了地形数组的开发（见图 10-20）。

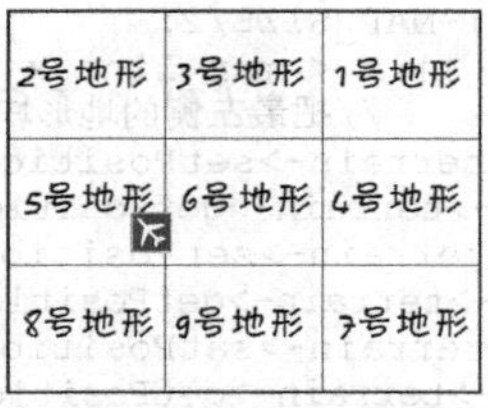

▲图 10-19 更新完成后数组 3

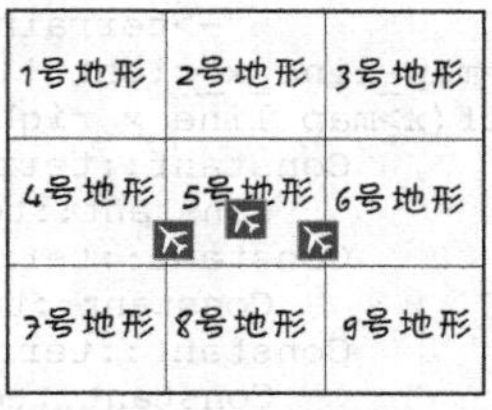

▲图 10-20 飞机运动范围

说明 本节讲述了游戏无穷地形的开发思路和基本原理，具体的开发步骤将会在下文进行详细讲解，这里读者只需要掌握开发的思路即可。开发思路：3 个判断点判断移动单一地形块的位置，然后同时需要储存地形的二维数组中的元素，使飞机仅仅能够在地形最中心的范围移动。

10.6.5 地形管理类——TerrainControl

通过上面的介绍，读者应该对无穷地形的原理有了一定的了解，接下来介绍无穷地形的具体实现。本案例中此任务由 TerrainControl 类来完成，它用一个二维数组来存储地形模型对象，当飞机到达一定位置后，将相对位置的地形移动到飞机即将抵达的位置即可，具体内容如下。

（1）首先需要开发的是 TerrainControl 类的头文件，该头文件中声明了本类中对 Cocos2d-x 头文件的引用、飞机的 x 和 z 的坐标和将飞机的坐标数据传递给地形更新方法，其具体代码如下所示。

代码位置：见随书源代码/第 10 章/MaximumRide/app/src/jni/Tool/目录下的 TerrainControl.h。

```
#ifndef _TERRAINCONTROL_H
#define _TERRAINCONTROL_H
#include "cocos2d.h"                                    //声明 cocos2d 头文件
using namespace cocos2d;                                //命名空间
class TerrainControl{
public:
      static void TerrainUpdate(float x, float z);      //地形更新
      static void LowTerrainUpdate(float x, float z);   //地形更新
      static int map_x;                                 //地形的 x 值
      static int map_z;                                 //地形的 z 值
};
#endif
```

说明 在该头文件中首先声明了需要使用的类的头文件，然后声明了两种地形更新的静态方法。该方法通过获取飞机的位置来确定如何有序地移动地形，从而使得飞机永远无法飞到地形的尽头。

（2）下面开发的是 TerrainControl 类的具体实现代码，该类实现了使用地形数组，通过设置地形块的位置和移动、修改地形数组使飞机一直处在地形正中的方法。下面将详细介绍这些方法，具体代码如下所示。

代码位置：见随书源代码/第 10 章/MaximumRide/app/src/jni/Tool/目录下的 TerrainControl.cpp。

```
......//此处省略了对一些头文件的引用以及相关代码，需要的读者可以参考源代码
#define MAP_SIZE 550                                          //地形尺寸
int TerrainControl::map_x = 0;
int TerrainControl::map_z = 0;
void TerrainControl::TerrainUpdate(float x, float z){
     int map_line_x_right = Constant::terrain_map[2][1]       //加载 x 右位置
                 ->terrain->getPositionX();
     int map_line_x_left  = Constant::terrain_map[0][1]       //加载 x 左位置
                 ->terrain->getPositionX();
     int map_line_z = Constant::terrain_map[1][2]             //加载 z 位置
```

```
11                  ->terrain->getPositionZ()-MAP_SIZE/2;
12        if(x>map_line_x_right || z > map_line_z || x < map_line_x_left){
13            if(x>map_line_x_right){                        //把最左侧的地形块移动到最右侧
14                Constant::terrain_map[0][0]->terrain->setPositionX(   //交换地形
15                   Constant::terrain_map[2][0]->terrain->getPositionX()+MAP_SIZE);
16                Constant::terrain_map[0][1]->terrain->setPositionX(   //交换地形
17                   Constant::terrain_map[2][1]->terrain->getPositionX()+MAP_SIZE);
18                Constant::terrain_map[0][2]->terrain->setPositionX(   //交换地形
19                   Constant::terrain_map[2][2]->terrain->getPositionX()+MAP_SIZE);
20                auto temp_sprite3D_one = Constant::terrain_map[0][0];//临时变量
21                auto temp_sprite3D_two = Constant::terrain_map[0][1];
22                auto temp_sprite3D_three = Constant::terrain_map[0][2];
23                Constant::terrain_map[0][0] = Constant::terrain_map[1][0];//交换数组
24                Constant::terrain_map[0][1] = Constant::terrain_map[1][1];
25                Constant::terrain_map[0][2] = Constant::terrain_map[1][2];
26                Constant::terrain_map[1][0] = Constant::terrain_map[2][0];
27                Constant::terrain_map[1][1] = Constant::terrain_map[2][1];
28                Constant::terrain_map[1][2] = Constant::terrain_map[2][2];
29                Constant::terrain_map[2][0] = temp_sprite3D_one;//将临时变量存入数组
30                Constant::terrain_map[2][1] = temp_sprite3D_two;
31                Constant::terrain_map[2][2] = temp_sprite3D_three;
32            }
33            .....//此处省略了其他方向判断的代码，这些代码将在后续步骤中给出
34     }}
35     else{
36            return;                                             //否则直接返回
37 }}
38 void TerrainControl::LowTerrainUpdate(float x, float z){
39     .....//此处省略了初始地形判断的代码，这些代码将在后续步骤中给出
40 }
```

- 第 2～4 行首先定义了地形的尺寸的宏，地形是 600×600 大小的，但是为了边缘能够无缝衔接，这里采用了 550 大小的间距绘制。这使得地形会有部分重合但不会出现边缝的现象，接着声明了地形的 x、z 坐标。
- 第 5～11 行是地形控制方法开始的部分，游戏中的地形是由 3×3 的地形块组成的。在游戏的过程中飞机始终处于地形的中间一格，当飞机快要飞出该格子时就需要对地形进行处理，这里获取了地形中间一块最左、最右和最前的边界的数值。
- 第 12～19 行首先判断飞机的位置是否到达了上面所说的 3 种临界情况，如果到达了，则判断是哪一种情况发生了。首先介绍的是飞机飞到中格的最右边界，那么则将数组中最左侧的 3 个地形移动到最右侧 3 个地形的右面。
- 第 20～32 行由于移动了最左面的 3 个地形，则需要将数组重新排列，从而使得飞机永远处在数组最中心的位置，这里用到了类似冒牌排序简单的算法，即设置临时变量将要交换的变量先存入临时变量，再进行交换。

（3）通过上文对 TerrainControl 类的介绍，读者已经对该类的具体实现有了大致的了解，下面将开始继续深入讲解该类的实现方法，其中具体实现了飞机向前和飞机向右转的解决方法，具体代码如下所示。

代码位置：见随书源代码/第 10 章/MaximumRide/app/src/jni/Tool/目录下的 TerrainControl.cpp。

```
void TerrainControl::TerrainUpdate(float x, float z){
   .....//此处省略了上文讲解的相关代码，需要的读者可以参考源代码
   if(x<map_line_x_left){                    //把最右侧 3 个地形块移动到最左侧
       Constant::terrain_map[2][0]->terrain->setPositionX            //交换地形
           (Constant::terrain_map[0][0]->terrain->getPositionX()-MAP_SIZE);
       Constant::terrain_map[2][1]->terrain->setPositionX            //交换地形
           (Constant::terrain_map[0][1]->terrain->getPositionX()-MAP_SIZE);
       Constant::terrain_map[2][2]->terrain->setPositionX            //交换地形
           (Constant::terrain_map[0][2]->terrain->getPositionX()-MAP_SIZE);
       auto temp_sprite3D_one = Constant::terrain_map[2][0];          //临时变量
       auto temp_sprite3D_two = Constant::terrain_map[2][1];
       auto temp_sprite3D_three = Constant::terrain_map[2][2];
```

```
13          Constant::terrain_map[2][0] = Constant::terrain_map[1][0];    //交换数组
14          Constant::terrain_map[2][1] = Constant::terrain_map[1][1];
15          Constant::terrain_map[2][2] = Constant::terrain_map[1][2];
16          Constant::terrain_map[1][0] = Constant::terrain_map[0][0];
17          Constant::terrain_map[1][1] = Constant::terrain_map[0][1];
18          Constant::terrain_map[1][2] = Constant::terrain_map[0][2];
19          Constant::terrain_map[0][0] = temp_sprite3D_one;  //将临时变量存入数组
20          Constant::terrain_map[0][1] = temp_sprite3D_two;
21          Constant::terrain_map[0][2] = temp_sprite3D_three;
22      }
23      if(z>map_line_z){           //把最后 3 个地形块移动到前面
24          Constant::terrain_map[0][0]->terrain->setPositionZ                 //交换地形
25              (Constant::terrain_map[0][2]->terrain->getPositionZ()+MAP_SIZE);
26          Constant::terrain_map[1][0]->terrain->setPositionZ                 //交换地形
27              (Constant::terrain_map[1][2]->terrain->getPositionZ()+MAP_SIZE);
28          Constant::terrain_map[2][0]->terrain->setPositionZ                 //交换地形
29              (Constant::terrain_map[2][2]->terrain->getPositionZ()+MAP_SIZE);
30          auto temp_sprite3D_one = Constant::terrain_map[0][0];            //临时变量
31          auto temp_sprite3D_two = Constant::terrain_map[1][0];
32          auto temp_sprite3D_three = Constant::terrain_map[2][0];
33          Constant::terrain_map[0][0] = Constant::terrain_map[0][1];  //交换数组
34          Constant::terrain_map[1][0] = Constant::terrain_map[1][1];
35          Constant::terrain_map[2][0] = Constant::terrain_map[2][1];
36          Constant::terrain_map[0][1] = Constant::terrain_map[0][2];
37          Constant::terrain_map[1][1] = Constant::terrain_map[1][2];
38          Constant::terrain_map[2][1] = Constant::terrain_map[2][2];
39          Constant::terrain_map[0][2] = temp_sprite3D_one;  //将临时变量存入数组
40          Constant::terrain_map[1][2] = temp_sprite3D_two;
41          Constant::terrain_map[2][2] = temp_sprite3D_three;
42      }
43      else{
44          return;
45      }}
```

- 第 3～9 行为如果飞机已经到了数组中间格子的最左边，那么说明用户已经看不到最右侧的地形块了，所以就应该把数组最右侧的 3 个地形块移动到最左边去，这里给最右侧的每个地形块都减去一个地形距离的值即可实现。
- 第 10～22 行在执行完地形块移动之后，为了能让飞机始终处于数组的最中心，所以还要根据刚才移动的情况将地形数组进行交换，此处使用了 3 个临时变量先储存最左侧的 3 个变量，然后将其他的变量左移，最后再将临时变量放到数组最右侧。
- 第 23～45 行是判断飞机是否飞到中间格子的最前方，如果飞到此处，那么就应该将地形数组的最后一排移动到最前方，具体的移动方法和地形数组的交换方法与前面所讲的方法类似。

（4）接下来介绍的是该类的 LowTerrainUpdate 方法，该方法是移动初始化地形的方法。与上述方法有所不同的是该方法只需判断向前移动的情况，此方法具体代码如下所示。

代码位置：见随书源代码/第 10 章/MaximumRide/app/src/jni/Tool/目录下的 TerrainControl.cpp。

```
void TerrainControl::LowTerrainUpdate(float x, float z){      //更新初始地形
    int map_line_z = Constant::chushi_map[1][2]               //加载 z 位置
        ->terrain->getPositionZ()-MAP_SIZE/2;
    if(z>map_line_z){                              //把最后 3 个地形块移动到前面
        Constant::chushi_map[0][0]->terrain->setPositionZ
            (Constant::chushi_map[0][2]->terrain->getPositionZ()+MAP_SIZE);
        Constant::chushi_map[1][0]->terrain->setPositionZ
            (Constant::chushi_map[1][2]->terrain->getPositionZ()+MAP_SIZE);
        Constant::chushi_map[2][0]->terrain->setPositionZ
            (Constant::chushi_map[2][2]->terrain->getPositionZ()+MAP_SIZE);
        auto temp_sprite3D_one = Constant::chushi_map[0][0];         //临时变量
        auto temp_sprite3D_two = Constant::chushi_map[1][0];
        auto temp_sprite3D_three = Constant::chushi_map[2][0];
        Constant::chushi_map[0][0] = Constant::chushi_map[0][1];     //交换数组
        Constant::chushi_map[1][0] = Constant::chushi_map[1][1];
```

```
            Constant::chushi_map[2][0] = Constant::chushi_map[2][1];
            Constant::chushi_map[0][1] = Constant::chushi_map[0][2];
            Constant::chushi_map[1][1] = Constant::chushi_map[1][2];
            Constant::chushi_map[2][1] = Constant::chushi_map[2][2];
            Constant::chushi_map[0][2] = temp_sprite3D_one;     //将临时变量存入数组
            Constant::chushi_map[1][2] = temp_sprite3D_two;
            Constant::chushi_map[2][2] = temp_sprite3D_three;
        }
        else{
            return;
}}
```

说明 初始地形出现在游戏的菜单界面，摄像机不断前进地形也随之更新，该方法只涉及了地形前进更新的方法，简化了前面的判断，更新的方法与前面的方法类似，都是判断达到阈值后将 3 个地形移动到前面，最后更新数组中它们的位置。

10.7 引擎引用入口类

游戏中的布景是何处创建的，在学习 Cocos2d-x 时读者都会有这种疑问，接下来介绍的 AppDelegate 类，就对这个问题进行了最好的解答。接下来就给出 AppDelegate 类的开发代码，具体内容如下所示。

该类封装了一系列与引擎引用生命周期相关的函数，其中包括应用开启的入口函数、应用进入待机状态时所调用的函数、应用从待机状态恢复所调用的函数等。这些函数都是与引擎中应用程序运行状态相关的。

（1）首先需要开发的是引擎应用入口类——AppDelegate 类的头文件，在该头文件中声明了一系列将要使用的成员方法，定义头文件和该类的构造函数和析构函数，以及初始化方法。其详细代码如下所示。

代码位置：见随书源代码/第 10 章/MaximumRide/app/src/jni/hellocpp/目录下的 AppDelegate.h。

```
#ifndef  _AppDelegate_H_                               //定义头文件
#define  _AppDelegate_H_                               //定义头文件
#include "cocos2d.h"                                   //引入 cocos2d 头文件
class  AppDelegate : private cocos2d::Application{     //自定义类
public:                                                //声明为公有方法
    AppDelegate();                                     //构造函数
    virtual ~AppDelegate();                            //析构函数
    virtual void initGLContextAttrs();                 //初始化渲染属性
    virtual bool applicationDidFinishLaunching();      //初始化方法
    virtual void applicationDidEnterBackground();      //当程序进入后台时调用此方法
    virtual void applicationWillEnterForeground();     //当程序进入前台时调用
};
#endif
```

说明 该头文件主要是定义了 AppDelegate 类的头文件，其中引入了 cocos2d 的头文件。然后声明了 AppDelegate 类的各种公有的方法，其中就包括了 AppDelegate 类的构造函数、该类的析构函数、初始化方法等。

（2）在已经完成头文件的开发后，下面就将要介绍如何实现 AppDelegate 类中的各种方法了。首先要介绍的是该类的构造函数、析构函数以及创建该函数的初始化方法，其详细代码如下所示。

代码位置：见随书源代码/第 10 章/MaximumRide/app/src/jni/hellocpp/目录下的 AppDelegate.cpp。

```
#include "AppDelegate.h"                        //引用 AppDelegate 头文件
#include "ObjSceneManager.h"                    //引用 ObjSceneManager 头文件
USING_NS_CC;                                    //使用 cocos2d 的命名空间
AppDelegate::AppDelegate(){}                    //构造函数
```

```
5    AppDelegate::~AppDelegate() {}                          //析构函数
6    bool AppDelegate::applicationDidFinishLaunching(){      //初始化方法
7        auto director = Director::getInstance();            //获取导演
8        auto glview = director->getOpenGLView();            //获取绘制用 GLView
9        if(!glview) {                                       //若不存在 GLView 则重新创建
10       glview = GLViewImpl::create("My Game");
11       }
12       director->setOpenGLView(glview);                    //设置绘制用 GLView
13       director->setDepthTest(true);                       //设置开启深度检测
14       glview->setDesignResolutionSize(960,540,            //设置屏幕自适应
15                           ResolutionPolicy::SHOW_ALL);
16       director->setAnimationInterval(1.0 / 60);              //系统模拟时间间隔
17       auto mainScene = ObjSceneManager::createScene();      //创建场景
18       Director::getInstance()->runWithScene(mainScene);     //切换到场景显示
19       return true;
20   }
```

- 第 1～5 行的功能为引入了 AppDelegate 类和 ObjSceneManager 类的头文件以及 cocos2d 的命名空间，然后实现了 AppDelegate 类的构造和析构函数。
- 第 7～12 行的功能为首先获取当前导演，然后通过导演获取绘制用的 GLView，最后判断是否存在 GLView，若不存在则创建一个 GLView 用于绘制。
- 第 13～20 行的功能为首先为场景的绘制开启深度检测，然后设置屏幕的自适应以适应不同屏幕尺寸的手机，随后设置系统的模拟时间间隔，最后创建了游戏的场景，在场景创建完成后，运行了该场景。

（3）上一步骤中对该类的构造函数、析构函数和初始化函数进行了实现，下面将继续介绍初始化属性方法、程序进入后台时调用的方法和程序进入前台时调用的方法的具体实现，详细代码如下所示。

代码位置：见随书源代码/第 10 章/MaximumRide/app/src/jni/hellocpp/目录下的 AppDelegate.cpp。

```
void AppDelegate::initGLContextAttrs(){                        //初始化属性的方法
    GLContextAttrs glContextAttrs = {8, 8, 8, 8, 24, 8}; //设置渲染的 6 个属性
    GLView::setGLContextAttrs(glContextAttrs);
}
void AppDelegate::applicationDidEnterBackground(){           //当程序进入后台时调用此方法
    Director::getInstance()->stopAnimation();                  //停止动画
}
void AppDelegate::applicationWillEnterForeground(){          //当程序进入前台时调用
    Director::getInstance()->startAnimation();                 //开始动画
}
```

说明 这几行的功能为初始化程序绘制渲染时的 6 种属性即红、绿、蓝、阿尔法值以及深度检测和模板测试，然后实现了程序在不同情况下调用的函数即程序进入后台时调用的方法 applicationDidEnterBackground 和程序进入前台时调用的方法 applicationWillEnterForeground。

10.8 材质系统与着色器的开发

前面已经对项目整体进行了详细的介绍。本节将对本案例中的用到的材质系统与相关着色器进行介绍。本案例中用到的材质系统共有 3 种，为地形材质、菜单材质和光晕材质。下面就对本游戏中用到的材质以及着色器开发进行一一介绍。

10.8.1 地形的材质系统

地形材质系统中首先是深度检测设置与混合设置，还有顶点着色器与片元着色器的使用。将

所需的参数传递给这两个着色器，着色器的使用为游戏中的山体添加了迷雾效果，下面便分别对地形的材质开发进行详细介绍。

（1）首先介绍的是地形块的材质系统的开发，该材质系统被应用在游戏中的每一个地形块上。每一个地形块都被施加了迷雾的效果，玩家在游戏时仿佛处在大雾弥漫的场景当中，这主要是着色器的功劳，其详细代码如下。

代码位置：见随书源代码/第 10 章/MaximumRide/app/src/assets/shader/目录下的 wu. material。

```
1    material{                                                  //材质系统
2        technique shadow_mapping{
3            pass 0{
4                renderState{                                   //渲染器
5                    blend=true                                 //开启混合
6                    blendSrc=SRC_ALPHA                         //混合方式
7                    depthTest = true                           //开启深度测试
8                }
9                shader{                                        //着色器
10                   vertexShader = shader/terrain.vert         //顶点着色器
11                   fragmentShader = shader/terrain.frag       //片元着色器
12                   uLightDirection = -0.5,1,0                 //灯光参数
13                   sampler u_texture{                         //纹理参数
14                       path = changjing/bg.png
15                       wrapS = REPEAT                         //重复贴图
16                       wrapT = REPEAT                         //重复贴图
17   }}}}}
```

- 第 1～8 行通过材质系统设置，开启深度测试和混合。在 Cocos2d-x 中，通过材质系统可以方便地给物体添加着色器以及设置混合方式、深度测试等。由于这里的材质是对地形使用的，所以需要开启深度测试进行检测。
- 第 9～17 行是使用着色器的部分。该部分首先确定了材质使用的顶点着色器和片元着色器，然后将着色器中需要的固定参数传递进去，包括设置定向光的位置和所用纹理的参数。

（2）介绍完了地形的材质系统的开发后，下面该介绍的是地形材质系统中的顶点着色器。该顶点着色器根据定向光的参数计算光照的显示，根据摄像机的位置计算所看到地形块的雾浓度系数，其详细代码如下。

代码位置：见随书源代码/第 10 章/MaximumRide/app/src/assets/shader/目录下的 terrain. vert。

```
......//此处省略了对一些变量的声明以及相关代码，需要的读者可以参考源代码
void directionalLight(                                          //定向光光照计算的方法
  in vec3 normal,                                               //法向量
  inout vec4 ambient,                                           //环境光最终强度
  inout vec4 diffuse,                                           //散射光最终强度
  inout vec4 specular,                                          //镜面光最终强度
  in vec3 lightDirection,                                       //定向光方向
  in vec4 lightAmbient,                                         //环境光强度
  in vec4 lightDiffuse,                                         //散射光强度
  in vec4 lightSpecular                                         //镜面光强度
 ){
    ambient=lightAmbient;                                       //直接得出环境光的最终强度
    vec3 normalTarget=a_position+normal;                        //计算变换后的法向量
    vec3 newNormal=(CC_MVMatrix*vec4(normalTarget,1)).xyz
        -(CC_MVMatrix*vec4(a_position,1)).xyz;
    newNormal=normalize(newNormal);                             //对法向量规格化
    vec3 eye= normalize(uCamera-(CC_MVMatrix*vec4(a_position,1)).xyz);
    vec3 vp= normalize(lightDirection);                         //规格化定向光方向向量
    vec3 halfVector=normalize(vp+eye);                          //求视线与光线的半向量
    float shininess=50.0;                                       //粗糙度，越小越光滑
    float nDotViewPosition//求法向量与 vp 向量的点积，然后求此点积与 0 二者中的最大值
        =max(0.0,dot(newNormal,vp));
    diffuse=lightDiffuse*nDotViewPosition;                      //计算散射光的最终强度
    float nDotViewHalfVector=dot(newNormal,halfVector);         //法线与半向量的点积
    float powerFactor=max(0.0,pow(nDotViewHalfVector,shininess));//镜面反射光强度因子
    specular=lightSpecular*powerFactor;                         //计算镜面光的最终强度
}
```

```
28   float computeFogFactor(){                                    //计算雾因子的方法
29       float tmpFactor;
30       float fogDistance = length(uCamera-                      //顶点到摄像机的距离
31           (CC_MVMatrix*vec4(a_position,1)).xyz);
32       const float end = 500.0;                                 //雾结束位置
33       const float start = 100.0;                               //雾开始位置
34       tmpFactor = max(min((end- fogDistance)/                  //用雾公式计算雾因子
35           (end-start),1.0),0.0);
36       return tmpFactor;
37   }
38   void main(){
39       gl_Position = CC_MVPMatrix * vec4(a_position, 1.0);
40       vec4 ambientTemp,                          //环境光、散射光、镜面反射光的临时变量
41           diffuseTemp, specularTemp;
42       directionalLight(                          //计算定向光
43       normalize(a_normal),ambientTemp,diffuseTemp,specularTemp,uLightDirection,
44       vec4(0.3,0.3,0.3,1.0),vec4(0.8,0.8,0.8,1.0),vec4(0.1,0.1,0.1,1.0));
45       vFogFactor = computeFogFactor();           //将计算出的雾化因子值传递给片元着色器
46       vAmbient=ambientTemp;                      //将环境光最终强度传给片元着色器
47       vDiffuse=diffuseTemp;                      //将散射光最终强度传给片元着色器
48       vSpecular=specularTemp;                    //将镜面光最终强度传给片元着色器
49       texCoord = a_texCoord;
50   }
```

- 第 2～27 行是计算定向光光照的方法。首先根据根据传入的数值直接得出环境光的强度，然后通过计算法向量和粗糙度得出镜面光和散射光的强度，并将这些值传递给片元着色器。
- 第 28～37 行是计算雾因子的方法，该方法首先计算顶点到摄像机的距离，然后设置雾开始和结束的位置，最后根据雾的计算公式得出雾因子系数，并将该系数传递给片元着色器。
- 第 38～50 行是该着色器的主方法。该方法首先获得了顶点的位置，然后传递环境光、散射光、镜面反射光的系数从而得出定向光，随后计算雾因子浓度，最后将纹理坐标数据传递给片元着色器。

（3）介绍完了顶点着色器后，下面将继续介绍片元着色器。片元着色器首先设置了雾的颜色，然后根据顶点着色器传递的雾因子系数，选择丢弃片源或者根据雾因子计算该片元的颜色，其详细代码如下。

代码位置：见随书源代码/第 10 章/MaximumRide/app/src/assets/shader/目录下的 terrain.frag。

```
precision mediump float;
uniform sampler2D u_texture;
varying vec2 texCoord;
varying vec4 vAmbient;                         //接收从顶点着色器过来的环境光分量
varying vec4 vDiffuse;                         //接收从顶点着色器过来的散射光分量
varying vec4 vSpecular;                        //接收从顶点着色器过来的镜面反射光分量
varying float vFogFactor;                      //从顶点着色器传递过来的雾化因子
void main(){
    vec4 fogColor = vec4(0.99215,0.929411,0.701961,1.0);        //雾的颜色
    if(vFogFactor != 0.0){//雾因子不为 0 首先计算光照对物体颜色的影响，再与雾颜色加权
        vec4 color = texture2D(u_texture,texCoord) ;
        vec4 objColor= color * vAmbient + color * vDiffuse + color * vSpecular;
        gl_FragColor = objColor*vFogFactor + fogColor*(1.0-vFogFactor);
    }
    else{                                      //如果雾因子为 0，丢弃片源
        discard;
}}
```

说明　该片元着色器首先接收了从顶点着色器传递过来的参数，然后设置雾的颜色参数，根据雾因子的系数进行判断：如果雾因子系数不为零，先计算光照对物体颜色的影响，再与雾颜色加权；如果雾因子系数为零，直接抛弃片元，不进行绘制。

10.8.2 菜单的材质系统

菜单与菜单上的按钮都是由 Sprite3D 构成的，它们很容易被场景中的其他物体遮挡，所以在绘制

菜单时需要关闭深度检测，这样便能使菜单永远不被遮挡。下面便对菜单的材质开发进行详细介绍。

（1）首先介绍的是菜单材质系统的开发，该材质系统在被使用在游戏的菜单界面作为按钮的 3D 精灵上的，通过着色器的使用以及关闭深度检测从而能够让菜单正确地在游戏中显示，其详细代码如下。

代码位置：见随书源代码/第 10 章/MaximumRide/app/src/assets/shader/目录下的 cutOrc. material。

```
material{
    technique shadow_mapping{
        pass 0{
            renderState{
                depthTest = false                       //关闭深度检测
                blend=true                              //开启混合
            }
            shader{
                vertexShader = shader/tree.vert         //顶点着色器
                fragmentShader = shader/tree.frag       //片元着色器
}}}}
```

说明　该材质系统首先关闭了深度检测，防止在游戏过程中菜单被其他物体挡住，然后开启了混合，这是因为菜单的背景板是半透明的，需要开启混合才能实现半透明的效果，最后设置了物体所使用的顶点着色器与片元着色器。

（2）介绍完菜单的材质系统的开发之后，下面该介绍的是菜单材质系统中的顶点着色器。该顶点着色器获取了物体的位置和物体的纹理坐标数据，并将其传入片元着色器之中，其详细代码如下。

代码位置：见随书源代码/第 10 章/MaximumRide/app/src/assets/shader/目录下的 tree. vert。

```
attribute vec3 a_position;                                   //顶点位置
attribute vec2 a_texCoord;                                   //纹理坐标
varying vec2 texCoord;                                       //传入片元的纹理坐标
void main(){                                                 //主函数
    gl_Position = CC_MVPMatrix * vec4(a_position, 1.0);      //顶点位置
    texCoord = a_texCoord;                                   //纹理坐标
    texCoord.y = 1.0 - texCoord.y;
}
```

说明　该顶点着色器首先根据传递的顶点坐标位置，通过用总变换矩阵乘以顶点位置计算得出该顶点在场景中的实际位置。然后用 1.0 减去纹理 y 坐标得到新的纹理坐标，并将其传给片元着色器。

（3）介绍完了顶点着色器后，下面将继续介绍片元着色器。片元着色器比较简单只有一句代码，就是将纹理坐标与纹理绘制在对应的片元上。其代码十分简单，故省略，请读者自行查阅随书附带源代码 tree. frag。

10.8.3　光晕的材质系统

光晕材质系统首先关闭深度检测，通过控制绘制顺序来使光晕可见，然后使用了混合使光晕与环境更好地融合，最后设置了光晕使用的顶点着色器和片元着色器，下面便对光晕材质系统的开发进行详细介绍。

（1）首先介绍的是光晕材质系统的开发，该材质系统被使用在游戏中的每一个光晕 3D 精灵对象中，通过特殊的混合方式以及程序中传递的图片纹理参数控制了光晕的显示效果，其详细代码如下。

代码位置：见随书源代码/第 10 章/MaximumRide/app/src/assets/shader/目录下的 flare. material。

```
material{                                                    //材质系统
    technique shadow_mapping{
        pass 0{
```

```
4          renderState{                                        //渲染器
5              blend=true                                      //开启混合
6              blendSrc=SRC_COLOR                              //原因子混合方式
7              blendDst=ONE                                    //目标因子混合方式
8              depthTest = false
9          }
10          shader{                                            //着色器
11              vertexShader = shader/flare.vert               //顶点着色器
12              fragmentShader = shader/flare.frag             //片元着色器
13  }}}}
```

- 第 1~8 行通过材质系统，设置关闭深度测试并开启混合。由于这里的材质是对光晕使用的，所以需要关闭深度测试。
- 第 9~13 行给出了材质使用的顶点着色器与片元着色器。这两个着色器的参数在程序中进行传递，故没有在此进行设置。

说明 材质系统首先开启了混合，使用了原因子 SRC_COLOR 和目标因子 ONE 的混合方式，该方式为当原因子的颜色小于目标因子的颜色时直接使用目标因子颜色值，配合使用的纹理从而实现了弱着色的效果。

（2）介绍完了光晕的材质系统的开发后，下面该介绍光晕材质系统中的顶点着色器的开发过程。顶点着色器获取了物体的位置和物体的纹理坐标数据，并将其传入片元着色器中，其详细代码如下。

代码位置：见随书源代码/第 10 章/MaximumRide/app/src/assets/shader/目录下的 tree. vert。

```
attribute vec3 a_position;
attribute vec2 a_texCoord;
varying vec2 vTextureCoord;                      //用于传递给片元着色器的变量
void main(){
    gl_Position = CC_MVPMatrix *                 //根据总变换矩阵计算此次绘制顶点的位置
        vec4(a_position,1);
    vTextureCoord = a_texCoord;                  //将接收到的纹理坐标传递给片元着色器
}
```

说明 顶点着色器首先根据传递的顶点坐标位置，通过用总变换矩阵乘以顶点位置，从而得出该顶点在场景中的实际位置。在获取了顶点在场景中的实际位置之后，顶点着色器将其传递给片元着色器。

（3）介绍完了顶点着色器后，下面将继续介绍片元着色器。片元着色器首先进行了纹理采样，然后将纹理采样的颜色值与程序中传递的颜色值相乘从而实现弱着色的效果，其详细代码如下。

代码位置：见随书源代码/第 10 章/MaximumRide/app/src/assets/shader/目录下的 tree.frag。

```
precision mediump float;                          //给出默认的浮点精度
uniform vec4 color;                               //实际颜色 RGBA 值
varying vec2 vTextureCoord;                       //接收从顶点着色器传来的纹理坐标
void main(){                                      //主函数
    vec4 finalColor=texture2D(CC_Texture0, vTextureCoord);//进行纹理采样
    finalColor=finalColor*color;                  //顶点颜色与实际颜色结合——实现弱着色
    gl_FragColor =finalColor;                     //片元的最终颜色
}
```

说明 该片元着色器首先根据纹理坐标和纹理图进行纹理采样，然后将顶点颜色与实际颜色结合以实现弱着色的效果，最终将计算得出的颜色传入渲染管线中，从而得出该片元所显示的最终颜色。

10.9 游戏的特别说明及优化改进

10.9.1　特别说明

本游戏中给飞机刚体设置线速度之后，让摄像机跟随飞机刚体同步移动，但由于在 Cocos2d-x 引擎中使用的是 Bullet 物理引擎，该物理引擎的预设刷新频率大于游戏中摄像机的刷新频率，这会导致游戏画面的抖动。解决的方法是修改游戏引擎的源代码，降低其中 Bullet 物理引擎的刷新频率。

首先需要找到 cocos2d-x3.13.1 文件目录中的 CCScene.cpp 文件，本书的引擎文件目录是 D:\Android\cocos2d-x-3.13.1\cocos\2d\CCScene.cpp，下面将讲解如何修改该类，从而减少物理引擎的刷新频率，解决飞机抖动的问题。

代码位置：见 cocos2d-x3.13.1 引擎的文件目录下..\cocos2d-x-3.13.1\cocos\2d\CCScene.cpp。

```
1   ......//此处省略了引擎中的部分代码，需要的读者可以参考引擎中的源代码
2   #if (CC_USE_PHYSICS || (CC_USE_3D_PHYSICS &&
3       CC_ENABLE_BULLET_INTEGRATION)|| CC_USE_NAVMESH)
4   void Scene::stepPhysicsAndNavigation(float deltaTime)
5   {
6       //此处将deltaTime调用时间扩大 10 倍，不然摄像机跟不上
7       deltaTime *= 10;                                              //增大间隔时长
8       //log("--------------%f----------------------------",deltaTime); //使用 log 测试
9   #if CC_USE_PHYSICS
10       if (_physicsWorld && _physicsWorld->isAutoStep())
11           _physicsWorld->update(deltaTime);                //物理世界更新方法
12  #endif
13  #if CC_USE_3D_PHYSICS && CC_ENABLE_BULLET_INTEGRATION
14       if (_physics3DWorld)
15       {
16           _physics3DWorld->stepSimulate(deltaTime);        //物理世界设置步长
17       }
18  #endif
19  #if CC_USE_NAVMESH
20       if (_navMesh)
21       {
22           _navMesh->update(deltaTime);                     //Mesh 更新方法
23       }
24  #endif
25  }
26  #endif
27  NS_CC_END
28  ......//此处省略了引擎中的部分代码，需要的读者可以参考引擎中的源代码
```

- 在该类中需要添加的是第 7 行代码。首先通过 log 测试发现在该方法中 deltaTime 变量是物理引擎更新的时间间隔，通过将其扩大 10 倍，从而减慢物理引擎更新频率，使得 Cocos2d-x 中的 update 方法的更新频率能够小于该频率，从而使飞机不会产生抖动。
- 当飞机的运动更新频率小于摄像机跟随的频率时，飞机就能够正常显示，不会出现抖动的现象。抖动现象极大地影响了玩家的游戏体验，特别是 VR 游戏会让人产生眩晕的感觉，所以这一点是一定要注意的。
- 这里还要说明的一点是，不能将物理世界更新的速度设置得太慢，这里的更新速度还影响着游戏刚体碰撞的计算，太慢的话在计算刚体碰撞时会出现飞机穿过刚体这样的错误。

10.9.2　游戏的优化改进

至此，VR 休闲游戏——极速飞行，已经基本开发完成，并实现了最初设计的功能。但是，通过开发后的试玩测试发现，游戏中仍然存在着一些需要优化和改进的地方，下面列举作者想到的一些方面。

❑　优化游戏界面

没有哪一款游戏的界面不可以更加完美和绚丽，所以，对本游戏的场景读者可以根据自己的想法进行改进，使其更加完美。如游戏场景的搭建、游戏主菜单的界面显示、游戏胜利以及结束时的效果等都可以一步步完善。

❑　修复游戏 bug

现在众多的手机游戏在公测后也有很多的 bug，需要玩家不断地发现以此来改进游戏。作者已经将目前发现的所有 bug 进行了修复，但是还有很多 bug 是需要玩家在游戏的过程中发现的，这对于游戏的可玩性有着极大的帮助。

❑　增加游戏道具

本游戏目前没有设置游戏中的道具，读者可以继续开发以丰富游戏的内容，通过飞机触碰拾取道具，从而获得加速、积分、获得无敌等效果，设置游戏道具也将大大地提高游戏的可玩性。

❑　增加飞机种类

本游戏中的飞机只有一种类型，读者可以根据自己的喜好多添加几种飞机类型。可以设置为当取得一定分数或是达成了一定的目标时解锁不同种类的飞机，这样可以大大提高游戏的可玩性，增加游戏乐趣。

❑　增强游戏体验

为了更好地增强用户的体验，飞机移动速度和飞机转弯速度等一系列参数读者可以自行调整，合适的参数会极大地提高游戏的可玩性。读者还可以调整粒子系统的特效使爆炸时有更加绚丽的效果。

10.10　本章小结

本章以开发“极速飞行”游戏为主题，向读者介绍了使用 Cocos2d-x 引擎开发 VR 游戏的全过程，希望读者通过本章的学习能对 VR 游戏的开发过程有一个清楚的理解。值得一提的是，虽然本游戏是基于 Android 平台开发的，但是将本游戏移植到 iOS 平台也是十分方便的，其代码基本上是相同的。最后读者还可以从本章游戏的开发中学习到一些开发技巧，其中包括了无穷地形的开发技巧、绘制顺序的技巧、光晕的开发技巧等。